凹凸棒石新型功能材料及应用

王爱勤 牟 斌 张俊平 王文波 朱永峰 著

科学出版社

北 京

内 容 简 介

近 10 年来，黏土矿物的纳米特性及其在功能复合材料中的应用日益受到重视，其中，凹凸棒石已成为研究热点之一。凹凸棒石是一种含水富镁铝硅酸盐黏土矿物，由于独特的棒晶形貌和孔道结构，已在许多方面得到了广泛应用。近年来，随着对凹凸棒石微观结构及其伴生矿的深入研究，不断挖掘了其自身特性，发展了有机/无机杂化材料、无机/无机杂化颜料、超疏水疏油分离材料、霉菌毒素吸附材料、多功能抗菌材料和矿物生物炭等新材料；拓展了其在催化材料、储热材料、组织工程材料、液晶材料、储氢材料、膜分离材料、绝热材料和 3D 打印等方面的应用。本书在全面介绍凹凸棒石研究和应用现状的基础上，重点介绍了作者团队在凹凸棒石新型功能材料构筑及其应用方面的研究工作，综述了凹凸棒石新型功能材料研究进展，全面反映了目前凹凸棒石功能材料研究和应用现状。

本书可供从事凹凸棒石研究开发的科研人员阅读，也可供从事矿物功能材料、复合材料、杂化材料和纳米材料等材料科学与工程领域的科研与技术人员以及大专院校师生参考。

图书在版编目（CIP）数据

凹凸棒石新型功能材料及应用 / 王爱勤等著. —北京：科学出版社，2021.12
ISBN 978-7-03-070156-5

Ⅰ. ①凹⋯ Ⅱ. ①王⋯ Ⅲ. ①坡缕石-功能材料-研究 Ⅳ. ①TB34

中国版本图书馆 CIP 数据核字（2021）第 215613 号

责任编辑：杨 震 杨新改 / 责任校对：杜子昂
责任印制：肖 兴 / 封面设计：东方人华

科 学 出 版 社 出版
北京东黄城根北街 16 号
邮政编码：100717
http://www.sciencep.com

北京九天鸿程印刷有限责任公司 印刷
科学出版社发行 各地新华书店经销
*
2021 年 12 月第 一 版 开本：787×1092 1/16
2021 年 12 月第一次印刷 印张：40 3/4
字数：965 000
定价：298.00 元
（如有印装质量问题，我社负责调换）

序

　　矿物功能材料是我国传统矿业升级、新技术产业形成以及国民经济可持续发展的重要支撑材料。经过几十年的发展，目前我国的矿物功能材料产业已经具有一定的规模。特别是近 10 年来，黏土矿物的层状、管状、棒状和纤维状等独特矿物形貌和纳米特性的材料技术日益受到研究者重视，黏土矿物功能材料取得了阶段性的研究和应用成果。

　　凹凸棒石是一种层链状结构的含水富镁铝硅酸盐黏土矿物，通常单根棒晶的直径在 20～70 nm，长度可达 0.5～5 μm，符合纳米材料的尺度标准。由于棒晶分子间较强的氢键和静电作用力，天然凹凸棒石中的晶体大多以鸟巢状或柴垛状聚集，严重制约了凹凸棒石资源的高值化利用。同时，随着应用需求的不断增加，优质凹凸棒石资源不断减少，如何实现伴生矿资源化利用及其杂色矿转白和均一化等关键技术问题，也已成为制约凹凸棒石黏土矿规模应用的瓶颈。

　　我国于 20 世纪 70 年代在苏北、皖东地区找到了大型优质的凹凸棒石黏土矿床。后来在甘肃、贵州、河南、山西、内蒙古、湖北、河北和云南等地陆续发现了一批矿床（点），矿产资源前景非常可观，但可以工业化规模应用的凹凸棒石黏土矿还主要分布在江苏、安徽和甘肃。长期以来，国内在凹凸棒石方面的研究主要以跟踪国外和实际应用为主，无论在应用基础还是在产品研发方面均与国外有一定的差距。近 10 年来，国内在凹凸棒石研究与开发方面取得了长足进步。随着对凹凸棒石微观结构及其伴生矿的深入研究，不断挖掘材料的自身特性，拓展了其在催化材料、储热材料、组织工程材料、液晶材料、储氢材料、膜分离材料、绝热材料和 3D 打印等方面的应用。从 Web of Science 检索，截至 2021 年 1 月，在 Web of Science™ 中输入题名 "Attapulgite" 或 "Palygorskite"，自 1936 年发表首篇 SCI 论文以来，在国际公开出版物发表论文数量有 2278 篇。其中，近 10 年 SCI 发文分布在全球 73 个国家和地区，我国发表的论文数量最多，共 1300 篇，其次是美国和西班牙，分别发表论文 142 篇和 87 篇。由此可见，我国已成为世界上凹凸棒石研究的主力军。

　　该书作者 20 年来一直从事凹凸棒石的基础和应用研究。在 "863" 计划、国家自然科学基金、中国科学院 "西部行动" 计划、中国科学院 "西部之光" 人才培养计划、江苏省重点研发计划和产学研前瞻性联合研究项目以及甘肃省重点研发计划等项目的支持下，系统开展了凹凸棒石的共性科学问题和关键技术研究，分别于 2007 年和 2014 年出版了《凹凸棒石黏土应用研究》和《凹凸棒石棒晶束解离及其纳米功能复合材料》两部专著。近年来，在国家和政府相关项目的支持下，利用棒晶束有效解离的凹凸棒石构筑了多种新型功能材料，系统开展了混维凹凸棒石黏土矿物应用基础研究工作，设计发展了有机/无机杂化材料、无机/无机杂化颜料、超疏水疏油分离材料、霉菌毒素吸附材料、多功能抗菌材料和矿物生物炭等新材料，研究成果先后获得了江苏省科学技术奖一等奖、甘肃省技术发明奖一等奖、非金属矿科学技术奖一等奖、国家技术发明奖二等奖及何梁何利基金科学与技术创新奖。该书侧重于凹凸棒石新型功能材料的构筑，集中反映了作者在该领域近年来的最新研究成果。

近年来，新材料和新产业蓬勃发展，矿物功能材料也迎来了历史发展机遇和广阔空间。"十三五"期间，我国凹凸棒石新技术、新产品、新材料的创新研发缩小了与国外先进水平的差距，较好地推动了产业升级换代和矿物功能材料新兴产业的发展。同时我们应该看到，我国凹凸棒石黏土矿物产业总体还呈粗放型，资源利用率偏低，迫切需要通过科技创新推动产业转型升级。随着新型表征方法和设备在纳米矿物研究中的应用，对凹凸棒石的认知水平有了显著提升，不同领域和不同学科交叉研究越来越多，未来可能催生重要的原创性研究成果。目前凹凸棒石产业正处在由传统产业向新兴产业的过渡期，相信该书的出版将有助于进一步推动我国凹凸棒石的基础研究和工程应用。

中国科学院院士

2021 年 7 月

前　言

凹凸棒石是一种层链状结构的含水富镁铝硅酸盐黏土矿物，具有规整孔道(0.37 nm×0.64 nm)和纳米棒晶形貌(直径约 20～70 nm、棒晶长约 0.5～5 μm)，是大自然赐予人类一种性能独特的天然纳米结构材料。但在过去的相当时间里，人们把它当作"土"用，没有凸显凹凸棒石的纳米属性。经过作者团队 20 年的系统研究工作，将矿物材料变为纳米材料，又从纳米材料发展了系列功能材料。一路走来，源于缘情梦。

凹凸棒石缘。针对西部大开发对保水材料的迫切需求，2000 年作者团队开展有机无机复合保水剂研究，采用的黏土矿物主要是高岭石和蒙脱石。当时在黏土矿物家族中凹凸棒石研究还没有得到更多关注。直到与一位甘肃企业家偶遇，得知甘肃临泽发现了储量丰富的凹凸棒石黏土矿。随后，团队开展了比较研究，发现未经处理的临泽凹凸棒石添加量在 30% 时仍能达到单纯丙烯酸聚合保水剂的吸水能力，这无疑引起了我们强烈的好奇心。其后，团队通过不同类型黏土矿物和相同类型不同处理方法对复合保水剂理化性能系统研究，发现临泽凹凸棒石矿伴生的碳酸盐在制备过程中起到了发泡作用，形成了更规整的三维网络。在"863"计划和中国科学院"西部行动"计划等项目的支持下，系统研究了产物凝胶强度与吸水性等关键问题，揭示了复合机理，确定了凹凸棒石复合型保水剂的最佳工艺条件，于 2004 年在山东胜利油田长安集团实现了产业化，产品成功应用于节水农业和西部生态恢复。在复合保水剂体系中，团队还同时引入凹凸棒石和腐殖酸，成功研制了具有缓释肥料功能的多功能复合型保水剂；进一步将天然高分子淀粉、纤维素和壳聚糖等引入复合保水剂制备体系，开发了性能优异的可降解型天然多糖系复合保水剂产品，并于 2006 年出版了《有机-无机复合高吸水性树脂》一书，相关研究成果获 2010 年国家科技进步奖二等奖。

在凹凸棒石应用于有机无机复合保水剂的同时，团队开始关注凹凸棒石本身的研究开发。在市场调研中发现，由于我国凹凸棒石的研发起步较晚，仅仅处于跟踪模仿阶段。在 2003 年江苏盱眙凹凸棒石应用调研中，认识了国内从事凹凸棒石应用研究较早的郑茂松高级工程师。2006 年，在第一届"中国凹土高层论坛"期间，大家深刻认识到我们必须走高值化利用发展路径，于是商定共同编著一本专著。2007 年，由化学工业出版社出版了《凹凸棒石黏土应用研究》一书。正是这本书的共同撰写，坚定了团队从事凹凸棒石研究的执念。

凹凸棒石情。2000 年甘肃凹凸棒石矿产资源开发刚刚起步，而以江苏盱眙为代表的我国凹凸棒石产业发展已经历了初步开发、粗放加工期(1982～1991 年)，综合开发、市场成长期(1991～1999 年)，正处在政府引导、行业管理期(2000～2009 年)。在"十五"期间，江苏加大了凹凸棒石产业科技开发力度，非常重视凹凸棒石产业科技创新及其服务体系建设，凹凸棒石产业被江苏省科技厅确定为苏北星火产业带科技先导型区域支柱产业。但当时产品生产多采用干法或半干法传统工艺，由于凹凸棒石棒晶解离关键共性技术没有取得突破，凹凸棒石产品的附加值一直比较低，产业链也比较短，凹凸棒石产业发展受到严重制约。为此，团队将研究方向转为凹凸棒石关键共性技术研究。2008年，团队与当地一家企业合作建立了"凹凸棒石研究与开发联合实验室"，决定走湿法高值利用工艺之路，挖掘凹凸棒石的纳米材料属性。凹凸棒石是一种天然一维纳米材料，但棒晶大多以鸟巢状或柴垛状聚集，如何在不损伤棒晶束长径比前提下，高效解离棒晶束是制约产业发展的世界性难题。

凹凸棒石棒晶束解离过去多采用高速搅拌、碾磨、超声和冷冻等传统处理方式，要么棒晶束解离不完全，要么固有的长径比会损伤。团队尝试多种新设备和工艺，发现高压均质设备可实现棒晶束的有效解离，随后经过大量试验，发展了"对辊处理—制浆提纯—高压均质—乙醇交换"一体化工艺。在保持棒晶固有长径比前提下，实现了凹凸棒石棒晶束的高效解离，有效避免了分散棒晶的二次团聚，得到了纳米凹凸棒石。凹凸棒石棒晶束解离纳米化技术的攻克，实现了矿物材料向纳米材料的转变，解决了凹凸棒石"高质低用"的关键共性技术难题。该成果获得了2015年度江苏省科学技术奖一等奖和2018年国家技术发明奖二等奖。

2010年，江苏盱眙凹凸棒石产业发展又进入聚集人才、创新发展期。为了促进政产学研合作，突破技术、服务企业，推动产业发展，2010年6月中国科学院南京分院与盱眙县人民政府签署了共建"中国科学院盱眙凹土应用技术研发与产业化中心"协议，王爱勤研究员受邀挂职科技副县长负责中心的组建，并受聘中心主任。中国科学院兰州化学物理所率先建立了"中国科学院兰州化学物理研究所盱眙凹土应用技术研发中心"，其后引领中国科学院宁波材料技术与工程研究所、中国科学院广州能源研究所、常州大学和生态环境部南京环境科学研究所等单位入驻。该中心以江苏特色凹凸棒石资源高值化利用为背景，以提高凹凸棒石产业整体科技创新水平和市场竞争力为目标，面向凹凸棒石产业发展重大需求，在中国科学院南京分院的支持下，完成了"江苏凹土产业关键技术创新体系与示范服务平台建设"；在地方政府的支持下，获批"江苏省凹土材料产品检测技术重点实验室"；在全国非金属矿产品及制品标准化技术委员会的支持下，成立了全国非金属矿产品及制品标准化技术委员会凹凸棒石工作组，全面贯通了凹凸棒石产业发展的人才平台、研发平台和检测服务平台。2014年，为了全面总结凹凸棒石棒晶束解离研究工作，由科学出版社出版了《凹凸棒石棒晶束解离及其纳米功能复合材料》一书。

凹凸棒石梦。凹凸棒石黏土在形成过程中由于地质条件的变化，往往会同时共生其他矿物，它们的存在会对凹凸棒石的化学组成和棒晶形貌产生影响。因此，凹凸棒石研究既具有共性问题又具有鲜明的地域特色。通过构建平台、突破技术、服务产业，助推了盱眙凹凸棒石产业创新发展。在此期间，在政府创新驱动战略引导下，盱眙县已建成凹凸棒石加工企业50余家，成功研发系列产品80多种。其中，大豆油脱色剂占全国市场份额80%以上，干燥剂占全国市场份额60%以上，形成了独具特色的产业集群和助推产业发展的"盱眙模式"。期间，甘肃省也将凹凸棒石产业发展提升为省级层面，作为中央在甘单位也在思考"盱眙模式"能否对储量丰富的甘肃凹凸棒石产业发展有借鉴意义。

多年来，凹凸棒石研究受到了国内学者的广泛关注，研究者从不同的角度对资源分布、物化性能、表面改性、有机-无机复合和矿物组成等方面开展了研究，但研究多集中在表面改性处理和功能复合等方面，就杂色混维凹凸棒石黏土研究涉及不多。尽管甘肃发现凹凸棒石矿已有 20 年时间，但与江苏盱眙和安徽明光凹凸棒石色度白、纯度高的特性相比，甘肃凹凸棒石多伴生有伊利石、绿利石、高岭石和云母，是典型的混维凹凸棒石黏土矿，同时在形成过程中存在类置同象替代现象，色泽杂难以开发高附加值产品，成为制约甘肃凹凸棒石产业规模发展的瓶颈因素。因此，在系统认知甘肃凹凸棒石微观结构和矿物属性基础上，提出了转白是甘肃混维凹凸棒石黏土高值利用的前提和全矿物利用是发展重点的产业发展路径和思路。

在江苏盱眙进行凹凸棒石研发时，团队就开启了对甘肃杂色混维凹凸棒石黏土转白和伴生矿同步转化应用研究。在充分研究凹凸棒石及其伴生矿微观结构基础上，发明了混维凹凸棒石结构性转白关键制备技术，利用既具有还原性又具有离子络合能力的有机酸，选择性梯度溶出八面体中的致色离子，在转白的同时保留了凹凸棒石及其伴生矿的矿物属性。在湿法转白凹凸棒石取得进展的基础上，又发展了半干法和微波转白工艺，显著提升了工艺路线的环保性和经济性。将转白后伴生伊利石等矿物的混维凹凸棒石用于塑料和橡胶等增韧补强方面，展现了混维凹凸棒石提升机械性能的优势，实现了伴生矿的高值利用。同时利用转白洗涤液中含有的铁、铝金属离子，构筑层状双氢氧化物材料，将其用于染料和抗生素等有机物吸附后，直接通过无氧煅烧法制备了矿物生物炭材料，最终用于土壤改良或修复。此外，基于"以色制色"策略，直接以红色混维凹凸棒石构筑了铁红杂化颜料，揭示了黏土矿物中铝元素提升杂化颜料颜色性能、耐热性和耐酸碱性机理。初步建立的矿物资源全面利用新方法，实现了伴生矿的高值利用和溶出离子的有效利用，开辟了混维凹凸棒石黏土资源利用新途径，建立的技术体系正在助推资源优势向经济优势转变。低品位凹凸棒石关键共性技术研发及应用成果获得了 2017 年度甘肃省技术发明奖一等奖。目前已与甘肃融万科技有限公司签署合作协议，转白产品已建成生产线，即将实现批量生产，该成果也获得了甘肃省首批"揭榜挂帅"项目的支持。

甘肃拥有丰富的混维凹凸棒石黏土资源，但缺乏引领应用高技术研究的专业平台。2016 年甘肃省科技厅批准依托中国科学院兰州化学物理研究所建设了"甘肃省黏土矿物应用研究重点实验室"。为了形成合力和上下游联动机制，2017 年联合省内 8 家省级重点实验室举办了"凹凸棒石平台联动学科交叉"研讨会，初步形成了"纵向联合、优势互补、协同创新"的开放式平台联动机制。同年 8 月，甘肃省出台了《甘肃省新材料产业发展专项行动方案》(2016—2020)，将"凹凸棒石新材料"列为发展主题，提出了"加快发展凹凸棒石材料"重要科技任务，支持以中国科学院兰州化学物理研究所为牵头单位组建了"甘肃省凹凸棒石产业技术创新战略联盟"。在此基础上，中国科学院兰州化学物理研究所又获批了"甘肃省矿物功能材料创新中心"和"甘肃省黏土矿物功能材料工程研究中心"，进一步完善了研发和示范服务平台建设，努力打造"基础研究—应用基础研究—产业技术研究—产业成果转化"的全链条融通发展模式，力争为甘肃省混维凹凸棒石黏土产业的可持续发展提供良好的技术支持。

与此同时，甘肃省临泽县人民政府依托"甘肃省凹凸棒石产业技术创新战略联盟"，确定了临泽凹凸棒石产业园区建设规划，已建立初级加工和创新发展 2 个园区，设立临泽县凹凸棒石产业发展开放课题，通过举办系列产业发展研讨会和座谈会，确定了高值利用的可行路径和重点研发方向。甘肃凹凸棒石产业发展处于起步阶段，矿物属性不同还不能照搬"盱眙模式"。发展甘肃凹凸棒石产业既要做好顶层设计，还必须脚踏实地。近几年，团队为地方企业提供了非科研人员擅长的保姆式服务；与河西学院联合开设黏土矿物学本科班，开启了基础人才培养的序幕。在政产学研的共同努力下，目前凹凸棒石产业发展已列入甘肃省"十四五"发展规划。

当今世界正面临百年未有之大变局，正处在大变革大调整之中，新一轮科技革命和产业变革正在孕育兴起。"十三五"期间，我国凹凸棒石的创新研发，缩小了与国际先进水平的差距，较好地推动了产业的升级换代。但我国凹凸棒石产业总体还呈粗放型，资源利用率偏低，"十四五"期间，迫切需要解决"高效分级利用、精细加工与制备、高值利用应用示范"的产业全链条关键难题，实现产业示范应用重大突破。

我国凹凸棒石资源主要分布在江苏、安徽和甘肃。2020年，江苏盱眙产业已进入深度融合、协同创新期，安徽明光产业发展处于政府引领创新发展期，甘肃产业发展处于政府引导起步发展期。如何实现资源所在地"整体布局、信息共享、协同创新、差异发展"一直是团队的期望和梦想。为了推进甘肃和江苏凹凸棒石产业互动，中国科学院兰州化学物理研究所举办了"2010甘肃-江苏凹凸棒石应用学术研讨会"和"2013甘肃-江苏凹凸棒石黏土应用学术研讨会"，通过举办"助推江苏和甘肃凹凸棒石产业发展座谈会"和"2018凹土产业高峰论坛"，最终促成江苏盱眙、安徽明光和甘肃临泽三地政府共同签订了凹凸棒石产业发展战略合作协议，初步建立了凹凸棒石产业发展信息共享机制。2020年11月，中国科学院兰州化学物理研究所举办了"十四五"凹凸棒石产业发展重点研发方向暨标准研讨会。三方分别介绍了各自凹凸棒石产业发展现状及"十四五"研发方向需求。大家一致认为，在新形势下凹凸棒石产业发展要有新目标，盱眙、明光和临泽三地应针对各自凹凸棒石属性和产业发展的实际现状，务实做好目标清晰的"十四五"发展规划，同时伴随着优质矿物资源的不断减少，应关注混维凹凸棒石黏土矿物的应用研究、绿色工艺研发、凹凸棒石不可替代性应用挖掘以及矿产资源综合利用，提出了"整体布局、学科交叉、对标产业、输出产品"的发展思路。呼吁凹凸棒石人应一起在做大做强产业的道路上执着前行，协同实现凹凸棒石高值利用的梦想。

"十三五"以来，在国家自然科学基金(41601303、21377135和21706267)、中国科学院STS重点项目(QYZX-2016-015、KFJ-STS-QYZD-014和KFJ-STS-QYZX-086)、江苏省重大成果转化(BA2016134)、甘肃省科技厅重点研发计划(17YF1WA167)和甘肃省自然科学基金重大项目(18JR4RA001)的支持下，团队发展了有机/无机杂化材料、无机/无机杂化颜料、超疏水疏油分离材料、霉菌毒素吸附材料、多功能抗菌材料和矿物生物炭等新材料。其中，所研发的凹凸棒石玉米赤霉烯酮和呕吐毒素吸附剂填补了我国高端霉菌毒素吸附剂自主研发和生产的空白，打破了国外产品在此领域的技术和市场垄断。在过程中团队深刻认识到，科研人员要走出实验室，从市场需求中凝练课题，再将研发结果应用于社会，才能实现产学研一体化，真正将论文写在祖国大地上。

2007年出版了第一本有关凹凸棒石专著后，就有了每7年出版一本书的梦想。今年恰逢建党100周年。《凹凸棒石新型功能材料及应用》在全面介绍凹凸棒石研究和应用现状的基础上,重点介绍了作者在凹凸棒石新型功能材料构筑及其应用方面的研究工作,综述了凹凸棒石新型功能材料研究进展,较全面反映了目前凹凸棒石功能材料研究和应用现状,以期能为深化凹凸棒石应用研究和加快凹凸棒石的应用开发发挥积极作用。

全书共 10 章。第 1 章概论(王爱勤),第 2 章凹凸棒石无机杂化颜料(牟斌、王爱勤),第 3 章凹凸棒石玛雅蓝颜料(张俊平、王爱勤),第 4 章凹凸棒石超疏水/超双疏材料(张俊平、魏晋飞),第 5 章凹凸棒石基抗菌材料(王爱勤、惠爱平),第 6 章凹凸棒石霉菌毒素吸附材料(王爱勤、康玉茹),第 7 章凹凸棒石稳定 Pickering 乳液构筑多孔吸附材料(朱永峰、王爱勤),第 8 章凹凸棒石基炭复合材料(牟斌、王爱勤),第 9 章凹凸棒石基其他新型复合材料(王爱勤、王晓雯、卢予沈、王文波)和第 10 章混维凹凸棒石黏土构筑功能材料(王文波、王爱勤)。

在本书编写过程中,得到了中国地质大学(北京)、中国矿业大学(北京)、兰州大学、南京大学、武汉理工大学、合肥工业大学、南京工业大学、浙江工业大学、西北师范大学、兰州理工大学、兰州交通大学、甘肃农业大学、常州大学、淮阴师范学院、河西学院、中国科学院广州地球化学研究所、中国科学院宁波材料技术与工程研究所和中国科学院广州能源研究所以及中国非金属矿工业协会等单位同行的鼓励和支持。中国科学院兰州化学物理研究所李淑娥博士、张弘博士、杨浩博士和段房智博士等参与了有关文献资料和绘图等工作。在此,向关心和参与本书编写和出版的同仁表示衷心感谢!此外,在编写过程中,参考了公开发表的文献资料,对所引用文献的作者表示诚挚的谢意。

由于凹凸棒石研究涉及的学科领域较多,近年来研究发展速度很快,加之水平及能力有限,本书难免会存在不足之处,敬请读者批评指正。

作　者

2021 年 6 月

目　　录

第1章 概　论

非金属矿物资源的利用水平及其与金属矿产值的比例是衡量一个国家工业化成熟度的重要标志。许多黏土矿物具有独特的结构与表面性质，如纳米晶体结构、永久结构电荷、可控层间域和特殊孔道结构等，通过结构与表面性能调控可构筑矿物功能材料。黏土矿物是由硅、氧、铝、镁、铁、钾等地球上丰度最高的几种元素组成的一类尺寸小于 2 μm 的一维(1D)或二维(2D)硅酸盐矿物，主要种类包括高岭石族(1∶1 型，层状)、蒙脱石族(2∶1型，层状)、绿泥石族(2∶1∶1 型，层状)和海泡石族(2∶1 型，层链状)等(图 1-1)。

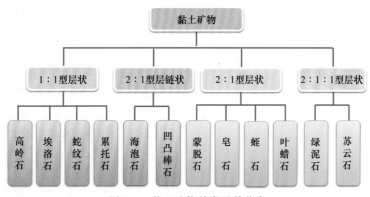

图 1-1　黏土矿物种类及其分类

黏土矿物的基本结构单元有硅-氧四面体(以 T 表示)和金属-氧八面体(以 O 表示)，它们通过 Si—O—Si 或 Si—OM 键连接构成不同黏土矿物。例如，由一个四面体片(T)和一个八面体片(O)组成的结构单元层称为 1∶1 型(TO 型)，如高岭石、埃洛石和蛇纹石等；由两个四面体片(T)夹一个八面体片(O)组成的结构单元层称为 2∶1 型(TOT 型)，如蒙脱石、叶蜡石、云母和蛭石等。黏土矿物的 T 和 O 组合方式决定形成具有独特结构和不同形态的矿物晶体。例如纳米棒(凹凸棒石等)、纳米纤维(海泡石等)、纳米管(埃洛石和伊毛缟石等)、纳米片(蒙脱石、高岭石、伊利石、绿泥石和伊蒙混层黏土等)。

黏土矿物结构单元层在垂直网片方向周期性地重复叠置构成矿物的空间格架，而在结构单元层之间存在着空隙称层间域[1]。四面体片由连续的二维角共享四面体$[TO_4]^{4-}$组成，包括三个基础氧和顶部氧。四面体片材有$[T_4O_{10}]^{4-}$的组成，其中 T = Si^{4+}、Al^{3+}、Fe^{3+}。顶端氧围绕较大的八面体阳离子形成八面体配位单元的一个角。八面体薄片由紧密堆积的八面体 O^{2-}、OH^-阴离子的两个平面组成，中心阳离子为 Mg^{2+}或 Al^{3+}。最小的结构单元包含三个八面体位置。层状硅酸盐的三八面体结构具有全部三个被阳离子占据的位点。二八面体页硅酸盐具有两个被阳离子占据的八面体位点，且一个位点是空的。在自然和工业价值上具有相对丰富储量的黏土矿物主要包括高岭石[理想的化学成分：$Al_4Si_4O_{10}(OH)_8$]、叶蜡石[$Al_4Si_8O_{20}(OH)_4$]、蒙脱石($Na_{0.50\sim1.20}$ [($Al_{3.50\sim2.80}Mg_{0.50\sim1.20}$)($Si$)$_8O_{20}(OH)_4$])、伊利石($K_{0.50\sim1.50}$ [($Al_{4.00}$)($Si_{7.50\sim6.50}Al_{0.50\sim1.50}$)$O_{20}(OH)_4$])、海泡石[$Mg_4(Si_6O_{15})(OH)_2 \cdot 6H_2O$]、埃洛石[$Al_4Si_4O_{10}(OH)_8 \cdot 4H_2O$]和凹凸棒石[$Mg_5Si_8O_{20}(OH)_2(OH_2)_4 \cdot 4H_2O$](表 1-1)[2]。

表 1-1　不同维度黏土矿物基本信息[2]

维度	名称	主要元素组成/%	密度/(g/cm³)	分子质量/(g/mol)	比表面积/(m²/g)	晶体结构	SEM 形貌
1D	凹凸棒石	SiO_2(58.38) Al_2O_3(9.50)	2.1~2.3	583.38	130		
1D	海泡石	SiO_2(55.21) Al_2O_3(0.43) Fe_2O_3(0.15)	2.0~2.5	300.92	122		
1D	埃洛石	SiO_2(46.86) Al_2O_3(34.10) Fe_2O_3(2.27)	2.0~2.2	252.34	20		
2D	蒙脱石	SiO_2(65.34) Al_2O_3(12.89) Fe_2O_3(2.38)	2.0~2.7	282.21	249		
2D	蛭石	SiO_2(39.00) Al_2O_3(12.00) Fe_2O_3(8.00)	2.4~2.7	—	10		
其他类型	高岭石	SiO_2(53.70) Al_2O_3(43.60) Fe_2O_3(2.00)	2.5~2.6	258.00	359		
其他类型	硅藻土	SiO_2(72.00) Al_2O_3(11.40) Fe_2O_3(5.80)	0.5	60.00	1	—	

　　在黏土矿物的形成过程中,矿物晶体会发生类质同晶取代现象,即矿物晶格中的中心离子会被性质相似的阳离子取代,如四面体中的 Si^{4+} 会被 Al^{3+} 替换,八面体中的 Al^{3+} 会被 Mg^{2+} 或 Fe^{2+} 取代,导致实际化学组成与其理论值之间存在显著差异。对于由不连续的八面体片和两个连续的四面体片组成的层链黏土矿物(海泡石和凹凸棒石),某些三价阳离子(例如 Al^{3+} 和 Fe^{3+} 离子)可能会取代八面体位置的 Mg^{2+} 离子,导致结构负电荷和表面负电荷的产生[3]。

黏土矿物的性质主要由晶体结构和化学组成决定。矿物晶体发生类质同晶取代的结果使矿物表面带负电荷[4]，为保持晶体结构的电荷平衡，黏土矿物会通过表面吸附或离子交换吸附阳离子，从而表现出优异的吸附性能。黏土矿物的表面电荷取决于外部条件的 pH。当黏土矿物存在于 pH 值低于零电荷点(pH_{pzc})的水性介质中时，会发生铝醇基的质子化作用。相反，当水性介质的 pH 值高于 pH_{pzc} 时，硅烷醇和铝醇基团发生去质子化。随着 pH 值增加，表面电荷从正减少到零，然后再减少到负值。黏土矿物对阳离子物质的捕获能力还取决于阳离子交换能力。大部分黏土矿物具有孔隙度高、化学性质稳定和机械性能强的特点，具有较大的比表面积、较高的离子交换能力和大量的活性表面基团，因而有出色的胶体、吸附、载体和增韧补强等功能，在众多领域得到了广泛应用[5]。

人类利用黏土矿物已有数千年的历史。在远古时代，陶瓷、药物、矿物颜料和各种建筑材料等许多黏土矿物衍生的产品已被广泛使用。大约 1000 年前，即在北宋(公元 960～1127 年)，中国人就创造了移动式印刷系统，利用黏土矿物制成了可移动的字符。因此，黏土矿物在人类文明和社会发展中起着至关重要的作用。在黏土矿物衍生产品市场需求旺盛的带动下，现代黏土矿物科学技术研究取得了长足的进步，对黏土矿物的结构和性质也有了更深刻的认识，黏土矿物的理论和应用研究也取得了较大进展。

在过去的几十年中，黏土矿物独特的纳米棒、纳米纤维、纳米管、纳米片层和层间域结构在工程领域应用中展现出了不可比拟的优势(图 1-2)[6,7]，已经成为制造各种功能材料的基础材料。随着纳米科学和纳米技术的飞速发展，为黏土矿物纳米材料特性的应用创造了条件，黏土矿物作为基质开发出了多种矿物功能材料。如何利用一维(1D)黏土矿物的纳米棒、纳米纤维或纳米管特性和二维(2D)层状纳米结构，构筑工业工程、生命健康和国防军工等领域所需的功能材料，已成为黏土矿物研究的主要焦点。通过研磨、超声、酸活化、碱活化、热活化、插层、柱撑、接枝、杂化和分级组装等各种物理或化学方法，发展了多种矿物功能材料。

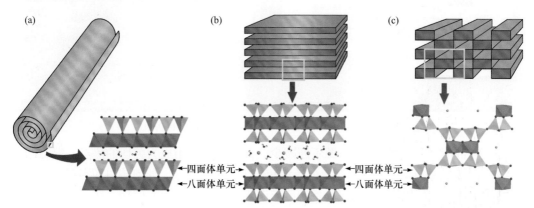

图 1-2　(a)1∶1 型层状黏土矿物、(b)2∶1 型层状黏土矿物和(c)2∶1 型层链状黏土矿物结构示意图[7]

黏土矿物大多具有纳米尺寸的最小结构单元，是自然界中储量极为丰富的天然纳米材料。在黏土矿物的大家族中，凹凸棒石(又称坡缕石)是一种具有规整孔道(0.37 nm × 0.64 nm)和一维棒晶(长约 1～5 μm，直径约 20～70 nm)形貌的含水富镁铝硅酸盐黏土矿物。但长期以来，具有纳米结构的凹凸棒石被作为"土"使用，资源利用水平低。天然形成的凹凸棒石纳米棒晶大多以鸟巢状或柴垛状聚集。在"十二五"期间，作者发明了"对辊处理-制浆提纯-高压均质-乙醇交换"一体化工艺，解决了凹凸棒石棒晶束解离过程中棒晶损伤和干燥过程中棒晶二次团聚的技术难题，实现了从矿物材料到纳米材料的根本性转变(图 1-3)[8,9]。在凹凸棒石棒晶束高效解离基础上，建立了表面功能化诱导调控凹凸棒石性能的新方法，揭示了无机/有机分子增强凹凸棒石功能应用的耦合机制，构筑了系列纳米功能材料，实现了凹凸棒石一维棒晶纳米功能性应用。

图 1-3 凹凸棒石棒晶束解离及其纳米复合材料构筑[9]

随着高品位优质黏土矿物资源不断减少，伴生矿的利用成为关切的焦点。混维凹凸棒石矿在我国储量有 10 亿吨之多，色泽深和伴生矿组成复杂，如何转白和实现伴生矿物综合应用，是杂色混维凹凸棒石具备功能导向规模化工业应用的前提。在"十三五"期间，在充分研究凹凸棒石及其伴生矿微观结构的基础上，作者发明了混维凹凸棒石结构性转白关键制备技术，利用既具有还原性又具有离子络合能力的有机酸，选择性梯度溶出八面体中的致色离子，在转白的同时保留了凹凸棒石及其伴生矿的矿物属性。在湿法转白凹凸棒石取得突破的基础上，又发展了半干法和微波转白工艺[10,11]，显著提升了工艺路线的环保性和经济性。将转白后伴生伊利石等矿物的混维凹凸棒石用于塑料和橡胶等增韧补强方面, 展现了混维凹凸棒石提升机械性能的优势[12], 实现了伴生矿的高值利用。

利用转白洗涤液中含有的铁、铝金属离子, 构筑层状双氢氧化物(LDH)(图 1-4), 将其用于染料和抗生素等有机物的吸附后[13], 直接通过无氧煅烧法制备了矿物生物炭材料, 最终用于土壤改良和重金属污染土壤修复[14]。黏土矿物矿大多都伴生石英砂。为了全方位利用矿物资源, 将其"吃干榨净", 石英砂活化后利用机械力化学法构筑了钴蓝杂化颜料(图 1-5)[15], 为黏土矿物伴生石英砂的利用提供了新思路。

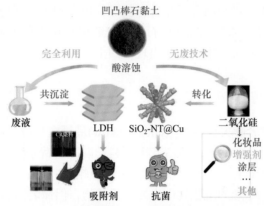

图 1-4　混维凹凸棒石构筑各种功能材料[13]

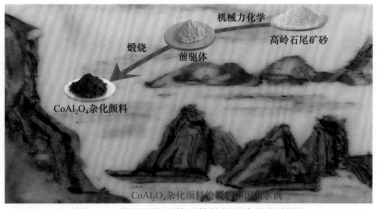

图 1-5　利用矿物石英砂构筑钴蓝杂化颜料[15]

近年来, 在资源所在地政府部门的大力支持下, 作者团队贯通了凹凸棒石矿物材料、纳米材料和功能材料的技术体系, 建成了人才聚集、创新研发、检测服务和标准制订平台, 形成了独具特色的产业集群和助推产业高质量发展的"盱眙模式"。建立的矿物资源全面利用新方法, 实现了伴生矿的高值利用和溶出离子的有效利用, 开辟了混维凹凸棒石资源利用新途径, 建立的技术体系正在助推资源优势向经济优势的转变。在该方面的系统研究有利于形成矿物功能材料新技术和新产品, 推动矿物功能材料研究形成"功能材料构筑—功能材料应用—关键技术突破—产品产业化"的良性发展机制, 带动相关学科共同发展的同时促进产业壮大发展。本书侧重于凹凸棒石新型功能材料的构筑, 集中反映了作者团队在该领域近年来的最新研究成果。

1.1 凹凸棒石概述

凹凸棒石(又称坡缕石)是一种具有 2∶1 型层链状结构的天然纳米级含水富镁铝硅酸盐黏土矿物,具有纳米棒晶形貌、规整的纳米孔道结构和表面活性硅烷醇基团。由于具有较大的比表面积和优异的理化性能,凹凸棒石在油品脱色、钻井泥浆、分子筛、造纸、涂料、催化或药物载体材料和高分子复合材料等领域得到了广泛应用。有关凹凸棒石的命名和分类,在 2014 年出版的《凹凸棒石棒晶束解离及其纳米功能复合材料》专著中已做过介绍,但在近年来的文献中仍频繁出现"凹土"或"凹凸棒"等,作者认为有必要进一步规范相关术语。

1.1.1 凹凸棒石命名

1862 年,俄罗斯学者萨夫钦科夫(Ssaftschenkow)最早在乌拉尔坡缕缟斯克(Palygorsk)矿区热液蚀变带中发现该矿物[16];1913 年苏联科学院院士费尔斯曼(Fersman)将该矿物命名为 Palygorskite(坡缕石)。1935 年,法国学者拉帕伦特(de Lapparent)在美国凹凸堡(Attapulgus)和法国莫尔摩隆的沉积岩中也发现该矿物,但命名为 Attapulgite(凹凸棒石)。Palygorskite 和 Attapulgite 是晶体结构一致、化学成分相同的同一矿物种。按照命名优先原则,1980 年,Bailey 代表国际黏土研究协会(AIPEA)推荐命名为坡缕石(Palygorskite)[17]。

黏土矿物名称大多源于地名或人名,有些依特征命名。由于黏土矿物成分复杂多变,加之性质相近,难以分离提纯,早期对它的确切成分和结构细节仍未能充分掌握,以致它的分类和名称一直比较混乱,尤其是中文译名。为此,1982 年,许冀泉等人受全国第一届黏土学术交流会筹备组的委托,并经大会组织专题讨论修改后,将其坡缕石作为种名,凹凸棒石作为一种有经济价值的黏土名称给予保留[18]。

在目前的实际使用中,无论是国外文献还是国内文献,也无论是外国学者还是国内学者发表的英文文章,坡缕石与凹凸棒石都在同时使用,相对而言外国学者使用坡缕石的频率更高一些。事实上坡缕石和凹凸棒石在成因上有根本不同,在性质上也有较大差异。凹凸棒石是沉积型产物,外观致密像土,晶体呈棒状;坡缕石是热液蚀变产物,外观柔软,其结晶性能好,晶体呈纤维状(图 1-6)[19]。由于坡缕石和凹凸棒石成因及其晶体形貌有着显著差别,故有人认为不能把坡缕石与凹凸棒石看成是一种矿物,应把凹凸棒石作为坡缕石的亚种矿物[20]。

在国内的文献和媒体报道中,经常出现"凹土"或"凹凸棒"等术语,也有将沉积型矿物称为坡缕石,这都是不规范的表述。我国只有在贵州大方发现的矿物是热液成因,可称为坡缕石。但热液成因形成的矿多为"鸡窝矿",没有规模化工业开采价值。国内已探明可工业化的矿主要分布在江苏盱眙、安徽明光、甘肃白银和临泽等地,这些矿都是沉积成因,应称为凹凸棒石。由于国内研究者大多是研究沉积成因矿,建议统一使用凹凸棒石名称。作者研究的是沉积型凹凸棒石,在发表英文文章时更多在使用 Attapulgite,到目前为止只有个别杂志推荐使用 Palygorskite。事实上,在商业化应用中,国外也普遍使用凹凸棒石名称[21]。

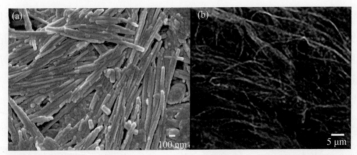

图 1-6　(a)沉积型凹凸棒石棒状形貌和(b)热液型坡缕石纤维状形貌[19]

1.1.2　凹凸棒石晶体结构

深刻认识凹凸棒石的晶体结构对构筑功能材料至关重要，但在过去的研究工作中多属于"拿来主义"。因此，加强对凹凸棒石基本结构的了解，可挖掘凹凸棒石的纳米材料潜力，拓展凹凸棒石不可替代性应用。凹凸棒石是具有代表性的天然一维纳米棒状硅酸盐矿物，具有纳米级孔道和活性表面功能基团。由于凹凸棒石的微观结构和形态与海泡石类似，在矿物学中将凹凸棒石归属为海泡石族[22]。

图 1-7 是目前广泛应用的凹凸棒石晶体结构图[23,24]。由图可见，凹凸棒石基本结构单元由平行于 C 轴的硅氧四面体双链组成，顶点氧原子分别指向(010)和(100)晶面方向，形成沿(001)方向无限延伸的四面体层。各个链间通过氧原子连接，链中硅氧四面体自由氧原子的指向(即硅氧四面体的角顶)每四个一组，上下交替排列。这种排列方式使四面体片在链间被连续地连接，构成具有相互连接的链层状结构。指向(010)晶面的四面体顶点氧与金属阳离子相连(通常为凹凸棒石中的 Mg^{2+} 或 Al^{3+})，形成八面体层的配位点；而指向(100)晶面方向的四面体顶点氧原子和两个 OH(或 OH_2)基团占据剩余的八面体配位点。

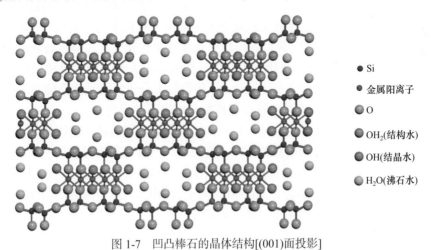

● Si
● 金属阳离子
○ O
◉ OH_2(结构水)
◉ OH(结晶水)
◉ H_2O(沸石水)

图 1-7　凹凸棒石的晶体结构[(001)面投影]

连续四面体中自由氧原子指向的不一致性使凹凸棒石中八面体层的横向延伸受到限制，在形成孔道的位置处终止，由四个 OH_2 完成边缘八面体的配位，形成由两个连续四面体层中间夹一层八面体层(宽度为 5 个八面体)的"三明治"型链层单元。在凹凸棒石的两个 2∶1 连续链层单元之间, 邻近氧原子基平面的位置处可以形成平行于层链的很多孔道, 孔道截面约为 0.37 nm × 0.64 nm(图 1-8)。因此, 从基本结构上讲, 凹凸棒石的基本结构具有非常鲜明的特征: ①连续的四面体氧原子基平面或四面体层; ②反转四面体排列形成的相互连接的辉石状链带; ③不连续的八面体层。

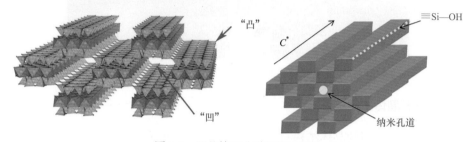

图 1-8　凹凸棒石孔道结构示意图

凹凸棒石的理论结构式为 $Mg_5Si_8O_{20}(OH)_2(OH_2)_4 \cdot 4H_2O$[25,26]。但凹凸棒石黏土在形成过程中由于类质同晶替代现象, 实际产出的凹凸棒石的晶体结构式与理论结构式存在一定差异。根据离子类质同晶替代和电荷平衡关系, Drist 等[27]提出了较为合理的凹凸棒石晶体结构式:

$$Mg_{5-Y-Z}R^{3+}_{Y\square Z}(Si_{8-X}R^{3+}_X)O_{20}(OH)_2(OH_2)_4E^{2+}_{(X-Y+2Z)/2}(H_2O)_4$$

其中, R^{3+} 代表 Al^{3+}、Fe^{3+}, □代表八面体空位, E^{2+} 代表可交换阳离子。凹凸棒石类质同晶取代现象使其结构式的准确表达很困难。在晶体结构中, 取代离子不同或取代位置不同都会引起结构中可交换阳离子、沸石 H_2O 和空缺位置发生变化, 从而在晶体中产生结构缺陷。然而, 目前在凹凸棒石的研究中, 研究者并没有特别关注缺陷的存在, 这正是作者在不同的文章和会议报告中特别强调"一矿一工艺"的重要性。例如, 凹凸棒石与有机分子进行交换反应时, 这种交换能否发生取决于有机阳离子的尺寸, 同时还取决于所选用的凹凸棒石结构属性。典型的玛雅蓝就涉及靛蓝分子在凹凸棒石表面和孔道吸附[28], 而吸附作用的强弱与凹凸棒石的晶体结构密切相关[29]。因为晶体结构缺陷的存在, 在结构中产生了大量的空穴和吸附位点, 使得较大分子吸附到凹凸棒石表面或进入孔道中变得容易, 这对凹凸棒石独特性能挖掘和应用至关重要。

凹凸棒石的应用性能主要与晶体结构八面体中的类质同晶取代密切相关, 这也是不同地区凹凸棒石黏土性能差异的重要原因。理想的凹凸棒石晶体应该是三八面体矿物, 其中八面体的位置都被 Mg^{2+} 离子占据。然而由于类质同晶取代效应, 某些三价阳离子(例如 Al^{3+} 和 Fe^{3+} 离子)会取代八面体位点的 Mg^{2+} 离子, 因而大自然形成的凹凸棒石更多的是以二八面体或二八面体与三八面体过渡态形式存在[30-32]。凹凸棒石中的八面体阳离子通常位于八面体内部和边缘位置, 具体位置用 M1、M2 和 M3 表示(图 1-9)。M1 位置位于八面体层的晶面中心, M2 与 M1 相邻, M3 与 M2 相邻[33]。理想的三八面体凹凸棒石通常镁含量较高, 晶体结构中八面体层中 M1 位置完全或部分被 Mg 所占据, 晶体结构缺陷少, 棒晶发育较好, 长径比较高, 同时具有优异的水合性能和耐电解质性能, 所以能够表现出优异的胶体性能, 是制备高性能无机凝胶的理想原料[34,35]。在国内安徽明光官山矿属于较典型的三八面体凹凸棒石，遗憾的是储量有限，且开采难度较大。相比之下，二八面体凹凸棒石镁含量相对较低，结构中八面体层 M1 位点空置，M2 或 M3 位点也不同程度地被三价金属离子(Al^{3+}、Fe^{3+})取代，结构的缺陷使其棒晶发育不理想，长径比不高。这类凹凸棒石是典型的吸附型凹凸棒石，是制备吸附剂的理想原料。在国内，江苏盱眙黄泥山矿属于较典型的二八面体凹凸棒石。

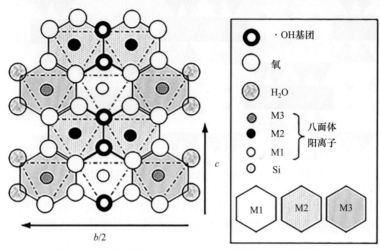

图 1-9　八面体层中 M1、M2 和 M3 位点(100)面透视图[33]

在凹凸棒石黏土成矿过程中，常常还伴生着蒙脱石、高岭石、白云石、云母、伊利石和绿利石等矿物，它们的存在往往也会影响凹凸棒石的棒晶发育，进而影响凹凸棒石的应用性能。过去过分强调了单一凹凸棒石的应用，强调提纯凹凸棒石应用的重要性。事实上，一方面，伴生矿物本身较难分离，而达不到单一凹凸棒石提纯的目的；另一方面，研究表明含有一维凹凸棒石和二维高岭石和伊利石等形成的混维矿物，在增韧补强等方面应用更具优势[12]。因此，在对不同产地和不同矿点凹凸棒石黏土应用的过程中，不宜过分强调"低品位"或"高品位"，而是结合凹凸棒石黏土矿的微观结构特征，在全面分析不同凹凸棒石黏土矿类质同晶取代和理化特性的基础上，根据实际所开发产品对性能的要求来选择不同类型的矿。在凹凸棒石应用研究中，加强对凹凸棒石微观结构的深化认识是实现凹凸棒石黏土矿产资源高效利用的基础。

凹凸棒石晶体结构中存在的水对构筑矿物功能材料也有重要影响。凹凸棒石晶体中的水以表面吸附水、孔道中的沸石水(H_2O)、位于孔道边缘参与八面体边缘镁离子配位的结晶水(OH_2)和与八面体层中间阳离子配位的结构水(OH)四种形式存在。Post 等[36]研究发现，凹凸棒石结构中还可能存在两种位于不同位置的沸石水分子(或每 8 个四面体位置的 4 个 H_2O 分子)，两种沸石水分别标记为 H_2O1 和 H_2O2(图 1-10)，H_2O2 临近与边缘八面体配位的 OH_2，距离在形成氢键的距离(0.279 nm 和 0.293 nm)之内。而 H_2O1 分子驻留在镜像平面上，在孔道内与其他水分子作用形成无序的氢键网络。这类水分子受到的作用力相对较弱，在受热作用下更容易失去。

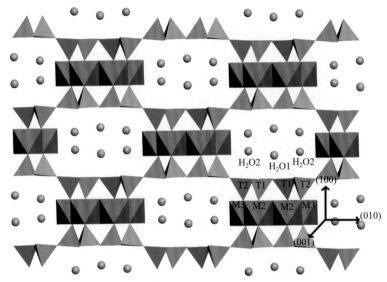

图 1-10　凹凸棒石晶体结构中水分子分布图[36]

　　凹凸棒石晶体结构中水分子的存在状态对结构和性质以及构筑功能材料会产生较大影响。水分子在热处理过程中可以选择性地移除,从而改变孔道结构和理化性质[37]。三八面体凹凸棒石和二八面体凹凸棒石脱去水分子的温度也不尽相同。不同凹凸棒石八面体位中 Mg^{2+}、Al^{3+}、Fe^{3+} 三种阳离子的不同占位将影响到与之相关的配位结晶水(HO—H)及结构水(OH)的性状。凹凸棒石中存在两种以上不同性质的配位结晶水(HO—H)及结构水(OH),根本点在于八面体位中 Fe^{3+} 的含量及其在八面体层中的占位。八面体边缘位置有 Fe^{3+} 占据时,配位结晶水处于非等同一致的状态,由于 Mg^{2+} 与 Fe^{3+} 电负性的差异,导致了两种不同的 MOH···H(MgOH···H 和 FeOH···H)的结合形式,脱失所需温度不同。八面体位中 Mg^{2+}、Fe^{3+} 和 Al^{3+} 占位的差异也使凹凸棒石和坡缕石在第二和第三吸热阶段所需热能值相差较大[38]。此外,利用凹凸棒石晶体结构中的沸石水和配位水等可有效构筑有机无机杂化材料,著名的玛雅蓝颜料就是充分利用凹凸棒石中的沸石水形成的[26,28,39]。

　　凹凸棒石的显微结构包括三个层次[40]:一是凹凸棒石的基本结构单元,即棒状单晶体,简称棒晶;二是由棒晶紧密平行聚集而成的棒晶束;三是由棒晶束(也包括棒晶)间相互聚集而形成的各种聚集体(图 1-11)。有关扫描电镜的观察结果显示,天然凹凸棒石棒晶间通常以鸟巢状或柴垛状聚集,多属于显微结构中的第三个层次。因此,凹凸棒石在应

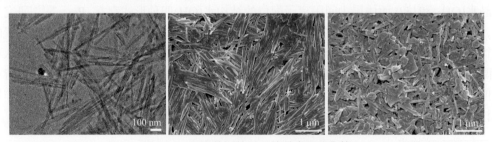

图 1-11　凹凸棒石棒晶、棒晶束和聚集体

用前需进行聚集体解离，使其成为真正意义上的一维纳米材料。

关于天然凹凸棒石黏土矿物中主要微观结构单元的定义，目前尚无统一说法。García-Romero 等[41,42]证明，天然凹凸棒石黏土矿物主要由板条(最小的结构单元)、棒晶(板条的定向组合)和束(棒晶的组合)组成。在许多其他研究中，纤维[43-46]或棒[47-49]经常被用来描述最小的晶体单元。在本书中，凹凸棒石的最小晶体单元称为棒晶，相应地，棒晶的聚集称为棒晶束，而棒晶束的缔合称为聚集体。

1.1.3　凹凸棒石黏土分类

凹凸棒石含量为多少才可以称为凹凸棒石黏土矿一直没有明确界定。早期认为凡凹凸棒石含量大于10%皆属于凹凸棒石黏土矿，根据矿石中黏土矿物及伴生矿物含量，结合矿石的其他特征，易发成等[50]把苏皖凹凸棒石黏土矿石的自然类型划分为五类(各类中凹凸棒石含量均>10%)。①凹凸棒石黏土：凹凸棒石含量>50%，其他矿物含量<50%；②白云石凹凸棒石黏土：白云石含量>50%，其他矿物含量<50%；③硅质凹凸棒石黏土：硅质矿物含量>50%，其他矿物含量<50%；④混合黏土：无一种矿物含量>50%，蒙脱石＋凹凸棒石含量<50%；⑤蒙脱石黏土：蒙脱石含量>50%，其他矿物含量<50%。

但在目前的实际应用中，凡作为凹凸棒石黏土生产和销售的产品，其凹凸棒石含量都大于 50%。因此，从这个意义上讲，真正以凹凸棒石黏土为产品原料矿的凹凸棒石含量应该大于 50%。作者在 2014 年出版的《凹凸棒石棒晶束解离及其纳米功能复合材料》专著中，就强调应以凹凸棒石含量是否最高作为划分依据，在实际产品生产中才有指导意义。例如，在混合黏土矿中，定义为蒙脱石＋凹凸棒石含量<50%，如果蒙脱石含量高于凹凸棒石，就不应该划入凹凸棒石黏土矿的范畴。矿物成分中凹凸棒石含量是否最高应作为判定凹凸棒石黏土或混合黏土矿的依据。例如甘肃临泽矿区的凹凸棒石黏土，其凹凸棒石含量通常在 20%~50%的范围内，但除石英砂和伴生矿物外，凹凸棒石含量仍然最高，故也是凹凸棒石黏土矿。由于该类矿物常常还伴生着蒙脱石、高岭石、白云石、云母、伊利石和绿泥石等二维黏土矿物，为了更精确地定义凹凸棒石黏土矿的类型，建议将此类矿物定义为混维凹凸棒石黏土。

由于黏土矿物具有一矿多种工业用途性质，矿石工业类型即矿石自然类型。依据上述划分原则，可以按其地质成因划分为纤维状坡缕石和棒状凹凸棒石黏土两大类。将棒状凹凸棒石黏土中凹凸棒石含量>50%定义为凹凸棒石黏土矿，凹凸棒石含量<50%伴生有其他黏土矿物定义为混维凹凸棒石黏土矿。

1.1.3.1　热液成因纤维状坡缕石

1985 年贵州工学院地质系首次在贵州织金县发现坡缕石矿[51]。张杰等[19]系统开展了贵州大方矿的分析测试研究。根据坡缕石矿的野外产状及显微镜观察，将大方坡缕石矿划分为 3 种类型：Ⅰ型为薄至中厚板片状、透镜状、纤维状坡缕石，纯度较高，坡缕石含量大于90%，有少量伊利石。Ⅱ型为薄-中厚层浸染状坡缕石，充填或胶结细粒方解石(或其他成分)产出于岩石断裂裂隙带中。显微镜下观察呈针状、棒状及短纤维状坡缕石与细微粒黏土矿物混生。Ⅲ型为黏土状坡缕石充填或胶结角砾的形式产出于断层破碎带角砾岩内，呈透镜状、团块状及不规则脉状等，称为角砾状坡缕石。其伴生矿物有石英、方解石、高岭石，角砾成分主要为泥灰岩，次为白云质灰岩及灰质白云岩等。

化学成分分析测试结果表明，贵州大方坡缕石 CaO 和 MgO 质量分数明显高于苏皖地区凹凸棒石。XRD 测试表明，纤维状坡缕石具有单斜凹凸棒石特征，与苏皖等地凹凸棒石特征衍射峰相类似，但在峰位置上略有不同。尽管贵州坡缕石具有纤维状晶体结构，也开展了相关研究开发[52]，但由于矿床属于鸡窝矿，开采难度大，至今该类资源仍没有得到规模化应用。

1.1.3.2　火山喷发沉积成因棒状凹凸棒石黏土

地质资料表明[53,54]，苏皖凹凸棒石成矿带地区中-上新世曾发生过两次规模较大的火山喷发活动，形成了两套以火成岩为主的岩系，在火山喷发间隙期，区内形成了许多以火成岩为基地的湖泊盆地，中新世下草湾期除了佛窝隆起带外，几乎全是沉积区，并形成了河桥—兴隆(西侧)和穆店—莲塘(东侧)两个中心区沉积。参照目前各处凹凸棒石黏土矿床分布特点，可以推测当时分布一群封闭性湖泊盆地，如雍小山盆地、花果山盆地、高家洼盆地、黄泥山-猪咀山盆地等。裂山矿区属河桥—兴隆沉积区，推测位于花果山盆地内。

研究表明[55,56]，中-上新世火山喷发间隙期，区内形成以玄武岩为基地的湖泊盆地，大量的玄武岩风化产物形成于湖盆地，湖水 pH 值提升至 8～10[57]，在碱性水体中，火山碎屑或玄武岩化学成分(Si、Mg、Al)在水体中被分解出来，溶解于湖盆中[58]。当水体中阳离子(Mg^{2+}、Al^{3+})含量增加，SiO_2 溶解度降低，产生氧化硅和氧化铝溶胶[59]，在与 Mg^{2+} 参与下，当 SiO_2、Al_2O_3 分子比达 4～5 时，开始形成蒙脱石，水体中 Al^{3+} 浓度逐渐降低，随着介质中 Mg^{2+} 不断增加，不稳定蒙脱石矿物从而转化为凹凸棒石[60]。火山喷发沉积成因形成的凹凸棒石大多呈灰白色[61]。矿物成分分析表明，苏皖凹凸棒石成矿带中凹凸棒石含量较高，大多大于 50%，凹凸棒石晶体形貌呈棒状，部分伴生蒙脱石或白云石，主要分布在我国安徽省明光市和江苏省盱眙县。目前我国主要应用的是火山喷发沉积成因棒状凹凸棒石黏土矿，在江苏盱眙和安徽明光形成了规模化产业。

1.1.3.3　湖相或海相沉积成因混维凹凸棒石黏土

甘肃省凹凸棒石黏土矿均产生于中新生代陆相盆地中，主要赋存于第三纪地层中，为内陆咸水湖相沉积成因，广泛分布在临泽、会宁和靖远县，空间上呈东西向带状分布，在第四系冲沟两侧埋藏较浅者形成矿体。凹凸棒石含量在 20%～50% 之间，同时还伴生有高岭石和伊利石等矿物，偶见蒙脱石，属于典型的混维凹凸棒石矿[62]。凹凸棒石含量总体低于江苏和安徽矿床。临泽县凹凸棒石棒晶发育长度一般在 1 μm 以上，棒晶较粗，直径一般在 100 nm 左右，与火山喷发沉积成因棒状凹凸棒石有明显差别。

湖相或海相沉积成因混维凹凸棒石八面体中的部分位置可以被 Al^{3+} 和 Fe^{3+} 等离子取代，形成介于二八面体和三八面体之间的过渡晶态。通常 Al 能占据八面体位置的 28%～59%，其他离子包括 Fe^{2+}、Fe^{3+} 以及少量的过渡金属离子皆可占据八面体位置，同时赤铁矿等含铁化合物也以结晶态或无定形态共生在凹凸棒石黏土矿物中，因而这些矿物在色泽上呈现砖红色、灰色或灰黑色[63]。砖红色凹凸棒石黏土矿物形成于干旱-半干旱古气候条件和富镁、碱性-半碱性介质条件以及强蒸发环境，常见于海洋、潟湖和内陆湖的沉积物中，在百济-第三纪内陆湖泊沉积盆地中更为常见[64-66]，在自然界中储量丰富，分布广泛[67]。

1.2　凹凸棒石研究概况

1984 年 11 月，Elsevier 出版社出版了由辛格(A. Singer)和盖伦(E. Galan)主编的《凹凸棒石-海泡石的产状、成因和用途》(*Palygorskite-Sepiolite Occurrences, Genesis and Uses*)一书[57]。它不仅以大量篇幅描述了世界上各种产状的凹凸棒石-海泡石及其典型矿床的矿物学特征、岩石学特征及凹凸棒石和海泡石等的形成机理，而且总结了凹凸棒石和海泡石的性质和用途，对于开发和利用凹凸棒石黏土矿产有着重要的参考价值。

从 2006 年起，Elsevier 出版社出版了系列丛书《黏土科学进展》(*Developments in Clay Science*)。第一卷是《黏土科学手册》(*Handbook of Clay Science*)[24]，内容涉及黏土的基础科学和应用；第二卷是《应用黏土矿物学产状、加工和高岭土、膨润土、凹凸棒石-海泡石及通用黏土的应用》(*Applied Clay Mineralogy: Occurrences, Processing and Application of Kaolins, Bentonites, Palygorskite-Sepiolite, and Common Clays*)[5]，其中第七章内容涉及凹凸棒石的应用；第三卷是《凹凸棒石-海泡石研究进展》(*Developments in Palygorskite-Sepiolite Research*)[27]，全面介绍了凹凸棒石的成因、结构及其在各方面的应用；第四卷是《黏土/聚合物的构筑和性质》(*Formation and Properties of Clay-Polymer Complexes*)[68]，主要介绍了黏土/聚合物方面的应用进展；第五卷是第一卷的第二版[24]，该版更详细介绍了有关各种黏土的性质、表征手段及其应用；第六卷是《天然和工程应用中的黏土障碍》(*Natural and Engineered Clay Barriers*)[69]，全面介绍了黏土矿物应用中发展的新技术和新材料；第七卷是《纳米管状黏土矿物：埃洛石和伊毛缟石》(*Nanosized Tubular Clay Minerals：Halloysite and Imogolite*)[70]，全面介绍了埃洛石和伊毛缟石等管状黏土矿物的应用情况；第八卷是《黏土矿物的红外和拉曼广谱表征方法》(*Infrared and Raman Spectroscopies of Clay Minerals*)[71]，全面介绍了红外和拉曼广谱等表征方法在黏土矿物中应用情况；第九卷是《黏土矿物的表界面化学》(*Surface and Interface Chemistry of Clay Minerals*)[72]，全面介绍了黏土矿物近年来的新型应用；该系列丛书尤其是第三卷，尽管涉及中国凹凸棒石研究和产业应用情况的内容不多，但对从事凹凸棒石的研究人员来说值得仔细研读。最近，作者收到了 Fernando Wypych 和 Rilton Alves De Freitas 教授的邀请，为 2022 年即将出版的第十卷《黏土矿物和合成类似物作为乳化剂制备 Pickering 乳液》(*Clay Minerals and Synthetic Analogous as Emulsifiers for Pickering Emulsion*)撰写第六章黏土矿物在 Pickering 乳液和泡沫稳定中的应用。

在国内，1997 年由郑自立等[73]出版的《中国坡缕石》，是国内系统介绍凹凸棒石最早的专著。2004 年，陈天虎等[74]出版了《苏皖凹凸棒石黏土纳米矿物学及地球化学》，对苏皖凹凸棒石黏土矿物学、成因矿物学和应用矿物学以及地球化学进行了较为系统的介绍，对从事凹凸棒石黏土矿产资源加工与应用、矿物学、地球化学、材料科学、化学工程等领域的研究人员有重要参考价值。2012 年，何林等[52]出版了《坡缕石及其微纳米材料的改性与工程应用》，介绍了自 20 世纪 80 年代初期在贵州地区发现坡缕石矿床以来，该矿物研究和利用的基本情况，比较系统地介绍和论述了坡缕石纳米矿的矿物学性能和工程应用研究的方法及其成果。

2007 年，作者合作出版了《凹凸棒石黏土应用研究》[75]，从凹凸棒石黏土的理化性能、加工工艺、应用现状和产品标准等方面，综合介绍了我国凹凸棒石黏土的开发利用情况，侧重于凹凸棒石黏土的应用研究。2014 年，作者又出版了《凹凸棒石棒晶束解离及其纳米功能复合材料》[76]，在全面介绍凹凸棒石研究和应用现状的基础上，重点介绍了作者在凹凸棒石棒晶束解离和各种改性方法对凹凸棒石微结构及其理化性能的影响以及有机无机复合等方面的研究工作进展。

无论是国外还是国内关于凹凸棒石的专著，作者都从不同的专业角度系统介绍了凹凸棒石的研究进展。但是近年来，凹凸棒石研究发展较快，为了全面反映近年来凹凸棒石方面的研究和开发利用情况，本书的写作主要是在凹凸棒石棒晶束高效解离基础上，围绕凹凸棒石的吸附性能、胶体性能、载体性能和增韧补强性能，重点介绍了作者和其他科技工作者在新型功能材料构筑方面的最新科研成果，展望了未来的应用前景。为了全面了解近年来论文发表、专利申请和标准制定等方面的情况，本节结合相关查询做了系统综述。

1.2.1　从论文发表看研究热点

1.2.1.1　凹凸棒石 SCI 论文分析

在 SCIE(Science Citation Index Expanded，科学引文索引扩展版)论文数据库中，以关键词*Attapulgit* 或*Palygorskit*为主题词(即标题、作者关键词、系统匹配关键词和摘要)检索了 2011～2020 年(截止至 2021 年 1 月 10 日)年间凹凸棒石领域 SCI 论文情况，并采用美国汤姆森科技信息集团开发的 Thomson Data Analyzer(TDA)等工具进行了分析。结果表明，在 SCI 数据库中从主题字段中共检索含有 "*Attapulgit*或*Palygorskit*" 的 SCI 论文数量是 2278 篇，其中标题中含有 "*Attapulgit*或*Palygorskit*" 的 SCI 论文数量是 1314 篇，排除标题中含有，在摘要和作者关键词以及系统匹配关键词中含有"*Attapulgit* 或*Palygorskit*"的共计 964 篇，经过在关键词和标题中提取关键词和去除系统匹配关键词的干扰数据，共得到检索结果 1859 篇 SCI 论文，SCI 发文总体呈现持续增长态势。由图 1-12 中可以看出全球凹凸棒石领域近 10 年 SCI 发文总体呈现持续增长趋势。从被引用次数的年度趋势图中可以看出，凹凸棒石领域的引用次数呈现逐年上升的趋势，说明该领域的研究越来越受到关注。

表 1-2 是全球主要国家 SCI 论文发表情况主要指标分析，该数据来自 Incites 数据库。凹凸棒石领域近 10 年 SCI 发文分布在全球 73 个国家和地区。其中，我国发表 SCI 论文数量最多，澳大利亚篇均被引用次数最高，美国一区文章占比最高，高达 75.81%(按照 Web of SCI JCR 分区)。从近 3 年的发文比率可以看出一个国家在该领域的活跃度，巴西和希腊是 2009 年才开始在凹凸棒石领域发表论文，但近几年的研发成果呈现急速增长趋势。通过分析还可以看出，SCI 论文发表情况与凹凸棒石的地理分布有很大关系，发表

文章的国家都赋存有凹凸棒石资源。

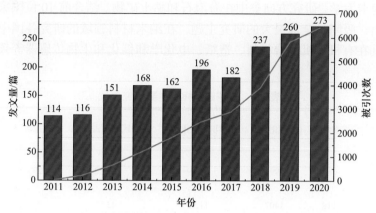

图 1-12　凹凸棒石领域 2011~2020 年 SCI 年度发文和引用趋势

表 1-2　全球主要国家发表 SCI 论文情况

国家	发文量/篇	被引次数	篇均被引次数	一区文章占比/%	前 10%文章占比/%	近 3 年比率/%	标准化论文引用影响指数
中国	1 300	18 627	14.33	50.95	12.85	44.08	1.06
美国	142	1930	13.59	75.81	8.45	42.96	0.95
西班牙	87	1184	13.61	69.12	13.79	49.43	0.99
巴西	54	468	8.67	50.00	5.56	51.85	0.73
澳大利亚	49	991	20.22	71.74	26.53	26.53	1.39
伊朗	46	354	7.70	27.50	4.35	30.43	0.58
法国	45	892	19.82	60.00	4.44	31.11	0.98
英国	37	460	12.43	51.43	8.11	29.73	0.98
希腊	36	393	10.92	43.75	0.00	30.56	0.75
意大利	31	444	14.32	72.00	19.35	45.16	1.48

标准化论文引用影响指数(Category Normalized Citation Impact, CNCI)可对同学科、同年度、同文献类型、刊登于不同期刊中的论文进行归一化处理后,作为相对指标来揭示文章的引文影响力。标准化论文引用影响指数数值大于 1 表明高于全球平均水平,小于 1 表明低于全球平均水平。从表中可以看出,只有中国、澳大利亚和意大利的 CNCI 数值大于 1,说明这 3 个国家的发文引用高于全球平均水平。

表 1-3 是近 10 年 SCI 论文发表数量前 10 名国家涉及的主要研究单位。从表中可以看出,前 10 位研究单位中有 9 家是中国机构,而在 9 家中国机构中有 3 家来自甘肃。前 10 名单位中,除淮阴工学院外其他均为 ESI 高被引单位。从标准化论文引用影响指数(CNCI)数据可以看出,中国科学院兰州化学物理研究所、兰州大学、合肥工业大学、西班牙最高科研理事会、兰州理工大学和南京理工大学的发文被引用情况高于领域平均水平。我国研究最多的分布在吸附、纳米复合材料和矿物功能材料等领域。美国主要的研

究机构是特拉华大学，主要研究方向是纳米复合材料。西班牙的主要研究机构是马德里大学和萨拉曼卡大学，研究方向集中在海泡石和黏土矿物。结合前 10 位国家主要的研究方向可以看出，吸附是全球最大的研究主题，在纳米材料领域的研究各国中也均有所涉及。此外，其在有机无机复合材料、造纸、电化学和催化和生物传感器等领域有广泛的研究。

表 1-3　全球凹凸棒石主要研究单位

机构名称	发文量/篇	引用次数	篇均被引用次数	一区文章占比/%	H 指数	标准化论文引用影响指数
中国科学院兰州化学物理研究所	164	2999	18.29	59.72	29	1.11
常州大学	118	1407	11.92	43.27	23	0.85
淮阴工学院	89	1275	14.33	49.38	22	0.90
兰州大学	61	1470	24.10	76.36	22	1.39
合肥工业大学	55	822	14.95	48.00	19	1.11
西班牙最高科研理事会	51	841	16.49	76.19	17	1.21
兰州理工大学	47	408	8.68	36.11	11	1.06
南京农业大学	44	347	7.89	51.35	13	0.87
中国科学院合肥物质科学研究院	38	513	13.50	66.67	13	0.80
南京理工大学	38	593	15.61	70.59	16	1.34

凹凸棒石领域应用范围广泛，分布在 85 个 Web of Science 分类领域中。其中，发文最多的研究领域是物理化学领域，其次是材料科学、化学工程、矿物学、环境科学和地球科学等领域。此外，在纳米材料、土壤学、水资源和能源燃料领域也得到了广泛关注。图 1-13 是利用 VOSviewer 关键词聚类绘制的凹凸棒石领域关键词分布图，可以看出，凹凸棒石研究领域主要的关键词是在吸附、重金属、玛雅蓝、催化、颜料、肥料、生物活性、涂料和纳米材料等。近 10 年来，凹凸棒石领域 SCI 发文期刊分布在 504 种期刊上。前 10 位期刊发文量占了所有期刊发文量的 25.96%，发文最多的期刊是 *Applied Clay Science*，发文量高达 204 篇。

1.2.1.2　凹凸棒石 CSCD 论文分析

以中国科学引文数据(CSCD)平台为数据源，数据年代限定为 2011～2020 年。检索字段限定为：篇名/摘要/关键词；检索词为：凹凸棒石；凹凸棒；凹土；坡缕石；检索式：TS:(凹凸棒石 or 凹凸棒 or 凹土 or 坡缕石)。截至 2021 年 1 月 10 日，经检索后有 1022 篇期刊论文，经审核均符合数据分析要求。

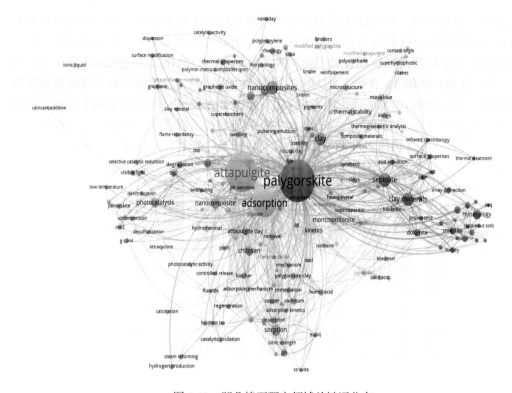

图 1-13　凹凸棒石研究领域关键词分布

　　由图 1-14 可以看出，与我国发表 SCI 论文形成鲜明对比的是，在国内凹凸棒石近 10 年 CSCD 论文数量呈现逐年减少趋势。2011～2020 年，2011 年是国内凹凸棒石发表论文数量的峰值年，2011～2016 年论文数量呈现幅度较小的振荡式下降，从 2016 年开始，每年发文数量呈现下降趋势。该数据说明国内从事凹凸棒石研究者更加愿意将研究成果发表到 SCI 期刊。

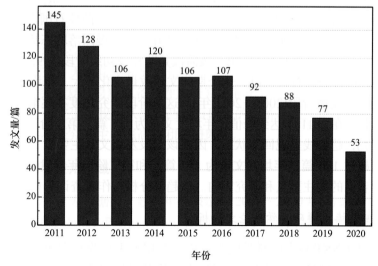

图 1-14　2011～2020 年度国内凹凸棒石 CSCD 发文数量分布

请数量在 2000~2004 年之间不多, 增长较后期较慢。2005~2009 年专利申请数量波动增长, 进入波动成长期。从 2010 年开始专利申请和公开数量突增, 进入快速发展期。其中专利申请量从 2015 年的 855 件上升到 2018 年的 2022 件(图 1-16)。

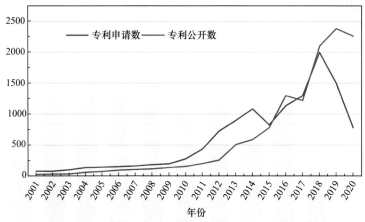

图 1-16 近 20 年凹凸棒石专利申请数量与公开数量

在专利申请人国别分布方面, 中国专利数量遥遥领先其他国家。2001~2020 年, 凹凸棒石领域的专利申请来源国中, 中国共有 4871 件有效专利, 5444 件审中专利, 占全部专利数量的 90.27%。位于专利数量前 10 位的国家或国际组织依次是中国、美国、日本、韩国、欧洲专利局、世界知识产权组织、法国、英国、印度和德国(图 1-17)。

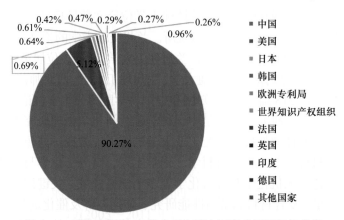

图 1-17 凹凸棒石前 10 位专利申请人国家或国际组织分布

中国的有效专利技术领域主要集中在吸附性、预处理配料、吸附法处理废水、肥料、水泥、陶瓷制品、涂料添加剂等领域。图 1-18 为 2001~2020 年中国有效专利(4871 件)的技术领域分布, 凹凸棒石作为混合配料组成的有效专利数量最多, 有 366 件专利, 占到中国有效专利同族数的 7.51%。其次是应用在吸附剂、预处理配料、吸附法处理废水、肥料、水泥、陶瓷制品、黏土制品、涂料添加剂、含土壤调理剂的肥料和分子筛等领域。作为配料成分的专利分类中, 专利数量为预处理配料>有机配料>无机配料。总体来看, 利用凹凸棒石独特性能促进产业高质量发展的专利申请量较少。

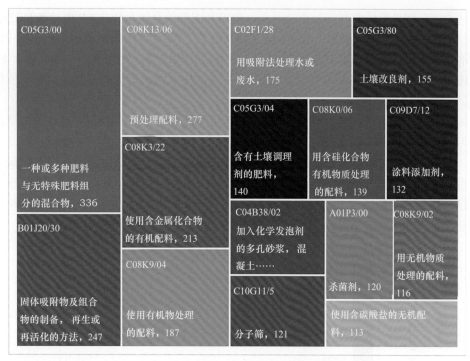

图 1-18　中国凹凸棒石有效专利技术领域分布图

国外在华申请的专利分布中，美国在华申请的专利数量最多。2001～2020 年，美国在华申请的专利数量有 101 件。其次是日本、法国、德国、韩国、意大利、荷兰、瑞士、英国和西班牙(图 1-19)。从主要国家在华申请专利的专利权人及技术领域信息看，美国在华专利的申请人和技术领域相对较分散，主要在涂料、吸附剂、催化剂、杀虫剂及除草剂、阻燃、绝缘材料、口腔护理组合物和止血剂等领域。法国和瑞士的专利申请人及申请领域都相对比较集中，主要在吸附剂、钻井液稳定剂、造纸助流剂和包装材料等领域。

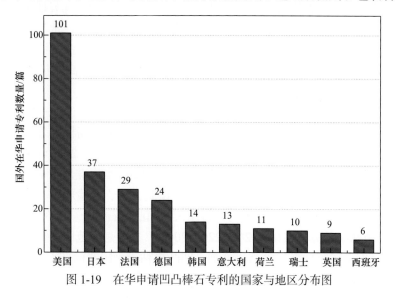

图 1-19　在华申请凹凸棒石专利的国家与地区分布图

从我国在国外申请专利的分布情况看，中国在国外的有效专利共64件，分布在美国、印度、澳大利亚、欧洲专利局、日本、荷兰和新加坡。在64件中国申请的国外专利中，中国石油化工集团的有效和审中专利有14件，其中在印度7件、美国5件、澳大利亚1件、新加坡1件。申请年代主要集中在2005～2019年，技术领域集中在主要烃类裂解催化剂方面。

国内有效专利权人主要集中在个人、企业和科研机构，个体申请人的专利申请与转让许可行为较活跃。国内有效专利申请人集中的前10个省份是江苏、安徽、北京、广东、浙江、山东、甘肃、湖南、上海和湖北(图1-20)。这些省份大部分也是凹凸棒石储量较大的省份。技术领域涉及吸附剂、脱色剂、表面活性剂改性、复合材料、催化剂、涂料、分子筛、增稠剂、阻燃剂、防腐材料、絮凝剂、降解材料、复合纳滤膜、防腐涂料、抗菌剂和杂化颜料等。

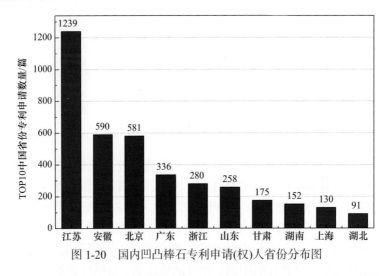

图1-20　国内凹凸棒石专利申请(权)人省份分布图

前20位发明人集中在以许庆华、许盛英、蒋文兰为核心的个体发明团队，甘肃华晨生态治理有限公司，中国石化，中国科学院兰州化学物理研究所，常州大学，中国科学院广州能源研究所和西北师范大学等高校和国企机构。近年来，涉及凹凸棒石新型应用的专利申请量逐渐增多，也在一定程度上说明凹凸棒石产业进入高质量发展阶段。

1.2.3　从标准制订看行业规范

标准决定质量，有什么样的标准就有什么样的质量，只有高标准才有高质量。为了规范凹凸棒石产业发展，江苏盱眙非常重视标准制定工作。早在2006年就制定了《饲料用凹凸棒石粘土通用要求》地方标准(DB32/T 891—2006)。本标准规定了饲料用凹凸棒石黏土通用要求的术语和定义、选矿加工、要求、试验方法、检验规则、标志和标签、包装、运输、贮存，适用于加工、销售的饲料用天然凹凸棒石黏土。2008年发布了《凹凸棒石粘土测试方法》地方标准(DB32/T 1220—2008)，主要是规范凹凸棒石黏土矿石的测试方法。《食品安全国家标准　食品添加剂　凹凸棒粘土》国家标准(GB 29225—2012)适用于以凹凸棒黏土为原料，采用酸活化、焙烧工艺生产的食品添加剂凹凸棒黏土。本标准由中华人民共和国卫生部于 2012 年 12 月 25 日发布，2013 年 1 月 25 日正式实施。2012年 11 月 6 日，由安徽省质量技术监督局制定的《凹凸棒土增稠剂》地方标准(DB34/T 1734—2012)发布实施。

2014 年，制定了《凹凸棒石粘土制品》建材行业标准(JC/T 2266—2014)。该标准由中华人民共和国工业和信息化部于 2014 年 10 月 14 日正式发布，于 2015 年 4 月 1 日开始实施，规定了凹凸棒石黏土制品的术语和定义、标记、分级和要求、试验方法、检验规则和标志、包装、运输和贮存。适用于以凹凸棒石黏土为原料，制得的吸附脱色剂、干燥剂、黏结剂、涂料用、填料用、宠物垫料用、凹凸棒石黏土复合助留剂、高黏凹凸棒石黏土、凹凸棒石废水处理吸附剂、提纯凹凸棒石、纳米凹凸棒石、凹凸棒石无机凝胶等 12 种凹凸棒石黏土加工产品。

2017 年，全国非金属矿产品及制品标准化技术委员会批复同意成立凹凸棒石工作组，承担我国凹凸棒石黏土行业标准化工作。中国科学院兰州化学物理研究所王爱勤研究员担任主任委员，江苏省盱眙凹凸棒石黏土行业协会郑茂松研究员担任副主任委员兼秘书长，其后加快了相关凹凸棒石及其产品标准制定步伐。近年来，先后发布了 7 项团体标准，它们分别是《纳米级凹凸棒石粘土》(Q/320830 ATB01—2016)、《高粘凹凸棒石粘土矿》(Q/320830 ATB02—2016)、《凹凸棒石类玛雅蓝颜料》(Q/320830 ATB02—2017)、《吸附级凹凸棒石粘土矿》(Q/320830 ATB01—2017)、《饲料原料 凹凸棒石》(Q/320830 ATB01—2017)、《凹凸棒石矿物质营养土》(T/XYATB 002—2019)和《凹凸棒石复合有机肥》(T/XYATB 002—2020)。

2012 年，我国农业部第 1773 号公告发布的《饲料原料目录》中包括了凹凸棒石(粉)，但暂无饲料原料凹凸棒石黏土的国家标准和行业标准，影响凹凸棒石产品在饲料中的推广应用。因此，制定饲料原料凹凸棒石行业标准对凹凸棒石在饲料中的合理应用和科学开发均具重要意义。目前由南京农业大学、中国科学院兰州化学物理研究所和江苏神力特生物科技股份有限公司联合制定的《饲料原料 凹凸棒石(粉)》农业行业标准已形成送审稿。

为了进一步推进凹凸棒石黏土矿分级开采规范化，2019 年发布了《凹凸棒石粘土矿分级规范》地方标准(DB32/T 3668—2019)，规定了胶体级凹凸棒石黏土矿和吸附级凹凸棒石黏土矿分级的主要指标、分级实验方法和规则要求，适用于胶体级凹凸棒石黏土矿和吸附级凹凸棒石黏土矿品质分级。此外，在咸阳非金属矿研究设计院有限公司牵头组织下，作者组织了《凹凸棒石黏土分级测试方法》国家标准(计划号 20192038-T-609)的制定，规定了凹凸棒石黏土的术语定义、分级和要求、试验方法、判定规则。适用于胶体级凹凸棒石黏土、吸附级凹凸棒石黏土、结构材料凹凸棒石黏土和共生矿物的品质分级和测试。

要大力推进技术专利化、专利标准化、标准产业化，特别要推进标准国际化，推动中国标准"走出去"。2020 年 11 月 18 日，中国科学院兰州化学物理研究所组织召开了"十四五"凹凸棒石产业发展重点研发方向暨标准研讨会。会议期间，召开了全国非金属矿产品及制品标准化技术委员凹凸棒石工作组会议，提出了"十四五"凹凸棒石国际标准、国家标准、行业标准和团体标准制订规划。

"十四五"期间,围绕《新材料标准领航行动计划(2018~2020 年)》要求,结合凹凸棒石应用方向,开展凹凸棒石领域原材料类标准制定;围绕《原材料工业质量提升三年行动方案(2018~2020 年)》要求,开展凹凸棒石相关测定、评价方法标准制定;围绕标准化工作服务于"一带一路"建设的实施意见(工信部科〔2018〕231 号),开展凹凸棒石领域标准英文版翻译、国际标准制定等工作;围绕凹凸棒石领域开发新材料需求,开展凹凸棒石领域团体标准、企业标准制修订等工作;围绕凹凸棒石领域开发的测试设备的计量需求,开展凹凸棒石领域检测设备校准规范制修订等工作;围绕《绿色制造标准体系建设指南》,开展绿色产品、绿色工厂、绿色园区、绿色供应链、绿色评价与服务等系列绿色制造系列标准的制修订工作。同时结合国家倡导的节能降耗政策,开展资源节约、能源节约、清洁生产、温室气体管理、资源综合利用等节能与综合利用系列标准的制修订工作。

1.3　凹凸棒石功能材料研究概述

从 20 世纪 80 年代以来,我国凹凸棒石产业的发展经历了起步、仿制和自主创新等阶段。以江苏盱眙为代表的凹凸棒石产业发展先后经历了①初步开发、粗放加工期(1990年以前),②综合开发、市场成长期(1990~1999 年),③政府引导、行业管理期(2000~2009年),④聚集人才、创新发展期(2010~2019 年) 4 个阶段。目前已进入深度融合、协同创新期(2020 年至今)。安徽明光凹凸棒石产业发展处于政府引领、创新发展期,甘肃产业发展处于政府引导起步发展期。伴随着产业发展,国内外研究者围绕黏土矿物的资源分布、矿物组成、理化性质、表面改性和功能复合应用等多个方面开展了大量研究工作。尤其是近年来,地学、矿物学与化学、材料学、环境科学等多个学科交叉融合,极大地丰富了黏土矿物研究的方法和策略,有效地促进了黏土矿物及相关材料的研究和开发,黏土矿物的应用也从脱色剂、干燥剂、增稠剂、土壤修复、肥料助剂等传统领域逐步拓展到高性能吸附材料[78]、储能材料[79]、生物医学材料[80]、智能传感材料[81]、功能涂层[82]、防腐材料[83]、屏蔽材料[84]和催化材料[85]等高端应用领域。

近 10 年来,通过对凹凸棒石微观结构的深入研究,进一步深化了对凹凸棒石及其伴生矿的认识;破解了制约产业发展棒晶束解离的国际难题,发展了超疏水、疏油分离材料、无机杂化颜料、霉菌毒素吸附材料;拓展了组织工程材料、液晶材料、储氢材料、膜分离材料、绝热材料和 3D 打印等方面的应用。但凹凸棒石是一种基础材料,如果不在关键共性问题解决的基础上开展工作,就不能最大限度挖掘凹凸棒石的纳米材料属性,更不能实现产业化过程。

近年来,资源所在地都在声称拥有极大的资源储量,但储量只是矿产资源,如果没有开采就不能变为矿物原料,而加工手段又决定矿物产品的性能。矿物原料分层、分级开采是凹凸棒石高值利用的前提,棒晶束高效解离从矿物材料变为纳米材料是高值利用的关键,绿色加工手段是产业高质量发展的重点。然而,基于大量文献调研发现,目前国内外针对凹凸棒石的研究仍然集中在纯度较高和矿物组成单一的黏土矿物,同时对矿物组成复杂的混维凹凸棒石黏土矿物应用基础研究工作较少。此外，由于黏土矿物的地域特征鲜明，因而各国学者主要针对本国的黏土矿物开展研究，跨国研究其他国家黏土矿物的工作较少。对于我国混维凹凸棒石黏土矿物，国内仅有少数学者开展了相关研究。目前研究内容主要涉及混维凹凸棒石黏土矿物的成因及地质演化[66]、矿物组成分析[86]以及这些黏土矿物在初步改性[87,88]、农业[89]和环境修复[90]等方面的初步应用研究。因此，本节系统介绍了凹凸棒石棒晶束解离技术研究进展，以期为矿物材料到功能材料的应用提供参考。

1.3.1 从矿物材料到纳米材料

凹凸棒石是纳米结构材料，也呈棒晶形貌，但由于静电、氢键和范德瓦耳斯力的作用，天然形成的凹凸棒石棒晶以晶体束或聚集体存在，在实际应用中不能发挥一维纳米材料的特性。因此，凹凸棒石的棒晶束解离具有重要的科学意义和产业价值。迄今为止，凹凸棒石棒晶束解离的有效方法有物理法(例如，球磨、挤压、超声和高速剪切等)、化学法(例如，酸处理、溶剂处理和分散改性等)和物理化学一体化工艺。

1.3.1.1　常规物理法

机械处理有助于通过挤压力、剪切力和捏合力将凹凸棒石棒晶束聚集体分散，早期的研究主要以干法为主。Jin 等[91]研究了变频行星超细球磨处理对凹凸棒石晶体结构和形态的影响。发现研磨处理 1 h 可以减小粒径，但晶体结构转变为非晶态。研磨时间进一步增加至 2～4 h，并没有进一步减小粒径，但非晶度进一步增加。当球磨时间超过 5 h 时，颗粒二次团聚，且棒晶固有结构被严重破坏。Boudriche 等[46]比较了不同研磨方式(配料球磨、超细气流粉碎、振动球磨)对凹凸棒石结构的影响。与气流粉碎方式相比，振动球磨对晶体结构的破坏程度相对较大。Wang [92]采用对辊挤压法处理凹凸棒石，发现对辊挤压处理可以改善凹凸棒石在溶剂/溶液中的分散性，因为"蓬松"的颗粒比凹凸棒石原矿更容易水合和膨胀。然而，当对辊挤压强度较低时，棒晶束解离效率差；而较高强度的对辊挤压处理会破坏棒晶结构。作者团队[93]也采用石磨处理天然凹凸棒石，发现机械力的作用有助于解离棒晶束和聚集体，但凹凸棒石棒晶严重损伤，甚至在研磨处理 10 次后变为细小颗粒。因此，干法物理方法尽管被广泛用于黏土矿物加工，主要用于矿物的超细粉碎，但对凹凸棒石而言，干法处理会破坏凹凸棒石的晶体结构，所以不适用于凹凸棒石棒晶束解离。特别需要说明的是，在凹凸棒石的研究中，当将样品烘干后进行粉碎处理会损伤凹凸棒石棒晶，粉碎目数越小对棒晶的损伤越严重。

凹凸棒石的孔隙可分为 3 类[74]：①棒晶束与棒晶束或与杂质之间交织胶结形成的毛细孔隙，强烈毛细作用力使水的进入为自发过程；②棒晶束内棒晶间由氢键桥连围成的微纳米孔隙(内壁存有众多硅羟基及 Si—O 悬键)，水分子进入能大大降低比表面能，该过程也为自发过程；③单晶内沿 c 轴方向均匀分布着截面类似蜂窝的 0.37 nm × 0.64 nm 孔道，容许尺寸如 H_2O 和 NH_3 等极性小分子进入。此外，凹凸棒石表面具有强亲水特性。因此，水是凹凸棒石的优良分散介质，所以人们发展了湿法棒晶束解离技术，其中高速剪切手段变为首选。Viseras 等[94]证实较高的剪切速率和较长的剪切时间可很好地分散凹凸棒石棒晶束，明显提高悬浮液的黏度。陈权等[95]的研究表明，在高速搅拌下凹凸棒石颗粒外围的水化层逐渐增厚，内层随后开始水化溶胀，最终凹凸棒石颗粒由原来的致密团聚体逐渐水化成透水蓬松的水稳性团聚体，可以有效解离凹凸棒石棒晶束。

辐照是一种新开发的分散或改性凹凸棒石晶体束的方法。Zhang 等[96]研究发现，离子辐照处理后，部分凹凸棒石聚集体解离，凹凸棒石棒晶的分散程度提高。然而，分散的棒晶在离子束辐照下会发生弯曲，并且在棒晶两端接触位置上瞬间产生的热量可以将棒晶彼此连接，形成三维网络结构。然而，产生辐射所需的设备昂贵并且难以规模化应用。

1.3.1.2　常规化学法

化学处理会改变凹凸棒石的表面电荷，从而削弱棒晶间的相互作用。已报道的化学方法主要有酸处理[97]、电解质处理[98]和有机化处理[99-101]等。主要原理是：①通过引入不同的化学分子或离子来改变棒晶间的相互作用；②溶解晶体束内部的杂质，然后将晶体束解离；③通过引入较大分子链来增加棒晶的空间位阻，从而增加棒晶间的排斥力。例如，在球磨过程中引入六偏磷酸钠、焦磷酸钠和硬脂酸有助于分散棒晶并减少晶体的破坏。用季铵盐、有机硅烷或聚合物链对凹凸棒石进行表面改性可以改善凹凸棒石棒的分散性并增强与基体的相容性[102]；引入氧化物会增加凹凸棒石在橡胶基质中的分散[103]。但引入化学物质在促进棒晶束解离的同时，也改变了凹凸棒石固有的矿物属性，相比较而言，酸化处理可以去除凹凸棒石晶体束内部的杂质，从而增强凹凸棒石棒晶束的分散[104]。为了解离天然凹凸棒石棒晶束，化全县等[105]采用水热酸处理工艺技术对其进行改性，以黏度为指标考察了固液比、改性时间、改性温度和酸浓度对样品的影响。实验结果表明，盐酸水热处理的最佳工艺条件为固液比为 1∶0.5、改性时间为 6 h、改性温度为 150℃、酸浓度为 1.04 mol/L，改性样品黏度为 329.8 mPa·s；硫酸水热处理的最佳工艺条件为固液比为 1∶0.5、改性时间为 6 h、改性温度为 200℃、酸浓度为 1.10 mol/L，改性样品黏度为 291.6 mPa·s。但采用水热酸处理工艺已损伤了凹凸棒石棒晶的长径比。

1.3.1.3　物理化学一体化工艺

在不损伤凹凸棒石棒晶固有长径比前提下实现棒晶束的有效解离是国际性难题[106]。干法处理会严重损伤凹凸棒石棒晶，湿法处理相对较理想，但在实验室能实现的高速搅拌在工业化过程中很难实现。虽然添加化学物质可以促进棒晶束的分散，但凹凸棒石棒的表面特征(即电荷、活性、极性和亲水-疏水特征)发生相应变化，在一定程度上不利于进一步的功能化应用。因此，需要进一步探索既不损伤凹凸棒石固有长径比又可工业化的新方法。

高压均质技术是一种有效的液-液乳化或液-固分散技术，在食品、制药和化妆品行业已经得到应用[107]。在高压均质处理过程中，高剪切力、湍流力和空化力同时作用于分散相，使聚集体分解[108]。为此，作者[109]使用高压均质技术解离凹凸棒石棒晶束，发现均质过程中产生的空穴效应和剪切力可使凹凸棒石棒晶束有效解离(图 1-21)，通过均质条件优化(均质压力、均质次数、分散介质、浆液浓度等)得到了单棒晶分散的纳米凹凸棒石。更重要的是,该技术可规模化生产纳米级凹凸棒石产品。对辊处理剪切力主要是从棒晶束的外部向内部施加作用力,作用力太小棒晶束解离不充分;作用力太大会损伤棒晶。高压均质技术的空穴效应从棒晶束内部向外部施加作用力,因而对棒晶几乎没有损伤。

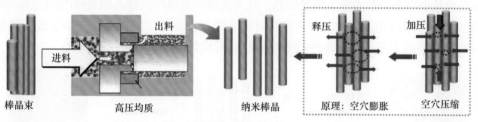

图 1-21　高压均质凹凸棒石棒晶束解离示意图[109]

高压均质技术与其他机械处理方法结合可以进一步提高解离效率。先对天然凹凸棒石矿物进行对辊挤压预处理使棒晶束适度松散,再用高压均质技术处理凹凸棒石水悬浮液时可产生更强的空穴作用,有助于棒晶束的高效解离(图 1-22)[49]。冷冻处理也有助于凹凸棒石棒晶束的有效解离。在冷冻处理过程中,棒晶间的水被转化成冰而产生体积膨胀。Wang 等[110]研究了冷冻干燥工艺对高压均质解离凹凸棒石棒晶的二次聚集影响。与传统烘干工艺相比,冷冻干燥处理可以有效地防止凹凸棒石纳米棒晶的重新聚集,棒晶有良好的分散稳定性和表观黏度。Xu 等[111]通过粒径分布、稳态剪切和线性振荡测量系统研究了对辊挤压、均质和冷冻处理对凹凸棒石粒径和流变性质的影响,发现对辊挤压两次、10 MPa 下高压均质并在−18℃冷冻 4 h 处理后,凹凸棒石颗粒尺寸分布从 4.3 μm(天然凹凸棒石)下降至 1.8 μm。冷冻时间对凹凸棒石的分散性有很大影响,凹凸棒石纳米棒晶在冷冻 4 h 后表现出很好的分散性,随后在 10 MPa 下进行高压均质处理后,凹凸棒石的比表面积从 163 m^2/g 增加到 237 m^2/g。随着冻结时间从 0 h 增加到 8 h,凹凸棒石悬浮液的旋转黏度从 152 mPa·s(天然凹凸棒石)增加到 2682 mPa·s[112]。高度分散的凹凸棒石纳米棒晶表现出良好的增韧补强性能,为凹凸棒石在功能复合材料中的应用奠定了坚实的基础[113]。

图 1-22　凹凸棒石原矿和对辊-高压均质处理凹凸棒石的 HRTEM 图像[114]

在水性介质中,高压均质处理可以有效解离凹凸棒石棒晶束,但解离棒晶在干燥后会发生二次团聚。添加分散剂可以减少颗粒的团聚,但加入分散剂会影响凹凸棒石的表面电荷。Xu 等[115]系统研究了 30 MPa 高压均质处理过程中,不同极性溶剂(甲醇、乙醇、异丙醇、二甲基甲酰胺或二甲基亚砜)对凹凸棒石棒晶束分散性及其防止解离纳米棒晶二次团聚的影响。研究发现,在甲醇分散体系中均质处理后样品中仍然有大量的凹凸棒石棒晶束;用乙醇和异丙醇分散后,样品中的棒束解离效果较好;用二甲基亚砜和二甲基甲酰胺分散后，棒晶束的分散性得到进一步提高。含 N 和 S 原子的极性有机溶剂二甲基甲酰胺和二甲基亚砜可以进入凹凸棒石孔道[116]，形成玛雅蓝结构，显著改善凹凸棒石的悬浮稳定性[117]。与其他溶剂相比，乙醇分子极性弱，在处理凹凸棒石过程中主要吸附在棒晶的表面，同时在较低干燥温度下可以将其去除，而不会影响棒晶的表面性质[118]。因此，进一步使用乙醇和水混合溶剂作为分散介质，研究表明在乙醇/水比例为 2∶8 时，凹凸棒石棒晶束几乎完全分散成单个纳米棒晶，从而获得纳米级凹凸棒石纳米棒(图 1-23)。与六偏磷酸钠等分散剂相比，加入有机溶剂可防止纳米棒晶的二次聚集，但不会改变棒晶的表面性质，有利于凹凸棒石各种纳米功能材料的构筑。

图 1-23　凹凸棒石棒晶束解离后直接干燥和醇水处理后干燥的 FESEM 图像[118]

高压均质处理还可以在棒晶束解离过程中同步进行棒晶的表面改性。Wang 等[119]在高压均质过程中引入植酸钠，不仅实现了凹凸棒石棒晶束的高效解离分散，而且负载效率也得到明显提高。用 1%的植酸钠改性后，凹凸棒石悬浮液(质量分数 7%)的旋转黏度达到 3636 mPa·s，优于仅通过高压均质或植钠酸改性凹凸棒石悬浮液的黏度。同样，高压均质处理还可以提高各种无机盐与凹凸棒石间的交换效率[120-122]和表面活性剂对凹凸棒石的改性效率[123]。同时，高压均质过程产生的空穴效应、冲击效应和剪切效应还可以促进有机小分子如甘氨酸分子进入凹凸棒石的纳米通道中[124]，提高对有机小分子的负载效率。

引入高压均质技术，通过系统研究作者开发了"对辊处理—制浆提纯—高压均质—溶剂处理"一体化工艺，在不损伤棒晶长径比的前提下实现了棒晶束的高效、无损解离，并实现了规模化生产。但在工业化过程中发现，即使通过制浆提纯处理，凹凸棒石浆液中极少量石英砂对高压均质机磨损严重。为此，2018 年作者团队与盱眙欧佰特黏土材料有限公司签署合作协议，通过产学研密切合作共建湿法纳米凹凸棒石柔性生产线，以满足日益增长的系列纳米凹凸棒石产品生产需求。经过多次交流和论证，确立以旋流分级提纯和超声解离为核心工艺，期待通过引入超声处理能够进一步提升棒晶束解离效率。

Darvishi 等[125]通过超声技术以乙醇为介质制备了纳米级凹凸棒石。鉴于经济性和实用性考虑，我们确定以水为分散介质。将预处理凹凸棒石按质量百分数 6%分散到水中，加入适量硫酸搅拌分散 4 h，然后进行一级、二级和三级旋流分级，得到的浆液分别超声(3 × 19.5 kHz)处理不同时间 5 min、10 min、15 min、20 min、25 min 和 30 min，得到的样品分别编号为 APT-3-5m、APT-3-10m、APT-3-15m、APT-3-20m、APT-3-25m 和 APT-3-30m，进行一级、二级和三级旋流分级得到的样品分别编号为 APT-1、APT-2 和 APT-3。

在 APT-1、APT-2 和 APT-3 凹凸棒石不同旋流分级的红外光谱图中，3426~3431 cm^{-1} 处的吸收峰为 H—O(Si)伸缩振动峰，在 2923 cm^{-1} 处的吸收峰为甲基基团的 C—H 伸缩振动峰，1385 cm^{-1} 处的吸收峰为甲基的对称弯曲振动峰，表明样品中存在含有甲基的有机质。在 1420 cm^{-1} 处的吸收峰为碳酸盐的特征峰，表明样品中存在方解石或白云石碳酸盐。

在 1096 cm^{-1}、1031 cm^{-1} 和 985 cm^{-1} 处的吸收峰分别为链接两个层链单元的 Si—O—Si 伸缩振动峰、四面体硅酸盐片层的 Si—O—Si 伸缩振动峰和 Si—O—Mg 伸缩振动峰，这些峰出现在每个样品的光谱中；在 476 cm^{-1} 处是 Si—O—Mg 峰和 Si—O 弯曲振动峰。在 790 cm^{-1} 处的吸收峰归属为石英或蛋白石杂质中的二氧化硅相以及 OH 变形振动如 Fe—Mg—OH 和 Mg$_2$—OH。不同旋流分级提纯处理后，该峰的位置和强度没有明显变化，表明多级处理并没有再显著降低石英的含量。图 1-24 是三级分流提纯处理凹凸棒石浆液再经超声处理不同时间的红外光谱图。通过对比可以发现，与 APT-3 样品相比，经过不同时间超声处理后各特征吸收峰没有明显变化，表明超声处理对凹凸棒石本身没有影响。

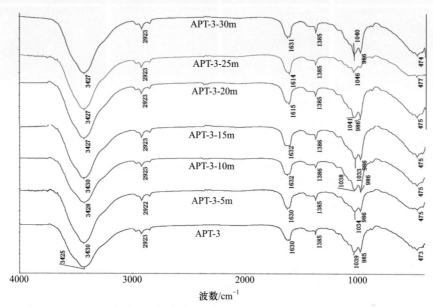

图 1-24　APT-3 及其经过超声处理不同时间制备凹凸棒石样品的红外光谱图

　　图 1-25 是三级提纯+超声不同时间(5 min、10 min、15 min、20 min、25 min)处理凹凸棒石的 SEM 图片。在 APT-3 中凹凸棒石棒晶仍以聚集体形式存在，棒晶间紧密结合在一起，几乎观察不到单个分散的纳米棒晶。经过 5 min 超声处理后，棒晶堆积略变疏松，但棒晶间仍然紧密聚集在一起。随着超声时间延长，仍然观察不到明显独立分散的棒晶。当超声时间延长至 15 min 时，棒晶分散性略有改善，有极少量独立分散棒晶出现，但棒晶仍聚集在一起，形成棒晶平行聚集的晶束。这说明超声处理在一定程度上可使凹凸棒石棒晶从杂乱无章到同向排列的作用。

　　图 1-26 给出了三级提纯凹凸棒石浆液经过不同时间超声处理后得到样品的 XRD 谱图。由图可见，$2\theta = 8.41°$ 处的衍射峰是凹凸棒石(110)晶面的特征衍射峰。2θ 为 26.68° 和 20.85° 处的衍射峰是石英的特征峰，说明经三级提纯后样品中仍伴生有石英杂质。2θ 值为 31.04° 是白云石伴生矿的特征衍射峰。随着超声时间的延长，凹凸棒石、石英和白云石的特征峰没有出现明显变化，说明超声处理不影响凹凸棒石固有结构。

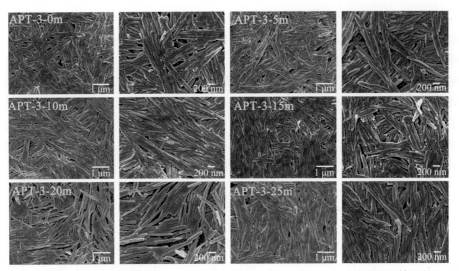

图 1-25　三级提纯+超声不同时间(5 min、10 min、15 min、20 min、25 min)处理凹凸棒石的 SEM 图像

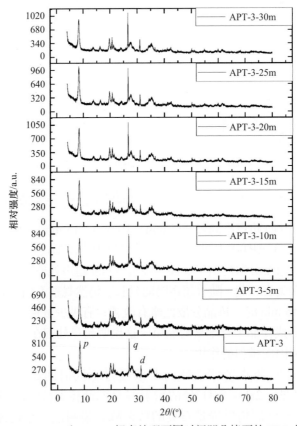

图 1-26　APT-3 和 APT-3 超声处理不同时间凹凸棒石的 XRD 图谱

粒径分析测试表明，APT-1 的 D_{50} 为 13.00 μm，在二级提纯后降低到 10.40 μm，三级提纯后降低到 6.91 μm，说明经过二级、三级旋流分级提纯后可以获得更小的颗粒；同时 D_{90} 数据的变化也呈现相同的变化趋势。与 APT-3 的粒径分布相比，进一步进行超声

处理 5 min、10 min、15 min、20 min、25 min 和 30 min 后产物的 D_{50} 分别为 6.27 μm、5.78 μm、7.02 μm、5.73 μm、5.77 μm 和 5.72 μm。由此可见，经过该功率超声处理后粒度没有显著变化，说明超声处理对聚集体的分散效果不理想，与 SEM 分析得到的结果一致。

由于 3 × 19.5 kHz 超声设备凹凸棒石棒晶束解离效果不理想，我们又引入高功率超声设备，并与原超声设备串联使用，整个超声系统容积增大至 55 L，共计安装 11 个超声工作探头(8 × 20 kHz ＋ 原有 3 × 19.5 kHz)。试验过程中，将进料泵流量设置为 3.3 m³/h(换算成 55 L/min)，可近似认为 55 L 浆料每 1 min 可在整个超声能量场以及连接管道中循环流动 1 次，通过控制放料时间估算试验中物料循环超声次数。

凹凸棒石原矿仍为安徽省明光矿点产出的凹凸棒石，颜色灰白。工艺流程为：将凹凸棒石原矿 183 kg 按固液比 5∶100 分散到约 3 m³ 水中，加入适度浓硫酸，搅拌分散 4 h，悬浮液最终 pH 值为 6 左右；然后进行一级旋流分级和二级旋流分级，得到的提纯浆液样品经处理得到粉末样品；将提纯浆液在不同超声温度(30℃、50℃、70℃)、超声时间(2 min、5 min、8 min、10 min、12 min)下处理后得到粉末样品；常温浆料得到粉末样品分别编号为 M-30-T2、M-30-T5、M-30-T8、M-30-T10、M-30-T12，50℃浆料得到粉末样品分别编号为 M-50-T2、M-50-T5、M-50-T8、M-50-T10、M-50-T12，70℃浆料得到粉末样品分别编号为 M-70-T2、M-70-T5、M-70-T8、M-70-T10、M-70-T12。

图 1-27 是明光矿点凹凸棒石在不同超声处理时间下样品的扫描电镜照片。由图可见，在 30℃下超声处理 2 min 后，凹凸棒石棒晶束并没有有效解离；超声时间超过 5 min 后，棒晶分散性明显提高，可观察到大量单个存在的棒晶交错排列；但超声时间超过 10 min 后，棒晶仍有同向排列的趋势。该结果说明凹凸棒石棒晶束的解离与超声功率密切相关，利用超声串联系统获得分散性较好的凹凸棒石，处理时间应以 5～10 min 为宜。从不同超声处理温度样品的 SEM 电镜照片可以看出，提高超声处理温度有利于棒晶束的有效分散，但分散效率没有本质区别。考虑到经济性，仍以室温下超声处理为佳。

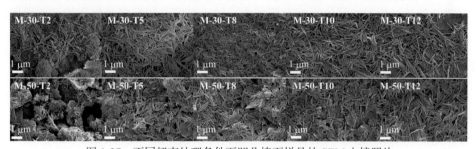

图 1-27　不同超声处理条件下凹凸棒石样品的 SEM 电镜照片

表 1-4 列出了不同超声条件下凹凸棒石样品的比表面积及孔径参数。由表可见，常温下超声处理 5 min 后比表面积和孔体积最大，孔径最小；其后随着处理时间延长，比表面积和孔体积呈现规律性减小趋势，孔径呈现增大趋势。比表面积和孔径的变化规律也进一步说明超声处理时间以 5～10 min 为宜。在 30℃、50℃ 和 70℃ 下超声处理 8 min 的对比数据表明，浆液稳定越高，样品孔体积和孔径越小，也进一步说明室温下凹凸棒石棒晶束解离分散效果更好。

表 1-4　不同超声条件下凹凸棒石样品的比表面积及孔径参数

样品	S_{BET} /(m²/g)	S_{micro} /(m²/g)	S_{ext} /(m²/g)	V_{total} /(cm³/g)	V_{micro} /(cm³/g)	PZ/nm
M-30-T2	160.51	35.17	125.34	0.3393	0.0152	8.45
M-30-T5	213.84	77.247	136.60	0.3648	0.0349	6.82
M-30-T8	167.88	14.627	153.26	0.3465	0.0050	8.26
M-30-T10	161.46	38.327	123.14	0.3435	0.0167	8.51
M-30-T12	139.52	17.25	122.28	0.3294	0.0067	9.44
M-50-T8	183.36	72.49	110.87	0.3193	0.0330	6.97
M-70-T8	188.05	72.82	115.23	0.3064	0.0331	6.52

在以上工作基础上，作者团队系统开展了压滤含水率和强力干燥等操作单元对凹凸棒石棒晶损伤的影响，最终确定了"三辊处理—制浆提纯—超声处理—压滤脱水—强力干燥"一体化工艺，建成了纳米凹凸棒石柔性生产线，可满足不同长径比凹凸棒石纳米粉体的可控生产，在不损伤棒晶长径比前提下实现了棒晶束的高效、无损解离，并实现了规模化连续生产。该一体化工艺路线克服了高压均质处理工艺存在的不足，既可满足日益增长的系列纳米凹凸棒石粉体需求，又为构筑各种功能材料奠定了优质原料基础。

凹凸棒石棒晶束分散解离后所得高纯纳米凹凸棒石，在胶体性能、吸附性能、表面活性、载体和增韧补强性能方面均有明显提升，可用于纳米补强剂、成核剂、悬浮剂、医药和催化剂等诸多领域。但在工艺过程中也发现，粉碎过程对凹凸棒石一维纳米材料应用非常关键。从机械力化学理论来看，物料被粉碎时，受到机械力的作用，由于输入能量中的一部分转化为新生颗粒的内能和表面能，即引起变形，颗粒粒度减小，比表面积增大，此外物料的其他状态参数包括颗粒体中的键能等都将发生变化。故当粉碎到一定程度时，棒晶间以及棒晶内的键能变得很小，极易产生破键现象。在粉碎过程中，由于机械力不断作用，凹凸棒石粉末会产生较大变化。凹凸棒石样品经 XRD 分析，发现随粉碎时间的延长，衍射线峰值强度有所减小，这正是凹凸棒石棒晶损伤的主要原因。因此，要实现凹凸棒石一维纳米材料应用，不能长时间在干态下进行粉碎处理。

1.3.2　从纳米材料到功能材料

凹凸棒石是一种具有纳米棒状形貌含水富镁铝硅酸盐黏土矿物。独特的棒状晶体形态、规整孔道和表面活性赋予了比表面积大、吸附能力强、相容性好和补强性能优等特点，已在化工、环保、建材、医药以及功能材料等领域得到广泛应用(图 1-28)。按照凹凸棒石的应用属性和作用，可将凹凸棒石从吸附性能、胶体性能、载体性能和补强性能等 4 个方面进行分类。由于吸附性能和胶体性能是凹凸棒石的最基本属性，文献介绍资料也较多，故本节重点介绍了近年来凹凸棒石在载体性能和补强性能方面的应用进展。

1.3.2.1　凹凸棒石类玛雅蓝颜料

玛雅蓝(Maya blue)是一种蓝绿色颜料，古玛雅人将其广泛应用于壁画、陶器和雕刻中，具有非常优异的稳定性，引起了化学界、材料界和考古界等的广泛关注。现代研究

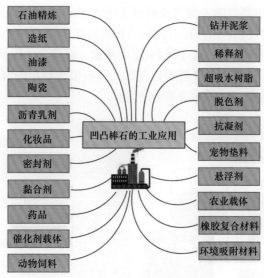

图 1-28　凹凸棒石应用领域

表明,玛雅蓝是人工最早合成的一种有机/无机杂化颜料,主要由凹凸棒石和靛蓝组成[126]。然而,由于缺乏关于玛雅蓝文字记载,玛雅蓝的制备工艺一直成谜。早期研究人员认为玛雅蓝的形成机理是:通过热处理脱除凹凸棒石结构中的沸石水,使靛蓝分子进入凹凸棒石的纳米通道中,且通过 C═O 与凹凸棒石中的配位水形成氢键,从而使靛蓝的吸收光谱红移。为了探索靛蓝分子与凹凸棒石作用机理,巴西圣保罗大学分子光谱实验室的 Bernardino 等采用共振拉曼光谱和紫外-可见吸收光谱技术,研究了靛蓝与凹凸棒石之间的相互作用及其与颜料颜色之间的关系[127]。研究表明,热处理后靛蓝-凹凸棒石复合颜料的吸收光谱在 500 nm 处存在弱吸收,且 657 nm 处的吸收变强、变窄,导致颜料呈蓝绿色。拉曼光谱结果表明,靛蓝分子的骨架振动发生偏移,靛蓝分子的对称性发生改变。然而,紫外-可见吸收光谱和拉曼光谱中均没有观察到脱氢靛蓝的信号。因此,他们认为玛雅蓝的颜色成因并不是部分靛蓝氧化为脱氢靛蓝,而是靛蓝与凹凸棒石中配位水形成氢键。此外,他们还发现靛蓝-蒙脱石和靛蓝-锂皂石颜料也呈蓝绿色,且在紫外-可见吸收光谱和拉曼光谱中发现脱氢靛蓝的信号。基于此,他们提出了一种新的假说,即天然凹凸棒石中往往会混入其他黏土矿物(如蒙脱石),这些杂质矿物可能会与靛蓝形成脱氢靛蓝,致使玛雅蓝变成蓝绿色,但与颜料的稳定性无关。

　　近年来,有关玛雅蓝的研究主要集中于揭示优异稳定性的本质和制备类玛雅蓝颜料的方法[128]。类玛雅蓝颜料目前多以干法研磨制备,但会损伤凹凸棒石的棒晶,进而影响制备颜料的耐候性[129]。为了深入探讨玛雅蓝的形成和稳定机理,作者系统开展了相关研究工作。

　　首先选取具有典型二八面体结构、三八面体结构和混维凹凸棒石黏土为研究对象,重点研究了微观结构对吸附性能的影响,发现具有典型二八面体结构凹凸棒石形成的类玛雅蓝颜料具有较好的稳定性[29]。在此基础上,采用凹凸棒石湿法吸附和半干法研磨,系统考察了物料比、含水量和研磨时间等因素对杂化颜料稳定性的影响。研究表明,在含水率为 37% 时适度研磨有助于促进染料分子进入凹凸棒石纳米孔道，提高杂化颜料环境稳定性。但研磨时间过长，凹凸棒石棒晶结构被破坏严重(图 1-29)，杂化颜料耐候性显著下降。进一步选取不同颜色阳离子染料(亚甲基蓝、碱性红 14、甲基紫、碱性黄 24)，发现含 N、S、O 原子的染料分子都可以与凹凸棒石形成稳定的有机/无机杂化颜料，至此基本找到了制备玛雅蓝颜料的主要影响因素。

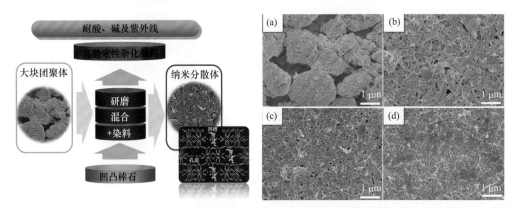

图 1-29   (左)凹凸棒石有机/无机杂化颜料制备示意图；(右)杂化颜料不同研磨时间 SEM 照片：(a)原凹凸棒石、(b)10 min、(c)30 min、(d)60 min[29,129]

为了进一步提升杂化颜料的耐候性能，在湿法吸附、半干法研磨、热处理置换沸石水的基础上，采用二氧化硅包封制备了有机/无机杂化颜料[130]，同时基于红外、孔结构参数表征可知，染料分子并未完全进入凹凸棒石的孔道，仅停留在其表面、沟槽或孔道口，因此二氧化硅包封可明显提升杂化颜料的耐酸、耐碱、耐有机溶剂和耐光性能(图 1-30)。研究还发现，针对不同染料分子，二氧化硅包封方法有所差异。对于亚甲基蓝/凹凸棒石杂化颜料，在乙醇中稳定性不好，如果选择酸性条件，在正硅酸乙酯-水体系中完成改性可提高其稳定性；对于阳离子红 X-GRL/凹凸棒石杂化颜料，在碱性条件下，乙醇-水-正硅酸乙酯体系中改性效果较好；对于甲基紫/凹凸棒石而言，甲基紫本身作为酸碱指示剂，分子结构极易在酸碱性条件下发生变化导致颜色发生变化，因此在改性过程中引入十六烷基三甲基溴化铵作为模板，可明显改善稳定性。

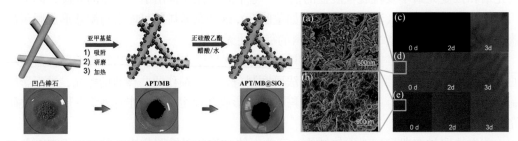

图 1-30   (左)亚甲基蓝/凹凸棒石杂化颜料制备过程；(右)(a)凹凸棒石/X-GRL 和(b)凹凸棒石/X-GRL@ SiO₂ 的 SEM 照片，(c)X-GRL、(d)凹凸棒石/X-GRL、(e)凹凸棒石/X-GRL@SiO₂ 辐照 3 d 时后的数码照片[130]

引入凹凸棒石可以显著提升有机染料的环境稳定性，但对于浓度较高酸碱的侵蚀仍满足不了实际需求。事实上，液滴(比如水)在固体或者粉末表面的润湿性取决于材料表面的微/纳米结构及表面张力，液滴对固体或粉末表面的润湿过程是二者之间相互作用和反应的前提。近年来，受荷叶效应启发，通过设计表面微纳米粗糙结构和低表面能物质改性构筑超疏水、超双疏涂层引起了科研工作者的关注。但超疏水材料的制备还存在方法复杂、污染环境(有机溶剂、氟化物等)等问题。因此，探索简单高效的制备方法，构建稳定超疏水材料并进行构效关系研究是该领域的研究重点和难点。为此，采用天然一维纳米凹凸棒石，制备了十六烷基聚有机硅烷/凹凸棒石复合材料[131,132]，首次构建了基于黏土矿物的稳定超疏水涂层，发现凹凸棒石的纳米棒晶形成了涂层的微结构，凹凸棒石的"纳米钢筋"作用赋予了涂层优异的机械稳定性。

随着人类社会文明的发展，经济生活水平的不断提高，人们对于生活用品等诸多消费品的要求不再局限于单一功能，更多追求原有功能的同时更加注重视觉的效果。因此，在日常生活中变色智能产品引起了人们的注意。环境变色染料是指随所处环境条件如温度、pH、溶剂、光等变化而颜色发生变化的一类染料。但该类染料不耐高温，化学稳定性差，从而限制了此类变色染料的应用。基于上述凹凸棒石基有机/无机杂化颜料彩色高耐候自洁涂层的研究，首次开展了以凹凸棒石和热敏变色染料结晶紫内酯(crystal violet lactone，CVL)构筑仿生智能变色颜料的研究。采用有机硅烷和正硅酸乙酯表面修饰凹凸棒石，然后与结晶紫内酯经机械研磨构筑仿生超疏水智能变色颜料[133]。发现研磨过程对制备稳定的杂化颜料至关重要，适度颜料可以增强结晶紫内酯与聚有机硅烷修饰凹凸棒石间的相互作用，研磨时间以 10 min 为宜，研磨时间过长会降低颜料的超疏水性；聚有机硅烷修饰凹凸棒石的 Si—OH 与结晶紫内酯中的羧基间的氢键作用是杂化颜料呈现蓝色的主要原因。颜料涂层对不同的溶剂表现出不同的变色现象，这主要与溶剂的极性、氢键成键能力及挥发性等性质密切相关(图 1-31)。从不同热处理温度制备的颜料的数码照片可以发现，150℃热处理后颜料颜色从蓝色变为蓝绿色，在其 FTIR 谱图中 CVL 在 1300~1700 cm^{-1} 的部分特征峰强度随热处理温度的升高逐渐减弱甚至消失，表明热处理温度过高时，染料分子的结构和性质发生变化。此外，该涂层具有优异的超疏水和自清洁性能。

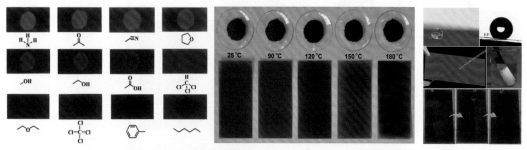

图 1-31　凹凸棒石仿生超疏水智能变色颜料的变色行为及其涂层的超疏水自洁性能评价[133]

大部分染料分子对光、热和酸碱变化敏感，稳定性差，易变色褪色。本研究基于凹凸棒石表面电荷或规整孔道，发展了系列高耐候有机/无机杂化颜料，比较研究了凹凸棒石与不同染料分子的表/界面作用机理。在此基础上，通过表面微/纳结构和低表面能物质修饰构筑彩色自清洁涂层，赋予涂层环境响应智能变色行为，为拓展杂化颜料在智能变色涂层方面的功能应用奠定基础。

1.3.2.2 凹凸棒石无机杂化颜料

近年来，基体型环保无机杂化颜料成为材料和颜料领域研究的热点之一，引入无机基体材料可以大幅降低环保无机颜料的生产成本或提高有机颜料的环境稳定性[134]。相比其他无机基体材料，黏土矿物因具有独特的纳米结构、储量大、价廉等优势，成为构筑各种环保杂化颜料的首选基体材料[135]。近年来，研究者以凹凸棒石为载体，通过各种方法将颜料颗粒负载于基体表面制备无机杂化颜料取得了长足进展，具有代表性的研究工作有凹凸棒石基钴蓝、铋黄和铁红等杂化颜料。

钴蓝作为一种重要的尖晶石型彩色无机颜料，由于良好的耐热(>1300℃)、耐酸碱和耐化学稳定性，已应用于涂料、陶瓷、耐高温涂料等行业。但钴原料价格昂贵，所制备的钴蓝价格较高，难以大范围推广应用，亟需开发一种低成本钴蓝颜料制备方法。为此，在凹凸棒石棒晶束解离的基础上，添加不同质量分数(0、20%、40%、60%、80%)的凹凸棒石制得钴铝双氢氧化物/凹凸棒石前驱体，经 1000℃煅烧制备了 $CoAl_2O_4$/APT 杂化颜料[136]。研究表明，当未添加凹凸棒石时，形成的钴蓝纳米粒子呈球形，粒径约为 10～40 nm，存在明显的团聚现象，并且伴生有微米级的片状团聚体。当引入凹凸棒石后，可以明显观察到凹凸棒石特有的棒状形貌，生成的钴蓝粒子均匀地包覆在凹凸棒石表面(图 1-32)。当凹凸棒石含量为 20%时，在电镜照片中可以发现游离的钴蓝纳米粒子，伴生有片状形貌。当凹凸棒石含量增加至 60%时，生成的钴蓝纳米粒子均匀地包覆在凹凸棒石表面，粒径约为 10～15 nm，同时没有发现游离的钴蓝纳米粒子和片状形貌。进一步增加凹凸棒石含量时，棒状物表面的钴蓝纳米粒子数量明显减少。因此，结合凹凸棒石杂化颜料的颜色参数，凹凸棒石的添加量选择为 60%。

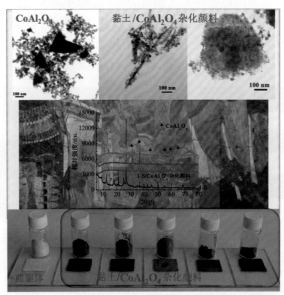

图 1-32　$CoAl_2O_4$/APT 杂化颜料透射电镜和数码照片[136]

不同煅烧温度下制备的 $CoAl_2O_4$/APT 杂化颜料的颜色具有温度依赖性。将凹凸棒石在相同条件下进行煅烧处理，结果表明当煅烧温度低于 900℃时，$CoAl_2O_4$/APT 杂化颜料

的 L^*、a^*、b^*、C^*均较小，表明色值和色彩饱和度均较低；当煅烧温度为 1000℃时，b^* 和 C^*的值分别为–31.2 和 32.3，表明颜色转变为蓝色，色彩饱和度也有所增加。但随着煅烧温度的进一步增加，颜色参数 L^*、a^*、b^*、C^*均下降明显，尤其是当煅烧温度为 1200℃时，L^*、a^*、b^*、C^*分别下降到 24.3、–3.9、–11.6、12.2，表明样品颜色变暗，色彩饱和度下降。因此，在制备 CoAl$_2$O$_4$/APT 杂化颜料时，煅烧温度选择为 1000℃。

溶液的 pH 值对颜料色度值影响较大。当溶液 pH = 10 时，制得的杂化颜料具有最优的色度参数。颜料在使用介质中的分散性能，不仅取决于颜料粒子的细度、聚集状态的可分散性，也取决于粒子表面状态(亲水性或亲油性)和着色介质的性能。研究表明，静置 30 min 后 CoAl$_2$O$_4$-1000 基本完全沉降，而引入凹凸棒石制得 CoAl$_2$O$_4$/APT-1000 杂化颜料静置 24 h 后仅沉降了 2%，甚至放置 10 d 后，CoAl$_2$O$_4$/APT-1000 杂化颜料仍然表现了良好的悬浮性能。因此，引入凹凸棒石不仅可以降低煅烧温度，避免后续煅烧过程中钴蓝纳米粒子团聚，从而有效控制钴蓝纳米粒子的粒径和粒径分布，同时还可以改善钴蓝颜料的分散性能，其有望用于水性涂料和高端墨水的制备。采用 1 mol/L 的盐酸、硫酸、氢氧化钠浸泡 48 h 和 10 mW/cm^2 紫外线连续辐照 48 h 之后，杂化颜料的外观颜色没有发生明显的变化，颜色参数 L^*、a^*、b^*、C^*值基本没有发生变化，表明 CoAl$_2$O$_4$/APT-1000 杂化颜料具有优异的耐酸碱和耐光性能。

铋黄是一种亮绿色调、高遮盖力的环保型无机黄色颜料。但受限于钒源价格，铋黄颜料难以大规模推广应用。为此，基于溶胶-凝胶法合成金属氧化物或化合物的技术优势，以凹凸棒石、硝酸铋、偏钒酸铵为原料，N,N-二甲基甲酰胺为溶剂，采用溶胶-凝胶法制备了铋黄/凹凸棒石杂化颜料[137]。研究表明引入凹凸棒石可以有效控制铋黄纳米粒子的粒径及粒径分布，降低铋黄颜料的制备成本(图 1-33)。同时基于凹凸棒石各组分的掺杂作用，可改变杂化颜料的带隙能，从而通过凹凸棒石调控杂化颜料的颜色，杂化颜料的最终颜

图 1-33　铋黄/凹凸棒石杂化颜料制备和应用示意图[137]

色性能主要是凹凸棒石各组分协同作用的结果，其中 SiO_2 和 Al_2O_3 调控杂化颜料的黄值，而 MgO 和 CaO 调控杂化颜料的亮度。

溶胶-凝胶法一般涉及有机溶剂，这对环保型铋黄颜料的生产和应用是一个致命缺陷。为此，采用水相化学沉淀法，选取六种不同 pH 调节剂制备铋黄/凹凸棒石杂化颜料[138]，发现选用 Na_2CO_3 作为 pH 调节剂制备的杂化颜料具有最佳的颜色性能($L^* = 76.81$，$a^* = 4.64$，$b^* = 81.16$，$h^\circ = 86.73^\circ$)，与纯 $BiVO_4$ 相比，杂化颜料具有更低红相。在化学沉淀过程中，钒酸铋晶体生长经历溶解重结晶过程，引入凹凸棒石可以有效防止钒酸铋纳米粒子发生团聚。

基于对铋黄/凹凸棒石杂化颜料呈色机理的认知，选取二氧化硅、氧化铝、氧化镁为原料，采用水相沉淀法制备了新型铋黄/混相氧化物杂化颜料[139]。当 $m(SiO_2) : m(Al_2O_3) : m(MgO)$ 为 1∶0.375∶0.750 时，制得铋黄杂化颜料具有最佳颜色性能($L^* = 82.34$，$a^* = 1.00$，$b^* = 92.07$，$h^\circ = 89.38^\circ$)。通过 XPS 证实有少量镁硅酸盐或硅酸铝形成，Al^{3+}、Mg^{2+} 对钒酸铋晶格实现掺杂。此外，与纯铋黄颜料相比，该杂化颜料具有好的耐酸碱性能，同时在水中和乙醇溶液中均具有良好的分散性能和悬浮稳定性。该研究结果进一步证实了凹凸棒石与铋黄纳米粒子的表/界面作用机制。

氧化铁红的主要成分为 α-Fe_2O_3，是一种常见的无机颜料，具有很高的遮盖力和着色力，且成本低廉、绿色安全，被广泛用于涂料、建材、塑料、陶瓷和橡胶等领域。但氧化铁红的颜色一般较为暗淡，没有光泽，很难与含有毒重金属离子的红色颜料相媲美，同时其耐热和耐热性能较差。基于钴蓝/凹凸棒石和铋黄/凹凸棒石杂化颜料的工作基础，采用"以红制红"策略，以天然红色凹凸棒石黏土矿物直接构筑了高性能铁红/凹凸棒石杂化颜料(图 1-34)[134]。研究表明，铁红杂化颜料的颜色随着 $FeCl_3 \cdot 6H_2O$ 添加量的增加逐渐从淡琥珀色向橙红色向亮红色转变；当凹凸棒石与 $FeCl_3 \cdot 6H_2O$ 质量比为 1∶4 时，制得杂化颜料具有最佳颜色性能($L^* = 41.1$，$a^* = 36.3$，$b^* = 14.8$)。通过考察不同水热时间制得产物的物相、形貌和元素组成等，揭示了凹凸棒石作为 pH 调控剂和模板诱导铁红杂化颜料的形成机理，引入凹凸棒石影响杂化颜料的晶体结构和微观形貌，从而影响其呈色性能。同时制得杂化颜料具有良好的耐酸耐碱、耐溶剂和耐热性能。

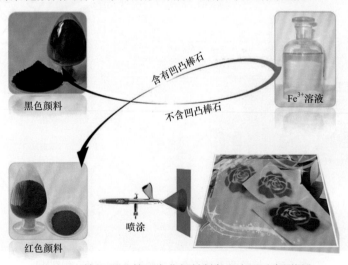

图 1-34　铁红/凹凸棒石杂化颜料制备和应用示意图[134]

在此基础上，以六种不同色泽的天然凹凸棒石制备铁红杂化颜料，比较研究了不同矿点凹凸棒石组成与铁红颜料颜色性能的关系[140]。发现铁红/凹凸棒石杂化颜料的颜色值和稳定性取决于凹凸棒石的结构和组成。与高纯度凹凸棒石相比，含有伴生矿物(如方解石和白云石)的混维凹凸棒石黏土更适用于制备颜色性能优异的铁红颜料，尤以甘肃临泽凯西矿点凹凸棒石制得杂化颜料具有最佳颜色性能($L^* = 31.1$, $a^* = 33.4$, $b^* = 25.2$)。此外，制得杂化颜料具有优异的耐酸碱和耐热稳定性，经 1000℃煅烧仍然具有良好的呈色性能。该研究为混维凹凸棒石黏土的高值利用提供了新途径。

为了进一步关联不同黏土矿物组成、结构与铁红颜料性能之间的关系，选取伊蒙黏土、累托石、高岭石、蛭石、海泡石、埃洛石和伊利石等典型黏土矿物制备铁红/黏土矿物杂化颜料[141]。研究发现，不同黏土矿物制得杂化颜料的颜色和形貌均存在显著差异(图 1-35)，黏土矿物表面是 Fe_2O_3 晶体生长的"微反应器"，$\alpha\text{-}Fe_2O_3$ 的形貌和在黏土矿物表面的分布取决于其尺寸、相貌、组成和结构特性，以伊利石制得铁红杂化颜料呈现出最优颜色性能($L^* = 31.8$, $a^* = 35.2$, $b^* = 27.1$)。此外，在杂化颜料的制备过程中，黏土矿物与铁红通过 Al-O-Fe 或 Si-O-Fe 形成杂化体，从而提升了杂化颜料的化学稳定性和耐热性。

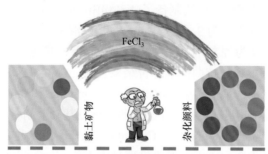

图 1-35 不同黏土矿物制得铁红/凹凸棒石杂化颜料的数码照片[141]

该系列研究以实现凹凸棒石资源高值化利用为背景，以解决凹凸棒石构筑新型环保合成颜料关键科学和技术问题为目标，采用共沉淀法、溶胶-凝胶法、水热合成等方法，创制了凹凸棒石基环保无机杂化颜料，系统研究了关键制备因素对产物颜色性能的影响规律，根据相关国家或行业标准评价杂化颜料的基本理化性能和耐酸碱、耐热及耐候性能，揭示无机颜料纳米粒子与凹凸棒石之间的表界面作用机制，明晰了杂化颜料的呈色机理，探索了杂化颜料在工程塑料、涂料、彩色自清洁涂层、环境响应智能变色涂层等领域的应用基础研究，为凹凸棒石功能应用开辟了新途径，为低成本绿色环保颜料广泛应用奠定了坚实基础。

1.3.2.3 凹凸棒石抗菌材料

微生物感染和传播严重危及公共卫生环境安全，成为人类健康面临的重大挑战。目前还在肆虐的新冠肺炎疫情让人类进一步认识到公共卫生环境安全的重要性。抗菌材料和制品能够有效地预防和减少病菌滋生和传播，是保障公共环境卫生与人体健康的重要措施。目前常用非抗生素类抗菌材料包括天然抗菌材料、有机抗菌材料和无机抗菌材料。其中无机抗菌材料得到广泛开发和应用[142]，而金属基氧化物纳米颗粒由于高抗菌活性和多途径杀菌机制成为研究热点[143]，但其应用存在诸多制约因素，例如成本较高、潜在的生物毒性和环境风险等。因此，亟需研发安全高效的新型金属基纳米抗菌材料来应对细菌感染。在此方面，研究人员做了很多尝试，最受关注的方法是将金属及其氧化物纳米粒子固定在载体/基质上[144]，一方面解决纳米粒子团聚导致抗菌活性低的问题，另一方面通过载体稳定降低其毒性。

凹凸棒石具有纳米棒状形貌、纳米孔道和表面活性基团，适于构筑高效多功能纳米复合材料。采用水热法制备的 ZnO/凹凸棒石纳米复合材料显示出良好的抗菌活性[145]。在非离子表面活性剂辅助下，ZnO 在凹凸棒石表面可控生长成纺锤状结构，抗菌性能显著增强。Han 等[146]通过离子交换将银离子负载于凹凸棒石，通过紫外辐射还原，在凹凸棒石表面形成了均匀分散的小尺寸(3~7 nm)Ag 纳米粒子，该复合材料表现出高效持续的抑菌效果。此外，凹凸棒石还可以发挥协同抗菌作用[147]：一方面凹凸棒石的强吸附能力能够增强抗菌材料与细菌的界面作用；另一方面凹凸棒石的棒状结构可以对细菌细胞产生一定的机械损伤，增强抗菌性能。

Yan 等[148]将 Zn^{2+}离子负载到凹凸棒石上。动物实验表明，该复合抗菌材料可以部分替代抗生素，用作饲料添加剂可改善动物的生长性能和健康状况。Zhao 等[149]将银离子和铜离子负载到凹凸棒石上制备的复合材料从水中消除了病原微生物大肠杆菌和金黄色葡萄球菌。Yang 等[150]通过沉积沉淀法制备了 Ag/AgBr/TiO_2/凹凸棒石复合材料，对大肠杆菌和芽孢杆菌的最低抑制浓度为 3 g/L。Dong 等[13]以混维凹凸棒石黏土为原料，以酸溶蚀处理得到的二氧化硅为原料合成了硅酸铜纳米管，再通过原位氢气还原制备了 SiO_2-NT@Cu 纳米抗菌材料。抗菌性能评价结果表明，SiO_2-NT@Cu 纳米复合材料对大肠杆菌和金黄色葡萄球菌的最低抑菌浓度分别为 2.0 mg/mL 和 0.6 mg/mL。

Liu 等[151]采用简单的溶胶-凝胶法在酸化凹凸棒石基础上制备了共掺杂 ZnO 纳米粒子(Co-ZnO)(图 1-36)。与凹凸棒石相比，Co-ZnO/凹凸棒石纳米复合材料表现出良好的抑菌性能，最低抑菌浓度为 3 mg/mL。主要机理是由于 Co-ZnO/凹凸棒石产生大量的超氧

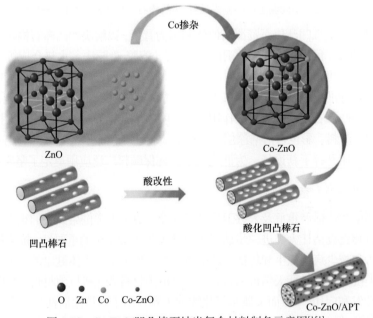

图 1-36　Co-ZnO/凹凸棒石纳米复合材料制备示意图[151]

阴离子(·O$_2$)和羟基自由基(·OH)，凹凸棒石的棒晶形貌对细胞表面起着重要的物理穿透作用。大量的研究表明，以凹凸棒石纳米棒为载体表面负载金属及其共掺杂纳米颗粒，不仅实现了纳米颗粒尺寸的有效调控，而且实现了金属纳米颗粒的有效担载，为开发新型无机/无机纳米复合抗菌功能材料提供了有效途径。

凹凸棒石无机抗菌材料的研究主要集中在载银、铜、锌等金属离子型抗菌材料和利用二氧化钛等光催化型无机抗菌材料[149,152]。近年来，在天然有机抗菌复合材料方面也取得一定进展。天然有机抗菌剂主要包括低分子有机抗菌剂和壳聚糖及衍生物。其中，植物精油具有抗菌、抗微生物及抗病毒特性，但挥发性高，分子结构对环境敏感，耐热性差，很容易失活而丧失抗菌、抗病毒活性。因此，可通过凹凸棒石孔道结构构筑凹凸棒石/有机分子杂化抗菌材料。Lei 等通过离子交换制备了凹凸棒石/姜精油纳米杂化抗菌材料[153]。研究表明，凹凸棒石/姜精油纳米杂化材料具有比姜精油更高的抗菌活性。在发挥其抗菌活性方面表现出热稳定性、耐酸性和耐碱性的特征。Zhong 等[154]采用机械力研磨法制备了香芹酚/凹凸棒石抗菌材料。在机械力的作用下，凹凸棒石的沸石水分子被香芹酚分子取代，形成了稳定的杂化纳米复合材料。材料对金黄色葡萄球菌和大肠杆菌的最低抑菌浓度均为 2.0 mg/mL。此外，将溴化十二烷基三苯基磷固定在凹凸棒石上，可以有效延长季磷盐的抗菌性能，降低生物毒性[147]。

固载是提升纳米粒子抗菌活性和降低生物毒性的重要策略，但由于常用的制备过程使用合成化学物质，存在成本高、过程复杂和环境污染等不足。近年来，基于植物、细菌、病毒和藻类的生物合成法已被成功用于合成各种纳米粒子。其中，植物提取物因其操作简单、成本低廉以及能规模制备而受到广泛关注[155]。目前，已有众多植物被用来制备纳米粒子，例如荷叶、芦荟、桉树叶、银杏叶、月桂叶、人参、松果、柠檬和柑橘等。研究表明，植物提取物中生物碱、萜类、酚酸、糖类、多酚和蛋白质等植物化学物质在纳米粒子形成中发挥着重要作用[156]。Kummara 等[157]通过毒性反应证明绿色合成 Ag 纳米粒子比化学合成 Ag 纳米粒子具有更低的细胞毒性，可广泛应用于生物医学领域。作者利用芦荟提取物以凹凸棒石为载体制备了 ZnO/凹凸棒石纳米复合材料，ZnO 负载量为 30%时对大肠杆菌和金黄色葡萄球菌的最小抑菌浓度可达 0.5 mg/mL 和 0.1 mg/mL(图 1-37)，并探究了其在抗菌膜方面的应用。研究表明，通过植物介导和凹凸棒石调控可获得高效纳米复合抗菌材料，该方向开启了绿色构筑复合抗菌材料新途径。

1.3.2.4 凹凸棒石功能涂层材料

受荷叶效应启发，超疏水表面等特殊润湿性材料的研究受到材料、化学、物理等领域研究人员的极大关注，在自清洁、油/水分离和金属防腐等领域有着广泛应用。然而，现有特殊润湿性材料存在机械稳定性差、低表面张力液体易黏附和需构建各种微结构等问题[158]。作者采用凹凸棒石等天然黏土矿物构建了微纳米结构，制备了性能优异的超疏水涂层[159]。通过控制有机硅烷在凹凸棒石表面的水解缩合，制备了稳定的悬浮液，通过喷涂法在多种基底材料(玻璃、聚氨酯板、聚酯布等)上制备了超疏水涂层，接触角约为 160°，滚动角仅为 2°。该超疏水涂层具有较好的稳定性，可经受落沙实验、高压水冲刷、高温、紫外辐照和溶剂浸泡，且具有一定的透明性。对比分析表明，采用凹凸棒石制备的超疏水涂层，性能优于钠基蒙脱石、锂皂石、埃洛石、海泡石等黏土矿物。此外，通过控制甲基三甲氧基硅烷在凹凸棒石表面水溶液中的水解缩合反应，可以制得稳定的有机硅/凹凸棒石悬浮液，通过喷涂将聚氨酯用作黏结层来制备水性超疏水涂层(图 1-38)[133]。该涂料具有优异的超疏水性能和稳定性，为使用天然纳米材料制备水性、无氟和稳定的超疏水涂料提供了新思路。

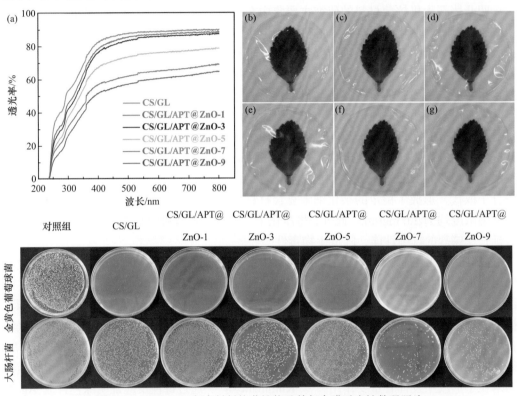

图 1-37　ZnO/APT 复合材料抗菌性能及其复合膜透光性数码照片

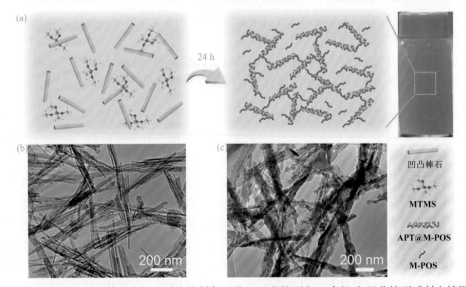

图 1-38　(a)有机硅/凹凸棒石水性悬浮液的制备以及(b)凹凸棒石和(c)有机硅/凹凸棒石透射电镜图[133]

Yu 等制备了具有良好耐久性和自洁性的超疏水纳米 TiO_2/凹凸棒石/环氧树脂/聚二甲基硅氧烷涂层[160]，结果表明，在最佳组分配方条件下，凹凸棒石与 TiO_2 质量比为 1.7∶0.3 和环氧树脂用量为 0.28 g 时，涂层具有良好的超疏水性，水接触角在 150°以上，滑动角在 6.7°以上。此外，超疏水 TiO_2/凹凸棒石/环氧树脂/聚二甲基硅氧烷涂层表现出较高的热稳定性，对酸性和碱性溶液具有良好的稳定性。Zhou 等将氨基硅油改性的凹凸棒石和氨基丙基三乙氧基硅烷加入传统涂料中，制备了自清洁涂料[161]。其中，氨基硅油和氨基丙基三乙氧基硅烷显著增加了凹凸棒石表面的粗糙度和疏水基数量，将亲水涂料转变为自洁能力强的超疏水涂料(图 1-39)。该研究工作提供了一种简便自清洁涂料制备方法，从而大大节省劳动力和降低成本。

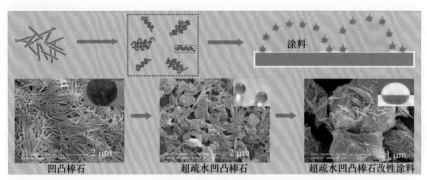

图 1-39　凹凸棒石基自清洁涂料制备示意图[161]

与超疏水性材料相比，超双疏水性材料(水和有机液体的接触角＞150°)得到了更广泛的应用。然而，由于大多数有机液体具有比水低的表面张力，因此有机液体易于黏附在材料表面。Dong 等采用 17 种不同微观纳米结构的黏土矿物制备了超双疏涂层性[162]，研究表明黏土矿物是构建超双疏涂层理想的天然纳米材料，其中具有纳米棒状或纤维状黏土矿物优于纳米片状、多孔黏土矿物[163]。使用不同来源凹凸棒石发现长径比较高的凹凸棒石更适合制备超双疏涂层。Zhang 等[164]使用喷涂法在各种基材上制备了凹凸棒石基低滚动角的超双疏涂层，表现出优异的超级双疏性、稳定性和自修复性。通过凹凸棒石的"纳米钢筋"效应和小分子硅烷的偶联作用，所制备的涂层具有抗摩擦和抗腐蚀性能。在此基础上，制备了低滚动角的凹凸棒石@碳复合物超双疏涂层[165]，发现凹凸棒石进行酸活化处理可以进一步改善其超双疏性能[166]。Dong 等[167]和 Tian 等[168]还制备了超双疏玛雅蓝色颜料和超双疏凹凸棒石/氧化铁杂化颜料，解决了超疏水性颜料容易被有机液体润湿和引起化学腐蚀等问题。

1.3.2.5　凹凸棒石催化材料

凹凸棒石层链状结构中的羟基可形成 B 酸位点，Al^{3+}离子可形成 L 酸位点；凹凸棒石孔对 NH_3 等极性小分子有一定的吸附能力。因此，凹凸棒石既是许多催化反应的潜在催化剂，也是多种催化剂的优良载体，被广泛用于催化氧化还原、光催化降解有机污染物以及有机合成等方面。选择性催化还原(selective catalytic reduction, SCR)技术的核心是催化剂。二氧化钛、活性氧化铝和分子筛等载体有利于降低 SCR 催化反应温度，但易受烟气中二氧化硫和水的影响，难以实现工业应用。Zhang 等[169]通过浸渍法制备了凹凸棒石负载锰氧化物催化剂，具有较好的低温 SCR 活性，脱硝率可达 95%。Li 等通过溶胶-凝胶法构筑了系列凹凸棒石基 SCR 催化剂[170,171]，发现通过离子掺杂可改善凹凸棒石负载铁基钙钛矿型催化剂的 SCR 低温催化活性，尤其是 V_2O_5 协同改性可有效提高表面化学吸附氧和酸性位点的数量，从而促进对 NH_3 的吸附和 SCR 的反应速率[172]。此外，Li 等还致力于凹凸棒石基催化剂在燃料油中含硫化合物的催化吸附脱除研究，制得了凹凸棒石-CeO_2/MoS_2 和 CeO_2/凹凸棒石/$g-C_3N_4$ 三元复合材料，对模拟油品中二苯并噻吩在可见光下催化其脱硫率 3 h 达 95%以上[173,174]。

2020 年 9 月，习近平主席在第 75 届联合国大会提出我国 2030 年前碳达峰、2060 年前碳中和目标，彰显了我国坚持绿色低碳发展的战略定力和积极应对气候变化、推动构建人类命运共同体的大国担当。CO_2 虽然是温室效应的主要原因，但作为珍贵的 C_1 资源，CO_2 可以转化为各种增值产品。在这种情况下，环氧化合物与二氧化碳催化环加成合成环状碳酸盐是二氧化碳捕获转化技术中最有前途的方法之一。但开发高效、廉价、可重复利用的多相催化剂仍然是一个挑战。为此，Wang 等采用凹凸棒石构筑了二氧化碳高效捕获和转化的双功能材料(图 1-40)[175]。与已报道的其他黏土矿物相比，CO_2 与环氧化合物的偶联反应表现出最佳的催化活性。此外，以凹凸棒石为载体与 ZIF-8 联合制备的纳米催化剂比单独使用其任何组分表现出最佳的催化活性。

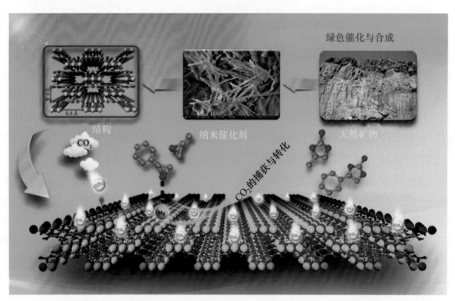

图 1-40　凹凸棒石基 CO_2 捕获和转化功能材料制备过程示意图[175]

除大气环境污染物，凹凸棒石基催化剂也广泛用于水体有机污染物的催化降解[176]。作者基于银离子和苯胺之间的氧化还原反应，制备了凹凸棒石/聚苯胺/银纳米粒子复合材料，对对硝基苯酚和刚果红具有优异的催化降解性能，对 $H_2PO_4^-$ 具有良好的吸附能力[177]。Tian 等在凹凸棒石表面担载磁性 Fe_3O_4 然后将壳聚糖修饰的金纳米粒子包覆在表面，制得的复合材料对刚果红具有良好催化降解行为，重复循环使用 10 次后催化性能无明显降低[178]。Wang 等通过热解 Cd-硫脲复合物制备了凹凸棒石/CdS 复合材料,发现引入凹凸棒石不仅可调控复合材料的颜色,还可改变复合材料的带隙能,影响光催化性能[179]。

黏土矿物和改性黏土矿物常用于催化各种类型的有机反应,例如迈克尔加成、烯丙基化、烷基化、酰化和重排/异构化反应等。Wang 等[180]通过共沉淀法将纳米 $Mn_{1-x}Ce_xO_2$ 催化剂担载于凹凸棒石表面用于甲醛的催化氧化反应。Li 等[181]制备了凹凸棒石/$KCaF_3$ 催化剂,最佳条件下生物柴油产率可达 97.9%,经 10 次循环使用后,生物柴油产量下降约 7%。Yuan 等[182]引入凹凸棒石制备了具有优异耐水性和热稳定性的杂化 MOF-5 催化材料,对苄溴和甲苯的傅克烷基化反应和氧化苯乙烯的开环反应具有优异的催化活性和重复使用性能。

废水中的重金属离子或有机污染物会对环境和人类健康造成严重危害。目前,光催化法被认为是去除 Cr(Ⅵ)和亚甲基蓝(MB)的有效手段。为此,Zhang 等进行了离子束辐照改性凹凸棒石负载光催化剂的研究[183]。发现离子束辐照改性后凹凸棒石棒晶分散性明显提高,有利于其对纳米零价铁/石墨相氮化碳(NZVI/CN)的负载,可显著增强污染物在其表面的吸附,从而提高对污染物的催化降解效率。该研究首次利用具有良好发散性的凹凸棒石作为载体负载 NZVI/CN 复合光催化剂,发现其对 Cr(Ⅵ)和 MB 具有超强光催化降解能力,这为凹凸棒石高效利用提供了重要的参考和依据。

CO_2 高效活化和定向转化合成高附加值化学品是催化化学领域的重要研究课题。然而,由于 CO_2 分子具有高度对称结构和高的碳原子氧化态,在温和条件下的活化和转化仍然是一个挑战。金属 Pd 能够催化 CO_2/H_2 和胺反应合成甲酰胺,但是已有的催化体系通常只对脂肪族仲胺显示出高的活性,当脂肪族伯胺用作反应底物时仅能得到低到中等的产物收率。Dai 等首次以凹凸棒石为催化剂载体制备了负载型多相 Pd/凹凸棒石催化剂[184],将其应用于 CO_2 的还原胺化反应,在低于 100℃、1 MPa CO_2 条件下,实现了一系列不同结构仲胺和伯胺到目标产物甲酰胺的转化,并获得了较好的产物收率。催化剂重复使用性研究结果表明,催化剂 Pd/凹凸棒石在反应过程中较为稳定。BET、XRD 和 XPS 表征揭示,部分负载的金属 Pd 进入到了凹凸棒石载体内部,其与载体内部酸碱位点的协同作用可能是催化剂 Pd/凹凸棒石能够高效催化 CO_2/H_2 和胺反应合成甲酰胺的重要原因。

在凹凸棒石表面负载 TiO_2 可以制备 TiO_2/凹凸棒石催化剂[185];负载锑可制备具有催化加氢活性的锑/凹凸棒石纳米材料[186]。将纳米 NiO 粒子组装在凹凸棒石纳米棒表面(图 1-41),可以制备具有催化降解染料分子的 NiO/凹凸棒石复合材料[187];将具有磁性的氧化锰负载在凹凸棒石表面可用于甲醛纯化作用的催化剂[188];将 $Ce_{1-x}Sm_xO_{2-\delta}$ 担载在凹凸棒石表面制备的催化剂可以有效提升废水中有机染料分子的降解[189]。所有这些研究结果表明,凹凸棒石是催化剂制备较为理想的天然纳米载体,凹凸棒石的孔道结构已一定程度上起到了限域作用。

1.3.2.6 凹凸棒石能源材料

为了获得更加高效并且价格低廉的新能源材料,黏土矿物因其廉价的成本或因其天然矿物结构和组成的优势,逐渐受到研究者的关注。Ramos-Castillo 等[190]利用模拟计算研究了凹凸棒石脱水通道与氢的物理吸附作用。研究发现,轨道相互作用和静电作用在

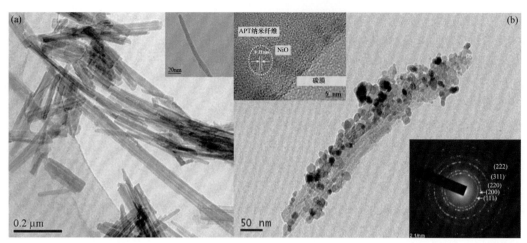

图 1-41   (a)凹凸棒石和(b)NiO/凹凸棒石复合材料 TEM 照片[187]

确定具有微孔结构的新型存储材料氢吸附能力方面起着根本作用。配位水含量对凹凸棒石的氢吸附能力有很大影响，如果降低配位水含量，凹凸棒石将保持其结构微孔性，通过与未配位的 Mg^{2+} 和 Al^{3+} 的相互作用可以增强氢键，与氢产生更大的结合力。尽管在实际应用中寻找有效的储氢材料仍存在许多挑战，但该研究表明凹凸棒石的化学组成和微孔结构可能适合作为储氢材料。

　　传统的聚烯烃隔膜广泛应用于锂离子电池中，然而它们会受热收缩。Song 等将天然矿物凹凸棒石纳米棒与海藻酸钠相结合，通过相转换法制备了多孔隔膜(图 1-42)[191]。所得的海藻酸钠/凹凸棒石具有高的热稳定性和化学稳定性，并具有商业液体电解质的优异润湿性(吸收率为 420%)。另外，使用这种隔膜在 $LiFePO_4$/Li 电池中实现了令人欣喜的循环稳定性(700 次循环后，容量保持率达到 82%)和倍率性能(在 5C 下为 115 mAh/g)。由于海藻酸钠是褐藻中提取的一种可生物降解的多糖，两种成分均无毒。因此，这种环保型隔膜可以在土壤中降解而不会引起任何污染，在保证环保的前提下提高了电池的电化学性能和安全性能。

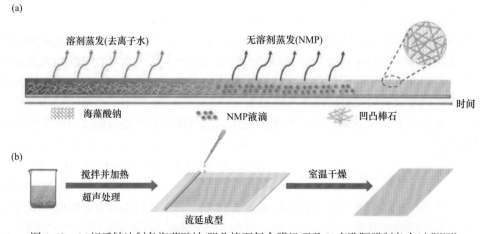

图 1-42   (a)相反转法制备海藻酸钠/凹凸棒石复合膜机理及(b)多孔隔膜制备全过程[191]

作为有机电解液的替代品，聚合物电解质具有良好的热稳定性、电化学稳定性以及抑制锂枝晶生长的特点，引起了广泛关注。目前对固态聚合物电解质的研究目前主要集中于聚氧化乙烯、聚丙烯腈、聚甲基丙烯酸甲酯、聚偏氟乙烯等。然而，固态聚合物电解质仍然面临离子电导率和机械强度相对较低等问题。近期研究表明，黏土矿物可被应用在固态电解质中，用来提高电解质的电导率、电化学稳定性、机械性能和热稳定性。Tian 等[192]使用溶液聚合方法制备了有机凹凸棒石/甲基丙烯酸甲酯共聚物凝胶电解质，该共聚物具有网状结构，有助于提高电解液的吸收能力，含有 5%(质量分数)的电解质在 30℃下离子电导率可达 2.94×10⁻³ S/cm，组装的 Li|电解质|LiFePO₄ 电池表现出 4.7 V 的电化学窗口，高达 146.36 mAh/g 的放电容量，以及低的容量衰减率。为了提高有机凹凸棒石/甲基丙烯酸甲酯共聚物的成膜性能，Tian 等[193]又使用一种相转化铸造技术，制备了有机凹凸棒石/甲基丙烯酸甲酯/聚偏氟乙烯电解质膜(图 1-43)，该薄膜具有良好的机械性能以及成膜性，孔隙率和离子电导率分别为 57.73%和 4.93×10⁻³ S/cm。

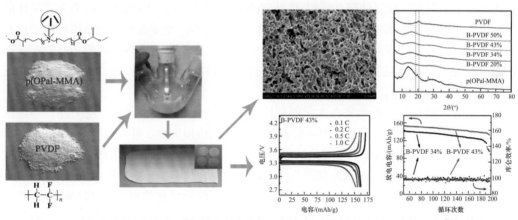

图 1-43　有机凹凸棒石/甲基丙烯酸甲酯/聚偏氟乙烯电解质膜制备示意图及其电化学性能[193]

Yao 等[194]使用简单的溶液浇筑法制备了柔性聚偏氟乙烯/凹凸棒石复合电解质膜，由于 ClO_4^- 和凹凸棒石之间的相互作用，Li^+ 迁移数由 0.21 升至 0.54，离子电导率最高可达 1.2×10⁻⁴ S/cm，组装的 NMC 111|电解质|Li 电池在 C/3 的电流下容量可达 121.4 mAh/g，且在室温下循环 200 周之后仍能达到 118.1 mAh/g。除此之外，凹凸棒石纳米棒的添加还大大提升了该电解质的机械强度，添加 5%(质量分数)纳米棒就使其弹性模量升至 96 MPa，屈服应力提升了两倍，通过数值模拟说明了机械性能的提升得益于纳米棒的交联网络以及纳米棒和聚合物间较强的相互作用。

尽管凹凸棒石因不导电不能直接用于电化学储能材料，但是利用现有化学技术引入电活性材料可实现其在电化学储能领域的应用。Xie 等[195]制备了石墨烯功能化的凹凸棒石/硫复合电极材料，其具有优异的电化学性能，初始放电容量可达 1143.9 mAh/g。Sun 等以凹凸棒石为原料，采用镁热还原制得了粒径为 10 nm 硅纳米晶，然后在其表面包覆聚吡咯，用作锂电池电极材料具有优异的电化学性能，经 200 次充放电循环之后，其比容量仍然可达 954 mAh/g[196]。Luo 等[197,198]以凹凸棒石为模板，以果糖、乳糖、麦芽糖为碳源，制得了介孔凹凸棒石/碳复合材料，具有良好储能能力。Wang 等[199]在罗丹明 B 修饰的凹凸棒石表面包覆聚吡咯，当加入 10%罗丹明 B 时修饰的凹凸棒石具有最高电导率和比电容。作者团队[200]制得了凹凸棒石@碳/聚苯胺复合材料，凹凸棒石可诱导电活性组分在其表面均匀沉积，避免了游离物的形成，有效提升了电化学性能。

近年来，对于相变材料的开发用于效率更高的热能存储的研究越来越活跃[201,202]。Li 等[203]采用癸酸与软脂酸低共熔物为相变功能体，凹凸棒石为支撑基体，制得定形复合相变材料(最优装载量为 35%)，该样品熔融温度和熔融焓分别为 21.71℃和 48.2 J/g。此后，根据高温焙烧失去结构水原理，Song 等[204]在 400℃马弗炉中先将凹凸棒石煅烧 2 h 获得直径为 20～25 nm、长度 0.2～1 μm、表面布满沟槽的高比径比活化凹凸棒石，吸附 50%硬脂酸-癸酸二元酸得到凹凸棒石基复合相变材料，此时熔融温度和相变潜热分别为 21.8℃和 72.6 J/g，经 1000 次热循环依旧能保持良好热稳定性和化学稳定性。除焙烧工艺外，酸浸也是改变矿物微结构提升储存空间的手段，Liang 等[205]用化学试剂处理原矿凹凸棒石获得三维网状结构，制备了正烷基羧酸/海绵状凹凸棒石复合相变材料。Yang 等[206]对比研究了未处理、酸浸处理和酸浸-热处理(300℃，1.5 h)的三种凹凸棒石为支撑基体的储热特征差异，其装载能力分别为 81%、100.7%和 143%。结果表明，凹凸棒石比表面积和孔体积分别从未处理的 130.52 m²/g 和 0.631 cm³/g 提高至酸浸-热处理的 260.8 m²/g 和 1.126 cm³/g，其中装载能力为 143%的复合材料潜热值高达 126.08 J/g，该实验同时验证了酸浸、焙烧能够提高凹凸棒石储存空间。

化学吸附储热技术近年来在太阳能利用和中低温余热领域得到了广泛关注，与传统的显热储热和相变储热技术相比具有储热密度高、储热损失小、可实现冷热双储等优点，然而其传质传热问题和液解问题导致的吸附性能和循环稳定性能的降低限制了其规模化应用。Jänchen 等[207]研究了由 $CaCl_2$ 和凹凸棒石制备的复合材料，在 23℃和 8.4 mbar(1 mbar = 100 Pa)下对水的吸附量为 0.40 g/g，40℃和 20 mbar 下的质量储热密度为 242 Wh/kg。Chen 等[208]采用共混法制备了凹凸棒石基 LiCl 复合材料。结果表明，凹凸棒石的结构和氯化物的含量对水的吸附起主要作用。在 1500 Pa 时，凹凸棒石/LiCl(30%)的吸附量可高达 0.44 kg/kg，750 Pa 时的吸附量为 0.31 kg/kg，均高于常用的 13X 沸石和硅胶基材料，且该复合材料在 170～190℃温度条件下可有效再生。Posern 等[209]研究了凹凸棒石和 $MgSO_4$、$MgCl_2$ 两种盐的不同比例复合材料对水的吸附过程。$MgSO_4$ 有高的水合热稳定性，在高温下不易分解，但其再水合速率较低，而 $MgCl_2$ 的水合速率较高但高温下易分解，应用于系统时容易腐蚀反应器。将二者复合可弥补二者的缺点。研究发现，30℃、36 mbar、盐含量为 32.8%($MgSO_4$：$MgCl_2$ = 4：1)时，材料的质量储能密度为 1590 kJ/kg。凹凸棒石等黏土矿物基材料目前用于化学吸附的研究还相对较少，且盐含量较低，未来可以通过改善上述材料的相关性能，如改变粒径或与其他多孔材料复合提高盐含量，从而更好地提高材料的吸附性能[210]。

1.3.2.7　凹凸棒石生物医药材料

生物医药产业是 21 世纪创新最为活跃、影响最为深远的新兴产业，是我国战略性新兴产业的主攻方向，对我国抢占新一轮科技革命和产业革命制高点，加快壮大新产业、发展新经济、培育新功能，建设"健康中国"具有重要意义。凹凸棒石直接负载药物后是否对药物发挥控缓释作用，与药物分子的结构和凹凸棒石的孔道结构密切相关，也与药物分子与凹凸棒石之间的相互作用力相关。凹凸棒石原矿作药物载体时，大部分具有芳香环结构的药物分子很难进入其的孔道深处，主要通过其黏性、静电作用、范德瓦耳斯力等物理吸附将药物负载于其表面，因而其对药物的负载与控释不太理想[211,212]。因此，很多学者致力于凹凸棒石与高分子化合物复合对药物控缓释作用的研究。

天然高分子不仅具有较强的亲水性和成膜性，还具有良好的生物相容性和生物可降解性，其降解产物在人体内不蓄积、无毒副作用。这些优良的性能使其成为药物缓控释领域热门的载体材料。近年来，高分子化合物(如壳聚糖、聚乳酸-羟基乙酸、海藻酸钠)通过非共价键结合方式与凹凸棒石复合，或者作为包覆材料来制备凹凸棒石药物载体，从而改善凹凸棒石载药释药性能。Yahia 等将壳聚糖、凹凸棒石和药物双氯芬酸钠混合后用三聚磷酸酯交联，可以制备具有良好机械性能的复合小球，在磷酸盐缓冲液(pH 6.8)中进行药物释放测试结果表明，从复合小球释放的总药物仅占 33%(w/w)，而用壳聚糖包覆小球药物释放量为 66%(w/w)，这说明加入凹凸棒石可以控制药物的释放速率[213]。

为了提高药物在载体中的装载容量，通常采用接枝共聚的方法在天然高分子链上接枝聚丙烯酸、聚丙烯酰胺、聚 2-丙烯酰胺-2-甲基丙磺酸等富含亲水性基团的高分子侧链，改善三维凝胶网络的结构和网络密度。Wang 等[214]研究了离子凝胶法制备的 pH 敏感聚合物/凹凸棒石凝胶小球对药物的释放行为，发现在 pH 6.8 介质中，随凹凸棒石含量增加凝胶小球的溶胀性能降低，药物释放速率减慢。在羧甲基纤维素-g-聚丙烯酸/凹凸棒石/海藻酸钠凝胶珠中，凹凸棒石的添加可以改善羧甲基纤维素基凝胶小球的溶胀率、载药量和累积释放率[215]。瓜尔胶中加入凹凸棒石制成凝胶再与海藻酸钠复合后制备的凝胶小球，有效缓解了双氯芬酸钠药物的突释作用，双氯芬酸钠的累积释放量随凹凸棒石含量的增加而明显降低[216]。

凹凸棒石的有机化改性也可提高其对油脂药物的亲和性，从而改善对药物控缓释性。Wu 等[217]首先利用十六烷基甜菜碱对凹凸棒石进行有机改性，然后通过戊二醛交联剂制备了平均直径为 48 μm 的壳聚糖与凹凸棒石负载双氯芬酸钠新型复合微球(图 1-44)。随着十六烷基甜菜碱用量的增加，凹凸棒石与双氯芬酸钠之间的亲和力增加。因而，经有机改性后的复合壳聚糖微球具有更高的包封效率，且双氯芬酸钠在磷酸缓冲盐溶液(pH 6.8)中的累积释放较慢且持续。冯辉霞等[218]则用十六烷基三甲基溴化铵对凹凸棒石进行有机

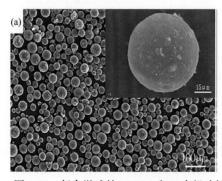
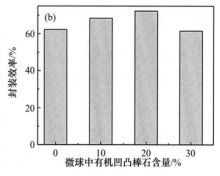

图 1-44 复合微球的(a)SEM 和(b)有机改性凹凸棒石的用量对 DS 包封效率的影响[217]

改性，采用氢氧化钠固化，戊二醛交联制得平均粒径为 1.17 mm 的有机凹凸棒石/壳聚糖复合微球。研究发现其对阿司匹林的包封效率、缓释效果优于酸化凹凸棒石/壳聚糖和壳聚糖微球，这是因为凹凸棒石进行有机改性后，疏水性增强，对有机药物的吸附作用增强。

虽然以凹凸棒石为基料的二元或三元复合控缓释系统对药物的释放具有控缓释作用，但是介于药物的作用部位和环境不同，智能响应型控缓释药物系统则可以更精准地调控药物的释放。Lu 等[219]采用 Pickering 乳液聚合法制备了聚 2-(二乙氨基)乙基甲基丙烯酸乙酯/凹凸棒石 pH 响应型复合微球。经超声后凹凸棒石能均匀分散到乳液中，且能形成稳定的 O/W Pickering 乳液(图 1-45)。研究发现当 pH 在 5.0、7.4 和 10.0 时，模型药物罗丹明的释放动力学符合 Higuchi 模型，因此可以通过调节 pH 值控制罗丹明的释放。

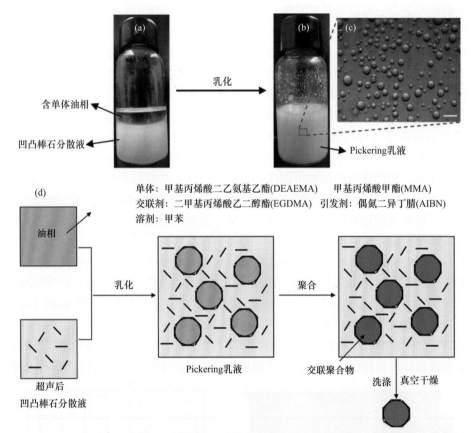

图 1-45　(a)～(c)凹凸棒石稳定的 Pickering 乳液的数码照片和光学显微镜照片；(d)Pickering 乳液聚合制备聚 2-(二乙氨基)乙基甲基丙烯酸乙酯/凹凸棒石 pH 响应型复合微球示意图[219]

磁场响应型水凝胶药物载体主要是通过水凝胶包埋磁性材料(多为含铁的金属氧化物，如 Fe_2O_3、Fe_3O_4 以及 $CoFe_2O_4$ 等铁酸盐类物质)。当外加磁场时，磁场会引导药物在体内定向移动，从而实现定点控释药物。汪华锋等[220]利用原位合成法制备了新型磁性凹凸棒石/阿霉素载体。结果表明，载体中 Fe_3O_4 颗粒平均直径约为 10 nm，均匀分布在凹凸棒石棒晶表面。体外释放实验发现，磁性凹凸棒石的吸附约束力大于纯凹凸棒石，因此药物释放率较低，表现出更好的缓释性能。

电场响应型水凝胶药物载体中一般含有可离子化基团，多为聚电解质(如磺酸基、磺胺基、酰胺基等)，这些聚电解质具有很好的电场响应性和可逆性。Kong 等[221]通过电化学氧化法制备电响应型聚吡咯/阿司匹林/凹凸棒石纳米复合物。研究表明，凹凸棒石中的阳离子(如 Mg^{2+}、Al^{3+}、Fe^{3+})和载药的阿司匹林阴离子之间存在离子偶极子相互作用，因而凹凸棒石的引入显著提高了纳米复合物载药能力。同时由于聚吡咯具有可逆的氧化还原性能及优异的导电能力，通过调节电位，聚吡咯可以有效地调控阿司匹林的释放，从而达到对药物的控缓释作用。

近几年，作者围绕凹凸棒石在生物医学方面的应用进行了一系列的探索性试验，为加强学科交叉、拓展研发思路，于 2018 年 1 月和 2019 年 10 月在甘肃省黏土矿物应用研究重点实验室组织矿物材料、药物化学和生物医学材料相关领域研究人员，举行了凹凸棒石生物医学领域应用研讨会。与会专家和学者分享了凹凸棒石药物缓释材料、生物支架、抗菌材料、战伤急救敷料等生物医学方面的应用进展。一致认为，学科交叉和协同创新在当下科学研究中具有重要的意义。通过学术研讨交流，各研究团队在提出关键技术问题和凝练关键科学问题的基础上，凝练出凹凸棒石在生物医学方面的重要应用方向和可行性途径，通过团队协作和平台联动为凹凸棒石在医学、健康领域的应用做更有效的工作。

1.3.2.8　凹凸棒石高分子复合材料

凹凸棒石在高分子材料中有着广泛的应用，高分子材料与具有一维棒状结构的凹凸棒石复合可以制备出性能优异的纳米复合材料，赋予传统高分子材料一些特殊性能，同时拓宽高分子材料的应用领域。经高效棒晶束解离的凹凸棒石具有纳米材料属性，与高分子材料结合可以赋予"纳米钢筋效应"，是凹凸棒石新型功能材料发展比较迅速的研究方向之一。

Huang 等[222]以亲水性凹凸棒石和疏水性玉米醇溶蛋白为复合填料，采用溶液铸造法制备了凹凸棒石/玉米醇溶蛋白/壳聚糖三元复合膜材料，其中凹凸棒石和玉米醇溶蛋白颗粒复合填料对壳聚糖复合膜具有协同增强作用，在低负载下具有显著的抗拉强度、耐水性能和表面疏水性。在相同填充量下，凹凸棒石/玉米醇溶蛋白/壳聚糖三元复合膜材料的抗拉强度和表面疏水性均高于凹凸棒石/壳聚糖和玉米醇溶蛋白/壳聚糖复合膜材料。进一步说明利用亲水性凹凸棒石和疏水性玉米醇溶蛋白可以协同增强改善壳聚糖薄膜的性能，可以设计和制备出具有多功能用途的无机/有机生物高分子复合膜材料。

作者对比研究了原始凹凸棒石和草酸梯度溶蚀凹凸棒石对壳聚糖/聚乙烯吡咯烷酮复合膜的网络结构、力学性能、热性能和抗老化等性能的影响(图 1-46)，评价了以原始凹凸棒石(RAPT)为原料制备的活性二氧化硅纳米棒作为无机纳米填料改善生物高分子基材料性能的潜力。研究结果表明，草酸梯度溶蚀凹凸棒石(OAPT)在壳聚糖/聚乙烯吡咯烷酮复合膜中的分散效果优于原始凹凸棒石，且显著改善了复合膜的力学性能和热稳定性，复合膜的拉伸强度为 27.53 MPa，优于对照组壳聚糖/聚乙烯吡咯烷酮复合膜和体系中引入原始凹凸棒石制备的复合薄膜。通过可控酸蚀工艺去除凹凸棒石八面体结构中的金属离子后将其掺入壳聚糖/聚乙烯吡咯烷酮复合膜，具有更好的热稳定性和抗老化能力[223]。

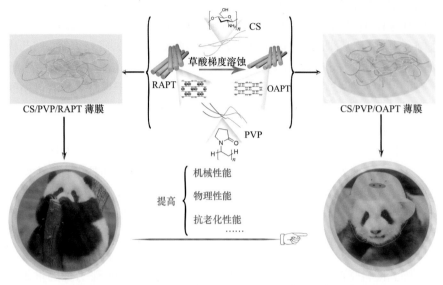

图 1-46　壳聚糖/聚乙烯吡咯烷酮/凹凸棒石复合膜制备示意图[223]

　　凹凸棒石经过超细粉碎和表面处理后，可以用作高性能橡胶产品的功能增强填料以替代炭黑或白炭黑[224]。凹凸棒石可用于改性丁苯橡胶、丁腈橡胶、天然橡胶、EPDM 橡胶、氯丁橡胶和氟橡胶等。橡胶/凹凸棒石复合材料的制备方法很多，例如机械共混、原位聚合单体插层、橡胶溶液插层、橡胶熔体插层和橡胶乳液插层等。Wang 等[225]制备了乙烯-丙烯-二烯单体橡胶/凹凸棒石复合材料，发现烃链功能改性剂可以锚固在凹凸棒石的表面，使其与乙烯-丙烯-二烯单体橡胶具有良好的相容性，改善了凹凸棒石的分散性，从而改善了复合材料的机械性能。Tang 等[226]用硅烷偶联剂改性凹凸棒石，在凹凸棒石表面接枝的有机官能团可促进复合橡胶网络交联结构的形成，因而可以改善乙烯-丙烯-二烯单体橡胶的机械性能[227]。凹凸棒石的热处理有助于改善天然橡胶的机械性能[228]；通过硫醇-烯烃点击反应制备改性凹凸棒石，可以提高其在丁腈橡胶中的分散性[229]。

　　天然凹凸棒石棒晶以棒晶束或聚集体形式存在，直接添加在聚合物材料中难以达到有效分散。作者采用机械共混法分别将天然凹凸棒石、棒晶束解离的纳米凹凸棒石和短径凹凸棒石与硅橡胶复合制备了凹凸棒石复合硅橡胶，比较研究了凹凸棒石棒晶束解离和棒晶长短对复合硅橡胶结构和性能的影响。研究发现，棒晶束解离的纳米凹凸棒石和比表面积较大的短径凹凸棒石在硅橡胶基体中分散性更好，与硅橡胶结合力更强。300℃老化后与纯硅橡胶相比，纳米凹凸棒石复合硅橡胶的初始热分解温度从 381℃ 增加至 390～399℃，拉伸强度从 2.3 MPa 增加至 2.7～3.0 MPa，撕裂强度从 1.0 kN/m 增加至 1.5～1.6 kN/m。相比于老化前，短径凹凸棒石复合硅橡胶的拉伸强度保持率最高为 47%，纳米凹凸棒石复合硅橡胶的撕裂强度保持率最高为 35%。因此，纳米级凹凸棒石在聚合物机体中分散性更好，在老化过程中形成相互交联的网络结构，增强了硅橡胶内部的结合力，提高了硅橡胶的耐高温力学性能。

凹凸棒石的添加可以提高工程塑料的拉伸强度、冲击强度、耐热性和结晶度[47]。Zhang等[230]通过熔融法制备了聚乳酸/凹凸棒石复合材料,发现凹凸棒石显著改善了材料的机械性能。凹凸棒石具有一定的成核作用,可以促进聚乳酸的结晶过程。它可以在聚乳酸中形成网络结构,并可以用作物理缠结点,影响聚乳酸分子链的弛豫时间,并有效地改善材料的断裂伸长率。将凹凸棒石掺入聚酰亚胺薄膜中,可极大地提高复合材料的强度和韧性,并将玻璃化转变温度提高了 33℃[231]。使用 3-环氧丙氧基丙基三甲氧基硅烷改性凹凸棒石制备了大豆多元醇基聚氨酯纳米复合材料,当凹凸棒石含量(质量分数)为 12%时,该复合材料可将玻璃化转变温度提高 13.1℃,拉伸强度提高 303%,杨氏模量提高518%[232]。

凹凸棒石纳米棒晶与聚合物基体间的界面相互作用决定着所制备复合材料的性能,通常采用表面有机改性的方法改变凹凸棒石表面的亲疏水性能,进而改善界面相容性和复合材料的性能。Benobeidallah 等[233]将 3-氨基丙基三乙氧基硅烷偶联剂官能化凹凸棒石通过熔融共混用于制备聚酰胺 11 纳米复合材料,证实凹凸棒石纳米棒的添加显著改善了聚酰胺 11 聚合物的热稳定性,同时显著提高了聚酰胺的弹性和储能模量。为了改善凹凸棒石对聚碳酸酯的补强效果,Yang 等[234]通过 RAFT 聚合和炔基-硫醇点击反应,成功把聚合物链接枝到凹凸棒石表面,形成具有不同分散嵌段链长度的共聚物功能化凹凸棒石纳米棒,用于制备聚碳酸酯纳米复合材料(图 1-47)。研究结果表明,在凹凸棒石表面引入刷状聚合物链可以介导凹凸棒石与聚碳酸酯之间的界面相互作用,使凹凸棒石在纳米复合材料中分散性显著改善,并随着分散体区块链长度的增加机械性能增强。用功能化凹凸棒石制备聚碳酸酯纳米复合材料有效改善了复合材料的加工性能。

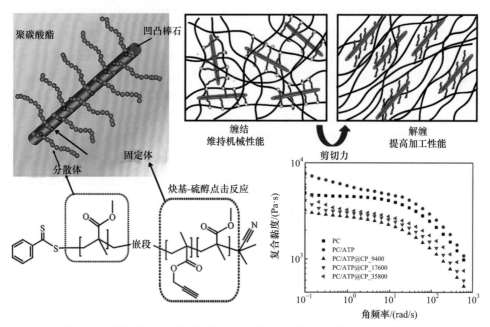

图 1-47　功能化凹凸棒石制备过程示意图及其聚碳酸酯复合材料性能[234]

由于原位聚合法制备凹凸棒石/塑料复合材料过程中凹凸棒石纳米棒可以在基体中

达到更好的分散，因而相关研究近年来备受关注。Zhang 等[235]通过原位聚合制备了超支化的聚酰亚胺/凹凸棒石纳米复合物。凹凸棒石均匀地分散在聚合物基质中，材料的热稳定性、机械性能和耐水性得到显著改善。Zhuang 等[236]制备了聚乳酸/凹凸棒石复合材料，材料的热性能和机械性能大大提高，降解速度也大大加快。董爱娟等[237]采用硅烷偶联剂KH550 接枝改性凹凸棒石，通过超声分散和 3D 打印技术进一步制备了有机凹凸棒石/光敏树脂复合物。采用傅里叶变换红外光谱对改性前后的凹凸棒石结构进行了表征；通过拉伸强度和冲击强度试验对复合光敏树脂的力学性能进行了研究；采用扫描电镜观察了复合树脂冲击断面的形貌和改性凹凸棒石在树脂中的分散情况。结果表明：改性凹凸棒石的加入有助于光敏树脂韧性的提高，当添加质量分数 3%时，复合光敏树脂的冲击强度最佳。

1.3.2.9　凹凸棒石农用材料

凹凸棒石用于固定土壤中重金属的研究已有较多报道[238,239]。近年来，凹凸棒石在农用材料的研究主要涉及土壤保水、缓释肥料和农药等方面。以土壤节水为例，我国水资源严重缺乏，其中农业用水占全国总用水量的 80%，但农业用水的有效利用率只达到40%。因此，水资源是困扰我国农业发展的长期问题。从这个角度讲，发展节水农业已成为我国农业在未来能否可持续发展迫切需要解决的问题。在诸多的节水抗旱措施中，保水剂作为一种新型节水材料，具有广阔的发展前景。

由于凹凸棒石表面含大量活性羟基，可以交联点的形式存在于高分子网络中，起到辅助交联剂的作用[240]。Li 等[241]在聚(丙烯酸-co-丙烯酰胺)体系中引入 10%凹凸棒石，复合保水剂在蒸馏水和生理盐水中的吸水倍率分别可高达 1400 g/g 和 110 g/g。Zhang 等[242]合成了壳聚糖-g-丙烯酸/凹凸棒石，壳聚糖的—OH、—NH₂、—NHCO 基团以及凹凸棒石表面硅羟基一起与丙烯酸发生接枝聚合反应，形成三维网络结构，凹凸棒石的引入可增加复合保水剂的热稳定性和吸水倍率。梁瑞婷等[243]采用亚硫酸氢钠-过硫酸铵氧化还原引发体系，以水溶液聚合法合成了凹凸棒石-膨润土-聚丙烯酸钠复合保水剂。将膨润土和凹凸棒石复合，可发挥两者间的协同作用，在保持高平衡吸水率的同时，提高吸水速率。Shi 等[244]研究发现在保水剂中同时引入适量凹凸棒石和疏水性单体苯乙烯，两者的协同作用可以明显改善保水剂的表面形貌以及网络结构，提高保水剂的吸水倍率以及吸水速率。此外，由于凹凸棒石相对于其他黏土矿物具有更好的耐盐性能，因此以凹凸棒石为无机组分的复合保水剂往往也具有较高的耐盐性能。

氮肥倾向于通过径流、淋溶和挥发作用迁移到环境中，从而造成严重的环境污染。通过向传统肥料中添加高能电子束分散的凹凸棒石可制备具有三维微/纳米网络的高性能水和营养控释肥料[245]。网络结构可以有效地保持其中的水和养分，然后通过土壤的过滤作用保留在土壤中(图 1-48)。控释肥料系统显示出良好的浸出损失控制率，从而减少水和养分的流失，进而有效提高玉米茎中肥料养分的含量，促进玉米生长。

Xie 等[246]以凹凸棒石为基质，尿素、硫酸铵、氯化铵和磷酸二氢钾等为化肥原料，海藻酸钠、瓜尔胶、淀粉及其衍生物、纤维素衍生物、腐殖酸、聚丙烯酸、聚衣康酸、聚丙烯酰胺等天然高分子和合成高分子为包膜原材料，采用圆盘造粒工艺制备了一系列

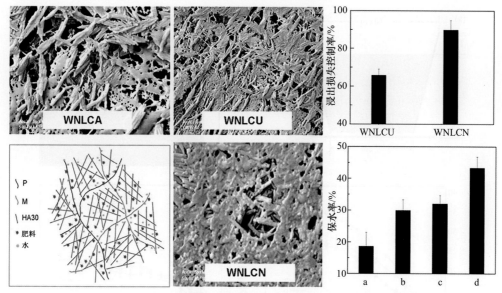

图 1-48 凹凸棒石基肥料控释制备过程示意图及其肥料释放性能[245]

WNLCA：水肥流失控制剂；WNLCU：水肥流失控制-尿素；WNLCN：水肥流失控制-NH₄Cl

多功能有机/无机复合包膜型缓控释肥料。研究表明，凹凸棒石不仅具有较强的吸附功能，而且元素含量丰富。因此，作为肥料的组成部分不仅可以起到缓释的作用，还可以提供多种营养元素。

铁是农作物必需的微量元素之一，对于叶绿素的合成起着关键作用。缺铁会导致作物黄化病从而影响产量和品质。然而，传统铁肥难以按需释放，利用率低。因此，迫切需要发展一种控释铁肥，实现供需平衡，提高铁肥利用率。Wang 等[247]研究开发了一种 pH 控释铁的叶面肥料，该肥料由硫酸亚铁($FeSO_4 \cdot 7H_2O$)、微晶纤维素和凹凸棒石组成。微晶纤维素氧化后形成的羧基纤维素表面有大量羧基(—COOH)，可以有效螯合 Fe^{2+} 形成羧基纤维素-Fe^{2+}复合物，然后通过氢键与凹凸棒石纳米棒紧密结合，从而形成 pH 控释铁的叶面肥料。在酸性条件下，螯合的 Fe^{2+} 被分离，凹凸棒石涂层变得疏松，促进了 pH 控释铁叶面肥料中 Fe^{2+}的释放。因此，可以通过 pH 有效地控制 Fe^{2+} 的释放。另外，pH 控释铁的叶面肥料在农作物叶片表面上显示出高黏附力。如图 1-49 所示，用盆栽实验研究了 pH 控释系统对玉米生长的影响。从图可见，控释系统在播种期(播种后 0～15 d)对玉米生长表现出明显的积极影响，其植株高度和叶绿素含量更高。

Xiang 等[248]通过交联反应制备了由毒死蜱、聚多巴胺、凹凸棒石和海藻酸钙组成的 pH 响应控制释放毒死蜱的多孔水凝胶球。研究发现随着 pH 从 5.5 增加到 8.5，海藻酸钙的溶解度随 pH 值的增加而增加，因而从多孔水凝胶球中释放出毒死蜱的比例明显从 60%增加到 92%。该研究为有效保护毒死蜱分子免受紫外光降解和延长农药使用期限提供了一种有效的方法。

Chi 等利用凹凸棒石和 Fe_3O_4 等制备的复合纳米材料作为载体与铁肥复配，研制出一种具有核-壳结构的温敏型控释铁肥系统[249]。其中，核由凹凸棒石-Fe_3O_4-六水合硫酸亚铁铵混合物组成，而壳由氨基硅油-氧化物/环氧丙烷嵌段共聚物组成。具有多孔微/纳米

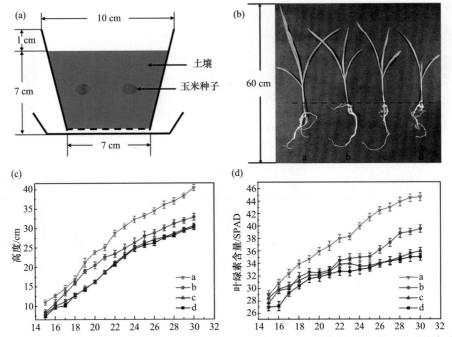

图 1-49　(a)盆栽实验系统示意图；(b)玉米苗的数码照片；(c)用不同样品处理的玉米叶片高度；
(d)叶绿素含量[247]

网络结构的凹凸棒石可以通过静电吸引结合大量的 Fe^{2+}。六水合硫酸亚铁铵作为该系统中的铁肥和发泡剂，可以在 100℃的温度下产生 NH_3，从而在氨基硅油-氧化物/环氧丙烷嵌段共聚物外壳中形成大量微孔/纳米孔，从而促进了 Fe^{2+} 的释放。氧化物/环氧丙烷嵌段共聚物是一种热敏聚合物，可以在不同温度下通过液-凝胶转变来打开和关闭孔，以调节 Fe^{2+} 的释放。该肥料对于温度具有敏感性，在 25～35℃大量释放，而在 15～25℃及 35～45℃释放量较小，与作物需求规律相匹配，有效提高了作物铁元素利用率。同时，铁元素释放完以后载体可通过磁场回收重复利用。该材料和技术具有制备成本低、效率高、环境友好等优势，在农药缓控释领域具有广阔的应用前景。

农药在世界各地已广泛用于控制杂草、病虫害和疾病，在保护作物方面起着关键作用。未被农作物吸收的传统农药往往会通过雨水冲洗，浸出和挥发而排放到环境中，从而对生态系统造成严重污染并危害人类健康[250,251]。除草剂比杀虫剂和杀菌剂具有更高的风险[252,253]。同时，除草剂由于其高迁移率而对非目标生物显示出严重的危害作用，导致严重的生态问题[254]。因此，开发减少除草剂损失并提高利用效率的简便方法非常重要。Chi 等[255]开发了由凹凸棒石、NH_4HCO_3、氨基硅油、聚乙烯醇和草甘膦组成的具有核-壳结构的温度响应型控释除草剂颗粒(图 1-50)。其中，凹凸棒石-NH_4HCO_3-草甘膦混合物作为核，而氨基硅油-聚乙烯醇作为壳。凹凸棒石具有多孔的微/纳米网络结构，因此可以结合大量草甘膦分子。NH_4HCO_3 作为发泡剂，可以产生 CO_2 和 NH_3 气泡，从而在氨基硅油-聚乙烯醇外壳中形成大量微孔/纳米孔，促进草甘膦的释放。通过温度可有效调节孔的数量，同时聚乙烯醇壳倾向于在高温下溶解在水溶液中，从而可以控制草甘膦的释放。疏水性氨基硅油赋予控释系统在水溶液中至少三个月的高稳定性。该研究为控制农药的释放和损失提供了一种有前途的方法，在提高利用效率从而降低环境污染方面具有潜在的应用前景。

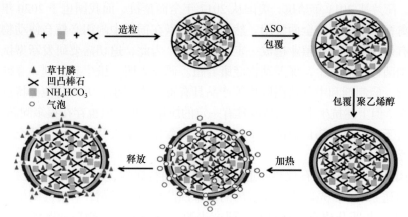

图 1-50　温度响应型控释除草剂制备示意图[255]

此外，Liu 等[256]采用凹凸棒石为基础材料，制备了光热敏感型纳米控释除草剂。该控释除草剂为颗粒状，由凹凸棒石、生物炭、发泡剂和农药草甘膦按一定比例复配、造粒并在外面包一层有机物薄膜制作而成。其中，凹凸棒石以其独特的多孔道结构作为载体可吸附大量草甘膦；生物炭作为光热剂，在近红外光照射时可使生物炭升温，促进发泡剂受热分解产生气体，冲破农药外层的膜并形成许多微纳孔道，促使草甘膦释放，从而实现光控释放。该纳米控释除草剂可以根据病虫草害发生程度，通过调节近红外照射时间，完成除草剂的可控释放，从而实现精准给药。

凹凸棒石本身具有较强的离子交换能力和良好的吸附性能，能够有效地吸附畜禽肠道内存在的多余水分、细菌代谢产生的毒素和重金属等有毒有害物质，并使其随粪便排出体外，从而净化畜禽机体胃肠道生理环境，减少毒素对畜禽机体的损害，具有良好的增进畜禽机体健康和缓解幼龄畜禽腹泻的作用，在动物健康养殖方面已得到广泛应用。周岩民等[257]研究发现，肉鸡日粮中添加 5.0%凹凸棒石可显著降低肌肉中 Pb 含量。Cheng 等[258]也报道称日粮中添加 1.0%和 2.0%的凹凸棒石可显著降低肉鸡胸肌和腿肌中 Pb 含量。此外，凹凸棒石等去除水产品体内的重金属也同样有效，Zhang 等[259]研究发现，日粮中添加 2.0%凹凸棒石显著提高了团头鲂肌肉组织中 Fe 和 Zn 的含量，同时显著降低了肌肉组织中 Cd 含量。

近年来，凹凸棒石在畜牧生产中用作霉菌毒素吸附剂也逐步受到研究者和养殖企业的高度关注。霉菌毒素是由生长于谷物及饲料中的真菌产生的有毒次级代谢产物，对人和动物的机体健康都有严重的负面影响。据统计，全球每年约有 25%的农产品受到不同程度的霉菌毒素污染。全球气候异常、耕作制度单一和长期使用化肥，是霉菌毒素污染趋于严重的原因。在我国，因受种植方式、储藏方式、长江流域和华南地区的高温高湿天气以及消费者习惯的影响，农产品霉菌毒素污染危害尤为严重。凹凸棒石具有孔道结构和 Si—OH，对 AFB_1 的吸附效果达到 95%以上[260]。但对于非极性或弱极性霉菌毒素如玉米赤霉烯酮和呕吐毒素等吸附能力有限。为了提高对弱极性或非极性霉菌毒性的吸附效果，作者系统开展了相关研究工作，详细介绍见第6章。

抗生素的危害已经引起了世界各国的广泛关注。欧盟从2006年开始禁止在饲料中使用抗生素，荷兰从2011年禁抗，美国从2017年全面禁抗，而我国也于2020年7月实现抗生素在禽畜养殖方面的全面禁用。然而，抗生素在饲料中限用必然会使动物的细菌性疾病无法有效控制，给养殖业造成一定经济损失。为此，迫切需要研发新型抗生素替代品，控制细菌性疾病发生，保障动物健康养殖。研究表明，微生态制剂、寡糖、多聚寡糖、酸化剂、酶制剂和中草药提取物等产品具有毒副作用小、无耐药性等特点，可部分替代抗生素。但上述抗生素替代品虽具有一定的应用效果，但也存在很多问题。近年来，随着人们对于非金属矿物认识的逐步深入，其在禽畜抗生素替代领域的研究和应用得到越来越广泛的关注[261]。

作者团队利用凹凸棒石规整孔道和纳米棒晶独特属性，发展了基于植物提取物天然抗菌物质递送系统。首先以棒晶束解离的纳米凹凸棒石为基材，采用机械化学力化学法构筑了植物精油/凹凸棒石杂化材料。研究表明，香芹酚等植物精油既可以进入凹凸棒石的纳米孔道，又可以释放抗菌成分，解决了植物精油耐热性差和储存不稳定等应用难题。随后，利用凹凸棒石棒晶表面组装植物活性成分，再结合电荷调控策略制备了高效广谱的植物提取物/植物精油/凹凸棒石杂化抗菌材料，最后赋予pH响应性，在肠道定向释放，最终形成"有机/无机杂化—抗菌因子组装—电荷调控—靶向释放"一体化工艺。其后，联合南京农业大学、湖南农业大学和宁夏大学等单位系统开展了无抗养殖方面的动物试验。试验表明：抗菌性能稳定，促生长效果明显。2020年5月8日，由江苏省凹凸棒石产业技术创新战略联盟组织有关专家，对产品进行了会议评审。由中国工程院印遇龙院士为组长的专家组，一致认为凹凸棒石基抗菌促生长产品"神力康"研发路径新颖，产品特色鲜明，使用效果良好，具有广阔的市场应用和推广价值。2020年8月与企业合作建成1万t/a"神力康"生产线实现批次生产，经用户应用验证，目前已进入规模化生产(图1-51)。该产品已形成系列发明专利，通过关键技术突破，自主创新开发安全养殖用凹凸棒石基抗菌促生长产品，为我国无抗养殖提供了全新的产品解决方案，同时实现了凹凸棒石从"资源优势"向"经济优势"转变。该产品也是不同领域创新要素有效对接、学科交叉、跨界融合、协同创新合作的结果。

图1-51　凹凸棒石基替抗促生长产品生产线

1.3.2.10　凹凸棒石其他新型功能材料

多年来，形状记忆聚合物的研究和开发取得了快速发展，形成了从固体、薄膜到泡沫系列产品，并应用于人们生产和生活的诸多领域[262]。随着纳米科学和纳米复合技术的发展，在聚合物中引入无机纳米粒子研究受到了更多关注。Xu 等[263]的研究发现凹凸棒石可以与聚合物网络产生较强的相互作用，从而提高了聚氨酯/凹凸棒石复合形状记忆聚合物的玻璃化转变温度和硬度(图 1-52)。将凹凸棒石进行热活化处理后，可以进一步改善其在聚合物复合材料中的分散均匀性，从而使聚合物材料的硬度进一步提高。Xu 等[264]研究结果表明，填加 3%的凹凸棒石会提高聚氨酯/凹凸棒石纳米复合材料的拉伸性能。凹凸棒石与聚氨酯之间较强的氢键相互作用是聚氨酯机械性能改善的主要原因。加入凹凸棒石还缩小了聚氨酯在 60℃附近变形的变化范围。愈合测试表明，加入凹凸棒石还有助于提高材料的形状记忆能力和自修复能力。

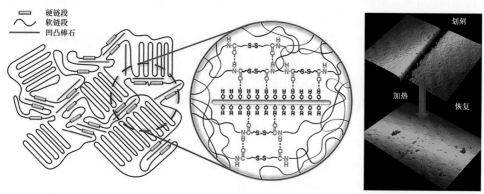

图 1-52　凹凸棒石理想分散状态及与聚氨酯相互作用方式[264]

作为材料失效的主要原因之一，由摩擦引起的磨损每年在世界范围内造成了巨大损失。因此，各种纳米材料已被用作润滑添加剂以减少摩擦和磨损。研究发现，含有 0.5%(质量分数)凹凸棒石的基础油可以显著降低碳钢摩擦副的摩擦系数和磨损率[265]。凹凸棒石作为矿物油添加剂超细研磨处理可以进一步改善减摩和抗磨性能[266]。在发动机机油中添加细凹凸棒石可降低其摩擦系数[267]。Wang 等制备了以表面改性凹凸棒石为增稠剂，合成油为基础油的润滑脂，发现含 MoS_2 的凹凸棒石润滑脂具有较好的摩擦性能。与含有 MoS_2 的膨润土润滑脂相比，还原能力降低[268]。在凹凸棒石基础润滑脂中添加铜纳米粒子[269]、球形纳米镍(0.1%的添加量)[270]和离子液体[271]都可以提高其减摩能力和抗磨性能。

近年来，研究者将凹凸棒石引入聚合物中，考察了其对基体材料性能的影响规律[272]。Xu 等[263]发现热处理后的凹凸棒石纳米粉体与聚氨酯基体具有良好的界面结合，并提高了材料的力学性能。而在环氧树脂引入凹凸棒石/氧化石墨烯混合填料，可显著增强树脂的拉伸性能和断裂韧性。此外，Lai 等[273]研究了室温下酸处理凹凸棒石填充聚四氟乙烯(PTFE)的摩擦学性能，结果表明酸处理凹凸棒石可促进钢环表面转移膜的形成，极大地提高了复合材料的耐磨性能，磨损率降低数个数量级。王伟等[274]采用离子液体和硅烷偶联剂对凹凸棒石纳米粉体进行表面功能化改性，进而制备了功能化改性凹凸棒石增强环氧树脂复合材料。研究结果表明：表面功能化改性可显著抑制凹凸棒石的团聚，提高其在树脂基体中的分散以及与树脂基体的结合；填充质量分数为3%离子液体功能化改性凹凸棒石，环氧树脂复合材料的耐磨性显著提升，较纯环氧树脂提高了60%；在界面形成的铁氧化物和硅氧化物基转移膜，避免了摩擦副的直接接触并显著提高了界面承载能力。

　　Xu等通过凹凸棒石表面功能化制备了具有高灵敏度用于检测不同物质的传感器[275]。在天然凹凸棒石修饰的玻碳电极上，作为传感器电沉积Ag纳米颗粒具有还原H_2O_2的催化能力，在2 s内的稳态电流达到95%，H_2O_2的检出限达到2.4 μmol/L[276]。用镍纳米粒子-凹凸棒石还原的氧化石墨烯修饰的玻璃碳电极用于制备高灵敏度的非酶葡萄糖传感器，该传感器在无酶葡萄糖传感方面具有出色的性能，灵敏度为1414.4 μAm·L/(mol·cm²)，线性范围为1～710 μmol/L和检测限0.37 μmol/L[277]。基于凹凸棒石的荧光纳米探针具有很高的灵敏度，对四环素的检测极限为7.1 nmol/L，在监测牛奶样品中四环素水平方面具有出色的选择性[81]。氮掺杂石墨烯/凹凸棒石是一种用于同时检测对苯二酚和邻苯二酚的电化学传感器，对苯二酚和邻苯二酚的线性范围分别为2～50 μmol/L和1～50 μmol/L，检出限分别为0.8 μm和0.13 μm[278]。

　　电沉积在凹凸棒石和离子液体纳米复合材料上的聚间苯二胺对没食子酸具有优异的电催化传感性能，聚间苯二胺/凹凸棒石-离子液体修饰电极对没食子酸的电化学检测显示出0.28 μm的最低检测限和1.0～300 μm的宽线性范围，具有较高的选择性，几乎不受普通有机化合物和无机阳离子的干扰，可以快速准确地测定食品中的没食子酸[279]。凹凸棒石除了可以用于制备用于化学物质检测和传感的材料外，还可以用于湿度传感。Duan等[280]首次用凹凸棒石制备了高性能湿度传感器，在100 Hz的激励频率下，传感器的阻抗变化在相对湿度为0～91.5%的范围内超过五个数量级，并且传感器的响应时间(吸附过程)仅为3 μs。传感器不仅对高湿度(28.8%～91.5%)有良好的线性响应，而且对低湿度(0～28.8%)也有良好的线性响应，具有重复性和长期稳定性好等特点。

　　天然凹凸棒石纳米棒具有极高的化学稳定性和出色的曝光耐久性，可与发光材料结合形成具有光致发光活性的纳米复合材料。通过配体交换反应将络合物 $Eu(Htta)_3(H_2O)_2$ (Htta = 噻吩甲酰三氟丙酮)共价接枝到凹凸棒石外表面，生成基于凹凸棒石的三元络合物提升了发光材料的热稳定性和暴露耐久性[281]。将$Eu(DBM)_3(H_2O)_2$(HDBM = 二苯甲酰甲烷)通过配体交换反应共价键合到改性凹凸棒石上，也提升了长发光寿命(503 μs)、高量子产率(48%)和曝光耐久性[282]。稀土络合物$Na[Ln(TTA)_4]$(Ln为Eu、Sm、Nd、Er或Yb；TTA为噻吩甲酰三氟丙酮)也可以通过离子配对相互作用与凹凸棒石连接形成凹凸棒石基可见光和近红外发光的一维纳米材料[283,284]。负载异硫氰酸荧光素和叶酸的凹凸棒石接枝聚乙烯亚胺复合材料可特异性靶向和检测癌细胞[285]。除无机配合物外，有机染料还可与凹凸棒石结合，获得具有荧光性能和出色稳定性的杂化颜料[286]。

　　凹凸棒石还被应用于隔热和阻燃材料领域。在不同温度下热压凹凸棒石粉末显示出极低的导热率，在600℃时小于2.5 W/(m·K)。对于孔隙率为45.7%的样品，其热导率在50℃时低至0.34 W/(m·K)，这表明热压凹凸棒石有可能用作隔热材料[287]。由于凹凸棒石的隔热性能，将聚丙烯酸/凹凸棒石纳米复合材料负载到棉织物上会大大降低棉织物的可燃性，全棉织物的极限氧指数值达到22.7%[288]。

　　引入环境友好型缓蚀剂对于许多需要充分防腐蚀保护的行业来说越来越重要。凹凸棒石是一种具有纳米棒状晶体结构的天然纳米材料，不仅具有优异化学稳定性，而且还具有环境友好的优势，所以近年来在制备环境友好型功能材料方面受到越来越多的关注。Zhao 等制备了植酸@凹凸棒石纳米球颗粒，将其直接用作水性涂料的添加剂，提高了涂料的抗腐蚀能力[83]。Liu 等[289]研究了装载腐蚀抑制剂(苯并三唑)凹凸棒石分散在水基环氧涂料形成的储层对碳钢的保护性能，发现具有抑制剂负载的凹凸棒石比空白涂料表现出增强的薄膜阻隔性能，在浸没 14 d 后，装有抑制剂的纳米凹凸棒石涂料的低阻抗值比空白涂层增加了一个数量级，表现出主动的腐蚀防护作用。此外，凹凸棒石中释放出来的抑制剂可以在金属表面上形成钝化膜，从而实现自我修复(图 1-53)。

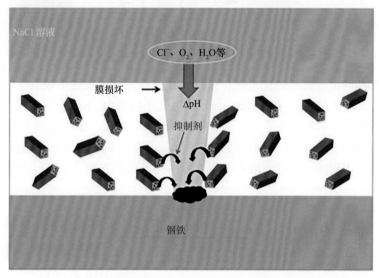

图 1-53　载有抑制剂的凹凸棒石涂层的自修复效果示意图[289]

凹凸棒石作为水泥砂浆添加剂，可增加屈服应力和静态内聚力，并降低塑性黏度，还可以增强作为流变改性剂的机械性能[290]。水泥基多孔材料作为目前的研究热点，因其高早期强度和耐热性而广泛应用于各个行业，但很难平衡反应速率和强度与孔隙率的关系。Luan 等[291]制备了孔隙率(79.02%)、抗压强度(2.87 MPa)和堆积密度(0.77 g/cm^3)的凹凸棒石/磷酸镁多孔复合材料(图 1-54)。微观结构分析表明，凹凸棒石分布在复合材料骨架中，并在表面形成多孔结构。凹凸棒石的加入延长了浇注时间，促进了水化反应，提高了抗压强度和耐水性。

黏土矿物的纳米棒、纳米纤维或纳米管经常被用作模板来合成其他一维纳米材料[292]。Sun 等[293]通过糠醇在凹凸棒石上的气相沉积聚合制备了比表面积为 503.1 m^2/g 的无定形碳纳米管。Fu 等[294]使用凹凸棒石作为载体和模板制备了具有超顺磁性和对外部磁场具有快速响应的凹凸棒@ Fe$_3$O$_4$一维磁性纳米复合材料。研究发现，这些纳米棒表现出超顺磁性和对外部磁场的快速响应，因而表现出磁场作用下高度可调的液晶组装行为，有望用于磁性可调光子晶体和磁性致动液晶等设备[295]。

凹凸棒石的 OH 基团可以选择性地与金属有机骨架(MOF)中的金属离子配位，这为金属有机骨架的商业应用提供了可能性。ZIF-8 是 ZIF 家族中最具代表性的材料，具有 MOF 的孔隙率和大比表面积，同时具有分子筛的热稳定性和化学稳定性。凹凸棒石复合

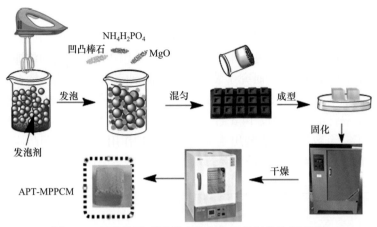

图 1-54　凹凸棒石/磷酸镁多孔复合材料制备流程图[291]

金属有机骨架可以提高材料的稳定性，这使杂化材料在一定程度上兼具了两者的优点。二乙烯三胺具有较低的分子量和黏度，易于装入此类材料中。Ni 等[296]以二乙烯三胺浸渍改性凹凸棒石杂化 ZIF-8 开发了一种新型的胺浸渍杂化 MOF 吸附剂(图 1-55)。研究结果表明，ATP@ZIF-8-DETA-20 对阿司匹林的吸附量可高达 350.88 mg/g。这种新型复合材料还具有可重复使用性，在水溶液中吸附非甾体抗炎药物方面显示出巨大的潜力。

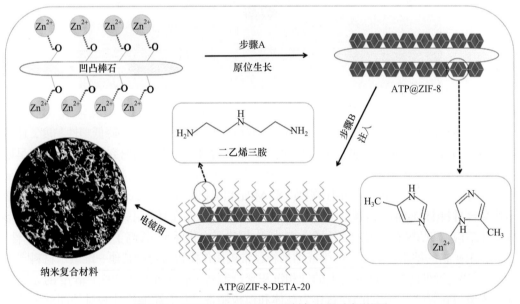

图 1-55　ATP@ZIF-8-DETA-20 制备过程示意图[296]

1.4　混维凹凸棒石黏土高值利用路径

1.4.1　混维凹凸棒石特征

甘肃沉积型凹凸棒石黏土矿物中除含有凹凸棒石外，还含有粒状和片状形貌的多种矿物，所以本书将此类凹凸棒石黏土统称为混维凹凸棒石黏土。任珺等[86,297]对甘肃地区 4 个典型矿点分析表明，主要含有凹凸棒石、石英、长石、海泡石、石膏、绿泥石、白云石、蒙脱石、云母等。不同矿点矿物的含量差别较大，甘肃临泽杨台洼矿点凹凸棒石最高含量达 34.9%，甘肃靖远高湾矿点凹凸棒石含量最低为 19.3%。所测试矿样中石英含量均在 15% 以上，甘肃临泽板桥镇矿样石英含量达 21.8%。所测试矿样中长石含量均在 12% 以上，甘肃靖远高湾矿样中长石含量达 19.8%。所测试矿样中绿泥石、白云石、石膏、蒙脱石和云母的含量均低于 10%。

在临泽凹凸棒石产业发展开放课题资助下，张帅等[298]采用 X 射线衍射、偏光显微镜和扫描电镜对临泽县杨台洼滩盆地中白杨河组地层上部矿物成分、形貌和赋存状态进行了研究。结果表明，矿物成分除黏土矿物外，还含有石英、长石、方解石、白云石和石膏等其他矿物。9 个样品分离黏土矿物成分中主要是凹凸棒石和伊利石，另外还含有一定量的绿泥石、高岭石和伊蒙混层矿物。由偏光显微镜分析可知，黏土矿物在正交偏光下的干涉色为褐色，由于受偏光显微镜放大倍数的限制，不能识别其晶体形貌，但黏土矿物以基质的形式填充在碎屑矿物之间。从 XRD 图谱可知，样品中还含有一定量的方解石、白云石和石膏，但从偏光显微镜中未见其显晶质的晶体特征，其主要以隐晶质的形式与黏土矿物混合在一起填充在碎屑矿物之间。石英颗粒表面存在溶蚀现象，而且斜长石沿解理缝也被溶蚀并被黏土矿物和碳酸盐矿物充填，说明该时期沉积水体是碱性环境。

为了识别黏土矿物的形貌、赋存状态及与其他矿物的接触关系，张帅等对尺寸约为 1 cm 大小的样品新鲜面进行了扫描电镜观察。从图 1-56 可看出，凹凸棒石晶体主要呈细棒状，不同排列方向的棒晶相互缠绕交织在一起。棒晶的长度介于 1~3 μm，宽度约为 0.05 μm。棒晶发育较好，未见其经过搬运磨蚀的迹象，因此可判定其为自生成因。凹凸棒石与其他片层形貌的黏土矿物堆叠混杂在一起(KX-4 和 KX-5)，或附着在其他矿物表面(KX-4)。但具片层形貌的黏土矿物边缘多为浑圆状，反映其经历了河流搬运过程中的撞击和磨蚀，说明这些具片层形貌的黏土矿物多为碎屑成因。由此可判定大部分伊利石、绿泥石和高岭石是在物源区形成，并随碎屑矿物搬运至湖盆。由于研究地层形成于新近纪时期，埋藏较浅，构造简单，不具备由蒙脱石向伊利石转化的条件，因此样品中的伊蒙混层矿物是伊利石在搬运过程中和沉积在湖盆后，其部分片层间被 Na^+ 或 Ca^{2+} 占据形成。

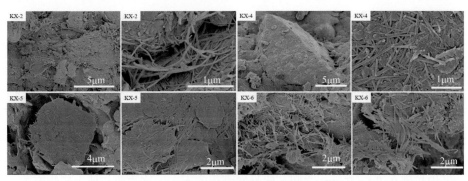

图 1-56 采集样品新鲜面的扫描电镜图像[298]

2017 年 4 月，作者在甘肃临泽正北山开茂、凯西矿区、阳台山矿区和地脉通矿点取样，并进行了组成分析和形貌观察。从外观色泽看(图 1-57)，不同矿点混维凹凸棒石黏土矿物的颜色存在明显差异，开茂灰层 6 m 深矿样呈现灰黄色，开茂灰红交界处的矿样呈现红黄色，开茂红层矿样呈现橙红色，凯西矿样呈现砖红色，阳台山矿样呈现灰金黄色，且有层状条纹，地脉通矿样呈现砖红色。

图 1-57　临泽正北山开茂灰层、开茂灰红交界、开茂红层、凯西、阳台山和地脉通混维凹凸棒石黏土矿数码照

甘肃临泽不同矿点混维凹凸棒石黏土矿物 XRF 化学组成分析表明(表 1-5)，除阳台山和地脉通矿点外，正北山矿样中 SiO_2、Al_2O_3、Na_2O 和 K_2O 在矿样中的含量相近，而 MgO 和 CaO 含量差异较大。MgO 含量的多少与凹凸棒石棒晶发育密切相关，CaO 含量的多少与石膏矿有关。过去常常认为甘肃混维凹凸棒石黏土矿呈现红色是铁含量较高，事实上临泽矿样 Fe_2O_3 含量甚至没有安徽明光和江苏盱眙矿样高，这主要与铁在八面体中赋存的价态有关。

表 1-5　甘肃临泽不同矿点混维凹凸棒石黏土矿物 XRF 化学组成分析

样品	Al_2O_3 /%	Na_2O /%	MgO /%	CaO /%	SiO_2 /%	K_2O /%	Fe_2O_3 /%	Ti /ppm
开茂灰层	14.87	2.82	5.2	1.82	57.67	3.19	5.94	3891
开茂灰红交界	14.69	2.86	6.12	5.69	52.17	3.35	4.39	3823.8
开茂红层	13.42	3.23	5.64	4.51	53.54	2.96	5.08	3757.2
凯西	13.47	2.68	3.92	7.34	54.23	3.04	5.31	3941.1
阳台山	15.88	4.36	5.2	4.21	48.75	2.97	6.76	4023
地脉通	11.92	2.22	7.31	8.53	49.57	2.32	4.55	3511.8

SEM 观察发现，甘肃临泽不同矿点混维凹凸棒石黏土矿物间相互聚集形成各种聚集体(图 1-58)。各种矿物与凹凸棒石棒晶交织在一起，其中地脉通矿样凹凸棒石棒晶较长，棒晶的平均长度在 0.5～2 μm 之间，棒晶发育程度不一，这主要与伴生矿物有关。伴生矿物的存在会明显影响凹凸棒石棒晶的发育。

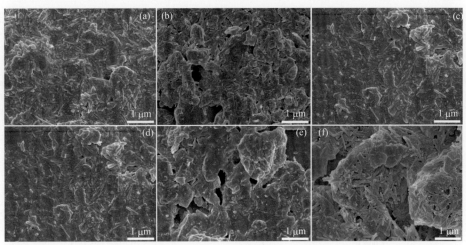

图 1-58　(a)正北山开茂灰层、(b)开茂灰红交界、(c)开茂红层、(d)凯西、(e)阳台山和(f)地脉通混维凹凸棒石黏土矿 SEM 图

作者采用不同质量浓度的 HCl、H_2SO_4 和 H_3PO_4 对甘肃会宁混维凹凸棒石黏土进行了酸活化处理[299]。经 10% HCl、H_2SO_4 和 H_3PO_4 处理后样品的表面形貌如图 1-59 所示。从图 1-59(a)可以看出，凹凸棒石棒晶或分散或聚集成晶束，穿插在片状伴生矿物之间。经不同酸活化处理后，样品的表面形貌发生了明显变化。经 10% HCl 和 10% H_2SO_4 处理的样品，片状矿物变小，凹凸棒石棒晶比例增加，而经 10% H_3PO_4 处理的样品中仍然存有大片状的物质，酸蚀程度没有 APT-10% HCl 和 APT-10% H_2SO_4 样品明显，进一步说明在相同酸浓度下，H_3PO_4 的活性低于 H_2SO_4 和 HCl 的活性。

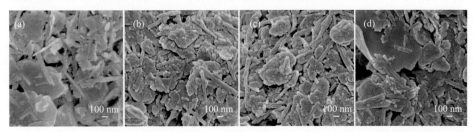

图 1-59　(a)混维凹凸棒石黏土和(b)10% HCl、(c)10% H_2SO_4、(d)10% H_3PO_4 处理后样品的 SEM 图[299]

经 10% HCl、10% H_2SO_4 和 10% H_3PO_4 处理后样品的 XRD 如图 1-60 所示。由图可见，混维凹凸棒石黏土伴生有白云母、白云石、绿泥石、长石和石英等矿物。对比各矿物的特征峰强度，可以看出白云石的特征峰在酸化后明显减弱，说明 10% HCl、10% H_2SO_4 和 10% H_3PO_4 处理可以分解混维凹凸棒石黏土中的白云石。酸活化处理样品中凹凸棒石、白云母、绿泥石、长石和石英等矿物的 XRD 特征峰没有明显变化，说明 10% HCl、10% H_2SO_4 和 10% H_3PO_4 处理对这些矿物的晶体结构没有影响。研究还表明，用质量浓度为 2.5%的酸处理就可除去白云石和碳酸盐，显著降低 MgO 和 CaO 的含量。经 3 种酸处理后，随着酸浓度的增加，样品的 S_{BET}、外比表面积(S_{ext})、微孔比表面积(S_{micro})和微孔体积(V_{micro})均先增加后降低，分别在 5.0%(HCl 和 H_3PO_4)和 15%(H_2SO_4)浓度处理时 S_{BET} 达到

最大值。酸活化作用使混维凹凸棒石黏土表面电荷更负,不同酸作用强弱呈现如下趋势:
$HCl > H_2SO_4 > H_3PO_4$。

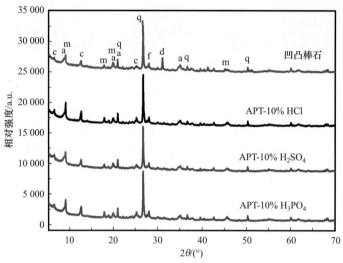

图 1-60　混维凹凸棒石黏土及酸化样品的 XRD 谱图[299]
a. 凹凸棒石;m. 白云母;c. 绿泥石;d. 白云石;f. 长石;q. 石英

1.4.2　转白是高值利用的前提

甘肃临泽地区凹凸棒石黏土矿物主要形成于第三纪的沉积型成矿层,由于成矿过程中普遍存在同晶取代,其他金属离子如 Fe^{3+}、Al^{3+} 部分置换 Mg^{2+} 占据八面体位点[30]。Fe^{3+}离子进入晶格骨架,使凹凸棒石黏土大多呈现砖红色[300],同时湖相沉积凹凸棒石黏土矿物通常伴生有石英、绿泥石、伊利石、白云石和高岭石等[301]。目前国内针对混维凹凸棒石黏土矿物的研究报道相对较少。一方面,混维凹凸棒石黏土大多呈现砖红色,规模化工业应用首先需要转白处理;另一方面,伴生矿物成分相对复杂,产业常规处理方法很难大幅度提升使用性能。所以,目前混维凹凸棒石黏土主要是利用矿物本身含有微量元素的特性,开发用于农业的土壤改良剂、生态固沙剂和肥料载体等产品。

天然混维凹凸棒石黏土的矿物组成复杂,颜色多呈砖红色、灰绿色和土黄色等。研究结果表明,常规提纯和表面改性等方法虽然已经广泛用于高纯度凹凸棒石加工,但却无法满足混维凹凸棒石黏土高值利用的需求,制约了工业领域规模化应用。为了拓展混维凹凸棒石黏土在功能复合材料领域的应用,必须解决两个问题:一是将杂色混维凹凸棒石黏土中变价金属离子去除,实现黏土矿物色泽转变为白色;另一个是充分利用伴生矿物属性,挖掘混维黏土矿物的功能特点。酸溶蚀处理是一种除去混维凹凸棒石黏土中伴生的铁氧化物和八面体层中致色金属离子的简单有效方法。然而,要高效溶出混维凹凸棒石黏土中的致色金属离子,需要用浓度较高的酸溶液进行溶蚀;但高浓度酸溶液进行溶蚀处理时,会导致凹凸棒石棒晶溶蚀严重,失去一维纳米材料的特性和优势。

混维凹凸棒石黏土资源在我国储量丰富,伴随着凹凸棒石优质矿产资源的不断减少,如何将混维凹凸棒石黏土资源优势转变为产业优势,成为政府和业界共同关注的焦点。为此,迫切需求破解产业发展的难点和痛点,使其进入良性发展阶段。作者团队围绕砖红色凹凸棒石黏土致色金属离子溶出及其颜色转白开展了研究，旨在不损伤凹凸棒石棒晶长径比和其他伴生矿物属性的前提下，实现砖红色凹凸棒石黏土转白。

近 3 年来，甘肃张掖临泽立足资源优势，把凹凸棒石产业作为生态工业发展的主攻方向，倾力打造特色产业生产基地，累计投资 1.4 亿元完成了初级加工园区和创新园区基础设施建设，入驻 7 家企业。已制订《临泽凹凸棒石产业发展规划(2018～2030 年)》。在政府有关部门支持下，依托中国科学院兰州化学物理研究所组建了甘肃省凹凸棒石产业技术创新战略联盟，进一步完善了省内高水平研发和服务平台建设。聚焦制约甘肃凹凸棒石高值利用的关键共性问题，攻克了混维凹凸棒石黏土结构性转白关键制备技术，努力打造"基础研究—应用基础研究—产业技术研究—产业成果转化"的全链条融通发展模式。对于甘肃混维凹凸棒石黏土矿，转白是高值利用的前提。

1.4.3　混维矿物利用是发展重点

凹凸棒石因成因和地质环境的差异，往往会同时和许多其他矿物共生或吸附其他物质成为集合体，它们的存在会对凹凸棒石的晶体发育程度产生影响，并最终影响凹凸棒石黏土的矿物和化学组成。因此，不同地域、不同矿层、不同时期产出的凹凸棒石的晶体结构、矿物成分、表面性能、棒晶形貌和长度之间普遍存在差异。甚至是同一批样品，凹凸棒石棒晶长度也不均一，长短棒晶比不同。这些将直接影响着凹凸棒石作为添加剂在复合材料中的应用。

近年来，随着优质黏土矿物资源的过度开发和快速消耗，自然界中储量更大的所谓低品位黏土矿物的高效、高值开发和利用受到了高度关注。在我国《国家中长期科学和技术发展规划纲要(2006—2020)》中，就已经把"发展低品位与复杂难处理资源高效利用技术、矿产资源综合利用技术"作为优先发展方向；在国务院印发的《"十三五"国家战略性新兴产业发展规划》(国发〔2016〕67 号)中，把"推进共伴生矿资源平衡利用"提上了新高度。在国家和地方重大需求的牵引下，通过科学和技术创新实现低品位黏土矿物资源"物尽其用"和"低质高用"，开发出高附加值产品，成为未来的重要发展趋势。然而，目前面向"低质"黏土矿物"高值"应用技术创新需求的基础科学理论研究缺乏，迫切需要针对低质黏土矿物的高效、高值利用开展系统性的基础和应用研究。

从 20 世纪 80 年代以来，我国凹凸棒石黏土产业的发展经历了起步、仿制和自主创新等阶段。国内外研究者围绕黏土矿物的资源分布、矿物组成、理化性质、表面改性和功能复合应用等多个方面开展了大量的研究工作。尤其是近年来，地学、矿物学与化学、材料学、环境科学等多个学科交叉融合，极大地丰富了矿物研究的方法和策略，有效地促进了黏土矿物及相关材料的研究和开发。然而，基于大量的文献调研发现，目前国内外针对黏土矿物的研究仍然集中在纯度较高、矿物组成单一的高品质黏土矿物，关于组成复杂的混维黏土矿物的基础理论和应用研究工作尚属起步，缺乏系统性研究。事实上，所谓低品位黏土矿物主要是伴生有其他黏土矿物。研究表明，含有一维凹凸棒石和二维伊利石等黏土矿物在高分子材料增韧补强方面有独特优势。因此，需要用新视角再认识混维凹凸棒石黏土矿物。

对于混维凹凸棒石黏土矿，如果说转白是高值利用的前提，那么伴生矿综合利用将是产业未来发展的重点。就矿物资源利用而言—天生矿物必有用—矿物是人类工业发展的基础原材料，而混维黏土矿物虽暂未大规模应用工业，但具有巨大潜力，目前已引起从事矿产资源利用或矿物功能材料研发人员的广泛关注。要实现混维凹凸棒石矿物资源未来在高新技术和高附加值领域的广泛利用，有待于工业界和研究者们的深入合作和共同努力。在此过程中，尤其须强化和深化混维凹凸棒石应用矿物学研究，为其应用提供理论依据和技术途径。

1.5 凹凸棒石未来研发趋势

"十四五"期间，我国凹凸棒石产业创新发展要坚持"市场需求牵引、重点突破导向、把握共性关键、重构研发平台、完善创新机制"的原则，以面向农业、化工、环保、健康和新材料等国民经济核心领域的重大需求为基础，以高效利用凹凸棒石资源为目标，以高附加值、具有市场竞争优势的主导产品开发为导向，开发高性能功能材料，对混维凹凸棒石黏土要重点解决产业发展的"项目源"；同时攻克规模化制备关键核心技术、装备和工艺，突破产品的精深加工技术和先进工艺，开发出高效、低成本绿色规模化制备新工艺技术，解决产业发展"产品源"；通过建立工业示范生产线，实现产品可控、稳定和规模化制造，加强人才队伍建设和产学研用联合，促进产业又好又稳发展。从产业需求和创新发展看，凹凸棒石研发呈现如下发展趋势。

1.5.1 从表面改性到结构演化

近年来，纳米尺度的矿物学研究是纳米地球科学研究的核心环节。具有纳米尺寸(粒径小于 100 nm)的矿物分为"纳米矿物"(nanominerals)和"矿物纳米颗粒"(mineral nanoparticles)两类。前者指其晶粒(或颗粒)仅以纳米尺寸存在的矿物；后者指既存在纳米尺寸颗粒，也存在常见尺寸颗粒的矿物。自然界的纳米尺寸矿物多属矿物纳米颗粒，纳米矿物的种类相对较少。为此，袁鹏提出用"纳米结构矿物"的概念代替"纳米矿物"，黏土矿物属于典型的纳米结构矿物[302]。

黏土矿物兼具环境与资源属性。一方面，它是土壤、沉积物等地球表层系统的重要矿物组分，对地球关键带的物质循环，乃至生命起源等有着重要影响；另一方面，作为一类天然的纳-微米材料，黏土矿物在众多领域具有着重要应用。长期以来，由于黏土矿物结构复杂，人们对黏土矿物的晶体生长机制、不同矿物间的演化规律以及矿物表面反应性的结构本质等问题缺乏清晰的认识，严重制约了黏土矿物资源的高效利用。

传统的层生长和螺旋生长理论难以解释黏土矿物的生长现象。例如，同为 2∶1 型层状硅酸盐矿物，云母类矿物往往可以形成较大的矿物晶体，而蒙皂石族矿物的粒径则往往小于 2 μm。通过天然与合成黏土矿物微结构的对比研究发现，在蒙皂族矿物的晶化过程中，其结构中的 Al^{3+}、Mg^{2+} 等金属离子具有占位选择性，即 Al^{3+} 优先与 Si^{4+} 发生类质同象置换进入四面体片层。结构中四配位铝与六配位铝比值以及与 Al^{3+} 对 Si^{4+} 的置换量决定了皂石矿物片层生长与结晶度[303-305]。上述认识从结构匹配性角度阐释了"为什么黏土矿物长不大"这一重要科学问题。

一般认为,黏土矿物间的物相转变包括2∶1型转变为1∶1型和2∶1型之间相互转变两种方式。He 等[306]研究发现1∶1型黏土矿物可以向2∶1型矿物转变(图 1-61),即 1∶1型蛇纹石-高岭石族黏土矿物表面可以与 Si—O 四面体缩合,进而转变为 2∶1 型膨胀性黏土矿物。高岭石等二八面体结构矿物的转变主要从矿物片层的端面开始,逐渐向片层内部延伸。对于三八面体结构的蛇纹石,由于不同蛇纹石矿物结构中的 Si—O 四面体片与 Mg—O 八面体片结合方式的差异,利蛇纹石的转变反应不仅发生在片层边缘,同时也发生在片层内部;而叶蛇纹石的转变反应仅发生在片层边缘。由于1∶1型黏土矿物的形成条件与其转变为 2∶1 型黏土矿物的环境介质条件存在差异,导致新形成的 2∶1 型黏土矿物结构单元层中的两个四面体片的化学组成存在一定的差异,这很好地阐释了长期无法解决的混层黏土矿物的"极性结构"这一难题,为揭示黏土矿物的形成机制及其矿床成因提供了新视角。

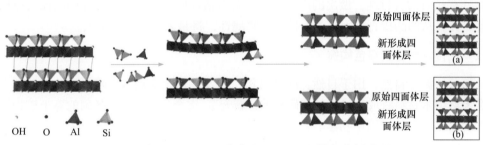

图 1-61 高岭石(1∶1型)向蒙皂石(2∶1型)转变示意图[306]

近年来,随着新型表征方法的进步和其在纳米矿物研究中的应用,对黏土矿物的认知水平有了显著提升。尤其是,近十年来凹凸棒石研究发展迅速,对结构-性质的认识已较为全面[307],来自不同领域学者对凹凸棒石的交叉研究越来越多。但不同产地甚至同一产地凹凸棒石的形貌结构参数往往存在差异。我们前期对全国各地典型凹凸棒石矿样开展了形貌结构和理化性能分析,发现凹凸棒石矿样特性随产地变化很大。为此,采用同样的制备方法用于不同产地凹凸棒石有极大的性能差异,因而需要从结构视角认识产生差异的原因。也就是说,当表面改性将凹凸棒石功能应用发挥到"极致"后,结构演化或改性研究必将得到高度重视。

作者在研究杂色混维凹凸棒石资源高效利用过程中,采用同步转化策略做了积极尝试。借助微波辅助水热法,在弱碱性条件下将凹凸棒石及伴生矿转变为蒙皂石[8,308]。在碱性水热条件下,将凹凸棒石和伴生矿转变成具有棒晶/纳米层混维结构的吸附材料[309]。在硅酸钠和硫酸镁存在条件下,利用水热法处理混维凹凸棒石,发现凹凸棒石及其伴生矿同时转变成比表面积达到 407.3 m²/g 的介孔硅酸盐吸附材料[310]。混维凹凸棒石黏土矿物中伴生的其他黏土矿物很难进行分离或纯化,采用结构演化同步转化为新型功能纳米材料是实现其高效利用的有效策略。如果该技术能实现将伴生矿转化为高纯凹凸棒石,将为产业的发展带来颠覆性的革命。

材料基因工程是材料科技领域的颠覆性前沿技术,它的基本理念是创新材料研发模式,采用"理性设计-高效实验-大数据技术"相互融合、协同创新的方法,取代传统的试错法，加速新材料的发展。矿床成因、矿石性质、矿物特性等与可选性密切相关，是选矿工艺的决定性因素，具有"基因属性"，"基因表达"同样适用于矿物加工学科领域。传统的矿物加工技术研究开发模式对上述重要的基因特性缺乏深入系统的研究、测试和总结，大量历史选矿试验数据、工艺矿物学研究数据、设计数据、生产数据等数据库没有建立起来，矿物加工工艺研发和工程设计与现代信息化技术没有深度融合。为了充分利用矿物的基因特性，有效克服矿物加工技术研发过程中的弊端，中国工程院孙传尧院士提出了"基因矿物加工工程"的理念和思路，并开展了战略咨询研究。

随着工业化进程的加快，我国矿产资源需求量持续增加，资源禀赋差的特点对矿物加工技术提出了更高要求。生态环境保护要求的日趋严格，倒逼我们要采用创新的整体技术来突破矿产资源开发的制约。加强对矿物资源个性化的基因研究是一个科学选择，这就是基因矿物加工工程。黏土矿物研究过去多为"拿来主义"，拿到了原矿直接做功能材料具有相对的盲目性，做出的产品也不具备普适性原则。为此，加强凹凸棒石原矿个性化研究，从凹凸棒石基因组学上挖掘矿物属性，将是未来研发的重点。

1.5.2　从传统制备到绿色构筑

随着"源于自然，用于自然，融于自然"的发展理念受到越来越多的关注，黏土矿物类天然纳米材料将成为材料领域研究的"新宠"。迄今为止，世界各国的黏土矿物研究者围绕黏土矿物的成因矿物学、合成、改性、复合、结构调控和功能应用等多方面开展了大量的研究工作，不断拓展了黏土矿物在高端领域的应用。当前，黏土矿物在制造功能纳米材料领域的应用成为研究者关注的焦点。但随着低碳社会发展的需求，对矿物材料制备过程的绿色化提出了更高的要求，这需要研究者大力发展清洁绿色制备方法。

机械力化学技术的成功应用最早可追溯到公元 315 年[311]，但直到 1891 年，机械化学这个术语才被正式提出来。在 1984 年，海尼克确立了目前广泛采纳的机械力化学的定义。机械力化学是一种利用机械能诱发化学反应和诱导材料组织、结构和性能变化，并以此来制备新材料或对材料进行改性处理的技术，是一门研究固体物质在研磨、压缩、冲击、摩擦、剪切等机械力作用下产生表面形变、结晶度降低、晶格畸变和晶粒尺寸变化等一系列物理化学效应的学科(图 1-62)[312,313]。机械力化学主要靠磨机的转动或振动使介质对粉体进行强烈的撞击、研磨和搅拌，在物料粉碎的同时同步生成新的物相[314]。

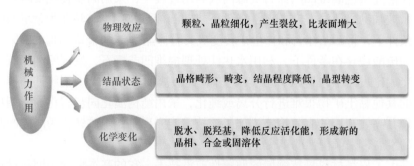

图 1-62　机械力化学法对固体物质的物理化学作用

传统的研钵和研杵[图 1-63(a)]，虽然使用广泛且易于操作，但在进行机械力化学反应时易受多种因素的影响。特别是在空气和/或存在湿敏感试剂的情况下，使用研钵和研杵获得的结果不可复制。在 20 世纪，随着自动化水平的提高，人们开始尝试发展自动化的机械力化学工具来进行实验室规模的固态反应。如今，机械化力学反应优先使用自动球磨机进行，球磨机主要有振动式球磨机[图 1-63(b)]和行星式球磨机[图 1-63(c)]两种类型。此外，双螺杆挤出机是近年发展起来的机械力化学设备家族的新成员[图 1-63(d)]，该装置中反应物料从一端被一对反向旋转的螺杆一起粉碎、研磨和剪切，可以实现机械力化学反应过程的连续化。

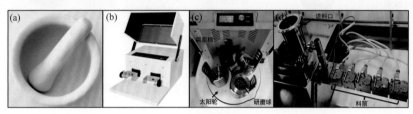

图 1-63　机械力化学设备[315]

(a) 研钵和研杵、(b) 振动球磨机、(c) 行星球磨机和(d) 双螺杆挤出机

　　一般来说，有固相参与的多相化学反应过程是反应物之间达到原子级结合、克服反应势垒而发生化学反应的过程，其特点是反应物之间有界面存在，影响反应速度的因素有反应过程的自由能、温度、界面特性、扩散速度和扩散层厚度等。机械力化学效应显著降低了元素的扩散激活能，使得物料之间在室温下可显著进行原子或离子扩散。由于机械力化学所需设备简单、制备成本低、工艺绿色环保、产率高，机械力化学也被用于制备黏土矿物功能材料[316-318]。

　　近年来，作者围绕凹凸棒石绿色化制备工艺，发展了玛雅蓝机械力化学法制备工艺。为了使产品更绿色化，以凹凸棒石为无机载体，以提取于紫薯、紫甘蓝、黑米和葡萄皮的花青素为有机客体，联合吸附、研磨和热处理方法制备了不同来源花青素/凹凸棒石杂化颜料[319]。研究结果表明，不同来源花青素与凹凸棒石通过静电吸引和氢键作用结合，花青素不仅吸附在凹凸棒石表面，部分还进入到外部凹槽中，因而显著提高了天然花青素的化学稳定性和热稳定性。其中，来源于黑米制得的杂化颜料性能最佳。此外，在酸性和碱性气氛下，杂化颜料颜色变化表明其颜色随着酸/碱性气氛的转变发生可逆变色现象。在此基础上，还开展了各种黏土矿物构筑天然色素杂化材料的研究[320]，为其在食品中的应用奠定了基础(图 1-64)。

　　植物精油是一种广谱、高效的天然抗菌活性物质，研究发现植物精油对大肠杆菌、金黄色葡萄球菌、枯草芽孢杆菌和伤寒沙门氏菌等均具有较强抑菌活性。但大多数精油分子存在挥发性高、分子结构对环境敏感和耐热性差等缺点，很容易失活而丧失抗菌活性，使其应用受到一定的限制。为此，作者采用机械力化学法构筑了 6 种双组分植物精油/凹凸棒石杂化抗菌材料(图 1-65)[321]，研究了研磨时间对香芹酚负载量的影响，考察了香芹酚的释放速率以及抗菌活性，讨论了香芹酚/凹凸棒石杂化材料的形成方式，系统研究了抗菌材料的结构、热稳定性及其对大肠杆菌和金黄色葡萄球菌的抗菌活性，为发展新型抗菌材料奠定了应用基础。

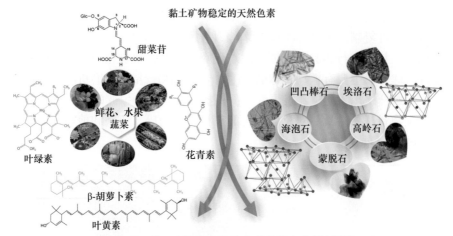

图 1-64 黏土矿物稳定天然色素构筑杂化材料[320]

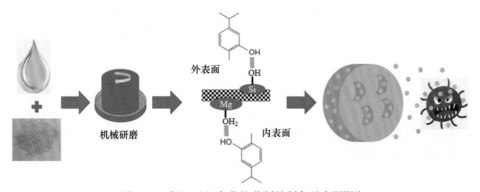

图 1-65 有机/无机杂化抗菌剂的制备示意图[321]

研磨过程可使香芹酚分子可以进入凹凸棒石孔道形成稳定的杂化材料。但是，采用机械力化学法制备凹凸棒石有机/无机杂化材料会损伤凹凸棒石的棒状形貌，杂化材料的抗菌性能受限。高压均质机是物料在高速流动时产生剪切效应、高速喷射时产生撞击作用、瞬间强大压力降低时产生空穴效应的设备。高压均质处理凹凸棒石不仅可以解离凹凸棒石棒晶束，而且可以显著提升改性效率。为此，作者采用高压均质辅助构筑了十六烷基三甲基溴化铵(CTAB)改性香芹酚/凹凸棒石和肉桂醛/凹凸棒石复合抗菌材料。研究表明，CTAB 改性有利于提升复合材料对金黄色葡萄球菌的抗菌活性，当 CTAB 用量为2.5%时，香芹酚/凹凸棒石复合材料抗菌活性高于肉桂醛/凹凸棒石复合材料。高压均质辅助构筑植物精油/凹凸棒石并结合 CTAB 表面电负性调控是一种有效提升凹凸棒石复合材料抗菌性能的策略，为植物精油/凹凸棒石复合材料作为抗菌功能材料在食品包装和动物安全养殖中的应用奠定了基础。

乳液模板法在诸多构筑多孔聚合物材料的方法中应用最为广泛。但由于传统高内相乳液模板法中使用大量表面活性剂(5%～50%，质量分数)，往往对材料性能和环境造成影响，而且制备成本高，材料强度差。近年来，Pickering 乳液的出现弥补了传统乳液的以上缺点与不足。但以 Pickering 乳液制备的多孔材料往往孔隙率较低，孔结构连通性差。

与其他粒子稳定的 Pickering 乳液制备的多孔材料不同，基于凹凸棒石稳定乳液构筑的多孔材料连通孔结构丰富。凹凸棒石独特的棒状形貌使其无法完全包裹住油滴或水滴，在油水界面上存在"裸露"部位，最终在聚合后的多孔材料中形成连通孔。这种连通孔在吸附分离中可以实现对污染物的快速吸附。

作者以吐温 20 协同凹凸棒石稳定的中内相植物油/水型 Pickering 乳液为模板，通过羧甲基纤维素钠(CMC)与丙烯酰胺(AM)的接枝共聚反应制备了多孔聚合物吸附剂 CMC-g-PAM/APT，对阳离子染料甲基紫和亚甲基蓝具有优异的吸附效果，吸附容量分别达到 1585 mg/g 和 1625 mg/g，15 min 内达到吸附平衡[322]。为减少有毒有机溶剂的使用，实现乳液制备的绿色化，还以凹凸棒石和吐温 20 为 Pickering 乳液稳定剂，亚麻酸油、菜籽油、花生油、葵花油、大豆油、玉米油、橄榄油和芝麻油分别作为分散相，制备得到一系列绿色 Pickering 中内相水包油乳液，并以其为模板分别构筑了 CMC-g-PAM/APT 多孔材料，8 种植物油制备的多孔材料对 Ce^{3+} 和 Gd^{3+} 均可以在 30 min 内达到吸附平衡，饱和吸附容量分别可达 205.48 mg/g 和 216.73 mg/g[323]；油相种类对多孔材料的结构没有明显的影响，所得材料均具有分级多孔结构。

为进一步减少合成表面活性剂的使用，以 CTS 和凹凸棒石协同稳定水包植物油型 Pickering 中内相乳液为模板，制备得到具有高度连通孔结构的多级孔吸附剂 CTS-g-PAM/APT。该多孔材料对 Pb^{2+}、Cd^{2+}、Rb^+ 和 Cs^+ 的吸附量分别达到 524.84 mg/g、313.14 mg/g、178.88 mg/g 和 221.56 mg/g[324]。经 5 次吸附/脱附循环，吸附剂仍具有较高的吸附量，说明该吸附剂具有较好的再生循环使用性能。我们还以硅烷偶联剂改性的磁性凹凸棒石稳定乳液，结合沉淀聚合方法构筑得到一系列磁性多孔水凝胶球，该磁性多孔水凝胶球可以在 30 min 内对 Rb^+ 和 Cs^+ 的吸附量达到 232.46 mg/g 和 239.88 mg/g[325]。

凹凸棒石因具有独特的纳米棒状形貌、优异的胶体性能、良好的分散性和经济环保等特性，逐渐成为稳定 Pickering 乳液的研究热点之一。但基于凹凸棒石制备 Pickering 乳液的未来发展方向应加强乳液制备过程的绿色化研究。目前大部分有关凹凸棒石稳定 Pickering 乳液的研究工作中，仍然大量使用合成表面活性剂和有毒溶剂，这不仅造成乳液的制备成本较高，而且对环境的危害极大。未来应以天然植物中提取的类表面活性剂物质代替合成表面活性剂，以天然油脂代替有毒溶剂作为分散相，这不仅可以真正意义上实现"源于自然，用于自然，融于自然"的理念，也可以显著降低乳液的制备成本，拓展其在日用化学工业中的应用。

环境保护和可持续发展已成为当今社会发展的主题，在保证材料具有优异性能的前提下，重视环境友好性和实现自然资源高值化利用成为材料领域的研究重点。碳材料由于制备原料来源广泛，作为低成本、环境友好型吸附剂在水体净化方面显示出巨大的应用潜力。为了提高碳材料的吸附能力并赋予其特殊功能，研究者已发展了化学改性、物理改性和磁性改性等各种表面改性方法，但制备过程需要较多的化学试剂和能源消耗。黏土矿物是大自然赐予人类性能独特的天然资源，由于具有表面积大、阳离子交换容量高和表面官能团丰富等特性，在环境净化方面得到了广泛应用。但是，面对日益复杂的环境污染物，单独使用已不能满足实际需求。为此，近年来，集成碳材料和黏土矿物(蒙脱石、高岭石、蛭石、凹凸棒石、海泡石、埃洛石和累托石等)制备黏土矿物/炭复合材料成为吸附材料研究的热点之一。其中，凹凸棒石/炭复合吸附材料研究受到了广泛关注[14,326,327]。

　　采用小分子有机物、天然高分子、农林业废弃物以及吸附有机分子的废弃吸附剂等作为碳源(图 1-66)，构筑凹凸棒石/炭复合吸附材料，其具有单一吸附剂所无法比拟的优势，近年来取得了长足进展。作者分别以不同类型油脂(大豆油、棕榈油动物油、废弃火锅油、废机油)为碳源，通过一步热解法(200~600℃)制备了凹凸棒石/炭(APT/C)复合材料[328]。表征结果表明，脱色废土经 250℃和 300℃煅烧后，凹凸棒石结构未发生变化，但当热解温度升高至 450℃时，部分特征峰的强度明显减弱甚至消失，凹凸棒石的部分结构已被破坏。随着煅烧温度的升高，凹凸棒石中吸附水、沸石水和配位水会逐渐失去；当温度高于 450℃时，凹凸棒石中部分结构水的失去会引起孔道结构的折叠。脱色废土中的有机物原位生成的碳物质附着在其表面。制得 APT/C 复合材料的孔径主要分布在 2~50 nm 范围内，这表明 APT/C 复合材料主要以介孔结构为主。

图 1-66　不同碳源制备凹凸棒石/炭复合材料示意图[326]

　　所制得的 APT/C 复合材料兼有凹凸棒石和炭材料的组分协同效应，可应用于吸附去除不同有机污染物。作者以有机染料、抗生素和重金属为目标污染物，采用以植物油、动物油、废弃火锅油为碳源制得的 APT/C 复合材料为吸附剂，对比研究了不同条件制得复合材料对污染物的吸附性能，揭示了复合材料对目标污染物的可能吸附机理，探究了可行绿色可持续的废弃吸附剂再生利用技术。结果表明，APT/C 复合材料对有机染料、抗生素和重金属的吸附性能均呈现先增加后降低的趋势，一般在 300~500℃内煅烧所得复合材料吸附性能最强。复合材料吸附有机分子的主要机理为：①APT/C 复合材料的芳环结构可作为 π 电子给体，与染料或抗生素分子之间发生 π-π 堆积作用；②APT/C 复合材料中含氧官能团通过氢键与染料或抗生素分子发生相互作用；③含氧官能团赋予吸附剂表面负电荷，不仅可以增加材料的疏水性，同时可以促使染料或抗生素分子通过静电作用吸附在复合材料表面。复合材料吸附重金属的机理为：吸附材料表面存在大量的活性位点，可与重金属离子有效地接触，使目标金属离子快速与吸附位点作用并被"捕获"。随着吸附时间的延长，活性位点逐渐被占据，最终达到吸附平衡。

黏土矿物/炭复合材料虽然在环境修复方面表现出巨大潜力，但仍存在一些尚需解决的问题：①基于不同类型黏土矿物构筑黏土矿物/炭复合材料的比较研究。黏土矿物有不同的结构(2∶1型和1∶1型)和形貌(例如一维棒状、管状、纤维状及二维片状)，在煅烧过程中结构演化是如何影响吸附性能，目前还缺失系统研究。②吸附材料的结构决定吸附性能。进一步研究和关联结构与吸附性能之间的关系，深入揭示吸附机理，系统探讨制备条件所含官能团对污染物的吸附贡献，可为设计和发展吸附性能优良的新型凹凸棒石/炭复合材料提供理论依据。③最佳炭化再生条件与最终处置方式。目前的初步研究表明，吸附含硫和氮等有机分子，通过炭化再生可形成硫和氮掺杂的复合材料，但还缺失系统研究，同时还需要评估复合材料循环利用的经济性及其最终处置方式，从而为吸附材料的绿色再生利用提供设计依据。此外，黏土矿物/炭复合材料的应用还停留在实验室模拟阶段，对于实际废水的研究还有待加强。

近年来，随着国家对环保的高度重视，绿色化学受到广泛关注，核心内容就是采用绿色原料和技术，生产环境友好的高性能材料。过去的许多研究工作并没有充分利用反应物中的各个原子，因而既未能充分利用资源又造成了反应过程中的二次污染。因此，对材料科学来说，实现材料设计、制备、使用、回收和循环利用全周期绿色化十分重要。以在水处理中吸附材料研究过程中，再生应用一直是"被"研究的问题。纵观目前文献报道，大部分研究工作仍是采用酸/碱、有机溶剂和各种盐溶液对吸附剂进行脱附再生处理。虽然吸附材料脱附再生处理后，仍能继续使用数次以上，但脱附液怎么处置基本上"秘而不谈"。一方面，在脱附过程中脱附液的二次污染是客观存在的；另一方面，吸附材料中被吸附物质很难被完全脱附。凹凸棒石独特的棒晶形貌和孔道尺寸，对阳离子染料不仅吸附在棒晶表面，还会进入凹凸棒石孔道内部，形成稳定的类玛雅蓝有机/无机杂化材料，即使用酸、碱和有机溶剂处理仍不易解吸再生，亟需新技术支撑。

将吸附有机分子的废吸附剂通过炭化再生，不仅实现了吸附污染物的资源化利用，而且避免了脱附液的二次污染[329-331]。作者以有机酸浸出凹凸棒石黏土矿物中的金属离子为原料合成LDH材料，吸附刚果红后再煅烧炭化得到混合金属氧化物/炭(MMO/Cs)复合材料用于去除重金属Pb^{2+} [332]。相比于LDH材料和混合金属氧化物材料，混合金属氧化物/炭复合材料能够更有效地吸附Pb^{2+}，且吸附容量随着体系中Mg^{2+}含量的增加而增加，最高达368 mg/g。电正性的金属氧化物与同样电正性的Pb^{2+}之间存在静电斥力，阻碍了Pb^{2+}离子的接触。刚果红吸附煅烧转化为炭材料后，附着在金属氧化物上屏蔽了部分的正电荷，并提供了与Pb^{2+}离子之间的静电相互作用。同时，炭材料的引入使得MMO/Cs复合材料的比表面积更大，孔隙结构更丰富，有助于提升MMO/Cs与Pb^{2+}离子的吸附能力。进一步分析表明，混合金属氧化物/炭复合材料对Pb^{2+}的去除机制主要是表面诱导生成Pb$_3$(CO$_3$)$_2$(OH)$_2$沉淀。本研究为吸附有机污染物废弃吸附剂有效转化利用提供了新途径，为混合金属氧化物/炭复合材料修复含铅污染土壤奠定了实验基础。

1.5.3　从单一利用到综合利用

凹凸棒石是一种天然的一维纳米材料,具有纳米棒状的晶体形态和纳米孔结构,至今尚无法人工合成。换句话说,凹凸棒石天然形成的纳米结构是独有的且不可替代的。因此,就高纯凹凸棒石而言,如何发挥凹凸棒石纳米材料属性和深入挖掘不可替代性应用研究是今后的研发重点。从纳米材料属性发挥方面看,在不损伤凹凸棒石固有长径比前提下,高效纯化和棒晶束离解仍然是一个值得关注的重要课题。从不可替代性应用研究看,如何利用好凹凸棒石孔道结构及其 4 种水是未来能否拓展功能应用研究的重点。此外,加强物理辅助等手段提升功能改性效率以及利用机械力场发展无溶剂条件下功能材料构筑,是实现矿物功能材料可持续绿色制备应重点关注的方向之一。

随着优质凹凸棒石资源的不断减少,以多种矿物共生的混合黏土矿物将成为未来关注重点。例如,天然沉积型混维凹凸棒石黏土矿物中通常包含一维纳米凹凸棒石、二维绿泥石、高岭石、伊利石等多种矿物,这些矿物共生或伴生在一起,单一提纯某种矿物较为困难。而这类黏土矿物中同时含有一维、二维等多种维度的纳米黏土矿物,在某些应用方面又有先天多维度的优势,挖掘混维黏土矿物应用新技术,将成为未来的重要发展趋势。因此,需要加强对混维黏土矿物中不同矿物的协同效应及其作用机理研究。

近年来,作者围绕杂色混维凹凸棒石黏土矿初步发展了"酸蚀转白-功能材料构筑-酸蚀废液再利用-黏土矿物生物炭-石英砂再利用"综合利用体系。首先,将杂色混维凹凸棒石黏土矿采用梯度溶蚀法溶出了凹凸棒石八面体中的致色离子[333],得到的混维黏土矿物用于制备霉菌毒素吸附剂等产品;然后利用溶蚀的致色离子构筑 LDH 材料;用于吸附有机分子后作为碳源制备黏土矿物生物炭材料[332],最终将其应用于土壤改良或修复[334];利用黏土矿物中分离的石英砂构筑矿物颜料[335]。该路径实现了杂色混维凹凸棒石黏土矿的全矿物资源利用(图 1-67)。

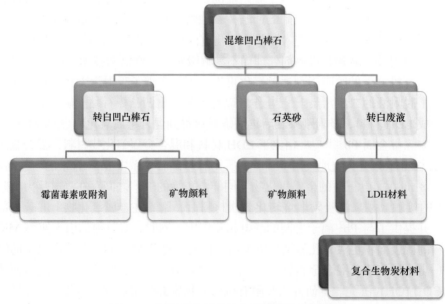

图 1-67　混维凹凸棒石综合利用构筑功能材料

　　凹凸棒石黏土矿全资源化开发利用将成为未来重要发展方向。目前该方面的研究处于起步阶段，需要科研人员进一步转变研发理念，围绕产业发展需求，加强和重视矿山综合性开采与资源的合理化利用技术、环境无害化技术、废弃物综合利用技术、矿山复垦生态环境技术等研发，为我国凹凸棒石黏土的综合开发利用与可持续发展解决关键共性问题。

1.6　凹凸棒石产业发展需求趋势

1.6.1　非金属矿功能材料发展趋势

　　非金属矿是人类赖以生存和发展的重要资源，是经济社会发展的物质基础，伴随着人类社会的进步和科学技术的发展，被人类社会利用的非金属矿的品种越来越丰富，数量越来越多。在当今社会，非金属矿及其矿物材料，是国民经济发展不可缺少的重要基础材料和功能材料，与高技术新材料产业、重点基础原材料产业、环保与生态产业等密切相关，被广泛应用于航空航天、电子信息、新能源、生物、医药、冶金、建材、化工、石油、机械、轻工、环保、生态建设等领域。作为国民经济重要组成部分的非金属矿工业，不仅担当着国家经济发展和国防建设资源保障、民生改善、安全供给的重任，而且在新一轮科技革命及国际竞争中将发挥不可替代的作用。纵观当今世界，非金属矿产资源的开发利用规模和水平，已成为衡量一个国家和地区现代化程度的重要标志。

　　新中国成立七十多年来，我国非金属矿工业走过了计划经济时期起步阶段、改革开放初期工业原料阶段、20世纪90年代原料与深加工并举阶段、2010年后的矿物功能材料阶段，从小到大，由弱渐强，砥砺前行。在起步阶段，时任国家副主席和中央副主席的朱德于1957年指示，"建材工业部应该把发展非金属矿产工业放在十分重要的地位，多多挖掘各种矿物，为整个国民经济现代化提供各种新材料。"在工业原料阶段，非金属矿是建材出口创汇的支柱，在这种背景下，1987年经国家批准，中国非金属矿工业总公司成立，在国家计划中实行计划单列，随之又获得了进出口权，组建工、技、贸结合的企业集团，作为导向企业，引导全国非金属矿产开发利用。20世纪90年代，非金属矿工业进入原料与深加工并举阶段，非金属矿深加工技术研究被确定为"八五"期间非金属矿科研开发目标，重点围绕非金属矿"超细、分级、提纯、改性"等方向进行技术研究。在2010年后的矿物功能材料阶段，国务院办公厅于2016年印发《关于促进建材工业稳增长调结构增效益的指导意见》(国办发〔2016〕34号文)，提出以石墨、高岭土、膨润土、硅藻土等非金属矿精深加工为重点，加大在矿物均化、提纯、超细磨粉、分级级配、表面改性等方面攻关力度，大力发展矿物功能材料。在国家政策有力指引下，我国非金属矿工业取得了较大发展，资源保障程度持续提高，产业集群发展加快，产业规模持续扩大，产业结构加速优化，创新能力不断增强，技术与装备水平不断提升，绿色体系建设已见成效，开始由高速增长阶段向高质量发展阶段迈进。

　　我国非金属矿工业发展的不同阶段，国家都给予了一定的政策支持，由于是零星散见于其他行业的政策之中，对促进非金属矿行业的高质量发展力度不够，以至于目前我国非金属矿工业和先进发达国家相比还有较大差距。存在着产业集中度低，"专精特新"的潜力和优势尚未充分释放和发挥；战略性及短缺优质非金属矿资源勘查力度不足，资源利用效率偏低；传统工业原辅材料中低端产能过剩，同质化竞争激烈；主要优势矿种的产品高值化、系列化程度低，新兴产业功能矿物材料领域拓展不足；战略性非金属矿资源储备制度尚未建立；科技研发碎片化，难以集中优势科研资源攻坚共性关键领域；技术与装备及产品开发不足以支撑产业发展，绿色低碳发展仍需继续深化等问题。

当前，我国已进入工业化中后期阶段，新兴产业将成为未来工业增长的重要驱动力量，非金属矿工业作为战略性新兴产业发展的重要基础，将成为打造未来中国核心竞争力的关键。在中国的工业化进程与第四次工业革命重叠的关键时期，促进我国非金属矿工业迈入高质量发展的新阶段，具有难得的发展机遇，也面临一些严峻的挑战，存在诸多不足与困境，亟需国家层面用专项政策引导与支持，帮助非金属矿工业全面实现高质量发展，从而为国家经济发展和资源安全保障做出更大的贡献。

在 2020 中国非金属矿工业大会暨展示博览会上，中国建筑材料联合会提出要以新业态、新目标、推动非金属矿行业发展新突破，要从探索深化以资本为纽带的发展模式、探索集约式研发创新模式、探索打造高端产业集群产业园区、推进行业与信息技术融合、实现更高水平的对外开放等 5 个方面有大担当、大作为，有更高站位、远大抱负、国际视野、人类情怀。为此，提出了非金属矿工业实现高质量发展新突破的相关举措，其主要内容包括：

以资源绿色生态为牵引，研发新一代非金属矿开采技术。重点研发基于地勘大数据的膨润土、高岭土等黏土类矿山分类开采、分级利用技术并推广应用；构建重点矿种和矿山的数字化资源储量和利用模型，开展资源开发和动态经济评价，实现矿产资源储量利用的标准化管理。

以国家战略矿产为牵引，研发选矿及材料制备等先进技术与装备。重点研发石墨选矿提纯工艺及生产设备，大功率石墨基相变储能材料，核反应用石墨减速反射材料，高品质石墨烯的工业化大规模生产工艺及设备，以及萤石高纯精粉制备、伴生萤石矿的选别方法理论和选矿技术等。

以高端生物医药需求为牵引，研发纳米矿物精深加工技术。重点研究矿物材料设计与制备的新原理与新方法、纳米尺寸矿物材料理化性质与生物学效应的关系、矿物材料微纳结构与医用性能的关系及稳定性，开发应用非金属矿物的纳米制备与精深加工技术；重点开展矿物基靶向药物精准治疗载体材料、辐射烧伤无痕修复材料、军用快速凝血止血材料、药物悬浮触变缓释增效材料，构建新型生物医用矿物材料产业体系。

以支撑现代农业为牵引，研发土壤改良与治理用矿物功能材料。重点开展各类农田污染吸附分解治理材料、土壤改良成分调节材料、难垦土地的复垦与荒漠治理材料、高效农药载体材料、矿物复合肥料、农药催化缓释长效材料、农作物保鲜防霉材料和产品。

以满足国家重大工程建设需求为牵引，研发环境治理等矿物功能材料。重点开发推广密闭空间空气过滤分离净化材料、密闭空间废弃物吸附除味分解储存再生材料、核反应堆屏蔽材料、核废料固化长效封闭处置材料、海上重油污染高效搜捕材料等。

以新能源领域开发为牵引，研发高性能矿物功能材料。重点发展光伏用高纯低杂变相石英材料、大倍率储氢储气材料；超前研发适应新能源时代的高纯石英、云母、叶蜡石、沸石储能材料等耐高温、高压及高导电性、高绝缘性和高阻燃性矿物原料、材料或制品的生产工艺和制造技术。

以保障人民安全健康为牵引，研发新型黏土矿物基复合材料和多功能复合阻燃材料。重点研发满足健康、安全、环保需求的硅藻土、沸石、蛋白石、凹凸棒石、海泡石等多孔矿物基复合材料，以及膨润土(蒙脱石)、高岭土等层(管)状结构黏土矿物基复合材料。如霉菌毒素吸附材料、甲醛等室内有毒害气体净化材料、室内调湿与防霉材料、制药和生化制品废水吸附材料、绿色节能建筑及人工湿地功能材料、高性能城市垃圾填埋场毒液防渗复合材料，环境友好、低毒高效、多功能复合的非金属矿物阻燃材料。

以国家重大战略为牵引，研发特种矿物新材料。着重研发海洋装备用涂层填料、海洋工程用高强填料、抗盐碱耐高温长效海上油气探采材料；叶蜡石烧蚀材料、层状矿物固体自润滑材料、金红石通信窗口材料；钙钛矿、电气石型结构等特种矿物新材料；攻关天宫空间站、国产大飞机、高速磁悬浮列车等用密封、制动材料；满足交通强国、海洋强国战略及开发太空的高技术产业需求。

以技术装备升级转型为牵引，提升行业制造智能化实力。研发矿物深加工环节的自动化、数字化、智能化、智慧化改造技术与工程，建立覆盖整条生产线的成套集中控制系统。如节能环保智能成套工艺技术与装备，智能化大型光电色选技术与装备，超细粉体颗粒在线检测仪器及应用技术。推进互联网、云计算、大数据等新一代信息技术与非金属矿采选和深加工制造的深度融合，加快完成行业智慧矿山建设探索和智能制造进程。

以高质量标准为引领，支撑行业高质量发展。一方面推进标准供给侧结构性改革，加快编制满足市场和创新需要的新技术、新材料、新产品的团体标准，在主要细分行业和关键领域，建立与国家标准、行业标准和相关团体标准协调配套的新型标准体系。一方面加快国际标准的转化，提高采标率；另一方面对有外贸需求的重点标准开展外文版翻译工作，力争在优势和特色领域发布具有国际影响力的先进的团体标准。

矿物功能材料主要是以非金属矿物或经过选矿、初加工的非金属矿为原料，在充分发挥非金属优异的离子交换性、吸附性、悬浮性、可塑性、化学稳定性以及电学、热学等性能的基础上，经过深加工或精加工制备具有独特功能的材料。矿物功能材料是将矿产资源优势转变为技术优势、产业优势和经济优势的关键，是新技术革命中不可缺少的原材料，对我国传统产业改造升级、新技术产业的形成发展以及国民经济可持续发展都起着举足轻重的作用，是21世纪我国着力开发的新型无机非金属功能材料。

面向"十四五"各级部门都在制订新的产业发展规划，要重点发展矿物功能材料，提高资源综合利用水平，开发规模化、机械化、智能化、专用化成套技术与装备；要加快产业结构调整，实施产业集群发展，加快技术创新，推进非金属矿物功能材料发展。多个省市设立了"工程技术研究中心"和"重点实验室"，加大对矿物功能材料研发的支持，并出台了一系列科技、产业扶持政策。目前，矿物功能材料存在产品系列化程度低、加工与应用技术落后等问题，尚不能满足我国高新技术产业的发展需求。因此，发展矿物功能材料产业任重道远。

1.6.2　凹凸棒石产业发展需求趋势

"十三五"期间，我国凹凸棒石新技术、新产品、新材料的创新研发，缩小了与国外先进水平的差距，较好地推动了产业的升级换代和矿物功能材料新兴产业发展。但是，我国凹凸棒石黏土矿物产业总体还呈粗放型，资源利用率偏低，先进采选技术有待突破；矿物功能材料开发应用迟缓；行业科技创新总体实力不强，创新要素不完善，目标碎片化，研发层次不清晰；以企业为主体的技术创新能力和条件薄弱，技术创新动能不足；产业缺乏重大原创性成果，难以引领带动产业爆发式增长；行业检测与标准化工作有待加强，行业团体标准体系尚需完善等一系列问题。为此，"十四五"期间，我国凹凸棒石产业创新发展要坚持"市场需求牵引、重点突破导向、把握共性关键、重构研发平台、完善创新机制"的原则。重点突破"精准分类开采技术、智能化加工技术装备、典型功能材料应用"，解决"高效分级利用、精细加工与制备、高值利用应用示范"的产业全链条重点"卡脖子"难题，实现产业示范应用重大突破，为我国凹凸棒石产业转型发展做出积极努力。为此，需要重点关注以下工作。

顶层设计、重点支持、突破瓶颈。未来国家要坚持供给创新，坚持需求引领，坚持产业集聚，以产业链和创新链协同发展为途径，培育新业态、新模式，发展矿物材料特色产业集群，带动区域经济转型。因此，围绕产业链重大需求，政府应重点组织开展产业共性关键技术攻关，进而实现"三个统一"。统一规划：面向产业，制定发展战略和技术线路图，统筹规划应用研究、应用开发和产业化；统一组织：围绕重大关键性技术研发，通过领军人才组织攻关队伍，做到有所为，有所不为，重点解决关键共性制约问题，同时加快开发矿物功能材料新产品步伐；统一管理：依托政府部门或平台，对项目实现全过程管理，努力使凹凸棒石资源的开发利用工艺技术系统化、产业化，打造凹凸棒石综合利用成果转化基地。

围绕"重点领域、重点技术、重点产品"，加强顶层设计，重视凹凸棒石矿物结构等基础理论研究和新材料应用及评价研究，发明重大原创性成果，研发规模化、数字化、智能化、专用化的成套技术与装备，创新"基础研究、应用研究和成果转化"的责任和利益共享机制，引领和推进行业技术创新工作的连续性、针对性、有效性。凹凸棒石产业要突破瓶颈，还需重视应用基础研究。2018年1月，国务院发布《关于全面加强基础科学研究的若干意见》，明确提出要加强基础和应用基础研究，重视基础研究支撑体系建设。需要不断完善科技政策体系，持续加大凹凸棒石基础研究经费投入力度，搭建基础研究与应用研究之间的合作平台，持续鼓励培育原创性重大科技创新成果，并促进科技创新成果的转化应用，使基础研究和应用研究融合创新发展，从而改善基础研究与产业应用脱节的问题。

平台融合、协同创新、服务产业。在过去十多年的时间里，世界科技发展呈现出前所未有的系统化突破性发展态势，世界已经进入以创新为主题和主导的发展新时代，全球创新的新格局加速形成，抢占科技和经济发展制高点的竞争愈发激烈。在各级部门的支持下，我国已先后建立了省部级工程研究中心、重点实验室和创新中心等平台，但没有实现应用基础研究、新产品研发和成果转化一体化协同。《"十三五"国家科技创新规划》提出，要培育面向市场的新型研发机构，希望采取与国际接轨的运行机制，协同多方资源，开展基础前沿研究和共性关键技术研发，通过产学研合作，提升产业竞争力。

应鼓励支持龙头企业与技术依托单位合作建设产业技术研究院等创新平台，促进凹凸棒石新产品研发和技术转化。创新平台应以高水平和交叉学科研究队伍搭建为核心，以产品开发和产业技术创新为先导，以形成具有自主知识产权、对产业有重要影响的标志性成果和对产业发展有重大推进作用的关键先进技术为目标，结合现有工作基础和产品的研发趋势，形成凹凸棒石功能材料研发、凹凸棒石工程技术创新和凹凸棒石检测及标准制订 3 个既各自特色鲜明，又相辅相成的支撑平台。创新平台应立足凹凸棒石基础前沿与变革性技术、产业的材料基础与装备、核心应用技术等方面，致力于解决"卡脖子"问题。在对接市场需求方面，立足传统产业转型升级、新兴产业培育及市场需求等，致力于解决科技与经济"两张皮"问题。

要充分发挥学会、协会和联盟的作用，抓住新材料革命发展机遇，坚持需求牵引和战略导向，以深化供给侧结构性改革为主线，以提高自主创新能力为重点，以满足凹凸棒石战略性新兴产业发展为切入点，发挥科研、资源、产业、人才等比较优势，以市场为导向，以科技为支撑，以产业基地和园区为载体，培育发展一批有影响带动作用的骨干企业，突破一批产业关键核心技术，转化应用一批具有较高技术水平和市场前景的科技成果，形成一批具有规模和市场竞争力的新材料产品，延伸拓展产业链，努力形成新的工业经济增长极。

绿色发展、示范引领、提质增效。凹凸棒石产业以面向农业、化工、环保、健康和新材料等国民经济核心领域的重大需求为基础，以高效开发利用特色优势凹凸棒石资源为目标，以高附加值、具有市场竞争优势的主导产品开发为导向，开发高性能黏土矿物功能材料，攻克矿物功能材料规模化制备关键核心技术、装备和工艺，突破矿物功能材料产品的精深加工技术和先进工艺，开发出高效、低成本绿色规模化制备新工艺技术，建立柔性工业示范生产线，实现矿物功能材料产品可控、稳定和规模化制造，加强人才队伍建设和"产学研用"联合，促进凹凸棒石产业又好、又快、又稳发展，全力打造凹凸棒石产业升级版。

矿业开发绿色发展是实现党中央提出的打好"污染防治"三大攻坚战的关键举措，是当前我国非金属矿业发展的重大要求和任务。通过新一代技术装备创新攻关，促进凹凸棒石绿色矿山及绿色工厂建设数字化智能化发展；通过加工工艺技术流程优化等一系列关键技术，大大提升资源的开采率、高效和综合利用率，提高产业智能化水平，实现凹凸棒石产业绿色发展。

鼓励利用凹凸棒石伴生矿为原料，开发综合利用新产品，实现伴生矿的有效利用。利用凹凸棒石的棒晶和孔道，开展应用基础研究，挖掘凹凸棒石的新用途。利用现代仪器分析测试手段，科学、彻底地查明矿层的矿物组成及化学成分，实现有目的地分类采矿。按照不同矿石类型分层开采，按照不同类型矿石特性分别利用，提高矿石采取率和利用率，提高矿石均一化程度，促进产品质量稳定。

加强产业化示范基地建设。以龙头企业构建凹凸棒石产业化转化"横向联合、优势互补、协同创新"的联动机制，充分发挥现代企业制度完善、产业化、工程化能力强的优势，破解技术创新以实验室和小试为主，工业化技术研究平台和团队欠缺的瓶颈问题。重点引进中央企业产业化基地项目，国家级院所成果转化和产业化项目，国内外大企业、大集团投资项目，引进战略性新兴产业、高新技术产业、高端制造环节和研究开发基地项目，提高利用内外资的质量和水平。

培养人才、产业融合、形成模式。人才是产业发展的重要支撑力量，甘肃有丰富的混维凹凸棒石矿资源，但在甘肃高等院校中还没有开设矿物学和矿物加工专业。2018 年 10 月，中国科学院兰州化学物理研究所与河西学院签署合作协议，在凹凸棒石本科人才培养、师资队伍建设和产学研平台构建等多方面开展广泛深入合作，并于 2019 年邀请国内知名教授在河西学院开设《黏土矿物学》课程，为进一步助推甘肃凹凸棒石产业发展和储备非金属矿物材料基础人才奠定了基础，但关于产业发展关键人才培养模式和机制方面还有待进一步探索。为了需要探索"产教融合、专业共建、人才共育、发展共赢"的产学研合作新模式。同时通过举办专题讲座和产业开发科技培训班，普及凹凸棒石精细加工方法，引导行业人才掌握和运用科学技术手段，探讨和研究加工及应用技术难点问题，正确认识凹凸棒石产业不同发展阶段需要思考的问题。

促进信息技术在凹凸棒石产业广泛应用并与之深度融合，构建富有竞争力的现代化产业体系。推动凹凸棒石一、二、三产业深度融合。积极发展大数据、人工智能和"智能+"凹凸棒石产业，推动"互联网+教育"、"互联网+旅游"等新业态发展，加强凹凸棒石科普体验与观光农业和文旅产业的深度融合，通过植入凹凸棒石"元素"，发展品质农业和文旅产业，形成助推凹凸棒石产业发展的新模式。

党的十九届五中全会提出，"坚持创新在我国现代化建设全局中的核心地位，把科技自立自强作为国家发展的战略支撑""加快建设科技强国"。这一重要论断丰富和深化了对科技创新规律的认识，将科技自立自强的重要性提上了历史的新高度，为我国加快建设科技强国提供了科学指导，也为科技工作者提出了新要求。近年来，我国从事凹凸棒石研究的科研工作者为产业创新发展做出了不懈努力，通过政产学研结合为产业创新发展提供了科技支撑，但与产业发展需求仍有一定距离。我们需要进一步强化科技与经济紧密结合，要始终抓住科技创新成果转化和产业化这个关键，特别是实现产业关键核心技术的工程化产业化，把创新成果尽快转化为现实生产力，实现科技创新引领支撑产业发展，真正成为经济发展的内生驱动力。未来凹凸棒石人一起在做大做强产业的道路上执着前行，"研当以报效国家为己任，学必以服务人民为荣光"，践行好"奉献、友爱、互助、进步"的服务精神。争做重大科研成果的创造者、建设科技强国的奉献者、崇高思想品格的践行者、良好社会风尚的引领者，为凹凸棒石产业的创新发展和地方社会经济的发展做出更大的努力！

参 考 文 献

[1] Guggenheim S, Adams J M, Bain D C, et al. Summary of recommendations of nomenclature committees relevant to clay mineralogy: Report of the Association Internationale pour L'Étude des Argiles (AIPEA) Nomenclature Committee for 2006. Clays Clay Miner, 2006, 54: 761-772.

[2] Lan Y, Liu Y, Li J, et al. Natural clay-based materials for energy storage and conversion applications. Adv

Sci, 2021, 8: 2004036.

[3] Krekeler M P S, Guggenheim S. Defects in microstructure in palygorskite-sepiolite minerals: A transmission electron microscopy (TEM) study. Appl Clay Sci, 2008, 39: 98-105.

[4] Appel C, Ma L Q, Rhue R D, et al. Point of zero charge determination in soils and minerals via traditional methods and detection of electroacoustic mobility. Geoderma, 2003, 113: 77-93.

[5] Murray H H. Applied Clay Mineralogy: Occurrences, Processing and Application of Kaolins, Bentonites, Palygorskite-Sepiolite, and Common Clays. Amsterdam: Elsevier, 2006.

[6] Abdelrahman M A, Shifa M R S, Rem J, et al. Adsorption of organic pollutants by natural and modified clays: A comprehensive review. Sep Purif Technol, 2019, 228: 115719.

[7] Chen Q Z, Zhu R L, Fu H Y, et al. From natural clay minerals to porous silicon nanoparticles. Micropor Mesopor Mater, 2018, 260: 76-83.

[8] 王文波, 牟斌, 张俊平, 等. 凹凸棒石: 从矿物材料到功能材料. 中国科学: 化学, 2018, 48(12): 1432-1451.

[9] Wang W, Wang A. Recent progress in dispersion of palygorskite crystal bundles for nanocomposites. Appl Clay Sci, 2016, 119: 18-30.

[10] Lu Y, Wang W, Wang Q, et al. Effect of oxalic acid-leaching levels on structure, color and physico-chemical features of palygorskite. Appl Clay Sci, 2019, 183: 105301.

[11] Lu Y, Wang W, Xu J, et al. Solid-phase oxalic acid leaching of natural red palygorskite-rich clay: A solvent-free way to change color and properties. Appl Clay Sci, 2020, 198: 105848.

[12] Ding J, Huang D, Wang W, et al. Effect of removing coloring metal ions from the natural brick-red palygorskite on properties of alginate/palygorskite nanocomposite film. Int J Biol Macromol, 2019, 122: 684-694.

[13] Dong W, Lu Y, Wang W, et al. A sustainable approach to fabricate new 1D and 2D nanomaterials from natural abundant palygorskite clay for antibacterial and adsorption. Chem Eng J, 2020, 382: 122984.

[14] 宗莉, 唐洁, 牟斌, 等. 凹凸棒石/炭复合吸附材料研究进展. 化工进展, 2021, 40(1): 282-296.

[15] Yang H, Mu B, Wang Q, et al. Resource and sustainable utilization of quartz sand waste by turning into cobalt blue composite pigments. Ceram Int, 2021, in press.

[16] Ssaftschenkow T V. Palygorskit. Sankt petersburg: Verhandlungen der Russisch kaiserlichen gesellschaft für mineralogie, 1862: 102-104.

[17] Bailey S W. Summary of recommendations of AIPEA nomenclature committee. Can Mineral, 1980, 18: 143-150.

[18] 许冀泉, 方邺森. 粘土矿物的分类和名称. 硅酸盐通报, 1982, 1(3): 1-8.

[19] 张杰, 何林, 练强. 贵州大方坡缕石矿矿物岩石学特征. 矿物岩石, 2008, 28(4): 17-23.

[20] 孙维林, 王铁军, 刘庆旺. 粘土理化性能. 北京: 地质出版社, 1992.

[21] Ovcharenko F D, Kukovskii E G, Nichiporenko S P. Colloidal chemistry of palygorskite. Kiev: Izd-vo AN USSR, 1963.

[22] Drits V A, Sokolova G V. Structure of palygorskite. Soviet Phys Cryst, 1971, 16: 183-185.

[23] Bradley W F. The structure scheme of attapulgite. Am Mineral, 1940, 25: 405-410.

[24] Bergaya F, Lagaly G. Handbook of Clay Science. 2nd edition. Amsterdam: Elsevier, 2013.

[25] Galán E. Properties and applications of palygorskite-sepiolite. Clay Clay Miner, 1996, 31: 443-454.

[26] Giustetto R, Chiari G. Crystal structure refinements of palygorskite and Maya blue from molecular modeling and powder synchrotron diffraction. Eur J Miner, 2004, 16: 521-532.

[27] Singer A, Galan E. Developments in Palygorskite-Sepiolite Research: A New Outlook on These Nanomaterials. Amsterdam: Elsevier, 2011.

[28] Zhang Y, Fan L, Chen H, et al. Learning from ancient Maya: Preparation of stable palygorskite/methylene blue@SiO₂ Maya blue-like pigment. Micropor Mesopor Mater, 2015, 211: 124-133.

[29] Zhang Y, Wang W, Zhang J, et al. A comparative study about adsorption of natural palygorskite for methylene blue. Chem Eng J, 2015, 262: 390-398.

[30] Galán E, Carretero M I. A new approach to compositional limits for sepiolite and palygorskite. Clays Clay Miner, 1999, 47: 399-409.

[31] Suárez M, García-Romero E, Sánchez del Río M, et al. The effect of octahedral cations on the dimensions of the palygorskite cell. Clay Miner, 2007, 42: 287-297.

[32] Chryssikos G D, Gionis V, Kacandes G H, et al. Octahedral cation distribution in palygorskite. Am Mineral, 2009, 94: 200-203.

[33] Wang W, Wang A. Nanoscale clay minerals for functional ecomaterials: Fabrication, applications, and future trends//Leticia Myriam Torres Martínez, Oxana Vasilievna Kharissova, Boris Ildusovich Kharisov. Handbook of Ecomaterials. Springer, 2018.

[34] Xu J, Wang A. Electrokinetic and colloidal properties of homogenized and unhomogenized palygorskite in the presence of electrolytes. J Chem Eng Data, 2012, 57(5): 1586-1593.

[35] Xu J, Wang W, Mu B, et al. Effects of inorganic sulfates on the microstructure and properties of ion-exchange treated palygorskite clay. Colloid Surface A, 2012, 45: 59-64.

[36] Post J E, Heaney P J. Synchrotron powder X-ray diffraction study of the structure and dehydration behavior of palygorskite. Am Mineral, 2008, 93: 667-675.

[37] Van Scoyoc E G, Serna C J, Ahlrichs J L. Structural changes in palygorskite during dehydration and dehydroxylation. Am Mineral, 1979, 64: 215-223.

[38] Liu H, Chen T, Chang D, et al. The difference of thermal stability between Fe-substituted palygorskite and Al-rich palygorskite. J Therm Anal Calorim, 2013, 111(1): 409-415.

[39] Hubbard B, Kuang W, Moser A, et al. Structural study of Maya blue: Textural, thermal and solidstate multinuclear magnetic resonance characterization of the palygorskite-indigo and sepiolite-indigo adducts. Clay Clay Miner, 2003, 51(3): 318-326.

[40] 周杰, 马毅杰. 凹凸棒石粘土的显微结构特征. 硅酸盐通报, 1999, 18(6): 50-55.

[41] García-Romero E, Suárez M. Sepiolite-palygorskite: Textural study and genetic considerations. Appl Clay Sci, 2013, 86: 129-144.

[42] García-Romero E, Suárez M. Sepiolite-palygorskite polysomatic series: oriented aggregation as a crystal growth mechanism in natural environments. Am Mineral, 2014, 99: 1653-1661.

[43] Corma A, Mifsud A, Sanz E. Influence of the chemical composition and textural characteristics of palygorskite on the acid leaching of octahedral cations. Clay Miner, 1987, 22: 225-232.

[44] Barrios M S, Gonzhlez L V F, Rodriguez M A V, et al. Acid activation of a palygorskite with HCl: Development of physico-chemical, textural and surface properties. Appl Clay Sci, 1995, 10: 247-258.

[45] Baltar C A M, da Luz A. B, Baltar L M, et al. Influence of morphology and surface charge on the suitability of palygorskite as drilling fluid. Appl Clay Sci, 2009, 42, 597-600.

[46] Boudriche L, Chamayou A, Calvet R, et al. Influence of different dry milling processes on the properties of an attapulgite clay, contribution of inverse gas chromatography. Powder Technol, 2014, 254: 352-363.

[47] Chen L, Liu K, Jin T X F, et al. Rod like attapulgite/poly(ethylene terephthalate) nanocomposites with chemical bonding between the polymer chain and the filler. eXPRESS Polym Lett, 2012, 6: 629-638.

[48] Liu P, Zhu L X, Guo J S, et al. Palygorskite/polystyrene nanocomposites via facile in-situ bulk polymerization: Gelation and thermal properties. Appl Clay Sci, 2014, 100: 95-101.

[49] Xu J X, Wang W B, Wang A Q. Enhanced microscopic structure and properties of palygorskite by

associated extrusion and high-pressure homogenization process. Appl Clay Sci, 2014, 95: 365-370.

[50] 易发成, 田煦. 苏皖凹凸棒石粘土矿石评价的若干问题. 建材地质, 1995, (3): 2-7.

[51] 林极峰, 黎文辉, 祝华庆, 等. 坡缕石在贵州发现. 贵州工学院学报, 1985, (3): 1.

[52] 何林, 周元康, 闫建伟, 等. 坡缕石及其微纳米材料的改性与工程应用. 北京: 国防工业出版社, 2012.

[53] 方邺森, 李立文, 许冀泉.苏皖地区凹凸棒石黏土. 南京大学学报(自然科学版), 1990, 26(1): 15-23.

[54] 中国建筑材料工业地质勘查中心江苏总队. 江苏省盱眙县仇集镇猪咀山-龙山矿区凹凸棒石黏土矿详查成果报告. 2006.

[55] 张士三. 沉积岩镁铝含量比及其应用. 矿物岩石地球化学通报, 1988, (2): 112-113.

[56] Church T M, Velde B. Gecchemistry and origin of a deep-sea pacific palygorskite deposit. Chem Geol, 1979, (25): 31-39.

[57] Singer A, Galan E. Palygorskite-Sepiolite Occurrences, Genesis and Uses. Amsterdam: Elsevier, 1984.

[58] Millot G. Geology of Clays. New York: Springer-verlay, 1970.

[59] 易发成, 李虎杰, 田煦, 等. 苏皖地区凹凸棒石黏土矿床稳定同位素特征及其地质意义. 矿物学报, 1995, 15(2): 242-247.

[60] Velde B, Clay Minerals. A Physic-Chemical Explanation of Their Occurrence. Amsterdam: Elsevier, 2000.

[61] Zheng Y, Jiang Q Q, Qian F. Analysis of metallogenic characteristics of the northwestern part of the attapulgite clay belt across Jiangsu and Anhui provinces. Geol Anhui, 2018, 28: 265-275.

[62] Wang W B, Wang A Q. Palygorskite Nanomaterials: Structure, Properties, and Functional Applications// Wang A, Wang W, Eds. Nanomaterials from Clay Minerals. Amsterdam: Elsevier, 2019: 21-133.

[63] Zhang Z, Wang W, Tian G, et al. Solvothermal evolution of red palygorskite in dimethyl sulfoxide/water. Appl Clay Sci, 2018, 159: 16-24.

[64] Zhou J Y, Cui B F. Discussion on genetic types of attapulgite clay deposits in China. Resour Surv Environ, 2015, 36: 266-275.

[65] Zhang S, Liu L H, Qiao Z C, et al. Genesis of attapulgite from baiyanghe formation of neogene in Yangtaiwatan, Linze County. Acta Mineral Sinica, 2019, 39: 1-8.

[66] Xie Q Q, Chen T H, Zhou H, et al. Mechanism of palygorskite formation in the red clay formation on the Chinese loess plateau, northwest China. Geoderma, 2013, 192: 39-49.

[67] Verrecchia E P, Le Coustumer M N. Occurrence and genesis of palygorskite and associated clay minerals in a pleistocene calcrete complex, Sde Boqer, Negev desert, Israel. Clay Miner, 1996, 31: 183-202.

[68] Theng B K G. Formation and Properties of Clay-Polymer Complexes. 2nd edition. Amsterdam: Elsevier, 2012.

[69] Tournassat C, Steefel C I, Bourg I C, et al. Natural and Engineered Clay Barriers. Amsterdam: Elsevier, 2015.

[70] Yuan P, Thill A, Bergaya F. Nanosized Tubular Clay Minerals: Halloysite and Imogolite. Amsterdam: Elsevier, 2016.

[71] Gates W P, Kloprogge J T, Madejová J, et al. Infrared and Raman Spectroscopies of Clay Minerals. Amsterdam: Elsevier, 2017.

[72] Schoonheydt R, Johnston C T, Bergaya F. Surface and Interface Chemistry of Clay Minerals. Amsterdam: Elsevier, 2018.

[73] 郑自立, 宋绵新, 易发成, 等. 中国坡缕石. 北京: 地质出版社, 1997: 1-120.

[74] 陈天虎, 徐晓春, 岳书仓. 苏皖凹凸棒石黏土纳米矿物学及地球化学. 北京: 科学出版社, 2004.

[75] 郑茂松, 王爱勤, 詹庚申. 凹凸棒石黏土应用研究. 北京: 化学工业出版社, 2007.

[76] 王爱勤, 王文波, 郑易安, 等. 凹凸棒石棒晶束解离及其纳米功能复合材料. 北京: 科学出版社,

2014.

[77] 梁莎, 刘金渠, 许向宁, 等. 凹凸棒的研究现状——基于 CiteSpace 的可视化分析. 化工新型材料, 待刊.

[78] Han H, Rafiq M K, Zhou T, et al. A critical review of clay-based composites with enhanced adsorption performance for metal and organic pollutants. J Hazard Mater, 2019, 369: 780-796.

[79] Gil A, Vicente M A. Energy Storage Materials from Clay Minerals and Zeolite-like Structures, in Modified Clay and Zeolite Nanocomposite Materials. Amsterdam: Elsevier, 2019: 275-288.

[80] Mousa M, Evans N D, Oreffo R O, et al. Clay nanoparticles for regenerative medicine and biomaterial design: A review of clay bioactivity. Biomaterials, 2018, 159: 204-214.

[81] Xu J, Shen X, Jia L, et al. A novel visual ratiometric fluorescent sensing platform for highly-sensitive visual detection of tetracyclines by a lanthanide-functionalized palygorskite nanomaterial. J Hazard Mater, 2018, 342: 158-165.

[82] Wu F, Pickett K, Panchal A, et al. Superhydrophobic polyurethane foam coated with polysiloxane-modified clay nanotubes for efficient and recyclable oil absorption. ACS Appl Mater Inter, 2019, 11(28): 25445-25456.

[83] Zhao Y, Zhao S, Guo H, et al. Facile synthesis of phytic acid@attapulgite nanospheres for enhanced anti-corrosion performances of coatings. Prog Org Coat, 2018, 117: 47-55.

[84] Shikinaka K, Nakamura M, Navarro R R, et al. Non-flammable and moisture-permeable UV protection films only from plant polymers and clay minerals. Green Chem, 2019, 21(3): 498-502.

[85] 左士祥, 吴红叶, 刘文杰, 等. 凹凸棒石/g-C₃N₄/LaCoO₃ 复合材料的制备及其光催化脱硫性能. 硅酸盐学报, 2020, 48(5): 753-760.

[86] 任珺, 刘丽莉, 陶玲, 等. 甘肃地区凹凸棒石的矿物组成分析. 硅酸盐通报, 2013, 32(22): 2362-2365.

[87] 张磊, 王青宁, 田静, 等. 凹凸棒石黏土矿除铁增白在合成分子筛上的应用. 非金属矿, 2009, 32(3): 25-29.

[88] 刘宇航, 孙仕勇, 冉胤鸿, 等. 甘肃临泽高铁凹凸棒土的活化及吸附特性研究. 非金属矿, 2019, 42(6): 15-18.

[89] Yuan J H, Sheng-Zhe E, Che Z X. The ameliorative effects of low-grade palygorskite on acidic soil. Soil Res, 2020: 58.

[90] 张秀丽, 王明珊, 廖立兵. 凹凸棒石吸附地下水中氨氮的实验研究. 非金属矿. 2010, 33(6): 64-67.

[91] Jin Y L, Qian Y H, Zhu H F, et al. Effect of ultrafine grinding on the crystal structure and morphology of attapulgite clay. Non-metallic Mines (Chinese), 2004, 27(3):14-15, 27.

[92] Wang S. Effect of extrusion on the bond behavior of attapulgite clay. China Non-metallic Mining Industry Herald (Chinese), 2005, 3: 23-24.

[93] Liu Y, Wang W B, Wang A Q. Effect of dry grinding on the microstructure of palygorskite and adsorption efficiency for methylene blue. Powder Technol, 2012, 225: 124-129.

[94] Viseras C, Meeten G H, Lopez-Galindo A. Pharmaceutical grade phyllosilicate dispersions: The influence of shear history on floc structure. Int J Pharm, 1999, 182: 7-20.

[95] 陈权, 金叶玲, 陆秋敏, 等. 凹土在水中的纳米化及晶束解离行为研究. 中国矿业大学学报, 2014, 43(3): 521-525.

[96] Zhang J, Cai D Q, Zhang G L, et al. Adsorption of methylene blue from aqueous solution onto multiporous palygorskite modified by ion beam bombardment: Effect of contact time, temperature, pH and ionic strength. Appl Clay Sci, 2013, 83-84: 137-143.

[97] Oliveira R N, Acchar W, Soares G D A, et al. The increase of surface area of a Brazilian palygorskite clay activated with sulfuric acid solutions using a factorial design. Mat Res, 2013, 16: 924-928.

[98] Jacobs D A, Hamill H R. Attapulgite clay dispersions and preparation thereof: US Patent, 3509066DA,

1970-04-28.

[99] Chen F, Lou D, Yang J T, et al. Mechanical and thermal properties of attapulgite clay reinforced polymethylmethacrylate nanocomposites. Polym Adv Technol, 2011, 22: 1912-1918.

[100] Sarkar B, Megharaj M, Xi Y F, et al. Surface charge characteristics of organo-palygorskites and adsorption of *p*-nitrophenol in flow-through reactor system. Chem Eng J, 2012, 185: 35-43.

[101] Wang F, Feng L, Tang Q G, et al. Preparation and performance of *cis*-polybutadiene rubber composite materials reinforced by organic modified palygorskite nanomaterials. J Nanomater, 2013, 2013: 1-5.

[102] Tang Q G, Yang Y, Wang F, et al. Effect of acid on surface properties of modified attapulgite and performance of styrene butadiene rubber filled by modified attapulgite. Nanosci Nanotechnol Lett, 2014, 6: 231-237.

[103] Zhao G Z, Shi L Y, Feng X, et al. Palygorskite-cerium oxide filled rubber nanocomposites. Appl Clay Sci, 2012, 67-68: 44-49.

[104] Lander R, Manger W, Scouloudis M, et al. Gaulin homogenization: A mechanistic study. Biotechnol Prog, 2000, 16: 80-85.

[105] 化全县, 郝志远, 张凯, 等. 水热酸处理解离凹凸棒土晶束的研究. 应用化工, 2020, (8):1904-1908.

[106] Wang W B, Wang A Q. Recent progress in dispersion of palygorskite crystal bundles for nanocomposites. Appl Clay Sci, 2016, 119: 18-30.

[107] Zhang D R, Tan T W, Gao L, et al. Preparation of azithromycin nanosuspensions by high pressure homogenization and its physicochemical characteristics studies. Drug Dev Ind Pharm, 2007, 33: 569-575.

[108] Floury J, Desrumaux A, Legrand J. Effect of ultra-high-pressure homogenization on structure and on rheological properties of soy protein-stabilized emulsions. J Food Sci, 2002, 67: 3388-3395.

[109] Xu J X, Zhang J P, Wang Q, et al. Disaggregation of palygorskite crystal bundles via high-pressure homogenization. Appl Clay Sci, 2011, 54: 118-123.

[110] Wang Q, Zhang J P, Wang A Q. Freeze-drying: A versatile method to overcome re-aggregation and improve dispersion stability of palygorskite for sustained release of ofloxacin. Appl Clay Sci, 2014, 87: 7-13.

[111] Xu J X, Wang W B, Wang A Q. Effect of squeeze, homogenization, and freezing treatments on particle diameter and rheological properties of palygorskite. Adv Powder Technol, 2014, 25(3): 968-977.

[112] Xu J X, Wang W B, Wang A Q. A novel approach for dispersion palygorskite aggregates into nanorods via adding freezing process into extrusion and homogenization treatment. Powder Technol, 2013, 249: 157-162.

[113] Huang D J, Wang W B, Xu J X, et al. Mechanical and water resistance properties of chitosan/poly(vinyl alcohol) films reinforced with attapulgite dispersed by high-pressure homogenization. Chem Eng J, 2012, 210: 166-172.

[114] Xu J X, Wang W B, Wang A Q. Enhanced microscopic structure and properties of palygorskite by associated extrusion and high-pressure homogenization process. Appl Clay Sci, 2014, 95: 365-370.

[115] Xu J X, Wang W B, Wang A Q. Effects of solvent treatment and high-pressure homogenization process on dispersion properties of palygorskite. Powder Technol, 2013, 235: 652-660.

[116] Xu J X, Wang W B, Wang A Q. Stable formamide/palygorskite nanostructure hybrid material fortified by high-pressure homogenization. Powder Technol, 2017, 318: 1-7.

[117] Xu J X, Wang W B, Wang A Q. Superior dispersion properties of palygorskite in dimethyl sulfoxide via high-pressure homogenization process. Appl Clay Sci, 2013, 86: 174-178.

[118] Xu J X, Wang W B, Wang A Q. Dispersion of palygorskite in ethanol-water mixtures via high-pressure

homogenization: Microstructure and colloidal properties. Powder Technol, 2014, 261: 98-104.

[119] Wang W B, Wang F F, Kang Y R, et al. Nanoscale dispersion crystal bundles of palygorskite by associated modification with phytic acid and high-pressure homogenization for enhanced colloidal properties. Powder Technol, 2015, 269: 85-92.

[120] Xu J X, Wang A Q. Electrokinetic and colloidal properties of homogenized and unhomogenized palygorskite in the presence of electrolytes. J Chem Eng Data, 2012, 57(5): 1586-1593.

[121] Xu J X, Wang W B, Wang A Q. Influence of anions on the electrokinetic and colloidal properties of palygorskite clay via high-pressure homogenization. J Chem Eng Data, 2013, 58(3): 764-772.

[122] Xu J X, Wang W B, Mu B, et al. Effects of inorganic sulfates on the microstructure and properties of ion-exchange treated palygorskite clay. Colloid Surface A, 2012, 405: 59-64.

[123] Xu J X, Wang W B, Kang Y R, et al. Modification palygorskite with surfactants by the aid of high-shear emulsifying process for chromium(Ⅵ) absorption. Current Environ Eng, 2015, 2(2): 113-121.

[124] Xu J X, Wang W B, Gao J, et al. Fabrication of stable glycine/palygorskite nanohybrid via high-pressure homogenization as high-efficient adsorbent for Cs(I) and methyl violet. J Taiwan Inst Chem E, 2017, 80: 997-1005.

[125] Darvishi Z, Morsali A. Sonochemical preparation of palygorskite nanoparticles. Appl Clay Sci, 2011, 51: 51-53.

[126] Vanolphen H. Maya blue: A clay-organic pigment? Science, 1966, 154: 645-646.

[127] Bernardino N D, Constantino V R L, de Faria D L A. Probing the indigo molecule in Maya blue simulants with resonance raman spectroscopy. J Phys Chem C, 2018, 122: 11505-11515.

[128] del Rio M S, Martinetto P, Reyes-Valerio C, et al. Synthesis and acid resistance of Maya blue pigment. Archaeometry, 2006, 48: 115-130.

[129] Zhang Y, Wang W, Mu B, et al. Effect of grinding time on fabricating a stable methylene blue/pal ygorskite hybrid nanocomposite. Powder Technol, 2015, 280: 173-179.

[130] Fan L, Zhang Y, Zhang J, et al. Facile preparation of stable palygorskite/cationic red X-GRL@SiO$_2$ "Maya red" pigments. RSC Adv, 2014, 4: 63485-63493.

[131] Zhang Y, Zhang J, Wang A. From Maya blue to biomimetic pigments: Durable biomimetic pigments with self-cleaning property. J Mater Chem A, 2016, 4: 901-907.

[132] Li B, Zhang J. Durable and self-healing superamphiphobic coatings repellent even towards hot liquids. Chem Comm, 2016, 52: 2744-2747.

[133] Zhang Y, Dong J, Sun H, et al. Solvatochromic coatings with self-cleaning property from palygorskite @polysiloxane/crystal violet lactone. ACS Appl Mater Interfaces, 2016, 8: 27346-27352.

[134] Tian G Y, Wang W B, Wang D D, et al. Novel environment friendly inorganic red pigments based on attapulgite. Powder Technol, 2017, 315: 60-67.

[135] 王晓雯, 卢予沈, 牟斌, 等. 黏土矿物基无机杂化颜料研究进展. 精细化工, 2021, 38(4): 694-701.

[136] Mu B, Wang Q, Wang A. Effect of different clay minerals and calcination temperature on the morphology and color of clay/CoAl$_2$O$_4$ hybrid pigments. RSC Adv, 2015, 5: 102674-102681.

[137] Wang X, Mu B, Hui A, et al. Low-cost bismuth yellow hybrid pigments derived from attapulgite. Dyes Pigm, 2018, 149: 521-530.

[138] Wang X, Mu B, Zhang A, et al. Effects of different pH regulators on the color properties of attapulgite/BiVO$_4$ hybrid pigment. Powder Technol, 2019, 343, 68-78.

[139] Wang X, Mu B, Xu J, et al. Preparation of high-performance bismuth yellow hybrid pigments by doping with inorganic oxides. Powder Technol, 2020, 373, 411-420.

[140] Lu Y, Dong W, Wang W, et al. A comparative study of different natural palygorskite clays for fabricating

cost-efficient and eco-friendly iron red composite pigments. Appl Clay Sci, 2019, 167: 50-59.

[141] Lu Y, Dong W, Wang W, et al. Optimal synthesis of environment-friendly iron red pigment from natural nanostructured clay minerals. Nanomaterials, 2018, 8: 925.

[142] Wang C Y, Makvandi P, Zare E N, et al. Advances in antimicrobial organic and inorganic nanocompounds in biomedicine. Adv Therap, 2020, 3(8): 2000024.

[143] Makvandi P, Wang C Y, Zare E N, et al. Metal‐based nanomaterials in biomedical applications: Antimicrobial activity and cytotoxicity aspects. Adv Funct Mater, 2020, 30(22): 1910021.

[144] Arora N, Thangavelu K, Karanikolos G N. Bimetallic nanoparticles for antimicrobial applications. Front Chem, 2020, 8: 412-433.

[145] Hui A P, Dong S Q, Kang Y R, et al. Hydrothermal fabrication of spindle-shaped ZnO/palygorskite nanocomposites using nonionic surfactant for enhancement of antibacterial activity. Nanomaterials. 2019, 9(10): 1453-1466.

[146] Han S, Zhang H, Kang L W, et al. A convenient ultraviolet irradiation technique for synthesis of antibacterial Ag-Pal nanocomposite. Nanoscale Res Lett, 2016, 11(1): 431-437.

[147] Cai X, Zhang J L, Ouyang Y, et al. Bacteria-adsorbed palygorskite stabilizes the quaternary phosphonium salt with specific-targeting capability, long-term antibacterial activity, and lower cytotoxicity. Langmuir, 2013, 29(17): 5279-5285.

[148] Yan R, Zhang L, Yang X, et al. Bioavailability evaluation of zinc-bearing palygorskite as a zinc source for broiler chickens. Appl Clay Sci, 2016, 119: 155-160.

[149] Zhao D F, Zhou J, Liu N. Preparation and characterization of Mingguang palygorskite supported with silver and copper for antibacterial behavior. Appl Clay Sci, 2006, 33(3-4):161-170.

[150] Yang Y, Gu X, Qian Y H, et al. Preparation and antibacterial property study of Ag/AgBr/TiO₂/palygorskite antibacterial agent (in Chinese). Non-Metallic Mines, 2011, 6: 16.

[151] Liu J, Gao Z, Liu H, et al. A study on improving the antibacterial properties of palygorskite by using cobalt-doped zinc oxide nanoparticles. Appl Clay Sci, 2021, 209: 106112.

[152] Zhang J H, Zhang L L, Lv J S, et al. Exceptional visible-light-induced photocatalytic activity of attapulgite-BiOBr-TiO₂ nanocomposites. Appl Clay Sci, 2014, 90: 135-140.

[153] Lei H, Wei Q, Wang Q, et al. Characterization of ginger essential oil/palygorskite composite (GEO-PGS) and its anti-bacteria activity. Mater Sci Eng C, 2017, 73: 381-387.

[154] Zhong H, Mu Bin, Zhang M, et al. Preparation of effective carvacrol/attapulgite hybrid antibacterial materials by mechanical milling. J Porous Mater, 2020, 27: 843-853.

[155] Oza G, Reyes-Calderon A, Mewada A, et al. Plant-based metal and metal alloy nanoparticle synthesis: A comprehensive mechanistic approach. J Mater Sci, 2020, 55: 1309-1330.

[156] Md Ishak N A I, Kamarudin S K, Timmiati S N. Green synthesis of metal and metal oxide nanoparticles via plant extracts: An overview. Mater Res Express, 2019, 6(11): 112004.

[157] Kummara S, Patil M B, Uriah T. Synthesis, characterization, biocompatible and anticancer activity of green and chemically synthesized silver nanoparticles: A comparative study. Biomed Pharmacother, 2016: 84, 10-21.

[158] Li L X, Li B C, Dong J, et al. Roles of silanes and silicones in forming superhydrophobic and superoleophobic materials. J Mater Chem A, 2016, 4: 13677-13725.

[159] Wu L, Li L X, Li B C, et al. Magnetic, durable, and superhydrophobic polyurethane@Fe₃O₄@SiO₂@ fluoropolymer sponges for selective oil absorption and oil/water separation. ACS Appl Mater Interfaces, 2015, 7: 4936-4946.

[160] Yu N L, Xiao X Y, Ye Z H, et al. Facile preparation of durable superhydrophobic coating with

self-cleaning property. Surf Coatings Technol, 2018, 347: 199-208.

[161] Zhou L L, Xu S Y, Zhang G L, et al. A facile approach to fabricate self-cleaning paint. Appl Clay Sci, 2016, 132-133: 290-295.

[162] Dong J, Zhang J P. Biomimetic super anti-wetting coatings from natural materials: Superamphiphobic coatings based on nanoclays. Sci Rep, 2018, 8(1): 12062.

[163] Dong J, Zhu Q, Wei Q, et al. A comparative study about superamphiphobicity and stability of superamphiphobic coatings based on Palygorskite. Appl Clay Sci, 2018, 165: 8-16.

[164] Zhang J P, Gao Z Q, Li L X, et al. Waterborne nonfluorinated superhydrophobic coatings with exceptional mechanical durability based on natural nanorods. Adv Mater Interfaces, 2017, 4: 1700723.

[165] Dong S T, Li B C, Zhang J P, et al. Superamphiphobic coatings with low sliding angles from attapulgite/carbon composites. Adv Mater Interfaces, 2018, 5: 1701520.

[166] Zhang P L, Tian N, Zhang J P, et al. Effects of modification of palygorskite on superamphiphobicity and microstructure of palygorskite@fluorinated polysiloxane superamphiphobic coatings. Appl Clay Sci, 2018, 160: 144-152.

[167] Dong J, Wang Q, Zhang Y J, et al. Colorful superamphiphobic coatings with low sliding angles and high durability based on natural nanorods. ACS Appl Mater Interfaces, 2017, 9: 1941-1952.

[168] Tian N, Zhang P L, Zhang J P. Mechanically robust and thermally stable colorful superamphiphobic coatings. Front Chem, 2018, 6: 144.

[169] Zhang X L, Shi B W, Wu X P, et al. A novel MnO_x supported palygorskite SCR catalyst for lower temperature NO removal from flue gases. Adv Mater Res, 2012, 356-360: 974-979.

[170] Li X Z, Yan X Y, Zuo S X, et al. Construction of $LaFe_{1-x}Mn_xO_3$/attapulgite nanocomposite for photo-SCR of NO_x at low temperature. Chem Eng J, 2017, 320: 211-221.

[171] Li X Z, Shi H Y, Zhu W, et al. Nanocomposite $LaFe_{1-x}Ni_xO_3$/Palygorskite catalyst for photo-assisted reduction of NO_x: Effect of Ni doping. Appl Catal B-Environ, 2016, 231: 92-100.

[172] Zhou X M, Huang X Y, Xie A J, et al. V_2O_5-decorated Mn-Fe/attapulgite catalyst with high SO_2 tolerance for SCR of NO_x with NH_3 at low temperature. Chem Eng J, 2017, 326: 1074-1085.

[173] Li X Z, Zhang Z S, Yao C, et al. Attapulgite-CeO_2/MoS_2 ternary nanocomposite for photocatalytic oxidative desulfurization. Appl Surf Sci, 2016, 364: 589-596.

[174] Li X Z, Zhu W, Lu X W, et al. Integrated nanostructures of CeO_2/attapulgite/g-C_3N_4 as efficient catalyst for photocatalytic desulfurization: Mechanism, kinetics and influencing factors. Chem Eng J, 2017, 326: 87-98.

[175] Wang G, Guo R, Wang W, et al. Natural porous nanorods used for high-efficient capture and chemical conversion of CO_2. J CO2 Util, 2020, 42: 101303.

[176] Li X Z, Ni C Y, Yao C, et al. Development of attapulgite/$Ce_{1-x}Zr_xO_2$ nanocomposite as catalyst for the degradation of methylene blue. Appl Catal B: Environ, 2012, 117: 118-124.

[177] Wang W B, Wang F F, Kang Y R, et al. Facile self-assembly of Au nanoparticles on a magnetic attapulgite/Fe_3O_4 composite for fast catalytic decoloration of dye. RSC Adv, 2013, 3: 11515-11520.

[178] Tian G Y, Wang W B, Mu B, et al. Ag(I)-triggered one-pot synthesis of Ag nanoparticles onto natural nanorods as a multifunctional nanocomposite for efficient catalysis and adsorption. J Colloid Interface Sci, 2016, 473, 84-92.

[179] Wang X, Mu B, An X, et al. Insights into the relationship between the color and photocatalytic property of attapulgite/CdS nanocomposites. Appl Surf Sci, 2018, 439: 202-212.

[180] Wang C, Liu H B, Chen T H, et al. Synthesis of palygorskite-supported $Mn_{1-x}Ce_xO_2$ clusters and their performance in catalytic oxidation of formaldehyde. Appl Clay Sci, 2018, 159: 50-59.

[181] Li Y, Jiang Y X. Preparation of a palygorskite supported KF/CaO catalyst and its application for biodiesel production via transesterification. RSC Adv, 2018, 8: 16013-16018.

[182] Yuan B, Yin X Q, Liu X Q, et al. Enhanced hydrothermal stability and catalytic performance of HKUST-1 by incorporating carboxyl-functionalized attapulgite. ACS Appl Mater Interfaces, 2016, 8: 16457-16464.

[183] Zhang J, Zhang T, Liang X, et al. Efficient photocatalysis of CrVI and methylene blue by dispersive palygorskite-loaded zero-valent iron/carbon nitride. Appl Clay Sci, 2020, 198: 105817.

[184] Dai X, Wang B, Wang A, et al. Amine formylation with CO_2 and H_2 catalyzed by heterogeneous Pd/PAL catalyst. Chinese J Catal, 2019, 40: 1141-1146.

[185] He X, Tang A D, Yang H M, et al. Synthesis and catalytic activity of doped TiO_2-palygorskite composites. Appl Clay Sci, 2011, 53: 80-84.

[186] Tan L, He M E, Tang, A D, et al. Preparation and enhanced catalytic hydrogenation activity of Sb/palygorskite (PAL) nanoparticles. Nanoscale Res Lett, 2017, 12: 460.

[187] Huo C L, Yang H M. Attachment of nickel oxide nanoparticles on the surface of palygorskite nanofibers. J Colloid Interface Sci, 2012, 384: 55-60.

[188] Wang C, Zou X H, Liu H B, et al. A highly efficient catalyst of palygorskite-supported manganese oxide for formaldehyde oxidation at ambient and low temperature: Performance, mechanism and reaction kinetics. Appl Surf Sci, 2019, 486: 420-430.

[189] Li X Z, Hu Z L, Zhao X B, et al. $Ce_{1-x}Sm_xO_{2-\delta}$-attapulgite nanocomposites: Synthesis via simple microwave approach and investigation of its catalytic activity. J Rare Earths, 2013, 31(12): 1157-1162.

[190] Ramos-Castillo C M, Sánchez-Ochoa F, González-Sánchez J, et al. Hydrogen physisorption on palygorskite dehydrated channels: A van der Waals density functional study. Int J Hydrogen Energ, 2019, 44: 21936-21947.

[191] Song Q, Li A, Shi L, et al. Thermally stable, nano-porous and eco-friendly sodium alginate/attapulgite separator for lithium-ion batteries. Energy Stor Mater, 2019, 22: 48-56.

[192] Tian L, Xiong L, Chen X, et al. Enhanced electrochemical properties of gel polymer electrolyte with hybrid copolymer of organic palygorskite and methyl methacrylate. Materials, 2018, 11(10): 1814.

[193] Tian L, Wang M, Xiong L, et al. Preparation and performance of p(OPal-MMA)/PVDF blend polymer membrane via phase-inversion process for lithium-ion batteries. J Electroanal Chem, 2019, 839(2): 264-273.

[194] Yao P, Zhu B, Zhai H, et al. PVDF/Palygorskite nanowire composite electrolyte for 4 V rechargeable lithium batteries with high energy density. Nano Lett, 2018, 18(10): 6113-6120.

[195] Xie Q X, Zheng A R, Xie C, et al. Graphene functionalized attapulgite/sulfur composite as cathode of lithium-sulfur batteries for energy storage. Micropor Mesopor Mater, 2016, 224: 239-244.

[196] Sun L, Su T T, Xu L, et al. Preparation of uniform Si nanoparticles for high-performance Li-ion battery anodes. Phys Chem Chem Phys, 2016, 18: 1521-1525.

[197] Luo H M, Yang Y F, Sun Y X, et al. Preparation of fructose-based attapulgite template carbon materials and their electrochemical performance as supercapacitor electrodes. J Solid State Electrochem, 2015, 19: 1491-1500.

[198] Luo H M, Yang Y F, Sun Y X, et al. Preparation of lactose-based attapulgite template carbon materials and their electrochemical performance. J Solid State Electrochem, 2015, 19: 1171-1180.

[199] Wang Y J, Liu P, Yang C, et al. Improving capacitance performance of attapulgite/polypyrrole composites by introducing rhodamine B. Electrochim Acta, 2013, 89: 422-428.

[200] Zhang W B, Mu B, Wang A Q, et al. Attapulgite oriented carbon/polyaniline hybrid nanocomposites for

electrochemical energy storage. Synthetic Met, 2014, 192: 87-92.

[201] Voronin D V, Ivanov E, Gushchin P, et al. Clay composites for thermal energy storage: A Review. Molecules, 2020, 25: 1504.

[202] 谢宝珊, 李传常, 张波, 等. 硅酸盐矿物储热特征及其复合相变材料. 硅酸盐学报, 2019, 47(1): 143-152.

[203] Li M, Wu Z, Kao H. Study on preparation, structure and thermal energy storage property of capric-palmitic acid/attapulgite composite phase change materials. Appl Energy, 2011, 88(9): 3125-3132.

[204] Song S, Dong L, Chen S, et al. Stearic-capric acid eutectic/activated-attapulgiate composite as form-stable phase change material for thermal energy storage. Energy Convers Manage, 2014, 81: 306-311.

[205] Liang W, Chen P, Sun H, et al. Innovative spongy attapulgite loaded with *n*-carboxylic acids as composite phase change materials for thermal energy storage. RSC Adv, 2014, 4(73): 38535-38541.

[206] Yang D, Peng F, Zhang H, et al. Preparation of palygorskite paraffin nanocomposite suitable for thermal energy storage. Appl Clay Sci, 2016, 126: 190-196.

[207] Jänchen J, Ackermann D, Weiler E, et al. Calorimetric investigation on zeolites, AlPO₄'s and CaCl₂ impregnated attapulgite for thermochemical storage of heat. Thermochimica Acta, 2005, 434(1-2): 37-41.

[208] Chen H J, Cui Q, Tang Y, et al. Attapulgite based LiCl composite adsorbents for cooling and air conditioning applications. Appl Therm Eng, 2008, 28(17-18): 2187-2193.

[209] Posern K, Kaps C. Calorimetric studies of thermochemical heat storage materials based on mixtures of MgSO₄ and MgCl₂. Thermochimica Acta, 2010, 502(1-2): 73-76.

[210] 苗琪, 张叶龙, 贾旭, 等. 矿物基化学吸附储热技术的研究进展. 化工进展, 2020, 39(4): 1308-1320.

[211] 李平, 魏琴, 王爱勤. 凹凸棒石对双氯芬酸钠的吸附作用与应用研究. 中国生化药物杂志, 2006, 27(2): 79-82.

[212] 汪琴, 王文己, 王爱勤. 酸热处理凹凸棒石黏土对双氯芬酸钠的吸附及体外释放性能研究.中国矿业, 2008, 17(129): 82-85.

[213] Yahia Y, García-Villén F, Djelad A, et al. Crosslinked palygorskite-chitosan beads as diclofenac carriers. Appl Clay Sci, 2019, 180: 105169.

[214] Wang Q, Zhang J P, Wang A Q. Preparation and characterization of a novel pH-sensitive chitosan-*g*-poly (acrylic acid)/attapulgite/sodium alginate composite hydrogel bead for controlled release of diclofenac sodium. Carbohyd Polym, 2009, 78(4): 731-737.

[215] Wang Q, Wang W B, Wu J, et al. Effect of attapulgite contents on release behaviors of a pH sensitive carboxymethyl cellulose-*g*-poly(acrylic acid) /attapulgite/sodium alginate composite hydrogel bead contai ning diclofenac. J Appl Polym Sci, 2012, 124(6): 4424-4432.

[216] Yang H X, Wang W B, Zhang J P, et al. Preparation, characterization and drug-release behaviors of a pH-sensitive composite hydrogel bead based on guar gum, attapulgite and sodium alginate. Int J Polym Mater, Polym Biomater, 2013, 62: 369-376.

[217] Wu J, Ding S, Chen J, et al. Preparation and drug release properties of chitosan/organomodified palygorskite microspheres. Int J Biol Macromol, 2014, 68: 107-112.

[218] 冯辉霞, 张娟, 吴洁. 壳聚糖/改性凹土复合树脂的制备及其缓释性能研究. 功能材料, 2013, 44(3): 388-392.

[219] Lu J, Wu J, Chen J, et al. Fabrication of pH-sensitive poly(2-(diethylamino)ethyl methacrylate)/ palygorskite composite microspheres via Pickering emulsion polymerization and their release behavior. J Appl Polym Sci, 2015, 132 (26): 42179.

[220] 汪华锋, 盛晓波, 林萍华, 等. 磁性坡缕石靶向药物载体的原位制备及性能. 硅酸盐学报, 2009,

37(4): 506-511.

[221] KongY, Ge H L, Xiong J X, et al. Palygorskite polypyrrole nanocomposite: A new platform for electrically tunable drug delivery. Appl Clay Sci, 2014, 99: 119-124.

[222] Huang D J, Zheng Y T, Quan Q L. Enhanced mechanical properties and UV shield of carboxymethyl cellulose films with polydopamine-modified natural fibre-like palygorskite. Appl Clay Sci, 2019, 183: 105314.

[223] Zhang H, Wang W, Ding J J, et al. An upgraded and universal strategy to reinforce chitosan/polyvinylpyrrolidone film by incorporating active silica nanorods derived from natural palygorskite. Int J Biol Macromol, 2020, 165: 1276-1285.

[224] 赵华华, 宋焕玲, 陶新姚, 等. 层状硅酸盐黏土/硅橡胶纳米复合材料的研究进展. 硅酸盐通报, 2021, 40(02): 493-504.

[225] Wang L, Tang S C, Li Y, et al. Effects of hydrocarbon chain functional modifier on ethylene propylene diene rubber/attapulgite composites (in Chinese). Polym Mater Sci Eng, 2016, 32: 32-37.

[226] Tang Q G, Wang F, Guo H, et al. Effect of coupling agent on surface free energy of organic modified attapulgite (OAT) powders and tensile strength of OAT/ethylene-propylene-diene monomer rubber nanocomposites. Powder Technol, 2015, 270: 92-97.

[227] Tang Q G, Wang F, Liu X D, et al. Surface modified palygorskite nanofibers and their applications as reinforcement phase in cis-polybutadiene rubber nanocomposites. Appl Clay Sci, 2016, 132: 175-181.

[228] Wang J, Chen D. Mechanical properties of natural rubber nanocomposites filled with thermally treated attapulgite, J Nanomater, 2013, 2013: 496584.

[229] Pan C, Liu P. Surface modification of attapulgite nanorods with nitrile butadiene rubber via thiol-ene interfacial click reaction: Grafting or crosslinking. Ind Eng Chem Res, 2018, 57(14): 4949-4954.

[230] Zhang Y, Xu J, Guo B H. Microscopic structure and mechanical properties of polylactide/attapulgite nanocomposites (in Chinese). Acta Polym Sin, 2012, 1: 83-87.

[231] An L, Pan Y Z, Shen X W, et al. Rod-like attapulgite/polyimide nanocomposites with simultaneously improved strength, and toughness of film, stability and related mechanisms. J Mater Chem, 2008, 18: 4928-4941.

[232] Wang C S, Wu Q S, Liu F, et al. Synthesis and characterization of soy polyol-based polyurethane nanocomposites reinforced with silylated palygorskite. Appl Clay Sci, 2014, 101: 246-252.

[233] Benobeidallah B, Benhamida A, Dorigato A, et al. Structure and properties of polyamide 11 nanocomposites filled with fibrous palygorskite clay. J Renew Mater, 2019, 7(1): 89-102.

[234] Yang H, Cai Z, Liu H, et al. Tailoring the surface of attapulgite by combining redox-initiated RAFT polymerization with alkynyl-thiol click reaction for polycarbonate nanocomposites: Effect of polymer brush chain length on mechanical, thermal and rheological properties. Mater Chem Phys, 2020, 241: 122334.

[235] Zhang Y, Shen J, Li Q, et al. Synthesis and characterization of novel hyperbranched polyimides/attapulgite nanocomposites. Compos Part A, 2013, 55: 161-168.

[236] Zhuang W, Jia H J, Wang Z, et al. Preparation of nano-attapulgite/polylactide composites by in-situ polymerization (in Chinese). Acta Materiae Compositae Sinica, 2010, (27): 45-51.

[237] 董爱娟, 廖艳, 花蕾, 等. 3D 打印凹凸棒土改性光敏树脂制备及力学性能, 现代塑料加工应用, 2020, 32(3): 30-33.

[238] Alvarez-Ayuso E, Garcia-Sanchez A. Palygorskite as a feasible amendment to stabilize heavy metal polluted soils. Environ Pollut, 2003, 125: 337-344.

[239] Wang D, Zhang G, Zhou L, et al. Immobilizing arsenic and copper ions in manure using a nanocompo-

site. J Agric Food Chem, 2017, 65: 8999-9005.

[240] Li A, Liu R, Wang A. Preparation of starch-graft-poly(acrylamide)/attapulgite superabsorbent composite. J Appl Polym Sci, 2005, 98: 1351-1357.

[241] Li A, Wang A. Synthesis and properties of clay based superabsorbent composite. Eur Polym J, 2005, 41: 1630-1637.

[242] Zhang J, Wang Q, Wang A. Synthesis and characterization of chitosan-g-poly(acrylic acid)/attapulgite superabsorbent composites. Carbohydr Polym, 2007, 68: 367-374.

[243] 梁瑞婷, 李锦凤, 周新华, 等. 凹凸棒/膨润土/聚丙烯酸钠复合吸水树脂的合成及其吸水速率. 化工新型材料, 2008, 36: 36-38.

[244] Shi X, Wang W, Wang A. Synthesis and enhanced swelling properties of a guar gum-based superabsorbent composite by the simultaneous introduction of styrene and attapulgite. J Polym Res, 2011, 18: 1705-1713.

[245] Zhou L L, Cai D Q, He L L, et al. Fabrication of a high-performance fertilizer to control the loss of water and nutrient using micro/nano networks. ACS Sustain Chem Eng, 2015, 3(4): 645-653.

[246] Xie L H, Liu M Z. Ni B L, et al. Slow-release nitrogen and boron fertilizer from a functional superabsorbent formulation based on wheat straw and attapulgite. Chem Eng J, 2011, 167(1): 342-348.

[247] Wang M, Zhang G L, Zhou L L, et al. Fabrication of pH-controlled-release ferrous foliar fertilizer with high adhesion capacity based on nanobiomaterial. ACS Sustain Chem Eng, 2016, 4(12): 6800-6808.

[248] Xiang Y, Zhang G, Chen C, et al. Fabrication of a pH-responsively controlled-release pesticide using an attapulgite-based hydrogel. ACS Sustain Chem Eng, 2017, 6(1): 1192-1201.

[249] Chi Y, Zhang G, Xiang Y, et al. Fabrication of reusable temperature-controlled-released fertilizer using a palygorskite-based magnetic nanocomposite. Appl Clay Sci, 2018, 161: 194-202.

[250] Como F, Carnesecchi E, Volani S, et al. Predicting acute contact toxicity of pesticides in honeybees (apismellifera) through a k-nearest neighbor model. Chemosphere, 2017, 166: 438-444.

[251] Alfonso L F, German G V, Carmen P C M, et al. Adsorption of organophosphorus pesticides in tropical soils: The case of karst landscape of northwestern Yucatan. Chemosphere, 2017, 166: 292-299.

[252] Papiernik S K, Yates S R, Koskinen W C, et al. Processes affecting the dissipation of the herbicide isoxaflutole and its diketonitrile metabolite in agricultural soils under field conditions. J Agric Food Chem, 2007, 55: 8630-8639.

[253] Shrader-Frechette K, ChoGlueck C. Pesticides, neurodevelopmental disagreement, and bradford hill's guidelines. Account Res, 2017, 24: 30-42.

[254] Lovelace M L, Hoagland R E, Talbert R E, et al. Influence of simulated quinclorac drift on the accumulation and movement of herbicide in tomato (*Lycopersicon esculentum*) plants. J Agric Food Chem, 2009, 57: 6349-6355.

[255] Chi Y, Zhang G, Xiang Y, et al. Fabrication of a temperature-controlled-release herbicide using a nanocomposite. ACS Sustain Chem Eng, 2017, 5(6): 4969-4975.

[256] Liu B, Chen C, Wang R, et al. Near-infrared light-responsively controlled-release herbicide using biochar as a photothermal agent. ACS Sustain Chem Eng, 2019,7: 14924-14932.

[257] 周岩民, 郭芳, 王恬. 沸石及凹凸棒石对铅、镉在肉鸡肌肉和肝脏中残留的影响. 非金属矿, 2007, 30: 7-8.

[258] Cheng Y, Chen Y, Li X, et al. Effects of palygorskite inclusion on the growth performance, meat quality, antioxidant ability, and mineral element content of broilers. Biol Trace Elem Res, 2016, 173: 194-201.

[259] Zhang R, Yang X, Chen Y, et al. Effects of feed palygorskite inclusion on pelleting technological characteristics, growth performance and tissue trace elements content of blunt snout bream

(*Megalobrama amblycephala*). Appl Clay Sci, 2015, 114: 197-201.

[260] 肖雷, 马惠荣, 姚青华, 等. 凹凸棒土对黄曲霉毒素 B_1 的吸附特性. 江苏农业科学, 2012, 40: 285-286.

[261] Morrison K D, Misra R, Williams L B. Unearthing the antibacterial mechanism of medicinal clay: A geochemical approach to combating antibiotic resistance. Sci Rep, 2016, 6: 19043.

[262] Huang W M, Yang B, Zhao Y, et al. Thermo-moisture responsive polyurethane shape-memory polymer and composites: A review. J Mater Chem, 2010, 20: 3367-3381.

[263] Xu B, Huang W M, Pei Y T, et al. Mechanical properties of attapulgite clay reinforced polyurethane shape-memory nanocomposites. Eur Polym J, 2009, 45(7):1904-1911.

[264] Xu Y R, Chen D J. Self-healing polyurethane/attapulgite nanocomposites based on disulfide bonds and shape memory effect. Mater Chem Phys, 2017, 195: 40-48.

[265] Nan F, Xu Y, Xu B, et al. Effect of natural attapulgite powders as lubrication additive on the friction and wear performance of a steel tribo-pair. Appl Surf Sci, 2014, 307: 86-91.

[266] Nan F, Xu Y, Xu B, et al. Tribological behaviors and wear mechanisms of ultrafine magnesium aluminum silicate powders as lubricant additive. Tribol Int, 2015, 81: 199-208.

[267] Zhang B, Xu Y, Xu B S, et al. Friction reduction and self-repairing performance of granulated nano attapulgite powders to 45# steel. Tribology, 2012, 32(3): 291-300.

[268] Wang Z, Xia Y, Liu Z. Study the sensitivity of solid lubricating additives to attapulgite clay base grease. Tribol lett, 2011, 42(2):141-148.

[269] Nan F, Xu Y, Xu B, et al. Effect of Cu nanoparticles on the tribological performance of attapulgite base grease. Tribol T, 2015, 58(6): 1031-1038.

[270] Nan F, Xu Y, Xu B, et al. Tribological performance of attapulgite nano-fiber/spherical nano-Ni as lubricant additive. Tribol Lett, 2014, 56(3): 531-541.

[271] Wang Z, Xia Y, Liu Z. Comparative study of the tribological properties of ionic liquids as additives of the attapulgite and bentone greases. Lubr Sci, 2012, 24(4): 174-187.

[272] Wang R, Li Z, Liu W, et al. Attapulgite-graphene oxide hybrids as thermal and mechanical reinforcements for epoxy composites. Compos Sci Technol, 2013, 87: 29-35.

[273] Lai S Q, Li T S, Liu X J, et al. A study on the friction and wear behavior of PTFE filled with acid treated nano-attapulgite. Macromol Mater Eng, 2004, 289(10): 916-922.

[274] 王伟, 张利刚, 赵福燕, 等. 凹凸棒石增强环氧树脂的摩擦性能. 硅酸盐学报, 2021, 6: 1222-1229.

[275] Xu J, Li W, Yin Q, et al. Direct electron transfer and bioelectrocatalysis of hemoglobin on nano-structural attapulgite clay-modified glassy carbon electrode. J Colloid Interface Sci, 2007, 315(1): 170-176.

[276] Chen H, Zhang Z, Cai D, et al. A hydrogen peroxide sensor based on Ag nanoparticles electrodeposited on natural nano-structure attapulgite modified glassy carbon electrode. Talanta, 2011, 86: 266-270.

[277] Shen Z, Gao W, Li P, et al. Highly sensitive nonenzymatic glucose sensor based on Nickel nanoparticle-attapulgite-reduced graphene oxide-modified glassy carbon electrode. Talanta, 2016, 159: 194-199.

[278] Wu Y, Lei W, Xia M, et al. Simultaneous electrochemical sensing of hydroquinone and catechol using nanocomposite based on palygorskite and nitrogen doped grapheme. Appl Clay Sci, 2018, 162: 38-45.

[279] Wang X, Tan W, Wang Y, et al. Electrosynthesis of poly(*m*-phenylenediamine) on the nanocomposites of palygorskite and ionic liquid for electrocatalytic sensing of gallic acid. Sensor Actuat B: Chem, 2019, 284: 63-72.

[280] Duan Z, Zhao Q, Wang S Y, et al. Novel application of attapulgite on high performance and low-cost humidity sensors. Sensor Actuat B: Chem, 2020, 305, 127534.

[281] Ma Y, Wang H, Liu W, et al. Microstructure, luminescence, and stability of a europium complex

covalently bonded to an attapulgite clay. J Phys Chem B, 2009, 113 (43): 14139-14145.

[282] Xu J, Sun Z, Jia L, et al. Visible light sensitized attapulgite-based lanthanide composites: Microstructure, photophysical behaviour and biological application. Dalton Trans, 2011, 40(48):12909-12916.

[283] Xu J, Zhang Y, Chen H, et al. Efficient visible and near-infrared photoluminescent attapulgite-based lanthanide one-dimensional nanomaterials assembled by ion-pairing interactions, Dalton Trans. 2014, 43(21): 7903-7910.

[284] Kaizaki S, Dai Shirotania K T, Iwamatsu M, et al. Synthesis of inorganic-organic composite phosphors with lanthanide complexes embedded in fibrous clays. J Ceram Process Res, 2016, 17(5): 464-467.

[285] Han S, Liu F, Wu J, et al. Targeting of fluorescent palygorskite polyethyleneimine nanocomposite to cancer cells. Appl Clay Sci, 2014, 101: 567-573.

[286] Wang Q, Mu B, Zhang Y, et al. Palygorskite-based hybrid fluorescent pigment: Preparation, spectroscopic characterization and environmental stability. Micropor Mesopor Mater, 2016, 224: 107-115.

[287] Liu Y, Wang X, Wang Y, et al. Ultra-low thermal conductivities of hot-pressed attapulgite and its potential as thermal insulation material. Appl Phys Lett, 2016, 108(10): 101906.

[288] Gao D, Zhang Y, Lyu B, et al. Nanocomposite based on poly(acrylic acid)/attapulgite towards flame retardant of cotton fabrics. Carbohyd Polym, 2019, 206: 245-253.

[289] Liu X, Cheng Y, Wang W, et al. Application of 1D attapulgite as reservoir with benzotriazole for corrosion protection of carbon steel. Mater Chem Phys, 2018, 205, 292-302.

[290] Ma S, Qian Y, Kawashima S. Performance-based study on the rheological and hardened properties of blended cement mortars incorporating palygorskite clays and carbon nanotubes, Constr Build Mater, 2018, 171: 663-671.

[291] Luan X, Li J, Yang Z. Effects of attapulgite addition on the mechanical behavior and porosity of cement-based porous materials and its adsorption capacity. Mater Chem Phys, 2020, 239: 121962.

[292] Cheng Z L, Liu Y Y, Liu Z. Novel template preparation of carbon nanotubes with natural HNTs employing selective PVA modification. Surf Coat Tech, 2016, 307: 633-638.

[293] Sun L, Yan C, Chen Y, et al. Preparation of amorphous carbon nanotubes using attapulgite as template and furfuryl alcohol as carbon source. J Non-Cryst Solids, 2012, 358(18-19): 2723-2726.

[294] Fu M, Li X, Jiang R, et al. One-dimensional magnetic nanocomposites with attapulgites as templates: Growth, formation mechanism and magnetic alignment. Appl Surf Sci, 2018, 441: 239-250.

[295] Fu M, Z.P. Zhang, Highly tunable liquid crystalline assemblies of superparamagnetic rod-like attapulgite@Fe$_3$O$_4$ nanocomposite. Mater Lett, 2018, 226:43-46.

[296] Ni W, Xiao X, Li Y, et al. DETA impregnated attapulgite hybrid ZIF-8 composite as an adsorbent for the adsorption of aspirin and ibuprofen in aqueous solution. New J Chem, 2021,45, 5637-5644

[297] 史高峰, 齐治国, 韩舜愈. 甘肃凹凸棒粘土矿的分离纯化研究. 硅酸盐通报, 2007, 26(5): 851-856.

[298] 张帅, 刘莉辉, 乔志川, 等. 临泽县杨台洼滩新近系白杨河组凹凸棒石的成因. 矿物学报, 2019, 39(6): 690-696.

[299] 张媛, 尹建军, 王文波, 等. 酸活化对甘肃会宁凹凸棒石微观结构及亚甲基蓝吸附性能的影响. 非金属矿, 2014, 37(2): 58-62.

[300] Zhou C Y, Liang Y J, Gong Y S, et al. Modes of occurrence of Fe in kaolin from Yunnan China. Ceram Int, 2014, 40: 14579-14587.

[301] Xie Q Q, Chen T H, Chen J, et al. Distribution and paleoclimatic interpretation of palygorskite in lingtai profile of chinese loess plateau. Acta Geol Sin, 2008, 82: 967-974.

[302] 袁鹏. 铝硅酸盐纳米矿物——亟待重视的地球物质循环载体和非传统矿产资源. 科学观察, 2020, 15(6): 71-74.

[303] He H P, Li T, Tao Q. Aluminum ion occupancy in the structure of synthetic saponites: Effect on crystallinity. Am Mineral, 2014, 99(1):109-116.

[304] Tao Q, Fang Y, Li T, et al. Silylation of saponite with 3-aminopropyltriethoxysilane. Appl Clay Sci, 2016, 132-133: 133-139.

[305] Zhang C Q, He H P, Tao Q, et al. Metal occupancy and its influence on thermal stability of synthetic saponites. Appl Clay Sci, 2017, 135: 282-288.

[306] He H P, Ji S C, Tao Q, et al. Transformation of halloysite and kaolinite into beidellite under hydrothermal condition. Am Mineral, 2017, 102 (5): 997-1005.

[307] García-Rivas J, del Río M S, García-Romero E, et al. An insight in the structure of a palygorskite from palygorskaja: Some questions on the standard model. Appl Clay Sci, 2017, 148: 39-47.

[308] Wang W B, Zhang Z F, Tian G Y, et al. From nanorods of palygorskite to nanosheets of smectite via one-step hydrothermal process. RSC Adv, 2015, 5: 58107-58115.

[309] Wang W B, Tian G Y, Zhang Z F, et al. From naturally low-grade palygorskite to hybrid silicate adsorbent for efficient capture of Cu(II) ions. Appl Clay Sci, 2016, 132-133: 438-448.

[310] Wang W B, Tian G Y, Zhang Z F, et al. A simple hydrothermal approach to modify palygorskite for high-efficient adsorption of Methylene blue and Cu(II) ions. Chem Eng J, 2015, 265: 228-238.

[311] Takacs L. The historical development of mechanochemistry. Chem Soc Rev, 2013, 42: 7649-7659.

[312] Baláž P, Achimovičová M, Baláž M, et al. Hallmarks of mechanochemistry: From nanoparticles to technology. Chem Soc Rev, 2013, 42: 7571-7637.

[313] Stauch T, Dreuw A. Quantum chemical strain analysis for mechanochemical processes. Acc Chem Res, 2017, 50: 1041-1048.

[314] Do J L, Friščić T. Mechanochemistry: A force of synthesis. ACS Cent Sci, 2017, 3: 13-19.

[315] Tan D, García F. Main group mechanochemistry: From curiosity to established protocols. Chem Soc Rev, 2019, 48: 2274-2292.

[316] Pantić J, Prekajski M, Dramićanin M, et al. Preparation and characterization of chrome doped sphene pigments prepared via precursor mechanochemical activation. J Alloy Compd, 2013, 579: 290-294.

[317] Venkatesan R, Velumani S, Kassiba A. Mechanochemical synthesis of nanostructured BiVO4 and investigations of related features. Mater Chem Phys, 2012, 135: 842-848.

[318] Ke S J, Pan Z D, Wang Y M, et al. Effect of mechanical activation on solid-state synthesis process of neodymium disilicate ceramic pigment. Dyes Pigm, 2017, 145: 160-167.

[319] 李淑娥, 牟斌, 王晓雯, 等. 不同来源花青素/凹凸棒石杂化颜料及其性能研究. 矿物岩石地球化学通报, 2020, 39: 193-199.

[320] Li S, Mu B, Wang X, et al. Recent researches on natural pigments stabilized by clay minerals: A review. Dyes Pigm, 2021, 190, 109322.

[321] Zhong H, Mu B, Yan P, et al. A comparative study on surface/interface mechanism and antibacterial properties of different hybrid materials prepared with essential oils active ingredients and palygorskite. Colloid Surf A, 2021, 618: 126455.

[322] Wang F, Zhu Y F, Wang W B, et al. Fabrication of CMC-g-PAM superporous polymer monoliths via eco-friendly Pickering-MIPEs for superior adsorption of methyl violet and methylene blue. Front Chem, 2017, 33: 5.

[323] Wang F, Zhu Y F, Wang A Q. Preparation of carboxymethyl cellulose-g-poly(acrylamide)/attapulgite porous monolith with an eco-friendly Pickering-MIPE template for Ce(III) and Gd(III) adsorption. Front Chem, 2020, 8: 398.

[324] 逯桃桃. 乳液模板法可控构筑环保型多孔吸附剂及其性能研究. 北京: 中国科学院大学, 2019.

[325] Zhu Y F, Zhang H F, Wang W B, et al. Fabrication of a magnetic porous hydrogel sphere for efficient enrichment of Rb$^+$ and Cs$^+$ from aqueous solution. Chem Eng Res Des, 2017, 125: 214-225.

[326] Dai Y, Zhang N, Xing C, et al. The adsorption, regeneration and engineering applications of biochar for removal organic pollutants: A review. Chemosphere, 2019, 223: 12-27.

[327] Wang X H, Gu Y L, Tan X, et al. Functionalized biochar/clay composites for reducing the bioavailable fraction of arsenic and cadmium in river sediment. Environ Toxicol Chem, 2019, 38: 2337-2347.

[328] Tang J, Mu B, Zong L, et al. Fabrication of attapulgite/carbon composites from the spent bleaching earth for the efficient adsorption of methylene blue. RSC Adv, 2015, 5: 38443-38451.

[329] Tang J, Mu B, Zong L, et al. One-step synthesis of magnetic attapulgite/carbon supported NiFe-LDHs by hydrothermal process of spent bleaching earth for pollutant removal. J Clean Prod, 2018, 172: 673-685.

[330] Tang J, Zong L, Mu B, et al. Preparation and cyclic utilization assessment of palygorskite/carbon composites for sustainable efficient removal of methyl violet. Appl Clay Sci, 2018, 161: 317-325.

[331] Tang J, Zong L, Mu B, et al. Attapulgite/carbon composites as a recyclable adsorbent for antibiotics removal. Korean J Chem Eng, 2018, 35:1650-1661.

[332] 卢予沈, 宗莉, 于惠, 等. 混合金属氧化物/碳复合材料的制备及其对 Pb(Ⅱ)的吸附性能. 环境科学, 2021, 待刊.

[333] Lu Y, Wang W, Xu J, et al. Solid-phase oxalic acid leaching of natural red palygorskite-rich clay: A solvent-free way to change color and properties. Appl Clay Sci, 2020,198: 105848.

[334] Wang H, Hu W, Wu Q, et al. Matthew G. Siebecker, Effectiveness evaluation of environmentally friendly stabilizers on remediation of Cd and Pb in agricultural soils by multi-scale experiments. J Clean Prod, 2021, 311: 127673.

[335] Yang H, Mu B, Wang Q, et al. Resource and sustainable utilization of quartz sand waste by turning into cobalt blue composite pigments. Ceram Int, 2021, in press.

第 2 章　凹凸棒石无机杂化颜料

2.1　引　言

自古以来，人类对颜色一直保持着痴迷的追求，对颜色的运用伴随着人类的整个发展历程。颜料作为颜色的载体，着色是基本属性，我们的生活环境正因有了颜料才变得丰富多彩。早在史前时代，烟黑、白垩、色土、赭石等无机颜料已为人们所用。2017 年 12 月 3 日，央视《国家宝藏》的播出让人们的目光再次聚焦到传统文化，尤其是那幅引发"故宫跑"的《千里江山图》，千年不褪色的秘密也让矿物颜料成为人们关注的焦点。矿物颜料是天然晶体矿石经粉碎、研磨、漂洗、胶液悬浮、水飞等一系列加工之后的产物，常见的矿物颜料包括辰砂、雌黄、锑华、赭石、青金石、孔雀石、黑曜石、钴华、绿松石、蓝铜矿、砗磲和硅灰石等(图 2-1)。

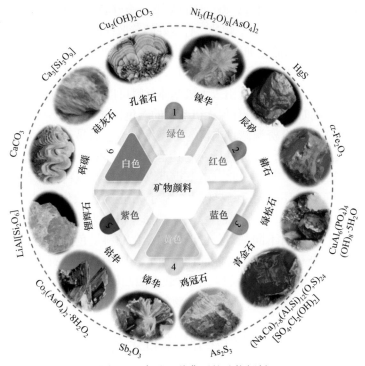

图 2-1　常见几种典型的矿物颜料

由于天然晶体矿石在自然界中历经数万年或更长时间演化形成，相对于植物染料，矿物颜料色性稳定、遮盖力强、不易变色、具有特殊光泽。因此，矿物颜料被广泛彩绘于洞窟、陶器、墙壁以及纸、绢、木、岩石上[1,2]。但随着工业开采力度日益加剧，天然矿石原材料的稀缺成为限制矿物颜料生产和应用的一大难题。同时,大多数传统矿物颜料含有毒重金属元素,如辰砂、雌黄、钴华、雄黄等,亟需开发低成本、高性能的新型环保无机颜料替代传统矿物颜料,以满足绘画、工艺品、文物修复等领域对传统矿物颜料的高度需求。更为重要的是,近年来随着重金属中毒或污染事件的频繁爆发,引发人们对传统铅镉无机颜料的重新认识和思考。在食品和玩具行业要求颜料产品必须满足欧盟标准《关于限制在电子电气设备中使用某些有害成分的指令》(Restriction of Hazardous Substances)和美国食品药品监督管理局要求[3]。因此,无论从国内外环保法规要求还是市场需求,提高无机颜料的环保安全水平,以无毒、性能优异的环保无机颜料替代传统铅镉无机颜料已势在必行,推行节能环保无机颜料也将是人类颜料发展史的必然阶段[4]。

无机颜料是由几乎不溶于任何溶剂和黏合剂的小颗粒组成[5]。18世纪,随着工业革命的到来,无机颜料的研发不断取得突破并开始了工业化规模生产,产品主要有铬黄[6]、普鲁士蓝[7]和钴蓝[8]等。进入20世纪,无机颜料的研发脚步不断加快,镉红[9]、锰蓝[10]、钼红[11]等合成无机颜料陆续上市。根据化学组成,无机颜料分为氢氧化物、硫化物、氧化物、硼酸盐、硫酸盐、铬酸盐、钼酸盐、氰酸铁、钒酸盐、磷酸盐等。环保无机颜料一般必须满足三个基本条件:一是该颜料的成分为无机物;二是该颜料不会污染环境;三是该颜料不会在接触过程中,破坏人体正常功能。这些环保无机颜料化学成分主要是金属混相氧化物,晶型结构属于尖晶石型、白钨矿型、钙钛矿型、金红石型等[12-14]。其突出的性能特点是无毒环保,耐光、耐候、耐酸碱、耐热,有良好的分散性能,但唯一的缺陷是价格昂贵,导致应用领域严重有限。因此,如何降低环保无机颜料生产成本已成为与其相关材料领域研究的热点之一。目前,解决途径主要包括引入可掺杂的低成本其他金属元素[15,16]或者稳定的无机基体材料[17-19]。相比之下,引入无机基体材料可以有效控制颜料粒子粒径及分布,大幅降低生产成本,同时显著提升环保无机颜料的颜色性能[20-23]。

由于天然黏土矿物具有资源储量丰富、价廉无毒、表面易于改性等性能优势,是构筑基体型环保无机颜料的最佳候选材料,尤其是集一维棒晶、纳米规整孔道和表面永久负电荷于一体的凹凸棒石[24,25]。为此,本章重点以氧化铁红颜料、铋黄颜料和钴蓝颜料为红、黄、蓝三原色典型环保无机颜料代表,基于无机-无机杂化原理,以凹凸棒石纳米棒晶为基体,通过共沉淀法、溶胶-凝胶法、水热法、机械力化学法等技术制备环保型凹凸棒石杂化无机颜料,探讨不同制备条件下影响杂化颜料呈色性能的关键制备因素,通过不同黏土矿物制得杂化颜料颜色性能的比较研究,明确凹凸棒石与颜料粒子之间的表界面作用机制,揭示杂化颜料呈色机理,同时联合凹凸棒石和颜料粒子之间的协同效应,拓展杂化颜料在涂料、工程塑料、高温陶瓷颜料等领域的应用。

2.2　铁红/凹凸棒石杂化颜料

红色是已知最早被用来进行艺术创作的颜色。史前洞穴壁画中大量使用红色,据记载,赭石是世界上第一种红色颜料,古代人类使用赭石的最早证据可以追溯到旧石器时代,距今大约28.5万年前的一个肯尼亚名为GnJh-03的直立人遗址。此外,在大约有10万年历史的古老洞穴中发现了颜料作坊和红色赭石颜料[26,27],被用于30 000年前法国肖维[28]和 12 000~17 000 年前的西班牙阿尔塔米拉以及法国拉斯科和尼奥克斯[29]的史前洞穴艺术中，其化学组成是以三氧化二铁(α-Fe$_2$O$_3$)为主要组分的赤铁矿或热处理的铁氧氢氧化物[30]。

铁红颜料(又称氧化铁红颜料，iron oxide red pigments)，别称烧褐铁矿、烧赭土、铁丹、威尼斯红等，主要成分为 α-Fe$_2$O$_3$，属于一种环保型铁系无机颜料，被广泛用于涂料、建材、塑料、陶瓷和橡胶等领域[31-33]。赤铁矿相 α-Fe$_2$O$_3$ 呈六方对称结晶，具有与刚玉型结构相关的 $R\bar{3}c$ 空间群，其中 Fe^{3+} 占据八面体位置的 2/3 空隙，分布在一个六边形的紧密排列的 O^{2-} 离子的框架内。其晶体结构可以描述为由[Fe$_2$O$_9$]二聚体组成的沿 c 轴方向的八面体位点链，这两个共面 Fe^{3+} 八面体位点被一个空的八面体位点分开。

目前，工业化生产铁红的方法主要有干法和湿法两种[34,35]。干法工艺主要包括绿矾煅烧法、铁黄煅烧法、铁黑煅烧法以及以赤铁矿为原料的超细粉碎法等；湿法工艺主要包括硫酸盐法、硝酸盐法和混酸法。其中，湿法是将硫酸亚铁溶液与过量氢氧化钠溶液反应，在常温下通入空气转变为红棕色的氢氧化铁胶体，然后以氢氧化铁胶体和硫酸亚铁分别作为沉积氧化铁的晶核和反应介质，在金属铁存在条件下，通入空气使硫酸亚铁与氧气在 75~85℃反应生成三氧化二铁并沉积在晶核上，同时溶液中硫酸根又与金属铁作用重新生成硫酸亚铁，硫酸亚铁再被空气氧化成铁红继续沉积，经循环至整个过程结束生成红色氧化铁。

相比之下，干法工艺是最为传统和原始的铁红生产工艺，简单且流程短，设备投资相对较少，但产品质量较差；采用湿法工艺所得产品质量性能优异，但工艺流程较长，生产过程能耗高。同时，与传统红色无机颜料镉红(CdS$_{1-x}$Se$_x$)、汞红(HgS)、铅红(Pb$_3$O$_4$ 或 PbO·Pb$_2$O$_3$)等相比[36-39]，铁红颜色一般较为暗淡，色彩饱和度低，限制了其在相关领域的应用，同时在微细化、高纯度、耐热性、耐酸性等方面仍然未能满足实际应用需求。研究表明，赤铁矿(α-Fe$_2$O$_3$)在可见光区的吸收主要来自于从 O 2p 到 Fe 3d 能级的电荷转移，从而导致外观呈现红色[40,41]。此外，铁红颜料的色调很大程度上取决于粒度和分散性，小颗粒和/或分散良好的颗粒颜色为红色，大颗粒和/或聚集强烈的颗粒颜色为深灰色[42]。因此，寻求可行的技术策略控制铁红颜料的粒径和分散性是调控颜色的有效途径。

近年来，基体型铁红杂化颜料引起了广大科研工作者的研究关注。Hosseini-Zori 等将α-Fe$_2$O$_3$ 嵌入二氧化硅基质得到了一系列红色杂化颜料，制得杂化颜料表现出良好的热稳定性和化学稳定性，但色彩饱和度低[43]；Montes-Hernandez 等利用含 Fe^{3+} 钙基蒙脱石，在 150℃和 200 bar 下反应 15 天合成了红色氧化铁/蒙脱石复合颜料，生成的氧化铁球形纳米颗粒均匀分布在蒙脱石基体表面[44]；Tohidifar 等以白云母为基体，通过 Fe^{3+} 水解和热解制得了云母-Fe$_2$O$_3$ 纳米珠光颜料，制得珠光颜料的珠光指数和 a^*/b^* 分别为 23.857 和 0.983[45]；Du 等采用化学沉淀法、溶胶-凝胶法成功制备了具有多层核-壳结构的珠光云母复合颜料，结果显示四层核-壳结构的 mica/TiO$_2$/Cr$_2$O$_3$/Fe$_2$O$_3$ 和 mica/TiO$_2$/SiO$_2$/Fe$_2$O$_3$ 具有高的色彩饱和度、明亮度和理想的珠光效应[46]。但是，上述研究制备过程耗时耗能，所用基体材料价格相对较贵，颜料颜色和耐候性能还有待改善。为此，作者基于凹凸棒石纳米棒晶载体功能设计制备了高性能铁红/凹凸棒石杂化颜料。

2.2.1　水热法

水热合成技术是指在温度为 100～1000℃、压力为 1 MPa～1 GPa 条件下，利用水溶液中物质进行化学反应的合成方法[47]。由于反应物料在亚临界和超临界水热条件下处于分子水平，物料反应活性提高，水热反应可以替代某些高温固相反应得到其他方法无法制备的新化合物和新材料[48,49]。Katsuki[50]分别采用传统水热和微波辅助水热技术成功制得了粒径为 155 nm 和 53 nm 的铁红颜料，相比现有市售铁红颜料，其所制得的铁红颜料具有的优异的颜色性能，这主要与微观形貌和粒径有关(图 2-2)。

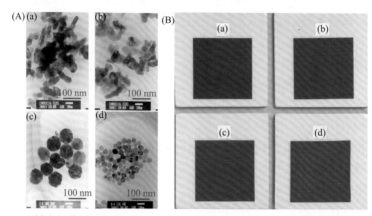

图 2-2　(A) α-Fe$_2$O$_3$ 粉末超声处理后的 TEM 照片；(B) α-Fe$_2$O$_3$ 颜料粉末着色瓷板的数码照片[50]商业样品处理(a) 5 min 和(b) 60 min、(c) 155 nm 样品和(d) 53 nm 样品超声处理 5 min

采用水热法制备铁红/凹凸棒石杂化颜料是将凹凸棒石和不同质量的 FeCl$_3$·6H$_2$O 加入水中，搅拌溶解、分散形成稳定的悬浮液，然后将得到的悬浮液转移到带有聚四氟乙烯衬里的 100 mL 不锈钢高压釜中，密封后置于 180℃的烘箱中反应。待反应完成后，将高压釜自然冷却至室温，然后将固体产物经离心、洗涤、干燥、研磨并过 200 目筛网制得铁红/凹凸棒石杂化颜料(APT-IOR)。通过系统考察物料比、水热时间对杂化颜料物相和颜色的影响情况，优化定型最佳制备条件。根据 FeCl$_3$·6H$_2$O 的添加量，所得样品依次标记为 APT-IOR-x (x 为 FeCl$_3$·6H$_2$O 的质量)。

2.2.1.1　物料比

由于 APT-IOR 的颜色与氧化铁的含量有关，所以以凹凸棒石与铁盐的质量比对杂化颜料的颜色至关重要。由图 2-3 所示，当没有引入凹凸棒石时，水热处理 Fe^{3+}溶液得到棕黑色的固体粉末(IOR)。当引入凹凸棒石时，水热处理后得到红色的杂化颜料，同时杂化颜料的颜色与 FeCl$_3$·6H$_2$O 的添加量密切相关。随着 FeCl$_3$·6H$_2$O 添加量的增加，产物的颜色逐渐加深。当凹凸棒石与 FeCl$_3$·6H$_2$O 的质量比为 3∶1 时，所得颜料颜色为淡琥珀色；随着 FeCl$_3$·6H$_2$O 添加量的逐渐增加，所得颜料的颜色从橙红色向棕红色转变。当凹凸棒石与 FeCl$_3$·6H$_2$O 的质量比为 1∶4 时，所得杂化颜料的外观颜色最佳。

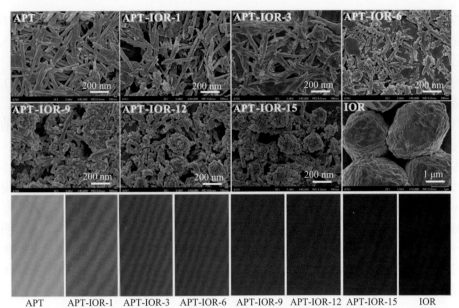

图 2-3　凹凸棒石、IOR 和杂化颜料的 FESEM 和数码照片[24]

如图 2-4(a)所示，棕黑色 IOR 为纯相α-Fe$_2$O$_3$，红色杂化颜料由铁氧化物和其他矿物质组成。以 APT-IOR-1 为例，物相组成主要包括β-FeOOH、凹凸棒石和石英[51-53]。随着 FeCl$_3$·6H$_2$O 添加量的增加，产物中逐渐出现α-Fe$_2$O$_3$的特征衍射峰，且强度逐渐增强，但凹凸棒石特征衍射峰强度逐渐减弱甚至消失，杂化颜料主要由α-Fe$_2$O$_3$和石英组成[图 2-4(c)～(g)][54,55]。表明在α-Fe$_2$O$_3$的生成过程中，凹凸棒石的层链结构逐渐被溶蚀破坏。

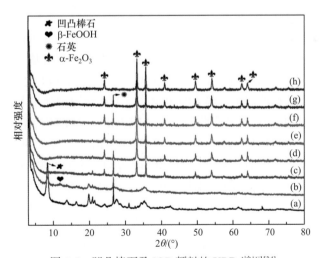

图 2-4　凹凸棒石及 IOR 颜料的 XRD 谱图[24]

(a) 凹凸棒石；(b) APT-IOR-1；(c) APT-IOR-3；(d) APT-IOR-6；(e) APT-IOR-9；(f) APT-IOR-12；(g) APT-IOR-15；(h) IOR

此外，引入凹凸棒石对产物的微观形貌具有重要影响。如图 2-3 所示，在没有引入凹凸棒石时，所得产物呈准球形，球形体由单分散的片状物聚集而成，颗粒尺寸较大，直径约为 5 μm。原始凹凸棒石呈典型的一维棒状形貌，表面光滑平整。与 $FeCl_3 \cdot 6H_2O$ 水热反应后，生成的 α-Fe_2O_3 均匀担载于凹凸棒石表面，棒晶表面变得粗糙，表明引入凹凸棒石后有效避免了 α-Fe_2O_3 团聚。当凹凸棒石与 $FeCl_3 \cdot 6H_2O$ 的质量比为 1:2 时，凹凸棒石的棒晶长度变短，同时表面担载的纳米粒子数量明显增加；随着 $FeCl_3 \cdot 6H_2O$ 添加量的持续增加，棒状形貌明显逐渐减少，颗粒物团聚体逐渐增多。上述结果表明，在凹凸棒石与 $FeCl_3 \cdot 6H_2O$ 水热反应过程中，凹凸棒石的棒晶逐渐被溶蚀，溶蚀之后的凹凸棒石与生成的 α-Fe_2O_3 相互结合形成杂化颜料。

水热反应前后物料的化学组成变化情况由表 2-1 所示，凹凸棒石主要由 SiO_2、MgO、Al_2O_3、Fe_2O_3 和 CaO 组成；当凹凸棒石与 $FeCl_3 \cdot 6H_2O$ 的质量比为 1:2 时，所得产物 APT-IOR-6 主要由 SiO_2、Al_2O_3 和 Fe_2O_3 组成；当凹凸棒石与 $FeCl_3 \cdot 6H_2O$ 的质量比为 1:4 时，APT-IOR-12 主要由 SiO_2 和 Fe_2O_3 组成，含量分别为 29.61% 和 68.37%。这表明随着 $FeCl_3 \cdot 6H_2O$ 添加量增加，MgO、Al_2O_3 和 CaO 含量大幅降低，Fe_2O_3 含量显著增加，该现象可能与水热反应体系 pH 的变化有关。随着 $FeCl_3 \cdot 6H_2O$ 添加量增加，反应体系的 pH 逐渐降低，凹凸棒石八面体结构中 Al^{3+} 和 Mg^{2+} 在水热过程中被逐渐溶蚀。

表 2-1　凹凸棒石、IOR 和杂化颜料的 XRF 化学组成[24]

样品	SiO_2	Al_2O_3	Fe_2O_3	MgO	CaO
凹凸棒石	63.52	11.85	6.17	13.03	3.06
APT-IOR-6	43.40	1.80	53.04	0.16	—
APT-IOR-12	29.61	0.42	68.37	0.053	—
Fe_2O_3	—	—	99.99	—	—

研究表明，IOR 与 APT-IOR 的 FTIR 谱图明显不同。在 IOR 的 FTIR 谱图中，仅仅在 555 cm^{-1} 和 474 cm^{-1} 处分别发现了 Fe—O—Fe 的伸缩振动吸收峰和 Fe—O—Fe 的弯曲振动吸收峰，这主要归属于 α-Fe_2O_3 的特征吸收峰[56,57]，表明 IOR 的物相组成较纯，这与 XRD 谱图的信息一致。相比之下，在 APT-IOR 的 FTIR 谱图中除了 Fe—O—Fe 的特征吸收峰之外，还伴有其他物质的红外吸收峰。在 APT-IOR-1 的 FTIR 谱图中，可以发现凹凸棒石的特征吸收谱峰，例如 3516 cm^{-1} 处 Al_2O—H 的伸缩振动峰，3580 cm^{-1} 处 Al(Fe)O—H 的伸缩振动峰，3550 cm^{-1} 处 (Fe/Mg)O—H 或 (Al/Mg)O—H) 的伸缩振动峰和 1198 cm^{-1} 处连接两个反转四面体的 Si—O—Si 伸缩振动峰。此外，在 794 cm^{-1} 处出现凹凸棒石中伴生石英砂的特征吸收峰。随着 $FeCl_3 \cdot 6H_2O$ 添加量的继续增加，在 APT-IOR 的 FTIR 谱图中出现了 Fe—O—Fe 的伸缩振动峰和弯曲振动峰，表明形成了 α-Fe_2O_3。伴随着 α-Fe_2O_3 的生成，凹凸棒石的特征吸收峰逐渐减弱甚至消失，同时在 1102 cm^{-1} 处出现了 Si—O—Si 的伸缩振动峰。这表明凹凸棒石的层链状结构的八面体被溶蚀破坏，连接凹凸棒石层链结构的 Si—O 键重新排列组合。

此外，在凹凸棒石的 TGA 曲线中，可以明显观察到四个阶段失重现象，各阶段的质量损失分别归因于表面吸附水和部分沸石水的去除(＜130℃)、沸石水和部分配位水的去除(130～270℃)、配位水和结构水的去除(270～540℃)和脱羟基反应(>540℃)。相比之下，在所考察的温度范围内 APT-IOR-12 几乎没有质量损失，APT-IOR 杂化颜料表现了良好的热稳定性。

2.2.1.2　水热时间

基于以上分析可知，引入凹凸棒石不仅可以改善α-Fe_2O_3的粒径及其粒径分布，还可以调控杂化颜料的颜色。在杂化颜料的形成过程中，凹凸棒石骨架中的 Mg^{2+}、Al^{3+}和Fe^{3+}离子逐渐被溶出，凹凸棒石的层链状结构逐渐被破坏，而连接凹凸棒石层链结构的 Si—O 键重新排列组合，并与α-Fe_2O_3结合生成杂化颜料。因此，在α-Fe_2O_3形成过程中，凹凸棒石呈弱碱性，可以作为反应体系的 pH 调控剂；同时作为模板可以调控杂化颜料的形貌。根据文献报道[58,59]，在 Cl^-存在条件下，α-Fe_2O_3的形成是以β-FeOOH 为前驱体。具体过程如式(2-1)～式(2-4)所示[24]。

$$FeCl_3 + 6H_2O \longrightarrow Fe(H_2O)_6^{3+} + 3Cl^- \tag{2-1}$$

$$Fe(H_2O)_6^{3+} \longrightarrow \beta\text{-FeOOH} + 3H^+ + 4H_2O \tag{2-2}$$

$$2FeOOH \longrightarrow \alpha\text{-}Fe_2O_3 + H_2O \tag{2-3}$$

$$FeOOH + Si_8Mg_{2.45}Al_{1.76}Fe_{0.29}O_{20}(OH)_3(OH_2)_{1.14} \cdot 2.49H_2O + 10.18H^+$$
$$\longrightarrow 0.645\alpha\text{-}Fe_2O_3 + xSiO_2 + 2.45Mg^{2+} + 1.76Al^{3+} + yH_2O \tag{2-4}$$

$Fe[(H_2O)_6]^{3+}$首先水解为β-FeOOH 前驱体，然后β-FeOOH 前驱体通过溶解-沉淀机制转化为α-Fe_2O_3。但是，当体系中存在凹凸棒石时，转化机制可能会有所改变。众所周知，凹凸棒石的四面体层主要由 SiO_4 组成，对碱溶液敏感，但 Al—O(Mg—O)八面体层对酸敏感。根据式(2-2)，在$[Fe(H_2O)_6]^{3+}$水解为β-FeOOH 的过程中有 H^+释放出来，H^+会与凹凸棒石的八面体层反应，溶蚀其中的 Al^{3+}和Mg^{2+}，故水热产物的 XRF 化学组成中 MgO、Al_2O_3、和 CaO 的含量会显著下降(表 2-1)。H^+与凹凸棒石的反应会促使反应式(2-2)的进行，从而促使形成α-Fe_2O_3，总反应见式(2-4)。根据 FTIR 和 XRD 的结果，水热处理后凹凸棒石的层链状结构被破坏，但断裂形成的 Si—O 键重新排列组合形成了新的硅氧基质，这些硅氧基质可作为α-Fe_2O_3的载体，从而有效控制α-Fe_2O_3晶体的生长，防止α-Fe_2O_3纳米粒子发生团聚。

为了进一步探究杂化颜料的形成机制，考察了水热时间对 APT-IOR-12 结构和颜色的影响规律。如图 2-5 所示，凹凸棒石的特征衍射峰随水热时间的延长逐渐变弱，直至水热时间为 8 h 时，完全消失。同时β-FeOOH 的特征衍射峰先出现后消失，表明β-FeOOH 仅仅是一个中间过渡态。当水热时间为 4 h 时，伴随着β-FeOOH 特征衍射峰的消失，α-Fe_2O_3的特征衍射峰开始出现，表明β-FeOOH 开始转化为α-Fe_2O_3。随着水热时间的延长，α-Fe_2O_3的特征衍射峰强度逐渐增强，α-Fe_2O_3的六方晶体结晶度逐渐提高。

如图 2-6 所示，凹凸棒石的棒状形貌在水热 2 h 时仍然清晰可见，但由于负载了β-FeOOH 表面变得粗糙不平。随着水热时间的延长，凹凸棒石的棒状形貌在 H^+的溶蚀作用下逐渐被破坏。当水热时间为 6 h 时，凹凸棒石的棒晶长度明显变短。继续延长水热

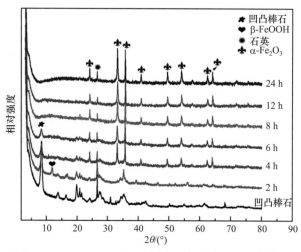

图 2-5　APT-IOR-12 在不同水热时间时的 XRD 谱图[24]

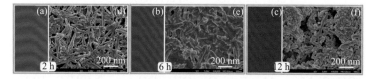

图 2-6　(a)～(c)APT-IOR-12 在不同水热时间时的数码照片和(d)～(f)SEM 照片[24]

时间，凹凸棒石的棒状形貌彻底转变为不规则颗粒状物，表明凹凸棒石的层链状结构被彻底破坏。随着凹凸棒石微观形貌的变化，$\alpha\text{-}Fe_2O_3$ 逐渐形成并与凹凸棒石的衍生物结合在一起形成杂化颜料。因此，在反应的初始阶段，Fe^{3+} 首先转变为 $\beta\text{-}FeOOH$，随着水热时间的延长，$\beta\text{-}FeOOH$ 逐渐转化为 $\alpha\text{-}Fe_2O_3$。而凹凸棒石中的 Mg^{2+} 和 Al^{3+} 离子逐渐被溶蚀，$\beta\text{-}FeOOH$ 的转化反应与凹凸棒石的刻蚀反应几乎同时进行。此外，APT-IOR-12 的颜色也随着水热时间的延长发生变化，逐渐由橙红色变为棕红色，这主要由含铁化合物微观形貌、晶粒尺寸和物相的变化所致[50,60]。因此，可以通过引入凹凸棒石、铁盐添加量和水热反应时间实现杂化颜料颜色调控，这为铁红颜料颜色的精准设计提供了可行途径。

由图 2-7 可知，当水热时间为 2 h 时，凹凸棒石的 FTIR 谱图几乎没发生任何变化，这表明在反应初始阶段凹凸棒石层链状结构受到的影响较小；当水热时间为 4 h 时，$\alpha\text{-}Fe_2O_3$ 的特征吸收峰开始出现，同时 $1198~cm^{-1}$ 处连接两个反转四面体的 Si—O—Si 伸缩振动峰开始变弱，说明凹凸棒石的层链状结构开始被破坏，且 $\alpha\text{-}Fe_2O_3$ 的形成与凹凸棒石结构的破坏同步进行；当水热时间为 6 h 时，在 $1102~cm^{-1}$ 处出现了新的 Si—O—Si 的伸缩振动峰，表明连接凹凸棒石层链结构的 Si—O 键进行了新的排列组合；当水热时间大于 8 h 时，凹凸棒石的特征吸收峰彻底消失，凹凸棒石的层链状结构彻底被破坏，这与 XRD 谱图和 SEM 照片结果一致。随着水热时间的延长，$\alpha\text{-}Fe_2O_3$ 的特征吸收峰逐渐增强，表明 $\alpha\text{-}Fe_2O_3$ 的相对含量随着水热时间的增加逐渐增加。结合上述 XRD、SEM 和 FTIR 结果可以发现，当体系中存在凹凸棒石时，$\alpha\text{-}Fe_2O_3$ 的形成过程如式(2-4)进行。

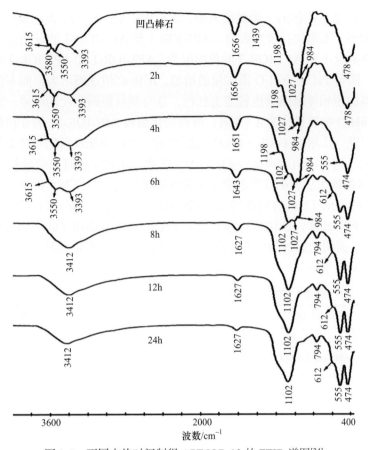

图 2-7　不同水热时间制得 APT-IOR-12 的 FTIR 谱图[24]

2.2.1.3　颜色性能

为了更好地评价杂化颜料的颜色，根据 CIE 色度标准方法对 L^*、a^*、b^*值进行了测定。根据 CIE 标准色度学系统规定，任何物体的颜色都可以用 X、Y、Z 三个数值来表示，称为三刺激值。CIE-$L^*a^*b^*$色空间是由 L^*、a^*和 b^*构成的直角坐标系，而 L^*、a^*、b^*值可由三刺激值共同确定，良好的平衡结构是基于一种颜色不能同时既是绿又是红，也不能同时既是蓝又是黄这个理论建立的。每一种颜色都可以用 L^*、a^*、b^*来确定，L^*表示明度，a^*和 b^*表示色度坐标，$+a^*$为红色方向，$-a^*$为绿色方向；$+b^*$是黄色方向，$-b^*$为蓝色方向。C^*表示彩度，又称颜色饱和度，是区别颜色浓淡程度的一种颜色属性，可以通过 a^*和 b^*换算得到。

$$L^* = 116(Y/Y_n)^{1/3} - 16 \tag{2-5}$$

$$a^* = 500[(X/X_n)^{1/3} - (Y/Y_n)^{1/3}] \tag{2-6}$$

$$b^* = 200[(Y/Y_n)^{1/3} - (Z/Z_n)^{1/3}] \tag{2-7}$$

$$C_{ab}^* = \sqrt{(a^*)^2 + (b^*)^2} \tag{2-8}$$

式中，X、Y、Z 表示物体的三刺激值大小，无单位；X_n、Y_n、Z_n 表示理想反射散光器三刺激色数值大小，无单位。研究表明，APT-IOR-1 和 APT-IOR-3 的 a^* 值较小，而 b^* 值较大，表明 APT-IOR-1 和 APT-IOR-3 的色相偏黄。APT-IOR-1 和 APT-IOR-3 分别为淡琥珀色和橙红色。随着 $FeCl_3 \cdot 6H_2O$ 添加量的增加，a^* 和 C^* 值逐渐增大，而 b^* 值逐渐减小，表明杂化颜料的色相逐渐由黄色转变为红色，这与颜料数码照片的结果一致。当凹凸棒石与 $FeCl_3 \cdot 6H_2O$ 的质量比为 1:4 时，所得杂化颜料 APT-IOR-12 的 a^* 值最大，呈现的颜色最红；但进一步增加 $FeCl_3 \cdot 6H_2O$ 的添加量，所得杂化颜料的颜色参数逐渐下降，颜色性能变差，这可能由游离 α-Fe_2O_3 的团聚所致。随着水热时间的延长，APT-IOR-12 的 a^* 和 C^* 值逐渐增大，表明红值和色彩饱和度逐渐提高。与已有文献报道的红色无机颜料相比较，APT-IOR-12 具有较高的 a^* 值(表 2-2)，表明引入凹凸棒石可以构筑颜色亮丽的铁红杂化颜料。此外，杂化颜料的 L^* 值随 $FeCl_3 \cdot 6H_2O$ 添加量的增加或水热时间的延长而逐渐较小，表明随着凹凸棒石表面 α-Fe_2O_3 纳米粒子担载量和晶粒尺寸的变化，杂化颜料的亮度值略有下降。

表 2-2　杂化颜料与文献报道各种红色无机颜料 a^* 值比较

红色无机颜料	a^*	参考文献
$Ca_3(Bi_{0.93}Y_{0.07})_8O_1$	28.2	[61]
$[(Bi_{0.72}Er_{0.28})_{0.80}Fe_{0.20}]_2O_3$	30.9	[62]
$Al/SiO_2/Fe_2O_3$	22.8	[63]
$YAl_{0.99}Cr_{0.01}O_3$	27.6	[64]
SiO_2-$0.2Fe_2O_3$-1200℃	23.1	[65]
$[(Bi_{0.72}Er_{0.04}Y_{0.24})_{0.80}Fe_{0.20})]_2O_3$	33.1	[66]
Al-取代 α-Fe_2O_3	34.0	[67]
Li_2MnO_3	32.4	
$Li_2Mn_{0.9}Ti_{0.1}O_3$	34.8	[68]
$Li_2Mn_{0.95}Zr_{0.05}O_3$	36.8	
$Li_2Mn_{0.9}Mg_{0.1}O_3$	34.3	
$(Bi_{1.95}Zr_{0.05})_{0.8}Fe_{0.4}O_{3+\delta}$	31.1	[69]
铝基 γ-Ce_2S_3 复合颜料	34.2	[70]
Ba^{2+}-Sm^{3+} 共掺杂 γ-Ce_2S_3	35.4	[71]
γ-Ce_2S_3@c-SiO_2 复合颜料	37.7	[72]
APT-IOR-12	36.3	[24]

2.2.1.4　化学稳定性和悬浮稳定性

为考察杂化颜料的化学稳定性，以 APT-IOR-12 为例，分别采用 1 mol/L 的氢氧化钠溶液、1 mol/L 的盐酸溶液、无水乙醇以及环己烷对杂化颜料浸泡处理 24 h。研究表明，在酸、碱和有机溶剂的作用下，APT-IOR-12 的颜色参数 L^*、a^*、b^* 值几乎没有发生变化。对比酸、碱和有机溶剂的处理前后 APT-IOR-12 的 XRD 谱图(图 2-8)，特征衍射峰没有发生明显变化。结合 TGA 结果，杂化颜料具有良好的化学稳定性和热稳定性。

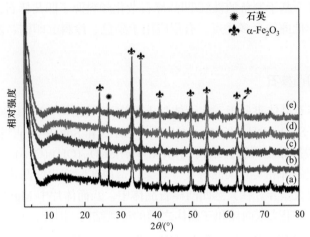

图 2-8　不同溶剂处理前后的 APT-IOR-12 的 XRD 谱图[24]

(a) 未处理；(b) 1 mol/L 氢氧化钠溶液；(c) 1 mol/L 盐酸溶液；(d) 无水乙醇；(e) 环己烷

　　图 2-9 为 APT-IOR-12 和市售铁红颜料(上海灿森化工有限公司)在水和乙醇介质中悬浮稳定性的数码照片。如图 2-9(a)所示，APT-IOR-12 在水和醇介质中静置 24 h 后没有发生明显的沉降现象，杂化颜料在两种介质均表现出良好的悬浮稳定性，但市售铁红颜料在相同的静置时间内几乎完全沉降[图 2-9(b)]，表明引入凹凸棒石明显提升了铁红杂化颜料的悬浮稳定性。这主要归因于凹凸棒石的引入可以诱导α-Fe$_2$O$_3$纳米粒子在纳米棒晶表面均匀担载，从而有效避免了游离α-Fe$_2$O$_3$纳米粒子的生成和团聚(图 2-10)。此外，制得

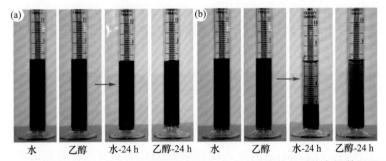

水　　乙醇　　水-24 h　　乙醇-24 h　　水　　乙醇　　水-24 h　　乙醇-24 h

图 2-9　(a) APT-IOR-12 和(b) 市售铁红颜料在水或乙醇中的悬浮稳定性数码照片[24]

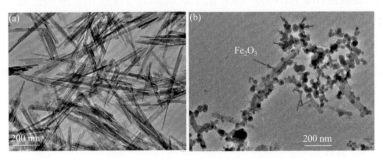

图 2-10　(a) 凹凸棒石和(b) APT-IOR-12 的 TEM 照片[24]

铁红杂化颜料可以喷涂在不同基质上，如玻璃、木片、陶瓷片、棉布和 A4 纸等，表现出良好的应用普适性。基于制备的铁红/凹凸棒石杂化颜料源于凹凸棒石，具有源于自然、绿色安全以及成本低廉等众多优点，有望应用于染色、涂料、印刷、油漆、造纸、建筑等众多领域。

2.2.2　不同来源凹凸棒石

理想的凹凸棒石晶体隶属于三八面体黏土矿物，八面体片空隙均被 Mg^{2+} 离子占据，理论结构式为 $Mg_5Si_8O_{20}(OH_2)_4(OH)_2 \cdot 4H_2O$[73]。Drits 和 Sokolovam[74]提出凹凸棒石是一种含水富镁铝硅酸盐黏土矿物，结构式为 $(Al_2Mg_2)Si_8O_{20}(OH)_2(OH_2)_4 \cdot 4H_2O$。但由于黏土矿物的复杂形成条件和类置同晶替代等现象，造成实际产出凹凸棒石的晶体化学式与理论化学式存在很大差异。在天然凹凸棒石晶体中，八面体片中 Mg^{2+} 可以部分地被 Al^{3+} 和 Fe^{3+} 替代，形成介于二八面体和三面体之间的过渡结构。因此，天然凹凸棒石的实际结构式为 $(Mg_{5-y-z}R^{3+}_{y\square z})(Si_{8-x}R^{3+}_x)O_{20}(OH)_2(OH_2)_4R^{2+}_{(x-y+2z)/2}(H_2O)_4$(其中，$\square$ 是空位，R 代表 Mg、Al 或 Fe)[75]或 $(Mg_2R^{3+}_{2\square_1})(Si_{8-x}Al_x)O_{20}(OH)_2(OH_2)_4R^{2+}_{x/2}(H_2O)_4$(其中 $x = 0 \sim 0.5$)[76]。由于不同种类金属离子的类置同晶取代，不同产地凹凸棒石晶体结构和化学组成明显不同，导致其物理化学性质存在显著差异[77]。

一般来讲，Al^{3+} 可以占据八面体位置的 28%～59%，其他离子包括 Fe^{2+}、Fe^{3+} 以及少量的过渡金属离子皆可占据八面体位置。由于 Fe^{3+} 占据了凹凸棒石八面体中 Mg^{2+} 离子的位置，凹凸棒石在色泽上多呈现黄褐色、红色或者砖红色，严重限制了其在胶体、吸附和增韧补强方面的功能应用。因此，亟需探索可行的技术路径以实现此类凹凸棒石黏土资源的功能应用。为此，基于此类凹凸棒石黏土富铁特性，选取六种不同色泽的天然凹凸棒石黏土为基材，采取"以红制红"策略通过一步水热法制备铁红/凹凸棒石杂化颜料，比较研究了不同天然凹凸棒石黏土对制得杂化颜料结构、化学组成、颜色和稳定性的影响规律，通过关联不同黏土矿物组分与铁红杂化颜料颜色之间的关系，揭示杂化颜料的呈色机理，从而为直接利用杂色天然凹凸棒石及其他黏土矿物构筑高性能铁红杂化颜料奠定理论基础[78]。

六种代表性天然凹凸棒石分别采自甘肃省临泽县凯西红矿(LZKX-R)、凯西灰矿(LZKX-G)和地脉通矿(LZDM)，内蒙古杭锦旗矿(IMHJ)、安徽省明光市明光矿(AHMG)和江苏省盱眙县黄泥山矿(HNS)，XRF 化学组成如表 2-3 所示。所得产物根据产地来源分别缩写为 LZKX(G)-IOR、LZKX(R)-IOR、LZDM-IOR、IMHJ-IOR、AHMG-IOR 和HNS-IOR。

表 2-3　LZKX(G)、LZKX(R)、LZDM、IMHJ、AHMG 和 HNS 以及制得铁红杂化颜料的化学组成
(%，质量分数)

样品	SiO_2	Fe_2O_3	Al_2O_3	MgO	K_2O	CaO
LZKX(G)	47.18	9.25	13.33	5.16	3.86	17.17
LZKX(G)-IOR	35.11	58.59	3.41	0.08	1.09	—
LZKX(R)	48.62	8.16	13.87	4.92	3.78	16.40

续表

样品	SiO₂	Fe₂O₃	Al₂O₃	MgO	K₂O	CaO
LZKX(R)-IOR	33.66	60.51	2.93	0.07	0.97	0.16
LZDM	45.82	7.60	12.75	5.32	2.69	22.96
LZDM-IOR	32.79	61.85	2.28	0.06	0.76	0.26
IMHJ	47.05	8.83	15.58	2.96	4.07	18.82
IMHJ-IOR	31.96	63.02	2.60	0.03	0.76	—
AHMG	70.33	6.64	7.97	11.84	1.22	0.61
AHMG-IOR	44.21	52.19	0.76	0.19	0.07	0.01
HNS	56.72	13.57	10.75	5.64	2.07	7.34
HNS-IOR	45.98	47.48	1.81	0.18	0.46	0.11

2.2.2.1 杂化颜料的结构和组成

图 2-11 是凹凸棒石和制得铁红杂化颜料的 XRD 谱图。如图所示，在 $2\theta = 8.47°\sim8.53°$、$13.62°$、$19.80°$和 $35.01°$处的衍射峰分别归属于凹凸棒石(110)、(200)、(040)和(400)晶面[73,78,79]，观察到的其他衍射峰分别指认为绿泥石($2\theta = 6.22°$和 $12.40°$，JCPDS 卡 No. 73-2376)[80]、白云母($2\theta = 8.87°$、$8.91°$、$17.78°$、$29.48°$和 $45.56°$，JCPDS 卡 No. 75-0948)[81]、长石($2\theta = 27.98°$，JCPDS 卡 No. 84-0710)[82]、白云石($2\theta = 30.90°$，JCPDS 卡 No. 83-1766)和石英($2\theta = 20.86°$、$26.67°$、$36.55°$、$42.45°$、$50.12°$、$59.94°$和 $68.15°$，JCPDS 卡 No. 75-0443)。对比发现 LZKX(G)和 LZKX(R)主要由凹凸棒石组成，并且伴生有少量的石英、白云母、绿泥石、白云石和长石；LZDM 主要由凹凸棒石、石英、白云母、白云石和长石组成；IMHJ 主要由凹凸棒石、石英、白云母、绿泥石、方解石和长石组成；AHMG 和 HNS 由凹凸棒石和少量石英组成，纯度较高，伴生矿物含量低。

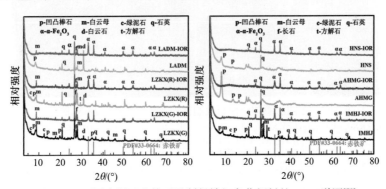

图 2-11 不同来源凹凸棒石及制得铁红杂化颜料的 XRD 谱图[78]

在水热反应制得所有铁红杂化颜料的 XRD 谱图中，在 2θ 位于 $24.31°$、$33.05°$、$35.72°$、$40.89°$、$49.61°$、$54.26°$、$62.26°$和 $64.29°$处出现了 $\alpha\text{-}Fe_2O_3$ 的特征衍射峰，隶属于六方晶系赤铁矿(JCPDS 卡 No. 33-0664)[54,83,84]，表明 Fe^{3+}离子在凹凸棒石诱导作用下原位转化为 $\alpha\text{-}Fe_2O_3$。但是，在杂化颜料的 XRD 谱图中除了$\alpha\text{-}Fe_2O_3$和石英的衍射峰之外，没有观察到凹凸棒石、绿泥石、方解石和白云石的特征衍射峰，这表明上述相关矿物质在水热条件下发生晶相转化。这可能归因于酸性条件下(pH = 0.20～1.46)，在水热反应过程中溶蚀了凹凸棒石八面体中阳离子，导致连续四面体片和不连续八面体片组成的凹凸棒石的层链结构被破坏[85]。但是，由于石英、白云母或长石在酸性条件下相对较为稳定，特征峰仍然出现在杂化颜料的 XRD 谱图中，α-Fe$_2$O$_3$ 的成功引入导致相关矿物质的相对含量有所下降，从而降低了对应衍射峰的相对强度。同时由于 AHMG 和 HNS 的凹凸棒石纯度相对较高，在 HNS-IOR 和 AHMG-IOR 的 XRD 图谱中仅观察到α-Fe$_2$O$_3$ 晶体和石英的特征衍射峰。

　　图 2-12 分别是六种凹凸棒石及其制得杂化颜料的 SEM 照片，对比发现不同产地来源的天然凹凸棒石的棒晶长度和聚集程度存在显著差异。在 LZKX(G)[图 2-12(a)]和 LZKX(R)[图 2-12(c)]中，凹凸棒石棒晶较短并且呈紧密堆积状态。引入α-Fe$_2$O$_3$ 后棒状形貌的分散程度有所改善，几乎完全被 Fe$_2$O$_3$ 纳米离子包覆[图 2-12(b)和(d)]。与 LZKX (G) 和 LZKX(R)中所含凹凸棒石棒晶相比，LZDM[图 2-12(e)]和 IMHJ[图 2-12(g)]中的凹凸棒石棒晶较长，但明显比 AHMG [图 2-12(i)]和 HNS[图 2-12(k)]中的棒晶短。此外，在 LZDM 和 IMHJ 中可以观察到凹凸棒石棒晶周围有片层状物质，这可能是伴生的白云母、绿泥石等矿物[86,87]。在形成 LZDM-IOR 和 IMHJ-IOR 杂化颜料之后，由于水热条件下的溶蚀作用，凹凸棒石棒晶长度降低，但棒状形貌仍然存在，并且表面担载了大量α-Fe$_2$O$_3$ 纳米粒子，这种现象也可以从 AHMG-IOR 和 HNS-IOR 中观察到。

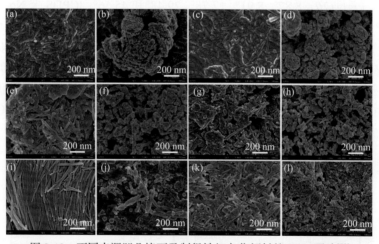

图 2-12　不同来源凹凸棒石及制得铁红杂化颜料的 SEM 照片[78]

(a) LZKX(G)；(b) LZKX(G)-IOR；(c) LZKX(R)；(d) LZKX(R)-IOR；(e) LZDM；(f) LZDM-IOR；(g) IMHJ；(h) IMHJ-IOR；(i) AHMG；(j) AHMG-IOR；(k) HNS；(l) HNS-IOR

　　图 2-13 是制得铁红/凹凸棒石杂化颜料的 TEM 照片，明显可以观察到在凹凸棒石棒晶表面上均成功担载了α-Fe$_2$O$_3$ 纳米粒子。比较发现，LZKX(G)-IOR 中的α-Fe$_2$O$_3$ 颗粒小且均匀分布在凹凸棒石棒晶表面，但在 LZKX(R)-IOR、LZDM-IOR 和 IMHJ-IOR 中，凹凸棒石棒晶表面α-Fe$_2$O$_3$ 纳米粒子分布较少。在 AHMG-IOR 和 HNS-IOR 中，凹凸棒石棒晶上α-Fe$_2$O$_3$ 粒子分布较少，但是α-Fe$_2$O$_3$ 粒子的粒径相对较大，并且观察到明显的团聚现象，这与 SEM 结果基本一致。

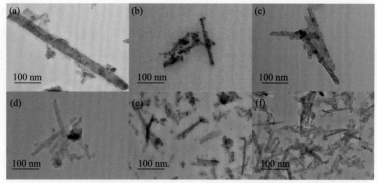

图 2-13　不同来源凹凸棒石制得的铁红杂化颜料的 TEM 照片[78]
(a) LZKX(G)-IOR；(b) LZKX(R)-IOR；(c) LZDM-IOR；(d) IMHJ-IOR；(e) AHMG-IOR；(f) HNS-IOR

如图 2-14 所示，在水热反应后凹凸棒石位于 3618 cm^{-1} 和 3540 cm^{-1} 处的(Mg/Al/Fe)—OH 伸缩振动峰和 SiO—H 伸缩振动吸收峰消失，位于 1033 cm^{-1} 处凹凸棒石 Si—O—Si 伸缩振动峰发生了蓝移[88-90]。在 AHMG-IOR 中没有发现 1200 cm^{-1}、1088 cm^{-1} 和 982 cm^{-1} 处连接两个链层单元的 Si—O—Si 键伸缩振动、SiO$_4$ 四面体的基础振动和不对称 Si—O—Mg 的伸缩振动吸收峰，仅在 1100 cm^{-1} 处观察到了 Si—O—Si 的特征吸收峰，表明凹凸棒石八面体中阳离子在酸性条件下已被溶蚀，凹凸棒石的晶体结构遭到了破坏。同时，由于白云石在酸性反应条件下溶解，导致碳酸盐在 1440～1443 cm^{-1} 处的吸收峰也没有被观察到。此外，在杂化颜料的 FTIR 谱图中，位于 555 cm^{-1} 和 474 cm^{-1} 处的吸收峰分别归属于 Fe—O—Fe 伸缩振动和 Fe—O—Fe 弯曲振动，证实了铁氧化物的形成[91-93]。

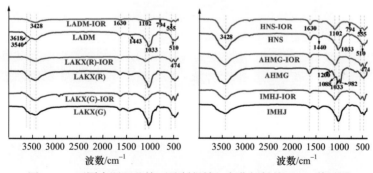

图 2-14　不同来源凹凸棒石及制得铁红杂化颜料的 FTIR 谱图[78]

一般来讲，凹凸棒石主要由 SiO$_2$、Fe$_2$O$_3$、Al$_2$O$_3$、MgO、K$_2$O 和 CaO 组成，但其组成因伴生矿物和类置同晶取代的差异而显著不同。如表 2-3 所示，与其他凹凸棒石相比，AHMG 和 HNS 中 SiO$_2$ 和 MgO 的含量相对较高，Al$_2$O$_3$ 的含量相对较低。尽管 HNS 中 Fe$_2$O$_3$(13.57%)含量最高，但主要以 Fe^{2+} 形式存在于八面体片中，而不是 Fe^{3+} 形式或者伴生的赤铁矿，因此表观颜色是灰白色而不是砖红色[94]。引入 α-Fe$_2$O$_3$ 之后，在制得杂化颜料组成中，SiO$_2$、Al$_2$O$_3$、MgO、K$_2$O 和 CaO 含量显著下降，Fe$_2$O$_3$ 含量明显增加。在 LZKX(G)-IOR、LZKX(R)-IOR、LZDM-IOR、IMHJ-IOR、AHMG-IOR 和 HNS-IOR 杂化颜料中，Fe$_2$O$_3$ 含量分别为 58.59%、60.51%、61.85%、63.02%、52.19%和 47.48%；Al$_2$O$_3$

含量分别为 3.41%、2.93%、2.28%、2.60%、0.76% 和 1.81%，MgO 含量均低于 0.19%，表明大多数 Al、Mg 元素在水热反应过程中被溶蚀。同时在酸性介质中，伴生的碳酸盐在反应过程中也被去除。因此，杂化颜料主要由 SiO_2 和 Fe_2O_3 组成，这也与 XRD 结果基本一致。

2.2.2.2　杂化颜料的颜色性能

图 2-15 是不同来源凹凸棒石及其制得杂化颜料的数码照片。如图所示，由于八面体阳离子和伴生矿物质的差异，不同产地来源的凹凸棒石外观颜色明显不同。除了 AHMG 制得铁红杂化颜料的颜色呈现灰红色之外，其余产地凹凸棒石制得铁红杂化颜料均为红色。制得铁红杂化的亮度值 L^* 值较为接近，介于 31.1～37.3 之间，表明该系列铁红颜料具有良好的亮度，但由不同来源凹凸棒石制得杂化颜料的 a^* 和 b^* 值存在显著差异。由 LZKX(G) 制备的杂化颜料具有最高的 a^* 值和最小 b^* 值，分别为 33.4 和 25.2；LZKX(R)-IOR、LZDM-IOR 和 IMHJ-IOR 的 a^* 值分别为 33.2、33.1 和 32.2，均高于商业铁红色颜料的 a^* 值(26.9)。相比之下，AHMG-IOR 和 HNS-IOR 杂化颜料的 a^* 值相对较低，分别为 10.9 和 21.1。

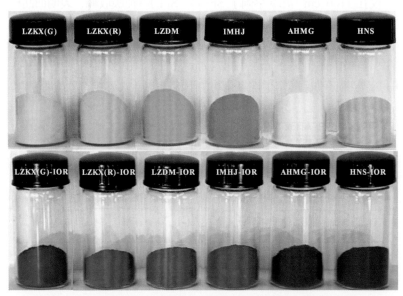

图 2-15　不同来源凹凸棒石及制得铁红杂化颜料的数码照片[78]

与已有文献报道的铁红颜料比较，大多数文献报道的铁红颜料 a^* 值低于 30(表 2-4)，表明采用此类杂色凹凸棒石可以构筑高性能铁红颜料，从而有望实现此类低品位凹凸棒石黏土资源的高值利用。此外，制得铁红杂化颜料和商业铁红颜料的遮盖率测试结果所知，LZKX(G)-IOR、LZKX(R)-IOR、LZDM-IOR 和 IMHJ-IOR 的遮盖率分别为 8.3 g/m²、8.6 g/m²、8.4 g/m² 和 8.1 g/m²，优于商业铁红色颜料的 15.7 g/m²。但是，AHMG-IOR 和 HNS-IOR 的遮盖率较差，分别为 28.1 g/m² 和 25.7 g/m²，这也与 CIE-$L^*a^*b^*$ 的结果一致。

表 2-4 文献报道铁红颜料的 CIE-$L^*a^*b^*$参数比较

铁红颜料	L^*	a^*	b^*	参考文献
Al/SiO$_2$/α-Fe$_2$O$_3$	113.2	22.8	78.6	[65]
α-Fe$_2$O$_3$	33.8	29.1	21.1	[95]
α-Fe$_2$O$_3$/silica	35~50	9~16	—	[43]
α-Fe$_2$O$_3$	46.9	14.6	8.9	[96]
商业铁红颜料	34.9	26.9	20.1	—

用比色计测试制得杂化颜料的颜色坐标(x, y)，并单独标定在 CIE1931 色度图中，以更准确和定量地确定物质的颜色。如图 2-16 所示，a、b、c 和 d 点彼此相邻并且落入砖红色区域，a 点更接近纯红色区域，而 b、c 和 d 点因黄色色调较高而紧邻橙色区域；e 和 f 位置远离红色区域，e 点位于紫红色区域，f 点显示更多红色调。上述结果都证明制得杂化颜料在色度图中色坐标的分布与直接目视观察的结果一致。

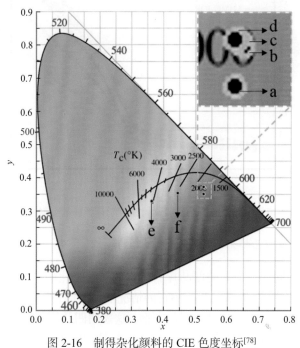

图 2-16 制得杂化颜料的 CIE 色度坐标[78]

a. LZKX(G)-IOR；b. LZKX(R)-IOR；c. LZDM-IOR；d. IMHJ-IOR；e. AHMG- IOR；f. HNS-IOR

此外，物理学家发现光线照射到物体上以后，会产生吸收、反射、透射等现象，各种物体都具有选择性地吸收、反射、透射色光的特性。以物体对光的作用而言，大体可以分为不透光和透光两类，通常称为不透明体和透明体。对于不透明物体，它们的颜色取决于对波长不同的各种色光的反射和吸收情况，不透明物体的颜色一般是由所反射的色光决定的，实质上是指物体反射某些色光并吸收某些色光的特性。透明物体的颜色是由它所透过的色光决定的。因此，在可见光谱中，颜料通常在不同波长下具有不同的反射率，不同的光谱反射率曲线表现出不同的色调，反射率越强，颜料的颜色饱和度越高。如图 2-17 所示，杂化颜料的光谱反射率在小于 600 nm 的波长范围内非常低，约为 5%；在 600~700 nm 波长范围内，杂化颜料主要反射红光，故呈现红色，LZKX(R)-IOR 的反射率最大可达到 45%。但是，AHMG-IOR 和 HNS-IOR 的反射率明显低于其他四种铁红杂化颜料，但它们在红色区域外的反射率略高于其他四种铁红杂化颜料。同时，LZKX(R)-IOR 颜料在该区域具有最高的反射率，其次是 IMHJ-IOR、LZDM-IOR 和 LZKX(G)-IOR，故 LZKX(R)-IOR、IMHJ-IOR 和 LZDM-IOR 颜料具有相对较大的 b^* 值，分别为 33.2、33.1 和 33.7，表明三者具有较高的黄色色调。因此，具有短棒晶和含有少量伴生矿物的凹凸棒石，如 LZKX(G)、LZKX、LZDM 和 IMHJ 可用于构筑具有优异颜色性能的铁红杂化颜料。

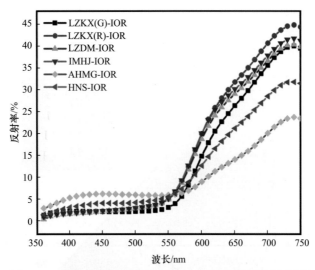

图 2-17　不同来源凹凸棒石制得铁红杂化颜料的反射光谱[78]

2.2.2.3　不同来源凹凸棒石对杂化颜料颜色的影响

如上所述，由不同产地来源的凹凸棒石制得的铁红杂化颜料的结构、组成和颜色存在明显差异。研究表明，在不添加凹凸棒石的情况下，Fe^{3+} 直接水热处理仅能得到黑色产物[24]，但加入凹凸棒石之后可以得到红色产物，这表明凹凸棒石是一种"绿色"沉淀剂，可以诱导 Fe^{3+} 在棒晶表面原位转变为铁氧化物。但是，事实表明并非所有天然凹凸棒石都适合制备颜色亮丽的铁红杂化颜料，这可能与凹凸棒石的伴生矿物、化学组成、棒晶发育程度和表面反应活性有关。从 XRD 和 SEM 分析可以得出结论，AHMG 和 HNS 纯度较高，棒晶发育较好，但制得的 AHMG-IOR 和 HNS-IOR 表现出较低的 a^* 值。相比之下，含有伴生矿物和碳酸盐(如方解石和白云石)的低品位凹凸棒石更适合制备铁红杂化颜料。

$\alpha\text{-}Fe_2O_3$/凹凸棒石杂化颜料的形成过程见式(2-1)~式(2-4)。在此过程中，$Fe(H_2O)_6^{3+}$ 首先水解形成 $\beta\text{-}FeOOH$ 和 H^+ 离子，然后 $\beta\text{-}FeOOH$ 在含有碱性物质的水热条件下逐渐转变为 $\alpha\text{-}Fe_2O_3$。凹凸棒石 pH 呈弱碱性，它可以捕获 H^+ 并促进 $Fe(H_2O)_6^{3+}$ 向 $\beta\text{-}FeOOH$ 的转化，

从而诱导α-Fe₂O₃的形成。与凹凸棒石相比，凹凸棒石中存在的碱性矿物质(方解石和白云石)容易与溶液中的 H⁺发生反应。一方面，碳酸盐与 H⁺反应可以去除它们，同时碳酸盐可以消耗溶液中的 H⁺以促进 $Fe(H_2O)_6^{3+}$ 向 β-FeOOH 的转化。此外，AHMG 和 HNS 是三八面体矿物或介于三八面体和二八面体的过渡矿物，具有相对完整的晶体结构和较少的表面缺陷。相比之下，LZKX(G)、LZKX(R)、LZDM 和 IMHJ-IOR 是典型的具有晶体缺陷的二八面体矿物，凹凸棒石缺陷位点的存在使得 Fe^{3+} 更容易吸附到表面，从而诱导更多的晶核在棒晶表面原位沉积并生长。由于生成的α-Fe₂O₃纳米粒子尺寸足够小并且均匀担载于凹凸棒石纳米棒晶表面，杂化颜料具有良好的呈色性能。相反，由于成核位点较少，倾向于形成较大α-Fe₂O₃颗粒。在相同的 Fe^{3+} 添加量下，α-Fe₂O₃粒子尺寸越大，呈色性能越差，导致 AHMG-IOR 和 HNS-IOR 杂化颜料的颜色性能较差。在杂化颜料中，主要着色成分是α-Fe₂O₃，含有石英、白云母和长石等微量白色伴生矿物的存在不会明显影响颜色性能。

此外，在形成α-Fe₂O₃/凹凸棒石杂化颜料后，化学组成发生了显著变化，表明杂化颜料的形成过程与凹凸棒石及其伴生矿物的结构演变以及铁氧化物的形成有关。凹凸棒石对于形成红色铁红杂化颜料具有不可或缺的作用。虽然α-Fe₂O₃是主要着色组分，但杂化颜料的 a^* 值不仅仅取决于 Fe₂O₃的含量。杂化颜料的 a^* 值的顺序为：LZKX(G)>LZKX(R)>LZDM＞IMHJ＞AHMG＞HNS，Fe₂O₃含量的顺序为：IMHJ＞LZDM＞LZKX(R)＞LZKX(G)＞AHMG＞HNS。当 Fe₂O₃含量为58.59%时，LZKX(G)-IOR 的最佳 a^* 值为33.4。图 2-18(a)是 Fe/Si 摩尔比对杂化颜料颜色性能的影响情况，可以发现杂化颜料中 Fe₂O₃含量明显高于凹凸棒石中的 Fe₂O₃含量，但是采用不同产地来源凹凸棒石制得杂化颜料的 Fe/Si 摩尔比明显不同，HNS-IOR、AHMG-IOR、LZKX(G)-IOR、LZKX(R)-IOR、LZDM-IOR 和 IMHJ-IOR 的 Fe/Si 摩尔比分别约为103.09%、117.65%、166.67%、178.57%、188.68%和196.08%。从化学组成分析可以发现，当 Fe^{3+} 转变为 Fe₂O₃时，凹凸棒石中的阳离子如 Al^{3+}、Mg^{2+}、Ca^{2+} 和 K^+ 被溶蚀，形成主要由二氧化硅和氧化铁组成的杂化颜料。当 Fe/Si 比为166.67%，杂化颜料的颜色性能较为优。

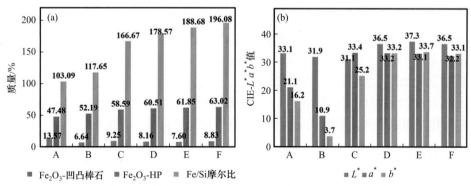

图 2-18　(a)α-Fe₂O₃/凹凸棒石复合颜料中 Fe₂O₃含量和 Fe/Si 摩尔比(杂化颜料标记为 HP，Fe/Si 摩尔比单位为%)和(b)杂化颜料色度值[78]

A. HNS；B. AHMG；C. LZKX(G)；D. LZKX(R)；E. LZDM；F. IMHJ

2.2.2.4　杂化颜料的稳定性

采用 1 mol/L HCl 溶液、1 mol/L NaOH 溶液和无水乙醇处理颜料 72 h 后，通过 a^* 值的变化评价杂化颜料和市售铁红颜料的化学稳定性。如图 2-19 所示，采用乙醇处理对 LZKX(G)-IOR 的 a^* 值没有明显影响，经 HCl 溶液或 NaOH 溶液处理后，颜料的 a^* 值略微降低，LZKX(G)-IOR 颜料的 a^* 值分别为 28.3 和 27.7，明显高于商品铁红的 15.9 和 22.5，表明杂化颜料的化学稳定性优于商业铁红色颜料。酸对颜色性能的影响主要与 Fe_2O_3 的酸蚀有关，用 NaOH 溶液处理后杂化颜料的颜色变化可能归因于 OH^- 对二氧化硅组分的侵蚀作用。因此，相比市售铁红颜料，引入凹凸棒石有助于改善铁红颜料的化学稳定性。

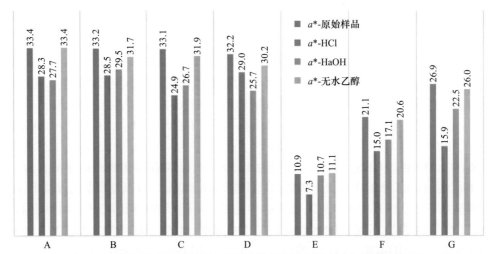

图 2-19　不同化学环境对制得铁红杂化颜料和商品铁红 a^* 值的影响[78]

A. LZKX(G)-IOR；B. LZKX(R)-IOR；C. LZDM-IOR；D. IMHJ-IOR；E. AHMG-IOR；F. HNS-IOR；G. 商品铁红

将制得杂化颜料喷涂在陶瓷基材上并在不同温度(900℃、1000℃和1100℃)下煅烧，通过煅烧前后 a^* 值的变化评价杂化颜料的热稳定性。由不同凹凸棒石制备的杂化颜料可在陶瓷基材上形成均匀且稳定的涂层。经高温煅烧后，涂层仍然完好无损，没有发生剥离现象。在 1100℃煅烧后，红色杂化颜料 LZKX(G)-IOR、LZKX(R)-IOR 和 LZDM-IOR 的涂层变为深红色。在 900℃和 1000℃下煅烧后，每种颜料的外观颜色变得更红，煅烧后 a^* 值的变化如图 2-20 所示。在高温煅烧后，涂层色值的总体变化趋势在 900℃达到最大值。在 1000℃和 1100℃下煅烧后，a^* 值略微降低，但仍然大于颜料粉末，这可能与陶瓷基材的化学组成有关，同时也证实所得颜料可应用于高温陶瓷颜料。

2.2.3　不同黏土矿物比较研究

尽管不同黏土矿物的基本结构单元相似，但硅氧四面体和铝(镁)氧八面体的不同结合方式使它们具有不同的微观形貌，如片状、纤维状和管状。此外，由于类质同晶替代现象，四面体中的部分 Si^{4+} 被 Al^{3+} 取代，八面体中的部分 Al^{3+} 和 Mg^{2+} 被低价阳离子取代，从而导致结构电荷或表面负电荷的产生[97]。同时，不同黏土矿物具有不同的比表面积、

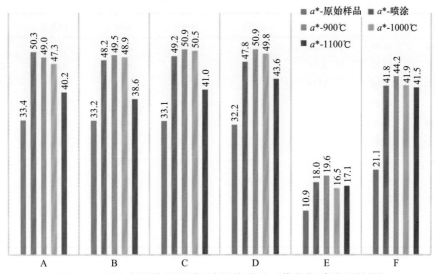

图 2-20　铁红颜料涂层不同温度煅烧前后 a^* 值变化(陶瓷基材)[78]

A. LZKX(G)-IOR；B. LZKX(R)-IOR；C. LZDM-IOR；D. IMHJ-IOR；E. AHMG-IOR；F. HNS-IOR

晶体缺陷、表面电荷和阳离子交换能力[98]，这表明黏土矿物的理化性质与固有的微观结构、组成和形貌密切相关[99]。

因此，在水热法制备铁红/凹凸棒石杂化颜料的基础上，进一步对比研究不同黏土矿物对铁红颜料颜色的影响规律，探究不同黏土矿物与 α-Fe_2O_3 之间的表界面作用机制，从而为构筑色彩鲜艳、稳定性好、成本低廉的高性能铁红颜料奠定基础。为了系统地比较研究不同黏土矿物对杂化颜料性能的影响，筛选了八种代表性的天然黏土矿物为原料，通过水热法合成一系列铁红杂化颜料，利用 FTIR、XRD、SEM、TEM、XRF、XPS 和 CIE-$L^*a^*b^*$比色分析探究黏土矿物基铁红杂化颜料的形成过程以及不同黏土矿物对所得杂化颜料结构和性能的影响行为[100]。八种天然黏土矿物包括伊/蒙混层黏土(IS)、累托石(REC)、高岭石(KAO)、蒙脱石(MMT)、蛭石(VMT)、海泡石(SEP)、埃洛石(HYS)和伊利石(ILL)，分别取自广西上思县富石矿业有限公司、武汉名流累托石科技股份有限公司、福建龙岩高岭土股份有限公司、浙江嘉善百世威生物技术有限公司、河北灵寿利华矿业加工厂、湖南湘潭海泡石科技有限公司、河南郑州金阳光陶瓷有限公司和甘肃临泽县阳台山矿，XRF 化学组成如表 2-5 所示。由不同黏土矿物制得的杂化颜料分别缩写为 IS-IOR、REC-IOR、KAO-IOR、MMT-IOR、VMT-IOR、SEP-IOR、HYS-IOR 和 ILL-IOR。

表 2-5　天然黏土矿物和相应铁红杂化颜料的化学组成(%，质量分数)[100]

样品	SiO_2	Fe_2O_3	Al_2O_3	MgO	K_2O	TiO_2	CaO
IS	64.58	5.18	22.95	1.25	4.45	1.32	0
IS-IOR	46.52	39.16	9.71	0.35	1.92	0.84	0
REC	40.00	4.66	31.85	0.07	1.42	4.68	9.90
REC-IOR	37.39	25.83	24.84	0.12	1.10	3.84	3.84
KAO	57.57	0.26	37.84	0.00	3.82	0.03	0

续表

样品	SiO₂	Fe₂O₃	Al₂O₃	MgO	K₂O	TiO₂	CaO
KAO-IOR	41.93	36.80	17.80	0.03	2.34	0	0
MMT	51.42	8.04	14.15	2.91	0.25	0.88	21.04
MMT-IOR	48.05	37.19	9.74	1.74	0.17	0.65	0.55
VMT	40.50	19.35	15.18	11.18	2.21	2.47	8.24
VMT-IOR	34.66	59.06	1.98	0.22	0.09	1.62	0.71
SEP	20.45	0.60	1.25	11.97	0.21	0.07	64.13
SEP-IOR	20.23	75.24	1.03	1.98	0.05	0	0.69
HSY	48.79	1.82	40.49	0.00	1.18	0	1.77
HSY-IOR	29.38	59.24	7.95	0.00	0.38	0	0
ILL	48.17	11.11	16.30	4.23	4.01	1.32	10.85
ILL-IOR	34.21	57.88	4.45	0.11	1.25	0.84	0

2.2.3.1　杂化颜料的结构特征

通过 XRD 分析研究了天然黏土矿物及其制得铁红杂化颜料的晶体结构(图 2-21),在 REC、MMT、HYS 和 ILL 中,伴生矿物相对较少,在 IS、KAO、VMT 和 SEP 中伴生矿物较多。IS 中主要伴生矿物是石英,KAO 中主要是石英和白云母[101],VMT 中存在黑云母和滑石,SEP 含有较多的白云石和方解石。如图 2-21 所示,水热反应后,REC、KAO、MMT 和 ILL 的特征衍射峰减弱,IS、VMT、SEP 和 HYS 的特征衍射峰几乎完全消失,表明黏土矿物晶体骨架在酸性条件下被溶蚀破坏。黏土矿物的结构完整性与四面体或八面体中金属离子的类型以及类质同晶取代度有关。例如,在酸性溶液中,Mg^{2+} 的反应速率优于 Al^{3+},Al^{3+} 的速率优于 Si^{4+},所以 Mg^{2+} 和/或 Fe^{3+} 的取代 Al^{3+} 会增加在酸性条件下溶解的反应速率[102,103]。此外,非膨胀性黏土矿物不会受到层间质子的侵蚀,所以非膨胀伊利石和高岭石比蒙脱石或蛭石更耐酸侵蚀[104,105]。因此,在制得的杂化颜料中,除石英、白云母、滑石之外,其他矿物质的特征衍射峰几乎消失,同时在 $2\theta = 24.21°$、$33.19°$、$35.72°$、$40.96°$、$49.55°$、$54.18°$、$62.54°$ 和 $64.10°$ 处可以观察到六方赤铁矿的特征衍射峰[106],表明在黏土矿物诱导下 Fe^{3+} 原位转化为 α-Fe_2O_3。

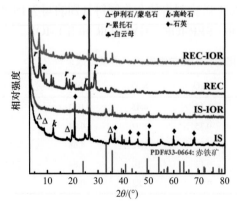
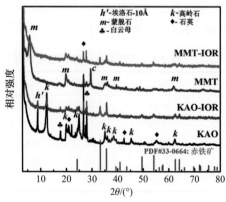

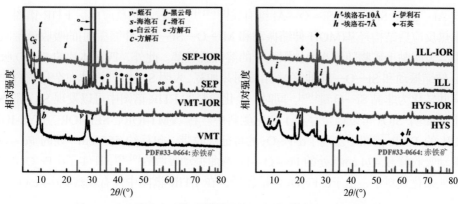

图 2-21　天然黏土矿物及其制得铁红杂化颜料的 XRD 谱图[100]

如图 2-22 所示，天然黏土矿物的特征吸收带可分为以下区域：3700～3600 cm^{-1} 处的吸收带属于结构性羟基的拉伸振动(M—OH、M'—O—Si—OH，M 和 M'为 Al、Mg 或 Fe)；3430 cm^{-1} 和 1630 cm^{-1} 处的吸收峰分别归因于水分子 H—O—H 的伸缩振动和弯曲振动；1103～1000 cm^{-1} 处的吸收带与四面体片中 Si—O 的伸缩振动有关；1100～400 cm^{-1} 处的吸

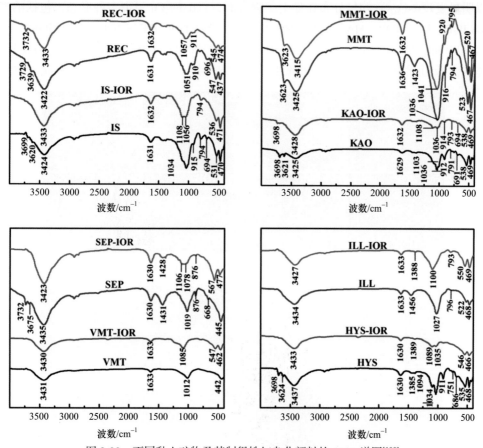

图 2-22　不同黏土矿物及其制得铁红杂化颜料的 FTIR 谱图[100]

收带与 Al—OH、Si—O 和 Si—O—Al 键有关[107-114]。比较水热反应前后 FTIR 谱图可以发现，水热反应后结构羟基(MOH 伸缩振动和 M′—O—Si—OH 伸缩振动)的吸收谱带减弱甚至消失，表明黏土矿物随着八面体阳离子的溶蚀脱羟基。此外，四面体片的 Si—O 吸收带(Si—O 伸缩振动和 Si—O—Si 伸缩振动)减弱并加宽，表明 Si—O 四面体在杂化颜料中被部分破坏并转化为非晶 Si—O 键[103]。同时，杂化颜料的 FTIR 谱图中可以发现 SiO_2 的 Si—O 吸收带，证明 SiO_2 可以稳定存在于杂化颜料中。在 VMT-IOR、SEP-IOR、HYS-IOR 和 ILL-IOR 的 FTIR 谱图中发现了 α-Fe_2O_3 的特征吸收带，包括约 555 cm^{-1} 处的 Fe—O—Fe 伸缩振动吸收峰和 474 cm^{-1} 处的 Fe—O—Fe 弯曲振动吸收峰[91,92]，证实了 α-Fe_2O_3 的生成。但在其他杂化颜料中，由于 α-Fe_2O_3 含量较低，在 FTIR 谱图中没有观察到 α-Fe_2O_3 的特征吸收带。

图 2-23 和图 2-24 分别为制得杂化颜料的 SEM 和 TEM 照片，可以发现水热反应后黏土矿物的结构单元的规则堆积被破坏，但是仍然保留了主要形貌特征。片状 IS-IOR 和 MMT-IOR 的尺寸较小，没有规则的逐层堆积；REC-IOR 和 VMT-IOR 呈现规则堆叠的片层，并且片状尺寸较大，足以覆盖整个观察区域；KAO-IOR 和 ILL-IOR 具有较大尺寸，并且沿一个方向逐层堆叠；SEP-IOR 和 HYS-IOR 仍然保留了一维纤维和管状形貌。此外，可以明显发现 α-Fe_2O_3 均匀分布在黏土矿物表面，且 α-Fe_2O_3 呈现多种形态，包括纳米粒子(IS-IOR、REC-IOR、KAO-IOR、MMT-IOR、VMT-IOR、HYS-IOR 和 ILL-IOR)、纳米管(REC-IOR、MMT-IOR 和 VMT-IOR)和荔枝状微球(VMT-IOR 和 SEP-IOR)。在 α-Fe_2O_3 晶体的生长过程中，首先形成纳米粒子，然后纳米粒子聚集在一起形成颗粒链，然后组

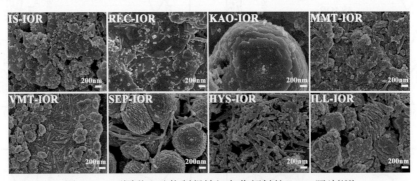

图 2-23　不同黏土矿物制得铁红杂化颜料的 SEM 照片[100]

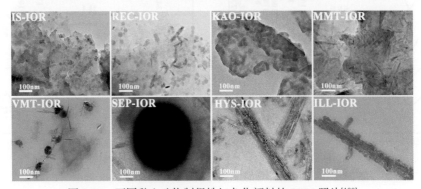

图 2-24　不同黏土矿物制得铁红杂化颜料的 TEM 照片[100]

装形成α-Fe$_2$O$_3$纳米棒[115]，这可能与黏土矿物表面上的羟基有关[116]。α-Fe$_2$O$_3$纳米粒子的进一步团聚以最低表面能形成荔枝状的α-Fe$_2$O$_3$微球[24]。此外，α-Fe$_2$O$_3$在不同黏土矿物上的分布也不相同，α-Fe$_2$O$_3$纳米粒子和α-Fe$_2$O$_3$纳米棒主要生长在黏土矿物的片层或中空管上，荔枝状的α-Fe$_2$O$_3$微球由于尺寸大，只能在黏土矿物的间隙中形成。特别是，ILL-IOR 中的α-Fe$_2$O$_3$纳米颗粒可以在 ILL 的基板(层)和边缘表面上生长。因此，α-Fe$_2$O$_3$的分布取决于其大小、形态和黏土矿物的特性。

2.2.3.2　杂化颜料的化学成分

黏土矿物及其杂化颜料的化学成分如表 2-5 所示，主要由 SiO$_2$、Fe$_2$O$_3$、Al$_2$O$_3$、MgO、K$_2$O、TiO$_2$ 和 CaO 组成，但不同黏土矿物化学组成的相对含量是不同的。水热反应形成杂化颜料后，SiO$_2$、Al$_2$O$_3$、MgO、K$_2$O、TiO$_2$ 和 CaO 的含量急剧下降，而 Fe$_2$O$_3$ 的含量则显著增加。对于 IS-IOR、REC-IOR、KAO-IOR 和 MMT-IOR，Fe$_2$O$_3$ 的含量均小于 40%；VMT-IOR、HYS-IOR 和 ILL-IOR 的 Fe$_2$O$_3$ 含量介于 57%~60%之间，SEP-IOR 的 Fe$_2$O$_3$ 含量相对最大(75.24%)。所有杂化颜料中的 MgO 含量均小于 2%，在 KAO-IOR、VMT-IOR 和 ILL-IOR 中几乎为零。但是，REC-IOR 和 KAO-IOR 中的 Al$_2$O$_3$ 含量分别为 24.84%和 17.80%，高于其他杂化颜料。这主要归因于在酸性条件下，Mg^{2+}离子比 Al^{3+}更易于被溶蚀[85,117]；或者是在酸性条件下，硅氧四面体中部分 Si^{4+}被 Al^{3+}替代，四面体中的 Al^{3+}比八面体中的 Al^{3+}在酸性环境中更稳定[103]。这也与杂化颜料的 XRF 结果一致，对于 IS-IOR、MMT-IOR、VMT-IOR、SEP-IOR、HYS-IOR 和 ILL-IOR，杂化颜料的主要成分是 SiO$_2$ 和 Fe$_2$O$_3$，对于 REC-IOR 和 KAO-IOR 主要是 SiO$_2$、Fe$_2$O$_3$ 和 Al$_2$O$_3$。

在 HYS、ILL、HYS-IOR、ILL-IOR 的 XPS 全谱中，HYS-IOR 和 ILL-IOR 相比与 HYS 和 ILL，表面的 Mg 元素消失，Al 元素的相对强度降低，表明黏土矿物八面体中金属离子被浸出；O 和 Si 元素相对较为稳定，Si 元素的含量略有增加，并且出现 Fe 元素的信号，这表明 HYS-IOR 和 ILL-IOR 主要由 O、Si、Fe 元素组成。如图 2-25 所示，在 Si 2p 和 Al 2p 的 XPS 精细谱中分别出现了 Si—O 和 Si—OH、Al—O 和 Al—OH 的峰，但与 HYS 相比，ILL 的 Al 2p 谱图仅显示 Al—O 峰。经水热反应 ILL 转变为 ILL—IOR 之后，Si—OH 的峰面积增加，但 Si—O 的峰面积减少，同时 Al—O 向 Al—OH 的变化更加明显，这表明水热反应伴随着黏土矿物表面羟基化过程。此外，在 HYS-IOR 的 Fe 2p 谱图中观察到了明显的 Fe$_2$O$_3$ 峰，进一步证实形成了 Fe$_2$O$_3$；ILL 的 Fe 2p 结合能大于 ILL-IOR 的 Fe 2p 结合能，表明 ILL 中的 Fe 元素主要为结构铁[54]，在 HYS-IOR 和 ILL-IOR 中，Fe$_2$O$_3$ 主要生长在黏土矿物表面。HYS 和 ILL 的 O 1s 谱图与 SiO$_2$ 和 Al$_2$O$_3$吻合，但在 HYS-IOR 和 ILL-IOR 中 O 1s 谱图中，除了 SiO$_2$ 和 Al$_2$O$_3$之外，还出现了 Fe/SiO$_2$ 新峰。同时，Si—O 向 Fe/SiO$_2$迁移，而 Al—O 远离 Fe/SiO$_2$，表明 Si—O 和 Al—O 的键合方式发生了变化。因此，生成的 Fe$_2$O$_3$ 可能通过 Fe—O—Si 或 Fe—O—Al 键合在黏土矿物的表面。此外，Fe/SiO$_2$ 与 Si—O 重叠的区域比与 Al—O 重叠的区域较大，表明更易形成 Fe—O—Si。

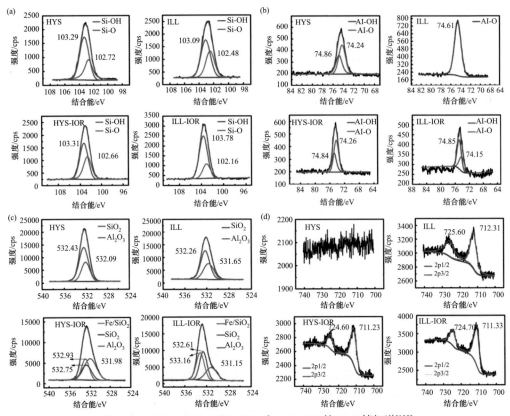

图 2-25　HYS、ILL、HYS-IOR 和 ILL-IOR 的 XPS 精细谱[100]

(a) Si 2p；(b) Al 2p；(c) O 1s；(d) Fe 2p

2.2.3.3　杂化颜料的颜色性能

图 2-26 为不同黏土矿物及其制得杂化颜料的数码照片，原始黏土矿物粉末呈现不同颜色，IS、REC、KAO、SEP、MMT、VMT、HYS 和 ILL 分别呈现浅金黄色、黑色、白色、白色、淡金黄色、秘鲁色、莫卡辛色和卡其色，颜色的差异与其化学组成和伴生矿

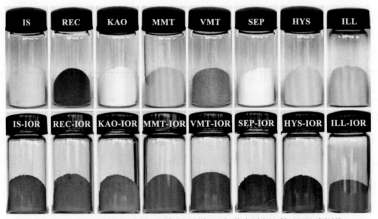

图 2-26　不同黏土矿物及其制得铁红杂化颜料的数码照片[100]

物的差异有关。不同黏土矿物在水热条件下与 Fe^{3+} 反应生成铁红杂化颜料数码照片如图 2-26 所示，IS-IOR、REC-IOR、KAO-IOR、MMT-IOR、VMT-IOR、SEP-IOR、HYS-IOR 和 ILL-IOR 分别呈现玫瑰红棕色、棕色、印度红、沙棕色、番茄红、砖红色、暗红色和红色。

　　通过在 CIE1931 色度图中标记颜色坐标(x,y)，可以准确地描述铁红杂化颜料的颜色。如图 2-27 所示，点 a、b、c 和 d 的坐标位置远离红色区域，表明 IS-IOR、REC-IOR、KAO-IOR 和 MMT-IOR 的红色性能较差，KAO-IOR 的 a^* 值大于 REC-IOR 的 a^* 值(12.9＞10.9)，但 c 点的位置比 b 点更远离红色区域，这是由于 KAO-IOR 相对于 REC-IOR(12.6＜15.8)的较小的颜色饱和度引起的变化。红色区域边缘的点 e 和 f 表示 VMT-IOR 和 SEP-IOR 的颜色开始呈现红色；g 点和 h 点落在红色区域中，表明在 HYS-IOR 和 ILL-IOR 中红色调占主导地位。因此，颜料的视觉颜色和 CIE-$L^*a^*b^*$ 比色法确定的颜色参数的结果一致。

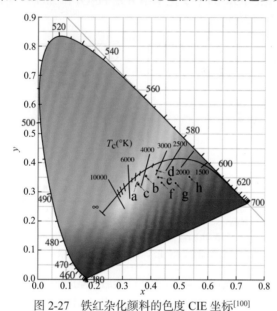

图 2-27　铁红杂化颜料的色度 CIE 坐标[100]

a. IS-IOR；b. REC-IOR；c. KAO-IOR；d. MMT-IOR；e. VMT-IOR；f. SEP-IOR；g. HYS-IOR；h. ILL-IOR

　　此外，杂化颜料的颜色还可以通过可见光范围内的紫外可见漫反射光谱来表征。在 360～550 nm 的波长范围内，IS-IOR、REC-IOR、KAO-IOR、MMT-IOR 和 VMT-IOR 的反射率介于 5% 和 13% 之间，而 SEP-IOR、HYS-IOR 和 ILL-IOR 的反射率极低，约为 2%。在 550～575 nm 范围内，存在不同强度的吸收峰，表明杂化颜料主要吸收绿光，而红色的互补色是绿色。在 575～750 nm 的波长范围内，反射率急剧上升，强度范围为 21%～42%，所有这些表明杂化颜料呈现不同程度的红色。定义 $N = R_{740}/R_{450}$，红光为 740 nm，蓝光为 450 nm，以反映 360～550 nm 和 575～750 nm 的反射率差异。通过计算 N 值的顺序为：ILL-IOR(19.35)＞HYS-IOR(11.32)＞SEP-IOR(7.71)＞VMT-IOR(5.98)＞MMT-IOR(4.80)＞KAO-IOR(2.98)＞IS-IOR(2.82)＞REC-IOR(2.64)，N 值的顺序几乎与 a^* 值的顺序相同。当 N 值较小时，颜料无法反射特定波长的光，从而形成复杂的颜色，这也解释了杂化颜料在视觉颜色上的差异。

2.2.3.4　杂化颜料的稳定性

将杂化颜料和市售铁红色颜料分别浸入无水乙醇溶液(A.E.)、1 mol/L HCl 溶液和 1 mol/L NaOH 溶液中 72 h，通过比较处理前后的 a^* 值变化评价杂化颜料的化学稳定性。如图 2-28 所示，用无水乙醇处理后，所有颜料的 a^* 值均无明显变化，表明杂化颜料在有机溶剂中具有良好的稳定性。经 NaOH 溶液处理后，a^* 值降低，并且经 HCl 溶液处理后这种趋势更加明显。特别是 REC-IOR 的 a^*-HCl 值仅为 0.8。与其他颜料相比，REC-IOR 的 Al_2O_3 含量最高(24.84%)，可以溶解在酸性或碱性溶液中，从而引起杂化颜料结构和颜色的变化。值得一提的是，ILL-IOR 在各种化学环境中具有优异的颜色性能(a^* = 35.2、a^*-A.E. = 31.1、a^*-NaOH = 28.6、a^*-HCl = 26.7)，所有 a^* 值都高于市售铁红色颜料的初始 a^* 值(a^* = 26.9)。由于 ILL-IOR 的主要化学组分是 Fe_2O_3 和 SiO_2，所以杂化颜料组分中二氧化硅有利于改善化学稳定性。

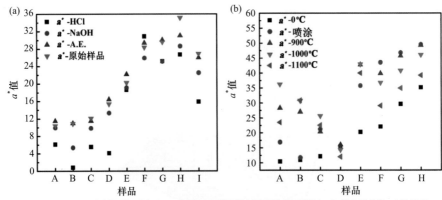

图 2-28　(a)不同化学环境和(b)在高温下煅烧涂层处理后铁红杂化颜料的 a^* 值[100]
A. IS-IOR；B. REC-IOR；C. KAO- IOR；D. MMT-IOR；E. VMT-IOR；F. SEP-IOR；G. HYS-IOR；H. ILL-IOR；I. COM-IOR

将少量颜料粉末均匀分散在乙醇溶液中，然后均匀喷涂在陶瓷基板上。将涂覆的陶瓷基材分别在 900℃、1000℃和 1100℃下煅烧，并通过比较煅烧前后颜料的色值来评估颜料的热稳定性。如图 2-29 所示，杂化颜料在陶瓷基材上形成了稳定且均匀的红色涂层。经高温煅烧后，形状仍然完好无损。在 900℃下煅烧后，涂层的外观颜色发生了明显变化，IS-IOR 和 REC-IOR 的涂层颜色发生了根本变化。IS-IOR 的颜色从玫瑰色到棕色到鞍棕

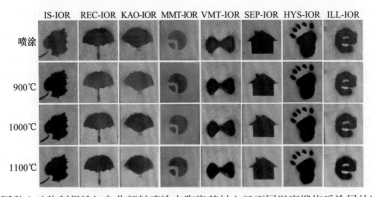

图 2-29　不同黏土矿物制得铁红杂化颜料喷涂在陶瓷基材上经不同温度煅烧后涂层的数码照片[100]

色, 红色色调逐渐增加; 对于 REC-IOR, 颜色从棕色变为沙棕色。这可能归因于在高温处理过程中, 杂化颜料组分中 Al 元素的掺杂作用明显提升了颜色性能, 尤其是对 Al_2O_3 含量较高的 IS-IOR 和 REC-IOR。在 1000℃ 下煅烧后, 涂层的颜色进一步加深, 但在 1100℃ 下煅烧后, 颜色变深, 亮度降低, 这可能与 SiO_2 的玻璃化转变温度(T_g-1000℃)有关。当煅烧温度高于 1000℃ 时, SiO_2 骨架开始变软, 并与 Fe_2O_3 颗粒聚集在一起, 从而导致颜色性能下降。同时, a^* 值的变化与涂层的颜色变化一致。在 900℃ 下煅烧处理之后, 颜色性能得到明显改善; 但在较高温度下继续加热之后, 颜色性能开始降低, 但 a^* 值仍高于相应颜料的 a^* 值, 表明制得的杂化颜料具有良好的热稳定性。

2.2.3.5　杂化颜料的形成过程

通过对 HYS 和 ILL 实例 XPS 分析, 提出了铁红杂化颜料的形成过程[100]:

$$>Si+OH === SiOH \tag{2-9}$$

$$>SiO+H === SiOH \tag{2-10}$$

$$>Al+OH === AlOH \tag{2-11}$$

$$>AlO+H === AlOH \tag{2-12}$$

$$a(>SOH)+zFe^{3+}+yOH^- === (>SO)_a Fe_3(OH)_y^{(3z-a-y)+} \tag{2-13}$$

$$(>SO)_a Fe_3(OH)_y^{(3z-a-y)+}+(3z-a-y)H^+ === SiO_2/Fe_2O_3(Si—O—Fe) \tag{2-14}$$

矿物晶格在表面被截短形成一个悬空键, 悬空键本身或结构重组形成一个表面基团[118]。如 XPS 谱图所示, 黏土矿物表面上有 Al—O、Si—O、Al—OH 和 Si—OH, 一旦黏土矿物与水接触, 表面上就会发生羟基化反应, 形成羟基官能团[式(2-9)~(2-12)][119], 表面羟基 AlOH 和 SiOH(缩写为 SOH, S=Si 或 Al)。SiOH 通过静电相互作用与溶液中 Fe^{3+} 反应[式(2-13)][120]。在此过程中, SiOH 充当布朗斯特酸(Brønsted acid), 提供质子后带负电荷, 并与溶液中的 Fe^{3+} 发生静电相互作用, 同时硅烷醇基团的强度大于铝醇基团, 比铝醇基团更容易产生质子, 因此表面配位反应受硅烷醇基团的支配并形成更多 $(>SiO)_a Fe_3(OH)_y^{(3z-a-y)+}$。表面羟基是两性官能团, 不经过表面配位反应的羟基可以接受质子并进一步诱导原位生成 Fe_2O_3[Si—O—Fe, 式(2-14)][112,114]。此外, 在杂化颜料的形成过程中, 伴随着黏土矿物中八面体阳离子的酸蚀溶解及其向二氧化硅的转化。

2.2.3.6　不同黏土矿物对铁红颜料颜色的影响

以上分析表明, 黏土矿物表面是 Fe_2O_3 晶体生长的 "微反应器", 表面活性位点主要包括羟基、表面电荷和固体酸位等[121,122], 矿物和介质环境的结构、组成和形态共同决定了表面反应性。在该研究中, 黏土矿物在相同的 $FeCl_3$ 水溶液中。因此, 假定介质环境是相同的, 下面主要探讨不同黏土矿物对铁红杂化颜料颜色的影响规律。

表 2-6 列出了所用黏土矿物[120]及其制得杂化颜料的结构信息和 a^* 值。经对比发现, 在制备黏土矿物基铁红杂化颜料时, 2:1 型黏土矿物优于 1:1 型和混合层黏土矿物, 杂化颜料的 a^* 值与单位化学式净层电荷(ξ)线性相关。对于 1:1 型 KAO, 晶格中几乎没有类

质同象取代，并且永久负电荷非常少。KAO 上的活性位只有在层边缘的 Si—OH、Al—OH 和路易斯酸位，但边缘面积很小[123]。相比之下，2：1 型黏土矿物容易发生类质同象取代，可产生较多的永久电荷，并且在表面上存在更多的 Si—O 和 Si—OH，这表明 2：1 型黏土矿物的表面反应性高于 1：1 型黏土矿物。SEP-IOR 和 HYS-IOR 的 a^* 值较高，这主要归因于纤维状和中空纳米管状形貌均具有较大的比表面积，从而可以提供丰富的反应位点。

表 2-6　不同黏土矿物及其制得铁红杂化颜料的结构信息和杂化颜料的 a^* 值[100]

黏土矿物					杂化颜料	
名称	形貌	类型	ζ 电位	衍射峰	α-Fe$_2$O$_3$ 形貌	a^* 值
IS	片状	混层	不定	消失	纳米粒子	10.4
REC	片状	混层	不定	减弱	纳米粒子/纳米管	10.9
KAO	片状	1：1	约 0	减弱	纳米粒子	12.1
MMT	片状	2：1	约 0.2～0.6	减弱	纳米粒子/纳米管	15.4
VMT	片状	2：1	约 0.6～0.9	消失	纳米粒子/纳米管/荔枝状微球	20.2
SEP	纤维状	2：1	—	消失	荔枝状微球	22.0
HYS	管状	1：1	—	消失	纳米粒子	29.6
ILL	片状	2：1	约 0.6～1.0	减弱	纳米粒子	35.2

注：ζ 为单位化学式净层电荷(net layer charge per formula unit)

此外，不同黏土矿物对铁红杂化颜料的影响也可以从 α-Fe$_2$O$_3$ 形貌调控得到证实。水热反应过程激活了黏土矿物，增加了比表面积、孔隙率和表面酸度。黏土矿物表面羟基越多，形成 α-Fe$_2$O$_3$ 的成核位点越多。但由于 α-Fe$_2$O$_3$ 晶体生长空间有限，容易形成 α-Fe$_2$O$_3$ 纳米粒子。相反，当黏土矿物表面羟基较少时，晶体生长空间较为足够，α-Fe$_2$O$_3$ 纳米粒子进一步团簇生长形成纳米棒和荔枝状微球，这种微观尺寸的聚集导致颜料性能下降。同时，黏土矿物的化学组成还影响表面元素的组成，尤其是表面原子的性质，从而进一步影响杂化颜料的性能[124]。基于上述分析，黏土矿物基杂化颜料的主要键合方式为 Al—O—Fe 或 Si—O—Fe。当杂化颜料除 SiO$_2$ 和 Fe$_2$O$_3$ 外，还含有大量 Al$_2$O$_3$ 时，主要键合方式为 Al—O—Fe 或 Si—O—Fe；当包含较少的 Al$_2$O$_3$ 时，Si—O—Fe 占主导作用并决定杂化颜料的性能。通过 XPS 结果分析可知，在黏土矿物表面 α-Fe$_2$O$_3$ 原位生长过程中，Al—OH 的作用小于 Si—OH 的作用，Al—O—Fe 键相比 Si—O—Fe 键不够稳定。因此，由 Si—O—Fe 键合的杂化颜料具有更优的颜色性能。总之，ILL 作为一种典型的 2：1 型黏土矿物，由于硅氧四面体中 Al^{3+} 的类质同象取代，导致具有更多的负电荷和更高的表面反应性，同时结构更稳定，不易被酸侵蚀。经水热反应后，ILL 中的四面体和八面体层的规则堆叠被破坏，但结构完整性仍然很高，并且存在规则的片状形貌，使得 α-Fe$_2$O$_3$ 晶体的生长空间有限，生成的 α-Fe$_2$O$_3$ 具有较小的晶粒尺寸和良好的分散性能，从而制得杂化颜料具有良好的呈色性能(L^*=31.8、a^*=35.2、b^*=27.1、C^*=44.4)和环境稳定性。

2.2.4　机械力化学法

机械力化学作用机理是指粉末颗粒在球磨过程中，机械力化学作用使晶格点阵排列部分失去周期性，形成晶格缺陷，发生晶格畸变。粉末颗粒被强烈塑性变形，产生应力和应变，颗粒内产生大量的缺陷和颗粒非晶化。这些效应显著降低了元素的扩散激活能，使物料之间在室温下可进行原子或离子扩散；颗粒不断冷焊、断裂，组织细化，形成无数的扩散-反应偶，同时扩散距离也大大缩短。应力、应变、缺陷和大量纳米晶界、相界产生，使系统储能很高，粉末活性大大提高，甚至诱发多相化学反应。由于机械力化学所需设备简单、制备成本低、工艺绿色环保，机械力化学也被用于制备环保无机颜料[125-127]。但对于氧化物或氢氧化物粉体，机械研磨固相反应易受原料粒度影响，制得的颜料色彩饱和度低，粒径分布较宽，同时在后续高温焙烧过程中容易造成颜料粒子团聚和尺寸增大。研究表明，加入极少量的溶液可以显著促进或者完成固体间的化学反应[128-130]。为了发展绿色清洁生产技术制备黏土矿物基铁红杂化颜料，以临泽地脉通天然红色凹凸棒石(DMT)为基体，水合铁盐为铁源，采用双螺杆挤出机(螺杆长度为 1200 mm，外径为 26 mm)制备杂化颜料前驱体，考察物料比、铁源种类和煅烧温度对铁红/凹凸棒石杂化颜料的影响规律。

2.2.4.1　制备因素

首先以 $Fe(NO_3)\cdot 9H_2O$ 为铁源，考察不同挤出次数对铁红杂化颜料色度的影响行为。如表 2-7 所示，随着挤出次数的增加，杂化颜料的 L^*、a^* 和 C^* 值没有发生明显变化，表明挤出次数对铁红杂化颜料的亮度、红值和色彩饱和度基本没有影响。这也可以从不同铁源随不同挤出次数制得的铁红杂化颜料的色度值得到证实，但为了保证物料充分混合均匀，选择挤出次数为 3 次。此外，以不同铁源制得的铁红杂化颜料的色度值也存在明显差异，其中以 $Fe(NO_3)_3\cdot 9H_2O$、$FeSO_4\cdot 7H_2O$ 和 $(NH_4)_2Fe(SO_4)_2\cdot 7H_2O$ 为铁源制得的铁红杂化颜料具有优异的颜色参数($L^*>30$、$a^*>30$ 和 $C^*>45$)，颜料色泽亮丽，色彩饱和度较高。相比之下，采用 $FeCl_3\cdot 6H_2O$ 为铁源制备铁红杂化颜料，L^*、a^* 和 C^* 分别低于 30、20 和 25。研究表明，在制备铁红颜料的过程中，引入铝元素掺杂可以有效提升铁红颜料的颜色性能[67,131]。煅烧过程中凹凸棒石等伴生矿物中 Al 元素可以进入赤铁矿晶格，有效提升铁红颜料的亮度值和色度。

表 2-7　不同铁源随不同挤出次数制得的铁红杂化颜料的色度值

不同铁源	挤出次数	L^*	a^*	b^*	C^*
$Fe(NO_3)_3\cdot 9H_2O$	1	35.86	30.64	31.53	43.97
	2	35.83	31.54	32.91	45.58
	3	36.72	32.77	34.25	47.40
	4	35.52	31.75	33.47	46.13
	5	35.84	32.10	34.16	46.87
	6	35.61	33.10	35.86	48.80
$FeCl_3\cdot 6H_2O$	1	29.09	19.61	14.06	24.13

不同铁源	挤出次数	L^*	a^*	b^*	C^*
	2	30.11	19.03	13.75	23.48
	3	28.89	20.52	14.93	25.38
$FeCl_3 \cdot 6H_2O$	4	30.47	20.55	15.18	25.55
	5	29.42	19.78	14.62	24.60
	6	29.54	20.74	15.80	26.07
	1	33.56	31.00	31.73	44.36
$FeSO_4 \cdot 7H_2O$	2	35.30	32.23	33.25	46.30
	3	33.52	33.68	34.38	48.12
	1	35.25	33.37	34.20	47.78
	2	34.53	32.88	34.06	47.34
$(NH_4)_2Fe(SO_4)_2 \cdot 7H_2O$	3	34.50	32.38	33.13	46.32
	4	34.66	33.02	33.99	47.39
	5	33.51	32.66	33.18	46.56

在此基础上，选择挤出次数为 3 次，考察不同煅烧温度对制得铁红杂化颜料色度的影响。以 $Fe(NO_3)_3 \cdot 9H_2O$ 铁源为例，随着煅烧温度从 500℃ 增加至 800℃，铁红杂化颜料的 L^*、a^* 和 C^* 值分别从 29.69、19.74 和 31.07 增加至 35.61、33.10 和 48.80(表 2-8)，但是继续升高温度至 900℃，杂化颜料的色度值有所下降。不同铁源制得的铁红杂化颜料的色度随煅烧温度的变化存在较为明显的差异。当以 $FeSO_4 \cdot 7H_2O$ 和 $(NH_4)_2Fe(SO_4)_2 \cdot 7H_2O$ 为铁源时，最佳煅烧温度为 700℃ 时，制得的铁红杂化颜料的 L^*、a^* 和 C^* 值分别高于 36、34 和 50。以 $FeCl_3 \cdot 6H_2O$ 为铁源，制得杂化颜料的 L^*、a^* 和 C^* 值随着煅烧温度的增加逐渐升高，但颜色性能较差。当煅烧温度达到 900℃ 时，a^* 值仅为 22.64 (表 2-8)。因此，以不同铁源制备铁红杂化颜料的最佳煅烧温度略有差异，这可能与所含阴离子的热分解温度有关。

表 2-8　不同铁源随不同煅烧温度制得的铁红杂化颜料的色度值(挤出 3 次)

不同铁源	煅烧温度/℃	L^*	a^*	b^*	C^*
	900	33.71	30.42	29.25	42.20
	800	35.61	33.10	35.86	48.80
$Fe(NO_3)_3 \cdot 9H_2O$	700	33.60	30.55	33.99	45.71
	600	33.42	26.27	30.25	40.07
	500	29.69	19.74	24.00	31.07
	900	29.82	22.64	16.02	27.74
	800	29.54	20.74	15.80	26.07
$FeCl_3 \cdot 6H_2O$	700	29.39	18.61	12.64	22.50
	600	29.97	19.93	13.97	24.33
	500	30.31	17.78	11.55	21.20
$FeSO_4 \cdot 7H_2O$	900	31.73	27.58	23.94	36.52

不同铁源	煅烧温度/℃	L^*	a^*	b^*	C^*
FeSO$_4$·7H$_2$O	800	33.51	32.66	33.18	46.56
	700	36.50	34.51	37.20	50.74
	600	31.84	33.92	37.78	50.77
	500	42.50	24.23	38.36	45.38
(NH$_4$)$_2$Fe(SO$_4$)$_2$·7H$_2$O	900	33.51	31.04	28.08	41.86
	800	33.52	33.68	34.38	48.12
	700	37.73	35.38	39.86	53.30
	600	33.35	32.95	39.07	51.11
	500	70.17	12.56	22.69	25.93

2.2.4.2　FTIR 和 XRD 谱图

与 DMT 的红外光谱相比，引入 Fe(NO$_3$)$_3$·9H$_2$O 之后，位于 1384 cm^{-1} 处出现了 NO$_3^-$ 的特征吸收峰；引入(NH$_4$)$_2$Fe(SO$_4$)$_2$·7H$_2$O 后，在 1142 cm^{-1}、620 cm^{-1}、546 cm^{-1} 处的吸收谱带归于 SO$_4^{2-}$ 的特征吸收峰，同时在 1487~1402 cm^{-1} 处出现了 NH$_4^+$ 的弯曲振动吸收峰[132]。相比之下，引入 FeCl$_3$·6H$_2$O 和 FeSO$_4$·7H$_2$O 后，没有观察到明显特征吸收峰，但位于 1630 cm^{-1} 处均可观察到水合结晶水的弯曲振动峰[图 2-30(a)]。经煅烧处理之后，NO$_3^-$、NH$_4^+$ 和 SO$_4^{2-}$ 的特征吸收谱带完全消失，在 450~600 cm^{-1} 之间处出现 Fe—O 伸缩振动吸收峰[图 2-30(b)][56]。

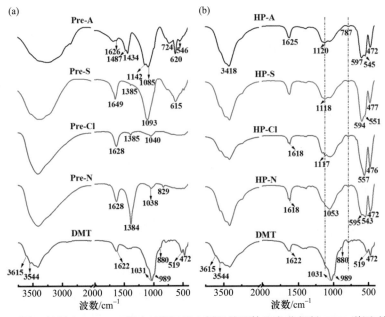

图 2-30　不同(a)铁源和(b)DMT 通过双螺杆挤出制得前驱体和杂化颜料 FTIR 谱图(挤出 3 次)

如图 2-31 所示，在 DMT 的 XRD 谱图中出现了凹凸棒石、方解石、赤铁矿、钙长石和石英的特征衍射峰，表明伴生有不同矿物质，属于典型的混维黏土矿物。与 DMT 的 XRD 谱图相比，引入不同铁源经双螺杆挤出后，在前驱体的 XRD 谱图中出现了不同铁源的特征衍射峰，表明在双螺杆挤出过程中所有铁源没有发生转变，但由于铁源的引入导致凹凸棒石的特征衍射峰强度明显降低。经煅烧处理之后，2θ 位于 24.31°、33.05°、35.72°、40.89°、49.61°、54.26°、62.26°和 64.29°处出现了 α-Fe_2O_3 的特征衍射峰，属于六方晶系赤铁矿(JCPDS卡 No. 33-0664)[133]，表明 Fe^{3+} 在煅烧过程中氧化转化为α-Fe_2O_3。除了观察到石英和α-Fe_2O_3的特征衍射峰之外，所有铁源和凹凸棒石及其相关伴生矿物的特征衍射峰消失。

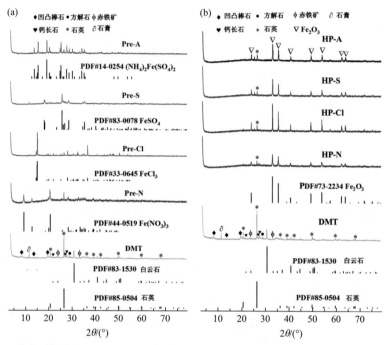

图 2-31　不同(a)铁源和(b)DMT 通过双螺杆挤出制得前驱体和杂化颜料 FTIR 谱图(挤出 3 次)

2.3　铋黄/凹凸棒石杂化颜料

黄色无机颜料种类繁多，主要市售产品包括铅铬黄 $PbCrO_4 \cdot PbSO_4$、镉黄 CdS、铁黄 $Fe_2O_3 \cdot H_2O$、铋黄 $BiVO_4 \cdot nBi_2MoO_6$、镨锆黄(Pr, Zr)SiO_4、钒锆黄(V, Zr)O_2、钒锡黄(V, Sn)O_2、铬钛黄(Cr, Ti)O_2、钛镍黄(Ti, Ni)O_2 和锑铅黄 $Pb_2Sb_2O_7$ 等。其中，铋黄是一种以钒酸铋($BiVO_4$)为主要发色成分的高环保型两相黄色无机颜料，$BiVO_4$ 是发色成分，钼酸铋(Bi_2MoO_6)是调节色调的成分，n 等于 0.2～2。铋黄的绿色调可通过控制 $BiVO_4$ 与 Bi_2MoO_6 的比例调节，典型的铋黄颜料由 4 mol $BiVO_4$ 和 3 mol Bi_2MoO_6 组成[134]，对 580 nm 波长光线的反射率与镉黄和铅铬黄一样高。自 1963 年 Roht 和 Waring 首次人工合成单斜相褐钇铌矿矿衍生结构的 $BiVO_4$ 以来[135]，人们对 $BiVO_4$ 的性质、应用及制备进行了广泛研究。$BiVO_4$ 作为一种理想的可见光驱动半导体，具有色泽鲜亮、化学稳定性好、带隙窄和无毒等优良性能[136]。$BiVO_4$ 主要包括 3 种晶相：四方晶相、单斜晶相和正交晶相；按照晶体形态又分为锆石型、白钨矿型和褐钇铌矿型。天然 $BiVO_4$ 一般为正交相，合成的钒酸铋多为四方相，在 500℃左右正交相和四方相都可以转化为褐钇铌矿型单斜 (fergusonite)，其中褐钇铌矿型可看作白钨矿型相的单斜畸变。在一定条件下，四方晶系白钨矿型(tetragonal scheelite-$BiVO_4$，ts-$BiVO_4$)、单斜晶系白钨矿型(monoclinic scheelite-$BiVO_4$，ms-$BiVO_4$)和四方晶系硅酸锆型(tetragonal zircon-$BiVO_4$，tz-$BiVO_4$)可以相互转化。tz-$BiVO_4$ 在 670～770 K 热处理时会转化为 ms-$BiVO_4$，且此转变不可逆；在 528 K 时，ts-$BiVO_4$ 及 ms-$BiVO_4$ 会发生可逆转变[137]。

研究表明，ts-$BiVO_4$ 属 $141/a$ 空间群，可作黄色颜料；tz-$BiVO_4$ 属 $141/amd$ 空间群，呈很浅的黄色，不适合做黄色颜料；正交晶系钒铋矿型晶体(pucherite)属 $Pnca$ 空间群，其中 $a_0 = 5.33$、$b_0 = 5.05$、$c_0 = 12.00$，自然界中存在的钒酸铋矿为棕色，不可用作黄色颜料；单斜晶系β-褐钇铌矿型晶体(beta-fergusonite)属 $12/a$ 空间群，可作黄色颜料[138,139]。因此，四方相钒酸铋(t-$BiVO_4$)仅在紫外区有吸收，单斜钒酸铋(m-$BiVO_4$)在紫外区和可见光区都有吸收。m-$BiVO_4$ 的紫外吸收可以归结为 O_{2p} 向 V_{3d} 的能带跃迁，而对可见光吸收可以认为是 Bi_{6s} 或 Bi_{6s} 和 O_{2p} 的杂化轨道形成的价带向 V_{3d} 导带的跃迁引起的[140,141]。与铬黄和有机黄色颜料相比，其分散性好、遮盖力强、主色调高、热稳定性和耐溶剂性好；与铁黄和钛酸镍相比，其具有很高的色浓度[142]。无论是饱和色还是浅色调，铋黄都具有良好的耐候性，其耐酸性可与铅铬黄相媲美，不用复配有机黄色颜料就可直接取代传统镉黄和铬黄而应用于汽车面漆、工业涂料、橡胶制品、塑料制品和印刷油墨等对着色各项性能要求很高的场合。因此，有望从根本上解决使用黄色颜料时重金属的毒害问题。但受限于铋钒原料价格和传统固相法技术缺陷，高性能铋黄颜料价格昂贵，耐热性能和耐酸性能较差。因此，亟需发展低成本、高性能铋黄颜料绿色制备工艺技术。

2.3.1　溶胶-凝胶法

与有机颜料[143]、铬黄[144]、氧化铁黄[145]或镍钛黄[146]相比，$BiVO_4$ 具有良好的着色力、遮盖力、分散性、耐高温和耐候性，可广泛应用于涂料[147]、陶瓷[148]、塑料和墨水[149]等领域。目前，多种 $BiVO_4$ 合成方法已被报道，如水溶液法[141]、超声辅助水热法[150]、固相法[151]、水热法[152]、火焰喷射热解法[153]、微波辅助合成法[154]、化学沉淀法[155]和溶剂热法[156]。在这些方法中，溶胶-凝胶法因合成条件温和、组分化学计量比可控、晶粒尺寸均一、表面积大以及热处理温度低等优点[157,158]，仍然受到广大研究者的青睐。但由于铋钒原料价格昂贵、铋黄热稳定性差、粒子团聚严重等关键共性问题，制约了铋黄颜料的大规模生产应用。为此，基于凹凸棒石纳米棒晶，以 N, N-二甲基甲酰胺(DMF)为溶剂，联用溶胶-凝胶法和煅烧工艺制备凹凸棒石/铋黄(APT/$BiVO_4$)杂化颜料，考察凹凸棒石添加量和煅烧温度对杂化颜料颜色的影响规律，探究杂化颜料的呈色机理。样品制备条件和样品标记如表 2-9 所示。作为空白对照，在未引入凹凸棒石前提下，采用相同的制备条件制得纯 $BiVO_4$ 颜料。

表 2-9　样品制备条件及色度参数[159]

样品	煅烧温度/℃	凹凸棒石添加量/% (质量分数)	L^*	a^*	b^*	C^*	$h°/(°)$	YI-D1925
HP	0	60	73.62	−1.18	76.10	76.11	90.89	106.12
HP-300	300	60	69.10	−3.58	70.13	70.22	92.92	102.25
HP-500	500	60	77.07	1.85	83.49	83.51	88.73	111.47
HP-700	700	60	77.69	4.30	84.41	84.52	87.08	113.93
HP-800	800	60	68.28	13.82	67.51	68.91	78.43	119.06
HP-900	900	60	53.13	8.91	35.24	36.35	75.81	91.68
BiVO$_4$	0	0	61.93	8.79	66.46	67.04	82.47	117.39
BiVO$_4$-300	300	0	62.92	13.13	71.12	72.32	79.54	124.81
BiVO$_4$-500	500	0	73.25	6.48	75.53	75.81	85.09	113.43
BiVO$_4$-700	700	0	75.28	10.24	75.84	76.53	82.31	116.11
BiVO$_4$-800	800	0	71.37	11.48	65.14	66.15	80.01	112.44
BiVO$_4$-900	900	0	69.69	11.85	55.23	56.48	77.89	105.34
HP-20	700	20	79.44	5.06	85.45	85.59	86.61	114.28
HP-40	700	40	79.39	4.69	86.19	86.32	86.89	114.34
HP-80	700	80	76.92	5.84	79.94	80.15	85.82	113.34

2.3.1.1　杂化颜料的颜色性能

随着煅烧温度的增加,由于结构塌陷和含铁化合物的物相转变,凹凸棒石颜色逐渐由白色变为米黄色。此外,纯铋黄颜料颜色随着煅烧温度增加,红相(a^*值)增加,亮度(L^*值)和黄值(b^*值)明显降低,这主要归因于 BiVO$_4$ 物相转变及其热分解[160]。相比之下,随着煅烧温度的增加,杂化颜料的 L^* 值和 b^* 值显著提高,特别是 HP-700,L^*、b^* 和 C^* 分别达到 77.69、84.41 和 84.52(表 2-9)。但是,当煅烧温度超过 800℃时,杂化颜料色度从黄色转变为棕色,杂化颜料的 L^* 和 b^* 值显著下降;当煅烧温度为 900℃时,分别降至 53.13 和 35.24,这可能与组分的颜色和物相转变相关。

研究表明,除 HP-APT 和 HP-300 颜色为黄绿色外,杂化颜料色温(CCT)均在 3000 K 处,同时纯 BiVO$_4$ 颜料在不同煅烧温度下的色度和光学性质变化趋势与杂化颜料一致。煅烧后杂化颜料的反射率明显高于前驱体,特别是 HP-700。与 HP-APT 相比较,HP-300、HP-500 和 HP-700 的最大吸收边蓝移或红移至 499 nm、493 nm 和 503 nm。继续升高煅烧温度至 800℃以上,最大吸收边红移至 513 nm 和 534 nm,表明煅烧温度对杂化颜料的颜色性能影响显著。这主要是由于煅烧工艺可以改变杂化颜料的吸收边,使其呈现出不同的带隙能,从而引起颜料颜色发生变化[161]。此外,在与制备杂化颜料相同温度条件下煅烧后,凹凸棒石色度从白色转变为浅黄色,表明引入凹凸棒石对杂化颜料色度具有重要影响。对比发现,引入凹凸棒石显著提高了杂化颜料的亮度和黄值,同时引起杂化颜料的红相值的降低,BiVO$_4$-700 样品的 a^* 值从 10.24 降至 HP-40 的 4.69(表 2-9)。当引入 40%(质量分数)凹凸棒石时,所制备的杂化颜料呈现出最佳的颜色性能(L^*=79.39、a^*=4.69、

$b^* = 86.19$、$C^* = 86.32$ 和 $h° = 86.89°$)。

根据 Kubelka-Munk 公式可计算杂化颜料的吸收边[162]:

$$F(R) = \frac{(1-R)^2}{2R} \qquad (2\text{-}15)$$

其中，R 为反射率。与 BiVO$_4$-700 的吸收边位置相比较，发现杂化颜料吸收边分别从 523 nm 蓝移至 498 nm(HP-80)、504 nm(HP-20)、503 nm(HP-700)和 501 nm(HP-40)处[图 2-32(c) 和(d)]。因此，杂化颜料的颜色可通过添加不同量的凹凸棒石进行调控，考虑到杂化颜料的晶相、色度参数和光学性质，杂化颜料最佳煅烧温度确定为 700℃。

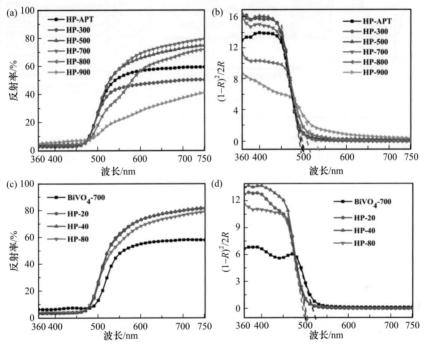

图 2-32　不同煅烧温度制得杂化颜料的(a) UV-Vis 漫反射光谱图和(b) Kubelka-Munk 曲线图；不同凹凸 棒石含量制得杂化颜料和 BiVO$_4$-700 样品的(c) UV-Vis 漫反射光谱图和(d) Kubelka-Munk 曲线图[159]

2.3.1.2　杂化颜料的组成和结构

众所周知，颜料的颜色性能取决于诸多因素，如晶相、化学成分、粒子尺寸和形貌等，但均与制备工艺有关[163]。因此，首先考察不同煅烧温度下制得杂化颜料中 BiVO$_4$ 晶相。如图 2-33 所示，杂化颜料中凹凸棒石的特征峰较弱，这主要归因于 BiVO$_4$ 的引入降低了凹凸棒石的有效含量，同时在煅烧过程中凹凸棒石发生沸石水和结构水脱除、脱羟基化以及纳米孔道坍塌引起的晶体结构破坏[164]。尽管凹凸棒石的晶体结构被破坏，但当煅烧温度达到 700℃时，棒状形貌仍然被保持。继续升高温度，凹凸棒石形貌发生了明显变化并伴随着烧结团聚现象。

当煅烧温度低于 700℃时，制得的杂化颜料和 BiVO$_4$-700 的特征衍射峰均归属于空间群为 $I2/b$ 的 ms-BiVO$_4$[165]，并未观察到杂质的信号峰。但由于低的煅烧温度(300℃)，

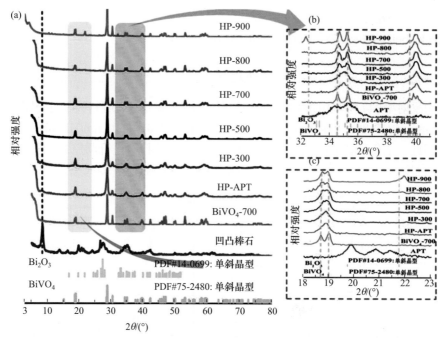

图 2-33　不同煅烧温度制得杂化颜料、凹凸棒石和 BiVO4-700 样品的 XRD 衍射图[159]
(a) 2θ 范围在 3°～80°; (b) 2θ 范围在 32°～41°; (c) 2θ 范围在 18°～23°

制得 HP-300 的结晶度较低[149]。当煅烧温度达到 900℃，在 2θ 为 21.92°和 32.27°处出现单斜 Bi_2O_3(020)和(211)晶面的特征衍射峰，且与标准卡片 JCPDS No.14-0699 比较可以发现，由于 Bi_2O_3 和 ms-$BiVO_4$ 两相共存引起衍射峰的位置发生位移[图 2-33(b)和(c)][166]。因此确定最佳煅烧温度为 700℃。

　　如图 2-34 所示，未添加凹凸棒石制得的 $BiVO_4$ 样品，由于 $BiVO_4$ 纳米粒子的团聚而呈现片状形貌[图 2-34(b)]。引入凹凸棒石后 $BiVO_4$ 纳米粒子的粒径分布明显改善[图 2-34(d)～(f)]，特别是凹凸棒石添加量为 40%(质量分数)时，能清晰观察到直径为 10～30 nm 的纳米粒子均匀分散于棒状凹凸棒石表面，且未发现游离团聚的 $BiVO_4$ 纳米粒子[图 2-34(d)～(f)插图]。因此，凹凸棒石在调控铋黄颜料的粒径、粒径分布和颜色方面起着关键性作用。基于上述分析和讨论，确定凹凸棒石最佳添加量为 40%。此外，与目前文献报道的黄色无机颜料色度比较发现，制得杂化颜料颜色更佳(表 2-10)。综合考虑煅烧温度和凹凸棒石添加量，确定溶胶-凝胶法制备 APT/$BiVO_4$ 杂化颜料的最佳煅烧温度和凹凸棒石添加量分别为 700℃和 40%。

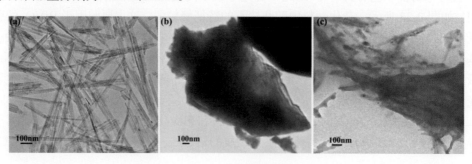

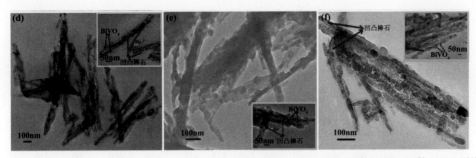

图 2-34　(a) 凹凸棒石、(b) BiVO₄-700、(c) HP-20、(d) HP-40、(e) HP-700 和(f) HP-80 的 TEM 照片[159]

表 2-10　凹凸棒石/铋黄杂化颜料与文献报道无机黄色颜料色度参数对比

无机黄色颜料	L^*	a^*	b^*	参考文献
Kaolin/CdS	77.70	16.77	31.68	[144]
BSO@BVO-3	76.53	−8.87	75.46	[20]
BiVO₄	91.64	−2.45	63.07	[163]
$(Ca_{0.87}Eu_{0.10}Zn_{0.03})_2Al_2SiO_{7+\delta}$	74.50	−0.10	75.80	[167]
$Sr_2Sn_{0.6}Tb_{0.4}O_4$	86.69	−2.84	50.79	[168]
$Y_{3.8}Zr_{0.2}MoO_{9+\delta}$	93.10	−4.80	57.50	[169]
$Mg_{0.8}Ni_{0.2}TiO_3$	80.60	13.0	61.40	[170]
$Dy_6Mo_2O_{15}$	84.20	−1.10	64.20	[171]
Gd-Ce-Mo	85.88	−9.02	74.28	[172]
$Li_{0.10}La_{0.10}Bi_{0.8}Mo_{0.2}V_{0.8}O_4$	86.24	3.22	90.98	[173]
HP-40	79.39	4.69	86.19	[164]

2.3.1.3　杂化颜料的红外和拉曼谱图

如图 2-35(a)所示，BiVO₄-700 在 3448 cm⁻¹ 和 1637 cm⁻¹ 处的吸收峰主要归属于表面物理吸附水—OH 的伸缩和变形振动峰[174]，VO_4^{3-} 中 V—O 的对称和非对称伸缩振动分别位于 743 cm⁻¹ 和 825 cm⁻¹ 波数处[88]。此外，在 473 cm⁻¹ 处观察到单斜 BiVO₄ 的特征吸收峰[175]。引入凹凸棒石后，BiVO₄ 特征吸收峰蓝移至 754 cm⁻¹ 和 831 cm⁻¹[图 2-35(b)]，这主要归因于凹凸棒石和 BiVO₄ 之间相互作用[176]。同时，在凹凸棒石-700 的红外谱图中，

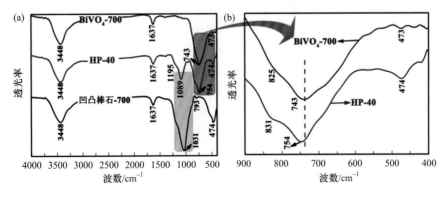

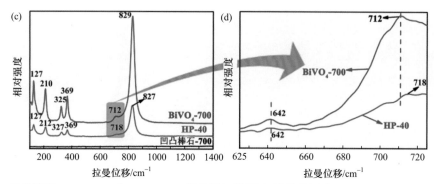

图 2-35　凹凸棒石-700、HP-40 和 BiVO₄-700 样品的红外谱图:波长范围为(a)4000～400 cm⁻¹ 和(b)900～400 cm⁻¹;凹凸棒石、HP-40 和 BiVO₄-700 样品的拉曼谱图:波长范围为(c)100～1400 cm⁻¹ 和(d)625～725 cm⁻¹[159]

位于 1089 cm⁻¹ 处 Si—O—Si 的特征吸收峰发生了蓝移,这主要归因于高温煅烧导致凹凸棒石孔道坍塌。

　　此外,在 100～1400 cm⁻¹ 范围内对 HP-40、BiVO₄-700 和凹凸棒石-700 进行了拉曼光谱分析。如图 2-35(c)和(d)所示,在 BiVO₄-700 样品中分别从 127 cm⁻¹、128 cm⁻¹、210 cm⁻¹、325 cm⁻¹、369 cm⁻¹、712 cm⁻¹ 和 829 cm⁻¹ 处观察到 BiVO₄ 的拉曼特征峰[177]。在上述特征峰中,位于 210 cm⁻¹ 处的特征峰归属于限制结构的外部振动模式(旋转/转换),位于 325 cm⁻¹ 和 369 cm⁻¹ 处的特征峰分别归属于 VO_4^{3-} 四面体的不对称和对称变形振动模式。在 712 cm⁻¹ 弱的辅助峰和 829 cm⁻¹ 的强峰归属于 V—O 键的反对称的伸缩模式[154,178]。引入凹凸棒石之后,在 HP-40 的拉曼谱图中出现了 BiVO₄ 的特征拉曼峰,且相对强度显著减弱。这主要归属于两方面的原因:一方面是引入凹凸棒石后 BiVO₄ 相对含量降低;另一方面是凹凸棒石-700 无拉曼特征峰。此外,与 BiVO₄-700 相比,由于在杂化颜料中 VO₄ 四面体平均短程对称缺陷显著加强,拉曼特征峰位移至 212 cm⁻¹、327 cm⁻¹ 和 718 cm⁻¹ 处[179]。

2.3.1.4　呈色机理

　　四方晶系 BiVO₄ 的带隙能通常为 2.9 eV,仅有一个紫外吸收带,但单斜晶系 BiVO₄ 的带隙能可达 2.4 eV,同时具有紫外和可见光区吸收带。上述两种晶型的 BiVO₄,紫外吸收带主要由 O_{2p} 到 V_{3d} 能带转换引起。相比之下,单斜 BiVO₄ 在可见光的吸收归因于 Bi_{6s} 或 Bi_{6s} 和 O_{2p} 的杂化轨道形成的价带(VB)和 V_{3d} 的导带(CB)之间电荷的转移[150],这也是单斜 BiVO₄ 的呈色机制[141,180]。近年来,采用掺杂离子替代 Bi³⁺或 V⁵⁺,进入 BiVO₄ 晶格并引起晶格发生应变或扭曲已成为调控 BiVO₄ 性能的主要策略。这种掺杂不仅可以提高 BiVO₄ 光催化性能,还可以影响 BiVO₄ 的亮度和黄值[181,182]。事实上,引入黏土矿物制备无机/无机杂化颜料,不仅有利于提高颜料的色度,防止颜料纳米粒子团聚,还能降低颜料的生产成本[183]。更为重要的是,黏土矿物的组成发挥着天然掺杂剂的作用,在高温晶化过程中可以进入颜料晶格,从而影响和调控杂化颜料的色度。

　　为进一步研究杂化颜料的呈色机理,分别采用与凹凸棒石化学组成相近的 Al₂O₃、SiO₂、CaO 和 MgO 在相同条件下制备了氧化物/BiVO₄ 杂化颜料。HP-MgO 呈现淡黄色,HP-CaO

呈亮白色，而 HP-SiO$_2$ 和 HP-Al$_2$O$_3$ 则呈现亮黄色。如图 2-36(a)所示，HP-MgO 和 HP-CaO 的 CCT 均处于 6000 K 处，但 HP-Al$_2$O$_3$ 和 HP-SiO$_2$ 的位于 3000 K 黄色区域。

Bi^{3+}、Ca^{2+}、Mg^{2+} 和 Al^{3+} 半径分别为 1.03 Å、1.12 Å、0.72 Å 和 0.54 Å。与 Ca^{2+} 相比，由于 Al^{3+} 和 Mg^{2+} 的离子半径较小，对 BiVO$_4$ 晶体结构影响也小，更易掺杂取代 BiVO$_4$ 晶格 Bi^{3+} 的位置。相比之下，较大离子半径的 Ca^{2+} 则会导致 BiVO$_4$ 晶格畸变或扭曲和缺陷，进而改变 O$_{2p}$ 价带，并通过改变 Bi$_{6s}$/O$_{2p}$ 杂化轨道降低带隙能[136]。同时，Si^{4+} 半径(0.41 Å) 小于 V^{5+}(0.59 Å)，表明 V 可以被 Si 取代，但此掺杂并不会引起 BiVO$_4$ 的晶体类型的变化[184]。因此，与 SiO$_2$ 和 Al$_2$O$_3$ 相比，MgO 和 CaO 对 BiVO$_4$ 的颜色均会产生显著影响，这也与不同氧化物制得杂化颜料的 XRD 结果一致[图 2-36(b)]。

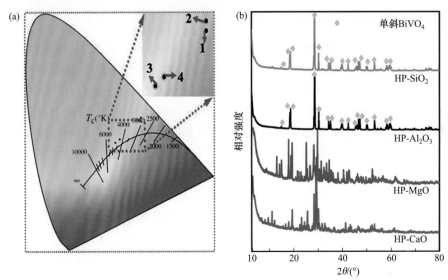

图 2-36　以氧化物为载体制得铋黄杂化颜料的(a) 色度 CIE 坐标图和(b) XRD 谱图[159]
1. HP-Al$_2$O$_3$；2. HP-SiO$_2$；3. HP-CaO；4. HP-MgO

与 HP-40 相比，HP-MgO、HP-CaO 和 HP-SiO$_2$ 吸收边发生了红移，HP-Al$_2$O$_3$ 样品发生了蓝移，表明在 HP-Al$_2$O$_3$ 样品中 Al^{3+} 取代了 BiVO$_4$ 中 Bi^{3+} 的位置。根据最大吸收边，可得带隙能的顺序为 HP-Al$_2$O$_3$＜HP-SiO$_2$＜HP-MgO＜HP-CaO。总之，杂化颜料的最终颜色归因于凹凸棒石中各组成协同作用的结果，其中 SiO$_2$ 和 Al$_2$O$_3$ 主要调控杂化颜料黄值，而 MgO 和 CaO 主要调控杂化颜料的亮度。

2.3.2　化学沉淀法

BiVO$_4$ 作为传统工业无机黄色颜料替代品，被认为是黄色无机颜料中的"黄钻"[174]。在制备 BiVO$_4$ 颜料的过程中，热处理有助于提高颜料的结晶度、热稳定性、耐候性和色度[185]。但在煅烧过程中不可避免会发生晶粒尺寸增大和粒子团聚现象。上述溶胶-凝胶法制备 APT/BiVO$_4$ 杂化颜料的研究结果表明，引入凹凸棒石不仅有助于避免 BiVO$_4$ 纳米粒子发生团聚，改善 BiVO$_4$ 纳米粒子的粒径及其分布，大幅降低制备成本，基于组分掺杂还可以提高 BiVO$_4$ 的色度。但制备工艺涉及有机溶剂，制备过程耗时耗能，这对环境

友好型 $BiVO_4$ 颜料的生产和应用是一个致命缺陷。因此，亟需发展环境友好的水相制备体系[148]。为避免 Bi^{3+} 水解初始反应系统需在酸性环境进行[140]，使用碱性化合物对体系 pH 进行调节成为控制反应速率、$BiVO_4$ 粒子大小和最终颜料生产过程中的关键所在。为此，选择六种不同 pH 调节剂，通过化学沉淀法制备 $APT/BiVO_4$ 杂化颜料。重点考察 pH 调节剂类型、体系 pH、煅烧温度对所杂化颜料色度的影响规律，探讨不同沉淀剂诱导 $BiVO_4$ 化学沉淀的机制，进一步揭示 $APT/BiVO_4$ 杂化颜料的呈色机理。采用 Na_2CO_3、$NaHCO_3$、$NaOH$、$NH_3 \cdot H_2O$、Na_3PO_4 和 Na_2HPO_4 调节 pH 和凹凸棒石含量为 60%(质量分数)制备样品分别标记为 HP-a、HP-b、HP-c、HP-d、HP-e、HP-f 和 HP-g；采用 Na_2CO_3 调节 pH 和不同凹凸棒石含量制备样品分别标记为 HP-20、HP-40、HP-60 和 HP-80。

2.3.2.1 不同 pH 调节剂的色度分析

首先考察不同制备条件下制得杂化颜料的色度。用 Na_2CO_3 和 $NaHCO_3$ 制备的杂化颜料随体系 pH 增加，煅烧前颜色由深绿色转变为黄色，最终转变为白色或淡黄色。经 700℃ 煅烧后，在体系 pH 为 2.00～10.00 时样品均呈现黄色，尤其在 pH 为 6.00～7.00 时，杂化颜料呈亮黄色。继续升高煅烧温度至 800℃，所有颜料颜色均有所降低，表明制备杂化颜料最佳煅烧温度为 700℃。在最佳制备工艺下，样品的黄值 b^* 可达到 +81。

以 $NaOH$ 为 pH 调节剂制备的前驱体，在体系 pH 为 2.00～7.00 和 10.00～12.00 时，呈现白色，但在 pH 为 8.00 和小于 1.00 时则呈现黄色。相比之下，以 $NH_3 \cdot H_2O$ 为 pH 调节剂制备的前驱体，除 pH 为 1.00 和 2.00 时，其余 pH 条件下产物均呈现黄色。样品经煅烧后，制得杂化颜料的黄相和红相均有所增强。但以 Na_3PO_4 和 Na_2HPO_4 为 pH 调节剂制备杂化颜料，无论是提高体系 pH 还是升高煅烧温度，均未得到黄色颜料。

综上所述，除 Na_3PO_4 和 Na_2HPO_4 之外，采用不同 pH 调节剂制备杂化颜料的最佳煅烧温度为 700℃，在 pH 介于 6～8 之间均可制得黄色杂化颜料[图 2-37(a)]。$APT/BiVO_4$ 杂化颜料之间的色度差异与所制备不同前驱体组成有关。与 $BiVO_4$ 和 $BiVO_4$-700 相比，除 HP-e 和 HP-f 之外所有样品都具有良好的颜色性能，尤其是采用 Na_2CO_3 作为 pH 调节剂制得杂化颜料具有最佳色度参数(L^*=76.81、a^*=4.64、b^*=81.16、C^*=81.29 和 $h°$=86.73°)。除 Na_3PO_4 和 Na_2HPO_4 之外，采用 Na_2CO_3、$NaHCO_3$、$NaOH$ 和 $NH_3 \cdot H_2O$ 制得杂化颜料的色温(CCT)均位于 3000 K 左右[图 2-37(b)]。与纯 $BiVO_4$ 的色温(约 2750 K)相比，杂化颜料具有更低红相，这表明在杂化颜料中 $BiVO_4$ 的晶型经 700℃ 煅烧后并未发生转变[186]。

如图 2-37(c)所示，除 HP-e 和 HP-f 之外，制得杂化颜料对低于 500 nm 波长光的吸收能力有所增强，包括对蓝色光区(435～480 nm)的吸收。因此，样品呈现互补色，即黄色。此外，根据 Kubelka-Munk 公式计算可得 HP-a、HP-b、HP-c 和 HP-d 的最大吸收边分别为 502.02 nm、502.37 nm、504.07 nm 和 506.12 nm[图 2-37(d)]。与 $BiVO_4$-700(525.42 nm) 相比，杂化颜料吸收边发生了明显蓝移。一般来讲，吸收边的位移与带隙能(E_g)变化密切相关，同样计算可得 HP-a、HP-b、HP-c 和 HP-d 的带隙能分别为 2.47 eV、2.47 eV、2.46 eV 和 2.45 eV，均高于 $BiVO_4$-700(2.36 eV)带隙能。

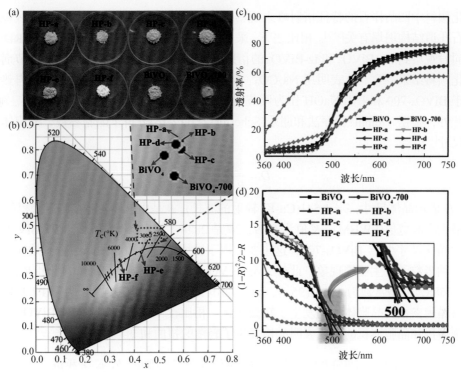

图 2-37　采用不同 pH 调节剂在最优条件下(a) 制得 BiVO$_4$、BiVO$_4$-700 和 APT/BiVO$_4$ HP 的数码照片，(b) 色度 CIE 坐标图，(c) UV-Vis 漫反射光谱图和(d) Kubelka-Munk 吸收边曲线图[159]

2.3.2.2　不同 pH 调节剂制备样品表征

如图 2-38 所示，采用 Na$_2$CO$_3$、NaHCO$_3$ 和 NH$_3$·H$_2$O 制备的 APT/BiVO$_4$ 杂化颜料衍射峰均归属于 ms-BiVO$_4$(JCPDS 卡 No.14-0688)，未出现其他杂质特征峰。但在以 NaOH 为 pH 调控剂制得杂化颜料的 XRD 谱图中，在 $2\theta = 18.3°$、$24.5°$ 和 $32.8°$ 处出现了一些微弱的衍射峰，其分别对应于 tz-BiVO$_4$(JCPDS 卡 No. 14-0133)的(101)、(200)和(112)晶面。

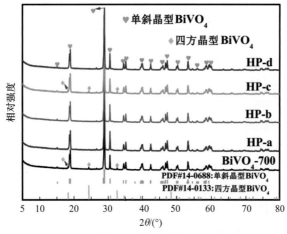

图 2-38　BiVO$_4$-700 和采用不同 pH 调节剂在最优条件下制得 APT/BiVO$_4$ 杂化颜料的 XRD 谱图[188]

在杂化颜料中凹凸棒石的特征衍射峰未观察到，这可能与 $BiVO_4$ 的高结晶度和煅烧后凹凸棒石孔道结构坍塌有关[187]。相比之下，采用 Na_2CO_3 制备的 $BiVO_4$-700 样品 XRD 衍射图中同时观察到 ms-$BiVO_4$ 和 tz-$BiVO_4$ 的衍射峰值，这与采用 NaOH 作为 pH 调节剂制备的杂化颜料结果一致。这表明用 Na_2CO_3、$NaHCO_3$ 和 $NH_3 \cdot H_2O$ 制备的杂化颜料热稳定性优于 $BiVO_4$-700 和采用 NaOH 作为调节剂制备的杂化颜料。

此外，根据 Delphi 程序法和谢乐(Scherrer)公式(2-16)分析了晶胞参数、晶胞体积和晶体尺寸[182]：

$$D = \frac{K \times \lambda}{B \times \cos\theta} \tag{2-16}$$

其中，D 表示晶体尺寸，$\lambda = 1.541$(Cu-K_α 辐射的波长)，B 是由 Rietveld 精修后获得的(121)面的最大半峰宽值(FWHM)，K 值为 0.89，2θ 是 28.9°。如表 2-11 所示，APT/$BiVO_4$ 杂化颜料的晶体尺寸小于 $BiVO_4$-700，这主要归因于在煅烧过程中，凹凸棒石有效地阻止了 $BiVO_4$ 纳米粒子发生团聚现象。此外，与 $BiVO_4$-700 和标准 ms-$BiVO_4$ 相比(JCPDS 卡 No.14-0688，晶格常数为 $a = 5.195$ Å、$b = 11.701$ Å 和 $c = 5.092$ Å)[188,189]，APT/$BiVO_4$ 杂化颜料晶胞参数和晶胞体积均发生了轻微变化。相比较 $BiVO_4$-700，APT/$BiVO_4$ 杂化颜料晶胞参数和晶胞体积的变化表明晶格发生了轻微的扭曲和变形[190]。

表 2-11　含单斜 $BiVO_4$ 样品精修后获得的晶胞参数值(a、b、c、V 和 β)

样品	晶体尺寸/nm	晶胞参数			晶胞体积 (V/Å³)	β/(°) $\alpha = \gamma = 90$
		a/Å	b/Å	c/Å		
HP-a	41.9424	5.1927	11.6982	5.0954	309.5200	90.2531
HP-b	41.7750	5.1942	11.6978	5.0970	309.7000	90.2456
HP-c	43.9879	5.1914	11.6976	5.0999	309.7000	90.2176
HP-d	41.5748	5.1934	11.6932	5.0972	309.5400	90.2894
$BiVO_4$-700	53.1039	5.1616	11.7186	5.1371	310.7200	90.3490
HP-e	87.6647	4.8860	7.0774	4.7059	162.7300	96.3560
HP-f	57.6412	6.7495	6.9328	6.4724	302.8600	103.7700

如图 2-39(a)和(b)所示，由于在煅烧过程中，凹凸棒石发生脱羟基反应和四面体扭曲变形，从而导致凹凸棒石特征吸收峰几乎消失。对于 $BiVO_4$ 样品，煅烧前后的红外特征峰没有明显变化，723 cm⁻¹ 和 824 cm⁻¹ 吸收谱带分别归属于 V—O 的对称伸缩振动峰和非对称伸缩振动峰，654 cm⁻¹ 处的吸收峰为 Bi—O 的弯曲振动峰，478 cm⁻¹ 处则为 VO_4^{3-} 的弱振动吸收峰[191]。对于采用 Na_2CO_3 制备的 APT/$BiVO_4$ 杂化颜料，煅烧后凹凸棒石的吸收峰几乎消失，由于组分之间的相互作用，$BiVO_4$ 位于 752 cm⁻¹ 处的特征峰蓝移至 741 cm⁻¹[192]。此外，除了 Na_3PO_4 和 Na_2HPO_4 外，其他不同 pH 调节剂制得杂化颜料的 $BiVO_4$ 特征吸收峰基本一致[图 2-39(b)]。对于 Na_3PO_4 和 Na_2HPO_4 制得样品的主要吸收峰分别归属于 P—O 键的非对称伸缩振动和 O—P—O 连杆的弯曲振动峰[193,194]。

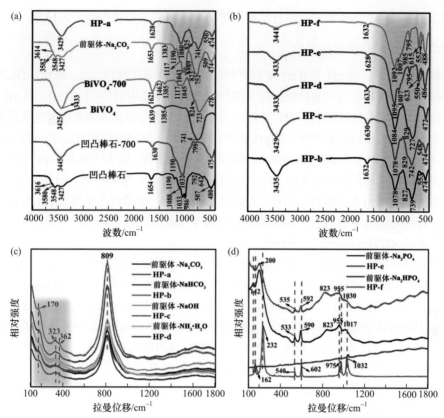

图 2-39　(a)凹凸棒石、凹凸棒石-700、BiVO₄、BiVO₄-700 和采用 Na₂CO₃ 制得 APT/BiVO₄ 杂化颜料的红外谱图；(b)采用不同 pH 调节剂制得 APT/BiVO₄ 杂化颜料的红外谱图；(c)和(d)采用不同 pH 值调节剂制得 APT/BiVO₄ 杂化颜料前驱体和 700℃煅烧后样品的拉曼光谱[188]

研究表明，凹凸棒石无明显特征拉曼峰，但 BiVO₄ 煅烧之后，拉曼峰相对强度显著增强。位于 121 cm^{-1} 和 206 cm^{-1} 处的特征峰归属于 BiVO₄ 外部模式(旋转/翻转)和/或 V—O—V 振动弯曲峰[195]，位于 362 cm^{-1} 和 320 cm^{-1} 处的两个特征峰分别归属于 VO_4^{3-} 四面体的对称和非对称变形模式。采用 Na₂CO₃、NaHCO₃、NaOH 和 NH₃·H₂O 制备的 APT/BiVO₄ 杂化颜料，823 cm^{-1} 及其 706 cm^{-1} 处的肩峰归属于两种不同类型的 V—O 键的拉伸模式[图 2-39 (c)和(d)]，且在煅烧前后未发生明显变化。与 BiVO₄ 和 BiVO₄-700 相比，在杂化颜料拉曼光谱中没有观察到 121 cm^{-1} 处的拉曼峰，同时位于 206 cm^{-1} 处拉曼峰蓝移至 170 cm^{-1} 并伴随强度的减弱。此外，位于 706 cm^{-1} 处拉曼特征峰在所有杂化颜料的拉曼谱图中均消失，这主要是与杂化颜料中 BiVO₄ 含量相对较低有关(仅 40%，质量分数)[196]。

采用 Na₃PO₄ 和 Na₂HPO₄ 制备的杂化颜料的拉曼光谱[图 2-39(d)]，特征峰位于 1032 cm^{-1} 和 975 cm^{-1} 分别归属于—PO₄ 单元非对称和对称振动模式，位于 540 cm^{-1} 和 602 cm^{-1} 处的拉曼峰则归属于—PO₄ 单元弯曲振动模式。此外，位于 162 cm^{-1} 和 232 cm^{-1} 处的特征峰归属于 Bi—O 振动特征峰。基于以上对杂化颜料色度、XRD、红外和拉曼等结果讨论与分析，采用 Na₂CO₃ 制备的 APT/BiVO₄ 杂化颜料呈色性能最佳，晶体结构最为稳定。因此，选择

HP-a 样品进一步考察 pH 和凹凸棒石添加量对杂化颜料颜色和物相的影响行为。

2.3.2.3　pH 对晶体结构影响

如图 2-40 所示,当 pH 为 0.80 和 1.00 时,生成的前驱体物相与 ms-BiVO$_4$ (JCPDS 卡 No.14-0688)一致,并在 $2\theta = 8.1°$ 处出现了凹凸棒石的特征衍射峰[图 2-40(a)]。但 pH = 0.80 时制得前驱体的衍射峰强度高于 pH 为 1.00 时的产物,这主要是因为在强酸性条件下,更易产生高结晶度的 ms-BiVO$_4$[140]。当 pH 增加到 2.00 时,产物的物相对应于 tz-BiVO$_4$ 特征衍射峰,同时位于 28.8° 处出现 ms-BiVO$_4$ 的(121)晶面衍射峰。这表明体系在 pH 为 2.00 时,生成的前驱体中同时存在 tz-BiVO$_4$ 和 ms-BiVO$_4$。当体系 pH 为 4.00 时,归属于 ms-BiVO$_4$ (121)晶面的衍射峰消失,所有衍射峰均归属于 tz-BiVO$_4$;继续调节至体系 pH 为 6.00 时,tz-BiVO$_4$ 特征峰强度显著减弱,同时观察到归属于 ms-BiVO$_4$(121)晶面的特征峰,表明产物中有少量 ms-BiVO$_4$ 形成[图 2-40(a)]。

如图 2-40(b)所示,与其他 pH 相比,pH 为 7.00 时前驱体具有较高的衍射峰强度,主要由 ms-BiVO$_4$ 和 tz-BiVO$_4$ 组成。当 pH 增加到 8.00 时,随着纯的 ms-BiVO$_4$ 晶体的生成,前驱体的衍射峰的强度有所减弱;继续增加 pH,前驱体的物相组成包括 ms-BiVO$_4$、tz-BiVO$_4$、Bi$_2$O$_3$(JCPDS 卡 No. 27-0052)、Bi$_2$VO$_5$(JCPDS 卡 No. 47-0734)、Bi$_4$V$_2$O$_{11}$(JCPDS 卡 No. 44-0538)和 Bi$_4$V$_6$O$_{21}$(JCPDS 卡 No. 33-0222)。这可能是由于 Bi^{3+} 的水解和聚合导致在较高 pH 条件下形成了高聚物[140],前驱体在不同 pH 阶段的晶相转变汇总于图 2-40(c)中。尽管在 pH 为 8.00 时得到的前驱体为纯 ms-BiVO$_4$,但衍射峰的强度较弱。因此,采用煅烧技术提高 BiVO$_4$ 的结晶度。

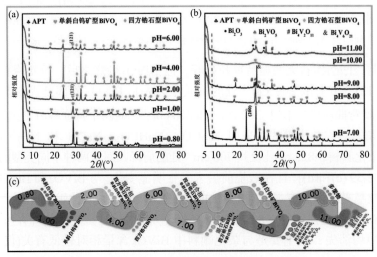

图 2-40　采用 Na$_2$CO$_3$ 在不同 pH 条件下制得前驱体的 XRD 谱图:(a)pH = 0.80～6.00;(b)pH = 7.00～11.00;(c)晶相转变汇总图[188]

基于前期研究[164],煅烧温度选为 700℃。经过 700℃煅烧后,产物的 XRD 衍射峰强度显著增强,表明 APT/BiVO$_4$ 中 BiVO$_4$ 的结晶度高(图 2-41)。此外,在 pH 分别为 0.80、1.00、6.00、7.00 和 8.00 制得前驱经 700℃煅烧后,所得 APT/BiVO$_4$ 杂化颜料中 BiVO$_4$

归属于 ms-BiVO₄(JCPDS 卡 No.14-0688)，并未发现其他杂质衍射峰；但在 pH 分别为 2.00、4.00、9.00 和 10.00 制得前驱体，经过煅烧后仍然可以观察到少量 tz-BiVO₄ 存在；当 pH 增加到 11.00 时，可观察到 Bi—O 或 Bi—V—O 化合物的衍射峰，包括 Bi_2O_3(JCPDS 卡 No. 27-0052)和 Bi_2VO_5(JCPDS 卡 No. 47-0734)，表明 pH 为 11.00 时制得杂化颜料为混相化合物。

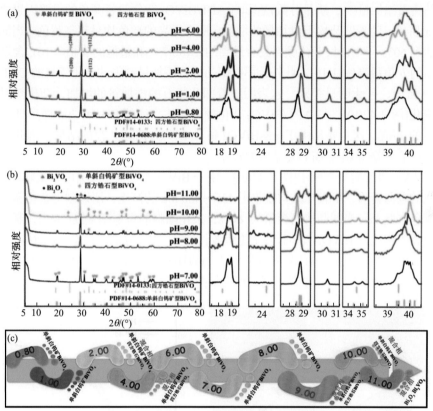

图 2-41　采用 Na_2CO_3 在不同 pH 条件下制得 APT/BiVO₄ 杂化颜料的 XRD 衍射图：(a)pH = 0.80～6.00；(b)pH = 7.00～11.00；(c)晶相变化汇总图[188]

为研究不同 pH 对杂化颜料的晶型和晶格维度的影响，对比分析了不同 2θ 范围内的 XRD 衍射峰。2θ 在 15°～25° 的范围内，pH 从 0.80 到 1.00，观察到两个位于 18.7° 和 19.0° 的衍射峰，将 pH 提高至 2.00，在 18.4° 处出现了 tz-BiVO₄(101)晶面的衍射峰。相比之下，当 pH 为 4.00 时，衍射峰向低 2θ 方向移动约 0.2°，这主要归因于 ms-BiVO₄ 和 tz-BiVO₄ 两相共存的结果；当 pH 高于 6.00，除了 10.00 和 11.00 两个 pH 之外，仅观察到两处衍射峰。2θ 在 25°～36° 的范围内，随着反应体系 pH 从 0.80 增加至 4.00，在 28.6°、30.2°、34.3° 和 35.0° 处的衍射峰分别移到 28.8°、30.5°、34.5° 和 35.3° 处。此外，32.7° 处的衍射峰在 pH = 2.00～4.00、9.00 和 10.00 时向低 2θ 方向移动。2θ 在 36°～42° 的范围内，pH 从 0.80 到 1.00 时，衍射峰在 39°～41° 之间分裂为三个明显的衍射峰，除了在 pH 为 4.00 时向低 2θ 方向位移之外，在 pH = 0.80～7.00 内未发生任何位移；当

pH 高于 8.00 时，这三个峰合并为两个峰。APT/BiVO$_4$ 杂化颜料在不同 pH 阶段的晶相转变过程如图 2-41(c)所示。因此，制备 APT/BiVO$_4$ 杂化颜料的最佳煅烧温度和 pH 分别为 700℃和 7.00。

2.3.2.4　凹凸棒石添加量影响

凹凸棒石添加量(%，质量分数)是影响 APT/BiVO$_4$ 杂化颜料颜色的重要因素之一。如图 2-42(a)所示，随着凹凸棒石添加量的增加，所有样品的颜色均呈现亮黄色。当凹凸棒石添加量达到 60%～80%时，杂化颜料具有最高的 $h°$(86.73°)和最低的 a^*值(4.16)。含量为 60%时，样品的 b^*值最高(+81.16)。此外，不同凹凸棒石添加量制得的杂化颜料的 CCT 均位于3000 K 区域内，且无明显差别。这表明随着凹凸棒石的添加量的增加，杂化颜料的颜色无明显变化[图 2-42(b)]。与 APT/BiVO$_4$ 杂化颜料相比，纯的 BiVO$_4$-700 样品具有更高 a^*值和更低的 b^*值，这主要是由于 ms-BiVO$_4$ 和 tz-BiVO$_4$ 两相共存的结果。因此，引入凹凸棒石可以有效诱导调控 BiVO$_4$ 晶型的转变。

如 UV-Vis 漫反射光谱所示[图 2-42(c)]，由于 BiVO$_4$ 的 Bi$_{6s}$ 和 O$_{2p}$ 的杂化轨道与 V$_{3d}$ 的轨道之间的电荷转移，所有样品均吸收了 435～480 nm 的蓝光，所以制得杂化颜料呈现良好的黄颜色。此外，当凹凸棒石含量为 60%，杂化颜料的折射率最高(78%)，制得杂化颜料最大吸收边相比较 BiVO$_4$-700 蓝移至更短波长处[197,198]，分别蓝移至 508.20 nm(HP-20)、504.07 nm(HP-40)、500.00 nm(HP-80)和 504.13 nm(HP-100)处[图 2-42(d)]，表明杂化颜料中BiVO$_4$ 的电子结构发生了变化[199]，这也证实带隙能高于 BiVO$_4$-700。因此，引入 60%凹凸

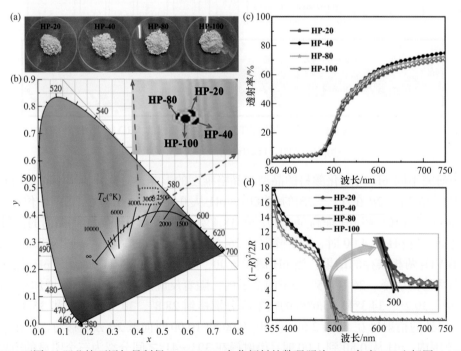

图 2-42　不同(a) 凹凸棒石添加量制得 APT/BiVO$_4$杂化颜料的数码照片，(b) 色度 CIE 坐标图，(c) UV-Vis 漫反射光谱和(d) Kubelka-Munk 曲线对应的吸收边图[188]

棒石制得的杂化颜料呈现最佳颜色性能($L^* = 76.81$、$a^* = 4.64$、$b^* = 81.16$、$C^* = 81.29$ 和 $h^\circ = 86.73°$)。

如图 2-43(a)所示，在 APT/BiVO$_4$ 杂化颜料中，生成的 BiVO$_4$ 纳米粒子均匀担载于 APT 表面，粒径约为 30～50 nm。从相应的 EDS 元素面分布图中，可以清晰发现 Bi 和 V 元素均匀地分布于棒状形貌表面[图 2-43(b)]。同时从 SAED 同心衍射环中可以观察到 ms-BiVO$_4$(040)和(226)晶面[图 2-43(c)]，在 HRTEM 图片中可以发现 ms-BiVO$_4$ 晶格条纹，晶格间距 0.224 nm 对应于($\bar{1}$21)晶面[图 2-43(d)]。

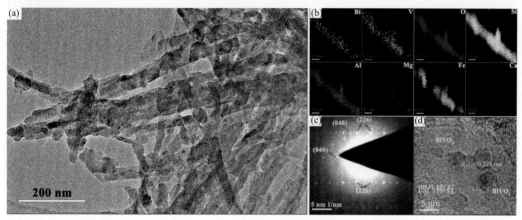

图 2-43　HP-a 的(a) TEM 照片、(b) EDS 元素分布图、(c) X 射线电子衍射图和(d) 高分辨 TEM 照片[188]

2.3.2.5　杂化颜料形成机理

采用不同 pH 调节剂制备 BiVO$_4$ 涉及的反应如下[200]：

$$Bi^{3+} + H_2O + HNO_3 \longrightarrow BiONO_3 + 3H^+ \tag{2-17}$$

$$2VO_3^- + 6HNO_3 \longrightarrow 2VO_2^+ + 6NO_3^- + 2H_2O + 2H^+ \tag{2-18}$$

$$BiONO_3 + VO_2^+ + 2OH^- \longrightarrow BiVO_4 + H_2O + NO_3^- \tag{2-19}$$

$$BiONO_3 + VO_3^- \longrightarrow BiVO_4 + NO_3^- \tag{2-20}$$

为有效抑制 Bi^{3+} 水解成为 BiO$^+$，首先 Bi^{3+} 被溶解在酸溶液[201]，这也导致在反应体系中 Bi^{3+} 的最初浓度非常高，当 Bi^{3+} 和 VO$_3^-$ 在强酸溶液中混合后，得到的晶核很少。当少量的 pH 调节剂加入到反应体系时，仅有少量的 H$^+$ 被消耗，同时伴随着微溶的 BiONO$_3$ 生成，由于快的晶体生长速率，导致形成了大尺寸的无定形 BiVO$_4$ 粒子[137]。同时在强酸性条件下，由于 ms-BiVO$_4$ 的热动力学相比较 tz-BiVO$_4$ 更稳定，因此，ms-BiVO$_4$ 更易生成。当 pH 值接近 2.00 时，VO$_3^-$ 主要以 VO^{2+} 离子的形式存在，阻碍了 BiVO$_4$ 的生成。此外，若体系 pH 急剧增加，则会更易形成 tz-BiVO$_4$[140]。因此，当 pH 值超过 2.00 时，可以发现形成了 tz-BiVO$_4$，而 Bi^{3+} 和 VO$_4^{3-}$ 离子在低溶解度 BiVO$_4$ 的驱动力下会迅速发生沉淀反应；继续加入 pH 调节剂，由于在反应体系中游离的 Bi^{3+} 相对较少，生成的 BiVO$_4$ 纳米粒子尺寸较小，这也导致晶体较快的成核速率和较慢的晶体生长速率。同时，内部的纳米粒子由于表面粒子和周围溶液之间的接触开始倾向于溶解，这为产生自发的由内向外的 Ostwald 熟化提供了驱动力[182]。但是，tz-BiVO$_4$ 和 ms-BiVO$_4$ 仍然共存于体系中。当体系 pH 增加到 8 时，H$^+$ 被完全消耗，大量的 BiONO$_3$ 则转化为 BiVO$_4$。

综上所述，BiVO$_4$ 晶型、晶体尺寸和形貌的调控都可通过采用碱性化合物调节前驱溶液的 pH 来实现[202]，不同 pH 调节剂在决定溶液中反应物的浓度、控制和调节 BiVO$_4$ 的成核率和晶体生长速率方面起着关键作用，最佳条件下可能的反应过程描述如下[188]：

$$OH^- (或 NH_3 \cdot H_2O) + Bi^{3+} + VO_3^- \longrightarrow 四方晶系 Bi_2O_{2.33} (或立方晶系 Bi_2O_3) \tag{2-21}$$
$$+ BiVO_4 \longrightarrow BiVO_4$$

$$CO_3^{2-} (或 HCO_3^-) + Bi^{3+} + VO_3^- \longrightarrow 四方晶系 Bi_2O_2CO_3 + BiVO_4 \longrightarrow BiVO_4 + CO_2 \tag{2-22}$$

$$PO_4^{3-} (或 HPO_4^{2-}) + Bi^{3+} + VO_3^- \longrightarrow 六方晶系 BiPO_4 \longrightarrow 单斜晶系 BiPO_4 \tag{2-23}$$

采用 NaOH 和 NH$_3$·H$_2$O 作为 pH 调节剂制备 BiVO$_4$ 杂化颜料的形成过程也得到了 Tan 和 Lei 等的证实[140,201]。初始阶段，NaOH 和 NH$_3$·H$_2$O 的加入促进了 tz-BiVO$_4$ 的生成，经过溶解-重结晶过程后诱导 BiVO$_4$ 从 tz-BiVO$_4$ 向 ms-BiVO$_4$ 转变。随着 pH 调节剂量的增加，OH$^-$ 的浓度也逐渐增加，导致整个体系的矿化作用加强，从而驱使 tz-BiVO$_4$ 和 ms-BiVO$_4$ 之间的转变。同时在碱性条件下，采用 NH$_3$·H$_2$O 制备的 BiVO$_4$ 纳米粒子尺寸小于采用 NaOH 制备的粒子尺寸，这可能与反应体系中不同碱性 pH 调节剂产生 OH$^-$ 的浓度差异有关。对于 Na$_2$CO$_3$ 和 NaHCO$_3$ 来说，这一过程与 NaOH 和 NH$_3$·H$_2$O 过程相似。

此外，BiVO$_4$ 的生长也经历了由浓度消耗过程引起的溶解-重结晶过程[203]。首先，体系中 CO$_3^{2-}$ 或 HCO$_3^-$ 逐渐被 H$^+$ 消耗，Bi^{3+} 和 VO^{3-} 迅速反应。在强酸性条件下，反应主要生成 ms-BiVO$_4$ 粒子。Na$_2$CO$_3$ 或 NaHCO$_3$ 的加入导致 ms-BiVO$_4$ 和 tz-BiVO$_4$ 混合相的形成。随着反应体系 pH 持续增加，未反应的 Bi^{3+} 发生水解形成微溶的 BiONO$_3$ 化合物，与 VO$_3^-$ 发生反应进一步形成黄色 BiVO$_4$ 沉淀。随后，在 CO$_3^{2-}$ 或 HCO$_3^-$ 及其产生的 CO$_2$ 共同驱动下，杂化颜料中少量的 tz-BiVO$_4$ 转化为 ms-BiVO$_4$；当 H$^+$ 耗尽后，tz-BiVO$_4$ 完全转变为 ms-BiVO$_4$。采用 Na$_3$PO$_4$ 和 Na$_2$HPO$_4$ 制得的主要产物是 BiPO$_4$，这可能是由于 BiVO$_4$ 的溶度积常数小于 BiPO$_4$。因此，Bi^{3+} 和 PO$_4^{3-}$ 之间的反应优先于 VO$_4^{3-}$ 与 Bi^{3+}。相比之下，采用 Na$_2$CO$_3$ 和 NaHCO$_3$ 作为 pH 调节剂制备的杂化颜料颜色优于 NaOH 和 NH$_3$·H$_2$O，这可能是由于 BiVO$_4$ 纳米粒子的尺寸大小不同引起的，这也与 XRD 结果一致。

为了探究制得杂化颜料中组分之间相互作用机制，采用 XPS 分析凹凸棒石、BiVO$_4$、BiVO$_4$-700、前驱体和 APT/BiVO$_4$ 杂化颜料样品表面(大约 2 nm)的化学组成和价态。如图 2-44 所示，凹凸棒石和凹凸棒石-700 主要组成元素包括 Al、Si、C、Ca、Fe、O 和 Mg，BiVO$_4$ 和 BiVO$_4$-700 主要包含 C、Bi、V 和 O 等元素。当引入凹凸棒石制备杂化颜料，制得前驱体和 APT/BiVO$_4$ 杂化颜料均包含上述所有元素，表明杂化颜料是由 BiVO$_4$ 和凹凸棒石组成。

图 2-44(b)～(h)为 Bi 4f、V 2p、O 1s、Al 2p、Si 2p、Mg 1s 和 Ca 2p 的 XPS 精细谱图。BiVO$_4$ 的两个 Bi 4f 分别位于 159.20 eV(Bi 4f$_{7/2}$) 和 164.55 eV(Bi 4f$_{5/2}$) 处，其二者自旋轨道分裂

差为 5.35 eV，这与 Bi^{3+} 的结合能相对应。煅烧后，BiVO$_4$-700 的 Bi 4f 谱图中除了 Bi^{3+} 的特征峰外，在 166.23 eV(Bi 4f$_{5/2}$)和 160.79 eV(Bi 4f$_{7/2}$)分别出现了 Bi^{5+} 两个附加峰[197]，表明 Bi^{3+} 和 Bi^{5+} 共存于 BiVO$_4$-700 样品中。这可能是由于氧离子和 Bi^{3+} 之间 Bi 6s^2 电子的强烈排斥力，导致 Bi^{3+} 转变为 Bi^{5+} 引起 Bi 6s^2 电子丢失。在加入凹凸棒石后，Bi 4f 的两个主要峰并未发生明显位移，但这些峰值的相对强度与 BiVO$_4$ 样品相比有所下降。这是由于与 $O(\chi = 3.44)$ 和 $Bi(\chi = 2.02)$ 相比，凹凸棒石中 $Al(\chi = 1.61)$、$Ca(\chi = 1.00)$ 和 $Mg(\chi = 1.31)$ 拥有更低的电子密度[197,198]。与 BiVO$_4$、BiVO$_4$-700 和前驱体相比，APT/BiVO$_4$ 杂化颜料的 Bi 4f$_{5/2}$ 和 Bi 4f$_{7/2}$ 峰强度略有下降，并且向低结合能方向移动(158.96 eV 和 164.30 eV)。Bi 4f$_{5/2}$ 和 Bi 4f$_{7/2}$ 自旋轨道分裂能的降低可能归因于未配对电子[204]和元素电负性减少[205]，或者是 BiVO$_4$ 和凹凸棒石之间的相互作用[177,206]。聚焦于 BiVO$_4$ 中 V 2p 的分裂信号，位于 524.70 eV 和 517.22 eV 结合能处的特征峰分别对应于 V 2p$_{1/2}$ 和 V 2p$_{3/2}$，自旋轨道分裂差为 7.48 eV，表明 V^{5+} 存在于 BiVO$_4$ 中。但在 BiVO$_4$-700 样品中，V 2p$_{1/2}$ 的结合能发生了轻微的位移，这可能与 ms-BiVO$_4$ 和 tz-BiVO$_4$ 共存于 BiVO$_4$-700 样品中相关[174]。与 BiVO$_4$ 相比，前驱体中 V 2p$_{1/2}$ 的结合能位移至 517.28 eV 处，经煅烧后向低结合能方向发生位移(517.05 eV)。

凹凸棒石的 O 1s 结合能位于 533.52 eV、532.23 eV、531.81 eV 和 530.37eV 处，分别归属于表面吸附水、端—OH、桥接羟基和晶格氧 O^{2-} 的信号峰[207]。经 700℃煅烧后，表面吸附水和桥接羟基的结合能在样品 O 1s 精细谱中完全消失。在 BiVO$_4$ 样品中，位于

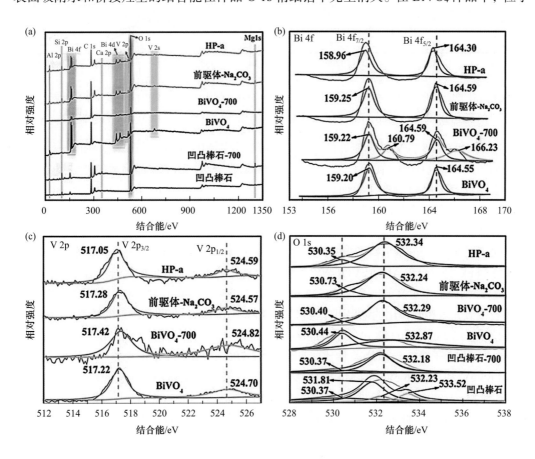

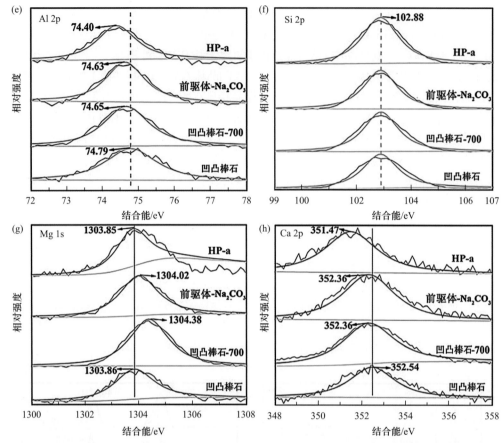

图 2-44　(a) 凹凸棒石、凹凸棒石-700、BiVO₄、BiVO₄-700、采用 Na₂CO₃ 制得前驱体和杂化颜料的 XPS 谱图及(b) Bi 4f、(c) V 2p、(d) O 1s、(e) Al 2p、(f) Si 2p、(g) Mg 1s 和(h) Ca 2p 精细谱图[188]

530.44 eV 和 532.87 eV 结合能处的两个对称峰，分别归属于晶格氧(O_lattice)和表面羟基以及表面吸附水或 O₂ 中的氧(O_adsorbed)[208]。经 700℃煅烧后，BiVO₄ 晶格氧的峰强度急剧下降，表明仅有少量 O 存在于表面。与之相反，第二个峰的强度增加，表明存在 BiVO₄ 氧缺陷。此外，由于少量晶格氧存在，O_lattice/O_adsorbed 摩尔比显著下降，表明在 BiVO₄-700 中存在大量的氧缺陷[209]。

对于前驱体，与凹凸棒石和 BiVO₄ 相比，O_lattice 和 O_adsorbed 两个峰分别位移至 530.73 eV 和 532.24 eV 处，但在 APT/BiVO₄ 杂化颜料中，O_lattice 峰移动到较低的结合能处(530.35 eV)，O_adsorbed 峰则位移至更高的结合能处(532.34 eV)。这种结合能的位移变化可能是 BiVO₄ 和凹凸棒石中氧元素相互作用的结果[210]。如图 2-44(e)~(h)所示，在凹凸棒石的精细谱图中，结合能位于 74.79 eV、102.88 eV、1303.86 eV 和 352.54 eV 分别归属于 Al 2p、Si 2p、Ca 2p 和 Mg 1s 的特征峰。与煅烧前相比，凹凸棒石-700 中 Al 和 Ca 元素的峰分别略微位移至 74.65 eV 和 352.36 eV，但 Mg 1s 位移至高结合能处(1304.38 eV)。在杂化颜料中 Al 2p、Ca 2p 和 Mg 1s 的结合能分别位于 74.40 eV、351.47 eV 和 1303.85 eV 处，略低于前驱体中相关元素的结合能。此外，位于 102.88 eV 处 Si 2p 的 XPS 信号在加入 BiVO₄ 或煅烧后并未发生明显变化。因此，凹凸棒石化学组成 Al、Ca 和 Mg 等元素作为天然掺杂剂进入了 $BiVO_4$ 的晶格[211]。

2.3.2.6　杂化颜料呈色机理

众所周知，无机金属氧化物颜料的色度与带隙能密切相关，即价带与导带之间的能量差[212,213]。ms-$BiVO_4$ 的价带包括 Bi_{6s} 和 O_{2p} 杂化轨道，并来源于在 VO_4 四面体中的主 V_{3d} 轨道和次级 Bi_{6p} 轨道。ms-$BiVO_4$ 的呈色归因于上述价带向导带的电荷转移。因此，$BiVO_4$ 的颜色容易通过掺杂其他元素进入 $BiVO_4$ 晶格来调控[136,162]。Bi^{3+} 和 V^{5+} 的离子半径分别为 1.03 Å 和 0.59 Å，Ca^{2+}、Mg^{2+}、Al^{3+} 和 Si^{4+} 的离子半径分别为 1.12 Å、0.72 Å、0.54 Å 和 0.41 Å。基于上述对 XRD、UV-Vis 漫反射光谱、XPS 和带隙能的分析，在引入凹凸棒石后，$BiVO_4$ 的带隙能发生了改变，表明凹凸棒石的化学组分进入了 $BiVO_4$ 晶格中。

据报道，引入 Al^{3+} 掺杂后，ms-$BiVO_4$ 的带隙能增加，表明 Bi 位点被 Al^{3+} 取代[214]。此外，在主晶格中，Bi^{3+} 也可部分被半径较小的 Ca^{2+} 和 Mg^{2+} 所取代[136,215]。在我们的研究中，APT/$BiVO_4$ 杂化颜料的带隙能高于纯 $BiVO_4$ 的带隙能，这主要归因于煅烧过程中 Bi 位点可能被 Al^{3+}、Mg^{2+} 和 Ca^{2+} 部分取代。这种掺杂改变了在可见光吸收带中 $BiVO_4$ 的价带(VB)到导带(CB)之间电荷的转移。因此，杂化颜料最终颜色是凹凸棒石各化学组分协同作用的结果[216]。

2.3.3　不同黏土矿物比较研究

目前，铋黄是颜料市场最受欢迎的无机黄色颜料之一[138,217]，构筑高性能铋黄颜料已成为无机颜料和材料领域研究的热点。研究表明，引入凹凸棒石可以降低铋黄颜料生产成本和颜料粒子的团聚，基于组分掺杂可以提升色度和耐热性能[164,218]。Partl 等也报道在高温煅烧过程中引入沸石可以有效提升铋黄颜料的耐热性能[219]。

众所周知，不同的黏土矿物具有不同的结构、化学组成和理化性能，为了进一步认知黏土矿物对铋黄颜料颜色和性能的影响规律，选取四种具有不同结构和形貌的典型黏土矿物，包括埃洛石(Hal)、高岭石(Kal)、海泡石(Sep)和蒙脱石(MMT)，以 Na_2CO_3 为 pH 调控剂，采用水相化学沉淀法制备黏土矿物/铋黄杂化颜料，制得杂化颜料标记为黏土矿物-HP-煅烧温度，前驱体则标注为黏土矿物-前驱体。

2.3.3.1　杂化颜料色度分析

如图 2-45(a)～图 2-48(a)所示，首先考察不同黏土矿物类型和煅烧温度对杂化颜料色度的影响。研究结果显示，Hal-HP 和 Kal-HP 杂化颜料经 800℃煅烧后颜色仍保持黄色，而 Sep-HP 和 MMT-HP 杂化颜料的颜色低于 700℃为黄色，800℃煅烧后颜色转变为黄褐色。相比之下，纯 $BiVO_4$ 样品在 700℃煅烧后颜色发生了明显变化。因此，引入黏土矿物有助于提高铋黄颜料的耐热性，尤其是 Hal 和 Kal，这也可以从其色度参数得到证实。

煅烧温度高于 700℃时，样品色度参数均有所下降，但纯 $BiVO_4$ 下降最为显著，这表明黏土矿物的加入有助于提高 BiVO$_4$ 颜料的热稳定性。在四种黏土矿物中，由于 Hal 和 Kal 具有好的热稳定性，Hal-HP 和 Kal-HP 的 b^* 值在 800℃煅烧后仍然高于 60。此外，海泡石和蒙脱石前驱体的黄值高于相应杂化颜料的黄值，但前驱体中 BiVO$_4$ 结晶度低，因此热处理是提高 BiVO$_4$ 颜色稳定性必不可少的工序[164]。四种黏土矿物制得铋黄杂化颜料的亮度(L^*)在 72.49～82.36 之间变化，在煅烧温度低于 800℃时，a^* 分布在–4.13～6.22 之间。同时，C^* 与 b^* 的变化趋势一致，在 36.22～81.30 范围内变化。在圆柱形的颜色空间中，h° 的定义是在 0°～35°表示红色，35°～70°表示橙色，而 70～105°代表的是黄色[169]。四种杂化颜料的 h° 值均位于 70°～105°范围内，其均呈现黄色。

　　如图 2-49 所示，当煅烧温度高于 700℃时，煅烧后纯 BiVO$_4$ 颜料的色度变化显著，颜料的亮度(L^*)和黄值(b^*)分别从 80 和 90 下降到 65 和 60。因此，引入黏土矿物不仅

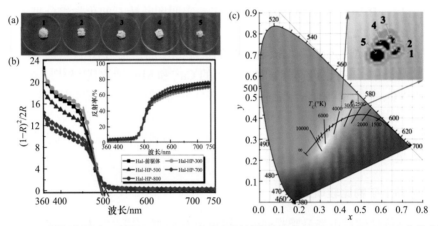

图 2-45　(a) 不同煅烧温度下制得 Hal/BiVO$_4$ 杂化颜料的数码照片，(b) Kubelka-Munk 曲线(插图为 UV-Vis 漫反射图)，(c) 色度 CIE 坐标图[19]

1. Hal-前驱体；2. Hal-HP-300；3. Hal-HP-500；4. Hal-HP-700；5. Hal-HP-800

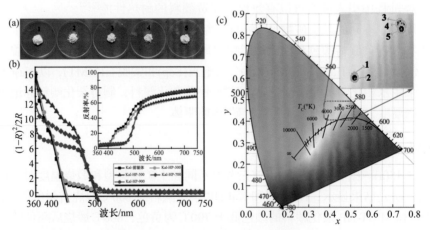

图 2-46　(a) 不同煅烧温度下制备的 Kal/BiVO$_4$ 杂化颜料的数码照片，(b) Kubelka-Munk 曲线(插图为 UV-Vis 漫反射图)，(c) 色度 CIE 坐标图[19]

1. Kal-前驱体；2. Kal-HP-300；3. Kal-HP-500；4. Kal-HP-700；5. Kal-HP-800

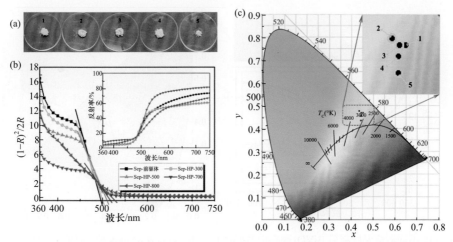

图 2-47　(a) 不同煅烧温度下制得 Sep/BiVO₄ 杂化颜料的数码照片，(b) Kubelka-Munk 曲线(插图为
UV-Vis 漫反射图)，(c) 色度 CIE 坐标图[19]

1. Sep-前驱体；2. Sep-HP-300；3. Sep-HP-500；4. Sep-HP-700；5. Sep-HP-800

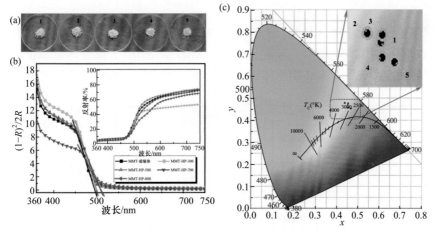

图 2-48　(a) 不同煅烧温度下制得 MMT/BiVO₄ 杂化颜料的数码照片，(b) Kubelka-Munk 曲线(插图为
UV-Vis 漫反射图)，(c) 色度 CIE 坐标图[19]

1. MMT-前驱体；2. MMT-HP-300；3. MMT-HP-500；4. MMT-HP-700；5. MMT-HP-800

可以节约铋黄颜料生产成本的 60 %，更重要的是，其硅铝等组成可以显著提高 BiVO₄
的耐热性。此外，杂化颜料色温(CCT)的位置随煅烧温度和黏土矿物的不同而发生变化
[图 2-45(c)～图 2-48(c)]。当温度达到 700℃时，色温位于更高的 CCT 处。UV-Vis 漫反
射光谱表明，四种黏土矿物制得铋黄杂化颜料经 700℃煅烧后，除 MMT-HP 外，均具有
较高的反射率。Kubelka-Munk 曲线发现最大吸收边位置随煅烧温度的升高发生了红移，
表明杂化颜料的 E_g 值随着煅烧温度的增加而逐渐减小。当煅烧温度达到 700℃，E_g 达到
稳定值为 2.45 eV，这与文献报道的 ms-BiVO₄ 的带隙能一致[137]。此外，与纯 BiVO₄ 相比，
杂化颜料具有更低的E_g值，表明引入不同黏土矿物可有效地调控杂化颜料的色度[图 2-45(b)～
图 2-48(b)及插图]。

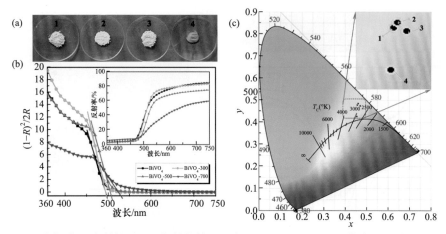

图 2-49　(a) 不同煅烧温度制得 BiVO₄ 颜料的数码照片，(b) Kubelka-Munk 曲线(插图为 UV-Vis 漫反射图)，(c) 色度 CIE 坐标图[19]

1. BiVO₄；2. BiVO₄-300；3. BiVO₄-500；4. BiVO₄-700

2.3.3.2　杂化颜料表征

颜料颜色的变化主要与晶型、化学成分和颗粒形态等密切相关[163]。前驱体和杂化颜料的 XRD 谱图如图 2-50 所示，与黏土矿物的 XRD 谱图相比，前驱体中 Sep 和 MMT 的特征衍射峰完全消失，但 Kal-前驱体在 $2\theta = 8.76°$、$12.27°$、$26.65°$、$27.45°$和 $28.00°$处出

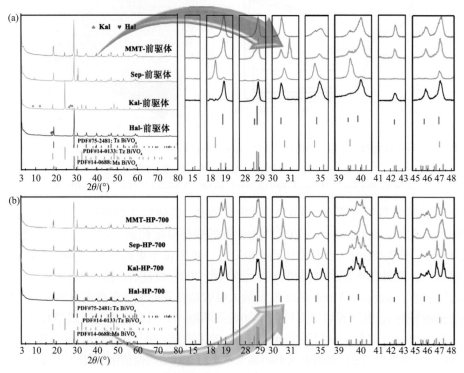

图 2-50　(a)前驱体和(b)黏土矿物-HP-700 的 XRD 谱图[19]

现了较弱的 Kal 特征衍射峰，Hal-前驱体在 17.95°和 18.11°处出现了较弱的 Hal 特征衍射峰。值得一提的是，采用不同黏土矿物制得前驱体中，BiVO₄ 晶型存在明显的差异，除了 Kal-前驱体样品外，其余三种前驱体样品所有衍射峰都归属于四方晶系白钨矿型 [ts-BiVO₄，JCPDS 卡 No. 75-2481，$I41/a$ (88)空间群]，未观察到其他杂质峰出现，表明前驱体中纯的 BiVO₄ 晶体的生成[220]。Kal-前驱体的特征衍射峰归属于四方晶系硅酸锆型 (tz-BiVO₄，JCPDS 卡 No. 14-0133，$I41/amd$ 空间群][221]，2θ 位于 18.87°和 28.90°的弱衍射峰，分别归属于 ts-BiVO₄ (101)和(112)晶面，表明 ts-BiVO₄ 晶型在杂化颜料中所占比例较低。因此，以不同黏土矿物制备前驱体，前驱体具有不同的晶型和晶相百分比，这也与前驱体的色度参数结果一致。

　　由于杂化颜料经 700℃煅烧后呈现最佳色度，因此对黏土矿物-HP-700 样品中 BiVO₄ 的晶型进行考察。由于 ms-BiVO₄ 比 tz-BiVO₄ 和 ts-BiVO₄ 具有更好的颜色[163]，期望得到具有单斜白钨矿型的铋黄，一般可以通过 ms-BiVO₄ 在 $2\theta = 15$°处特征峰以及在 18.5°、35°和 46°处的分裂峰区分 ms-BiVO₄ 和 ts-BiVO₄[222]。除 Sep-HP-700 外，其他杂化颜料所有衍射峰均归属于 ms-BiVO₄[223]。图 2-50(b)的局部放大图可以清晰地显示四种杂化颜料 2θ 位置。Hal-HP-700、MMT-HP-700 和 Kal-HP-700 在 15°、18.5°、35°和 46°处均出现了分裂的衍射峰，表明经 700℃煅烧后 BiVO₄ 晶型从 ts-BiVO₄ 或/和 ts-BiVO₄ 转变为纯的单斜白钨型。相比之下，Sep-HP-700 中衍射峰发生了明显变化，但并未观察到峰的分裂现象，同时在 26.70°、26.98°、27.29°、27.65°和 30.61°处出现新的衍射峰，这与 700℃煅烧 Sep 的衍射峰结果一致[224]。其他杂化颜料的 XRD 谱图没有观察到黏土矿物衍射峰，这主要归因于 BiVO₄ 相对高的结晶度和矿物物相转变[225]。与 Hal-HP-700(32.47 nm)、Kal-HP-700(35.14 nm)和 MMT-HP-700(34.69 nm)相比，Sep-HP-700(60.58 nm)具有更大的晶粒尺寸。但是，Sep-HP-700 比其他三个样品的晶胞体积更小，这可能与海泡石的物相转变有关[223]。

　　如图 2-51(a)所示，前驱体中存在黏土矿物的典型吸收带，如 O—H 的拉伸振动 (3800～3600 cm⁻¹)、O—H 的弯曲振动(1620～1640 cm⁻¹)和 Si—O—Si 的拉伸振动(1200～

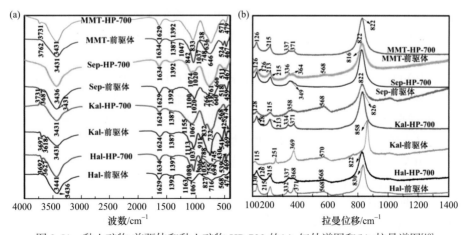

图 2-51　黏土矿物-前驱体和黏土矿物-HP-700 的(a) 红外谱图和(b) 拉曼谱图[19]

1000 cm⁻¹)[226, 227]。经煅烧之后，由于杂化颜料中黏土矿物结构的破坏(如脱羟基、孔道塌陷和四面体的变形等)[228]，杂化颜料中黏土矿物一些特征峰消失或发生位移。在制得前驱体的红外谱图中，位于 737~750 cm⁻¹ 和 830~840 cm⁻¹ 的吸收谱带分别对应于 VO_4^{3-} 中 V—O 键的对称和非对称拉伸/弯曲振动[216]，Bi—O 的伸缩振动和强弯曲振动分别位于 630~650 cm⁻¹ 和 425~480 cm⁻¹ 处[229]。此外，经 700℃煅烧后，Bi—O 和 V—O 的特征吸收峰发生了明显的位移，表明 ms-BiVO₄ 表/界面与黏土矿物可能形成了相互作用[230]。

制得前驱体的拉曼光谱如图 2-51(b)所示，在 120 cm⁻¹、215 cm⁻¹、335 cm⁻¹、360 cm⁻¹ 和 830 cm⁻¹ 处出现了单斜 BiVO₄ 的典型拉曼振动峰[199]。其中，位于 120 cm⁻¹ 和 215 cm⁻¹ 的峰归属于为外部模式(旋转/平移)[231]，335 cm⁻¹ 和 360 cm⁻¹ 处出现的信号峰归属于 VO_4^- 离子的弯曲模式[232]。V—O 键对称伸缩模式的最强峰分别位于 830 cm⁻¹(Hal-前驱体)、858 cm⁻¹(Kal-前驱体)、822 cm⁻¹(Sep-前驱体)和 822 cm⁻¹(MMT-前驱体)。其中，Kal-前驱体最强峰归属于四方晶系 BiVO₄[233]，这与 XRD 结果基本一致。经 700℃煅烧后，Hal-HP-700、Kal-HP-700 和 Sep-HP-700 的 V—O 振动模式分别位移至 822 cm⁻¹、826 cm⁻¹ 和 816 cm⁻¹，这种负向位移可能归因于 BiVO₄ 相变[233]或者杂化颜料组分之间的相互作用引起表面张力的改变[234]，同时这也可能与 V—O(R)的键长和键序(s)的变化有关。一般来讲，较低的拉曼伸缩频率对应较长的金属氧键长[204]；与之相反，V—O 键的拉曼伸频率与键序呈负相关。V—O 键键长和键序的增加，表明黏土矿物-HP-700 样品比黏土矿物-前驱体样品更稳定且更规则[235]。同时，Kal-HP-700 的键长(1.6960 Å)和键序(1.3199 uv)均高于其他键长为 1.6985 Å 和键序为 1.3099 uv 的样品。

采用 XPS 技术对 Bi 4f、V 2p、O 1s、Si 2p 和 Al 2p 煅烧前后的化学价态和键合环境进行对比研究。如图 2-52 所示，前驱体和杂化颜料中的 Si、Al、Bi、V、O 等元素主要来源于黏土矿物和 BiVO₄。Al 2p 和 Si 2p 的精细谱图中的特征峰均归属于黏土矿物中的 Al—O 键和 Si—O 键[图 2-52(b)和(c)][236]。经煅烧后，Al 2p 和 Si 2p 的结合能向低结合能处位移，同时与 BiVO₄-700 相比出现了正或负方向的位移[218]，表明 BiVO₄ 与黏土矿物组成之间存在相互作用力。引入不同黏土矿物制得杂化颜料 XPS 谱峰之间位移的程度可能与黏土矿物不同化学组成或 BiVO₄ 与黏土矿物之间的相互作用强度有关[237]。

如图 2-52(d)所示，所有样品 O 1s 峰分裂为 532.00 eV 和 529.00 eV 两个结合能峰，并分别归属于 BiVO₄ 中晶格氧($O_{lattice}$)和表面化学吸附 OH⁻($O_{adsorbed}$)[238]，表明样品中的氧呈现多个化学状态。此外，经 700℃煅烧后，$O_{adsorbed}$ 结合能向低结合能方向位移了 0.42 eV，$O_{lattice}$ 结合能向高结合能方向位移了 0.07 eV，表明 BiVO₄ 和 Hal 之间存在相互作用力[239]。此外，不同黏土矿物和前驱体经相同温度煅烧处理后，$O_{lattice}/O_{adsorbed}$ 的摩尔比差别显著。杂化颜料与 BiVO₄-700 相比，$O_{lattice}/O_{adsorbed}$ 的摩尔比显著增加[218]，尤其是 Sep-HP-700，表明出现了大量的 $O_{lattice}$ 表面氧空位。

对于 Hal-前驱体样品，Bi 4f 的分裂峰结合能分别位于 159.13 eV(Bi 4f₇/₂)和 164.47 eV (Bi 4f₅/₂)，同时 V 2p 自旋-轨道峰分裂为 524.60 eV(V 2p₁/₂)和 516.73 eV(V 2p₃/₂)[240]，二者分别归属于 Bi³⁺ 和 V⁵⁺[241]。经煅烧处理后，V 2p₁/₂、V 2p₃/₂、Bi 4f₇/₂ 和 Bi 4f₅/₂ 的结合能

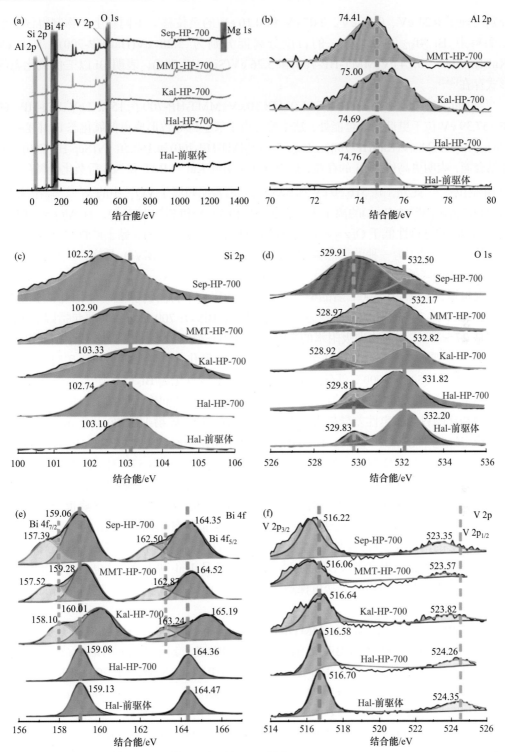

图 2-52　(a) Hal-前驱体和黏土矿物-HP-700 的 XPS 谱图，(b) Al 2p、(c) Si 2p、(d) O 1s、(e) Bi 4f 和
(f) V 2p 的精细谱图[19]

分别出现了 0.21 eV、0.06 eV、0.07 eV 和 0.10 eV 的负位移。不同黏土矿物制得铋黄杂化颜料中 Bi $4f_{5/2}$ 和 Bi $4f_{7/2}$ 的自旋分离能分别为 5.28 eV(Hal-HP-700)、5.18 eV(Kal-HP-700)、5.24 eV(MMT-HP-700)和 5.26 eV(Sep-HP-700),表明 Bi 以三价氧化态的形式存在[242]。

与 Hal-HP-700 相比,Kal-HP-700 在 158.10 eV、MMT-HP-700 在 157.52 eV、Sep-HP-700 在 157.39 eV 位于更低的结合能处,这主要是由于氧空位导致形成更低氧化态 Bi 中心[243]。同时,在 163.24 eV(Kal-HP-700)、162.87 eV(MMT-HP-700)和 162.50 eV(Sep-HP-700)处的高结合能,表明更高价态 Bi 的存在,这也证实了引入 Kal、MMT 和 Sep 后杂化颜料存在表面 Bi 空位[244]。此外,在 516.50 eV 和 523.8 eV 结合能归属于 VO_4^{3-} 中的 V^{5+}[245]。事实上,Bi^{3+}(1.03 Å)和 V^{5+}(0.59 Å)的离子半径大于 Al^{3+}(0.54 Å)和 Si^{4+}(0.41 Å),且 Al($\chi = 1.61$)和 Si($\chi = 1.98$)的电负性低于 O($\chi = 3.44$)、Bi($\chi = 2.02$)和 V($\chi = 1.63$)。黏土矿物中具有较低电负性的元素可能作为一种的天然掺杂剂,在煅烧过程中进入 $BiVO_4$ 晶格,从而引起杂化颜料结合能的降低[236, 246]。

据报道,$BiVO_4$ 在 500℃后晶型会不可逆地转化为单斜白钨矿型[137]。因此,经 700℃ 煅烧后,$BiVO_4$-700 中 $BiVO_4$ 晶型为单斜白钨矿型。$BiVO_4$-700 热分解主要包括四个阶段,分别是 37~150℃表面物理吸附水的去除[247]、150~326℃为表面羟基或残余硝酸根或沉淀剂的分解[209]、327~541℃为残留的沉淀物的完全氧化并伴随着四方白钨矿向单斜白钨矿的转变[248]和 542~1000℃部分为 $BiVO_4$ 在高温下被氧化为 $Bi_2VO_{5.5}$[249]。

黏土矿物-HP-700 的质量损失是黏土矿物与 $BiVO_4$ 共同作用的结果,但引入不同黏土矿物杂化颜料热稳定性差异较大。在 700℃之前,黏土矿物-HP-700 几乎无放热峰,说明热稳定性优于 $BiVO_4$。同时,Hal-HP-700 和 Kal-HP-700 的吸热峰高于 $BiVO_4$-700,分别位于 913.34℃和 921.53℃。但对 Sep-HP-700 样品,位于 798.57℃和 813.47℃处放热峰归属于 Sep 二羟基化反应。同时,在 856.27℃的放热峰证实"金属-海泡石"发生了结晶化并形成了顽辉石($MgSiO_3$)[226]。对于 APT-HP-700,在 862.57℃的放热峰也归因于脱羟基过程[250],但 MMT-HP-700 由于脱羟基作用转变为非晶态"金属-MMT 相",在 869.81℃ 和 885.02℃的两个放热峰归因于硅烷醇"金属-MMT 相"的坍塌[251]。基于上述分析可知,引入黏土矿物可有效提高 $BiVO_4$ 的热稳定性,尤其是 Hal 和 Kal。这也表明在高温煅烧条件下,黏土矿物中的铝硅酸盐可保护钒酸铋,从而提高耐热性能,这也是与文献报道的结果一致[219]。

Hal-HP-700、Kal-HP-700、MMT-HP-700 和 Sep-HP-700 的 HRTEM 照片如图 2-53 所示,其形貌由黏土矿物和 $BiVO_4$ 纳米粒子共同组成,其中生成的 $BiVO_4$ 纳米粒子均匀地负载于黏土矿物表面。在 Hal-HP-700、Kal-HP-700、MMT-HP-700 和 Sep-HP-700 中,$BiVO_4$ 纳米粒子尺寸分别为 24~32 nm、5 nm、10~50 nm 和 5~20 nm,均低于 XRD 结果计算的晶粒尺寸,这主要是由不同测试方法的差异所致。此外,在上述四种杂化颜料中,$BiVO_4$ 纳米粒子的晶面间距分别为 0.255 nm、0.260 nm、0.310 nm、0.470 nm、0.292 nm 和 0.237 nm,分别对应于 $BiVO_4$(002)、(200)、($\bar{1}21$)、(011)、(040) 和(220)晶面。

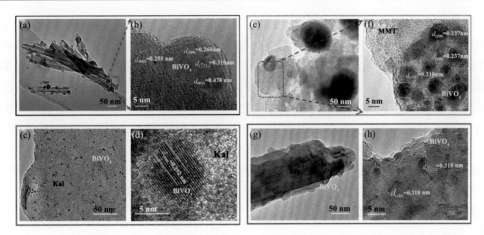

图 2-53 (a)和(b)Hal-HP-700、(c)和(d)Kal-HP-700、(e)和(f)MMT-HP-700 以及(g)和(h)Sep-HP-700 的
HRTEM 照片[19]

2.3.3.3 呈色机理

众所周知，无机颜料的成色机理归因于价带之间的电荷转移[231]。对于 ms- BiVO₄ 来说，呈色机理主要归因于 Bi$_{6s}$ 和 O$_{2p}$ 的杂化轨道形成的价带(VB)与 V$_{3d}$ 形成的导带之间的电荷转移[66]。因此，将其他元素掺杂到 BiVO₄ 晶体中可以促使晶格发生变形或扭曲，从而可以有效调控 BiVO₄ 颜料的色度。图 2-54 汇总了杂化颜料和 BiVO₄-700 样品的 UV-Vis 漫反射光谱、Kubelka-Munk 曲线和色度 CIE 坐标图。如图所示，黏土矿物-HP-700 杂化颜料的色度比纯 BiVO₄ 颜料更佳，这也可以从数码照片和 CIE 参数得到证实，黏土矿物-HP-700 呈黄色，BiVO₄-7000 颜料为橘红色。不同黏土矿物-HP-700 之间相较，APT-HP-700、Hal-HP-700 和 Kal-HP-700 的颜色性能均优于 Sep-HP-700 和 MMT-HP-700。杂化颜料的 b^* 值大小顺序为：APT-HP-700＞Hal-HP-700＞Kal-HP-700＞Sep-HP-700＞MMT-HP-700＞BiVO₄-700，且 Kal-HP-700 的 a^* 值最低。

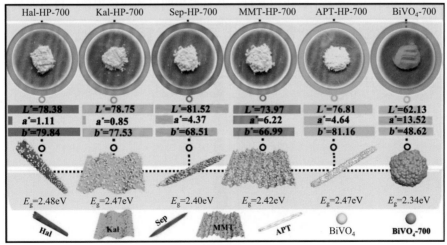

图 2-54 Hal-HP-700、Kal-HP-700、Sep-HP-700、MMT-HP-700、APT-HP-700 和 BiVO₄-700 的数码照片、
E_g 值和 CIE 色度参数值汇总图[19]

如图 2-55(a)所示，引入黏土矿物引起铋 $BiVO_4$ 颜料最大吸收边发生蓝移，从而导致 E_g 值增加。但由于 Sep-HP-700 具有最高 L^* 值，反射率达到 81%，高于其他杂化颜料和 $BiVO_4$-700[图 2-55(b)]。在涉及的黏土矿物中，Hal、Kal 和 MMT 主要由 Al_2O_3 和 SiO_2 组成，Sep 和凹凸棒石由 MgO、Al_2O_3 和 SiO_2 组成。前期研究已经证实凹凸棒石各组分协同作用有助于提升 $BiVO_4$ 颜料的颜色性能，黄值主要受 SiO_2 和 Al_2O_3 影响，亮度由 MgO 和 CaO 调控。此外，在煅烧过程中，Al^{3+}、Si^{4+}、Mg^{2+} 和 Ca^{2+} 可取代 ms-$BiVO_4$ 晶格中的 Bi 或 V 位点[136,184,214,215]，从而导致 $BiVO_4$ 晶格发生畸变，这种畸变会进一步引起 E_g 变化，即 VB 与 CB 之间电荷转移跃迁的变化。因此，基于 $BiVO_4$ 电荷转移促使最大吸收边发生蓝移。由于黏土矿物中 Al^{3+}、Si^{4+}、Mg^{2+} 或 Ca^{2+} 对 $BiVO_4$ 晶格的掺杂作用，杂化颜料中 $BiVO_4$ 的 E_g 值与纯 $BiVO_4$ 相比，也呈现增加趋势[252]。

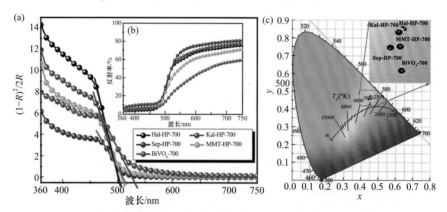

图 2-55　(a) Hal-HP-700、Kal-HP-700、Sep-HP-700、MMT-HP-700 和 $BiVO_4$-700 的 Kubelka-Munk 曲线，(b) UV-Vis 漫反射光谱和(c)色度 CIE 坐标图[19]

如图 2-56 所示，将前驱体分别喷涂于陶瓷和氧化铝基材，在不同温度下进行煅烧处理。结果表明，喷涂于陶瓷基材上颜料的 ΔE^* 值高于氧化铝基材。当煅烧温度高于 800℃ 时，陶瓷板上颜料的色度劣于氧化铝基材，并且发生明显的褪色现象。这表明氧化铝基

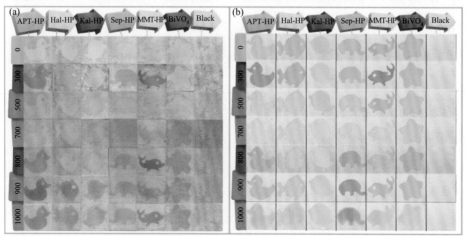

图 2-56　前驱体喷涂于(a)陶瓷和(b)Al_2O_3 基板后在不同煅烧温度下的数码照片[19]

材与颜料之间的相互作用强于陶瓷基材。对于杂化颜料而言，在陶瓷基材表面 800℃煅烧后没有发生明显的变色和脱落现象，尤其是 Hal-HP 和 Kal-HP；对于纯 $BiVO_4$，在陶瓷基材表面 700℃煅烧后没有脱落，但颜色红相增加的同时亮度明显变暗。此外，$BiVO_4$ 颜料喷涂的氧化铝基材在 800℃以上并无明显的褪色现象。当煅烧温度为 1000℃时，颜料图案明显变大，表明颜料在高温熔融时与氧化铝基板发生了融合。这也进一步表明黏土矿物中的铝元素对颜料色度起着关键性的作用。

2.3.4　机械力化学法

在自然界中，凹凸棒石矿多属于湖相沉积型矿物，八面体中 Fe^{3+} 对 Mg^{2+} 或 Al^{3+} 的类质同晶取代现象较为普遍，造成其色泽较深，伴生矿物复杂，属于典型的混维黏土矿物，不具备功能导向的工业应用价值。因此，在深刻认知杂色凹凸棒石晶体结构和矿物学特征的基础上，采用 1 mol/L 具有酸性、络合性和还原性的草酸实现了杂色凹凸棒石转白[253]。以转白甘肃临泽地脉通凹凸棒石(O-DMT)为基体(XRF 化学组成为：MgO 1.84%、Al_2O_3 11.51%、SiO_2 51.16%、CaO 19.09%和 Fe_2O_3 2.45%)，以 NH_4VO_3 和 $Bi(NO_3)_3 \cdot 5H_2O$ 分别为钒源和铋源，采用双螺杆挤出技术制备铋黄杂化颜料，考察挤出次数、煅烧温度、铝掺杂等关键制备因素对铋黄杂化颜料颜色性能的影响规律。

2.3.4.1　制备因素

为了使物料充分地混合均匀并发生化学反应,采用双螺杆挤出机(螺杆长度为 1200 mm，外径为 26 mm)挤出 3 次为一个周期，共进行 5 个周期，考察挤出次数对铋黄杂化颜料颜色的影响行为。如图 2-57 所示，随着挤出次数的增加，制得前驱体的颜色最终转变为橘红色。经 400℃煅烧后，不同挤出次数制得的前驱体颜色发生明显变化。随着挤出次数的增加，铋黄杂化颜料的颜色逐渐从土色向米色向黄色再向亮黄色转变。这表明增加挤出次数可以保证 Bi^{3+} 与 VO_3^- 充分接触并诱发二者之间的化学反应。因此，对于该体系选择挤出次数为 5 个周期(挤出次数 15 次)。

煅烧温度对于铋黄颜料的结晶度和色度至关重要，因此，在双螺杆挤出 5 个周期的基础上，考察不同煅烧温度(300～700℃)对杂化颜料色度的影响规律。如图 2-57 所示，将前驱体煅烧后，颜色由橘黄色转变为黄色，同时随着煅烧温度的增加，制得杂化颜料的

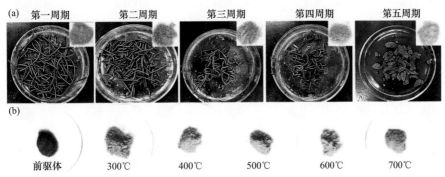

图 2-57　(a) 不同挤出次数(煅烧温度 400℃)和(b) 不同温度煅烧(5 个周期)制得的铋黄杂化颜料

颜色红相增加，亮度有所下降。这也可以从表 2-12 中杂化颜料的色度值得到证实。随着煅烧温度从 300℃升高至 700℃，铋黄杂化颜料的 L^* 和 b^* 值分别从 71.51 和 70.41 下降至 67.41 和 63.96，a^* 值从 −3.68 急剧增加至 9.00，表明制得杂化颜料的亮度和黄值下降，红相大幅增加。相比之下，经 400℃煅烧制得铋黄杂化颜料具有最佳的颜色性能（L^*=72.86、a^*=−2.23、b^*=72.49 和 C^*=72.53）。

表 2-12 　双螺杆挤出 5 个周期后经不同温度煅烧制得铋黄杂化颜料的色度

煅烧温度/℃	L^*	a^*	b^*	C^*	h^*	YI-E313
—	31.43	26.25	36.19	44.86	53.77	156.5
300	71.51	−3.68	70.41	70.51	92.99	101.08
400	72.86	−2.23	72.49	72.53	91.77	103.19
500	73.62	0.37	68.19	68.19	89.69	102.22
600	74.66	2.38	71.32	71.36	88.09	105.81
700	67.41	9.00	63.96	64.59	81.99	111.76

基于黏土矿物基铋黄杂化颜料的呈色机理，在双螺杆挤出机制备铋黄杂化颜料的过程中，引入 Al^{3+} 设计构筑铝掺杂的铋黄杂化颜料。引入 Al^{3+} 经不同挤出次数制得前驱体的颜色呈橘红色，随着挤出次数的增加，前驱体的红相有所增加，表明在 $Al(NO_3)_3 \cdot 9H_2O$ 和 $Bi(NO_3)_3 \cdot 6H_2O$ 结晶水微溶剂体系中，Bi^{3+} 与 VO_3^- 在机械力化学的过程中反应更为充分。将不同周期制得前驱体经 700℃煅烧，可以发现随着挤出次数的增加，杂化颜料的颜色明显提升，这与未添加 Al^{3+} 的情况一致，所以选择挤出次数为五个周期考察煅烧温度的影响行为。如图 2-58 所示，经煅烧处理前驱体颜色转变为黄色，同时随着煅烧温度的增加，外观颜色没有发生明显的变化，尤其是煅烧温度高于 700℃。这与未添加 Al^{3+} 制得铋黄杂化颜料的情况存在显著差异，其主要与 Al^{3+} 对 $BiVO_4$ 晶格的掺杂作用有关。同时也表明添加 Al^{3+} 有助于提升铋黄颜料的耐热性能和颜色稳定性。随着煅烧温度的增加，杂化颜料的 L^* 和 b^* 值没有明显变化，当煅烧温度为 700℃时，制得的铋黄杂化颜料具有最佳颜色参数（L^* = 74.76、a^* = 4.24、b^* = 80.84 和 C^* = 80.95），综合颜色性能优于 O-DMT@BiVO$_4$-HP。

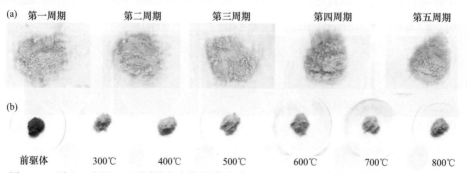

图 2-58 　引入 Al^{3+} 经(a) 不同挤出次数(煅烧温度 700℃)和(b) 不同温度煅烧(5 个周期)制得的 O-DMT@BiVO₄-HP

2.3.4.2 样品表征

不同温度煅烧后制得 O-DMT@BiVO₄-HP 和 Al 掺杂的 O-DMT@BiVO₄-HP 的 XRD 图如图 2-59 所示。在以 O-DMT、NH₄VO₃ 和 Bi(NO₃)₃·5H₂O 为原料制得前驱体中 [图 2-59(a)]，产物主要归属于 ts-BiVO₄ 和石英，随着煅烧温度的升高，ts-BiVO₄ 的衍射峰强度逐渐增加，同时开始出现分裂现象，表明 ts-BiVO₄ 逐渐转变为 ms-BiVO₄。相比之下，引入 Al(NO₃)₃·9H₂O 之后，在前驱体的 XRD 谱图中出现了 Al(NO₃)₃ 的特征衍射峰。随着煅烧温度升高至 300℃，Al(NO₃)₃ 的特征衍射峰完全消失，产物物相属于 ts-BiVO₄ 和石英[图 2-59(b)]。随着煅烧温度的升高，ts-BiVO₄ 逐渐转变为 ms-BiVO₄。这表明反应物料在双螺杆挤出的过程中，相互作用生成了 ts-BiVO₄，然后在加热过程中逐渐转变为呈色性能优异的 ms-BiVO₄。

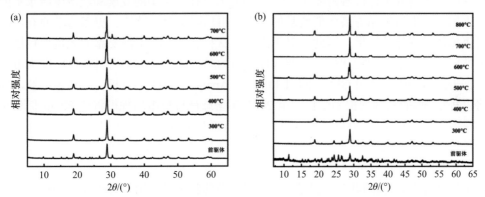

图 2-59 不同煅烧温度制得(a) O-DMT@BiVO₄-HP 和(b) Al 掺杂的 O-DMT@BiVO₄-HP 的 XRD 谱图

图 2-60 是不同温度煅烧后制得 O-DMT@BiVO₄-HP 和 Al 掺杂的 O-DMT@BiVO₄-HP 的 FTIR 谱图。在前驱体中，位于 3408 cm⁻¹～3431 cm⁻¹ 和 1616 cm⁻¹～1634cm⁻¹ 处的吸收谱带主要归属于黏土矿物的羟基伸缩振动和 H—O—H(配位水和沸石水)的吸收峰，在 1009 cm⁻¹～1065 cm⁻¹ 处为 Si—O—Si 的不对称伸缩振动吸收峰，VO_4^{3-} 的 V—O 的对称弯曲振动峰位于 703 cm⁻¹～752 cm⁻¹ 之间。随着煅烧温度的增加，位于 1385 cm⁻¹ 和 828 cm⁻¹ 处 NO_3^- 的

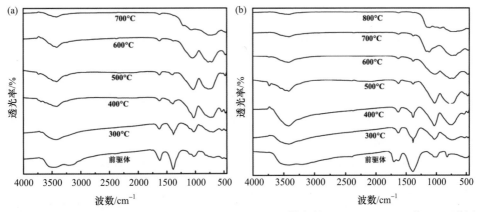

图 2-60 不同煅烧温度制得(a) APT@BiVO₄-HP 和(b) Al 掺杂的 APT@BiVO₄-HP 的 FTIR 谱图

特征吸收峰逐渐消失。同时 VO_4^{3-} 中 V—O 的对称和非对称伸缩振动位于 740～850 cm^{-1} 之间[88]。比较 O-DMT@BiVO$_4$- HP 和 Al 掺杂的 O-DMT@BiVO$_4$-HP 的 FTIR 谱图，二者之间没有发现明显区别，表明铝掺杂没有影响铋黄的基本结构。此外，煅烧后杂化颜料的反射率明显高于前驱体。随着煅烧温度的升高(<800℃)，杂化颜料反射率逐渐增加，同时 Al 掺杂的 O-DMT@BiVO$_4$-HP 的反射率优于 O-DMT@BiVO$_4$-HP，这也进一步表明添加 Al^{3+} 有助于提升铋黄颜料的颜色性能。

2.3.5 铋黄/凹凸棒石杂化颜料的应用

2.3.5.1 在高分子材料中的应用

由于具有一维纳米棒晶形貌，资源储量丰富，且绿色无毒，凹凸棒石作为无机填料已广泛应用于高分子材料增韧补强[254-256]。随着人类社会文明的发展和经济生活水平的提高，人们对于生活用品等诸多消费品的要求不再局限于单一功能，更多追求原有功能的同时更加注重视觉的效果。因此，对于高分子材料制品，除了需要添加无机填料提升其机械性能之外，根据功能和视觉需要选择合适的颜料进行高分子材料着色已成为市场主流。据美国市场研究公司 GIA(Global Industry Analysts)2011 年分析，全球色母粒市场需求将以每年 6%的复合增长率增长，至 2017 年全球色母粒市场规模将达 82.50 亿美元。根据我国下游塑料制品 2006～2014 年产量复合增长率 12.88%，以及色母粒在塑料制品中的添加比例 2%～20%测算，2015～2020 年我国色母粒总需求量将超过 1300 万吨[257]。

近年来，由于优良的热稳定性、耐候性、遮盖力等性能优势，无机颜料着色剂的市场需求远远高于有机颜料[258]。但是，随着对着色塑料制品使用时毒性要求的日益严格以及所含有害物质残余量要求的不断提高，亟需寻求传统铅、镉、铬等重金属颜料的替代品[4]。Martins da Silva 等采用传统固相法制备了环保型铋和钼掺杂 TiO$_2$ 黄色颜料并用于高密度聚乙烯着色，黄颜色主要来自于α-Bi$_2$O$_3$、γ*-Bi$_2$MoO$_6$ 和 Bi$_2$Ti$_2$O$_7$ 三种物相[259]。George 通过固相法制得了钛掺杂的 Pr$_2$MoO$_6$ 黄色颜料并用于塑料表面和着色[260]。相比之下，铋黄颜料分散性好、遮盖力强、主色调高、热稳定性和耐溶剂性好，可直接替代铬黄和有机黄色颜料用于高分子材料的着色[261]。因此，基于铋黄/凹凸棒石组分协同效应，有望实现其在高分子材料中着色、补强和阻燃等功能应用。

首选以可降解的海藻酸钠膜为例，将 APT/BiVO$_4$-700、Kal/BiVO$_4$-700 和 BiVO$_4$-700 按不同百分比添加至海藻酸钠基体中成膜。如图 2-61 所示，制得铋黄/黏土矿物杂化颜料可以均匀地分散在海藻酸钠基材中，同时对比发现添加杂化颜料的复合膜的色彩饱和度优于 BiVO$_4$-700。通过考察拉伸强度随颜料添加量的变化规律，发现添加 APT/BiVO$_4$-700 和 Kal/BiVO$_4$-700 海藻酸钠复合膜的拉伸强度明显优于纯的海藻酸钠膜和含有 BiVO$_4$-700 海藻酸钠复合膜。相比纯海藻酸钠膜，添加 5%(质量分数)APT/BiVO$_4$ 之后，拉伸强度从 6 MPa 提高至 15.2 MPa。

对于聚丙烯(PP)，为提高颜料与 PP 基体之间的表界面相容性，采用 3% (质量分数)KH-570 对杂化颜料进行表面改性，然后将聚合物和颜料按照不同的颜基比(PP 为 100∶0、99∶1、97∶3、95∶5 和 93∶7)，通过微型实验单螺杆挤出机(WSJXT-12，上海新硕精密机械有限公司)、造粒机(上海新硕精密机械有限公司)和微型注塑机(WZS10D，

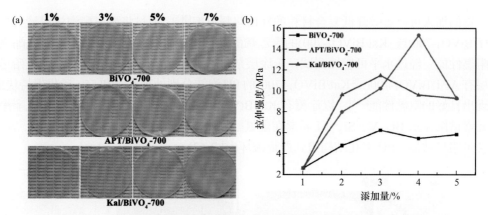

图 2-61 不同颜料添加量(质量分数)制得海藻酸钠复合膜的颜色和拉伸强度

上海新硕精密机械有限公司)注塑成型制备标准拉伸和弯曲样条。基于铋黄/凹凸棒石杂化颜料组分之间的协同效应，考察杂化颜料对高分子材料的增韧补强和着色性能，对比研究 APT/BiVO$_4$-700、Hal/BiVO$_4$-700、Kal/BiVO$_4$-700 杂化颜料对力学性能的影响规律。如图 2-62 所示，颜料在 PP 基体中具有良好的呈色性能，同时添加着色剂对 PP 复合材料的拉伸强度影响很大，并表现出明显差异。添加 Kal/BiVO$_4$-700 和 APT/BiVO$_4$-700 的 PP 复合材料的拉伸强度明显高于含 BiVO$_4$-700 的 PP 复合材料。其中，添加 APT/BiVO$_4$-700 的 PP 复合材料机械性能优于 Kal/BiVO$_4$-700，特别是杂化颜料添加量为 7%，这与文献报道的结果一致，即不同几何形状的填料对塑料制品的强度影响规律一般是：纤维状或棒状＞片状＞球形[262,263]。相比之下，填充了 7% APT/BiVO$_4$-700 的 PP 复合材料的机械强度比纯 PP 提高了 20%，比添加 BiVO$_4$-700 的 PP 复合材料提高了 23%。因此，以铋黄/黏土矿物杂化颜料为填料引入 PP 基体中，不仅可以为 PP 着色提供亮丽的颜色，同时基于黏土矿物可以明显提升 PP 的力学性能。

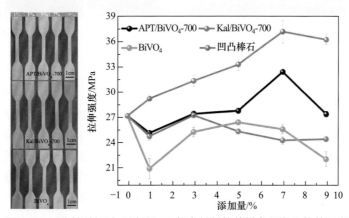

图 2-62 不同颜料添加量制得 PP 复合材料拉伸样条颜色和拉伸强度

此外，聚氨酯(PU)泡沫是一种典型的热固性聚合物，应用范围十分广泛，几乎涉及国民经济各部门，已成为不可缺少的材料之一[264]，但由于其高度易燃，限制了在许多领域的广泛应用。为此，赋予聚氨酯材料良好的阻燃性能受到了广泛关注。研究表明，黏土矿物的加入可以有效降低复合材料的峰值热释放率[265]。通过将聚氨酯泡沫浸渍到含有 APT/BiVO$_4$-700(或 Kal/BiVO$_4$-700)的聚乙烯醇溶液中，研究杂化颜料涂层对聚氨酯泡沫的阻燃性能。经过水平可燃性测试，未涂层杂化颜料的原 PU 泡沫样品几乎燃烧殆尽，涂层有 APT/BiVO$_4$-700(或 Kal/BiVO$_4$-700)的 PU 泡沫分别处理 41 s 和 55 s 后仍保持块形，表现出良好的阻燃性能[266]。以涂覆有 Kal/BiVO$_4$-700 的聚氨酯为例，燃烧前聚氨酯涂层的元素谱图显示 Bi、V、Si、Al 元素在聚氨酯泡沫上均匀分布；待燃烧后 N、Si、Al 元素含量明显增加，PU 多孔结构遭到严重破坏(图 2-63)。

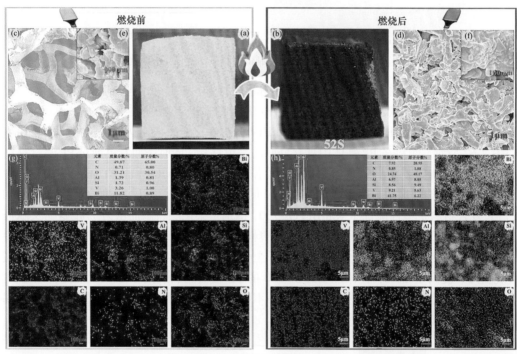

图 2-63　水平燃烧试验前后涂有 Kal/BiVO$_4$-700 聚氨酯泡沫数码照片、SEM 照片、EDS 谱图和元素分布图[266]

2.3.5.2　仿生自清洁涂层

受荷叶效应启发，设计构筑具有水接触角(CA)大于 150° 和滑动角(SA)小于 10° 的超疏水表面引起了广大科研工作者的广泛关注[267]。粉末表面的润湿性主要取决于表面化学性质和表面粗糙度[268]，联合微/纳米表面粗糙结构和低表面能物质修饰可赋予材料优异的超疏水性能[269]。在构筑超疏水材料的过程中，正硅酸乙酯在提高材料表面粗糙度方面发挥着重要作用[270]。研究发现在黏土矿物表面负载 BiVO$_4$ 纳米粒子可以提高表面粗糙度，设计构筑超疏水黏土矿物铋黄杂化颜料无需引入正硅酸乙酯，直接利用低表面能的有机硅氧烷水解缩合进行表面修饰即可。因此，基于黏土矿物铋黄杂化颜料表面粗糙结构，直接采用十六烷基三甲氧基硅烷(HDTMS)修饰构筑彩色超疏水涂层。首先以 Kal/BiVO$_4$-HP 为例，考察 HDTMS 添加量对杂化颜料超疏水性能影响，研究制得彩色超疏水涂层的自清洁和可逆热致变色性能，比较分析不同黏土矿物对超疏水性能的影响规律[271]。具体制备过程如下所述：将黏土矿物基铋黄杂化颜料分散于无水乙醇中，加入适量 HDTMS，采用氨水催化制备 HDTMS 改性的铋黄杂化颜料，样品标记为黏土矿物/BiVO₄-HP@HDTMS。

　　为了研究 Kal/BiVO₄-HP@HDTMS 的表面润湿性，将超疏水颜料分散于乙醇中并喷涂在玻璃片上，然后在室温条件下测定涂层的水接触角(CA)和滚动角(SA)(克吕士 OCA20型接触角测定仪，德国)。如图 2-64(a)所示，杂化颜料涂层的 CA 值随着 HDTMS 浓度的增加而增加，当 HDTMS 浓度为 4.58 mmol/L 时，CA 达到最高(169.55°)。继续增加 HDTMS浓度至 9.0 mmol/L，涂层 CA 值略有下降，但仍然大于 150°，表明水滴在涂层表面呈Cassie-Baxter 状态；当 HDTMS 浓度高于 10.5 mmol/L 时，涂层 CA 值小于 140°，水滴在涂层表面处于 Wenzel 状态。同时，当 HDTMS 浓度介于 3～9 mmol/L 之间，制得杂化颜料涂层对水具有超低 SA 值(1°～4°)，水滴在涂层表面没有黏附而快速滚落。如图 2-64(b)和(c)所示，Kal/BiVO₄-HP 呈现亮黄色，经 HDTMS 修饰后 Kal/BiVO₄-HP@HDTMS 转变为黄绿色。利用 CIE 1976-$L^*a^*b^*$分析 Kal/BiVO₄-HP@HDTMS 的颜色参数，研究发现随着 HDTMS 浓度从 0 增加到 15 mmol/L，Kal/BiVO₄-HP@HDTMS 的 L^*值从 84.65 下降到74.84，a^*变为负值，b^*基本没有变化，这表明 HDTMS 改性浓度对 Kal/BiVO₄-HP@HDTMS

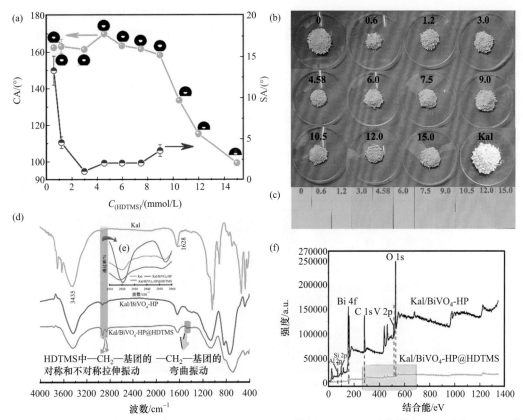

图 2-64　(a)HDTMS 改性浓度对 Kal/BiVO₄-HP@HDTMS 涂层 CA 和 SA 值的影响；(b)不同 HDTMS 改性浓度制得 Kal/BiVO₄-HP@HDTMS 粉末及其(c)涂层的数码照片；(d) Kal、Kal/BiVO₄-HP 和 Kal/BiVO₄-HP@HDTMS 的红外谱图[插图(e)为局部放大图]；(f) Kal/BiVO₄-HP 和 Kal/BiVO₄-HP@HDTMS 的 XPS 谱图(C_{HDTMS} = 4.58 mmol/L)[271]

的颜色影响较弱。因此，根据改性后颜料的表面润湿性和颜色性能，HDTMS 最佳改性浓度选择为 4.58 mmol/L，并以此浓度改性的 Kal/BiVO$_4$-HP@HDTMS 为研究对象开展相关表征。

图 2-64(d)是 Kal、Kal/BiVO$_4$-HP 和 Kal/BiVO$_4$-HP@HDTMS 的红外谱图，位于 3800～3600 cm^{-1}、1200～1000 cm^{-1} 和 1620～640 cm^{-1} 处的特征吸收峰分别归属于 Kal 的 O—H 伸缩振动、Si—O—Si 的伸缩振动和 O—H 的弯曲振动[272]。引入铋黄颜料之后，在 Kal/BiVO$_4$-HP 谱图上出现了 Bi—O 的伸缩振动(630～650 cm^{-1})和弯曲振动(425～480 cm^{-1})吸收峰[229]，位于 737～750 cm^{-1} 和 830～840 cm^{-1} 处的谱带分别归属于 VO$_4^{3-}$ 中 V—O 键的对称和非对称伸缩/弯曲振动峰[216]。相比之下，经 HDTMS 改性后在 2920 cm^{-1}、2850 cm^{-1} 和 1462 cm^{-1} 处的吸收峰分别对应于有机硅氧烷中—CH$_2$—的不对称、对称伸缩振动和弯曲振动。对比 HDTMS 改性前后杂化颜料的 XPS 谱图[图 2-64(f)]，由于十六烷基脂肪链的存在，Kal/BiVO$_4$-HP@HDTMS 表面能明显低于 Kal/BiVO$_4$-HP，改性后 C 1s 和 O 1s 特征峰相对强度显著高于 Kal/BiVO$_4$-HP，表明 Kal/BiVO$_4$-HP 表面被聚硅氧烷成功包覆。

基于 Kal/BiVO$_4$-HP 表面粗糙结构与十六烷基协同作用，仿生 Kal/BiVO$_4$-HP@HDTMS 涂层具有良好的超疏水性能，水滴在涂层表面呈稳定 Cassie-Baxter 状态[图 2-65(a)]。同时 Kal/BiVO$_4$-HP@HDTMS 涂层也不会被咖啡、牛奶、醋等其他液体浸湿，液滴在涂层表面具有高 CA 值(＞160°)和低 SA 值(＜5°)。此外，7 μL 水滴从 10 mm 高处滴在 Kal/BiVO$_4$-HP@HDTMS 涂层表面可弹跳 14 次[图 2-65(b)]，表明水滴与涂层的固液界面相互作用力较弱。这主要是由于液滴与涂层之间存在空气层，且液滴与涂层表面接触时由黏附所致动能损耗较少[273]。当涂层浸入水中，由于涂层与水滴之间存在空气层[274]，可以形成银镜状表面[图 2-65(c)]；将涂层从水中取出后，表面仍然保持干燥，且当水柱冲在涂层表面会迅速被弹离，不会留下任何痕迹[图 2-65(d)]。此外，Kal/BiVO$_4$-HP@HDTMS 涂层与荷叶类似，表面具有优异的自清洁性能，洒落在其表面粉状沙土可以被水迅速冲洗干净，无污渍残留[图 2-65(e)]。

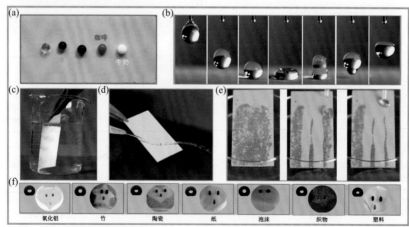

图 2-65　(a) 不同物质液滴在 Kal/BiVO$_4$-HP@HDTMS 涂层上的数码照片；(b) 水滴在 Kal/BiVO$_4$-HP@HDTMS 涂层表面的弹跳行为；(c) Kal/BiVO$_4$-HP@HDTMS 涂层浸入水中的银镜现象；(d) 涂层对水流的反弹效果；(e) Kal/BiVO$_4$-HP@HDTMS 涂层的自清洁行为；(f) Kal/BiVO$_4$-HP@HDTMS 喷涂在不同基体上的数码照片(C_{HDTMS} = 4.58 mmol/L)[271]

为了更好地探索 Kal/BiVO₄-HP@HDTMS 涂层的应用领域，研究不同条件下化学稳定性和环境稳定性非常重要。一般来讲，钒酸铋颜料一般不溶于碱性物质，但在 pH 小于 2 的酸性介质中会发生溶解现象[142]，所以当 98% H₂SO₄ 液滴滴在 Kal/BiVO₄-HP 涂层表面时，立即被润湿并逐渐褪色，如图 2-66(a)所示。与之相反，98% H₂SO₄ 液滴在 Kal/BiVO₄-HP@HDTMS 涂层表面上呈球状，待液滴滚落后涂层表面完全干燥且无液滴痕迹，涂层颜色没有任何变化。此外，将 Kal/BiVO₄-HP @HDTMS 涂层分别浸泡于液氮、0.1 mol/L 盐酸、丙酮、0.1 mol/L 氢氧化钠、紫外光照和 200℃加热 1 h，结果表明经不同条件处理前后涂层的超疏水性能没有明显变化[图 2-66(b)]，同时通过肉眼观察处理前后涂层的数码照片，没有发现明显色差。因此，Kal/BiVO₄-HP@HDTMS 颜料具有良好的化学稳定性，从而有望实现其在特殊环境下的功能应用。

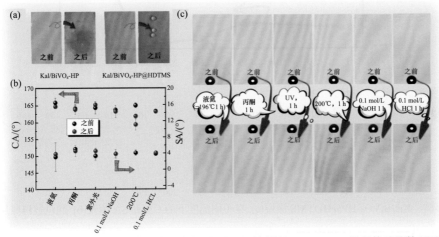

图 2-66　(a) Kal/BiVO₄-HP 和 Kal/BiVO₄-HP@HDTMS 涂层经 98% H₂SO₄ 处理前后的数码照片，
(b) Kal/BiVO₄-HP@HDTMS 涂层在不同介质中处理后的 CA 和 SA 值及(c) 数码照片[271]

图 2-67 是 Kal/BiVO₄-HP@HDTMS 涂层在不同温度下的超疏水性能和颜色数码照片。如图 2-67(a)所示，制得涂层从室温到 270℃，涂层的 CA 和 SA 静态值分别保持在 160°以上和 10°以下，表明涂层在 270℃时仍具有优异的超疏水特性能。但随着加热温度升高至 280℃，由于十六烷基的热解，涂层完全转变为亲水涂层。此外，BiVO₄ 是最典型的热致变色材料之一，颜色可以随着温度变化发生可逆变色现象[186,275]。在室温至 270℃的范围内，Kal/BiVO₄-HP@HDTMS 涂层随着加热温度的升高，涂层的颜色逐渐从黄色变为橘黄色；当温度冷却到室温时，涂层颜色又恢复到原来的状态[图 2-67(b)]，表现出良好的可逆热致变色行为。这种颜色的变化主要归因于 BiVO₄ 在单斜白钨矿和四方白钨矿之间的物相可逆转变[276]。经过 100 次反复加热和冷却循环后，涂层的 CA 值仍然保持在 160°以上[图 2-68(a)]，待恢复到室温后涂层颜色没有发现明显的色差。此外，使用摄像机记录涂层在 30~200℃范围内的变色行为，也可以观察到明显的可逆热致变色现象[图 2-68(b)和(c)]。

对于 HDTMS 改性的黏土矿物基有机/无机杂化颜料来讲，表面超疏水性与黏土矿物的微观形貌密切相关，结果表明采用具有规整纳米孔道和一维棒状形貌的 2∶1 型层链状黏土矿物制得的杂化颜料具有最佳的超疏水性能[277,278]。相比之下，不同黏土矿物(包括

Pal、Kal、Sep、Hal 和 Mt)制得铋黄杂化颜料经 HDTMS 改性后，超疏水性能和颜色性能
与 Kal/BiVO₄-HP@HDTMS 相近，涂层的水接触角和滚动角没有基本一样[图 2-69(a)]，

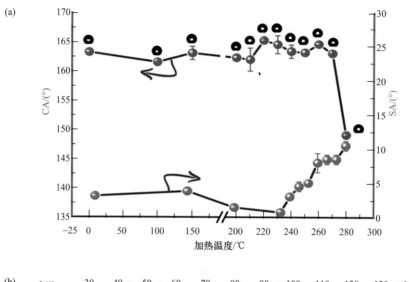

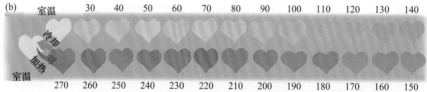

图 2-67　Kal/BiVO₄-HP@HDTMS 涂层(a) 在不同温度下的 CA 和 SA 值及(b) 颜色数码照片[271]

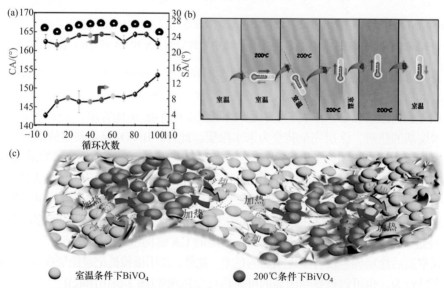

图 2-68　(a) 从室温到 200℃之间加热-冷却循环不同次数后 Kal/BiVO₄-HP@HDTMS 涂层的 CA 和 SA
值；(b) 从室温到 200℃之间加热-冷却过程中 Kal/BiVO₄-HP@HDTMS 涂层颜色变化；
(c) Kal/BiVO₄-HP@HDTMS 涂层可逆热致变色行为示意图[271]

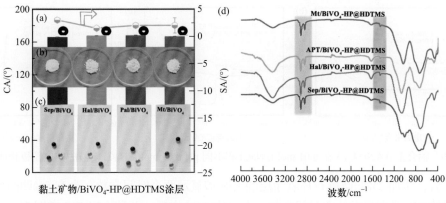

图 2-69　不同黏土矿物制得的超疏水铋黄杂化颜料的(a) CA 和 SA 值、(b) 颜料粉末、(c) 涂层数码照片及(d) 红外光谱图(C_{HDTMS} = 4.58 mmol/L)[271]

杂化颜料的超疏水性能对铋黄杂化颜料(或黏土矿物)的形貌没有依赖性。这种现象主要归因于黏土矿物与有机颜料或无机颜料的表界面作用机制的差异。在 2920 cm^{-1}、2850 cm^{-1} 和 1462 cm^{-1} 处三个吸收谱带也证实了聚有机硅氧烷的成功包覆[图 2-69(d)]。

2.3.5.3　防腐涂层

有机涂料广泛应用于保护金属免受腐蚀侵蚀，特别是金属底漆，通过结合有机黏结剂和防腐填料/颜料，对金属基底腐蚀具有物理阻隔作用，又发挥积极的保护作用。防腐蚀颜料是涂料配方中的关键成分之一，为金属提供主动保护。由于铬酸盐对钢、铝合金、镁合金等金属及合金具有优异的缓蚀性能，多年来铬酸盐一直是一种高效的防腐蚀颜料。但是，由于铬酸盐的毒性及消除其对环境危害而产生的处理成本，铬酸盐已被禁用或逐步弃用[279-281]。因此，寻找替代铬酸盐的新型绿色缓蚀剂对研究人员和工业生产具有重要意义。近年来，研究表明钒酸盐对铝合金有很好的缓蚀作用[282,283]，但传统的钒酸盐如钒酸钠、钒酸钾由于溶解度高，不适合作为有机涂料的颜料。BiVO$_4$ 作为一种环保颜料引起了工业界的广泛关注，作为阻垢剂的溶解度很低，但高昂的生产成本限制了其规模应用。为此，Shi 等采用化学镀液沉积法在凹凸棒石表面均匀担载纳米 BiVO$_4$ 制得杂化颜料(BiVO$_4$/APT)缓蚀剂[25]。

极化测量可以表征金属/电解液的界面及其相关过程，如金属样品暴露在缓蚀剂溶液中的钝化和吸附。图 2-70 为铝合金 AA2024-T3 裸样品在 0.01 mol/L NaCl 和不同 pH0.01 mol/L NaCl 溶液中的电位极化曲线。在浸提液中，AA2024-T3 的腐蚀电位明显向正值偏移，电流密度明显降低。钒酸盐在铝合金上形成吸附层，具有混合阴极-阳极抑制作用，这与文献报道结果一致[284,285]。对比用 E-log$I$ 拟合极化曲线得到的参数，其中外推 AA2024-T3 的腐蚀电位(E_{corr})和电流密度(I_{corr})，AA2024-T3 在萃取液中的电流密度比 0.01 mol/L NaCl 中的电流密度低一个数量级以上。

图 2-71(a)和(b)分别是添加 2%和 5%凹凸棒石的环氧涂层在 0.6 mol/L NaCl 中浸泡不同时间的电化学阻抗(EIS)谱图。结果显示浸没后(0 d)，EIS 谱显示为一个时间常数；浸

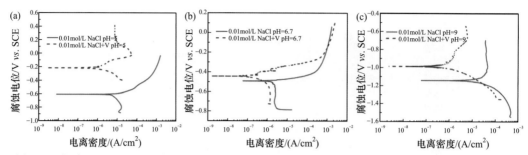

图 2-70　铝合金 AA2024-T3 在 0.01 mol/L NaCl 和不同 pH 0.01 mol/L NaCl 溶液中的电位极化曲线[25]

溃 3 d 后，添加 2%凹凸棒石环氧涂层的 EIS 谱显示两个时间常数，含有 5%凹凸棒石环氧涂层的 EIS 谱图显示一个时间常数；在浸泡 14 d 之后，两种涂层 EIS 谱图都有两个时间常数。在高频范围($1\sim10^5$ Hz)的时间常数归因于涂层的响应，在低频范围($10^{-2}\sim1$ Hz)的第二时间常数归属于氧化层。由于浸泡 3 d 后阻抗值迅速下降，说明环氧涂层在引入凹凸棒石后抗电解质摄取能力较差。

　　图 2-71(c)和(d)分别是添加 2%和 5% BiVO$_4$/APT 的环氧涂层在 0.6 mol/L NaCl 中浸泡不同时间的 EIS 谱图。从 0~70 d，两种涂层的 EIS 谱显示为一个时间常数，这表明添加 BiVO$_4$/APT 明显提高了涂层的耐蚀性能。究其原因，一方面是纳米 BiVO$_4$ 粒子的阻挡效应导致了涂层阻抗值的增加，另一方面可能是由于纳米 BiVO$_4$ 随电解质的运输而释放，从而对膜下基底产生缓蚀作用的结果。

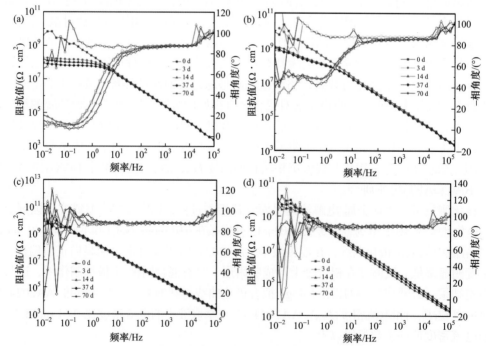

图 2-71　铝合金 AA2024-T3 上涂覆分别添加(a)2%和(b)5%凹凸棒石、(c)2%和(d)5% BiVO$_4$/APT 的环氧涂层在 0.6 mol/L NaCl 中浸泡不同时间的电化学阻抗谱伯德图[25]

2.4　钴蓝/凹凸棒石杂化颜料

钴蓝是很古老的色料，古代的希腊人和罗马人最早将氧化钴用于玻璃的着色，呈天蓝色调。我们的祖先最早用天然的钴矿作为袖中的色素和陶瓷坯，呈不同色调的蓝色和蓝绿色。通常所说的钴蓝是具有尖晶石结构的金属氧化物混相颜料，真空密度在 $3.8 \sim 4.54$ 左右，化学组成主要是 CoO 和 Al_2O_3，或称为铝酸钴($CoAl_2O_4$)，《颜料索引》名称为颜料 28。钴蓝是一种高性能的环保型无机颜料，可用于玻璃、陶瓷、搪瓷、军事防伪涂料、耐高温涂料和耐高温的工程塑料的着色。其具有优异的耐热性(可达 1200℃)、耐候性、耐酸碱性以及耐各种溶剂性，色调鲜明且色泽艳丽，容易分散，并具有无渗性和无迁移性，与大多数热塑性、热固性塑料具有良好相容性，在透明度、饱和度、色相、折射率等方面也都明显优于其他蓝色颜料，在蓝色颜料中不可替代。

但是，由于钴矿在自然界中分布很少，制备钴化合物价格昂贵，长期以来钴蓝颜料仅限于用作绘画颜料。随着超耐久性涂料、中性墨水和 CRT 荧光粉涂覆颜料制品的发展，市场对钴蓝颜料的需求日益增长。国内主要以固相法为主生产钴蓝颜料[286-288]，其能耗大、生产成本高，因反应时间短，一般晶型都不会发育完全，部分未形成尖晶石的钴氧化物就会附着在晶界上，很容易受到酸碱的侵蚀。此外，制得普通的钴蓝颜料由于粒度分布宽，粒子较大而且坚硬，不具备较好的颜料性能，与国际上一些著名公司，如美国的 Sheoherd Color 公司、Harshaw Chemical 公司，德国的拜耳公司、巴斯夫公司，英国的 Blythe Colours 公司以及日本的大日精化公司等生产的纳米钴蓝颜料在性能上差异较大，价格也相差甚远。部分高档的纳米钴蓝颜料产品尚需进口。因此，寻求合适的技术路线制备价廉、性能优异的钴蓝类颜料已成为必然趋势。

近年来，为了满足市场需求，充分发挥钴蓝颜料的特性，液相法[289]和气相法[290]被发展用来制备钴蓝颜料。液相法制备钴蓝颜料是将反应物在液相下均匀混合，反应物间可充分反应，制得的颜料粒度小、纯度高，煅烧温度也比固相反应低且易控制，并且具有优良的高温稳定性和化学稳定性。常见的主要方法有共沉淀法[291,292]、溶胶-凝胶法[293,294]、高分子聚合法[295]、水热合成法[296,297]、溶液燃烧技术[298,299]和微乳液法[300]等。相比之下，气相法不仅可以制备颜料粉体，还可以制备薄膜、晶须等[301]。但是两者共同缺点是制备过程复杂，制备成本较高，后期热处理时容易造成粉体的硬团聚、晶粒自行长大和容易混入杂质等，且用液相法制备颜料产率比固相法要低，在工业实际生产中很难大规模推广，这也是目前我国颜料生产中需要解决的问题之一。

为了降低钴蓝颜料生产成本，目前国内外一般均采用引入二价的 Zn^{2+}、Ni^{2+}、Mg^{2+} 或三价的 La^{3+}、Y^{3+} 等进行掺杂处理[302-305]，但这势必会影响钴蓝颜料的晶体结构、色调和反射性能等。研究表明，引入黏土矿物制备无机杂化颜料不仅可以大幅降低颜料生产成本，同时还可以有效控制无机颜料粒子的粒径及其粒径分布[306,307]。因此，基于无机/无机杂化原理，通过在凹凸棒石棒晶表面担载钴蓝纳米粒子创制了钴蓝/凹凸棒石($CoAl_2O_4$/APT)杂化颜料。对比研究不同黏土矿物对钴蓝颜料颜色的影响规律，关联黏土矿物组成和颜料色度之间的关系，从而揭示杂化颜料的形成机制和呈色机理，探索杂化颜料在不同领域的应用。

2.4.1 共沉淀法

化学共沉淀法具有制备工艺简单、成本低、条件易于控制、合成周期短等优点，故也被用于制备钴蓝颜料[291, 308]。Gabrovska 等以 $Al(NO_3)_3 \cdot 9H_2O$、$Co(NO_3)_2 \cdot 6H_2O$ 和 Na_2CO_3 为原料，采用共沉淀法制备 $CoAl_2O_4$ 颜料，考察不同 Co/Al 物质的量之比和煅烧温度对产物颜色的影响[309]。研究表明：当煅烧温度为 1200℃、Co/Al 比为 0.5 时，制得尖晶石 $CoAl_2O_4$，继续增加 Co/Al 比至 1.5 和 3 时，产物中出现 Co_3O_4 物相，导致产物颜色不纯。Peymannia 等以 $Al(NO_3)_3 \cdot 9H_2O$ 和 $Co(NO_3)_2 \cdot 6H_2O$ 为钴源和铝源，分别选择十二烷基硫酸钠、十六烷基三甲基溴化铵、聚氧乙烯辛基苯醚和聚丙烯酸-衣康酸四种分散剂制备 $CoAl_2O_4$ 颜料，其中以聚丙烯酸-衣康酸为分散剂制得颜料具有较高的色度值和良好的分散性[310]。Tang 等以 $Al(NO_3)_3 \cdot 9H_2O$ 和 $Co(NO_3)_2 \cdot 6H_2O$ 为原料，十六烷基三甲基溴化铵和聚乙烯吡咯烷酮为双分散剂，NaOH 为沉淀剂，在 pH = 11、煅烧温度为 1200℃ 的条件下制得的 $CoAl_2O_4$ 颜料具有最佳颜色性能（$L^* = 46.36$、$a^* = 8.20$、$b^* = -55.31$）[311]。为了进一步降低钴蓝颜料生产成本，解决钴蓝纳米粒子在高温晶化过程中尺寸变大和团聚的"痼疾"，作者通过引入凹凸棒石构筑高性能钴蓝纳米杂化颜料。

2.4.1.1 凹凸棒石添加量对杂化颜料性能影响

在凹凸棒石棒晶束解离的基础上，添加不同质量分数(0%、20%、40%、60%、80%)的凹凸棒石制得粉色钴铝双氢氧化物/凹凸棒石前驱体，经 1000℃ 煅烧制备 $CoAl_2O_4$/APT 杂化颜料，样品分别标记为 $CoAl_2O_4$/APT-0、$CoAl_2O_4$/APT-20、$CoAl_2O_4$/APT-40、$CoAl_2O_4$/APT-60、$CoAl_2O_4$/APT-80。不同凹凸棒石添加量制得 $CoAl_2O_4$/APT 杂化颜料的颜色参数如表 2-13 所示，可以发现添加凹凸棒石后，制得杂化颜料的 a^* 和 b^* 值均有下降，当凹凸棒石添加量低于 60% 时，a^* 和 b^* 值的数值没有明显变化。但当添加量大于 60% 时，b^* 和 C^* 分别下降至 -28.6 和 29.8，表明蓝色和色彩饱和度降低。

表 2-13　不同凹凸棒石添加量制得 $CoAl_2O_4$/APT 杂化颜料的颜色参数

样品	L^*	a^*	b^*	C^*
$CoAl_2O_4$/APT-0	43.6	-8.9	-33.1	34.3
$CoAl_2O_4$/APT-20	43.8	-8.5	-31.1	32.2
$CoAl_2O_4$/APT-40	43.4	-8.4	-31.4	32.5
$CoAl_2O_4$/APT-60	43.8	-8.1	-31.2	32.2
$CoAl_2O_4$/APT-80	44.4	-8.2	-28.6	29.8

研究表明，当未添加凹凸棒石时，$CoAl_2O_4$/APT-0 的特征吸收谱带主要位于 3440 cm^{-1}、1635 cm^{-1}、683 cm^{-1}、563 cm^{-1} 和 511 cm^{-1}，分别归属于羟基的伸缩振动吸收峰、表面吸附水的弯曲振动吸收峰以及 Co—O、Co—O—Al 和 Al—O 的伸缩振动吸收峰[312,313]。当

引入凹凸棒石后，在 1079 cm⁻¹ 处出现了 Si—O—Si 的伸缩振动吸收峰，同时随着凹凸棒石添加量的增加，相对强度也有所增加。此外，与凹凸棒石的红外谱图相比较，位于 3440 cm⁻¹ 处的吸收峰强度有所降低，表明在 1000℃煅烧过程中凹凸棒石发生了表面吸附水、孔道沸石水、结晶水的脱除和表面脱羟基反应[78,314]。

添加不同凹凸棒石制得 CoAl₂O₄/APT 杂化颜料的透射电镜照片如图 2-72 所示。当未添加凹凸棒石时，形成的钴蓝纳米粒子呈球形，粒径约为 10～40 nm，存在明显的团聚现象，并且伴生有微米级的片状团聚体。当引入凹凸棒石后，从 CoAl₂O₄/APT 杂化颜料的透射电镜照片中可以明显发现凹凸棒石特有的棒状形貌，并且生成的钴蓝粒子均匀地包覆在凹凸棒石表面。当凹凸棒石含量为 20%时，在 CoAl₂O₄/APT-20 的电镜照片中可以发现游离的钴蓝纳米粒子，并且伴生有片状形貌。当凹凸棒石含量增加至 60%时，生成的钴蓝纳米粒子均匀地包覆在凹凸棒石表面，粒径约为 10～15 nm，同时没有发现游离的钴蓝纳米粒子和片状形貌。但进一步增加凹凸棒石含量时，棒状物表面的钴蓝纳米粒子数量明显减少。因此，结合凹凸棒石杂化颜料的颜色参数和透射电镜的结果，凹凸棒石的添加量选择为 60%。

图 2-72　(a) 凹凸棒石、(b) CoAl₂O₄/APT-0、(c) CoAl₂O₄/APT-20、(d) CoAl₂O₄/APT-40、(e) CoAl₂O₄/APT-60 和 (f) CoAl₂O₄/APT-80 透射电镜照片[315]

人眼可以看见的可见光波长范围为 400～700 nm，通过测色仪可以知道物体对于可见光的反射能力。反射率是描述物体对不同波长可见光的反射能力，不同的物体颜色都有特定的反射率曲线，即反射率曲线可以作为描述物体颜色的指纹曲线。颜料的反射性能主要取决于着色离子的存在状态，即颜料自身的原子或分子结构，其次取决于制备颜料颗粒的结晶性和形貌。高性能钴蓝必须具有良好的反射性能，即在 450 nm 处(蓝光波段)的高反射率和 600 nm 处(红光波段)低反射率。彩色显像管蓝色荧光粉着色专用钴蓝颜料的要求为 $R_{450\,nm}$(蓝光波段反射率)≥66.0%，$R_{600\,nm}$(红光波段反射率)≤18.0%。研究发现，CoAl₂O₄/APT-1000 杂化颜料 $R_{450\,nm}$ 处蓝光波段反射率较高(约 71%)，达到了着色专用钴蓝颜料的要求。该样品 $R_{600\,nm}$ 处红光反射率只有 5%，达到了红光反射率的要求。相比之下，CoAl₂O₄-1000 在 $R_{450\,nm}$ 和 $R_{600\,nm}$ 处反射率分别低于和高于 CoAl₂O₄/APT-1000 杂化颜料，这主要归于 CoAl₂O₄/APT-1000 杂化颜料粒径均匀、形貌规则、无明显的硬团聚现象，因此减少了光的散射作用，增强了反射强度。

2.4.1.2 不同煅烧温度对杂化颜料性能影响

钴蓝颜料的颜色产生是因为晶格中着色离子的掺入。Al、O 无色，用来平衡化合价，Co^{2+} 是发色离子，因而颜料的色调和着色强度就取决于 Co^{2+} 的含量和在不同配位场中的 d 轨道的电子状态[316,317]。由晶体场理论网可知，过渡元素都含有未填满的 d 电子层(镧系或锕系元素含有 f 电子层)，在配位体场不存在时，这些电子可以等同的占据 5 个简并轨道(d_{xy}、d_{yz}、d_{xz}、d_{z^2}、$d_{x^2-y^2}$)中的任意一个，当钴离子位于四面体配位的晶体场时，轨道不再是简并状态，也就是能级高低不再等同。钴离子的 d_{z^2} 和 $d_{x^2-y^2}$ 轨道与阴阳离子中心连线之间的夹角为 54°44′，处于低能态，而d_{xy}、d_{yz}、d_{xz} 与阴阳离子中心连线之间的夹角小些(35°16′)，处于高能态，即 d 轨道发生能级分裂，电子在不同的 d 轨道之间跃迁，跃迁时所需的配位场分裂能在 1~4 eV 数量级范围之内，对应波长位于 1240~310 nm，刚好对应于可见光区。因此，决定钴蓝颜料色相性能的主要因素就是配位场分裂能，分裂能不同，对应吸收波长也不同，颜料就会呈现一系列颜色。

如图 2-73 所示，不同煅烧温度下制备的 CoAl₂O₄/APT 杂化颜料的颜色具有温度依赖性。在 800℃、900℃、1000℃、1100℃、1200℃煅烧温度下制得的 CoAl₂O₄/APT 杂化颜料分别标记为 CoAl₂O₄/APT-800、CoAl₂O₄/APT-900、CoAl₂O₄/APT-1000、CoAl₂O₄/APT-1100、CoAl₂O₄/ APT-1200。煅烧前，前驱体的颜色为淡粉色，经 800℃煅烧后，杂化颜料的颜色为墨绿色。随着煅烧温度的升高，杂化颜料的颜色逐渐向绿色、蓝色转变，这主要归因于 Co^{2+} 的氧化和还原所致[318]。当温度高于 300℃时，Co^{2+} 被氧化为 Co^{3+}，产物带有绿色；当煅烧温度高于 700℃时，Co^{3+} 又被还原为 Co^{2+}，产物显蓝色。但是当温度增加至 1200℃，杂化颜料的颜色转变为深蓝色。与相同条件下未加凹凸棒石制备的 CoAl₂O₄ 颜料的颜色相比，当温度增加至 900℃，颜料的颜色从墨绿色转变为蓝色；随着煅烧温度的增加，杂化颜料的颜色均为蓝色，但色度有所增加，表明引入凹凸棒石有一定的热阻作用。

图 2-73　不同煅烧温度制得的 CoAl₂O₄/APT 杂化颜料的数码照片[315]
(a) 前驱体; (b) CoAl₂O₄/APT-800; (c) CoAl₂O₄/APT-900; (d) CoAl₂O₄/APT- 1000; (e) CoAl₂O₄/APT-1100; (f) CoAl₂O₄/APT-1200

　　为了探讨 CoAl$_2$O$_4$/APT 杂化颜料颜色转变深蓝色的原因，将凹凸棒石在相同条件下进行煅烧处理。结果表明，随着煅烧温度的增加，凹凸棒石的颜色逐渐从黄色转变为红棕色。当温度增加至 1200℃时，凹凸棒石的颜色转变为棕色，同时伴有严重的烧结现象。这表明 CoAl$_2$O$_4$/APT 杂化颜料颜色的变化主要归因于 Co(Ⅱ)的配位数和凹凸棒石颜色随煅烧温度的变化。不同煅烧温度制备的 CoAl$_2$O$_4$/APT 杂化颜料的颜色参数如表 2-14 所示，当煅烧温度低于 900℃时，CoAl$_2$O$_4$/APT 杂化颜料的 L^*、a^*、b^*、C^* 均较小，表明色值和色彩饱和度均较低；当煅烧温度为 1000℃时，b^* 和 C^* 的值分别为 −31.2 和 32.3，表明颜色转变为蓝色，色彩饱和度也有所增加。但是随着煅烧温度的进一步增加，颜色参数 L^*、a^*、b^*、C^* 均下降明显，尤其是当煅烧温度为 1200℃时，L^*、a^*、b^*、C^* 分别下降到 24.3、−3.9、−11.6、12.2，表明样品颜色变暗，色彩饱和度下降，这与不同煅烧温度制备的 CoAl$_2$O$_4$/APT 杂化颜料数码照片的结果一致。

表 2-14　不同煅烧温度制备的 CoAl$_2$O$_4$/APT 杂化颜料的颜色参数[315]

样品	L^*	a^*	b^*	C^*
CoAl$_2$O$_4$/APT-800	31.8	−17.2	−2.4	17.4
CoAl$_2$O$_4$/APT-900	34.4	−9.6	−9.8	13.7
CoAl$_2$O$_4$/APT-1000	43.8	−8.5	−31.2	32.3
CoAl$_2$O$_4$/APT-1100	41.9	−8.4	28.3	29.5
CoAl$_2$O$_4$/APT-1200	24.3	−3.9	−11.6	12.2

　　与不同煅烧温度制备的 CoAl$_2$O$_4$/APT 杂化颜料的颜色参数相比，钴蓝颜料 900℃煅烧时，颜色参数明显增加，L^*、a^*、b^*、C^* 分别为 36.0、−9.6、−21.6、−23.6。当煅烧温度为 1100℃时，颜色参数达到最大，L^*、a^*、b^*、C^* 分别为 46.5、−9.9、−33.7、35.1，表明该温度下得到的 CoAl$_2$O$_4$ 颜料颜色最蓝、最亮，色彩饱和度最高。当温度继续增加时，颜色参数无明显变化。这与 CoAl$_2$O$_4$/APT 杂化颜料随煅烧温度变化存在差异，主要原因可归于凹凸棒石随煅烧温度增加，颜色有所加深，导致杂化颜料的颜色随着煅烧温度的增加明显加深，蓝色和色彩饱和度明显下降。

　　由 CoAl$_2$O$_4$/APT 钴蓝杂化颜料的 XRD 谱图可以发现，煅烧温度为 800℃时，产物的特征衍射峰不明显；当煅烧温度增加到 900℃，开始出现尖晶石的特征衍射峰，表明在 900℃时初步形成立方尖晶石晶体结构。当煅烧温度增加至 1000℃，谱图中出现了明显的尖晶石特征衍射峰：$2\theta = 31°$、$37°$、$44°$、$49°$、$56°$、$59°$ 和 $65°$，分别对应于(220)、(311)、(400)、(331)、(422)、(511)和(440)晶面[319]。这是因为随着煅烧温度的升高，形成的粒子或微晶相互之间融合、聚集并结晶，使得体系的晶化程度更加完善，结晶更完整。与 CoAl$_2$O$_4$-1000 的 XRD 谱图相比，其特征衍射峰基本一致。此外，对比 1000℃煅烧前后凹凸棒石的 XRD 谱图可以发现，煅烧后凹凸棒石的特征衍射峰完全消失，位于 $2\theta = 20°$、$21°$、$26°$、$28°$、$30°$、$36°$ 和 57°处出现新的衍射峰，表明凹凸棒石经煅烧处理后可能转变为辉石 Ca(Fe,Mg)Si$_2$O$_6$ 和镁橄榄石 MgSiO$_4$[159]。但是对比杂化颜料的 XRD 谱图，这些衍射峰也消失，这表明在前驱体煅烧处理过程中，凹凸棒石可能也参与了尖晶石 CoAl$_2$O$_4$ 的晶化过程。

图 2-74 是 CoAl₂O₄/APT-800、CoAl₂O₄/APT-1000 和 CoAl₂O₄/APT-1200 杂化颜料的透射电镜照片。可以清楚地看到钴蓝纳米粒子均匀地包覆在凹凸棒石表面，没有明显的团聚现象。当煅烧温度低于 1000℃时，棒状形貌保持较为完整，但当温度升高至 1200℃时，棒状形貌基本消失，产物存在较为严重的团聚现象，这主要是由凹凸棒石晶体结构被破坏所致。

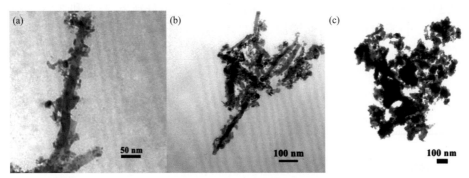

图 2-74　(a) CoAl₂O₄/APT-800、(b) CoAl₂O₄/APT-1000 和(c) CoAl₂O₄/APT-1200 的透射电镜照片[315]

CoAl₂O₄-1000 的 S_{BET}、V_{total} 和 D_{pore} 分别为 24.3 cm²/g、0.080 cm³/g 和 13.25 nm。引入凹凸棒石后，1000℃煅烧后杂化颜料的 S_{BET}、V_{total} 和 D_{pore} 分别为 47.9 cm²/g、0.172 cm³/g 和 14.37 nm，表明引入凹凸棒石可以有效避免钴蓝纳米粒子的团聚。与凹凸棒石-1000 的孔结构参数相比，由于凹凸棒石表面钴蓝纳米粒子的负载，杂化颜料的孔结构参数有所增加。但经 1200℃煅烧后，APT/CoAl₂O₄-1200 的孔结构参数急剧下降，S_{BET} 和 D_{pore} 完全消失，这主要与凹凸棒石的孔道结构塌陷和相互溶蚀有关。因此，在制备 CoAl₂O₄/APT 杂化颜料时，煅烧温度选择为 1000℃。

2.4.1.3　不同 pH 对杂化颜料性能影响

溶液的 pH 值对颜料色度值影响较大，这主要与前驱体中钴铝摩尔比有关。当溶液 pH=10 时，制得的杂化颜料具有最优的色度参数(表 2-15)。这主要归因于 Co²⁺ 与 Al³⁺ 完全沉淀所需 pH 条件不同，Al³⁺ 开始沉淀的 pH 值低于 Co²⁺ 开始沉淀的 pH 值。当溶液的 pH 值较低时，Co²⁺ 不能完全沉淀，当溶液的 pH 值较高时，Al³⁺ 会发生溶解形成 AlO₂⁻，使得颜料中 Co²⁺/Al³⁺ 小于 2，导致颜料的色度值较低，故溶液的 pH 值选择为 10。

表 2-15　不同 pH 值下制得的 CoAl₂O₄/APT 杂化颜料的颜色参数

样品	L^*	a^*	b^*	C^*
CoAl₂O₄/APT-8	36.1	−16.9	−25.3	30.4
CoAl₂O₄/APT-9	37.6	−9.8	−27.8	29.5
CoAl₂O₄/APT-10	43.8	−8.5	−31.2	32.3
CoAl₂O₄/APT-11	41.6	−8.9	−30.1	31.4
CoAl₂O₄/APT-12	39.5	−9.9	−29.7	31.3

2.4.1.4　最佳条件制备杂化颜料的性能评价

颜料在使用介质中的分散性能,不仅取决于颜料粒子的细度、聚集状态的可分散性,也取决于粒子表面状态(亲水性或亲油性)和着色介质的性能。因此,将 1 g 最佳条件制备的钴蓝杂化颜料在 12 000 r/min 下高速搅拌 20 min 分散在 60 mL 水中,然后转入 50 mL 量筒中,静置条件下记录颜料的沉降体积。如图 2-75 所示,经静置 30 min 后 $CoAl_2O_4$-1000 基本完全沉降。相比之下,引入凹凸棒石制得 $CoAl_2O_4$/APT-1000 杂化颜料的悬浮性得到大幅改善,静置 24 h 后,仅沉降了 2%,甚至放置 10 d 后,$CoAl_2O_4$/APT-1000 杂化颜料仍然表现了良好的悬浮性。因此,引入凹凸棒石不仅可以降低煅烧温度,避免后续煅烧过程中钴蓝纳米粒子团聚,从而有效控制钴蓝纳米粒子的粒径和粒径分布,同时还可以改善钴蓝颜料的分散性能,其有望用于水性涂料和高端墨水的制备。

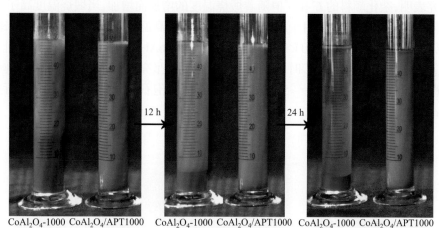

图 2-75　$CoAl_2O_4$-1000 和 $CoAl_2O_4$/APT-1000 放置 12 h 和 24 h 后的数码照片[315]

测试表明,吸油量和煅烧温度基本呈负相关,当煅烧温度为 900℃时,杂化颜料的吸油量最大;当煅烧温度为 1000℃时,吸油量最小;随着煅烧温度的增加,吸油量逐渐增加,表明 $CoAl_2O_4$/APT-1000 消耗的亲油介质用量较小。随着煅烧温度的增加,制得杂化颜料的遮盖力和着色力逐渐增加。通过测定润湿角或接触角大小,可评价其极性或润湿的难易程度。研究表明,制得的 $CoAl_2O_4$/APT-1000 杂化颜料具有亲水亲油性能。采用 1 mol/L 的盐酸、硫酸、氢氧化钠浸泡 48 h 和 10 mW/cm² 紫外线连续辐照 48 h 之后,杂化颜料的外观颜色没有发生明显的变化,颜色参数 L^*、a^*、b^*、C^*值基本没有变化,表明 $CoAl_2O_4$/APT-1000 杂化颜料具有优异的耐酸碱和耐光性能。

2.4.2　不同黏土矿物比较研究

为了进一步探究 $CoAl_2O_4$/APT 杂化颜料组分之间的表界面作用机理,通过引入海泡石、埃洛石、高岭石等黏土矿物制备黏土矿物基钴蓝杂化颜料,比较研究不同黏土矿物对钴蓝颜料颜色的影响规律,关联黏土矿物组成与颜色性能之间的关系,揭示钴蓝杂化颜料形成机制和呈色机理，为低成本、高性能钴蓝杂化颜料的可控设计及其满足应用领域个性化需求提供理论依据。

2.4.2.1　海泡石

由于 Co^{2+} 和 Mg^{2+} 四配位离子半径相近，Mg^{2+} 可以替代部分 Co^{2+}，进入尖晶石 $CoAl_2O_4$ 四面体之中[320-322]，形成镁掺杂的 $CoAl_2O_4$ 杂化颜料。海泡石是一种天然纤维状含水富镁硅酸盐黏土矿物[224,323]。为此，以海泡石(XRF 主要化学组成：MgO 17.8%、SiO_2 72.5%、CaO 3.78%、Fe_2O_3 1.24%和 K_2O 0.23%)为基体，联合共沉淀法和高温晶化制备 $CoAl_2O_4$/海泡石杂化颜料。煅烧温度对钴蓝颜料的结晶度和色度值影响较大，在不同温度下(900℃、1000℃、1100℃和 1200℃)煅烧制得的钴蓝/海泡石杂化颜料分别用 HP-900、HP-1000、HP-1100 和 HP-1200 表示。

研究表明，杂化颜料的 L^* 和 b^* 值随着煅烧温度的增加而增加，当煅烧温度高于 1100℃后 b^* 与 L^* 值降低。这主要是由于海泡石的晶体结构在高温时遭到破坏所致。在未添加海泡石时，煅烧温度需达到 1200℃时方可得到亮蓝色 $CoAl_2O_4$ 颜料[图 2-76(b)]；引入海泡石之后，当煅烧温度为 1100℃时，制得钴蓝杂化颜料呈亮蓝色[图 2-76(a)]，并具有最佳色度值(L^* = 55.8, a^* = −2.3, b^* = −55.0)。这表明引入海泡石有助于降低形成尖晶石型钴蓝颜料的晶化温度。

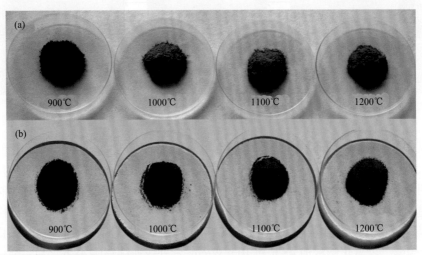

图 2-76　不同煅烧温度制得(a) $CoAl_2O_4$/海泡石杂化颜料和(b) $CoAl_2O_4$ 的数码照片

图 2-77(a)分别给出了海泡石、1100℃煅烧海泡石以及不同煅烧温度下制得的 $CoAl_2O_4$/海泡石杂化颜料的 FTIR 谱图。在3696 cm⁻¹、3622 cm⁻¹、3596 cm⁻¹ 和 3440 cm⁻¹处分别为 Mg-OH 中—OH 伸缩振动峰、配位水和吸附水的伸缩振动峰[324]；在 1445 cm⁻¹和 884 cm⁻¹ 处为 CO_3^{2-} 伸缩振动峰；1096 cm⁻¹、1032 cm⁻¹ 和 471 cm⁻¹ 为 Si—O—Si 的特征吸收峰；当煅烧温度增加到 1100℃时，海泡石的特征吸收峰消失，主要是因为随着煅烧温度的增加，海泡石发生了物理吸附水和结晶水的脱除、表面脱羟基作用和碳酸盐在高温下发生分解所致。当引入 $CoAl_2O_4$ 纳米颗粒后，在 668 cm⁻¹、557 cm⁻¹ 和 509 cm⁻¹

处出现了 CoAl$_2$O$_4$ 特征峰带[295]。

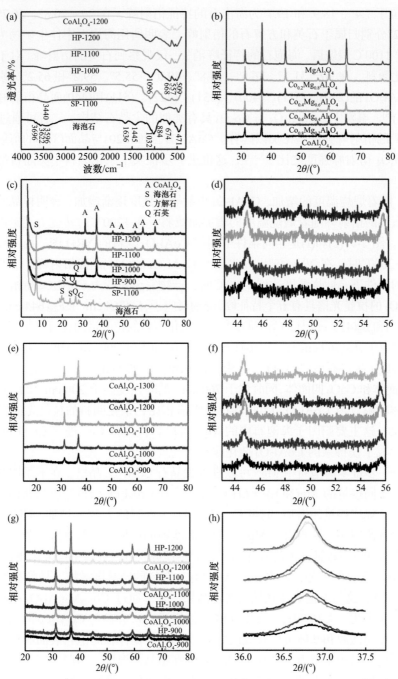

图 2-77　(a) 海泡石、1100℃煅烧海泡石及其不同煅烧温度下制得 CoAl$_2$O$_4$/海泡石杂化颜料的 FTIR 谱图；(b) 采用 Mg^{2+}-掺杂制得 Co$_{1-x}$Mg$_x$Al$_2$O$_4$ 颜料的 XRD 谱图；(c、d)海泡石、1100℃煅烧海泡石和不同温度煅烧下制得海泡石杂化颜料的 XRD 谱图及局部放大图；(e、f)不同煅烧温度制得 CoAl$_2$O$_4$/海泡石杂化颜料 XRD 谱图及其局部放大图；(g、h)不同煅烧温度制得 CoAl$_2$O$_4$/海泡石杂化颜料和 CoAl$_2$O$_4$ 的 XRD 对比图及其局部放大图[324]

　　图 2-77(c)和(d)是原海泡石和不同煅烧温度下制得 CoAl₂O₄/海泡石杂化颜料的 XRD 谱图。2θ 位于 7.4°、18.9° 和 19.7° 为海泡石的特征衍射峰，在 $2\theta = 20.8°$、26.7°、36.6° 和 26.7°、34.2° 分别归属于石英和方解石的衍射峰，表明所用海泡石中伴生矿物为石英和方解石。经过 1100℃ 煅烧后，海泡石的特征峰消失，仅观察到石英的衍射峰。对于 CoAl₂O₄/海泡石杂化颜料，在 $2\theta = 31.1°$、36.8°、44.8°、49.0°、55.5°、59.2° 和 65.2° 分别出现了尖晶石型 CoAl₂O₄ 的(220)、(311)、(400)、(331)、(422)、(511) 和(440)面晶衍射峰(JCPD 卡 No. 10-458)[8]。事实上，CoAl₂O₄ 与 Co₃O₄ 具有类似的尖晶石结构，二者可通过晶面(220) 与晶面(311)的衍射峰强度之比加以区分。CoAl₂O₄ 晶面(220)与晶面(311)的衍射峰强度之比高于 Co₃O₄ 衍射峰强度之比[325,326]，这也进一步证实了杂化颜料中尖晶石型 CoAl₂O₄ 生成。

　　此外，随着煅烧温度的增加，CoAl₂O₄ 衍射峰的强度逐渐增加，表明样品的结晶度增加，同时石英的衍射峰随着煅烧温度的增加而减弱，在 1200℃ 时转变为无定形态，衍射峰消失[327]。图 2-77(e)和(f)是相同条件下制得 CoAl₂O₄ 颜料的 XRD 图。由图可见，当煅烧温度为 1200℃ 时，在 $2\theta = 49°$ 出现尖晶石 CoAl₂O₄ 的(331)晶面衍射峰，表明在没有引入海泡石的条件下，煅烧温度达到 1100℃ 时，产物完全转变为 CoAl₂O₄ 晶相。

　　CoAl₂O₄ 的拉曼光谱具有五个特征峰，分别对应于 A_{1g}(764 cm⁻¹)、F_{2g}(644 cm⁻¹、511 cm⁻¹ 和 203 cm⁻¹)和 E_g(413 cm⁻¹)。CoAl₂O₄/海泡石杂化颜料的拉曼谱图也可以观察到五个特征峰，分别对应于 A_{1g}(760 cm⁻¹)、F_{2g}(641 cm⁻¹、510 cm⁻¹ 和 200 cm⁻¹)和 E_g(404 cm⁻¹)，这进一步说明形成了尖晶石型 CoAl₂O₄。其中，760 cm⁻¹ 和 200 cm⁻¹ 处分别归属于尖晶石结构中 AlO₆ 八面体和 CoO₄ 四面体，同时位于 760 cm⁻¹ 的峰强度高于 200 cm⁻¹ 的，也证实 Co²⁺ 占据四面体间隙。与 CoAl₂O₄-1200 的拉曼光谱相比，杂化颜料的拉曼光谱发生了明显的红移现象，这主要归因于海泡石中的 Mg²⁺ 可以替代部分 Co²⁺ 进入 CoAl₂O₄ 四面体晶格之中，形成了镁掺杂的 CoAl₂O₄ 杂化颜料[321]。

　　为了进一步证实海泡石中 Mg²⁺ 可以进入尖晶石 CoAl₂O₄ 晶格，在不添加海泡石的条件下，引入不同掺量的 Mg(NO₃)₂·6H₂O 考察其对 CoAl₂O₄ 颜料颜色和晶相的影响。研究表明，随着 Mg²⁺ 掺量的增加，制得 Co₁₋ₓMgₓAl₂O₄ 颜料的 L^* 和 a^* 增加，同时除 MgAl₂O₄ 外，其 b^* 也逐渐减小。表明引入 Mg²⁺ 可以提高颜料的蓝值，这与海泡石杂化颜料所得结果一致，从而可以间接证实海泡石作为一种天然镁源，可以提高钴蓝杂化颜料的色度值。同时随着 Mg²⁺ 含量的增加，制得 Co₁₋ₓMgₓAl₂O₄ 颜料的结晶度增加，晶胞参数从 8.109Å 降低到 8.086Å，这与海泡石杂化颜料所得结果一致。通过 Co₁₋ₓMgₓAl₂O₄ 晶粒尺寸和晶胞参数的变化推测，大约 20%～25% 的 Mg²⁺ 替代了 Co²⁺ 并参与 CoAl₂O₄ 的晶化反应。因此，海泡石作为镁源和基体可以有效诱导 Co 和 Al 前驱体在海泡石表面的均匀分布，从而削弱物料之间的传质阻力，降低 CoAl₂O₄ 的高温晶化温度。与凹凸棒石相比，海泡石氧化铁含量较低，经高温煅烧后色泽基本没有发生变化，没有对钴蓝颜料的颜色产生负效应。

　　基于上述表征分析，CoAl₂O₄/海泡石杂化颜料的可能形成机理如图 2-78 所示。在共沉淀反应过程中，Co²⁺ 和 Al³⁺ 首先通过离子交换和静电作用等均匀地担载于在海泡石表面，然后随着 OH⁻ 引入，Co²⁺ 和 Al³⁺ 原位沉淀并在表面形成钴铝氢氧化物。在煅烧过程

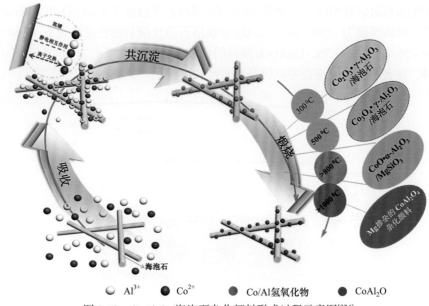

图 2-78　CoAl$_2$O$_4$/海泡石杂化颜料形成过程示意图[324]

中，当煅烧温度为 400～500℃时，Co(OH)$_2$ 和 Al(OH)$_3$ 分别转化为无定形 Co$_3$O$_4$ 和 Al$_2$O$_3$；继续增加温度至 500～700℃，无定形 Co$_3$O$_4$ 转变为尖晶石型 Co$_3$O$_4$。煅烧温度增加至 900℃时，尖晶石型 Co$_3$O$_4$ 转变为尖晶石型 CoAl$_2$O$_4$，同时海泡石转变为斜顽辉石[328, 329]。

在此过程中，Co^{3+} 热还原为 Co^{2+}、海泡石物相转变及 Mg^{2+} 迁移掺杂、CoO 与 Al$_2$O$_3$ 反应生成 CoAl$_2$O$_4$ 等反应同步进行[293,330]。当煅烧温度增加到 1000℃时，产物物相以 CoAl$_2$O$_4$ 为主晶相，随着 Mg^{2+} 扩散迁移，形成 Co$_{1-x}$Mg$_x$Al$_2$O$_4$ 固溶体[331]。由于 CoAl$_2$O$_4$ 高温晶化过程受传质扩散过程控制，引入海泡石诱导钴铝氢氧化物均匀地沉积在其表面，从而可以有效降低物料异相反应之间的传质阻力，从而可以有效降低 CoAl$_2$O$_4$ 高温晶化温度，在较低煅烧温度下得到高色度值镁掺杂 CoAl$_2$O$_4$ 杂化颜料[332]。

2.4.2.2　埃洛石

埃洛石为 1∶1 型管状硅铝酸盐黏土矿物，通用分子式为 Al$_2$Si$_2$O$_5$(OH)·nH$_2$O(n=0 或者 2)[333,334]。管状结构是由高岭石片层在天然条件下自然卷曲而成，通常包含由 20 几个片层，管外径约为 50 nm，内径约为 15～20 nm，长度约为 100～1500 nm[335]。基于其独特管状结构和内外表面电荷差异，埃洛石作为一种优良载体广泛应用于担载有机或无机目标组分[336,337]。为此，在对比研究富镁海泡石的基础上，考察引入富铝埃洛石(XRF 主要化学组成：Al$_2$O$_3$ 29.47%、MgO 0.46%、SiO$_2$ 40.62%、CaO 0.71%、Fe$_2$O$_3$ 1.57%和 K$_2$O 0.60%)对钴蓝杂化颜料颜色的影响行为，探究埃洛石与钴蓝粒子之间的相互作用。

图 2-79 是不同煅烧温度下 CoAl$_2$O$_4$/埃洛石杂化颜料的色度值，随着煅烧温度的增加，杂化颜料呈现不同的颜色。当煅烧温度为 900℃时，杂化颜料为墨绿色；当煅烧温度为 1000℃时，杂化颜料呈蓝色；随着煅烧温度继续增加，杂化颜料的 L^* 值增加，其呈亮蓝色。但是，当煅烧温度为 1200℃时，L^* 值有所降低，这可能与埃洛石结构的变化有关。

当不添加埃洛石时，在相同条件制得 $CoAl_2O_4$ 颜料色度值低于 $CoAl_2O_4$/埃洛石杂化颜料的色度值。煅烧温度为 1200℃时，$CoAl_2O_4$/埃洛石杂化颜料的色度值为 $L^* = 54.6$、$a^* = -2.5$、$b^* = -50.4$、$C^* = 47.35$，$CoAl_2O_4$ 颜料的色度值为：$L^* = 37.4$、$a^* = -0.5$、$b^* = -41.1$、$C^* = 43.84$，这表明引入埃洛石可以提升钴蓝颜料的颜色性能。

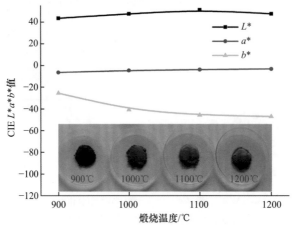

图 2-79 不同煅烧温度下 $CoAl_2O_4$/埃洛石杂化颜料的色度值[183]

图 2-80 是原埃洛石和不同煅烧温度制得 $CoAl_2O_4$/埃洛石杂化颜料的 TEM 照片及 1100℃制得杂化颜料的选区电子衍射图。如图 2-80(a)所示，埃洛石为典型的中空管状结构，管长约为 2~5 μm，外管直径约为 25~220 nm，内管直径为 10~90 nm。当引入 $CoAl_2O_4$ 后埃洛石表面变得粗糙，表面均匀负载了颜料纳米粒子，其粒径为 10~20 nm[图 2-80(b)]。

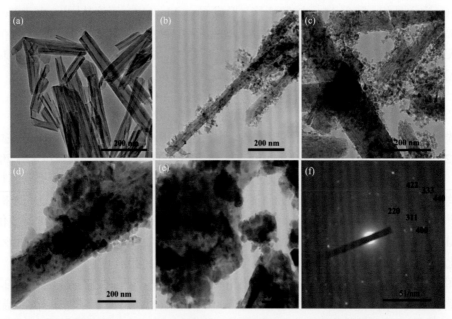

图 2-80 (a) 原埃洛石和(b~e)在 900℃、1000℃、1100℃ 和 1200℃下煅烧制得 $CoAl_2O_4$/埃洛石杂化颜料的 TEM 照片和(f) 1100℃煅烧制得 $CoAl_2O_4$/埃洛石的选区电子衍射图[183]

经 900℃煅烧后埃洛石的管状结构保存完整，但随着煅烧温度的增加，中空管状结构消失，转变成棒状结构。当温度达到 1200℃时，埃洛石发生烧结现象，其结构和物相已发生变化[334]。

埃洛石及其不同煅烧温度制得杂化颜料的 XRD 谱图如图 2-81(a)所示，在 $2\theta = 12.3°$ 和 24.8°出现了埃洛石的特征衍射峰。在加热过程中(<450℃)，埃洛石单元片层之间存在不可逆脱除的单层水分子，当水分子脱除后便从水合状态变为脱水状态，即从 10 Å 埃洛石$[Al_2(OH)_4Si_2O_5 \cdot 2H_2O]$转化为 7 Å 埃洛石$[Al_2(OH)_4Si_2O_5]$。经 500℃煅烧后，埃洛石的特征衍射峰消失。这主要归因于大量羟基从晶格中逃逸，7 Å 型埃洛石晶体结构转变为非晶相[334, 338]。对于 1100℃煅烧制得杂化颜料的 XRD 谱图[图 2-81(a)和(b)]，在 $2\theta = 31.1°$、36.8°、44.8°、49.0°、55.5°、59.2°和 65.2°出现了尖晶石型 $CoAl_2O_4$ 的特征衍射峰(JCPD 卡 No. 10-458)，分别对应于(220)、(311)、(400)、(331)、(422)、(511)和(440)晶面[326]。随着煅烧温度的增加，$CoAl_2O_4$ 的衍射峰强度逐渐增加，结晶度逐渐提高。

原埃洛石、1100℃煅烧埃洛石和制得 $CoAl_2O_4$ 和 $CoAl_2O_4$/埃洛石杂化颜料的 FTIR 谱图如图 2-81(c)所示。在 3696 cm⁻¹、3622 cm⁻¹、3596 cm⁻¹ 和 3440 cm⁻¹ 处的谱带分别归属于 Al₂O-H 中—OH、(Al, Fe)-OH 和 OH₂ 中—OH 的伸缩振动吸收峰[339]，Si—O—Si 的特征吸收峰分别位于 1096 cm⁻¹、1032 cm⁻¹ 和 471 cm⁻¹ 处。经过 1100℃后，由于发生层间

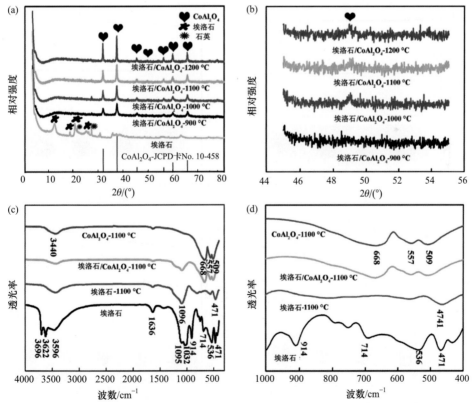

图 2-81　(a、b)埃洛石和不同煅烧温度下制得 $CoAl_2O_4$/埃洛石杂化颜料 XRD 谱图及其局部放大图，(c、d)埃洛石、埃洛石-1100℃煅烧、1100℃制得 $CoAl_2O_4$ 和 $CoAl_2O_4$/埃洛石杂化颜料的 FTIR 谱图及局部放大图[183]

水脱除、脱羟基化反应和埃洛石晶相转变，特征吸收峰消失。当引入 $CoAl_2O_4$ 纳米颗粒后，在 668 cm^{-1}、557 cm^{-1} 和 509 cm^{-1} 出现了 $CoAl_2O_4$ 特征吸收峰[图 2-81(d)]。

在确定最佳煅烧温度基础上，考察了不同反应时间、pH 值、Co^{2+} 与 Al^{3+} 物质的量比及埃洛石添加量对杂化颜料色度的影响。如图 2-82(a)所示，不同反应时间制得杂化颜料的色度值没有明显差异，反应 2 h 制得杂化颜料的色度值为 $L^* = 50.9$、$a^* = -3.0$、$b^* = -47.3$ 和 $C^* = 47.24$。为了保证物料之间充分反应，共沉淀反应时间选择为 2 h。通过优化不同 Co^{2+} 与 Al^{3+} 物质的量之比，当 Co^{2+} 与 Al^{3+} 物质的量之比为 1∶2 时，制得杂化颜料的色度值最高[图 2-82(b)]。

由图 2-82(c)可见，随着 pH 值增加，杂化颜料的色度值逐渐降低。这主要与制得前驱体中 Co^{2+} 与 Al^{3+} 物质的量之比有关。在 25℃时，$Al(OH)_3$ 的溶度积常数为 $4.57×10^{-33}$，陈化后粉色 $Co(OH)_2$ 的溶度积常数为 $2.00×10^{-16}$，反应体系中 Al^{3+} 优先于 Co^{2+} 发生沉淀。但 $Al(OH)_3$ 为两性物质，在碱性环境下发生溶解生成可溶性 AlO_2^-。在不同 pH 条件下制得前驱体离心液中加入稀盐酸，均出现了白色沉淀，同时经红外光谱检测该沉淀物为 $Al(OH)_3$。因此，在反应过程中，铝源的损失直接导致不同 pH 体系下制得前驱体中 Co^{2+} 与 Al^{3+} 物质的量之比大于理论值(1∶2)。随着体系 pH 值继续升高，杂化颜料 b^* 逐渐向正值方向增加，同时 L^* 降低，表明杂化颜料亮度下降，蓝色变弱，尤其是 pH 高于 12 之后。

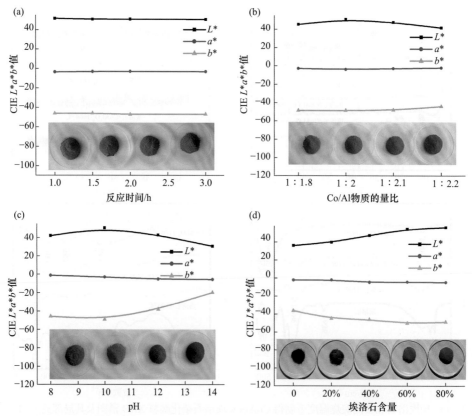

图 2-82　不同制备条件下制得 $CoAl_2O_4$/埃洛石杂化颜料的色度值和数码照片[183]
(a) 反应时间；(b) Co^{2+} 与 Al^{3+} 物质的量之比；(c) pH；(d) 埃洛石含量

事实上，引入富铝埃洛石后，1∶1 型埃洛石晶格的[SiO4]四面体层和[AlO6]八面体层均经历了物相演化，形成单独短程有序 SiO2 和 γ-Al2O3[334]。其中，γ-Al2O3 可以作为天然铝源来补偿在制备过程中因体系 pH 造成的铝损失。此外，随着埃洛石添加量的增加，所形成的杂化颜料由墨绿色变为亮蓝色，在埃洛石添加量(质量分数)为 60%时，杂化颜料的色度值最高，即使埃洛石添加量为 80%时，制得的杂化颜料仍然具有较高的色度值(L^* = 56.4、a^* = −4.7、b^* = −48.7 和 C^* = 47.47)。综上所述，CoAl2O4/埃洛石杂化颜料最佳制备条件为：反应时间为 2 h，Co^{2+} 与 Al^{3+} 物质的量之比为 1∶2，pH = 10，埃洛石添加量为 60%。

2.4.2.3　富铝黏土矿物

在众多黏土矿物中，1∶1 型黏土矿物具有较高铝含量，鉴于共沉淀过程中埃洛石对钴蓝颜料颜色的可能影响机制，选取几种典型富铝黏土矿物为基体制备钴蓝杂化颜料，包括埃洛石(Hal)、蒙脱石(Mt)、高岭石(Kal)、红柱石(And)、地开石(Dic)及莫来石(M47 和 M70，47 和 70 表示莫来石矿物中 Al2O3 含量)，探究黏土矿物组成与杂化颜料之间的关系。表 2-16 为 4%(质量分数)盐酸处理之后不同黏土矿物的 XRF 化学组成，产物分别用 Hal-HP、Mt-HP、Kal-HP、And-HP、Dic-HP、M47-HP 和 M70-HP 表示。

表 2-16　富铝黏土矿物酸处理后 XRF 化学组成(%，质量分数)和制得钴蓝杂化颜料色度值

黏土矿物	化学组成							色度值			
	Al2O3	SiO2	K2O	TiO2	MgO	Fe2O3	CaO	L^*	a^*	b^*	C^*
Hal	29.49	41.15	0.61	—	0.39	1.71	0.08	54.60	−4.30	−50.10	50.28
Kal	43.10	53.10	3.30	1.36	0.45	0.67	0.32	48.11	2.64	−63.75	63.80
Mt	22.00	64.60	5.24	1.34	—	6.03	—	29.66	−13.97	−43.33	45.53
Dic	43.20	54.10	0.49	—	—	0.26	0.24	49.14	−8.27	−47.63	48.34
And	56.50	38.70	1.18	1.38	—	1.39	0.37	30.26	−10.41	−54.69	55.67
M47	49.10	42.80	0.96	3.07	—	2.38	0.92	40.69	−14.65	−52.43	54.44
M70	64.60	30.50	1.17	1.02	—	2.10	0.99	33.53	−1.63	−58.45	58.47

以高岭石为例，不同煅烧温度下 Kal-HP 杂化颜料的 L^* 值随着煅烧温度的增加而增加，但当煅烧温度达到 1100℃时，L^* 值有所降低，同时 b^* 值与 L^* 值呈现相同的变化趋势。与纯 CoAl2O4 颜料相比，在相同条件下制备的杂化颜料色度值更佳，这与之前引入凹凸棒石、海泡石和埃洛石制得杂化颜料的结果一致。如图 2-83(a)所示，高岭石呈典型的片状相貌，且伴生有管状埃洛石。高岭石经 1100℃煅烧后，片状形貌仍然保留，但是管状形貌变已经为棒状[图 2-83(b)]。当引入 CoAl2O4 后均匀负载于黏土矿物表面，平均粒径约为 10~20 nm[图 2-83(c)]。图 2-83(d)为 Kal-HP TEM 照片的放大图，可以发现形成纳米晶的晶面间距为 0.244 nm，对应于 $Fd3m$ 晶面簇的(311)面，这与 CoAl2O4 的标准卡 JCPD No. 10-458 的结果一致[340]。同时，在杂化颜料的 TEM 中可以发现共生的无定形相和晶体相[图 2-83(d)]，其中晶体相为尖晶石型 CoAl2O4，无定形相为 SiO2[341]。

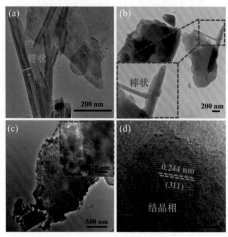

图 2-83 (a) Kal、(b) 1100℃煅烧 Kal、(c) Kal-HP 的 TEM 照片及(d) Kal-HP 的局部放大图[330]

图 2-84 是 Kal-HP 元素扫描图及其区域 EDX 谱图。Kal-HP 主要由 Co、Al、O 和 Si 元素组成。如图 2-84(a)所示，Co 元素均匀分布在片状形貌表面，说明生成的 CoAl₂O₄ 纳米粒子均匀地分布在基底表面，其他元素的元素扫描图也可以得到同样的结果。此外，由 Si 元素的元素扫描图可以发现，其边缘元素分布较为模糊，这主要是因为基底边缘厚度相对较薄。此外，所选区域的 Co、Al 重量比从中间到边缘依次为 0.48 到 0.37 到 0.31[图 2-84(b)～(d)]，表明 CoAl₂O₄ 纳米粒子主要分布在基底表面。

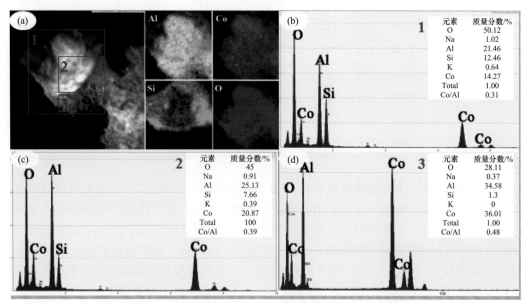

图 2-84 (a) Kal-HP 的元素扫描图像[(b)～(d)依次为图(a)中 1～3 选区的 EDX 谱图][330]

图 2-85 为不同黏土矿物、1100℃煅烧不同黏土矿物及其不同黏土矿物制得杂化颜料的数码照片。由图可见，煅烧前 Dic 和 Kal 为白色，Hal 和 Mt 为米黄色，M47、M70 和

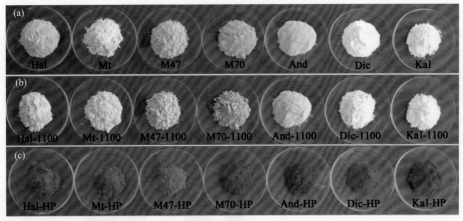

图 2-85 (a) 不同黏土矿物、(b) 1100℃煅烧不同黏土矿物以及(c) 制得杂化颜料数码照片[330]

And 为灰白色。但经 1100℃煅烧后颜色各不相同，Dic 和 Kal 仍然为白色，Hal 为粉色，Mt 为棕黄色，其他黏土矿物仍然为灰白色。比较不同黏土矿物制得钴蓝杂化颜料颜色，Kal 制得钴蓝杂化颜料的 b^* 和 C^* 值最佳，其次为 Dic 和 Hal，其他黏土矿物制得杂化颜料的色彩饱和度较差，该现象可能与其热稳定性和化学组成差异有关。

为了进一步证明黏土矿物中 Al_2O_3 和 SiO_2 对钴蓝杂化颜料的影响规律，在没有添加黏土矿物前提下，引入不同掺量 Al_2O_3 和 SiO_2 采用相同的条件制备钴蓝杂化颜料，色度值随 Al_2O_3 和 SiO_2 掺量的变化如图 2-86 所示。随着 Al_2O_3 含量的增加，杂化颜料的 a^* 逐渐增大，而 b^* 逐渐更负；同时随着 SiO_2 含量增加，杂化颜料的 a^* 逐渐减小，而 b^* 逐渐更正，这与采用不同富铝黏土矿物制得钴蓝杂化颜料色度的变化规律一致。因此，进一步表明钴蓝杂化颜料的色度值与黏土矿物中 Al_2O_3 含量呈正相关，与 SiO_2 含量呈负相关。这主要归因于过多 SiO_2 与 CoO 反应生成硅酸钴所致[342]。

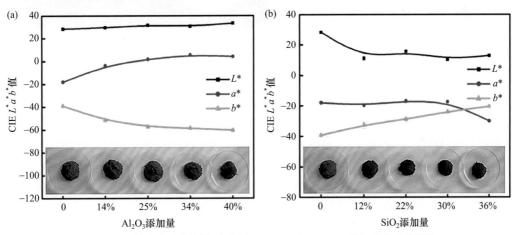

图 2-86 钴蓝杂化颜料色度值随(a) Al_2O_3 和(b) SiO_2 添加量的变化[330]

为了证实高岭石参与 $CoAl_2O_4$ 高温晶化反应，在不添加 Al^{3+} 的情况下，以 Co^{2+} 盐和高岭石为原料，通过相同反应条件制备钴蓝颜料。通过 XRD 分析，所得产物晶相主要归

属于尖晶石型 $CoAl_2O_4$。因此，富铝黏土矿物在制备钴蓝杂化颜料过程中，不仅作为载体可以控制钴蓝纳米粒子的粒径和粒径分布，同时作为一种天然铝源参与尖晶石型 $CoAl_2O_4$ 高温晶化反应[292,343]。1∶1 型黏土矿物，例如高岭石和埃洛石所制备的钴蓝杂化颜料具有较高的色度值(图 2-87)，这主要是因为 Al_2O_3 含量较高，CoO 更易扩散到 Al_2O_3 表面并与反应形成 $CoAl_2O_4$[344]。对于 2∶1 型黏土矿物(例如蒙脱石)，CoO 先与 SiO_2 接触并反应形成黑色的 $CoSiO_3$，导致制得杂化颜料的色度值较低，这也可以从 Kal-HP 和 Mt-HP 的 XRD 谱图得到证实。因此，黏土矿物对钴蓝颜料颜色的影响归因于粒径调控和组分掺杂等共同作用的结果。

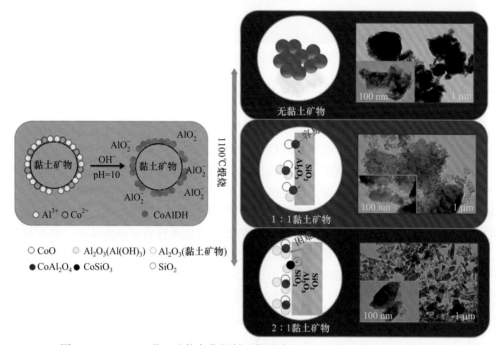

图 2-87　$CoAl_2O_4$/黏土矿物杂化颜料可能形成机理及组分间的表界面作用[330]

2.4.3　机械力化学法

为了进一步探索机械力化学法制备钴蓝杂化颜料的可行性，采用双螺杆挤出制备钴蓝杂化颜料，考察挤出次数和煅烧温度对钴蓝杂化颜料颜色的影响。以转白临泽地脉通凹凸棒石(O-DMT)、$Co(NO_3)_3 \cdot 6H_2O$ 和 $Al(NO_3)_3 \cdot 9H_2O$ 为原料(Co^{2+} 与 Al^{3+} 的物质的量比为 1∶2)挤出，在 1100℃煅烧制备钴蓝杂化颜料，但所得产物颜色呈蓝黑色。事实上，由于在草酸溶蚀转白过程中生成难溶性草酸钙[253]，在煅烧过程中热解生成 CaO 并与 Al_2O_3 反应形成 $CaAl_2O_4$，从而消耗了生成 $CoAl_2O_4$ 所需的铝源。因此，多余的钴元素在高温晶化过程中进入八面体间隙，导致产物的颜色性能较差。

为了提升钴蓝杂化颜料的颜色性能，在充分认知呈色机理的基础上，通过调整反应体系中 Co^{2+} 与 Al^{3+} 物质的量比来调控钴蓝杂化颜料的颜色性能。如图 2-88 所示，在 Co^{2+} 与 Al^{3+} 的物质的量比为 1∶2.5 时，所得钴蓝杂化颜料呈亮蓝色。采用 1100℃煅烧得到的颜料颜色性能较好，b^*值可达-44.16(图 2-89)。此外，在双螺杆挤出过程中，硝酸盐中的结晶水可以作为反应体系的微溶剂，通过双螺杆挤出研磨和剪切作用可有效促使钴、铝离子与凹凸棒石的充分接触，不同挤出次数制得杂化颜料的颜色之间没有明显差异。因此，双螺杆挤出次数对钴蓝颜料颜色没有显著影响。

DMT 矿的组成主要有凹凸棒石、石英、白云石、石膏、钙长石、方解石和赤铁矿等。采用草酸处理后，在 O-DMT 的 XRD 谱图中出现了草酸钙的特征衍射峰，同时凹凸棒石的特征衍射峰仍然存在，表明草酸溶蚀没有破坏凹凸棒石的晶体结构。但在前驱体中除石英的衍射峰外，其他矿物质的衍射峰消失，衍射峰主要归属于 $Al(NO_3)_3$。经过 1100℃

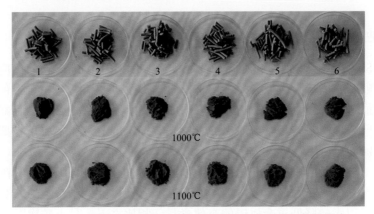

图 2-88　不同挤出次数前驱体和煅烧温度杂化颜料的数码照片

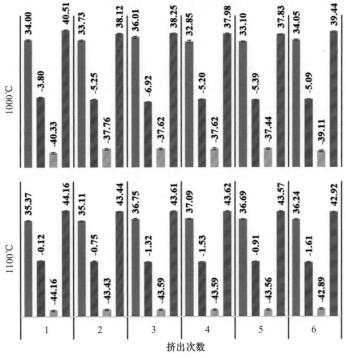

图 2-89　在 1000℃和 1100℃煅烧制得钴蓝杂化颜料的色度值

煅烧后，在 $2\theta = 31.1°$、$36.8°$、$44.8°$、$49.0°$、$55.5°$、$59.2°$和$65.2°$出现了尖晶石型 $CoAl_2O_4$ 的衍射峰(JCPD 卡 No. 10-458)[316]，其他衍射峰是石英和钙长石的衍射峰。此外，由于凹凸棒石及其伴生矿物在高温过程中发生了物相转变，相关特征衍射峰没有出现[159]。综上所述，以转白的混维凹凸棒石为基体，采用双螺杆挤出技术可以构筑高性能钴蓝杂化颜料，有效解决传统固相法的技术缺陷，也避免了液相法在合成钴蓝颜料的环境污染问题，从而为实现混维凹凸棒石的高值利用奠定了应用基础。

2.5　其他凹凸棒石无机杂化颜料

2.5.1　镉黄/凹凸棒石杂化颜料

镉黄(CdS)颜料由于着色力和遮盖力高，色彩鲜艳，适用性广，是目前应用范围最广的黄色无机颜料之一。随着生产条件的不同，镉黄颜色可以在柠檬黄至橙色之间实现个性化设计。随着人类环保意识的增强，含有毒重金属离子的无机颜料面临部分或完全禁用。为了降低镉含量，一般引入硫酸钡或 ZnS 等填充剂或掺杂剂制备填充型 $CdS-BaSO_4$ 或$(Cd/Zn)S-BaSO_4$复合颜料[345]。

近年来，通过无机颜料纳米颗粒包覆无机基体构筑无机-无机杂化颜料引起了人们的广泛关注[20, 144]。研究发现，引入基体可以明显改善 CdS 纳米粒子的分散性能和稳定性[346]，同时可以大幅降低重金属镉的有效含量。相比之下，黏土矿物因来源丰富和绿色无毒等性能优势，被广泛应用于基体材料负载 CdS 纳米粒子来提高光催化和颜料性能[347, 348]。CdS/黏土矿物杂化材料的制备方法一般包括固相法[349]或原位阳离子交换法[350]，这些过程较为耗时耗力，CdS 有效负载量低，同时伴随硫化氢气体的释放[351]。相比之下，基于 Cd(II)复合物的水热热解法是一种有效、简单、安全的制备技术[352, 353]。在该封闭体系中，不仅可以避免有毒 H_2S 的释放，还能在不损失 CdS 情况下，诱导更多的 CdS 纳米粒子负载于基体表面。但目前对 CdS/黏土矿物杂化材料的研究主要集中于其催化性能，忽略了无机杂化颜料的颜色性能提升。

以凹凸棒石和 $Cd(NH_2CSNH)_2Cl_2$ 为原料，通过水热法制备 CdS/APT 杂化颜料，考察凹凸棒石添加量、Cd^{2+}和硫脲物料比、水热反应温度等因素对杂化颜料颜色性能的影响，同时探究 CdS/APT 杂化颜料的呈色机理。水热温度一般影响 CdS 负载量、晶形、形貌和尺寸[219,354]，从而进一步影响镉黄颜料的颜色性能。因此，首先考察水热温度对杂化颜料产率、CdS 负载量和颜色的影响行为。研究表明，纯 CdS 颜料产率在水热温度 120℃ 和 140℃时仅为 3.60%和 3.75%；当水热温度高于 180℃时，产率才急剧增加，达到 94.93% (200℃)。相比之下，引入凹凸棒石可以明显提升杂化颜料的产量，当温度为 160℃时产量可达 86.94 %。因此，引入凹凸棒石有助于在较低水热温度下形成 CdS 纳米粒子。

凹凸棒石呈现典型的棒状形貌，从杂化颜料的 TEM 照片可以发现，在不同水热温度条件下，凹凸棒石表面负载了直径为 10～20 nm 的 CdS 纳米粒子。当水热温度为 120℃和 140℃时，仅少量纳米粒子被负载于凹凸棒石表面；当温度高于 160℃时，凹凸棒石表面的纳米粒子数量急剧增加[图 2-90(a)～(e)]。这种现象主要是由硫脲的热分解温度为

182℃，金属-硫脲复合物$(NH_2CSNH_2)_2Cl_2$ 在低温条件下热分解能力弱所致。未添加凹凸棒石时 CdS 具有树枝状形貌[图 2-90(f)]，这主要归属于 CdS 纳米粒子的团聚体。因此，水热温度对 CdS 的生成和产率具有关键作用。

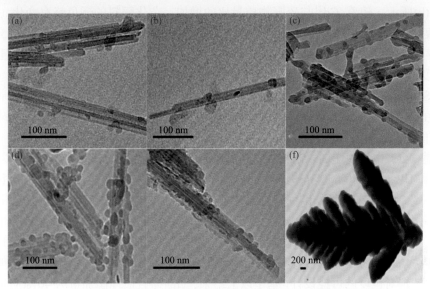

图 2-90　不同水热条件下制得样品的 TEM 照片[354]

(a) HP-1；(b) HP-2；(c) HP-3；(d) HP-4；(e) HP-4；(f) CdS-180

　　如图 2-91 所示，随着水热温度的升高，杂化颜料的颜色从淡黄色(HP-1 和 HP-2)变成了深黄色(HP-3、HP-4 和 HP-5)，颜色的差异主要归因于不同 CdS 负载量。此外，除 120℃制得样品外，所有杂化颜料都位于色度 CIE 坐标图的黄色区域，色温值(CCT)大约位于 2500 K[图 2-92(a)]。研究表明，随着水热温度的增加，镉黄杂化颜料的 b^* 值逐渐增加，表明其色相逐渐变得更黄；当水热温度为 180℃时，制得杂化颜料的 L^* 和 b^* 值分别为 72.20 和 77.47；继续增加水热温度至 200℃，杂化颜料的 L^* 和 b^* 值没有发生明显变化。此外，

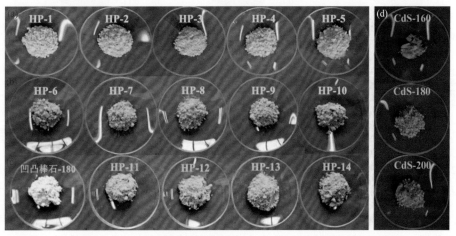

图 2-91　不同(a)水热温度、(b) Cd^{2+} 与硫脲物质的量比、(c) CdS 含量制得杂化颜料和(d)不同水热温度下制备 CdS 的数码照片[354]

在 180℃时，制得杂化颜料在可见光区的反射率最高[图 2-92(d)]。因此，考虑产率、CdS 负载量、色度参数及其反射率，确定镉黄杂化颜料的最佳水热温度为 180℃。

Cd^{2+} 与硫脲物质的量比对颜料粒径[355]、晶相[356]和光学性能[357]均具有显著影响。如图 2-91(b)所示，随着 Cd^{2+} 与硫脲物质量比的增加，杂化颜料的颜色略有变化。同时在 CIE 色度坐标图[图 2-92(b)]中，制得杂化颜料的坐标都位于黄色区域并在 CCT-2500 K 附近。随着镉硫物质的量比的增加，杂化颜料的 L^* 值略有增加，a^* 值保持不变，但 b^* 值在一定程度上有所降低。这可能是由于过量的硫脲并未参与到硫化镉的形成过程，仅是被分解为 S^{2-}。当镉硫物质的量比为 0.3(HP-6)时，Cd^{2+} 并未完全与硫脲反应，造成原料的浪费和潜在环境污染风险。此外，当镉硫物质的量比为 0.5(HP-8)时，制得杂化颜料的折射率最高[图 2-92(e)]。因此，确定最佳 Cd^{2+} 与硫脲物质的量比为 0.5。

随着 CdS 含量的增加，制得杂化颜料颜色从淡黄色(HP-11 和 HP-12)转变为深黄色(HP-13 和 HP-14)，CCT 也位移至 2000 K[图 2-92(b)]。这也与黄相(b^*)增加，红相 a^* 下降的结果一致，表明杂化颜料的颜色从黄色变成了橙色和橘红色，CdS 含量对杂化颜料色度的影响更为显著。与 CdS-180 相比[图 2-92(d)]，引入凹凸棒石后 HP 颜色从橘红色转变为黄色，这可能与凹凸棒石的化学组成有关。如图 2-92(f)所示，随着 CdS 含量的增加，杂化颜料的最大吸收边发生了蓝移。说明通过凹凸棒石添加量可以改变杂化颜料的带隙能，从而实现对色度的可控设计。基于以上结果，凹凸棒石最佳添加量为 40%(质量分数)。因此，选择 HP-12 为研究对象进行相关表征和分析。

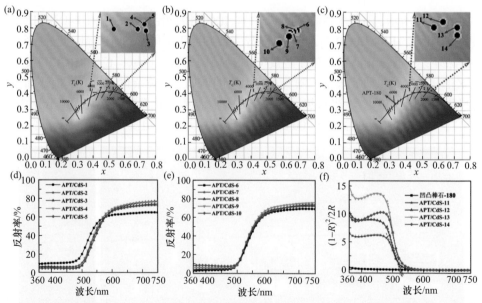

图 2-92　(a、d)不同水热温度，(b、e)不同 Cd^{2+} 与硫脲物质的量比，(c)不同 CdS 含量杂化颜料 CIE 色度坐标图以及(e)UV-Vis 漫反射光谱图，(f)凹凸棒石-180 和含有不同 CdS 含量杂化颜料 Kubelka-Munk 曲线图[354]

CdS 有两种晶体结构，一种为低温稳定型的闪锌矿，属于立方晶型(β-CdS)，具有良好的对称性，颜色呈橘红色；另一种为高温稳定型的纤锌矿，为六方晶型(α-CdS)，不具对称性，呈柠檬黄。相比之下，CdS 立方晶型处于亚稳态，六方晶型的热力学稳定性较优，通常要实现 CdS 从立方相到六方相的转变需要高温或微波辐射提供能量[348]。因此，六方晶系 CdS 被认为是最理想的镉黄颜料[358]。如图 2-93 所示，2θ 在 8.4°、13.6°、16.4°、19.8°、21.5°和 35.2°处的衍射峰分别对应凹凸棒石(110)、(200)、(130)、(040)、(310)和(102)晶面。水热反应引入 CdS 后，在 HP-12 的 XRD 谱图中，2θ 位于 24.9°、26.6°、28.2°、36.6°、43.8°、47.9°和 51.9°出现了六方晶系 CdS 的特征衍射峰(JCPDS 卡 No. 41-1049)，分别对应于(100)、(002)、(101)、(102)、(110)、(103)和(112)晶面[图 2-93(a)]。同时，在 CdS-180 的 XRD 谱图中，所有衍射峰均归属于六方晶系 CdS，未发现杂质峰信号。

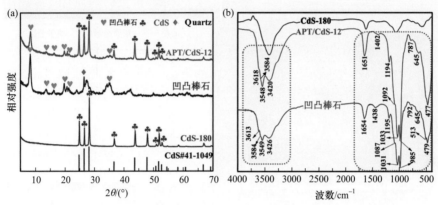

图 2-93　凹凸棒石、CdS-180 和 HP-12 的(a) XRD 和(b) FTIR 谱图[354]

如图 2-93(b)所示，引入 CdS 纳米粒子后，凹凸棒石 3613 cm⁻¹ 处吸收峰位移至 3618 cm⁻¹，在 3426 cm⁻¹、1654 cm⁻¹、1092 cm⁻¹、1033 cm⁻¹ 和 792 cm⁻¹ 处其他特征吸收峰分别移至 3420 cm⁻¹、1651 cm⁻¹、1087 cm⁻¹、1031 cm⁻¹ 和 787 cm⁻¹。这些位移主要归因于 CdS 和凹凸棒石中羟基之间的相互作用[359]，以及镉-硫脲复合物与沸石水或配位水之间的氢键作用[190]。此外，由于与 Si—O—Si 特征吸收谱带发生重叠，在产物的 FTIR 光谱中没有观察到 CdS 的特征吸收峰。如图 2-94(a)所示，引入 CdS 前后凹凸棒石棒状形貌没有发生明显变化。相比之下，负载 CdS 纳米粒子后，凹凸棒石表面明显变得粗糙不平[图 2-94(b)]。根据 EDS 分析结果[图 2-94(c)]，HP-12 主要由氧、镁、铝、硅、硫、铁和镉元素组成，分别来自于凹凸棒石和生成的 CdS 纳米粒子，同时 Cd 与 S 原子比约为 1：1，与理论值一致。

凹凸棒石主要由 MgO、Al₂O₃、CaO、SiO₂ 等组成，为了探究凹凸棒石化学组成对镉黄颜料颜色的影响行为，分别以 MgO、Al₂O₃、CaO 和 SiO₂ 为基体，在相同条件下制备氧化物基镉黄杂化颜料。如图 2-95 所示，不同氧化物制得的杂化颜料呈现不同的颜色，其中以 MgO 和 Al₂O₃ 为基体制得杂化颜料呈亮黄色，以 SiO₂ 和 CaO 制得杂化颜料为橙黄色。其中，Al₂O₃、CaO 和 SiO₂ 制备的杂化颜料 a^* 值均高于 30，但以 MgO 制得杂化颜料具有最高的 b^* 值和最短的吸收边。相比之下，在凹凸棒石的不同化学组成中，MgO 对 CdS 颜色影响最为显著。这种现象可能是由于不同氧化物制得杂化颜料具有不同的吸收边和带隙能，从而进一步引起颜料颜色的差异[360,161]。因此，杂化颜料颜色是凹凸棒石各组分协同作用的结果。

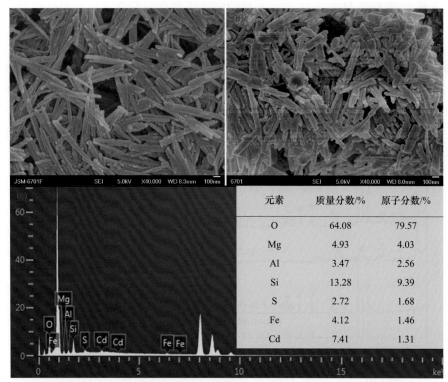

元素	质量分数/%	原子分数/%
O	64.08	79.57
Mg	4.93	4.03
Al	3.47	2.56
Si	13.28	9.39
S	2.72	1.68
Fe	4.12	1.46
Cd	7.41	1.31

图 2-94　(a) 凹凸棒石和(b) HP-12 的 SEM 照片和(c) HP-12 的 EDS 谱图[354]

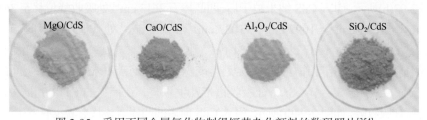

图 2-95　采用不同金属氧化物制得镉黄杂化颜料的数码照片[354]

　　在上述研究基础上，选取不同黏土矿物为基体，通过相同条件下制备黏土矿物基 CdS 杂化颜料。图 2-96 为不同黏土矿物制得 CdS 杂化颜料的数码照片、紫外-可见漫反射光谱、最大吸收边、E_g 和颜色参数。可以发现所有样品均呈橘红色[图 2-96(a)]，同时在 600～750 nm 范围内，引入黏土矿物制得的镉黄杂化颜料的反射率均有所下降[图 2-96(b)]，其中 K/CdS 杂化颜料反射率最高(82%)，最为接近纯 CdS 颜料的反射率(84%)。此外，所有样品在 360～500 nm 范围内反射率最低，这表明在相同波长范围内杂化颜料拥有最大的吸光度。尽管所有样品的光谱形状非常相似，但光谱的起始位置和吸光度存在明显差异，这表明杂化颜料的吸光度与黏土矿物的类型有关[361]。与纯 CdS 颜料相比，基于 Mt 和高岭石制得杂化颜料的最大吸收边发生了红移，分别位移至 555 nm 和 556 nm，但以凹凸棒石、Sep 和 Hal 制得杂化颜料的最大吸收边发生了蓝移，分别位移至 524 nm、533 nm 和 529 nm[图 2-96(b)]。

　　如图 2-96(d)所示，不同黏土矿物基 CdS 杂化颜料的 E_g 也存在明显的差异，这可能是由 CdS 纳米粒子与黏土矿物表界面相互作用的差异所致[362]。此外，不同黏土矿物制得 CdS 杂化颜料的 L^* 值均高于 60，与纯 CdS 颜料的亮度值相近[图 2-96(e)]，同时引入黏土矿物可以显著降低 CdS 颜料的 a^* 值(红值)[图 2-96(f)]。相比之下，以凹凸棒石为基体制得 CdS 杂化颜料具有最高的 L^* 和 b^* 值及最低的 a^* 值，颜色性能最佳。不同黏土矿物制得 CdS 杂化颜料颜色差异主要归因于不同黏土矿物的化学成分的协同作用和 CdS 纳米粒子的量子尺寸效应[363]。因此，引入黏土矿物不仅可以大幅降低 CdS 的含量和生产成本，同时还可以改变 CdS 的带隙能，从而实现颜色和形貌的调控。

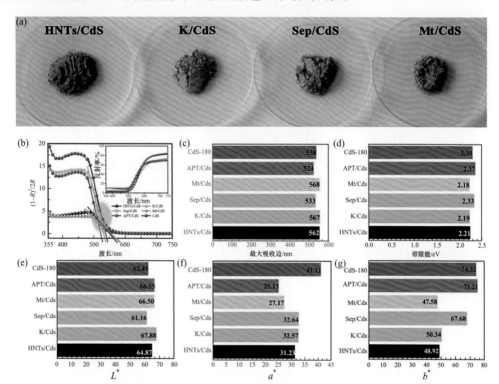

图 2-96　黏土矿物基 CdS 杂化颜料(a)数码照片、(b) Kubelka-Munk 曲线(插图为 UV-Vis 漫反射光谱)、(c)最大吸收边、(d) E_g 和(e～g)色度参数[363]

　　图 2-97 为不同黏土矿物基 CdS 杂化颜料的 XRD 谱图。在所有样品谱图中，2θ 位于 24.93°、26.67°、28.19°、36.79°、43.65°、47.79°、50.84°、51.81°和 52.80°出现了六方纤锌矿 CdS 的特征衍射峰(JCPDS 卡 No. 41-1049)[364]，分别对应于(100)、(002)、(101)、(102)、(110)、(103)、(200)和(201)晶面。此外，选取杂化颜料(101)晶面对应的 XRD 主峰为计算依据，利用 Jade 6.0 进行衍射峰拟合分析，通过 Delphi 处理和谢乐公式可计算制得杂化颜料的晶粒尺寸、晶胞参数和晶胞体积。研究表明，黏土矿物基 CdS 杂化颜料的晶粒尺寸大小不等，介于 37～51 nm 之间，明显小于纯 CdS 颜料的晶粒尺寸，这也表明引入黏土矿物可以有效避免 CdS 纳米粒子发生团聚。黏土矿物 CdS 杂化颜料晶胞参数和晶胞体积大小顺序依次为：Sep/CdS＞K/CdS＞Pal/CdS＞Mt/CdS＞HNTs/CdS＞CdS，同时除 Sep/CdS 之外，其余杂化颜料的晶胞单元变化不大。这种现象可能是由在水热反应过程中，

Sep 中较大离子(Ca²⁺)对 CdS 的晶格取代导致了其晶胞单元发生膨胀所致[365]。因此，不同黏土矿物对 CdS 晶体晶格的影响明显不同，这可能归因于水热过程中硫化物纳米粒子在不同黏土矿物表面成核和生长存在差异[361, 366]。

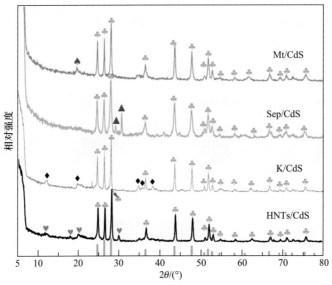

图 2-97　不同黏土矿物基 CdS 杂化颜料的 XRD 谱图[363]

在早期的研究中，CdS 材料的研究主要集中于光催化性能方面[367,368]，很少关注色度和光催化活性之间的关系。事实上，基于 CdS 纳米复合材料的色度和光催化活性之间存在某种联系。当 CdS 含量为 40%(质量分数)时，制得杂化颜料(HP-12)的颜料颜色性能最佳，同时对有机染料也具有最佳的可见光催化降解活性。研究表明，颜料的 a^* 和 b^* 值与吸收边(带隙能)及光学性能密切相关[20]，颜料颜色性能和光催化活性之间的关键桥梁可能归因于其带隙能。Nassau 等在 1980 年就阐释了材料带隙能和颜色之间的构-效关系[212, 369]。对于高效可见光光催化剂来讲，合适的带隙能和吸收边位置对调节光催化活性发挥着关键作用[370]，所以通过调节带隙能能够实现材料不同色调的可控设计[371]。引入凹凸棒石制得的杂化颜料的 E_g 值升高，表明其具有最佳颜色性能的杂化颜料具有最佳的带隙能。因此，制得的 APT/CdS 杂化颜料的光催化活性可以直接从其颜色属性进行定性判断，两者之间的关键桥梁是带隙能。

2.5.2 钴黑/凹凸棒石杂化颜料

黑色产品广泛遍布于我们的生活。其中，黑色陶瓷制品以端庄稳重的形象一直以来受到了高端消费人群的喜爱，占据了有色陶瓷制品市场的最大份额[372]。钴黑(CoFe₂O₄)，也称为钴铁氧体，具有典型的尖晶石型结构，是一种性能优异的永磁材料。由于钴黑具有较高的反射率、良好的化学稳定性及热稳定性和较大的磁晶各向异性及磁致伸缩系数，主要应用于陶瓷、吸波材料、储能材料和生物医学等领域[373-376]。

目前，最为流行的黑色陶瓷颜料主要以混合尖晶石型为主，一般由氧化铬、氧化钴、氧化铁和氧化锰等黑色氧化物合成[377,378]。主要利用铬离子、钴离子和铁离子的光谱吸收相互抑制离子的透光率，通过上述离子的光谱曲线相互叠加互补，将可见光全部吸收而呈现黑色。基于上述氧化物制备混合尖晶石型黑色颜料，必须在 1300℃左右高温煅烧合成，同时氧化钴的加入对保证纯正黑色必不可少。但氧化钴价格昂贵，严重制约了黑色陶瓷颜料的应用和黑色陶瓷制品的发展。同时该法能耗高，制得的黑色颜料在特定的高温陶瓷釉中适应性差、显色不佳。因此，亟需寻求一种可以有效降低钴黑纳米粒子的团聚及生产成本制备方法。为此，基于凹凸棒石基无机杂化颜料研究基础，以凹凸棒石为载体，联用化学共沉淀法和高温晶化过程制备低成本 $CoFe_2O_4$/凹凸棒石($CoFe_2O_4$/APT)杂化颜料，考察煅烧温度、pH 对杂化颜料颜色性能的影响规律及其在陶瓷中的应用性能。根据煅烧温度样品标记为 APT-HP-X(X 为相应的煅烧温度)。

首先考察反应体系 pH 和煅烧温度对杂化颜料颜色的影响，比较研究不同 pH 和煅烧温度下制得的杂化颜料的色相和颜色鲜艳度。不同 pH 和煅烧温度下所制备的杂化颜料数码照片如图 2-98 所示，当 pH=6 时，制得的杂化颜料偏红相，鲜艳度较低。这可能归因于 Co^{2+} 在低 pH 条件下未完全被沉淀，导致体系中的 $Fe(OH)_3$ 过量，生成了 Fe_2O_3。随着反应体系 pH 增加，制得的杂化颜料逐渐转变为黑色，红相消失。当体系 pH 大于 10 时，制得的钴黑杂化颜料色相纯正，色泽饱和度较高。此外，随着煅烧温度的增加，杂化颜料的色彩饱和度逐渐增加；当温度继续增加到 1100℃时，钴黑杂化颜料发生烧结，硬度大，难以粉碎。因此，共沉淀反应体系 pH 和煅烧温度分别选择为 10 和 1000℃。

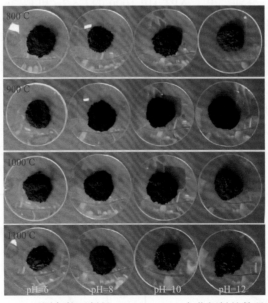

图 2-98　不同条件下制得 $CoFe_2O_4$/APT 杂化颜料的数码照片

在凹凸棒石的红外谱图中，位于 3440 cm^{-1}、1636 cm^{-1} 和 460 cm^{-1} 的谱峰分别归属于羟基、表面吸附水和 Si—O—Si 的伸缩振动吸收峰。引入 Fe^{3+} 和 Co^{2+} 的氢氧化物前驱体之后，在 1362 cm^{-1} 处出现了新的吸收峰，归属于 Fe—OH 和 Co—OH 的伸缩振动吸收峰。经过煅烧形成杂化颜料后，在 609 cm^{-1} 处出现了 Fe—O 和 Co—O 的伸缩振动吸收峰，表明形成了尖晶石型 $CoFe_2O_4$[379]。杂化颜料 XRD 谱图在 $2\theta = 30.1°$、$35.5°$、$43.2°$、$53.4°$、$57.1°$和$62.6°$处出现了$CoFe_2O_4$的特征衍射峰(JCPDs 卡 No. 22-1086),分别对应于$CoFe_2O_4$的(220)、(311)、(400)、(422)、(511)和(440)晶面,表明形成了尖晶石型 $CoFe_2O_4$[380]。随着煅烧温度的增加,尖晶石型 $CoFe_2O_4$ 的衍射峰强度逐渐增强,峰宽逐渐变窄,晶粒尺寸逐渐增大。图 2-99(a)和(b)分别为凹凸棒石和 APT-HP-1000 的 TEM 照片,凹凸棒石呈现典型的一维纳米棒状形貌。形成杂化颜料后,$CoFe_2O_4$ 纳米粒子成功担载于基体表面,粒径约为 50～80 nm。此外,由杂化颜料的 EDX 分析可知,杂化颜料主要由 Co、Al、Fe、O 和 Si 等元素组成[图 2-99(c)]。

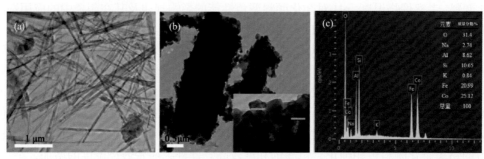

图 2-99　(a) 凹凸棒石、(b) APT-HP-1000 的 TEM 照片和(c) APT-HP-1000 的 EDX 谱图

采用 XPS 对 APT-HP-1000 杂化颜料进行元素价态分析,并对 Co 和 Fe 元素进行精细谱分峰拟合。图 2-100 分别给出了 APT-HP-1000 的 Co 2p 和 Fe 2p 的 XPS 谱图,测试时采用 C 1s 峰作为标准峰进行仪器标定。由于电子的自旋-轨道耦合使 Co 2p 能级分解为两个能级 Co 2p$_{1/2}$ 和 Co 2p$_{3/2}$,其中 Co 2p$_{3/2}$ 峰对价态的变化更为敏感,所以一般采用 Co 2p$_{3/2}$ 峰来辨别 Co 元素的价态变化。从杂化颜料的 Co 2p 峰可以发现[图 2-100(a)],Co 2p 峰可以分为 4 个峰:781.2 eV 和 796.8 eV 分别对应于 Co 2p$_{1/2}$ 和 Co 2p$_{3/2}$,峰宽相对较窄;785.9 eV 和 804.1 eV 分别对应于 Co 2p$_{1/2}$ 和 Co 2p$_{3/2}$ 的卫星峰。由于 Co 2p$_{1/2}$ 和 Co 2p$_{3/2}$ 的键能相差 15.6 eV,表明存在 Co^{2+}[381]。如图 2-100(b)所示,Fe 2p 峰同样可以分为 4 个峰,725.5 eV 和 711.9 eV 分别对应于 Fe 2p$_{1/2}$ 和 Fe 2p$_{3/2}$,峰宽相对较窄;733.8 eV 和 716.8 eV 分别对应于 Fe 2p$_{1/2}$ 和 Fe 2p$_{3/2}$ 的卫星峰。Fe 2p$_{1/2}$ 和 Fe 2p$_{3/2}$ 的键能

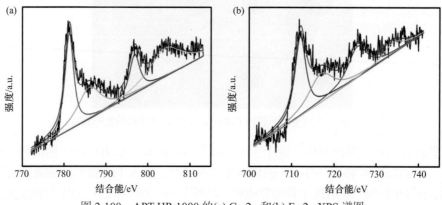

图 2-100　APT-HP-1000 的(a) Co 2p 和(b) Fe 2p XPS 谱图

相差 13.6 eV，表明在 $CoFe_2O_4$ 杂化颜料中存在 Fe^{3+}。相对于文献中纯 $CoFe_2O_4$ 的能谱[381]，Fe $2p_{1/2}$ 和 Fe $2p_{3/2}$ 的键能分别位于 724.1 eV 和 710.6 eV，APT-HP 杂化颜料的 Fe 2p 峰的结合能发生了偏移，这主要与凹凸棒石的引入有关[382]。

通过对比所制备 APT-HP 和商品样的着色力，分析添加凹凸棒石对制得杂化颜料着色力的影响。在凹凸棒石添加量为 60%(质量分数)时，制得钴黑杂化颜料着色力为商品样的 191%，表明其具有良好的着色力和性价比。通过对比所制备 APT-HP 和商品样的吸油量，发现制得钴黑杂化颜料的吸油量与商品样接近，表明引入凹凸棒石基本不影响杂化颜料的吸油量。通过对比制得 APT-HP 和商品样的遮盖力，发现所制备样品的遮盖力明显优于商品样的遮盖力。此外，颜料的粒径直接影响颜料的使用效果，粒径越大，颜料的分散性能越差、着色力越低，在使用的体系中越难以分散。因此，测试分析制得 APT-HP 和市售 $CoFe_2O_4$ 的粒径分布 APT-HP 的粒径略大于市售 $CoFe_2O_4$。对陶瓷及塑料行业使用而言，尽管 APT-HP-1000 的粒径较大，但其遮盖力、着色力等性能优异，可以满足使用需求。

将所制备的 APT-HP 杂化颜料按照质量分数 1.5%的浓度均匀地分散于水中制备浆料，然后将所制备的浆料均匀地喷涂于陶瓷胚体表面，待干燥后，表面上釉，然后将坯体在 1280℃下煅烧 30 min，自然降温，观察杂化颜料在陶瓷中的光泽及分散性能。如图 2-101 所示，制得杂化颜料在陶瓷釉中分散性能良好，煅烧后陶瓷表面光泽度高、颜色鲜艳。同时在钴黑颜料制备过程中，添加凹凸棒石有利于提高杂化颜料的分散性能，有效降低钴黑颜料的成本 50%以上，这为开发低成本、环保型和分散性良好的黑色陶瓷颜料奠定了良好的基础。

图 2-101　APT-HP-1000 在陶瓷釉料中的应用数码照片

参 考 文 献

[1] 仇庆年. 传统中国画颜料的研究. 苏州: 苏州大学出版社, 2014.

[2] Siddall R. Mineral pigments in archaeology: Their analysis and the range of available materials. Minerals, 2018, 85(5): 201.

[3] Luo R. Encyclopedia of Color Science and Technology. New York: Springer Berlin Heidelberg, 2016.

[4] 陈荣圻. 含铅汞铬镉无机颜料的限用及其替代. 印染, 2013, 39(17): 49-53.

[5] Hund F. Inorganic pigments: Bases for colored, uncolored, and transparent products. Angew Chem Int Ed, 1981, 20(9): 723-730.

[6] Monico L, Janssens K, Miliani C, et al. Degradation process of lead chromate in paintings by Vincent van Gogh studied by means of spectromicroscopic methods. 3. Synthesis, characterization, and detection of different crystal forms of the chrome yellow pigment. Anal Chem, 2013, 85(2): 851-859.

[7] Ware M. Prussian blue: artists' pigment and chemists' sponge. J Chem Educ, 2008, 85(5): 612-621.

[8] Rangappa D, Naka T, Kondo A, et al. Transparent $CoAl_2O_4$ hybrid nano pigment by organic ligand-assisted supercritical water. J Am Chem Soc, 2007, 129(36): 11061-11066.

[9] Daubney C G. The analysis of cadmium red pigments. Analyst, 1932, 57: 22-25.

[10] Krzystek J, Joshua T, Li J, et al. Magnetic properties and electronic structure of manganese-based blue pigments: A high-frequency and-field EPR study. Inorg Chem, 2016, 54(18): 9040-9045.

[11] Whangbo M H, Evain M, Canadell E, et al. Structural origin of semiconducting properties of the molybdenum red bronzes $K_{0.33}MoO_3$, $Rb_{0.33}MoO_3$, $Cs_{0.33}MoO_3$, $Tl_{0.33}MoO_3$. Inorg Chem, 1989, 28(2): 267-271.

[12] Dolic S D, Jovanovic D J, Strbac D, et al. Improved coloristic properties and high NIR reflectance of environment-friendly yellow pigments based on bismuth vanadate. Ceram Int, 2018, 44(18): 22731-22737.

[13] Hajjaji W, Zanelli C, Seabra M P, et al. Cr-doped perovskite and rutile pigments derived from industrial by-products. Chem Eng J, 2011, 171(3): 1178-1184.

[14] Youn Y, Miller J. Nwe K, et al. Effects of metal dopings on $CuCr_2O_4$ pigment for use in concentrated solar power solar selective coatings. ACS Appl Energy Mater, 2019, 2(1): 882-888.

[15] Zhou N Y, Li Y, Zhang Y, et al. Synthesis and characterization of $Co_{1-x}Ca_xAl_2O_4$ composite blue nano-pigments by the polyacrylamide gel method. Dyes Pigments, 2018, 148: 25-30.

[16] Thara T R A, Rao P P, Raj A K V, et al. New series of brilliant yellow colorants in rare earth doped scheelite type oxides, $(LiRE)_{1/2}WO_4$-$BiVO_4$ for cool roof applications. Sol Energ Mater Sol C, 2019, 200: 110015.

[17] He X M, Wang F, Liu H, et al. Synthesis and color properties of the $TiO_2@CoAl_2O_4$ blue pigments with low cobalt content applied in ceramic glaze. J Am Ceram Soc, 2018, 101(6): 2578-2588.

[18] He X M, Wang F, Liu H, et al. Synthesis and coloration of highly dispersive $SiO_2/BiVO_4$ hybrid pigments with low cost and high NIR reflectance. Nanotechnology, 2019, 30(29): 295701.

[19] Wang X W, Mu B, Wang W B, et al. A comparative study on color properties of different clay minerals/$BiVO_4$ hybrid pigments with excellent thermal stability. Appl Clay Sci, 2019, 181: 105221.

[20] Guan L, Fan J L, Zhang Y Y, et al. Facile preparation of highly cost-effective $BaSO_4@BiVO_4$ core-shell structured brilliant yellow pigment. Dyes Pigments, 2016, 128: 49-53.

[21] Ren M, Yin H B, Ge C Q. Preparation and characterization of inorganic colored coating layers on lamellar mica-titania substrate. Appl Surf Sci, 2012, 258(7): 2667-2673.

[22] Zhang S T, Ye M Q, Han A J, et al. Preparation and characterization of Co_2TiO_4 and doped $Co_{2-x}M_xTiO_4$ ($M = Zn^{2+}$, Ni^{2+})-coated mica composite pigments. Appl Phys A: Mater, 2016, 122(7): 670.

[23] Yuan L, Han A J, Ye M Q, et al. Preparation, characterization and thermal performance evaluation of coating colored with NIR reflective pigments: $BiVO_4$ Coated mica-titanium oxide. Sol Energy, 2018, 163: 453-460.

[24] Tian G Y, Wang W B, Wang D D, et al. Novel environment friendly inorganic red pigments based on attapulgite. Powder Technol, 2017, 315: 60-67.

[25] Shi H W, Sun M Y, Yu Y L, et al. Highly dispersed nanometer $BiVO_4$ on attapulgite as a potential hybrid inhibitor pigment in epoxy coatings. Prog Org Coat, 2019, 137: 105347.

[26] Hoffmann D L, Angelucci D E, Villaverde V, et al. Symbolic use of marine shells and mineral pigments

by Iberian Neandertals 115,000 years ago. Sci Adv, 2018, 4(2): eaar5255.

[27] Henshilwood C S, d'Errico F, van Niekerk K L, et al. An abstract drawing from the 73, 000-year-old levels at Blombos Cave, South Africa. Nature, 2018, 562(7725): 115-118.

[28] Valladas H, Clottes J, Geneste J M, et al. Evolution of prehistoric cave art. Nature, 2001, 413(6855): 479.

[29] Petru S. Red, Black or White? The dawn of colour symbolism. Doc Praehist, 2006, 33: 203-208.

[30] Henshilwood C S, d'Errico F, van Niekerk K L, et al. A 100,000-year-old ochre-processing workshop at Blombos cave, South Africa. Science, 2011, 334(6053): 219-222.

[31] Morsi S M M, Mohamed H A, Abdel Ghany N A. Development of advanced-functional polyurethane/red iron oxide composites as protective one coating systems for steel. Prog Org Coat, 2019, 136: 105236.

[32] Mi R J, Pan G H, Li Y, et al. Distinguishing between new and old mortars in recycled aggregate concrete under carbonation using iron oxide red. Constr Build Mater, 2019, 222: 601-609.

[33] Sun T, Wang Y, Yang Y Z, et al. A novel Fe_2O_3@APFS/epoxy composite with enhanced mechanical and thermal properties. Compos Sci Technol, 2020, 193: 108146.

[34] 李怡璞, 王丹英. 氧化铁红生产工艺概述. 上海化工, 2017, 42(2): 31-33.

[35] 何苏萍, 高倩, 余晓婷, 等. 氧化铁红的制备方法及其在涂料中的应用. 化工生产与技术, 2011, 18(01): 29-32.

[36] Wu J F, Li K, Xu X H, et al. In situ synthesis of spherical $CdS_{1-x}Se_x$ red pigment used for ceramic ink-jet printing. Mater Chem Phys, 2018, 203: 193-201.

[37] Anaf W, Janssens K, De Wael K. Formation of metallic mercury during photodegradation/ photodarkening of α-HgS: Electrochemical evidence. Angew Chem Int Ed, 2013, 52(48): 12568-12571.

[38] Yang Y P, Zhai D W, Zhang Z W, et al. THz spectroscopic identification of red mineral pigments in ancient chinese artworks. J Infrared Millim Te, 2017, 38(10): 1232-1240.

[39] Sultan S, Kareem K, He L, et al. Identification of the authenticity of pigments in ancient polychromed artworks of China. Anal Methods, 2017, 9(5): 814-825.

[40] Catti M, Valerio G, Dovesi R. Theoretical study of electronic, magnetic, and structural properties of α-Fe_2O_3 (hematite). Phys Rev B, 1995, 51(12): 7441-7450.

[41] Rollmann G, Rohrbach A, Entel P, et al. First-principles calculation of the structure and magnetic phases of hematite. Phys Rev B, 2004, 69(16): 165107.

[42] Takada T. On the effects of particle size and shape on the colour of ferric oxide powders. J Jpn Soc Powder Powder Metall, 1958, 4: 160-168.

[43] Bondioli F, Ferrari A M, Leonelli C, et al. Syntheses of Fe_2O_3/silica red inorganic inclusion pigments for ceramic applications. Mater Res Bull, 1998, 33(5): 723-729.

[44] Montes-Hernandez G, PirononJ, Villieras F. Synthesis of a red iron oxide/montmorillonite pigment in a CO_2-rich brine solution. J Colloid Interface Sci, 2006, 303(2): 472-476.

[45] Tohidifar M R, Taheri-Nassaj E, Alizadeh P. Optimization of the synthesis of a nano-sized mica-hematite pearlescent pigment. Mater Chem Phys, 2008, 109(1): 137-142.

[46] Du H Y, Liu C X, Sun J Y, et al. An investigation of angle-dependent optical properties of multi-layer structure pigments formed by metal-oxide-coated mica. Powder Technol, 2008, 185(3): 291-296.

[47] Shandilya M, Rai R, Singh J. Review: Hydrothermal technology for smart materials. Adv Appl Ceram, 2016, 115(6): 354-376.

[48] Darr J A, Zhang J Y, Makwana N M, et al. Continuous hydrothermal synthesis of inorganic nanoparticles: Applications and future directions. Chem Rev, 2017, 117(17): 11125-11238.

[49] Walton R I. Perovskite oxides prepared by hydrothermal and solvothermal synthesis: A review of crystallisation, chemistry, and compositions. Chem Eur J, 2020, 26(42): 9041-9069.

[50] Katsuki H. Role of α-Fe₂O₃ morphology on the color of red pigment for porcelain. J Am Ceram Soc, 2003, 86(1): 183-185.

[51] Akbulut A, Kadir S. The geology and origin of sepiolite, palygorskite and saponite in Neogene lacustrine sediments of the Serinhisar-Acipayam Basin, Denizli, SW Turkey. Clay Clay Miner, 2003, 51(3): 279-292.

[52] Boudriche L, Chamayou A, Calvet R, et al. Influence of different dry milling processes on the properties of an attapulgite clay, contribution of inverse gas chromatography. Powder Technol, 2014, 254: 352-363.

[53] Rémazeilles C, Refait P. On the formation of β-FeOOH (akaganéite) in chloride-containing environments. Corros Sci, 2007, 49(2): 844-857.

[54] Sakurai S, Namai A, Hashimoto K, et al. First observation of phase transformation of all four Fe₂O₃ phases (γ→ε→β→α-phase). J Am Chem Soc, 2009, 131(51): 18299-18303.

[55] Wu H, Wu G, Wang L. Peculiar porous α-Fe₂O₃, γ-Fe₂O₃ and Fe₃O₄ nanospheres: Facile synthesis and electromagnetic properties. Powder Technol, 2015, 269: 443-451.

[56] Jian Y F, Yu T T, Jiang Z Y, et al. In-depth understanding of the morphology effect of α-Fe₂O₃ on catalytic ethane destruction. ACS Appl Mater Interfaces, 2019, 11(12): 11369-11383.

[57] Li M Q, Li B, Meng F L, et al. Highly sensitive and selective butanol sensors using the intermediate state nanocomposites converted from β-FeOOH to α-Fe₂O₃. Sensor Actuat B Chem, 2018, 273: 543-551.

[58] Almeida T P, Fay M W, Zhu Y Q, et al. *In situ* TEM investigation of β-FeOOH and α-Fe₂O₃ nanorods. Physica E, 2012, 44(6): 1058-1061.

[59] Wang W, Howe J Y, Gu B H. Structure and morphology evolution of hematite (α-Fe₂O₃) nanoparticles in forced hydrolysis of ferric chloride. J Phys Chem C, 2008, 112(25): 9203-9208.

[60] Pailhé N, Wattiaux A, Gaudon M, et al. Impact of structural features on pigment properties of α-Fe₂O₃ haematite. J Solid State Chem, 2008, 181(10): 2697-2704.

[61] Yoshida T, Masui T, Imanak N. Novel environmentally friendly inorganic red pigments based on calcium bismuth oxides. J Adv Ceram, 2015, 4(1): 39-45.

[62] Masui T, Imanaka N. Environmentally friendly inorganic red pigments based on bismuth oxide. Chem Lett, 2012, 41(12): 1616-1618.

[63] Zhang Y, Ye H, Liu H, et al. Preparation and characterization of colored aluminum pigments Al/SiO₂/Fe₂O₃ with double-layer structure. Powder Technol, 2012, 229: 206-213.

[64] Ahmadi S, Aghaei A, Eftekhari Yekta B. Synthesis of Y(Al, Cr)O₃ red pigments by co-precipitation method and their interactions with glazes. Ceram Int, 2009, 35(8): 3485-3488.

[65] Hosseini-Zori M, Taheri-Nassaj E, Mirhabibi A R. Effective factors on synthesis of the hematite-silica red inclusion pigment. Ceram Int, 2008, 34(3): 491-496.

[66] Shiraishi A, Takeuchi N, Masuia T, et al. Novel environment friendly inorganic red pigments based on Bi₄V₂O₁₁. RSC Adv, 2015, 5(56): 44886-44894.

[67] Hashimoto H, Nakanishi M, Asaoka H, et al. Preparation of yellowish-red Al-substituted α-Fe₂O₃ powders and their thermostability in color. ACS Appl Mater Interfaces, 2014, 6(22): 20282-20289.

[68] Gramm G, Fuhrmann G, Zimmerhofer F, et al. Development of high NIR-reflective red Li₂MnO₃ pigments. Z Anorg Allg Chem, 2020, 646(21): 1722-1729.

[69] Gramm G, Fuhrmann G, Wieser M, et al. Environmentally benign inorganic red pigments based on tetragonal β-Bi₂O₃. Dyes Pigments, 2019, 160: 9-15.

[70] Li Y M, Gao Y Q, Wang Z M, et al. Synthesis and characterization of aluminum-based γ-Ce₂S₃ composite red pigments by microemulsion method. J Alloy Compd, 2020, 812: 152100.

[71] Li Y M, Li X, Li Z K, et al. Preparation, characterization, and properties of a Ba²⁺-Sm³⁺ co-doped γ-Ce₂S₃

red pigment. Solid State Sci, 2020, 106: 106332.

[72] Wu F L, Li X, Li Y M, et al. Design and preparation of a type of γ-Ce$_2$S$_3$@c-SiO$_2$-coated red pigment with a plum pudding mosaic structure: The effect of pre-sintering temperature on pigment properties. Micropor Mesopor Mater, 2021, 311: 110699.

[73] Bradley W F. The structure scheme of attapulgite. Am Mineral, 1940, 25: 405-410.

[74] Drits V, Sokolovam G. Structure of palygorskite. Sov Phys Crystallogr, 1971, 16.

[75] Newman A, Brown G. The chemical constitution of clay. A chemistry of clays and clay minerals (Newman A C D, editor). Monograph 6, Mineralogical Society, London, 1987, 109-112.

[76] Galán E. A new approach to compositional limits for sepiolite and palygorskite. Clay Clay Miner, 1999, 47(4): 399-409.

[77] Zhang Y, Wang W B, Zhang J P, et al. A comparative study about adsorption of natural palygorskite for methylene blue. Chem Eng J, 2015, 262: 390-398.

[78] Lu Y S, Dong W K, Wang W B, et al. A comparative study of different natural palygorskite clays for fabricating cost-efficient and eco-friendly iron red composite pigments. Appl Clay Sci, 2019, 167: 50-59.

[79] Galán E. Properties and applications of palygorskite-sepiolite clays. Clay Miner, 1996, 31(4): 443-454.

[80] Carroll D. Clay minerals: A guide to their X-ray identification. Geological Soc Amer, 1970, 126: 1-80.

[81] Song G, Peng T, Liu F, et al. Mineralogical characteristics of mine muscovites in China. Acta Mineralogica Sin, 2005, 25(2): 123-130.

[82] Su S, Ma H, Chuan X. Hydrothermal synthesis of zeolite A from K-feldspar and its crystallization mechanism. Adv Powder Technol, 2016, 27(1): 139-144.

[83] Song H, Zhang X. Chen T, et al. One-pot synthesis of bundle-like β-FeOOH nanorods and their transformation to porous α-Fe$_2$O$_3$ microspheres. Ceram Int, 2014, 40(10): 15595-15602.

[84] Deka S, Singh R K, Kannan S. *In-situ* synthesis, structural, magnetic and *in vitro* analysis of α-Fe$_2$O$_3$-SiO$_2$ binary oxides for applications in hyperthermia. Ceram Int, 2015, 41(10): 13164-13170.

[85] Zhang Z F, Wang W B, Tian G Y, et al. Solvothermal evolution of red palygorskite in dimethyl sulfoxide/water. Appl Clay Sci, 2018, 159: 16-24.

[86] Qiu G, Xie Q, Liu H, et al. Removal of Cu(Ⅱ) from aqueous solutions using dolomite-palygorskite clay: Performance and mechanisms. Appl Clay Sci, 2015, 118: 107-115.

[87] Reinosa J J, del Campo A, Fernández J F. Indirect measurement of stress distribution in quartz particles embedded in a glass matrix by using confocal Raman microscopy. Ceram Int, 2015, 41(10): 13598-13606.

[88] Frost R L, Locos O B, Ruan H, et al. Near-infrared and mid-infrared spectroscopic study of sepiolites and palygorskites. Vib Spectrosc, 2001, 27(1): 1-13.

[89] Cai Y, Xue J, Polya D A. A Fourier transform infrared spectroscopic study of Mg-rich, Mg-poor and acid leached palygorskites. Spectrochim Acta A, 2007, 66(2): 282-288.

[90] Yan W C, Yuan P, Chen M, et al. Infrared spectroscopic evidence of a direct addition reaction between palygorskite and pyromellitic dianhydride. Appl Surf Sci, 2013, 265: 585-590.

[91] Bruni S, Cariati F, Casu M, et al. IR and NMR study of nanoparticle-support interactions in α-Fe$_2$O$_3$-SiO$_2$ nanocomposite prepared by a sol-gel method. Nanostruct Mater, 1999, 11(5): 573-586.

[92] Apte S K, Naik S D, Sonawane R S, et al. Synthesis of nanosize-necked structure α-and γ-Fe$_2$O$_3$ and its photocatalytic activity. J Am Ceram Soc, 2007, 90(2): 412-414.

[93] Su M, He C, Shih K. Facile synthesis of morphology and size-controlled α-Fe$_2$O$_3$ and Fe$_3$O$_4$ nano-and microstructures by hydrothermal/solvothermal process: The roles of reaction medium and urea dose. Ceram Int, 2016, 42(13): 14793-14804.

[94] Huang Y J, Li Z, Li S Z, et al. Mössbauer investigations of palygorskite from Xuyi, China. Nucl Instrum Meth B, 2007, 260(2): 657-662.

[95] Kikumoto M, Mizuno Y, Adachi N, et al. Effect of SiO_2 and Al_2O_3 on the synthesis of Fe_2O_3 red pigment. J Ceram Soc Jpn, 2008, 116(1350): 247-250.

[96] Opuchovic O, Kareiva A. Historical hematite pigment: Synthesis by an aqueous sol-gel method, characterization and application for the colouration of ceramic glazes. Ceram Int, 2015, 41(3): 4504-4513.

[97] Schoonheydt R A, Johnston C T. Chapter 3: Surface and interface chemistry of clay minerals. *In*: Bergaya F. Theng B K G, Lagaly G (Ed.). Handbook of Clay Science. Elsevier, 2006, 1: 87-113.

[98] Bergaya F, Lagaly G. Chapter 1: General introduction: Cays, clay minerals, and clay science. *In*: Bergaya F. Theng B K G, Lagaly G (Ed.). Handbook of Clay Science. Elsevier, 2006, 1: 1-18.

[99] Murray H H. Applied clay mineralogy: Occurrences, processing and application of kaolins, bentonites, palygorskite-sepiolite, and common clays. Amsterdam: Elsevier, 2006.

[100] Lu Y S, Dong W K, Wang W B, et al. Optimal synthesis of environment-friendly iron red pigment from natural nanostructured clay minerals. Nanomaterials, 2018, 8: 925.

[101] Jia F F, Yang L, Wang Q M, et al. Correlation of natural muscovite exfoliation with interlayer and solvation forces. RSC Adv, 2017, 7(2): 1082-1088.

[102] Breen C, Madejová J, Komadel P. Correlation of catalytic activity with infra-red, ^{29}Si MAS NMR and acidity data for HCl-treated fine fractions of montmorillonites. Appl Clay Sci, 1995(3), 10: 219-230.

[103] Komadel P, Madejová J. Chapter 7.1: Acid activation of clay minerals. *In*: Bergaya F. Theng B K G, Lagaly G (Ed.). Handbook of Clay Science. Amsterdam: Elsevier, 2006, 1: 263-287.

[104] Jozefaciuk G. Effect of acid and alkali treatments on surface-charge properties of selected minerals. Clays Clay Miner, 2002, 50(5): 647-656.

[105] Jozefaciuk G, Bowanko G. Effect of acid and alkali treatments on surface areas and adsorption energies of selected minerals. Clays Clay Miner, 2002, 50(6): 771-783.

[106] Meng Q L, Wang Z B, Chai X Y, et al. Fabrication of hematite (α-Fe_2O_3) nanoparticles using electrochemical deposition, Appl Surf Sci, 2016, 368: 303-308.

[107] Kennedy Oubagaranadin J U, Murthy Z V P. Characterization and use of acid-activated montmorillonite-illite type of clay for lead (Ⅱ) removal. AlChE J, 2010, 56(9): 2312-2322.

[108] Kloprogge J T, Frost R L, Hickey L. Infrared absorption and emission study of synthetic mica-montmorillonite in comparison to rectorite, beidellite and paragonite. J Mater Sci Lett, 1999, 18(23): 1921-1923.

[109] Saikia B J, Parthasarathy G. Fourier transform infrared spectroscopic characterization of kaolinite from Assam and Meghalaya, Northeastern India. J Mod Phys, 2010, 01: 206-210.

[110] Li X, Peng K. $MoSe_2$/Montmorillonite composite nanosheets: Hydrothermal synthesis, structural characteristics, and enhanced photocatalytic activity. Minerals, 2018, 8(7): 268.

[111] Huo X, Wu L, Liao L, et al. The effect of interlayer cations on the expansion of vermiculite. Powder Technol, 2012, 224: 241-246.

[112] Perraki T, Orfanoudaki A. Study of raw and thermally treated sepiolite from the Mantoudi area, Euboea, Greece. J Therm Anal Calorim, 2008, 91(2): 589-593.

[113] Cheng H, Frost R L, Yang J, et al. Infrared and infrared emission spectroscopic study of typical Chinese kaolinite and halloysite. Spectrochim Acta A: Mol Biomol Spectrosc, 2010, 77(5): 1014-1020.

[114] Pironon J, Pelletier M, Donato P, et al. Characterization of smectite and illite by FTIR spectroscopy of interlayer NH_4^+ cations. Clay Miner, 2003, 38(2): 201-211.

[115] Song L, Zhang S, Chen B, et al. A hydrothermal method for preparation of α-Fe_2O_3 nanotubes and their

catalytic performance for thermal decomposition of ammonium perchlorate. Colloid Surface A, 2010, 360(1-3): 1-5.

[116] Jia C, Sun L, Yan Z, et al. Single-crystalline iron oxide nanotubes. Angew Chem Int Ed, 2005, 44(28), 4328-4333.

[117] Soma M, Churchman G J, Theng B K G. X-Ray photoelectron spectroscopic analysis of halloysites with different composition and particle morphyology. Clay Miner, 1992, 27(4): 413-421.

[118] Kriaa A, Hamdi N, Srasra E. Surface properties and modeling potentiometric titration of aqueous illite suspensions. Surf Eng Appl Electrochem, 2008, 44(3): 217-229.

[119] Davis J A, Kent B D. Surface complexation modeling in aqueous geochemistry. Rev Miner Geochem, 1990, 23: 177-260.

[120] Martin R, Bailey S, Eberl D, et al. Report of the clay minerals society nomenclature committee; revised classification of clay materials. Clays Clay Miner. 1991, 39(3): 333-335.

[121] Wu D, Diao G, Yuan P, et al. Mineral surface activity and its measurement. Acta Mineralogica Sin, 2001, 21: 307-311.

[122] Wu D, Diao G, Wei J, et al. Surface function groups and surface reactions of minerals. Geol J China Univ, 2000, 6: 225-232.

[123] Wei J, Wu D. Surface ionization and surface complexation models and mineral/water interface. Adv Earth Sci, 2000, 15: 90-96.

[124] Leon Y, Sciau P, Passelac M, et al. Evolution of terra sigillata technology from Italy to Gaul through a multi-technique approach. J Anal At Spectrom, 2015, 30(3): 658-665.

[125] Pantić J, Prekajski M, Dramićanin M, et al. Preparation and characterization of chrome doped sphene pigments prepared via precursor mechanochemical activation. J Alloy Compd, 2013, 579: 290-294.

[126] Venkatesan R, Velumani S, Kassiba A. Mechanochemical synthesis of nanostructured $BiVO_4$ and investigations of related features. Mater Chem Phys, 2012, 135(2~3): 842-848.

[127] Ke S J, Pan Z D, Wang Y M, et al. Effect of mechanical activation on solid-state synthesis process of neodymium disilicate ceramic pigment. Dyes Pigments, 2017, 145: 160-167.

[128] Toson V, Conterosito E, Palin L, et al. Facile intercalation of organic molecules into hydrotalcites by liquid-assisted grinding: Yield optimization by a chemometric approach. Cryst Growth Des, 2015, 15(11): 5368-5374.

[129] Bellusci M, Guglielmi P, Masi A, et al. Magnetic metal-organic framework composite by fast and facile mechanochemical process. Inorg Chem, 2018, 57(4): 1806-1814.

[130] Friščić T, Reid D G, Halasz I, et al. Ion-and liquid-assisted grinding: Improved mechano chemical synthesis of metal-organic frameworks reveals salt inclusion and anion templating. Angew Chem Int Ed, 2010, 49(4): 712-715.

[131] Hashimoto H, Kiyohara J, Isozaki A, et al. Bright yellowish-red pigment based on hematite/alumina composites with a unique porous disk-like structure. ACS Omega, 2020, 5(8): 4330-4337.

[132] 钟国清, 吴治先, 白进伟. 硫酸亚铁铵的绿色化制备与表征. 实验室研究与探索, 2015, 34(2): 46-49.

[133] Li X, Wang C K, Zeng Y, et al. Bacteria-assisted preparation of nano α-Fe_2O_3 red pigment powders from waste ferrous sulfate. J Hazard Mater, 2016, 317: 563-569.

[134] Hartmut E. Chapter 2: Bismuth vanadates. //Smith H M, Ed. High performance pigments. Wiley-VCH Verlag GmbH & Co. KGaA, 2001: 7-12.

[135] Roth R, Waring J, Synthesis and stability of bismutotantalite, stibiotantalite and chemically similar ABO_4 compounds. Am Mineral, 1963, 48: 1348-1356.

[136] Masui T, Honda T, Imanaka W N. Novel and environmentally friendly (Bi, Ca, Zn) VO₄ yellow pigments. Dyes Pigments, 2013, 99(3): 636-641.

[137] Tokunaga S, Kato H, Kudo A. Selective preparation of monoclinic and tetragonal BiVO₄ with scheelite structure and their photocatalytic properties. Chem Mater, 2001, 13(12): 4624-4628.

[138] Kumari L S, Rao P P, Radhakrishnan A N P, et al. Brilliant yellow color and enhanced NIR reflectance of monoclinic BiVO₄ through distortion in VO_4^{3-} tetrahedra. Sol Energy Mater Sol C, 2013, 112: 134-143.

[139] Barreca D, Depero L E, Noto V D, et al. Thin films of bismuth vanadates with modifiable conduction properties. Chem Mater, 1999, 11(2): 255-261.

[140] Tan G Q, Zhang L L, Ren H J, et al. Effects of pH on the hierarchical structures and photocatalytic performance of BiVO₄ powders prepared via the microwave hydrothermal method. ACS Appl Mater Interfaces, 2013, 5(11): 5186-5193.

[141] Kudo A, Omori K, Kato H. A novel aqueous process for preparation of crystal form-controlled and highly crystalline BiVO₄ powder from layered vanadates at room temperature and its photocatalytic and photophysical properties. J Am Chem Soc, 1999, 121(49): 11459-11467.

[142] Smith H M. Faulkner E B, Schwartz R J. High performance pigments、Second Edition. Weinheim: Wiley-VCH Verlag GmbH & Co. KGaA, 2009.

[143] Fabjan E Š, Otoničar M, Gaberšček M, et al. Surface protection of an organic pigment based on a modification using a mixed-micelle system. Dyes Pigments, 2016, 127: 100-109.

[144] Štengl V, Popelková D, Grygar T M. Composite pigments based on surface coated kaolin and metakaolin. Appl Clay Sci, 2014, 101: 149-158.

[145] Liang C, Wang B, Chen J, et al. The effect of acrylamides copolymers on the stability and rheological properties of yellow iron oxide dispersion. Colloid Surface A, 2017, 513: 136-145.

[146] He X M, Wang F, Liu H, et al. Synthesis and coloration of highly dispersed NiTiO₃@TiO₂ yellow pigments with core-shell structure. J Eur Ceram Soc, 2017, 37(8): 2965-2972.

[147] Patil V J, Bhoge Y E, Patil U D, et al. Room temperature solution spray synthesis of Bismuth Vanadate nanopigment and its utilization in formulation of industrial OEM coatings. Vacuum, 2016, 127: 17-21.

[148] Wood P, Glasser F P. Preparation and properties of pigmentary grade BiVO₄ precipitated from aqueous solution. Ceram Int, 2004, 30(6): 875-882.

[149] Strobel R, Metz H J, Pratsinis S E. Brilliant yellow, transparent pure, and SiO₂-coated BiVO₄ nanoparticles made in flames. Chem Mater, 2008, 20(20): 6346-6351.

[150] Khan I, Ali S, Mansha M, et al. Sonochemical assisted hydrothermal synthesis of pseudo-flower shaped bismuth vanadate (BiVO₄) and their solar-driven water splitting application. Ultrason Sonochem, 2017, 36: 386-392.

[151] Aju Thara T T R, Prabhakar Rao P, Divya S, et al. Enhanced NIR reflectance with brilliant yellow hues in scheelite type solid solutions, (LiLaZn)₁/₃MoO₄-BiVO₄ for energy saving products. ACS Sustain Chem Eng, 2017, 5(6): 5118-5126.

[152] Nanakkal A R, Alexander L K. Graphene/BiVO₄/TiO₂ nanocomposite: Tuning band gap energies for superior photocatalytic activity under visible light. J Mater Sci, 2017, 52(13): 7997-8006.

[153] Kho Y K, Teoh W Y, Iwase A, et al. Flame preparation of visible-light-responsive BiVO₄ oxygen evolution photocatalysts with subsequent activation via aqueous route. ACS Appl Mater Interfaces, 2011, 3(6): 1997-2004.

[154] Liu S Q, Tang H L, Zhou H, et al. Photocatalytic performance of sandwich-like BiVO₄ sheets by microwave assisted synthesis. Appl Surf Sci, 2017, 391: 542-547.

[155] Ravidhas C, Juliat J A, Sudhagar P, et al. Facile synthesis of nanostructured monoclinic bismuth

vanadate by a co-precipitation method: Structural, optical and photocatalytic properties. Mater Sci Semicon Proc, 2015, 30: 343-351.

[156] Liu W, Zhao G, An M, et al. Solvothermal synthesis of nanostructured BiVO4 with highly exposed (010) facets and enhanced sunlight-driven photocatalytic properties. Appl Surf Sci, 2015, 357: 1053-1063.

[157] Long C, Wang J, Meng, D, et al. Effects of citric acid and urea on the structural and morphological characteristics of BiVO4 synthesized by the sol-gel combustion method. J Sol-Gel Sci Technol, 2015, 76(3): 562-571.

[158] Wang X, Shen Y, Zuo G, et al. Effect of pH and molar concentration on photocatalytic performance of BiVO4 synthesised by sol-gel method. Mater Res Innov, 2016, 20: 500-503.

[159] Wang X W, Mu B, Hui, A P, et al. Low-cost bismuth yellow hybrid pigments derived from attapulgite. Dyes Pigments, 2018, 149: 521-530.

[160] Tücks A, Beck H P. The photochromic effect of bismuth vanadate pigments. Part I: Synthesis, characterization and lightfastness of pigment coatings. J Solid State Chem, 2005, 178(4): 1145-1156.

[161] Tsukimori T, Oka R, Masui T. Synthesis and characterization of Bi4Zr3O12 as an environ ment-friendly inorganic yellow pigment. Dyes Pigments, 2017, 139: 808-811.

[162] Balakrishna A, Kumar V, Kumar A, et al. Structural and photoluminescence features of Pr3+-activated different alkaline sodium-phosphate-phosphors. J Alloy Compd, 2016, 686: 533-539.

[163] Li Z, Dairong C, Xiuling J. Monoclinic structured BiVO4 nanosheets: Hydrothermal preparation, formation mechanism, and coloristic and photocatalytic properties. J Phys Chem B, 2006, 110(6): 2668-2673.

[164] Boudriche L, Calvet R, Hamdi B et al. Surface properties evolution of attapulgite by IGC analysis as a function of thermal treatment. Colloid Surface A, 2012, 399: 1-10.

[165] Bhattacharya A K, Mallick K K, Hartridge A. Phase transition in BiVO4. Mater Lett, 1997, 30(1): 7-13.

[166] Guan M L, Ma D K, Hu S W, et al. From hollow olive-shaped BiVO4 to n-p core-shell BiVO4@Bi2O3 microspheres: Controlled synthesis and enhanced visible-light-responsive photocatalytic properties. Inorg Chem, 2011, 50(3): 800-805.

[167] Bae B, Wendusu, Tamura S, et al. Novel environmentally friendly inorganic yellow pigments based on gehlenite-type structure. Ceram Int, 2016, 42(13): 15104-15106.

[168] Raj A K V, Prabhakar R P, Divya S, et al. Terbium doped Sr2MO4 [M=Sn and Zr] yellow pigments with high infrared reflectance for energy saving applications. Powder Technol, 2017, 311: 52-58.

[169] Chen S, Cai M, Ma X. Environmental-friendly yellow pigments based on Zr doped Y4MoO9. J Alloy Compd, 2016, 689: 36-40.

[170] Llusar M, García E, García M T, et al. Synthesis and coloring performance of Ni-geikielite (Ni, Mg)TiO3 yellow pigments: Effect of temperature, Ni-doping and synthesis method. J Eur Ceram Soc, 2015, 35(13): 3721-3734.

[171] Schildhammer D, Fuhrmann G, Petschnig L, et al. Synthesis and characterization of a new high NIR reflective ytterbium molybdenum oxide and related doped pigments. Dyes Pigments, 2017, 138: 90-99.

[172] Radhika S P, Sreeram K J, Unni N B. Mo-doped cerium gadolinium oxide as environmentally sustainable yellow pigments. ACS Sustainable Chem Eng, 2014, 2(5): 1251-1256.

[173] Sameera S, Rao P P, Divya S, et al. Brilliant IR reflecting yellow colorants in rare earth double molybdate substituted BiVO4 solid solutions for energy saving applications. ACS Sustainable Chem Eng, 2015, 3(6): 1227-1233.

[174] Zhao G, Wei L, Man D et al. Synthesis of monoclinic sheet-like BiVO4 with preferentially exposed (040) facets as a new yellow-green pigment. Dyes Pigments, 2016, 134: 91-98.

[175] Fu Y, Sun X, Wang X. BiVO₄-graphene catalyst and its high photocatalytic performance under visible light irradiation. Mater Chem Phys, 2011, 131(1~2): 325-330.

[176] García-Pérez U M, Sepúlveda-Guzmán S, Cruz M D L. Nanostructured BiVO₄ photocatalysts synthesized via a polymer-assisted coprecipitation method and their photocatalytic properties under visible-light irradiation. Solid State Sci, 2012, 14(3): 293-298.

[177] Ou M, Zhong Q, Zhang S, et al. Ultrasound assisted synthesis of heterogeneous g-C₃N₄/BiVO₄ composites and their visible-light-induced photocatalytic oxidation of NO in gas phase. J Alloy Compd, 2015, 626: 401-409.

[178] Li G, Zhang D, Yu J C. Ordered Mesoporous BiVO₄ through nanocasting: A superior visible light-driven photocatalyst. Chem Mater, 2008, 20(12), 3983-3992.

[179] Wang M, Xi X, Gong C, et al. Open porous BiVO₄ nanomaterials: Electronspinning fabrication and enhanced visible light photocatalytic activity. Mater Res Bull, 2016, 74: 258-264.

[180] Walsh A, Yan Y, Huda M N, et al. Band edge electronic structure of BiVO₄: Elucidating the role of the Bi s and V d orbitals. Chem Mater, 2009, 21(3): 547-551.

[181] Schildhammer D, Fuhrmann G, Petschnig L, et al. Synthesis and optical properties of new highly NIR reflective inorganic pigments RE₆Mo₂O₁₅ (RE = Tb, Dy, Ho, Er). Dyes Pigments, 2017, 140: 22-28.

[182] Regmi C, Kshetri Y K, Ray S K, et al. Utilization of visible to NIR light Energy by Yb³⁺, Er³⁺ and Tm³⁺ doped BiVO₄ for the photocatalytic degradation of methylene blue. Appl Surf Sci, 2017, 392: 61-70.

[183] Zhang A J, Mu B, Luo Z H, et al. Bright blue halloysite/CoAl₂O₄ hybrid pigments: Preparation, characterization and application in water-based painting. Dyes Pigments, 2017, 139: 473-481.

[184] Zhang X, Quan X, Chen S, et al. Effect of Si doping on photoelectrocatalytic decomposition of phenol of BiVO₄ film under visible light. J Hazard Mater, 2010, 177(1~3): 914-917.

[185] Cruz S G, Girginova P I, Neves M C, et al. Controlled synthesis of morphological well-defined BiVO₄ pigment particles supported on glass substrates. Mater Sci Forum, 2006, 514~516: 1211-1215.

[186] Kim H, Yoo K, Kim Y, et al. Thermochromic behaviors of boron-magnesium co-doped BiVO₄ powders prepared by a hydrothermal method. Dyes Pigments, 2018, 149: 373-376.

[187] Chen H, Zhao J, Zhong A G, et al. Removal capacity and adsorption mechanism of heat-treated palygorskite clay for methylene blue. Chem Eng J, 2011, 174(1): 143-150.

[188] Wang X W, Mu B, Zhang A J, et al. Effects of different pH regulators on the color properties of attapulgite/BiVO₄ hybrid pigment, Powder Technol, 2019, 343: 68-78.

[189] Obregón S, Colón G. Heterostructured Er³⁺ doped BiVO₄ with exceptional photocatalytic performance by cooperative electronic and luminescence sensitization mechanism. Appl Catal B: Environ, 2014, 158: 242-249.

[190] Xu J X, Wang W B, Wang A Q. Effects of solvent treatment and high-pressure homogenization process on dispersion properties of palygorskite. Powder Technol, 2013, 235: 652-660.

[191] Gotić M, Musić S, Ivanda M, et al. Synthesis and characterisation of bismuth (Ⅲ) vanadate. J Mol Struct, 2005, 744~747: 535-540.

[192] Bao N, Yin Z, Zhang Q, et al. Synthesis of flower-like monoclinic BiVO₄/surface rough TiO₂ ceramic fiber with heterostructures and its photocatalytic property. Ceram Int, 2016, 42(1): 1791-1800.

[193] Lakshminarayana G, Dao T D, Chen K, et al. Effect of different surfactants on structural and optical properties of Ce³⁺ and Tb³⁺ co-doped BiPO₄ nanostructures. Optical Mater, 2015, 39: 110-117.

[194] Tan G, She L, Liu T, et al. Ultrasonic chemical synthesis of hybrid mpg-C₃N₄/BiPO₄ heterostructured photocatalysts with improved visible light photocatalytic activity. Appl Catal B: Environ, 2017, 207: 120-133.

[195] Yang J S, Wu J J. Low-potential driven fully-depleted BiVO4/ZnO heterojunction nanodendrite array photoanodes for photoelectrochemical water splitting. Nano Energy, 2017, 32: 232-240.

[196] Galembeck A, Alves O L. BiVO4 thin film preparation by metalorganic decomposition. Thin Solid Films, 2000, 365(1): 90-93.

[197] Liu Y H, Li G W, Zhang Z, et al. An effective way to reduce energy loss and enhance open-circuit voltage in polymer solar cells based on a diketopyrrolopyrrole polymer containing three regular alternating units. J Mater Chem A, 2016, 4(34): 13265-13270.

[198] Honda T, Masui T, Imanaka N, et al. Novel environmentally friendly (Bi, Ca, Zn, La) VO4 inorganic yellow pigments. RSC Adv, 2013, 3(47): 24941-24945.

[199] Yu J, Kudo A. Effects of structural variation on the photocatalytic performance of hydrothermally synthesized BiVO4. Adv Funct Mater, 2010, 16(16): 2163-2169.

[200] Zhang A P, Zhang J Z, Cui N Y, et al. Effects of pH on hydrothermal synthesis and characterization of visible-light-driven BiVO4 photocatalyst. J Mol Catal A: Chem, 2009, 304(1~2): 28-32.

[201] Lei B X, Zeng L L, Zhang P, et al. Hydrothermal synthesis and photocatalytic properties of visible-light induced BiVO4 with different morphologies. Adv Powder Technol, 2014, 25(3): 946-951.

[202] Pingmuang K, Nattestad A, Kangwansupamonkon W, et al. Phase-controlled microwave synthesis of pure monoclinic BiVO4 nanoparticles for photocatalytic dye degradation. Appl Mater Today, 2015, 1(2): 67-73.

[203] Zhou L, Wang W Z, Zhang L S, et al. Single-crystalline BiVO4 microtubes with square cross-sections: Microstructure, growth mechanism, and photocatalytic property. J Phys Chem C, 2007, 111(37): 13659-13664.

[204] Christodoulakis A, Machli M, Lemonidou A A, et al. Molecular structure and reactivity of vanadia-based catalysts for propane oxidative dehydrogenation studied by in situ Raman spectroscopy and catalytic activity measurements. J Catal, 2004, 222(2): 293-306.

[205] Zhou B, Zhao X, Liu H, et al. Visible-light sensitive cobalt-doped BiVO4 (Co-BiVO4) photocatalytic composites for the degradation of methylene blue dye in dilute aqueous solutions. Appl Catal B: Environ, 2010, 99(1~2): 214-221.

[206] Lopes O F, Carvalho K T G, Nogueira A E, et al. Controlled synthesis of BiVO4 photocatalysts: Evidence of the role of heterojunctions in their catalytic performance driven by visible-light. Appl Catal B: Environ, 2016, 188: 87-97.

[207] Zuo S X, Yao C, Liu W J, et al. Preparation of ureido-palygorskite and its effect on the properties of urea-formaldehyde resin. Appl Clay Sci, 2013, 80~81: 133-139.

[208] Yan M, Wu Y L, Yan Y, et al. Synthesis and characterization of novel BiVO4/Ag3VO4 heterojunction with enhanced visible-light-driven photocatalytic degradation of dyes. J Funct Mater, 2015, 4(3): 2324-2328.

[209] Klupp Taylor R N, Seifrt F, Zhuromskyy O, et al. Painting by numbers: Nanoparticle-based colorants in the post-empirical age. Adv Mater, 2011, 23(22~23): 2554-2570.

[210] Li H B, Zhang J, Huang G Y, et al. Hydrothermal synthesis and enhanced photocatalytic activity of hierarchical flower-like Fe-doped BiVO4. T Nonferr Metal Soc, 2017, 27(4): 868-875.

[211] Fan H, Wang D, Xie T, et al. The preparation of high photocatalytic activity nano-spindly Ag-BiVO4 and photoinduced carriers transfer properties. Chem Phys Lett, 2015, 640: 188-193.

[212] Nasau K. The causes of color. Sci Am, 1980, 243(4): 124-154.

[213] Huang X, Zhang H W, Lai Y M, et al. Microwave dielectric properties of the novel low temperature fired $Ni_{0.5}Ti_{0.5}NbO_4$+$x$wt%BiVO4 ($2.5 \leqslant x \leqslant 10$) ceramics. Mater Lett, 2018, 214: 228-231.

[214] Yao S S, Ding K N, Zhang Y F. The effects of the introduction of Al atom into monoclinic BiVO₄: A theoretical prediction. Theor Chem Acc, 2010, 127(5~6): 751-757.

[215] Benmokhtar S, Jazouli A E, Chaminade J P, et al. Synthesis, crystal structure and optical properties of BiMgVO₅. J Solid State Chem, 2004, 177(11): 4175-4182.

[216] Samsudin M F R, Sufian S, Bashiri R, et al. Synergistic effects of pH and calcination temperature on enhancing photodegradation performance of m-BiVO₄. J Taiwan Inst Chem Eng, 2017, 81: 305-315.

[217] Zhao Z Y, Li Z S, Zou Z G. Electronic structure and optical properties of monoclinic clinobisvanite BiVO₄. Phys Chem Chem Phys, 2011, 13(10): 4746-4753.

[218] Shan L, Liu Y. Er³⁺, Yb³⁺ Doping induced core-shell structured BiVO₄ and near-infrared photocatalytic properties. J Mol Catal A: Chem, 2016, 416: 1-9.

[219] Partl G J, Hackl I, Gotsch T, et al. High temperature stable bismuth vanadate composite pigments via vanadyl-exchanged zeolite precursors. Dyes Pigments, 2017, 147: 106-112.

[220] Obregón S, Colón G. On the origin of the photocatalytic activity improvement of BiVO₄ through rare earth tridoping. Appl Catal A: Gen, 2015, 501: 56-62.

[221] Gao X, Wang Z, Fu F, et al. Effects of pH on the hierarchical structures and photocatalytic performance of Cu-doped BiVO₄ prepared via the hydrothermal method. Mater Sci Semicon Proc, 2015, 35: 197-206.

[222] Fathimah S S, Rao P P, Sandhya K L. Potential NIR reflecting yellow pigments in (BiV) (YNb)ₓO₄ solid solutions. Chem Lett, 2013, 42(5): 521-523.

[223] Sun Y, Xie Y, Wu C, et al. Aqueous synthesis of mesostructured BiVO₄ quantum tubes with excellent dual response to visible light and temperature. Nano Res, 2010, 3(9): 620-631.

[224] Zhang Y D, Wang L J, Wang F, et al. Phase transformation and morphology evolution of sepiolite fibers during thermal treatment. Appl Clay Sci, 2017, 143: 205-211.

[225] Wang W Z, Wang J, Wang Z Z, et al. p-n Junction CuO/BiVO₄ heterogeneous nanostructures: Synthesis and highly efficient visible-light photocatalytic performance. Dalton Trans, 2014, 43(18): 6735.

[226] Liu L, Chen H, Shiko E, et al. Low-cost DETA impregnation of acid-activated sepiolite for CO₂ capture. Chem Eng J, 2018, 353: 940-948.

[227] Khalifa A Z, Cizer Ö, Pontikes Y, et al. Advances in alkali-activation of clay minerals. Cem Concr Res, 2020, 132: 106050.

[228] Valentin J L, Lopez-Manchado M A, Rodriguez A, et al. Novel anhydrous unfolded structure by heating of acid pre-treated sepiolite. Appl Clay Sci, 2007, 36(4): 245-255.

[229] Miao G, Huang D, Ren X, et al. Visible-light induced photocatalytic oxidative desulfurization using BiVO₄/C₃N₄@SiO₂ with air/cumene hydroperoxide under ambient conditions. Appl Catal B: Environ, 2016, 192: 72-79.

[230] Li Y, Xiao X, Ye Z. Facile fabrication of tetragonal scheelite (t-s) BiVO₄/g-C₃N₄ composites with enhanced photocatalytic performance. Ceram Int, 2018, 44(6): 7067-7076.

[231] Zhou D, Pang L X, Qu W G, et al. Dielectric behavior, band gap, in situ X-ray diffraction, Raman and infrared study on (1−x)BiVO₄-x(Li₀.₅Bi₀.₅)MoO₄ solid solution. RSC Adv, 2013, 3(15): 5009-5014.

[232] Eda S, Fujishima M, Tada H. Low temperature-synthesis of BiVO₄ nanorods using polyethylene glycol as a soft template and the visible-light-activity for copper acetylacetonate decomposition. Appl Catal B: Environ, 2012, 125: 288-293.

[233] Xue Y, Wang X T. The effects of Ag doping on crystalline structure and photocatalytic properties of BiVO₄. Int J Hydrogen Energ, 2015, 40(17): 5878-5888.

[234] Wang T, Li C, Ji J, et al. Reduced graphene oxide (rGO)/BiVO₄ composites with maximized interfacial coupling for visible light photocatalysis. ACS Sustainable Chem Eng, 2014, 2(10): 2253-2258.

[235] Liu B, Li Z Y, Xu S, et al. Facile in situ hydrothermal synthesis of BiVO₄/MWCNT nanocomposites as high performance visible-light driven photocatalysts. J Phys Chem Solids, 2014, 75(8): 977-983.

[236] Wu D, Li J, Guan J, et al. Improved photoelectric performance via fabricated heterojunction g-C₃N₄/TiO₂/HNTs loaded photocatalysts for photodegradation of ciprofloxacin. J Ind Eng Chem, 2018, 64: 206-218.

[237] Cai L, Zhang G, Zhang Y, et al. Mediation of band structure for BiOBr$_x$I$_{1-x}$ hierarchical microspheres of multiple defects with enhanced visible-light photocatalytic activity. CrystEng Comm, 2018, 20(26): 3647-3656.

[238] Lu Y C, Chen C C, Lu C S. Photocatalytic degradation of bis(2-chloroethoxy)methane by a visible light-driven BiVO₄ photocatalyst. J Taiwan Inst Chem Eng, 2014, 45(3): 1015-1024.

[239] Yang S, Zhou Y, Zhang P, et al. Preparation of high performance NBR/HNTs nanocomposites using an electron transferring interaction method. Appl Surf Sci, 2017, 425: 758-764.

[240] Shan L, Wang G, Suriyaprakash J, et al. Solar light driven pure water splitting of B-doped BiVO₄ synthesized via a sol-gel method. J Alloy Compd, 2015, 636: 131-137.

[241] Yan M, Wu Y, Yan Y, et al. Synthesis and characterization of novel BiVO₄/Ag₃VO₄ hetero junction with enhanced visible-light-driven photocatalytic degradation of dyes. ACS Sustainable Chem Eng, 2016, 4(3): 757-766.

[242] Han X, Wei Y, Su J, et al. Low-cost oriented Hierarchical growth of BiVO₄/rGO/NiFe nanoarrays photoanode for photoelectrochemical water splitting. ACS Sustainable Chem Eng, 2018, 6(11): 14695-14703.

[243] Zhang L, Wang W, Jiang D, et al. Photoreduction of CO₂ on BiOCl nanoplates with the assistance of photoinduced oxygen vacancies. Nano Res, 2015, 8(3): 821-831.

[244] Su J, Zou X X, Li G D, et al. Macroporous V₂O₅-BiVO₄ composites: Effect of heterojunction on the behavior of photogenerated charges. J Phys Chem C, 2011, 115(16): 8064-8071.

[245] Luo X L, Chen Z Y, Yang S Y, et al. Two-step hydrothermal synthesis of peanut-shaped molybdenum diselenide/bismuth vanadate (MoSe₂/BiVO₄) with enhanced visible-light photo catalytic activity for the degradation of glyphosate. J Colloid Interface Sci, 2018, 532: 456-463.

[246] Yengantiwar A, Palanivel S, Archana P S, et al. Direct liquid injection chemical vapor deposition of molybdenum-doped bismuth vanadate photoelectrodes for efficient solar water splitting. J Phys Chem C, 2017, 121(11): 5914-5924.

[247] Liu G, Liu S, Lu Q, et al. Synthesis of mesoporous BiPO₄ nanofibers by electrospinning with enhanced photocatalytic performances. Ind Eng Chem Res, 2014, 53(33): 13023-13029.

[248] Jiang H Q, Endo H, Natori H, et al. Fabrication and photoactivities of spherical-shaped BiVO₄ photocatalysts through solution combustion synthesis method. J Eur Ceram Soc, 2008. 28(15): 2955-2962.

[249] Prasad N S, Varma K B R, Dielectric, structural and ferroelectric properties of strontium borate glasses containing nanocrystalline bismuth vanadate. J Mater Chem, 2001, 11(7): 1912-1918.

[250] Yin Z, Liu Y, Tan X, et al. Adsorption of 17β-estradiol by a novel attapulgite/biochar nanocomposite: Characteristics and influencing factors. Proc Safety Environ Protect, 2019, 121: 155-164.

[251] Gobara H M, Hassan S A, Betiha M A. The interaction characteristics controlling dispersion mode-catalytic functionality relationship of silica-modified montmorillonite-anchored Ni nanoparticles in petrochemical processes. Mater Chem Phys, 2016, 181: 476-486.

[252] Kumari L S, George G, Rao P P, et al. The synthesis and characterization of environmentally benign praseodymium-doped TiCeO₄ pigments. Dyes Pigments, 2008, 77(2): 427-431.

[253] Lu Y S, Wang W B, Wang Q, et al. Effect of oxalic acid-leaching levels on structure, color and physico-chemical features of palygorskite. Appl Clay Sci, 2019, 183: 105301.

[254] Qi Z G, Tang Y R, Xu J, et al. Thermal and dynamic mechanical properties of attapulgite reinforced poly(butylene succinate-co-1,2-octanediol succinate) nanocomposites. Polym Compos, 2013, 34(7), 1126-1135.

[255] Zhu J D, Zhao F X, Xiong R J. Thermal insulation and flame retardancy of attapulgite reinforced gelatin-based composite aerogel with enhanced strength properties. Compos Part A: Appl Sci Manuf, 2020, 138: 106040.

[256] Huang D J, Wang W B, Xu J X, et al. Mechanical and water resistance properties of chitosan/poly(vinyl alcohol) films reinforced with attapulgite dispersed by high-pressure homogenization. Chem Eng J, 2012, 210: 166-172.

[257] 全球色母料销售到 2017 年将达 80 亿美元. 国外塑料, 2011, 29(05): 29.

[258] 章杰. 塑料用着色剂及其进展. 中国石油和化工, 2006, 09: 50-52.

[259] Martins da Silva R, Kubaski E T, Cava S, et al. Development of a yellow pigment based on bismuth and molybdenum-doped TiO$_2$ for coloring polymers. Int J Appl Ceram Technol, 2015, 12: E112-E119.

[260] George G. The structural and optical studies of titanium doped rare earth pigments and coloring applications. Dyes Pigments, 2015, 112: 81-85.

[261] 张亨. 铋黄的制备和应用. 现代涂料与涂装, 2019, 22(5): 27-30.

[262] Chow T S. The effect of particle shape on the mechanical properties of filled polymers. J Mater Sci, 1980, 15(8): 1873-1888.

[263] Papirer E. The effect of filler shape on the mechanical properties of reinforced vulcanizate: The SBR-ground asbestos system. J Polym Sci Polym Chem Ed, 1983, 21(9): 2833-2836.

[264] Agrawal A, Kaur R, Walia R S. PU foam derived from renewable sources: Perspective on properties enhancement: An overview. Eur Polym J, 2017, 95: 255-274.

[265] Ma X Z, Chen J, Zhu J, et al. Lignin-based polyurethane: Recent advances and future perspectives. Macromol Rapid Comm, 2021, 42(3): 2000492.

[266] Wang X W, Mu B, Zhang Z, et al. Insights into halloysite or kaolin role of BiVO$_4$ hybrid pigments for applications in polymer matrix and surface coating. Compos B Eng, 2019, 174: 107035.

[267] Feng L, Li S, Li Y. Super-hydrophobic surfaces: From natural to artificial. Adv Mater, 2002, 14(24): 1857-1860.

[268] Feng L, Zhang Y, Xi J, et al. Petal effect: A superhydrophobic state with high adhesive force. Langmuir, 2008, 24(8): 4114-4119.

[269] Singh A K, Singh J K. Fabrication of durable super-repellent surfaces on cotton fabric with liquids of varying surface tension: Low surface energy and high roughness. Appl Surf Sci, 2017, 416: 639-648.

[270] Han J T, Kim S Y, Woo J S, et al. Transparent, conductive, and superhydrophobic films from stabilized carbon nanotube/silane sol mixture solution. Adv Mater, 2008, 20(19): 3724-3727.

[271] Deng X, Mammen L, Zhao Y F, et al. Transparent, thermally stable and mechanically robust superhydrophobic surfaces made from porous silica capsules. Adv Mater, 2011, 23(26): 2962-2965.

[272] Segura J C F, Cruz V E R, Ascencio E M L, et al. Characterization and electrochemical treatment of a kaolin. Appl Clay Sci, 2017, 146: 264-269.

[273] Lee D J, Kim H M, Song Y S, et al. Water droplet bouncing and superhydrophobicity induced by multiscale hierarchical nanostructures. ACS Nano, 2012, 6(9): 7656-7664.

[274] Luo C, Zheng H, Wang L, et al. Direct three-dimensional imaging of the buried interfaces between water and superhydrophobic surfaces. Angew Chem Int Ed, 2010, 49(48): 9145-9148.

[275] Li X J, Xu L L, Li X F, et al., Oxidant peroxo-synthesized monoclinic BiVO₄: Insights into the crystal structure deformation and the thermochromic properties. J Alloy Compd, 2019, 787: 666-671.

[276] Hu J, Chen W, Zhao X. Anisotropic electronic characteristics, adsorption, and stability of low-index BiVO₄ surfaces for photoelectrochemical applications, ACS Appl Mater Interfaces, 2018, 10(6): 5475-5484.

[277] Dong J, Zhang J P. Biomimetic super anti-wetting coatings from natural materials: Superamphiphobic coatings based on nanoclays. Sci Rep, 2018, 8: 12062.

[278] Dong J, Wang Q, Zhang Y J, et al. Colorful superamphiphobic coatings with low sliding angles and high durability based on natural nanorods. ACS Appl Mater Interfaces, 2017, 9(2): 1941-1952.

[279] Xia L, Akiyam E, Frankel G, et al. Storage and release of soluble hexavalent chromium from chromate conversion coatings. J Electrochem Soc, 2000, 147(7): 2556-2562.

[280] Bastos A C, Ferreira M G, Simões A M. Corrosion inhibition by chromate and phosphate extracts for iron substrates studied by EIS and SVET. Corros Sci, 2006, 48(6): 1500-1512.

[281] Bastos A C, Grundmeier G, Simões A M P. A forming limit curve for the corrosion resistance of coil-coatings based on electrochemical measurements. Prog Org Coat, 2015, 80: 156-163.

[282] Iannuzzi M, Young T, Frankel G S. Aluminum alloy corrosion inhibition by vanadates. J Electrochem Soc, 2006, 153: B533-B541.

[283] Zheludkevich M L, Poznyak S K, Rodrigues L M, et al. Active protection coatings with layered double hydroxide nanocontainers of corrosion inhibitor. Corros Sci, 2010, 52(2): 602-611.

[284] Iannuzzi M, Kovac J, Frankel G S. A study of the mechanisms of corrosion inhibition of AA2024-T3 by vanadates using the split cell technique. Electrochim Acta, 2007, 52(12): 4032-4042.

[285] Kharitonov D S, Kurilo I I, Wrzesinska A, et al. Corrosion inhibition of AA6063 alloy by vanadates in alkaline media. Mat-wiss Werkst, 2017, 48(7): 646-660.

[286] Alarcon J, Escribano P, Marín R M, et al. Cobalt (Ⅱ) based ceramic pigments. Ceram Trans J, 1985, 84(5): 170-172.

[287] Armijo J S. The kinetics and mechanism of solid-state spinel formation-review and critique. Oxid Met, 1969, 1: 171-198.

[288] Taguchi M, Nakane T, Hashi K, et al. Reaction temperature variations on the crystallographic state of spinel cobalt aluminate. Dalton Trans, 2013, 42(19): 7167-7176.

[289] Zayat M, Levy D. Blue CoAl₂O₄ particles prepared by the sol-gel and citrate-gel methods. Chem Mater, 2000, 12(9): 2763-2769.

[290] Carta G, Casarin M, El Habra N. MOCVD deposition of CoAl₂O₄ films. Electrochim Acta, 2005, 50(23): 4592-4599.

[291] Zhao S Y, Guo J, Li W X, et al. Fabrication of cobalt aluminate nanopigments by coprecipitation method in threonine waterborne solution. Dyes Pigments, 2018, 151: 130-139.

[292] Aly K A, Khalil N M, Algamal Y. Lattice strain estimation for CoAl₂O₄ nano particles using Williamson-Hall analysis. J Alloy Compd, 2016, 676: 606-612.

[293] Yu F L, Yang J F, Ma J Y, et al. Preparation of nanosized CoAl₂O₄ powders by sol-gel and sol-gel-hydrothermal methods. J Alloy Compd, 2009, 468(1-2): 443-446.

[294] Salavati-Niasari M, Farhadi-Khouzani M, Davar F. Bright blue pigment CoAl₂O₄ nanocrystals prepared by modified sol-gel method. J Sol-Gel Sci Technol, 2009, 52(3): 321-327.

[295] Jafari M, Hassanzadeh-Tabrizi S A. Preparation of CoAl₂O₄ nanoblue pigment via polyacry lamide gel method. Powder Technol, 2014, 266: 236-239.

[296] Wang F, Gao P Z, Liang J S, et al. A novel and simple microwave hydrothermal method for preparation

of CoAl₂O₄/sepiolite nanofibers composite. Ceram Int, 2019, 45(18): 24923-24926.

[297] Yurdakul A, Gocmez H. One-step hydrothermal synthesis of yttria-stabilized tetragonal zirconia polycrystalline nanopowders for blue-colored zirconia-cobalt aluminate spinel composite ceramics. Ceram Int, 2019, 45(5): 5398-5406.

[298] Han M, Wang Z S, Xu Y. Physical properties of MgAl₂O₄, CoAl₂O₄, NiAl₂O₄, CuAl₂O₄, and ZnAl₂O₄ spinels synthesized by a solution combustion method. Mater Chem Phys, 2018, 215: 251-258.

[299] Ahmed I S. A simple route to synthesis and characterization of CoAl₂O₄ nanocrystalline via combustion method using egg white (ovalbumine) as a new fuel. Mater Res Bull, 2011, 46(12): 2548-2553.

[300] Chandradass J, Balasubramanian M, Kim K H. Size effect on the magnetic property of CoAl₂O₄ nanopowders prepared by reverse micelle processing. J Alloy Compd, 2010, 506(1): 395-399.

[301] Maurizio C, Habra N E, Rossetto G, et al. XAS and GIXRD study of Co sites in CoAl₂O₄ layers grown by MOCVD. Chem Mater, 2010, 22(5): 1933-1942.

[302] Radhika S P, Sreeram K J, Nair B U. Rare earth doped cobalt aluminate blue as an environmentally benign colorant. J Adv Ceram, 2012, 1(4): 301-309.

[303] Pathak B, Saxena P, Choudhary P. Enhanced stability and tunable bandgap of Zn- and Cu-doped cobalt aluminate. J Mater Sci Mater Electron, 2021, 32(1): 182-190.

[304] 张艳辉, 王志锋, 乔小蒙, 等. 纳米 Co₀.₅Mg₀.₅Al₂O₄ 复合钴蓝颜料的制备研究与表征. 兵器材料科学与工程. 2013, 36(01): 87-90.

[305] Mokhtari K, Salem S. A novel method for the clean synthesis of nano-sized cobalt based blue pigments. RSC Adv, 2017, 7(47): 29899-29908.

[306] Liu W J, Du T, Ru Q X, et al. Facile synthesis and characterization of 2D kaolin/CoAl₂O₄: A novel inorganic pigment with high near-infrared reflectance for thermal insulation. Appl Clay Sci, 2018, 153: 239-245.

[307] 王晓雯, 卢予沈, 牟斌, 等. 黏土矿物基无机杂化颜料研究进展. 精细化工, 2021, 38(4): 694-701.

[308] Peymannia M, Soleimani-Gorgani A, Ghahari M, et al. Production of a stable and homogeneous colloid dispersion of nano CoAl₂O₄ pigment for ceramic ink-jet ink. J Eur Ceram Soc, 2014, 34(12): 3119-3126.

[309] Gabrovska M, Crişan D, Stănică N, et al. Co-Al layered double hydroxides as precursors of ceramic pigment CoAl₂O₄. Part I: Phase omposition. Rev Roum Chim, 2014, 59(6-7): 445-450.

[310] Peymannia M, Soleimani-Gorgani A, Ghahari M, et al. The effect of different dispersants on the physical properties of nano CoAl₂O₄ ceramic ink-jet ink. Ceram Int, 2015, 41(7): 9115-9121.

[311] Tang Y F, Wu C, Song Y, et al. Effects of colouration mechanism and stability of CoAl₂O₄ ceramic pigments sintered on substrates. Ceram Int, 2018, 44(1): 1019-1025.

[312] Suárez M, García-Romoero E. FTIR spectroscopic study of palygorskite: Influence of the composition of the octahedral sheet. Appl Clay Sci, 2006, 31(1-2): 154-163.

[313] Zhang Y, Ye M Q, Han A J, et al. Preparation and characterization of encapsulated CoAl₂O₄ pigment and charge control agent for ceramic toner via suspension polymerization. Ceram Int, 2018, 44(16): 20322-20329.

[314] Frost R L, Ding Z. Controlled rate thermal analysis and differential scanning calorimetry of sepiolites and palygorskites. Thermochim Acta, 2003, 397(1-2): 119-128.

[315] Mu B, Wang Q, Wang A Q. Effect of different clay minerals and calcination temperature on the morphology and color of clay/CoAl₂O₄ hybrid pigments. RSC Adv, 2015, 5: 102674-102681.

[316] Duan X L, Pan M, Yu F P, et al. Synthesis, structure and optical properties of CoAl₂O₄ spinel nanocrystals. J Alloy Compd, 2010, 509(3): 1079-1083.

[317] 张慧娟, 章杰, 范良成. 钴蓝颜料的研究与开. 陶瓷, 2020, (4): 64-67.

[318] Serment B, Brochon C, Hadziioannou G, et al. The versatile Co^{2+}/Co^{3+} oxidation states in cobalt alumina spinel: How to design strong blue nanometric pigments for color electrophore tic display. RSC Adv, 2019, 9(59): 34125-34135.

[319] Chueachot R, Nakhowong R. Synthesis and optical properties of blue pigment $CoAl_2O_4$ nanofibers by electrospinning. Mater Lett, 2020, 259: 126904.

[320] Ahmed I S, Dessouki H A, Ali A A. Synthesis and characterization of new nano-particles as blue ceramic pigment. Spectrochim Acta Part A, 2008, 71(2): 616-620.

[321] Bosi F, Hålenius U, D'Ippolito V, et al. Blue spinel crystals in the $MgAl_2O_4$-$CoAl_2O_4$ series: Part II. Cation ordering over short-range and long-range scales. Am Mineral, 2012, 97(11-12): 1834-1840.

[322] Khattab R M, Sadek H E H, Gaber A A. Synthesis of $Co_xMg_{1-x}Al_2O_4$ nanospinel pigments by microwave combustion method. Ceram Int, 2017, 43(1): 234-243.

[323] García-Romero E, Suárez M. Sepiolite-palygorskite: Textural study and genetic considerations. Appl Clay Sci, 2013, 86: 129-144.

[324] Zhang A J, Mu B, Li H M, et al. Cobalt blue hybrid pigment doped with magnesium derived from sepiolite. Appl Clay Sci, 2018, 157: 111-120.

[325] Xi X L, Nie Z R, Ma L W, et al. Synthesis and characterization of ultrafine $CoAl_2O_4$ pigment by freeze-drying. Powder Technol, 2012, 226: 114-116.

[326] Soleimani-Gorgania A, Ghaharib M, Peymannia M. *In-situ* production of nano-$CoAl_2O_4$ on a ceramic surface by ink-jet printing. J Eur Ceram Soc, 2015, 35(2): 779-786.

[327] Ran S S, Wang L J, Zhang Y D, et al. Reinforcement of bone china by the addition of sepiolite nano-fibers. Ceram Int, 2016, 42(12): 13485-13490.

[328] 宋功宝, 张建洪, 彭同江等. 海泡石相变的粉晶 X 射线衍射研究. 现代地质, 1998(2): 204-209.

[329] Dumitru R, Manea F, Lupa L, et al. Synthesis, characterization of nanosized $CoAl_2O_4$ and its electrocatalytic activity for enhanced sensing application. J Therm Anal Calorim, 2017, 128(3): 1305-1312.

[330] Zhang A, Mu B, Wang X W, et al. Formation and coloring mechanism of typical aluminosilicate clay minerals for $CoAl_2O_4$ hybrid pigment preparation. Front Chem, 2018, 6:125

[331] Suárez M, García-Rivas J, García-Romero E, et al. Mineralogical characterisation and surface properties of sepiolite from Polatli (Turkey). Appl Clay Sci, 2016, 131: 124-130.

[332] Salem S. Phase formation of nano-sized metal aluminates using divalent cations (Mg, Co and Zn) by autoignition technique. Ceram Int, 2016, 42(1): 1140-1149.

[333] Li H, Zhu X H, Zhou H, et al. Functionalization of halloysite nanotubes by enlargement and hydrophobicity for sustained release of analgesic. Colloid Surface A, 2015, 487(20): 154-161.

[334] Yang J Q, Zhou Z, Zhang Y, et al. High morphological stability and structural transition of halloysite (Hunan, China) in heat treatment. Appl Clay Sci, 2014, 101: 16-22.

[335] Lvov Y M, Shchukin D G, Mohwald H, et al. Halloysite clay nanotubes for controlled release of protective agents. ACS Nano, 2008, 2(5): 814-820.

[336] Massaro M, Cavallaro G, Colletti C G, et al. Chemical modification of halloysite nanotubes for controlled loading and release. J Mater Chem B, 2018, 6(21): 3415-3433.

[337] Massaro M, Colletti C G, Lazzara G, et al. Halloysite nanotubes as support for metal-based catalysts. J Mater Chem A, 2017, 5(26): 13276-13293.

[338] Yuan P, Tan D Y, Aannabi-Bergaya F, et al. Changes in structure, morphology, porosity, and surface activity of mesoporous halloysite nanotubes under heating. Clay Clay Miner, 2012, 60(6): 561-573.

[339] Wang R J, Jiang G H, Ding Y W, et al. Photocatalytic activity of heterostructures based on TiO_2 and

halloysite nanotubes. ACS Appl Mater Inter, 2011, 3(10): 4154-4158.

[340] Kim J H, Son B R, Yoon D H, et al. Characterization of blue CoAl$_2$O$_4$ nano-pigment synthesized by ultrasonic hydrothermal method. Ceram Int, 2012, 38(7): 5707-5712.

[341] Cho W S, Kakihana M. Crystallization of pigment CoAl$_2$O$_4$ nanocrystals from Co-Al metal organic precursor. J. Alloy Compd, 1999, 28(7): 87-90.

[342] Gholami T, Salavati-Niasari M, Varshoy S. Investigation of the electrochemical hydrogen storage and photocatalytic properties of CoAl$_2$O$_4$ pigment: Green synthesis and characterization. Int J Hydrogen Energ, 2016, 41(22): 9418-9426.

[343] Zhong Z Y, Mastai Y, Koltypin Y, et al. Sonochemical coating of nanosized nickel on alumina submicrospheres and the interaction between the nickel and nickel oxide with the substrate. Chem Mater, 1999, 11(9): 2350-2359.

[344] Ahmed N A, Abdel-Fatah H T M, Youssef E A. Corrosion studies on tailored Zn·Co aluminate/ kaolin core-shell pigments in alkyd based paints. Prog Org Coat, 2012, 73(1): 76-87.

[345] Paulus J, Knuutinen U. Cadmium colours: Composition and properties. Appl Phys A, 2004, 79(2): 397-400.

[346] Du X, He J. Elaborate control over the morphology and structure of mercapto-functionalized meso porous silicas as multipurpose carriers. Dalton T, 2010, 39(38): 9063-9072.

[347] Yang F, Yan N N, Huang S, et al. Zn-Doped CdS nanoarchitectures prepared by hydrothermal synthesis: mechanism for enhanced photocatalytic activity and stability under visible light. J Phys Chem C, 2012, 116(16): 9078-9084.

[348] Chen D, Du Y, Zhu H, et al. Synthesis and characterization of a microfibrous TiO$_2$-CdS/palygorskite nanostructured material with enhanced visible-light photocatalytic activity. Appl Clay Sci, 2014, 87: 285-291.

[349] Nascimento C C, Andrade G R S, Neves E C, et al. Nanocomposites of CdS nanocrystals with montmorillonite functionalized with thiourea derivatives and their use in photocatalysis. J Phys Chem C, 2012, 116(41): 21992-22000.

[350] Xiao J, Peng T, Ke D, et al. Synthesis, characterization of CdS/rectorite nanocomposites and its photocatalytic activity. Phys Chem Miner, 2007, 34(4): 275-285.

[351] Kočí K, Praus P, Edelmannová M, et al. Photocatalytic reduction of CO$_2$ over CdS, ZnS and core/shell CdS/ZnS nanoparticles deposited on montmorillonite. J Nanosci Nanotechnol, 2017, 17(6): 4041-4047.

[352] Aravindakshan K K, Muraleedharan K. Thermal decomposition kinetics of 2-furaldehyde thiosemicarbazone complexes of cadmium (Ⅱ) and mercury (Ⅱ). Thermochim Acta, 1989, 155: 247-253.

[353] Dumbrava A, Ciupina V, Jurca B, et al. Synthesis of cadmium complex sulfides nanoparticles by thermal decomposition. J Therm Anal Calorim, 2005, 81(2): 399-405.

[354] Wang X, Mu B, An X, et al. Insights into the relationship between the color and photocatalytic property of attapulgite/CdS nanocomposites. Appl Surf Sci, 2018, 439: 202-212.

[355] Wang X, Feng Z, Fan D, et al. Shape-controlled synthesis of CdS nanostructures via a solvothermal method. Cryst Growth Des, 2010, 10(12): 5312-5318.

[356] Xiao J, Peng T, Dai K, et al. Hydrothermal synthesis, characterization and its photoactivity of CdS/rectorite nanocomposites. J Solid State Chem, 2007, 180(11): 3188-3195.

[357] Goncalves L F F F, Silva, C J R, Kanodarwala F K, et al. Influence of Cd^{2+}/S^{2-} molar ratio and of different capping environments in the optical properties of CdS nanoparticles incorporated within a hybrid diureasil matrix. Appl Surface Sci, 2014, 314: 877-887.

[358] Moloto M J, Revaprasadu N, Kolawole G A, et al. Synthesis and X-Ray single crystal structures of

cadmium（Ⅱ）complexes: CdCl2[CS(NHCH3)2]2 and CdCl2[CS(NH2)NHC6H5]4-single source precursors to CdS nanoparticles. E-J Chem, 2015, 7(4): 1148-1155.

[359] Praus P, Kozák O, Kočí K, et al. CdS nanoparticles deposited on montmorillonite: Preparation, characterization and application for photoreduction of carbon dioxide. J Colloid Interface Sci, 2011, 360(2): 574-579.

[360] Subrahmanyam M, Supriya V T, Reddy P R. Photocatalytic H2 production with CdS-based catalysts from a sulphide/sulphite substrate: An effort to develop MgO-supported catalysts. Int J Hydrogen Energy, 1996, 21(2): 99-106.

[361] Han Z, Zhu H, Ratinac K R, et al. Nanocomposites of layered clays and cadmium sulfide: Similarities and differences information, structure and properties. Microporous Mesoporous Mater, 2008, 108(1-3): 168-182.

[362] Kandi D, Martha S, Thirumurugan A, et al. Modification of BiOI microplates with CdS QDs for enhancing stability, optical property, electronic behavior toward Rhodamine B decolorization, and photocatalytic hydrogen evolution. J.Phys Chem C, 2017, 121(9): 4834-4849.

[363] Wang X, Mu B, Hui A, et al. Comparative study on photocatalytic degradation of Congo red using different clay mineral/CdS nanocomposites. J Materials Sci Mater El, 2019, 30: 5383-5392.

[364] Ma S, Deng Y, Xie J, et al. Noble-metal-free Ni3C cocatalysts decorated CdS nanosheets for high-efficiency visible-lightdriven photocatalytic H2 evolution. Appl Catal B: Environ, 2018, 227: 218-228.

[365] Singh C, Goyal A, Malik R, et al. Envisioning the attachment of CdS nanoparticles on the surface of MFe2O4 (M = Zn, Co and Ni) nanocubes: Aanalysis of structural, optical, magnetic and photocatalytic properties. J Alloy Compd, 2017, 695: 351-363.

[366] Kashchiev D, Van Rosmalen G M. Review: Nucleation in solutions revisited. Cryst Res Technol, 2010, 38(7-8): 555-574.

[367] Zhang L J, Zheng R, Li S, et al. Enhanced photocatalytic H2 generation on cadmium sulfide nanorods with cobalt hydroxide as cocatalyst and insights into their photogenerated charge transfer properties. ACS Appl Mater Inter, 2014, 6(16): 13406-13412.

[368] Cheng F, Yin H, Xiang Q. Low-temperature solid-state preparation of ternary CdS/g-C3N4/CuS nanocomposites for enhanced visible-light photocatalytic H2-production activity. Appl Surf Sci, 2017, 391: 432-439.

[369] Nassau K. The fifteen causes of color: The physics and chemistry of color. Color Res Appl, 1984, 3(12): 70-71.

[370] Ji S M, Sun H C, Jang J S, et al. Band gap tailored Zn(Nb1−xVx)2O6 solid solutions as visible light photocatalysts. J Phys Chem C, 2009, 11(41): 17824-17830.

[371] Vishnu V S, George G, Reddy M L P. Effect of molybdenum and praseodymium dopants on the optical properties of Sm2Ce2O7: Tuning of band gaps to realize various color hues. Dyes Pigments, 2010, 85(3): 117-123.

[372] 刘华锋, 王慧, 曾令可. 黑色陶瓷色料的研究现状与展望. 中国陶瓷工业, 2013, 20(6): 32-34.

[373] Franco A, Pessoni H V S, Neto F O. Enhanced high temperature magnetic properties of ZnO-CoFe2O4 ceramic composite. J Alloy Compd, 2016, 680: 198-205.

[374] Wang S S, Zhao Y, Xue H L, et al. Preparation of flower-like CoFe2O4@graphene composites and their microwave absorbing properties. Mater Lett, 2018, 223: 186-189.

[375] Song K, Chen X S, Yang R, et al. Novel hierarchical CoFe2Se4@CoFe2O4 and CoFe2S4@CoFe2O4 core-shell nanoboxes electrode for high-performance electrochemical energy storage. Chem Eng J, 2020,

390: 124175.

[376] Yao Q F, Zheng Y, Cheng W Y, et al. Difunctional fluorescent HSA modified CoFe$_2$O$_4$ magnetic nanoparticles for cell imaging. J Mater Chem B, 2016, 4(38): 6344-6349.

[377] 王强, 马国军, 张翔, 等. Fe$_2$O$_3$-G$_2$O$_3$-NiO-MnO 系黑色陶瓷颜料中着色尖扇石的析出行为武汉科技大学学报, 2020, 43(6): 413-418.

[378] Dondi M, Zanelli C, Ardit M, et al. Ni-free, black ceramic pigments baseef on Co-Cr-Fe-Mn spinels: A reappraisal of craystal structure, colour and technological behaviour. Ceram Int, 2013, 39(8): 9533-9547.

[379] Kalam A, Al-Sehemi A G, Assiri M, et al. Modified solvothermal synthesis of cobalt ferrite (CoFe$_2$O$_4$) magnetic nanoparticles photocatalysts for degradation of methylene blue with H$_2$O$_2$/visible light. Results Phys, 2018, 8: 1046-1053.

[380] Sadeghi M, Farhadi S, Zabardasti A. A novel CoFe$_2$O$_4$@Cr-MIL-101/Y zeolite ternary nano composite as a magnetically separable sonocatalyst for efficient sonodegradation of organic dye contaminants from water. RSC Adv, 2020, 10(17): 10082-10096.

[381] Taha T A, Saad S A. Processing, thermal and dielectric investigations of polyester nano composites based on nano-CoFe$_2$O$_4$. Mater Chem Phys, 2020, 255: 123574.

[382] Zhang A J, Mu B, Wang X W, et al. Microwave hydrothermal assisted preparation of CoAl$_2$O$_4$/kaolin hybrid pigments for reinforcement coloring and mechanical property of acrylonitrile butadiene styrene. Appl Clay Sci, 2019, 175: 67-75.

第3章 凹凸棒石玛雅蓝颜料

3.1 引 言

颜料在日常生活中扮演着重要角色，广泛应用于油漆、涂料、油墨、塑料、橡胶等行业。颜料从化学组成来分，主要分为无机颜料和有机颜料两种；就其来源又可分为天然颜料和合成颜料；根据所含化合物的类别分类，无机颜料可细分为氧化物、铬酸盐、硫酸盐、硅酸盐、硼酸盐、钼酸盐、磷酸盐、钒酸盐、铁氰酸盐、氢氧化物、硫化物和金属等；有机颜料按化合物的化学结构可分为偶氮颜料、酞菁颜料、蒽醌、靛族、喹吖啶酮、二   嗪等多环颜料和芳甲烷系颜料等。

随着社会经济的发展，人们生活水平的提高，有机颜料在印刷油墨、涂料、塑料以及功能性着色剂各个应用领域比例不断上升。满足应用领域对有机颜料的着色强度、鲜艳度、透明度与遮盖力、耐光牢度与耐气候牢度、耐热稳定性等特定需求时，必须关注有机颜料的关键或核心技术，不断改进颜料内在品质，开发新型化学结构、优质差异化的商品颜料品种。

玛雅蓝是一种古老的蓝色颜料，广泛应用于壁画、陶器和雕像等各类艺术品中(图 3-1)。1931 年，科学家 Merwin 在考察奇琴伊察考古遗迹时意外发现了这种颜料。经研究发现，玛雅蓝是由凹凸棒石(attapulgite，APT)和靛蓝染料形成的有机/无机杂化颜料[1]。其后陆续发现了多处含有玛雅蓝颜料的古遗址[2,3]。这些艺术品虽暴露于自然条件下若干世纪，但色泽仍光鲜亮丽，由此闻名于世。同时，玛雅蓝卓越的稳定性也引起国内外诸多研究者的关注[4,5]。

图 3-1 古玛雅地区壁画[6,7]

3.2　凹凸棒石玛雅蓝颜料的制备与形成机理

凹凸棒石是一种含水富镁铝天然硅酸盐黏土矿物，在矿物学上隶属于海泡石族，具有一维棒状形貌，结晶骨架中具有贯穿纵向的孔道。独特的晶体结构决定了凹凸棒石具有非常特殊的物理化学性质。因此近年来，以凹凸棒石为原料制备玛雅蓝、类玛雅蓝颜料受到国内外学者的青睐，研究热点主要集中在玛雅蓝颜料的制备方法和杂化机理。

3.2.1　玛雅蓝颜料制备方法

有关玛雅蓝的制备方法没有任何资料记载，目前认为主要有 4 种可能的制备途径[8,9]：①将吲哚酚乙酸酯嵌入到凹凸棒石中；②将凹凸棒石与靛蓝混合研磨后进行热处理；③将靛青植物的叶子加到凹凸棒石悬浮液中，在氧气条件下进行长时间搅拌；④将凹凸棒石、靛蓝和柯巴脂混合后燃烧。

目前文献报道较多的制备方法是采用第 2 种工艺，即将凹凸棒石粉末和染料混合研磨一定时间后，在一定温度下热处理制得。该种工艺制备的玛雅蓝颜料性能主要受 4 个方面影响：凹凸棒石与染料质量比、研磨时间、热处理温度和热处理时间。不同研究者选用的条件有所差别，染料与凹凸棒石质量比基本在 1%～16%、热处理温度在室温至 300℃之间、热处理时间在几分钟至若干小时甚至长达数天[5,10-13]。玛雅蓝颜料制备过程中所用条件不同，凹凸棒石与靛蓝间的相互作用强弱也不同，导致玛雅蓝呈现出较宽的色调变化。因此，制备条件对玛雅蓝及其稳定性影响较大，需根据实际需要选择合适条件制备目标产品。

尽管干法工艺操作简便易行，但存在的问题是染料与凹凸棒石间作用力较弱，制得的颜料色泽均匀性欠佳。由于凹凸棒石优异的吸附性能，采用湿法工艺将凹凸棒石与染料分子在溶液中先进行吸附，再进行研磨和加热处理，则能极大地提高染料分子与凹凸棒石的结合，如果再结合有机硅烷改性在颜料表面包覆涂层，从而可制备出稳定性较高的玛雅蓝颜料。为此，近年来作者系统开展了相关研究工作，取得了有意义的结果[14-16]。

3.2.2　凹凸棒石不可替代性

用不同的染料分子比如甲基红、茜草色素、骨螺紫和苏丹红等可制备出不同颜色的玛雅蓝颜料[17]。但自然界形成的黏土矿物除凹凸棒石外，还有一维结构的海泡石、埃洛石和二维结构的高岭石、蒙脱石、蛭石等黏土矿物，能否也用来制备性能稳定的玛雅蓝颜料？研究表明，不同一维黏土矿物也可用来制备类玛雅蓝颜料[18-20]，但颜料稳定性较凹凸棒石弱[21]。以海泡石为例，海泡石孔道尺寸为 0.37 nm×1.06 nm[22]，凹凸棒石的孔道尺寸为 0.37 nm×0.64 nm[23]，但海泡石制备的颜料稳定性不如凹凸棒石。这说明在玛雅蓝颜料的制备中凹凸棒石具有不可替代性。

3.2.3　玛雅蓝颜料形成机理

关于玛雅蓝的形成机理，Poletto-Niewold[12]等认为凹凸棒石加热失水，使金属阳离子暴露易与染料分子结合，从而形成稳定的玛雅蓝颜料。且染料浓度低时，染料分子结合在凹凸棒石孔道内部；浓度高时，染料分子与凹凸棒石发生表面键合。该研究同时发现在加热过程中靛蓝分子逐渐转变为脱氢靛蓝(图 3-2)，脱氢靛蓝与金属阳离子结合可形成稳定的杂化颜料。

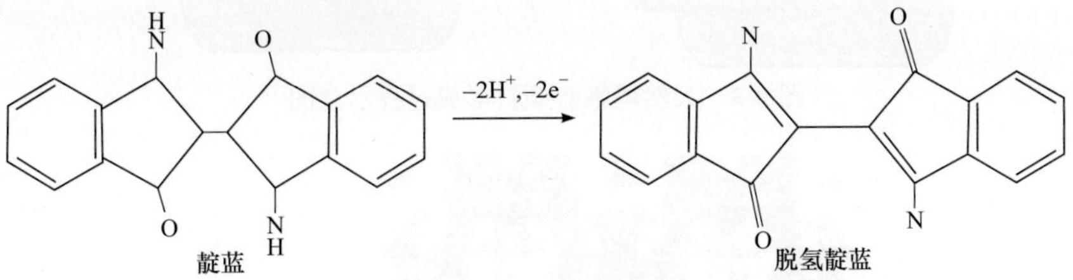

图 3-2　靛蓝分子转化为脱氢靛蓝的结构示意图[13]

关于凹凸棒石与染料的相互作用提出了以下几种模型[24-30]：染料分子中的 C＝O 与 N—H 形成氢键；染料分子与凹凸棒石中的—OH 形成氢键；染料分子中的 C＝O 与凹凸棒石结构水形成氢键；凹凸棒石八面体中的金属阳离子与染料分子直接键合；凹凸棒石中 Al 替代四面体中心 Si 形成特殊键；染料分子 C＝O 与凹凸棒石配位水作用同时伴随染料分子与凹凸棒石八面体阳离子 Mg^{2+} 和 Al^{3+} 间的相互作用。Tilocca 通过理论计算发现，有机染料分子与黏土矿物的作用涉及黏土矿物通道边缘的 Al^{3+} 及被吸附染料分子的羰基[31]。Zhang 等[32]认为玛雅蓝的优异稳定性主要归因于凹凸棒石与染料分子间的静电作用及染料分子中的 C＝O 与凹凸棒石结构水间的氢键作用，Manciu 等[13]通过红外及拉曼研究也认为染料 C＝O 与结构水形成氢键。Giustetto 等[33]认为靛蓝与凹凸棒石的结构水形成氢键，表现为在光谱图上出现了蓝移。José-Yacamán 等[34]研究发现，染料分子在凹凸棒石孔道内紧密结合，形成超晶格结构，因此表现出极强稳定性。还有研究者认为靛蓝和凹凸棒石之间的范德瓦耳斯力对玛雅蓝的稳定性有重要贡献[35]。

靛蓝分子在凹凸棒石中存在的位置是影响玛雅蓝稳定性的重要原因，但目前也尚无定论。有研究者认为，凹凸棒石中的水分子经热处理失去，从而使靛蓝分子进入凹凸棒石孔道[36]；也有研究者认为靛蓝分子并未进入凹凸棒石孔道内，而仅仅是嵌在其孔道入口处；Van Olphen 发现用较少量的靛蓝与凹凸棒石结合就能得到色泽鲜艳的玛雅蓝，因此认为靛蓝分子可能是嵌合在凹凸棒石表面的沟槽中[8]；Chiari 等[27]认为靛蓝分子可能进入凹凸棒石内孔道，通过建立结构模型及计算给出了靛蓝分子在凹凸棒石内孔道中的距离和角度分布，以及两者分子匹配情况。

Lima 等[1]研究发现天然玛雅蓝与合成玛雅蓝染料和凹凸棒石的相互作用不同，天然玛雅蓝的染料分子吲哚酚稳定在凹凸棒石孔道内，随时间逐渐氧化为靛蓝(图 3-3)，而合成玛雅蓝的染料分子靛蓝则存在于凹凸棒石表面或凹槽。Fois 等[26]通过经典的分子动力学模拟提出玛雅蓝的分子模型，认为染料分子扩散至凹凸棒石孔道内并到达稳定的吸附位点，在孔道内沿平行于孔道方向分布(图 3-4)，即使高温也不影响其稳定性。染料分子的 C＝O 与凹凸棒石结构—OH 间的氢键作用为主要的主客体作用。此外，靛蓝分子与凹凸棒石八面体中金属阳离子间的直接作用对染料分子的固定也起重要作用。

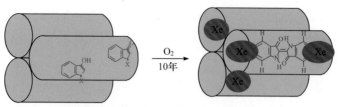

图 3-3　天然玛雅蓝颜料形成过程示意图[1]

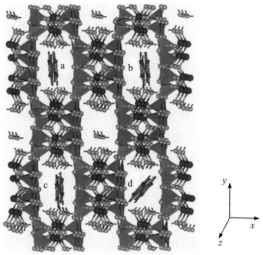

图 3-4　z 轴方向凹凸棒石结构单元示意图及其 4 个靛蓝分子的位置(a，b，c，d)[26]

　　虽然目前较多的研究倾向于靛蓝进入凹凸棒石内孔道[13,37]，但靛蓝分子究竟是进入到内部孔道还是嵌在表面沟槽，或者堵塞在其孔道入口目前仍未形成一致结论，需要进一步研究揭示与证实。

3.3　凹凸棒石类玛雅蓝颜料

　　尽管不同黏土矿物被用于制备杂化类玛雅蓝颜料[38,39]，但采用凹凸棒石仍然是目前研究最活跃的。通过研磨、热处理和索氏提取制备各种红色杂化颜料，研究发现凹凸棒石对甲基红和茜草色素有很好的吸附能力(图 3-5)，但不吸附骨螺紫和苏丹红[17]。经过酸、碱、王水的性能检测表明，由甲基红和凹凸棒石制得的杂化颜料具有很好的耐酸、碱稳定性。而由茜草色素制备的杂化颜料与纯茜草色素溶液一样，有着相似的 pH 响应性，这一性能可使其应用在 pH 响应相关领域。Reinen 等[40]将醌茜素和 4，4，7，7-四氯靛蓝[图 3-5(c)、(e)]分别与凹凸棒石进行研磨和热处理制备两种复合杂化颜料，均有较好的化学稳定性。红外光谱图发现，4，4，7，7-四氯靛蓝与靛蓝在光谱上有着相似的位移趋势，说明它与玛雅蓝颜料有相似的形成机理；而醌茜素由于其刚性结构，可能直接与表面羟基成键而没有产生明显的位移。本节系统介绍作者在该方面开展的工作。

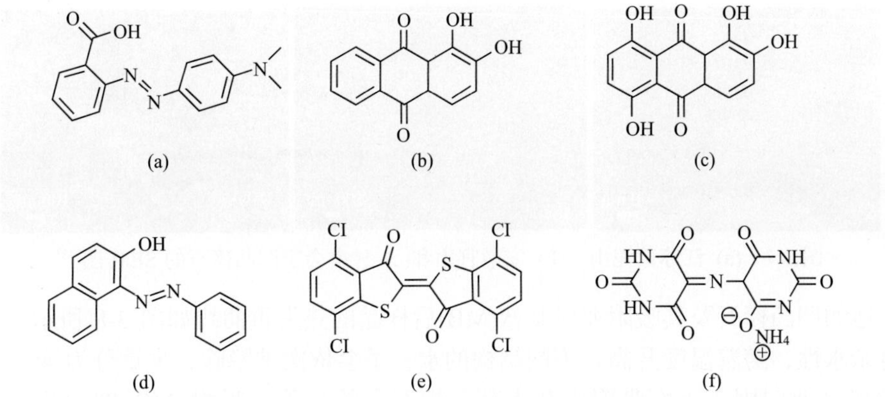

(a)

(b)

(c)

(d)

(e)

(f)

图 3-5　(a) 甲基红、(b) 茜草色素、(c) 醌茜素、(d) 苏丹红、(e) 4, 4, 7, 7-四氯靛蓝和(f) 骨螺紫的
分子结构[17,40]

3.3.1　凹凸棒石结构对颜料性能影响

凹凸棒石的晶体结构国外研究较多，图 3-6 分别给出了凹凸棒石三维立体模型和孔道分布图[41,42]。凹凸棒石是典型的 2∶1 型层链状结构，晶体结构为单斜晶系，晶胞参数为 a 或 $a^*\sin\beta$=1.27 nm，b=1.806 nm，空间群为 $C2/m$，内孔孔道直径为 0.37 nm×0.64 nm，并且平行于晶体延长方向。但天然形成的凹凸棒石类质同晶取代现象比较普遍，因而使凹凸棒石在微观结构上分为完美的三八面体结构、二八面体与三八面体过渡结构和晶体缺陷最多的二八面体结构，结构的差异对凹凸棒石杂化颜料有很大影响。

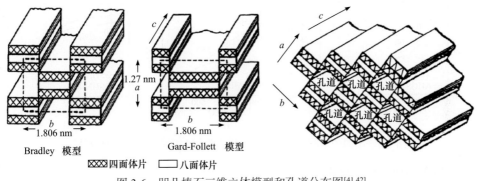

四面体片　　八面体片

图 3-6　凹凸棒石三维立体模型和孔道分布图[41,42]

选取江苏黄泥山(JSHS)、安徽官山(AHGS)和甘肃会宁(GSHN)三地凹凸棒石为研究对象[43]，重点研究化学组成及微观结构对吸附性能的影响。从 SEM 照片可以看出(图 3-7)，江苏黄泥山的凹凸棒石棒晶长径比小，属于典型的二八面体结构。安徽官山的凹凸棒石棒晶长径比高，属于典型的三八面体结构。甘肃会宁的凹凸棒石伴生大量的层片状矿物，经 XRD 衍射图谱分析伴生矿物有白云母、白云石和绿泥石等，属于典型的混维凹凸棒石黏土矿物。

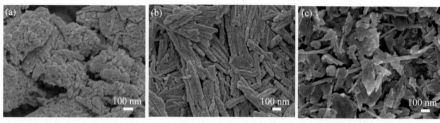

图 3-7　(a) 江苏黄泥山、(b) 安徽官山和(c) 甘肃会宁凹凸棒石的 SEM 图[43]

　　三地的凹凸棒石及其吸附亚甲基蓝(MB)后样品的热失重曲线如图 3-8 所示。凹凸棒石具有亲水性，随着温度升高，不同结构的水分子会依次被脱除，失重分为 4 个阶段：第一阶段主要归因于表面吸附水和大部分沸石水的去除。吸附 MB 的凹凸棒石样品(APT-MB)热失重明显低于凹凸棒石，分别为 AHGS 7.2%、AH GS-MB 5.61%、JSHS 5.42%、JSHS-MB 2.53%、GSHN 2.1%和 GSHN-MB 0.64%。这说明 MB 与凹凸棒石发生了结合。第二阶段是剩余沸石水及第一部分配位水的去除。吸附 MB 前后样品在该阶段的失重几乎相同(AHGS 3.38%、AHGS-MB 3.58%、JSHS 2.11%、JSHS-MB 1.98%、GSHN 0.71%和 GSHN-MB 0.74%)。第三阶段主要是凹凸棒石中配位水的失去，同时伴随 MB 的部分分解。吸附 MB 的凹凸棒石在该阶段没有出现明显失重，说明 MB 分子与凹凸棒石存在较牢固的相互作用。最后阶段的失重归因于吸附 MB 的凹凸棒石结构水失去及 MB 分子的完全分解。由图 3-8(b)可见，江苏黄泥山凹凸棒石形成的复合物最稳定，从而可以说明二八面体结构凹凸棒石更适合制备杂化颜料。

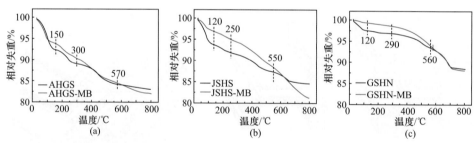

图 3-8　不同产地凹凸棒石及凹凸棒石吸附 MB 后的热失重曲线[43]

3.3.2　研磨参数对颜料性能影响

　　研磨对制备玛雅蓝颜料具有非常重要的作用，该过程可加强主客体间的相互作用[44,45]。以亚甲基蓝/凹凸棒石(MB/APT)杂化颜料为例，样品随研磨时间 d_{110} 值的变化如图 3-9 所示。随着研磨时间的增加，d_{110} 值先降低后增加，在研磨时间为 20～30 min 达到最低值 10.53 Å。这一变化过程与染料分子和凹凸棒石的结合步骤有关：第一步是凹凸棒石表面的吸附水及孔道中的沸石水在研磨过程中被移除，同时染料分子结合到凹凸棒石的表面，该过程中 d_{110} 值降低；第二步是染料分子通过热扩散作用继续进入表面的沟槽或孔道中，使得 d_{110} 值增加。研磨同时可使凹凸棒石的棒晶解离，但过度研磨会造成棒晶的损伤，故控制好研磨时间才能获得稳定性好的凹凸棒石杂化材料。

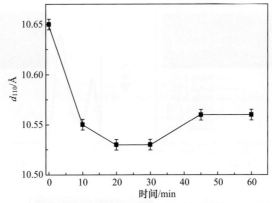

图 3-9　不同研磨时间制备 MB/APT 样品 d_{110} 值随研磨时间的变化曲线[46]

对于颜料 MB/APT，当 m_{MB}/m_{APT} 为 2%，用球磨代替研磨制备复合颜料，球磨参数对其性能的影响结果见图 3-10。由于染料比例较低，不同研磨时间制备的颜料经 1 mol/L HCl 处理后的上清液基本无色，在可见光区无吸收峰，但在紫外光区 340 nm 处出现 MB 中苯环的特征吸收峰。研磨处理 4 min 得到的颜料，酸处理和醇处理后的上清液吸光度值均为最小，说明颜料稳定性最好。球磨时间大于 4 min，颜料稳定性逐渐变差，原因可能是球磨时间过长破坏了凹凸棒石的棒晶结构[47]，使染料分子暴露，易被溶剂洗脱。因此适当的球磨可提高颜料的稳定性，球磨时间以 4 min 为最佳。

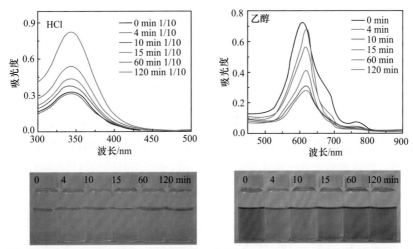

图 3-10　不同球磨时间下制得的颜料经 1 mol/L HCl 或乙醇浸泡 24 h 后上清液紫外谱图及相应数码照片[16]

对于凹凸棒石吸附碱性红 14(ABR)制备颜料 ABR/APT，m_{ABR}/m_{APT} 为 12%时，研磨参数对其性能的影响结果见图 3-11。从图中可看出，358 nm 处的吸收峰强度随研磨时间的增大而增强，说明颜料的耐酸稳定性随研磨时间的增大而降低。不同研磨时间的颜料，耐碱稳定性区别不大。不同时间研磨制备的颜料，在乙醇中的稳定性随研磨时间的延长而降低，上清液在可见区的吸收峰强度增大。由于研磨过程可能会破坏凹凸棒石的棒晶结构[47]，使染料分子暴露，从而易被溶剂脱附使颜料表现出较差的稳定性。因此，研磨对提高颜料的稳定性无明显作用，但过度研磨在一定程度上会降低颜料稳定性。

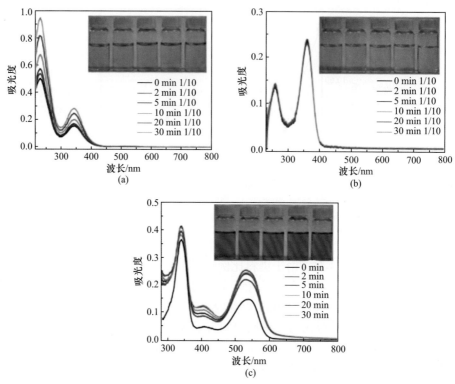

图 3-11   不同研磨时间制备的 ABR/APT 经(a)1 mol/L HCl、(b)1 mol/L NaOH 或(c)乙醇处理 24 h 后上清液的紫外谱图及相应数码照片[14]

对于凹凸棒石吸附甲基紫(MV)后制备的复合颜料 MV/APT，m_{MV}/m_{APT} 为 10%时，研磨参数对其性能的影响结果见图 3-12。研磨时间小于 30 min 时，颜料耐酸稳定性区别不大。但是当研磨时间超过 45 min，颜料经酸处理后上清液颜色明显加深。研磨时间为 60 min 时，吸光度值增大至 1.87，说明颜料的耐酸稳定性下降。碱处理后上清液颜色随研磨时间的延长逐渐加深，吸光度值逐渐增大。这说明部分染料分子被脱附，同时碱液可能对 MV 的结构或性质产生影响。醇处理结果进一步证实颜料的稳定性随研磨时间的延长而降低。

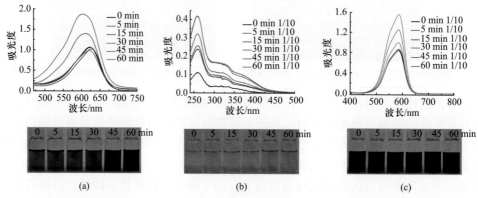

图 3-12   不同研磨时间制备的 MV/APT 经(a)0.1 mol/L HCl、(b)0.1 mol/L NaOH 或(c)乙醇处理 24 h 后上清液紫外谱图及数码照片[15]

3.3.3 加热温度对颜料性能影响

凹凸棒石晶体中含有四种类型的水：表面吸附水、孔道沸石水(H_2O)、位于孔道边缘参与八面体边缘镁离子配位的配位水(OH_2)和与八面体层中间阳离子配位的结构水(OH)。随着加热温度的升高，这四种水分可以依次被移除，从而导致晶体结构及理化性能发生改变。在玛雅蓝颜料的制备过程中，热处理可使凹凸棒石中部分或全部沸石水去除，利于靛蓝分子进入孔道或堵塞其孔道入口，从而增强主客体间的相互作用[10]。同时，加热过程中凹凸棒石的结构—OH 与染料分子的—C=O 间形成氢键作用，对颜料的稳定性也起重要作用[48]。因此，热处理是除研磨外影响颜料稳定性的重要因素。

热处理对颜料 MB/APT(m_{MB}/m_{APT}=2%)稳定性的影响见图 3-13。从图中可看出，热处理温度为 120℃时，颜料的稳定性最好，这是由于凹凸棒石中沸石水的去除及凹凸棒石与 MB 分子间的相互作用。热处理温度超过 180℃时，酸醇处理后的上清液均呈现蓝黑色，同时最大吸收峰出现蓝移现象，说明高温使染料分子的结构或性质发生改变。

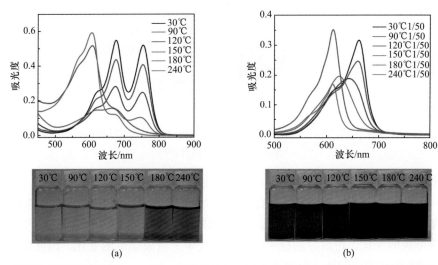

图 3-13 不同热处理温度制得的 MB/APT 颜料经(a)1 mol/L HCl 或(b)乙醇处理24 h后上清液紫外谱图及数码照片[16]

热处理对复合颜料 ABR/APT(m_{ABR}/m_{APT}=12%)稳定性的影响见图 3-14。热处理温度低于 210℃时，颜料耐酸稳定性区别不大。热处理温度升高至 240℃时，吸光度值明显增大，说明颜料稳定性下降。碱处理后上清液颜色随热处理温度的升高而加深，由无色透明变为黄绿色，吸光度值也逐渐增大。热处理温度≤90℃时，耐醇稳定性差别不大。但超过 120℃时，醇处理后上清液颜色先加深后变淡，吸光度值也先增大后减小。

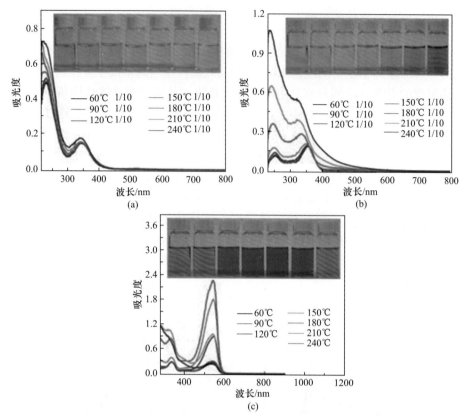

图 3-14 不同温度处理 ABR/APT 颜料经(a)1 mol/L HCl、(b)1 mol/L NaOH 或(c)乙醇处理后上清液紫外谱图及相应数码照片[14]

从不同热处理稳定性制备的颜料的照片可见，热处理温度低于 150℃时，ABR/APT 颜料呈鲜艳的红色。而当热处理温度高于 180℃时，颜料颜色逐渐发灰变暗，直至 240℃时呈现咖啡色(图 3-15)。由此说明高温会使 ABR 染料分子的结构和性质发生变化，从而引起颜料形貌的变化，进而导致稳定性评价过程中上清液颜色的变化。因此热处理能提高 ABR/APT 颜料的稳定性，但温度需要适中。

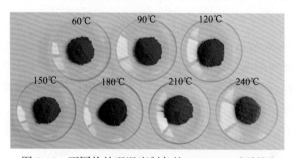

图 3-15 不同热处理温度制备的 ABR/APT 颜料[14]

　　热处理对颜料 MV/APT(m_{MV}/m_{APT}=10%)稳定性的影响见图 3-16。热处理温度低于 120℃时，颜料耐酸稳定性区别不大，但是可见区最大吸收波长发生蓝移。碱处理后上清液颜色随热处理温度的升高而加深，吸光度值也逐渐增大。当热处理温度超过 150℃时，醇处理后上清液颜色变为紫黑色，说明 MV 染料热稳定性较差。因此，热处理对提高 MV/APT 颜料的稳定性无明显作用。

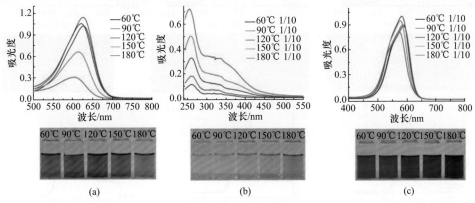

图 3-16　不同热处理温度制备的 MV/APT 经(a)0.1 mol/L HCl、(b)0.1 mol/L NaOH 或(c)乙醇处理 24 h 后上清液紫外谱图及相应数码照片[15]

3.3.4　表面改性对颜料性能影响

　　室温在有机酸或无机酸及水存在的条件下，正硅酸乙酯(TEOS)水解缩聚可得到致密透明的 SiO_2 微球[49]。为此，通过在颜料表面包覆 TEOS 来提升颜料的稳定性。由于 MB/APT 在乙醇中褪色严重，通过在乙酸(HAc)为催化剂且无乙醇的条件下水解 TEOS 实现了 MB/APT 的表面包覆。从谱图及数码照片可看出(图 3-17)，当 TEOS/HAc/H_2O=1/2/140 时，改性后颜料的稳定性最好，说明 MB/APT 颜料表层形成了均一的 SiO_2 溶胶层。硅烷改性可明显提高颜料的稳定性，尤其是耐醇稳定性，上清液由深蓝色变为淡蓝色。当 C_{TEOS} 大于 0.002 mol/L 时，MB/APT@SiO_2 的稳定性下降，原因可能是多余的 TEOS 阻碍了 TEOS 水解缩聚成 SiO_2。C_{HAc} 大于 0.004 mol/L 时，颜料的稳定性也呈现降低趋势。而且过量的 H_2O 会稀释 HAc 和 TEOS，导致改性效果下降。因此，合适的 TEOS/HAc/H_2O 比例对颜料的改性效果起决定性的作用。

　　通过 TEOS 在碱性条件下的水解反应对 ABR/APT 颜料进行表面改性，在颜料表面形成 SiO_2 颗粒壳层，从而得到了具有优异稳定性的 ABR/APT@SiO_2 颜料。带正电荷的 ABR 分子通过静电作用在表面包覆 SiO_2 颗粒。从图 3-18 紫外-可见谱图及数码照片可看出，颜料的耐酸稳定性随TEOS量的增加而增强，TEOS 改性明显提高了颜料的耐碱和耐醇稳定性。但 TEOS 用量越多，包覆层越厚，改性后颜料的颜色越淡。因此最佳 C_{TEOS} 为 4.48 mmol/L。同样，从图 3-18(b) 和 (c) 可看出，$C_{NH_3 \cdot H_2O}$ 为 6.68 mmol/L，醇水比为 40/10(V/V)时，制得的 ABR/APT@SiO_2颜料耐 1 mol/L HCl、1 mol/L NaOH 和乙醇的稳定性最好。综上，C_{TEOS} 为 4.48 mmol/L，$C_{NH_3 \cdot H_2O}$ 为 6.68 mmol/L，醇水比为 40/10(V/V)时对 ABR/APT 的改性效果最好。

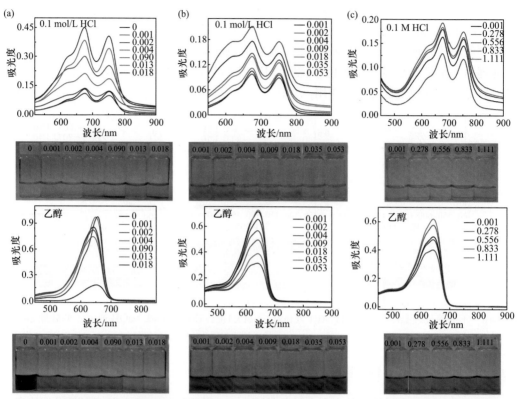

图 3-17　不同(a) TEOS 浓度(0.082 mol/L HAc，0.089 mol/L H$_2$O)、(b) HAc 浓度(0.002 mol/L TEOS，0.222 mol/L H$_2$O)及(c)H$_2$O 量(0.002 mol/L TEOS，0.004 mol/L HAc)下制得 MB/APT 硅烷改性颜料经 1 mol/L HCl 或乙醇浸泡 24 h 后上清液紫外谱图及相应数码照片[16]

　　通过 TEOS 在酸性或碱性条件下水解在颜料表面包覆 SiO$_2$ 的方法成功提高了 ABR/APT 和 MB/APT 的稳定性[16]。然而，这两种改性方法对颜料 MV/APT 稳定性提高非常有限(图 3-19，方法 1)。这可能是由于在改反应体系中生成的 SiO$_2$ 有限，对颜料的表面包封不完全。为此，对 MV/APT 进行 TEOS 表面改性时引入表面活性剂十六烷基三甲基溴化铵(CTAB)(方法 2)[50]。

　　从图 3-20(a)中的紫外-可见谱图及数码照片可看出，颜料的耐酸稳定性随 CTAB 量的增加而提高，这是由于 CTAB 量多形成的 SiO$_2$ 壳层致密厚实，对染料分子有较好的屏蔽保护作用。但 CTAB 加入量过多，形成的 SiO$_2$ 壳层较厚，会导致制备的 MV/APT@SiO$_2$ 颜料颜色较浅。因此 C_{CTAB} 为 1.10 mmol/L 时最佳。TEOS 不足会导致对颜料的改性不彻底，进而使染料在后续水洗过程中流失。但 C_{TEOS} 大于 6.73 mmol/L 时会阻碍水解的 TEOS 缩聚成 SiO$_2$ 颗粒，也会使颜料的稳定性下降。同样，催化剂 NH$_3$·H$_2$O 的加入量不足会使 TEOS 水解不彻底，过多则会影响颜料的稳定性。因此最佳的 $C_{NH_3·H_2O}$ 为 12.98 mmol/L。从图 3-20 可看出，当 CTAB/TEOS/NH$_3$·H$_2$O/H$_2$O=0.24/1/2.89/495 时，改性颜料的稳定性最好。因此，CTAB/TEOS/NH$_3$·H$_2$O/H$_2$O 的比例对改性效果起关键作用。

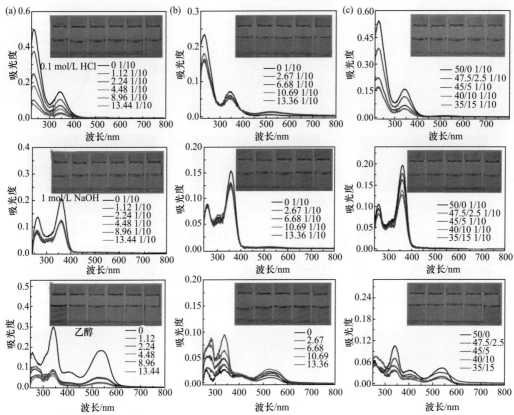

图 3-18　不同(a)C_{TEOS}($n_{NH_3 \cdot H_2O}$ = 6.68 mmol/L, $V_{ethanol}/V_{H_2O}$ = 40/10), (b) $C_{NH_3 \cdot H_2O}$ (n_{TEOS} = 4.48 mmol/L, $V_{ethanol}/V_{H_2O}$ = 40/10)和(c)$V_{ethanol}/V_{H_2O}$ (n_{TEOS} = 4.48 mmol/L, $n_{NH_3 \cdot H_2O}$ = 6.68 mmol/L)制备的 ABR/APT@SiO₂

经 1 mol/L HCl、1 mol/L NaOH 和乙醇处理 24 h 后上清液的紫外谱图及相应数码照片[14]

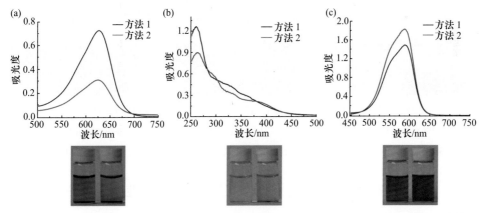

图 3-19　用方法 1 和方法 2 改性 MV/APT 颜料经(a)0.1 mol/L HCl、(b)0.1 mol/L NaOH 或(c)乙醇处理 24 h 后上清液紫外谱图及相应数码照片[14-16]

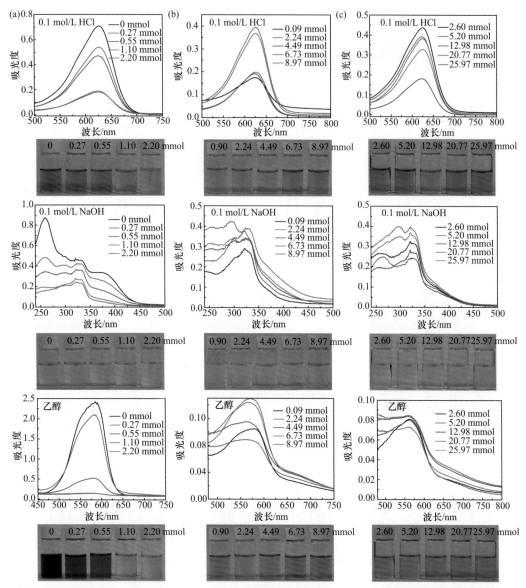

图 3-20　不同(a)CTAB 量(4.49 mmol/L TEOS，12.98 mmol/L NH₃·H₂O)、(b)TEOS 量(1.10 mmol/L CTAB，12.98 mmol/L NH₃·H₂O)和(c)NH₃·H₂O 量(1.10 mmol/L CTAB，4.49 mmol/L TEOS)制备的 MV/APT@SiO₂ 经 0.1 mol/L HCl、0.1 mol/L NaOH 或乙醇处理 24 h 后上清液紫外谱图及相应数码照片[15]

3.4　超疏水和超双疏凹凸棒石类玛雅蓝颜料

　　液滴在固体表面的润湿性取决于材料表面的微纳米结构及表面张力[51,52]。液滴对固体表面的润湿过程是二者之间相互作用和反应的前提。玛雅蓝颜料和类玛雅蓝颜料具有亲水性，极易被各种液体润湿，因此染料分子易被各种溶剂洗脱出来。假如将玛雅蓝颜料和类玛雅蓝颜料制备成超疏水颜料，则有望改善稳定性并赋予自清洁功能。

3.4.1 超疏水凹凸棒石类玛雅蓝颜料

通过对 ABR/APT 类玛雅蓝颜料表面进行改性,引入有机硅涂层,制备了超疏水 ABR/APT@有机硅烷聚合物(POS)杂化颜料[53]。研究发现,十六烷基三甲氧基硅烷 (HDTMS)浓度(C_{HDTMS})和 TEOS 浓度(C_{TEOS})为 0.14 mol/L 时,颜料表现出优异的超疏水性(图 3-21)。ABR/APT@POS 的润湿性与 C_{HDTMS} 密切相关。从图 3-21(b)可看出,仅用 TEOS 对颜料进行改性,得到的产物表现为亲水性。当 C_{HDTMS} 达到 0.047 mol/L 时, ABR/APT@POS 涂层对蒸馏水的 CA 上升到 157.4°,表现出超疏水性。继续增大 C_{HDTMS} 至 0.14 mol/L,颜料涂层的 CA 增大至 165.2°,但继续增大 C_{HDTMS} 至 0.235 mol/L,涂层的 CA 下降至 125.1°。C_{HDTMS} 为 0.047~0.14 mol/L 时,ABR/APT@POS 涂层对水的 SA 为 3°~4°,水滴在涂层表面极易滑落,这说明水滴在涂层表面处于 Cassie-Baxter 态。C_{HDTMS} 继续增大至 0.235 mol/L 时会导致水滴黏附在涂层表面,即使翻转玻璃片水滴也不脱落,这说明涂层表面的水滴由 Cassie-Baxter 态转变为 Wenzel 态。因此,可看出水滴在涂层表面的行为与涂层表面的形貌和化学组成密切相关,可通过调节改性过程中 C_{HDTMS} 进行控制。

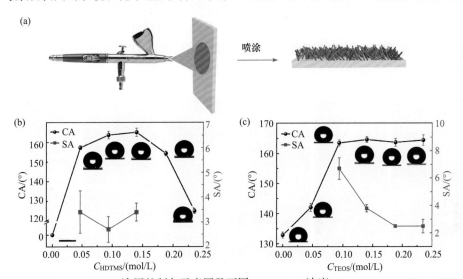

图 3-21 (a)ABR/APT@POS 涂层的制备示意图及不同(b)HDTMS 浓度(C_{TEOS}=0.14 mol/L)、(c)TEOS 浓度(C_{HDTMS}=0.14 mol/L)制备的 ABR/APT@POS 颜料的 CA 和 SA 变化[53]

从图 3-22(a)可看出,改性过程中不添加 HDTMS,TEOS 水解会形成大量亲水性的 SiO_2 纳米颗粒。当 C_{HDTMS} 增加到 0.14 mol/L 时,ABR/APT 颜料表面会形成一层均匀 POS,从而制备出表面粗糙不平的超疏水 ABR/APT@POS 颜料[图 3-22(b)]。继续增大 C_{HDTMS},由于形成大量的 POS,凹凸棒石的晶体结构不易观察到,颜料表面的粗糙度降低,超疏水性降低。同时,从涂层的 XPS 可看出,随着 C_{HDTMS} 的增大,C 1s 峰逐渐增强,O 1s 峰逐渐减弱,说明颜料中十六烷基的含量逐渐增加。红外谱图中 2920 cm^{-1}、2850 cm^{-1} 和 1468 cm^{-1} 处甲基和亚甲基的特征峰及 1028 cm^{-1} 和 983 cm^{-1} 处 Si—O 键的特征峰也随 C_{HDTMS} 的增大而增强。

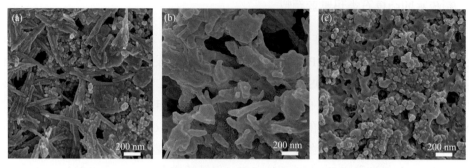

图 3-22　不同 HDTMS 浓度制备的 ABR/APT@POS 的 SEM[53]

(a) $C_{HDTMS}=0$、(b) $C_{HDTMS}=0.14$ mol/L、(c) $C_{HDTMS}=0.235$ mol/L

除 C_{HDTMS} 外，C_{TEOS} 也对 ABR/APT@POS 颜料涂层的润湿性影响较大[图 3-21(c)]。当 C_{TEOS} 低于 0.094 mol/L 时，涂层对水的 CA 低于 145°，水滴黏附在涂层表面。当 C_{TEOS} 增加到 0.094 mol/L 时，涂层的 CA 为 163.5°，实现超疏水性，当倾斜角度为 6.7°时，水滴可从涂层表面滑落。继续增大 C_{TEOS} 至 0.235 mol/L，涂层的 CA 变化不大但 SA 降至 2.5°。TEOS 在反应体系中起到交联剂的作用，有助于 HDTMS 在 ABR/APT 表面水解缩聚。因此，适量 TEOS 有助于制备出较好表面形貌的 ABR/APT@POS 颜料。但 C_{TEOS} 超过 0.14 mol/L 会导致制得的颜料颜色偏淡(图 3-23)，原因是形成过量的 SiO_2 包覆层。

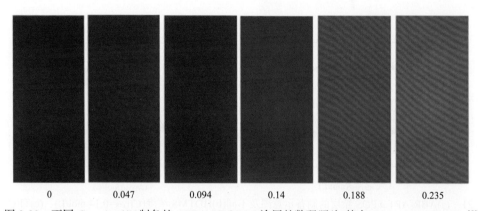

| 0 | 0.047 | 0.094 | 0.14 | 0.188 | 0.235 |

图 3-23　不同 C_{TEOS}(mol/L)制备的 ABR/APT@POS 涂层的数码照片(其中 $C_{HDTMS}=0.14$ mol/L)[53]

从图 3-24(a)和(b)可看出，ABR/APT 颜料为亲水性，涂层接触到水滴会迅速被润湿，而 ABR/APT@POS 涂层表现出优异的超疏水性。水滴在 ABR/APT@POS 涂层表面为球形，CA 为 165.2°，SA 为 3.4°[图 3-24(c)]。10 μL 水滴从 15 mm 高处滴落在 ABR/APT@POS 涂层表面会弹跳 10 次以上，说明固-液间相互作用力较弱。由于液滴与涂层之间存在空气层，液滴与涂层表面接触作用时由于黏附而导致的动能损失非常少[54]。从图 3-24(e)可看出，ABR/APT @POS 涂层在水中有很好的反光性，表面像银色的镜面，从水中取出后，涂层表面依然保持干燥，未被润湿。从图 3-24(f)可看出，水柱冲在涂层表面会迅速弹走，未留下任何痕迹。这都说明涂层与水接触面间存在空气层，使得水滴下的区域成为气液界面。从图 3-24(g)可看到，其他液体如咖啡、牛奶、果汁和醋均不会润湿 ABR/APT@POS 涂层，这些液滴在涂层表面都呈球形，有较高的 CA(约 161°)和较低的 SA(约 5°)。除此之外，ABR/APT@POS 涂层还有很好的自清洁能力，洒落在其表面的粉末状沙子用水便可迅速冲洗干净[图 3-24(h)]。

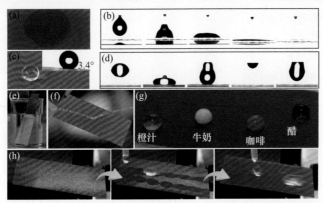

图 3-24　水滴在[(a)、(b)]ABR/APT 和[(c)、(d)]ABR/APT@POS 涂层上的数码照片及弹跳行为；
ABR/APT@POS 涂层(e)在水中的反光、(f)水柱弹跳性、(g)不同液滴及(h)自清洁性数码照片[53]

在玛雅蓝及杂化颜料的研究中，稳定性大都以 98% H$_2$SO$_4$ 和 60% NaOH 进行测定[17,55]。对于类玛雅蓝颜料而言，经过化学溶剂的洗脱，小部分染料分子会降解或从凹凸棒石上脱附下来而使颜料颜色变淡。从图 3-25(a)可看到，亲水性 ABR/APT 涂层接触到 98% H$_2$SO$_4$ 和 60% NaOH，表面会迅速被润湿并发生变色。而与 ABR/APT 涂层不同，98% H$_2$SO$_4$ 和 60% NaOH 液滴在 ABR/APT@POS 涂层呈球形[图 3-25(b)]，液滴滚落后，涂层表面也没有任何破损。

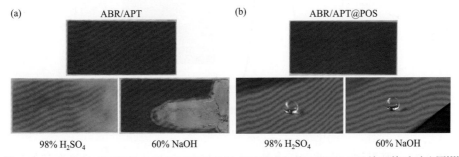

图 3-25　(a)ABR/APT 和(b)ABR/APT@POS 经 98% H$_2$SO$_4$ 和 60% NaOH 处理前后对比图[53]

从表 3-1 可看出，ABR/APT@POS 涂层对弱酸(0.1 mol/L HCl)和弱碱(0.1 mol/L NaOH)也表现出很好的稳定性。这主要是因为固-液间的空气层改善了 ABR/APT@POS 颜料对这些腐蚀性溶剂的稳定性。虽然 ABR/APT@POS 涂层可被一些有机溶剂如乙醇和丙酮润湿，但当这些溶剂挥发干后，涂层依然表现出很好的超疏水性。

表 3-1 ABR/APT@POS 颜料喷涂在玻璃板上经不同处理后的 CA 和 SA 变化[53]

处理方法	CA/(°)	SA/(°)
未处理	164.3±0.8	3.4±0.6
0.1 mol/L 盐酸，1 h	157.7±0.7	6.0±0.0
0.1 mol/L 氢氧化钠，1 h	163.8±1.3	3.2±0.6
乙醇，1 h	161.5±1.3	2.7±0.6
丙酮，1 h	164.4±1.7	2.5±0.6
200℃，1 h	161.5±1.0	2.8±0.0
液氮(–196℃)，1 h	163.1±0.6	3.6±0.6
UV 辐照(200 W，200～400 nm，0.5 h，10 cm)	163.2±0.7	2.6±0.6

从图 3-26 可看到，亲水性的 ABR/APT 颜料经乙醇浸泡 24 h 后，上清液为粉色，说明部分 ABR 染料分子被脱附，颜料发生褪色；而 ABR/APT@POS 颜料经乙醇浸泡 24 h 后上清液基本无色，说明 ABR/APT@POS 颜料的耐乙醇稳定性远高于 ABR/APT 颜料。ABR/APT@POS 颜料在其他极端环境下，比如高温 200℃热处理 1 h、液氮–196℃处理 1 h 或者 UV200～400 nm 辐射 0.5 h，对水的 CA 和 SA 未发生变化，与新制备的涂层无明显区别，说明涂层具有优异的稳定性。ABR/APT@POS 颜料对有机溶剂、极端环境及 UV 辐射稳定性良好的原因是 ABR/APT 颜料表面 POS 层的化学包覆。

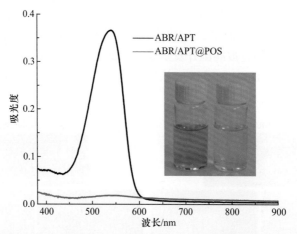

图 3-26 ABR/APT 和 ABR/APT@POS 经乙醇浸泡 24 h 后上清液数码照片及紫外-可见光谱对比[53]

从图 3-27(a)可看到，除玻璃板之外，ABR/APT@POS 颜料还可喷涂在其他基底材料上，比如木板、A4 纸、铝板和棉布上。颜料在这些基底上也有较高的 CA，较低的 SA，表现出很好的超疏水性。除此之外，其他阳离子染料，如碱性黄 24、MB 和 MV 也可以通过同样的方法制备成超疏水颜料[图 3-27(b)]。这些颜料也与 ABR/APT@POS 颜料一样，具有很好的超疏水性和稳定性。因此，这种制备超疏水颜料的方法可广泛用于其他具有自清洁性的仿生超疏水颜料的制备。

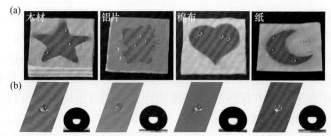

图 3-27　(a)ABR/APT@POS 喷涂在其他基底材料上和(b)不同阳离子染料制备的超疏水颜料数码照片[53]

3.4.2　超双疏凹凸棒石类玛雅蓝颜料

从实际应用出发，彩色的超疏水涂层可通过对颜料的改性进行制备[56-58]。Gu 等[59]制备了具有纳米结构的彩色超疏水反蛋白石薄膜。Li 等[60]通过无机盐与硬脂酸钠之间的反应制备了彩色的超疏水涂层。然而，考虑到颜料的添加会影响到超双疏涂层的微-纳米结构及表面化学组成，彩色超双疏涂层的制备难度较大。在上述研究的基础上，采用全氟聚硅氧烷(fluoroPOS)对 ABR/APT 进行表面改性，制备了 ABR/APT@fluoroPOS 超双疏类玛雅蓝颜料[61]。

ABR/APT@fluoroPOS 涂层的润湿性很大程度上取决于 ABR/APT@fluoroPOS 悬浮液中 PFDTES 的浓度 $C_{PFDTES-i}$[图 3-28(a)]。这是由于在 ABR/APT@fluoroPOS 涂层表面上含有全氟癸基的基团决定了表面能。此外，ABR/APT 涂层是亲水的，水和有机溶剂能够轻易地润湿并渗入涂层内。ABR/APT 一旦被少量 PFDTES ($C_{PFDTES-i}$=4.5 mmol/L)进行改性，成为超疏水涂层时，上面的液滴便处于 Cassie-Baxter 状态(CA_{water}=163.9°，SA_{water}=2.8°)。然而，当液滴为正癸烷时，$C_{PFDTES-i}$ 的影响就与之前大不相同，当涂层的 $C_{PFDTES-i}$ 为 4.5 mmol/L 时，仍然可以被正癸烷润湿($CA_{n-decane}$=40.2°)。当 $C_{PFDTES-i}$ 增加至 13.7 mmol/L 时，$CA_{n-decane}$ 显著增加至 147.7°。然而把涂层倒置时，正癸烷的液滴仍然黏附在涂层表面，这意味着在涂层表面的正癸烷液滴处于 Wenzel 状态。当 $C_{PFDTES-i}$ 增加至 18.2 mmol/L 时，$CA_{n-decane}$ 持续增加至 149.2°并保持几乎不变直到 $C_{PFDTES-i}$ 增加到 29.6 mmol/L 为止。当正癸烷液滴可以从 ABR/APT@fluoroPOS 涂层滚动时，$SA_{n-decane}$ 为 20.8°～24.3°，而 $C_{PFDTES-i}$ 处于 18.2～27.3 mmol/L，这表明了液滴由 Wenzel 向 Cassie-Baxter 状态的过渡。PFDTES 在体系中起到赋予颜料超双疏性能的作用。

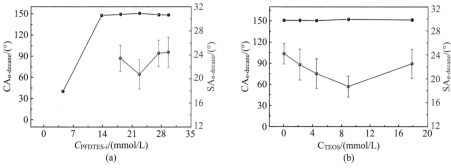

图 3-28　ABR/APT@fluoroPOS 涂层 $CA_{n-decane}$ 和 $SA_{n-decane}$ 随(a)$C_{PFDTES-i}$(C_{APT} = 10 g/L，C_{TEOS}=4.5 mmol/L)和(b)C_{TEOS}(C_{APT}=10 g/L，$C_{PFDTES-i}$=22.7 mmol/L)的变化[61]

从图 3-28(a)可看出，当 PFDTES 浓度为 4.5 mmol/L 时，涂层 CA$_{n\text{-decane}}$ < 150°，涂层不疏油；当 PFDTES 浓度超过 18.2 mmol/L 时，涂层 CA$_{n\text{-decane}}$ > 150°，涂层达到超疏油状态；PFDTES 浓度继续增加到 29.6 mmol/L 时，涂层 CA$_{n\text{-decane}}$ 为 148.3°，但 SA$_{n\text{-decane}}$ 由 20.8°增加至 24.5°。原因是 PFDTES 量过多，而反应体系中 TEOS 量有限，制得的涂层粗糙度不够。综合考虑，在保证涂层超疏油性能的同时也应具有良好的形貌。因此，PFDTES 的浓度以 22.7 mmol/L 最佳。

适当浓度的 TEOS 有助于提高 ABR/APT@fluoroPOS 涂层的超双疏性，当 C_{TEOS} 从 0 增加至 8.9 mmol/L 时，SA$_{n\text{-decane}}$ 由 24.2°下降至 18.6°[图 3-28(b)]。这是因为 TEOS 作为偶联剂，可以诱导 ABR/APT 纳米棒表面上 PFDTES 发生水解缩合作用。当进一步增加 C_{TEOS} 到 17.8 mmol/L 时，SA$_{n\text{-decane}}$ 也随之增加到 22.5°，原因是 TEOS 水解得到亲水产物。此外，当 C_{TEOS} 为 0~17.8 mmol/L 时对 CA$_{n\text{-decane}}$ 没有影响。TEOS 在制备 ABR/APT@fluoroPOS 涂层的过程中起到赋予涂层一定表面粗糙度的作用。

如图 3-29(a)所示，ABR/APT@fluoroPOS 涂层的超双疏性在很大程度上也取决于 C_{APT}。当 C_{APT} 由 0 增加至 5 g/L 时，正癸烷液滴黏附在涂层表面上，CA$_{n\text{-decane}}$ 由 67.8°显著增加至 153.9°之后几乎保持不变，直到 C_{APT} 增加至 20 g/L；含有 ABR/APT 纳米棒的 C_{APT} 为 5 g/L 时，SA$_{n\text{-decane}}$ 突然下降至 18°；当 C_{APT} 增加到 10~15 g/L 时，SA$_{n\text{-decane}}$ 下降到 14.1°；之后随着 C_{APT} 继续增加至 20 g/L，SA$_{n\text{-decane}}$ 又上升至 22°。结果表明，C_{APT} 在 5~20 g/L 范围内，正癸烷液滴均处于 Cassie-Baxter 状态。以上叙述的 CA$_{n\text{-decane}}$ 和 SA$_{n\text{-decane}}$ 的变化是由于在制备 ABR/APT@fluoroPOS 悬浮液时 ABR/APT 的引入以及 C_{APT} 的影响。

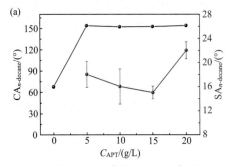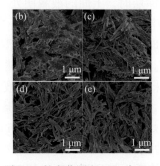

图 3-29　(a)ABR/APT@fluoroPOS 涂层 CA$_{n\text{-decane}}$ 与 SA$_{n\text{-decane}}$ 随 C_{APT} 的变化图和 C_{APT} 为(b)5 g/L、(c)10 g/L、(d)15 g/L 与(e)20 g/L 时的 SEM 图片[61]

正癸烷液滴在涂层上的润湿行为与涂层的微-纳米结构息息相关，还可以由 C_{APT} 的变化进行调控[图 3-29(b)~(e)]。当 C_{APT} 为 5 g/L 时，很大一部分的 ABR/APT 纳米棒被嵌入到 fluoroPOS 中并形成了粗糙的涂层。在这种情况下获得涂层表面的微-纳米结构，对支撑处于 Cassie-Baxter 状态下的正癸烷液滴已经足够，且 SA$_{n\text{-decane}}$ 为 18°；当 C_{APT} 增加至 15 g/L 时，ABR/APT 纳米棒通过 fluoroPOS 松散地连在一起使得表面粗糙度得到提高。这样的表面微-纳米结构能够截留正癸烷液滴下面更多的空气，也是 SA$_{n\text{-decane}}$ 下降至 15° 的原因；当 C_{APT} 继续增加至 20 g/L 时，涂层的微-纳米结构并未发生明显改变。因此在 C_{APT} 为 20 g/L，SA$_{n\text{-decane}}$ 也随之增加至 22°的原因归为 ABR/APT 固有的亲水性。

为进一步提高 ABR/APT@fluoroPOS 涂层的超双疏性和稳定性，通过使用 ABR/APT@fluoroPOS 悬浮液和适量 PFDTES($C_{\text{PFDTES-ii}}$)的混合液来制备涂层。$CA_{n\text{-decane}}$ 和 $SA_{n\text{-decane}}$ 随着 $C_{\text{PFDTES-ii}}$ 的变化如图 3-30(a)所示，当 $C_{\text{PFDTES-ii}}$ 为 0～7.6 mmol/L 时，对 $CA_{n\text{-decane}}$ 并无明显影响，然而当 $C_{\text{PFDTES-ii}}$ 由 0 增加至 7.6 mmol/L 时，$SA_{n\text{-decane}}$ 从 14.1°逐渐下降至 12.6°。这是由于适量的 PFDTES 能与 fluoroPOS 在 ABR/APT 纳米棒的表面上形成额外的交联点，从而在涂层表面的微-纳米结构未发生明显变化时降低表面能。当 $C_{\text{PFDTES-ii}}$ 进一步增加到 18.9 mmol/L 时，导致了 $SA_{n\text{-decane}}$ 随之逐渐增加到 18.7°，因为过量的 PFDTES 可能通过覆盖纳米棒而减少其表面粗糙度。

水冲法测试中 $C_{\text{PFDTES-ii}}$ 对 $CA_{n\text{-decane}}$ 和 $SA_{n\text{-decane}}$ 的影响如图 3-30(c)～(d)所示。在 50 kPa 水压冲刷 1 min 后，整个涂层的 $CA_{n\text{-decane}}$ 从 157°下降至 154°，之后随着冲刷时间延长至 10 min，$CA_{n\text{-decane}}$ 又逐渐减小至 153°。在水冲法测试中，$C_{\text{PFDTES-ii}}$ 对 $CA_{n\text{-decane}}$ 没有明显影响[图 3-30(c)]，然而 $SA_{n\text{-decane}}$ 却有很大的变化[图 3-30(d)]。当涂层的 $C_{\text{PFDTES-ii}}$ 为 0 时，表现出最低的稳定性，随着冲刷时间到 3 min 时，$SA_{n\text{-decane}}$ 显著增加至 37.5°，之后 $SA_{n\text{-decane}}$ 又随着冲刷时间延长至 10 min 而逐渐增加至 41°。ABR/APT@fluoroPOS 悬浮液中 PFDTES 的引入显著提高了涂层的机械稳定性，这是由于 PFDTES 与 fluoroPOS 之间形成了额外的交联点。

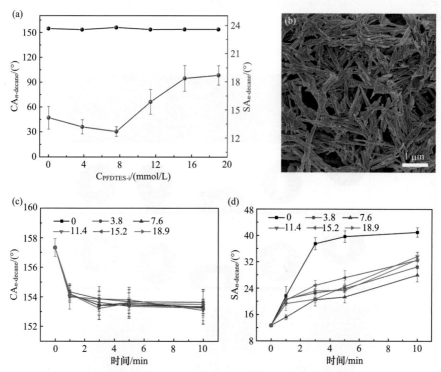

图 3-30　(a)ABR/APT@fluoroPOS 涂层 $CA_{n\text{-decane}}$ 和 $SA_{n\text{-decane}}$ 随 $C_{\text{PFDTES-ii}}$ 变化曲线；(b)$C_{\text{PFDTES-ii}}$ 为 7.6 mmol/L 时 ABR/APT@fluoroPOS 涂层 SEM 图；水压冲击法测试中(c)和(d)$SA_{n\text{-decane}}$ 随 $C_{\text{PFDTES-ii}}$ 浓度(mmol/L)变化[61]

　　ABR/APT@fluoroPOS 涂层对液体的 CA、SA 以及弹跳次数见表 3-2。所有被测的液体包括正癸烷等都有较高的 CA[＞154°，图 3-31(a)]和较低的 SA(＜13°)。不论任何液体的液滴都能轻易地从倾斜的涂层滚落，这意味着液滴与涂层之间的相互作用非常弱，原因是固体表面和液体之间存在气垫[62]，而所有的液滴均处于 Cassie-Baxter 状态。涂层在正十六烷中反射出银色的镜面，取出后仍可保持完全干燥[图 3-31(b)]，甚至正十六烷液流可以从涂层表面反弹而不留下任何痕迹[图 3-31(c)]。

表 3-2　室温下不同表面张力液体的液滴(5 μL)在 ABR/APT@fluoroPOS 涂层上的 CA 和 SA[61]

液体	CA/(°)	SA/(°)	表面张力/ (mN/m, 20℃)	弹跳次数
水	166.3±2.4	2.2±0.4	72.8	19
丙三醇	166.7±1.8	4.3±0.4	64.0	0
二碘甲烷	154.6±0.2	2.6±0.5	50.8	5
乙二醇	155.9±0.5	4.0±0.6	47.7	0
N-甲基-2-吡咯烷酮	161.3±2.8	5.7±0.8	40.8	2
1, 2-二氯乙烷	154.9±1.3	6.6±1.0	33.3	1
甲苯	157.1±2.6	9.8±0.7	28.4	2
正十六烷	157.5±0.8	8.0±0.9	27.5	1
正十二烷	158.0±0.6	8.7±0.5	25.4	1
正癸烷	157.3±0.6	12.6±0.5	23.8	1

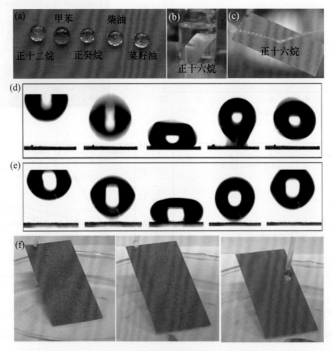

图 3-31　(a)～(c)ABR/APT@fluoroPOS 涂层表面超疏油性能,(d)正癸烷、(e)水滴在 ABR/APT@fluoroPOS 涂层表面弹跳及(f)涂层自清洁性能数码照片[61]

为研究涂层与不同液滴之间的动态交互作用，还记录了当液滴(5 μL)从 10 mm 处落下时在涂层上的弹跳次数。在撞击固体表面时，液滴的动能通过形变达到守恒，或由于液滴的黏性和固液黏附作用而消耗[63]。据报道，水滴弹跳次数是对涂层超疏水、超双疏性的重要衡量指标[64]。实验发现除丙三醇与乙二醇外，液体的液滴都能在 ABR/APT@fluoroPOS 涂层上弹跳[图 3-31(d)~(e)]，这是由于丙三醇与乙二醇的黏度很高($\eta_{glycerol}$=945 mPa·s, $\eta_{ethylene\ glycol}$=10.59 mPa·s, η_{water}=0.89 mPa·s, 25℃)。水滴可以在 ABR/APT@fluoroPOS 涂层上弹跳 19 次，表明水滴的动能可通过形变达到守恒。实验结果表明，固液间黏附而增加的动能损耗使得弹跳次数随着液体表面张力的减少而下降。ABR/APT@fluoroPOS 涂层还表现出良好的自清洁性能[图 3-31(f)]，这是彩色涂层中少有的。表 3-2 中列出的所有液体均能有效去除涂层表面覆盖的粉末。这是由于涂层与液滴和污垢之间的相互作用较弱，以及液滴在涂层上的滚动造成的。

ABR/APT@fluoroPOS 涂层的机械稳定性通过水冲法测试进行评价，采用 25~100 kPa 的水压冲击涂层 30 min[图 3-32(a)]。水压冲击测试后分别记录涂层的 $CA_{n\text{-}decane}$ 和 $SA_{n\text{-}decane}$、水压以及时间对 $CA_{n\text{-}decane}$ 和 $SA_{n\text{-}decane}$ 的影响[图 3-32(b)~(c)]。随着水压与时间的增加，涂层的 $CA_{n\text{-}decane}$ 减小而 $SA_{n\text{-}decane}$ 增大，当 100 kPa 水压冲击涂层 30 min 后，$CA_{n\text{-}decane}$ 仍高于 150°而 $SA_{n\text{-}decane}$ 低于 38.7°。具体表现为冲击 10 min 后涂层的 $CA_{n\text{-}decane}$ 为 151.1°且 $SA_{n\text{-}decane}$ 为 31°；冲击 30 min 后涂层的 $CA_{n\text{-}decane}$ 为 150.2°且 $SA_{n\text{-}decane}$ 为 38.6°；冲击 30 min 后的涂层表面依然保持完全干燥，并且正癸烷液滴可以顺利从涂层滚落。以约 2.5 kPa 压力将胶带压在涂层上然后剥掉，或手指以约 2.0 kPa 压力按压涂层来测试涂层的机械稳定性，结果表明胶带测试和手指按压均对涂层的 $CA_{n\text{-}decane}$ 无影响，涂层展现出优异的机械稳定性(图 3-33)。

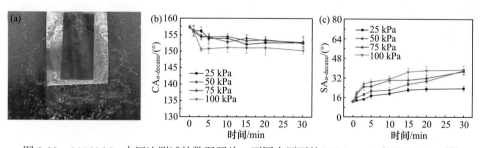

图 3-32　(a)100 kPa 水压法测试的数码照片、不同水压下的(b)$CA_{n\text{-}decane}$ 和(c)$SA_{n\text{-}decane}$[61]

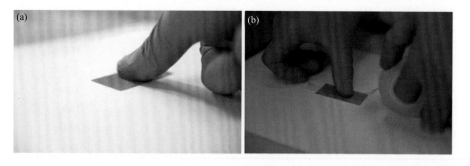

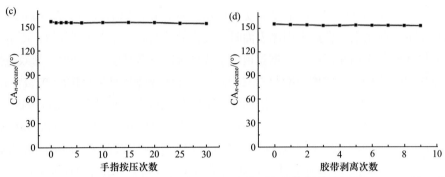

图 3-33　ABR/APT@fluoroPOS 涂层(a)手指按压和(b)胶带剥离的数码照片以及 CA$_{n\text{-decane}}$ 随(c)手指按压次数与(d)胶带剥离次数的变化图[61]

对 ABR/APT@fluoroPOS 涂层的环境和化学稳定性也做了相应评价。涂层在 UV 辐照下表现稳定，可耐各种腐蚀性液体：包括水、乙醇、1 mol/L NaOH、1 mol/L HCl、饱和 NaCl 与饱和 NaOH。在这些溶液中浸泡 1 h 后涂层的 CA$_{n\text{-decane}}$ 和 SA$_{n\text{-decane}}$ 未发生明显变化，只是在浸泡 24 h 后涂层的 SA$_{n\text{-decane}}$ 稍微增大。更为重要的是，涂层在水中浸泡 30 d 后取出仍然可以维持其超双疏性，且涂层在 98% H$_2$SO$_4$ 中浸泡 1 h 后取出对 CA$_{n\text{-decane}}$ 毫无影响。此外，涂层在沸水和沸乙醇中分别煮 1 h 后仍然保持超双疏性。在所有表 3-3 中列出的测试进行过后，涂层的颜色仍毫无变化。

表 3-3　ABR/APT@fluoroPOS 涂层在不同条件下处理后的 CA$_{n\text{-decane}}$ 与 SA$_{n\text{-decane}}$ 变化情况[61]

处理方法	CA$_{n\text{-decane}}$/(°)	SA$_{n\text{-decane}}$/(°)
未处理	157.3±0.6	12.6±0.5
UV 辐照 (200 W, 200～400 nm, 1 h, 10 cm)	155.2±0.4	17.0±0.6
蒸馏水, 1 h	155.1±0.3	13.5±0.7
蒸馏水, 24 h	154.0±1.1	13.2±0.7
蒸馏水, 30 d	150.2±1.4	26.0±1.0
沸水, 1 h	150.8±0.8	21.8±1.7
乙醇, 1 h	154.4±1.1	17.1±1.1
乙醇, 24 h	154.2±0.8	20.0±1.2
沸乙醇, 1 h	152.0±0.6	24.0±2.6
1 mol/L 氢氧化钠, 1 h	154.8±1.8	12.8±0.7
1 mol/L 氢氧化钠, 24 h	154.0±1.3	18.0±0.6
1 mol/L 盐酸, 1 h	156.2±0.3	10.0±0.6
1 mol/L 盐酸, 24 h	155.7±0.7	11.2±0.7
饱和氯化钠, 1 h	155.5±0.9	10.7±0.5
饱和氯化钠, 24 h	154.8±1.2	12.2±0.7
饱和氢氧化钠, 1 h	153.5±1.8	15.8±0.7
饱和氢氧化钠, 24 h	147.7±2.1	30.8±1.5
98% 硫酸, 1 h	154.0±2.4	30.8±1.9

ABR/APT@fluoroPOS 涂层的化学稳定性使用 98% H_2SO_4 和 2.2% H_2CrO_4 进行测试，并与 ABR/APT 涂层做了相应对比。对于大多数类玛雅蓝颜料来说，在进行化学洗脱后，一部分会发生颜色变化[16,55]。如图 3-34(a)所示，当 98% H_2SO_4 和 2.2% H_2CrO_4 液滴落到 ABR/APT 涂层时，涂层立即被润湿且逐渐褪色。而 98% H_2SO_4(CA=153.6°，SA=16°)和 2.2% H_2CrO_4(CA=161.1°，SA =13°)液滴在 ABR/APT@fluoroPOS 涂层表面呈球形[图 3-34(b)]。当 98% H_2SO_4 和 2.2% H_2CrO_4 液滴从 ABR/APT@ fluoroPOS 涂层滚落后，涂层仍保持完全干燥。

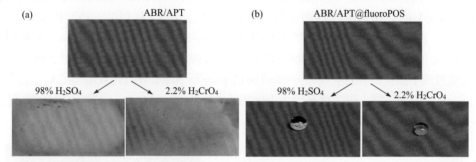

图 3-34　(a) ABR/APT、(b) ABR/APT@fluoroPOS 涂层被 98% H_2SO_4 和 2.2% H_2CrO_4 滴落前后的照片[61]

ABR/APT@fluoroPOS 涂层可通过相同的方法轻松应用于多种基底。不论基底的表面结构或成分，各种液体的液滴都能在涂层表面滚动，且具有较高的 CAs 和较低的 SAs。此外，其他颜色的阳离子染料，如 MB 和碱性黄 14(BY)，也可通过相同的方法制备出超双疏涂层(图 3-35)。以上涂层的超双疏性和稳定性都与 ABR/APT@fluoroPOS 涂层相类似。

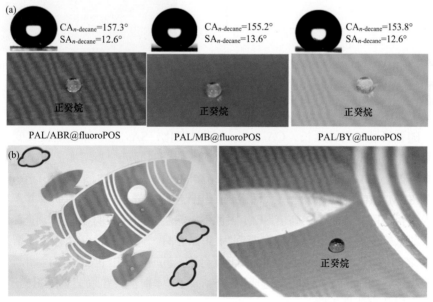

图 3-35　(a) 不同阳离子染料制备的超双疏涂层上正癸烷液滴和(b)彩色超双疏"火箭"图案数码照片[61]

3.4.3　凹凸棒石无机杂化超双疏颜料

将 ABR 等染料分子替换为传统的氧化铁红颜料(IOR)，也可将其制备成超双疏颜料[65]。IOR/APT@fluoroPOS 涂层的微观结构是由 IOR/APT 复合材料构成的。因此 IOR/APT 浓度($C_{IOR/APT}$)会对涂层超双疏性和显微结构产生影响(图 3-36)。当 $C_{IOR/APT}$ 为 6 g/L 时，IOR/APT 纳米棒完全被 fluoroPOS 包裹，形成了具有微米级粗糙度的涂层。这种表面微结构不足以使涂层呈现出超双疏性质。正癸烷液滴可以稳定地黏附在涂层上。然而，当 $C_{IOR/APT}$ 增加到 10～14 g/L 时，超双疏性得到了明显提高，$CA_{n-decane}$ 约为 150°～152°和 $SA_{n-decane}$ 约为 9°～11°。此时正癸烷液滴在涂层表面处于 Cassie-Baxter 状态。对于 $C_{IOR/APT}$ 为 14 g/L 的涂层，微尺度粗糙度降低，纳米尺度增强。凸起和微孔均匀地分布在涂层表面，这可以在正癸烷液滴下捕获更多的空气。进一步增加 $C_{IOR/APT}$ 至 20 g/L 导致超双疏性($CA_{n-decane}$=149°，$SA_{n-decane}$=13°)轻微下降。这主要是因为表面粗糙度降低[图 3-36(d)、(e)]和 IOR/APT 复合材料的亲水性。

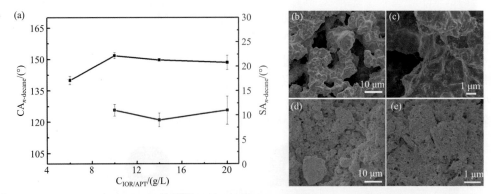

图 3-36　(a) IOR/APT@fluoroPOS 涂层的 $CA_{n-decane}$ 和 $SA_{n-decane}$ 随 $C_{IOR/APT}$ 的变化以及 $C_{IOR/APT}$ 为[(b)、(c)] 6 g/L 和[(d)、(e)]20 g/L 的涂层的 SEM 图像[65]

图 3-37(a)显示研磨对 IOR/APT@fluoroPOS 涂层的 $CA_{n-decane}$ 和 $SA_{n-decane}$ 的影响。结果表明，随着研磨时间的延长，$CA_{n-decane}$ 无明显变化，$SA_{n-decane}$ 却发生较大变化。随着研磨时间增加至 20 min，$SA_{n-decane}$ 从 15.5°降至 12°，研磨时间进一步增加至 30 min，$SA_{n-decane}$ 迅速增加至 21°。$SA_{n-decane}$ 的变化与表面微观结构的变化是一致的[图 3-37(b)、(e)]。从低放大倍数下 SEM 图像可以看出涂层表面微观结构无明显差异，这意味着研磨并不会影响涂层的微米级粗糙度。然而，在高倍 SEM 图像下，涂层之间存在明显差异。随着研磨时间的增加，纳米棒变短，尤其是当研磨时间为 30 min 时。通过研磨可以有效地增强凹凸棒石和 IOR 之间的相互作用，形成 IOR/APT 复合物。同时，研磨也可以解离凹凸棒石的晶体束和聚集体。然而，过度研磨会造成凹凸棒石纳米棒损伤，导致纳米级粗糙度的减小，进而导致涂层的润湿性下降。

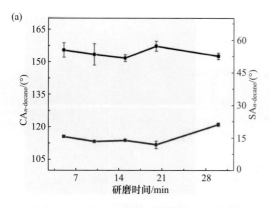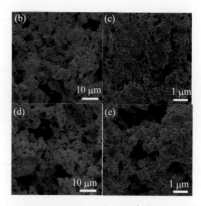

图 3-37　(a)IOR/APT@fluoroPOS 涂层的 CA$_{n\text{-decane}}$ 和 SA$_{n\text{-decane}}$ 随研磨时间的变化以及研磨[(b)、(c)] 5 min 和[(d)、(e)]30 min 涂层的 SEM 图像[65]

　　当 C_{PFDTES} 为 9.1 mmol/L 时，涂层具有 150°的 CA$_{n\text{-decane}}$ 和 20°的 SA$_{n\text{-decane}}$[图 3-38(a)]。随着 C_{PFDTES} 增加到 27.2 mmol/L，CA$_{n\text{-decane}}$ 无明显变化，而 SA$_{n\text{-decane}}$ 则逐渐下降到 12°。这是由 fluorPOS 诱导的 IOR/APT 聚集引起的微尺度和纳米级粗糙度的增加[图 3-38(b)、(c)]。C_{PFDTES} 进一步增加至 36.3 mmol/L，导致超双疏性下降(SA$_{n\text{-decane}}$=33°)，这主要是由于过高的 C_{PFDTES} 会产生过量的 fluoroPOS，其覆盖了大部分 IOR/APT 纳米棒，并导致表面粗糙度明显下降[图 3-38(d)、(e)]。

　　适当的 C_{TEOS} 也可以改善涂层的超双疏性[图 3-39(a)]。无 TEOS 制备的涂层的 CA$_{n\text{-decane}}$ 为 157°，SA$_{n\text{-decane}}$ 为 19°。随着 C_{TEOS} 增加至 8.9 mmol/L，SA$_{n\text{-decane}}$ 逐渐减少至 11°。这是因为适当的 C_{TEOS} 有助于形成具有更高表面粗糙度的涂层[图 3-39(b)～(c)]。然而，C_{TEOS} 进一步增加至 26.8 mmol/L，导致 CA$_{n\text{-decane}}$ 减少至 144°并且 SA$_{n\text{-decane}}$ 增加至 23°。这是由于微观尺度粗糙度降低[图 3-39(d)、(e)]和过量的 TEOS 形成了亲水性二氧化硅。

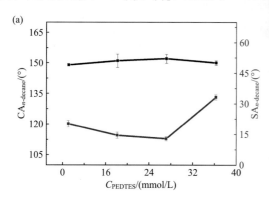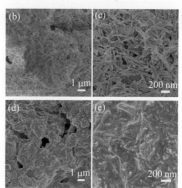

图 3-38　(a)IOR/APT@fluoroPOS 涂层的 CA$_{n\text{-decane}}$ 和 SA$_{n\text{-decane}}$ 随 C_{PFDTES} 的变化以及 C_{PFDTES} 为[(b)、(c)] 9.1 mmol/L 和[(d)、(e)]36.3 mmol/L 的涂层 SEM 图像[65]

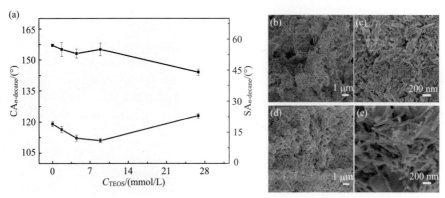

图 3-39　(a)IOR/APT@fluoroPOS 涂层的 CA$_{n\text{-decane}}$ 和 SA$_{n\text{-decane}}$ 随 C$_{TEOS}$ 的变化以及 C$_{TEOS}$ 为[(b)、(c)]0、
[(d)～(e)]4.5 mmol/L 和[(d)、(e)]8.9 mmol/L 的涂层的 SEM 图像[65]

通过水压冲击测试来评价涂层的机械稳定性[图 3-40(a)]。图 3-40(b)、(c)显示了水压冲击压力和冲刷时间对 CA$_{n\text{-decane}}$ 和 SA$_{n\text{-decane}}$ 的影响。25 kPa 水压冲击 30 min 后，CA$_{n\text{-decane}}$ 无明显变化，SA$_{n\text{-decane}}$ 从 13°增加到 19°。50 kPa 水压冲击 30 min 后，CA$_{n\text{-decane}}$ 降低至 147°，SA$_{n\text{-decane}}$ 增加至 30.3°。这主要是因为 SA 对超双疏涂层的微观结构和化学成分的变化比 CA 更敏感。

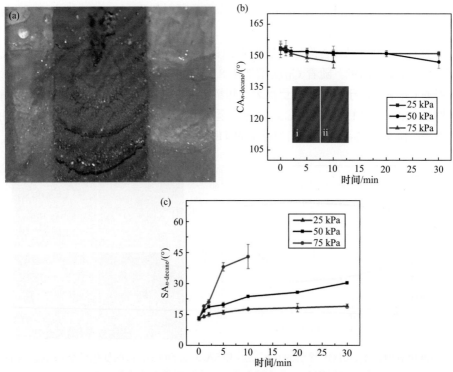

图 3-40　(a) 50 kPa 水压冲击实验数码照片以及水冲刷压力和冲刷时间对涂层(b) CA$_{n\text{-decane}}$ 和
(c) SA$_{n\text{-decane}}$ 影响[65]

通过将涂层浸入各种腐蚀性溶液和有机溶剂中来研究涂层的化学稳定性，涂层对所有液体(包括强酸、强碱、浓盐溶液和有机溶剂)都显示出优异的稳定性。在这些液体中浸

泡 1 h 后，$CA_{n\text{-decane}}$ 和 $SA_{n\text{-decane}}$ 只有轻微的变化。随着时间增加到 24 h，涂层仍然维持其超双疏性。此外，涂层在放置在实验室环境中 8 个月后仍保持其超双疏性。所有经过上述处理后的涂层颜色均无明显变化(图 3-41)，证明涂层具有优异的化学稳定性。

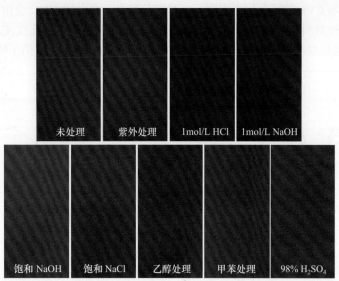

图 3-41　IOR/APT@fluoroPOS 涂层浸入不同液体或暴露于紫外线照射 24 h 后的数码照片[65]

除了载玻片外，IOR/APT@fluoroPOS 涂层还可以通过相同的步骤应用于办公用纸、铝箔、木板和聚酯纺织品等基材表面并且所得到的涂层均具有优异的超双疏性能。此外，通过使用氧化铁黄(IOY)、氧化铁橙(IOO)、氧化铁棕(IOBR)和氧化铁黑(IOBL)代替 IOR，可以根据相同的方法制备不同颜色的超双疏涂层。

3.5　溶剂致色凹凸棒石类玛雅蓝颜料

颜色随外界条件(光、温度等)的变化而发生变化的一类材料，称为变色材料，可广泛应用于工业、建筑、服装、军事、印刷等领域。利用凹凸棒石吸附变色染料得到的有机/无机杂化变色颜料，兼有有机材料质量轻、灵活性大、多功能性及无机材料热稳定性强、机械强度大等优势，这些特性使其应用于诸多领域，如光学、催化、生物材料、生物医学等，因此极具研究价值及市场空间。

结晶紫内酯(crystal violet lactone, CVL)本身呈米白色，在压力或者热条件下可转化为蓝色的 CVL^+，变色行为比较敏感[66]。Ichimura 等研究发现 SiO_2 和 CVL 研磨可生成一种蓝色粉末[67]。受玛雅蓝颜料及自然界超疏水现象的启发，我们将凹凸棒石用 POS 进行疏水改性形成超疏水的 APT@POS，然后与 CVL 进行研磨，得到一种蓝色的超疏水有机/无机杂化颜料，该颜料对不同溶剂表现出不同程度的变色性[68]。

3.5.1　颜料组成对其性能的影响

CVL^+ 在 APT@POS 的负载量可通过测定 CVL/APT@POS 的 DRV 谱图进行判断。不同质量的 CVL 与 0.5 g APT@POS 进行研磨制备出不同 $m_{CVL}/m_{APT@POS}$ 的颜料。颜料的 DRV

谱图、超疏水性及变色性见图 3-42。颜料中开环的 CVL^+ 在可见区的最大吸收峰出现在 610 nm 处，与文献报道一致[67]。$m_{CVL}/m_{APT@POS}$ 从 1% 增大到 5% 时，最大吸光度值从 1.53 增大到 1.76，颜料颜色逐渐加深，但继续增大 $m_{CVL}/m_{APT@POS}$，颜料颜色变浅最大吸光度值降低。APT@POS 表面与 CVL 的结合位点有限，一旦充分结合，多余的 CVL 会留在混合物中，由于稀释作用从而使颜料颜色转淡。$m_{CVL}/m_{APT@POS} \leqslant 7\%$ 的颜料超疏水性优良，CAs 均超过 164°，SAs 低于 10°。虽然继续增大染料比例使颜料的超疏水性稍有下降，但仍保持超疏水性。

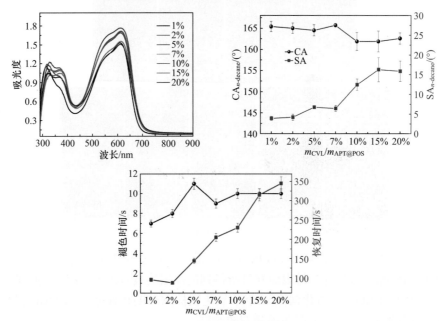

图 3-42　不同 $m_{CVL}/m_{APT@POS}$ 制备的 APT@POS/CVL 颜料 DRV 谱图和超疏水性及变色性[68]

众所周知，表面润湿性与表面形貌及化学组成密切相关。从图 3-43 的 SEM 照片可看出，不同 $m_{CVL}/m_{APT@POS}$ 的颜料表面形貌并没有明显差别。因此这种润湿性的轻微变化可能是颜料表面组成变化引起的。颜料涂层一旦遇到丙酮蒸气，颜色在 10 s 左右会变为灰白色。但是离开丙酮蒸气后，涂层颜色从灰白色恢复到蓝色的时间远超过褪色时间。从图 3-42 可看出，随 $m_{CVL}/m_{APT@POS}$ 的增大，复色时间逐渐延长。这是由于多余的 CVL 残留在颜料中，部分程度上阻碍了颜料与丙酮蒸气的接触。

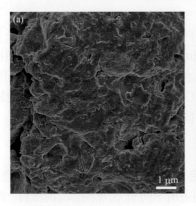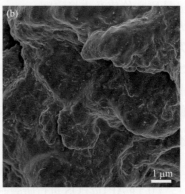

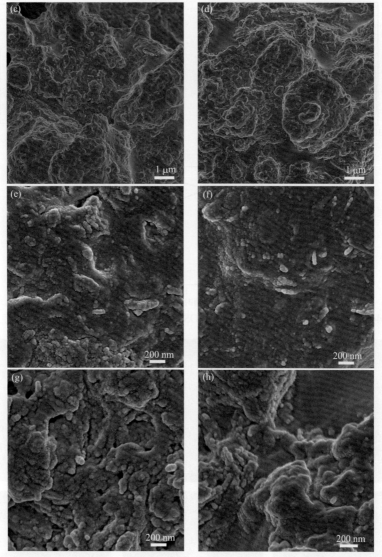

图 3-43　不同 $m_{CVL}/m_{APT@POS}$(a、e)1%、(b、f)5%、(c、g)10%和(d、h)20%制备的 CVL/APT@POS 颜料的 SEM 照片[68]

3.5.2　研磨参数对颜料性能的影响

在研磨过程中，混合物的颜色从灰白色逐渐变为蓝色，说明主客体间的相互作用逐渐增强。由图 3-44 可见，610 nm 处的吸收峰也随研磨时间的延长而逐渐缓慢增大。当研磨时间超过 10 min 后，颜料的颜色及 DRV 谱图不再发生明显变化。但是，过度研磨会降低颜料的超疏水性。从图 3-45 的 SEM 照片可看出，随研磨时间的延长，颜料涂层的表面粗糙度降低。这是由于过度的固态研磨会破坏 POS 层及凹凸棒石棒晶结构[47]。因此，凹凸棒石中亲水 Si—OH 暴露，从而减弱颜料的超疏水性。研磨不充分仅使部分 CVL 与 APT@POS 结合，因此不管是褪色还是复色过程所用时间都较短。

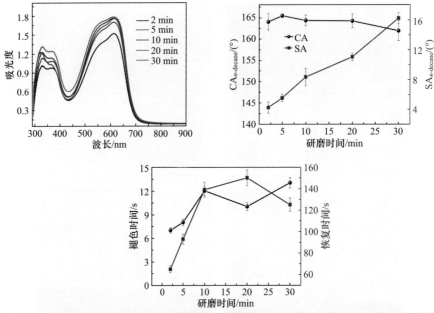

图 3-44　不同研磨时间制备 CVL/APT@POS 颜料的 DRV 谱图、超疏水性及变色性[68]

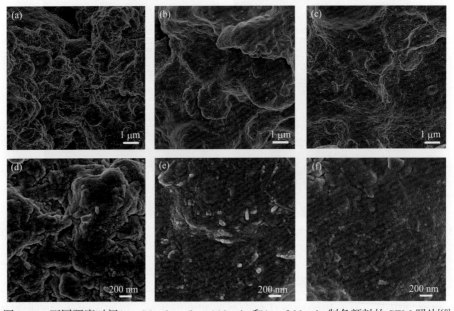

图 3-45　不同研磨时间(a、d)2 min、(b、e)10 min 和(c、f)30 min 制备颜料的 SEM 照片[68]

3.5.3　加热温度对颜料性能的影响

由图 3-46 可见，热处理温度低于 120℃时，DRV 谱图无明显变化，但当热处理温度达到 150℃后，最大吸收峰发生明显红移。从不同热处理温度制备的颜料的数码照片(图 3-47)可看出,150℃后颜料的颜色从蓝色变为蓝绿色。同时,在FTIR光谱图中(图 3-48)CVL在 1300～1700 cm⁻¹ 的部分特征峰强度随热处理温度的升高而逐渐减弱甚至消失，说明热处理温度过高时，染料分子的结构和性质发生变化。由图 3-46 可看出，热处理不影响颜料的超疏水性，但是超过 150℃的热处理使颜料失去变色性能。总之，热处理在制备 CVL/APT@POS 颜料过程中对提高颜料的性能方面无明显积极作用。

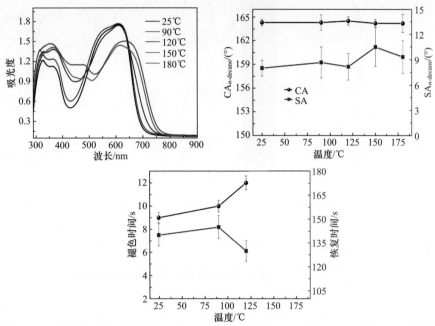

图 3-46 不同热处理温度制备 CVL/APT@POS 颜料的 DRV 谱图、超疏水性及变色性[68]

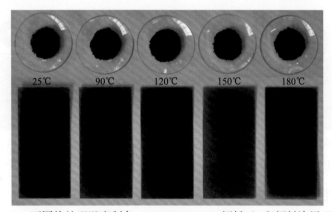

图 3-47 不同热处理温度制备 CVL/APT@POS 颜料(上)和颜料涂层(下)[68]

3.5.4 颜料的超疏水与自清洁性

水滴在 CVL/APT@POS 涂层上面呈现球形，CA 为 164.5°，SA 为 9.5°[图 3-49(a)]。同时，10 μL 水滴从 10 mm 高处落到涂层表面可弹跳 5 次以上[图 3-49(b)]，说明涂层与液滴间的作用力非常弱，可基本忽略。水柱喷在涂层表面可迅速弹开，不留下任何痕迹，再次印证了这一点[图 3-49(d)]。CVL/APT@POS 涂层在水中呈现出镜状表面的反光现象，将其从水中拿出后表面仍保持干燥[图 3-49(c)]。这些现象都直接证明液体与涂层间存在空气，使水体

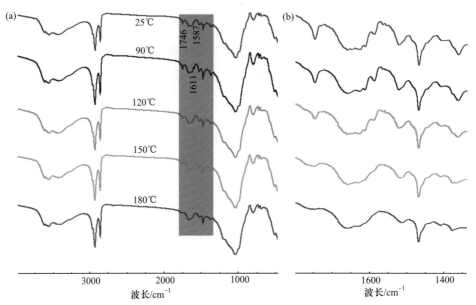

图 3-48　(a)不同热处理温度制备的 CVL/APT@POS 颜料的红外谱图和(b)局部放大图[68]

下边区域主要是液-气界面。85% H_3PO_4 液滴和 60% NaOH 液滴在涂层表面也呈现球形 [图 3-49(e)]，且当液滴滚落后涂层表面无任何破损。更重要的是，CVL/APT@POS 涂层还表现出非常好的自清洁性，散落在表面的沙子经过水滴的简单冲洗即可干净[图 3-49(f)]。这归因于涂层与水之间很弱的作用力以及水滴滚动时产生的动能。

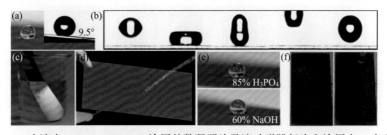

图 3-49　[(a)、(b)]水滴在 CVL/APT@POS 涂层的数码照片及滚动弹跳行为和涂层在(c)水中、(d)水流冲击下，(e) 85% H_3PO_4(上)和 60% NaOH(下)液滴上的数码照片以及(f)涂层的自清洁性能[68]

3.5.5　颜料的变色机理及稳定性

CVL/APT@POS 涂层遇到丙酮蒸气和离开丙酮蒸气后的变色现象见图 3-50。从图中可看出，涂层一接触到丙酮蒸气立刻发生变色，在 10 s 时即可实现最大程度的褪色，实现由蓝色到灰白色的变化。离开丙酮蒸气暴露于空气中后，涂层慢慢发生复色现象，但速度远低于褪色过程，在 139 s 左右可实现完全复色。为考察 CVL/APT@POS 涂层在不同溶剂的变色现象，将涂层倒扣在 13 种试剂的瓶子上，观察其变色现象[图 3-50(c)]。从图中看出，涂层遇到不同试剂变色性有所差异，具体变色程度顺序如下：氨水＞丙酮＞乙腈＞四氢呋喃＞甲醇＞乙醇＞醋酸＞乙酸乙酯＞氯仿≈乙醚≈四氯化碳≈甲苯≈正己烷。涂层这种变色行为的差异与溶剂的极性及氢键结合能力密切相关。

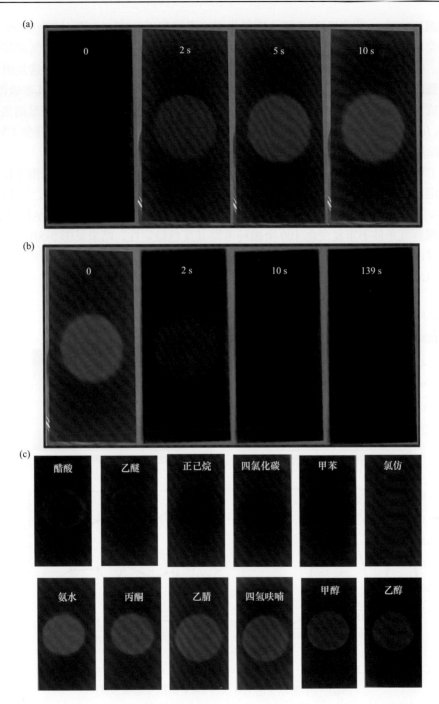

图 3-50　CVL/APT@POS 涂层(a)褪色和(b)复色过程及(c)涂层在不同试剂蒸气中的变色数码照片[68]

众所周知，受 Si—OH(氢键供体)影响的无色 CVL(氢键受体)五元内酯开环形成了有色的 CVL⁺，因此可推断出当另一种氢键接收能力更强的分子参与竞争时，优先与 Si—OH 形成氢键，则 CVL 与 Si—OH 间的氢键被打断，涂层便由蓝色变为无色。上述试剂中，除氨水外可以分为以下三类：①极性质子型(甲醇、乙醇和醋酸)；②极性非质子型(丙酮、乙腈和四氢呋喃);③非极性(乙醚、四氯化碳、甲苯和正己烷)。CVL/APT@POS涂层遇到第一类试剂变色现象适中,这是由于它们的氢键给予力比较强,相应的氢键接收力受到限制。CVL/APT@POS涂层遇到第二种类型的试剂变色现象最为显著,这是因为它们具有很强的氢键接收力,但几乎没有氢键给予能力。第三种类型试剂由于其非极性特性,不能形成氢键,因此不会使CVL/APT@POS涂层发生变色[69]。极性非质子型的氯仿和乙酸乙酯,几乎无氢键特性,与中性烃类化合物类似。而氨水由于强碱性及挥发性使CVL/APT@POS涂层发生最明显的变色现象。

将CVL/APT@POS涂层分别在0.1 mol/L HCl和0.1 mol/L NaOH中浸泡1 h观察其化学稳定性。从图3-51(a)和(b)可看出,酸碱浸泡后涂层的DRV谱图没有发生明显变化,虽然CA和SA稍有变化,但涂层仍表现为超疏水性。除此之外,将CVL/APT@POS涂层在丙酮蒸气条件下重复变色100个循环考察其变色稳定性,结果见图3-51(c)和(d)。从图中可看出,变色100个循环后,涂层的DRV和超疏水性与新鲜制备的涂层并无差异,说明CVL/APT@POS涂层有非常好的变色稳定性。

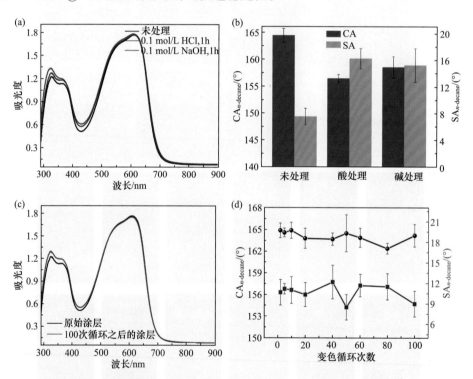

图3-51　CVL/APT@POS涂层在[(a)、(b)]0.1 mol/L HCl和0.1 mol/L NaOH中浸泡1 h前后及[(c)、(d)]丙酮蒸气中循环变色100次后DRV谱图及超疏水性[68]

3.6　天然色素/凹凸棒石杂化颜料

在自然界中,存储于植物的根、叶、花、果实中的天然色素构成了一个五彩缤纷的世界。这类天然着色剂具有种类繁多、安全性高和无毒副作用等优势，是目前最有应用前景的合成色素替代品。但天然色素稳定性很差，易受紫外光、酸、碱和温度等外界因素的影响而氧化降解，严重限制其在实际生活中的应用。近几十年来，研究者一直在探索稳定天然色素的可用方法。目前，常用于稳定天然色素的方法包括形成超分子配合物、添加辅色化合物、脂质基纳米载体和无机载体的包封及屏蔽保护等。

受玛雅蓝颜料的启发，储量丰富、绿色环保的黏土矿物成为负载天然有机色素的有效无机载体之一。而黏土矿物具有不同的形貌、微晶结构、化学成分和性质，这些因素与黏土矿物基天然色素杂化颜料的形成机理和性能密切相关[70]。例如，埃洛石通过物理吸附、化学相互作用、超分子和共价键，可从姜黄中提取的疏水姜黄素负载到埃洛石纳米管的腔内和/或外表面[71-74]。蒙脱石具有独特的层状形貌和较高的阳离子交换性能，将硫靛蓝、胭脂红酸、姜黄素、茜素等几种天然色素分子分别固定在蒙脱石基质上，可以得到系列具有高稳定性和优异性能的新型杂化颜料[75-77]。高岭石的层电荷、比表面积和阳离子交换容量均较小，因此有机分子很难嵌入到高岭石的层间。在碱性条件下，利用苏木中提取的氧化巴西木素和吸附铝的高岭石制备了天然不溶性色淀颜料[78]。Al^{3+}、碱性巴西染料与高岭石边缘和表面氧原子之间通过静电吸引产生螯合作用，显著提高了这种颜料的稳定性。Doménech-Carbó 等[79]以来源于大波斯菊、菟丝子、黄颜木和金盏花的四种天然黄酮类黄色染料为有机客体，高岭石和凹凸棒石为无机载体，制备纳米结构的多功能"玛雅黄"杂化材料。研究结果表明，染料分子只附着在层状高岭石的外表面，但能同时负载于棒状凹凸棒石外表面和内部通道中。

凹凸棒石在构筑合成染料有机/无机杂化颜料方面取得了长足进展[8]。因此，我们采用不同来源花青素(anthocyanin，ACN)和甜菜苷等天然色素与凹凸棒石相结合，并经过吸附、适当研磨和热处理等手段，制备了系列天然色素/凹凸棒石杂化颜料，并探讨其对天然色素稳定性能的影响。

3.6.1　花青素/凹凸棒石杂化颜料

花青素是一种水溶性天然色素，主要存在于花卉、水果和蔬菜等农产品中。这类色素的色调从红色、紫色到蓝色不等，主要取决于外界 pH 值以及花青素分子中羟基和甲基取代[80,81]。花青素对光、热、氧和水或非酸溶液等外部因素敏感，严重限制了其在颜料方面的应用[82,83]。以新鲜蓝莓为原料，利用凹凸棒石吸附蓝莓花青素制备了新型有机/无机杂化颜料花青素/凹凸棒石(ACN/APT)。图 3-52 是 ACN/APT 杂化颜料的制备工艺。首先，通过简单的吸附过程将 ACN 分子负载到凹凸棒石上，然后将混合物研磨以增强 ACN 和凹凸棒石之间的相互作用。随后，采用热处理的方法去除位于纳米通道的少量沸石水。这一过程有利于提高杂化颜料的稳定性。在研磨和热处理过程中，ACN 分子可能部分插入凹凸棒石的外槽，但没有完全进入凹凸棒石的纳米通道。

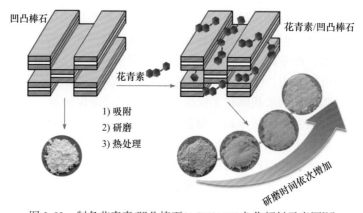

图 3-52 制备花青素/凹凸棒石(ACN/APT)杂化颜料示意图[84]

3.6.1.1 结构

图 3-53 是凹凸棒石和杂化颜料 ACN/APT 在研磨前后的红外光谱。在 1732 cm^{-1}、1404~1656 cm^{-1} 和 1076 cm^{-1} 附近的吸收峰，分别归因于羧基基团的伸缩振动、芳香化合物 C=C 的伸缩振动和 C—H 变形[85,86]。然而，由于凹凸棒石吸收谱带的重叠，导致这些特征峰没有出现在杂化颜料的红外光谱中。随着 ACN 分子的加入，在 ACN/APT 杂化颜料的光谱中，1384 cm^{-1} 附近出现了新的弱吸附带，对应 ACN 分子中酚的 C—O 角变形[87]。这一结果表明 ACN 分子在凹凸棒石上成功负载。凹凸棒石的—OH 基团从 3423 cm^{-1} 移到 3413 cm^{-1}，这可能与 ACN 和凹凸棒石之间的氢键相互作用有关。另外，Si—O—Si 吸收带的相对强度随研磨时间的增加而降低，这可能是由于研磨过程导致凹凸棒石晶体受到一定程度的损伤。

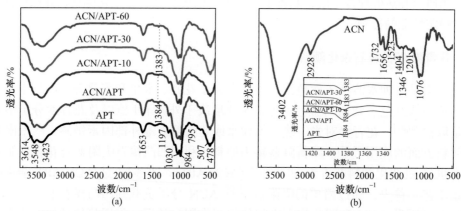

图 3-53 (a)凹凸棒石、杂化颜料 ACN/APT 以及(b)提取 ACN 的红外光谱图[84]

图 3-54 是凹凸棒石和杂化颜料的 XRD 图谱。凹凸棒石分别在 2θ=8.42°(d=10.49 Å)、13.79°(d=16.42 Å)和 19.88°(d=4.46 Å)表现出三个强反射峰，对应(110)、(200)和(040)晶面[88]。这些特征峰在杂化颜料的 XRD 图谱中仍然可以观察到，说明在研磨和加热过程中，凹凸棒石的晶体骨架被保留了下来。当研磨时间达到 60 min 时，这些衍射峰的相对强度明显降低，说明过度的研磨会损伤凹凸棒石的棒晶。加入 ACN 后，d_{110} 从 10.54 Å 降低到

10.49 Å，这表明可能有少量 ACN 分子部分地进入凹凸棒石的通道[5]。

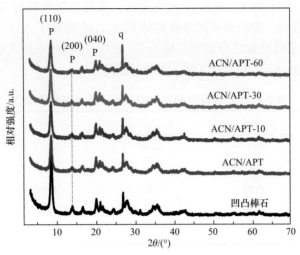

图 3-54　凹凸棒石和杂化颜料 ACN/APT 的 XRD 图谱[84]

图 3-55 是不同研磨时间下凹凸棒石和 ACN/APT 样品的形貌。由于存在氢键和范德瓦耳斯力，部分凹凸棒石的棒晶出现堆积现象[图 3-55(a)][89]。当研磨时间低于 30 min 时，研磨过程有助于增强主客间的相互作用，同时凹凸棒石堆积体分离成单独的纳米棒，但部分棒状晶体变短[图 3-55(b)和(c)]。相比之下，随着研磨时间延长至 60 min，凹凸棒石纳米棒显著形成大量短径团聚体[图 3-55(d)]。事实上，研磨虽然能将棒晶束或聚集体分解成单个的纳米棒，但过度的研磨会对凹凸棒石纳米棒晶体造成严重损伤。

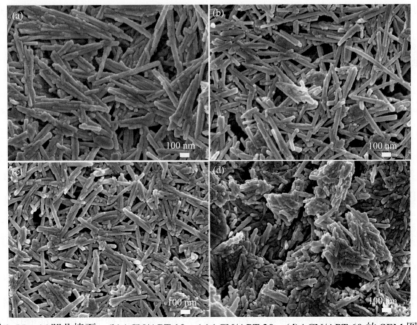

图 3-55　(a)凹凸棒石、(b)ACN/APT-10、(c)ACN/APT-30、(d)ACN/APT-60 的 SEM 图[84]

表 3-4 是不同研磨时间下 ACN/APT 的比表面积(S_{BET})、外表面积(S_{ext})和微孔表面积(S_{micro})。由于 ACN/APT 的 S_{ext} 和 S_{micro} 值均降低，因此杂化颜料的 S_{BET} 值也显著降低。负载 ACN 研磨处理后，凹凸棒石的总孔隙体积(V_{total})也降低了 0.11～0.18 cm³/g。上述结果表明，ACN 分子成功地结合到凹凸棒石上。此外，凹凸棒石的孔道入口可能被 ACN 分子堵塞，从而导致 S_{micro} 值急剧下降，甚至达到零。

表 3-4　凹凸棒石和 ACN/APT 样品的孔隙结构参数[84]

样品	S_{BET}/(m²/g)	S_{micro}/(m²/g)	S_{ext}/(m²/g)	V_{total}/(cm³/g)
凹凸棒石	220.17	92.00	128.17	0.3460
ACN/APT	69.62	—	80.09	0.2286
ACN-APT-10	49.67	1.97	47.70	0.1729
ACN/APT-30	47.80		54.84	0.2425
ACN/APT-60	55.38	—	63.70	0.1728

图 3-56 为凹凸棒石和不同研磨时间制备 ACN/APT 的 Zeta 电位。在较低 pH 下，ACN 分子的主要形式为黄烊盐阳离子，其 Zeta 电位值约为 11.63 mV。因此静电作用可促进阳离子 ACN 与带负电荷凹凸棒石之间的作用。杂化样品的 Zeta 电位值与凹凸棒石相比有所增加。适当的研磨时间可以促进无机客体和有机主体之间的相互作用。凹凸棒石的 Zeta 值随着研磨时间的增加略微增加，直到研磨 30 min 后到达到最大值(–12.03 mV)。继续增加研磨时间导致凹凸棒石纳米棒晶体的明显损伤，从而 ACN/APT 样品的 Zeta 电位又开始下降。因此，制备 ACN/APT 杂化颜料的最佳研磨时间为 30 min。此外，杂化颜料的 Zeta 电位值增加幅度很小，表明可能有更多的 ACN 分子进入凹凸棒石的纳米凹槽中。

3.6.1.2　环境稳定性

图 3-57 是凹凸棒石、ACN/APT 杂化样品和 ACN 的 TGA 曲线。凹凸棒石表现出典型的热分解过程。其中，40～110℃、270～530℃、530～780℃和110～270℃的质量损失分别与吸附水、沸石水、结晶水和结构水的去除有关。显然，杂化样品中的物理吸附水从室温就开始失去。随着温度升高，负载于凹凸棒石上的 ACN 分子在 220℃左右开始降解，明显高于纯 ACN 的最高降解温度(161℃)。根据 TGA 结果，可以计算出 ACN/APT、ACN/APT-10、ACN/APT-30 和 ACN/APT-60 杂化样品中 ACN 的质量损失分别为 18.34%、18.39%、19.74%和21.02%。结果表明杂化颜料中 ACN 含量大约为 20%。此外，还发现杂化颜料的热稳定性优于不经研磨处理样品，说明研磨对 ACN 和凹凸棒石相互作用有重要影响。

图 3-58 是 ACN/APT 杂化颜料在 1 mol/L HCl、无水乙醇和 1 mol/L NaOH 溶液中脱附后上清液数码照片以及 UV-vis 光谱。三种溶剂洗脱的上清液具有不同的特征峰和颜色。1 mol/L HCl 溶液侵蚀后的上清液呈淡粉色，在 523 nm 左右出现明显的特征峰[图 3-58(a)]。这表明黄烊盐阳离子是 ACN 分子在酸性介质中的主要形式[87]。相比之下，浸入乙醇和碱

性溶液后的 ACN 吸收带消失，上清液的颜色也分别变为无色和淡黄色的颜色[图 3-58(b)和(c)]。在中性条件下，这种颜色的变化可以归因于水合作用形成无色的甲醇假碱[90]。此外，上清液由无色到黄色的转变则是生成了浅黄色的查尔酮。

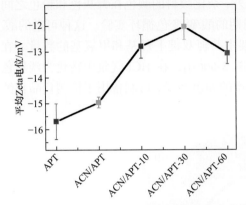 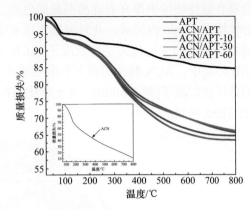

图 3-56　凹凸棒石和 ACN/APT 样品的 Zeta 电位[84]　图 3-57　凹凸棒石和 ACN/APT 的 TGA 曲线(插图为从蓝莓中提取 ACN 的 TGA 曲线)[84]

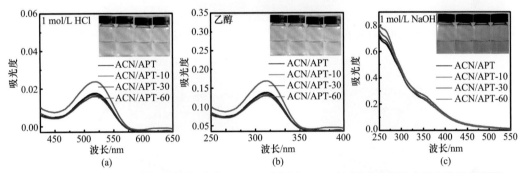

图 3-58　杂化颜料在(a)HCl、(b)乙醇或(c)NaOH 中浸泡 24 h 后上清液的紫外光谱和数码照片[84]

研磨 10 min 和 30 min 后样品在 1 mol/L HCl 溶液中的光谱基本相同，均在 523 nm 处具有较低的吸光度[图 3-58(a)]。但研磨 60 min 后杂化颜料在相同波长处具有最高的吸光度。在乙醇和 1 mol/L NaOH 溶液中，两种上清液均无特征峰。虽然不同研磨条件下得到的样品在两种介质中呈现不同的耐溶剂性能，但总体上 ACN/APT-30 耐腐蚀性更好[图 3-58(b)和(c)]。因此，适当的研磨可以促进天然色素和黏土矿物之间的相互作用，使其进入凹凸棒石的外部凹槽以避免外部环境的干扰。但是，研磨时间过长可能会损伤凹凸棒石的晶体结构。在这种情况下，凹凸棒石不能起到对 ACN 的保护作用。

3.6.1.3　变色性能

将一定量的凹凸棒石和杂化颜料分别置于充满 HCl 或 NH₃ 气氛的干燥器中。四组粉红色的杂化颜料在碱性气氛下均呈青灰色(图 3-59)。但当青灰色样品暴露在酸性气氛中时，颜色又变成了亮粉色。两种情况下，L^* 值均随着研磨时间的增加而逐渐减小，其中研磨

30 min 的样品 L^* 值最低，这与杂化颜料在置于酸性气氛前的结果一致。杂化颜料的 b^* 在 HCl 气氛下无明显变化，但 a^* 值明显降低，与图 3-59 颜色变化一致。其中，研磨 30 min 制备的杂化颜料 a^* 值最大。但是不同 ACN/APT-30 添加量所制备的 ACN/APT/海藻酸钠复合膜在酸性环境中没有表现出明显的色差。此外，杂化颜料的颜色在青灰色和粉色之间的转换在 4 min 内完成，并且可以实现 6 个周期的酸/碱变色循环实验。这种可逆的酸/碱杂化颜料的变色行为主要取决于 ACN 骨架中共轭双键上羟基和甲氧基的数量。在 NH₃ 环境中，ACN 转化为青灰色的或醌式碱[图 3-60(a)]，在 HCl 气氛中转化为淡粉色的黄烊盐阳离子[图 3-60(b)]。基于杂化颜料典型的颜色转变，可制备用于检测食品新鲜度的智能薄膜。

图 3-59　不同研磨时间下制备 ACN/APT 杂化颜料在酸或碱性气氛下的数码照片[84]

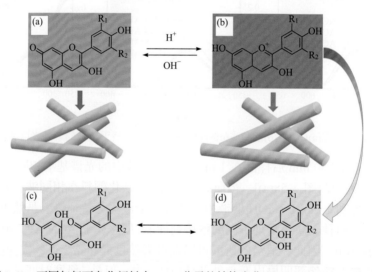

图 3-60　不同气氛下杂化颜料中 ACN 分子的结构变化(R₁, R₂=H, OH, OCH₃)[84]

3.6.1.4　力学性能

不同添加量(0~8%，质量分数)ACN/APT-30 杂化颜料对 ACN/APT/海藻酸钠薄膜力学性能的影响如图 3-61 所示。加入 ACN/APT-30 显著提高了薄膜的拉伸强度(TS)和断裂伸长率(EB)。引入 4%ACN/APT-30 后，TS 达到最大值 29.09 MPa，添加量增加到 6%时，EB 达到 38.79%。但当 ACN/APT-30 的添加量超过 6%时，TS 和 EB 开始降低。TS 和 EB

的增加可以解释为适量的 ACN/APT-30 杂化颜料(4%)与海藻酸钠基体能很好地相容，使薄膜更加均匀。随着 ACN/APT-30 用量的不断增加，薄膜中出现了少量的团聚体，限制杂化颜料的应力传递，导致得到的薄膜力学性能略有下降[91]。总之，与纯海藻酸钠膜相比，加入杂化颜料更有利于提高 ACN/APT/海藻酸钠膜的力学性能。

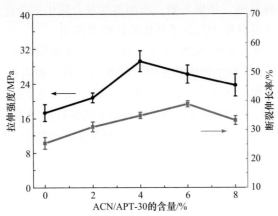

图 3-61　不同 ACN/APT-30 添加量对 ACN/APT/海藻酸钠膜拉伸强度和断裂伸长率影响[84]

3.6.1.5　不同来源花青素分子比较研究

为研究不同来源 ACN 和凹凸棒石结合的性能差异，通过吸附、研磨和热处理方法得到系列不同植物来源的 ACN/APT 杂化颜料。采用 XRD、FTIR、Zeta 电位和 BET 对不同来源 ACN/APT 杂化颜料的结构进行表征。结果表明，不同来源 ACN 与凹凸棒石结合方式类似，将紫薯、红甘蓝、黑米和葡萄皮中提取的 ACN 分别与凹凸棒石结合，制得的 ACN/APT 杂化颜料置于 90℃、120℃、150℃、180℃和230℃烘箱中进行加热处理，紫薯 ACN、红甘蓝 ACN 和葡萄皮 ACN 样品颜色在加热温度高于120℃时明显出现向棕色转变，而黑米 ACN/APT 样品在 180℃之后颜色才从紫色向棕色转变，表明黑米 ACN/APT 样品的热稳定优于其他三组样品。此外，在酸性和碱性气氛下，杂化颜料颜色变化表明其颜色随着酸/碱性气氛的转变发生可逆变色现象。

合成的黄酮类阳离子与 ACN 的发色团相似，用于模拟天然 ACN。ACN 类似物易于控制取代基的修饰，赋予其化学和光化学性质。因此，Silva 等[92]采用五种黄烊盐阳离子制备系列凹凸棒石基荧光杂化颜料。其中，不含 4-甲基取代基的 3′,4′,7′-三甲氧基黄烷醇和 7-羟基-4′甲氧基黄烷醇能部分地插入凹凸棒石孔道(非完全进入)或与其外表面的凹槽相互作用，产生较强的吸附作用，得到具有优异光化学和热稳定性的新型荧光杂化颜料。

3.6.1.6　不同黏土矿物比较研究

蒙脱石由于其独特的层状结构，也常用于提高 ACN 的稳定性。我们利用蒙脱石吸附黑枸杞 ACN 得到环境稳定性提高的有机/无机杂化颜料，随后将这些杂化颜料掺入到海藻酸钠中，制备出可变色的生物可降解复合膜。采用 XRD、FTIR、Zeta 电位和 BET 等表征手段发现，ACN 通过主-客体相互作用吸收在蒙脱石表面和插入到蒙脱石的层间，从而获得在盐酸或氨气气氛下具有良好的可逆酸/碱变色行为的杂化颜料。与纯海藻酸钠膜相比，包含 ACN/蒙脱石杂化颜料的复合膜具有良好的机械性能和可逆的酸性显色行为。在酸性和碱性环境下，智能复合膜分别呈现粉红色和浅蓝色。杂化颜料在海藻酸钠基质中均匀分散，并能形成氢键。结果表明，所制备的复合膜中的杂化颜料既可以作为高分子基体的增强材料，又可以作为高分子基体的智能着色剂。

在不同黏土矿物中引入天然 ACN 分子，成功制备得到不同颜色的酸碱可逆变色杂化颜料。由于黏土矿物具有不同的结构和性质，ACN 分子除了吸附在 1：1 型埃洛石和高岭土、2：1 型层状蒙脱石和链状海泡石表面之外，还部分插入到蒙脱石层间，锚定在海泡石的纳米通道和/或沟槽中。ACN/海泡石杂化颜料由于其独特的纳米通道，使其具有最佳的显色性(L^*=58.12，a^*=17.37，b^*=0.47)、热稳定性和耐化学腐蚀性能。在 HCl 或 NH₃ 气氛下，系列杂化颜料的可逆变色实验中也得到了相同的结果。此外，在滤纸上喷涂 ACN/海泡石成功制备了简易 pH 试纸。

3.6.2 甜菜苷/凹凸棒石杂化颜料

红紫色的甜菜苷可以为冰淇淋、酸奶和软糖等食物提供鲜艳的颜色[93]。它还具有抗炎症、抗癌和抗糖尿病等优异的特性[94]。然而，甜菜苷在温度、pH、氧和光等条件下具有很高的活性和很快的降解速度，限制了其在食品和药物行业等方面的应用。目前，以黏土矿物为载体制备稳定性能优异的甜菜苷杂化颜料的研究还鲜有报道。我们以凹凸棒石和埃洛石为无机载体，采用吸附、研磨和热处理方法，制备黏土矿物基甜菜苷杂化颜料，并比较这两种一维黏土矿物对甜菜苷稳定性能的影响，探索黏土矿物和甜菜苷可能存在的稳定机理。

图 3-62 是甜菜苷/凹凸棒石和甜菜苷/埃洛石杂化颜料的 TEM 图。凹凸棒石具有典型的棒状形貌，引入甜菜苷分子后，凹凸棒石表面变得粗糙，说明在其纳米棒表面成功负载了甜菜苷分子。在甜菜苷/埃洛石的 TEM 图中[图 3-62(b)]，埃洛石呈典型的管状形貌，外管直径约为 20～60 nm，内管径大于 10 nm。当加入甜菜苷分子后，埃洛石表面粗糙度明显小于凹凸棒石。基于此，甜菜苷可能同时负载在埃洛石纳米管的内表面和外表面[95]。

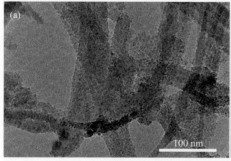

图 3-62　(a)甜菜苷/凹凸棒石和(b)甜菜苷/埃洛石杂化颜料的 TEM 图[96]

表 3-5 列出了凹凸棒石和埃洛石及其杂化颜料的孔结构参数。加入甜菜苷后，凹凸棒石的 S_{BET} 从 185.85 m^2/g 显著下降到 129.19 m^2/g，而埃洛石的 S_{BET} 略有降低，从 58.10 m^2/g 降低到 48.29 m^2/g，说明甜菜苷在凹凸棒石和埃洛石外表面均有一定的负载量[45]。此外，甜菜苷/埃洛石杂化颜料的 V_{total} 也减少了 0.0312 cm^3/g，表明有部分色素分子进入埃洛石的孔道。

表 3-5　黏土矿物和杂化颜料的孔隙结构参数[96]

样品	$S_{BET}/(m^2/g)$	$S_{micro}/(m^2/g)$	$S_{ext}/(m^2/g)$	$V_{total}/(cm^3/g)$
凹凸棒石	185.85	26.93	158.93	0.4243
甜菜苷/凹凸棒石	129.19	11.40	117.79	0.4288
埃洛石	58.10	1.43	56.67	0.2064
甜菜苷/埃洛石	48.29	—	52.43	0.1752

图 3-63 是凹凸棒石、甜菜苷/凹凸棒石、埃洛石和甜菜苷/埃洛石的 XPS 谱图和 N 1s、C 1s、Si 2p、Al 2p、Mg 1s 的高分辨率扫描光谱。在甜菜苷/凹凸棒石和甜菜苷/埃洛石的 XPS 谱图中检测到 C1s、Si 2p、Al 2p 和 O 1s 的信号，但几乎检测不到 N 原子，这可能是由于 N 元素只占甜菜苷分子分子量的 5%。负载甜菜苷后，凹凸棒石的表面硅醇基团和 Si—O 基团的结合能从 103.15 eV 和 102.48 eV 增加到 103.29 eV 和 102.72 eV。这表明甜菜苷分子和凹凸棒石的表面硅醇基团和 Si—O 基团之间存在相互作用。Al 2p 在 74.95 eV

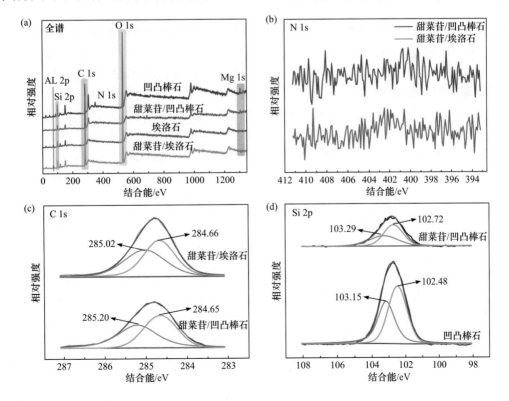

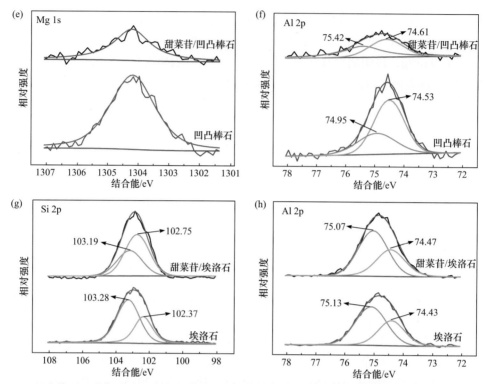

图 3-63　凹凸棒石、甜菜苷/凹凸棒石、埃洛石和甜菜苷/埃洛石的(a)XPS 谱图和(b)N 1s、(c)C 1s、(d、g)Si 2p、(f、h) Al 2p、(e) Mg 1s 的高分辨率扫描光谱[96]

(Al—OH)和 74.53 eV(Al—O)处的两个峰也分别移到 75.42 eV 和 74.61 eV。凹凸棒石中的 Mg—O—Si、Al—OH 和 Al—O—Si 可能与甜菜苷产生相互作用。类似的结果在埃洛石和甜菜苷/埃洛石杂化颜料中也同样观察到，表明埃洛石腔内的表面硅醇基团和 Al—OH 与甜菜苷存在相互作用。

图 3-64(a)是凹凸棒石和埃洛石的 XRD 谱图。凹凸棒石分别在 $2\theta = 8.42°(d = 10.49$ Å)，$13.79°(d=16.42$ Å)和 $19.88°(d=4.46$ Å)处表现出三个强反射峰，对应(110)、(200)和(040)晶面[88]。埃洛石的典型衍射峰位于在 $2\theta = 12.04°(d = 7.34$ Å)和 24.72 处$(d = 3.60$ Å)对应(001)和(002)晶面[97]。黏土矿物在形成甜菜苷/凹凸棒石和甜菜苷/埃洛石杂化颜料后，杂化颜料的 XRD 谱图与黏土矿物类似，既没有出现新的衍射峰，凹凸棒石和埃洛石在(110)和(001)处的层间距也没有发生明显变化，说明甜菜苷分子并没有插入凹凸棒石的孔道和埃洛石的层间。

图 3-64(b)是黏土矿物、杂化颜料和甜菜苷的红外谱图。黏土矿物在 3700~3500 cm⁻¹ 左右和 3400~3300 cm⁻¹ 左右的吸收带主要归因于结构羟基和水分子的—OH 基团伸缩振动[98]。凹凸棒石红外谱图中，1600 cm⁻¹ 左右的吸收带对应沸石水和吸附水的反对称伸缩振动[99]。在甜菜苷的红外谱图中，位于 3400 cm⁻¹ 处的吸收带归因于—OH 的伸缩振动，在 2926 cm⁻¹ 处的吸收带属于 C—H 的拉伸振动，位于 1638 cm⁻¹ 处和 1422 cm⁻¹ 处的两个振动频率分别属于 C≡H 基团和芳香族的—CH 基团[100]。C—O—C 的对称伸

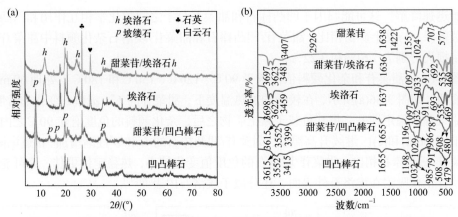

图 3-64 黏土矿物和杂化颜料的(a)XRD 谱图以及和甜菜苷色素的(b)红外谱图[96]

缩振动出现在 1024 cm^{-1} 处[101]。在 707 cm^{-1} 处的吸收峰证实了 N—H 的存在[102]。在杂化颜料的红外谱图中，从 3415 cm^{-1} 迁移到 3399 cm^{-1} 的吸收峰和从 3459 cm^{-1} 迁移到 3481 cm^{-1} 的吸收峰，依次对应凹凸棒石和埃洛石中—OH 键的伸缩振动峰，这说明甜菜碱和两种黏土矿物之间均存在氢键相互作用[93]。

甜菜苷的 Zeta 电位值为–26.43 mV，是一种阴离子天然植物色素。凹凸棒石的 Zeta 电位值为–20.60 mV，加入甜菜苷后，甜菜苷/凹凸棒石的 Zeta 电位值略有增加(–17.80 mV)，这与阴离子阿拉伯树胶稳定甜菜红素的结果一致[103]。埃洛石纳米管内表面是 Al(OH)$_3$，外表面是 SiO$_2$，埃洛石的 Zeta 电位值是其带正电荷的内表面和带负电荷的外表面加和的结果[104]。阴离子天然色素进入埃洛石管道内部，甜菜苷的负电荷和埃洛石管内的正电荷发生静电相互作用，从而导致埃洛石的正电荷减少，杂化颜料 Zeta 电位从–21.83 mV 显著下降至–32.93 mV。

图 3-65 是黏土矿物、杂化颜料和甜菜苷的 TGA 曲线。杂化颜料的 TGA 曲线与黏土矿物相似。甜菜苷从室温开始降解，在 200℃左右以后开始迅速失重，失重速度在 350℃以后减慢。在 550℃时，甜菜苷的残余质量仅剩 25.57%。甜菜苷/凹凸棒石从 225℃左右

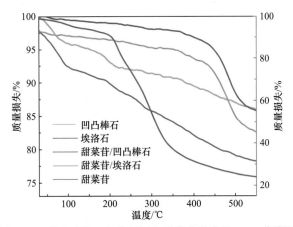

图 3-65 黏土矿物、杂化颜料和甜菜苷色素的 TGA 曲线[96]

才开始迅速降解，这可能归因于凹凸棒石和甜菜苷分子之间的化学相互作用和凹凸棒石的屏蔽效果。与黏土矿物相比，甜菜苷/凹凸棒石和甜菜苷/埃洛石杂化颜料中甜菜苷的最终质量损失分别为 7.61% 和 3.22%。

　　图 3-66 为甜菜苷和杂化颜料依次置于 90℃、120℃、150℃ 和 180℃ 下处理 60 min 后的色度值。如图 3-66(a)所示，在较低的加热温度下，甜菜苷的 L^*、a^* 和 b^* 变化非常明显，说明甜菜苷热稳定性差。将其负载于黏土矿物之后，杂化颜料的色度值在 90℃ 之内变化不大[图 3-66(b)和(c)]。继续升高温度，甜菜苷/凹凸棒石的 L^* 和 b^* 逐渐增加，a^* 逐渐降低。与甜菜苷/凹凸棒石相比，甜菜苷/埃洛石的色度值变化较小，热稳定性更佳，这可能是由于甜菜苷不仅吸附在埃洛石外表面，还分散于埃洛石内表面[95]。

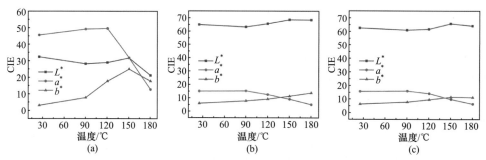

图 3-66　(a) 甜菜苷、(b) 甜菜苷/凹凸棒石和(c) 甜菜苷/埃洛石在不同温度下的色度值[96]

　　自然界中的颜色与各种植物的颜色密切相关，如水果、花朵、蔬菜和叶子。这类植物来源的天然色素种类繁多，色彩丰富，但稳定性很差，这也一直是天然色素在实际应用中所面临的难题。利用凹凸棒石和其他黏土矿物作为无机载体负载天然色素以期提高天然色素的耐化学、耐高温和耐可见光等性能已成为最具有前景的稳定策略之一。预计在不久的将来，天然色素/黏土矿物杂化颜料会在食品、饲料、医疗、艺术品、化妆品和文物修复等领域得到广泛应用。

参 考 文 献

[1] Lima E, Guzman A, Vera M, et al. Aged natural and synthetic maya blue-like pigments: What difference does it make? J Phys Chem C, 2012, 116(7): 4556-4563.

[2] Gómez-romero P, Sanchez C. Hybrid materials. Functional properties. From Maya blue to 21st century materials. New J Chem, 2005, 29(1): 57-58.

[3] Gettens R J. Maya blue: An unsolved problem in ancient pigments. Am Antiq, 1962: 557-564.

[4] Cecil L G. Central petén blue pigment: A Maya blue source outside of Yucatán, México. J Archaeol Sci, 2010, 37(5): 1006-1019.

[5] Sánchez del río M, Boccaleri E, Milanesio M, et al. A combined synchrotron powder diffraction and vibrational study of the thermal treatment of palygorskite-indigo to produce Maya blue. J Mater Sci, 2009, 44(20): 5524-5536.

[6] Ruiz-hitzky E, Aranda P, Darder M, et al. Hybrid materials based on clays for environmental and biomedical applications. J Mater Chem, 2010, 20(42): 9306-9321.

[7] Chiari G, Giustetto R, Druzik J, et al. Pre-columbian nanotechnology: Reconciling the mysteries of the Maya blue pigment. Appl Phys A, 2007, 90(1): 3-7.

[8] Van Olphen H. Maya blue: A clay-organic pigment. Science, 1966, 154(3749): 645-646.

[9] Arnold D E, Bohor B F. Attapulgite and maya blue: An ancient mine comes to light. Archaeology, 1975, 28(1): 23-29.

[10] Mondelli C, Río m S D, González M A, et al. Role of water on formation and structural features of Maya blue. J Phys: Conf Ser, 2012, 340: 012109.

[11] Domenech A, Teresa Domenech-carbo M, Luisa Vazquez De agredos-pascual M. From Maya blue to "Maya yellow": A connection between ancient nanostructured materials from the voltammetry of microparticles. Angew Chem Int Edit, 2011, 50(25): 5740-5743.

[12] Polette-Niewold L A, Manciu F S, Torres B, et al. Organic/inorganic complex pigments: ancient colors Maya blue. J Inorg Biochem, 2007, 101(11-12): 1958-1973.

[13] Manciu F S, Reza L, Polette L A, et al. Raman and infrared studies of synthetic maya pigments as a function of heating time and dye concentration. J Raman Spectrosc, 2007, 38(9): 1193-1198.

[14] Fan L, Zhang Y, Zhang J, et al. Facile preparation of stable palygorskite/cationic red X-GRL@SiO$_2$ "Maya red" pigments. RSC Adv, 2014, 4(108): 63485-63493.

[15] Zhang Y, Zhang J, Wang A. Facile preparation of stable palygorskite/methyl violet@SiO$_2$ "Maya violet" pigment. J Colloid Interf Sci, 2015, 457: 254-263.

[16] Zhang Y, Fan L, Chen H, et al. Learning from ancient Maya: Preparation of stable palygorskite/methylene blue@SiO$_2$ Maya blue-like pigment. Micropor Mesopor Mat, 2015, 211: 124-133.

[17] Giustetto R, Wahyudi O. Sorption of red dyes on palygorskite: Synthesis and stability of red/purple Mayan nanocomposites. Micropor Mesopor Mat, 2011, 142(1): 221-235.

[18] Kowalak S, Zywert A. Preparation of Maya blue analogues using natural zeolites. Clay Miner, 2018, 46(2): 197-204.

[19] Ovarlez S, Giulieri F, Chaze A M, et al. The incorporation of indigo molecules in sepiolite tunnels. Chemistry, 2009, 15(42): 11326-11332.

[20] Giustetto R, Levy D, Wahyudi O, et al. Crystal structure refinement of a sepiolite/indigo Maya blue pigment using molecular modelling and synchrotron diffraction. Eur J Mineral, 2011, 23(3): 449-466.

[21] Del Rio M S, Martinetto P, Reyes-valerio C, et al. Synthesis and acid resistance of Maya blue pigment. Archaeometry, 2006, 48: 115-130.

[22] Tsiantos C, Tsampodimou M, Kacandes G H, et al. Vibrational investigation of indigo-palygorskite association(s) in synthetic Maya blue. J Mater Sci, 2012, 47(7): 3415-3428.

[23] Chen H, Zhao J, Zhong A, et al. Removal capacity and adsorption mechanism of heat-treated palygorskite clay for methylene blue. Chem Eng J, 2011, 174(1): 143-150.

[24] Fuentes M E, Peña B, Contreras C, et al. Quantum mechanical model for Maya blue. Int J Quantum Chem, 2008, 108(10): 1664-1673.

[25] Giustetto R, Levy D, Chiari G. Crystal structure refinement of Maya blue pigment prepared with deuterated indigo, using neutron powder diffraction. Eur J Mineral, 2006, 18(5): 629-640.

[26] Hubbard B, Kuang W, Moser A, et al. Structural study of Maya blue: Textural, thermal and solidstate multinuclear magnetic resonance characterization of the palygorskite-indigo and sepiolite-indigo adducts. Clay Clay Miner, 2003, 51(3): 318-326.

[27] Chiari G, Giustetto R, Ricchiardi G. Crystal structure refinements of palygorskite and Maya blue from molecular modelling and powder synchrotron diffraction. Eur J Mineral, 2003, 15(1): 21-33.

[28] Ettore F, Aldo G, Antonio T. On the unusual stability of Maya blue paint: Molecular dynamics simulations. Micropor Mesopor Mat, 2003, 57: 263-272.

[29] Antonio D, Domenech-Carbo M T, Sánchez del Río M, et al. Evidence of topological indigo/

dehydroindigo isomers in Maya blue-like complexes prepared from palygorskite and sepiolite. J Phys Chem C, 2009, 113: 12118-12131.

[30] Giustetto R, Llabrés i Xamena F X, Ricchiardi G, et al. Maya blue: A computational and spectroscopic study. J Phys Chem B, 2005, 109: 19360-19368.

[31] Tilocca A, Fois E. The color and stability of Maya blue: TDDFT calculations. J Phys Chem C, 2009, 113(20): 8683-8687.

[32] Zhang X, Jin Z, Li Y, et al. Photosensitized reduction of water to hydrogen using novel Maya blue-like organic-inorganic hybrid material. J Colloid Interf Sci, 2009, 333(1): 285-293.

[33] Giustetto R, Seenivasan K, Bonino F, et al. Host/guest interactions in a sepiolite-based Maya blue pigment: A spectroscopic study. J Phys Chem C, 2011, 115(34): 16764-16776.

[34] José-Yacamán M, Rendon L, Arenas J, et al. Maya blue paint: An ancient nanostructured material. Science, 1996, 273(5272): 223-225.

[35] Domenech A, Domenech-carbo M T, Vázquez de Agredos Pascual M L. Indigo/dehydroin-digo/palygorskite complex in Maya blue: An electrochemical approach. J Phys Chem C, 2007, 111(12): 4585-4595.

[36] Polette L A, Meitzner G, Yacaman M J, et al. Maya blue: Application of XAS and HRTEM to materials science in art and archaeology. Microchem J, 2002, 71(2-3): 167-174.

[37] Giustetto R, Chiari G. Crystal structure refinement of palygorskite from neutron powder diffraction. Eur J Mineral, 2004, 16(3): 521-532.

[38] Giustetto R, Wahyudi O, Corazzari I, et al. Chemical stability and dehydration behavior of a sepiolite/indigo Maya blue pigment. Appl Clay Sci, 2011, 52(1-2): 41-50.

[39] Doménech A, Doménech-carbó M T, Del Río M S, et al. Comparative study of different indigo-clay Maya blue-like systems using the voltammetry of microparticles approach. J Solid State Electr, 2008, 13(6): 869-878.

[40] Reinen D, Köhl P, Mülle C. The nature of the colour centres in 'Maya blue'—The incorporation of organic pigment molecules into the palygorskite lattice. Anorg Allg Chem, 2004, 630: 97-103.

[41] Mckeown D A, Post J E, Etz E S. Vibrational analysis of palygorskite and sepiolite. Clay Clay Miner, 2002, 50(5): 667-680.

[42] 陈天虎. 苏皖凹凸棒石粘土纳米尺度矿物学及地球化学. 北京: 科学出版社, 2004.

[43] Zhang Y, Wang W, Zhang J, et al. A comparative study about adsorption of natural palygorskite for methylene blue. Chem Eng J, 2015, 262: 390-398.

[44] Rinaldi L, Binello A, Stolle A, et al. Efficient mechanochemical complexation of various steroid compounds with α-, β- and γ-cyclodextrin. Steroids, 2015, 98: 58-62.

[45] Yan D, Lu J, Ma J, et al. Layered host-guest materials with reversible piezochromic luminescence. Angew Chem Int Edit, 2011, 50(31): 7037-7040.

[46] Zhang Y, Wang W, Mu B, et al. Effect of grinding time on fabricating a stable methylene blue/palygorskite hybrid nanocomposite. Powder Technol, 2015, 280: 173-179.

[47] Liu Y, Wang W, Wang A. Effect of dry grinding on the microstructure of palygorskite and adsorption efficiency for methylene blue. Powder Technol, 2012, 225: 124-129.

[48] Giustetto R, Vitillo J G, Corazzari I, et al. Evolution and reversibility of host/guest interactions with temperature changes in a methyl red@palygorskite polyfunctional hybrid nanocomposite. J Phys Chem C, 2014, 118(33): 19322-19337.

[49] Karmakar B, De G, Ganguli D. Dense silica microspheres from organic and inorganic acid hydrolysis of TEOS. J Non-cryst Solids, 2000, 272: 119-126.

[50] Deng Y, Qi D, Deng C, et al. Superparamagnetic high-magnetization microspheres with an Fe₃O₄@SiO₂ core and perpendicularly aligned mesoporous SiO₂ shell for removal of microcystins. J Am Chem Soc, 2008, 130(1): 28-29.

[51] Zhang J, Li B, Wu L, et al. Facile preparation of durable and robust superhydrophobic textiles by dip coating in nanocomposite solution of organosilanes. Chem Commun, 2013, 49(98): 11509-11511.

[52] Zhang J, Seeger S. Superoleophobic coatings with ultralow sliding angles based on silicone nanofilaments. Angew Chem Int Edit, 2011, 50(29): 6652-6656.

[53] Zhang Y, Zhang J, Wang A. From Maya blue to biomimetic pigments: Durable biomimetic pigments with self-cleaning property. J Mater Chem A, 2016, 4(3): 901-907.

[54] Lee D J, Kim H M, Song Y S, et al. Water droplet bouncing and superhydrophobicity induced by multiscale hierarchical nanostructures. ACS Nano, 2012, 6(9): 7656-7664.

[55] Lezhnina M M, Grewe T, Stoehr H, et al. Laponite blue: Dissolving the insoluble. Angew Chem Int Edit, 2012, 51(42): 10652-10655.

[56] Soler R, Salabert J, Sebastian R M, et al. Highly hydrophobic polyfluorinated azo dyes grafted on surfaces. Chem Commun, 2011, 47(10): 2889-2891.

[57] Ogihara H, Okagaki J, Saji T. Facile fabrication of colored superhydrophobic coatings by spraying a pigment nanoparticle suspension. Langmuir, 2011, 27(15): 9069-9072.

[58] Sato O, Kubo S, Gu Z Z. Structural color films with lotus effects, superhydrophilicity, and tunable stop-bands. Accounts Chem Res, 2009, 42: 1-10.

[59] Gu Z Z, Uetsuka H, Takahashi K, et al. Structural color and the lotus effect. Angew Chem Int Edit, 2003, 42(8): 894-897.

[60] Li J, Wu R, Jing Z, et al. One-step spray-coating process for the fabrication of colorful superhydrophobic coatings with excellent corrosion resistance Langmuir, 2015, 31(39): 10702-10707.

[61] Dong J, Wang Q, Zhang Y, et al. Colorful superamphiphobic coatings with low sliding angles and high durability based on natural nanorods. ACS Appl Mater Inter, 2017, 9(2): 1941-1952.

[62] Luo C, Zheng H, Wang L, et al. Direct three-dimensional imaging of the buried interfaces between water and superhydrophobic surfaces. Angew Chem Int Edit, 2010, 49(48): 9145-9148.

[63] Aussillous P. Quéré D. Properties of liquid marbles. P Roy Soc A: Math Phy, 2006, 462 (2067): 973-999.

[64] Crick C R, Parkin I P. Water droplet bouncing: A definition for superhydrophobic surfaces. Chem Commun, 2011, 47(44): 12059-12061.

[65] Tian N, Zhang P, Zhang J. Mechanically robust and thermally stable colorful superamphiphobic coatings. Front Chem, 2018, 6: 144.

[66] Bamfield P. Chromic Phenomena: Technological Applications of Colour Chemistry. 3rd Edition. Cambridge: Royal Society of Chemistry, 2001.

[67] Ichimura K, Funabiki A, Aoki K I, et al. Solid phase adsorption of crystal violet lactone on silica nanoparticles to probe mechanochemical surface modification. Langmuir, 2008, 24(13): 6470-6479.

[68] Zhang Y, Dong J, Sun H, et al. Solvatochromic coatings with self-cleaning property from paly-gorskite@polysiloxane/crystal violet lactone. ACS Appl Mater Inter, 2016, 8(40): 27346-27352.

[69] Vitha M, Carr P W. The chemical interpretation and practice of linear solvation energy relationships in chromatography. J Chromatogr A, 2006, 1126(1-2): 143-194.

[70] Micó-vicent B, Martínez-verdú F M, Novikov A, et al. Stabilized dye-pigment formulations with platy and tubular nanoclays. Adv Funct Mater, 2018, 28(27): 1703553.

[71] Massaro M, Amorati R, Cavallaro G, et al. Direct chemical grafted curcumin on halloysite nanotubes as dual-responsive prodrug for pharmacological applications. Colloids Surf B, 2016, 140: 505-513.

[72] Massaro M, Poma P, Colletti C G, et al. Chemical and biological evaluation of cross-linked halloysite-curcumin derivatives. Appl Clay Sci, 2020, 184: 105400.

[73] Fakhrullina G, Khakimova E, Akhatova F, et al. Selective antimicrobial effects of curcumin@halloysite nanoformulation: A caenorhabditis elegans study. ACS Appl Mater Interfaces, 2019, 11(26): 23050-23064.

[74] Huang B, Liu M X, Zhou C R. Cellulose-halloysite nanotube composite hydrogels for curcumin delivery. Cellulose, 2017, 24(7): 2861-2875.

[75] Guillermin D, Debroise T, Trigueiro P, et al. New pigments based on carminic acid and smectites: A molecular investigation. Dyes Pigments, 2019, 160: 971-982.

[76] Ramírez A, Sifuentes C, Manciu F S, et al. The effect of Si/Al ratio and moisture on an organic/inorganic hybrid material: Thioindigo/montmorillonite. Appl Clay Sci, 2011, 51(1-2): 61-67.

[77] Trigueiro P, Rodrigues F, Rigaud B, et al. When anthraquinone dyes meet pillared montmorillonite: Stability or fading upon exposure to light? Dyes Pigments, 2018, 159: 384-394.

[78] Girdthep S, Sirirak J, Daranarong D, et al. Physico-chemical characterization of natural lake pigments obtained from *Caesalpinia sappan* Linn. and their composite films for poly(lactic acid)-based packaging materials. Dyes Pigments, 2018, 157: 27-39.

[79] Doménech-carbó A, Doménech-carbó M T, Osete-cortina L, et al. Isomerization and redox tuning in 'Maya yellow' hybrids from flavonoid dyes plus palygorskite and kaolinite clays. Micropor Mesopor Mat, 2014, 194: 135-145.

[80] Stintzing F C, Carle R. Functional properties of anthocyanins and betalains in plants, food, and in human nutrition. Trends Food Sci Tech, 2004, 15(1): 19-38.

[81] Oren-shamir M. Does anthocyanin degradation play a significant role in determining pigment concentration in plants?. Plant Sci, 2009, 177(4): 310-316.

[82] Cavalcanti R N, Santos D T, Meireles M A A. Non-thermal stabilization mechanisms of anthocyanins in model and food systems: An overview. Food Res Int, 2011, 44(2): 499-509.

[83] Chung C, Rojanasasithara T, Mutilangi W, et al. Enhanced stability of anthocyanin-based color in model beverage systems through whey protein isolates complexation. Food Res Int, 2015, 76(3): 761-768.

[84] Li S, Ding J, Mu B, et al. Acid/base reversible allochroic anthocyanin/palygorskite hybrid pigments: Preparation, stability and potential applications. Dyes Pigments, 2019, 171: 107738.

[85] Gutiérrez T J, Ponce A G, Alvarez V A. Nano-clays from natural and modified montmorillonite with and without added blueberry extract for active and intelligent food nanopackaging materials. Mater Chem Phys, 2017, 194: 283-292.

[86] Zhai X D, Shi J Y, Zou X B, et al. Novel colorimetric films based on starch/polyvinyl alcohol incorporated with roselle anthocyanins for fish freshness monitoring. Food Hydrocolloid, 2017, 69: 308-317.

[87] Pereira Jr V A, De Arruda I N Q, Stefani R. Active chitosan/PVA films with anthocyanins from *Brassica oleraceae* (red cabbage) as time-temperature indicators for application in intelligent food packaging. Food Hydrocolloid, 2015, 43: 180-188.

[88] Wang X W, Mu B, Hui A P, et al. Low-cost bismuth yellow hybrid pigments derived from attapulgite. Dyes Pigments, 2018, 149: 521-530.

[89] Wang W B, Wang A Q. Recent progress in dispersion of palygorskite crystal bundles for nanocomposites. Appl Clay Sci, 2016, 119: 18-30.

[90] De Pascual-teresa S, Sanchez-ballesta M T. Anthocyanins: From plant to health. Phytochem Rev, 2008, 7(2): 281-299.

[91] Ding J J, Huang D J, Wang W B, et al. Effect of removing coloring metal ions from the natural brick-red palygorskite on properties of alginate/palygorskite nanocomposite film. Int J Biol Macromol, 2019, 122: 684-694.

[92] Silva G T M, Silva C P, Quina F H. Organic/inorganic hybrid pigments from flavylium cations and palygorskite. Appl Clay Sci, 2018, 162: 478-486.

[93] Amjadi S, Ghorbani M, Hamishehkar H, et al. Improvement in the stability of betanin by liposomal nanocarriers: Its application in gummy candy as a food model. Food Chem, 2018, 256: 156-162.

[94] Amjadi S, Hamishehkar H, Ghorbani M. A novel smart PEGylated gelatin nanoparticle for co-delivery of doxorubicin and betanin: A strategy for enhancing the therapeutic efficacy of chemotherapy. Mater Sci Eng C, 2019, 97: 833-841.

[95] Zhuang G Z, Jaber M, Rodrigues F, et al. A new durable pigment with hydrophobic surface based on natural nanotubes and indigo: Interactions and stability. J Colloid Interf Sci, 2019, 552: 204-217.

[96] Li S, Mu B, Wang X, et al. Fabrication of eco-friendly betanin hybrid materials based on palygorskite and halloysite. Materials, 2020, 13(20): 4649.

[97] Zhang A J, Mu B, Luo Z H, et al. Bright blue halloysite/CoAl$_2$O$_4$ hybrid pigments: Preparation, characterization and application in water-based painting. Dyes Pigments, 2017, 139: 473-481.

[98] Wu S T, Cui H S, Wang C H, et al. *In situ* self-assembled preparation of the hybrid nanopigment from raw sepiolite with excellent stability and optical performance. Appl Clay Sci, 2018, 163: 1-9.

[99] Carazo E, Borrego-sanchez A, Garcia-villen F, et al. Adsorption and characterization of palygorskite-isoniazid nanohybrids. Appl Clay Sci, 2018, 160: 180-185.

[100] Desai N D, Khot K V, Dongale T, et al. Development of dye sensitized TiO$_2$ thin films for efficient energy harvesting. J Alloys Compd, 2019, 790: 1001-1013.

[101] Aztatzi-rugerio L, Granados-balbuena S Y, Zainos-cuapio Y, et al. Analysis of the degradation of betanin obtained from beetroot using Fourier transform infrared spectroscopy. J Food Sci Technol, 2019, 56(8): 3677-3686.

[102] Kumar S N A, Ritesh S K, Sharmila G, et al. Extraction optimization and characterization of water soluble red purple pigment from floral bracts of *Bougainvillea glabra*. Arab J Chem, 2017, 10: 2145-2150.

[103] Marchuk M, Selig M J, Celli G B, et al. Mechanistic investigation via QCM-D into the color stability imparted to betacyanins by the presence of food grade anionic polysaccharides. Food Hydrocolloid, 2019, 93: 226-234.

[104] Zhang Y, Tang A D, Yang H M, et al. Applications and interfaces of halloysite nanocomposites. Appl Clay Sci, 2016, 119: 8-17.

第 4 章　凹凸棒石超疏水/超双疏材料

4.1 引　言

润湿现象在生活中随处可见，如宏观世界中海滩的落潮，又如微观世界中细胞膜的离子通道[1]。润湿性作为固-液界面接触的重要属性，对经济和科技发展都发挥着重要的作用。时至今日，众所周知的荷叶自清洁效应[2]，使仿生表面和材料以其独特的性能受到了科学家们的广泛关注。在蛾眼、蝉翅、沙漠甲虫、蜘蛛丝、鱼鳞等多种自然界生物的表面均可观察到其微观结构的存在，因而表现出优异的疏液性能[3,4]。这种特殊的性能是大自然难得的馈赠，而天然的微观结构又为超疏液材料的设计提供了新灵感。

对于仿生超疏水涂层来说，抗污及自洁行为源于表面存在的特殊微-纳米结构。为制备人工超疏水表面，科学家通过努力不断模仿自然界植物和动物的超疏水行为。将超疏水性能赋予特定的材料并进一步功能化，将会在建筑防污涂料[5]、防雾显示器[6]、防结冰[7]和防反射[8]等领域得到广泛应用。

不同于超疏水表面，超双疏表面对于水和有机液体均有≥150°的接触角(CA)，有着更为广泛的应用前景[9]。由荷叶效应得到灵感，超疏液表面等特殊润湿性材料在自清洁、油/水分离、金属防腐等领域有广阔的应用前景[10]。然而，现有特殊润湿性材料机械稳定性差、低表面张力液体易黏附和制备方法复杂(需构建各种微结构)，成为其应用推广的瓶颈。因此，如何采用低成本且无毒无害的天然材料，通过简单高效的方法构筑具有优异超疏液性能的表面意义重大。

凹凸棒石(APT)是一种层链状结构的含水富镁铝硅酸盐黏土矿物，具有一维纳米棒状晶体形态[11,12]。同时凹凸棒石作为成本低且环保的天然纳米材料其应用范围也愈加广泛[13]。近年来，采用凹凸棒石为原料制备超疏水、超双疏涂层已经引起了研究者们的广泛关注。

4.2 凹凸棒石超疏水材料

在过去的20年里，超疏水材料的研究已取得长足进展[14-16]。多层次结构和低表面能材料是成功制备超疏水/超双疏涂层所必需的要素。根据文献报道，构筑多层次结构的方法主要分为以下两个方面：①在基体材料表面上采用刻蚀、阵列、模板等方法形成多层次结构[17-19]；②将人造纳米粒子通过一定的方式使其沉积在基体表面，主要有碳纳米管[20]、金属氧化物纳米粒子[21]和石蜡[22]等。但大多数合成材料制备过程复杂、价格昂贵，并且对环境有潜在污染威胁。相比较而言，天然材料来源广泛、价格低廉且性质独特，在制备超疏水/超双疏涂层方面受到研究者们越来越多的青睐。

4.2.1 凹凸棒石@有机硅烷聚合物超疏水涂层

张俊平等通过有机硅烷聚合物 POS 对凹凸棒石表面进行改性，成功制备了凹凸棒石超疏水涂层[23]。如图 4-1(a)所示，当喷涂密度为 4 g/m² 时所制得的 APT@POS 涂层表面 CA 为 149.6°，水滴在表面处于 Wenzel 状态。增加喷涂密度至 5 g/m² 时，CA 增加至 160.9°，滚动角(SA)降低至 3.3°，水滴在表面的状态从 Wenzel 状态转为 Cassie-Baxter 状态。进一步增加喷涂密度可使 SA 进一步降低，但对 CA 影响并不明显。

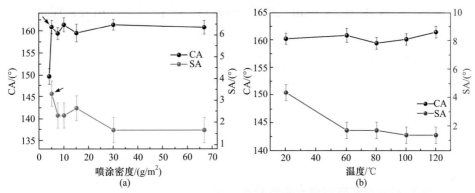

图 4-1　(a)APT@POS 涂层表面 CA 和 SA 随喷涂密度变化和(b)随退火温度变化图[23]

研究发现，喷涂后进行退火能够进一步提高 APT@POS 涂层的超疏水性。在 60℃下退火 30 min，涂层密度为 66.7 g/m² 的 APT@POS 表面对水的 SA 从 4.3°可降低至 1.78° [图 4-1(b)]。这主要是因为退火有助于 POS 和 POS 改性后的烷基链发生构象变化，降低表面张力，进而增强超疏水性。

通过沙流冲击和水压冲击对涂层的机械稳定性进行评价，结果如图 4-2 所示。APT@POS 涂层的 CA 和 SA 分别随落沙质量和水压变化而变化。落沙质量从 10 g 增加至 50 g，CA 从 162°降低至 150°，SA 从 4°增加至 23.7°[图 4-2(a)]，但涂层仍展现出良好的超疏水性。APT@POS 涂层在 6 kPa 的水压下持续冲击 5 min 后，涂层保持完好且 CA 无明显变化[图 4-2(b)]，SA 仅轻微增加至 4°，证明涂层具有优异的机械稳定性。

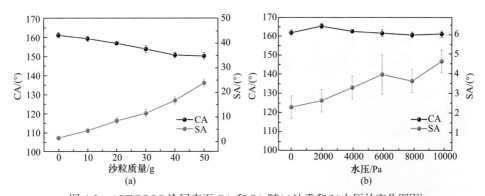

图 4-2　APT@POS 涂层表面 CA 和 SA 随(a)沙重和(b)水压的变化图[23]

APT@POS 超疏水涂层还具有优异的化学和环境稳定性(表 4-1)。涂层分别经紫外线照射(200~400 nm, 30 min)、高温处理(200℃, 1 h)、低温处理(−30℃, 1 h)后表面润湿性无明显变化。该涂层对酸、碱以及有机溶剂同样也展现出优异的化学稳定性。尽管乙醇和丙酮能够润湿涂层表面,但当表面液体移除后,涂层仍然维持超疏水状态。

表 4-1　APT@POS 涂层经过各种条件处理后的 CA 和 SA[23]

处理方法	CA/(°)	SA/(°)
未处理	159.0 ± 1.7	2.3 ± 0.6
UV 辐照 (200 W, 200~400 nm, 30 min, 10 cm)	160.9 ± 1.3	2.3 ± 0.6
200℃, 1 h	161.5 ± 0.6	1.0 ± 0.0
−30℃, 1 h	161.0 ± 1.0	1.7 ± 0.6
0.1 mol/L 氢氧化钠, 1 h	158.0 ± 0.0	2.0 ± 0.0
0.1 mol/L 盐酸, 1 h	152.4 ± 1.0	3.7 ± 0.6
乙醇, 1 h	163.0 ± 1.7	1.3 ± 0.6
丙酮, 1 h	158.3 ± 1.3	1.3 ± 0.6

4.2.2　凹凸棒石/碳@有机硅烷聚合物超疏水涂层

脱色废凹凸棒石(SBE)中含磷脂、天然色素、脂肪酸、维生素和油脂等有机成分,在空气氛围下有机成分发生分解或转化为碳进而形成凹凸棒石/碳(APT/C)复合材料。碳化温度决定了 APT/C 复合材料的微观结构,也进一步影响 APT/C@POS 涂层的超疏水性能[24]。研究发现,在 300℃或 400℃下煅烧 2 h 可获得黑色 APT/C 复合材料和 APT/C@POS 涂层[图 4-3(a)]。随着碳化温度升高到 500℃和 600℃,APT/C 复合材料的颜色和 APT/C@POS 涂层的颜色变为灰色,最后变为米白色。这是由在 300℃或 400℃下,SBE 中的有机成分转化为碳;而在 500℃和 600℃时,碳纳米颗粒部分或者完全分解所致。图 4-3(b)为不同碳化温度下 APT/C@POS 涂层的超疏水性变化。研究结果显示,四种碳化温度下的涂层均具有超疏水性,当碳化温度从 300℃升高到 400℃时,CA 从 150.6°增加到 163.7°,SA 从 9°下降到 1.2°。当碳化温度继续增加到 600℃,CA 反而降低到 152.1°,SA 增加至 4.7°。

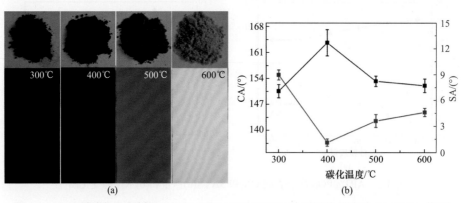

图 4-3　(a)不同碳化温度制得 APT/C 和(b)APT/C@POS 涂层照片及涂层 CA 和 SA 值[24]

　　APT/C 复合材料作为骨架构建 APT/C@POS 涂层，APT/C 的含量影响涂层表面粗糙度进而决定表面的润湿性，因此可以通过改变悬浮液中 APT/C 复合材料的浓度调控涂层表面的润湿性能(图 4-4)。未添加 APT/C 复合材料所形成涂层的 CA 为 123.1°，水滴黏附在涂层表面甚至将涂层翻转后液滴也没有滚落的趋势。引入 5 g/L 的 APT/C 复合材料制备涂层，CA 增加到 159.3°，SA 降低为 3°。当 APT/C 复合材料浓度进一步增加到 10 g/L 时，CA 增加到 160°以上，SA 降低到 1°左右。但过高的 APT/C 复合材料浓度(15 g/L 或 20 g/L)会导致超疏水性的下降。

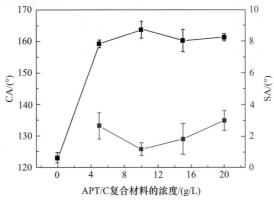

图 4-4　涂层在不同浓度 APT/C 复合材料下的 CA 和 SA[24]

　　APT/C@POS 超疏水涂层对水的 CA 高达 163.7°，SA 低至 1.2°。水滴很容易从轻微倾斜的涂层表面滚落，水流喷射在涂层表面被完全反弹，不会发生液滴黏附[图 4-5(a)]。涂层在水中展现出明显的反射现象，取出后表面完全干燥[图 4-5(b)]。这是由于涂层与水滴之间存在大量的空气[25]，水滴在涂层表面处于 Cassie-Baxter 状态。另外，涂层还具有独特的自清洁特性[图 4-5(c)]，如荷叶表面一样，涂层表面的砂粒容易被水除去。

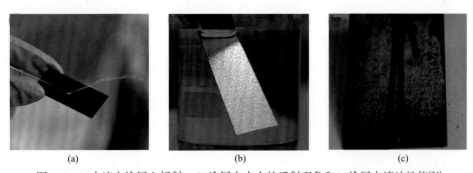

(a)　　　　　　　　　　　　(b)　　　　　　　　　　　　(c)

图 4-5　(a)水流在涂层上折射、(b)涂层在水中的反射现象和(c)涂层自清洁性能[24]

　　图 4-6 显示了涂层的 CA 和 SA 随着水压冲击时间和压力变化情况。涂层的 CA 和 SA 在水压冲击前 10 min 变化比较明显，随着冲击时间进一步增加，CA 略有下降，SA 逐渐增加。在 25 kPa 水压下冲击 10 min 后，CA 从 163.7°降低到 155.0°，SA 从 1.2°增加到 7.9°。冲击时间延长至 30 min 时，CA 下降到 153.6°，SA 增大到 9.3°。当水压从 25 kPa 增加到 50 kPa 时，CA 变化并不明显；即使进一步增加水压至 100 kPa，CA 和 SA 的变化也很小。

在 100 kPa 水压冲击 60 min 后，涂层的 CA 和 SA 分别为 144.9°和 23.4°，涂层仍维持其超疏水性能。

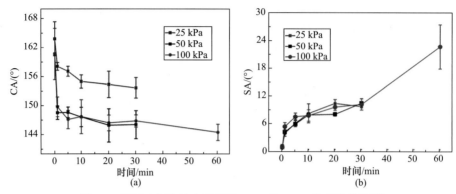

图 4-6　不同水压和冲击时间下(a)CA 和(b)SA 的变化趋势[24]

采用 3M 胶带，负载压力分别为 4.2 kPa 和 6.8 kPa 进行剥离来进一步评价 APT/C@POS 涂层的机械稳定性。随着剥离次数的增加，CA 逐渐减小，同时 SA 逐渐增大(图 4-7)，这是由于剥离过程改变了涂层的微观结构。但在压力为 6.8 kPa 下剥离 5 次后，涂层仍具有超疏水性且 SA 为 12°。

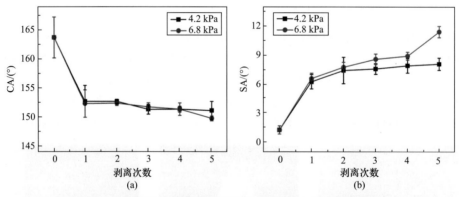

图 4-7　不同压力和剥离次数下(a)CA 和(b)SA 的变化趋势[24]

APT/C@POS 涂层的热稳定性可通过控制马弗炉的温度来进行评价。在空气氛围中于不同温度下保持 2 h 后，对润湿性进行测量，结果如图 4-8 所示。当温度从室温增加到 240℃时，CA 从 163.7°下降到 150.8°，SA 从 1.2°增加到 5.4°。随着温度持续增加到 300℃，涂层从原来超疏水变为超亲水(CA 为 0°)。这是由于温度升高，超疏水涂层表面的 POS 被氧化和分解所导致的。

APT/C@POS 涂层的化学稳定性通过浸泡在不同腐蚀性溶液和有机液体中进行评价。表 4-2 列出了在各种溶液中浸泡 24 h 后 CA 和 SA 的变化情况。在不同浓度的酸、碱、盐溶液中浸泡 24 h 后，所有的 CA 均在 151.4°和 152.2°之间，SA 在 9.7°和 11.5°之间，证明该涂层具有优异的化学稳定性。

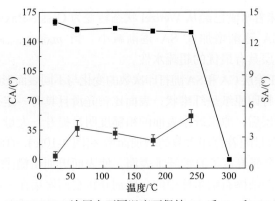

图 4-8　APT/C@POS 涂层在不同温度下保持 2 h 后 CA 和 SA 的变化[24]

表 4-2　不同溶液中浸泡 24 h 后 CA 和 SA 的变化[24]

介质	CA/(°)	SA/(°)
原始涂层	163.7 ± 3.5	1.2 ± 0.4
1 mol/L HCl 溶液	151.9 ± 0.6	10.2 ± 2.5
饱和 NaOH 溶液	152.2 ± 2.6	11.5 ± 1.6
饱和 NaCl 溶液	151.4 ± 1.7	9.7 ± 0.8
甲苯	158.6 ± 2.6	3.5 ± 0.6
乙醇	154.1 ± 3.1	5.3 ± 0.6

4.2.3　激光打印凹凸棒石@全氟聚硅氧烷超疏水涂层

通过激光打印机将制得的 APT@全氟聚硅氧烷超疏水碳粉(APT@fluoroPOS-T)打印至普通打印纸上，通过打印不同次数来制备超疏水涂层(图 4-9)。打印 9 次的涂层，水滴在表面上均具有较高的 CA(>150°)。当 $m_{APT@fluoroPOS}/m_T$ 为 1∶3 时，APT@fluoroPOS-T 涂层的 CA 随打印次数增加，但水滴始终黏附于涂层表面，证明液滴在涂层表面处于 Wenzel 状态。当 $m_{APT@fluoroPOS}/m_T$ 为 1∶1 时，APT@fluoroPOS-T 涂层随着打印次数从 1 次增至 9 次，CA 从 143.1°增加到 158.1°，SA 从 41.2°减小至 24.5°，同时水滴由黏附状

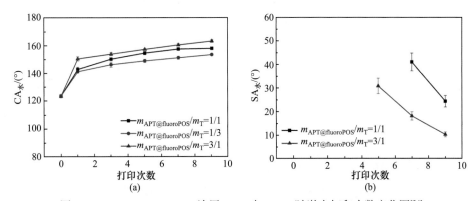

图 4-9　APT@fluoroPOS-T 涂层(a)CA 与(b)SA 随激光打印次数变化图[24]

态变为滚动状态，意味着水滴已经从 Wenzel 状态转变为 Cassie-Baxter 状态。随着打印次数增加，所有涂层 CA 逐渐增加且 SA 逐渐减小。当 $m_{APT@fluoroPOS}/m_T$ 为 3∶1 时，APT@fluoroPOS-T 涂层具有最优的超疏水性。

APT@fluoroPOS-T 涂层 CA 和 SA 随打印次数的变化与不同表面形貌密切相关(图 4-10)。SEM 表征结果表明，打印原纸呈纤维状，表面比较光滑且具有一定孔隙结构。激光打印 APT@fluoroPOS-T 涂层后，原纸纤维表面的粗糙度明显提升，大量不规则的纳米微球形成，而且纳米微球的数量随着打印次数的增加而增多[图 4-10(c)~(l)]。打印次数增加到 9 次时，纳米微球几乎全部覆盖了原纸纤维表面，使表面更加粗糙[图 4-10(k)，(l)]。这是由于 fluoroPOS 充当凹凸棒石纳米棒中的交联剂并将它们聚集在一起，因此所有涂层均展现出良好的微-纳米结构。这种微纳米结构可以在固-液界面处形成一层气垫，赋予涂层良好的超疏水性。

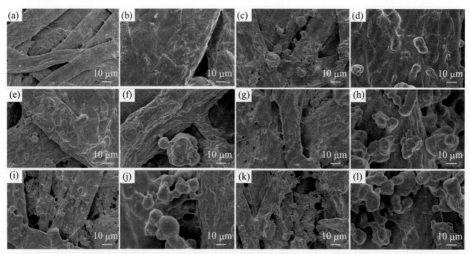

图 4-10　(a)~(b)原纸及激光打印(c)~(d)1 次、(e)~(f)3 次、(g)~(h)5 次、(i)~(j)7 次和(k)~(l)9 次后
涂层的 SEM 图片[24]

4.2.4　凹凸棒石水性超疏水涂层

尽管超疏水涂层目前研究已经非常成熟，但在实际应用中仍然存在一些问题，例如在生产过程中有机溶剂的使用以及含氟有害成分等。因此，用水来代替有机溶剂并且用无氟低表面能物质来修饰是未来制备超疏水涂层的发展方向之一。张俊平等首次报道了凹凸棒石水性超疏水涂层[26]。研究发现，甲基三甲氧基硅烷(MTMS)的水解缩合时间对聚氨酯/APT@聚甲基硅氧烷(PU/APT@M-POS)涂层的润湿性有明显影响(图 4-11)。反应时间为 1 h 时，其 CA 为 129.1°。延长反应时间至 12 h，CA 虽然增大至 150.9°，但液滴仍然黏附在涂层表面，证明液滴在其表面处于 Wenzel 状态。进一步延长反应时间至 24 h，PU/APT@M-POS 涂层的 CA 增加至 157.9°，SA 降低至 7.2°，证明涂层具有超疏水性，液滴从 Wenzel 状态转变为 Cassie-Baxter 状态。

不同浓度凹凸棒石和 MTMS 对 PU/APT@M-POS 涂层的润湿性有明显影响。研究表明，当 C_{APT} 为 0 mg/mL 时涂层的 CA 为 88.3°；C_{APT} 为 5 mg/mL 时，涂层的 CA 增大至

154°，SA 变为 13.2°。当 C_{APT} 进一步增加至 10 mg/mL 时，CA 继续增大至 157.9°，SA 继续减小为 7.2°。但当 C_{APT} 增加至 20 mg/mL 时，涂层的超疏水性明显下降。此外，C_{MTMS} 同样能够影响涂层的超疏水性。当 C_{MTMS} 为 0.07 mmol/L 时，涂层的 CA 为 141.9°；当 C_{MTMS} 增加至 0.14 mmol/L 时，涂层具有了超疏水性；当 C_{MTMS} 增加为 0.21 mmol/L 时，涂层的 CA 增大至 156.4°，SA 降低为 7.8°；当 C_{MTMS} 增加至 0.28 mmol/L，涂层的超疏水性进一步加强。

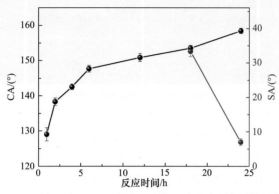

图 4-11　PU/APT@M-POS 涂层 CA 和 SA 随反应时间的变化图[26]

　　PU/APT@M-POS 涂层润湿性变化主要是由 C_{APT} 和 C_{MTMS} 调控其表面形貌所导致(图 4-12)。当 C_{APT} 为 0 mg/mL 时，涂层表面光滑[图 4-12(a)和(b)]，这说明 MTMS 在没有凹凸棒石情况下水解缩合后没有形成纳米颗粒。引入 5 mg/mL 和 10 mg/mL 的凹凸棒石后，涂层表面呈现出明显的微-纳米结构[图 4-12(c)～(f)]。进一步增大 C_{APT} 为 20 mg/mL 时，表面粗糙度明显降低，导致涂层超疏水性下降。类似地，C_{MTMS} 的大小同样能够影响涂层的表面形貌(图 4-13)。当 C_{MTMS} 为 0.07 mmol/L 和 0.14 mmol/L 时，涂层表面仅仅展现出纳米尺度的粗糙结构。进一步增加 C_{MTMS} 至 0.21 mmol/L 和 0.28 mmol/L 时，涂层表面展现出明显的微-纳结构。上述结果说明适量的 C_{APT} 和 C_{MTMS} 有利于构筑超疏水涂层所需要的微-纳米结构。

图 4-12　不同 C_{APT} 浓度下制得的 PU/APT@M-POS 涂层 SEM 图[26]

(a)～(b)0 mg/mL；(c)～(d)5 mg/mL；(e)～(f)10 mg/mL；(g)～(h)20 mg/mL

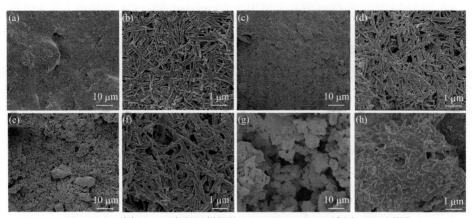

图 4-13　不同 C_{MTMS} 浓度下制得的 PU/APT@M-POS 涂层 SEM 图[26]

(a)～(b)0.07 mmol/L；(c)～(d)0.14 mmol/L；(e)～(f)0.21 mmol/L；(g)～(h)0.28 mmol/L

　　分别用 A4 纸或砂纸摩擦和胶带剥离评价 PU/APT@M-POS 涂层的机械稳定性(图 4-14)。随着在 A4 纸上摩擦周期的增加(每周期 40 cm)，所有样品的 CA 逐渐减小，SA 逐渐增大。涂层负载 9.8 kPa 的压力，在 A4 纸上摩擦 200 个周期后，CA 仍然高达 151.7°，SA 为 17.7°[图 4-14(a)和(b)]，证明涂层具有优异的机械稳定性。负载 2.3 kPa 压力在 2000 目砂纸上摩擦 200 个周期后，涂层的超疏水性仅出现了轻微下降，CA 降低为 153.6°，SA 增加至 18.7°[图 4-14(c)]。此外，在胶带剥离测试中涂层同样展现出优异的机械稳定性，在剥离 100 个周期后仍然维持良好的超疏水性[图 4-14(d)]。

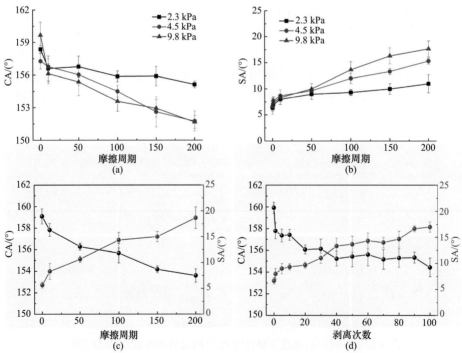

图 4-14　PU/APT@M-POS 涂层的机械稳定性评价结果[26]

(a)～(b)负载不同压力在 A4 纸上；(c)负载 2.3 kPa 在砂纸上；(d)胶带剥离

4.2.5　其他凹凸棒石超疏水涂层

Li 等[27]用十八烷基三甲氧基硅烷改性凹凸棒石并加入胶黏剂成功制得稳定的超疏水不锈钢网(APT-AP)。APT-AP 涂覆的不锈钢网不仅展现出优异的超疏水性(CA>157°，SA<5°)，还具有优异的机械稳定性。APT-AP 涂覆的不锈钢网在 800 目砂纸上负重 100 g 砝码摩擦 200 个周期(每周期 10 cm)后仍然维持超疏水性[图 4-15(c)]。通过沙流冲击对涂层机械稳定性进行进一步评价。结果表明，APT-AP 涂覆的不锈钢网经 160 g 沙粒从 40 cm 高处持续冲击后其仍然维持超疏水性[图 4-16(b)]。同样，60 g 沙粒从 60 cm 高处冲击表面后，同样维持优异的超疏水性[图 4-16(c)]。APT-AP 涂覆的不锈钢网还具有优异的乳液分离效率，对于水浓度小于 120 ppm 的乳液，其分离效率可达 99.4%以上，经过 6 次分离后分离效率仍然高达 99.4%。

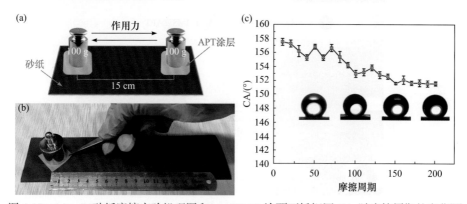

图 4-15　(a)、(b)砂纸摩擦实验机理图和(c)APT-AP 涂覆不锈钢网 CA 随摩擦周期的变化[27]

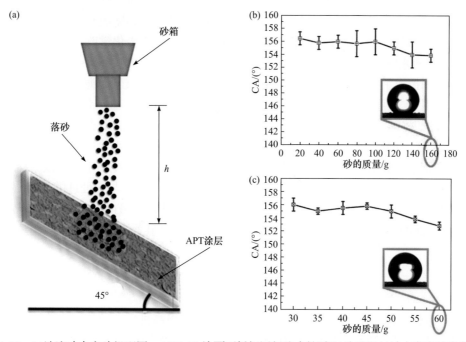

图 4-16　(a)沙流冲击实验机理图，APT-AP 涂覆不锈钢网超疏水性随(b)沙重和(c)冲击高度的变化[27]

Liang[28]等将质量比为 1 : 1 的凹凸棒石和碳酸钙混合后置于 600℃ 的条件下处理 1 h，将其浸泡于 1 mol/L 盐酸中 24 h 以充分去除碳酸钙，然后用大量去离子水清洗后在 100℃ 下干燥 24 h 制得三维多孔材料，最后在其表面通过化学气相沉积聚二甲基硅氧烷(PDMS) 赋予多孔材料以超疏水超亲油性能。该表面对水的 CA 可达 151.4°，但是对正辛烷的 CA 为 0°，水滴在表面呈现出球型并且可以滚动。此外，作者设计的该表面的润湿性能够通过简单的热处理来达到超疏水到超亲水的转换(图 4-17)。

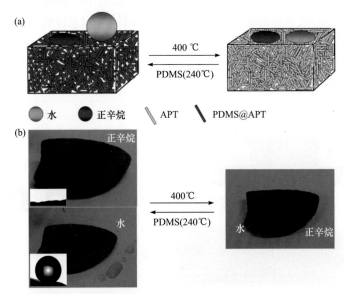

图 4-17　热处理调控凹凸棒石基三维多孔材料表面润湿性转换(a)原理图和(b)数码照片[28]

近年来，其他黏土矿物也被广泛用于构筑超疏水涂层，例如蒙脱石[29-31]、高岭石[32-34]、埃洛石[35,36]、硅藻土[37]和海泡石[38,39]等。Baidya[32]等通过一步化学改性法成功制备了水性高岭石超疏水涂层，该涂层不仅有优异的超疏水性(CA>170°，SA<5°)，而且稳定性良好(砂纸摩擦或手指擦拭 100 个周期)。Chen 等[39]利用聚硅氧烷对海泡石进行改性后与环氧树脂混合，通过喷涂法成功制得具有良好机械和化学稳定性的超疏水涂层。Polizos 等[37]将硅藻土用三氯硅烷进行氟化处理后成功制得超疏水表面，该表面对水的 CA 高达 170°，同时 SA 为 3°。Razavi 等[38]制备的海泡石超疏水涂层浸涂在各种金属和非金属表面均展现出优异的超疏水性，对水的 CA 大于 160°，SA 小于 5°。该涂层还同时具备良好的防污性能、耐化学稳定性、机械稳定性及热稳定性。与未处理的表面(约 30%) 相比，细菌附着率显著减少(<5%)；样品浸泡在不同 pH 水溶液(4≤pH≤10)中或暴露在不同温度(T<200℃)下一定时间，对样品的超疏水性均没有显著影响。

4.3　凹凸棒石超双疏材料

受水黾腿等自然物体的启发[40]，研究者对水具有极高排斥性的超疏水涂层产生了极大的兴趣[41,42]。尽管超疏水材料具有很多潜在的应用，例如自清洁、防腐蚀和油/水分离等，但超疏水涂层却极易被低表面张力的有机液体污染，这严重妨碍了其实际应用。超双疏涂层是一种对水和低表面能液体如油的 CA 均大于 150°且 SA 较低的特殊表面，可以有效解决该问题。

4.3.1　凹凸棒石@全氟聚硅氧烷超双疏涂层

通过控制凹凸棒石与全氟癸基三乙氧基硅烷(PFDTES)的水解缩合反应可以制得凹凸棒石超双疏涂层[43]。当 C_{APT} 从 0 增加至 10 g/L，APT@fluoroPOS 涂层的 $CA_{n\text{-}decane}$ 从 57°显著增长至 156°。进一步增加 C_{APT} 至 20 g/L，发现对涂层的 $CA_{n\text{-}decane}$ 并无明显影响[图 4-18(a)]。但是当 C_{APT} 从 10 g/L 增加至 20 g/L 时，$SA_{n\text{-}decane}$ 突然降低为 9°，说明液滴在涂层表面处于 Cassie-Baxter 状态。这是因为 C_{APT} 的大小能够控制涂层的表面形貌[图 4-18(b)]。当 C_{APT} 为 0 时，涂层表面光滑，增加 C_{APT} 至 5 g/L 时，涂层表面形成粗糙结构，但是大多数凹凸棒石被包埋在 fluoroPOS 中。进一步增加 C_{APT} 至 10 g/L 时，发现凹凸棒石被 fluoroPOS 相互连接形成表面粗糙结构。当增加 C_{APT} 增加至 15 g/L 时，虽然对涂层超双疏性无明显影响，但对涂层的稳定性不利。

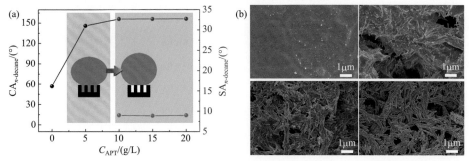

图 4-18　APT@fluoroPOS 涂层(a)$CA_{n\text{-}decane}$ 和 $SA_{n\text{-}decane}$ 随 C_{APT} 的变化及(b)C_{APT} 不同浓度对涂层形貌影响[43]

除了 C_{APT}，$C_{PFDTES\text{-}i}$ 和 C_{TEOS} 对涂层润湿性影响也较大[图 4-19(a)]。当 $C_{PFDTES\text{-}i}$ 为 6.3 mmol/L 时，涂层的 $CA_{n\text{-}decane}$ 为 0°；当 $C_{PFDTES\text{-}i}$ 为 12.6 mmol/L 时，涂层的 $CA_{n\text{-}decane}$ 大于 150°，但是正辛烷液滴黏附在涂层表面。进一步增加 $C_{PFDTES\text{-}i}$ 为 25.2 mmol/L 时，涂层的 $SA_{n\text{-}decane}$ 降低为 20.6°。加入少量的 C_{TEOS}(4.5 mmol/L)对涂层 $CA_{n\text{-}decane}$ 无明显影响，但涂层的 $SA_{n\text{-}decane}$ 从 26°降为 10°[图 4-19(b)]。这主要是因为 TEOS 是一种硅烷

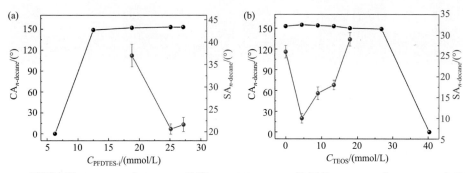

图 4-19　不同浓度(a)$C_{PFDTES\text{-}i}$ 和(b)C_{TEOS} 构筑 APT@fluoroPOS 涂层的 $CA_{n\text{-}decane}$ 和 $SA_{n\text{-}decane}$ 变化图[43]

偶联剂，TEOS 的存在有助于 PFDTES 的水解缩合。进一步增加 C_{TEOS} 至 19.1 mmol/L，涂层 $CA_{n\text{-decane}}$ 降低至 149°，$SA_{n\text{-decane}}$ 增加到 29°，并且最终液滴黏附在涂层表面。这是由于过量的 TEOS 水解会形成亲水化合物，导致涂层的润湿性变差。

为了提高涂层的稳定性，将 APT@fluoroPOS 和 PFDTES 混合喷涂制得 APT@fluoroPOS/PFDTES 涂层，能够进一步提高涂层的稳定性。研究发现，当 PFDTES 浓度（$C_{PFDTES\text{-ii}}$）在 0～17.0 mmol/L 范围内，其对涂层的润湿性无明显影响。当 $C_{PFDTES\text{-ii}}$ 在 17.0～22.6 mmol/L 范围内，虽然 $CA_{n\text{-decane}}$ 并无明显变化，但 $SA_{n\text{-decane}}$ 从 9°增长为 14°，这主要归因于过量的 PFDTES 降低了涂层表面的粗糙度。该涂层对表 4-3 中所列的液体均展现出优异的超疏性，即使是正辛烷在表面同样呈现球型并且具有较高的 CA 和较低的 SA。该涂层对基底材料材质没有要求，而且在不同基底上形成的涂层均展现优异的超双疏性和自清洁性能(图 4-20)。

表 4-3　不同表面张力液滴(5 μL)在 APT@fluoroPOS/PFDTES 涂层表面的 CA 和 SA[43]

测试液体	CA/(°)	SA/(°)	表面张力/(mN/m, 20℃)
水	165.6 ± 1.2	1.0 ± 0.0	72.8
丙三醇	164.4 ± 0.2	1.0 ± 0.0	64.0
二碘甲烷	163.3 ± 1.5	1.6 ± 0.6	50.8
N-甲基-2-吡咯烷酮	162.1 ± 0.7	3.7 ± 0.6	40.8
甲苯	159.2 ± 1.4	4.0 ± 0.0	28.4
正十六烷	159.1 ± 1.0	4.3 ± 0.7	27.5
正十二烷	158.2 ± 0.7	6.7 ± 0.7	25.4
正癸烷	156.0 ± 0.3	9.0 ± 1.0	23.8
正辛烷	153.6 ± 1.0	18.3 ± 1.2	21.6

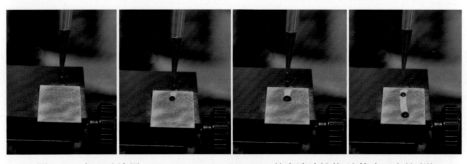

图 4-20　超双疏涂层 APT@fluoroPOS/PFDTES 的自清洁性能(液体为正辛烷)[43]

此外，APT@fluoroPOS/PFDTES 涂层还展现出优异的超疏热液体性。不同液体的 CA 和 SA 随液体温度的变化如图 4-21(a)和(b)所示，随着液体温度升高至 85℃，对应的 SA 均出现下降趋势。水、二碘甲烷和正十六烷的接触角仍然大于 150°，但是正十二烷的接触角降为 137°。水、二碘甲烷、正十六烷在 85℃以下均能在涂层表面滚动。用 94℃的水流和 70℃的正十六烷去冲击涂层表面，液体均能被完全弹开而没有任何痕迹，证明其具有优异的超疏热液体性[图 4-21(c)和(d)]。

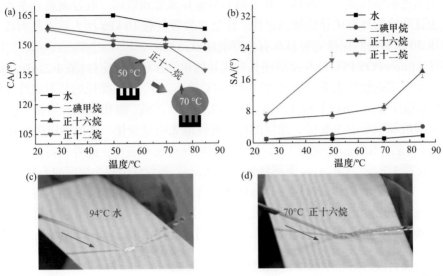

图 4-21 不同温度下热液滴在 APT@fluoroPOS/PFDTES 涂层表面的(a)CA 和(b)SA、(c)热水流和 (d)热正十六烷流在涂层表面的反射照片[43]

当 $C_{PFDTES-ii}$ 为 11.3 mmol/L 时，APT@fluoroPOS/PFDTES 涂层的机械稳定性最好[图 4-22(a)～(c)]。经受 100 kPa 水压冲击 10 min 后，涂层表面仍然保持干燥并且 $SA_{n\text{-}decane}$

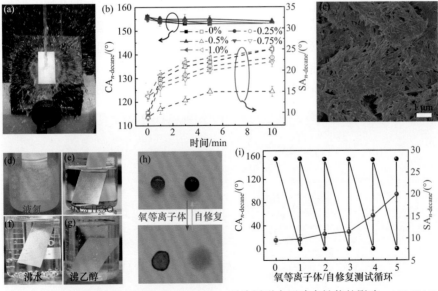

图 4-22 (a)100 kPa 水压冲击涂层照片和(b)$C_{PFDTES-ii}$ 对涂层耐水压冲击性能的影响，(c)150 kPa 水压冲击涂层 30 min 后的 SEM 照片,(d)～(g)涂层在各种液体中的照片,(h)涂层氧等离子体自修复效果照片(蓝色为水滴，红色为正癸烷液滴)以及(i)$CA_{n\text{-}decane}$ 和 $SA_{n\text{-}decane}$ 的变化[43]

仅仅出现轻微增大($\text{SA}_{n\text{-decane}}=15°$)。进一步增大水压至 150 kPa 并且延长冲击时间至 30 min，该涂层仍然能够维持其超双疏性，其表面形貌也并未遭到破坏。胶带剥离和手指按压测试结果也证明涂层具有优异机械稳定性。涂层在胶带负载 10 kPa 压力后重复剥离 6 次和手指按压 50 次后仍然保持完整且具有良好的超双疏性。

APT@fluoroPOS/PFDTES 涂层还具有优异的化学和环境稳定性[图 4-22(d)~(g)]。将该涂层分别暴露在紫外光下、液氮中以及 350℃的高温下 1 h，涂层的超双疏性无明显变化。将其分别浸泡在 1 mol/L HCl 溶液、1 mol/L NaOH 溶液、饱和 NaOH 溶液、饱和 NaCl 溶液、正辛烷和甲苯中 1 h 后，涂层的超双疏性也无明显变化。将该涂层浸泡在 98%的 H_2SO_4 中 1 h 后，$\text{SA}_{n\text{-decane}}$ 变为 17°，但涂层仍然具有超双疏性。此外，将该涂层在沸水和乙醇中放置 1 h 后，$\text{CA}_{n\text{-decane}}$ 无明显变化，$\text{SA}_{n\text{-decane}}$ 也仅仅出现小幅度的上升($\text{SA}_{n\text{-decane}}=20°~24°$)。最重要的是，该涂层还具有良好的自修复性[图 4-22(h)和(i)]。将涂层用氧等离子体处理后涂层变为超亲水、超亲油涂层。但是在室温下放置 24 h 后能够完全修复其超双疏性状态，在重复修复 5 次后 $\text{CA}_{n\text{-decane}}$ 无明显变化，$\text{SA}_{n\text{-decane}}$ 仅仅增长为 20°。

4.3.2 凹凸棒石改性对超双疏涂层性能和结构的影响

凹凸棒石是构筑超双疏涂层微-纳结构的重要因素，因此对其进行改性有望进一步提升涂层的综合性能[44]。图 4-23 显示了原凹凸棒石、原凹凸棒石制备的 APT@fluoroPOS、酸活化凹凸棒石(A-APT)制备的 APT@fluoroPOS(A-APT@fluoroPOS)、酸活化和研磨处理凹凸棒石(A-G-APT)制备的 APT@fluoroPOS(A-G-APT@fluoroPOS)涂层的 SEM 图像。凹凸棒石的微观粗糙度较低[图 4-23(a)]，但制备成的超双疏涂层与凹凸棒石形貌有显著不同。所有超双疏涂层表面都有微-纳米分级结构，其主要由突起和微孔构成，这些突起和微孔在表面上形成高度微观粗糙度。高倍 SEM 图像显示，突起和微孔由氟癸烷修饰的凹凸棒石纳米棒形成。凹凸棒石纳米棒通过 fluoroPOS 连接在一起，这是由于 TEOS 和 PFDTES 的水解缩合形成 fluoroPOS，可以桥接和诱导凹凸棒石纳米棒的聚集。此外，从

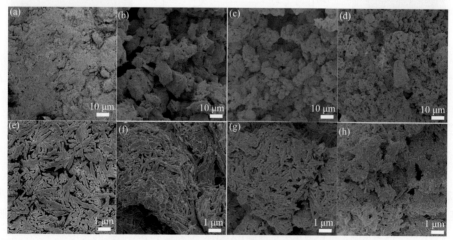

图 4-23 [(a)和(e)]凹凸棒石、[(b)和(f)]APT@fluoroPOS、[(c)和(g)]A-APT@fluoroPOS、[(d)和(h)]A-G-APT@fluoroPOS 涂层 SEM 图[44]

APT@fluoroPOS 涂层到 A-APT@fluoroPOS 涂层再到 A-G-APT@fluoroPOS 涂层,突起和微孔有变小的趋势。这意味着酸活化和随后的固态研磨会影响涂层的微观结构,进而影响涂层的超双疏性。

图 4-24(a)显示了 C_{HCl} 对涂层 $CA_{n\text{-decane}}$ 和 $SA_{n\text{-decane}}$ 的影响。可以看出,C_{HCl} 对 $CA_{n\text{-decane}}$ 的影响很小。随着 C_{HCl} 从 0 增加到 12 mol/L,$CA_{n\text{-decane}}$ 始终在 147°～158°的范围内。不同的是,当 C_{HCl} 为 0 时,$SA_{n\text{-decane}}$ 为 15.8°,随着 C_{HCl} 增加至 2 mol/L,$SA_{n\text{-decane}}$ 减少至 8.7°。随着 C_{HCl} 进一步增加至 12 mol/L,$SA_{n\text{-decane}}$ 逐渐增加至 17.3°。这可能是 C_{HCl} 影响涂层表面微观结构的变化,进而引起涂层表面润湿性变化所致[图 4-24(b)～(g)]。与凹凸棒石相比,C_{HCl} 为 2 mol/L 时得到的 A-G-APT@fluoroPOS 涂层,表面上突起和微孔更小。原因可归为酸活化去除凹凸棒石中伴生的碳酸盐,导致凹凸棒石表面的微观粗糙度降低。该结果还表明,用 HCl 对凹凸棒石进行酸活化会影响超双疏涂层形成时 A-G-APT 的聚集。这种表面微观结构有助于在固/液界面捕获更多的空气,并导致 $SA_{n\text{-decane}}$ 的降低。然而,与 C_{HCl} 为 2 mol/L 时形成的涂层相比,C_{HCl} 为 12 mol/L 制备的涂层,表面的凸起和微孔更大[图 4-24(f)],同时 A-G-APT 纳米棒变得更短[图 4-24(g)],意味着微米级粗糙度的增加和纳米级粗糙度的降低,进而导致 $SA_{n\text{-decane}}$ 的增加。

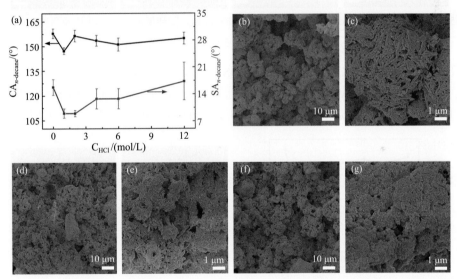

图 4-24　(a)AG-APT@fluoroPOS 涂层 $CA_{n\text{-decane}}$ 和 $SA_{n\text{-decane}}$ 随 C_{HCl} 的变化以及[(b)、(c)]0、[(d)、(e)] 2 mol/L 和[(f)、(g)]12 mol/L 酸活化后凹凸棒石的 SEM 图[44]

图 4-25(a)显示了固态研磨时间(t_g)对 A-G-APT@fluoroPOS 涂层超双疏性能的影响。随着研磨时间从 0 增加到 5 min,涂层的 $SA_{n\text{-decane}}$ 降低到 7.5°。然而,随着研磨时间进一步增加到 30 min,$SA_{n\text{-decane}}$ 逐渐上升到 15.3°。从低倍 SEM 图中发现,突起和微孔随着研磨时间的增加而变小,这意味着随着研磨的增加,微米粗糙度逐渐减小并且表面均匀度提高,这有助于改善涂层的超双疏性。但研磨时间为 20 min 和 30 min 时并不符合这种趋势。从高倍 SEM 图中发现,随着研磨时间的增加,A-G-APT 纳米棒变短,尤其是当研磨 30 min 时。这说明研磨降低了纳米级粗糙度,这是造成长时间研磨 A-G-APT 后

$SA_{n\text{-decane}}$ 逐渐增加的原因。因此，研磨会影响 A-G-APT@fluoroPOS 涂层的微-纳米粗糙度。此外，通过适当时间研磨处理 A-G-APT 有助于调节微米级和纳米级粗糙度进而来改善涂层的超双疏性。

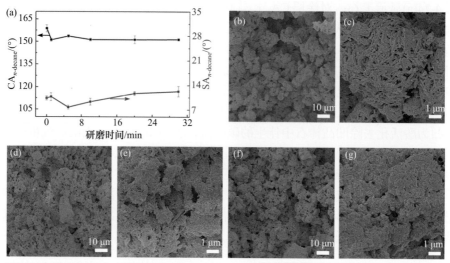

图 4-25　(a)A-G-APT@fluoroPOS 涂层 $CA_{n\text{-decane}}$ 和 $SA_{n\text{-decane}}$ 随研磨时间的变化以及研磨[(b)、(c)]0、[(d)、(e)]10 min 和[(f)、(g)]30 min 后涂层的 SEM 图[44]

　　图 4-26(a)显示了 A-G-H-APT@fluoroPOS 涂层 $CA_{n\text{-decane}}$ 和 $SA_{n\text{-decane}}$ 随热活化温度的变化。随着热活化温度从 15℃增加到 800℃，$CA_{n\text{-decane}}$ 从 158.7°下降到 145°。当温度从 1.5℃上升到 400℃时，$SA_{n\text{-decane}}$ 从 10.3°轻微上升至 11.4°，当温度升高至 500℃时，$SA_{n\text{-decane}}$

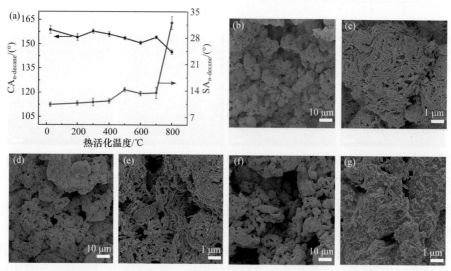

图 4-26　(a)热活化温度对 A-G-H-APT@fluoroPOS 涂层 $CA_{n\text{-decane}}$ 和 $SA_{n\text{-decane}}$ 的影响以及[(b)、(c)]15℃、[(d)、(e)]500℃和[(f)、(g)]800℃热活化温度涂层的 SEM 图[44]

继续上升至 14.3°。然而，在 800℃下 A-G-APT 的热活化导致 $SA_{n\text{-}decane}$ 明显增加到 32°。随着热活化温度的增加，涂层的微观结构变化如图 4-26(b)～(g)所示。在 500℃下热活化后，A-G-H-APT 聚集体比在 15℃下形成得更大，这种现象在 800℃的热活化温度下更明显。

A-G-APT@fluoroPOS 涂层对我们日常生活中使用的许多油脂，如大豆油和润滑剂均显示出良好的超疏性。由于在固/液界面处存在稳定的气垫，所以涂层表面上的液体都处于 Cassie-Baxter 状态。将该涂层浸入正十六烷中，可观察到明显的反射现象。此外，正十六烷射流可以轻松从涂层反弹而不留下痕迹。该涂层可以通过相同的步骤应用到不同的基材上，如聚氨酯板、PTFE 板、聚酯纤维、木板和铝箔，并且所有涂层均具有超双疏性。

图 4-27(a)～(b)给出了水压冲击压力和时间对涂层 $CA_{n\text{-}decane}$ 和 $SA_{n\text{-}decane}$ 的变化图。随着冲击时间和压力增加，$CA_{n\text{-}decane}$ 逐渐下降。在 25 kPa 和 50 kPa 下 $CA_{n\text{-}decane}$ 的曲线几乎相同。随着冲击时间增加，$CA_{n\text{-}decane}$ 缓慢降低，冲击 30 min 后 $CA_{n\text{-}decane}$ 降低 147.5°。然而在 75 kPa 和 100 kPa 下，$CA_{n\text{-}decane}$ 在最初 2 min 内迅速下降，到 30 min 时缓慢下降到约 138°。因为 SA 对涂层的损伤更为敏感，水压冲击对于 $SA_{n\text{-}decane}$ 的影响要比 $CA_{n\text{-}decane}$ 明显。涂层分别在 25 kPa、50 kPa 和 75 kPa 的水压下冲击 2 min，$SA_{n\text{-}decane}$ 迅速从 10°增加到约 18°。冲击 30 min 后，$SA_{n\text{-}decane}$ 增大至 34°。在 100 kPa 下，$SA_{n\text{-}decane}$ 分别在 2 min 和 20 min 内增加到 28°和 35°。随着水压冲击时间进一步增加到 30 min，正癸烷液滴黏附在涂层表面，这意味着正癸烷液滴从 Cassie-Baxter 状态转变为 Wenzel 状态。

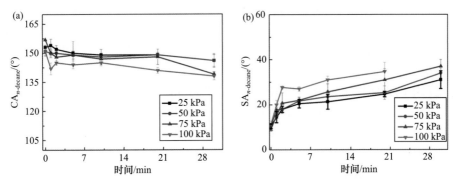

图 4-27　A-G-APT@fluoroPOS 涂层的(a)$CA_{n\text{-}decane}$ 和(b)$SA_{n\text{-}decane}$ 随水压冲击压力和冲击时间的变化[44]

在室温到 350℃范围内测试 A-G-APT@fluoroPOS 涂层的热稳定性(图 4-28)。涂层的颜色在 200℃时仍未发生改变。温度进一步升高到 350℃，颜色由边缘到中间变暗变黑。对于 $CA_{n\text{-}decane}$，随着温度从 25℃升高到 300℃，$CA_{n\text{-}decane}$ 从 154°增加到 160°，在温度为 350℃时降低到 155℃。对于 $SA_{n\text{-}decane}$，在 200℃的温度下，$SA_{n\text{-}decane}$ 约为 10°，随着温度升高到 250℃增加至 16.3°。进一步升高到 350℃，$SA_{n\text{-}decane}$ 无明显变化。虽然 $CA_{n\text{-}decane}$、$SA_{n\text{-}decane}$ 和颜色有轻微的变化，但在 350℃下保持 1 h 后，A-G-APT@fluoroPOS 涂层并无明显变化[图 4-28(c)、(d)]，展现出优异的热稳定性。

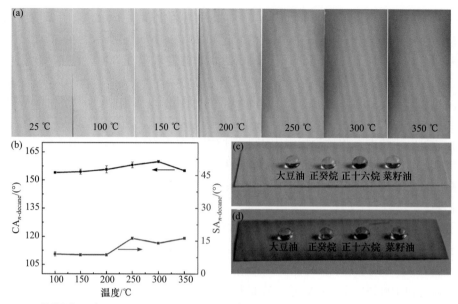

图 4-28　(a)不同煅烧温度、(b)A-G-APT@fluoroPOS 涂层 CA$_{n\text{-decane}}$ 和 SA$_{n\text{-decane}}$ 在不同温度下保持 1 h 以及不同有机溶剂在(c)原始涂层和(d)在 350℃下保持 1 h 的涂层照片[44]

4.3.3　不同产地凹凸棒石的超双疏涂层

凹凸棒石的棒晶结构与其产地密切相关，而棒晶结构又会影响涂层的微观结构。为此，考察了由不同产地凹凸棒石制备的超双疏涂层的性能[45]。凹凸棒石样品分别采自于安徽省官山、甘肃省正北山与土高山、江苏省猪咀山与黄泥山。根据凹凸棒石样品来源，将以上 5 种样品分别简写为 AHG(安徽官山)、GSZB(甘肃正北山)、(甘肃土高山)GSTG、JSZJ(江苏猪咀山)和 JSHN(江苏黄泥山)。

与建筑中的钢筋作用相似，凹凸棒石在 APT@fluoroPOS 超双疏涂层中充当骨架。不同来源凹凸棒石制备的 APT@fluoroPOS 涂层中，采用 AHG 制备涂层的超双疏性能明显优于其他。图 4-29 为不同来源凹凸棒石样品制备的超双疏涂层的 CA$_{n\text{-decane}}$ 和 SA$_{n\text{-decane}}$。对于 AHG@fluoroPOS 涂层来说，随着 C_{APT} 从 5 g/L 增加到 15 g/L，CA$_{n\text{-decane}}$ 从 146.8° 增加到 155.7°，同时 SA$_{n\text{-decane}}$ 从 36.5°减小到 14.5°。随着 C_{APT} 进一步增加至 20 g/L，CA$_{n\text{-decane}}$ 没有发生显著变化，但 SA$_{n\text{-decane}}$ 增加至 22°。这意味着正癸烷液滴在 C_{APT} 为 5～20 g/L 时处于 Cassie-Baxter 状态。基于 GSZB 和 JSZJ 制备的超双疏涂层在 CA$_{n\text{-decane}}$ 中表现出相似的变化趋势，但涂层之间的 SA$_{n\text{-decane}}$ 却存在很大差异。在 C_{APT} 为 5～20 g/L 时，AHG@fluoroPOS 涂层的 SA$_{n\text{-decane}}$ 明显低于以 GSZB 和 JSZJ 制备的涂层。因此，对于涂层的表面形貌和表面化学组成的变化来说，SA$_{n\text{-decane}}$ 比 CA$_{n\text{-decane}}$ 更为敏感。

涂层的 CA$_{n\text{-decane}}$ 和 SA$_{n\text{-decane}}$ 之间的差异与不同表面形貌密切相关，根本原因在于不同产地的凹凸棒石微观形貌有明显区别。从 SEM 图像(图 4-30)可以看出，AHG 以长棒晶的形式松散地排列在一起，GSTG 的微观形貌与 GSZB 较为相似，其中伴生片状形貌的其他矿物，JSHN 的微观形貌与 JSZJ 较为相近，主要以短棒晶的聚集体形式存在[46,47]。AHG 纳米棒的长度约为 2 μm，直径为 20～50 nm[48]。GSZB 和 GSTG 是以短纳米棒的形式存在，长度约为 1 μm，直径相对较大。JSZJ 和 JSHN 纳米棒的长度为 0.5～2 μm，直径为 20～70 nm。因此，AHG 拥有更高长径比的纳米棒更有利于构建粗糙结构，而这种结构更利于通过 fluoroPOS 改性制备出超双疏性能更加优异的表面[49]。

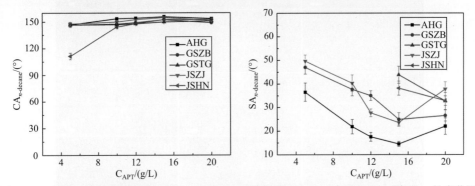

图 4-29 不同来源凹凸棒石制备 APT@fluoroPOS 涂层的 $CA_{n\text{-decane}}$ 与 $SA_{n\text{-decane}}$ 随 C_{APT} 的变化[45]

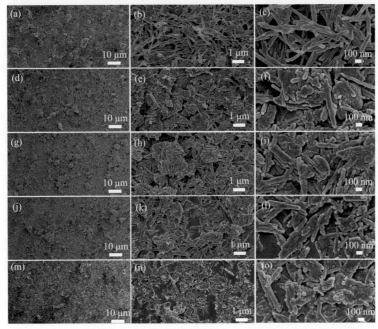

图 4-30 (a)～(c)AHG、(d)～(f)GSZB、(g)～(i)GSTG、(j)～(l)JSZJ 和(m)～(o)JSHN 的 SEM 图[45]

通过 SEM 分析基于不同来源凹凸棒石制备的具有最佳超双疏性能的涂层[图 4-31(a)～(o)]。由于 fluoroPOS 充当凹凸棒石纳米棒中的交联剂并将它们聚集在一起，所有涂层都表现出良好的微-纳米结构。纳米级粗糙度的形成归因于 fluoroPOS 改性后的凹凸棒石纳米棒，而它们的聚集体则形成微米级的粗糙界面。这种微-纳米结构可以在固-液界面处形成一层气垫，然后在 fluoroPOS 改性的基础上使涂层具有超双疏性能。在低倍 SEM 下，可以观察到涂层间的表面形貌彼此非常相似，且涂层表面上有许多尺寸类似的聚集体。在高倍 SEM 下，涂层间的表面形貌彼此完全不同。

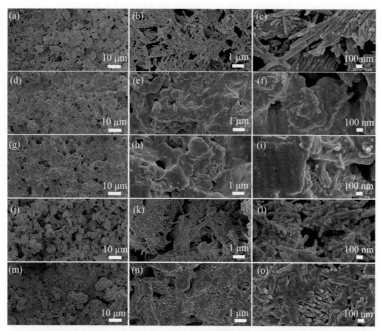

图 4-31　(a)~(c)AHG、(d)~(f)GSZB、(g)~(i)GSTG、(j)~(l)JSZJ 和(m)~(o)JSHN 制备
APT@fluoroPOS 涂层 SEM 图[45]

　　由 AHG 制备的超双疏涂层的微观粗糙度高于由 GSZB、GSTG、JSZJ 和 JSHN 制备的涂层。例如，GSTG@fluoroPOS 涂层的表面形貌看起来比相似区域的 AHG@fluoroPOS 涂层更加平滑。由于较低的粗糙度，看起来较为光滑的表面形貌不利于超双疏涂层的形成。因此，基于不同产地的凹凸棒石制备的涂层的超双疏性不同，其根本原因是凹凸棒石微观形貌彼此不同所致[50]。

　　对于 AHG@fluoroPOS 涂层来说(图 4-32)，所有测试液体均表现出较大的 CA(＞155°)和较小的 SA(＜15°)。由于液滴与涂层之间的相互作用较弱，包括甲苯和正癸烷在内的液滴均可以从倾斜的涂层上滚落，且涂层在正十六烷中还展现出明显的银镜现象，从正十六烷中取出后涂层仍保持完全干燥[图 4-32(b)]。水流冲击到涂层表面后迅速反弹而不留下任何痕迹[图 4-32(c)]。这些结果进一步表明，较高长径比的凹凸棒石可以形成具有优异超双疏性能的涂层。

图 4-32　(a)不同液滴在 AHG@fluoroPOS 涂层表面状态，(b)~(c)AHG@fluoroPOS 涂层的超疏油
疏水性及(d)自清洁性能照片[45]

选择 AHG@fluoroPOS、GSZB@fluoroPOS 和 JSZJ@fluoroPOS 评价了各种因素对涂层 $SA_{n-decane}$ 和 $CA_{n-decane}$ 的变化。涂层的机械稳定性通过水压冲击测试法进行[49,51]。当冲击时间增加时，$CA_{n-decane}$ 减小而 $SA_{n-decane}$ 增加。对于 AHG@fluoroPOS 涂层来说，当冲击 1 min 后，$CA_{n-decane}$ 变为 152.3°，$SA_{n-decane}$ 变为 23.3°；冲击 5 min 后 $CA_{n-decane}$ 和 $SA_{n-decane}$ 分别变为 149.0° 和 38.5°(图 4-33)；冲击 15 min 后 $CA_{n-decane}$ 降低至 143.6°，且正癸烷液滴黏附于涂层表面，这表明正癸烷液滴从 Cassie-Baxter 转变为 Wenzel 状态。尽管该涂层在水压冲击测试中 $CA_{n-decane}$ 和 $SA_{n-decane}$ 均发生了很大变化，但在冲击 30 min 后，涂层对水滴仍然具有较高的 CA_{water}(157.8°)和 SA_{water}(9.5°)。

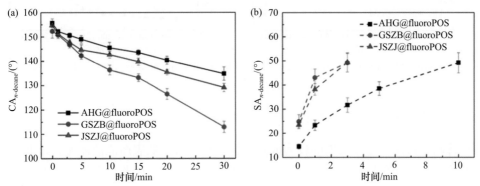

图 4-33　三种代表性涂层(a)$CA_{n-decane}$ 和(b)$SA_{n-decane}$ 在 50 kPa 水压下随冲刷时间的变化[45]

结果表明，AHG@fluoroPOS 涂层在水压冲击测试实验中的机械稳定性明显高于 GSZB@fluoroPOS 和 JSZJ@fluoroPOS 涂层。涂层机械稳定性的差异与涂层的表面形貌和凹凸棒石的晶体结构密切相关。由于范德瓦耳斯力的作用，凹凸棒石通常表现为随机排列的棒晶或其聚集体，凹凸棒石的棒状单晶体显示出一维纳米材料的特征，即 AHG@fluoroPOS 涂层比其他涂层具有更优异的机械稳定性。此外，AHG 纳米棒的长径比更高，又可应用于聚合物材料补强，这也是其涂层机械稳定性较高的主要原因[52,53]。

APT@fluoroPOS 涂层的环境和化学稳定性是通过 UV 照射和浸泡在各种腐蚀性液体中进行测试。UV 照射 24 h 后 AHG@fluoroPOS 涂层的 $CA_{n-decane}$ 和 $SA_{n-decane}$ 没有发生明显变化。然而，JSZJ@fluoroPOS 涂层的 $SA_{n-decane}$ 从 23.5° 增加到 27.8°。对于 AHG@fluoroPOS 涂层来说，除 1 mol/L NaOH 溶液、饱和 NaOH 溶液和 98% H_2SO_4 外，浸泡在其他腐蚀性溶液中 24 h 后 $CA_{n-decane}$ 和 $SA_{n-decane}$ 均未发生明显变化。GSZB@fluoroPOS 和 JSZJ@fluoroPOS 涂层浸泡在这些腐蚀性液体中 24 h 后表现出较为相似的超双疏性。涂层的环境和化学稳定性顺序是 AHG@fluoroPOS＞GSZB@fluoroPOS≈JSZJ@fluoroPOS。

此外，AHG@fluoroPOS 涂层在 350℃ 的温度下保持 1 h 后仍然具有超双疏性(图 4-34)。该涂层的 $CA_{n-decane}$ 无明显变化，$SA_{n-decane}$ 随着温度的升高而逐渐增加。随着温度进一步升高至 400℃，$CA_{n-decane}$ 急剧下降至 71.2°，且涂层中 fluoroPOS 的热解使得正癸烷液滴黏附于涂层表面。GSZB@fluoroPOS 和 JSZJ@fluoroPOS 涂层的 $CA_{n-decane}$ 和 $SA_{n-decane}$ 随温度升高呈现较为类似的变化。根据涂层的 $SA_{n-decane}$，可以排列出涂层热稳定性的顺序为 AHG@fluoroPOS＞GSZB@fluoroPOS≈JSZJ@fluoroPOS。从某种程度上来说，凹凸棒石作为阻燃剂，AHG 较高的长径比更有利于延迟挥发性热氧化产物向气体以及气体向复合材料的扩散，这便是涂层热稳定性较高的主要原因[54,55]。

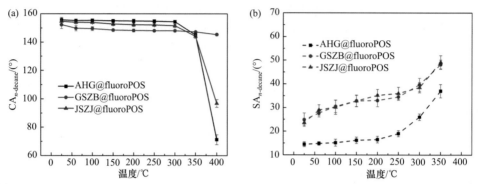

图 4-34　AHG@fluoroPOS、GSZB@fluoroPOS 和 JSZJ@fluoroPOS 涂层(a)CA$_{n\text{-}decane}$ 和(b)SA$_{n\text{-}decane}$
随不同温度变化曲线[45]

4.3.4　凹凸棒石@全氟聚硅氧烷超疏高黏液体涂层

尽管超双疏涂层已经发展的较为成熟，但仍存在对于低表面能液体尤其是低表面能高黏度液体的滚动角偏高的问题，严重限制了其实际应用。因此，开发一种对高黏液体具有超疏性的涂层意义非凡。张俊平等以凹凸棒石为基材制备了 APT@fluoroPOS 超疏高黏液体涂层[56]。研究发现，当不添加凹凸棒石时，涂层展现出比较光滑的表面，但该涂层具有优异的超疏水性，对水和丙三醇均具有较高的 CA(>160°)和较低的 SA(<7°)(图 4-35)。然而，该涂层却能被低表面张力和高黏度的端羟基聚丁二烯(HTPB)润湿。增大 C_{APT} 至 5 g/L 时，APT@fluoroPOS 涂层表面变得粗糙并且展现出明显的微-纳米结构，其超双疏性明显提升，HTPB 的 CA 变为 161°，SA 为 6°，证明 HTPB 在 APT@fluoroPOS 涂层表面处于 Cassie-Baxter 状态。进一步增加 C_{APT} 至 10 g/L 时，HTPB 的 SA 降为 3°，这是因为暴露在 fluoroPOS 外面的凹凸棒石量增多，涂层超双疏性被进一步加强。继续增大 C_{APT} 至 15~20 g/L，在涂层形貌和超双疏性方面并无明显变化。

此外，C_{APT} 的大小同样影响液滴(水、丙三醇、HTPB)和涂层的黏附力(图 4-35)。当 C_{APT} 从 5 g/L 增加到 20 g/L，涂层与水滴的黏附力从 24.5 μN 降为 3.9 μN。与此同时，涂层与丙三醇的黏附力先从 12 μN 增加为 17 μN，当 C_{APT} 为 20 g/L 时又降为 12 μN。然而当 C_{APT} 从 5 g/L 增加到 15 g/L 时，涂层与 HTPB 的黏附力从 159.8 μN 明显降为 68 μN，但继续增大 C_{APT} 至 20 g/L，其黏附力增加为 78.9 μN。

各种液体在 APT@fluoroPOS 涂层表面呈现球形，在 10 min 内不会发生任何变化[图 4-36(a)]。将该涂层浸入 HTPB 中，出现明显的光反射现象[图 4-36(c)]，证明涂层与 HTPB 之间存在空气垫。正十六烷液流冲击到涂层表面时被完全弹开[图 4-36(d)]。此外，当涂层倾斜角度为 4°时，HTPB 能够在涂层上面滚动[图 4-36(e)]。这些结果均证明 APT@fluoroPOS 涂层具有优异的超双疏性。

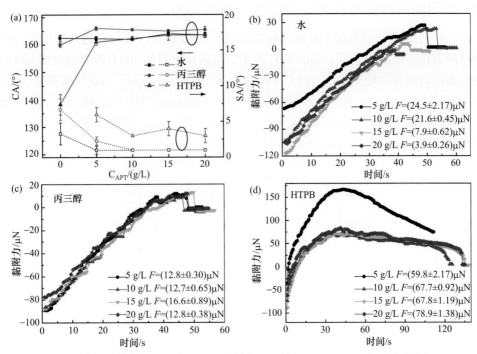

图 4-35　不同 C_{APT} 构筑 APT@fluoroPOS 涂层(a)CA 和 SA，(b)～(d)水、丙三醇和 HTPB
在 APT@fluoroPOS 涂层的黏附力[56]

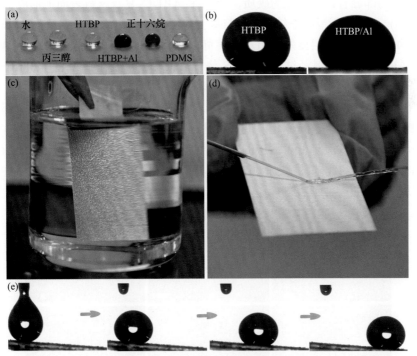

图 4-36　(a)～(b)不同液滴在涂层表面、(c)浸没在 HTPB 中、(d)正十六烷在涂层表面反射和
(e)HTPB 在倾斜 4°的涂层上滚动数码照片[56]

4.3.5　凹凸棒石/碳复合材料@全氟聚硅氧烷超双疏涂层

凹凸棒石/碳复合材料@全氟聚硅氧烷(APT/C@fluoroPOS)涂层的超双疏性受 APT/C 复合材料碳化温度的影响[57]。如图 4-37 所示,当碳化温度从 300℃逐渐增加到 600℃时,所有的表面均展现出超双疏性,但是 CA$_{n\text{-decane}}$ 和 SA$_{n\text{-decane}}$ 不同。当碳化温度从 300℃增加至 400℃时,CA$_{n\text{-decane}}$ 从 151.3°增加至 154.2°,SA$_{n\text{-decane}}$ 则从 19.7°减小至 11.3°。随着温度持续增加至 500℃时,CA$_{n\text{-decane}}$ 减少至 151.6°,SA$_{n\text{-decane}}$ 增加至 20.5°。当温度到达 600℃时,CA$_{n\text{-decane}}$ 和 SA$_{n\text{-decane}}$ 不再有明显的变化。

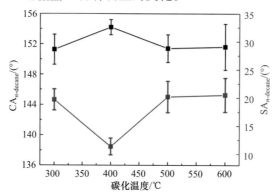

图 4-37　不同碳化温度下涂层的 CA$_{n\text{-decane}}$ 和 SA$_{n\text{-decane}}$[57]

借助 SEM 研究碳化温度对涂层结构和性能的影响机理。碳化温度在 300℃时,脱色废土(SBE)中的部分有机物转化为碳质,所以在 APT/C 复合材料表面上形成了碳纳米粒子[图 4-38(a)～(c)]。该涂层微-纳米结构与基于蜡烛煤烟的超疏水性涂层的结构非常相似。这样的微-纳米结构为涂层良好的超双疏性奠定了基础。随着碳化温度增加到 400℃,棒状结构的 APT/C 复合材料经过 fluoroPOS 修饰后被交联包裹在一起[图 4-38(d)～(f)]。具有三维微-纳-纳米结构的表面可以捕捉到更多的空气,从而使得 SA$_{n\text{-decane}}$ 低至 11.3°。然而,随着碳化温度增加到 500℃或 600℃时,废弃凹凸棒石中的有机物几乎全部分解,同时 fluoroPOS 也部分分解。在碳化温度升高到 600℃时,APT/C 复合材料中凹凸棒石表面负载的碳材料完全分解,降低了涂层的表面粗糙度,从而使涂层的 SA$_{n\text{-decane}}$ 增加至 20.5°。

未添加 APT/C 复合材料涂层的 CA$_{n\text{-decane}}$ 为 113.4°,液滴黏附在涂层上。APT/C 复合材料的浓度为 5 g/L 时,涂层的 CA$_{n\text{-decane}}$ 为 150.9°,SA$_{n\text{-decane}}$ 为 27.8°。APT/C 复合材料

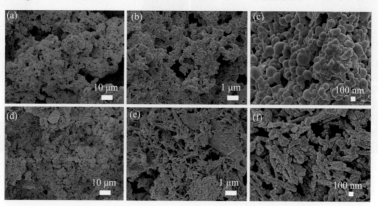

图 4-38　不同碳化温度下涂层的 SEM 照片[57]
(a)～(c)300℃、(d)～(f)400℃、(g)～(i)500℃、(j)～(l)600℃

的浓度增加到 10 g/L 时，涂层的 $CA_{n\text{-}decane}$ 增加至 154.2°，$SA_{n\text{-}decane}$ 大幅度减小至 11.3°。
而 APT/C 复合材料的浓度持续增加到 20 g/L 时，超双疏性能反而出现了降低的现象。
APT/C 复合材料的添加量不同，涂层的表面形貌不同，进而也影响涂层的性能(图 4-39)。
未添加 APT/C 复合材料的涂层表面，在低倍 SEM 下观察发现表面比较平滑[图 4-39(a)]。
在高倍 SEM 下发现涂层的表面由大量不同大小的纳米颗粒组成。在 PFDTES 和 TEOS
的水解缩合过程中引入 5 g/L 的 APT/C 复合材料后，其表面形貌发生了显著变化，涂层
具有明显的微-纳米粗糙度。随着 APT/C 复合材料增加到 10 g/L 时，形成涂层的表面发
生了明显的改变。在微米尺度上，粗糙度有所减小，在纳米尺度上，粗糙度有所增加，
APT/C 复合材料的棒状结构可清晰地看到。同时在 APT/C 复合材料的棒状结构上也可以
看到形成的纳米粒子。因此，三维微-纳-纳米结构被构造出来，有效地降低了涂层的
$CA_{n\text{-}decane}$。当 APT/C 复合材料的浓度增加到 20 g/L，表面形貌并无明显变化。制得涂层
的 $CA_{n\text{-}decane}$ 增加是因添加亲水的 APT/C 复合材料过多导致。

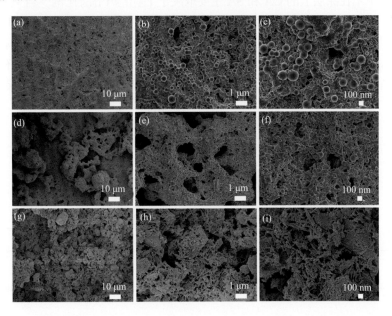

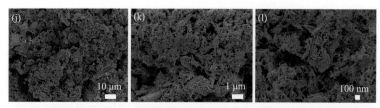

图 4-39 不同 APT/C 复合材料浓度制备的 APT/C@fluoroPOS 涂层 SEM 图[57]

(a)～(c)0 g/L、(d)～(f)5 g/L、(g)～(i)10 g/L、(j)～(l)20 g/L

APT/C@fluoroPOS 涂层由于具有三维的微-纳-纳结构，因此表现出了优异的超双疏性能。液滴在表面上均呈球形，且 CA 均大于 153°，SA 均低于 12°。当正十六烷液流冲击涂层表面时能被完全弹开。同时，涂层在正十六烷液体中有明显的光反射现象，并且在取出后表面保持完全干燥。将涂层浸入 1 mol/L HCl 溶液、饱和 NaOH 溶液和饱和 NaCl 溶液中浸泡 24 h 后，对涂层的 $CA_{n\text{-}decane}$ 几乎没有变化。在 1 mol/L 的 HCl 溶液中浸泡 24 h 后，$SA_{n\text{-}decane}$ 从 11.3° 增加到 13.3°。浸泡在饱和 NaOH 溶液和饱和 NaCl 溶液中 24 h 后，$SA_{n\text{-}decane}$ 分别增加到 17.2° 和 17.7°。尽管 $SA_{n\text{-}decane}$ 有轻微增加，但是正癸烷液滴在涂层表面仍然呈球形，并且可以很容易地从倾斜的涂层上滚落，证明其优异的化学稳定性。

4.3.6 磁性凹凸棒石超双疏纳米复合材料

李凌霄等报道了基于凹凸棒石的磁性超双疏粉体 APT@Fe$_3$O$_4$@全氟聚硅氧烷(APT@Fe$_3$O$_4$@fluoroPOS)，并以其制备了液体弹珠[58]。当 $V_{PFDTES}/V_{TEOS}=0.15$ 时，APT@Fe$_3$O$_4$@fluoroPOS 涂层为疏水涂层($CA_{water} = 126.2°$)；当 V_{PFDTES}/V_{TEOS} 增加至 0.25 时，涂层的 CA_{water} 增加至 161.4°，SA_{water} 降至 7.7°。在 V_{PFDTES}/V_{TEOS} 介于 0.5～4 时，涂层的 CA_{water} 和 SA_{water} 基本保持不变，表明当 V_{PFDTES}/V_{TEOS} 超过 0.5 时，对涂层的润湿性无明显影响。然而，V_{PFDTES}/V_{TEOS} 对低表面张力的有机液体(如甲苯)具有明显的影响(图 4-40)。甲苯在涂层上的 CA 和 SA 主要取决于 V_{PFDTES}/V_{TEOS} 比例。当 V_{PFDTES}/V_{TEOS} 为 0.15 和 0.25 时，甲苯液滴在涂层表面迅速扩散形成液体薄膜($CA_{toluene}=0°$)。当 V_{PFDTES}/V_{TEOS} 增加至 1.0 时，$CA_{toluene}$ 为 68.6°，但黏附在涂层表面，无法测量 $SA_{toluene}$。当 $V_{PFDTES}/V_{TEOS}=2.0$ 时，$CA_{toluene}$ 增加至 155.3°，$SA_{toluene}$ 降低至 18.7°，证明所制备的涂层具有超双疏性。当 V_{PFDTES}/V_{TEOS} 增加到 4.0 时，涂层的超双疏性能进一步提升，这是因为涂层的表面形貌

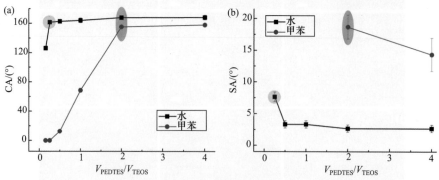

图 4-40 不同 V_{PFDTES}/V_{TEOS} 制备 APT@Fe$_3$O$_4$@fluoroPOS 涂层对水和甲苯的(a)接触角和(b)滚动角[58]

可以通过 V_{PFDTES}/V_{TEOS} 比值进行调控。从 SEM 中可以看出，在凹凸棒石上生成了大量 Fe_3O_4 纳米颗粒。将 APT@Fe_3O_4 喷涂于玻璃基底，形成了致密的涂层。随着 V_{PFDTES}/V_{TEOS} 增加，表面粗糙度增加。fluoroPOS 使 APT@Fe_3O_4 棒晶团聚，形成非常粗糙的表面。这种表面形貌能够在液滴下捕获更多的空气，从而成功地构建了正十六烷液滴易从表面滚落的超双疏涂层。

将表面张力为 72.8～22.85 mN/m 的液滴滴在 APT@Fe_3O_4@fluoroPOS 粉末上，然后轻轻晃动液滴，磁性纳米颗粒附着在液滴表面即可形成磁性液体弹珠[图 4-41(a)]。由于 APT@Fe_3O_4@fluoroPOS 的表面能和液体表面张力的改变，V_{PFDTES}/V_{TEOS} 对液体弹珠的形成具有重要影响，液体(包括水、丙三醇、甲苯、正癸烷和环己烷)经过 APT@Fe_3O_4@fluoroPOS 粉末包覆后，很容易形成液体弹珠[图 4-41(b)]。在降低 V_{PFDTES}/V_{TEOS} 后，仅有高表面张力的液体能够形成液体弹珠。例如，只有水和丙三醇能够经过 APT@Fe_3O_4@fluoroPOS$_{0.15}$ 包覆形成液体弹珠。

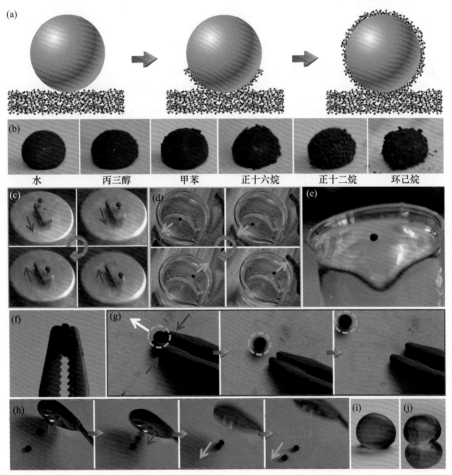

图 4-41　(a)APT@Fe_3O_4@fluoroPOS 制备液体弹珠示意图，(b)以不同表面张力液滴制备的液体弹珠、磁驱动正十六烷液体弹珠在(c)玻璃基底和(d)水表面的移动，(e)正十六烷液体弹珠在水面漂浮状态，(f)～(j)使用手术钳操控或药匙操控正十六烷液体弹珠变形或运动[58]

由于 APT@Fe₃O₄@fluoroPOS 纳米颗粒的顺磁性，所制备的液体弹珠可通过磁铁驱动在固体表面和水面上移动[图 4-41(c)～(d)]。在移除磁铁后，液体弹珠在水面仍可自行移动。与已报道的液体弹珠不同的是[59,60]，所制备的磁性液体弹珠会被磁铁吸引但不会被破坏，直到液体弹珠中的液体几乎完全挥发。这说明磁性纳米颗粒在液体弹珠表面有强烈的黏附作用，致使各种液体弹珠稳定存在。如[图 4-41(b)～(d)]所示，液体弹珠被转移到各种基底上仍能保持完整性，包括纸、玻璃甚至水面。液体弹珠能够在多种液体(包括水和正十六烷)表面漂浮[图 4-41(e)]，且在纸上也能够迅速移动。另外，即使在较大变形下，手术钳亦可轻易地操控液体弹珠而不会导致其坍塌[图 4-41(f)]。因此，液体弹珠能够用镊子夹出，甚至可以像打"迷你高尔夫"一样在纸上操控[图 4-41(g)和(h)]。该弹珠还呈现出良好的弹性，当被另外一个液体弹珠碰撞之后仍能保持完整性。液体弹珠表面只有非常薄的粉末层[图 4-41(i)～(j)]，呈半透明状态，在不同基底材料转移时不会发生变化。

4.3.7　凹凸棒石光致变色超双疏涂层

众所周知，WO₃ 通过外部刺激因素表现出可逆的颜色转换[61]。WO₃ 在氧化条件下是无色的，在外部刺激如紫外光照射时 WO₃ 可以变为蓝色。在此过程中，外部电子和离子(如 H⁺、Li⁺)可以注入 WO₃ 中，W(Ⅵ)变为 W(Ⅴ)，电子空穴对与表面吸附的水分子反应而呈现出蓝色[62,63]。张俊平等将 WO₃ 负载在凹凸棒石表面(WO₃/APT)，进而制备得到两种新型的凹光致变色超双疏涂层 WO₃/APT@M-POS 和 WO₃/APT@fluoroPOS[64]。

WO₃/APT@M-POS 和 WO₃/APT@fluoroPOS 涂层均具光致变色性，能快速可逆地改变颜色(图 4-42)。涂层的颜色随 UV 照射的时间增加而逐渐变蓝，直至 3 min。涂层还可以通过在 60℃加热 10 min 的方法实现完全褪色，涂层的褪色速度比 WO₃/APT 涂层褪色更快。这是由于 M-POS 和 fluoroPOS 同为有机聚合物，它们作为电子给体，提高了涂层的褪色效率[65]。实现涂层快速褪色的关键是实现电子-质子双注入至 WO₃[66]。良好的有机-无机复合材料促进了电子-质子双注入机制，从而大大改善了涂层的光致变色反应速率[67,68]。复合材料中水分子提供质子的同时，M-POS 和 fluoroPOS 也可作为有效的电子供体。

最为有趣的是，同一光致变色涂层可以通过模板与紫外照射方法设计和显示各种不同的图案。显示图案的大小和形状完全依赖于紫外光在涂层表面的照射区域及形状。如图 4-43 所示，紫外照射 WO₃/APT@fluoroPOS 涂层上的区域 3 min 后，照射区变为蓝色。变色后图像在室温下逐渐褪色或在 60℃下加热 10 min 完全消失。再用紫外灯在涂层表面照射新的区域 3 min，涂层表面又会显示其他形状的图案。

WO₃/APT 涂层在空气中具有超亲水性[图 4-44(a)]，WO₃/APT 涂层的 CA_{water}、$CA_{toluene}$ 与 $CA_{n\text{-}hexadecane}$ 均接近 0°。层状的微-纳米结构与甲基基团结合使 WO₃/APT@M-POS 涂层具有超疏水性[图 4-44(b)]。层状的微-纳米结构与全氟癸基基团的结合使 WO₃/APT@fluoroPOS 涂层具有超双疏性[图 4-44(c)]。无论 WO₃/APT@M-POS 涂层是否变色，水滴在该涂层均呈球形且 CA_{water} 约为 159.1°[图 4-44(b)]。由于涂层和液滴之间存在气垫[25]，所有在该涂层表面上的液滴均处于 Cassie-Baxter 状态，CA>155°且 SA<26.0°[图 4-44(c)]。水流激射到 WO₃/APT@M-POS 涂层上会被迅速弹走，而且不留任何痕迹[图 4-44(d)]。涂层在水中还呈现出银镜现象，从水中拿出后涂层保持完全

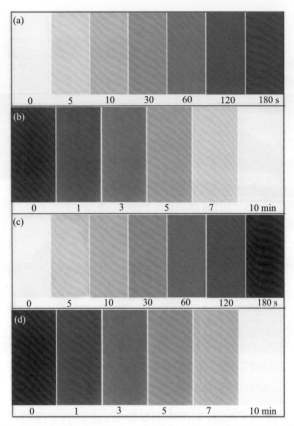

图 4-42　WO₃/APT@M-POS 涂层通过(a)UV 辐照的变色过程和(b)60℃加热褪色过程照片；
WO₃/APT@fluoroPOS 涂层通过(c)UV 辐照变色过程和(d)60℃加热褪色过程照片[64]

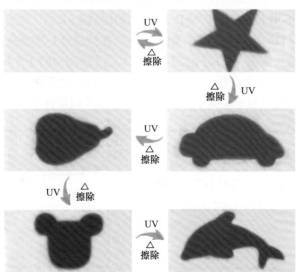

图 4-43　通过 UV 照射或加热处理实现 WO₃/APT@fluoroPOS 涂层图案变幻[64]

干燥[图 4-44(e)]。除此之外，变色后具有彩色图案的 WO₃/APT@fluoroPOS 涂层还具有
优异的自清洁性能[图 4-44(f)]，这对于光致变色材料来说极其罕见。

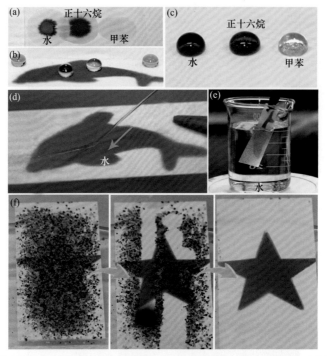

图 4-44　各种液滴在(a)WO₃/APT 涂层、(b)WO₃/APT@M-POS 涂层和(c)WO₃/APT@fluoroPOS 涂层上的
形态；WO₃/APT@M-POS 涂层的[(d)～(e)]超疏水性能和(f)自清洁性能[64]

UV 诱导的变色对涂层 CA$_{water}$ 未产生明显影响，这是由于 WO₃/APT 被成功地覆盖了 M-POS 层。此外，UV 照射并不会改变涂层最外层的微-纳米结构和化学成分。在 WO₃/APT@ fluoroPOS 涂层上同样观察到类似现象。对 WO₃/APT@M-POS 和 WO₃/APT@fluoroPOS 涂层的稳定性也进行了相应评价。在 pH 3～11 的水溶液中浸泡 1 h 后，尽管其 CA$_{water}$ 略有下降，但是 WO₃/APT@M-POS 涂层仍然具有超疏水性。在经过 12 次变色-褪色循环实验后的 WO₃/APT@M-POS 涂层依旧保持超疏水性，其 CA$_{water}$ 仍高于 157°[图 4-45(a)]。WO₃/APT@ fluoroPOS 涂层在经过 12 次变色-褪色循环实验后也同样保持超双疏性，其 CA$_{n\text{-hexadecane}}$ 仍高于 153°[图 4-45(b)]。以上结果均表明光致变色特殊润湿性涂层具有较高的稳定性。

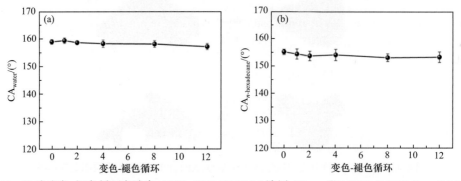

图 4-45　12 次变色-褪色循环实验中(a)WO₃/APT@M-POS 涂层 CA$_{water}$ 和(b)WO₃/APT@fluoroPOS 涂层
CA$_{n\text{-hexadecane}}$ 的变化[64]

4.3.8　其他黏土矿物超双疏涂层

近年来，其他黏土矿物同样也被用于构筑超双疏涂层[69-71]。Qu 等[69]制备的高岭石基涂层对水、普通液体和各种油，甚至表面张力低至 27.5 mN/m 的正十六烷均具有优异的超疏性。该涂层还展现出优异的机械稳定性，能够在砂纸上摩擦 180 cm 后仍然维持其超双疏性。此外，该涂层还能被应用于各种基底上，证明其广泛的适用性。该课题组制备的石英砂基涂层同样具有优异的超双疏性和机械稳定性[71]，能够在砂纸上摩擦 280 cm 后仍然维持其超双疏性。此外，涂层在强酸性/碱性溶液、沸水、紫外线照射和高温等环境下稳定性良好。Wang 等[70]制备的基于高氟化和分级结构的 HNTs/SiO$_2$ 涂层除对正庚烷展现出优异的超疏性，还能够超疏热水和 68%的硝酸。

大自然的奇妙之处就在于它总是能为人们提供无限的灵感，模仿自然界生物的结构与行为，从而创造出性能优异的新材料。超疏水和超双疏材料作为近年来仿生材料发展的代表，在自清洁、微流体、抗污染、防结冰和耐腐蚀等领域有广阔的应用前景。本章介绍了到目前为止所有凹凸棒石基超疏水和超双疏材料构筑方法，并对超疏水性、超双疏性、稳定性以及影响材料性能的因素进行了深入分析，这些研究结果将为具有优异性能、低成本、环境友好性凹凸棒石基超疏水和超双疏材料应用提供一定的研究基础。

参 考 文 献

[1] Mosadegh-Sedghi S, Rodrigue D, Brisson J, et al. Wetting phenomenon in membrane contactors: Causes and prevention. J Membrane Sci, 2014, 452: 332-353.

[2] Barthlott W, Neinhuis C. Purity of the sacred lotus, or escape from contamination in biological surfaces. Planta, 1997, 202(1): 1-8.

[3] Webb H K, Crawford R J, Ivanova E P. Wettability of natural superhydrophobic surfaces. Adv Colloid Interfac, 2014, 210: 58-64.

[4] Subhash Latthe S, Basavraj Gurav A, Shridhar Maruti C, et al. Recent progress in preparation of superhydrophobic surfaces: A Review. J Surf Eng Mater Adv Tech, 2012, 2(2): 76-94.

[5] Selim M S, Elmarakbi A, Azzam A M, et al. Eco-friendly design of superhydrophobic nano-magnetite/silicone composites for marine foul-release paints. Prog Org Coat, 2018, 116: 21-34.

[6] Darmanin T, Guittard F. Superhydrophobic and superoleophobic properties in nature. Mater Today, 2015, 18(5): 273-285.

[7] Wang L, Gong Q, Zhan S, et al. Robust anti-icing performance of a flexible superhydrophobic surface . Adv Mater, 2016, 28(35): 7729-7735.

[8] Ma J, Ai Y, Kang L, et al. A novel nanocone cluster microstructure with anti-reflection and superhydrophobic properties for photovoltaic devices. Nanoscale Res Lett, 2018, 13(1): 332.

[9] Liu K, Tian Y, Jiang L. Bio-inspired superoleophobic and smart materials: Design, fabrication, and application. Pro Mater Sci, 2013, 58(4): 503-564.

[10] Cheng Q, Li M, Zheng Y, et al. Janus interface materials: superhydrophobic air/solid interface and superoleophobic water/solid interface inspired by a lotus leaf. Soft Matter, 2011, 7(13): 5948.

[11] Galan E. Properties and applications of palygorskite-sepiolite clays. Clay Miner, 1996, 31(4): 443-453.

[12] Wang W, Wang F, Kang Y, et al. Nanoscale dispersion crystal bundles of palygorskite by associated modification with phytic acid and high-pressure homogenization for enhanced colloidal properties.

Powder Technol, 2015, 269: 85-92.

[13] Zhou C H, Zhao L Z, Wang A Q, et al. Current fundamental and applied research into clay minerals in China. Appl Clay Sci, 2016, 119: 3-7.

[14] Yuan C, Huang M, Yu X, et al. A simple approach to fabricate the rose petal-like hierarchical surfaces for droplet transportation. Appl Surf Sci, 2016, 385: 562-568.

[15] Koch K, Bhushan B, Jung Y C, et al. Fabrication of artificial Lotus leaves and significance of hierarchical structure for superhydrophobicity and low adhesion. Soft Matter, 2009, 5(7): 1386-1393.

[16] Cao L, Jones A K, Sikka V K, et al. Anti-icing superhydrophobic coatings. Langmuir, 2009, 25(21): 12444-12448.

[17] Peng L, Meng Y, Li H. Facile fabrication of superhydrophobic paper with improved physical strength by a novel layer-by-layer assembly of polyelectrolytes and lignosulfonates-amine. Cellulose, 2016, 23(3): 2073-2085.

[18] Wang T, Chang L, Zhuang L, et al. A hierarchical and superhydrophobic ZnO/C surface derived from a rice-leaf template. Monatsh Chem, 2013, 145(1): 65-69.

[19] Li G, Li Z, Lu L, et al. Fabrication and wettable investigation of superhydrophobic surface by soft lithography. J Wuhan Univ Technol, 2012, 27(1): 138-141.

[20] Zhao X, Yu B, Zhang J. Transparent and durable superhydrophobic coatings for anti-bioadhesion. J Colloid Interf Sci, 2017, 501: 222-230.

[21] Kim J H, Mi J L, Kim S, et al. Fabrication of patterned TiO$_2$ thin film by a wet process. Met Mater Int, 2012, 18(5): 833-837.

[22] Zhao X, Hu T, Zhang J. Superhydrophobic coatings with high repellency to daily consumed liquid foods based on food grade waxes. J Colloid Inter Sci, 2018, 515: 255.

[23] Li B, Zhang J, Wu L, et al. Durable superhydrophobic surfaces prepared by spray coating of polymerized organosilane/attapulgite nanocomposites. Chempluschem, 2013, 78(12): 1503-1509.

[24] Zhang P, Dong S, Li B, et al. Durable and fluorine-free superhydrophobic coatings from palygorskite-rich spent bleaching earth. Appl Clay Sci, 2018, 157: 237-247.

[25] Luo C, Zheng H, Wang L, et al. Direct three-dimensional imaging of the buried interfaces between water and superhydrophobic surfaces. Angew Chem Int Edit, 2010, 49(48): 9145-9148.

[26] Zhang J, Gao Z, Li L, et al. Waterborne nonfluorinated superhydrophobic coatings with exceptional mechanical durability based on natural nanorods. Adv Mater Interfaces, 2017, 4(19): 1700723.

[27] Li H, Zhu G, Shen Y, et al. Robust superhydrophobic attapulgite meshes for effective separation of water-in-oil emulsions. J Colloid Interf Sci, 2019, 557: 84-93.

[28] Liang W, Liu Y, Sun H, et al. Robust and all-inorganic absorbent based on natural clay nanocrystals with tunable surface wettability for separation and selective absorption. RSC Adv, 2014, 4(24): 12590-12595.

[29] Chang C H, Hsu M H, Weng C J, et al. 3D-Bioprinting approach to fabricate superhydrophobic epoxy/organophilic clay as an advanced anticorrosive coating with the synergistic effect of superhydrophobicity and gas barrier properties. J Mater Chem A, 2013, 1(44): 13869-13877.

[30] Bayer I S, Steele A, Martorana P J, et al. Fabrication of superhydrophobic polyurethane/organoclay nano-structured composites from cyclomethicone-in-water emulsions. Appl Surf Sci, 2010, 257(3): 823-826.

[31] Bayer I S, Brown A, Steele A, et al. Transforming anaerobic adhesives into highly durable and abrasion resistant superhydrophobic organoclay nanocomposite films: A new hybrid spray adhesive for tough superhydrophobicity. Appl Phys Express, 2009, 2(12): 125003.

[32] Baidya A, Das S K, Ras R H A, et al. Fabrication of a waterborne durable superhydrophobic material

functioning in air and under oil. Adv Mater Interfaces, 2018, 5(11): 1701523.

[33] Qu M, Ma X, He J, et al. Facile selective and diverse fabrication of superhydrophobic, superoleophobic-superhydrophilic and superamphiphobic materials from kaolin. ACS Appl Mater Inter, 2017, 9(1): 1011-1020.

[34] Li H, Qu M, Sun Z, et al. Facile fabrication of a hierarchical superhydrophobic coating with aluminate coupling agent modified kaolin. J Nanomater, 2013, 2013: 1-5.

[35] Yuan R, Liu H, Chen Y, et al. Design ambient-curable superhydrophobic/electroactive coating toward durable pitting corrosion resistance. Chem Eng J, 2019, 374: 840-851.

[36] Yang M, Tang M, Hong G, et al. Preparation of robust superhydrophobic halloysite clay nanotubes via mussel-inspired surface modification. Appl Sci, 2017, 7(11): 1129.

[37] Polizos G, Winter K, Lance M J, et al. Scalable superhydrophobic coatings based on fluorinated diatomaceous earth: Abrasion resistance versus particle geometry. Appl Surf Sci, 2014, 292: 563-569.

[38] Razavi S M R, Oh J, Haasch R T, et al. Environment-friendly antibiofouling superhydrophobic coatings. ACS Sustain Chem Eng, 2019, 7(17): 14509-14520.

[39] Chen B, Jia Y, Zhang M, et al. Facile modification of sepiolite and its application in superhydrophobic coatings. Appl Clay Sci, 2019, 174: 1-9.

[40] Gao X F, Jiang L. Water-repellent legs of water striders. Nature, 2004, 432(7013): 36.

[41] Chen F, Song J, Lu Y, et al. Creating robust superamphiphobic coatings for both hard and soft materials. J Mater Chem A, 2015, 3(42): 20999-21008.

[42] Bhushan B, Jung Y C. Natural and biomimetic artificial surfaces for superhydrophobicity, self-cleaning, low adhesion, and drag reduction. Prog Mater Sci, 2011, 56(1): 1-108.

[43] Li B, Zhang J. Durable and self-healing superamphiphobic coatings repellent even to hot liquids. Chem Commun, 2016, 52(13): 2744-2747.

[44] Zhang P, Tian N, Zhang J, et al. Effects of modification of palygorskite on superamphiphobicity and microstructure of palygorskite@fluorinated polysiloxane superamphiphobic coatings. Appl Clay Sci, 2018, 160: 144-152.

[45] Dong J, Zhu Q, Wei Q, et al. A comparative study about superamphiphobicity and stability of superamphiphobic coatings based on Palygorskite. Appl Clay Sci, 2018, 165: 8-16.

[46] Zhang Z, Wang W, Wang A. Highly effective removal of methylene blue using functionalized attapulgite via hydrothermal process. J Environ Sci (China), 2015, 33: 106-115.

[47] Zhang Z, Wang W, Kang Y, et al. Glycine-assisted evolution of palygorskite via a one-step hydrothermal process to give an efficient adsorbent for capturing Pb(Ⅱ) ions. RSC Adv, 2015, 5(117): 96829-96839.

[48] Wang W, Wang A. Recent progress in dispersion of palygorskite crystal bundles for nanocomposites. Appl Clay Sci, 2016, 119: 18-30.

[49] Chen L, Guo Z, Liu W. Biomimetic multi-functional superamphiphobic FOTS-TiO₂ particles beyond lotus leaf. ACS Appl Mater Inter, 2016, 8(40): 27188-27198.

[50] Galan E. A new approach to compositional limits for sepiolite and palygorskite. Clay Clay Miner, 1999, 47(4): 399-409.

[51] Ge D, Yang L, Zhang Y, et al. Transparent and superamphiphobic surfaces from one-step spray coating of stringed silica nanoparticle/sol solutions. Part Part Syst Char, 2014, 31(7): 763-770.

[52] Huang D, Wang W, Xu J, et al. Mechanical and water resistance properties of chitosan/poly(vinyl alcohol)films reinforced with attapulgite dispersed by high-pressure homogenization. Chem Eng J, 2012, 210: 166-172.

[53] Xu J, Wang A. Electrokinetic and colloidal properties of homogenized and unhomogenized palygorskite

in the presence of electrolytes. J Chem Eng Data, 2012, 57(5): 1586-1593.

[54] Sinha Ray S, Okamoto M. Polymer/layered silicate nanocomposites: A review from preparation to processing. Prog Polym Sci, 2003, 28(11): 1539-1641.

[55] Zhang J, Wang Q, Wang A. Synthesis and characterization of chitosan-g-poly(acrylic acid)/attapulgite superabsorbent composites. Carbohyd Polym, 2007, 68(2): 367-374.

[56] Zhu Q, Li B, Li S, et al. Clay-based superamphiphobic coatings with low sliding angles for viscous liquids. J Colloid Interf Sci, 2019, 540: 228-236.

[57] Dong S, Li B, Zhang J, et al. Superamphiphobic coatings with low sliding angles from attapulgite/carbon composites. Adv Mater Interfaces, 2018, 5(9): 1701520.

[58] Li L, Li B, Fan L, et al. Palygorskite@Fe_3O_4@polyperfluoroalkylsilane nanocomposites for superoleophobic coatings and magnetic liquid marbles. J Mater Chem A, 2016, 4(16): 5859-5868.

[59] Zhao Y, Fang J, Wang H, et al. Magnetic liquid marbles: Manipulation of liquid droplets using highly hydrophobic Fe_3O_4 nanoparticles. Adv Mater, 2010, 22(6): 707-710.

[60] Xue Y, Wang H, Zhao Y, et al. Magnetic liquid marbles: A "precise" miniature reactor. Adv Mater, 2010, 22(43): 4814-4818.

[61] Deb S K. Opportunities and challenges in science and technology of WO_3 for electrochromic and related applications. Sol Energ Mat Sol C, 2008, 92(2): 245-258.

[62] Gao G, Zhang Z, Wu G, et al. Engineering of coloration responses of porous WO_3 gasochromic films by ultraviolet irradiation. RSC Adv, 2014, 4(57): 30300-30307.

[63] Sun M, Xu N, Cao Y W, et al. Nanocrystalline tungsten oxide thin film: Preparation, microstructure, and photochromic behavior. J Mater Res, 2011, 15(04): 927-933.

[64] Dong J, Zhang J. Photochromic and super anti-wetting coatings based on natural nanoclays. J Mater Chem A, 2019, 7(7): 3120-3127.

[65] Yano S, Kurita K, Iwata K, et al. Structure and properties of poly(vinyl alcohol)/tungsten trioxide hybrids. Polymer, 2003, 44(12): 3515-3522.

[66] Yamazaki S, Ishida H, Shimizu D, et al. Photochromic properties of tungsten oxide/methylcellulose composite film containing dispersing agents. ACS Appl Mater Inter, 2015, 7(47): 26326-26332.

[67] Luo Y, Yu T, Nian L, et al. Photoconductive cathode interlayer for enhanced electron injection in inverted polymer light-emitting diodes. ACS Appl Mater Inter, 2018, 10(13): 11377-11381.

[68] Qian X, Gu X, Yang R. Thermal conductivity modeling of hybrid organic-inorganic crystals and superlattices. Nano Energy, 2017, 41: 394-407.

[69] Qu M, Ma X, Hou L, et al. Fabrication of durable superamphiphobic materials on various substrates with wear-resistance and self-cleaning performance from kaolin. Appl Surf Sci, 2018, 456: 737-750.

[70] Wang K, Liu X, Tan Y, et al. Highly fluorinated and hierarchical HNTs/SiO_2 hybrid particles for substrate-independent superamphiphobic coatings. Chem Eng J, 2019, 359: 626-640.

[71] Qu M, Yuan M, He J, et al. Substrate-versatile approach to multifunctional superamphiphobic coatings with mechanical durable property from quartz sand. Surf Coat Tech, 2018, 352: 191-200.

第5章 凹凸棒石基抗菌材料

5.1 引 言

黏土和黏土矿物与人类的健康有着密不可分的关系，生活中黏土矿物功能制品随处可见。例如，日用品牙膏中的助磨剂，洗面奶中的火山岩泥，制药中的活性成分和辅料，美容疗法中的泥疗以及医用创伤中的止血助剂等[1-3]。如何利用好大自然赐予人类的这一宝贵资源，实现其高值化和功能化应用具有重要意义。黏土矿物本身具有一定的吸附和抗菌性能，对细菌和细菌分泌的毒素分子具有一定的吸附作用[4-7]。同时黏土矿物表面有大量的活性位点，可负载无机抗菌活性组分制备抗菌复合材料，黏土矿物纳米复合抗菌材料是黏土矿物功能材料开发和应用研究的热点方向之一，近年来发展迅速，形成了系列应用研究成果。目前用来开发抗菌功能纳米复合材料的黏土矿物主要有凹凸棒石、海泡石、高岭石、蒙脱石和埃洛石等[8-12]。

凹凸棒石具有集纳米棒晶和纳米孔道于一体的独特结构，使其既可以通过棒晶和表面基团构筑纳米复合材料，也可以通过纳米孔道制备纳米杂化功能材料，在开发抗菌功能材料方面具有潜在的应用价值[13]。以凹凸棒石为载体构筑新型纳米复合抗菌材料是凹凸棒石基础研究领域新兴研究方向，是拓展凹凸棒石应用领域和实现高值化应用的有效途径之一，已取得阶段性进展，有望应用于动物养殖、生物、医疗、水处理和食品包装等方面[14,15]。

凹凸棒石大的比表面积和强的吸附性能可以有效吸附细菌产生的次生代谢产物毒素。特别是凹凸棒石作为一种安全的饲料添加剂，在养殖行业的应用研究发展迅速，相关研究成果已实现产业化。凹凸棒石随饲料进入动物肠道后，能够很快覆盖在肠道黏膜表面，吸附致病菌及其产生的毒素，减少其与肠道上皮细胞的接触，并随粪便排出体外。同时，凹凸棒石能够增加胃肠道黏膜糖蛋白分泌，促进黏膜屏障修复[16,17]。尽管天然纳米凹凸棒石对细菌表现出一定的吸附作用，但基于吸附作用的抑菌性能远不能实现工业化应用。利用凹凸棒石特殊的棒晶和微观孔道结构可以设计和开发具有抗菌功能的纳米复合材料。本章系统总结和梳理了凹凸棒石基抗菌材料的制备方法、原理、改性技术、功能构建、生物学评价和细胞毒性等方面的内容，以期为国内应用提供有益参考。

5.2 凹凸棒石无机/无机抗菌材料

无机抗菌材料是指含有抗菌活性组分的金属元素的无机材料，目前研究和应用比较多的主要有银系、铜系和锌系等金属离子及其氧化物。无机抗菌材料因其良好的热稳定性和长效的抗菌机制，已在众多领域得到应用。近年来，新型无机抗菌材料的设计和制备越来越受到人们的关注。目前黏土矿物基纳米抗菌材料成为研究热点之一，这是因为黏土矿物担载无机纳米抗菌粒子，不仅可以制备小尺寸无机纳米抗菌粒子，同时也可以解决无机纳米抗菌粒子易团聚、比表面积小、抗菌活性受限和利用度不高等技术难题[13,18]。

凹凸棒石独特的棒晶形貌是制备纳米复合抗菌材料的理想载体[8,13,19]。目前，关于凹凸棒石基无机/无机纳米复合抗菌材料的研究主要有无机/无机杂化纳米结构的构筑、担载金属离子及其氧化物纳米粒子和负载单质抗菌活性纳米粒子。制备方法主要有浸渍法、溶胶-凝胶法、共沉淀法、离子交换法、煅烧法和水热法等。同时，离子掺杂技术和共掺杂技术也被广泛应用。另外，凹凸棒石二元无机复合抗菌材料和三元无机纳米复合抗菌材料也有报道[20,21]。

5.2.1 银/凹凸棒石抗菌材料

银纳米粒子抗菌性能优良，但易团聚造成性能下降，因此如何解决纳米银团聚是纳米银在基础应用领域的关键共性问题。近些年，研究者从不同的专业视角出发，以天然黏土矿物为载体，纳米银为抗菌活性组分开发的纳米复合抗菌材料在解决纳米颗粒团聚问题的同时，黏土矿物的低成本也为银/黏土矿物抗菌功能产品的工业化应用创造了条件。Han 等[22]通过凹凸棒石与银离子发生离子交换反应，利用从羊毛纤维中提取的碳点为还原剂，通过紫外辐照技术制备了载银凹凸棒石纳米复合材料。XRD 表征证明在 $2\theta =$ 38°出现了立方银晶体特征峰，TEM 观察银纳米粒子的尺寸大小为 3～7 nm，并均匀负载在凹凸棒石纳米棒晶表面(图 5-1)。凹凸棒石纳米复合材料中银元素含量为 3.2%～8.8%。在相同银浓度下，载银凹凸棒石纳米复合材料中银纳米粒子可以自由扩散到培养基中，对革兰氏阴性大肠杆菌和革兰氏阳性金黄色葡萄球菌的抗菌活性明显增强。纳米复合材料还可作为饮用水处理材料，研究结果表明，12 h 后上清液中银的含量<0.015 mg/L，这主要是来源于附着在凹凸棒石表面的游离态银纳米粒子，该浸出银纳米粒子的浓度显著低于世界卫生组织批准的最大允许浓度(0.1 mg/L)。

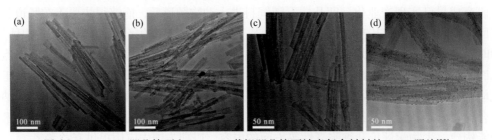

图 5-1 [(a)、(c)]凹凸棒石和[(b)、(d)]载银凹凸棒石纳米复合材料的 TEM 照片[22]

Zhao 等[23]以安徽明光产地的凹凸棒石为基材，利用液体离子改性法对酸活化和纯化后的凹凸棒石进行银、铜金属离子改性，银、铜离子的最大负载量(质量分数)分别达到 0.6%和 0.57%。研究结果表明，改性后凹凸棒石的抗菌性能随着银、铜离子的吸附量的增加而增大，银离子改性凹凸棒石与大肠杆菌和金黄色葡萄球菌接触 12 h 后能完全抑制生长。采用 SEM 观察到细菌黏附在改性凹凸棒石的表面，进而推测静电吸附作用可能是细菌和离子改性后凹凸棒石抗菌活性提高的主要原因。凹凸棒石大的比表面积和较强的吸附能力使凹凸棒石基纳米复合抗菌材料与细菌之间的接触面积和接触概率要高于单一无机抗菌单元。

李宏伟[24]系统考察了硝酸银与凹凸棒石的制备条件，优化得到凹凸棒石负载银离子的制备条件：采用酸化凹凸棒石，在 pH=4 条件下，温度 50℃，搅拌 5.5 h，硝酸银溶液浓度为 0.125 mol/L。研究结果表明，银在凹凸棒石载体中主要以离子及细小结晶体方式存在，同时可能存在少量的氧化物及其他形式的化合物。银离子通过静电吸附或离子交换的方式赋存于凹凸棒石的负电荷吸附中心或进入凹凸棒石的晶体八面体内部，而银的细小结晶体主要通过静电吸附及物理吸附作用负载于凹凸棒石的表面和顶端。抑菌圈和最小抑菌浓度评价结果表明，载银凹凸棒石抗菌材料对革兰氏阳性菌和革兰氏阴性菌都有明显的抑制作用。载银凹凸棒石抗菌材料在光照后样品颜色稍有加深，但抗菌性能基本不变，具有一定的耐候性。将载银凹凸棒石抗菌材料在酸、碱条件下分别浸泡 2 h、4 h 和 8 h 后，载银凹凸棒石抗菌材料仍然具有一定的抗菌性能，表现出较好的酸碱适应性。温度对载银凹凸棒石抗菌材料的抗菌效果有一定影响，分别在 100℃、200℃和 300℃加热抗菌材料，抗菌效果在温度较低时保持良好(100℃)，但随着加热温度的升高逐步下降，温度太高甚至完全失去。

胡发社等[25]利用离子交换法将酸化处理后的凹凸棒石浸泡于硝酸银溶液中制备了载银凹凸棒石抗菌剂。采用正交实验和单因素实验，利用等离子吸收光谱考察了制备条件对载银量的影响，最终得到硝酸银溶液最佳浓度为 0.1%，载银量趋于平衡。赵娣芳等[26]将凹凸棒石浸渍到硝酸银和硝酸铜的混合溶液中得到 Ag/Cu 改性凹凸棒石，改性后的凹凸棒石晶体结构保持完整，Ag/Cu 改性凹凸棒石对金黄色葡萄球菌和大肠杆菌的抑菌率均达到 100%。

在二元纳米复合结构材料制备的基础上，可进一步设计和构筑凹凸棒石三元纳米复合抗菌材料。杨勇等[20]以凹凸棒石为载体，采用沉淀法制备了 Ag/AgBr/TiO$_2$/APT 抗菌剂(图 5-2)，AgBr 和 TiO$_2$ 纳米粒子均匀分布在凹凸棒石棒晶表面。该抗菌材料对大肠杆菌和枯草芽孢杆菌的抗菌性能优于 Ag/APT 和 Ag/TiO$_2$/APT 抗菌材料，Ag/AgBr/TiO$_2$/APT 抗菌剂质量浓度为 3 g/L 时，对大肠杆菌和枯草芽孢杆菌的抑菌率可达到 100%。

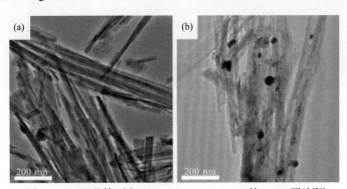

图 5-2　(a)凹凸棒石和(b)Ag/AgBr/TiO$_2$/APT 的 TEM 照片[26]

银系纳米复合材料中，银离子的析出机制是产生强抗菌活性的主要原因，基于银系纳米复合材料的制备及其抗菌机理研究备受关注。银作为一种应用较广泛的无机抗菌剂，采用黏土矿物为基材构筑纳米复合结构材料的基础应用研究较多，不同制备方法银纳米颗粒的尺寸大小和负载量是影响复合材料抗菌性能的主要因素。

陈天虎等[27]以丙胺基三乙基硅烷为表面活性剂，醌醇为还原剂，凹凸棒石硝酸银浸渍法制备凹凸棒石-银纳米复合抗菌材料，银纳米颗粒粒径大小为1~7 nm。高分辨透射电镜结果表明，银纳米颗粒均匀分布在凹凸棒石表面，凹凸棒石-银纳米复合抗菌材料中银占比0.52%。悬浮液浊度法抗菌实验结果表明，凹凸棒石-银纳米复合抗菌材料对金黄色葡萄球菌的最小抑菌质量浓度为0.47 g/L，表现出强的抗菌效果。

王临艳等[28]对凹凸棒石进行酸化、热及钠化处理后，在室温条件下采用原位还原方法制备了纳米载银凹凸棒石抗菌剂。元素分析表明纳米载银凹凸棒石抗菌剂中银含量为4.13%。振荡法评价纳米载银凹凸棒石抗菌剂的抗菌活性，纳米载银凹凸棒石抗菌剂对大肠杆菌和金黄色葡萄球菌的抑菌率均达到100%，具有较强的抗菌活性。李一鸣等[29]将纳米银负载在凹凸棒石(Ag/APT)表面后纳入复合膜的聚多巴胺层，制备得到一种具有抗菌活性或功能的新型复合薄膜。Ag/APT 纳米复合材料使多巴胺薄膜的表面更加粗糙(图 5-3)，复合膜多巴胺层的通透性明显改善。复合膜材料中银纳米粒子质量分数为0.07%时，复合膜对大肠杆菌的抑菌率达到98%，表现出较优的抗菌活性。

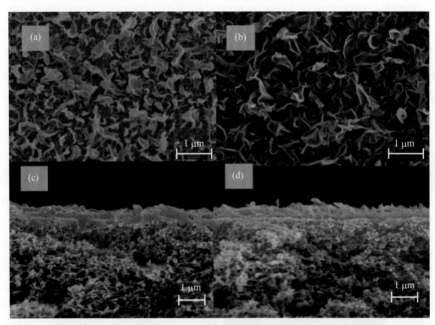

图 5-3   (a)复合薄膜、(b)Ag/APT 添加量为 7.5%的纳米复合薄膜表面以及(c)复合薄膜、(d)Ag/APT 添加量为 7.5%的纳米复合薄膜断面的 SEM 照片[29]

作者以棒晶束解离的凹凸棒石为载体，采用简便无溶剂反应法构筑了 Ag/APT 纳米复合材料[30]。在不需要任何化学溶剂、还原剂、稳定剂或电流的情况下，用醋酸银热分解原位担载制备了 Ag/APT 纳米复合材料，所得银纳米颗粒呈球形，且均匀分布在长度为 500 nm~1 μm 的凹凸棒石棒状表面。对比研究发现，当载银量为 1%时，银纳米颗粒的尺寸分布在 2.2~3.4 nm 之间。随着载银量的增加，颗粒尺寸呈增大趋势。当载银量为 2.5%

时，银纳米颗粒的尺寸分布为 3.5～5.5 nm；当载银量为 5%时，银纳米颗粒的尺寸分布为 3.4～6.5 nm；当载银量为 5%和 10%时，银纳米颗粒的尺寸分布为 3.9～7.5 nm(图 5-4)。

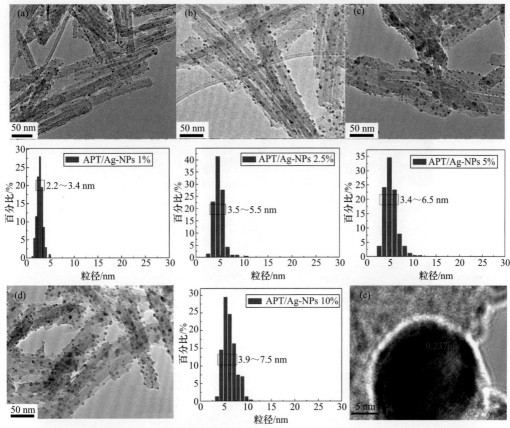

图 5-4 载银量(质量分数)分别为(a)1%、(b)2.5%、(c)5%和(d)10%的 Ag/APT 纳米复合材料的 TEM 照片以及对应粒径分布；(e)银纳米颗粒的 HRTEM 照片[30]

Zang 等[31]以凹凸棒石为模板，硝酸银为光引发剂，通过紫外诱导吡咯(Py)分散聚合制备了聚吡咯/银/凹凸棒石(PPy/Ag/APT)复合纳米粒子。球状的银纳米颗粒沉积在凹凸棒石棒状晶表面，分布均匀(图 5-5)，银纳米颗粒尺寸大小为 40 nm。将 PPy/Ag/APT 复合纳米粒子与聚丁烯琥珀酸(PBS)基质共混，进而制得可生物降解的抗菌复合材料。在相同条件下，对比纯的 PBS 和 PBS 复合材料的抗菌活性，添加量为 15%的 PPy/Ag/APT 复合纳米粒子制备的 PBS 复合材料对大肠杆菌和金黄色葡萄球菌表现出良好的抗菌活性，R 值分别为 5.8 和 5.4，远高于塑料抗菌活性标准值($R > 2$)。

Araújo 等[32]以凹凸棒石为载体,腰果胶(CG)稳定银纳米粒子制备了 Ag/APT/CG 纳米复合材料(图 5-6)。结果表明，银纳米粒子/腰果胶均匀分布在凹凸棒石表面。直接接触法抑菌活性试验结果表明，与 Ag/CG 纳米复合材料相比, Ag/APT/CG 纳米复合材料的协同作用有效提升了纳米复合材料的抗菌活性, Ag/APT/CG 纳米复合材料对大肠杆菌和金黄色葡萄球菌的抑菌率分别达到 70.2%和 85.3%。

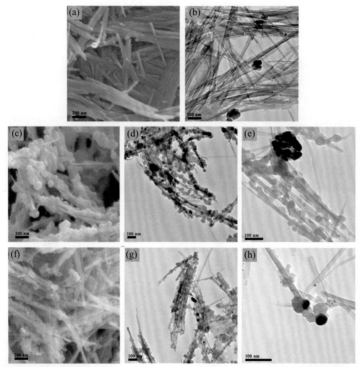

图 5-5 凹凸棒石原矿和制备的 PPy/Ag/APT 复合纳米粒子的 SEM 和 TEM 照片[31]

(a)凹凸棒石原矿 SEM；(b)凹凸棒石原矿 TEM；(c)、(f)PPy/Ag/APT 复合纳米粒子 SEM；(d)、(e)和(g)、(h)PPy/Ag/APT 复合纳米粒子 TEM；(c)~(e)凹凸棒石与吡咯质量比为 20/100；(f)~(h)凹凸棒石与吡咯质量比为 50/100

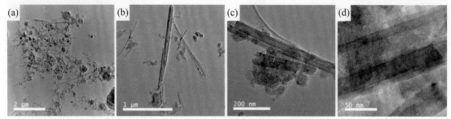

图 5-6 Ag/APT/CG 纳米复合材料的 TEM 照片[32]

5.2.2 铜/凹凸棒石抗菌材料

铜纳米粒子作为一种无机抗菌剂，具有良好的稳定性和长效抗菌作用。铜系抗菌剂(铜离子、铜单质、氧化铜、氧化亚铜)在工业中应用较多，是无机抗菌剂大家庭中的重要一员。以凹凸棒石为载体，在表面构筑不同价态的铜抗菌剂可以有效提升抗菌活性，拓展其应用领域[22]。目前，报道较多的制备铜/凹凸棒石纳米复合抗菌材料的方法主要有离子交换、表面负载和同步转化等。

朱海青等[33]以凹凸棒石为载体负载铜制得载铜凹凸棒石抗菌剂，当含菌悬浮液中抗菌剂浓度达到 0.2 mg/mL 时，2 h 内可以将大肠杆菌和金黄葡萄球菌完全杀灭。赵娣芳等[34]采用液相离子交换法制备了负载铜凹凸棒石，对大肠杆菌和金黄色葡萄球菌 48 h 的抑菌率分别达到了 87.3%和 82.2%。他们在负载铜凹凸棒石研究基础上，又制备了表面包覆纳米二氧化钛的复合粉体[35]，3～6 nm 的二氧化钛晶体颗粒分布在一维凹凸棒石纳米棒状表面，复合粉体对大肠杆菌和黄色葡萄球菌的 24 h 抑菌率分别达到了 99.52%和 99.15%。

Yao 等[36]以凹凸棒石和硝酸铜为原料制备了负载铜凹凸棒石。体外抗菌试验结果表明，负载铜凹凸棒石与鼠伤寒杆菌 NJS1 菌悬液(1×10⁶ CFU/mL)接触 2 h 后抑菌率达到100%。体内动物试验结果表明，负载铜凹凸棒石组对小鼠腹泻的防治效果优于凹凸棒石组、蒙脱石组和庆大霉素组。丁阳等[37]制备了载铜凹凸棒石膏剂用于动物细菌性腹泻治疗。体外抑菌试验结果表明，载铜凹凸棒石膏剂体外抑菌率可达到 100%，且随着膏剂中载铜凹凸棒石含量的增加，达到 100%抑菌效果所需的时间越短。对人工诱发的小鼠细菌性腹泻的治疗效果表明，载铜凹凸棒石膏剂能够有效治疗小鼠细菌性腹泻，随着膏剂中载铜凹凸棒石含量的增加，膏剂治疗腹泻的效果越好。张朝政等[38]进一步探讨了载铜凹凸棒石中 Cu^{2+} 对小鼠组织的影响。结果表明，各剂量组小鼠粪便中 Cu^{2+} 浓度随试验周期呈递增趋势，各剂量组小鼠主要通过粪便的形式将 20%～30%的 Cu^{2+} 含量排出体外，而在小鼠血液、毛发和各脏器中几乎没有残留。

凹凸棒石棒状形貌和表面大量的硅羟基使凹凸棒石成为理想的纳米载体。采用化学沉淀法结合煅烧处理工艺可制备金属氧化物/凹凸棒石纳米复合材料。徐惠等[39]制备了纳米 CuO/APT 复合材料，当复合材料中 CuO 的质量分数为 50%时，金黄色葡萄球菌和大肠杆菌均表现出较强的抑制作用。Liu 等[40]制备了凹凸棒石负载铜-锰氧化物三元复合材料，铜-锰氧化物均匀地分散在凹凸棒石棒晶表面(图5-7)，铜-锰氧化物的颗粒大小在 10～40 nm 之间。铜-锰氧化物呈现尖晶石结构，其中二价铜离子占据四面体位点，三价锰离子占据八面体位点。该研究为凹凸棒石担载两种或两种以上金属氧化物制备纳米复合抗菌材料提供了范例。

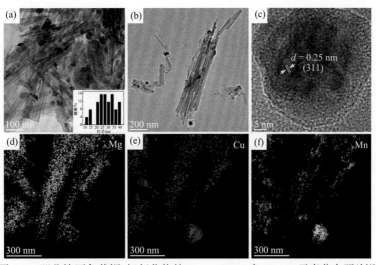

图 5-7　凹凸棒石负载铜-锰氧化物的(a)～(c)TEM 和(d)～(f)元素分布照片[40]

将凹凸棒石完全酸蚀可以得到二氧化硅纳米棒。作者等以得到的二氧化硅为硅源，在结构导向剂 P123 的辅助作用下，通过与 Cu^{2+} 反应制备了具有类珊瑚状形貌的介孔硅酸铜纳米管。作者进一步将制得的介孔硅酸铜纳米管通过 H_2 或 $NaBH_4$ 还原，制得铜纳米粒子/二氧化硅纳米粒子(SiO_2-NT@Cu)[41]。元素分析结果表明，Cu、Si 和 O 元素均匀地分布在 SiO_2-NT@Cu 表面(图 5-8)。两种还原方式比较发现，通过 H_2 还原制备得到的 SiO_2-NT@Cu 呈现出更规整的类珊瑚状形貌以及更均一分散的 Cu^0，铜纳米颗粒的尺寸为 10～30 nm。抗菌活性评价结果表明，气相还原法得到的 V-SiO_2-NT@Cu 的抑菌效果最佳，对金黄色葡萄球菌和大肠杆菌最小抑菌浓度分别为 0.6 mg/mL 和 2.0 mg/mL。优异的抗菌性能源于铜纳米粒子的均一分布以及类珊瑚状结构的较大比表面积。

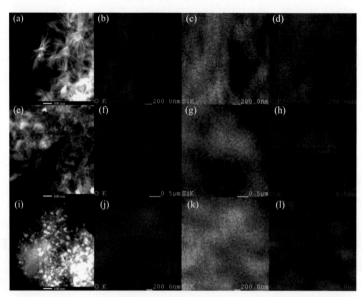

图 5-8　(a)～(d)$CuSiO_3$、(e)～(h)L-SiO_2-NT@Cu 和(i)～(l)V-SiO_2-NT@Cu 的 TEM 照片[41]

5.2.3　锌/凹凸棒石抗菌材料

近些年，凹凸棒石作为一种饲料添加剂广泛应用于动物安全养殖，凹凸棒石担载锌系抗菌剂作为抗生素的替代品之一具有安全性高、持久性好、稳定性强等优点，已引起了研究人员的高度重视。

李晓晗等[15]制备了载锌凹凸棒石，通过体外模拟仔猪胃肠道 pH 微环境，对比研究了固相和液相载锌凹凸棒石的添加量、解吸时间、Na^+ 和 NH_4^+ 浓度对载锌凹凸棒石中锌解吸的影响，以及载锌凹凸棒石对大肠杆菌 K88 的抑制作用。结果表明，载锌凹凸棒石中锌的解吸率与载锌凹凸棒石添加量呈负相关，与 Na^+ 和 NH_4^+ 浓度呈正相关。固相载锌凹凸棒石解吸率高于液相载锌凹凸棒石，固相载锌凹凸棒石的最低抑菌质量浓度和最小杀菌质量浓度分别为 12.500 mg/mL 和 15.625 mg/mL，对大肠杆菌的抑菌作用较强。孙文恺等[42]探究了载锌凹凸棒石对大肠杆菌、沙门氏菌与金黄色葡萄球菌 3 种致病菌的体外抑菌效果。结果表明，载锌凹凸棒石对大肠杆菌、沙门氏菌和金黄色葡萄球菌的最小抑菌浓度分别为 60.00 mg/mL、17.50 mg/mL 和 15.00 mg/mL，对应锌浓度分别为 1.21 mg/mL、0.35 mg/mL 和 0.30 mg/mL。

借助水热法和微波辅助水热法可以制备具有特殊形貌的 ZnO/APT 纳米复合材料。作者系统研究了凹凸棒石占比、温度和表面活性剂种类等条件对 ZnO/APT 抗菌性能的影响。

最小抑菌浓度试验结果表明，ZnO/APT 纳米复合材料对大肠杆菌和金黄色葡萄球菌的最小抑菌浓度分别为 5.0 mg/mL 和 2.5 mg/mL。对比非离子表面活性剂的影响发现，体系中引入 Span 40，复合材料对大肠杆菌和金黄色葡萄球菌的最小抑菌浓度分别为 2.5 mg/mL 和 5.0 mg/mL；体系中引入 Tween 20，复合材料对大肠杆菌的抗菌性能随添加量的增加而增强，最小抑菌浓度为 1.5 mg/mL。当体系中不加表面活性剂时，ZnO/凹凸棒石的形貌呈不规则分布。当采用非离子表面活性剂 Span 40 和 Tween 20 辅助合成时，复合材料的形貌类似梭形(图 5-9)，具有较好的抗菌效果[43]。

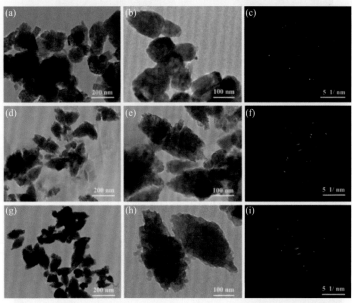

图 5-9　(a)～(c)ZnO/APT、(d)～(f)Span 40 和(g)～(i)Tween 20 辅助制备的 ZnO/APT 复合材料的 TEM 照片和选区电子衍射图[43]

　　在考察非离子表面活性剂辅助合成对 ZnO/APT 纳米复合材料形貌和抗菌性能影响的基础上，进一步考察不同表面活性剂种类对复合材料形貌和抗菌性能的影响[44]。采用阴离子表面活性剂十二烷基硫酸钠辅助合成时，产物的形貌趋于规则，ZnO 完全沉积在凹凸棒石棒晶表面。在聚乙烯吡咯烷酮的存在下，ZnO/APT 纳米复合材料也出现类似梭形的形貌(图 5-10)。在阳离子表面活性剂十六烷基三甲基溴化铵作用下，复合材料出现不同的晶相，出现类似六方棱柱 ZnO 形貌，ZnO 呈单独的晶相，并没有负载在凹凸棒石表面。三种不同类型表面活性剂辅助合成 ZnO/APT 的抗菌性能差别较大，其中，十六烷基三甲基溴化铵辅助合成 ZnO/APT 对金黄色葡萄球菌表现出较高的敏感性，这可能与十六烷基三甲基溴化铵的阳离子属性有关系。

　　Rosendo 等[45]采用溶胶-凝胶法制备了 ZnO/APT 纳米复合材料，考察了制备条件对复合材料抗菌性能的影响，发现 pH 值和煅烧温度对复合材料的抗菌性能有影响。随着煅烧温度升高，凹凸棒石表面担载 ZnO 纳米颗粒的结晶度更好。球状的 ZnO 颗粒分布在纤维状的凹凸棒石表面(图 5-11)，ZnO 纳米颗粒的尺寸约 25 nm。抗菌性能评价结果表明，纳米复合材料对大肠杆菌和金黄色葡萄球菌均表现出较好的抗菌效果。

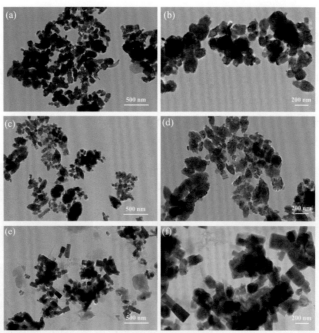

图 5-10　[(a)、(b)]十二烷基硫酸钠、[(c)、(d)]聚乙烯吡咯烷酮、[(e)、(f)]十六烷基三甲基溴化铵辅助合成 ZnO/APT 的 TEM 照片[44]

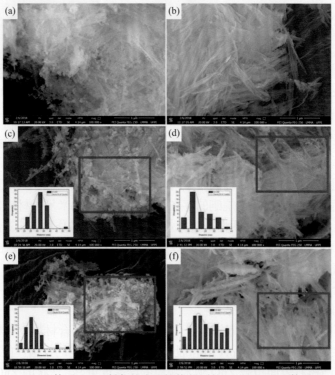

图 5-11　(a)体系 pH=11 和(b)体系 pH=7 制备的未经煅烧得到的 ZnO/APT,(c)体系 pH=11 和(d)体系 pH=7 且煅烧温度为 250℃制备的 ZnO/APT，(e)体系 pH=11 和(f)体系 pH=7 煅烧温度为 400℃制备的 ZnO/APT 的 SEM 照片及粒径分布图[45]

杨倩等[46]采用化学沉淀结合煅烧处理制备了 ZnO/APT 复合抗菌材料。ZnO 均匀地担载在凹凸棒石表面后有效提升了 ZnO 纳米颗粒与微生物的充分接触，对大肠杆菌的抗菌率达到 100%。应用于抗菌塑料(聚乙烯)中，所制备的抗菌塑料对大肠杆菌的抗菌率超过96%。杨华明教授课题组利用化学沉淀法结合煅烧处理制备了 ZnO/APT 复合抗菌材料[47]。研究结果表明，ZnO 纳米颗粒均匀地担载在棒状凹凸棒石表面(图 5-12)，ZnO 颗粒尺寸约 15 nm。复合抗菌材料最小抑菌浓度(0.1 g/L)小于 ZnO 最小抑菌浓度(0.25 g/L)，表现出协同抗菌效果。

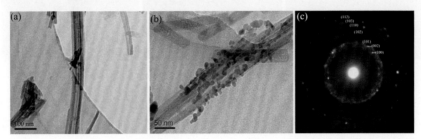

图 5-12　(a)凹凸棒石、(b)ZnO/APT 的 TEM 照片和(c)ZnO/APT 的选区电子衍射图[47]

作者利用化学沉淀法结合煅烧处理，以不同棒晶长度的凹凸棒石为载体制备了 ZnO/凹凸棒石复合抗菌材料[8]。短棒状凹凸棒石的棒晶长 50~200 nm，负载 ZnO 纳米颗粒的尺寸为 10~30 nm，在凹凸棒石表面均匀分布(图 5-13)。同样地，长棒状凹凸棒石的棒晶长 0.5~1.5 μm，ZnO 纳米粒子在棒状表面出现明显的富集趋势，ZnO 纳米颗粒的尺寸大小为 20~70 nm(图 5-14)。

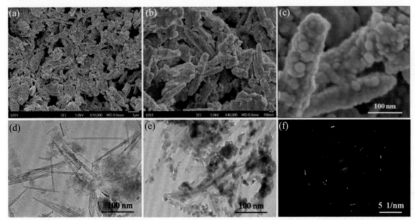

图 5-13　(a)~(c)短棒状凹凸棒石构筑 ZnO/APT 的 SEM 照片，(d)凹凸棒石和(e)ZnO/APT 的 TEM 照片，(f)ZnO/APT 的选区电子衍射图[8]

作者通过凹凸棒石和微量元素钴结合，制备了凹凸棒石负载锌钴层状双氧化物抗菌复合材料[48]。抗菌材料对金黄色葡萄球菌和大肠杆菌的最小抑菌浓度分别为 0.125 mg/mL 和0.5 mg/mL。SEM 观察发现，复合材料对金黄色葡萄球菌具有一定的吸附作用，吸附后的菌体形态变得不规则，边缘不再完整，细菌结构破损。同样地，大肠杆菌菌体表面变得粗糙，形态结构被破坏呈不规则状，死亡细菌黏附在抗菌材料表面。细菌活力试验结果发现，被染为红色荧光的死细菌大量黏附在抗菌材料表面，可能与复合材料自身携带负电荷和表面 Si—OH 基团有关[49]。体外生物活性评价表明，随抗菌材料中钴和凹凸棒石添加量的增加，抗菌材料的细胞毒性呈下降趋势，说明钴和凹凸棒石的引入改善了材料的生物相容性。

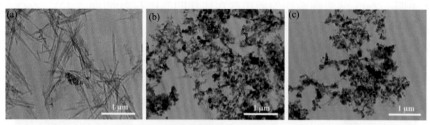

图 5-14　(a)长棒状凹凸棒石和[(b)、(c)]ZnO/APT 的 TEM 照片[8]

近年来，基于阳离子聚合物开发新型表界面抗菌功能的纳米复合材料引起了人们的关注，主要是利用电荷作用有效调控抗菌材料与细菌之间的接触行为，达到有效抑制细菌生长的目的。利用壳聚糖对黏土矿物基抗菌材料进行表面修饰，可以有效提升无机纳米粒子在黏土矿物载体表面的分散性和利用效率，进而提升复合材料的抗菌活性[10]。季铵化壳寡糖(QACOS)是一种阳离子型高分子电解质，与壳聚糖相比具有水溶性[50,51]。研究表明，壳聚糖衍生物对大肠杆菌具有较强的抗菌作用[52]。作者在构筑 ZnO/APT 纳米复合抗菌材料的基础上，结合季铵化壳寡糖的阳离子属性，进一步对 ZnO/APT 纳米复合抗菌材料进行表面修饰(图 5-15)。研究表明，通过表面阳离子改性使 ZnO/APT 纳米复合抗菌材料的表面 Zeta 电位变得更正(图 5-16)，进而有效提升了 ZnO/APT 纳米复合抗菌材料的抗菌活性[8]。

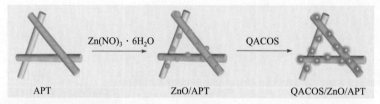

图 5-15　季铵化壳寡糖修饰 ZnO/APT 纳米复合抗菌材料示意图[8]

由图 5-16 可见，凹凸棒石和 ZnO/APT 纳米复合抗菌材料表面 Zeta 电位分别为–17.1 mV 和–26.7 mV，均是负值。随着季铵化壳寡糖浓度的增加，改性 ZnO/APT 纳米复合抗菌材料表面 Zeta 电位依次增大。抗菌评价结果表明，纳米复合材料对大肠杆菌和金黄色葡萄球菌的最小抑菌浓度分别为 1.5 mg/mL 和 2.5 mg/mL，季铵化壳寡糖对大肠杆菌和金黄色葡萄球菌的最小抑菌浓度分别为 1.5 mg/mL 和 5 mg/mL，而季铵化壳寡糖改性纳米复合抗菌材料对大肠杆菌和金黄色葡萄球菌的最小抑菌浓度分别为 0.5 mg/mL 和 1 mg/mL，表现出明显的协同抗菌作用。

季铵化壳寡糖带有一定的正电荷，细菌细胞膜表面的脂多糖使细菌细胞膜带有一定的负电荷，季铵化壳寡糖/ZnO/凹凸棒石(QACOS/ZnO/APT)纳米复合材料可以与细菌发生静电吸附作用，使细菌聚集、吸附在带有一定正电荷的复合材料表面，从而表现出协同

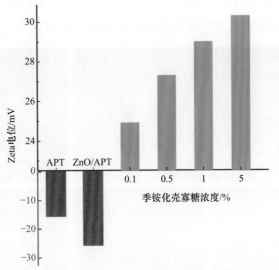

图 5-16　季铵化壳寡糖改性 ZnO/APT 纳米复合抗菌材料的 Zeta 电位[8]

抗菌作用[53,54]。但季铵化壳寡糖改性纳米复合抗菌材料对大肠杆菌和金黄色葡萄球菌的抗菌性能差异较大，主要原因是革兰氏阴性菌和革兰氏阳性菌细胞壁结构组成不同。与大肠杆菌相比，金黄色葡萄球菌的细胞壁较厚，细胞壁主要组成是肽聚糖和磷脂壁酸，而大肠杆菌的表面肽聚糖量少，同时细胞膜有一部分孔蛋白和通道，细胞结构松散，有利于小尺寸的粒子黏附在表面或是进入细胞膜内部，导致细胞膜内外渗透压平衡失调，从而杀死细菌(图 5-17)。

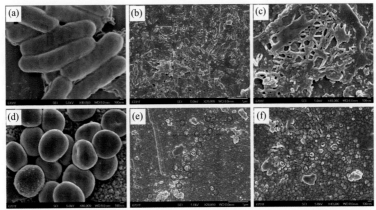

图 5-17　(a)大肠杆菌和[(b)、(c)]大肠杆菌经季铵化壳寡糖改性 ZnO/APT 复合材料处理后，(d)金黄色葡萄球菌和[(e)、(f)]金黄色葡萄球菌经季铵化壳寡糖改性 ZnO/APT 复合材料处理后的 SEM 照片[54]

　　Liu 等在凹凸棒石表面担载 ZnO 的基础上，进一步结合离子掺杂技术实现了凹凸棒石表面 Co 掺杂 ZnO(Co-ZnO)纳米粒子的担载[55]。TEM 照片观察到小尺寸的 Co-ZnO 纳米颗粒均匀地分散在凹凸棒石的棒状结构表面(图 5-18)，XRD 表征进一步计算得到 Co-ZnO 纳米粒子的平均晶粒尺寸为 18.5 nm。抗菌性能评价结果表明，Co 掺杂有效提升了 ZnO/APT 的抗菌活性，当 Co-ZnO/APT 的浓度为 3 mg/mL 时，Co-ZnO/APT 纳米复合材料的抑菌率达到 99%，这主要是因为 Co 掺杂提高了 Co-ZnO/APT 纳米复合材料中活性氧物种($\cdot O_2^-$、$\cdot OH$)的产生量，进而表现出较优的抗菌活性[56]。

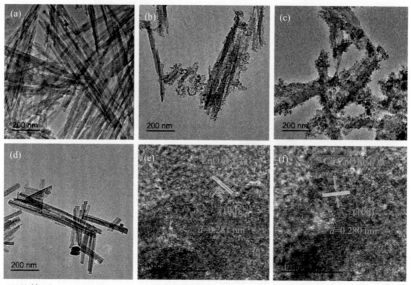

图 5-18　(a)凹凸棒石、(b)ZnO/APT、(c)Co-ZnO/APT、(d)酸化凹凸棒石的 TEM 照片以及(e)ZnO 量子点、(f)Co-ZnO 量子点的 HRTEM 照片[55]

5.3　凹凸棒石有机/无机抗菌材料

有机抗菌剂具有抗菌时效快、抗菌效果强和来源广泛而备受关注。有机抗菌剂主要包括合成类和天然有机抗菌剂。目前研究较多的有机抗菌剂主要有季铵盐类、多酚类、咪唑类、有机酸类等。如何提高有机抗菌剂的利用效率，解决其在应用过程中不受外界环境影响而降低抗菌活性是近些年研究关注的热点之一。将有机抗菌剂负载于载体材料或制备成缓释微乳液或纳米乳液可改善应用方面的不足[57,58]。以黏土矿物作为载体材料，构筑黏土矿物基有机/无机复合抗菌材料，可以利用有机抗菌剂的高效性、持续性及黏土矿物载体的安全性和耐热性，有效提高有机抗菌剂的热稳定性，进而提升有机抗菌剂的利用效率[59]。

5.3.1　抗生素/凹凸棒石抗菌材料

抗生素类药物包括四环素、环丙沙星、土霉素、甲硝唑、头孢拉定、阿莫西林、庆大霉素，一般需要大剂量才能达到有效用于治疗感染的血浆浓度。然而，大剂量使用抗生素可能引起不必要的副作用。因此，开发一种药物传递系统，可以最小化药物的副作用，增加药物的利用效率和靶向功能[60]。黏土矿物在人类诞生以来就在医学上发挥着重要作用，至今仍被广泛应用于制药配方中作为活性成分或辅料。近年来，凹凸棒石生物医用应用基础研究形成了一系列的研究成果，为发掘和拓展凹凸棒石生物医用价值奠定了良好的基础[61-63]。

双氯芬酸钠是用于治疗风湿、类风湿关节炎的非甾体强效消炎镇痛解热药，但它的口服血浆半衰期较短($t_{1/2} = 1\sim2$ h)，可引起胃肠道的不良反应[64]。作者利用凹凸棒石负载双氯芬酸钠，发现凹凸棒石对双氯芬酸钠有一定的吸附作用，但缓释作用不明显，凹凸棒石负载双氯芬酸钠复合物在缓释评价中 1 h 累积解吸度达 91.77%[65]。采用金属盐改性凹凸棒石，当硫酸铝质量分数为 0.5%时，对双氯芬酸钠的吸附量可达到 126 mg/g[66]，与凹凸棒石相比吸附量提高了近 4 倍。在该基础上，利用壳聚糖对凹凸棒石进一步改性，发展了壳聚糖/酸活化凹凸棒石复合物负载双氯芬酸钠。体外释放试验结果表明，壳聚糖/酸活化凹凸棒石复合物对双氯芬酸钠的吸附率和释放度达到 80%以上[67]。

吴洁等[68]以海藻酸钠和酸化凹凸棒石为原料，利用溶液共混法制备了具有缓释性能的酸化凹凸棒石/海藻酸复合材料和缓释片。体外缓释试验表明，缓释片与单一海藻酸缓释片相比，双氯芬酸钠在复合缓释片中 2 h 的累积释放率从 42.6%下降到 23.7%，有效改善了"突释"效应。Yahia 等[69]将壳聚糖与三聚磷酸钠交联后进一步引入凹凸棒石构建复合体系，发现凹凸棒石的引入可以延迟双氯芬酸钠的缓释速率[70]。为了进一步提升凹凸棒石负载双氯芬酸钠的包封效率，Wu 等[71]以壳聚糖和有机改性凹凸棒石为原料，采用乳液交联技术制备了复合微球。研究结果表明，与纯壳聚糖微球相比，采用 20 mmol/100 g 十六烷基甜菜碱修饰凹凸棒石制备复合微球，随复合微球中凹凸棒石含量(质量分数)从 0～20%的增加，复合微球的释放机制由简单的扩散-控制转变为扩散-溶解-控制。当凹凸棒石含量增加到 30%时，过量凹凸棒石在一定程度上阻碍了壳聚糖与戊二醛的交联，导致网络结构的坍塌，使复合微球表现出快速的药物释放行为。

Carazo 等[72]研究了异烟肼吸附在药物级凹凸棒石上的吸附平衡和热力学，整个吸附过程分为两个过程：异烟肼吸附在凹凸棒石的活化位点上和少量的异烟肼药物分子沉淀在凹凸棒石表面。异烟肼与凹凸棒石纳米复合产物的形成是自发的、放热过程。异烟肼与凹凸棒石纳米杂化体中异烟肼总负载量(质量分数)约为 20%。红外光谱进一步表明异烟肼内环 N 原子与凹凸棒石表面—OH 基团之间形成一定的"水桥"型氢键作用，部分异烟肼分子可能进入凹凸棒石的内部通道，与沸石水发生氢键作用。

凹凸棒石提纯是实现凹凸棒石高值化应用的基础，经解离的凹凸棒石防止进一步的团聚是提高其担载药物分子的关键，烘干处理过程也会影响凹凸棒石对药物分子的担载效率。作者为降低凹凸棒石纳米棒在干燥过程中的二次聚集现象，对提纯后的凹凸棒石经高压均质处理后进行冷冻干燥处理，以代替传统的烘箱干燥，研究了冷冻干燥处理的凹凸棒石的分散稳定性、流变性能以及对氧氟沙星的吸附和体外释放性能[73]。研究结果表明，通过冷冻干燥可以克服凹凸棒石纳米棒的二次团聚现象。凹凸棒石在去离子水中的分散稳定性和表观黏度均比传统烘干法得到的凹凸棒石样品有所提高。冷冻干燥凹凸棒石对氧氟沙星的吸附量没有明显增加，但 24 h 内释放的氧氟沙星较多。

表面修饰是提高凹凸棒石活性和负载性能的有效方法之一，不仅可以提高药物分子的担载量，同时也可以延长释放速率。潘春艳等[74]制备了硅烷化凹凸棒石改性材料并负载 5-氟尿嘧啶。研究结果表明，改性凹凸棒石的载药量高于未改性凹凸棒石 16.95%，在 pH=2 的模拟胃液中 5-氟尿嘧啶释放率为 7.35%，而在模拟肠液中释放率为 6.45%，均高于 5-氟尿嘧啶未改性凹凸棒石的释放率。周红军等[75]采用后接枝法，利用硅烷偶联剂、水杨醛和硝酸铜逐步处理制备了铜离子席夫碱配位改性凹凸棒石，通过浸渍法制备了啶虫脒/凹凸棒石缓释体系，经席夫碱铜离子配位改性体系的吸附量可达到 34.17 mg/g。

Gao 等[76]为了提高盐酸小檗碱在胃肠道中的有效浓度，以羧甲基淀粉-g-聚(丙烯酸)、凹凸棒石、淀粉、海藻酸钠为原料制备了系列 pH 响应性水凝胶微球。研究结果表明，凹凸棒石含量对水凝胶微球的溶胀和盐酸小檗碱累积释放有明显影响。在 10%～40%(质量分数)范围内，随着凹凸棒石含量增加，复合水凝胶微球的溶胀率和盐酸小檗碱累积释放明显减缓。复合水凝胶微球具有 pH 响应性，拟合结果符合 Higuchi 模型。

凹凸棒石不仅可以作为载体用于药物分子的担载，同时也可以作为一种纳米粒子用于 Pickering 乳液的稳定剂，进而开发具有缓释功能的微胶囊。孙国藩等[77]以凹凸棒石为乳化剂，凹凸棒石的水分散液为水相，与含有单体 N,N-二乙基氨基甲基丙烯酸乙酯、甲基丙烯酸甲酯单体、交联剂乙二醇二甲基丙烯酸酯、引发剂 2,2-偶氮二异丁腈及甲苯的混合油相乳化，通过高速分散制得稳定的 Pickering 乳液，再以凹凸棒石稳定的 Pickering 乳液为模板聚合制备球形复合微胶囊。采用罗丹明 B 为载药模型，研究复合微球在不同 pH 值下的缓释性能，结果表明，在 pH 值为 5.99 环境(水)中的释放率较适中。

将药物分子封装在聚合物网络结构中，通过改变 pH 值和控制凹凸棒石的添加量实现了微球中药物分子的控制释放。作者利用离子凝胶法制备了 pH 敏感的复合水凝胶微球壳聚糖-聚丙烯酸-凹凸棒石-海藻酸钠用于封装缓释双氯芬酸钠(图 5-19)[78]，研究结果表明，复合水凝胶微球具有良好的 pH 敏感性。缓释体系 pH 值分别为 2.1 和 6.8 时，复合水凝胶微球中双氯芬酸钠 24 h 的累积释药率分别为 3.76%和 100%。凹凸棒石添加量(质量分数)在 0～50%范围内，双氯芬酸钠累积释放率随凹凸棒石含量的增加而降低，在 pH=6.8 时，实现双氯芬酸钠可控释放。作者进一步制备了羧甲基纤维素-g-聚丙烯酸酯/凹凸棒石/海藻酸钠 pH 敏感复合水凝胶微球用于双氯芬酸钠的缓释[70]。复合水凝胶微球中引入 20% 的凹凸棒石可以改变复合水凝胶珠的表面结构、降低溶胀能力和缓解双氯芬酸钠的突

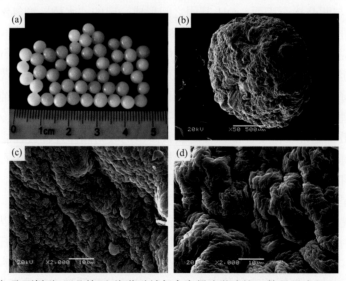

图 5-19　壳聚糖-聚丙烯酸-凹凸棒石-海藻酸钠复合水凝胶微球的(a)数码照片和(b)～(d)SEM 照片[78]

释效应。水凝胶微球在 pH=2.1、3 h 内双氯芬酸钠累积释放量仅为 3.71%，在 pH=6.8、3 h 内双氯芬酸钠释放量约 50%，12 h 释放量为 85%，24 h 释放量 90%。

Junior 等[79]制备了以凹凸棒石为载体构建具有 pH 响应功能的异烟肼缓释体系，实现了凹凸棒石负载异烟肼药物分子的功能调控。Kong 等[80]以凹凸棒石为载体表面负载阿司匹林，吡咯单体进行原位聚合制备聚吡咯改性阿司匹林/凹凸棒石纳米复合材料。聚吡咯涂覆在凹凸棒石表面，形成具有核壳结构的纳米复合材料。在体系 pH=3.5 时，将阿司匹林以阴离子的形式掺杂到凹凸棒石/聚合物纳米复合材料中，聚吡咯通过一定的电刺激改变氧化还原状态可以实现阿司匹林在复合材料中的可控释放。聚吡咯改性阿司匹林/凹凸棒石纳米复合材料高的药物负载率主要是因为复合材料大的电化学有效比表面积和凹凸棒石结构中阳离子(Mg^{2+}、Al^{3+}、Fe^{3+})与阿司匹林结构中阴离子(羧基)之间的离子偶极相互作用(图 5-20)。

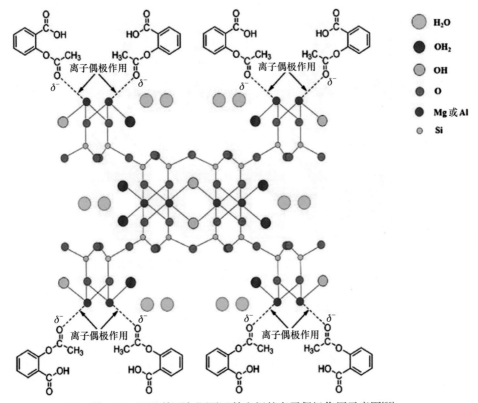

图 5-20　凹凸棒石与阿司匹林之间的离子偶极作用示意图[80]

Sadiq 等[81]以伊拉克地区的凹凸棒石为载体，考察不同 pH 条件下凹凸棒石负载药物分子头孢克肟的关系，在 NaCl 溶液 0.1～0.3 mol/L 浓度范围内考察了离子强度对吸附过程的影响。研究结果表明，离子强度过低，吸附效率降低，凹凸棒石随离子强度的增加吸附率增大。Chang 等[82]对比研究了酸性和碱性条件下凹凸棒石对环丙沙星、苯基哌嗪和氟氯喹酮羧酸的吸附能力，除氯喹诺酮羧酸在 pH=2 以外，在 pH=2.7 和 pH=11 时环丙沙星、探针化合物苯哌嗪和氟氯喹诺酮羧酸与凹凸棒石之间的吸附服从 Langmuir 等温线。

环丙沙星和苯哌嗪在凹凸棒石表面的吸附量为 98～160 mmol/kg。

在中性溶液中，凹凸棒石与环丙沙星和苯哌嗪之间存在阳离子交换作用。氟氯喹诺酮羧酸的吸附量为 27～57 mmol/kg，且受表面络合作用或阳离子桥接作用的影响，其交换性阳离子解吸量与氟氯喹诺酮羧酸的吸附量呈负相关。环丙沙星与凹凸棒石在酸碱条件下的接触模型如图 5-21 所示。研究表明，在酸性条件下，环丙沙星的—NH 基团通过静电作用与凹凸棒石表面相互作用；在碱性条件下，—COOH 基团通过阳离子桥接/或金属络合作用吸附环丙沙星。由此可见，凹凸棒石在不同条件下可以通过不同位点负载环丙沙星。

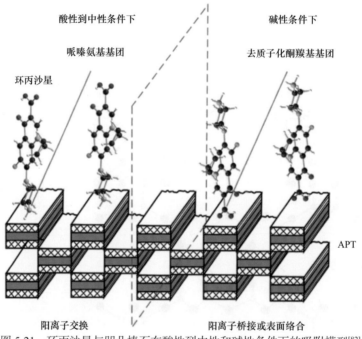

图 5-21　环丙沙星与凹凸棒石在酸性到中性和碱性条件下的吸附模型[82]

5.3.2　植物精油/凹凸棒石抗菌材料

植物精油是次生代谢过程中产生的亲油性芳香混合物的总称，具有广谱抑菌作用，符合人们对绿色、安全、健康生活品质的追求，目前在医药、化妆品、卫生用品、食品防腐剂和饲料添加剂等行业得到了广泛应用[83-85]。植物精油类是目前市场应用的主流替抗产品，也是欧盟饲料替抗应用最普遍的功能性添加剂产品之一。但由于挥发性高、分子结构对环境敏感、耐热性差，很容易失活而丧失抗菌活性，使植物精油的应用在一定程度上受到限制。

目前，市场上应用较多的抗菌活性的植物精油主要有牛至油、香芹酚、百里香酚、肉桂醛、柠檬油、辣椒油和茶树油等。为了改善环境稳定性，已发展的主要方法有载体吸附、包被技术、微胶囊和微乳化等。黏土矿物负载植物精油分子可以有效提高植物精油的利用效率[86]。凹凸棒石对植物精油具有较强的吸附能力，近年来应用基础研究取得了长足进展。Xu 等[87]制备了凹凸棒石/姜精油复合物。研究表明，凹凸棒石与姜精油分子主要通过表面吸附结合，少量的姜精油分子进入到凹凸棒石的孔道结构。复合物表现出强的体外抑菌活性，对大肠杆菌表现出协同抗菌效应，原因是复合物在体内能够抑制炎性细胞因子的基因表达，对肠炎和肠道功能障碍有改善作用。

　　作者利用凹凸棒石的吸附和载体功能，采用过程简单、绿色的机械研磨法负载天然植物精油香芹酚，制备了凹凸棒石有机/无机纳米杂化抗菌材料[88]，系统考察了香芹酚添加量、研磨时间和研磨转速对香芹酚负载量的影响。香芹酚负载量随着香芹酚添加量的增加而增大，但当添加量增加到 30% 时，负载量不再增大。研磨转速对香芹酚负载量影响不明显，但过长的研磨时间会使香芹酚的负载量出现下降趋势，这主要是长时间的研磨对凹凸棒石的棒晶有一定损伤。对比不同研磨时间香芹酚/凹凸棒石杂化抗菌材料的SEM 照片(图 5-22)，凹凸棒石呈现典型的棒状形貌，研磨 10 min 后凹凸棒石棒晶出现损伤，出现颗粒状形貌；研磨 30 min 后凹凸棒石棒状形貌明显破坏，已很难找到完整的纳米棒晶；研磨 60 min 后完全是颗粒状形貌。由此可见，长时间研磨对凹凸棒石的棒晶结构造成破坏，进而影响香芹酚/凹凸棒石杂化抗菌材料的抗菌活性。

图 5-22　(a)凹凸棒石和研磨不同时间(b)10 min、(c)30 min、(d)60 min 制备香芹酚/凹凸棒石的
SEM 照片[88]

　　研磨后凹凸棒石的微孔比表面积增加，但外比表面积基本不变。微孔比表面积的增加归因于研磨过程中部分沸石水的脱除和棒晶损伤。形成香芹酚/凹凸棒石杂化抗菌材料后，随着香芹酚添加量的增加，比表面积急剧降低，微孔比表面积消失，说明香芹酚分子进入到凹凸棒石的孔道结构中。香芹酚/凹凸棒石杂化抗菌材料的杂化过程，一方面是香芹酚中酚羟基与凹凸棒石表面上硅羟基的氢键作用使香芹酚分子吸附在棒晶表面；另一方面，在机械力作用下，部分香芹酚分子进入到凹凸棒石的孔道结构中(图 5-23)。

　　作者进一步选取 7 种植物精油分子如香芹酚(CAR)、百里香酚(THY)、香芹酮(CAV)、薄荷醇(MEN)、伞花烃(CYM)、柠檬烯(LIM)和萜品烯(TER)，通过机械研磨方式制备了系列植物精油/凹凸棒石杂化抗菌材料，系统研究了杂化材料的热稳定性和抗菌活性，

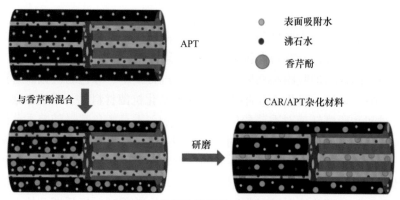

图 5-23　香芹酚分子与凹凸棒石的可能作用方式示意图[88]

结合密度泛函理论分析了植物精油分子与凹凸棒石的可能作用机制[89]。研究结果表明,具有含氧基团的精油分子与凹凸棒石之间存在一定的氢键作用,从而形成较为稳定的杂化材料,而烃类的精油分子与凹凸棒石很难形成稳定的杂化材料。植物精油分子上的活性位点主要是含氧官能团如酚羟基、羟基以及羰基,凹凸棒石主要是表面 Si—OH 基团和八面体 Mg—OH$_2$ 基团。其中,香芹酚、百里香酚和香芹酮分子主要与凹凸棒石的 Mg—OH$_2$ 基团发生作用,而薄荷醇精油分子主要作用于凹凸棒石 Si—OH 基团,表明香芹酚、百里香酚和香芹酮分子倾向于进入凹凸棒石孔道。

　　研究表明,复配使用精油能达到更好的抗菌效果。因此,作者选用百里香酚、香芹酮、薄荷醇、伞花烃、柠檬烯和萜品烯 6 种精油分子与香芹酚联合使用,制备了双组分植物精油/凹凸棒石杂化材料。图 5-24 给出了双组分植物精油/凹凸棒石杂化材料对大肠杆菌和金黄色葡萄球菌的最小抑菌测试结果。CAR/APT 对大肠杆菌和金黄色葡萄球菌的最小

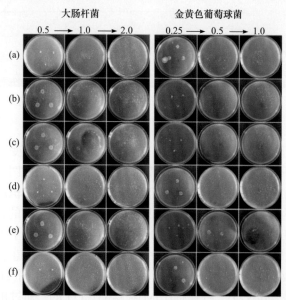

图 5-24　双组分植物精油/凹凸棒石杂化材料对大肠杆菌和金黄色葡萄球菌的最小抑菌浓度
(a)THY/CAR/APT、(b)CAV/CAR/APT、(c)MEN/CAR/APT、(d)CYM/CAR/APT、(e)LIM/CAR/APT、(f)TER/CAR/APT

抑菌浓度均为 2.0 mg/mL。除 MEN/CAR/APT 外，其他杂化抗菌材料对大肠杆菌的最小抑菌浓度都降低到了 1.0 mg/mL；除 LIM/CAR/APT 外，其他杂化抗菌材料对金黄色葡萄球菌的最小抑菌浓度值都降低到了 0.5 mg/mL。由此可知，其他精油成分的引入都明显增强了 CAR/APT 的抗菌性能，表明这几种精油分子能与 CAR 产生协同作用。

　　大蒜素是一种常见的植物精油类抗菌剂，其化学成分主要为三硫二丙烯，具有广谱的抗菌、抗病毒、降血压、降血脂、预防和治疗中老年心血管疾病和冠心病的作用[90,91]。但大蒜素化学性质不稳定，遇热、遇碱易分解，对人体胃肠道黏膜有刺激性，生物半衰期较短且具有特殊的蒜臭味，极大地限制了应用范围。吴洁等[92]采用复凝聚法制备了大蒜素/有机凹凸棒石/海藻酸钠/壳聚糖复合微球，当有机凹凸棒石与海藻酸钠比例为 1:3，有机凹凸棒石与大蒜素比例为 1:1 时，复合微球的载药量和包封率由 12.3% 和 42.3% 分别提高到 16.8% 和 66.5%。所制得复合微球在人工胃液中几乎不释放，而在人工肠液中的释放速率可以用一级动力学和 Higuchi 方程拟合。

　　利用凹凸棒石的载体功能，结合天然植物提取物高的抗菌活性，在凹凸棒石无机/无机杂化或复合材料构筑基础上，通过调节无机抗菌活性物质的负载量，进一步结合天然有机小分子抗菌剂，构筑凹凸棒石无机/有机杂化抗菌材料，可以充分利用无机抗菌剂和有机抗菌剂的优点，制备性能优异的黏土矿物基抗菌材料。无机抗菌剂对革兰氏阴性菌的敏感性要高于天然有机抗菌剂，而有机小分子抗菌剂对革兰氏阳性菌敏感性更高。因此，将无机抗菌剂和有机抗菌剂相结合，通过设计构筑三元活性组分广谱抗菌复合材料将成为未来新型黏土矿物基抗菌材料发展的主要方向。

5.3.3　阳离子抗菌剂/凹凸棒石抗菌材料

　　具有抗菌功能的阳离子型抗菌剂修饰凹凸棒石制备凹凸棒石基抗菌复合材料是进一步拓宽凹凸棒石抗菌性能的策略之一。阳离子型抗菌剂有季铵盐、季鏻盐、吡啶盐、烷基胍及其衍生物。其中，季铵盐类抗菌剂是目前材料设计和合成中应用比较多的一类抗菌剂。由于细菌对季铵盐不易产生耐药性以及对细菌细胞膜具有良好的吸附能力等诸多优势，季铵盐被广泛用作抗菌体系中基础材料构筑复合体系[93]。

　　作者采用机械力化学法构筑了香芹酚/凹凸棒石复合抗菌材料，香芹酚分子可以进入凹凸棒石孔道形成稳定的杂化材料[88]。但是，采用机械力化学法制备凹凸棒石有机/无机杂化材料会损伤凹凸棒石的棒状形貌，杂化材料的抗菌性能受限。相比之下，高压均质处理凹凸棒石不仅可以解离凹凸棒石棒晶束，而且可以显著提升改性效率[94-96]。为此，作者采用高压均质辅助构筑了十六烷基三甲基溴化铵(CTAB)改性香芹酚/凹凸棒石和肉桂醛/凹凸棒石复合抗菌材料[93]，在提升构筑效率的同时，利用 CTAB 的阳离子属性对植物精油/凹凸棒石复合材料的表面电位进行调控，进而制备具有表面带正电荷的阳离子型凹凸棒石复合抗菌材料。

　　图 5-25 为凹凸棒石和高压均质辅助构筑植物精油/凹凸棒石复合材料的 SEM 照片。由于氢键和范德瓦耳斯力作用，凹凸棒石棒晶通常多以棒晶束或聚集体形式存在，棒晶束解离是高效利用的前提。前期研究表明，在压力 30 MPa 下进行均质处理可有效解离凹凸棒石棒晶束[94]。由图 5-25(a)可见，凹凸棒石的棒晶呈聚集体形貌，棒晶间连接紧密。

经高压均质处理后复合材料中凹凸棒石棒晶间变得松散[图 5-25(b)和(c)]，说明高压均质处理既可以有效解离凹凸棒石的棒晶聚集体，又可以辅助 CTAB 改性，通过高压均质的空穴效应提升凹凸棒石的改性效率。

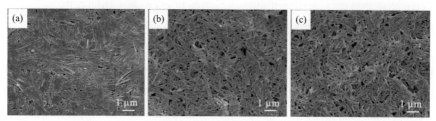

图 5-25　(a)凹凸棒石、(b)1%的 CTAB 改性香芹酚/凹凸棒石、(c)1%的 CTAB 改性肉桂醛/
凹凸棒石的 SEM 照片[93]

采用最低抑菌浓度(MIC)法对比研究了复合材料的抗菌活性。香芹酚/凹凸棒石和肉桂醛/凹凸棒石复合材料对金黄色葡萄球菌和大肠杆菌的 MIC 值都为 1 g/L 和 2 g/L。随着 CTAB 用量增加，CTAB 改性香芹酚/凹凸棒石复合材料对金黄色葡萄球菌的抗菌性能呈规律性增强。当 CTAB 用量为 0.5%和 1%时，CTAB 改性香芹酚/凹凸棒石复合材料对金黄色葡萄球菌的 MIC 值分别为 0.5 g/L 和 0.25 g/L；当 CTAB 用量为 2.5%时，CTAB 改性香芹酚/凹凸棒石复合材料对金黄色葡萄球菌的 MIC 值为 0.125 g/L。关联 Zeta 电位与抗菌活性可知，随 CTAB 改性香芹酚/凹凸棒石复合材料 Zeta 电位增大，复合材料对金黄色葡萄球菌的抗菌性能随之增强，表现出一定的正相关性。但 CTAB 改性香芹酚/凹凸棒石复合材料对大肠杆菌的 MIC 值并没有随 CTAB 浓度的增大而增加，这主要是革兰氏阴性菌和革兰氏阳性菌的细胞结构不同所致。当 CTAB 用量为 2.5%时，香芹酚/凹凸棒石复合材料抗菌活性高于肉桂醛/凹凸棒石复合材料。研究表明，高压均质辅助构筑植物精油/凹凸棒石并结合 CTAB 表面电负性调控是一种有效提升凹凸棒石复合材料抗菌性能的策略，为植物精油/凹凸棒石复合材料作为抗菌功能材料在食品包装和动物安全养殖中的应用奠定了基础。

近些年发展的新型阳离子型抗菌材料如离子液体，因与阴离子配位的阳离子种类不同而对细菌的抗菌活性具有选择性。结合离子液体的理化性能特点和黏土矿物材料的表面负电荷属性，可以设计黏土矿物基离子液体复合材料，拓展阳离子抗菌剂/黏土矿物的应用领域[97]。季鏻盐的杀菌作用机理与季铵盐相近，也是吸附到带负电荷的细菌表面，通过细胞壁扩散，与细胞质膜结合使其破裂，细菌因内容物释放而死亡。Cai 等[98]制备了十二烷基三苯基溴化鏻/凹凸棒石复合材料(图 5-26)，复合材料抗菌活性测试表明，对大肠杆菌和金黄色葡萄球菌的最小抑菌浓度可以达到 200 mg/L 和 125 mg/L，复合材料具有协同抗菌活性。对比复合材料处理前后大肠杆菌和金黄色葡萄球菌细胞膜结构的变化(图 5-27)，复合材料充分利用了凹凸棒石对细菌的吸附能力，吸附到复合材料表面的细菌被固定在载体表面，同时具有抗菌活性的十二烷基三苯基溴化鏻发挥抑菌作用，破坏了细菌细胞的细胞质膜[53]。

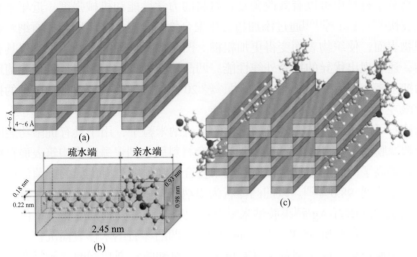

图 5-26　(a)凹凸棒石、(b)十二烷基三苯基溴化鏻和(c)十二烷基三苯基溴化鏻/凹凸棒石分子结构模型[98]

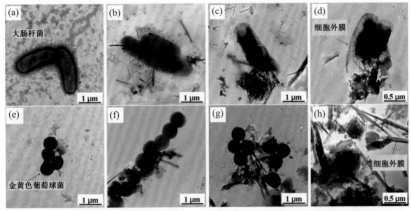

图 5-27　十二烷基三苯基溴化鏻/凹凸棒石与大肠杆菌和金黄色葡萄球菌接触后的 TEM 照片[53]

　　彭亦龙[99]以凹凸棒石和蛭石为载体，采用离子交换法将季鏻阳离子十烷基三丁基溴化鏻、十二烷基三丁基溴化鏻、十二烷基三甲基溴化鏻、十二烷基三苯基溴化鏻和十四烷基三丁基溴化鏻负载于凹凸棒石和插入于蛭石层间，分别制备了季鏻阳离子改性凹凸棒石和蛭石复合抗菌材料。研究结果表明，改性凹凸棒石和蛭石中季鏻阳离子的起始热分解温度都大于 240℃，具有良好的热稳定性。随着季鏻阳离子含量增加，季鏻阳离子改性凹凸棒石的 Zeta 电位越正、比表面积越低。但季鏻阳离子改性蛭石，随着季鏻阳离子含量增加，季鏻阳离子改性蛭石的 Zeta 电位越正，比表面积越大。抗菌性能测试结果表明，十二烷基三丁基溴化鏻改性凹凸棒石和蛭石的抗菌活性最好，十二烷基三丁基溴化鏻含量分别为 21.2%和 31.9%，对大肠杆菌的最小抑菌浓度分别为 800 mg/L 和 750 mg/L，对金黄色葡萄球菌的最小抑菌浓度分别为 150 mg/L 和 120 mg/L。

5.3.4　生物高分子/凹凸棒石抗菌材料

　　黏土矿物基抗菌材料主要应用于高分子聚合物基材中，赋予复合材料抗菌性能。凹凸棒石在高分子材料中可以有效改善复合材料的力学性能和机械强度，近年来相关应用研究发展较快[100]。Liu 等[101]通过添加超支化聚合物结合浸渍法将凹凸棒石纳米颗粒附着于丝绸织物表面，使织物表面变得更加粗糙。凹凸棒石处理的真丝织物不仅具有优良的抗菌活性，还表现出优异的抗紫外线性能。凹凸棒石处理的织物对金黄色葡萄球菌和大肠杆菌的抑菌率分别为 93.09%和 88.18%，经 20 次循环使用后，对 2 种菌种的抑菌率仍保持在 80%左右，具有较优的重复使用性能。

凹凸棒石可以负载具有高效抗菌活性的无机纳米粒子，用于具有抗菌功能凹凸棒石纳米复合超滤膜制备。将银/凹凸棒石纳米复合材料引入到聚酰胺膜构筑表面粗糙的薄膜涂层，不仅提高了薄膜的渗透性，而且纳米复合薄膜材料具有优异的抗菌活性，对大肠杆菌的抑菌率达到 98.0%[29]。以凹凸棒石为银纳米粒子载体、腰果胶为复合纳米粒子的稳定体系构筑凹凸棒石/Ag/腰果胶纳米复合抗菌材料，对大肠杆菌和金黄色葡萄球菌的抑菌率分别达到 70.2%和 85.3%[32]。Liu 等[102]在凹凸棒石纳米棒表面沉积银纳米粒子和聚苯胺，采用原位聚合反应制备了具有抗菌、防腐和防污剂功能的三元复合材料，将凹凸棒石/聚苯胺/银纳米复合材料加入环氧树脂涂层中，与空白涂层和凹凸棒石改性的环氧树脂涂层相比，凹凸棒石/聚苯胺/银纳米复合材料改性的环氧树脂涂层具有更好的防腐和防污性能。Fang 等[103]研究了纳米银、纳米二氧化钛、纳米二氧化硅和凹凸棒石引入聚乙烯包装材料后对金针菇储藏稳定性的影响。与普通的聚乙烯包装材料相比，添加纳米复合材料制备的包装材料能够调节氧气和二氧化碳的含量，消除乙烯，同时抑制微生物的生长，延长金针菇的保质期，提高金针菇的保鲜质量。

利用凹凸棒石负载高效抗菌和抗氧化功能的植物精油，将其作为功能助剂添加到薄膜材料中，可以赋予优异的食品保鲜和储存性能，提高产品的保鲜质量。Dong 等[104]以低密度聚乙烯和聚丙烯为原料，研究了引入凹凸棒石和大蒜精油分子制备的新型活性双层膜性能。大蒜精油和大蒜精油/凹凸棒石杂化材料加入到聚丙烯/低密度聚乙烯复合膜材料中，对复合膜材料的抗拉强度、水蒸气、氧气阻隔性和热稳定性没有明显影响，但采用大蒜精油/凹凸棒石杂化材料制备的活性膜包装鱼片，明显提高了大黄鱼的新鲜度，延长了大黄鱼的货架期。

5.4 凹凸棒石基抗菌材料的应用

凹凸棒石基抗菌材料是近些年发展较快的黏土矿物基功能材料之一。大健康背景下的材料革新是开发新型功能产品的助推器，使抗菌产业发展走向更广阔的领域。随着抗菌材料的研发和技术发展，抗菌材料已经深入到生活的方方面面。本节主要介绍了凹凸棒石基抗菌材料在动物养殖、食品包装、生物医用、日化产品等领域的应用进展。

5.4.1 动物养殖

自 20 世纪 80 年代起，欧洲一些国家开始逐步禁止使用饲用抗生素。1986 年，瑞典全面禁止在畜禽饲料中使用抗生素，成为第一个不准使用抗生素作为饲料添加剂的国家。1995 年，丹麦禁止在饲料中使用阿伏霉素。1997 年，欧盟委员会在所有欧盟成员国中禁止使用阿伏霉素做饲料添加剂。2006 年后，欧盟成员国全面停止使用所有抗生素类生长促进剂。2013 年美国食品药品监督管理局发布了行业指导性文件《兽药饲料指令》，它指出抗生素只能在兽医监督下合理使用，只可用于治疗。2001 年，我国农业部颁布《饲料药物添加剂使用规范》，严格将连续使用的饲料添加抗生素和短期添加的品种加以区分，详细规定了饲用抗生素的适用畜禽品种、用法用量、休药期等。2018 年，农业农村部决定开展兽用抗菌药使用减量化行动，组织制定了《兽用抗菌药使用减量化行动试点工作方案(2018—2021 年)》，确定了各地 2018 年兽用抗菌药使用减量化行动试点养殖场数量，明确了养殖端减抗和限抗的时间表。2019 年 7 月，农业农村部要求在 2020 年底前退出除中药外所有促生长类药物饲料添加剂品种。该公告表明中国饲料进入了无抗时代，也意味着替代抗生素研究将成为饲料安全健康养殖的重点方向。

随着人们生活水平的提高和对食品安全的重视，养殖业必将由数量效益型向安全、质量和环保效益型转变。研发高效、安全、绿色的抗生素替代品显得尤为迫切，控制病原菌对养殖动物的危害，减少抗生素使用和耐药菌的产生，对公共卫生和安全亦具有重要意义。研究表明，天然植物能够在发挥替抗作用的前提下，对畜禽的生长性能、抗氧化能力、肠道形态、菌群结构或免疫功能有所改善[105,106]。天然植物的生物活性得益于含多种类型的植物功能成分，这些成分按照化学结构可分为多酚类、精油(挥发油)类、多糖类、萜类和生物碱类等类别。

目前，植物精油类替抗产品已在动物安全养殖中广泛使用。植物精油可以通过调节肠道相关变量如增加消化道黏液的分泌、提高消化酶(如淀粉酶、蔗糖酶、脂肪酶、蛋白酶等)的活性、促进肠上皮的发育(绒毛高度、隐窝深度)等方式，促进家禽肠道黏膜发育，提高肠道对各种养分的消化吸收能力[107]。但植物精油气味重、影响适口性，易挥发、热稳定性差，饲料加工损失大，利用效率较低，如何有效避免精油挥发、延长储存时间、降低饲料加工过程中损耗成为植物精油应用需要突破的难点。

利用凹凸棒石对植物精油较优的吸附性能，可以将植物精油小分子负载在凹凸棒石表面构筑功能复合材料，提高植物精油的生物利用度。Skoufos 等[108]研究了牛至精油和凹凸棒石复合材料对肉鸡生长性能、肠道菌群及形态的影响。结果表明，牛至精油和凹凸棒石对肉鸡日增重和增重比均有正影响，乳酸菌中大肠菌的数量显著增加，有利于调节肠道中菌群平衡，维持机体健康。

凹凸棒石是一种具有独特纳米棒状形貌和规整孔道的天然纳米级硅酸盐黏土矿物，目前已列入饲料原料目录。在饲料中添加凹凸棒石，可吸附重金属和霉菌毒素等有毒有害物质。南京农业大学周岩民教授是我国国内较早开始系统研究凹凸棒石和改性凹凸棒石在动物养殖中应用的学者之一，对凹凸棒石在动物养殖中的应用进行了系统研究工作。2012 年，与作者团队开启了合作模式，通过优势互补、学科交叉、平台联动和资源共享，围绕凹凸棒石基抗菌促生长产品研发方面密切合作，突破了其在动物安全养殖中应用关键技术，形成一系列研究成果。

饲料中添加 1%～3%凹凸棒石可降低饲料粉化率和含粉率、提高颗粒硬度，当饲料油脂添加量较高时，凹凸棒石对颗粒饲料品质的改善效果更为突出[109-111]。肉鸡颗粒饲料中添加 0.5%～2.0%凹凸棒石，可提高调制阶段饲料水分含量，提高饲料淀粉糊化度及其表观黏度，从而增加食糜黏度，减缓消化道排空时间，提高养分利用率[112]。饲喂含质量分数 0.5%或 1.0%凹凸棒石饲料的肉鸡，可增加胰腺的相对重量，提高肉鸡的氮保持力和有机质消化率，显著增强胰腺和空肠脂肪酶活性[113]。在该研究基础上，制备了季铵化壳寡糖改性凹凸棒石复合材料[114]。结果表明，饲粮中添加季铵化壳寡糖改性凹凸棒石可降低平均日采食量和料蛋比，对平均日增重无影响，提高了肉鸡生长性能，对肠道免疫、氧化状态、完整性和屏障功能有良好影响。肉鸡饲粮中季铵化壳寡糖改性凹凸棒石添加水平为 0.5 g/kg 最优。

周岩民团队采用离子交换方法制备了载锌凹凸棒石，系统探索和分析了交换液离子浓度、溶液 pH 值、反应温度、交换时间对锌交换量的影响[115]。研究表明，载锌凹凸棒石的最佳制备工艺条件是交换液浓度为 1 mol/L，溶液 pH 值为 4，反应时间为 3 h 和反应温度为 60℃。将载锌凹凸棒石应用到日粮中，可以抑制肉鸡空肠大肠杆菌的增殖($P>$ 0.05)，其中抑制率以添加 0.16%载锌凹凸棒石最为明显，可以达到 18.4%。载锌凹凸棒石还可以促进空肠乳酸杆菌增殖。Zhang 等[116]研究表明，添加载锌凹凸棒石可以改善鱼类肠道发育、小肠消化菌群形态、抗氧化能力和肠道炎性细胞因子 mRNA 水平。与 ZnO 相比，载锌凹凸棒石的作用效果更强。

ZnO 是畜禽生产中常见的无机锌源之一，同时也具有较强的抗菌活性[117]。饲料中高剂量(2500～3000 mg/kg)添加 ZnO 是控制断奶仔猪腹泻的主要技术手段，但高剂量使用 ZnO 会导致环境锌污染。研究表明，纳米 ZnO 比传统 ZnO 抗菌效果更优，低剂量(200～500 mg/kg)添加就可有效控制断奶仔猪腹泻。毛俊舟[118]系统研究了由 80%纳米 ZnO 和 20%凹凸棒石组成的凹凸棒石纳米氧化锌(ZnO/APT)添加到日粮中对断奶仔猪生长性能、器官指数和血液生化指标的影响。研究表明，与对照组基础日粮相比，基础日粮+ZnO/APT组平均日采食量和平均日增重显著增加，且平均日增重显著高于抗生素组、ZnO 组和纳米 ZnO 组($P<0.05$)。基础日粮+ZnO/APT 组腹泻率与对照组、抗生素组相比显著降低($P<$ 0.05)。基础日粮+700 mg/kg ZnO/APT 组和基础日粮+1000 mg/kg ZnO/APT 胰腺器官指数与纳米 ZnO 组相比显著提高($P<0.05$)。此外，与对照组相比，基础日粮+1000 mg/kg ZnO/APT 组总胆固醇和甘油三酯含量显著降低($P<0.05$)，高密度脂蛋白含量显著提高($P<0.05$)。在断奶仔猪饲粮中添加 ZnO/APT 一定程度上有利于仔猪肝脏免疫功能和脂代谢，且以 700 mg/kg 的添加量效果最佳[119,120]。与其他处理组相比，基础日粮+ZnO/APT 组小肠绒毛和微绒毛结构更为完整、排列整齐、损伤程度低。在空肠中，基础日粮+700 mg/kg ZnO/APT 组的隐窝深度显著低于对照组、抗生素组和纳米 ZnO 组($P<0.05$)。基础日粮+700 mg/kg ZnO/APT 组中断奶仔猪的空肠绒隐比与对照组和纳米 ZnO 组相比显著提高($P<0.05$)。

研究表明，相比于抗生素和氧化锌组，ZnO/APT 能够提高空肠和回肠微生物菌群α多样性，即提高肠道内容物菌群丰度和多样性。且通过主成分分析可知，空肠中对照组和抗生素组菌群结构与其他处理组具有明显差异。门水平条件下，基础日粮+ZnO/APT组的梭杆菌门和软壁菌门等菌群丰度显著低于 ZnO 组和纳米 ZnO 组($P<0.05$)。属水平下条件，ZnO/APT 组梭菌属丰度显著低于对照组和抗生素组($P<0.05$)。综合评价，断奶仔猪日粮中添加 ZnO/APT 能够改善仔猪血常规指标和器官生长并促进肠道绒毛发育，增加杯状细胞、免疫球蛋白及抑炎性细胞因子含量，下调肠黏膜中促炎性细胞因子的 mRNA

的表达，提高肠道免疫功能；还能够提高肠道菌群丰度和多样性，减少有害菌数量，保护肠黏膜发育和肠道菌群稳态，从而共同调控仔猪肠道和免疫系统发育，缓解仔猪断奶应激，减少仔猪腹泻。断奶仔猪饲粮中添加适量凹土纳米氧化锌能够提高血清、肝脏和肠道中抗氧化酶的活性，增强仔猪的抗氧化性能。ZnO/APT 对断奶仔猪抗氧化功能具有促进作用，能够通过缓解仔猪断奶前期的氧化应激，维护机体内环境稳态，提高仔猪抗应激能力，从而改善机体生长性能[121]。

作者利用凹凸棒石构筑了不同形貌的 ZnO 纳米粒子，克服 ZnO 纳米粒子易团聚和利用率低的难题[44]。当凹凸棒石占比复合材料质量分数 40%时，复合材料对大肠杆菌和金黄色葡萄球菌的抗菌活性与相同条件下制备的 ZnO 相近。通过表面担载不仅解决了纳米 ZnO 粒子易团聚问题，同时降低了 ZnO 的使用量和使用成本。作者在系统进行香芹酚/ZnO/凹凸棒石(CAR/ZnO/APT)和壳寡糖/ZnO/凹凸棒石纳米复合抗菌材料(COS/ZnO/APT)制备条件和工艺参数优化的基础上，进一步通过动物实验评价了凹凸棒石纳米复合抗菌材料在饲料中的应用[122]。将 384 只罗斯 308 肉鸡随机分为 6 组，每组 8 个重复，每重复 8 只试验鸡，分别饲喂基础日粮+50 mg/kg 金霉素(chlortetracycline，CTC 组)、基础日粮+100 mg/kg 土霉素钙(oxytetracycline-calcium，OTC 组)、基础日粮+0.1%香芹酚/凹凸棒石(CAR/APT 组)、基础日粮+0.1% ZnO/凹凸棒石(ZnO/APT 组)、基础日粮+0.1%香芹酚/ZnO/凹凸棒石(CAR/ZnO/APT 组)、基础日粮+0.1%壳寡糖/ZnO/凹凸棒石(COS/ZnO/APT 组)和基础日粮不含添加剂。试验期为 42 d，于 21、42 d 进行样品采集。研究表明，与 CTC 和 OTC 组相比，凹凸棒石纳米复合抗菌材料对肉鸡 1~21 d 生产性能无显著影响($P>0.05$)。ZnO/APT 组和 COS/ZnO/APT 组肉鸡 22~42 d 及 1~42 d 生产性能与 CTC 组相比无显著差异($P>0.05$)。与 CTC 相比，CAR/APT 显著降低肉鸡 22~42 d 和 1~42 d 日增重，提高料重比($P<0.05$)，CAR/ZnO/APT 显著降低肉鸡日增重($P<0.05$)但料重比无显著变化($P>0.05$)。OTC 肉鸡 21~42 d 和 1~42 d 生产性能显著低于其余各组($P<0.05$)。以上结果说明，凹凸棒石纳米复合抗菌材料对肉鸡生产性能的影响主要体现在 22~42 d，对 1~21 d 生产性能无显著影响。另外，ZnO/APT 和 COS/ZnO/APT 组对肉鸡促生长作用与 CTC 相似，其中 COS/ZnO/APT 促生长作用优于 ZnO/APT。CAR/APT 和 CAR/ZnO/APT 对肉鸡促生长作用与 CTC 相比降低，但与 OTC 相比提高，其中 CAR/ZnO/APT 组肉鸡生产性能优于 CAR/APT。CAR/ZnO/APT 组肉鸡 1~42 d 料重比与 CTC 组相似，这主要是通过减少 21~42 d 肉鸡采食量来实现的。本试验结果表明，ZnO/APT 和 COS/ZnO/APT 与 CTC 相似，具有促生长作用，且主要是通过促进 22~42 d 肉鸡生长，从而提高了整个饲养阶段的生产性能，其中 COS/ZnO/APT 促生长作用最优。

ZnO/APT 和 COS/ZnO/APT 与 CTC 相比，降低了血清 MDA 含量、提高了抗氧化酶活性，表明其改善抗氧化机能的作用优于 CTC，其中 COS/ZnO/APT 作用优于 ZnO/APT。而 CAR/APT 和 CAR/ZnO/APT 组肉鸡血清 MDA 含量高于 CTC 组，暗示其发生脂质氧化的程度高于 CTC 组，而抗氧化酶活性的提高是机体发生的自身调节，用于清除产生的自由基，表明 CAR 系列凹凸棒石纳米复合材料的抗氧化活性低于 CTC。ZnO/APT 组肉鸡十二指肠和空肠黏膜 MDA 含量与 CTC 相比无显著差异或显著降低，说明 ZnO/APT 可改善小肠黏膜脂质抗氧化状态。COS/ZnO/APT 组肉鸡十二指肠和空肠黏膜 MDA 含量与 CTC 组相比无显著差异或显著降低,且抗氧化酶活无显著差异或显著提高,说明其氧化活性优于 CTC 和 ZnO/APT。COS/ZnO/APT 与 ZnO/APT 相比,抗氧化活性提高可能是由于复合材料包被了具有优异抗氧化活性的 COS。因此,COS/ZnO/APT 抗氧化活性是 COS、ZnO 和 APT 的协同作用的结果。

综上所述,在本试验条件下,CTC、OTC 及凹凸棒石纳米复合材料对肉鸡前期(1~21 d)生长性能无显著性影响,但显著影响后期(22~42 d)及全期(1~42 d)生长性能。其中,OTC 组肉鸡生长性能低于其余各试验组。CAR/APT 和 CAR/ZnO/APT 组肉鸡生产性能低于 CTC 组。ZnO/APT 及 COS/ZnO/APT 组肉鸡生产性能与 CTC 组无显著差异。另外,ZnO/APT 和 COS/ZnO/APT 均具有改善肉鸡抗氧化机能作用。CAR/APT 和 CAR/ZnO/APT 抗氧化活性低于 CTC。结果显示,改善动物抗氧化机能是 ZnO/APT 和 COS/ZnO/APT 促生长作用的机制之一。ZnO/APT 和 COS/ZnO/APT 可作为有效的抗菌促生长应用于肉鸡饲料中,以 0.1%添加量 COS/ZnO/APT 作用优于 ZnO/APT。

近年来,科学家们在不同领域开展了替代抗生素的应用研究,例如寻找天然抗菌化合物和设计合成抗菌纳米材料。中国科学院兰州化学物理研究所矿物功能材料团队在凹凸棒石应用基础研究积累基础上,结合动物饲料特点和凹凸棒石矿物属性,以材料科学和动物营养学为理论基础,首先以棒晶束解离的纳米凹凸棒石为基材,采用机械力化学法构筑了植物精油/凹凸棒石杂化材料。随后,利用凹凸棒石棒晶表面组装植物活性成分,再结合电荷调控策略制备了高效广谱的植物提取物/植物精油/凹凸棒石杂化抗菌材料,最后赋予 pH 响应性,在肠道定向释放,最终形成"有机/无机杂化—抗菌因子封装—中草药提取物担载—电荷调控—靶向释放"一体化工艺(图 5-28)。

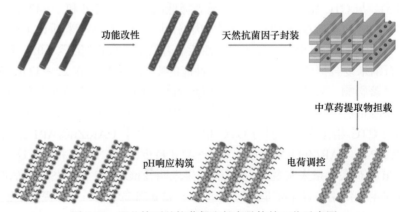

图 5-28 凹凸棒石基抗菌促生长产品构筑工艺示意图

南京农业大学韩兆玉教授基于作者团队研发的产品,系统考察了凹凸棒石抗菌材料对湖羊生长性能、屠宰性能及肉品质的影响[123]。选取 48 只平均体重(15~20 kg)、日龄(60~70 日龄)的健康湖羊,公母各半,随机分为 2 组,每组 6 个重复,每个重复 4 只羊。对照组饲喂全混合配方颗料,试验组在此基础颗粒料中添加凹凸棒石抗菌材料,饲喂 80 d,试验最后一天进行屠宰。试验结果表明,试验组总增重和日增重均高于对照组($P>$ 0.05);在全混合颗粒料中添加凹凸棒石抗菌材料,试验组干物质采食量和日增重均高于对照组，说明在全混合颗粒饲料中添加凹凸棒石抗菌材料有降低料重比的趋势；各屠宰性能指标两组之间均差异不显著($P>0.05$)；试验组屠宰 24 h 所测 pH 值和肉色红度值显著低于对照组($P<0.05$)，滴水损失率、熟肉率和剪切力与对照组差异不显著($P>0.05$)，说明抗菌材料有提高湖羊生长性能和屠宰性能的趋势，可以改善肉品质。

湖南农业大学程浩等[124]采用研制的凹凸棒石抗菌材料对比研究了蛋鸡生产性能和肠道微生物指标。与对照组相比，0.75 g/kg 和 1.00 g/kg 凹凸棒石抗菌材料组的产蛋率显著提高($P<0.05$)，0.50 g/kg 和 0.75 g/kg 凹凸棒石抗菌材料组盲肠迷踪菌门相对丰度显著提高($P<0.05$)，0.50 g/kg 凹凸棒石抗菌材料组盲肠优杆菌属相对丰度显著提高($P<0.05$)。与对照组相比，试验组盲肠双歧杆菌相对丰度显著提高($P<0.05$)，盲肠沙门氏菌相对丰度显著降低($P<0.05$)；0.50 g/kg 和 1.00 g/kg 凹凸棒石抗菌材料组盲肠大肠杆菌相对丰度显著降低($P<0.05$)；0.50 g/kg 凹凸棒石抗菌材料组十二指肠和盲肠乳酸杆菌相对丰度显著提高($P<0.05$)。上述应用研究证实凹凸棒石抗菌材料能够改善蛋鸡生产性能，提高微生物多样性，优化肠道菌群结构。

2020 年 5 月 8 日，由江苏省凹凸棒石产业技术创新战略联盟组织有关专家，对产品进行了会议评审。由中国工程院印遇龙院士为组长的专家组，一致认为凹凸棒石基抗菌促生长产品研发路径新颖，产品特色鲜明，使用效果良好，具有广阔的市场应用和推广价值。该技术已与江苏神力特生物科技股份有限公司合作实现产业化生产，进入商用阶段，这是学科交叉和不同团队协同创新结出的硕果。

5.4.2　食品包装

凹凸棒石一维纳米棒晶在食品包装膜材料中具有增韧补强和一定的阻隔功能。Alcântara 等[125,126]采用疏水性的玉米醇溶蛋白改性纤维状海泡石和棒状凹凸棒石，然后添加到海藻酸盐薄膜中。与单纯海藻酸盐薄膜相比，含有玉米醇溶蛋白改性黏土矿物制备的复合薄膜材料具有更好的水蒸气和气体阻隔性能。有机黏土颗粒在生物聚合物基质中均匀分布，有良好的生物相容性，被作为一种绿色来源的填料替代目前常用的合成填料用于食品包装领域。

食品包装膜材料具有载体或封装功能，通过引入活性抗菌因子赋予抗菌功能能抑制或延缓食物表面微生物生长，延长食品的保质期。近年来，针对不同食品的保鲜特性及包装要求，开发了不同功能的纳米抗菌保鲜材料，都取得了较好的保鲜效果[127]。将天然抗菌剂直接添加到聚合物基体中，通过化学键合作用制成具有一定机械强度和阻隔特性的抗菌薄膜，天然抗菌剂的引入可以有效提升复合膜材料的抗菌能力，实现抗菌功能活性包装的目的[128-130]。但直接添加很容易改变聚合物基材的机械性能，当植物精油和聚合物基材的相容性差时膜材料的抗菌持续时间短[131]。Dong 等[104]制备的凹凸棒石负载大蒜精油低密度聚乙烯/聚丙烯复合膜材料，大蒜精油在(4 ± 1)℃的缓慢释放可提高大黄鱼的新鲜度。

在凹凸棒石稳定水包油型乳液研究基础上，陈浩等[132]进一步探索利用十六烷基三甲氧基硅烷对凹凸棒石进行有机改性并应用到油包水型乳液。研究表明，随着分散体系 pH 的增加，乳液液滴尺寸先增大后减小又增大再减小，随着颗粒质量分数的提高，可用于稳定乳液的颗粒数量增多，乳液稳定性提高。随着油相体积分数的增大，乳液液滴尺寸先增大后减小又增大再减小。通过调节水相体系 pH，成功制备了有机改性凹凸棒石颗粒单独稳定的油包水型乳液，该乳液稳定植物精油有望应用于果蔬的保鲜。

5.4.3　生物医用

　　黏土矿物在新型复合预防性抗菌材料的设计和制备方面具有潜在应用，粉末状黏土矿物基抗菌材料可以直接作为敷料应用于伤口的止血和抗炎，或者作为一种抗菌功能助剂开发各种各样的敷料用于创面修复。利用黏土矿物如凹凸棒石、埃洛石、蒙脱石、高岭石、海泡石担载纳米银或银离子、纳米氧化铜或纳米氧化亚铜、纳米氧化锌、纳米二氧化钛或抗菌活性的天然植物精油为活性组分，以生物相容性好、无毒、安全的天然高分子如海藻酸钠、壳聚糖、琼脂、丝素蛋白为有机基材，利用接枝聚合-交联反应或静电纺丝或流延成膜等技术可制备具有膜状、凝胶状多孔天然高分子/黏土矿物抗菌复合材料。

　　Freitas 等[133]制备了一种用于伤口愈合的凹凸棒石负载新霉素薄膜。研究表明，对照组凹凸棒石没有出现抑菌圈，表明凹凸棒石不具有抗菌活性。凹凸棒石负载新霉素制备的薄膜对测试细菌均出现抑菌圈，且随时间的增加，革兰氏阳性菌的抑菌圈增大，该复合薄膜材料有望作为具有抗菌功能的伤口愈合辅料。

　　作者制备了凹凸棒石负载锌钴层状双氧化物新型抗菌材料，对金黄色葡萄球菌和大肠杆菌的最小抑菌浓度值分别为 0.125 mg/mL 和 0.5 mg/mL[48]。在该研究基础上，进一步探索了在医用导管和敷料等临床方面的应用。导尿管尿路感染是医院中最常见的卫生保健感染。作者采用共沉淀法制备了 $Zn(OH)_2$/APT 复合材料，将其用于导管的抗菌涂层中[134]。通过涂布前后导管表面形貌的变化(图 5-29)，证实抗菌材料已成功涂布在导管表

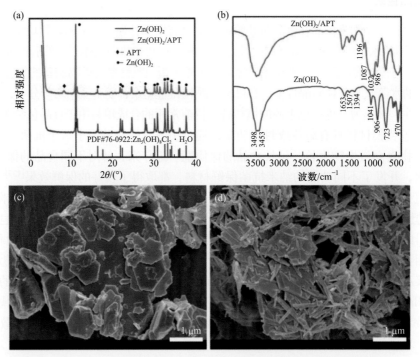

图 5-29　$Zn(OH)_2$ 和 $Zn(OH)_2$/APT 的(a)XRD 和(b)FTIR 以及(c)$Zn(OH)_2$
和(d)$Zn(OH)_2$/APT 的 SEM 照片[134]

面，涂层具有优异的抗菌性能，对大肠杆菌和金黄色葡萄球菌至少有 7 d 的抑制作用。与未处理导尿管相比，对生物膜形成的抵抗能力更强，对人膀胱上皮永生化细胞的生物相容性和对人红细胞的毒性也在可接受的范围内。

5.4.4　日化产品

凹凸棒石作为一种天然黏土矿物，可以广泛应用于纺织功能品的开发，赋予纺织品特殊功能。陕西科技大学高党鸽等[135]利用丙烯酸和 3-(甲基丙烯酰氧)丙基三甲氧基硅烷修饰的凹凸棒石为前驱物，通过自由基聚合成功地合成了聚丙烯酸/凹凸棒石纳米复合材料。采用浸渍干燥法将聚丙烯酸/凹凸棒石纳米复合材料应用于棉织物改性，经纳米复合材料处理后，棉织物的热易燃性得到改善，氧指数达到 22.7%，棉织物的力学性能有所提高。纳米凹凸棒石抗菌材料由于耐热性高、化学稳定性好、抗菌性能稳定及对人体安全性高等优点，可广泛用于家电、建材、纺织品、日用塑料等诸多领域。

近年来，随着抗菌卫生整理技术的发展，具有安全、高效织物整理剂和功能助剂是新型功能纺织品研发的主要方向之一。在织物加工或后整理中引入抗菌活性因子，可获得抗菌、抑制霉菌和防臭等功能，不仅防止织物被微生物污染、破坏，而且可以减少交叉感染，防止疾病传播和确保人体的安全与健康。Liu 等[136]利用六偏磷酸钠改性纳米凹凸棒石，冰醋酸调节体系 pH 值，制备了凹凸棒石胶体粒子，应用于棉织物表面功能化改性，成功开发了一种多功能棉织物表面改性技术(图 5-30)。研究表明，经凹凸棒石胶体粒子处理后织物的结构稳定性和热稳定性均高于未处理织物，凹凸棒石胶体粒子处理后的棉织物表现出良好的抗紫外线作用。抗菌试验表明，试验样品不仅没有细菌生长，而且随着凹凸棒石浓度的增加，抑菌圈明显变大，表明凹凸棒石胶体粒子处理后织物具有明显的抑菌活性。

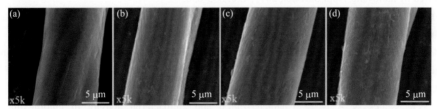

图 5-30　未处理棉织物和棉织物经不同量凹凸棒石处理的 SEM 照片[136]
(a)未处理、(b)5%的凹凸棒石、(c)10%的凹凸棒石、(d)15%的凹凸棒石

河北工业大学梁金生教授团队将凹凸棒石引入骨瓷胚体中，进一步提高了骨瓷体的抗弯强度、断裂韧性和抗热震性能[137]。研究结果表明，随着凹凸棒石添加量增加，骨瓷的烧结温度和热膨胀系数均有所降低。其中，添加质量分数 2%和 4%的凹凸棒石可使骨瓷的三点抗弯强度从 113 MPa 提高到 125.3 MPa，断裂韧性从 2.11 MPa · m$^{1/2}$ 提高至 2.21 MPa · m$^{1/2}$。当继续增加凹凸棒石的添加量，骨瓷的抗弯强度和断裂韧性均降低。同时，凹凸棒石的加入使骨瓷的抗热震性能从 160℃提高到 180℃。该研究为凹凸棒石在陶瓷基体和骨瓷中的应用奠定了基础。

高婷等[138]采用盐酸处理凹凸棒石与硝酸银溶液混合制得载银凹凸棒石抑菌剂，将其作为填料添加到纸浆液中制备抑菌纸。研究表明，载银凹凸棒石添加量为 20%时，填料留着率为 87.82%，Ag^+的沉积率为 1.64 mg/m^2，对大肠杆菌的抑菌圈直径平均值为 1.4 cm，而对金黄色葡萄球菌抑菌圈直径的平均值为 1.8 cm。在反应时间为 2 h 时，抑菌圈直径最大为 2.05 cm。添加抑菌剂的抑菌纸表现出良好的抑菌效果。

参 考 文 献

[1] Carretero M I, Gomes C S F, Tateo F. Clays and Human Health. Developments in Clay Science. Amsterdam: Elsevier, 2006, 1: 717-741.

[2] Carretero M I, Gomes C S F, Tateo F. Clays, Drugs, and Human Health. Developments in Clay Science. Amsterdam: Elsevier, 2013, 5: 711-764.

[3] Carretero M I. Clay minerals and their beneficial effects upon human health: A review. Appl Clay Sci, 2002, 21: 155-163.

[4] Zarate-Reyes L, Lopez-Pacheco C, Nieto-Camacho A, et al. Antibacterial clay against gram-negative antibiotic resistant bacteria. J Hazard Mater, 2018, 342: 625-632.

[5] Unuabonah E I, Ugwuja C G, Omorogie M O, et al. Clays for efficient disinfection of bacteria in water. Appl Clay Sci, 2018, 15: 211-223.

[6] 梁晓维, 李发弟, 张军民, 等. 蒙脱石和凹凸棒石对霉菌毒素吸附性能的研究. 中国畜牧兽医, 2014, 41(11): 133-138.

[7] 胡江旭, 朴香淑. 黏土的作用机理及其在畜禽生产中的应用研究进展. 饲料工业, 2019, 40(15): 16-22.

[8] Hui A P, Yan R, Wang W B, et al. Incorporation of quaternary ammonium chitooligosaccharides on ZnO/palygorskite nanocomposites for enhancing antibacterial activities. Carbohyd Polym, 2020, 247: 116685.

[9] Shu Z, Zhang Y, Ouyang J, et al. Characterization and synergetic antibacterial properties of ZnO and CeO_2 supported by halloysite. Appl Surf Sci, 2017, 420: 833-838.

[10] Li D D, Gao X, Huang X C, et al. Preparation of organic-inorganic chitosan@silver/sepiolite composites with high synergistic antibacterial activity and stability. Carbohyd Polym, 2020, 249: 116858.

[11] Özdemir G, Yapar S. Preparation and characterization of copper and zinc adsorbed cetylpyridinium and N-lauroylsarcosinate intercalated montmorillonites and their antibacterial activity. Colloid Surf B, 2020, 188: 110791.

[12] Jou S K, Malek N A N N. Characterization and antibacterial activity of chlorhexidine loaded silver-kaolinite. Appl Clay Sci, 2016, 127-128: 1-9.

[13] 王文波, 牟斌, 张俊平, 等. 凹凸棒石: 从矿物材料到功能材料. 中国科学: 化学, 2018, 48(12): 1432-1451.

[14] 王爱勤, 王文波, 郑易安, 等. 凹凸棒石棒晶束解离及其纳米功能复合材料. 北京: 科学出版社, 2014.

[15] 李晓晗, 朱玉萍, 温超, 等. 载锌凹凸棒石黏土中锌的解吸及抑菌作用研究. 非金属矿, 2015, 38(3): 9-12.

[16] 陈凌杰. 凹凸棒石玉米赤霉烯酮吸附剂在肉鸡饲料中的应用研究. 南京: 南京农业大学, 2017.

[17] 苏越. 凹凸棒石玉米赤霉烯酮吸附剂在肉鸡和蛋鸡饲料中的应用研究. 南京: 南京农业大学, 2018.

[18] Wang W B, Wang A Q. Palygorskite Nanomaterials: Structure, Properties, and Functional Applications// Nanomaterials from Clay Minerals: A New Approach to Green Functional Materials Micro and Nano Technologies. Amsterdam: Elsevier, 2019, 21-133.

[19] 郭亭亭, 李霞章, 陈丰, 等. 凹凸棒基无机-无机纳米复合材料的制备及应用研究进展. 硅酸盐通报, 2009, 28(3): 531-535.

[20] 杨勇, 固旭, 钱运华, 等. Ag/AgBr/TiO₂/凹土基抗菌剂的制备及其抗菌性能. 非金属矿, 2011, 34(6): 53-55.

[21] Huo C L, Yang H M. Preparation and enhanced photocatalytic activity of Pd-CuO/palygorskite nanocomposites. Appl Clay Sci, 2013, 74: 87-94.

[22] Han S, Zhang H, Kang L, et al. A convenient ultraviolet irradiation technique for synthesis of antibacterial Ag-Pal nanocomposite. Nanoscale Res Lett, 2016, 11(11): 1-7.

[23] Zhao D F, Zhou J, Liu N. Preparation and characterization of Mingguang palygorskite supported with silver and copper for antibacterial behavior. Appl Clay Sci, 2006, 33: 161-170.

[24] 李宏伟. 凹凸棒石抗菌复合材料制备及其抗菌试验研究. 合肥: 合肥工业大学, 2004.

[25] 胡发社, 程海丽, 杨飞华, 等. 坡缕石型载银抗菌剂的研制. 现代化工, 2001, 6: 35-37.

[26] 赵娣芳, 周杰, 楼必君, 等. 凹凸棒石及其改性产物的抗菌性能研究. 中国非金属矿工业导刊, 2005, 2: 23-25.

[27] 陈天虎, 李宏伟, 汪家权, 等. 凹凸棒石-银纳米复合抗菌材料制备方法和表征. 硅酸盐通报, 2005, 2: 123-126.

[28] 王临艳, 宫雪, 王建荣. 纳米载银凹凸棒的制备和表征及其抗菌性能. 国际检验医学杂志, 2011, 32(7): 739-740, 743.

[29] Wang W Y, Li Y M, Wang W B, et al. Palygorskite/silver nanoparticles incorporated polyamide thin film nanocomposite membranes with enhanced water permeating, antifouling and antimicrobial performance. Chemosphere, 2019, 236: 124396.

[30] Wang W B, Kang Y R, Wang A Q. In situ fabrication of Ag nanoparticles/attapulgite nanocomposites: Green synthesis and catalytic application. J Nanopart Res, 2014, 16(2): 2281.

[31] Zang L M, Qiu J H, Yang C, et al. Preparation and application of conducting polymer/Ag/clay composite nanoparticles formed by in situ UV-induced dispersion polymerization. Sci Rep, 2016, 6: 20470.

[32] Araújo C M, Santana M D V, Cavalcante A D N, et al. Cashew-gum-based silver nanoparticles and palygorskite as green nanocomposites for antibacterial applications. Mat Sci Eng C, 2020, 115: 110927.

[33] 朱海青, 周杰, 赵娣芳, 等. 凹凸棒石载铜抗菌剂的研制及其抗菌性能. 矿产保护与利用, 2006, 1: 23-26.

[34] 赵娣芳, 周杰, 楼必君, 等. 铜改性坡缕石的结构特征与抗菌性能研究. 矿物学报, 2006, 2: 219-223.

[35] 赵娣芳, 周杰, 刘宁. 铜改性凹凸棒石/纳米二氧化钛复合粉体的微观结构. 硅酸盐学报, 2006, 34: 793-795.

[36] Yao D W, Yu Z Z, Li N, et al. Copper-modified palygorskite is effective in preventing and treating diarrhea caused by Salmonella typhimurium. J Zhejiang Univ-Sci B (Biomed & Biotechnol), 2017, 18(6): 474-480.

[37] 丁阳, 姚大伟, 娜, 等. 载铜凹凸棒粘土膏剂对沙门菌体内外抑菌效果观察. 畜牧与兽医, 2015, 47(9): 104-107.

[38] 张朝政, 姚大伟, 许莹, 等. 载铜凹凸棒粘土对小鼠组织中 Cu²⁺含量的影响. 畜牧与兽医, 2018, 50(5): 113-116.

[39] 徐惠, 唐靖, 彭振军, 等. CuO/凹凸棒石黏土复合材料的制备及其吸附、抑菌性能研究. 应用化工, 2012, 41(11): 1881-1884.

[40] Liu P, Wei G L, Liang X L, et al. Synergetic effect of Cu and Mn oxides supported on palygorskite for the catalytic oxidation of formaldehyde: Dispersion, microstructure, and catalytic performance. Appl Clay Sci, 2018, 161: 265-273.

[41] Dong W K, Lu Y S, Wang W B, et al. A sustainable approach to fabricate new 1D and 2D nanomaterials from natural abundant palygorskite clay for antibacterial and adsorption. Chem Eng J, 2020, 382: 122984.

[42] 孙文恺, 刘强, 刘洋, 等. 载锌凹凸棒石对 3 种猪常见致病菌的体外抑菌效果. 安徽农业科学, 2019, 47(17): 85-88.

[43] Hui A P, Dong S Q, Kang Y R, et al. Hydrothermal fabrication of spindle-shaped ZnO/palygorskite nanocomposites using nonionic surfactant for enhancement of antibacterial activity. Nanomaterials, 2019, 9(10): 1453.

[44] Hui A P, Yan R, Mu B, et al. Preparation and antibacterial activity of ZnO/palygorskite nanocomposites using different types of surfactants. J Inorg Organomet Polym, 2020, 30: 3808-3817.

[45] Rosendo F R G V, Pinto L I F, Lima I S D, et al. Antimicrobial efficacy of building material based on ZnO/palygorskite against gram-negative and gram-positive bacteria. Appl Clay Sci, 2020, 188: 105499.

[46] 杨倩, 冯建国. ZnO/凹凸棒石复合抗菌材料的制备与应用探索. 中国非金属矿工业导刊, 2010, 2: 26-29.

[47] Huo C L, Yang H M. Synthesis and characterization of ZnO/palygorskite. Appl Clay Sci, 2010, 50: 362-366.

[48] 张明明, 刘欣跃, 牟斌, 等. 凹凸棒石负载锌钴层状双氧化物抗菌材料的制备及性能. 甘肃农业大学学报, 2019, 54(4): 205-215, 222.

[49] Dutta R K, Nenavathu B P, Gangishetty M K, et al. Studies on antibacterial activity of ZnO nanoparticles by ROS induced lipid peroxidation. Colloid Surf B, 2012, 94: 143-150.

[50] Changa A K T, Frias R R, Alvarez L V, et al. Comparative antibacterial activity of commercial chitosan and chitosan extracted from *Auricularia* sp. Biocatal Agric Biotechnol, 2019, 17: 189-195.

[51] 薛金玲, 李健军, 白艳红, 等. 壳聚糖及其衍生物抗菌活性的研究进展. 高分子通报, 2017, 11: 26-36.

[52] Li J, Zhao L, Wu Y, et al. Insights on the ultra high antibacterial activity of positionally substituted 2'-*O*-hydroxypropyl trimethyl ammonium chloride chitosan: A joint interaction of —NH and—N$^+$(CH) with bacterial cell wall. Colloid Surf B, 2019, 173: 429-436.

[53] Wu T, Xie A G, Tan S Z, et al. Antimicrobial effects of quaternary phosphonium salt intercalated clay minerals on *Escherichia coli* and *Staphylococci aureus*. Colloid Surf B, 2011, 86: 232-236.

[54] Zhong Q, Tian J H, Liu T L, et al. Preparation and antibacterial properties of carboxymethyl chitosan/ZnO nanocomposite microspheres with enhanced biocompatibility. Mater Lett, 2018, 212: 58-61.

[55] Liu J L, Gao Z Y, Liu H, et al. A study on improving the antibacterial properties of palygorskite by using cobalt-doped zinc oxide nanoparticles. Appl Clay Sci, 2021, 209: 106112.

[56] Hua J, Wei Q, Du Y, et al. Controlling electron transfer from photoexcited quantum dots to Al doped ZnO nanoparticles with varied dopant concentration. Chem Phys Lett, 2018, 692: 178-183.

[57] Swilem A E, Stloukal P, Abd El-Rehim H A, et al. Influence of gamma rays on the physico-chemical, release and antibacterial characteristics of low-density polyethylene composite films incorporating an essential oil for application in food-packaging. Food Packaging Shelf, 2019, 19: 131-139.

[58] 陆敏, 王利强. 海藻酸钠纳米微球抗菌膜的制备及抑菌作用研究. 功能材料, 2018, 49(3): 3076-3081.

[59] 高灵娟. 蒙脱石型有机/无机复合抗菌材料的制备及抑菌性能研究. 银川: 宁夏大学, 2019.

[60] Yang J H, Lee J H, Ryu H J, et al. Drug-clay nanohybrids as sustained delivery systems. Appl Clay Sci, 2016, 130: 20-32.

[61] 颉晓玲. 不同方法处理凹凸棒黏土的理化性能及其对双氯芬酸钠的吸附研究. 兰州: 兰州大学,

2011.

[62] 颉晓玲, 汪琴, 王文波, 等. 对辊处理对凹凸棒黏土理化性能和吸附性能的影响. 应用化工, 2012, 41(5): 815-818.

[63] Eusepi P, Marinelli L, Borrego-Sánchez A, et al. Nano-delivery systems based on carvacrol prodrugs and fibrous clays. J Drug Deliv Sci Technol, 2020, 101815(58): 1773-2247.

[64] 汤光, 李大魁. 现代临床药物学. 第二版. 北京: 化学工业出版社, 2003, 217-218.

[65] 李平, 魏琴, 王爱勤. 凹凸棒石对双氯芬酸钠的吸附作用与应用研究. 中国生化药物杂志, 2006, 2: 79-82.

[66] 颉晓玲, 王文波, 汪琴, 等. 盐交换凹凸棒黏土的理化性质及其对双氯芬酸钠吸附性能的影响. 应用化工, 2011, 40(6): 1002-1006.

[67] 汪琴, 王文己, 王爱勤. 壳聚糖/酸活化凹凸棒黏土复合物对双氯芬酸钠的吸附及体外释放. 中国生化药物杂志, 2007, 5: 336-339.

[68] 吴洁, 丁师杰, 陈静, 等. 酸化凹凸棒石/海藻酸复合材料的制备及其缓释性能. 化工学报, 2014, 65(11): 4627-4632.

[69] Yahia Y, García-Villén F, Djelad A, et al. Crosslinked palygorskite-chitosan beads as diclofenac carriers. Appl Clay Sci, 2019, 180: 105169.

[70] Wang Q, Wang W, Wu J, et al. Effect of attapulgite contents on release behaviors of a pH sensitive carboxymethyl cellulose-g-poly(acrylic acid)/attapulgite/sodium alginate composite hydrogel bead containing diclofenac. J Appl Polym Sci, 2012, 124(6): 4424-4432.

[71] Wu J, Ding S, Chen J, et al. Preparation and drug release properties of chitosan/organomodified palygorskite microspheres. Int J Biol Macromol, 2014, 68: 107-112.

[72] Carazo E, Borrego-Sánchez A, García-Villén F, et al. Adsorption and characterization of palygorskite-isoniazid nanohybrids. Appl Clay Sci, 2018, 160: 180-185.

[73] Wang Q, Zhang J P, Wang A Q. Freeze-drying: A versatile method to overcome re-aggregation and improve dispersion stability of palygorskite for sustained release of ofloxacin. Appl Clay Sci, 2014, 87: 7-13.

[74] 潘春艳, 籍向东, 曹成, 等. 载 5-氟尿嘧啶改性凹凸棒石的制备及缓释性能研究. 四川化工, 2021, 24(1): 5-9.

[75] 周红军, 周新华, 黄俊源, 等. 啶虫脒/席夫碱改性凹凸棒土缓释体系的制备与性能. 精细化工, 2017, 34(3): 256-261, 293.

[76] Gao J, Fan D, Song P, et al. Preparation and application of pH-responsive composite hydrogel beads as potential delivery carrier candidates for controlled release of berberine hydrochloride. R Soc Open Sci, 2020, 7: 200676.

[77] 孙国藩, 吴东鑫, 代婉婉, 等. 凹土基农药微胶囊的制备及缓释性能研究. 非金属矿, 2019, 42(1): 7-10.

[78] Wang Q, Zhang J P, Wang A Q. Preparation and characterization of a novel pH-sensitive chitosan-g-poly(acrylic acid)/attapulgite/sodium alginate composite hydrogel bead for controlled release of diclopenac sodium. Carbohyd Polym, 2009, 78: 731-737.

[79] Junior E D, Almeida J M F D, et al. pH-Responsive release system of isoniazid using palygorskite as a nanocarrier. J Drug Deliv Sci Technol, 2020, 55: 101399.

[80] Kong Y, Ge H L, Xiong J X, et al. Palygorskite polypyrrole nanocomposite: A new platform for electrically tunable drug delivery. Appl Clay Sci, 2014, 99: 119-124.

[81] Sadiq A K. Adsorption study of drug Cefixime onto surface Iraqi attapulgite. Irq Nat J Chem, 2016, 16: 32-43.

[82] Chang P H, Jiang W T, Li Z H, et al. Interaction of ciprofloxacin and probe compounds with palygorskite PFl-1. J Hazard Mater, 2016, 303: 55-63.

[83] Marinelli L, Stefano A D, Cacciatore I. Carvacrol and its derivatives as antibacterial agents. Phytochemistry Rev, 2018, 17: 903-921.

[84] Marinelli L, Fornasari E, Eusepi P, et al. Carvacrol prodrugs as novel antimicrobial agents. Eur J Med Chem, 2019, 178: 515-529.

[85] 刘欢, 肖苗, 贺小贤, 等. 植物精油对病原微生物抑菌作用和机制的研究进展. 食品与发酵工业, 2021, 1-6.

[86] Eusepi P, Marinelli L, García-Villén F, et al. Carvacrol prodrugs with antimicrobial activity loaded on clay nanocomposites. Materials, 2020, 13: 1793.

[87] Xu N, Zhou R J, Jiang Q, et al. GEO-PGS composite shows synergistic and complementary effect on *Escherichia coli* and improvement of intestinal dysfunction. Food Chem Toxicol, 2020, 135: 110936.

[88] Zhong H Q, Mu B, Zhang M M, et al. Preparation of effective carvacrol/attapulgite hybrid antibacterial materials by mechanical milling. J Porous Mat, 2020, 27: 843-853.

[89] Zhong H Q, Mu B, Yan P J, et al. A comparative study on surface/interface mechanism and antibacterial properties of different hybrid materials prepared with essential oils active ingredients and palygorskite. Colloid Surf A, 2021, 618: 126455.

[90] 宋阳, 沈维军, 万发春, 等. 大蒜素生理功能及在反刍动物上的应用. 中国畜牧兽医, 2020, 47(11): 3518-3527.

[91] Roshan N, Riley T V, Hammer K A. Antimicrobial activity of natural products against *Clostridium difficile in vitro*. J Appl Microbiol, 2017, 123: 92-103.

[92] 吴洁, 杨静静. 大蒜素/有机凹凸棒黏土/海藻酸钠/壳聚糖复合微球的制备及其性能. 中国生化药物杂, 2011, 32: 433-436.

[93] 惠爱平, 杨芳芳, 康玉茹, 等. 高压均质辅助构筑 CTBA 改性植物精油/凹凸棒石复合抗菌材料. 精细化工, 2021, 38(10): 2019-2024.

[94] Xu J X, Zhang J P, Wang Q, et al. Disaggregation of palygorskite crystal bundles via high-pressure homogenization. Appl Clay Sci, 2011, 54: 118-123.

[95] Xu J X, Wang W B, Wang A Q. Effects of solvent treatment and high-pressure homogenization process on dispersion properties of palygorskite. Powder Technol, 2013, 235: 652-660.

[96] Xu J X, Wang W B, Wang A Q. Superior dispersion properties of palygorskite in dimethyl sulfoxide via high-pressure homogenization process. Appl Clay Sci, 2013, 86: 174-178.

[97] Cłapa T, Michalski J, Syguda A, et al. Morpholinium-based ionic liquids show antimicrobial activity against clinical isolates of *Pseudomonas aeruginosa*. Res Microbiol, 2021, 103817.

[98] Cai X, Zhang J L, Ouyang Y, et al. Bacteria-adsorbed palygorskite stabilizes the quaternary phosphonium salt with specific-targeting capability, long-term antibacterial activity, and lower cytotoxicity. Langmuir, 2013, 29(17): 5279-5285.

[99] 彭亦龙. 凹凸棒石和蛭石的季鳞阳离子化及结构性能研究. 广州: 暨南大学, 2009.

[100] Ruiz-Hitzky E, Aranda P, Álvarez A, et al. Advanced Materials and New Applications of Sepiolite and Palygorskite//Developments in Clay Science. Elsevier, 2011, 3: 393-452.

[101] Liu Y, Gao X L, Zhang G Y, et al. Functionalization of silk fabric using hyperbranched polymer coated attapulgite nanoparticles for prospective UV-resistance and antibacterial applications. Mater Res Express, 2020, 7: 055008.

[102] Liu X H, Wang N, Hou B R. Multifunctional Ag-based ternary nanocomposite incorporated epoxy coating as antibacterial, anticorrosion and antifouling agent. Corros Eng Sci Techn, 2020, 56(2):

144-153.

[103] Fang D L, Yang W J, Benard M K, et al. Effect of nanocomposite-based packaging on storage stability of mushrooms (*Flammulina velutipes*). Innov Food Sci Emerg Technol, 2016, 33: 489-497.

[104] Dong Z, Luo C, Guo Y M, et al. Characterization of new active packaging based on PP/LDPE composite films containing attapulgite loaded with *Allium sativum* essence oil and its application for large yellow croaker (*Pseudosciaena crocea*) fillets. Food Packaging Shelf, 2019, 20: 100320.

[105] 印遇龙, 杨哲. 天然植物替代饲用促生长抗生素的研究与展望. 饲料工业, 2020, 41(24): 1-7.

[106] 刘华, 刘秀斌, 吴俊, 等. 饲用植物及其提取物在饲料替抗中的应用. 饲料工业, 2020, 41(12): 20-24.

[107] 唐镇海, 袁建敏. 植物精油替抗的研究进展及机理. 饲料工业, 2021, 42(2): 18-23.

[108] Skoufos I, Giannenas I, Tontis D, et al. Effects of oregano essential oil and attapulgite on growth performance, intestinal microbiota and morphometry in broilers. Afr J Anim Sci, 2016, 46(1): 77-88.

[109] Pappas A C, Zoidis E, Theophilou N, et al. Effects of palygorskite on broiler performance, feed technological characteristics and litter quality. Appl Clay Sci, 2010, 49(3): 276-280.

[110] Zhang L, Yan R, Zhang R Q, et al. Effect of different levels of palygorskite inclusion on pellet quality, growth performance and nutrient utilization in broilers. Anim Feed Sci Technol, 2017, 223: 73-81.

[111] 邱海剑, 张玉东, 罗有文, 等. 凹凸棒石黏土和沸石对肉鸡饲料制粒加工性状的影响. 非金属矿, 2009, 32(1): 25-26.

[112] 张磊. 凹凸棒石对肉鸡饲料制粒质量与肠道功能的影响及其相关机制研究. 南京: 南京农业大学, 2016.

[113] Chen Y P, Cheng Y F, Yang W L, et al. An evaluation of palygorskite inclusion on the growth performance and digestive function of broilers. Appl Clay Sci, 2016, 129: 1-6.

[114] Su Y, Chen Y P, Chen L J, et al. Effects of different levels of modified palygorskite supplementation on the growth performance, immunity, oxidative status and intestinal integrity and barrier function of broilers. J Anim Physiol Anim Nutr, 2018, 102(6): 1574-1584.

[115] 罗有文, 王龙昌, 张银生, 等. 载锌坡缕石的制备及其体内外抗菌性能研究. 中国粮油学报, 2009, 24(4): 87-92.

[116] Zhang R Q, Wen C, Chen Y P, et al. Zinc-bearing palygorskite improves the intestinal development, antioxidant capability, cytokines expressions, and microflora in blunt snout bream (*Megalobrama amblycephala*). Aquacult Rep, 2020, 16: 100269.

[117] Sirelkhatim A, Mahmud S, Seeni A, et al. Review on zinc oxide nanoparticles: Antibacterial activity and toxicity mechanism. Nano-Micro Lett, 2015, 7(3): 219-242.

[118] 毛俊舟. 凹凸棒土负载纳米氧化锌对断奶仔猪生长性能及肠道屏障功能的影响. 扬州: 扬州大学, 2018.

[119] 毛俊舟, 董丽, 王淑楠, 等. 凹土纳米氧化锌对断奶仔猪生长性能、器官指数及血液生化指标的影响. 动物营养学报, 2018, 30(4): 1471-1480.

[120] 仲召鑫, 董丽, 毛俊舟, 等. 凹土纳米氧化锌对断奶仔猪肝脏免疫功能和脂代谢的影响. 动物营养学报, 2019, 31(6): 2605-2613.

[121] 毛俊舟, 董丽, 彭程, 等. 凹土纳米氧化锌对断奶仔猪血清、肝脏和肠道黏膜抗氧化指标的影响. 动物营养学报, 2019, 31(4): 1789-1796.

[122] Yan R, Hui A P, Kang Y R, et al. Effects of palygorskite composites on growth performance and antioxidant status in broiler chickens. Poult Sci, 2019, 98: 2781-2789.

[123] 孙小淳, 李书杰, 朱靖, 等. 凹凸棒石抗菌材料对湖羊生长性能、屠宰性能及肉品质的影响. 畜牧与兽医, 2021, 53(4): 38-41.

[124] 程浩, 唐圣果, 贺长青, 等. 饲粮添加凹凸棒石负载植物精油复合物对蛋鸡生产性能和肠道微生物的影响. 动物营养学报, 2021, 33(5): 1-11.

[125] Alcântara A C S, Aranda P, Darder M, et al. Zein-clay biohybrids as nanofillers of alginate based bionanocomposites. Abstr Pap Am Chem Soc, 2011, 241: 114-115.

[126] Alcântara A C S, Darder M, Aranda P, et al. Zein-fibrous clays biohybrid materials. Eur J Inorg Chem, 2012: 5216-5224.

[127] Shemesh R, Goldman D, Krepker M, et al. LDPE/clay/carvacrol nanocomposites with prolonged antimicrobial activity. J Appl Polym Sci, 2015, 132(2): 1-8.

[128] Huang T Q, Qian Y S, Wei J, et al. Polymeric antimicrobial food packaging and its applications. Polym, 2019, 11(3): 560-577.

[129] 郭娟, 张进, 王佳敏, 等. 天然抗菌剂在食品包装中的研究进展. 食品科学, 2021, 42(9): 336-346.

[130] 何叶子, 徐丹, 张春森, 等. 含壳聚糖和 Nisin 的复合衬垫对鲜肉的保鲜效果. 食品科学, 2019, 40(1): 294-299.

[131] Ramos M, Beltrán A, Peltzer M, et al. Release and antioxidant activity of carvacrol and thymol from polypropylene active packaging films. Food Sci Technol, 2014, 58(2): 470-477.

[132] 张芳芳, 全丽娜, 陈浩, 等. 利用有机化凹凸棒石颗粒制备 W/O 型 Pickering 乳液. 日用化学工业, 2014, 44: 541-545.

[133] Freitas A K D C, Puton B M S, Peres A P. D S, et al. Palygorskite sheets prepared via tape casting for wound healing applications. Int J Appl Ceram Technol, 2020, 17: 320-326.

[134] Jing Y M, Mu B, Zhang M M, et al. Zinc-loaded palygorskite nanocomposites for catheter coating with excellent antibacterial and anti-biofilm properties. Colloid Surface A, 2020, 600: 124965.

[135] Gao D G, Zhang Y H, Lyu B, et al. Nanocomposite based on poly(acrylic acid)/attapulgite towards flame retardant of cotton fabrics. Carbohyd polym, 2019, 206: 245-253.

[136] Liu H. Wang S D. Preparation of the cotton fabric with ultraviolet resistance and antibacterial activity using nano attapulgite colloidal particles. Fiber Polym, 2012, 13: 1272-1279.

[137] Zhang Y D, Wang L J, Wang F, et al. Effects of palygorskite on physical properties and mechanical performances of bone china. Appl Clay Sci, 2019, 168: 287-294.

[138] 高婷, 郭紫璇, 杨冬梅, 等. 载银凹凸棒土在抑菌纸中的应用. 纸和造纸, 2019, 38(4): 21-24.

第 6 章　凹凸棒石霉菌毒素吸附材料

6.1　引　言

畜牧业的健康发展对改善我国人民生活水平、优化膳食结构和提高农牧民收入有着至关重要的作用[1]。然而饲料中潜在的有毒、有害物质却对畜牧业的可持续发展和人类食品安全构成了重要挑战。霉菌毒素是一类由真菌产生的有毒代谢产物或次生代谢产物，是畜禽饲料中最常见的污染物之一，具有很强的毒性和致癌、致畸和致突变性[2-10]。目前已经确认化学结构的霉菌毒素超过 400 种，其中危害最广的主要有黄曲霉毒素(aflatoxin B_1，AFB_1)、玉米赤霉烯酮(zenralenone，ZEN)、呕吐毒素(deoxynivalenol，DON)、赭曲霉毒素 A(ochratoxin A，OTA)、伏马毒素(fumonisins，FB_1)和 T-2 毒素(T-2)等[6]。

霉菌毒素出现在作物种植、收获、加工和存储各个环节，可污染农作物、饲料及食品原料。被霉菌毒素污染的饲料饲喂动物会降低动物免疫力、生长发育和生产生育能力等，同时霉菌毒素还会在动物体内残留并伴随食物链进入人体，进而影响人类的身体健康[7]。据统计，全球每年约有 25%的农产品受到不同程度的霉菌毒素污染[8]。长期以来，人们对霉菌毒素在食品和饲料中的污染缺乏足够认识，在人类健康和动物生产中的危害也被低估。因此，采用切实有效的方法从动物饲料中去除霉菌毒素，成为全球关注的重要问题。

天然黏土矿物具有环保、低成本和高效吸附真菌毒素的特点，被认为是高效去除动物饲料中有毒真菌毒素的吸附剂。凹凸棒石(attapulgite，APT)是一种具有一维棒状形貌的黏土矿物，其独特的纳米棒晶和孔道结构，赋予了其胶体性能好和吸附能力强等理化性质[9]。凹凸棒石作为饲料原料能有效提升饲料产品品质、改善动物机体免疫和抗氧化机能、保护消化道黏膜、促进肠道健康、提高饲粮养分利用率和动物生产性能。凹凸棒石具有结构负电荷，可与极性霉菌毒素结合，但对弱极性毒素需要通过改性提升吸附性能。本章主要总结了凹凸棒石霉菌毒素吸附剂研究进展，以期为我国动物安全养殖和凹凸棒石高值化利用提供技术支撑和参考。

6.2　霉菌毒素污染现状和凹凸棒石应用概况

6.2.1　霉菌毒素污染现状

霉菌毒素在植物性饲料原料中普遍存在，对饲料产品和消费安全造成严重影响和潜在危害。丁燕玲等[10]收集 2015 年 1 月至 2020 年 6 月发布的 30 份调查报告，对相关数据进行统计分析，评估了我国近年来玉米、小麦、豆粕和全价饲料等霉菌毒素污染状况。

结果显示，我国大部分省区市饲料中存在霉菌毒素污染，其中华东地区最为严重，AFB$_1$、FB$_1$、ZEN 和 DON 四种霉菌毒素检出率均较高。谷物原料中存在优势霉菌毒素，其中玉米中主要是 FB$_1$ 和 DON[图 6-1(a)]，小麦更容易受污染[图 6-1(b)]，豆粕中 AFB$_1$ 和 DON 检出率较高[图 6-1(c)]，在全价饲料中所列霉菌毒素均存在较高检出率和阳性值[图 6-1(d)]，说明我国饲料原料被霉菌毒素污染的现状较为严峻。

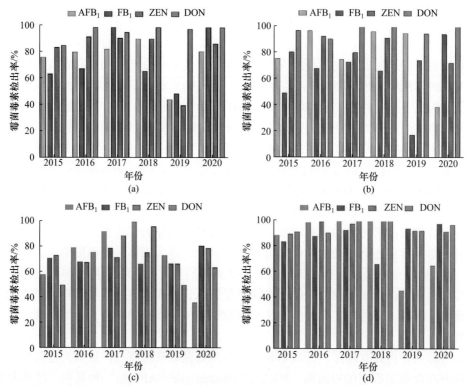

图 6-1　2015～2020 年(a)玉米及加工副产品、(b)小麦及麸皮、(c)豆粕和(d)全价饲料 4 种霉菌毒素阳性检出率变化[10]

中华人民共和国国家标准 GB 13078—2017《饲料卫生标准》对各种饲料原料和不同种类动物饲料产品中部分真菌毒素限量进行了明确规定，强制要求所有饲料行业必须严格遵守该标准。事实上，近年来国内发布的多份霉菌毒素检测报告，从不同年份、不同地区和不同饲料原料中都说明霉菌毒素的污染普遍存在[11-16]。寻求合适有效的方法对霉菌毒素进行处理控制是畜牧业发展的当务之急。

当前霉菌毒素污染的主要控制措施包括防止霉菌的污染和毒素的产生及对已存在的霉菌毒素进行脱毒处理。脱毒处理主要有物理脱毒、化学脱毒和生物脱毒等方法。物理方法包括热失活、照射(紫外光或γ射线)和溶剂提取等；化学方法通常包括酸、碱和氧化剂通过与霉菌毒素反应，将其转化为无毒或毒性较小的化合物；生物方法通常依赖于各种微生物，如酵母、放线菌和藻类来降解霉菌毒素。这些不同处理方法对霉菌毒素去除都有一定的效果，但在实际应用中仍有一定的局限性。

近年来，吸附法被证明是一种切实有效的霉菌毒素脱毒方法。多种吸附剂如活性炭、黏土矿物和树脂已被用于吸附霉菌毒素[17-20]。吸附法主要是通过在饲料或谷物中添加各种吸附剂，使毒素在经过动物肠道时不被动物所吸收，直接排出体外。吸附法既涉及化学作用又涉及物理作用，既能有效降低霉菌毒素的毒性影响，又能避免有毒残留物，成为保护动物免受霉菌毒素侵害应用最广泛的方法。

蒙脱石、凹凸棒石、海泡石及沸石等非金属矿物在饲料内添加可有效降低霉菌毒素对饲料的污染和动物健康的影响[21,22]。此外，非金属矿物中通常含有动物生长发育所必需的钙、镁、钾和钠等多种常量及微量元素，在胃酸作用下释放可调节动物肠道微生态平衡，增强机体免疫力，同时能减少氨氮等有害代谢产物的形成，改善饲养环境[23]。

6.2.2　动物养殖用凹凸棒石功能

凹凸棒石具有特殊的棒晶形貌和孔道结构，吸附能力强、胶体性能好，同时具有良好的生物学功能，可作为饲料原料或饲料添加剂使用[24]。2003 年，欧盟委员会将凹凸棒石纳入饲料添加剂[25]，2011 年欧盟委员会和 2013 年中国农业部又先后将其纳入饲料原料[26,27]。袁勇等[28]详细阐述了凹凸棒石的理化性质和常见改性方法，总结了凹凸棒石的生物学功能及机制。目前凹凸棒石在动物养殖中的主要应用效果如下所述：

(1) 提供动物机体所需的矿物元素。凹凸棒石黏土矿物富含着多种动物必需的矿物元素和微量元素，这些物质在动物胃肠酸性或偏酸性环境下溶出，通过在消化道中扩散，被畜禽机体所吸收利用[29]。日粮中添加凹凸棒石黏土不仅可提高产蛋鸡的产蛋率和蛋重，而且能增加鸡蛋中碘、硒和锌的含量。

(2) 改善饲料品质。将谷物饲料加工制成颗粒饲料，可提高饲料利用率 23%左右。研究表明，与粉末饲料相比，颗粒饲料除可改善肉鸡的生长性能[30]，还具有减少成分分离、提高消化率和适口性等优点[31]。凹凸棒石纳米棒晶可在水中高度分散，呈现出较好的增稠性、相容性和触变性，被广泛作为颗粒饲料黏结剂[32]。在饲料中添加凹凸棒石可提高颗粒饲料的硬度和耐久性。如饲料中添加质量分数为 1%～3%的凹凸棒石可降低饲料粉化率和含粉率，提高颗粒饲料加工品质[33,34]。在肉鸡基础日粮中添加 5 g/kg、10 g/kg、15 g/kg 和 20 g/kg 的凹凸棒石，随着凹凸棒石添加量增加，饲料球团的硬度和耐久性指标均有所提高，肉鸡平均日采食量提高，日增重增加[35]。肉鸡颗粒饲料中添加 0.5%～2.0%凹凸棒石，可提高调制阶段饲料水分含量，提高饲料淀粉糊化度和表观黏度，从而增加食糜黏度，减缓消化道排空时间，提高养分利用率[36]。团头鲂饲料中添加 2.0%凹凸棒石，可以降低饲料在水中的溶失率，提高饲料中淀粉制粒过程的糊化度[32]。

(3) 提高养分利用率。当凹凸棒石与饲料被动物摄入后，在偏酸性环境下饲料中大分子蛋白质、多肽被分解成带负电荷的氨基酸，与从凹凸棒石中游离出来带正电的阳离子发生作用，形成易被肠道黏膜吸收的复合物。罗有文等[37]研究表明，在肉鸡日粮中添加质量分数为 5%的凹凸棒石，可使粗蛋白质利用率提高 7.4%，必需氨基酸利用率提高 3.34%，总氨基酸利用率提高 4.23%。吕云峰等[38]在日粮中添加凹凸棒石，发现可以提高干物质、能量和粗蛋白利用率，低剂量(2 g/kg)比高剂量(3 g/kg)更能降低断奶仔猪的粗脂肪消化率。凹凸棒石还可促进消化酶的分泌，从而提高动物机体对营养物质的利用率和饲料转化率[39]。凹凸棒石通过增加饲粮在消化道的保留时间，提高畜禽对营养物质的利用率[40]。饲粮中添加 1%凹凸棒石可使蛋鸡产蛋率提高 2.6%[41]。Bampidis 等[42]研究发现，饲粮中添加 10 g/kg 的凹凸棒石可提高乳蛋白产量，降低乳菌落形成单位，从而改善生产性能。

(4) 增强肠道黏膜屏障防护。增强家禽肠道屏障功能、保障肠道健康目前已成为动物营养及饲料科学研究热点之一。添加 2%的凹凸棒石可以减少仔猪因断奶产生的腹泻或减轻腹泻程度[43]。Tang 等[44]报道饲粮中添加 1.8 g/kg 凹凸棒石可显著提高断奶仔猪的平均日增重，对断奶仔猪生产性能、腹泻率和养分消化率的改善作用与日粮中添加 2.5 g/kg ZnO 效果接近。日粮中添加 1.0%的凹凸棒石可改善肉鸡肠道屏障功能和形态结构、盲肠菌群组成、肠道免疫机能及肠道氧化还原状态[45]。Zhou 等[46]研究发现，饲粮中添加凹凸棒石可以显著降低肉鸡血清二胺氧化酶(DAO)活性，在肉鸡饲粮中添加 1%沸石和 1%凹凸棒石组合物，发现空肠黏膜过氧化氢酶(CAT)活性和分泌型免疫球蛋白 A(sIgA)含量显著提高，丙二醛(MDA)含量显著降低。Qiao 等[47]研究表明天然凹凸棒石包合物显著提高了十二指肠绒毛高度、空肠消化道蛋白酶活性和胰腺淀粉酶活性。Zhang 等[48]在日粮中添加不同水平的凹凸棒石(2.0 g/kg 和 3.0 g/kg)均可改善断奶仔猪肠道形态结构和通透性，降低仔猪腹泻率和血液中内毒素含量以及 DAO 活性。

(5) 提高机体免疫和抗氧化机能。肉鸭日粮中添加 1.0%凹凸棒石可显著提高屠宰性能，改善肌肉品质，具体表现为肉鸭胸肌率、腿肌率和瘦肉率显著提高，胸肌和腿肌滴水损失显著降低，肌肉抗氧化能力显著增强[49]。在饲粮中添加 2 g/kg 凹凸棒石可以显著降低断奶仔猪血清天冬氨酸转氨酶(AST)活性[41]。Chen 等[50]在肉鸡上的研究表明，凹凸棒石可显著提高空肠和回肠杯状细胞数量，回肠免疫球蛋白 M(IgM)和 sIgA 含量均显著增加，免疫球蛋白 G(IgG)含量也有增加的趋势。此外，总超氧化物歧化酶(T-SOD)是机体清除自由基的主要抗氧化酶之一，研究发现凹凸棒石可以显著提高肉鸡肝脏和血浆中 T-SOD 活性[51]。

(6) 抗菌消炎，减少对动物机体的危害。自从人类发现抗生素对动物的促生长作用以来，抗生素饲料添加剂在促进动物生产性能方面发挥了积极作用。但伴随着大规模集约化养殖业的迅猛发展，造成养殖产业对抗生素的极度依赖。2019 年 7 月，农业农村部正式发布第 194 号公告，明确提出 2020 年"全面禁抗"。凹凸棒石可用于制备凹凸棒石纳米复合抗菌剂[52,53]。一方面，凹凸棒石的棒状结构对细菌细胞结构具有一定的机械损伤；另一方面，凹凸棒石的孔道可以有效封装小分子抗菌剂。作者近年来利用凹凸棒石独特的纳米棒晶和孔道结构设计了系列新型凹凸棒石基有机/无机杂化抗菌剂[54,55]，在江苏神力特生物科技股份有限公司成功实现产业化，本书第 5 章详细阐述了凹凸棒石在抗菌领域的研究进展。

(7) 吸附有毒有害物质。畜禽体内的重金属主要经饲料和饮水所摄入，重金属被动物摄取吸收后可蓄积于机体各组织器官，影响动物生产性能和机体抗氧化机能等，并可滞留在动物体内，通过食源性途径对人类健康构成威胁。凹凸棒石可以吸附动物肠道中的各种重金属，减少重金属在动物体内的蓄积。周岩民等[56]研究发现，肉鸡日粮中添加 5.0%凹凸棒石可显著降低肌肉中铅含量。蒋广震等[57]研究发现，添加凹凸棒石后可降低福瑞鲤肝脏中铅的沉积量。Cheng 等[58]在日粮中添加 1.0%和 2.0%凹凸棒石可显著降低肉鸡胸肌和腿肌中铅含量。杨伟丽[59]试验表明,饲粮中添加改性载锌凹凸棒石可使肉鸡肌肉组织中 Zn、Mg、Fe 含量显著提高,Cr、Cu、Pb 等重金属沉积量显著减少。Zhang 等[32]研究发现,日粮中添加 2.0%凹凸棒石显著提高了团头鲂肌肉组织中 Fe 和 Zn 含量,同时显著降低了肌肉组织中 Cd 含量。傅正强[60]发现凹凸棒石可通过离子交换作用、表面络合作用和静电作用吸附镉离子,降低饲料中镉的污染。杨雪等[61]研究发现凹凸棒石可增加动物机体中 Mg 含量,降低育肥猪血液和肌肉中 Pb 和 Cr 含量。

凹凸棒石普遍具有吸附性、悬浮性、流变性和离子交换性等性质,但凹凸棒石的应用性能与棒晶发育和结构特点密切相关。凹凸棒石的吸附性主要取决于结构负电荷、表面积和离子交换性等,在结构上具有二八面体的凹凸棒石吸附能力较强。凹凸棒石独特的孔道结构和表面活性硅羟基基团,具备吸附强极性霉菌毒素的特点,通过表面改性还可以吸附弱极性的霉菌毒素。为此,本章重点介绍了凹凸棒石及其改性产品作为霉菌毒素吸附剂对黄曲霉菌毒素、玉米赤霉烯酮和呕吐毒素取得的研究进展。

6.3　凹凸棒石黄曲霉菌毒素吸附剂

黄曲霉菌毒素主要是由黄曲霉、寄生曲霉等多种真菌产生的次级代谢产物,广泛存在于豆类、花生和玉米等粮食作物以及奶制品、植物油等动植物产品中。黄曲霉毒素基本结构都带有二呋喃环和香豆素(氧杂萘邻酮),根据荧光颜色、Rf 值及化学结构等,分别命名为 B_1、B_2、G_1、G_2、M_1 和 M_2 等。黄曲霉毒素具有很强的致癌、致畸和致突变性,其中尤以 AFB_1 毒性最强,被世界卫生组织肿瘤研究机构列为 I 级致癌物。我国长江沿岸和长江南地区,饲料中黄曲霉毒素污染较为多见,玉米、花生以及饼粕污染较重[62]。

黄曲霉菌毒素毒性大且具有较高的耐热性,不易通过高温等常规方法去除。同时,被黄曲霉菌污染的玉米,能够在较低的温度、湿度和较短的时间内污染其他玉米。黄曲霉毒素中毒主要是对动物肝脏的伤害[63]。饲料中含黄曲霉毒素 $200\sim400\ \mu g/kg$ 会出现肝脏形态学损伤,发生中毒性肝炎甚至导致肝癌。黄曲霉毒素的毒害作用是干扰细胞蛋白质合成,导致动物全身性伤害。中毒后毒素能够迅速破坏畜禽肝脏、肾脏、脾脏等主要代谢解毒器官,降低动物的免疫力和对疾病的抵抗力,导致疫苗失败,造成免疫抑制;还可引起消化系统功能紊乱、生育能力降低、饲料利用率降低、贫血等症状。此外,长期食用含低浓度黄曲霉毒素的饲料也可导致胚胎中毒,通常年幼的动物对黄曲霉毒素更敏感。

由于黄曲霉毒素的严重污染性以及极强的致癌、致畸和致突变作用,世界各国均制定了严格标准,对饲料和食品中的黄曲霉毒素含量进行了限制。2010 年 3 月,欧盟制定的食品中黄曲霉毒素限量标准,即 AFB_1 的限量值范围为 $0\sim12.0\ \mu g/kg$,直接食用和用于食品组分花生中的限量值为 $2.0\ \mu g/kg$,在婴幼儿配方奶粉和婴儿特殊医用食品中限量值为 $0.025\ \mu g/kg$,在牛奶中限量值为 $0.05\ \mu g/kg$[64]。

6.3.1　黏土矿物对黄曲霉菌毒素的吸附

在饲料中加入吸附剂是一种有效的物理脱毒手段。目前研究报道的黄曲霉毒素吸附剂主要有活性炭、酵母细胞壁提取物和黏土矿物等[65,66]。黏土矿物通常具有结构负电荷和较大的比表面积，结构内存在大量纳米微孔及可交换阳离子，从而具有吸附各种阳离子和极性分子的能力[67]。目前，研究较多的黏土矿物类霉菌毒素吸附剂主要是膨润土。膨润土对黄曲霉毒素的吸附效率很大程度上取决于蒙脱石的物理、化学和矿物学性质。Li 等[68]综述了蒙脱石和改性蒙脱石作为霉菌毒素吸附剂的研究进展，齐志国等[69]总结了蒙脱石及其改性产品对不同类型霉菌毒素的吸附效果。通常日粮中添加 0.2%～0.5%的蒙脱石就能很好地控制 AFB₁ 对动物机体的毒害作用，且对动物机体利用饲料中营养物质的影响较小。

何万领[70]通过体外试验发现，在黄曲霉毒素浓度低于 0.020 μg/mL 时，膨润土对黄曲霉毒素的吸附率高达 100%。在黄曲霉毒素浓度低于 0.4 μg/mL 时，膨润土对黄曲霉毒吸附率为 82%～96%。动物急性毒性试验发现，用大剂量黄曲霉毒素灌服雏鸭时，24 h 染毒雏鸭全部死亡；若在染毒前将等量的黄曲霉毒素与膨润土混合，饲喂雏鸭没有出现死亡。Schell 等[71]发现被 800 μg/kg 黄曲霉毒素污染的断奶仔猪日粮，只要添加 0.5%的钙基膨润土即可缓解毒素污染对仔猪生长性能的不良影响。李红梅等[72]发现在肉鸡饲料中添加 100 g/kg 黄曲霉毒素会抑制体增重和降低采食量，而添加 5%钙基膨润土会明显改善黄曲霉毒素的负面影响。蒙脱石对黄曲霉毒素的吸附量随毒素含量增加而增加，呈线性相关。由于蒙脱石对黄曲霉毒素有吸附特异性，反应体系中赖氨酸不影响蒙脱石吸附[73]，蒙脱石对黄曲霉毒素吸附初始反应是一级动力学反应，在 20 min 后达到吸附平衡[74]。

Mulder 等[75]研究表明，蒙脱石粒度对黄曲霉毒素的吸附量具有重要影响，粒径在 0.5 μm 的蒙脱石具有最优的吸附效果。Phillips 等[76]提出了蒙脱石吸附 AFB₁ 的机理。AFB₁ 分子中双呋喃环上具有带部分正电荷的碳原子，蒙脱石表面带负电，两者通过静电吸附实现结合。在不同湿度条件下，蒙脱石对 AFB₁ 的吸附机理不同[77]。在高湿度条件下，蒙脱石层间同时存在 AFB₁ 分子、金属阳离子和水分子，AFB₁ 分子上的羰基氧与水分子形成氢键，与金属阳离子形成离子偶极键；在干燥条件下，AFB₁ 分子上的羰基氧与金属阳离子可形成螯合物。

张亚坤等[78]以钠化蒙脱石、复合改性蒙脱石Ⅰ型(十六烷基三甲基氯化铵改性，阳离子交换容量为 110 mmol/100 g，蒙脱石含量≥90%)、复合改性蒙脱石Ⅱ型(十八烷基三甲基氯化铵改性，阳离子交换容量为 110 mmol/100 g，蒙脱石含量≥90%)和复合改性蒙脱石Ⅲ型(经碳酸钠改性制备，阳离子交换容量为 96 mmol/100 g，蒙脱石含量≥90%)为研究对象，发现改性蒙脱石对 AFB₁ 都有显著的吸附作用。其中 0.1%复合改性蒙脱石Ⅰ型对 AFB₁ 的吸附率最低，为 13.42%；复合改性蒙脱石Ⅱ型对 AFB₁ 的吸附作用最好，吸附率为 62.60%。蒙脱石经表面活性剂改性后，层间吸附有机离子改变了蒙脱石的表面电荷，提高了蒙脱石的亲和性；表面活性剂碳链越长，蒙脱石层间距越大，对 AFB₁ 的吸附量就越高。Abdel-Wahhab 等[79]采用十六烷基三甲基溴化铵作为改性剂制备有机改性蒙脱石，开展了小鼠试验，研究表明服用改性蒙脱石的小鼠并没有表现出 AFB₁ 和赭曲霉素中毒性状，说明改性蒙脱石对小鼠肝脏等器官具有保护作用。

Lian 等[80]利用煅烧法制备了壳聚糖-蒙脱石(CTS-MMT)吸附剂。在不同煅烧温度下，CTS-MMT 样品具有不同的结构形态、表面疏水性和织构性质，因此对 AFB$_1$ 的去除能力也有一定差别。在低于 350℃煅烧时，CTS-MMT 样品对 AFB$_1$ 有较好的吸附能力，可从 0.51 mg/g 提高到 4.97 mg/g；若继续提高煅烧温度，吸附效率略有下降，这是由于 CTS 的炭化程度增加，减少了对 AFB$_1$ 的吸附位点。CTS 对 AFB$_1$ 的吸附主要是通过极性基团(—NH$_3^+$，—NH$_2^+$CO$^-$)与 AFB$_1$ 极性基团结合。随着煅烧温度的升高，CTS 上的极性官能团逐渐减少并最终消失。

除蒙脱石外，水合硅铝酸钠钙(HSCAS)也被广泛应用于黄曲霉菌毒素的去除。HSCAS 来自天然沸石，拥有许多活性结合位点，易于吸附各种分子[81,82]。饲料中添加 0.1%的 HSCAS 可明显消除黄曲霉毒素对鸡、猪和牛所造成的不利影响[83]，HSCAS 的层状结构有助于对黄曲霉毒素的吸附作用，吸附机理主要是金属离子可通过螯合作用与黄曲霉毒素中羰基发生反应[84]。李娟娟等[85]考察了用酵母细胞提取物、HSCAS 和两种的混合物对 AFB$_1$ 的吸附能力，研究表明，添加 HSCAS 组吸附效果最佳，能显著降低 AFB$_1$ 对肉仔鸡的毒害作用。Smith 等[86]通过用放射性同位素标记黄曲霉毒素追踪发现，HSCAS 在动物胃肠道中与霉菌毒素形成了稳定的复合物，可在 30 min 达到吸附平衡，阻止霉菌毒素进入血液循环系统[87]。另外，HSCAS 对 AFB$_1$ 的吸附不受 pH 值影响[88-90]。

近年来，植物提取物与黏土矿物混合用于 AFB$_1$ 的去除也取得了进展。如市售的 Mycofix Plus®、Mycosorb A+®、Fusion OS®、Protox®、Mastersorb Gold®和 M-Tox plus®这些霉菌毒素吸附剂中的主要活性成分包括不同用量的膨润土、酵母、木炭、水飞蓟素和各种酶等。如由 40%的酵母、58%膨润土和 2%从水飞蓟种子中提取的水飞蓟素组成的复合物，可改善 AFB$_1$ 在肉鸡死亡率、采食量、体重、脏器重量、脏器大体和显微病变方面的毒病理效应[91]。

6.3.2　凹凸棒石对黄曲霉菌毒素的吸附

早在 1978 年就有科学家采用各种不同类型黏土矿物考察了对 AFB$_1$ 的去除效果，发现凹凸棒石的去除率可达到 98.1%[92]。20 世纪 90 年代，研究者用 800 μg/kg 的黄曲霉素污染断奶仔猪日粮，发现添加 5%凹凸棒石对断奶仔猪的日增重、饲料转化率和血清总蛋白等明显提高，可作为 AFB$_1$ 的吸附剂[93]。肖雷等[94]选用江苏盱眙凹凸棒石对 AFB$_1$ 进行了吸附性能研究。结果表明，凹凸棒石对 AFB$_1$ 的吸附符合 Langmuir 热力学方程，表明 AFB$_1$ 呈单分子层的形式吸附在凹凸棒石表面，温度高更有利于吸附。吸附动力学方程符合准二级动力学拟合方程，表明该吸附受两种物质共同影响，即凹凸棒石的加入量与 AFB$_1$ 的浓度。同时，作者还指出凹凸棒石对 AFB$_1$ 的吸附作用与凹凸棒石的类型有关，吸附由凹凸棒石的表面活性部位离子种类及疏水性等共同决定。

对凹凸棒石进行酸化改性，不仅有利于棒晶束解离，而且可疏通凹凸棒石孔道，可进一步提高对 AFB$_1$ 的去除效果。夏枚生等[95]将苏皖凹凸棒石分离提纯至 96%以上，并经 2 mol/L 盐酸处理后经 100℃活化，以艾维因商品代肉鸡以及樱桃谷商品代肉鸭为试验对象，研究了在玉米-豆粕型日粮中添加活化凹凸棒石对 AFB$_1$ 的去毒作用。结果表明，与对照组相比，添加 0.25%酸活化凹凸棒石对肉鸡及肉鸭生长性能、内脏器官相对质量、血清生化指标和免疫指标均无显著影响。在霉变玉米中添加酸改性凹凸棒石可使肉鸡及肉鸭生长性能、组织器官和血清 AFB$_1$ 含量、内脏器官相对质量、血清生化指标均恢复至对照组水平。该结果说明凹凸棒石适度改性处理有利于对 AFB$_1$ 吸附性能的提升。

梁晓维等[96]配制了 pH 为 3、5、7 的人工胃液及人工肠液，采用高纯凹凸棒石(含量94%)为吸附剂，通过体外试验研究了对 AFB$_1$ 的吸附及解吸作用。对于初始浓度为 10 μg/L的 AFB$_1$，凹凸棒石与 AFB$_1$ 固液比为 1/80 时，AFB$_1$ 的吸附率为 90.8%，吸附 1 h 达到平衡。在 pH = 3 和 pH = 5 时吸附率无显著差异，但均显著高于 pH = 7。解吸 4 次后仍有89%的解吸率。

周慧堂[97]通过对世界各地 297 份黏土矿物样品的测试，发现一种独特类型的天然混合黏土矿物坡-蒙石对 AFB$_1$ 有较好的吸附性能。由于坡-蒙石为高吸附量坡缕石(凹凸棒石)与高表面电荷蒙脱石的结合体，可有效利用各自的优点对 AFB$_1$ 等强极性真菌毒素进行吸附去除。当 AFB$_1$ 浓度为 200 ppb 时，使用 0.1%的坡-蒙石对 AFB$_1$ 的吸附率可达 99%。该研究结果也说明，并非单一黏土矿物或者矿物纯度越高吸附量就越大，这为混维凹凸棒石在 AFB$_1$ 吸附方面的利用提供了有益参考。

作者联合江苏神力特生物科技股份有限公司，以江苏盱眙凹凸棒石为原料，采用干法及湿法技术开发了凹凸棒石 AFB$_1$ 吸附剂(曲毒宁)，采用高效液相色谱法体外检测了曲毒宁对 AFB$_1$ 的去除(图 6-2)。结果显示，无论是以干法生产(1#)还是湿法生产(2#)，对 AFB$_1$均有较高的去除能力。

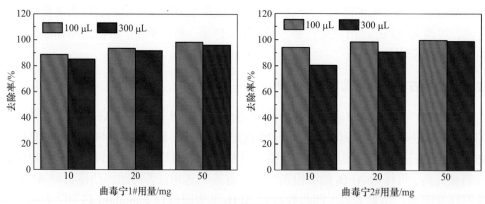

图 6-2　干法(1#)和湿法(2#)制备曲毒宁对 AFB$_1$ 的吸附性能[97]

凹凸棒石除可用于饲料内 AFB$_1$ 的去除外，还可去除植物油中的霉菌毒素。朱振海等[98]在植物油中人工添加 AFB$_1$ 标准液至一定含毒浓度，采用凹凸棒石开展了净化油脂内AFB$_1$ 的研究。当凹凸棒石用量为 1.6%时，对含 AFB$_1$ 浓度 50～250 ppb 的菜油净化，净化油中残留 AFB$_1$<5 ppb(阴性)；当凹凸棒石用量在 3.2%时，即使对含毒浓度高达 500 ppb的油也呈阴性。

尽管凹凸棒石对 AFB$_1$ 表现出了良好的吸附能力，然而，作为霉菌毒素作为吸附剂使用的粉末不容易从液体溶液中回收。因此，开发一种高效的去除植物油中毒素的吸附剂具有重要意义。Ji 等[99]将 Fe_3O_4 纳米颗粒分散在凹凸棒石中(图 6-3),通过沉淀法制备了高效磁性吸附剂 Fe_3O_4@APT,考察了对污染油品中 AFB_1 的去除效果。当投加量为 0.3%时,磁性复合材料对污染油中 AFB_1 的去除率为 86.82%。由于 Fe_3O_4@APT 具有顺磁特性,饱和磁化强度为 50.86 emu/g,使用外置磁铁很容易将吸附剂与介质分离。

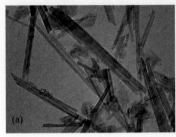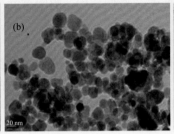

图 6-3　(a)凹凸棒石、(b)Fe_3O_4 和(c)Fe_3O_4@APT 的 TEM 照片[99]

6.4　凹凸棒石玉米赤霉烯酮吸附剂

玉米赤霉烯酮(zearalenone,ZEN),化学名为 6-(10-羟基-6-氧基-十一碳烯基)β-雷锁酸内酯,主要是由谷物镰刀菌、串珠镰刀菌和三线镰刀菌等产生的一种非类固醇类、具有雌激素活性的真菌毒素。ZEN 最初由 Stob 等[100]从被污染的玉米中分离得到,分子式$C_{18}H_{22}O_5$,分子量为 318.36,熔点 161~163℃,不溶于水,溶于碱性溶液、乙醚、苯基甲醇和乙醇等。ZEN 稳定性较强,110℃高温处理 1 h 才能被破坏[101]。在碱性条件下,ZEN 的内酯键发生水解打开,但如果碱性变弱,内酯键可恢复。化学结构如图 6-4 所示。

ZEN 的毒性主要有生殖毒性、肝毒性、细胞毒性和免疫毒性。ZEN 对动物的生殖毒性基于类雌激素作用,导致动物不孕或流产,并因动物种类不同造成的影响有差异。ZEN 及其代谢产物能引起动物雌激素过多症及生殖障碍,影响最严重的动物是猪。肝脏是机体主要代谢器官,ZEN 对肝脏有很强的靶向性,会显著影响蛋白质代谢过程并降低细胞内 DNA 含量,对肝脏造成一定损伤。

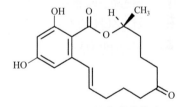

图 6-4　ZEN 的化学结构式

ZEN 能与 17-β雌二醇受体结合,引起脂肪氧化反应、DNA 及蛋白质合成受阻,导致细胞死亡。ZEN 对淋巴细胞的增殖会造成抑制,并显著降低血清中的免疫球蛋白含量,从而引发免疫疾病[102]。此外,ZEN 在动物体内很难代谢,累积并残留在畜禽产品内,进入人体后,可诱导 DNA 收缩和引发肿瘤等疾病,对人体造成极大危害。通过开发新材料消除 ZEN 的潜在危害,是关乎食品安全、人类健康和民生的重要问题。

6.4.1　黏土矿物对玉米赤霉烯酮的吸附

近年来,在 ZEN 吸附脱除中,黏土矿物受到广泛关注。曾路等[103]测定了钙基蒙脱石、凹凸棒石、海泡石、沸石、硅藻土和埃洛石 6 种硅酸盐矿物在人工胃液中对强极性AFB_1 和弱极性 ZEN 的吸附能力。结果显示,6 种硅酸盐矿物对 AFB_1 均具有较好的吸附效果，但除埃洛石外，其他 5 种硅酸盐矿物吸附 ZEN 的效果很差。这主要是因为 ZEN 所带基团极性较弱，亲电性差，吸附剂很难通过电荷吸附的方式与之结合。尽管埃洛石的管状结构对霉菌毒素具有优异的吸附固定作用，不受霉菌毒素自身极性影响，但对 ZEN 吸附量仍然偏低，只有 32.4 ng/mg。Ramos 等[104]发现聚乙烯吡烷酮、蒙脱石、膨润土、海泡石和硅铝酸盐均能对 ZEN 产生吸附作用，吸附量分别为 313.7 μg/g、192.2 μg/g、112.4 μg/g、74.37 μg/g 和 22.61 μg/g。

通过有机改性使黏土矿物表面由亲水变为疏水是吸附非极性或弱极性疏水分子最有效的手段之一。研究者们试图用酸活化、有机改性和负载络合物法等手段对黏土矿物进行化学修饰，增加表面疏水性，以改善对弱极性霉菌毒素的选择性吸附能力。作者团队发明了伊蒙混合黏土霉菌毒素吸附剂的制备方法[105]，将不同碳链的季铵盐(十二烷基三甲基溴化铵、十四烷基三甲基溴化铵、十六烷基三甲基溴化铵、十八烷基三甲基溴化铵、双十八烷基三甲基溴化铵中的任一种)溶解在水溶液中，然后加入伊蒙混合黏土在 60～100℃反应 4～12 h，自然降温至室温，压滤，干燥，粉碎即得吸附剂，对黄曲霉菌毒素以及玉米赤霉烯酮的去除能力均在 90%以上。

郑水林教授团队近年来较为系统地研究了有机改性黏土矿物对 AFB$_1$ 和 ZEN 的去除。Wang 等[106]采用离子交换法制备了单烷基阳离子表面活性剂十八烷基三甲基溴化铵(OTAB)和双烷基阳离子表面活性剂双十八烷基二甲基苄基氯化铵(DODAC)改性有机蒙脱石，评价了两种有机蒙脱石对 AFB$_1$ 和 ZEN 的吸附性能。改性后蒙脱石表面由亲水性转变为疏水性，提高了对 ZEN 的吸附能力。同时作者提出了 ZEN 的吸附主要为吸附/分配机理。该团队还以两性表面活性剂十二烷基二甲基甜菜碱和月桂酰胺丙基甜菜碱改性蒙脱石[107]，改性蒙脱石具有不同的表面活性剂类型和负载量，对 AFB$_1$ 和 ZEN 的脱毒效率显著提高。以非离子表面活性剂聚氧乙烯醚改性蒙脱石，同样可以提高对强极性 AFB$_1$ 和弱极性 ZEN 的去除。在此基础上，进一步采用聚氧乙烯醚和月桂酰胺丙基甜菜碱二元表面活性剂混合改性[108]，结果表明，与单表面活性剂改性的有机蒙脱石相比，二元表面活性剂改性的有机蒙脱石具有不同的结构形态、较高的碳含量和较强的疏水性，对 AFB$_1$ 和 ZEN 的脱毒效率都有显著的提高。此外，根据表征和吸附等温线，提出了二元改性样品对 AFB$_1$ 和 ZEN 的吸附机理。对于 AFB$_1$ 主要通过疏水作用和离子偶极作用结合，而 ZEN 主要通过疏水作用结合。

累托石是一种由二八面体云母和二八面体蒙皂石组成的 1:1 规则间层黏土矿物。累托石的结构单元中含有类蒙脱石层，具有与蒙脱石相同的阳离子交换性、电负性、膨胀性和吸附性能。但与蒙脱石相比，累托石的晶面间距更大，可以达到 2.4～2.5 nm，更加有利于有机改性剂进入累托石夹层。Sun 等[109]使用十二烷基三甲基溴化铵(DTAB)、十六烷基三甲基溴化铵(CTAB)和三甲基硬脂基溴化铵(STAB)三种季铵盐改性累托石，用于去除极性 AFB$_1$ 和弱极性 ZEN。经长链表面活性剂分子修饰后有机累托石对霉菌毒素具有较高的吸附能力，随着碳链长度的增加，去除能力增加(图 6-5)。这主要是由于随着碳链长度的增加，层间距进一步扩大，疏水性增加，为霉菌毒素提供了更多的吸附位点。

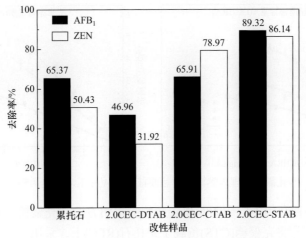

图 6-5　碳链长度对 AFB_1 和 ZEN 吸附性能的影响[109]

　　埃洛石是一种具有中空纳米管状结构的硅酸盐黏土矿物，具有比表面积大、孔隙率高、羟基基团丰富、分散性好和吸附性强等优点[110]。Zhang 等[111]使用表面活性剂硬脂酰二甲基苄基氯化铵对埃洛石纳米管进行改性，考察了降低 ZEN 对母猪繁殖和仔猪发育毒性作用的影响。结果表明，添加 1%改性埃洛石可降低母胎组织中 ZEN 的残留，使 70 日龄时的胎数、平均胎重、仔猪总出生数、窝重、产仔时的活仔猪体重、平均仔猪体重、断奶时的日增重增加。同时可显著降低 ZEN 污染饲料对初乳脂肪、乳蛋白和乳糖的损伤。

　　Spasojević 等[112]采用十八烷基二甲基苄基氯化铵对高岭石进行改性，研究了对 ZEN 和赭曲霉毒素 A 的吸附作用。有机阳离子的存在增加了高岭石对 ZEN 和赭曲霉毒素 A 的吸附，且疏水性程度对疏水分子的吸附起着一定的作用。Sprynskyy 等[113]考察了滑石粉和硅藻土对 ZEN 的吸附。与亲水性较强的硅藻土相比，ZEN 在滑石疏水表面的吸附更为有效。这表明吸附剂表面硅氧烷基团与 ZEN 分子部分正电荷之间的疏水键合是 ZEN 吸附在滑石和硅藻土上的主要驱动力，而 ZEN 分子在硅藻土表面的吸附受到弱极性毒素分子与强极性水分子竞争的限制。

　　沸石结构含有铝硅酸盐骨架和阳离子交换孔道，同样是制备霉菌毒素吸附剂的重要材料。Tomašević-Canovic 等[114]分别采用湿法和干法以不同量十八烷基二甲基苄基氯化铵和双十八烷基二甲基氯化铵为改性剂改性天然斜发沸石-富镍凝灰岩，考察了对 AFB_1、ZEN 的去除能力。结果表明，用长链有机阳离子改性可形成吸附 AFB_1、ZEN 的活性位点，制备方法对真菌毒素的吸附无影响，且在较宽 pH 范围内性能稳定。Marković 等[115]采用氯化十六烷基吡啶对天然斜发沸石和钙十字沸石进行改性，研究了在 pH = 3 和 pH = 7 条件下对 ZEN 的吸附性能。结果表明，有机改性沸石对 ZEN 的吸附均随改性剂用量的增加而增加。另外，采用三种不同浓度(2 mmol/100 g、5 mmol/100 g 和 10 mmol/100 g)的苯扎氯铵处理天然沸石考察了对 OTA 和 ZEN 的吸附。经有机改性后沸石疏水性有所提高，在 pH 值为 3 时表面带正电，在 pH 值为 7 时表面不带电荷。苯扎氯铵改性沸石对 ZEN 的吸附程度随阳离子负载量的增加而增加(图 6-6)，表明沸石表面的有机阳离子是与 ZEN 吸附相关的活性位点[116]。

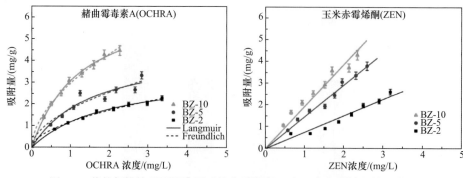

图 6-6　苯扎氯铵处理天然沸石对赭曲霉毒素 A 和玉米赤霉烯酮的吸附[115]

水热碳化是一种利用不同碳源制备碳颗粒的常用方法。壳聚糖具有碳、氧、氢含量高的特点。Sun 等[117]将壳聚糖(CTS)负载于累托石(REC)上,采用水热法制备了累托石负载型碳 ZEN 去除用复合材料(CTS@REC)。研究表明,ZEN 在 CTS@REC 上的吸附在 120 min 内达到平衡,吸附容量与有机碳含量和比表面积呈正相关。此外,根据胃液到肠道液的 pH 值改变模拟 pH 值,没有发生解吸,证实 CTS@REC 复合物作为真菌毒素吸附剂在体内的可行性。

6.4.2　传统处理方式凹凸棒石对玉米赤霉烯酮的吸附

天然凹凸棒石由于棒晶束呈团聚状态,并伴生有碳酸盐及其他矿物,难以发挥最佳的吸附性能。在作为吸附剂使用时,通常会采用各种处理方式充分释放固有吸附位点或增加新的活性位点,提高吸附性能。常用的处理方式主要有酸、热、碱、盐和有机物改性等。作者团队采用江苏盱眙黄泥山凹凸棒石为原料,详细考察了不同处理方式凹凸棒石对 ZEN 去除的影响。结果显示,原矿凹凸棒石对 ZEN 的去除能力极其有限,对于初始浓度为 500 ppb 的 ZEN 溶液,当凹凸棒石添加量为 20 mg/10 mL 时,去除率只有 2%;当采用硫酸处理后,随着硫酸用量的增加,去除能力先增加后减小[图 6-7(a)],当酸浓度达到 10%时,去除能力达到最大,但也只有 20%。将凹凸棒石在不同温度下煅烧,可提高对 ZEN 的去除[图 6-7(b)],当温度达到 360℃时,去除率可达到 29%,但进一步增加煅烧温度,去除率下降。经酸处理后再煅烧,ZEN 去除能力略有增加。例如 7%硫

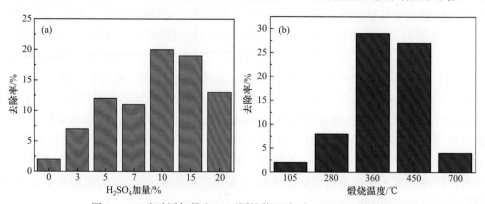

图 6-7　(a)硫酸添加量和(b)不同煅烧温度对 ZEN 的去除效果

酸处理后的凹凸棒石经 360℃煅烧后，去除能力提高到 33%，但是过多的酸用量需要用大量水洗，易造成环境污染。作者也分别选用氨基磺酸、硫脲和磷酸钠盐等处理凹凸棒石用于对 ZEN 的脱除，但均未达到理想的效果，去除率在 30%以下。由此可见，无机酸处理、煅烧、盐交换和有机酸小分子传统处理方式，均只能小幅提高凹凸棒石对 ZEN 的去除效果。这主要是由于 ZEN 分子为疏水性的弱极性分子，传统处理方式并没有提高凹凸棒石表面的疏水性能，改性样品与 ZEN 分子的相容性较差，这与其他黏土矿物研究结果一致。

6.4.3　季铵盐改性凹凸棒石对玉米赤霉烯酮的吸附

表面活性剂是分子中同时具有亲水端和疏水端的一类有机化合物，根据亲水端的带电性，可将表面活性剂分为阴离子表面活性剂、阳离子表面活性剂和非离子表面活性剂。根据疏水端烷基链的长短，可将表面活性剂分为长碳链表面活性剂和短碳链表面活性剂。表面活性剂可通过静电作用吸附在黏土矿物表面，再通过表面活性剂疏水链之间的疏水作用在固相表面形成半胶束或胶束，改变黏土矿物的表面性质(如疏水性)，有助于纳米材料通过分配机制吸附有机污染物[118]。鉴于表面活性剂修饰可调控黏土矿物表面亲-疏水性能及表面电荷大小，显著提高对弱极性分子吸附，作者详细考察了不同类型及碳链长度表面活性剂改性凹凸棒石对 ZEN 的吸附效果。

作者以江苏盱眙黄泥山矿 2%硫酸处理凹凸棒石为原料，以凹凸棒石质量分数为 1%、1.5%、2.5%、5%和 10%的十二烷基三甲基溴化铵(DTAB)、十四烷基三甲基溴化铵(TTAB)、十六烷基三甲基溴化铵(CTAB)和十八烷基三甲基溴化铵(STAB)对凹凸棒石进行有机改性，制备得到系列不同碳链长度的阳离子季铵盐改性凹凸棒石 ZEN 吸附剂，考察了对 ZEN 的去除性能。图 6-8 是酸化凹凸棒石和阳离子季铵盐表面活性剂 CTAB 改性凹凸棒石的红外谱图。由红外谱图可见，用阳离子表面活性剂改性凹凸棒石后，在红外谱图中 2852 cm^{-1} 和 2923 cm^{-1} 处出现—CH$_2$ 和—CH$_3$ 基团的对称和反对称伸缩振动吸收峰，峰强随有机改性剂量的增加而增强，说明凹凸棒石表面已被阳离子表面活性剂成功改性。

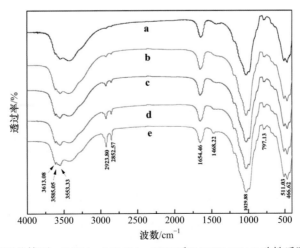

图 6-8　(a)酸化处理凹凸棒石，(b)1%、(c)2.5%、(d)5%和(e)10% CTAB 改性后凹凸棒石的红外谱图

凹凸棒石表面电荷与凹凸棒石棒晶的分散与表面带电中心的裸露有关。图 6-9 给出了 2%酸化凹凸棒石和 CTAB 改性凹凸棒石的 ζ 电位。以水为分散介质，2%酸化凹凸棒石的表面电荷为−16.80 mV。采用 CTAB 改性后，凹凸棒石表面负电荷随改性剂用量的增加依次增大为−16.75 mV、−15.35 mV、−13.60 mV、−13.45 mV 和−11.1 mV。凹凸棒石负电荷越小，吸附弱极性分子的可能性越大。

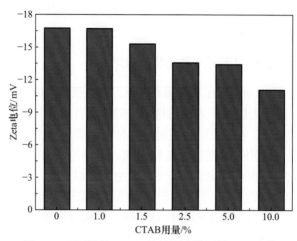

图 6-9　不同用量 CTAB 改性凹凸棒石的 Zeta 电位

表 6-1 列出了不同用量 CTAB 改性前后凹凸棒石的 S_{BET} 和 V_{total}。2%硫酸处理的凹凸棒石比表面积(S_{BET})为 219.87 m²/g，总孔体积(V_{total})为 0.3276 cm³/g。改性后凹凸棒石 S_{BET} 及 V_{total} 显著下降，说明 CTAB 分子已结合在凹凸棒石棒晶的表面。随着 CTAB 用量的增加，覆盖在凹凸棒石表面的 CTAB 增加，S_{BET} 和 V_{total} 逐渐减小。但随着 CTAB 用量的增加，孔径 PZ 逐渐增大，这为 ZEN 的吸附创造了有利条件。

表 6-1　凹凸棒石 CTAB 改性前后相关参数

样品	凹凸棒石	1.0%	2.5%	5%	10%
S_{BET}/(m²/g)	219.87	154.03	121.42	130.08	75.72
S_{micro}/(m²/g)	68.79	13.50	3.3826	0	10.16
S_{ext}/(m²/g)	151.09	140.53	117.64	130.40	65.56
V_{micro}/(cm³/g)	0.0308	0.0046	0.0001	−0.0021	0.0038
V_{total}/(cm³/g)	0.3276	0.2915	0.2515	0.2751	0.2780
PZ/nm	5.96	7.57	8.29	8.46	10.56

图 6-10 给出了 CTAB 改性前后凹凸棒石的 TEM 照片。改性前凹凸棒石呈一定的团聚状态，改性后凹凸棒石单个棒晶数增加，棒晶束有一定程度的解离。随着改性剂用量增加，棒晶间的松散程度增加，说明有机改性有利于棒晶束的解离。当用量达到 10%时，部分改性剂呈团聚状态，表明过剩的改性剂之间产生了缔合。

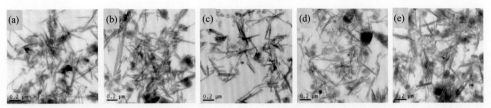

图 6-10　(a)酸化处理，(b)1%、(c)2.5%、(d)5%、(e)10% CTAB 改性前后凹凸棒石 TEM

图 6-11(a)给出了不同改性剂改性量对 ZEN 脱除效果的影响。随着改性量的增加，凹凸棒石的表面疏水性能增加，增强了与弱极性分子的作用，去除率增加。当改性剂量增加到 10%时，除 DTAB 改性样品去除率为 88%外，其余样品都达到 95%，这说明改性剂碳链越长对 ZEN 去除效果越好。分别选择 5% TTAB 和 5% CTAB 改性样品对 ZEN 脱除效果进行了系统考察。

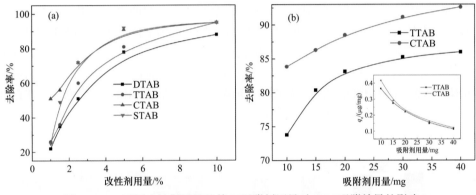

图 6-11　(a)不同改性剂用量及其(b)吸附剂用量对 ZEN 吸附效果的影响

图 6-11(b)给出了吸附剂用量对吸附 ZEN 性能的影响。由图可见，随着吸附剂用量的增加，对 ZEN 的去除率逐渐增大。这是由于吸附剂用量较少时，提供的吸附位点不能满足对 ZEN 的吸附。随着吸附剂用量的增加，提供的吸附位点逐渐增多，去除率逐渐增加。当用量增加到 30 mg 时，去除效果逐渐趋于平缓。对于 TTAB 和 CTAB 改性样品，当吸附剂用量从 30 mg 增加到 40 mg，去除率分别从 85.25%增加到 86.00%和 91.14%增加到 92.60%，表明在吸附剂量为 30 mg 时 ZEN 吸附已基本达到动态平衡。

图 6-12(a)给出了不同吸附温度对 ZEN 吸附性能的影响。由图可见，随着温度升高，TTAB 和 CTAB 改性样品对 ZEN 吸附率都呈逐渐下降趋势，说明升高温度不利于吸附。图 6-12(b)给出了不同吸附时间对 ZEN 吸附性能的影响。当吸附时间从 5 min 增加到 90 min 时，吸附性能并没有明显的差别。对于 TTAB 改性样品，5 min 和 60 min 的去除率分别为 86.57%及 83.856%；对于 CTAB 改性样品，5 min 和 60 min 时的去除率分别为 91.04%及 91.64%。说明两种吸附剂对 ZEN 的吸附都是快速吸附过程，能在较短时间内达到吸附平衡状态。进一步延长吸附时间至 90 mim 后，吸附率略有下降，这主要是改性凹凸棒石对霉菌毒素的吸附性质决定了实现平衡的特性，吸附时间过长，在凹凸棒石表面的改性剂可能会溶解在吸附液中而降低吸附性能。

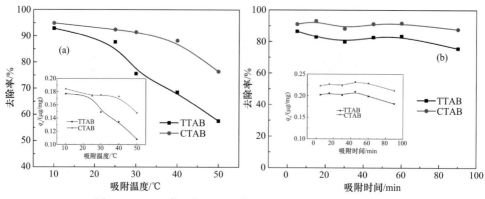

图 6-12　(a)吸附温度和(b)吸附时间对 ZEN 吸附性能的影响

图 6-13(a)给出了不同振荡速率对 ZEN 吸附性能的影响。由图可见，CTAB 改性样品受振荡速率的影响较小，但 TTAB 改性样品随着振荡速率的加快，吸附量有所降低。振荡过程也可以使在凹凸棒石表面的改性剂再次溶解在吸附液中，说明 TTAB 与凹凸棒石的结合力相对较弱，可能有更多的成分随振荡速率的增加从凹凸棒石表面脱落，表现出吸附下降趋势。为了模拟动物胃肠道的酸碱环境，选择在 pH 为 2、6 和 7.8 进行吸附实验。pH 值对 ZEN 吸附性能的影响如图 6-13(b)所示。在酸性和偏碱性条件下，TTAB 和 CTAB 改性样品对 ZEN 的去除效果较在中性条件好。但总体而言，pH 值的改变对改性凹凸棒石对 ZEN 的吸附没有产生显著性影响。

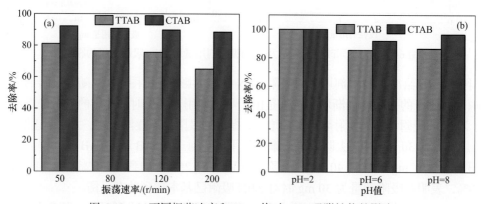

图 6-13　(a)不同振荡速率和(b)pH 值对 ZEN 吸附性能的影响

在饲料中要添加动物所需要的矿物质、维生素和氨基酸等营养物质，吸附剂对这些物质有无吸附至关重要。考察了在共存离子或分子存在条件下，CTAB 改性凹凸棒石对 ZEN 吸附效果的影响。结果如图 6-14 所示。研究表明，Na^+、Ca^{2+} 和 Fe^{2+} 对 ZEN 的去除没有明显影响，但 Fe^{3+}、赖氨酸(Lys)和维生素 B_1 的存在对 ZEN 的去除有一定影响，特别是 Lys 和维生素 B_1 存在下，去除率降低约 10%。Lys 是猪禽饲料中最常添加的合成氨基酸之一，通常在饲料中的添加量约为 0.2%。在该试验中 Lys 的存在影响 ZEN 的吸附，表明 CTAB 改性凹凸棒石对 ZEN 的专一性吸附有待进一步提高。

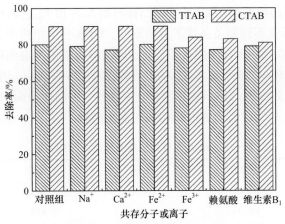

图 6-14　共存离子和有机分子对 ZEN 吸附性能的影响

甜菜碱是一种广泛存在于动植物和微生物体内的天然化合物，是一种季铵型生物碱，具有提高禽畜生长性能、降低酮体脂肪含量、提高瘦肉率、改善肉质、缓和应激和调节渗透压等诸多功效，在畜牧业有着广泛的应用[119]。甜菜碱季铵盐结构中同时带有阴离子和阳离子基团，不仅具有两性表面活性剂的所有优点，还具有较强的耐酸碱、良好的乳化性、分散性和较强的杀菌、抑霉性。作者选用 3-磺丙基十四烷基二甲基甜菜碱季铵盐(myristyl sulfobetaine，MSB)，对凹凸棒石进行改性，鉴于 MSB 在不同 pH 值下存在形式有所差异，分别用硫酸与氢氧化钠溶液调节体系的 pH 为 3 和 10 以及在纯水中反应，得到三类不同的吸附剂，考察了对 ZEN 的吸附性能。

图 6-15 是凹凸棒石和 MSB 改性凹凸棒石的红外谱图。改性后，凹凸棒石的主要吸收峰位置没有发生变化，同样在 2926 cm⁻¹ 和 2852 cm⁻¹ 位置处出现—CH₃ 和—CH₂ 基团的对称和反对称伸缩吸收峰，表明 MSB 成功改性了凹凸棒石。另外，位于 1440 cm⁻¹ 处的碳酸盐吸收峰随着酸性、纯水、碱性环境依次增强，表明在酸性条件下可以去除凹凸棒石内含有的碳酸盐杂质。

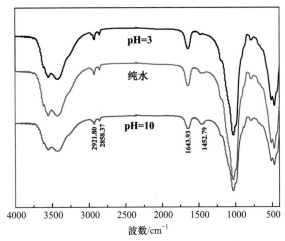

图 6-15　不同 pH 值条件下 MSB 改性凹凸棒石的红外谱图

表 6-2 列出了凹凸棒石和 MSB 改性凹凸棒石的 S_{BET} 和 V_{total}。改性后凹凸棒石的 S_{BET} 和 V_{total} 显著下降,且在不同制备条件下有所不同。MSB 分子结构中含有两种不同性质的官能团,当 pH = 3 时,MSB 官能团被质子化,通过静电吸引与表面带负电荷的凹凸棒石有效结合。比表面积较小,说明更多的 MSB 负载在凹凸棒石表面。当 pH 值增加时,MSB 官能团极性变弱,吸附在凹凸棒石表面的量相对较少,因而比表面积相对较大。随 pH 值增加,凹凸棒石的孔径呈现与比表面积相似的变化趋势。

表 6-2　MSB 改性凹凸棒石样品孔结构参数

样品	凹凸棒石	pH=3	pH=10	纯水
S_{BET}/(m²/g)	219.87	114.28	126.47	123.80
S_{micro}/(m²/g)	68.79	8.83	4.95	4.58
S_{ext}/(m²/g)	151.09	105.45	121.52	119.23
V_{micro}/(cm³/g)	0.0308	0.0026	0.0004	0.0003
V_{total}/(cm³/g)	0.3276	0.2261	0.2369	0.2364
PZ/nm	5.96	7.91	7.49	7.64

分别对 pH = 3、pH = 10 和纯水条件下 5% MSB 改性凹凸棒石在不同吸附条件下对 ZEN 去除能力进行了评价。在 5 min、15 min、30 min、45 min、60 min、90 min 不同吸附时间对 ZEN 的吸附性能如图 6-16(a)所示。MSB 改性凹凸棒石对 ZEN 的吸附是快速吸附。在酸性条件下,从 5 min 至 90 min 去除率从 92.33%增加到 93.70%;在中性条件下,去除率从 79.81%增加到 82.18%;碱性条件下去除率从 79.13%增加到 81.92%。表明酸性条件制备样品吸附性能最佳,综合考虑将后续实验吸附时间设定为 60 min。在 10 mg、15 mg、20 mg、30 mg、40 mg 不同吸附剂用量下对 ZEN 的吸附性能如图 6-16(b)所示。随着吸附剂加入量的增加去除率增加,同样在酸性条件改性样品效果最佳。当样品加入量为 20 mg 时,去除率已达到 92.27%,继续增加至 40 mg,去除率增加到 98.07%,综合考虑将后续实验选择 20 mg 为最佳添加量。

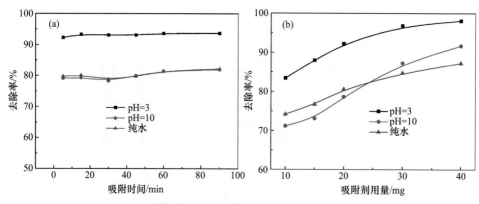

图 6-16　(a)吸附时间和(b)吸附剂用量对 ZEN 吸附性能的影响

系统考察了 pH 为 2、3、4、5、6、7、8 时改性凹凸棒石对 ZEN 的去除效果。由

图 6-17(a)可见，随 pH 值增加去除率呈下降趋势。当溶液 pH 小于 4 时，三种改性凹凸棒石对 ZEN 的去除率均大于 90%。当溶液 pH 大于 5 后，去除率呈快速降低趋势。这是由于当 pH 值增加时，ZEN 在溶液中会以阴离子的形式存在，增加了 ZEN 分子与吸附剂之间的静电排斥作用。不同转速条件下对 ZEN 的去除效果如图 6-17(b)所示。在 pH = 3 条件下制备的样品随着转速的增加，去除率几乎没有变化，保持在 96%左右，而在 pH = 10 以及中性条件下制备的样品去除率随着转速的增加而降低，表明在酸性条件下制备的样品与 ZEN 有更好的相互作用。由于动物的胃部环境 pH 显酸性，而肠道一般显中性。因此，该改性样品适合饲料中 ZEN 的去除。

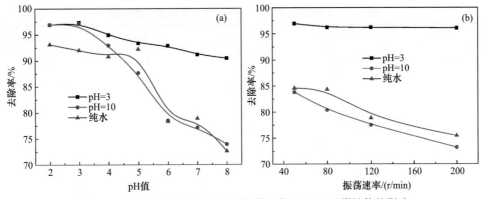

图 6-17　(a)不同 pH 值和(b)不同振荡速率下 ZEN 吸附性能的影响

考察了在共存离子或分子存在条件下，MSB 改性凹凸棒石对 ZEN 吸附效果的影响。结果如图 6-18 所示。研究表明，在 Na$^+$、Ca^{2+}、Fe^{2+}、Fe^{3+}、赖氨酸(Lys)和维生素 B$_1$ 存在下，特别是赖氨酸存在下，MSB 改性凹凸棒石对 ZEN 的吸附没有本质影响，表明 MSB 改性凹凸棒石对 ZEN 具有选择吸附性。

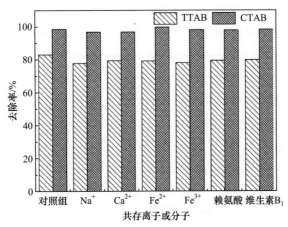

图 6-18　共存离子和有机分子对 ZEN 吸附性能的影响

由上述研究可见，以 CTAB 改性凹凸棒石制备得到的吸附剂，对 ZEN 的脱除均在 90%以上，但在营养成分存在时对去除效果有一定的影响；以带有两性官能团的 MSB 对凹凸棒石进行改性制备得到的吸附剂,在酸性条件下制备样品对 ZEN 的脱除均在 90%以上,吸附效果不受 pH 值及营养成分的限制,对 ZEN 具有选择吸附性。为了进一步提升吸附剂性能,采用酸化处理-复合改性一体化技术,制备了 CTAB/MSB 复合改性凹凸棒石吸附剂。

表 6-3 列出了不同营养成分存在条件下,2% MSB + 3% CTAB 改性凹凸棒石对 ZEN 吸附效果的影响。由表可见,在各类营养成分存在下,双改性凹凸棒石制备的吸附剂对 ZEN 去除效果明显,吸附性能并不因营养组分的存在而受到干扰,特别是当赖氨酸存在时,仍然保持较佳的去除能力,表明双改性后对 ZEN 的吸附专一性更强。

表 6-3 不同营养成分存在下对 ZEN 去除能力的影响

营养成分	平衡浓度/(μg/L)	初始浓度/(μg/L)	去除率/%	吸附量/(μg/g)
钙(Ca)	0.8081	286.36	99.72	288.4
磷(P)	2.9339	296.66	99.01	295.2
赖氨酸(Lys)	18.3891	257.78	92.87	233.7
蛋氨酸(Met)	5.1456	246.83	97.92	245.3
维生素 B_1	1.4683	316.10	99.54	308.6
铁(Fe)	16.1709	293.75	94.50	267.1
铜(Cu)	1.2240	297.30	99.59	282.2

溴代十六烷基吡啶(CPB)属于含氮阳离子表面活性剂,主要用作杀菌消毒剂、乳化剂。在同等使用条件下,对异养菌、铁细菌和硫酸盐还原菌杀灭率均优于十二烷基二甲基苄基氯(溴)化铵及其他常用的季铵盐杀菌剂。作者采用 2%硫酸酸化凹凸棒石为原料,分别用凹凸棒石质量分数为 0.5%、1%、2.5%、5%和 10%的 CPB 改性凹凸棒石。图 6-19 是凹凸棒石改性前后的红外谱图。用 CPB 改性后,在 2854 cm⁻¹和 2925 cm⁻¹处出现—CH₂和—CH₃基团的对称和反对称伸缩吸收峰,且随着 CPB 用量增加,吸收峰逐渐变强,说

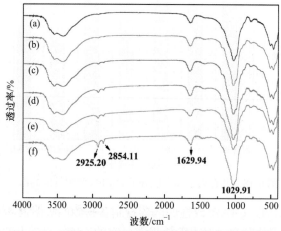

图 6-19 不同 CPB 用量改性凹凸棒石的红外光谱图
(a) 凹凸棒石、(b) 0.5% CPB、(c) 1% CPB、(d) 2.5% CPB、(e) 5% CPB、(f) 10% CPB

明凹凸棒石的表面已经结合了有机基团。

图 6-20 给出了 CPB 改性前后凹凸棒石的 ζ 电位。凹凸棒石的 ζ 电位为 –14.8 mV，用 1.0% CPB 改性凹凸棒的 ζ 电位为 –13.0 mV，当用量达到 10% 时，ζ 电位为 –7.03 mV。CPB 用量越多，凹凸棒石 ζ 电位越高，表明 CPB 改性后正电荷增多，有利于与弱极性 ZEN 的结合。

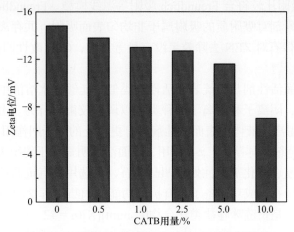

图 6-20　不同 CPB 用量对凹凸棒石 ζ 电位的影响

图 6-21(a) 给出了不同 CPB 改性剂用量对 ZEN 脱除效果的影响。由图可见，随着 CPB 改性量的增加，脱除率增加。当改性剂量达到 1.0% 时，去除率达到 67.35%；当改性剂量达到 2.5% 时，去除率达迅速增加到 91.89%；当改性剂添加量达到 5% 时，脱除率达到 100%，ZEN 被完全脱除。图 6-21(b) 给出了以 1.0% 和 2.5% 的 CPB 改性凹凸棒石对 ZEN 吸附性能的影响。随着吸附剂用量的增加吸附率增加。当吸附剂用量为 10 mg 时，1.0% CPB 改性凹凸棒石对 ZEN 的去除率只有 58.61%；当用量增加至 40 mg 时，去除率提高到 82.38%。对于 2.5% CPB 改性凹凸棒石，当吸附剂用量为 10 mg 时，对 ZEN 的去除率已达到 86.78%；用量增加到 40 mg 时，去除率提高到 99.2%，基本完全去除。由此可见，CPB 负载于凹凸棒石表面的量越多，去除能力越强。

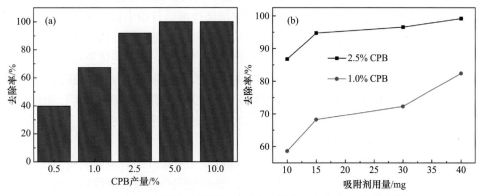

图 6-21　(a)CPB 改性剂用量和(b)不同吸附剂用量对 ZEN 的脱除效果

研究表明，CPB 改性凹凸棒石对 ZEN 的吸附是一个快速吸附过程，5 min 内基本完成吸附。采用准一级动力学和准二级动力学方程对吸附过程进行模拟，利用准二级动力学方程得到的 R^2 值等于 1，并且计算值与实验值接近，表明吸附过程属于化学吸附。由改性凹凸棒石对 ZEN 吸附的 Langmuir 和 Freundlich 模型拟合结果可以看出，Freundlich 吸附等温线方程得到的相关系数 R^2 值高于由 Langmuir 吸附等温线方程得到的，说明凹凸棒石对 ZEN 的吸附比较符合 Freundlich 吸附等温线模型。Freundlich 吸附等温线假设多分子层吸附，吸附剂对吸附质的吸附属于非均匀表面吸附。共存离子或分子存在条件下，CPB 改性凹凸棒石对 ZEN 去除效果没有显著影响，CPB 改性凹凸棒石对 ZEN 的吸附具有专一性。

离子液体型表面活性剂与传统表面活性剂类似，能够在水溶液中自组装形成胶束，通过改变烷基链长、阴离子和阳离子的种类可以调控胶束化行为。由于头基中氮杂环特征基团的引入，使得离子液体型表面活性剂具有更广泛的分子间作用力，包括静电作用、疏水作用、氢键、范德瓦耳斯力、π-π 作用，表面活性明显优于传统表面活性剂。选用具有一定抑菌能力的复合酸化剂改性处理凹凸棒石，再选用具有抗菌功能的离子液体型表面活性剂处理凹凸棒石，成功制备了具有抗菌功能的凹凸棒石 ZEN 吸附剂[120]。离子液体型表面活性剂主要是长链咪唑盐类化合物[$C_n$mim][X](n = 12、14、16、18；X= Cl、Br、PF_6^-、BF_4^-)，如溴化十二烷基三甲基咪唑、溴化十四烷基三甲基咪唑、溴化十六烷基三甲基咪唑、溴化十八烷基三甲基咪唑等，反应过程中离子液体型表面活性剂的用量为凹凸棒石质量的 5%～15%。制备样品对 K88 菌液具有一定的抗菌性能。

鉴于蒙脱石与凹凸棒石均是霉菌毒素较佳的吸附材料，作者发明了一种凹凸棒石原位制备有机化混维纳米材料的方法[121]，通过水热反应促使一维凹凸棒石纳米棒向二维纳米层转变并实现原位有机化，通过 TEM、XRD、TG 和 FTIR 证实了凹凸棒石和有机化混维纳米材料的结构和形态。产物对 ZEN 的吸附率达到 80%以上。

6.4.4　多功能凹凸棒石玉米赤霉烯酮吸附剂

迄今为止，锌是确认的微量元素中生理功能最多的一种元素，它在动物体骨骼发育、生殖、凝血、生物膜稳定和基因表达等生理机能中担负着重要角色，被称为"生命元素"。锌既是机体必需的微量元素，同时具有一定的抗菌性能。日粮中添加 ZnO 可减少仔猪腹泻，促进猪生长。但高锌抑制铜、铁等金属元素吸收，长期使用不利于猪后期生长发育。载锌凹凸棒石具有良好的抑菌能力，可改善畜禽生产性能，调节机体免疫功能[122]。以酸化凹凸棒石为载体，以锌溶液为交换液，通过离子交换法制备载锌凹凸棒石，在此基础上，采用 CTAB/MSB 修饰制备了具有抗菌性能的 ZEN 吸附剂。研究表明，凹凸棒石负载 Zn^{2+}后最小抑菌浓度为 80 mg/mL，对 ZEN 的吸附去除率达到 95%以上，复合吸附剂实现了抗菌及脱毒二合一的目的。

由于纳米 ZnO 的性能稳定可靠、安全无毒以及无需紫外照射就能表现出良好的抑菌活力，在抗菌方面的应用更为广泛。鉴于 Zn^{2+}负载型凹凸棒石抗菌性能较弱，采用原位沉淀煅烧法制备了纳米氧化锌/凹凸棒石复合材料(ZnO/APT)，该复合材料具有较佳的抗菌性能，最小抑菌浓度为 5 mg/mL。进一步采用 CTAB/MSB 修饰制备 ZnO/CTAB/MSB/凹凸棒石吸附剂，在最佳工艺条件下，对 ZEN 的去除能力达到 90%。

聚六亚甲基双胍盐酸盐(PHMB)是一种新型的环保型多用途高分子类阳离子聚合物,具有杀菌能力强、稳定性好和安全无毒等优点,有着广谱抗菌性[123]。作为一种主链含有胍基的阳离子型抗菌聚合物,可以定向吸附在带负电的细菌、真菌等的微生物细胞膜上,通过疏水链来破坏细胞膜使其凋亡[124],两者结合后很难产生变异,不会产生耐药性,被广泛适用于化妆品、纺织品、医用和食品行业中[125-127]。双胍具有共轭单双建,具备吸附弱极性分子的条件。作者以 PHMB 为改性剂,制备了 PHMB/APT 吸附剂,考察了对 ZEN 的去除能力以及抗菌性能。

图 6-22 为改性前后的 SEM 照片。由图可见,凹凸棒石经 PHMB 改性后形貌发生了明显变化。改性前凹凸棒石棒晶束团聚现象较为明显,呈大量密集紧实的聚集状态。改性后棒晶有一定程度的解离,呈杂乱排布,排列松散,随着 PHMB 用量的增加,松散程度增加,凹凸棒石棒晶束的解离和有机改性有利于对 ZEN 的吸附。这一结果与采用季铵盐或丙烯酰胺等改性凹凸棒石结果一致[128,129]。

图 6-23 是改性前后凹凸棒石的 FTIR 光谱图。由图可见,PHMB 改性后在 2941 cm^{-1}、2865 cm^{-1} 附近出现了明显的—CH$_3$ 和—CH$_2$—对称和不对称伸缩振动吸收峰,1472 cm^{-1} 处出现了—CH$_2$ 的变形振动吸收峰,1361 cm^{-1} 处出现了 C—N 的伸缩振动峰,随着 PHMB 用量的增加,吸收峰强度逐渐增强[130]。另外,凹凸棒石中 3405 cm^{-1} 处沸石水和表面吸附水的伸缩振动峰与 PHMB 中 N—H 基团的特征吸收峰相重叠,1646 cm^{-1} 处沸石水和表面吸附水的弯曲振动峰与 PHMB 中 C—N 的伸缩振动峰相重叠,随着 PHMB 用量的增加这两个峰增强。这些结果均表明 PHMB 已成功与凹凸棒石结合[131]。

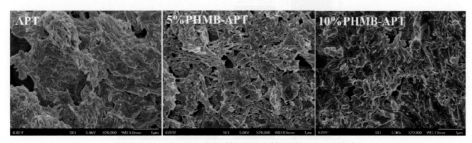

图 6-22　PHMB 改性前后凹凸棒石的 SEM 照片

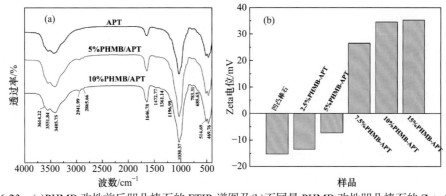

图 6-23　(a)PHMB 改性前后凹凸棒石的 FTIR 谱图及(b)不同量 PHMB 改性凹凸棒石的 Zeta 电位

图6-23(b)是不同用量PHMB改性前后凹凸棒石的Zeta电位值。由图可见,随着PHMB改性剂用量的增加,凹凸棒石的电位由负变正。凹凸棒石由于类质同晶取代现象带有结构负电荷,而PHMB为一种主链含有胍基的阳离子型抗菌聚合物,可以吸附在带负电的凹凸棒石表面。随着PHMB量的增大,凹凸棒石负载PHMB量越大,Zeta电位变得更正。当PHMB用量过多时,Zeta电位变化趋于平缓。Zeta电位越正对ZEN的吸附量越大。

前述研究表明,有机改性凹凸棒石对ZEN有较强的吸附性能,主要在于有机改性提高了凹凸棒石表面的亲疏水性能。采用《分子筛静态水吸附测定方法》(GB 6287—1986)测定了样品的吸湿率,以此来确定改性前后凹凸棒石表面疏水性能。随着PHMB用量的增加,凹凸棒石吸水性能下降,表明改性后疏水性能有所增强,有利于通过疏水作用捕获ZEN分子。进一步采用接触角测定仪测定了改性样品的疏水性能(图6-24)。凹凸棒石由于较强的亲水性,当水滴滴落后,立刻被凹凸棒石所吸附。但随着PHMB量的增加,凹凸棒石表面接触角有所增加,凹凸棒石、5% PHMB/APT、10% PHMB/APT、15% PHMB/APT的接触角分别为0°、17.2°、34.8°和41.9°。表明经PHMB改性后的凹凸棒石对水的浸润性下降,亲油性增加[132]。但由于PHMB表面含有胍基及亚氨基亲水基团的存在,改性后凹凸棒石仍保持有一定的亲水性能,表现为较小的接触角。

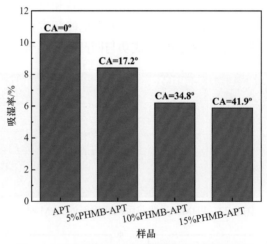

图6-24 不同量PHMB改性凹凸棒石的接触角

图6-25(a)给出了PHMB不同改性剂用量对ZEN吸附性能的影响。随着PHMB用量的增加,改性凹凸棒石中有机相比例增加,表面疏水性能增强,对ZEN去除能力增加。但当PHMB增加至10%以后,脱除能力几乎不再变化。图6-25(b)给出了吸附剂不同用量对ZEN吸附性能的影响。随着吸附剂用量的增加,ZEN的去除率逐渐增大。当吸附剂用量从5 mg增加到40 mg,去除率从58.42%增加到89.63%,但用量增加到20 mg后,去除效果逐渐趋于平缓。表明当吸附剂量达到一定量时,表面吸附ZEN的浓度与溶液中ZEN的浓度达到动态平衡,吸附趋于平衡。

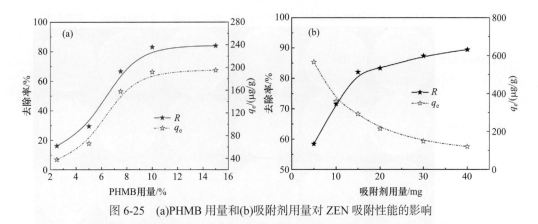

图 6-25　(a)PHMB 用量和(b)吸附剂用量对 ZEN 吸附性能的影响

研究表明，当吸附时间在 5 min 内，去除率即可达到 76.30%，从 5 min 增加到 45 min，从 76.30%增加到 83.20%，此后至 90 min 几乎没有变化。当 pH 在 4 以内时，去除率迅速增加，增加至 5 以上几乎不变，这结果与 Feng 等研究结果一致[133]。随着溶液浓度的增加，改性凹凸棒石对 ZEN 的吸附量逐渐增大。

为了评价 PHMB/APT 的抗菌性能，选择大肠杆菌和金黄色葡萄球菌作为菌种进行检测。并将等量凹凸棒石浸泡在 20%的 PHMB 溶液中，搅拌 24 h，离心分离，干燥研磨后测定抗菌性能。图 6-26 和图 6-27 分别给出了不同浓度 PHMB/APT 样品培养 24 h 后对大肠杆菌和金黄色葡萄球菌的菌落生长情况。由图可见，随着 PHMB 用量的增加，PHMB/APT 抗菌性能增加，在设定浓度范围内，当 PHMB 用量增加至 15%，对两种菌均没有出现菌落，大肠杆菌和金黄色葡萄球菌的最小抑菌浓度都为 2.5 mg/mL。但同时也可以看到，直接将凹凸棒石浸泡在 PHMB 溶液中制备的样品，对两种菌的最小抑菌浓度均达到了最小设定浓度，分别为大肠杆菌为 0.313 mg/mL、金黄色葡萄球菌为 0.1563 mg/mL。

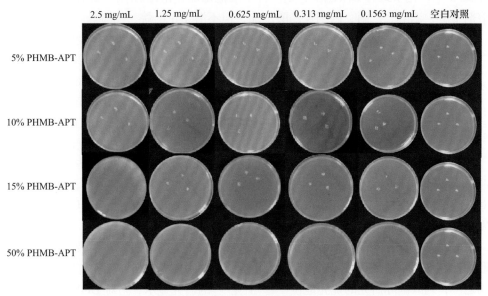

图 6-26　不同用量 PHMB/APT 样品对大肠杆菌抗菌性能影响

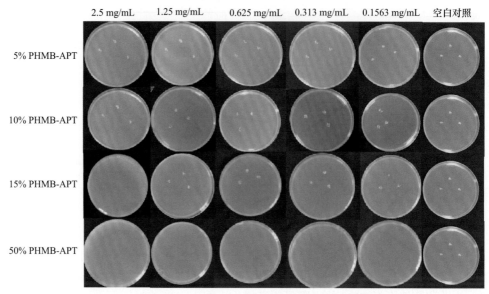

图 6-27　不同用量 PHMB/APT 样品对金黄色葡萄球菌性能影响

6.5　凹凸棒石呕吐毒素吸附剂

　　呕吐毒素是由粉红镰刀菌和禾谷镰刀菌产生的谷物中最常见的一种真菌毒素，具有很高生物活性的毒性代谢产物。最早由 Yoshizawa 等[134]通过将被污染的玉米分离提取出脱氧雪腐镰刀菌烯醇(DON)，经过研究确定了 DON 的化学结构，由于此化合物能导致母猪产生厌食和呕吐的病症，俗称呕吐毒素。化学名为 $3\alpha,7\alpha,15$-三羟基-12,13-环氧单端孢霉-9-烯-8-酮，化学式为 $C_{15}H_{20}O_6$，是一种单端孢霉烯族化合物(图 6-28)，易溶于水和极性溶剂甲醇、乙醇、乙腈、丙酮及乙酸乙酯，但不溶于正己烷、乙醚。

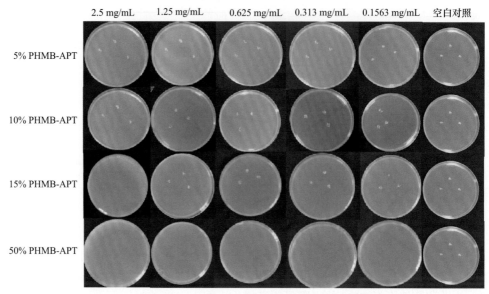

图 6-28　DON 的结构式

　　DON 耐储藏能力极强，经四年的储藏仍能保持原有毒性，耐热性和耐酸性强，食品在加工过程中，即使经过煮沸，210℃高温烘焙，140℃高温煎炸，也只能破坏 50%。Wolf 等[135]研究表明，在 pH 值为 4.0 的酸性条件下，DON 即使在 100℃、120℃下处理 60 min，结构依然稳定；在 170℃高温处理 60 min，毒性仅有少量被消减。在 pH 值为 10 的碱性条件下，100℃反应 60 min，毒性部分被降解。唐贤华等[136]利用紫外线照射、酸碱处理、加热加压 3 种方式对不同浓度 DON 标准品进行处理，发现紫外线照射对低浓度的 DON 影响很小，在酸性和中性环境下，DON 保持稳定，但在碱性环境下，会发生降解，在强碱环境下降解更为迅速。

　　呕吐毒素广泛存在于玉米、小麦、麦芽、啤酒及面包等多种农产品及制品中[137]，已被联合国粮食及农业组织(FAO)和世界卫生组织(WHO)确定为最危险的自然发生食品污染物之一，列入国际研究的优先地位[138]。王克[139]的研究显示，猪对 DON 极为敏感，饲料中 0.3～0.5 mg/kg 的 DON 就会引起猪拒食、生长能力下降以及对传染病的抵抗能力下降，饲料中含 1 mg/kg 以上的 DON 就可能引起猪拒食、嗜睡、生长严重受阻、体增重减慢、免疫机能减退、丧失肌肉协调性以及呕吐等症状。人类食用含有 DON 的粮油食品后，会出现胃部不适、眩晕、腹胀、头痛、恶心、呕吐，手足发麻、全身乏力、颜面潮红以及食物中毒性白细胞缺乏症等症状。

6.5.1 黏土矿物对呕吐毒素的吸附

为应对全球范围内呕吐毒素的污染，多个国家都制定了相应的限量标准。我国国标 GB 2761—2017 中规定了谷物及谷物制品中 DON 的含量不能超过 1 mg/kg。美国 FDA 规定食品中的呕吐毒素限量标准是 1 mg/kg，而欧盟限定谷物、谷物制粉、麸及干意大利面中的限量标准为 0.75 mg/kg[140]。与其他毒素一样，吸附脱毒法同样是去除 DON 较好的选择。就吸附脱除而言，目前体外吸附性能最佳的仍然为活性炭，另外还有酯化葡甘露聚糖。研究表明，天然黏土矿物与 DON 几乎没有结合[141]。中国农业科学院饲料研究所王金全等[142]通过体外模拟动物体内消化道环境，研究了市场上常见的 13 种具有代表性的脱毒剂吸附结合 AFB$_1$、ZEN 和 DON 的能力，13 种吸附剂对 AFB$_1$ 和 ZEN 随着处理时间增加，都有较强的吸附效果，但对 DON 均没有显著吸附效果。DON 的脱除是世界性的难题之一。

张颖莉[143]采用 AlCl$_3$、FeCl$_3$ 与碱溶液混合，TiCl$_4$ 与酸溶液混合制备了三种不同的聚合羟基金属阳离子柱化剂，与蒙脱石悬浮液混合，经过加热搅拌、水洗、离心、烘干、高温焙烧等步骤得到 3 类单金属柱撑蒙脱石[分别为铝柱撑蒙脱石(n-Al-Mt)、铁柱撑蒙脱石(n-Fe-Mt)和钛柱撑蒙脱石(n-Ti-Mt)，其中 n 为柱化剂量，n = 0.01、0.05、0.10、0.50、1.00、2.00]和三类复合金属柱撑蒙脱石[分别是铝铁柱撑蒙脱石(n-Al/Fe ab-Mt)、铝钛柱撑蒙脱石(n-Al/Ti ab-Mt)和铁钛柱撑蒙脱石(n-Fe/Ti ab-Mt)，其中 n 为柱化剂量，n = 0.01、0.05、0.10、0.50、1.00、2.00；ab 表示复合柱撑剂中 Al/Fe、Al/Ti 或 Fe/Ti 的比例，ab = 5：1、2：1、1：1、1：2、1：5]，并在模拟动物胃肠道 pH 环境下考察了无机柱撑蒙脱石对 DON 的吸附。在 pH 6.8 和 pH 2.0 下 1.00-Al-Mt 对 DON 的吸附率分别为 27.08%和 23.60%，1.00-Ti-Mt 对 DON 的吸附率分别为 27.37%和 23.44%。对于铝铁复合蒙脱石，pH 6.8 下 0.50-Al/Fe-21-Mt 的吸附能力最好，吸附率达到 31.66%，pH 2.0 下 1.00-Al/Fe-51-Mt 的吸附能力最好，吸附率达到 28.15%；对于铝钛复合蒙脱石，pH 6.8 下 1.00-Al/Ti 11-Mt 的吸附率为 26.07%，pH 2.0 下 0.50-Al/Ti 11-Mt 的吸附率为 30.57%；对于铁钛复合蒙脱石，pH 6.8 下 1.00-Fe/Ti15-Mt 的吸附率达到 22.60%，pH 2.0 下 0.50-Fe/Ti 15-Mt 的吸附率达到 23.50%。由此可见，无机柱撑蒙脱石对 DON 最好的吸附效果只达到 30%左右。

作者采用收集到的 15 种不同黏土矿物测试了对 DON 的去除效果，绝大部分黏土矿物对 DON 的去除率小于 10%。作者继续考察了传统酸、热、碱、盐和有机改性凹凸棒石对 DON 的去除效果，同样发现对 DON 的去除效果非常有限。霉菌毒素结构多样性注定了常规吸附剂不能有效解决多种霉菌毒素的污染问题。因此，通过将不同类型的吸附剂进行适当配比，制成复合型霉菌毒素吸附剂，可充分发挥不同成分对不同霉菌毒素的吸附性能，从而达到广谱吸附效果。

6.5.2 复合改性凹凸棒石对呕吐毒素的吸附

活性炭由于选择吸附性差在饲料内直接添加使用存在一定缺陷。作者发明了一种凹凸棒石呕吐毒素吸附剂的制备方法[144]。将酸活化凹凸棒石经氨基酸络合物修饰后，与酸改性活性炭反应，得到凹凸棒石呕吐毒素吸附剂。在初始浓度为 500 μg/L、吸附剂用量为 2 mg/mL、37℃恒温振荡 1 h 时，吸附剂对 DON 的去除效率可达到 80%以上(图 6-29)，同时还可实现对其他毒素的有效吸附，具有广谱性。

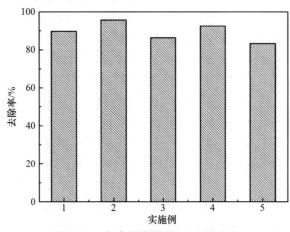

图 6-29　复合吸附剂对 DON 的去除

酯化葡甘露聚糖对霉菌毒素具有较佳的吸附性能,可有效吸附(结合)不同种类的霉菌毒素。作者选用既做凹凸棒石分散剂又做葡甘露聚糖酯化剂的磷酸钠盐为改性剂,再加入少量的活性炭,制备了酯化葡甘露聚糖/活性炭/凹凸棒石复合霉菌毒素吸附剂[145]。具体方法为：在磷酸钠盐的作用下,将凹凸棒石分散在无机酸中分解碳酸盐杂质,疏松凹凸棒石孔道；同时加入活性炭在酸性条件下通过表面电荷作用与凹凸棒石有效复合,进而在凹凸棒石/活性炭悬浮液中加入葡甘露聚糖,在适宜 pH 值条件下进行酯化反应；最终通过氢键作用实现凹凸棒石-活性炭-酯化葡甘露聚糖三者的有机结合。制备的复合吸附剂具有广谱吸附剂效果,对 AFB$_1$、ZEN 和 DON 毒素最好的去除能力分别达到 94%、89%和 69%。

近年来,无抗养殖成为热点话题之一。若一种材料在具备吸附性能的同时赋予抗菌性能,可实现吸附剂的多功能性。作者发明了一种多功能抗菌脱霉剂[146],是采用具有较强酸性的甜菜碱盐酸盐或甜菜碱磷酸盐处理黏土矿物,在强酸性作用下,一方面溶解黏土矿物中所含有的碳酸盐等杂质,充分释放固有吸附位点；另一方面,通过负载一定量的甜菜碱改变黏土矿物的表面电荷。随后采用具有阳离子特性的胍类抗菌剂以及烷基糖苷或烷基糖苷季铵盐对黏土矿物进行改性处理,提高其对霉菌毒素分子的脱除能力；最后复配一定量的活性炭、酵母核苷酸以及大蒜素,在实现广谱高效脱毒的同时,赋予了抗菌和促生长功效(图 6-30)。

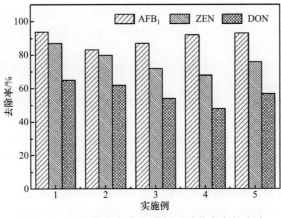

图 6-30　凹凸棒石复合吸附剂对霉菌毒素的去除

　　霉菌毒素在我们的生活中"无处不生，无处不在"。同一种霉菌可以产生多种不同结构的毒素，而某一种毒素也可以由不同的霉菌产生。史海涛等[147]广泛调研了近年来我国学者在国内外专业学术期刊上发表的相关研究论文，归纳了我国不同饲料中霉菌毒素的污染现状，结果显示近十年国内关于饲料霉菌毒素的研究在迅速增加，反映了我国科研人员和产业界对霉菌毒素越来越重视的趋势。鉴于动物饲料中可能同时出现多种霉菌毒素，霉菌毒素结构多样性使得常规吸附剂不能有效解决多种霉菌毒素的污染问题。因此，未来应加强广谱霉菌毒素吸附剂的研究开发，在充分利用黏土矿物孔道或层域基础上，通过功能化改性进一步提升对弱极性霉菌毒素的吸附性能。

参 考 文 献

[1] 农业部奶业管理办公室. 中国奶业统计摘要. 中国奶业协会, 2018: 1-6.

[2] Kabak B, Dobson A, Var I. Strategies to prevent mycotoxin contamination of food and animal feed: A review. Crit Rev Food Sci Nutr, 2006, 46(8): 593-619.

[3] Verheecke C, Liboz T, Mathieu F. Microbial degradation of aflatoxin B_1: Current status and future advances. Int J Food Microbiol, 2016, 237: 1-9.

[4] 冯艳忠, 沈伟, 王兆山, 等. 霉菌毒素的研究进展. 饲料工业, 2014, 35(4): 58-62.

[5] 龙定彪, 罗敏, 肖融, 等. 霉菌毒素及其毒性效应的研究进展. 黑龙江畜牧兽医, 2015, (11): 77-79.

[6] 刘瑞丽, Swamy H V L N. 有关全球霉菌毒素中毒症的最新思考. 国外畜牧学(猪与禽), 2010, 30(3): 3-6.

[7] Anfossi L, Giovannoli C, Baggiani C. Mycotoxin detection. Curr Opin Biotechnol, 2016, 37: 120-126.

[8] 黄广明, 阳艳林. 霉菌毒素污染的危害. 农业知识, 2016, (18): 56-57.

[9] 王爱勤, 王文波, 郑易安, 等. 凹凸棒石棒晶束解离及其纳米功能复合材料. 北京: 科学出版社, 2014.

[10] 丁燕玲, 李孟聪, 钟名琴, 等. 2015～2020 年国内饲料霉菌毒素污染调查报告统计分析. 中国动物检疫, 2021, 38(3): 29-36.

[11] 黄志伟, 刘利晓, 李洪波, 等. 16 种植物性饲料原料中黄曲霉毒素 B_1、T-2 毒素、赭曲霉毒素 A、伏马素(B_1+B_2)污染调查检测及控制建议. 畜牧与饲料科学, 2021, 42(1): 19-23.

[12] 黄志伟, 冯晋, 刘利晓, 等. 17 种植物性饲料原料中伏马毒素(B_1+B_2)、赭曲霉毒素 A、T-2 毒素黄曲霉毒素 B_1 污染状况调查检测分析. 畜牧与饲料科学, 2020, 41(4): 8-12, 16.

[13] 黄志伟. 12 种植物性饲料原料中霉菌毒素污染状况的调查分析. 粮食与饲料工业, 2019, (1): 58-60.

[14] 黄志伟, 赵盼盼. 2015～2018 年 12 种植物性饲料原料中黄曲霉毒素 B₁ 污染状况调查分析. 粮食与饲料工业, 2019, (7): 62-64.

[15] 雷元培, 周建川, 王利通, 等. 2018 年中国饲料原料及配合饲料中霉菌毒素污染调查报告. 饲料工业, 2020, 41(10): 60-64.

[16] 周建川, 郑文革, 赵丽红, 等. 2016 年中国饲料和原料中霉菌毒素污染调查报告. 中国猪业, 2017, 12(6): 22-26, 32.

[17] Dalvi R R, Mcgowan C. Experimental induction of chronic aflatoxicosis in chickens by purified aflatoxin B₁ and its reversal by activated charcoal, phenobarbital, and reduced glutathione. Poult Sci, 1984, 63(3): 485-491.

[18] Bonna R J, Aulerich R J, Bursian S J, et al. Efficacy of hydrated sodium calcium aluminosilicate and activated charcoal in reducing the toxicity of dietary aflatoxin to mink. Arch Environ Contam Toxicol, 1991, 20(3): 441-447.

[19] Celik I, Oguz H, Demet O, et al. Efficacy of polyvi-nylpolypyrrolidone in reducing the immunotoxicity of aflatoxin in growing broilers. Br Poult Sci, 2000, 41(4): 430-439.

[20] Avantaggiato G, Havenaar R, Visconti A. Assessing the zearalenone-binding activity of adsorbent materials during passage through a dynamic in vitro gastrointestinal model. Food Chem Toxicol, 2003, 41(10): 1283-1290.

[21] 陈光明, 刘建军, 刘桂兰, 等. 霉菌毒素脱毒剂的研究进展等. 畜牧与饲料科学, 2015, 36(2): 44-46.

[22] 徐子伟, 万晶. 饲料霉菌毒素吸附剂研究进展. 动物营养学报, 2019, 31(12): 5391-5398.

[23] 张娜, 韩筱玉, 梁金生, 等. 非金属矿物材料脱霉性能评价方法研究进展. 材料导报, 2020, 34(5): 5078-5084.

[24] 尤明珍, 扶国才. 启动能协同饲料安全的资源——凹凸棒石粘土在动物生产中的应用研究进展. 中国动物保健, 2008, 4: 56-58.

[25] European Community. Regulation (EC) No 1831/2003 of the European Parliament and of the Council of 22 September 2003 on additives for use in animal nutrition. Official Journal of the European Union, 2003, 268: 29-43.

[26] European Community. Regulation (EU) No 575/2011 of 16 June 2011 on the catalogue of feed materials. Official Journal of the European Union, 2011, 159: 25-65.

[27] 中国农业部. 中华人民共和国农业部公告第 2038 号. 中国饲料, 2014, (2): 5-6.

[28] 袁勇, 文伟, 冯智茂, 等. 凹凸棒石的作用机制及其在动物生产中的应用. 动物营养学报, 2020, 32(6): 1-10.

[29] 胡忠泽, 金光明. 凹土对肉鸡日粮养分代谢的影响. 兽药与饲料添加剂, 2000, 5(1): 4-6.

[30] Naderinej Ad S, Zaefarian F, Abdollahi M R, et al. Influence of feed form and particle size on performance, nutrient utilisation, and gastrointestinal tract development and morphometry in broiler starters fed maize-based diets. Anim Feed Sci Technol, 2016: 92-104.

[31] Abdollahi M R, Ravindran V, Svihus B. Pelleting of broiler diets: An overview with emphasis on pellet quality and nutritional value. Anim Feed Sci Technol, 2013, 179(1-4): 1-23.

[32] Zhang R Q, Yang X, Chen Y P, et al. Effects of feed palygorskite inclusion on pelleting technological characteristics, growth performance and tissue trace elements content of blunt snout bream (Megalobrama amblycephala). Appl Clay Sci, 2015, 114: 197-201.

[33] Pappas A C, Zoidis E, Theophilou N, et al. Effects of palygorskite on broiler performance, feed technological characteristics and litter quality. Appl Clay Sci, 2010, 49(3): 276-280.

[34] 邱海剑, 张玉东, 罗有文, 等. 凹凸棒石黏土和沸石对肉鸡饲料制粒加工性状的影响. 非金属矿,

2009(1): 25-26.

[35] Zhang L, Yan R, Zhang R Q, et al. Effect of different levels of palygorskite inclusion on pellet quality, growth performance and nutrient utilization in broilers. Anim Feed Sci Technol, 2017, 223: 73-81.

[36] 张磊. 凹凸棒石对肉鸡饲料制粒质量与肠道功能的影响及其相关机制研究. 南京: 南京农业大学, 2016.

[37] 罗有文, 周岩民, 王恬. 凹凸棒石粘土的生物学功能及其在动物生产上的应用. 硅酸盐通报, 2006(6): 159-164.

[38] Lv Y F, Tang C H, Wang X Q, et al. Effects of dietary supplementation with palygorskite on nutrient utilization in weaned piglets. Livest Sci, 2015(174): 82-86.

[39] Chen Y P, Cheng Y F, Li X H, et al. An evaluation of palygorskite inclusion on the growth performance and digestive function of broilers. Appl Clay Sci, 2016, 129: 1-6.

[40] Wu Q J, Zhou Y M, Wu Y N, et al. Intestinal development and function of broiler chickens on diets supplemented with clinoptilolite. Asian Australas J Anim Sci, 2013, 26(7): 987-994.

[41] Chalvatzi S, Arsenos G, Tserveni-Goussi A, et al. Tolerance and efficacy study of palygorskite incorporation in the diet of laying hens. Appl Clay Sci, 2014, 101: 643-647.

[42] Bampidis V A, Christodoulou V, Theophilou N, et al. Effect of dietary palygorskite on performance and blood parameters of lactating Holstein cows. Appl Clay Sci, 2014, 91-92: 25-29.

[43] 祝溢锴. 凹凸棒石黏土对断奶仔猪生产性能和免疫功能的影响. 南京: 南京农业大学, 2012.

[44] Tang C H, Wang X Q, Zhang J M. Effects of supplemental palygorskite instead of zinc oxide on growth performance, apparent nutrient digestibility and fecal zinc excretion in weaned piglets. Anim Sci J, 2014, 85(4): 435-439.

[45] 陈跃平. 凹凸棒石和 L-苏氨酸对肉鸡肠道的保护作用研究. 南京: 南京农业大学, 2017.

[46] Zhou P, Tan Y Q, Zhang L, et al. Effects of dietary supplementation with the combination of zeolite and attapulgite on growth performance, nutrient digestibility, secretion of digestive enzymes and intestinal health in broiler chickens. Asian Austral J Anim, 2014, 27(9): 1311-1318.

[47] Qiao L H, Chen Y P, Wen C, et al. Effects of natural and heat modified palygorskite supplementation on the laying performance, egg quality, intestinal morphology, digestive enzyme activity and pancreatic enzymem RNA expression of laying hens. Appl Clay Sci, 2015, 104: 303-308.

[48] Zhang J M, Lv Y F, Tang C H, et al. Effects of dietary supplementation with palygorskite on intestinal integrity in weaned piglets. Appl Clay Sci, 2013, 86: 185-189.

[49] 王雨雨, 刘强, 王保哲, 等. 凹凸棒石黏土对饲料颗粒质量及樱桃谷肉鸭生长性能、屠宰性能、肌肉品质和抗氧化性能的影响. 南京农业大学学报, 2018, 41(3): 511-518.

[50] Chen Y P, Cheng Y F, Li X H, et al. Dietary palygorskite supplementation improves immunity, oxidative status, intestinal integrity, and barrier function of broilers at early age. Anim Feed Sci Technol, 2016, 219: 200-209.

[51] 王坤, 裴付伟, 程业飞, 等. 凹凸棒石缓解热处理豆粕对肉鸡氧化应激的研究. 中国粮油学报, 2019, 34(1): 69-74.

[52] Liu J L, Gao Z Y, Liu H, et al. A study on improving the antibacterial properties of palygorskite by using cobalt-doped zinc oxide nanoparticles. Appl Clay Sci, 2021, 209: 106112.

[53] Zhong H Q, Mu B, Yan P J, et al. A comparative study on surface/interface mechanism and antibacterial properties of different hybrid materials prepared with essential oils active ingredients and palygorskite. Colloid Surf A, 2021, 618: 126455.

[54] Hui A P, Yan R, Wang W B, et al. Incorporation of quaternary ammonium chitooligosaccharides on ZnO/palygorskite nanocomposites for enhancing antibacterial activities. Carbohyd Polym, 2020, 247:

116685.

[55] Hui A P, Dong S Q, Kang Y R, et al. Hydrothermal fabrication of spindle-shaped ZnO/palygorskite nanocomposites using nonionic surfactant for enhancement of antibacterial activity. Nanomaterials, 2019, 9(10): 1453.

[56] 周岩民, 郭芳, 王恬. 沸石及凹凸棒石对铅、镉在肉鸡肌肉和肝脏中残留的影响. 非金属矿, 2007, 30: 7-8.

[57] 蒋广震, 张永静, 张定东, 等. 硅酸盐矿物体外吸附剂对饲料铅的吸附效果及其对福瑞鲤生长的影响.南京农业大学学报, 2016, 39(6): 996-1002.

[58] Cheng Y F, Chen Y P, Li X H, et al. Effects of palygorskite inclusion on the growth performance, meat quality, antioxidant ability, and mineral element content of broilers. Biol Trace Elem Res, 2016, 173: 194-201.

[59] 杨伟丽. 载锌凹凸棒石对肉鸡肌肉品质、组织金属元素沉积及抗氧化功能的影响. 南京: 南京农业大学, 2017.

[60] 傅正强. 靖远凹凸棒石吸附水溶液中Cd(II)性能的研究. 兰州: 兰州交通大学, 2013.

[61] 杨雪, 冷智贤, 颜瑞, 等. 凹凸棒石黏土对生长育肥猪生产性能、金属含量及肉品质的影响. 中国粮油学报, 2015, 30(4): 96-101.

[62] 桑勇. 几种有机吸附剂对黄曲霉毒素吸附的比较研究. 武汉: 华中农业大学, 2006.

[63] 易中华, 吴兴利. 饲料中常见霉菌毒素的中毒症及危害. 湖南饲料, 2008, (4): 14-17.

[64] 左瑞丽. 黄曲霉毒素B₁的生物降解及其在肉鸡生产中的应用研究. 郑州: 河南农业大学, 2012.

[65] Hatch R C, Clark J D, Jain A V, et al. Induced acute aflatoxicosis in goats: Treatment with activated charcoal or dual combinations of oxytetracycline, stanozolol, and activated charcoal. Am J Vet Res, 1982, 43(4): 644-648.

[66] Danike S. Prevention control of mycotoxins in the poultry production chain : A European view. Worlds Poult Sci J, 2002, 58(4): 451-474.

[67] 陈光明, 刘建军, 刘桂兰, 等. 霉菌毒素脱毒剂的研究进展. 畜牧与饲料科学, 2015, (2): 44-46.

[68] Li Y, Tian G Y, Dong G Y, et al. Research progress on the raw and modified montmorillonites as adsorbents for mycotoxins: A review. Appl Clay Sci, 2018, 163: 299-311.

[69] 齐志国, 郭江鹏, 柏雨岑. 蒙脱石的功能及其在畜禽养殖中的应用. 中国畜牧杂志, 2019, 55(5): 29-34.

[70] 何万领. 膨润土对营养成分、有害物质吸附特性及防霉脱毒剂研究. 武汉: 华中农业大学, 2003.

[71] Schell T C, MD Lindemann, Kornegay E T, et al. Effects of feeding aflatoxin-contaminated diets with and without clay to weanling and growing pigs on performance, liver function, and mineral metabolism. J Anim Sci, 1993(5): 1209-1218.

[72] 李红梅, 张勇. 钠基膨润土和黄曲霉毒素吸附剂对肉鸡生长性能屠体性能及免疫性能的影响. 当代畜牧, 2009(7): 20-22.

[73] 齐德生, 刘凡, 于炎湖, 等. 蒙脱石及改性蒙脱石对黄曲霉毒素 B₁ 的吸附研究. 畜牧兽医学报, 2003, 19(6): 620-622.

[74] 齐德生, 刘凡, 于炎湖, 等. 蒙脱石对黄曲霉菌毒素B₁的吸附作用. 矿物学报, 2004, 24(4): 341-344.

[75] Mulder I, Velazquez A L, Arvide M G, et al. Smectite clay sequestration of aflatoxin B₁: Particle size and morphology. Clay Clay Min, 2008, 56(5): 558-570.

[76] Phillips T D, Sarr A B, Grant P G. Selective chemisorption and detoxification of aflatoxins by phyllosilicate clay. Neurogastroenterol Motil, 2010, 3(4): 204-213.

[77] Deng Y J, ALB Velázquez, Billes F, et al. Bonding mechanisms between aflatoxin B₁ and smectite. Appl Clay Sci, 2010, 50(1): 92-98.

[78] 张亚坤, 王金荣, 赵银丽, 等. 改性蒙脱石对黄曲霉毒素 B_1 和玉米赤霉烯酮的吸附研究. 中国畜牧杂志, 2021, 57(1): 21-35.

[79] Abdel-Wahhab M A, El-Denshary E S, El-Nekeety A A, et al. Efficacy of organo-modified nano montmorillonite to protect against the cumulative health risk of aflatoxin B_1 and ochratoxin A in rats. Soft Nanosci Lett, 2015, 5(2): 21-35.

[80] Lian C, Wang G, Lv W, et al. Effect of calcination temperature on the structure of chitosan-modified montmorillonites and their adsorption of aflatoxin FB_1. Clay Clay Min, 2019, 67(4): 357-366.

[81] Nuryono N, Agus A, Wedhastri S, et al. Adsorption of aflatoxin B_1 in corn on natural zeolite and bentonite. Indones J Chem, 2012, 12(3): 279-286.

[82] Yiannikouris A, Kettunen H, Apajalahti J, et al. Comparison of the sequestering properties of yeast cell wall extract and hydrated sodium calcium aluminosilicate in three in vitro models accounting for the animal physiological bioavailability of zearalenone. Food Addit Contam A, 2013, 30(9): 1641-1650.

[83] 张妮娅, 姜梦付, 齐德生. 葡甘聚糖对黄曲霉毒素的吸附作用. 养殖与饲料, 2007, 4: 56-59.

[84] Grant P G, Philips T D. Isothermal adsorption of aflatoxin B_1 on HSCAS clay. J Agric Food Chem, 1998, 46(2): 599-605.

[85] 李娟娟, 苏晓鸥. 不同吸附剂对黄曲霉毒素 B_1 吸附效果的研究. 中国畜牧兽医, 2009, (8): 5-10.

[86] Smith E E, Phillips T D, Ellis J A, et al. Dietary hydrated sodium calcium aluminosilicate reduction of aflatoxin M_1 residue in dairy goat milk and effects on milk production and components. J Anim Sci, 1994, 72(3): 677-682.

[87] Kogel J E, Lewis S A. Baseline studies of the clay minerals society source clays: Chemical analysis by inductively coupled plasma-mass spectroscopy (ICP-MS). Clay Clay Min, 2001, 49(5): 387-392.

[88] Vekiru E, Fruhauf S, Sahin M, et al. Investigation of various adsorbents for their ability to bind aflatoxin B. Mycotoxin Res, 2007, 23(1): 27-33.

[89] Lemke S L, Ottinger S E, Mayura K, et al. Development of a muti-tiered approach to the in vitro prescreening of clay-based enterosorbents. Anim Feed Sci Technol, 2001, 93(1-2): 17-29.

[90] Moschini M, Gallo A, Piva G, et al. The effects of rumen fluid on the in vitro aflatoxin binding capacity of different sequestering agents and in vivo release of the sequestered toxin. Feed Sci Technol, 2008, 147(4): 292-309.

[91] Mks A, Ka A, Stg A, et al. Corrigendum to toxicopathological effects of feeding aflatoxins B_1 in broilers and its ameliosration with indigenous mycotoxin binder. Ecotoxicol Environ Saf, 2020, 187: 109932.

[92] Masimango N, Remacle J, Ramaut J L. The role of adsorption in the elimination of aflatoxin B_1 from contaminated media. Eur J Appl Microbiol Biotechnol, 1978, 6(1): 101-105.

[93] Schell T C, Lindemann M D, Kornegay E T, et al. Effectiveness of different types of clay for reducing the detrimental effects of aflatoxin-contaminated diets on performance and serum profiles of weanling pigs. J Anim Sci, 1993(5): 1226-1231.

[94] 肖雷, 马惠荣, 姚菁华, 等. 凹凸棒土对黄曲霉毒素 B_1 的吸附特性. 江苏农业科学, 2012, 40(8): 285-286.

[95] 夏枚生, 胡彩虹, 许梓荣, 等. 酸活化坡缕石对肉鸡日粮中黄曲霉毒素 B_1 的去毒效果. 中国兽医学报, 2005, 25(1): 107-110.

[96] 梁晓维, 李发弟, 张军民, 等. 蒙脱石和凹凸棒石对霉菌毒素吸附性能的研究. 中国畜牧兽医, 2014, 41(11): 133-138.

[97] Zhou H T. Mixture of palygorskite and montmorillonite (Paly-Mont) and its adsorptive application for mycotoxins. Appl Clay Sci, 2016, 131: 140-143.

[98] 朱振海, 郑茂松, 孙新友, 等. 凹凸棒石粘土净化含强致癌物质黄曲霉毒素 B_1 油脂工艺技术研究,

非金属矿, 1998, 21(6): 15-17.

[99] Ji J M, Xie W L. Removal of aflatoxin B₁ from contaminated peanut oils using magnetic attapulgite. Food Chem, 2021, 339: 128072.

[100] Stob M, Baldwin R S, Tuite J, et al. Isolation of an anabolic, uterotrophic compound from corn infected with *Gibberella zeae*. Nature, 1962, 196(4861): 1318.

[101] Nelson P E, Desjardins A E, Plattner R D. Fumonisins, mycotoxins produced by fusarium species: Biology, chemistry, and significance. Annu Rev Phytopathol, 1993, 31(1): 233-252.

[102] 凌杰. 凹凸棒石玉米赤霉烯酮吸附剂在肉鸡饲料中的应用研究. 南京: 南京农业大学, 2017.

[103] 曾路, 严春杰, 谌刚, 等. 不同硅酸盐矿物材料对霉菌毒素吸附性能的研究. 中国畜牧杂志, 2011, 47(8): 64-66.

[104] Ramos A J, Heméndez E, Plé-Delfina J M, et al. Intestinal absorption of zearalenone and *in vitro* study of non-nutritive sorbent materials. Int J Pharm, 1996, 128(1-2): 129-137.

[105] 王爱勤, 康玉茹, 牟斌, 等. 伊蒙混合黏土霉菌毒素吸附剂的制备方法:中国, CN103846078A. 2014-06-11.

[106] Wang G F, Miao Y S, Sun Z M, et al. Simultaneous adsorption of aflatoxin B₁ and zearalenone by mono- and di-alkyl cationic surfactants modified montmorillonites. J Colloid Interface Sci, 2018 (511): 67-76.

[107] Wang G F, Xi Y, Lian F, et al. Simultaneous detoxification of polar aflatoxin B₁ and weak polar zearalenone from simulated gastrointestinal tract by zwitterionic montmorillonites. J Hazard Mater, 2019, 364: 227-237.

[108] Sun Z M, Chun C L, Li Q, et al. Investigations on organo-montmorillonites modified by binary nonionic/zwitterionic surfactant mixtures for simultaneous adsorption of aflatoxin B₁ and zearalenone. J Colloid Interface Sci, 2020, 565: 11-22.

[109] Sun Z M, Song A K, Wang B, et al, Adsorption behaviors of aflatoxin B₁ and zearalenone by organo-rectorite modified with quaternary ammonium salts. J Mol Liq, 2018 (264): 645-651.

[110] 孙青, 祁琪, 张俭, 等. 磁性 ZnFe₂O₄/埃洛石复合材料的结构及吸附性能研究. 无机材料学报, 2018, 33(04): 390-396.

[111] Zhang Y, Gao R, Liu M, et al. Use of modified halloysite nanotubes in the feed reduces the toxic effects of zearalenone on sow reproduction and piglet development. Theriogenology, 2015, 83(5): 932-941.

[112] Spasojević M, Dakovic A, Rottinghaus G E, et al. Zearalenone and ochratoxin A: Adsorption by kaolin modified with surfactant. Metall Mater Eng, 2019, 25(1): 39-45.

[113] Sprynskyy M, Gadza ła-Kopciuch R, Nowak K, et al. Removal of zearalenone toxin from synthetics gastric and body fluids using talc and diatomite: A batch kinetic study. Colloids Surf B, 2012, 94: 7-14.

[114] Magdalena T, Aleksandra D, George R, et al. Surfactant modified zeolites new efficient adsorbents for mycotoxins. Micropor Mesopor Mater, 2003, 61(1): 173-180.

[115] Markovic M, Dakovic A, Rottinghaus G E, et al. Adsorption of the mycotoxin zearalenone by clinoptilolite and phillipsite zeolites treated with cetylpyridinium surfactant. Colloids Surf, B, 2017: 324-332.

[116] Markovic M, Dakovic A, Rottinghaus G E, et al. Ochratoxin A and zearalenone adsorption by the natural zeolite treated with benzalkonium chloride. Colloids Surf B, 2017: 7-17.

[117] Sun Z M, Xu J, Wang G F, et al. Hydrothermal fabrication of rectorite based biocomposite modified by chitosan derived carbon nanoparticles as efficient mycotoxins adsorbents. Appl Clay Sci, 2019(184): 10537.

[118] 景青锋. 氯化十六烷基吡啶改性纳米材料吸附水中典型芳香污染物的作用及机制. 杭州: 浙江大学, 2016.

[119] 许丽. 甜菜碱对肥育猪生长性能和肉品质的影响及对肌肉组织脂肪代谢作用机制的研究. 杭州: 浙江大学, 2015.

[120] 康玉茹, 王爱勤, 王文波, 等, 具有抗菌功能的凹凸棒石玉米赤霉烯酮吸附剂的制备方法: 中国 CN104888691A. 2015-09-09.

[121] 王文波, 王爱勤, 康玉茹, 等. 凹凸棒石原位制备有机化混维纳米材料的方法: 中国 CN104445240A. 2015-03-25.

[122] 颜瑞. 固相载锌凹凸棒石黏土对肉鸡锌生物利用率及免疫调节机制的研究. 南京: 南京农业大学, 2016.

[123] 聂建芳, 刘兰奇, 古菁菁, 等. 聚六亚甲基双胍-两亲碳渣抗菌材料的制备. 河南大学学报(医学版), 2019, 38(3): 170-173.

[124] 赵鑫钰, 陈迅, 陆梓仪, 等. Ag(Ⅲ)-聚六亚甲基双胍配合物的合成及抗菌性能表征. 应用化学, 2017, 34(7): 749-756.

[125] 李杨, 李付刚. 聚六亚甲基双胍盐酸盐的合成及应用. 精细化工原料及中间体, 2011, (2): 27-29.

[126] 闫华, 韩江升, 林煦, 等. 聚六亚甲基双胍盐酸盐的性能、应用与合成进展. 山东化工, 2017, 46(20): 47-48.

[127] 汪煜强, 张孜文, 杨建军, 等. 基于聚六亚甲基胍盐酸盐的聚丙烯酰胺/琼脂双网络抗菌水凝胶. 精细化工, 2020, 37(7): 1393-1399.

[128] 田兰兰, 张利权, 李清林, 等. 季铵盐改性有机凹凸棒石的制备与表征研究. 广州化工, 2018, 46(22): 35-37.

[129] Zuo R, Meng L, Guan X, et al. Removal of strontium from aqueous solutions by acrylamide-modified attapulgite. J Radioanal Nucl Chem, 2019, 319(3): 1207-1217.

[130] Wang T, Chen Y, Ma J, et al. A polyethyleneimine-modified attapulgite as a novel solid support in matrix solid-phase dispersion for the extraction of cadmium traces in seafood products. Talanta, 2018: 254-259.

[131] 张家佳. 聚六亚甲基胍改性膨润土与在乳液聚合中的应用. 南宁: 广西大学, 2014.

[132] 李隽. 凹凸棒土的有机表面改性. 广东化工, 2011, 38(5): 133-134.

[133] Feng J L, Shan M, Du H H, et al. *In vitro* adsorption of zearalenone by cetyltrimethyl ammonium bromide-modified montmorillonite nanocomposites. Micropor Mesopor Mater, 2008 (113): 99-105.

[134] Yoshizawa T, Morooka N. Deoxynivalenol and its monoacetate: New mycotoxins from *Fusarium roseum* and moldy barley. Agric Biol Chem, 1973, 37 (12): 2933-2934.

[135] Wolf C E, Bullerman L B. Heat and pH alter the concentration of deoxynivalenol in an aqueous environment. J Food Prot, 1998, 61(3): 149-152.

[136] 唐贤华, 张崇军, 隋明. 不同处理方式对黄曲霉毒素 B_1 和呕吐毒素含量的影响. 粮食与食品工业, 2019, 26(6): 38-41, 44.

[137] Labuda R, Parich A, Berthiller F, et al. Incidence of trichothecenes and zearalenone in poultry feed mixtures from slovakia. Int J Food Microbiol, 2005, 105: 19-25.

[138] 王文龙, 刘阳, 李少英, 等. 脱氧雪腐镰刀菌烯醇与人类健康. 食品研究与开发, 2008, 29(6): 153-157.

[139] 王克. 呕吐毒素对猪的危害和防控措施. 养殖与饲料, 2019, (7): 65-66.

[140] 刘青, 邹志飞, 余炀炀, 等. 食品中真菌毒素法规限量标准概述. 中国酿造, 2017, 36(1): 1-7.

[141] Joint FAO/WHO Expert Committee on Food Additives. Safety evaluation of certain mycotoxins in food/prepared by the fifty-sixth meeting of the Joint FAO/WHO Expert Committee on Food Additives (JECFA). https://apps.who.int/iris/handle/10665/42467. 2001.

[142] 王金全, 丁建莉, 娜仁花, 等.比较几种吸附剂对 3 种霉菌毒素体外吸附脱毒效果的研究. 养猪, 2013, (1): 9-10.

[143] 张颖莉. 无机柱撑蒙脱土的制备及其对呕吐毒素的吸附研究. 西安: 西安理工大学, 2019.

[144] 王爱勤, 黄正君, 康玉茹, 等. 凹凸棒石呕吐毒素吸附剂的制备方法: 中国 CN107149926A. 2017-09-12.

[145] 康玉茹, 王爱勤, 王文波, 等. 酯化葡甘露聚糖/活性炭/凹凸棒石复合霉菌毒素吸附剂的制备方法: 中国 CN107913679 A. 2018-04-17.

[146] 康玉茹, 王爱勤, 邹益东, 等. 一种多功能抗菌脱霉剂: 中国 CN109527341A. 2019-03-29.

[147] 史海涛, 曹志军, 李键, 等. 中国饲料霉菌毒素污染现状及研究进展. 西南民族大学学报 (自然科版), 2019, 45(4): 354-366.

第 7 章 凹凸棒石稳定 Pickering 乳液构筑多孔吸附材料

7.1 引　言

水是生命之源，是自然界最宝贵的自然资源之一，是人类赖以生存和发展的必要条件。然而，随着全球人口的急剧增长和现代工业的飞速发展，人类对水资源的需求以惊人的速度在增长，而各种工业和生产生活产生的废水排放量也日益增加。含有毒性污染物的废水未经处理或处理未达标排放，会使水体和土壤受到不同程度的污染，导致水体和土壤质量急剧恶化，地表水和地下水受到不同程度的污染，由此造成的水污染已经成为当前我国所面临的最严重的环境问题之一。现今，水污染已不再是局部的水质恶化问题，而是遍布全世界范围内的水污染问题[1,2]。

目前，处理废水的方法主要有物理化学法(包括化学沉淀、氧化还原、离子交换、电化学法、膜分离、吸附、蒸发、浓缩、萃取等)和生物法(包括生物絮凝法、生物化学法和植物修复法)[3]。相比较而言，吸附法是一种方便有效的水污染处理技术，所用吸附材料来源广泛、吸附容量大、吸附速度快、去除效率高、操作简单，在水处理方面具有独特特点[4-9]。近年来，多孔材料作为吸附剂用于水体污染治理已受到研究者的高度关注，因其具有多孔结构和功能吸附位点，可实现对水体污染物的快速和高效吸附[9]。

聚合型多孔吸附剂因含有丰富的活性基团和易调整的吸附性能受到研究者和水处理市场的广泛关注。聚合物多孔吸附剂中的活性基团可以与重金属离子或有机小分子等水体污染物通过离子键、共价键、氢键、静电作用或疏水作用等多种方式发生作用，具有吸附效率高，吸附范围广的特点，同时通过功能基团设计可实现水体污染物的选择性吸附。常见的聚合物多孔材料的制备方法主要包括发泡法、冷冻干燥法、相分离法、硬模板法、胶束模板法和乳液模板法等。其中，乳液模板法是以乳液为模板，通过聚合存在于乳液连续相中的单体，去除分散相得到多孔材料的一种方法。

但传统的乳液模板法构筑多孔材料需要使用大量的表面活性剂稳定乳液，不仅成本高，而且表面活性剂残留又会造成二次污染。因此，以粒子稳定的 Pickering 乳液为模板代替传统表面活性剂稳定乳液模板方法成为近年来新的发展趋势。到目前为止，许多固体粒子均被广泛用于稳定和制备 Pickering 乳液[10-14]。按来源可分为天然粒子(如淀粉、蛋白质、多糖、纤维素和黏土矿物等)和合成粒子(如 SiO_2、TiO_2、Fe_3O_4、石墨烯和聚苯乙烯微球等)。相比于合成粒子，天然粒子来源广泛、绿色无毒、价格低廉、性能独特，在 Pickering 乳液中的应用范围不断扩大。在诸多天然粒子中，具有纳米结构的黏土矿物用于稳定 Pickering 乳液目前成为研究热点之一。

黏土矿物是一类含铝、镁等为主的含水硅酸盐矿物，主要包括一维棒状形貌的凹凸棒石、纤维状形貌的海泡石，二维片层形貌的蒙脱石、高岭石，层柱状形貌的累托石和管状形貌的埃洛石等。黏土矿物具有稳定的物化性质、独特的纳米结构和天然环保性等特点，制得的 Pickering 乳液往往具有非常优异的性能。如以 1.0%(质量分数)蒙脱石为稳定粒子，在超声条件下制备的 Pickering 乳液具有非常高的稳定性，液滴尺寸可以达到表面活性剂稳定乳液范围[13]。以非离子表面活性剂 Span 80 原位改性高岭石稳定 Pickering 乳液，通过调整 Span 80 的添加量可以实现乳液从水包油向油包水的快速转变[15]。本章在介绍黏土矿物稳定乳液机理及应用研究进展基础上，重点总结了通过凹凸棒石稳定乳液为模板构筑多孔材料的方法及其在重金属、染料和抗生素废水处理等领域的应用进展。

7.2　乳液模板法构筑多孔材料

聚合多孔材料有很多种制备方法，包括发泡法、冷冻干燥法、相分离法和模板法等。相比于其他致孔方法，模板法在构筑多孔材料方面展现出极大优势，已成为目前制备多孔材料最有效的方法之一。模板法按照模板材料的不同，可分为硬模板法和软模板法。硬模板法一般是利用形状规整的固体材料为模板，聚合反应在固体材料的表面或者周围环境中进行，固体材料的存在不影响聚合反应，聚合结束后，通过某种方法将固体材料去除，固体材料占据的位置则形成空腔[16]。软模板则是使用表面活性剂、磷脂分子、蛋白质等在水体或其他溶剂中进行自组装形成特殊结构，聚合反应在自组装体内或表面进行。聚合结束后，自组装体可以经加热分解去除或者使用溶剂洗脱[17]。软模板法反应条件温和、操作简便易行，比硬模板法具有更好的通用性。目前，通过软模板法已经制备出不同形貌的微孔有机聚合物。按模板材料不同，软模板法又可以分为胶束模板法和乳液模板法。

7.2.1　传统乳液模板法构筑多孔材料

乳液是通过稳定剂的乳化作用，将含有两种不同相体系中的一相以球状的方式分散在另一相中。被分散的一相称为分散相，而包裹分散相的一相则称为连续相。它是热力学不稳定的体系，在乳滴形成过程中，体系界面积迅速增加，导致界面能显著增加。为了维持体系的稳定性，降低体系的界面能，通常需要往体系中加入稳定剂。充当稳定剂的物质可以是表面活性剂或者固体粒子。乳液模板制备多孔材料是在乳液的连续相中加入可聚合的单体或者聚合物溶液，通过引发聚合或者蒸发连续相溶剂的方法得到聚合物，最后通过洗脱手段将分散相溶剂除去，在聚合物内部留下与分散相尺寸相同和形状相似的孔道结构，从而形成多孔聚合物。

在乳液模板法中，高内相乳液(high internal phase emulsions，HIPEs)模板法研究最多且应用最广。高内相乳液是指分散相的体积分数在 74.05%以上的乳液。HIPEs 模板法制备多孔材料是将 HIPEs 的连续相作为聚合相，聚合结束后经分散相去除和干燥得到具有丰富多孔结构的聚合物材料(图 7-1)。HIPEs 模板法具有可精确控制孔道直径大小和分布的优点[18]，因此可用来制备各种直径的多孔材料。

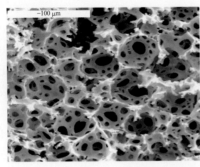

图 7-1　典型的 polyHIPE 多孔结构和开放孔结构截面示意图[19]

　　HIPEs 作模板制备多孔材料，可以分为油包水(W/O)乳液体系法、水包油(O/W)乳液体系法和超临界 CO$_2$ 法。在制备过程中，除分散相和连续相的比例、温度等因素会对所得多孔材料的结构有非常大的影响外，乳液中稳定剂或稳定粒子对乳液的稳定性也至关重要。因此，HIPEs 按乳液稳定剂或稳定粒子的不同可以分为表面活性剂稳定型、粒子稳定型和协同稳定型。传统的 HIPEs 均使用表面活性剂稳定，表面活性剂的使用量通常在 5%～50%之间。常用的乳化剂主要有十二烷基苯磺酸钠、十八烷基三甲基溴化铵、Span 80 等或具有表面活性的聚合物(如蛋白质和天然多糖等)。在乳化的过程中，表面活性剂分子吸附在油水界面上，有效降低了油水界面张力，从而形成稳定的乳液。

　　大部分 HIPEs 多使用非离子表面活性来进行稳定[20]，这是因为表面活性剂在聚合过程中一般不参与聚合反应，聚合结束后使用适当的溶剂洗脱即可以去除[21]。但离子型表面活性剂可能会与乳液中的一些分子发生静电作用，导致乳液稳定性下降或者增强表面活性剂洗脱难度。作者曾经用表面活性剂 Pluronic F68 作为乳液稳定剂，以水包对二甲苯高内相乳液为模板，通过聚合水相单体，制备得到羧甲基纤维素接枝聚丙烯酸多孔材料，对水体中稀土金属 La^{3+} 和 Ce^{3+} 的最大吸附量分别达到 384.62 mg/g 和 333.33 mg/g，在 30 min 内可以达到吸附平衡[22]。Ma 等[23]用 Span 80 稳定油包水高内相乳液，制备了多孔吸油树脂聚甲基丙烯酸丁酯(图 7-2)。该树脂具有分级多孔结构，大孔尺寸约 1 μm，丰富的多孔结构使材料具有非常快的吸油速率，10 min 内即可达到对甲苯和三氯甲烷的吸附平衡。

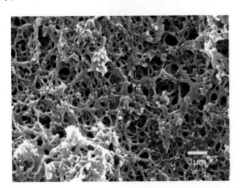
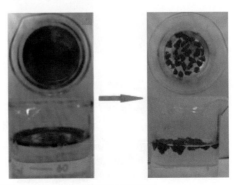

图 7-2　乳液模板法制备的多孔聚甲基丙烯酸丁酯吸油树脂[23]

7.2.2　粒子稳定 Pickering 乳液模板法构筑多孔材料

一般来说，传统乳液模板法制备的多孔材料大多具有连通孔结构，材料的孔隙率较高，制备的多孔材料孔径可控。但是传统乳模板法使用表面活性剂制备稳定的 HIPEs，表面活性剂的使用量大且很难完全洗脱，因此用固体粒子代替表面活性剂稳定乳液(即 Pickering 乳液)制备多孔材料成为近几年发展的趋势。

相比于传统乳液，Pickering 乳液具有以下优点：①环境友好，固体颗粒相对于有机表面活性剂来说毒性小，不会对人体或者环境造成不必要的伤害；②传统乳液所需要表面活性剂用量较大，质量分数通常在 5%～50%范围内，而稳定 Pickering 乳液所需要的固体粒子范围通常在 0.1%～5%，这种以少替多的乳液制备方法大大节约了制备成本[24,25]；③Pickering 乳液体系不易受到外界的酸碱性、温度、盐浓度等因素的影响，具有很好的稳定性，不易破乳；④某些固体粒子具有温度或者 pH 响应性，它们稳定乳液也具有同样的响应性能，可以通过调控刺激条件，分离或回收这些粒子。由于这些优异的性能，Pickering 乳液在诸多领域得到了应用[26-37]。

7.2.3　粒子协同表面活性剂稳定 Pickering 乳液模板法构筑多孔材料

Pickering 乳液模板法制备多孔材料可分为粒子单独稳定的 Pickering 乳液和粒子与表面活性剂协同稳定的 Pickering 乳液模板法。通常来说，粒子单独稳定的乳液所制备的多孔材料多为闭孔结构，对于吸附剂来说闭孔结构不利于降低传质阻力，增加比表面积。研究表明[38]，当在 Pickering 乳液中引入微量表面活性剂则可以有效提升多孔材料孔结构的连通性，得到高孔隙率和高连通性的多孔材料。Yu 等[39]用两亲性的碳微球做粒子稳定苯乙烯包水乳液制得多孔苯乙烯聚合物。当仅用碳微球作为稳定剂时得到具有完全封闭孔的多孔材料(CPPs)，引入少量表面活性剂之后则可以得到具有连通孔结构的多孔材料(IPPs)(图 7-3)。

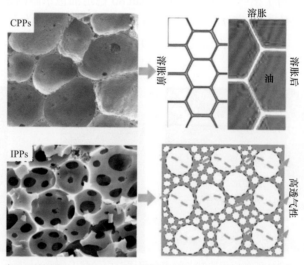

图 7-3　表面活性剂对 Pickering 乳液模板法制备多孔聚苯乙烯结构的影响[39]

7.3　黏土矿物稳定 Pickering 乳液

可以用于稳定 Pickering 乳液的粒子种类非常多，包括聚合物粒子[40-46]、有机/无机复合粒子[47,48]、碳材料[49-51]、金属及其氧化物粒子[52,53]、SiO$_2$ 纳米粒子[54-56]、磁性纳米粒子[57]和黏土矿物粒子[58-60]等。黏土矿物是一类常用的稳定 Pickering 乳液的粒子。黏土矿物种类繁多，但大都具有相同的最基本结构单元：硅氧四面体与铝氧八面体。这两种基本构造单元构成了各种黏土矿物的不同结构。根据形貌特征，黏土矿物可分为片状、棒状、纤维状、管状和层柱状。以下主要总结了近年来不同黏土矿物稳定 Pickering 乳液构筑多孔材料的研究进展。

7.3.1　蒙脱石稳定 Pickering 乳液

蒙脱石是一种 2∶1 型的层状含水硅酸盐黏土矿物，直径约为 100～200 nm，而厚度只有 1 nm。天然蒙脱石具有强烈的亲水性，在水分散液中彼此静电排斥使其较难聚集成大颗粒[61]。蒙脱石由于具有很强的亲水性，直接用于稳定乳液的相关报道很少，一般均是与表面活性剂或其他有机小分子协同稳定或者进行化学改性后稳定乳液[62-69]。其中，表面活性剂改性蒙脱石是最为常见和有效的一种方法。由于蒙脱石片层带负电，常用的有机季铵盐表面活性剂中 C—N$^+$带正电，两者通过静电吸附作用而结合在一起。季铵盐的有机碳链呈疏水性，促使蒙脱石的表面性质由亲水性变为疏水性。

Marras 等[70]研究了两性季铵盐阳离子改性蒙脱石，表明季铵盐阳离子在蒙脱石层间的排布状态与进入层间的数量密切相关。Lagaly 等[71]最先报道了表面活性剂有机链在蒙脱石上的取向和排布。表面活性剂分子在层间的排布主要依靠于蒙脱石和有机离子的链长的电荷密度(即层间阳离子密度或季铵盐密度)，同时其几何结构和阳离子交换程度也会受到影响[72]。表面活性剂在层间一般有五种排布形式，分别是单层(1.35～1.47 nm)、双层(1.75～1.85 nm)、假三层(1.91～2.02 nm)、石蜡型单层(2.25～2.50 nm)以及石蜡型双层(3.85～4.13 nm)[73-76]。

不同链长的季铵盐阳离子表面活性剂，进入蒙脱石层间的空间位阻作用大小和疏水作用强弱不同，与蒙脱石的交换数量不同，吸附在蒙脱石上的数量不同，其层间距和在有机介质中的分散效果也不同。此外，其他有机小分子物质也可以与蒙脱石发生类似于表面活性剂的作用，从而达到改性效果。如 Dong 等[77]用 N,N-二(2-羟乙基)油胺对蒙脱石进行修饰，在粒子含量低至 0.1% (w/V)的条件下即可稳定水包十二烷乳液。Whitby 等[78]以二甲基双氢化牛脂基氯化铵改性蒙脱石，用其稳定的甲苯包水乳液具有良好的稳定性。此外，通过化学反应可将改性剂直接作用到蒙脱石表面。如 Yu 等[79]用γ-巯基丙基三甲氧基硅烷(MPTMS)修饰的 Na-蒙脱石，稳定水包十八烯基琥珀酸酐(ODSA)乳液，改性后的蒙脱石以三维网络形式分散在水相中，从而防止分散相聚并，形成稳定乳液(图 7-4)。

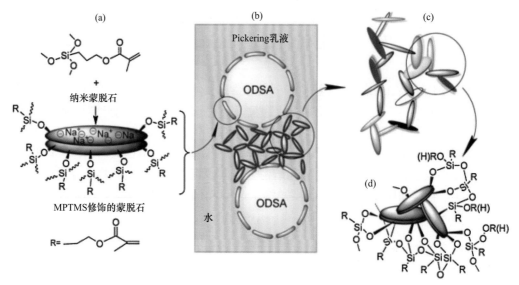

图 7-4　硅烷功能化的蒙脱石稳定 Pickering 乳液机理示意图[79]

7.3.2　高岭石稳定 Pickering 乳液

　　高岭石的晶格单元是由一层硅氧四面体和一层铝氧八面体通过共同的氧相互连接形成的。在硅氧四面体中，四个氧原子以相等距离均匀分布在四个顶角，每个氧原子还有一个负电子继续与邻近的硅原子结合，硅氧四面体通过氧桥(Si—O—Si)连接成四面体层。在铝氧八面体中，六个氧原子等距离分布在六个顶角上，其中三个氧原子以羟基形式存在，由于氧原子还有剩余电荷，继续与邻近的铝原子结合，铝氧八面体通过桥氧(Al—O—Al)连接形成八面体层。结构单元层由硅氧四面体层与铝氧八面体层交替排列形成，其中相邻的结构单元间通过硅氧四面体的顶氧原子与铝氧八面体的羟基形成氢键而牢固连接在一起。高岭石晶层厚度为 0.716 nm，层间距 0.292 nm。高岭石与蒙脱石的明显区别在于，高岭石层板间存在较强的作用力，层外分子不易进入层间。

　　由于高岭石基板基本不带电荷，可在连续相中形成刚性良好的三维弹性网络结构，具有良好的乳液稳定效果。因此，高岭石稳定的乳液已经在石油化工如提炼沥青等过程中得到了广泛研究和应用[80-83]。但单纯用高岭石很难稳定乳液，必须要用表面活性剂或有机小分子对其进行改性才可以用于乳液稳定[84]。Nallamilli 等[15]利用高岭石和非离子表面活性剂协同稳定油包水乳液,当表面活性剂 Span 80 存在时,高岭石表面的疏水性增加,促进了稳定乳液的形成。但在表面活性剂过多时，也会存在从水包油乳液向油包水乳液的相反转过程。

　　Tan 等[85]通过原子力显微镜和激光共聚焦显微镜观察和分析了表面活性剂浓度、离子强度以及 pH 等对高岭石稳定水包正十四烷乳液的影响。在表面活性剂存在下，乳液稳定性良好。但当表面活性剂高于临界胶束浓度时，由于高岭石对表面活性剂的吸附作用，高岭石表面的负电荷会从负值转变为正值，从而导致固体粒子从界面上脱附下来，乳液稳定性随之下降。但 pH 对乳液稳定性的影响则相反。当 pH 超过 8 时，高岭石边缘的负电荷明显增加，从而使片层间的排斥力增大，乳液的稳定性反而会升高。

Cai 等[86]用二甲亚砜(DMSO)和甲醇处理高岭石,再用十六烷基三甲基溴化铵(CTAB)插层到高岭石层间,形成高岭石纳米管。用高岭石纳米管稳定 Pickering 乳液,液滴直径约 60 μm。相比于高岭石稳定的乳液,用高岭石纳米管稳定的乳液连续相黏度有明显提升,乳化指数达到 76%,即使在 2000 r/min 离心后乳化指数也达到 36%。此外,高岭石纳米管在油水界面上会发生定向排布,从而形成单层固体粒子膜,有效阻止了液滴间的聚并。

高岭石稳定乳液还具有另一个独特之处,颗粒表面由硅氧四面体 Si—O 基团与铝氧八面体的 Al—OH 基团组成,这种结构和组成的不对称性使其具有天然的 Janus 特征[87-89]。但高岭石八面体表面覆盖的 Al—OH 具有亲水性;硅氧四面体表面由于类质同象置换而带微弱的电荷,在水溶液中容易被无机水合阳离子 H_3O^+ 中和而亲水,一般情况下高岭石的 Janus 特征比较弱。利用高岭石八面体、四面体表面结构和组成的差异性,对高岭石八面体表面进行控制性疏水修饰,可以提高高岭石四面体表面与八面体表面之间的亲水亲油性差异和高岭石颗粒的极性特征,凸显高岭石的 Janus 特征,提高乳液的稳定性。Silva 等[90]研究高岭石稳定巴西坚果油和水组成的乳液时发现,当油水比例($f_{O/W}$)为 0.25 时,处于两相界面的高岭石逐步从偏水相迁移到偏油相,原因是高岭石表面的硅羟基与自由脂肪酸发生反应。当 $f_{O/W}$ 增大至 0.4,形成稳定的水包油乳液。此时乳液稳定变为高岭石和自由脂肪酸的协同作用。

王林江教授团队基于高岭石硅氧四面体与铝氧八面体不同的表面结构特征以及八面体表面羟基(Al—OH)与乙烯基三甲氧基硅烷(VTMS)水解后的硅羟基(Si—OH)的结构匹配性,利用 VTMS 对高岭石八面体表面进行控制性修饰,赋予高岭石铝氧八面体表面亲油特征,制备了兼具亲水、亲油特征的 Janus 高岭石,研究了对于水/石蜡乳液体系的稳定性特征影响[91,92]。结果表明,高岭石八面体表面 Al—OH 基团与 VTMS 水解后的 Si—OH 基团形成化学接枝。选择性修饰作用提高了高岭石颗粒的极性特征(Janus 效应),具有 Janus 特征的高岭石具有良好的乳液稳定作用,乳液中乳状液含量达 80%,分散相液滴平均粒径为 20 μm,且分布均匀,乳液存放 90 d 后稳定性好。选择性修饰后高岭石对乳液类型具有调控作用。Weiss 等也依据高岭石的类 Janus 粒子行为[93],用聚苯乙烯和聚甲基丙烯酸甲酯实现了高岭石表面的选择性修饰。Hirsemann 等用邻苯二酚和[Ru(bpy)₃]²⁺络合物(bpy = 2, 2-bipyridine)对高岭石的硅氧四面体和铝氧八面体片进行选择性修饰,改性后高岭石表现出较强的极性,制备的乳液具有较强稳定性[92]。

除常见的油包水或水包油乳液,高岭石还可以稳定一些特殊乳液,如油包油乳液[94]。将石蜡和甲酰胺混合后,对界面稳定中的静电作用没有任何贡献。当将未改性的高岭石用作此种乳液的稳定剂时,乳液并不能稳定,但添加一定量的非离子表面活性剂,石蜡-甲酰胺乳液就可以形成并可以稳定 3 个月。

7.3.3　锂皂石稳定 Pickering 乳液

锂皂石也是一种片状黏土矿物,光散射实验证明合成锂皂石为单分散的片状颗粒,片层直径约 25 nm,厚度约 1 nm,粒子表面因部分二价镁原子被一价锂原子置换而带有永久负电荷。锂皂石已在 Pickering 乳液领域引起了研究者的关注,但目前的研究主要是探索锂皂石粒子与电解质、表面活性剂或聚合物共同稳定的乳液的稳定性和相转化行为。

锂皂石表面带有负电荷,由此带来的静电排斥作用会阻碍固体粒子膜在两相界面的形成。通常需要加入 $CaCl_2$ 等电解质,降低静电排斥作用,从而利用粒子在油滴周围形成致密膜以增加乳液的稳定性。但加入 $Na_4P_2O_7$ 等负电荷盐会增大静电排斥作用,反而不利于乳液稳定。Ashby 等直接用锂皂石稳定水包甲苯乳液,发现乳化效果差。但如果增加金属离子强度,粒子会首先絮凝进而形成稳定乳液[95]。Garcia 等在电解质协同锂皂石稳定乳液方面开展了系列研究工作,认为电解质的加入可以促进锂皂石粒子在油水界面的吸附,但只有当盐和锂皂石的浓度能形成各向同性触变凝胶条件下,才可以得到稳定的 Pickering 乳液[96]。锂皂石在水中会呈现复杂且有趣的胶体行为[97],对稳定乳液也有显著影响。研究表明,高浓度锂皂石间的胶体行为可以克服锂皂石粒子间的相互排斥作用,可以达到稳定乳液的目的[98]。

到目前为止,使用表面活性剂等对锂皂石改性仍然是目前制备稳定乳液最为常见和成熟的方法。但锂皂石粒子与表面活性剂既存在协同作用也有竞争作用。表面活性剂可以吸附于锂皂石粒子表面,改善其润湿性以促进在油水界面的吸附;但表面活性剂也可能与锂皂石颗粒形成竞争关系,以致于在不同条件下得到不同类型的乳液。Dungen 等[99]用油溶性表面活性剂(二甲基双(氢化牛脂基)碘化铵)与锂皂石粒子共同稳定乳液,所得乳液具有液滴直径小(225~300 nm)且单分散的特点,说明表面活性剂改善了锂皂石粒子的润湿性且促进固体粒子在油水界面的吸附。Zhang 等[100]研究了盐对由亲酯性表面活性剂与锂皂石粒子共同稳定乳液的影响,发现通过改变盐浓度可以实现乳液的相转化。Li 等[101]分别以乙二胺、三乙胺改性锂皂石稳定水包石蜡乳液,乳液稳定性随着改性剂小分子胺的增加而增强。

除有机小分子外,将高分子吸附于锂皂石表面也可以改善锂皂石粒子的润湿性,从而制备稳定乳液。Wang 等[102]用聚(丙乙烯)二胺包覆修饰锂皂石后稳定石蜡/水乳液,发现随着聚(丙乙烯)二胺浓度的增大,乳液分层的程度降低,乳液液滴减小,稳定性提高。Reger 等[103]用锂皂石和疏水蛋白(H Star Protein® B,HPB)的相互作用稳定乳液,乳液内相比达到 65%。这种稳定的机理源于锂皂石-蛋白质包裹在油滴表面并形成稳定的三维网状结构。

7.3.4　埃洛石稳定 Pickering 乳液

埃洛石也是 1:1 型的层状硅酸盐黏土矿物,目前发现的埃洛石有球形、扁平状及长管棒状形貌[60]。埃洛石片层是由外层的硅氧四面体和内层的铝氧八面体规则排布而成,片层中间有游离水分子,表面及端管具有羟基[96]。大多数埃洛石呈空心管状,是高岭石片层在天然条件下自然卷曲而成[104],长度在 400~1500 nm,管内径约 15~20 nm。在广泛 pH 范围内,埃洛石外表面呈电负性,内表面呈正电性[105,106]。

由于埃洛石亲水性良好,因此很难直接用其稳定乳液。但在埃洛石用量较高(15%,质量分数)时,也会像锂皂石一样,可以克服粒子间的相互排斥稳定到两相界面。Kpogbemabou 等[107]对比研究了高岭石、埃洛石和凹凸棒石分别制备的水包油乳液,通过激光共聚焦显微镜观察乳液形态,给出了不同粒子稳定乳液的方式。作者认为埃洛石粒子之间形成三维网络结构，进而提高乳液稳定性。而凹凸棒石和高岭石粒子之间相互作用则较弱，更倾向于吸附在油水界面，形成一层粒子层，从而阻止油相聚并稳定乳液(图 7-5)。

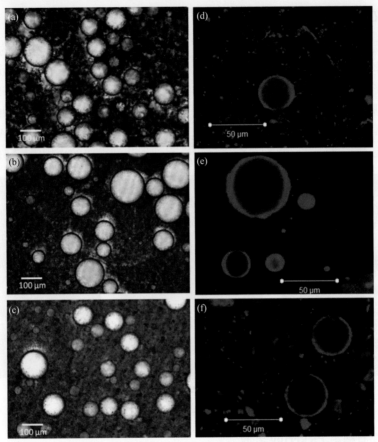

图 7-5　不同黏土矿物稳定乳液的光学显微镜和激光共聚焦照片[107]

(a)和(d)高岭石，15%，O/W = 0.32；(b)和(e)埃洛石，15%，O/W = 0.44；(c)和(f)凹凸棒石，15%，O/W = 0.60

目前，埃洛石稳定乳液的研究工作主要基于对其表面改性后进行。其中，表面活性剂改性是最为常见和简便的方法。由于埃洛石铝氧八面体层和硅氧四面体层基团分别为 Al—OH 和 O—Si—O，分别带负电荷和正电荷，因此可以使用不同类型表面活性剂实现对埃洛石的选择性改性。如十六烷基三甲基溴化铵等阳离子表面活性剂可以吸附到外表面，实现疏水化[108]；十二烷基苯磺酸钠和琥珀酸二辛酯磺酸钠等阴离子表面活性剂吸附到内部空腔，在内腔形成胶束[109]。改性后埃洛石疏水性增大，所制备乳液的稳定性也随之增强。此外，如果使用 Span 80 等非离子性表面活性，乳液通常是 Pickering 乳液和传统乳液的混合体[110]。

通过化学共价键改性也可增强埃洛石疏水性，该方法中硅烷改性是目前使用最多的[111]。Yin 等[112]在埃洛石表面接枝 3-(三甲氧基硅基)甲基丙烯酸丙酯聚合物，改性后埃洛石稳定的油包水高内相乳液具有良好的稳定性。Hou 等[113]通过活性聚合将 4-乙烯吡啶

(PVP)和苯乙烯(PS)形成的两种两亲性嵌段共聚物 P$_4$VP-*b*-PS 和 PS-*b*-P$_4$VP 分别接枝到埃洛石表面，用其稳定水与玉米油组成的乳液，发现乳液稳定性与接枝到埃洛石表面两亲性聚合物的微结构密切相关。

7.3.5　海泡石稳定 Pickering 乳液

海泡石是一种具有层链状结构的含水富镁硅酸盐黏土矿物，是 2：1 型的链状和层状的过渡型结构，形貌呈纤维状，一般径向宽度为 0.05～0.2 μm，长径在 20 μm 以上。海泡石独特的纤维状形貌在乳液稳定方面有独特的效果，但目前研究仍较少。Zhang 等[114]用双十八烷基二甲基氯化铵(DODMAC)对海泡石进行疏水改性，用其稳定油包水乳液后乳液具有超高稳定性，即使在 160℃下老化 24 h 仍然可以保持稳定。DODMAC 的疏水改性和海泡石独特的纤维状结构对乳液的稳定性起到了非常重要的作用(图 7-6)。

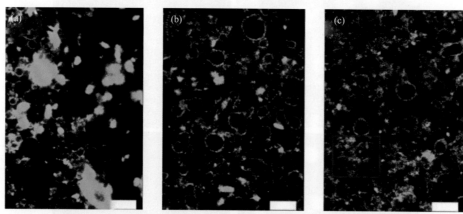

图 7-6　不同浓度下(a)0 mmol/L、(b)2.8 mmol/L、(c)8.5 mmol/L DODMAC
改性海泡石稳定 Pickering 乳液[114]

7.3.6　凹凸棒石稳定 Pickering 乳液

凹凸棒石(attapulgite，APT)是一种天然层链状含水富镁铝硅酸盐黏土矿物，在矿物学上隶属于海泡石族。凹凸棒石具有可分散的棒状纳米棒晶形貌，单根棒晶直径约为 20～70 nm，长度可达 0.5～5.0 μm，晶体骨架呈现贯穿纵向的孔道结构[115]。凹凸棒石存在结构电荷和表面电荷[116]。结构电荷为固有负电荷，源于凹凸棒石晶体结构中的类质同晶取代现象；表面电荷源于凹凸棒石表面羟基的水解，受环境中 pH、离子强度和离子种类等的影响较大。当凹凸棒石分散在水中，凹凸棒石自身的结构负电荷为了保持电中性会吸附同电量的阳离子，带正电的断面和负电的侧面相互搭接形成独特的三维网络结构，形成无机胶体。凹凸棒石独特的结构特征和独有的性质为 Pickering 乳液的稳定创造了有利条件。

凹凸棒石具有较强的亲水性，一般很难单独稳定乳液，但在个别报道中，未经处理的凹凸棒石也可以直接稳定乳液。陈浩等[117]直接用凹凸棒石为稳定粒子制备得到了水包橄榄油型 Pickering 乳液。随 pH 值逐渐增大，液滴直径呈现先增大后减小再增大再减小的趋势。当 pH≤3 时，凹凸棒石表面呈正电性，可与呈负电性的油/水界面发生静电吸引，利于形成稳定的油/水型乳液；当 pH = 4 时，凹凸棒石表面净电荷趋近于零，在油/水界面处的吸附趋势显著减弱，所制备的乳液液滴尺寸较大；当 pH 进一步增大，凹凸棒石表面重新呈现负电性，不利于通过静电吸引固定于油/水界面。研究还发现，不同价态、不同浓度金属离子对 Pickering 乳状液稳定性也有明显差别。当盐浓度＜0.1 mol/L 时，一价钠盐对乳状液的影响显著；盐浓度大于 0.1 mol/L 时，二价钙盐对乳状液的影响较大。除上述原因外，橄榄油中含有的大量不饱和脂肪酸和脂多糖等成分[118]，可吸附到凹凸棒石表面，降低凹凸棒石的亲水性，增强乳液的稳定性。

Han 等将光催化剂 Ag_3PO_4 通过沉淀聚合的方法负载到凹凸棒石表面，再用复合粒子 Ag_3PO_4@APT 稳定水包正十四烷乳液。研究发现，Ag_3PO_4@APT 的亲水性比凹凸棒石强，所制得的乳液反而比未处理凹凸棒石稳定的乳液稳定性差[119]。另外，Han 等用未经处理的凹凸棒石稳定水包甲苯乳液，通过乳液聚合得到了凹凸棒石包覆的聚苯胺复合粒子[120]。但在一般情况下，凹凸棒石并不能稳定水包甲苯乳液，其原因可能是在乳化过程中，凹凸棒石首先吸附了苯胺，达到了改性的目的，进而稳定了乳液。

Pan 等用凹凸棒石稳定水包油乳液，通过聚合反应制备得到一种磁性中空球形印记吸附剂用于去除三氟氯氰菊酯。未经处理的凹凸棒石三相接触角为 33.15°，不适合稳定水包油乳液[57]。但研究表明添加盐可以促进黏土矿物絮凝，提高黏土矿物在油水界面的含量，从而改善乳液的稳定性[121,122]。因此在乳液制备过程中，引入 NaCl 可降低凹凸棒石相互间的静电排斥，最终得到稳定的水包油乳液(图 7-7)。

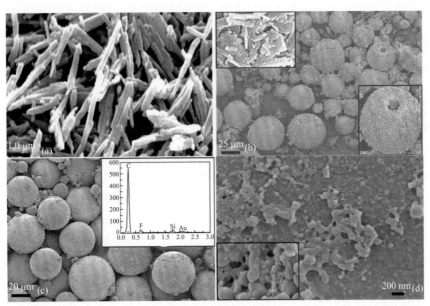

图 7-7　(a)凹凸棒石纳米粒子以及凹凸棒石稳定乳液制得的[(b)、(c)]磁性中空微球和(d)微球表面[57]

凹凸棒石棒状形貌在水中可形成网络结构，随着凹凸棒石用量的逐步增加可提高分散液的黏度，进而增强乳液的稳定性。因此使用高含量的凹凸棒石可以制得稳定性较高的 Pickering 乳液。Kpogbemabou 等[123]分别以三种不同形貌的片层状高岭石、管状埃洛石和棒状凹凸棒石稳定水包十二烷 Pickering 乳液，在 15%高固含量(质量分数)下，无需使用表面活性剂即可获得稳定的 O/W 型 Pickering 乳液。但到目前为止，利用天然凹凸棒石直接稳定 Pickering 乳液的相关研究报道较少。

为了制得稳定的凹凸棒石 Pickering 乳液，必须对凹凸棒石进行改性以调整其表面润湿性。按照改性剂与凹凸棒石的相互作用方式可以分为非共价键改性和共价键改性。非共价键方式的改性是改性剂通过氢键、范德瓦耳斯力以及静电作用等方法作用到凹凸棒石表面。按照改性剂分子大小，非共价键改性又可以分为有机小分子改性和有机高分子改性。共价键改性则是凹凸棒石表面的硅羟基与改性剂间通过化学反应形成共价键，从而将改性剂固定在凹凸棒石表面。共价键改性和非共价键改性都可以显著改变凹凸棒石表面的润湿性，但在改性过程中改性剂并不是完全作用到凹凸棒石表面。改性后的分散液中存在未改性凹凸棒石、改性凹凸棒石和改性分子等诸多组分。在乳液形成过程中，除改性凹凸棒石外，其他组分也可能作用到油水界面，起到稳定乳液的作用。特别是残余改性分子，在乳液稳定方面发挥着重要作用。因此改性凹凸棒石稳定乳液大多是改性凹凸棒石与改性分子协同稳定乳液的机理。

表面活性剂协同固体粒子用于稳定 Pickering 乳液已很普遍[124]。但表面活性剂大多来自于人工合成，对环境有一定负面影响。因此低成本、绿色乳液的研究和应用已经成为新的研究趋势。大量研究发现，很多天然小分子物质本身即具有良好的稳定乳液性能，而且可以通过氢键、静电作用等方式作用到凹凸棒石等黏土矿物表面起到改性目的[125]。Chen 等[126]以天然小分子鼠李糖协同稳定凹凸棒石成功制备了海水包十四烷型 Pickering 乳液。在去离子水和海水中单独使用鼠李糖，均不能够乳化十四烷，但引入 2.0%(质量分数)的凹凸棒石后，即可制得稳定的去离子水和海水包油乳液。这表明凹凸棒石和鼠李糖之间具有很强的协同作用，促使凹凸棒石颗粒在油水界面上的吸附并在油滴周围形成致密界面膜。这种乳液可以用于极端离子强度的海洋环境。

有机高分子与凹凸棒石也具有较强的相互作用力，也可以用于改性凹凸棒石。Li 等以脂肪酶与凹凸棒石协同稳定成功制备了 O/W 型 Pickering 乳液。使用 0.02%(质量分数)脂肪酶和 1.5%(质量分数)的凹凸棒石，制备得到的乳液具有较好的稳定性[127]。作者团队以壳聚糖(CTS)和凹凸棒石协同稳定制备了水包植物油型 Pickering 中内相乳液[128]。通过激光共聚焦显微镜(CLSM)可以更直观地观察和研究复合粒子 APT/CTS 在乳液两相界面上的行为(图 7-8)。乳化前分别用碱性红(AR，红色)和异硫氰酸荧光素(FITC，绿色)标记凹凸棒石和 CTS。凹凸棒石和 CTS 混合后，当 pH 从 3.5 逐渐增加到 6.5，呈现绿色的CTS 由均匀的薄膜变为聚集颗粒，最终形成球形粒子。当 pH 从 3.5 增加到 5.5，红色凹凸棒石固定在绿色 CTS 网络中，从而提高了 CTS 网络结构的刚性。同时，CTS 网络结构阻碍了凹凸棒石的自由运动，提高了乳液稳定性。当体系 pH 为 6.5 时，绿色 CTS 颗粒被红色凹凸棒石包裹，形成类似核壳结构的复合颗粒，且分布于油水界面包裹油滴，进一步阻碍油滴的合并形成稳定乳液。

采用化学接枝法，将功能基团以共价键的形式"锚定"到凹凸棒石表面[129]，不仅可使改性效果稳定，而且可以赋予乳液新的功能。Jiang 等[130]以被硅烷偶联剂 KH-550 修饰的凹凸棒石为稳定粒子，加入混合表面活性剂(90% Tween 60 和 10% Span 60)，成功制备了石蜡基 Pickering 乳液。张芳芳等[131]以十六烷基三甲氧基硅烷有机改性凹凸棒石制备了 Pickering 乳液。pH 在 2～9 内乳液为 W/O 型，pH≥10 时，乳液性质发生相转变，变成 O/W 型。

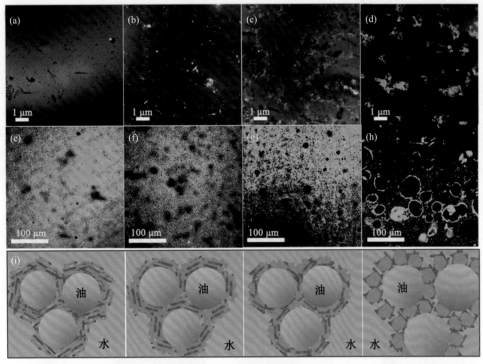

图 7-8　(a)～(d)不同 pH 值下 APT/CTS 和(e)～(h)Pickering 中内相乳液的 CLSM 图及(i)稳定机制图[128]

　　其他高活性有机分子在某些特定条件下，也会与凹凸棒石表面 Si—OH 基团发生作用，将其接枝到凹凸棒石表面[132]。Lu 等[133]通过 Cu(0)自由基聚合，将聚(2-(二乙基氨基)甲基丙烯酸乙酯)(PDEAEMA)接枝到凹凸棒石表面形成 APT-PDEAEMA 纳米复合材料，将该纳米材料为稳定粒子，在 pH = 9 时成功制备了甲苯/水型 Pickering 乳液。该 Pickering 乳液液滴的大小随 PAL-PDEAEMA 颗粒浓度的增加而减小，并在 2%(质量分数)时达到极限值。此外，只需添加 HCl/NaOH，即可实现 W/O 乳液和 O/W 乳液的相互转变。

7.4　凹凸棒石稳定乳液构筑多孔材料

　　多孔材料作为吸附剂可实现对水体污染物的快速和高效吸附。目前，关于黏土矿物做稳定剂制备 Pickering 乳液的研究大多只关注乳液性质，或通过乳液聚合制备聚合物微球，而用黏土矿物做稳定粒子制备多孔材料的报道并不多见。事实上，黏土矿物颗粒大多表面带有羟基，具有较好的亲水性，可以用于稳定水包油乳液，制备亲水的多孔聚合物。天然黏土矿物是自然的馈赠，将无毒环保、廉价易得的黏土矿物颗粒应用于稳定 Pickering 乳液可以简化前期固体颗粒的制备过程，同时节约成本、保护环境。因此，研究黏土矿物稳定 Pickering 乳液并用其制备多孔材料具有重要的研究意义和价值。凹凸棒石具有一维棒状形貌，在稳定乳液方面具有良好的性能。本节介绍了凹凸棒石稳定乳液制备多孔材料的研究进展。

7.4.1 凹凸棒石协同表面活性剂稳定高内相乳液构筑多孔材料

凹凸棒石的纳米棒晶是纳米粒子的理想载体。凹凸棒石表面负载纳米粒子不仅可以提高纳米粒子的分散性，解决粒子团聚问题，而且可赋予凹凸棒石其他功能特性。作者团队将 Fe_3O_4 负载到凹凸棒石表面[134]，对其进行有机硅改性后(APT@Fe_3O_4@APTMS)用于稳定 HIPEs，最后通过自由基聚合反应得到球形磁性吸附剂(图 7-9)。凹凸棒石表面负载 Fe_3O_4 可以赋予多孔吸附剂磁性。磁性凹凸棒石进行进一步有机硅化，一方面是调节一维棒状粒子的表面润湿性，另一方面通过有机硅烷化在一维粒子表面引入可聚合的胺基，通过聚合反应将一维棒状粒子固定在聚合物中。

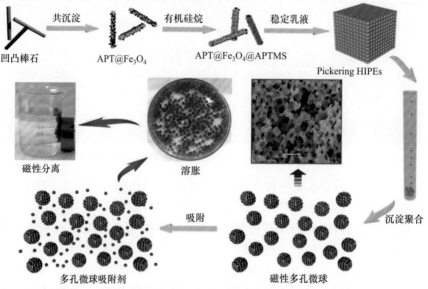

图 7-9 磁性凹凸棒石稳定高内相乳液构筑多孔球形吸附剂[134]

在该过程中 O/W Pickering 乳液以环己烷(HM)和对二甲苯(PX)混合溶剂作为有机分散相，含有功能性单体丙烯酸的羟丙基纤维素溶液为水相，APT@Fe_3O_4@APTMS 为乳液稳定粒子，同时表面活性剂 Pluronic F68(分散相体积的 1.0%～4.0%)作为 APT@Fe_3O_4@APTMS 的助分散剂。在光学显微镜下观察可以发现，直径约为 3 μm 的液滴紧密排列。将乳液通过蠕动泵滴加到热的液体石蜡中，乳液液滴在落入热的液体石蜡时，Pickering 乳液的连续相发生聚合反应。当乳液液滴到达玻璃管底部时，磁性球已经聚合成形。在 SEM 下观察，磁性多孔球直径约为 1.2 mm，微球内部存在丰富的孔结构。当将这种磁性多孔球放入水中后，该种磁性多孔球可以在 5 min 内溶胀成直径约为 3 mm 的规整小球。

APT@Fe_3O_4@APTMS 用量、HM 和 PX 混合溶剂作为有机分散相用量和表面活性剂均对磁性多孔球孔结构有明显影响。APT@Fe_3O_4@APTMS 用量分别为 0.5%、1.0%、1.5%

和 2.0%时，得到的磁性多孔球平均孔径分别为 0.81 μm、1.50 μm、2.41 μm 和 7.83 μm。随着 APT@Fe$_3$O$_4$@APTMS 用量的增加，磁性多孔球的平均孔径逐渐增大(图 7-10)，而且孔径分布也逐渐增加。当用于稳定 Pickering 乳液的 APT@Fe$_3$O$_4$@APTMS 为 2.0%时，多孔材料孔直径超过 25 μm。孔结构的变化间接反映了 Pickering 乳液的稳定性，说明随着 APT@Fe$_3$O$_4$@APTMS 用量增加，Pickering 乳液的稳定性减弱。根据上述实验结果可以发现，APT@Fe$_3$O$_4$@APTMS 用量越少，孔结构越好，但是 APT@Fe$_3$O$_4$@APTMS 含量的减少意味着磁性多孔球的磁性也会相应地变弱，这对吸附后分离不利。

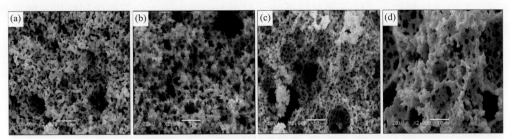

图 7-10　不同用量 APT@Fe$_3$O$_4$@APTMS 制备磁性多孔球的孔结构[134]

APT@Fe$_3$O$_4$@APTMS 用量：(a)0.5%；(b)1.0%；(c)1.5%；(d)2.0%。比例尺为 10 μm

传统乳液模板方法制备多孔材料通常采用单一的有机溶剂作为分散相或连续相，孔结构的形成取决于乳液中分散相液滴的大小与液滴聚并速度。为进一步提升多孔材料孔结构的连通性，本研究将高沸点和低沸点溶剂混合作为有机相，不仅可以通过乳液液滴的大小控制多孔材料中孔结构，而且低沸点溶剂在聚合温度下的挥发过程会促进二级孔的形成。但是用混合溶剂做有机相，低沸点溶剂比例过大时，会造成 Pickering 乳液在聚合温度条件下稳定性急剧下降，反而对孔结构的形成不利。研究结果表明，磁性多孔球的孔结构随着混合溶剂用量的增大而逐渐明显(图 7-11)。当分散相体积分数为 50% 时，所得磁性多孔球的孔结构多不规则，且孔壁较厚。当分散相分数增加到 66.7% 时，规整孔型出现，孔壁相对变薄。继续增大分散相分数到 75% 和 80% 时，形成珊瑚状的孔结构。随着有机分散相分数的增大，乳液乳滴靠得更加紧密，液滴间薄膜更容易在聚合过程中收缩进而形成孔结构。与用改性 Fe$_3$O$_4$ 稳定 Pickering 乳液制备磁性多孔球的实验结果相同，即使是在中内相乳液条件下(分散相分数在 50%~75%)，使用混合溶剂可以有效形成二级连通孔，主要是混合溶剂中低沸点组分的挥发起到了致孔作用。

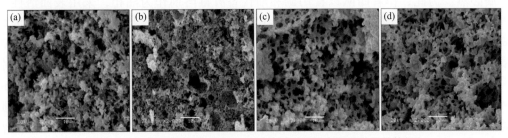

图 7-11　不同分散相体积条件下制备得到磁性多孔球的孔结构[134]

分散相体积：(a)50%；(b)66.7%；(c)75%；(d)80%。比例尺为 10 μm

少量非离子表面活性剂加入有利于提高 APT@Fe$_3$O$_4$@APTMS 的分散性。不同用量表面活性剂对孔结构的影响如图 7-12 所示。当加入 1%的表面活性剂时，在多孔球中大量存在直径超过 20 μm 的超大孔，而当表面活性剂用量增大到 2%，孔径急剧减小到 3.58 μm，形成珊瑚状的多孔结构。这种变化结果可能是表面活性剂用量较少时，稳定粒子 APT@Fe$_3$O$_4$@APTMS 的分散度较差，形成 Pickering 乳液的液滴较大，孔直径较大。随着表面活性剂用量增大至 2%时，APT@Fe$_3$O$_4$@APTMS 的分散性得到了明显提高，Pickering 乳液的液滴直径变小。另外，表面活性剂和稳定粒子联合使用稳定 Pickering 乳液时，表面活性剂和稳定粒子间对减低油水界面上的表面张力会起到协同作用。随着表面活性剂用量增大，孔结构会发生明显的变化，孔径会随之缩小。

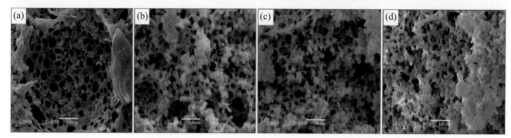

图 7-12　不同用量助表面活性剂制备得到磁性多孔球的多孔结构[134]
助表面活性剂用量：(a)1%；(b)2%；(c)3%；(d)4%。比例尺为 10 μm

7.4.2　凹凸棒石协同表面活性剂稳定中内相乳液构筑多孔材料

近年来，以 O/W Pickering HIPEs 制备的多孔吸附材料受到越来越多的关注。但 Pickering HIPEs 还存在两个重要的问题，制约其发展。首先，Pickering HIPEs 乳液液滴直径较大，液滴之间的单体层较厚，而且固体粒子在液滴周围紧密堆积，在油水界面形成一层粒子保护层，阻止了聚合过程中乳液的聚并和两个接触液滴之间的膜破裂。故 Pickering HIPEs 制备的多孔材料通常为闭孔结构。这种结构会使材料的孔隙率降低，比表面积减小，连通性变差，严重影响材料的应用范围。其次，目前 O/W Pickering HIPEs 制备多孔材料仍然需要高达 74%有毒有机溶剂(液体石蜡、十六烷、甲苯、正己烷和对二甲苯等)作为油相。大量使用有机溶剂不仅增加制备成本，而且严重危害环境。

为解决上述问题，有机分散相的绿色化和低量化已经成为乳液模板构筑多孔材料的发展必然。为此，作者团队以食用调和油代替有毒溶剂作为油相，采用表面活性剂 Tween 20(T20)与凹凸棒石协同稳定乳液为模板，制备得到了羧甲基纤维素钠接枝聚丙烯酰胺/凹凸棒石(CMC-g-PAM/APT)多孔材料[135]。为有效降低油脂的使用量，制备的 O/W 型 Pickering 乳液内相体积均低于 75%。图 7-13(a)为不同含量凹凸棒石制备 Pickering 中内相乳液的数码照片。凹凸棒石含量小于 7% 时，不能形成稳定的中内相乳液(Pickering MIPEs)，油水混合液高速分散后随即发生油水分离现象。与其他固体颗粒稳定乳液性质类似，随着凹凸棒石浓度的增加，乳液稳定性逐渐提高。凹凸棒石含量达到 9%时形成浓乳液，但乳液放置一周后出现分层情况。凹凸棒石含量达到 11%后，所形成的乳液稳定性明显增强，长时间放置也不会出现分层现象。

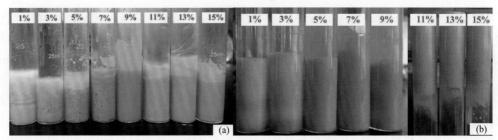

图 7-13　(a)不同含量凹凸棒石(不加表面活性剂)和(b)3% T20 协同
不同含量凹凸棒石稳定乳液的数码照片[135]

　　研究表明，单纯以表面活性剂 T20 或凹凸棒石稳定的乳液，表面活性剂稳定的乳液液滴直径明显小于凹凸棒石稳定的乳液，但两种乳液的稳定性都较差。二者协同后，液滴直径介于单纯以表面活性剂 T20 或凹凸棒石稳定的乳液之间，但稳定性明显增强[图 7-13(b)]。此外，凹凸棒石单独稳定乳液时，含量至少要达到 9%才可以制备稳定乳液，但加入 3%的 T20，则稳定乳液所需的凹凸棒石用量降低至 7%，这说明表面活性剂的加入可以有效降低稳定乳液所需粒子的用量。

　　所得 CMC-*g*-PAM/APT 多孔材料的孔结构结果如图 7-14 所示。单纯以 11%凹凸棒石稳

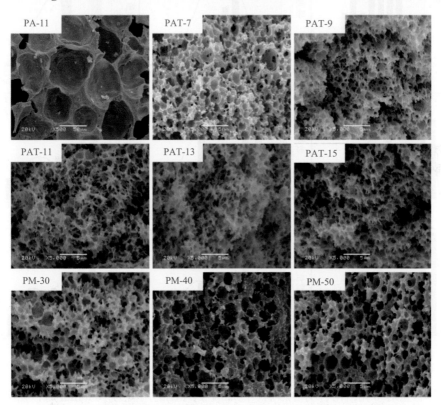

图 7-14　不同凹凸棒石用量多孔 CMC-*g*-PAM/APT 材料的 SEM 图[135]

PA-11：单独以 11% APT 稳定乳液所得多孔材料；PAT-7、PAT-9、PAT-11、PAT-13、PAT-15 分别为以 7%、9%、11%、
13%、15% APT 和 3% T20 协同稳定乳液所得多孔材料；PM-30、PM-40、PM-50 分别为有机相分数 30%、
40%、50%乳液模板所得多孔材料

定乳液作为模板制备的 CMC-*g*-PAM/APT(PA-11)，形貌呈现闭孔结构，一级孔的平均孔直径为 46.51 μm。如果保持凹凸棒石的含量不变，引入 3%的 T20 作为协同稳定剂时，可以得到孔结构高度连通的多孔材料(PAT-11)，其平均孔径 1.48 μm，二级孔平均尺寸减小到 0.43 μm。

　　多孔材料的形貌结构除受表面活性剂的影响外，稳定粒子凹凸棒石含量也对其有重要影响。在保持 T20 含量在 3%，随着凹凸棒石含量的增加，多孔材料的壁厚减小，材料的孔隙率提高(图 7-15)。当凹凸棒石含量从 7%增加至 9%，无论是大孔还是连通孔的孔体积都呈现增长趋势。当凹凸棒石含量从 9%增加至 15%，多孔材料的比表面积的变化幅度不大，材料的表面形态都呈现很好的连通孔结构。通常粒子含量增加会导致粒子在油水界面的密集堆叠，有助于提升乳液稳定性，当所得多孔材料通常只具有闭孔结构。当表面活性剂和固体粒子同时分布于油水界面时，二者的协同稳定作用有利于二级孔的形成。因此，凹凸棒石含量的增加不会导致二级孔的消失。不同凹凸棒石含量所制备的多孔材料均具有较窄的一级孔和二级孔孔径分布，一级孔的孔径大多数集中分布在 1.0～2.0 μm 范围内，二级孔孔径分布集中在 0.5 μm 左右。

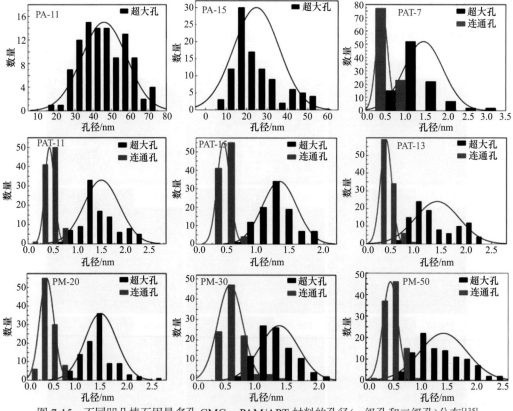

图 7-15　不同凹凸棒石用量多孔 CMC-*g*-PAM/APT 材料的孔径(一级孔和二级孔)分布[135]

　　单体含量对多孔结构有明显影响。丙烯酰胺(AM)的用量为 10 mmol 时，无法形成块状多孔材料，干燥后强度差呈碎块状。增加 AM 的量至 20 mmol 可以形成孔结构高度互连，具有分层孔结构的多孔材料。继续增加 AM 用量，孔径的数量和孔比表面积都呈降低趋势。在聚合过程中，随着 AM 含量增加，聚合物层厚度增加，两个相邻液滴之间的间隔变大，导致液滴间形成膜的厚度增大，膜在聚合或干燥过程中的破损概率降低，反而降低了材料的孔隙率。

在制备 Pickering 乳液时，油相对乳液的类型和性质有极大的影响。当油相极性较弱时，固体颗粒的三相接触角较小，更倾向于制备 O/W 乳状液；当油相极性较强时，三相接触角较大，更适于形成 W/O 乳状液。目前以 O/W Pickering 乳液模板法制备多孔材料，大多使用有机溶剂作为油相，制备过程不环保。相比较而言，以植物油代替有机溶剂作为油相是一种制备多孔材料经济环保的方法。植物油大都极性很低，适于制备 O/W 乳液。但天然植物油种类众多，植物油种类对于乳液以及材料的性能到底有何影响未见报道。作者团队选用 8 种常见植物油(分别为亚麻籽油、菜籽油、花生油、葵花油、大豆油、玉米油、橄榄油、芝麻油)制备乳液，系统研究植物油对乳液和材料性能的影响。实验所用的稳定粒子为凹凸棒石，用 T20 作为协同稳定剂，通过自由基聚合制备多孔材料 CMC-*g*-PAM/APT。8 种不同植物油制备的乳液，在静置 48 h 后都未出现油水分离现象，说明乳液稳定性良好。从光学显微镜照片可以看到(图 7-16)，8 种不同植物油稳定的乳液液滴都呈堆积紧密状态，乳液直径大小相近，不存在明显差别。由此可以推断，所选用的 8 种不同植物油对乳液没有明显的影响。

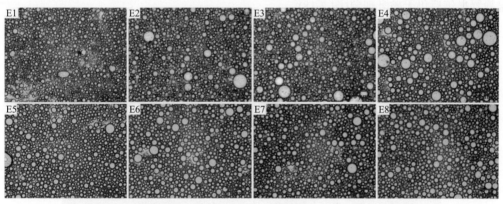

图 7-16　不同植物油制备 Pickering 乳液照片的光学显微镜照片[135]

以含有不同植物油制备的 Pickering 乳液为模板制备多孔材料，材料的 SEM 如图 7-17 所示。所有材料都具有分级的多孔结构，均含有大量的一级孔和二级孔。从孔径统计结

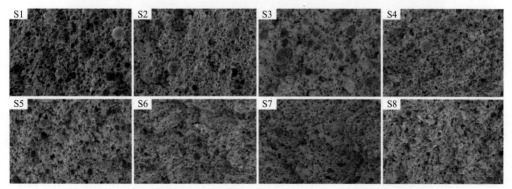

图 7-17　不同植物油制备的多孔 CMC-*g*-PAM/ATP 材料 SEM 照片[135]

果来看，8种材料的一级孔平均孔径为 2.3 μm 左右。一般来说，HIPEs 模板法制备的多孔材料孔径约在 100～700 μm。与之相比，该方法所制备的多孔材料孔径大大降低，能有效地提高材料的比表面积。使用廉价的植物油作为油相制备多孔材料，能够有效地降低制备成本，并且环境友好。

7.4.3　凹凸棒石协同壳聚糖稳定中内相乳液构筑多孔材料

表面活性剂协同是固体粒子稳定构筑多孔材料最为常用和有效的方法，但表面活性剂在多孔材料中的残留成为制约应用的关键问题。因此，寻求新的改性方法，减少其至摒弃表面活性剂的使用成为目前研究关注的热点之一。除有机小分子外，凹凸棒石也可以与有机高分子发生相互作用。为此，通过凹凸棒石与生物高分子壳聚糖(CTS)间的相互作用，进而用其稳定 Pickering MIPEs，构筑具有高度连通的多级孔材料[136]。以凹凸棒石或 CTS 单独稳定乳液，制得的乳液液滴平均直径大约为 20 μm 或 120 μm，两种乳液放置 1 d 后均观察到油水分离现象。将凹凸棒石和 CTS 分别以不同比例混合(3∶1、2∶1、1∶1 和 1∶2)，经高速搅拌均可制得稳定的 Pickering 中内相乳液，乳液平均液滴直径减小至 5～7 μm，明显小于二者单独作为稳定粒子所制得的乳液液滴。所制备的乳液于室温静置半年后仍无破乳现象(图 7-18)。

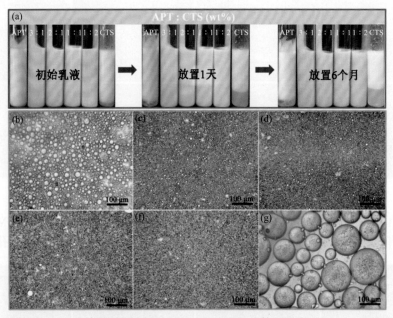

图 7-18　(a)凹凸棒石、CTS 及其不同配比制得 Pickering MIPEs 的数码照片和(b)～(g)光学显微镜照片[136]

基于 CTS 对 pH 的敏感性，通过诱导 CTS 与凹凸棒石在不同 pH 条件下以不同形式组装，进而调控 Pickering 乳液的液滴微观形貌及稳定性。当乳液 pH 为 3.5 时，CTS 分子链呈舒展状态，凹凸棒石与 CTS 子链间存在较强的静电作用和氢键作用，在水中形成凹凸棒石/CTS 网络结构，乳液液滴分散分布在网络结构中。随着 pH 值升高，CTS 链逐步紧缩，乳液黏度逐渐降低，但凹凸棒石和 CTS 之间的静电作用逐渐增强，复合粒子凹凸棒石/CTS 仍以不同的网络形式分布在油水界面上；当 pH 超过 6.5 时，CTS 链上的胺基完全去质子化，分子内发生自组装且分子间进一步团聚形成 CTS 颗粒，凹凸棒石通过氢键与 CTS 相互作用并吸附在 CTS 颗粒表面。由于相邻复合粒子表面凹凸棒石间的强静电斥力使其牢牢固定于油水界面，抑制了 Pickering 乳液液滴的合并，此条件下乳液的平均液滴的直径约为 25～80 μm。因此，在乳液制备过程中，不同的 pH 值可诱导形成不同形貌的凹凸棒石/CTS 复合粒子，从而制得不同微观形貌的 Pickering 中内相乳液(图 7-19)。随着 pH 值从 3.5 增加到 6.5 时，凹凸棒石/CTS 的 Zeta 电位从 54.3 逐渐减小到–14.6 mV，表明凹凸棒石与 CTS 之间存在很强的相互作用，而这种作用与乳液的平均液滴直径密切相关。

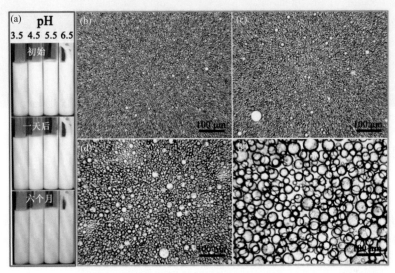

图 7-19　(a)不同 pH 值下 Pickering MIPEs 的数码照片和(b)～(e)光学显微镜照片[136]

以上述 Pickering MIPEs 为模板，通过自由基聚合反应制得多孔材料。当 pH 值从 3.5 增加到 6.5，材料的孔径大小和孔数量均逐渐增大。当 pH 值分别为 3.5、4.5、5.5 和 6.5 时，材料的平均孔直径分别约为 5.42 μm、12.72 μm、13.84 μm、32.08 μm。pH 值为 3.5 时所制备的多孔材料的孔径较均一，且尺寸分布最窄，这表明乳液聚合之前 CTS 链的完全伸张及高黏度使得凹凸棒石被紧密固定于油水界面上。当 pH 值为 5.5 时，材料中出现较大的孔结构并具有连通孔结构；在 pH 6.5 时，多孔吸附剂具有高度连通的多孔结构(图 7-20)。

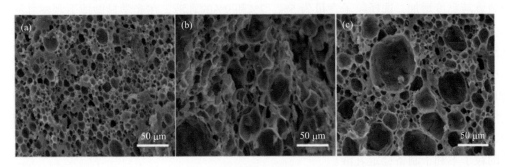

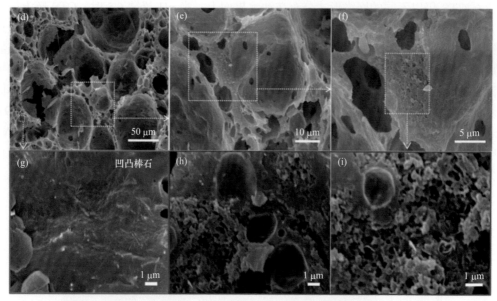

图 7-20　不同 pH 值条件下制备多孔材料的 SEM 图[136]

7.4.4　不同黏土矿物稳定 O/W Pickering 乳液构筑多孔材料

7.4.4.1　一维黏土矿物稳定 O/W Pickering 乳液构筑多孔材料

大量的研究工作表明，乳液稳定粒子形貌对乳液的稳定性有非常显著的影响，进而会对制备得到的多孔材料形貌及性能也有明显影响。分别以一维的凹凸棒石(APT)、埃洛石(HNT)和海泡石(SPL)协同 T20 稳定水包油 Pickering MIPEs，考察三种黏土矿物对乳液性质的影响。研究发现，从乳液的稳定性角度分析，凹凸棒石稳定性优于 HNT 和 SPL。可以制得稳定乳液的黏土矿物最低用量分别为 APT-3%、HNT-7%。SPL 即使在高用量下仍不能得到稳定乳液。从乳液的黏度和剪切速率之间的关系可以看出，在相同黏土矿物含量下，凹凸棒石稳定乳液的黏度高于 HNT 和 SPL 分别稳定的乳液。

乳液的黏度一方面取决于黏土矿物本身的性质，凹凸棒石和 HNT 在水中容易相互结合形成三维网络结构稳定乳液，增加乳液黏度；另一方面，黏土矿物含量越高能够稳定的油水界面越多，形成更多的乳滴，液滴之间堆积也变得越紧密，从而改变其流变性质，导致乳液黏度增加。选择粒子含量为 5%、7% 和 9% 的乳液，在光学显微镜下观察乳液形态(图 7-21)。以凹凸棒石和 HNT 稳定的乳液随着粒子含量增加，乳液液滴直径逐渐降低，乳液尺寸变得均一。APT-5、APT-7 和 APT-9 乳液的平均直径分别为 2.54 μm、2.23 μm 和 2.02 μm，HNT-5、HNT-7 和 HNT-9 乳液平均直径分别为 2.17 μm、1.64 μm 和 1.09 μm。SPL 由于粒径过大，不能有效地稳定乳液，在光学显微镜下只观测到一些稀疏分散的小乳液液滴，这些乳液可能是由表面活性剂所稳定的。从图中也可以清楚观察到 SPL 的纤维，长度大约 10 μm。实验结果说明，粒子尺寸对乳液稳定性具有较大影响，过大尺寸的粒子不利于制备稳定乳液。

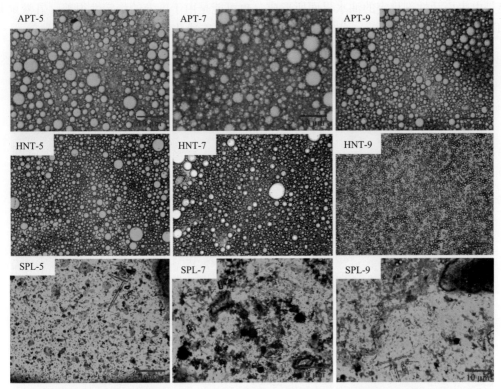

图 7-21　不同含量凹凸棒石、HNT 和 SPL 稳定的 Pickering 乳液光学显微镜照片

三种一维黏土矿物在 5%、7% 和 9% 含量下制备的 CMC-*g*-PAM/黏土矿物多孔材料的 SEM 如图 7-22 所示。以凹凸棒石和 HNT 稳定乳液为模板构筑的多孔材料，随黏土矿物含量的增加，孔径分别为 2.35 μm、2.06 μm、1.96 μm 和 2.05 μm、1.70 μm、1.35 μm。孔径随稳定粒子含量增加呈规律性减小。两种多孔材料在所考察的黏土矿物含量下，都具有丰富的二级孔结构。其原因主要有以下两点：①随着黏土矿物含量的增加，乳液液滴数目不断增加，液滴之间紧密堆积，相邻小液滴之间形成较薄的单体层，在聚合时会破裂形成连通孔[137,138]；②对于表面活性剂和固体粒子共同稳定的体系，部分油水界面是由表面活性剂单独稳定，在聚合后容易形成二级孔。有文献报道，随着粒子含量增加，会导致乳液周围形成较厚的隔离层，防止油相聚并和聚合过程中聚合层的破裂[139]。一维黏土矿物稳定的乳液虽然随着粒子含量的增加在油水界面形成较厚的粒子层，但一维黏土矿物特有的棒状或纤维状结构，不可能完全覆盖在油水界面上，不能阻止以表面活性剂稳定的油水界面在聚合时形成二级孔，所以一维黏土矿物和表面活性剂稳定乳液制备的多孔材料，不会随着粒子含量的增加，降低材料连通性。

SPL 虽然不能有效稳定乳液，在显微镜中也没有观察到稳定的乳液液滴，但所得材料中出现了超大孔结构。随着含量的增加，孔直径分别为 16.43 μm、15.95 μm 和 17.82 μm，这可能是稳定粒子中纤维较短的 SPL 部分稳定了油水界面上，形成较大直径的乳液液滴。此外，所得多孔材料的大孔结构中出现一些直径在 0.5~3 μm 的连通孔，这些连通孔可能是由表面活性剂稳定的油水界面所形成，也可能是由于乳液的稳定性很差，乳液聚并和聚合反应同时进行时，一些小液滴相互聚并留下连通孔。

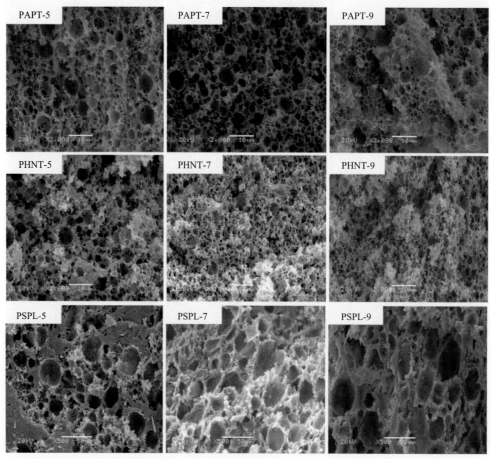

图 7-22　不同凹凸棒石、HNT 和 SPL 含量的多孔 CMC-*g*-PAM/CM 材料的 SEM 照片

7.4.4.2　二维黏土矿物稳定 O/W Pickering 乳液构筑多孔材料

蒙脱石(MMT)、高岭石(KAL)和伊蒙黏土(ISC)等二维黏土矿物形貌主要为层状，在乳液稳定方面与一维黏土矿物有较大不同。为此，分别选用 MMT、KAL 和 ISC 二维黏土矿物作为稳定粒子，协同 T20 制备 Pickering 乳液。MMT、KAL 和 ISC 稳定乳液所需粒子最低含量分别为 5%、11%和 9%，这说明 3 种黏土矿物稳定乳液的能力依次为：MMT＞ISC＞KAL。主要原因在于 3 种黏土矿物在水中的膨胀性不同，造成乳液黏度有明显差别，进而影响乳液的稳定性。就膨胀性而言，MMT 最好，ISC 次之，而 KAL 几乎不具有膨胀性。图 7-23 为 3 种黏土矿物稳定乳液的光学显微镜照片。3 种黏土矿物稳定的乳液液滴大小都随着粒子含量的增加而减小，这与一维黏土矿物稳定乳液性质类似。当 3 种黏土矿物用量均为 5%时，MMT 稳定的乳液液滴均一性最好。随着黏土矿物用量的增加，KAL 稳定的乳液液滴均一性也明显变好，但 ISC 稳定的乳液均一性仍较差。

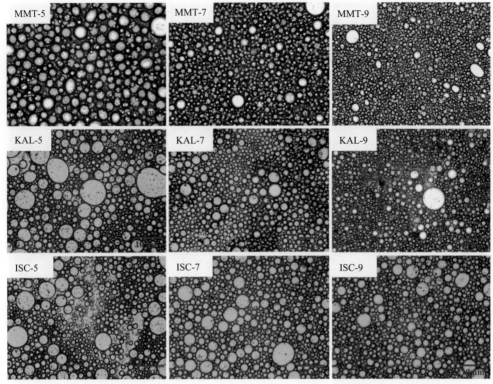

图 7-23　不同含量 MMT、KAL 和 ISC 稳定的 Pickering 乳液光学显微镜照片

　　采用 3 种二维黏土矿物稳定的 Pickering 乳液制备了多孔材料(图 7-24)。由图可见，以 KAL 和 ISC 稳定乳液制的多孔材料与 MMT 制备的材料形貌有明显不同。MMT 稳定乳液制备的多孔材料始终为闭合孔结构，但 KAL 和 ISC 制备的多孔材料始终为开孔结构，而且不会随着粒子含量的增加从开孔结构转变成闭孔结构。相反，随着粒子含量的增加，材料的二级孔数目增多，材料连通性增强。虽然 3 种黏土矿物都是二维片层结构，但性质却相差较大。MMT 在水中容易膨胀，粒子之间相互作用形成三维网络结构，在油水界面粒子相互结合形成较厚的粒子层，在聚合过程中不容易发生破损形成二级孔。而 KAL 和 ISC 膨胀能力弱，体系黏度低，不容易在油水界面形成厚的粒子层阻碍聚合过程中孔壁的破裂，也没有影响表面活性剂的致孔作用，可以形成具有较好连通性的多孔材料。

　　目前关于黏土矿物稳定 Pickering 乳液的稳定机理没有确切定论，有学者认为是固体粒子吸附模型[140]，也有学者支持三维网络结构模型[59]。我们认为不同黏土矿物粒子稳定乳液的机理不尽相同，黏土矿物稳定乳液的模式应该和本身的性质以及分散体系的黏度紧密相关，结合文献报道的稳定机理以及实验结果，给出了相关机理解释(图 7-25)。黏土矿物稳定乳液的机理可以分为三种情况：①MMT、HNT、凹凸棒石稳定的乳液黏度大，主要是在体系中形成了三维网络结构。在水中容易遇水膨胀，或者在水中相互作用强的黏土矿物稳定乳液是以三维网络模型。②KAL 和 ISC 稳定的乳液黏度小，在水中不容易形成三维网络结构，黏土矿物粒子可能吸附在油水界面，同时粒子之间作用力弱不易在

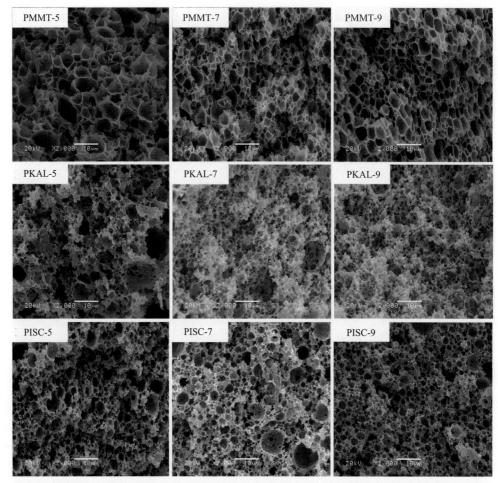

图 7-24 不同 MMT、KAL 和 ISC 含量多孔 CMC-g-PAM/CM 材料的 SEM 照片

油水界面堆积形成厚的粒子层，粒子和表面活性剂共同稳定乳液。③尺寸过大的粒子，例如 SPL 制备的乳液稳定性差，粒子尺寸严重影响乳液稳定性。

对于不同黏土矿物与表面活性剂稳定乳液制备多孔材料也分为三种情况：①一维棒状或管状结构的凹凸棒石和 HNT，随着粒子含量的增加一方面形成更多的紧密堆积乳液，减小相邻油滴之间的聚合物层厚度，从而使聚合过程中聚合物层容易破裂形成二级孔结构；另一方面粒子也会在油水界面以三维网络结构堆积形成较厚的粒子层，但一维黏土矿物特有的棒状结构不能有效完全覆盖油水界面，在未覆盖的油水界面上表面活性剂会以胶束形式存在，从而有助于形成二级孔结构。实验结果证明，凹凸棒石和 HNT 稳定的乳液有利于形成连通性能高的材料。②二维层状黏土矿物稳定乳液制备多孔材料的孔结构与黏土本身的性质有很大关系。MMT 容易遇水膨胀，乳液中 MMT 含量过高粒子容易在油水界面上层层堆积，形成严密的固体保护层，阻止二级孔的形成，孔结构呈封闭状态。对于不易遇水膨胀的 KAL 和 ISC，随着粒子含量的增加有助于形成更小的乳液，在聚合过程中有助于相邻液滴之间孔壁的破裂。另外，表面活性剂稳定的油水界面处也会在聚合时留下孔洞，从而在两者合力下形成连通性能更好的多孔材料。③长径比过大的粒子, 例如 SPL 制备的多孔材料孔径较大, 孔数量稀疏, 在聚合过程中乳液会发生破乳, 这种粒子不利于制备连通性能好的多孔材料。

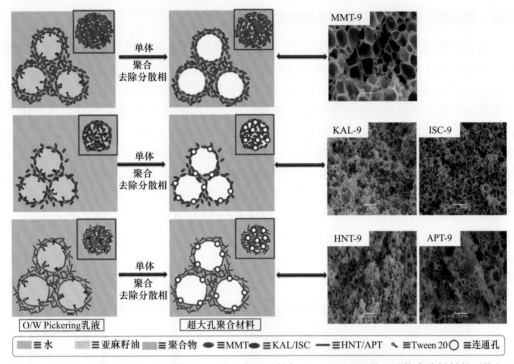

图 7-25　不同黏土矿物协同 T20 稳定 Pickering 乳液及制备 CMC-g-PAM/黏土矿物多孔材料的可能机理

7.5　凹凸棒石稳定 Pickering 泡沫模板法构筑多孔材料

如前所述, 以 Pickering 乳液为模板制备多孔材料优点显著, 但该方法存在最大的缺点是需要去除分散相。即使很大程度上降低了内相体积, 但聚合后仍然要进行内相去除。为了进一步实现制备过程的绿色环保, 我们进一步采用 Pickering 泡沫模板代替乳液模板构筑多孔材料。泡沫(foams)是一种气-液分散体系, 分散相和连续相(分散介质)分别为不溶性的气体和液体。由于泡沫体系的表面自由能较高, 泡沫会自发进行排液、歧化、聚并等过程, 从而导致泡沫稳定性降低。因此, 利用泡沫作为模板制备多孔材料具有挑战性。

目前, 利用泡沫模板法制备多孔材料的起泡方法, 主要分为物理起泡和化学起泡。化学起泡通常是指向反应体系中先后加入两种混合后可以产生气泡的物质, 利用反应产生的泡沫作为模板制得多孔材料。Omidian 等[141]利用碳酸氢钠和醋酸反应产生二氧化碳, 向体系加入丙烯酸或丙烯酰胺单体、引发剂、交联剂等, 在产生气体的瞬间引发聚合反应, 利用泡沫作为模板制得超大孔水凝胶。在该过程中, 控制聚合反应和起泡过程使其同时发生非常重要。物理起泡是向体系中加入表面活性剂, 通过机械搅拌产生泡沫, 或先施加高压向体系中溶解气体, 而后采用减压起泡的方式形成泡沫。在起泡或泡沫形成后通过聚合反应形成多孔材料。Gurikov 等[142]利用高压釜向体系加压溶解二氧化碳，而后减压产生大量气体，利用该泡沫作为模板制得多孔气凝胶材料。

7.5.1　凹凸棒石合成表面活性剂协同稳定构筑多孔材料

作者团队以表面活性剂十六烷基三甲基溴化铵(CTAB)改性凹凸棒石，通过快速搅拌含改性凹凸棒石和聚合单体丙烯酸(AA)的分散液，快速制备得到具有良好稳定性的水基泡沫，并通过热引发自由基聚合反应制备得到系列具有多级孔结构的多孔材料。图 7-26为不同 AA 含量下制备的泡沫照片及显微镜照片。当凹凸棒石含量为 25.0%，CTAB 的含量为凹凸棒石的 25.0%时，分散液起泡性随着 AA 含量的增加而发生明显变化。体系中不添加 AA 时，分散液发泡性能最佳，气泡均匀且致密堆积。加入 AA 降低了分散液的发泡性，但随着 AA 用量从 2.0 g 增加到 8.0 g，体系发泡性逐渐增强。继续增大 AA浓度到 10.0 g，发泡性明显降低。AA 用量从 2.0 g 增加到 4.0 g，气泡平均直径从 30 μm增加到 45 μm 左右。当进一步增大 AA 用量(从 4.0 g 到 10.0 g)，气泡平均大小又从 45 μm逐渐降至 20 μm，最后当 AA 含量为 10.0 g 时，几乎无气泡产生。单体用量对发泡性能的影响主要是因为离子型单体 AA 加入严重影响了气-液界面上 CTAB 和凹凸棒石的分布。

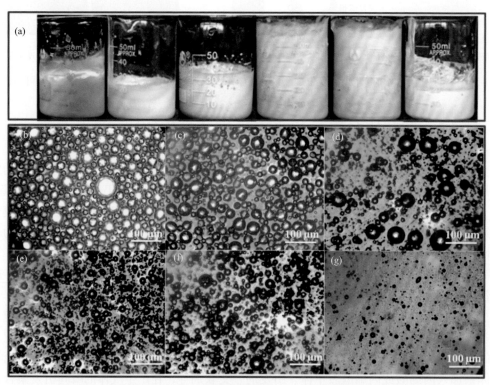

图 7-26　凹凸棒石和 CTAB(a)稳定制备 Pickering 泡沫的数码照片及(b)~(g)
不同 AA 浓度 Pickering 泡沫光学显微镜照片

固体粒子含量同样影响 Pickering 泡沫的稳定性。凹凸棒石不同用量对 Pickering 泡沫稳定性影响如图 7-27 所示，当 AA 添加量为 6.0 g，凹凸棒石含量为 10.0%(质量分数)时，Pickering 泡沫的平均尺寸较大。随着凹凸棒石浓度从 10.0%增加到 30.0%，所制备 Pickering 泡沫的平均气泡直径从 60 μm 减少到 10 μm，泡沫更加稳定。此外，表面活性剂 CTAB 的浓度(质量分数)也影响 Pickering 泡沫的稳定性。当 AA 用量为 6.0 g，凹凸棒石浓度为 25%时，不添加 CTAB 无法形成 Pickering 泡沫。随着 CTAB 浓度从 10.0%增加到 35.0%，Pickering 泡沫的发泡性逐步增强，气泡平均直径逐渐增大。

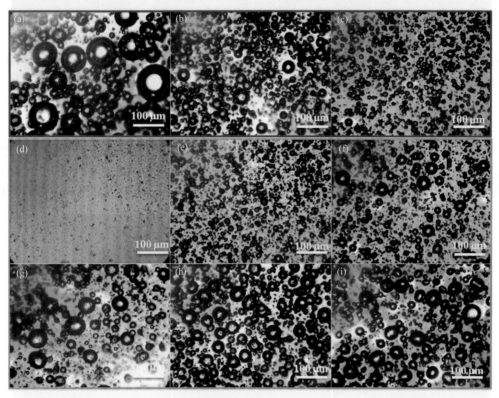

图 7-27　(a)～(c)不同凹凸棒石浓度(25.0% CTAB)和(d)～(i)不同 CTAB 浓度
(25.0% 凹凸棒石)Pickering 泡沫光学显微照片

图 7-28 为不同 AA 用量下，Pickering 泡沫模板法制备的多孔材料 SEM 图。随着 AA 含量逐渐增大(2.0～6.0 g)，泡沫的孔数目逐渐增加，且孔径更加均匀。当 AA 含量为 8.0 g 时，孔径无明显变化。随着 AA 含量的增大，界面上可以观察到更多的凹凸棒石棒晶。当 AA 量为 8.0 g 时，表面出现粒状或管状物。该现象进一步证明 AA 调控 AA、凹凸棒石和 CTAB 三者的相互作用。当在体系中加入 8.0 g AA 时，AA 的羧基与 CTAB 的氨基发生静电作用力，进一步在水体系中组装形成胶束：CTAB 的烷基链朝内，而亲水基连接 AA，通过聚合形成球状或棒状结构的 PAA。继续增大 AA 为 10.0 g，CTAB 胶束被 AA 完全包裹，从而失去了 CTAB 原有的在两相界面的性能，导致上述泡沫未能成功制备多孔材料。因此，通过改变 AA 添加量可以很好地调控多孔材料孔壁形貌。

带有结构负电荷，当凹凸棒石分散在水中时，自身的结构负电荷为了保持电中性会吸附同电量的阳离子，带正电的断面和负电的侧面相互搭接形成独特的三维网络结构，束缚体系中的液体，从而提高了体系的黏度。因此，随着凹凸棒石用量的增加系统的黏度增加，使泡沫稳定性增加和发泡性降低。

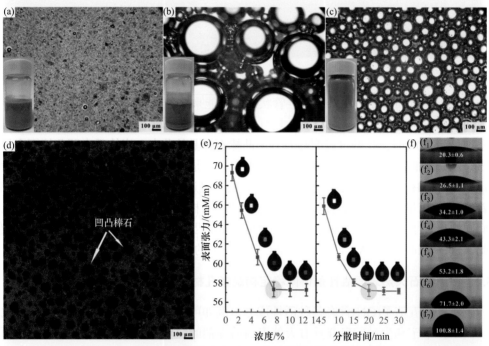

图 7-30 (a)凹凸棒石、(b)GN 和(c)二者混合稳定 Pickering 泡沫的光学显微镜照片，(d)Pickering 泡沫激光共聚焦显微镜照片，(e)不同浓度和时间下 GN 表面张力以及(f)APT/GN 不同比例下接触角照片

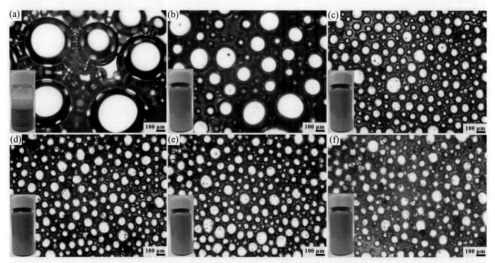

图 7-31 不同凹凸棒石含量下 Pickering 泡沫的光学显微镜照片
(a)0、(b)10.0%、(c)15.0%、(d)20.0%、(e)25.0%、(f)30.0%

GN 含量对 Pickering 泡沫的影响如图 7-32 所示。由图可见，不添加 GN 时不能形成 Pickering 泡沫。随着体系中 GN 含量的增加，Pickering 泡沫的气泡尺寸呈现逐渐降低的趋势，当 GN 含量为 5.0%时能够得到发泡量和稳泡性较优的 Pickering 泡沫。GN 的添加对泡沫形成具有明显的促进作用。

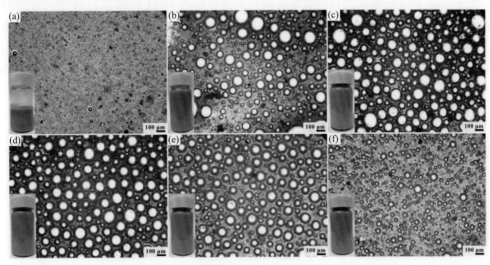

图 7-32　不同 GN 含量下 Pickering 泡沫的光学显微镜照片
(a)0、(b)1.0%、(c)0.5%、(d)5.0%、(e)7.5% GN、(f)10.0%

NaCl 浓度对 Pickering 泡沫的影响如图 7-33 所示。由图可见，随着 NaCl 浓度的增加，Pickering 泡沫的发泡性明显增强。盐离子的引入可以使凹凸棒石絮凝并明显提高空气/水界面分布情况。添加 NaCl 后双电荷层被压缩，降低了颗粒之间的静电排斥并导致颗粒的聚集甚至絮凝。同时，pH 值也对该 Pickering 泡沫体系产生明显的影响。Pickering 泡沫

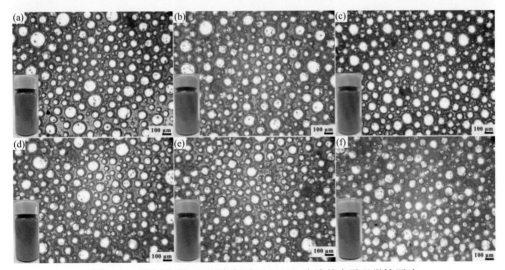

图 7-33　不同含量 NaCl 浓度下 Pickering 泡沫的光学显微镜照片
(a)0、(b)0.1 mol/L、(c)0.2 mol/L、(d)0.3 mol/L、(e)0.4 mol/L、(f)0.5 mol/L

可以在 pH = 2~13 的范围内形成，但泡沫的尺寸在 pH<3 或 pH>12 时更大。在强酸和强碱条件下，系统电荷发生明显变化，变得更正或更负，影响了固体颗粒在泡沫界面上的分布，并影响泡沫的稳定性，导致一些泡沫破裂并聚结形成大气泡。因此，添加 NaCl 有益于 Pickering 泡沫系统，且在较宽的 pH 范围内具有出色的发泡和泡沫稳定效应。

Pickering 泡沫模板通过自由基聚合构筑多孔材料的 SEM 如图 7-34 所示。从图中可以看出，随着 GN 用量的增加，多孔材料的孔径逐渐减小，且孔结构的变化趋势总体上与 Pickering 泡沫相同。但孔结构在聚合后发生了变形且数量减少。另外，可以在多孔结构的相界面处发现由凹凸棒石形成的丰富三维网络结构，具有棒状形貌的凹凸棒石清晰可见。因此，多孔材料包含丰富的孔结构，并且获得的连通孔数量较多，这为吸附过程中污染物的有效传质提供了保证。

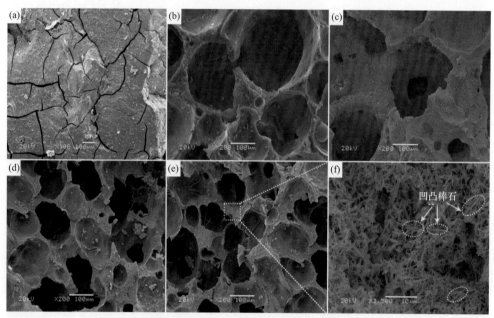

图 7-34　不同 GN 含量下多孔材料的 SEM 照片
(a)0、(b)1.0%、(c)2.5%、(d)5.0%和(e)~(f)7.5%

7.6　凹凸棒石稳定乳液/泡沫构筑多孔材料在水处理中的应用

多孔材料由于比表面积高、吸附容量高且吸附速率快，在水处理领域具有非常重要的应用。特别是以乳液模板法构筑的聚合物多孔吸附材料，孔道结构丰富且含有丰富的功能基团，因此在重金属、染料和抗生素等去除方面展现出应用潜力。

7.6.1　重金属吸附

将 Fe_3O_4 负载到凹凸棒石表面，再对其进行有机硅改性，然后用其稳定 Pickering 高内相乳液，最后通过自由基聚合反应结合沉淀聚合制备得到球形磁性吸附剂。当 Cu^{2+} 和

Pb^{2+}的初始浓度分别为 400 mg/L 和 500 mg/L 时,磁性多孔球对 Cu^{2+}和 Pb^{2+}的吸附容量分别为 210.01 mg/g 和 529.83 mg/g(图 7-35)。分别选用 100 mg/L 和 400 mg/L 的 Cu^{2+}溶液和 Pb^{2+}溶液进行吸附速率评价。可以发现,对于低浓度的 Cu^{2+}和 Pb^{2+}(100 mg/L),磁性多孔球吸附剂分别在 40 min 和 30 min 内达到吸附饱和,对于高浓度的 Cu^{2+}和 Pb^{2+}(400 mg/L),磁性多孔球可以在 25 min 和 40 min 内吸附完成。随着溶液 pH 增大,磁性多孔球对重金属 Cu^{2+}和 Pb^{2+}的吸附量逐渐增加。当溶液 pH 在 4~6 的范围内时,磁性多孔球重金属 Cu^{2+}和 Pb^{2+}的吸附达到平衡。随着溶液 pH 增大,磁性多孔球中的—COO^-数目增多,吸附量逐渐增大。当 pH 增大到 4 时,磁性多孔球中的—COOH 全部转变为—COO^-,因此吸附量达到平衡。

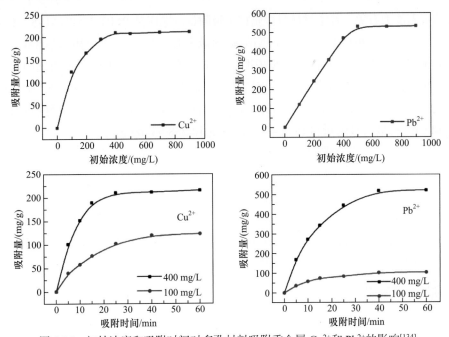

图 7-35　初始浓度和吸附时间对多孔材料吸附重金属 Cu^{2+} 和 Pb^{2+} 的影响[134]

以凹凸棒石和CTS协同稳定的 Pickering MIPEs 为模板制备的多级孔吸附剂具有高度连通孔结构,对 Pb^{2+}和 Cd^{2+}的吸附量随着 Pb^{2+}和 Cd^{2+}初始浓度的增大而逐渐增大,直到当 Pb^{2+}的初始浓度达到 700 mg/L 和 Cd^{2+}初始浓度达到 600 mg/L,吸附剂对 Pb^{2+}和 Cd^{2+}的吸附达到吸附饱和。多孔吸附剂 APT/CTS-g-PAM 对 Pb^{2+}和 Cd^{2+}的最大吸附量分别为 524.84 mg/g 和 313.14 mg/g。通过吸附剂对 Pb^{2+}和 Cd^{2+}连续 5 次吸附-脱附循环实验(图 7-36),吸附剂对 Pb^{2+}和 Cd^{2+}的吸附量并没有明显降低,表明该吸附剂具有优良的可再生循环使用性能。

分别以一维(海泡石、凹凸棒石和埃洛石)和二维黏土矿物(蒙脱石、高岭石和伊蒙土)作为 Pickering MIPEs 稳定粒子构筑的系列多孔吸附材料对重金属 Pb^{2+} 和 Cd^{2+}吸附效果良好。都在初始浓度增加到 400 mg/L 后达到吸附平衡,但各个吸附剂的吸附量不尽相同,这说明吸附剂中不同黏土矿物会影响其吸附容量。吸附量的高低与黏土矿物本身对这两

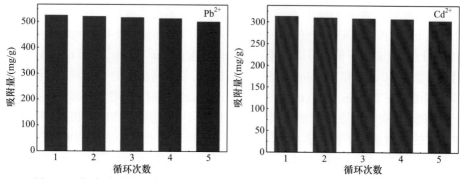

图 7-36　超大孔磁性吸附剂 APT/CTS-g-PAM 吸附 Pb^{2+}和 Cd^{2+}的重复使用性[134]

种金属的吸附能力有关。各个材料对金属粒子吸附量的顺序是 PAPT-5＞PKAL-5 ≈ PISC-5 ≈ PMMT-5＞PSPL-5＞PHNT-5。这也说明吸附剂最主要的是依靠聚合物的功能基团吸附，黏土矿物起辅助作用，同时也进一步说明黏土矿物在聚合过程中留到吸附剂内部，形成有机无机复合结构。实验结果显示，以凹凸棒石制备得到的多孔材料对 Pb^{2+}和 Cd^{2+}的吸附量最大，分别为 467.71 mg/g 和 312.31 mg/g。HNT 制备的多孔吸附剂吸附量最低，它对 Pb^{2+}和 Cd^{2+}的最大吸附量分别为 416.71 mg/g 和 258.93 mg/g。

多孔材料孔结构对吸附性能有较大影响。由于不同黏土矿物引入稳定 Pickering MIPEs 的机理不同，所得材料的多孔结构也各不相同，因此对重金属 Pb^{2+}和 Cd^{2+}的吸附速率也有较大差别，具有良好连通结构的 PAPT-5、PKAL-5、PISC-5 和 PHNT-5 四种吸附剂都具有较快的吸附速率，在 30 min 可以达到饱和吸附。孔径大、连通性差的 PSPL-5 和 PMMT-5 吸附速率较缓慢，需要 50 min 达到吸附平衡。MMT 所稳定的乳液始终得到封闭孔结构的多孔材料，不利用金属离子在内部扩散，从而降低了吸附速率。

7.6.2　稀散金属吸附

以 8 种常见植物油(亚麻籽油、菜籽油、花生油、葵花油、大豆油、玉米油、橄榄油、芝麻油)为有机相，通过 Pickering MIPEs 模板构筑得到系列多孔吸附材料 CMC-g-PAM/APT。研究表明，8 种材料对 Ce^{3+}和 Gd^{3+}的吸附量基本保持一致，没有明显变化，吸附量分别在 205 mg/g 和 216 mg/g 左右。此外，由于 8 种材料都具有很好的连通孔结构，所以 8 种吸附剂对 Ce^{3+}都可以在 30 min 达到吸附平衡。通过 5 次吸脱附循环，8 种多孔吸附剂的吸附量均没有明显的下降，这说明吸附剂具有很好的重复使用性，材料有望应用于稀土金属的富集。

以凹凸棒石和 CTS 协同稳定的 Pickering MIPEs 为模板制备的多级孔吸附剂 APT/CTS-g-PAM 对稀散金属也展现出优良的吸附性能(图 7-37)。研究表明，随着离子溶液的 pH 值变化，多孔吸附剂对 Rb$^+$和 Cs$^+$呈现相同的变化趋势。当 pH 从 1.0 增大到 4.0，吸附剂对 Rb$^+$和 Cs$^+$的吸附量均逐渐增大。当 pH 大于 4.0 时，吸附剂上所有的羧酸基团在水溶液完全电离，吸附剂对 Rb$^+$和 Cs$^+$的吸附量达到最大。当 pH 大于 9.0 时，吸附剂对 Rb$^+$和 Cs$^+$的吸附量逐渐降低。主要是因为继续增大体系 pH，体系中 OH$^-$浓度逐渐增大，与金属离子 Rb$^+$或 Cs$^+$发生竞争，导致吸附量逐渐降低。多孔吸附剂 APT/CTS-g-PAM 对

Rb$^+$和 Cs$^+$的吸附量随着 Rb$^+$和 Cs$^+$初始浓度的增加而逐步增加，直至吸附达到饱和。多孔吸附剂对 Rb$^+$和 Cs$^+$的最大吸附量分别为 178.88 mg/g 和 221.56 mg/g。此外，多孔吸附剂对 Rb$^+$和 Cs$^+$均具有较快的吸附速率，分别在 10 min 和 15 min 内达到吸附平衡。

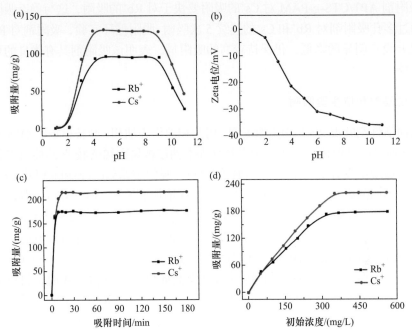

图 7-37　(a)起始 pH、(b)溶液 pH、(c)吸附时间和(d)初始浓度对 APT/CTS-g-PAM 吸附 Rb$^+$和 Cs^{2+}的影响[136]

通过动态柱吸附实验分别考察 Rb$^+$和 Cs$^+$溶液流速和初始浓度对吸附的影响(图 7-38)。在流速为 0.90 mL/min 时，随着 Rb$^+$和 Cs$^+$初始浓度的增大，突破时间变短，曲线的斜率增大。这是由于进口溶液的浓度增大，使得传质驱动力增大，促使更多的金属离子与吸附剂的吸附位点相互作用，导致较快到达吸附饱和。当初始浓度为 400 mg/L 时，改变进入吸附柱内离子溶液的流速，APT/CTS-g-PAM 吸附 Rb$^+$和 Cs$^+$的突破曲线随之发生改变。随着流速的增大，突破曲线变陡，较快到达突破时间和吸附平衡。这是由于较快的吸附速率提高了传质速率使得较多的金属离子在短时间内到达吸附剂表面。

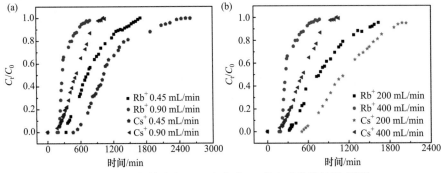

图 7-38　(a)初始浓度和(b)流速对 Rb$^+$的突破曲线的影响[136]

用 Thomas 模型对实验数据进一步拟合分析发现,速率常数 K_{Th} 随着进口溶液的浓度的增大而增大,随着进口溶液的流速的增大而增大。这表明在较高的流速和较高的初始浓度下吸附速率较快。此外,在相同的流速及初始浓度下,K_{Th} 的大小顺序为: $Rb^+ > Cs^+$,则表明吸附剂 APT/CTS-g-PAM 对 Cs^+ 的吸附要快于对 Rb^+ 的吸附,这与静态吸附结果相一致。通过多孔吸附剂对 Rb^+ 和 Cs^+ 的连续 5 次吸附-脱附循环实验,吸附剂对 Rb^+ 和 Cs^+ 的吸附量并没有明显的降低,仍保持较高的吸附量,表明该吸附剂具有优良的可再生循环使用性能。

7.6.3　有机染料和抗生素吸附

以表面活性剂吐温 20(T20)为稳定剂,用调和油作为油相,制备稳定的 O/W Pickering MIPEs,并通过该乳液模板制备的羧甲基纤维素钠接枝聚丙烯酰胺/凹凸棒石多孔材料对阳离子染料展现出良好的吸附性能。pH 值对材料吸附甲基紫(MV)和亚甲基蓝(MB)的吸附能力具有不同的影响。对 MV 的吸附量随着 pH 增加而增加,pH = 4.0 达到最大吸附量,当 pH 高于 8 以后吸附量逐渐下降。对 MB 的吸附量在 pH 范围为 2~4 时急剧增加,在 pH 4~10 的范围内,吸附量不发生明显变化。在酸性条件下,随着 pH 升高,由丙烯酰胺水解得到的—COOH 跟 MV 和 MB 之间产生较弱的氢键慢慢转变为—COO⁻ 与染料分子之间强的静电作用,材料的吸附量随着 pH 升高而增加。当 pH≥4 时,材料中的功能基团大多以—COO⁻ 形式存在,具有较高的吸附量;当 pH>8 时,MV 分子中的胺基基团的脱质子化导致材料对略带负电的甲基紫吸附能力降低,MB 分子不会出现脱质子化的情况,吸附量保持平衡[143]。通过研究 pH 对的材料吸附能力的影响发现,带负电荷的—COO⁻ 和带正电的染料分子之间的静电作用是主要的吸附驱动力,增加染料溶液的 pH 值能有效地提高材料的吸附能力。

吸附剂对染料的吸附量随着溶液初始浓度的增加呈增加趋势[图 7-39(a)]。多孔材料对 MV 和 MB 的最大吸附量分别达到 1585 mg/g 和 1625 mg/g。用 5 mg 吸附剂考察多孔材料对 200 mg/L 染料溶液的去除率[图 7-39(c)]。随着多孔材料中 AM 含量增加,多孔材料完全去除染料的溶液体积不断增加。当染料体积小于 25 mL 时,材料均表现出卓越去除性能,去除率均大于 99%。由此可见,所制备的多孔材料对 MV 和 MB 具有良好去除效果。此外,多孔吸附剂对染料具有较快的吸附速率,20 min 内可以达到吸附平衡[144]。

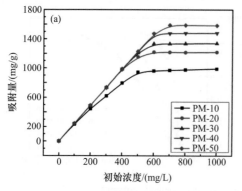
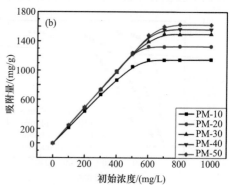

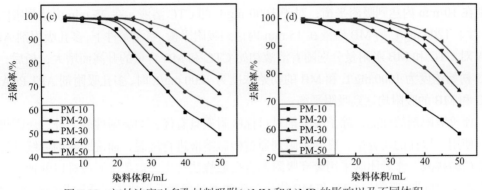

图 7-39　初始浓度对多孔材料吸附(a)MV 和(b)MB 的影响以及不同体积

对(c)MV 和(d)MB 溶液去除率的影响[135]

以表面活性剂 CTAB 和凹凸棒石协同稳定水基泡沫为模板构筑的多孔吸附剂具有丰富的多级孔结构，应用于染料和抗生素吸附具有良好效果。在 pH 1.0～10.0 范围内，多孔吸附剂 APT-PAA 对抗生素四环素(CTC)和染料 MB 的吸附性能有显著变化。随着 pH 由 1.0 增大到 4.0，多孔吸附剂 APT-PAA 对抗生素 CTC 和染料 MB 呈现相同的增加趋势。由于 CTC 是两性分子，分子所带电荷随着 pH 值的变化而变化。当 pH<3.3 时，CTC 为阳离子形式；当 pH 在 3.3～7.44 之间时，CTC 是两性离子；当 pH>7.44 时，CTC 为阴离子形式。因此，当 pH 在 4.0 和 7.44 之间时，吸附剂对 CTC 的吸附量保持恒定；当 pH 大于 7.44 时，吸附剂对 CTC 的吸附量逐渐减小，这主要是此时多孔吸附剂和 CTC 都带负电荷。对于 MB 的吸附，pH 大于 4 后吸附量几乎保持不变。吸附剂 APT-PAA 对 CTC 和 MB 的吸附在初始阶段吸附量快速增加(图 7-40)。对于 50 mg/L 的 CTC 和 MB 溶液，

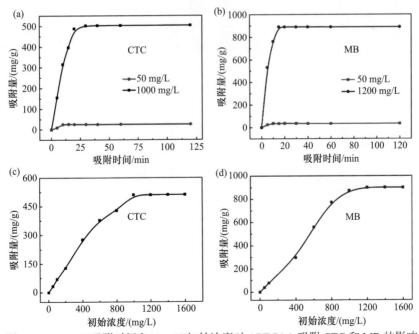

图 7-40　(a)、(b)吸附时间和(c)、(d)初始浓度对 APT-PAA 吸附 CTC 和 MB 的影响

分别在 10 min 内达到吸附平衡；对于 1000 mg/L 的 CTC 溶液，在 25 min 内达到吸附平衡；对于 1200 mg/L 的 MB 溶液在 15 min 内达到吸附平衡。室温条件下，多孔吸附剂 APT-PAA 对 CTC 和 MB 吸附量分别随着溶液初始 CTC 和 MB 含量的升高而增大，最后，当 CTC 初始浓度为 1000 mg/L 和 MB 的初始浓度为 1200 mg/L 时，多孔吸附剂 APT-PAA 对 CTC 和 MB 的吸附均达到吸附平衡。

　　评价吸附剂的性能，除了吸附剂对目标吸附质具有优良的吸附性能之外，还需再生循环使用。以往的研究中，废弃吸附剂通过酸碱溶液进行洗脱，而洗脱液的后续处理仍面临严峻挑战。作者团队采用废弃吸附剂直接煅烧法再生，避免洗脱液难以处理或造成二次污染等问题。吸附的 CTC 和 MB 将作为碳源通过煅烧后形成了炭质凹凸棒石复合物。研究表明，随着煅烧温度的升高，复合物对 Cu^{2+}、Pb^{2+} 和 Cd^{2+} 的吸附性能均具有相似的变化趋势，起初随着煅烧温度的升高吸附量逐渐增大，达到最大值后又随着煅烧温度的继续升高吸附量逐渐降低(图 7-41)。其中吸附 CTC 后的废弃吸附剂在 500℃下煅烧得到的复合物对 Cu^{2+}、Pb^{2+} 和 Cd^{2+} 均具有较高的吸附量，分别为 270.62 mg/g、336.89 mg/g 和 259.70 mg/g。而吸附 MB 后的废弃吸附剂在 600℃下煅烧得到的复合物对 Cu^{2+}、Pb^{2+} 和 Cd^{2+} 具有较高的吸附量，分别为 232.61 mg/g、379.17 mg/g 和 244.99 mg/g。因此，吸附 CTC 或 MB 后的废弃吸附剂可以热再生有效吸附重金属离子。该研究结果为复合物在土壤修复中的应用奠定了基础。

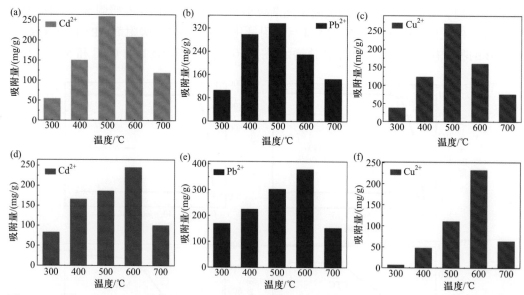

图 7-41　吸附 CTC[(a)~(c)]和 MB[(d)~(f)]的废弃吸附剂再生温度对 Cd^{2+}、Pb^{2+} 和 Cu^{2+} 吸附性能的影响

　　为了进一步说明煅烧温度与吸附性能之间的关系，对不同稳定煅烧形成的复合物进行相关表征和孔结构分析。如图 7-42 所示，吸附 CTC 和 MB 通过煅烧后形成的复合物，在不同煅烧温度下表面电荷均为负值。其中，吸附 CTC 和 MB 的废吸附剂分别在 500℃和 600℃下表面电荷更负，表明所含的含氧官能团的数量较多。复合物的表面电荷与重金

属离子吸附量呈正相关关系。

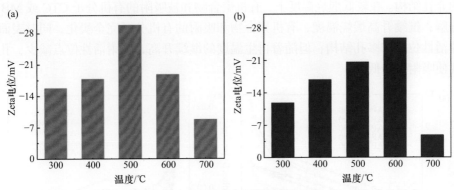

图 7-42　吸附有 CTC(a)和 MB(b)的废弃吸附剂再生温度对 Zeta 电位的影响

采用红外光谱对吸附 CTC 和 MB 的废吸附剂以及煅烧后形成的复合物进行了分析(图 7-43)。APT-PAA 吸附 CTC 后，CTC 分子特征峰主要分布于 1100～1750 cm⁻¹ 指纹区。随着煅烧温度的增加，该特征峰强度逐渐减弱并消失，表明在煅烧过程中有机物转化为含碳物质。当 500℃煅烧后，在 1778 cm⁻¹ 处出现 C═O 振动吸收峰，位于 1444 cm⁻¹ 处的吸收峰归属于—COO⁻ 伸缩振动，表明存在羧基官能团。当煅烧温度高于 500℃时，位于 1778 cm⁻¹ 处的吸收峰强度减弱，表明含氧官能团减少。APT-PAA 吸附 MB 后，MB 的特征吸收峰主要分布在 1100～1600 cm⁻¹ 范围。随着煅烧温度的增加，该特征峰强度逐渐减弱并消失，当煅烧温度为 600℃时，在 1774 cm⁻¹ 附近处出现 C═O 振动吸收峰，位于 1444 cm⁻¹ 处的吸收峰归属于—COO⁻ 伸缩振动，表明存在羧基官能团。当煅烧温度高于 600℃时，位于 1774 cm⁻¹ 处的吸收峰强度减弱，表明含氧官能团减少。研究表明，含有功能基团的存在与复合物重金属离子吸附量呈正相关关系。

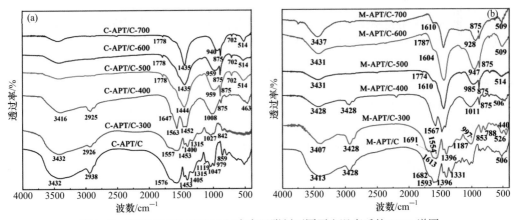

图 7-43　吸附 CTC(a)和 MB(b)废弃吸附剂不同再生温度后的 FTIR 谱图

图 7-44 是吸附 CTC 和 MB 后废弃吸附剂随不同再生温度的 N₂ 吸附-脱附等温线以及孔径分布图。不同煅烧温度再生复合物的 N₂ 吸附-脱附等温线属于Ⅳ型等温线，说明在该复合物中共存有较少介孔和部分大孔。由图 7-44(b)和(d)可见，随着煅烧温度的升高，

形成的炭质复合物孔径分布较宽，表明多孔材料中的聚合物和有机物炭化使复合物形成较多的介孔结构。在较低煅烧温度下，有机聚合物和被吸附的有机分子 CTC 或 MB 不能完全分解；继续升高煅烧温度，有机聚合物和吸附的有机分子完全炭化，同时表面存在丰富的活性位点和多孔结构；但随着再生温度的继续升高，吸附活性位点减少，孔结构坍塌致使吸附量降低。

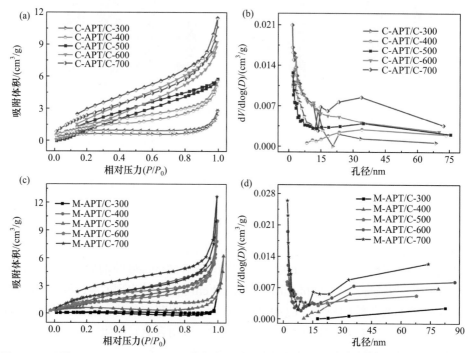

图 7-44　吸附 CTC(a、c)和 MB(b、d)废弃吸附剂不同再生温度 N_2 吸附-脱附等温线和孔径分布

　　聚合物多孔吸附材料由于吸附速率快和吸附容量高等优势受到研究者的高度关注。与活性炭和黏土矿物等传统吸附材料相比，该类吸附材料具有可控的孔结构、可调的表面功能基团、可设计的化学组成和较稳定的物化性质等优点，在重金属、染料和抗生素等多种污染物高效去除方面得到应用。在诸多多孔材料构筑方法中，以乳液/泡沫模板法为代表的软模板技术在构筑多孔材料方面取得了长足进展。上述系列研究工作不仅对进一步扩展乳液/泡沫模板法在多孔吸附材料的研究方面具有重要的科学意义，而且可为新型绿色污染物吸附材料的研制和应用提供有益的实际指导，也为分子水平上设计和开发新型多孔吸附材料提供依据。

参 考 文 献

[1] Afkhami A, Saber-Tehrani M, Bagheri H. Modified maghemite nanoparticles as an efficient adsorbent for removing some cationic dyes from aqueous solution. Desalination, 2010, 263: 240-248.

[2] Repo E, Warchoł J K, Bhatnagar A, et al. Aminopolycarboxylic acid functionalized adsorbents for heavy metals removal from water. Water Res, 2013, 47: 4812-4832.

[3] Nguyen T A H, Ngo H H, Guo W S, et al. Applicability of agricultural waste and by-products for

adsorptive removal of heavy metals from wastewater. Bioresour Technol, 2013, 148: 574-585.

[4] Ngah W S W, Teong L C, Hanafiah M. Adsorption of dyes and heavy metal ions by chitosan composites: A review. Carbohyd Polym, 2011, 83: 1446-1456.

[5] Guo X, Yang Z, Dong H, et al. Simple combination of oxidants with zero-valent-iron (ZVI) achieved very rapid and highly efficient removal of heavy metals from water. Water Res, 2016, 88: 671-680.

[6] Lu T, Xiang T, Huang X L, et al. Post-crosslinking towards stimuli-responsive sodium alginate beads for the removal of dye and heavy metals. Carbohyd Polym, 2015, 133: 587-595.

[7] Du Z, Deng S, Bei Y, et al. Adsorption behavior and mechanism of perfluorinated compounds on various adsorbents: A review. J Hazard Mater, 2014, 274: 443-454.

[8] López-Muñoz M J, Arencibia A, Cerro L, et al. Adsorption of Hg (II) from aqueous solutions using TiO$_2$ and titanate nanotube adsorbents. Appl Surf Sci, 2016, 367: 91-100.

[9] Jaćkowska M, Bocian S, Gawdzik B, et al. Influence of chemical modification on the porous structure of polymeric adsorbents. Mater Chem Phys, 2011, 130: 644-650.

[10] Ortiz D G, Pochat-Bohatier A, Cambedouzou J, et al. Current trends in Pickering emulsions: Particle morphology and applications. Engineering, 2020, 6(4): 468-482.

[11] Zhu Y F, Wang W B, Yu H, et al. Preparation of porous adsorbent via Pickering emulsion template for water treatment: A review. J Environ Sci, 2019, 88: 217-236.

[12] Calabrese V, Courtenay J C, Edler Karen J, et al. Pickering emulsions stabilized by naturally derived or biodegradable particles. Curr Opin Green Sustain Chem, 2018, 12: 83-90.

[13] Vassaux S, Savary G, Le Pluart L, et al. On the key role of process parameters to control stability and properties of Pickering emulsions stabilized by montmorillonite. Colloid Surface A, 2019, 583: 123952.

[14] 王爱勤, 王文波, 郑易安, 等. 凹凸棒石棒晶束解离及其纳米功能复合材料. 北京: 科学出版社, 2014: 128-178.

[15] Nallamilli T, Basavaraj M G. Synergistic stabilization of Pickering emulsions by *in situ* modification of kaolinite with non ionic surfactant. Appl Clay Sci, 2017, 148: 68-76.

[16] Ryoo R, Joo S H, Kruk M, et al. Ordered mesoporous carbons. Adv Mater, 2001, 13(9): 677-681.

[17] Ma T Y, Liu L, Yuan Z Y. Direct synthesis of ordered mesoporous carbons. Chem Soc Rev, 2013, 42(9): 3977-4003.

[18] Lissant K J. The geometry of high-internal-phase-ratio emulsions. J Colloid Interface Sci, 1966, 22(5): 462-468.

[19] Huš S, Kolar M, Krajnc P. Separation of heavy metals from water by functionalized glycidyl methacrylate poly (high internal phase emulsions). J Chromatogr A, 2016, 1437: 168-175.

[20] Viswanathan P, Johnson D W, Hurley C, et al. 3D Surface functionalization of emulsion-templated polymeric foams. Macromolecules, 2014, 47(20): 7091-7098.

[21] Bernice L Z, Bismarck A, Chan-Park M B. High internal phase emulsion templating with self-emulsifying and thermoresponsive chitosan-graft-PNIPAM-graft-oligoproline. Biomacromolecules, 2014, 15(5): 1777-1787.

[22] Zhu Y, Wang W, Zheng Y, et al. Rapid enrichment of rare-earth metals by carboxymethyl cellulose-based open-cellular hydrogel adsorbent from HIPEs template. Carbohyd Polym, 2016, 140, 51-58.

[23] Ma L, Luo X, Cai N, et al. Facile fabrication of hierarchical porous resins via high internal phase emulsion and polymeric porogen. Appl Surf Sci, 2014, 305: 186-193.

[24] Aveyard R, Binks B P, Clint J H. Emulsions stabilised solely by colloidal particles. Adv Colloid Interface Sci, 2003, 100: 503-546.

[25] Binks B P. Particles as surfactants-similarities and differences. Curr Opin Colloid Interface Sci, 2002, 7(1): 21-41.

[26] Frelichowska J, Bolzinger M A, Pelletier J, et al. Topical delivery of lipophilic drugs from O/W Pickering emulsions. Int J Pharm, 2009, 371: 56-63.

[27] Tang J, Quinlan P J, Tam K C, et al. Stimuli-responsive Pickering emulsions: Recent advances and potential applications. Soft Matter, 2015, 11: 3512-3529.

[28] Chevalier Y, Bolzinger M. Emulsions stabilized with solid nanoparticles: Pickering emulsions. Colloids Surf A, 2013, 439: 23-34.

[29] Frelichowska J, Bolzinger M A, Valour J P, et al. Pickering W/O emulsions: Drug release and topical delivery. Int J Pharmaceut, 2009, 368: 7-15.

[30] Li J, Hughes A D, Kalantar T H, et al. Pickering-emulsion-templated encapsulation of a hydrophilic amine and its enhanced stability using poly(allylamine). ACS Macro Lett, 2014, 3: 976-980.

[31] Ling E, Low, Teng-Hern L, et al. Magnetic cellulose nanocrystal stabilized Pickering emulsions for enhanced bioactive release and human colon cancer therapy. Int J Biol Macromol, 2019, 127: 76-84.

[32] Marto J, Gouveia L, Jorge I M, et al. Starch-based Pickering emulsions for topical drug delivery: A QbD approach. Colloids Surf B, 2015, 135: 183-192.

[33] Marku D, Wahlgren M, Rayner M, et al. Characterization of starch Pickering emulsions for potential applications in topical formulations. Int J Pharm, 2012, 428: 1-7.

[34] Marto J, Ascenso A, Simoes S, et al. Pickering emulsions: Challenges and opportunities in topical delivery. Int J Pharm, 2016, 13: 1093-1107.

[35] Rayner M, Marku D, Eriksson M, et al. Biomass-based particles for the formulation of Pickering type emulsions in food and topical applications. Colloids Surf A, 2014, 458: 48-62.

[36] Sharma T, Velmurugan N, Patel P, et al. Use of oil-in-water Pickering emulsion stabilized by nanoparticles in combination with polymer flood for enhanced oil recovery. Petrol Sci Technol, 2015, 33: 1595-1604.

[37] Shah B R, Li Y, Jin W P, et al. Preparation and optimization of Pickering emulsion stabilized by chitosan-tripolyphosphate nanoparticles for curcumin encapsulation. Food Hydrocoll, 2016, 52: 369-377.

[38] Ikem V O, Menner A, Horozov T S, et al. Highly permeable macroporous polymers synthesized from Pickering medium and high internal phase emulsion templates. Adv Mater, 2010, 22(32): 3588-3592.

[39] Yu S, Tan H, Wang J, et al. High porosity supermacroporous polystyrene materials with excellent oil-water separation and gas permeability properties. ACS Appl Mater Inter, 2015, 7(12): 6745-6753.

[40] Binks B, Lumsdon S. Pickering emulsions stabilized by monodisperse latex particles: Effects of particle size. Langmuir, 2001, 17(15): 4540-4547.

[41] Gautier F, Destribats M, Perrier-Cornet R, et al. Pickering emulsions with stimulable particles: From highly-to weakly-covered interfaces. Phys Chem Chem Phys, 2007, 9(48): 6455-6462.

[42] Yang P, Mykhaylyk O O, Jones E R, et al. Dispersion alternating copolymerization of styrene with N-phenylmaleimide: Morphology control and application as an aqueous foam stabilizer. Macromolecules, 2016, 49(18): 6731-6742.

[43] Tiwari R, Hönders D, Schipmann S, et al. A versatile synthesis platform to prepare uniform, highly functional microgels via click-type functionalization of latex particles. Macromolecules, 2014, 47(7): 2257-2267.

[44] Zhu Y, Zhang R, Zhang S, et al. Macroporous polymers with aligned microporous walls from Pickering high internal phase emulsions. Langmuir, 2016, 32(24): 6083-6068.

[45] Ma H, Dai L L. Synthesis of polystyrene-silica composite particles via one-step nanoparticle-stabilized emulsion polymerization. J Colloid Interf Sci, 2009, 333(2): 807-811.

[46] Xu F, Fang Z, Yang D, et al. Water in oil emulsion stabilized by tadpole-like single chain polymer

nanoparticles and its application in biphase reaction. ACS Appl Mater Inter, 2014, 6(9): 6717-6723.

[47] Tu S, Zhu C, Zhang L, et al. Pore structure of macroporous polymers using polystyrene/silica composite particles as Pickering stabilizers. Langmuir, 2016, 32(49): 13159-13166.

[48] Liu M, Chen X, Yang Z, et al. Tunable Pickering emulsions with environmentally responsive hairy silica nanoparticles. ACS Appl Mater Inter, 2016, 8(47): 32250-32258.

[49] Shan Y, Yu C, Yang J, et al. Thermodynamically stable Pickering emulsion configured with carbon-nanotube-bridged nanosheet-shaped layered double hydroxide for selective oxidation of benzyl alcohol. ACS Appl Mater Inter, 2015, 7(22): 12203-12209.

[50] Sullivan A P, Kilpatrick P K. The effects of inorganic solid particles on water and crude oil emulsion stability. Ind Eng Chem Res, 2002, 41(14): 3389-3404.

[51] McCoy T M, Pottage M J, Tabor R F. Graphene oxide-stabilized oil-in-water emulsions: pH-controlled dispersion and flocculation. J Phys Chem C, 2014, 118(8): 4529-4535.

[52] Li K, Dugas P Y, Lansalot M, et al. Surfactant-free emulsion polymerization stabilized by ultrasmall superparamagnetic iron oxide particles using acrylic acid or methacrylic acid as auxiliary comonomers. Macromolecules, 2016, 49(20): 7609-7624.

[53] Wang Y, Jiang X, Yang L, et al. *In situ* synthesis of C/Cu/ZnO porous hybrids as anode materials for lithium ion batteries. ACS Appl Mater Inter, 2014, 6(3): 1525-1532.

[54] Yoon K Y, Son H A, Choi S K, et al. Core flooding of complex nanoscale colloidal dispersions for enhanced oil recovery by *in situ* formation of stable oil-in-water Pickering emulsions. Energ Fuel, 2016, 30(4): 2628-2635.

[55] Weston J S, Jentoft R E, Grady B P, et al. Silica nanoparticle wettability: Characterization and effects on the emulsion properties. Ind Eng Chem Res, 2015, 54(16): 4274-4284.

[56] Pan J, Qu Q, Cao J, et al. Molecularly imprinted polymer foams with well-defined open-cell structure derived from Pickering HIPEs and their enhanced recognition of λ-cyhalothrin. Chem Eng J, 2014, 253: 138-147.

[57] Pan J, Li L, Hang H, et al. Fabrication and evaluation of magnetic/hollow double-shelled imprinted sorbents formed by Pickering emulsion polymerization. Langmuir, 2013, 29(25): 8170-8178.

[58] Brunier B, Sheibat-Othman N, Chniguir M, et al. Investigation of four different laponite clays as stabilizers in Pickering emulsion polymerization. Langmuir, 2016, 32(24): 6046-6057.

[59] Brunier B, Sheibat-Othman N, Chevalier Y, et al. Partitioning of laponite clay platelets in Pickering emulsion polymerization. Langmuir, 2016, 32(1): 112-124.

[60] Lu J, Tian X, Jin Y, et al. A pH responsive Pickering emulsion stabilized by fibrous palygorskite particles. Appl Clay Sci, 2014, 102: 113-120.

[61] Machado J E, Rilton R D, Wypych F. Layered clay minerals, synthetic layered double hydroxides and hydroxide salts applied as Pickering emulsifiers. Appl Clay Sci, 2019, 1691: 10-20.

[62] Yang Z, Wang W, Wang G, et al. Optimization of low-energy Pickering nanoemulsion stabilized with montmorillonite and nonionic surfactants. Colloids Surf A, 2020, 585: 124098.

[63] Hou D, Hu S, Huang Y, et al. Preparation and *in vitro* study of lipid nanoparticles encapsulating drug loaded montmorillonite for ocular delivery. Appl Clay Sci, 2016, 119: 277-283.

[64] Cantarel V, Lambertin D, Poulesquen A, et al. Geopolymer assembly by emulsion templating: Emulsion stability and hardening mechanisms. Ceram Int, 2018, 44: 10558-10568.

[65] Cui Y, Threlfall M, Van Duijneveldt J S. Optimizing organoclay stabilized Pickering emulsions. J Colloid Interface Sci, 2011, 356: 665-671.

[66] Torres L G, Iturbe R, Snowden M J, et al. Preparation of O/W emulsions stabilized by solid particles and

their characterization by oscillatory rheology. Colloids Surf A, 2007, 302: 439-448.

[67] Zhang W, Li M, Fan X, et al. Preparation and *in vitro* evaluation of hydrophobic-modified montmorillonite stabilized Pickering emulsion for overdose acetaminophen removal. Can J Chem Eng, 2018, 96: 11-19.

[68] Zhou D, Zhang Z, Tang J, et al. Effects of variables on the dispersion of cationic-anionic organomontmorillonites and characteristics of Pickering emulsion. RSC Adv, 2016, 6: 9678-9685.

[69] Sekine T, Yoshida K, Matsuzaki F, et al. A novel method for preparing oil-in-water-in-oil type multiple emulsions using organophilic montmorillonite clay mineral. J Surfactant Deterg, 1999, 2: 309-315.

[70] Marras S I, Tsimpliaraki A, Zuburtikudis I, et al. Thermal and colloidal behavior of amine-treated clays: The role of amphiphilic organic cation concentration. J Colloid Interface Sci, 2007, 315(2): 520-527.

[71] Lagaly G, Weiss A. Determination of the layer charge in mica type layer silicates. Proc 3rd Intern Clay Conf, Tokyo, 1969, 7: 61-80.

[72] de Paiva L, B, Morales A R, Díaz F R V. Organoclays: Properties, preparation and applications. Appl Clay Sci, 2008, 42(1): 8-24.

[73] Lagaly G. Characterization of clays by organic compounds. Clay Miner Clay Miner, 1981, 16(1): 1.

[74] Lagaly G. Interaction of alkylamines with different types of layered compounds. Solid State Ionics, 1986, 22(1): 43-51.

[75] Bergaya F, Theng B K G, Lagaly G. Handbook of Clay Science. Amsterdam: Elsevier, 2006.

[76] Yu W H, Qian Q R, Dong S D, et al. Clean production of CTAB-montmorillonite: Formation mechanism and swelling behavior in xylene. Appl Clay Sci, 2014, 97-98(8): 222-234.

[77] Dong J, Worthen A J, Foster L M, et al. Modified montmorillonite clay microparticles for stable oil-in-seawater emulsions. ACS Appl Mater Inter, 2014, 6(14), 11502-11513.

[78] Whitby C P, Anwar H K, Hughes J. Destabilising Pickering emulsions by drop flocculation and adhesion. Colloid Interface Sci, 2016, 465: 158-164.

[79] Yu D, Lin Z, Li Y. Octadecenylsuccinic anhydride pickering emulsion stabilized by γ-methacryloxy propyl trimethoxysilane grafted montmorillonite. Colloid Surf A, 2013, 422: 100-109.

[80] Gu G, Zhang L, Wu X A, et al. Isolation and characterization of interfacial materials in bitumen emulsions. Energy Fuels, 2006, 20(2): 673-681.

[81] Jiang T, Hirasaki G J, Miller C A, et al. Effects of clay wettability and process variables on separation of diluted bitumen emulsion. Energy Fuels, 2011, 25(2): 545-554.

[82] Jiang T, Hirasaki G J, Miller C A, et al. Wettability alteration of clay in solid-stabilized emulsions. Energy Fuels, 2011, 25(6): 2551-2558.

[83] Rao F, Liu Q. Froth treatment in athabasca oil sands bitumen recovery process: A review. Energy Fuels, 2013, 27(12): 7199-7207.

[84] Hadabi I A, Sasaki K, Sugai Y. Effect of kaolinite on water-in-oil emulsion formed by steam injection during tertiary oil recovery: A case study of an omani heavy oil sandstone reservoir with a high kaolinite sludge content. Energy Fuels, 2016, 30(12): 10917-10924.

[85] Tan S Y, Tabor R F, Ong L, et al. Nano-mechanical properties of clay-armoured emulsion droplets. Soft Matter, 2012, 8(11): 3112-3121.

[86] Cai X, Li C, Tang Q, et al. Assembling kaolinite nanotube at water/oil interface for enhancing Pickering emulsion stability. Appl Clay Sci, 2019, 172: 115-122.

[87] Brady P V, Cygan R T, Nagy K L. Molecular controls on kaolinite surface charge. Colloid Interface Sci, 1996, 183(2): 356-364.

[88] Hirsemann D, Shylesh S, R A De Souza, et al. Large-scale, low-cost fabrication of Janus-type emulsifiers by selective decoration of natural kaolinite platelets. Angew Chem Int Edit, 2012, 51(6): 1348-1352.

[89] Stephan W, Hirsemann D, Biersack B, et al. Hybrid Janus particles based on polymer-modified kaolinite. Polymer, 2013, 54(4): 1388-1396.

[90] Silva R D, Kuczera T, Picheth G, et al. Pickering emulsions formation using kaolinite and Brazil nut oil: Particle hydrophobicity and oil self emulsion effect. J Dispersion Sci Technol, 2018, 39(6): 901-910.

[91] 梁少彬, 戴璐逊, 谢襄漓, 等. 硅烷对高岭石表面选择性修饰制备乳液稳定剂的研究. 桂林理工大学学报, 2019, 39(2): 460-465.

[92] Liang S, Li C, Dai L, et al. Selective modification of kaolinite with vinyltrimethoxysilane for stabilization of Pickering emulsions. Appl Clay Sci, 2018, 161: 282-289.

[93] Weiss S, Hirsemann D, Biersack B, et al. Hybrid janus particles based on polymer-modified kaolinite. Polymer, 2013, 54(4): 1388-1396.

[94] Tawfeek A M, Dyab A, Al-Lohedan H A. Synergetic effect of reactive surfactants and clay particles on stabilization of nonaqueous oil-in-oil (o/o) emulsions. Dispers Sci Technol, 2014, 35(2): 265-272.

[95] Ashby N P, Binks B P. Pickering emulsions stabilised by laponite clay particles. Phys Chem Chem Phys, 2000 (2): 5640-5646.

[96] Garcia P C, Whitby C P. Laponite-stabilised oil-in-water emulsions: Viscoelasticity and thixotropy. Soft Matter, 2012, 8(5): 1609-1615.

[97] Pignon F, Magnin A, Piau J M. Thixotropic behavior of clay dispersions: Combinations of scattering and rheometric techniques. Rheol, 1998, 42(6): 1349-1373.

[98] Whitby C P, Garcia P C. Time-dependent rheology of clay particle-stabilised emulsions. Appl Clay Sci, 2014, 96: 56-59.

[99] Dungen E, Hartmann P C. Synergistic effect of Laponite RD and oil soluble surfactant in stabilization of miniemulsions. Appl Clay Sci, 2012, 55: 120-124.

[100] Zhang W, Liu W, Li H, et al. Improving stability and sizing performance of alkenylsuccinic anhydride (ASA) emulsion by using melamine-modified laponite particles as emulsion stabilizer. Ind Eng Chem Res, 2014, 53 (31): 12330-12338.

[101] Li W, Yu L, Liu G, et al. Oil-in-water emulsions stabilized by laponite particles modified with short-chain aliphatic amines. Colloids Surf A, 2012, 400: 44-51.

[102] Wang J, Liu G, Wang L, et al. Synergistic stabilization of emulsions by poly(oxypropylene)diamine and laponite particles. Colloids Surf A, 2010, 353(2-3): 117-124.

[103] Reger M, Sekine T, Okamoto T, et al. Pickering emulsions stabilized by novel clay-hydrophobin synergism. Soft Matter, 2011, 7(22): 11021-11030.

[104] Joussein E, Petit S, Churchman J, et al. Halloysite clay minerals: A review. Clay Miner, 2005, 40(4): 383-426.

[105] Chao C, Zhang B, Zhai R, et al. Natural nanotube-based biomimetic porous microspheres for significantly enhanced biomolecule immobilization. ACS Sustain Chem Eng, 2013, 2(3): 396-403.

[106] Lvov Y M, Shchukin D G, Mohwald H, et al. Halloysite clay nanotubes for controlled release of protective agents. ACS Nano, 2008, 2: 814-20.

[107] Kpogbemabou D, Lecomte-Nana G, Aimable A, et al. Oil-in-water Pickering emulsions stabilized by phyllosilicates at high solid content. Colloids Surf A, 2014, 463: 85-92.

[108] Cavallaro G, Lazzara G, Milioto S, et al. Hydrophobically modified halloysite nanotubes as reverse micelles for water-in-oil emulsion. Langmuir, 2015, 31(27): 7472-7478.

[109] Bian W, Lu X, Wang X, et al. Construction of sulfonate- functionalized micro/nano hybrid absorbent for Li$^+$ ions separation using Pickering high internal phase emulsions template. Appl Clay Sci, 190, 5591.

[110] Nyankson E, Olasehinde O, John V T, et al. Surfactant-loaded halloysite clay nanotube dispersants for

crude oil spill remediation. Ind Eng Chem Res, 2015, 54: 9328-9341.

[111] Sadeh P, Najafipour I, Gholami M. Adsorption kinetics of halloysite nanotube and modified halloysite at the Palm oil-water interface and Pickering emulsion stabilized by halloysite nanotube and modified halloysite nanotube. Colloids Surf A, 2019, 577 (9) 231-239.

[112] Yin Y, Pan J, Cao J, et al. Rationally designed hybrid molecularly imprinted polymer foam for highly efficient λ-cyhalothrin recognition and uptake via twice imprinting strategy. Chem Eng J, 2016, 286: 485-496.

[113] Hou Y, Jiang J, Li K, et al. Grafting amphiphilic brushes onto halloysite nanotubes via a living raft polymerization and their Pickering emulsification behavior. J Phys Chem B, 2014, 118(7) 1962-1967.

[114] Zhang L, Li Z B, Wang L, et al. High temperature stable W/O emulsions prepared with *in-situ* hydrophobically modified rodlike sepiolite. J Colloid Interface Sci, 2017, 493: 378-384.

[115] Wang A. Wang W. Nanomaterials from Clay Minerals. Amsterdam: Elsevier, 2019.

[116] Mahmoud A, Hoadley A F. An evaluation of a hybrid ion exchange electrodialysis process in the recovery of heavy metals from simulated dilute industrial wastewater. Water Res, 2012, 46(10): 3364-3376.

[117] 陈浩, 张晓优, 徐樟浩, 等. 凹凸棒颗粒稳定的 Pickering 乳状液的制备条件及形成机理研究. 非金属矿, 2013, 36(3): 13-17.

[118] Wani T A, Masoodi F A, Gani A, et al. Olive oil and its principal bioactive compound: Hydroxytyrosol—A review of the recent literature. Trends Food Sci Technol, 2018, 77: 77-90.

[119] Han C, Li Y, Wang W, Hou Y, et al. Dual-functional Ag₃PO₄@palygorskite composite for efficient photodegradation of alkane by *in situ* forming Pickering emulsion photocatalytic system. Sci Total Environ, 2020, 704: 135356.

[120] Han W, Piao S, Choi H J. Synthesis and electrorheological characteristics of polyaniline@attapulgite nanoparticles via Pickering emulsion polymerization. Mater Lett, 2017, 204: 42-44.

[121] Cauvin S, Colver P J, Bon S A F. Pickering stabilized miniemulsion polymerization: Preparation of clay armored latexes. Macromolecules, 2005, 38: 7887-7889.

[122] Voorn D J, Ming W H, Van Herk A M. Polymer-clay nanocomposite latex particles by inverse Pickering emulsion polymerization stabilized with hydrophobic montmorillonite platelets. Macromolecules, 2006, 39: 2137-2143.

[123] Kpogbemabou D, Lecomte-Nana G Aimable A, et al. Oil-in-water Pickering emulsions stabilized by phyllosilicates at high solid content. Colloids Surf A, 2014, 463: 85-92.

[124] Wang F, Zhu Y F, Wang W B, et al. Fabrication of CMC-g-PAM superporous polymer monoliths via eco-friendly Pickering-MIPEs for superior adsorption of methyl violet and methylene blue. Front Chem, 2017, 5: 33.

[125] Shen T, Gao M. Gemini surfactant modified organo-clays for removal of organic pollutants from water: A review. Chem Eng J, 2019, 375: 121910.

[126] Chen D F, Wang A Q, Li Y M, et al. Biosurfactant-modified palygorskite clay as solid-stabilizers for effective oil spill dispersion. Chemosphere, 2019, 226: 1-7.

[127] Li D, Shen M, Sun G et al. Facile immobilization of lipase based on Pickering emulsion via a synergistic stabilization by palygorskite-enzyme. Clay Miner, 2019, 54(3): 293-298.

[128] 逯桃桃. 乳液模板法可控构筑环保型多孔吸附剂及其性能研究. 北京: 中国科学院大学, 2019.

[129] Gao D, Zhang Y H, Bin L, et al. Nanocomposite based on poly(acrylic acid) / attapulgite towards flame retardant of cotton fabrics. Carbohydr Polym, 2019, 206(15): 245-253.

[130] Jiang, L, He C, Fu J, et al. Serviceability analysis of wood-plastic composites impregnated with

paraffin-based Pickering emulsions in simulated sea water-acid rain conditions. Polym Test, 2018, 70: 73-80.

[131] 张芳芳, 全丽娜, 陈浩, 等. 利用有机化凹凸棒石颗粒制备 W/O 型 Pickering 乳液. 日用化学工业, 2014, 44(10): 541-545.

[132] Zhu W, Ma W, Li C, et al. Well-designed multihollow magnetic imprinted microspheres based on cellulose nanocrystals (CNCs) stabilized Pickering double emulsion polymerization for selective adsorption of bifenthrin. Chem Eng J, 2015, 276(15): 249-260.

[133] Lu J, Zhou W, Chen J, et al. Pickering emulsions stabilized by palygorskite particles grafted with pH-responsive polymer brushes. RSC Adv, 2015, 5(13): 9416-9424.

[134] Zhu Y Zhang H F, Wang W B, et al. Fabrication of a magnetic porous hydrogel sphere for efficient enrichment of Rb^+ and Cs^+ from aqueous solution. Chem Eng Res Des, 2017, 125: 214-225.

[135] Wang F, Zhu Y, Wang A. Preparation of carboxymethyl cellulose-*g*-poly(acrylamide)/ attapulgite porous monolith with an eco-friendly Pickering-MIPE template for Ce(Ⅲ) and Gd(Ⅲ) adsorption. Front Chem, 2020, 8: 398.

[136] Lu T, Zhu Y, Wang W, et al. Controllable fabrication of hierarchically porous adsorbent via natural particles stabilized Pickering medium internal phase emulsion for high-efficiency removal of Rb^+ and Cs^+. J Clean Prod, 2020, 277: 124092.

[137] Zheng X, Zhang Y, Wang H, et al. Interconnected macroporous polymers synthesized from silica particle stabilized high internal phase emulsions. Macromolecules, 2014, 47(19): 6847-6855.

[138] Ikem V O, Menner A, Bismarck A. High internal phase emulsions stabilized solely by functionalized silica particles. Angew Chem Int Edit, 2008, 47(43): 8277-8279.

[139] Horozov T S. Foams and foam films stabilised by solid particles. Curr Opin Colloid Interface Sci, 2008, 13 (3): 134-140.

[140] Yan Y. Masliyah J H. Solids-stabilized oil-in-water emulsions: Scavenging of emulsion droplets by fresh oil addition. Colloid Surf A: Physicochem Eng Asp, 1993, 75: 123-132.

[141] Omidian H, Rocca J G, Park K. Advances in superporous hydrogels. J Controlled Release, 2005, 102: 3-12.

[142] Gurikov P, Subrahmanyam R P, Weinrich D, et al. A novel approach to alginate aerogels: Carbon dioxide induced gelation. RSC Adv, 2014, 5(11): 7812-7818.

[143] Tian G, Wang W, Kang Y, et al. Ammonium sulfide-assisted hydrothermal activation of palygorskite for enhanced adsorption of methyl violet. J Environ Sci, 2016, 41: 33-43.

[144] Zheng Z, Zheng X, Wang H, et al. Macroporous graphene oxide-polymer composite prepared through Pickering high internal phase emulsions. ACS Appl Mater Inter, 2013, 5(16): 7974-7982.

第8章 凹凸棒石基炭复合材料

8.1 引 言

由于独特的结构、优异的理化性能和丰富的微观形貌，各种合成炭材料包括碳量子点、碳纳米管、碳纤维、石墨烯、石墨炔、炭黑、活性炭和生物炭等，被成功应用于机械、电子、能源、化工、生物医学和环境等众多领域[1-4]。黏土矿物是细分散的晶质和非晶质含水层状硅酸盐或铝硅酸盐矿物的总称，基本结构单元是硅氧四面体[SiO$_4$]和铝氧八面体[AlO$_6$][5,6]。根据硅氧四面体层和铝氧八面体层的排列组装方式，黏土矿物可以分为1∶1型层状(高岭石、埃洛石、蛇纹石等)、2∶1型层状(蒙脱石、蛭石、伊利石等)、2∶1型层链状(凹凸棒石和海泡石)和2∶1∶1型层状(绿泥石)等，主要形貌包括一维棒状、纤维状、纳米管状和二维片状[7,8]。天然黏土矿物组成、结构、形貌、电荷、表面性质和层间微环境存在显著差异，赋予其独特的应用性能[9,10]。此外，黏土矿物具有成本低、资源储量丰富、比表面积高和离子交换容量大等天然优势，是构筑各种功能纳米材料的理想基体材料[11-13]。其中引入不同炭材料构筑功能复合材料可以拓展黏土矿物在电化学储能、传感和环境修复等方面的应用[14,15]。

近年来，黏土矿物基炭复合材料受到越来越多的关注。例如，将多壁碳纳米管分散在蒙脱石或海泡石浆液中，基于空间位阻稳定机制制备蒙脱石/碳纳米管复合材料[16]和海泡石/碳纳米管复合材料[17]，避免了常规表面活性剂的使用或氧化处理过程对碳纳米管外壁的损伤。Tsoufis 等采用季铵盐对蒙脱石进行有机化插层改性，然后将含有富勒烯的有机溶剂分子沿富勒烯分子转移进入蒙脱石层间，通过离子交换反应或热处理选择性去除表面活性剂分子，可制得富勒烯柱撑蒙脱石纳米复合材料[18]。Yadav 等通过高岭石和碳纳米管表面官能团之间的化学反应制备了高岭石/碳纳米管纳米复合材料[19]。此外，化学气相沉积[20,21]、水热炭化[22]和高温热解[23,24]等方法也被用于制备具有不同结构和性能的黏土矿物基炭纳米复合材料。

凹凸棒石是一种2∶1型层链状含水富镁铝硅酸盐黏土矿物[25]。由于集一维纳米棒晶(直径为 20～70 nm，长度为 0.5～5.0 μm)、沸石状规整孔道(0.37 nm × 0.64 nm)、永久负电荷和表面活性硅/铝羟基于一体，凹凸棒石已在食用油脱色、环境污染治理、饲料添加剂和生物医学等领域得到广泛应用[26,27]。但凹凸棒石吸附色素和染料等有机物后，由于凹凸棒石与有机物分子之间的静电作用、氢键、π-π 堆积等吸附作用较强，传统的脱附解吸技术效率较低，难以实现被吸附有机分子的有效脱附，长期大量堆存和掩埋处理具有潜在的环境安全隐患[28]。因此，探索绿色可持续资源化利用途径已势在必行。以凹凸棒石吸附的有机物为碳源，通过热解技术将此类废弃吸附剂中有机物转变为炭材料构筑凹凸棒石基炭复合材料是最佳途径之一[29,30]。此外，也可直接引入不同类型炭材料[31,32]或有机物前驱体同步炭化[33,34]构筑凹凸棒石基炭复合材料。为此，本章重点以凹凸棒石吸附的小分子有机物和高分子化合物，或者引入小分子有机物、高分子化合物和生物质废弃物等有机质为碳源，采用不同方法制备凹凸棒石基炭复合材料，考察制得复合材料在有机污染物和重金属离子吸附去除方面的功能应用，以期为凹凸棒石基炭复合材料的可控设计和功能应用提供技术支撑。

8.2　小分子有机物为碳源

8.2.1　直链有机物

化学气相沉积(chemical vapor deposition，CVD)是利用含有薄膜元素的一种或几种气相化合物或单质在衬底表面上进行化学反应生成薄膜的方法[35]，这是最早通过化学反应和/或分解挥发性前驱体在黏土矿物表面控制生长炭材料的方法之一[36-38]。程继鹏等利用CVD法在天然凹凸棒石表面生长碳纳米管[39]。研究表明有机钛酸酯改性后的凹凸棒石可以直接在高温下催化裂解乙炔合成多壁碳纳米管。这主要归因于有机钛酸酯分子的高温分解产物(CO 和 H_2)，将存在于凹凸棒石中的铁元素还原并使其从孔道中扩散出来，作为金属催化剂活性位点促进碳纳米管生长(图 8-1)。在制备过程中，碳纳米管的产率与反应温度有关，提高反应温度有利于碳纳米管的形成。当温度升高到 800℃时，凹凸棒石的结构发生变化，破坏了凹凸棒石催化剂的孔道结构，从而导致碳纳米管的产率降低。该法受制备技术缺陷和凹凸棒石纯度的影响，碳纳米管的产率较低。

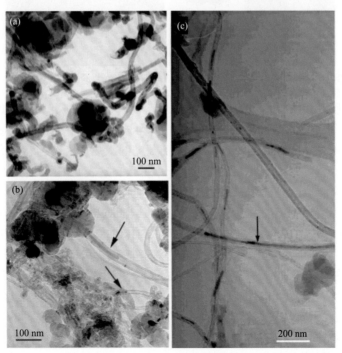

图 8-1　(a)700℃、(b)750℃和(c)800℃下采用 CVD 法在凹凸棒石表面生长碳纳米管的 TEM 照片[39]

　　水热炭化是指在亚临界水和自生压力为 2～10 MPa 的无氧环境下，将单糖和天然多糖等有机化合物转化为结构炭材料的化学过程，所得固体产物称为水热炭(hydrochar)[40,41]。在凹凸棒石存在下，引入小分子有机化合物，利用水热炭化过程可以制备凹凸棒石基炭复合材料[42,43]。Chen 等分别以凹凸棒石和葡萄糖为基体和碳源，通过 160℃水热反应制备凹凸棒石/水热炭复合材料[44]。在葡萄糖水热炭化过程中，引入凹凸棒石可以诱导葡萄糖水热炭化产物在其表面异相成核并均匀沉积，从而形成具有核壳结构的复合材料(图 8-2)。由于凹凸棒石表面和孔道被纳米碳质颗粒覆盖、填充或部分堵塞，制得的复合材料的比表面积减小，但基于表面丰富的羟基、羧基等官能团，制得的凹凸棒石/水热炭复合材料对 Cr^{6+} 和 Pb^{2+} 的吸附容量分别可达 177.74 mg/g 和 263.83 mg/g，明显高于凹凸棒石的吸附容量(Cr^{6+} 0.036 mg/g 和 Pb^{2+} 105.25 mg/g)。

图 8-2　凹凸棒石(a)SEM 和(b)TEM 照片以及凹凸棒石/水热炭复合材料(c)SEM 和(d)TEM 照片[44]

　　在水热炭化过程中，葡萄糖分子的水热炭化机制也是被研究关注的焦点。为了系统地探究 180℃下葡萄糖水热炭化反应过程及其动力学，He 等[45]通过比较研究 5-羟甲基糠醛(5-hydroxymethylfurfural，HMF)、果糖和葡萄糖的水热反应路径和动力学，发现中间体 HMF 的水热炭化产率与纯 HMF 的炭化产率一致，这表明 HMF 是生成水热炭最重要的中间体和唯一前驱体。在此基础上，比较研究葡萄糖和果糖水热炭化动力学，结果显示 28%的 HMF 由果糖转变而来，72%的 HMF 来自于葡萄糖。因此，葡萄糖水热炭化分为两个步骤：①通过葡萄糖或其异构体脱水生成 HMF；②通过水热反应将 HMF 转化为碳物质(图 8-3)。同时葡萄糖、果糖和 HMF 的降解遵循一级反应，水热炭的生成与 HMF 的转化呈线性关系。在水热反应初期没有形成可以收集的水热炭，该阶段称为成核阶段。在葡萄糖水热反应过程中也检测到重要的小分子酸中间体，如甲酸、乙酸和乙酰丙酸。其中甲酸和乙酸参与水热炭的形成过程，但乙酰丙酸浓度保持恒定，不参与该反应。在没有添加凹凸棒石时制得的水热炭呈球形，表面光滑且含有富氧官能团。

　　此外，吴雪平等[46]分别以木糖、果糖、蔗糖和纤维素为碳源，通过水热炭化技术制

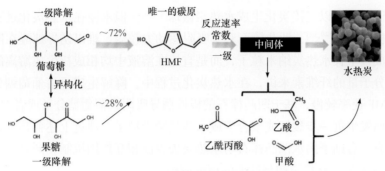

图 8-3　葡萄糖水热炭化的路径[45]

备凹凸棒石/水热炭复合材料，比较研究不同碳源制得水热炭与凹凸棒石作用机制及其复合材料对苯酚和亚甲基蓝的吸附效果。当凹凸棒石与木糖以不同质量比经 180℃ 水热反应 12 h 后，凹凸棒石棒状形貌表面光滑，没有负载水热炭纳米粒子，得到的产物中棒状形貌和微球共混存在。当以果糖和蔗糖为碳源时，发现凹凸棒石表面均匀负载许多纳米颗粒[图 8-4(d)和(e)]，但同时产物中伴生有 4～10 μm 微球[图 8-4(a)和(b)]。这种现象可能归因于果糖和蔗糖添加量相对于凹凸棒石是过量的，在凹凸棒石诱导异相成核的同时，发生了均相成核并生成游离的水热炭微球。与果糖和蔗糖相比，纤维素炭化温度较高(＞210℃)[47]，所以纤维素在 220℃ 下水热处理 48 h 后，可以发现粒径为 20～50 nm 水热炭纳米颗粒均匀负载于凹凸棒石表面[图 8-4(f)]，同时没有生成游离的水热炭微球[图 8-4(c)]。

图 8-4　(a)和(d)果糖、(b)和(e)蔗糖和(c)和(f)纤维素和凹凸棒石水热反应产物的 SEM 照片[46]

综上所述，有机物碳源种类不同，其水热炭化规律也不相同。在相同物料比前提下，果糖和蔗糖的水热炭化过程同时包括均相成核和异相成核，生成的水热炭担载于凹凸棒石棒晶表面，同时伴生有游离微球。这种现象除与反应物物料比相关外，可能与果糖和蔗糖的水热炭化产物的理化性质相关。在水热炭化过程中，果糖和蔗糖生成的可溶性碳源或者聚合前驱体 HMF 浓度较高，可溶性碳源或 HMF 在凹凸棒石表面活性位点上异相成核生长的同时，可以直接炭化生成水热炭微球[47,48]。但木糖在水热炭化过程中，脱水生成的糠醛极性较小[49,50]，凹凸棒石对其吸附驱动力较弱，难以诱导糠醛在凹凸棒石表面原位异相成核生长水热炭纳米粒子，而是直接在溶液中均相成核生成游离的水热炭微球。对于高分子量的纤维素来讲，在水热炭化过程中，降解生成可溶葡萄糖分子或者聚合前驱体 HMF 速率较慢，基于凹凸棒石的极性诱导吸附，葡萄糖分子或者 HMF 优先在凹凸棒石表面发生进一步裂解或聚合生成水热炭纳米粒子。通过上述葡萄糖分子水热炭化机制的研究，有助于揭示凹凸棒石与水热炭表界面相互作用机制，同时有望实现凹凸棒石/水热炭纳米复合材料结构与性能的精准调控。

与水热炭化技术相比，热解法更适用并易于在工业上应用。它通常是指在没有氧气或有限氧条件下，有机化合物热化学分解生成各种富碳固体产物[51]。Ma 等以柠檬酸为碳源，采用热解法制得粒径为 5 nm 的碳量子点，通过浸渍法将碳量子点均匀担载在凹凸棒石表面[52]。Zhong 等以酒石酸锑钾(K[SbO]C$_4$H$_6$O$_4$)为锑源和碳源、凹凸棒石为基体，联用浸渍和原位煅烧法制备锑纳米粒子和炭纳米片同时包覆的介孔凹凸棒石复合材料(Sb/APT/C)[图 8-5(a)][53]。在此制备过程中，首先采用 NaCl 和 HCl 处理凹凸棒石去除其八面体中 Mg^{2+}构筑介孔结构，然后在 K[SbO]C$_4$H$_6$O$_4$ 溶液中充分浸渍混合后加热干燥，促使配位化合物[SbO]$^+$和酒石酸根吸附在凹凸棒石表面和孔道内部并发生水解，最后将制得前驱体在 Ar 和 H$_2$ 气氛下 600℃加热还原制得 Sb/APT/C 纳米复合材料，同步实现在多孔凹凸棒石的内外表面担载粒径为 2～3 nm 的锑纳米粒子和炭纳米片[图 8-5(b)]。该研究为设计天然黏土矿物基新型功能纳米复合材料提供了一种新策略，制得复合材料可用于废水处理和生物医学。

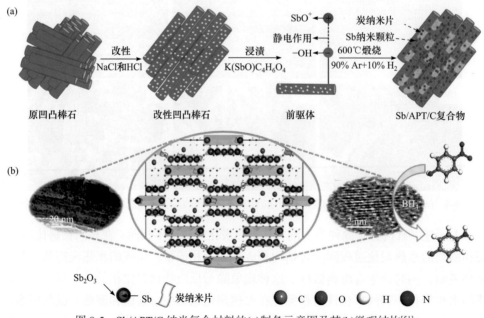

图 8-5　Sb/APT/C 纳米复合材料的(a)制备示意图及其(b)微观结构[51]

8.2.2 杂环有机物

石墨相氮化碳(g-C₃N₄)是一种新型非金属半导体聚合物材料,其结构中由 C 和 N 原子通过 sp² 杂化并以共价键连接形成具有高度离域的大π共轭体系,主要存在三嗪环(C_3N_4)或者三均三嗪环(C_6N_7)两种结构单元[54]。由于 g-C₃N₄ 具有独特的光学和电子特性,在催化、传感、成像和医学领域引起了广泛关注[54-56]。三聚氰胺和其他三嗪衍生物是制备聚合物 melon 或石墨相氮化碳(g-C₃N₄)的前驱体,Xu 等以凹凸棒石和三聚氰胺为原料,采用原位沉积方法在凹凸棒石表面引入 g-C₃N₄ 超薄膜制备了凹凸棒石/g-C₃N₄ 复合高效光催化剂[57]。由于制得的凹凸棒石/g-C₃N₄ 具有较高的比表面积、匹配的能带间隙以及 g-C₃N₄ 与凹凸棒石之间良好的协同效应,对甲基橙具有优异的光催化降解活性。当 g-C₃N₄ 与凹凸棒石质量比为 1:2 时,凹凸棒石/g-C₃N₄ 对甲基橙的降解率可达 96.06%。为了进一步提升凹凸棒石/g-C₃N₄ 对甲基橙的可见光降解速率,通过 Ag^+ 与 BH_4^- 氧化还原反应在凹凸棒石/g-C₃N₄ 表面原位担载银纳米粒子[57],基于 g-C₃N₄ 薄片较高的电子传递效率、Ag 纳米粒子较强的表面等离子体共振效应以及光生电子-空穴对高分离率,制得的复合材料在 20 min 之内对甲基橙的降解率可达 96.70%。

此外,Zhang 等首先采用离子束轰击(离子通量为 $5×10^{16}$ ions/cm²,能量为 20 keV)处理凹凸棒石制得具有高比表面积的凹凸棒石纳米网络,然后与三聚氰胺混合后经高温热解制备凹凸棒石/g-C₃N₄ 纳米复合材料[58]。比较离子束轰击处理前后凹凸棒石的 SEM 照片[图 8-6(a)和(b)],可以清楚地看到凹凸棒石纳米网络是由单个纳米棒晶通过彼此交联形成纳米网络结构,具有较高的比表面积(210 m²/g)[59]。如图 8-6(c)和(d)所示,单一的 g-C₃N₄ 和未经离子束轰击处理的凹凸棒石,制得的复合材料均呈现相互紧密堆积的层状结构。相比之下,在离子束处理凹凸棒石制得的纳米复合材料中,纳米片结构松散且堆叠较少[图 8-6(e)和(f)],g-C₃N₄ 均匀地分散在单独的凹凸棒石棒晶组成的纳米网络中[图 8-6(g)和(h)],从而具有多孔网络结构的凹凸棒石可以提供充足的接触面积吸附污染物,同时还可以与 g-C₃N₄ 纳米片接触。经 EDS 光谱分析,制得复合材料主要由 C、N、O、Si、Al 等元素组成,这与复合材料化学组成基本一致。

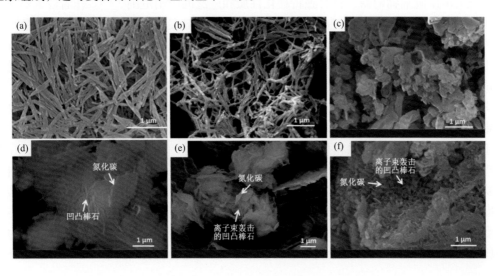

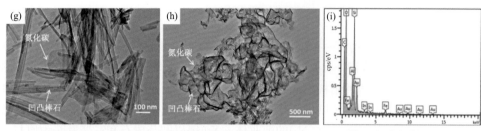

图 8-6　(a)凹凸棒石、(b)离子束轰击处理的凹凸棒石、(c)g-C₃N₄、(d)凹凸棒石复合材料、(e)和(f)离子束
处理凹凸棒石制得的复合材料的 SEM 照片，离子束处理凹凸棒石制得的
复合材料的(g)～(h)TEM 照片及(i)EDS 谱图[58]

8.3　有机高分子为碳源

有机高分子根据来源可以分为天然高分子(如来自于动植物体的蛋白质、纤维素和淀粉等)、合成高分子(如合成塑料、纤维和橡胶)和半合成高分子(如硫化橡胶、醋酸纤维素等)。不同的高分子具有许多独特的物理和化学性质，目前已在我们日常生活中得到了广泛应用[60-62]。由于天然高分子具有来源广泛、价格相对低廉、绿色环保等优势，也被广泛应用于凹凸棒石基炭复合材料的构筑及其应用。

8.3.1　天然高分子

常见的天然高分子及其衍生物按照化学结构一般可以分为八大类[63]，包括多糖、核酸、聚酰胺、聚酚、聚硫酯、无机聚酯、聚异戊二烯和有机聚氧酯，但用于制备凹凸棒石基炭复合材料的天然高分子主要是多糖类。常见的天然多糖根据来源不同可以分为植物源多糖(如淀粉、纤维素等)、藻类多糖(海藻酸钠、卡拉胶等)、动物源多糖(甲壳素、壳聚糖透明质酸等)和微生物源多糖(葡聚糖、黄原胶等)[64]。

淀粉(starch，St)是自然界中广泛存在的多糖之一，由葡萄糖分子聚合而成，基本构成单位为α-D-吡喃葡萄糖，具有独特理化性质和广泛的应用范围[65,66]。作者以天然淀粉为碳源，采用一步原位炭化法制备了凹凸棒石/炭(APT/C)复合材料并用于棕榈油脱色[67]。如图 8-7(a)所示，在淀粉与凹凸棒石组成前驱体的FTIR谱图中,位于2850 cm⁻¹和2925 cm⁻¹处出现了亚甲基的 C—H 伸缩振动吸收峰，表明淀粉分子被负载到凹凸棒石上[68]。随着煅烧温度的升高，位于此处的红外吸收带逐渐消失(>280℃)，这表明淀粉分子发生了热解炭化。在 1197 cm⁻¹、1088 cm⁻¹、1028 cm⁻¹、980 cm⁻¹处可以发现凹凸棒石的指纹吸收带[69,70]，但这些特征谱带随着煅烧温度的升高逐渐消失，尤其是高于 450℃。这主要归因于凹凸棒石结构水的脱除和孔道结构的坍塌[71]。同时，前驱体经 280℃煅烧后，在凹凸棒石棒晶表面可以明显发现炭纳米颗粒[图 8-7(b)]，这进一步证实了 APT/C 复合材料的成功制备，引入炭纳米颗粒也为提升毛棕榈油的脱色率增加了新的活性位点。随着煅烧温度的升高，凹凸棒石和 APT/C 复合材料对毛棕榈油的脱色能力先增强后降低。在不同温度煅烧制得的 APT/C 复合材料中，280℃煅烧制得的复合材料具有最佳的脱色能力。相比之下，凹凸棒石经 450℃煅烧后的脱色能力较强，这表明引入炭纳米颗粒可以明显降低凹凸棒石的活化温度，同时提升凹凸棒石脱色白土对毛棕榈油的脱色能力。

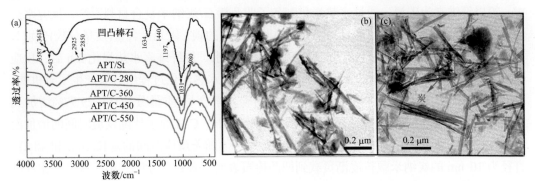

图 8-7　(a)凹凸棒石、前驱体和不同温度下制得 APT/C 复合吸附剂的 FTIR 谱图
以及(b)凹凸棒石和(c)APT/C-280 的 TEM 照片[67]

　　壳聚糖是资源量仅次于纤维素的天然氨基多糖，由自然界中广泛存在的甲壳素经过脱乙酰作用制得[72,73]。壳聚糖天然高分子具有生物功能性和相容性、安全性、微生物降解性等优良性能，已在各行各业广泛应用[74-76]。由于壳聚糖含有大量氨基和羟基，质子化带正电荷的壳聚糖与带负电荷的凹凸棒石之间通过静电相互作用，很容易将壳聚糖附着在凹凸棒石表面[77]。Tian 等以壳聚糖为碳源，通过原位炭化技术制备 APT/C 复合材料并用于毛棕榈油脱色[78]，考察了不同壳聚糖加入量和煅烧温度对制得复合材料脱色性能的影响。结果表明，当壳聚糖加入量为 3%(质量分数)、煅烧温度为 280℃时，制备的 APT/C 复合材料对毛棕榈油具有最佳的脱色性能。

　　Yan 等采用壳聚糖改性凹凸棒石，然后通过热解炭化制得氮掺杂炭改性凹凸棒石并用于差示脉冲阳极溶出伏安法检测 Pb^{2+}[79]，Pb^{2+} 在电极表面的沉积过程属于吸附控制。研究表明，涂覆氮掺杂炭改性凹凸棒石明显提高了玻碳电极的检测性能。当涂层碳含量为 31%时，检测响应行为最佳，界面阻抗最小。同时通过不同表征和电化学性能对比，发现氮掺杂炭不仅提高了凹凸棒石的电导率，而且增强了 Pb^{2+} 在电极表面的吸附性能，从而显著提高了氮掺杂炭改性凹凸棒石涂覆玻碳电极的灵敏度和检测限。

　　Zhou 等以壳聚糖为碳源，采用水热炭化一步法制得了凹凸棒石@炭化的壳聚糖复合吸附剂并用于吸附去除溶液中亚甲基蓝，其中凹凸棒石作为模板诱导壳聚糖在其棒晶表面发生脱水炭化并形成氨基功能化的碳质壳层[80]。由于表面富含胺基和羟基官能团，制得凹凸棒石@炭化的壳聚糖复合吸附剂对亚甲基蓝吸附容量最高可达 215.73 mg/g。此外，王诗生等也以壳聚糖为生物质碳源，采用一步水热炭化法对凹凸棒石表面进行有机修饰并用于水中 Cr^{6+} 的吸附去除[81]。根据元素分析、拉曼光谱、XPS 等分析表明，壳聚糖炭化后赋予凹凸棒石表面丰富的 C=O、C—OH、COOR 和—NH_2 等活性基团，在温度为298 K、308 K、318 K 和 328 K 时，制得复合材料对 Cr^{6+} 最大吸附容量分别可达 203.3 mg/g、232.6 mg/g、267.4 mg/g 和 322.6 mg/g。

　　纤维素是自然界中分布最广、含量最多的一种多糖[82]。纤维素作为地球上最丰富的天然聚合物材料，已广泛应用于电化学储能、食品包装、生物医学和环境等领域[83-86]。Wu 等以纤维素为碳源，通过水热炭化制备了凹凸棒石/炭纳米复合材料[87,88]，探究水热温度对产物结构的影响规律和反应机理。原凹凸棒石的碳、氢元素含量(质量分数)分别为1.48%和2.61%，这可能来自于凹凸棒石中有机物和水。待纤维素水热炭化 2 h 后，反应体系 pH 值降低、碳、氢元素含量增加，表明纤维素水热炭化过程中分解产生了有机酸。随着水热炭化时间增加至 48 h，固体残渣的碳元素含量(质量分数)由 29.97%增加到32.92%，氢元素含量(质量分数)由 5.44%减少到 3.38%，C/H 原子比随反应时间的增加而增加，这表明水热炭产物的缩合程度有所增加[89,90]。随着反应时间的延长(24 h 和 48 h)，直径为 10 nm 的炭纳米颗粒逐渐负载到凹凸棒石表面，颗粒尺寸明显小于水热炭化纤维素形成的碳微球(约为 2～10 μm)[89]，表明引入凹凸棒石有助于诱导纤维素水热炭化产物在凹凸棒石表面沉积和成核生长，水热炭产物的形貌和化学结构可以通过改变水热反应温度来调节[91]。图 8-8 为不同水热反应温度下凹凸棒石/炭纳米复合材料的 SEM 照片。在低温下(＜210℃)，没有发现有水热炭负载在凹凸棒石表面[图 8-8(a)和(b)]。当水热反应温度高于 210℃时，纤维素水热炭化为纳米炭颗粒并担载在凹凸棒石表面[图 8-8(c)～(h)]，这种现象可能与纤维素的形态和结晶度有关。

众所周知，由于纤维素分子排列方式的不同，主要结构包括结晶和非晶结构域，其中无定形部分比结晶部分反应性更强。当水在不同温度下渗透到纤维素的内部结构时，根据结晶度的不同，纤维素就会发生结晶到无定形的转变[92]。事实上，结晶纤维素只有

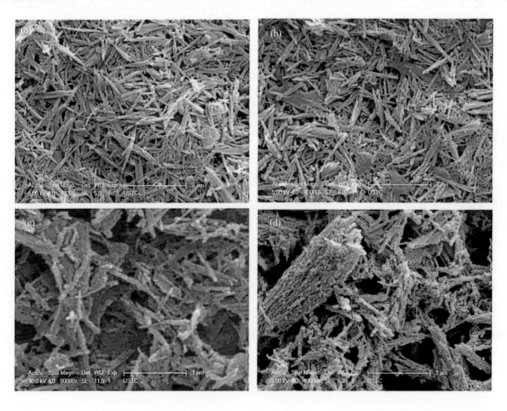

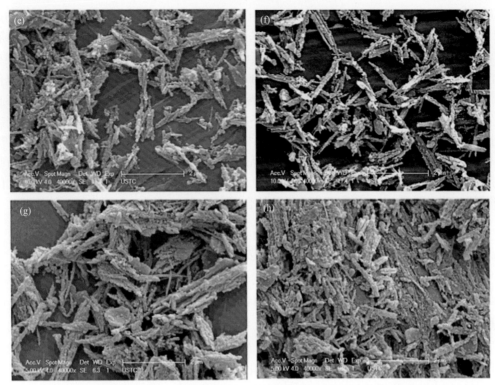

图 8-8　不同水热温度下处理凹凸棒石和纤维素 12 h 后所得产物的 SEM 照片[87]

(a)180℃、(b)200℃、(c)210℃、(d)220℃、(e)230℃、(f)240℃、(g)～(h)250℃

在超临界水中才会膨胀。此外，纤维素从结晶到非晶态的转变会导致快速反应形成低聚物，但未反应的纤维素结晶度几乎不受转化程度的影响。水解后 C_6 和 C_5 糖脱水分别生成 5-羟甲基糠醛和糠醛。这些富碳中间体连续聚合形成次级炭，而木质素可能通过固相反应转化形成初级炭。如果这两种炭均是通过水热炭化制得的，那么二者都称为水热炭，但化学结构却不尽相同[93]。Paksung 等[93]以微晶纤维素和α-纤维素为代表，在 180～240℃的水热处理过程中，考察纤维素的形态对其水解和炭化的影响行为。研究表明，当温度达到 200℃时，纤维素的无定形部分被水解，而结晶部分仍具有耐水性能，故微晶纤维素的成炭率较高。当温度超过 220℃时，结晶度的影响已经不明显，而微晶纤维素的热解程度降低。相比之下，α-纤维素甚至比微晶纤维素更容易被热解，这表明聚合度的影响在阻碍水对纤维素水解方面更为显著。

8.3.2　合成高分子

随着聚合技术的发展，不同合成高分子已应用于不同领域[94,95]，但合成高分子生产成本高，很少用于制备凹凸棒石/炭复合材料。刘信东等通过原位聚合法在凹凸棒石表面包覆不同含量的聚苯胺，再对其进行高温炭化处理，从而使凹凸棒石表面包覆的聚苯胺转化成氮掺杂炭层，最终得到以凹凸棒石为核、氮掺杂炭层为壳的核-壳型氮掺杂炭包覆的凹凸棒石纳米复合材料[96]。采用三电极体系测试电化学性能，当聚苯胺与凹凸棒石的质量比为 2.4，制得的复合材料具有最佳的电容性能。在 6 mol/L KOH 电解液中，当扫速为 20 mV/s 时比电容可达 161.9 F/g。在此基础上，将制得氮掺杂炭包覆的纳米凹凸棒石附着填充在泡沫镍骨架和网格内部以提升其电活性物质的负载率，然后通过水热过程在泡沫镍上生长 $NiCo_2O_4$ 纳米棒[97]。制得复合材料作为超级电容器电极表现出良好的电化学性能，在 1 mA/cm^2 电流密度下面积比电容可达 3.41 F/cm^2，远高于 $NiCo_2O_4$ 纳米棒直接生长在泡沫镍上(1.52 F/cm^2)。此外，陈冬梅等将有机树脂与凹凸棒石共混，在隔绝空气情况下低温煅烧得到一种炭材料改性凹凸棒石复合材料，并应用于含铬废水的处理[98]。当有机物与凹凸棒石之间的质量比 3∶1、样品煅烧温度 220℃、含铬废水处理量 1600 mL(吸附剂用量 1 g、溶液浓度 10 mg/L)、pH 值 1.5～2.5 时，该复合材料对含铬废水中 Cr^{6+} 的去除率达到 99.5%以上，处理后废水排放符合国家标准。

8.4　生物质废弃物为碳源

　　生物质是可再生资源，也是制备炭材料重要的前驱体，开发具有结构可控的高性能炭材料是目前该领域研究的热点之一[99,100]。据统计，我国每年要产生共计 10 亿吨的生物质，主要由农业秸秆、林木废材等组成。生物质废弃物若处理处置不当，会导致严重的环境污染[101]。热解是生物质废弃物资源化利用的重要技术之一[102]。通过无氧或者有限氧条件下进行生物质热解，可以得到可再生的生物油、无定形炭和一部分热解气。根据热解温度的不同，所得无定形炭分为生物炭(biochar)和活性炭[103,104]。其中，生物炭作为一种多功能材料备受青睐，由于具有低成本、多孔性、高环境稳定性、大比表面积以及富含活性基团等特点，其对环境污染物具有良好的吸附作用[105]。此外，生物炭施入土壤后不仅可以实现土壤固碳的目的，还具有调节土壤酸碱平衡、提高土壤畜肥能力、改善土壤微生态环境、提高农产品产量的作用[106]。因此，生物炭已在环境污染治理、土壤修复、固碳减排和电化学储能方面得到应用[107]。

8.4.1　农业废弃物

　　农业废弃物按照成分划分主要包括植物纤维性废弃物和畜禽粪便两大类。其中多数为农业生产和农产品加工产生的植物纤维性废弃物，如秸秆、稻壳和果皮等。Li 等通过热解马铃薯茎和凹凸棒石混合料制备凹凸棒石/生物炭复合材料，并用于水溶液中诺氟沙星的去除[108]。Wang 等以凹凸棒石和氯化锌预处理的稻草为原料，采用同步活化-热解技术，在有限氧条件下进行热解处理，制得功能化凹凸棒石/生物炭复合材料[109]。与纯生物炭相比，凹凸棒石/生物炭复合材料的比表面积、孔体积、含氧官能团和阳离子交换容量都有明显增加。引入凹凸棒石后，在复合材料的元素分布图中，可以明显看到 Si、Mg 元素均匀分在生物炭基体上，生物炭可以有效改善凹凸棒石的分散性能。同时凹凸棒石/生物炭复合材料有效降低了河流沉积物中砷和镉的生物利用度，采用氯化锌活化和引入凹凸棒石均改善了生物炭对沉积物中的砷和镉固定化。因此，凹凸棒石/生物炭复合材料可以用作河流沉积物中重金属的原位修复钝化剂。

生物炭和富矿物质生物炭用作土壤改良剂，可以提高土壤肥力、固碳和减少温室气体排放。同时生物质与黏土矿物共同热解既可以降低成本，又可以提高作物产量[110,111]。在西藏牦牛粪是牧草生长的主要营养物质，也是燃料和建筑材料的主要来源之一。Rafiq等以凹凸棒石和牦牛粪为原料，采用热解法制备了凹凸棒石/生物炭复合材料并进行了初步田间试验[112]。结果显示，凹凸棒石主要分布在生物炭的多孔结构中，增加复合材料中凹凸棒石含量，可以明显增加碳物质的稳定性、总生物炭产量、孔径、羧基和酮/醛官能团含量、赤铁矿和亚铁/硫酸铁/硫代硫酸盐浓度、比表面积和磁矩；相反，降低凹凸棒石含量可以提高复合材料 pH、CEC、N 含量以及接受和提供电子的能力。当凹凸棒石与牦牛粪质量比为 50∶50 时，制得复合材料施用于牧草可以显著增加有益微生物的丰度，改善土壤中的养分循环和有效性，从而有效提升牧草的产量和营养质量。

8.4.2　林业废弃物

林业废弃物亦称为林业剩余物，主要是指森林采伐、造材、木材加工、林木果实加工利用之后的废弃物。Qhubu 等利用澳大利亚坚果壳和花生壳混合料为碳源，与凹凸棒石共同热解制备新型活性黏土矿物基生物炭复合材料用于污染水中 Cr^{6+} 去除[113]。基于凹凸棒石和生物炭的协同效应，可以实现对 Cr^{6+} 的吸附和还原。当 Cr^{6+} 初始浓度低于 4.28 mg/L 时，复合材料对 Cr^{6+} 的吸附主要以化学吸附为主；随着 Cr^{6+} 初始浓度的增加，开始由化学吸附转变为物理吸附。当 Cr^{6+} 初始浓度为 11 mg/L 时，复合材料的吸附容量为 6.1 mg/g。

8.5　食用油脱色废土为碳源

油脂要达到食用油的标准，就必须经过脱色处理[114]。目前，市售的食用油脱色剂主要包括活性炭和活性白土。其中，活性炭由于价格高昂，主要用作活性白土的复配剂，添加量一般在 1%~3%之间。所谓活性白土是指黏土矿物经过酸活化处理后的俗称，主要是膨润土和凹凸棒石。早期食用油脱色市场主要以膨润土活性白土为主，但膨润土活性白土是经湿法酸化处理制得，由于洗涤不完全残留有过量的游离酸，在食用油脱色后储存期间油脂的酸价回升明显，氢过氧化物和次级氧化产物含量升高，色泽加深。同时还存在过滤速度慢、残油率相对较高和产品生产过程污染较严重等缺陷。因此，采用半干法生产的凹凸棒石活性白土受到了市场的青睐。

在油脂精炼过程中，一般使用质量分数为 1%~3%的凹凸棒石活性白土进行脱色，但脱色后的活性白土就变为废土。据统计，我国每年就要产生 60 万 t 以上的脱色废土。多年来，废土的处理方式都没有充分合理利用凹凸棒石的独特性能。脱色凹凸棒石废土中主要有非水化磷脂、天然色素、脂肪酸和维生素及其 10%~20%的正常油脂[115]。作者以凹凸棒石脱色废土(spent bleaching earth，SBE)残留油脂为碳源，构筑凹凸棒石基炭纳米复合材料，这不仅为废土资源利用提供了新思路，同时为土壤改良和重金属污染土壤修复提供了新材料。

8.5.1 大豆油为碳源

从节约资源和循环利用的角度出发，以当前油脂脱色后凹凸棒石脱色废土深度再利用为目标，采用大豆油脱色后的 SBE 为原料，通过一步热解法制备凹凸棒石/炭复合材料(APT/C)，主要考察不同热解温度(200℃、250℃、300℃、350℃、400℃、450℃和500℃)对制得凹凸棒石/炭复合材料结构和理化性能的影响规律，不同热解温度下制得的样品分别标记为 APT/C-200、APT/C-250、APT/C-300、APT/C-350、APT/C-400、APT/C-450 和 APT/C-500[116]。

SBE 经不同温度热解所得 APT/C 复合材料的 FTIR 谱图如图 8-9 所示。在 SBE 的 FTIR 谱图中，位于 2925 cm^{-1} 和 2854 cm^{-1} 处为残留有机物的吸收峰。随着煅烧温度的增加，该特征峰的强度逐渐减弱甚至消失[117]，表明在热解过程中残余的有机物转化为了碳物质。SBE 经 200℃、250℃、300℃和350℃煅烧后，位于 1744 cm^{-1} 处—COOH 的伸缩振动峰的强度逐渐减弱。当热解温度高于 350℃时该吸收峰消失。此外，1441 cm^{-1} 和 845 cm^{-1} 处发现了 CO_3^{2-} 的反对称伸缩振动峰及弯曲振动峰，表明样品中存在少量的碳酸盐。该特征峰的相对强度随着热解温度的增加逐渐减弱，表明在煅烧过程中伴生的碳酸盐发生了分解。但在热解产物的谱图中没有发现碳物质的特征吸收谱带，这可能归因于 470 cm^{-1} 处 C—C 的吸收峰与 468 cm^{-1} 处 Si—O 的弯曲振动峰发生叠合[118]。

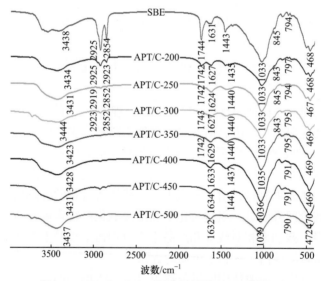

图 8-9　SBE 和 APT/C 复合材料的 FTIR 谱图[116]

图 8-10 为 SBE、APT/C-250、APT/C-300 和 APT/C-450 的数码照片以及 SEM 照片。从 SBE 的扫描电镜照片中没有观察到凹凸棒石典型的棒状相貌，这主要是由于凹凸棒石表面被残留有机物覆盖所致[图 8-10(e)]。随着热解温度的增加，样品的颜色发生了明显的变化。与 SBE 的颜色[图 8-10(a)]相比，随着煅烧温度从 250℃增加至 450℃，APT/C 复合材料的颜色由灰色变为黑色[图 8-10(b)~(d)]，表明复合材料中碳含量随着热解温度的升高逐渐减少。此外，制得 APT/C 复合材料中出现凹凸棒石典型的棒状形貌，同时

原位生成的碳物质附着在其表面。从 APT/C-250 的 SEM 照片中可以发现存在许多聚集体[图 8-10(f)]，这是由于范德瓦耳斯力和氢键促使凹凸棒石的棒晶趋向于以棒晶束和聚集体的形式存在。随着煅烧温度的增加，棒状形貌逐渐增多[图 8-10(f)和(h)]，棒晶团聚现象有所改善，这可能与样品中碳酸盐和残留有机物的热解有关，这种现象在 TEM 照片中也可以得到证实(图 8-11)，生成的碳物质附着在凹凸棒石表面，壳层厚度约为 50 nm。

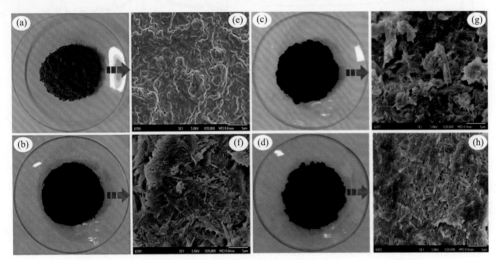

图 8-10　(a)SBE、(b)APT/C-250、(c)APT/C-300 和(d)APT/C-450 的数码照片以及相应的 SEM 照片[116]

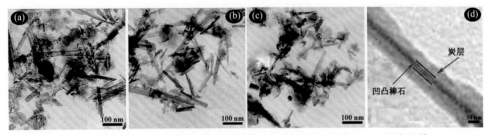

图 8-11　(a)APT/C-250、(b)APT/C-300、(c)APT/C-450 的 TEM 照片及其(d)APT/C-300 的局部放大 TEM 照片[116]

图 8-12 是 SBE、APT/C-250、APT/C-300 和 APT/C-450 的 XRD 谱图。在 SBE 的 XRD 谱图中，$2\theta = 8.5°$、$13.8°$、$16.5°$、$19.8°$、$21.5°$、$23.1°$和$27.6°$处均存在凹凸棒石的特征衍射峰[119]。SBE 经 250℃和 300℃煅烧后，凹凸棒石特征峰的位置与强度均未发生明显变化，但当热解温度升高至 450℃时，部分特征峰的强度明显减弱甚至消失，凹凸棒石的部分结构已被破坏。随着煅烧温度的升高，凹凸棒石中吸附水、沸石水和配位水会逐渐失去；当温度高于 450℃时，凹凸棒石中部分结构水的失去会引起孔道结构的折叠[71]。在 APT/C-300 的 XRD 谱图中，位于 15°～30°处出现了一个宽峰，表明 SBE 经热处理后形成了无定形炭。与 SBE 的 XRD 谱图相比，2θ位于 16.5°、21.5°和 27.6°处衍射峰的强度减弱，23.1°处的衍射峰几乎消失。

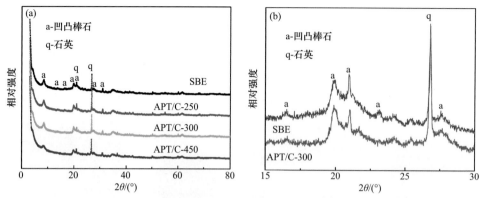

图 8-12 (a)SBE、APT/C-250、APT/C-300、APT/C-450 的 XRD 谱图以及
(b)SBE 和 APT/C-300 的局部放大 XRD 谱图[116]

　　凹凸棒石表面含有碳物质可进一步通过 TGA 曲线得到证实。凹凸棒石中存在不同形式的水分子，如吸附水、沸石水、配位水及结构水。在不同加热温度下，会失去不同形式的水分子。当加热温度低于 100℃时，质量损失归因于吸附水和部分沸石水的去除[120]，剩余沸石水大约在 200℃完全失去[121]。根据 TGA 曲线计算得知，在 200～500℃温度区间内 APT/C-200、APT/C-250、APT/C-300、APT/C-350、APT/C-400、APT/C-450 和 APT/C-500 的质量损失分别为 26.87%、16.87%、12.47%、7.85%、4.52%、2.78%和 1.96%，其质量损失归因于氧气氛下有机物质的分解损失。当热解温度高于 650℃时，由于碳物质完全热解去除，制得复合材料基本没有明显的质量损失。因此，随着 SBE 热解温度的增加，样品质量损失明显降低，表明随着热解温度的增加，制得复合材料中碳含量逐渐减少。

　　如图 8-13(a)所示，根据 IUPAC 分类，不同热解温度制得复合材料的等温线属于IV型等温线，并有 H3 型滞后环[122]。在较低的相对压力($P/P_0<0.4$)下，对 N_2 的吸附数量随着相对压力的增加而增多，同时吸附和脱附曲线完全重合，表明吸附过程为单层吸附。在较高的相对压力($P/P_0>0.4$)下，滞后环的出现表明在该复合材料中存在部分大孔结构。图 8-13(b)为 APT/C 复合材料的孔径分布图。根据 BJH 理论，随着煅烧温度的增加，所得复合材料具有较宽的孔径分布。由于 SBE 中有机物的分解或者凹凸棒石晶体结构中配位水和部分结构水的去除，制得的 APT/C 复合材料具有 5～35 nm 介孔。此外，在 200～450℃温度区间

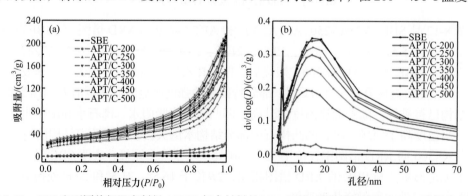

图 8-13 SBE 和不同热解温度制得 APT/C 复合材料的(a)N_2 吸附-脱附等温线和(b)BJH 孔径分布[116]

内，随着热解温度的增加，APT/C 复合材料的比表面积和孔体积逐渐增大(表 8-1)，这主要与有机物的分解和凹凸棒石孔道中沸石水及配位水的去除有关。当温度高于 450℃时，凹凸棒石部分孔道结构塌陷，复合材料的比表面积和孔体积开始减小。研究还表明，APT/C 复合材料表面带负电荷，同时 APT/C-300 在所研究的 pH 范围内也呈负电性，且 Zeta 电位值随 pH 的增大越来越负，表明 APT/C 复合材料表面含有含氧官能团如—COOH 等[44]。

表 8-1　SBE 和 APT/C 复合材料的孔结构参数[116]

样品	S_{BET}/(m²/g)	S_{mic}/(m²/g)	S_{ext}/(m²/g)	V_{tot}/(cm³/g)	V_{mic}/(cm³/g)	D_{pore}/nm
SBE	2.34	—	3.49	0.0022	—	3.85
APT/C-200	12.69	—	18.38	0.0266	—	8.38
APT/C-250	85.19	9.00	76.19	0.1699	0.0031	7.98
APT/C-300	104.92	19.32	85.61	0.2011	0.0080	7.67
APT/C-350	125.13	18.82	106.31	0.2477	0.0077	7.92
APT/C-400	129.48	17.56	111.92	0.2719	0.0071	8.40
APT/C-450	137.16	23.36	113.81	0.2859	0.0099	8.34
APT/C-500	112.67	18.87	93.80	0.2749	0.0079	9.76

8.5.2　棕榈油为碳源

不同来源凹凸棒石脱色废土残油量和油脂类型不同。为此，以棕榈油精炼过程中产生的 SBE 为原料(含有约 16%的有机物)，通过一步热解法制备 APT/C 复合材料[123]，考察不同热解温度(250℃、300℃、350℃、400℃、450℃和 500℃)对复合材料结构与性能的影响，制得的样品分别标记为 APT/C-250、APT/C-300、APT/C-350、APT/C-400、APT/C-450 和 APT/C-500。

经不同热解温度煅烧所得 APT/C 复合材料的 SEM 照片如图 8-14 所示。从 SEM 照

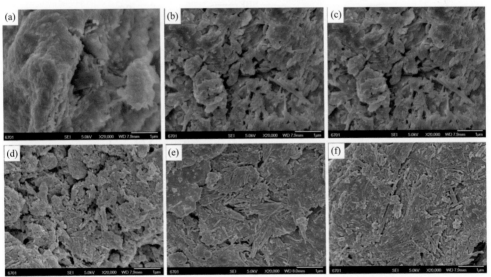

图 8-14　(a)APT/C-250、(b)APT/C-300、(c)APT/C-350、(d)APT/C-400、(e)APT/C-450 和(f)APT/C-500 的 SEM 照片[123]

片中可以发现 APT/C 复合材料凹凸棒石均呈现典型的棒状形貌。由于范德瓦耳斯力和氢键的作用，在低温下制得的 APT/C 纳米复合材料中，凹凸棒石呈棒晶束或聚集体形式存在。但随着煅烧温度的增加，棒状形貌逐渐清晰[图 8-14(a)～(f)]，棒晶团聚现象有所改善。APT/C 纳米复合材料的形成还可以进一步从 TEM 照片得到证实(图 8-15)。以 APT/C-300 的 TEM 照片为例，生成的碳物质附着在凹凸棒石表面，形成的复合材料直径约 10～40 nm、长度约 0.4～1.0 μm。

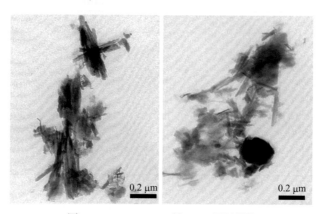

图 8-15　APT/C-300 的 TEM 照片[123]

图 8-16 是不同热解温度下制得 APT/C 纳米复合材料的 FTIR 谱图。在 SBE 的 FTIR 谱图中，位于 2923 cm^{-1} 和 2854 cm^{-1} 处出现有机物中甲基和亚甲基的 C—H 伸缩振动吸收峰。随着煅烧温度的增加，该特征峰的强度逐渐减弱甚至消失，表明在煅烧过程中残留的有机物转化为含碳物质。经 250℃、300℃和 350℃煅烧后，位于 1745 cm^{-1} 处—COOH 的伸缩振动峰相对强度逐渐减弱，当热解温度高于 350℃时，该吸收峰几乎完全消失。此

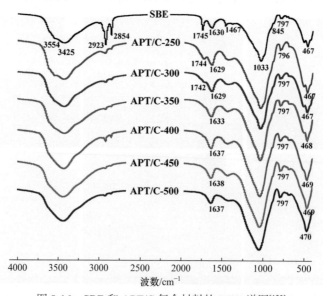

图 8-16　SBE 和 APT/C 复合材料的 FTIR 谱图[123]

外,从 SBE 和 APT/C 复合材料的 FTIR 谱图中,1467 cm^{-1} 和 845 cm^{-1} 处分别出现了 CO_3^{2-} 的反对称伸缩振动峰和弯曲振动峰,说明样品中存在少量的碳酸盐。该特征峰的相对强度随着热解温度的增加逐渐减弱,表明在煅烧过程中有机物碳化的同时伴随着碳酸盐的分解;Si—O—Si 的反对称伸缩振动峰和对称伸缩振动峰分别位于 1033 cm^{-1} 和 794 cm^{-1} 处,同时生成碳物质的 C—C 的吸收峰(470 cm^{-1})可能与 468 cm^{-1} 处 Si—O 的弯曲振动峰发生叠合。

为了进一步证明碳物质的存在,分别选取 APT/C-250、APT/C-300 和 APT/C-450 为研究对象,采用 TGA 考察在热解过程中热失重现象。如图 8-17(a)所示,在 200~600℃ 区间,复合材料的热失重主要归因于凹凸棒石所含水分子的去除、含碳物质的热解和伴生碳酸盐的分解[121,124]。APT/C-250、APT/C-300 和 APT/C-450 的质量损失分别为 17.25%、11.36% 和 2.23%。继续升高温度(600~800℃),产物的 TGA 曲线没有明显的变化。此外,与 APT/C-250 相比,APT/C-300 和 APT/C-450 的质量损失明显降低,说明 APT/C-250 中碳含量较高,SBE 中残留有机物在 250℃ 可能热解炭化不完全。

图 8-17(b)是 SBE、APT/C-300 和 APT/C-450 的 XRD 谱图。如图所示,在 SBE 和 APT/C 纳米复合材料的 XRD 谱图中均存在凹凸棒石的特征衍射峰[125]。在制得的复合材料中,凹凸棒石的特征衍射峰分别位于 2θ = 8.4°(d = 1.05 nm)、13.7°(d = 0.64 nm)、16.4° (d = 0.54 nm)、19.8°(d = 0.45 nm)、21.5°(d = 0.41 nm)、27.5°(d = 0.32 nm)、34.7°(d = 0.26 nm) 和 42.5°(d = 0.21 nm)处,其分别对应于(110)、(200)、(130)、(040)、(310)、(400)、(102) 和(600)晶面[126]。此外,在 2θ = 20.9°、26.6°、36.6°、50.2°、60.1°和 68.4°处出现了石英的特征衍射峰,同时 2θ 位于 30.9°和 39.6°处出现了白云石的特征衍射峰,这表明棕榈油脱色使用的活性白土中伴生有石英和白云石[127]。与 SBE 相比,APT/C-300 的特征衍射峰的位置及强度均未发生明显变化,表明在 300℃ 煅烧过程中凹凸棒石晶体结构没有发生变化。但当热解温度升高至 450℃ 时,所得 APT/C-450 样品的部分特征衍射峰强度明显减弱甚至消失,表明凹凸棒石的部分结构已遭到破坏。

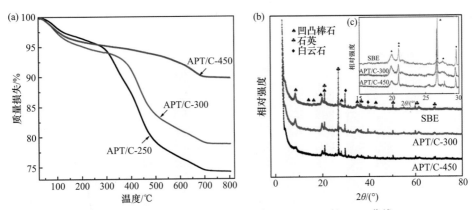

图 8-17　(a)APT/C-250、APT/C-300 和 APT/C-450 的 TGA 曲线;
(b)SBE、APT/C-300、APT/C-450 的 XRD 谱图和(c)位于 2θ = 15°~30°的局部放大图[123]

SBE 和 APT/C 纳米复合材料的孔结构参数如表 8-2 所示。由于 SBE 孔道中含有残留的有机物，比表面积和孔径较小，分别为 2.34 m²/g 和 3.85 nm。但是，SBE 经不同温度煅烧处理后孔结构参数发生了明显的变化。经 250℃、300℃、350℃、400℃和 450℃煅烧后，所得复合材料的比表面积和孔体积逐渐增大。当热解温度低于 450℃时，制得的复合材料比表面积的增大与不同煅烧温度下凹凸棒石孔道中沸石水、配位水及少量结构水的去除、有机物的热解炭化和伴生白云石的分解有关；当煅烧温度高于 450℃时，制得的复合材料的比表面积和孔体积呈下降趋势，分别下降至 68.86 m²/g 和 0.179 cm³/g，这主要归因于凹凸棒石部分孔结构被破坏。

表 8-2 SBE 和 APT/C 复合材料的孔结构参数[123]

样品	S_{BET}/(m²/g)	S_{mic}/(m²/g)	S_{ext}/(m²/g)	V_{tot}/(cm³/g)	D_{pore}/nm
SBE	2.34	—	3.49	0.002	3.85
APT/C-250	18.70	—	21.07	0.064	13.62
APT/C-300	41.32	—	50.79	0.127	12.29
APT/C-350	51.03	3.43	64.41	0.147	11.53
APT/C-400	73.29	11.59	83.77	0.173	9.45
APT/C-450	80.26	15.95	87.89	0.182	9.09
APT/C-500	68.86	11.34	81.47	0.179	10.41

不同热解温度下制得 APT/C 纳米复合材料和 APT/C-300 在不同 pH 下的 Zeta 电位如图 8-18 所示。不同热解温度下制得 APT/C 纳米复合材料的 Zeta 电位值均为负值，表明制得复合材料表面带负电荷。为了考察不同热解温度下残留有机物的热解程度与其表面电荷的关系，将 APT/C-250、APT/C-300 和 APT/C-350 置于乙醇溶剂中浸泡并观察溶液颜色的变化。如图 8-18(a)中插图所示，APT/C-250 上清液呈现黄色，表明 SBE 中残留有机物在 250℃下没有完全热解炭化，这与 TGA 曲线分析结果一致。当热解温度高于 300℃时，乙醇上清液没有颜色，表明残留有机物炭化完全；随着热解温度的继续增加，所得产物的 Zeta 电位逐渐向正值方向变化，这主要与其表面生成碳物质含量逐渐降低有关。

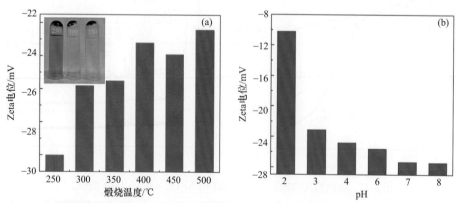

图 8-18 (a)不同热解温度制得 APT/C 复合材料和(b)APT/C-300 在 pH = 2.0～8.0 范围内的 Zeta 电位
(插图为 APT/C-250、APT/C-300 和 APT/C-350 经乙醇浸泡的数码照片)[123]

此外，APT/C-300 在不同 pH 下的 Zeta 电位均为负值[图 8-18(b)]，且 Zeta 电位值随着 pH 值的增大越来越负，表明 APT/C-300 表面含有—COOH 等含氧官能团，这有利于复合材料吸附去除重金属离子。结果显示，APT/C-300 对重金属离子的吸附速度较快，吸附容量较高，对 Cu^{2+}、Cd^{2+} 和 Pb^{2+} 的吸附容量分别为 32.32 mg/g、46.72 mg/g 和 105.61 mg/g。

8.5.3　棕榈油为碳源构筑功能凹凸棒石/炭复合材料

8.5.3.1　羧基功能化磁性凹凸棒石/炭复合材料

水热炭化过程不仅可以实现有机质的炭化，同时还可以实现对水热炭的组分调控和表面功能改性，从而有望拓展水热炭的应用领域和应用性能。近年来，各种磁性黏土矿物基吸附材料已用于环境污染物的吸附分离[128]，引入磁性纳米材料不仅有助于提升黏土矿物对环境污染物的吸附性能，同时通过外加磁场可以实现吸附材料的便易分离。因此，以凹凸棒石棕榈油脱色废土(SBE)中残留的油脂为碳源和还原剂，在柠檬酸钠的辅助作用下，通过一步水热法制备结构和性能可控的羧基功能化磁性凹凸棒石/炭复合材料[129]，系统研究了柠檬酸钠浓度对所得复合材料组成和性能的影响规律。将样品标记为 CFAC-x，其中 x 表示所用柠檬酸钠的浓度。为了对比研究，将 SBE 在无柠檬酸钠和氯化铁以及仅存在氯化铁的条件下，以同样水热条件制备相关复合材料，所得样品分别标记为 APT/C 和 CFAC-0。

图 8-19(a)是 SBE、APT/C、CFAC-0 和 CFAC-0.6 的 FTIR 谱图。在 SBE 的 FTIR 谱图中，位于 2923 cm^{-1} 和 2854 cm^{-1} 处为残留有机物中甲基、亚甲基的 C—H 伸缩振动峰，1467 cm^{-1} 处是 C—H 的弯曲振动峰。经水热过程后，该特征峰的强度逐渐减弱甚至消失，表明在此过程中残余有机物转化为含碳物质。与 APT/C 相比，CFAC-0 在 565 cm^{-1} 和 470 cm^{-1} 处出现新吸收峰，这主要归因于 Fe—O 的伸缩振动，表明水热处理后形成了铁氧化物[130]。对于 CFAC-0.6，位于 1705 cm^{-1} 和 1632 cm^{-1} 处的吸收峰分别归属于 C=O 和 C=C 的伸缩振动[131]，在 1394 cm^{-1}、859 cm^{-1} 和 735 cm^{-1} 处的吸收峰来自于水热反应生成的 FeCO$_3$[132]，且在 437 cm^{-1} 处出现了 Fe—O 的伸缩振动吸收峰[133]。因此，从水热产物的红外谱图结果可以推断，柠檬酸钠的浓度直接影响含铁化合物的物相转变过程。

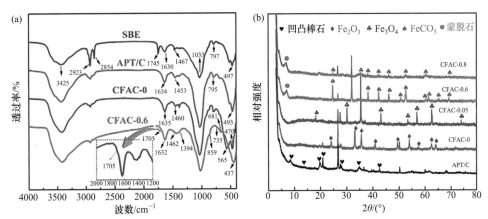

图 8-19　SBE、APT/C、CFAC-0 和 CFAC-0.6 的(a)FTIR 谱图和(b)XRD 谱图[129]

为了进一步研究水热过程中产物物相的变化规律，选取 SBE、APT/C、CFAC-0 和 CFAC-0.6 的 XRD 谱图进行对比分析。如图 8-19(b)所示，在 APT/C 的 XRD 谱图中，2θ = 8.4°、13.7°、19.8°、21.5°、27.5°、34.5° 和 42.5° 处出现了凹凸棒石的特征衍射峰。当没有添加柠檬酸钠时，经水热反应制得 CFAC-0 在 2θ = 24.16°、33.16°、35.69°、40.90°、49.47°、54.04°、57.53°、62.47° 和 64.05° 处出现了 $\alpha\text{-}Fe_2O_3$ 的特征衍射峰，分别对应于其 (012)、(104)、(110)、(113)、(024)、(116)、(122)、(214)和(300)晶面[134]。加入柠檬酸钠水热反应制得 CFAC-0.05 样品 XRD 谱图中，2θ 位于 18.36°、30.15°、35.49°、43.12°、53.47°、56.99°、62.57° 和 73.99° 处的衍射峰，分别对应于立方晶系 Fe_3O_4 的(111)、(220)、(311)、(400)、(422)、(511)、(440)和(533)晶面[135]。当柠檬酸钠的浓度进一步增加至 0.6 mol/L 时，生成的含铁化合物晶型发生了明显转变，在 2θ = 24.77°、31.98°、38.31°、42.28°、46.11°、50.69°、52.49°、52.74°、60.46°、61.39°、65.23° 和 69.16° 出现了 $FeCO_3$ 的特征衍射峰，分别对应于 $FeCO_3$ 的(012)、(104)、(110)、(113)、(202)、(024)、(018)、(116)、(211)、(122)、(214)和(300)晶面[136]。水热处理后凹凸棒石的特征峰明显减弱甚至消失，这可能是由于生成的含碳物质和含铁化合物含量较多所致[137]。随着柠檬酸钠浓度继续增加(即 CFAC-0.6 和 CFAC-0.8)，在 2θ = 6.9° 处出现了新衍射峰，该峰归属于蒙脱石的特征衍射峰。由于在水热过程中，较高的 pH(pH = 8.42～8.59)会促使凹凸棒石部分或全部转变为蒙脱石[138]。基于以上分析，当柠檬酸钠的浓度从 0 增至 0.6 mol/L 时，含铁化合物的晶型由 $\alpha\text{-}Fe_2O_3$ 转变为 Fe_3O_4 再转变为 $FeCO_3$，表明通过改变柠檬酸钠的浓度可以实现对复合材料的组成和性能的可控设计。

图 8-20(a)为 SBE、CFAC-0 和 CFAC-0.6 的 N_2 吸附-脱附等温线。由图可见，SBE 在所处的相对压力范围内，吸附和脱附曲线几乎完全重合，表明该材料无孔结构存在[139]，这主要与 SBE 表面被残留油脂覆盖有关。经水热处理后，当相对压力 P/P_0>0.4 时出现滞后环，且 CFAC-0.6 的滞后环明显宽于 CFAC-0，表明两种材料具有不同的孔结构和孔径分布。对于 CFAC-0，当相对压力 P/P_0>0.9 时，N_2 吸附量随着压力的增加而迅速增加，说明该材料同时具有介孔和大孔结构[140]。

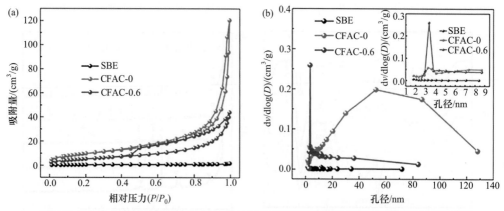

图 8-20　SBE、CFAC-0 和 CFAC-0.6 样品(a)N_2 吸附-脱附等温线及(b)BJH 孔径分布[129]

就 CFAC-0.6 而言，根据 IUPAC 分类，吸附-脱附等温线属于Ⅳ型等温线，并具有

H4 型滞后环。在较低的相对压力($P/P_0<0.4$)下，对 N_2 的吸附数量随着相对压力的增加而增多，吸附和脱附曲线完全重合，表明吸附过程为单层吸附，且存在丰富的微孔结构[118]。这些微孔主要来自于水热炭化过程中非稳定物质的去除以及气体的逸出。在较高的相对压力($P/P_0>0.4$)下，N_2 吸附量随着压力的增加而迅速增加，证明样品共存有微孔和介孔结构[141]。H4 型滞后环的出现表明材料中的孔是狭缝型的孔或者片状粒子的聚集体。此外，孔径分布是影响材料理化性能的一个重要因素。图 8-20(b)为 SBE、CFAC-0 和 CFAC-0.6 的孔径分布图。由于 SBE 中脱色后残留油脂阻塞了凹凸棒石孔道，故呈现出无孔结构。相比之下，CFAC-0 主要由介孔和大孔组成，CFAC-0.6 的孔径主要分布在介孔范围。这些差异主要与其在水热处理后负载的碳物质和磁性纳米颗粒有关。

图 8-21(a)为 CFAC 复合材料的磁滞回线，CFAC 复合材料的磁滞回线均无磁滞环和矫顽力，表现了良好的超顺磁性[125]。CFAC-0.05、CFAC-0.1、CFAC-0.2、CFAC-0.4、CFAC-0.6 和 CFAC-0.8 的磁饱和强度分别为 38.54 emu/g、32.61 emu/g、32.17 emu/g、17.35 emu/g、4.44 emu/g 和 1.23 emu/g。这表明随着柠檬酸钠浓度的增加，CFAC 复合材料的饱和磁化强度逐渐降低，磁性逐渐减弱。该现象一方面是由于随柠檬酸钠浓度的增加，复合材料中磁性组分与碳物质的相对含量发生变化；另一方面是因为不同磁源赋予复合材料的磁性各有差异。尽管 CFAC-0.6 复合材料的饱和磁化强度较低，但仍然可以通过外部磁场轻松地从水溶液中进行磁分离。此外，Zeta 电位是衡量材料表面性质的重要参数。图 8-21(b)是 CFAC 复合材料的 Zeta 电位值，其 Zeta 电位值为负值，表明制得复合材料表面带负电荷。同时，随着柠檬酸钠浓度增加，复合材料的电位越来越负，说明复合材料表面的含氧官能团如—COOH 的数量增多，从而为阳离子污染物的吸附提供了更多的吸附位点。因此，基于复合材料组分间多重作用，CFAC-0.6 对初始浓度为 600 mg/L 亚甲基蓝和 Pb^{2+} 的最大吸附量分别为 254.83 mg/g 和 312.73 mg/g，去除率分别可达 99.79%和 99.78%。

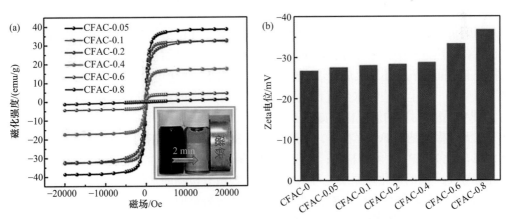

图 8-21　CFAC 复合材料的(a)磁滞回线和(b)Zeta 电位[129]

由于残留油脂的缘故，SBE 外观呈棕色，从扫描电镜照片中可观察到典型的凹凸棒石棒状形貌。APT/C、CFAC-0、CFAC-0.05 和 CFAC-0.6 的数码照片和 TEM 照片如图 8-22 所示。经过水热反应后，形成的 APT/C 复合材料中凹凸棒石的棒状形貌仍然存在，并伴有许多聚集体。与 SBE 相比，APT/C 表面形成了炭层，颜色由棕色转变为淡黄色[图 8-22(a)

和(e)]。当水热体系中无柠檬酸钠时，由于α-Fe$_2$O$_3$的形成复合材料呈现砖红色，同时凹凸棒石表面担载生成的α-Fe$_2$O$_3$后变得粗糙[图 8-22(b)和(f)]。随着柠檬酸钠浓度的增加，样品的颜色转为深棕色，颜色的变化与水热生成的含铁化合物晶相转变有关(由 α-Fe$_2$O$_3$ 转变为 Fe$_3$O$_4$)，形貌也发生明显变化。随着柠檬酸钠浓度进一步增加，复合材料 CFAC-0.6 的颜色转变为红棕色，同时伴有片状相貌的形成[图 8-22(d)和(h)]。这主要归因于在水热体系 pH 为 8.42 时，凹凸棒石部分转化为了蒙脱石[138]，这与 XRD 分析结果一致。

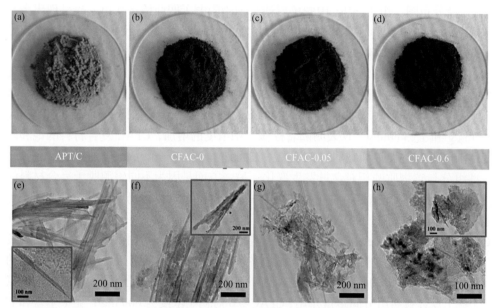

图 8-22　APT/C、CFAC-0、CFAC-0.05 和 CFAC-0.6 的数码照片[(a)~(d)]
及相应的 TEM 照片[(e)~(h)][129]

以廉价的 SBE 为原料，采用柠檬酸钠辅助水热一步法可制备羧基功能化 CFAC 复合材料。在水热过程中，主要存在以下 4 个化学反应：①残留油脂的水热炭化反应；②有机物与 Fe^{3+}间的氧化还原反应；③柠檬酸钠与 Fe^{3+}间的氧化还原反应；④Fe^{2+}与 Fe^{3+}间的共沉淀反应。以上反应在水热过程中并存，各反应所占的主导地位取决于柠檬酸钠的浓度。CFAC 复合材料的形成机理如图 8-23 所示。

在无柠檬酸钠和 Fe^{3+}存在下，水热过程以 SBE 中残留油脂的水热炭化为主，从而促使 SBE 转化为 APT/C 复合材料；当仅有 Fe^{3+}存在时，由于残留有机物的还原能力较弱，有机物与 Fe^{3+}间的氧化还原反应可忽略不计，残留有机物的水热炭化过程占主导地位，同时 Fe^{3+}水热反应转变为α-Fe$_2$O$_3$。当柠檬酸钠浓度较低时，部分 Fe^{3+}被柠檬酸钠还原为 Fe^{2+}，生成的 Fe^{2+}与体系中残留的 Fe^{3+}发生反应形成 Fe$_3$O$_4$，此时有机物的碳化以及 Fe^{2+} 与 Fe^{3+}的共沉淀反应控制整个反应过程。随着柠檬酸钠浓度的增加，未完全转化的有机物、生成的含碳物质以及加入的柠檬酸钠同时与 Fe^{3+}发生反应。由于存在足够数量的还原剂，Fe^{3+}被完全还原为 Fe^{2+}，从而使含铁化合物的晶相发生转变形成 FeCO$_3$。但由于反应体系中柠檬酸钠过剩，阻止了含碳物质与 Fe^{3+}之间的有效接触，从而仅有少量的含碳物质与过量的 Fe^{3+}发生反应。因此，所得含铁化合物仍以 FeCO$_3$ 的形式存在但含量明显

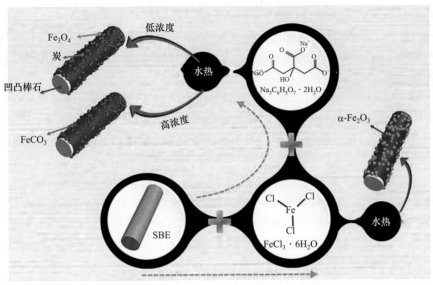

图 8-23　CFAC 复合材料的形成机理示意图[129]

减少，这与 CFAC-0.8 的 XRD 谱图结果一致。基于以上分析，SBE 在 CFAC 复合材料的形成过程中具有以下三重作用[142-144]：①SBE 作为廉价的碳源，在水热过程中残留的有机物转化为含碳物质；②SBE 作为还原剂，使 Fe^{3+} 被还原为 Fe^{2+}；③SBE 作为碳物质和含铁化合物的基体，可以原位诱导二者在表面沉积，有效改善生成纳米粒子的分散性能。

8.5.3.2　二氧化锰/凹凸棒石/炭复合材料

二氧化锰(MnO_2)是一种重要的过渡金属氧化物，具有 α、β、γ、δ 和 λ 等晶型[145]，在碱性条件下具有高活性，在中性条件下具有较好的稳定性以及良好的环境相容性，已在吸附[146]、催化[147]和电化学[148]等领域受到研究者的广泛关注。Zhou 等以油酸为还原剂，通过与高锰酸钾发生氧化还原反应制备二氧化锰/纤维素复合材料，同时可通过调节高锰酸钾的浓度，实现复合材料结构与性能的有效调控[149]。基于此，以 SBE 为原料，通过水热法制备了结构和性能可控的二氧化锰/凹凸棒石/炭(MnO_2/APT/C)三元复合材料[150]。主要制备过程如下：称取 1.0 g 棕榈油脱色废土置于 100 mL 烧杯中，加入 0.5%十六烷基三甲基溴化铵水溶液 60 mL，搅拌分散后分别加入脱色废土质量的 0%、1%、2%、4%、6%、10%、12%、16%和 20%的 $KMnO_4$，搅拌溶解后转入聚四氟乙烯反应釜中密封，在 140℃反应 1 h，自然冷却降温，所得固体产物经离心分离、洗涤、干燥后备用。不同 $KMnO_4$ 浓度制得复合材料依次标记为 AC、MAC_1、MAC_2、MAC_3、MAC_4、MAC_5、MAC_6、MAC_7、MAC_8 和 MAC_9。

为了研究 $KMnO_4$ 浓度对产物物相组成的影响，选取 AC、MAC_2、MAC_4、MAC_7 和 MAC_9 进行 XRD 表征分析。在 AC 的 XRD 谱图中，2θ 位于 8.5°、13.8°、19.8°、21.5°、27.6°和 34.5°处是凹凸棒石的特征衍射峰[图 8-24(a)]，分别对应于(110)、(200)、(040)、(310)、(400)和(102)晶面。引入 $KMnO_4$ 之后，在 $2\theta = 12.4°$ 和 24.8°中出现单斜晶系δ-MnO_2 的特征衍射峰，分别归属于(001)和(002)晶面(JCPDS No. 80-1098)，但δ-MnO_2 的衍射峰相

对强度较低且较宽，表明复合材料中δ-MnO$_2$结晶度较差，生成的δ-MnO$_2$的晶粒尺寸较小。此外，与 AC 的 XRD 谱图相比，随着 KMnO$_4$ 浓度的增加，MAC 样品中凹凸棒石特征衍射峰的强度逐渐减弱，δ-MnO$_2$ 的特征衍射峰相对强度逐渐增强，这种现象与δ-MnO$_2$ 的相对含量逐渐增加有关。

以不同 KMnO$_4$ 浓度(0%、2%、6%、12%和20%)水热反应制得的 MnO$_2$/APT/C 复合材料的 FTIR 谱图如图 8-24(b)所示。水热反应后，位于 2925 cm^{-1} 和 2854 cm^{-1} 处的吸收峰归属于有机物的特征吸收峰；位于 3429 cm^{-1} 和 1634 cm^{-1} 处的吸收峰分别归属于凹凸棒石表面羟基和物理吸附水的伸缩振动峰和弯曲振动峰；位于 1031 cm^{-1}、788 cm^{-1} 和 468 cm^{-1} 处的吸收峰分别归属于 Si—O—Si 的反对称伸缩振动、对称伸缩振动和弯曲振动[151,152]。在 AC 的 FTIR 谱图中，没有观察到δ-MnO$_2$ 的特征吸收峰，对于 MnO$_2$/APT/C 复合材料，在 513 cm^{-1} 处出现了 Mn—O 的伸缩振动峰[153]，表明形成了锰氧化合物。同时，随着 KMnO$_4$ 浓度的增加，该特征峰的相对强度逐渐增强，制得复合材料中锰氧化合物的含量逐渐增多。在此基础上，选取 MAC$_4$ 进行 EDS 分析。如图 8-24(c)所示，复合材料主要由 Mg、Al、Si、O、Fe、C 和 Mn 元素组成，表明所制得复合材料由凹凸棒石、碳物质和 MnO$_2$ 组成。

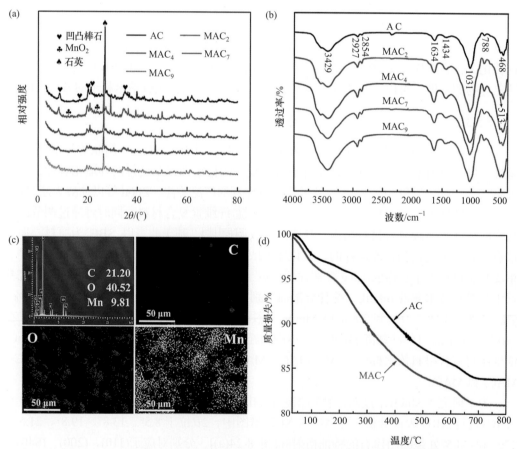

图 8-24　AC、MAC$_2$、MAC$_4$、MAC$_7$ 和 MAC$_9$ 的(a)XRD 谱图和(b)FTIR 谱图，
(c)MAC$_4$ 的 EDS 谱图和 C、O、Mn 元素分布图以及(d)AC 和 MAC$_7$ 的 TGA 曲线[150]

AC 和 MAC$_7$ 在 O$_2$ 气氛下的 TGA 曲线如图 8-24(d)所示，在 100℃左右处质量损失归因于样品表面物理吸附水的释放。AC 复合材料在 200~600℃之间的质量损失主要与所含碳物质的热解有关，包括不稳定的含氧官能团转化成蒸汽和碳氧化物[154]，这也表明水热法制得的 AC 样品中含有大量含氧官能团。对于 MAC$_7$ 在 200~300℃的失重率约为 4.56%，这是由于材料中存在不稳定含氧官能团的分解；在 300~450℃范围内的失重可能归因于稳定的含氧官能团和碳物质的热解[155]；在 400~500℃范围内，MAC$_7$ 的失重约 2.23%，这与高价态锰氧化物向低价态的转变以及残留的碳物质的热解有关[156]。

根据 IUPAC 分类，AC 和 MAC 复合材料的等温线属于IV型和 H3 型滞后环[图 8-25(a)]。在相对压力较低时($P/P_0<0.4$)，复合材料对 N$_2$ 的吸附数量随着相对压力的增加而增加，吸附和脱附曲线完全重合，表明吸附过程为单层吸附，且吸附主要发生在介孔[157]。在相对压力较高时($P/P_0>0.4$)，可以发现滞后环，说明在该复合材料中存在部分大孔结构。此外，随着 KMnO$_4$ 浓度的增加，所得复合材料具有较高的比表面积和较宽的孔径分布[图 8-25(b)]，这可能与 SBE 中有机物的水热炭化以及 δ-MnO$_2$ 的沉积有关。

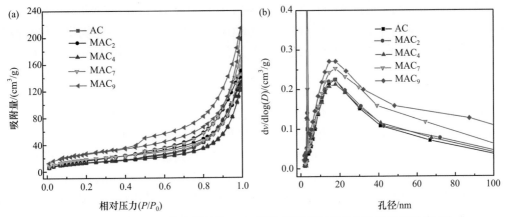

图 8-25　AC 和 MAC 复合材料的(a)N$_2$ 吸附-脱附等温线和(b)BJH 孔径分布[150]

为了证实脱色废土残留油脂在水热过程中的作用，分别将 SBE、SBE 与 KMnO$_4$ 在 140℃下水热反应 1 h 所得上清液和固体产物的数码照片如图 8-26 所示。与水热前上清液相比，SBE 经水热处理后颜色没有发生变化，水热反应后上清液仍然为红色，表明 KMnO$_4$ 在水热过程中没有参与反应。但 SBE 经水热处理后，上清液由红色变为无色且所得固体样品颜色呈紫红色。因此，以 SBE 为原料采用水热技术一锅法制备 MnO$_2$/APT/C 三元复合材料，残留的油脂作为碳源和还原剂，在水热炭化的同时与 KMnO$_4$ 发生氧化还原反应。在水热过程中，KMnO$_4$ 溶液浓度是影响反应过程的主要因素。当 KMnO$_4$ 溶液浓度较低时，体系中碳含量较高，随着 KMnO$_4$ 溶液浓度的增加，残余有机质及水热炭化过程生产的碳物质均会与 KMnO$_4$ 发生反应，从而使得产物中碳含量逐渐减少。但 MnO$_2$ 在凹凸棒石表面沉积阻止了碳物质与 KMnO$_4$ 之间的接触及其氧化还原反应。因此，仅有少量的碳物质可以与 KMnO$_4$ 发生反应。

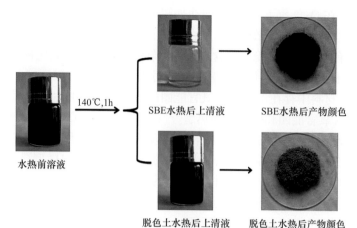

图 8-26　脱色废土和脱色土经水热处理后上清液及所得产物的数码照片

　　基于上述分析可知，水热过程中 KMnO$_4$ 浓度是影响复合材料的组成、结构和相关性能的间接因素，而生成的 MnO$_2$ 含量是影响复合材料吸附行为的直接因素。因此，通过考察不同水热条件下制得复合材料对灿烂绿(BG)和 Pb^{2+} 的吸附性能优化最佳制备条件。如图 8-27(a)所示，随着 MnO$_2$ 的引入及其含量逐渐增加，制得 MnO$_2$/APT/C 三元复合材料的颜色由浅黄色变为深红色。同时，随着 KMnO$_4$ 初始浓度的逐渐增加，复合材料对 BG 的吸附容量逐渐增大[图 8-27(b)]。当 KMnO$_4$ 初始浓度为 12%时，BG 的吸附容量达到最大，然后随着 KMnO$_4$ 初始浓度的继续增大，BG 的吸附容量到达恒定。对于 Pb^{2+} 的吸附随着 KMnO$_4$ 初始浓度从 1%增加到 4%，复合材料对 Pb^{2+} 吸附容量显著增加，然后逐渐增加，直到 KMnO$_4$ 初始浓度为 20%，达到最大值[图 8-27(c)]。当 KMnO$_4$ 初始浓度大于 20%时，由于 KMnO$_4$ 浓度过高反应不完全，水热法上清液仍呈现淡红色。因此，当 KMnO$_4$ 初始浓度分别为 12%和 20%时，制得的复合材料对 BG 和 Pb^{2+} 的最大吸附量分别为 199.99 mg/g 和 166.64 mg/g。与相同条件下 AC 复合材料对 BG(133.88 mg/g)和 Pb^{2+}(56.01 mg/g)吸附容量相比，最佳条件下制得的三元复合材料对 BG 和 Pb^{2+} 的吸附能力分别提升了 1.5 倍和 3 倍，表明引入 MnO$_2$ 可以有效提升 AC 复合材料的吸附性能。

　　在确定 KMnO$_4$ 初始浓度后，通过考察水热温度(120℃、140℃和 160℃)和水热时间(0.5 h、1 h、2 h、4 h 和 8 h)优化复合材料吸附性能的水热条件。研究表明，随着水热温度从 120℃增加 160℃，复合材料对 BG 和 Pb^{2+} 的吸附容量先增大后减小，当水热温度为 140℃时达到最大值。同时，水热时间也影响复合材料对 BG 和 Pb^{2+} 的吸附容量。如图 8-28 所示，当水热时间为 1 h 时，制得复合材料对 BG 和 Pb^{2+} 的吸附容量最大，继续延长水热时间对复合材料的吸附性能没有明显影响。此外，当分别在 120℃反应 1 h 或者 140℃反应 0.5 h 之后，水热反应的上清液仍然为淡粉色，表明两种情况下 KMnO$_4$ 均没有完全反应；当水热温度和时间分别增加至 140℃和 1 h 时，水热反应之后上清液呈现无色，表明 KMnO$_4$ 反应完全[图 8-28(c)]。因此，最佳水热反应条件为 140℃和 1 h。

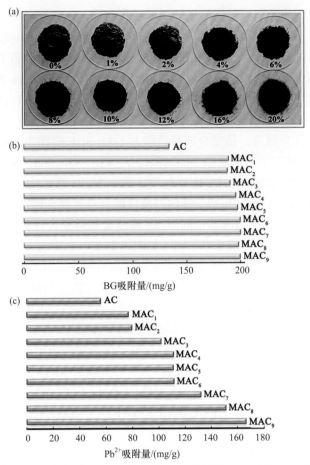

图 8-27　不同 KMnO₄ 浓度下 140℃水热处理 1 h 后制得的 MnO₂/APT/C 三元复合材料的
(a)数码照片及其对(b)BG 和(c)Pb²⁺的吸附容量[150]

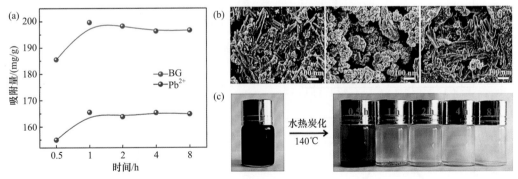

图 8-28　(a)不同水热时间制得 MAC₉ 吸附剂对 BG 和 Pb²⁺的吸附容量；(b)不同水热时间制得的 MAC₉
的 SEM 照片；(c)140℃反应不同水热时间制备的 MAC 吸附剂，反应前后上清液的数码照片[150]

8.5.3.3　铁镍双氢氧化物/凹凸棒石/炭复合材料

层状双氢氧化物(layered double hydroxide，LDH)是一类由带正电荷的水镁石层状结构和层间填充带负电荷的阴离子所构成的层柱状化合物，又称类水滑石类化合物[158]。可以通过改变金属离子的种类、比率以及阴离子的种类等，来改变 LDH 的化学和物理性质，制备出不同性能的材料[159]。作者以 SBE 碳源，采用一步水热法制备了铁镍双氢氧化物/凹凸棒石/炭(APT/C@NiFe-LDH)复合材料，考察了水热时间和 Ni/Fe 摩尔比对复合材料形貌和性能的影响[160]。主要制备过程如下：将 Ni(NO₃)₃·6H₂O 和 Fe(NO₃)₃·9H₂O 分别按摩尔比为 1∶4、1∶3、1∶2、1∶1、2∶1、3∶1 和 4∶1 溶于 50 mL 去离子水中，加入 10 mmol 的尿素作为碱源，待完全溶解后加入 1.0 g SBE 搅拌 30 min 后转移至聚四氟乙烯反应釜中，于 180℃下水热反应不同时间(2 h、4 h、6 h、8 h、10 h、12 h 和 24 h)，制得的样品标记为 APT/C@NiFe-LDH-X/Y，X/Y 表示 Ni/Fe 摩尔比。

　　Ni/Fe 摩尔比对复合材料的组成、结构以及性能具有重要影响[161]。以 MB、Pb²⁺和金霉素(CTC)为目标污染物，通过考察不同 Ni/Fe 摩尔比制得复合材料对污染物吸附性能影响，优化制备复合材料最佳 Ni/Fe 摩尔比。如图 8-29(a)～(c)所示，随着 Ni/Fe 摩尔比的增加，复合材料对 MB、Pb²⁺和 CTC 的吸附量先增加后减小。当 Ni/Fe 摩尔比为 1∶1 时，制得复合材料对 MB、Pb²⁺和 CTC 的吸附容量均达到最大值。当初始浓度为 100 mg/L 时，APT/C 对 MB、Pb²⁺和 CTC 的吸附容量分别为 65.23 mg/g、31.58 mg/g 和 50.23 mg/g，引入 NiFe-LDH 后对 MB、Pb²⁺和 CTC 的吸附量分别增加了 1.5 倍、2.0 倍和 1.9 倍，表明引入 NiFe-LDH 可以有效地提升 APT/C 复合材料对污染物的吸附容量。此外，Ni/Fe 摩尔比对 APT/C@NiFe-LDH 复合材料吸附性能的影响也可以从吸附 MB 前后溶液的数码照片得到证实。深蓝色的 100 mg/L MB 溶液经 APT/C@NiFe-LDH-1/1 吸附处理后，MB 溶液明显变为无色。同时相比之下，APT/C@NiFe-LDH-1/1 的 Zeta 电位更负，更有利于去除阳离子有机污染物[图 8-29(d)]。

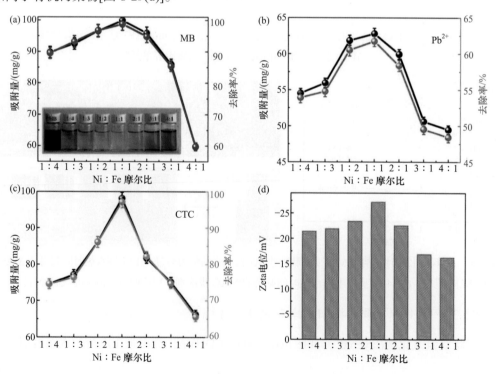

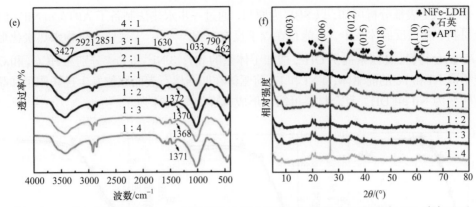

图 8-29　Ni/Fe 摩尔比对(a)MB、(b)Pb^{2+}和(c)CTC 吸附性能的影响以及不同 Ni/Fe 摩尔比下
APT/C@NiFe-LDH 的(d)Zeta 电位、(e)FTIR 谱图和(f)XRD 谱图[160]

　　不同 Ni/Fe 摩尔比制得的 APT/C@NiFe-LDH 的 FTIR 谱图如图 8-29(e)所示。比较 SBE 与 APT/C 复合材料的 FTIR 谱图，经水热处理后，位于 2923 cm^{-1} 和 2854 cm^{-1} 处的 C—H 的伸缩振动峰以及 1467 cm^{-1} 处 C—H 弯曲振动吸收峰的相对强度逐渐减弱甚至消失，表明在此过程中残留有机物转变为含碳物质。引入 NiFe-LDH 后，位于 1372 cm^{-1} 处出现了 CO$_3^{2-}$ 的反对称伸缩振动，表明生成了类水滑石结构[162]。随着 Ni/Fe 摩尔比的增加，该吸收峰的强度减弱甚至消失，这可能是由于层间阴离子被交换或直接与金属离子发生了络合反应。此外，随着 Ni/Fe 摩尔比的增加，位于 3427 cm^{-1} 处—OH 的伸缩振动峰向高波数发生位移，这是由于三价阳离子较强的极化作用使 O—H 与 Fe^{3+}发生键合作用所致[163]；位于 1630 cm^{-1} 处表面物理吸附水的弯曲振动峰可能与 1632 cm^{-1} 处 C=C 的伸缩振动峰发生叠合，同时在 500~900 cm^{-1} 低波数范围内，出现了 Fe—O、Ni—O 和 Ni—O—Fe 的特征吸收峰[164]。

　　通过对比研究不同 Ni/Fe 摩尔比下制得 APT/C@NiFe-LDH 的 XRD 谱图[图 8-29(f)]，可明确不同 Ni/Fe 摩尔比对复合材料物相组成的影响规律。在 APT/C 复合材料 XRD 谱图中，2θ 位于 8.4°、19.8°、27.5°、34.7°和 42.5°处出现了凹凸棒石的特征衍射峰[165]。引入 NiFe-LDH 后，可以观察到层状双氢氧化物特征衍射峰，分别对应于(003)、(006)、(012)、(015)、(018)、(110)和(113)晶面[166]。在较低 Ni/Fe 摩尔比下，LDH 的特征衍射峰强度较弱，这是由于含量较低或结晶度较差所致[167]。随着 Ni/Fe 摩尔比增加，LDH 特征衍射峰的强度逐渐增强，尤其是(003)晶面，表明复合材料的晶粒尺寸增大，结晶度提高。因此，较高 Ni/Fe 摩尔比可以增加 LDH 含量，同时晶粒尺寸较大且晶型更为完整[168]。

　　以 APT/C@NiFe-LDH-1/1 为研究对象，考察了不同水热时间制得复合材料对 MB、Pb^{2+}和 CTC 的吸附性能影响。如图 8-30(a)~(c)所示，随着水热时间延长，复合材料对 MB、Pb^{2+}和 CTC 的吸附容量逐渐增加，直到 12 h 后达到吸附平衡。由此可知，水热时间是影响 NiFe-LDH 含量以及结晶度的重要参数，这也可以从产物的 XRD 谱图得到证实[图 8-30(d)]。在不同水热时间下制得的 APT/C@NiFe-LDH-1/1 的 XRD 谱图中，均出现了 LDH 的特征衍射峰，但衍射峰的位置和强度上存在差异。同时随着水热时间的延长，凹凸棒石在 $2\theta=8.4$°处的特征衍射峰相对强度逐渐减弱，表明复合材料中 LDH 的含量逐渐增多[169]。

　　基于以上表征分析可知，以 SBE 为原料，通过一步水热法制备了 APT/C@NiFe-LDH 复合材料，在该反应体系中，可能存在以下反应过程[170,171]：①残留有机物水热炭化形成 APT/C 复合材料；②尿素提供 OH^-，增加了体系的 pH；③Ni^{2+} 和 Fe^{3+} 分别与 HCO_3^- 和 OH^- 反应生成 Ni 和 Fe 的前驱体；④Ni 和 Fe 前驱体在凹凸棒石表面原位发生羟联作用和晶化反应转变为 NiFe-LDH。复合材料可能的形成机理如图 8-31 所示。

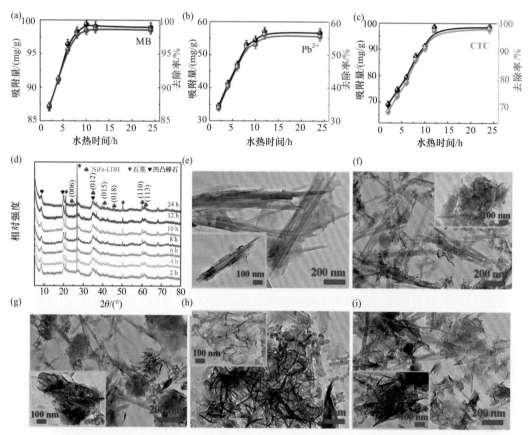

图 8-30　不同水热时间制得 APT/C@NiFe-LDH-1/1 对(a)MB、(b)Pb^{2+}、(c)CTC 的吸附容量，(d)不同水热时间制得 APT/C@NiFe-LDH-1/1 的 XRD 谱图，(e)180℃水热反应 12h 制得 APT/C 复合材料的 TEM 照片，(f)4 h、(g)8 h、(h)12 h 和(i)24 h 水热反应制得 APT/C@NiFe-LDH-1/1 的 TEM 照片[160]

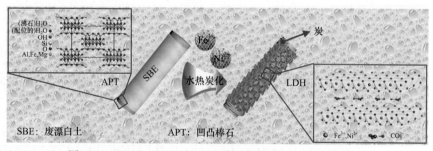

图 8-31　APT/C@NiFe-LDH 复合材料的形成过程示意图[160]

图 8-32(a)是 SBE、APT/C 和 APT/C@NiFe-LDH-1/1 的 N_2 吸附-脱附等温线。如图所示，SBE 的 N_2 吸附-脱附等温线表明该材料无孔结构存在[172]，这与残留有机物覆盖在凹凸棒石表面有关。经水热处理后，形成的 APT/C 复合材料的吸附-脱附等温线属于 II 型且具有 H3 型滞后环，表明复合材料中孔结构是狭缝型孔或者片状粒子的聚集体[173]。对于 APT/C@NiFe-LDH-1/1 来讲，吸附-脱附等温线属于 IV 型等温线且具有 H3 型滞后环。在较低的相对压力下($P/P_0 \leqslant 0.4$)，随着相对压力的增加，复合材料对 N_2 的吸附数量逐渐增多，吸附和脱附曲线完全重合，表明吸附过程为单层吸附，且存在丰富的微孔结构[174]。在较高的相对压力下($P/P_0 > 0.4$)，复合材料对 N_2 吸附量随着压力的增加而迅速增加，表明制得复合材料具有介孔和大孔结构[175]。与 APT/C 复合材料的吸附-脱附等温线相比，APT/C@NiFe-LDH-1/1 的吸附-脱附等温线明显较宽，且孔体积较大，这也表明 APT/C@NiFe-LDH-1/1 中存在较多的微孔或介孔。

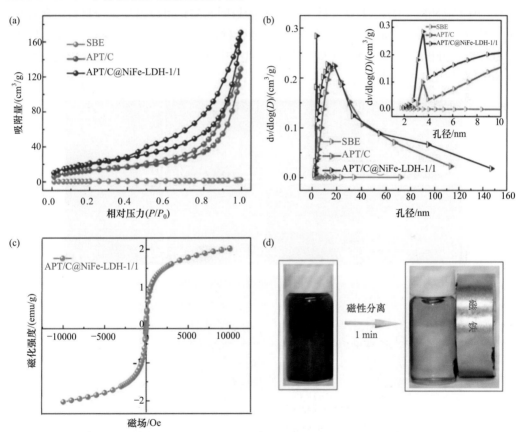

图 8-32　SBE、APT/C 复合材料和 APT/C@NiFe-LDH-1/1 的(a)N_2 吸附-脱附等温线、
(b)孔径分布图，APT/C@NiFe-LDH-1/1 的(c)磁滞回线和(d)磁性分离照片[160]

SBE 经水热处理后产物的比表面积由 2.3 m^2/g 增至 46.9 m^2/g；引入 NiFe-LDH 后，APT/C@NiFe-LDH-1/1 的比表面积可达 65.7 m^2/g，孔体积由 0.0022 cm^3/g 增至 0.2331 cm^3/g。上述孔结构参数的变化与凹凸棒石担载含碳物质和 NiFe-LDH 有关，同时 NiFe-LDH 片层的堆叠可形成更多的介孔结构。图 8-32(b)是 SBE、APT/C 复合材料和 APT/C@NiFe-

LDH-1/1 的孔径分布图。由于 SBE 中含有有机物阻塞了凹凸棒石的孔道，所以没有发现明显的孔径。相比之下，APT/C 复合材料和 APT/C@NiFe-LDH-1/1 分别在 16.9 nm 和 14.2 nm 处出现了较强的孔径分布峰，表明两种复合材料均为介孔材料，这也进一步说明 NiFe-LDH 的引入可将 SBE 转化为介孔复合材料。

由于在 NiFe-LDH 中存在铁磁性 Ni—OH—Ni 和反铁磁性 Ni—OH—Fe 或 Fe—OH—Fe，一般具有磁性[176]。如图 8-32(c)所示，当外加磁场开始增加时，APT/C@NiFe-LDH-1/1 的磁化强度迅速提高；当外加磁场增加到一定程度后，复合材料的磁化强度增长速率逐渐放慢直至饱和磁化强度。当外加磁场强度下降时，复合材料的磁化强度也随之下降；当外磁场为零时，磁化强度低至为零，没有剩磁现象和矫顽力，表现出很好的超顺磁性[177]，制得的复合材料的磁饱和强为 2.01 emu/g。尽管复合材料的饱和磁化强度较低，但仍然可以通过外部磁场轻松地从污染水体中分离出来[图 8-32(d)]。此外，采用 EDS 分析了 APT/C@NiFe-LDH-1/1 复合材料的元素组成(图 8-33)。可以发现复合材料中含有 Si、Mg、Al、C、O、Fe 和 Ni，这些元素均来自于复合材料中凹凸棒石、碳物质和 NiFe-LDH。从 EDS 组成分析计算得知 APT/C@NiFe-LDH-1/1 中 Ni/Fe 摩尔比约为 1.16，与实验过程中 Ni/Fe 摩尔比(1∶1)相当。

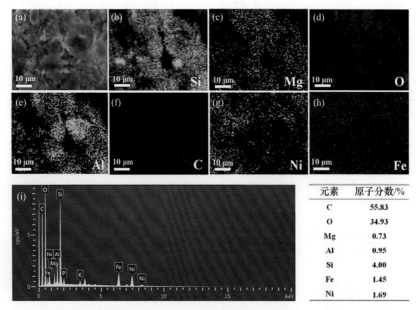

图 8-33 APT/C@NiFe-LDH-1/1(a)SEM 照片，(b)Si、(c)Mg、(d)O、(e)Al、(f)C、(g)Ni 和(h)Fe 元素分布图及其(i)EDS 谱图[160]

8.6　其他脱色废土为碳源

8.6.1　动物油为碳源

与植物油相比，动物油不饱和脂肪酸含量较低，尤其是亚油酸和亚麻酸含量非常低。

天然动物油中含有许多杂质、色素和有害物质，使用前必须经过脱色等工艺处理，伴随着动物油的加工利用产生大量的脱色废土。因此，在研究植物油脱色废土热解炭化再生利用的基础上，选择猪油为代表性动物油脂，以凹凸棒石用于脱色后将脱色废土在马弗炉中热解炭化 2 h 制备 APT/C，系统研究热解温度对复合材料组成和性能的影响[178]。其中，凹凸棒石猪油脱色废土(LSBE)中有机物含量约为 28.6%，热解温度包括 200℃、300℃、400℃、500℃和 600℃，样品分别标记为 APT/C-200、APT/C-300、APT/C-400、APT/C-500 和 APT/C-600。

LSBE 和不同热解温度制得 APT/C 复合材料的 FTIR 谱图如图 8-34(a)所示。在 LSBE 的 FTIR 谱图中，位于 3554 cm^{-1} (3428 cm^{-1})、1635 cm^{-1}、1038 cm^{-1} 和 516 cm^{-1} 处出现的特征吸收峰，分别归属于凹凸棒石晶体骨架中的 O—H 的伸缩振动峰、H—O—H 弯曲振动峰、Si—O—Si 的反对称伸缩振动和对称伸缩振动[179]；在 1466 cm^{-1} 和 848 cm^{-1} 处出现碳酸盐的反对称伸缩振动峰及弯曲振动吸收峰，表明 LSBE 样品中伴生有碳酸盐。随着热解温度增加，上述特征吸收峰的强度逐渐减弱甚至消失，表明在煅烧过程中残余的有机物转化为含碳物质，同时伴生的碳酸盐发生分解。位于 1745 cm^{-1} 处羧基官能团中 C=O 吸收峰经 200℃和 300℃煅烧后，相对强度逐渐减弱；当煅烧温度高于 300℃时，随着有机物的热解炭化，该吸收峰消失。

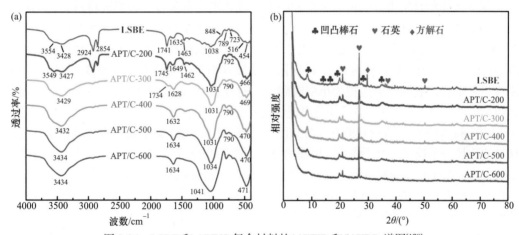

图 8-34 LSBE 和 APT/C 复合材料的(a)FTIR 和(b)XRD 谱图[178]

LSBE 和 APT/C 复合材料的 XRD 谱图如图 8-34(b)所示。从 LSBE 的 XRD 谱图中可以看到，在 $2\theta = 8.4°$、13.9°、16.5°、19.8°、27.5°和 34.9°处出现凹凸棒石的特征衍射峰，同时在 $2\theta = 20.9°$、26.7°、36.6°和 50.3°处出现石英的特征衍射峰，$2\theta = 29.5°$处衍射峰为方解石的特征峰。当解热煅烧温度低于 400℃时，在 APT/C 复合材料的 XRD 谱图可以观察到凹凸棒石的特征衍射峰，但随着煅烧温度的增加，凹凸棒石的衍射峰的强度逐渐减弱，当煅烧温度升高至 600℃时，凹凸棒石位于 $2\theta = 8.4°$处的衍射峰几乎完全消失，说明凹凸棒石的结构已被破坏。与凹凸棒石的 XRD 谱图相比[图 8-35(a)]，APT/C 复合材料中没有明显观察到炭材料的衍射峰，表明经热处理后形成了无定形碳[180]。这一现象可进一步从拉曼谱图中得到证实[图 8-35(b)]。众所周知，在炭材料拉曼光谱中，位于 1600～1620 cm^{-1}

处的 G 峰和 1360～1370 cm^{-1} 处的 D 峰分别代表碳原子 sp^2 杂化的面内伸缩振动和碳原子的晶格缺陷[181]。在 APT/C 复合材料中未观察到明显的 D 峰和 G 峰，表明所得复合材料具有无定形炭结构[182]。

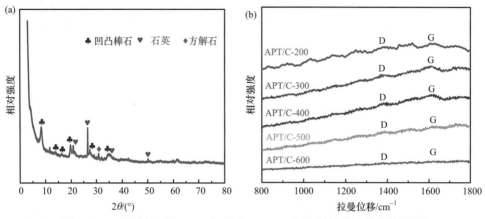

图 8-35　(a)凹凸棒石的 XRD 谱图及(b)APT/C 复合材料的拉曼光谱图[178]

图 8-36(a)为 LSBE 和 APT/C 复合材料的 N$_2$ 吸附-脱附等温线。观察 LSEB 等温线，发现在所处的相对压力范围内，吸附和脱附曲线几乎完全重合，表明该材料无孔结构存在。对于 APT/C-200，根据 IUPAC 分类，其等温线属于 I 型等温线，表明微孔结构的存在。随着热解温度的增加，等温线隶属于 IV 型等温线且有 H3 型滞后环。在较低相对压力范围内($P/P_0<0.4$)，复合材料对 N$_2$ 的吸附数量随着相对压力的增加而增多，吸附和脱附曲线完全重合，表明吸附过程为单层吸附，同时复合材料中微孔的数量逐渐增多。在较高相对压力($P/P_0>0.4$)下，滞后环的出现说明复合材料中存在介孔和部分大孔。图 8-36(b)为 LSBE 和 APT/C 复合材料的孔径分布图。根据 BJH 理论，随着煅烧温度的增加，复合材料的孔径分布较宽。由于残留有机物的分解，或凹凸棒石晶体结构中配位水和部分结构水的失去，APT/C 复合材料形成介孔结构。此外，经热解处理后，APT/C 复合材料的比表面积明显增大。在 200～500℃温度区间内，随着温度增加，APT/C 复合材料的比表面积逐渐增大；当温度高于 500℃时，复合材料的比表面积略有减小。APT/C 复合材料孔体积的变化与比表面积的变化呈现相同的规律。孔结构参数的变化主要归因于不同煅烧温度下凹凸棒石中沸石水、配位水或结构水的去除、残留油脂的炭化和碳物质担载共同作用的结果。

LSBE 和 APT/C 复合材料的 SEM 照片如图 8-37 所示。由于凹凸棒石表面被残留有机物覆盖，从 LSBE 的 SEM 照片中没有观察到凹凸棒石典型的棒状形貌[图 8-37(a)]。随着煅烧温度的增加，样品的颜色发生明显的变化，与 LSBE 的颜色相比，煅烧温度从 200℃增加到 400℃再增至 600℃，APT/C 复合材料的颜色由灰变黑再变为淡黄色[图 8-37(g)]，表明脱色废土中有机物逐渐热解炭化，但随着热解温度的增加，生成的碳物质含量逐渐减少。此外，APT/C 复合材料均呈现凹凸棒石的典型棒状形貌，但在 APT/C-200 中存在许多聚集体，这是由于范德瓦耳斯力和氢键作用，凹凸棒石棒晶趋向于以棒晶束和聚集体的形式存在[图 8-37(b)]。随着煅烧温度的增加，棒状形貌逐渐增多且团聚现象有所改善[图 8-37(c)～(f)]，这可能是由样品中碳酸盐的热分解所致，这种现象也可以从产物的

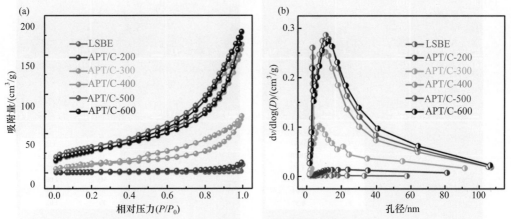

图 8-36　LSBE 和 APT/C 复合材料的(a)N₂ 吸附-脱附等温线和(b)BJH 孔径分布[178]

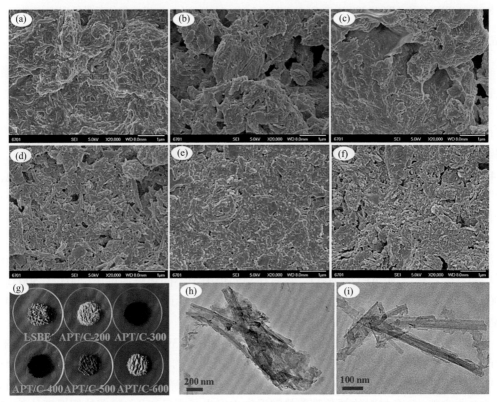

图 8-37　(a)LSBE、(b)APT/C-200、(c)APT/C-300、(d)APT/C-400、(e)APT/C-500 和(f)APT/C-600 的 SEM
照片；(g)LSBE 和 APT/C 复合材料的数码照片；(h)、(i)APT/C-300 的 TEM 照片[178]

TEM 照片中得到证实[图 8-37(h)和(i)]。EDS 谱图可以进一步分析 LSBE 和制得的 APT/C-
300 复合材料的元素组成(图 8-38)。在 LSBE 和 APT/C-300 中，C 和 O 均为主要元素，在
LSBE 和 APT/C-300 中的原子百分比分别为 64.64%和 28.50%、39.62%和 46.03%。对比
发现，经煅烧处理后，C 元素的含量下降，同时 O 元素的含量增加，这是由于残留有机
物热解炭化的过程中形成了含氧官能团。

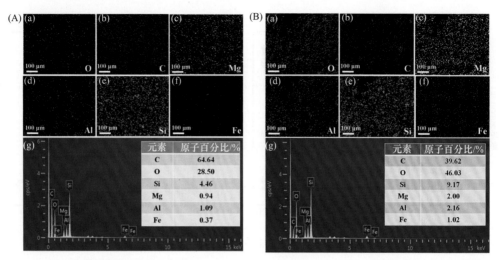

图 8-38　LSBE(A)和 APT/C-300(B)中 O(a)、C(b)、Mg(c)、Al(d)、Si(e)、Fe(f)元素分布图和 EDS 谱图(g)[178]

8.6.2　废弃火锅油为碳源

火锅在中国已有 1000 多年的悠久历史,深受各地人们的喜爱。但伴随人们享受火锅美食美味,同时产生了大量的废弃火锅油(WHPO),有不法商贩将它回收经加工处理后反复多次用于食品加工过程中[183]。事实上,WHPO 也是"地沟油"的主要来源之一,在反复加热过程中,废弃油脂的物理和化学性质发生明显变化,产生很多有害化合物[184,185]。据统计,"地沟油"在中国产生的数量(658 万 t)是欧盟(100 万 t)、美国(127 万 t)和加拿大(14 万 t)合计总量的 2.73 倍[183]。据报道,中国约 10%的食用油可能来自非法使用"地沟油"[186],这种方式严重威胁着人体健康。因此,寻求合理的资源化利用废弃火锅油势在必行。

近年来,黏土矿物/炭复合材料已应用于环境矿物材料[187]。因此,作者以 WHPO 为碳源,通过一步热解炭化制备了凹凸棒石/炭复合材料[188]。将 50 g WHPO 与 10 g 凹凸棒石均匀混合,标记为 APT/WHPO,然后在马弗炉中于不同热解温度下(200℃、300℃、400℃、500℃和 600℃)炭化处理 2 h,制得的样品分别标记为 APT/C-200、APT/C-300、APT/C-400、APT/C-500 和 APT/C-600。

APT/WHPO 经不同温度煅烧前后的微观形貌如图 8-39 所示。在 APT/WHPO 油品中,凹凸棒石表面被有机物所覆盖,几乎观察不到凹凸棒石的棒状形貌。但在 APT/C 复合材料中可清楚地观察到凹凸棒石的棒状相貌,同时随着热解温度的升高,棒状相貌的团聚现象有所改善。复合材料的颜色随着热解温度也发生了明显变化。随着热解温度从 200℃增加至 600℃,APT/C 复合材料的颜色从土黄色→黑色→棕色→土黄色变化。这表明凹凸棒石吸附的油脂分子在低温下被热解炭化,但在高温下空气氛中油脂被完全分解,这也可以直观地反映热解温度对复合材料中碳含量的影响规律[图 8-39(b)]。此外,在 300℃下热解炭化制得复合材料的 TEM 照片中,可以发现生成的碳物质主要附着在棒状表面[图 8-39(c)和(d)]。

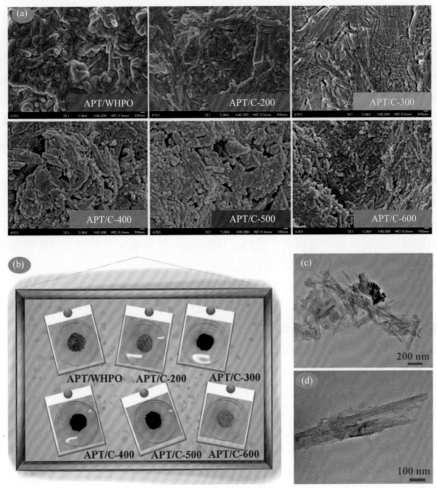

图 8-39　APT/WHPO 和 APT/C 复合材料的(a)SEM 和(b)数码照片以及(c)、(d)APT/C-300 的 TEM 照片[188]

　　对比分析了 APT/WHPO 和 APT/C 复合材料的 XRD 谱图。如图 8-40(a)所示，在 APT/WHPO 的 XRD 谱图中，出现了凹凸棒石、方解石和石英的特征衍射峰。在 APT/C 复合材料中，均可观察到凹凸棒石的特征衍射峰，但衍射峰的位置与强度略有差异，尤

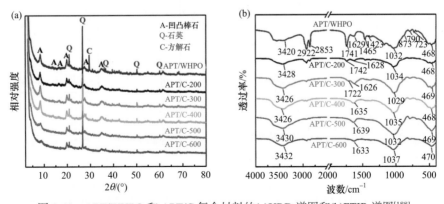

图 8-40　APT/WHPO 和 APT/C 复合材料的(a)XRD 谱图和(b)FTIR 谱图[188]

其是 APT/C-500 和 APT/C-600,这表明升高煅烧温度在一定程度上破坏了凹凸棒石的孔道结构。此外,在 APT/C 复合材料中没有观察到明显的炭材料特征衍射峰,所以经热处理后吸附的油脂分子形成了无定形碳[189]。

APT/WHPO 和 APT/C 复合材料的 FTIR 谱图如图 8-40(b)所示。随着煅烧温度的增加,2922 cm^{-1} 和 2853 cm^{-1} 处脂肪族化合物 C—H 伸缩振动吸收峰的强度逐渐减弱甚至消失,表明在煅烧过程中吸附的有机物转化为碳物质;位于 3420 cm^{-1} 和 1629 cm^{-1} 的吸收峰分别归属于凹凸棒石表面羟基的伸缩振动峰和吸附水的弯曲振动峰,经煅烧后相对强度明显减弱甚至消失,这与凹凸棒石表面脱羟基作用后孔道结构的破坏有关;1466 cm^{-1} 和 1423 cm^{-1}、873 cm^{-1} 和 723 cm^{-1} 处的吸收峰分别归属于方解石及碳酸盐中 CO_3^{2-} 的伸缩振动峰和弯曲振动峰,但随着热解过程中碳酸盐的分解而消失。WHPO 经 200℃ 和 300℃ 煅烧后,位于 1741 cm^{-1} 处羧基的 C=O 伸缩振动吸收峰的相对强度逐渐减弱;当煅烧温度高于 300℃ 时,该吸收带完全消失。此外,1629 cm^{-1} 处出现了芳环的 C—H 伸缩振动峰,这表明在煅烧过程中存在有机物的芳构化反应[190]。

WHPO 经不同温度煅烧后 APT/C 复合材料均表现出连续的质量损失,但热分解行为略有不同。对于所有的样品,第一段热失重均发生在 70℃ 左右,这主要是与凹凸棒石或者复合材料表面物理吸附水的去除有关。随着温度的升高,对于 APT/C-200,质量损失主要发生在 233℃、317℃ 和 380℃,其中 233℃ 处的质量损失主要是由蒸发过程所致,可能伴随着挥发性物质的逸出;在 317℃ 和 380℃ 的质量损失与废弃火锅油的炭化有关[191]。当煅烧温度高于 300℃,APT/C 复合材料的质量损失集中在 200~600℃ 之间,这主要归因于有机官能团的失去以及生成碳物质的热分解。随着温度从 200℃ 增加至 600℃,复合材料的质量损失从 44.37% 逐渐减少至 2.85%,表明有机官能团和碳物质的含量逐渐减少。因此,将 APT/WHPO 转化成 APT/C 复合材料的最佳温度为 300℃。采用 EDS 谱图进一步分析 APT/WHPO 和制得的 APT/C-300 复合材料的元素组成。C/O 比常用来评价材料表面的亲疏水性[192],对比发现 APT/C-300 的 C/O 元素比明显高于 APT/WHPO,表明 APT/C 复合材料表面较为疏水,这也进一步也佐证了煅烧过程中废弃火锅油形成芳环结构。

图 8-41(a)为 APT/WHPO 和 APT/C 复合材料的 N$_2$ 吸附-脱附等温线。随着煅烧温度

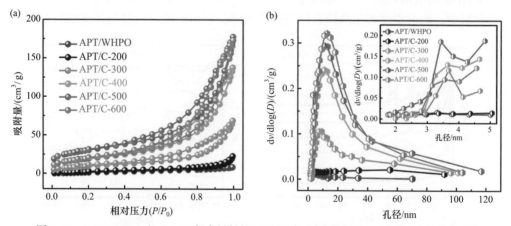

图 8-41　APT/WHPO 和 APT/C 复合材料的(a)N$_2$ 吸附-脱附等温线和(b)BJH 孔径分布[188]

的增加，复合材料中存在介孔和部分大孔。图 8-41(b)为 APT/WHPO 和 APT/C 复合材料的孔径分布图。随着煅烧温度的增加，复合材料呈现较宽的孔径分布。由于 APT/WHPO 中有机物的分解，或者凹凸棒石晶体结构中配位水和部分结构水的失去，制得的 APT/C 复合材料的孔径主要分布在 2~50 nm 范围内，这表明 APT/C 复合材料主要以介孔结构为主。

8.6.3　废机油为碳源

随着全球工业化程度越来越高，各国对机械润滑油(或称为机油)的需求量日益激增。在发动机和机械装置运转过程中，在机油中容易混入水分、灰尘、其他杂油和机件磨损产生的金属粉末等杂质。同时，随着机油中添加剂的不断消耗，机油逐渐变质产生有机酸、胶质和沥青状物质。因此，及时更换新机油成了发动机和机械装置检修和维护等必不可少的环节。目前，我国汽车、船舶每年产生的废机油达 1500×10^4 t，加上飞机、火车和各种大型机械产生的废机油，每年产生废机油 $2500 \times 10^4 \sim 3000 \times 10^4$ t[193, 194]。数据显示，中国每年产生的废机油以 10%的速度增加。面对如此庞大的废机油，我国目前的回收利用率却只有 20%左右[195]。为此，作者采用废机油(WEO)为碳源，通过一步热解法制备了凹凸棒石/炭复合材料。在 200℃、300℃、400℃、500℃和 600℃下制得样品分别标记为 APT/C-200、APT/C-300、APT/C-400、APT/C-500 和 APT/C-600。

图 8-42(a)是在不同热解温度下制得的 APT/C 复合材料的 FTIR 谱图，可以发现随着煅烧温度的增加，位于 2929 cm^{-1} 和 2858 cm^{-1} 处的有机物 C—H 伸缩振动吸收峰的相对强度逐渐减弱其至消失，表明在煅烧过程中废机油转化为碳物质。如图 8-42(b)所示，在 APT/WEO 的 XRD 图中可以观察到凹凸棒石、方解石和石英的特征衍射峰。经不同热解温度处理后，随着热解温度的增加，在 APT/C 复合材料中凹凸棒石的特征峰逐渐减弱，方解石的特征衍射峰消失。此外，在 APT/C 复合材料的 XRD 谱图中没有发现明显炭材料的衍射峰，表明经热处理后废机油转变了无定形炭。

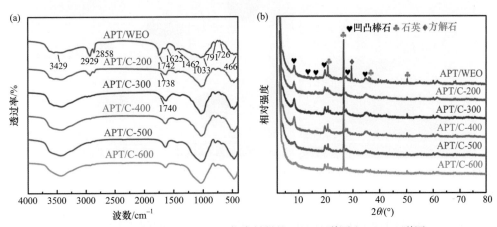

图 8-42　APT/WEO 和 APT/C 复合材料的(a)FTIR 谱图和(b)XRD 谱图

不同热解温度制得的 APT/C 复合材料的形貌如图 8-43 所示。经一步热解形成 APT/C

复合材料后，可以清楚地观察到凹凸棒石棒状形貌[图 8-43(b)]。随着煅烧温度的增加，棒状形貌逐渐增多且团聚现象有所改善[图 8-43(c)~(f)]。APT/C 复合材料的形成还可以进一步从 TEM 照片中得到证实[图 8-43(g)和(h)]。以 APT/C-300 的 TEM 照片为例，可以发现生成的碳物质附着在凹凸棒石表面。同时，样品颜色变化也可以直观地反映热解温度对复合材料性状的影响[图 8-43(i)]。

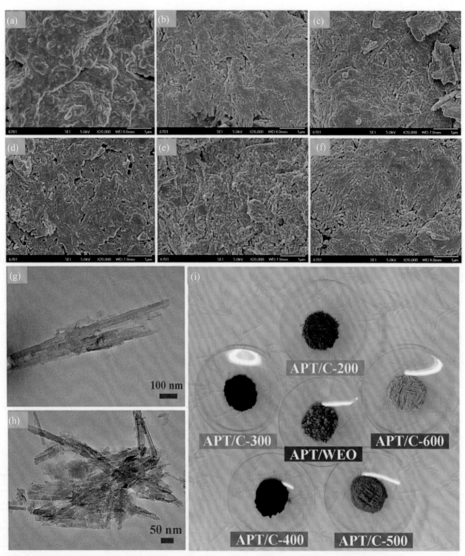

图 8-43 (a)APT/WEO、(b)APT/C-200、(c)APT/C-300、(d)APT/C-400、(e)APT/C-500、(f)APT/C-600 的 SEM 照片以及(g)、(h)APT/C-300 的 TEM 照片和(i)样品数码照片

图 8-44(a)为 APT/WEO 和 APT/C 复合材料的 N_2 吸附-脱附等温线。APT/C-200 复合材料的等温线属于 I 型等温线，表明该材料以微孔结构为主。随着热解温度的增加，制得的复合材料等温线隶属于 IV 型等温线且有 H3 型滞后环。图 8-44(b)为 APT/WEO 和

APT/C 复合材料的孔径分布图。制得的 APT/C 复合材料的孔径主要分布介于 2～50 nm 之间，表明 APT/C 复合材料主要以介孔结构为主。此外，当煅烧温度从 200℃增至 500℃时，比表面积、孔体积和孔径均呈现增大趋势，但继续增加温度至 600℃时，复合材料的比表面积有所降低。这种变化现象主要与凹凸棒石孔道中沸石水、配位水及少量结构水的失去以及有机物的分解有关。

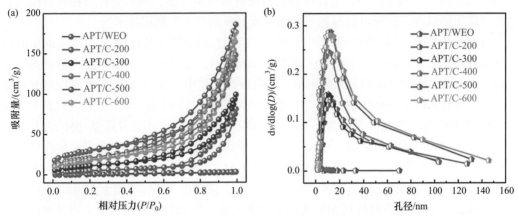

图 8-44　APT/WEO 和 APT/C 复合材料的(a)N$_2$ 吸附-脱附等温线和(b)BJH 孔径分布

8.7　凹凸棒石基炭复合材料应用

凹凸棒石基炭复合材料集成了凹凸棒石和炭材料的性能优势，被广泛应用于环境治理[26]、土壤修复[196]、催化剂载体[197]、电化学储能[198]、油脂脱色[78]、生物传感[199]、吸波材料[200]等各种领域。本章凹凸棒石基炭复合材料应用主要基于作者以脱色废土或者废弃油脂为碳源制得的复合材料在废水处理方面应用研究。

近年来，各种污染物对生态系统和人类健康造成了不可弥补的破坏，日益严重的环境污染问题引起了全世界的广泛关注，尤其是水污染。水作为一种基础性自然资源和战略性经济资源，在人类发展和生存中具有重要的地位。但随着人口的急剧增长和工农业生产的飞速发展，各种工业和生产生活废水未经处理或未达到排放标准就排向自然界，致使水体受到不同程度的污染，导致水体质量急剧恶化，使得我国水资源面临严峻的形势[201]。一方面，需要从污染源头严格控制；另一方面，应对已污染水体进行有效治理和修复。由于具有低成本、高效率、易操作、易再生等优点，吸附法被公认为是去除水体污染物最有效的方法之一[202,203]。因此，在材料、环境科学等领域大力发展低成本、高性能吸附剂，从点面源进行污染物的控制和水环境修复成为国内外学者研究的重点。凹凸棒石基炭复合材料具有成本低、制备简单、官能团丰富、比表面积大等优点，是去除各种水体污染物的优良吸附材料。

8.7.1　有机污染物去除

有机染料、酚类化合物、芳香族化合物、农药和除草剂等有机污染物是重要的水体污染源,对人类健康和生态系统安全已造成严重危害,所以不同的吸附材料被发展用于去除这些污染源,尤其是黏土矿物基复合材料[204,205]。APT/C 复合材料兼有凹凸棒石和炭材料的组分协同效应,可应用于吸附去除不同有机污染物,但以不同的碳源制得的 APT/C 复合材料对有机污染物吸附性能的对比研究还未见报道。为此,作者以有机染料和抗生素为目标污染物,采用以植物油、动物油、废弃火锅油为碳源制得 APT/C 复合材料为吸附剂,对比研究不同条件制得复合材料对污染物的吸附性能,揭示复合材料对目标污染物的可能吸附机理,探究可行绿色可持续的废弃吸附剂再生利用技术。

以猪油为碳源,不同热解温度制得 APT/C 复合材料对甲基紫(MV)吸附性能的影响如图 8-45(a)所示。当热解温度由 200℃增加至 600℃时,复合材料对 MV 的吸附量先增加后降低,且在 300℃时达到最大吸附量。在强酸性介质中,H+与 MV 在吸附位点上是竞争关系,同时 APT/C-300 中羧酸根质子化转变为羧基(—COOH),减少了复合材料对 MV 的有效吸附位点,所以降低了复合材料对 MV 的吸附容量。随着体系 pH 的增加,APT/C-300 中—COOH 解离成—COO−,复合材料表面形成更多的吸附位点,复合材料对 MV 具有较高的吸附容量。因此,APT/C-300 对 MV 的吸附具有 pH 依赖性[图 8-45(b)]。当 pH 从 2.0 增加至 4.0 时,APT/C-300 对 MV 的去除率由 30.8%增加至 53.4%;pH 介于 4.0~10.0 之间时,复合材料对 MV 去除率显著增加,当 pH = 6.0 时,最大可达 96.4%;当 pH 高于 10 时,复合材料对 MV 的去除率趋于恒定。

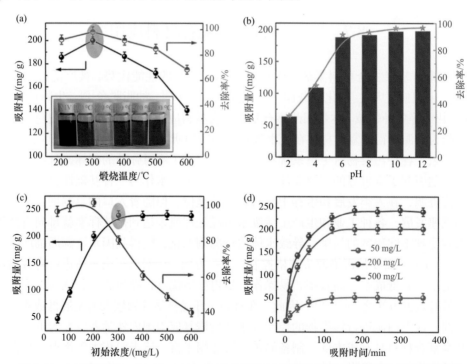

图 8-45　(a)热解温度、(b)pH、(c)MV 初始浓度和(d)吸附时间对 MV 吸附容量的影响[178]

初始浓度对 APT/C-300 吸附 MV 的影响如图 8-45(c)所示。随着 MV 初始浓度的增加,APT/C-300 对 MV 的吸附量逐渐增加,而去除率随之减小。当 MV 的初始浓度由 50 mg/L

增至 300 mg/L 时，复合材料对 MV 吸附量迅速增加，由 47.3 mg/g 提升至 239.3 mg/g；随着 MV 初始浓度的继续增加，复合材料对 MV 吸附容量没有明显变化，表明吸附材料表面的吸附位点已被完全占据，吸附达到平衡。图 8-45(d)是吸附时间对 APT/C-300 吸附 MV 的影响。对于低浓度(50 mg/L)和中间浓度(200 mg/L)的 MV 溶液，吸附剂在 120 min 内即可达到吸附平衡，但对于高浓度(500 mg/L)的 MV 溶液，达到饱和吸附需要 180 min。由于初始阶段时，复合材料表面存在大量的活性位点，APT/C-300 对 MV 的吸附速率较快；随着吸附时间的延长，活性位点逐渐被占据，复合材料对 MV 吸附饱和并最终达到吸附平衡。

性能优良的吸附材料不仅吸附量高、吸附速率快，同时还应具有良好的再生和重复使用性。为了避免传统吸附-脱附解吸技术缺陷，作者提出以吸附的 MV 为碳源，探索染料吸附-热解炭化的循环再生利用技术。首先，考察热解炭化再生温度对废弃吸附材料再生效率的影响。如图 8-46(a)所示，热解温度直接影响吸废弃附材料的再生效率。在较低的热解温度下，有机染料热解炭化形成碳物质，部分分解为 CO_2 逸出，从而可以释放吸附材料的表面活性位点[206]。当热解再生温度为 500℃时，再生的复合材料对 MV 的去除率与初始吸附材料相比，仅降低了 10.1%。因此，选择 500℃为废弃吸附剂的热解再生温度。

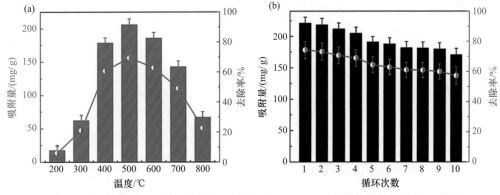

图 8-46　(a)热解再生温度对吸附 MV 的废弃 APT/C-300 吸附性能的影响和(b)废弃
APT/C-300 经吸附-热解炭化循环重复使用性能[178]

选取 APT/C-300 为研究对象，在最优的再生温度 500℃下，通过吸附-热解炭化循环 10 次，评价废弃吸附剂的重复使用性能。如图 8-46(b)所示，经 10 次连续的吸附-热解炭化循环之后，APT/C-300 对 MV 的吸附容量仅有轻微下降，并且去除率仍然高于 60%。研究表明，第 1 次再生所得产物的比表面积为 67.38 m^2/g，经第 5 次和第 10 次循环再生后，产物的比表面积分别下降至 50.12 m^2/g 和 39.53 m^2/g。这表明再生吸附材料吸附容量的下降，可能是由于连续的煅烧处理深度破坏了凹凸棒石的孔道结构所致，也与吸附的 MV 分子分解产物占据部分吸附位点有关[207]。与其他再生方法相比，该法不仅操作简单，无二次污染风险，同时用于 MV 的吸附具有良好的重复使用性。因此，该技术为吸附有机污染物的废弃吸附剂的绿色可持续循环利用提供新策略。

吸附质分子的结构、吸附剂所带官能团和表面性质决定了吸附质与吸附剂间的相互作用机理。为了研究 APT/C 复合材料表面所带电荷对 MV 吸附性能的影响，分析考察了

APT/C 复合材料及 APT/C-300 在不同 pH 下的 Zeta 电位。从图 8-47(a)中可以发现，APT/C 复合材料表面带负电荷，且 APT/C-300 的电位相对更负，表明所含的含氧官能团的数量较多。此外，APT/C-300 在所研究的 pH 范围内也呈现负电性，且 Zeta 电位值随 pH 的增大越来越负[图 8-47(b)]，说明碱性条件下吸附剂表面的负电荷较多。因此，静电作用是 APT/C 复合材料与 MV 分子的主要作用机理之一。

此外，APT/C-300 吸附 MV 前后的 FTIR 谱图如图 8-47(c)所示，吸附 MV 之后，位于 3429 cm^{-1} 处 O—H 的伸缩振动峰位移至 3418 cm^{-1}；1652 cm^{-1} 处 O—H 的弯曲振动峰位移至 1640 cm^{-1}，且伴随着相对强度的减弱；1734 cm^{-1} 处 C=O 的伸缩振动峰位移至 1724 cm^{-1}。与吸附前相比，在 1591 cm^{-1}、1483 cm^{-1}、1372 cm^{-1} 和 1172 cm^{-1} 处出现新的吸收谱带，分别归属于 MV 分子中直链 C=C、苯环中 C=C、C—H 和 C—N 的伸缩振动峰[208]。这表明氢键作用也是 APT/C-300 吸附 MV 的作用机理之一。位于 1628 cm^{-1} 处 C=C 的吸收峰吸附 MV 后向高波数(1640 cm^{-1})发生位移，这可能是 APT/C-300 通过 π-π 作用与 MV 发生相互作用。同时，含氧官能团的存在可以增加复合材料的疏水性，从而有利于吸附 MV 分子[209]。基于上述分析，在该吸附过程中可能存在的吸附机理如图 8-47(d)所示。

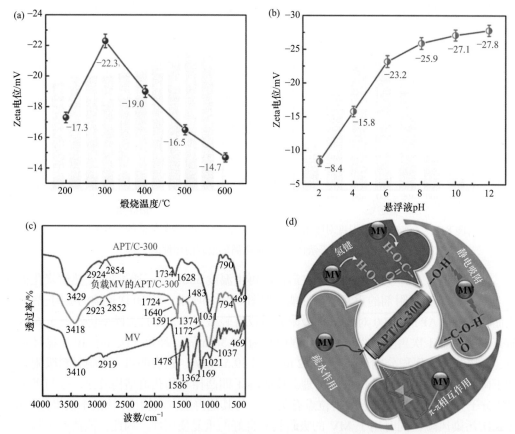

图 8-47　(a)不同热解温度制得 APT/C 复合材料的 Zeta 电位；(b)APT/C-300 在 pH=2.0～12.0 范围内的 Zeta 电位；(c)APT/C-300 吸附 MV 前后的 FTIR 谱图和(d)吸附机理示意图[178]

以大豆油脱色废土制得 APT/C 复合材料为吸附剂，考察其对金霉素(CTC)和四环素

(TC)的吸附性能和机理。pH 对 APT/C-300 吸附 CTC 和 TC 的影响如图 8-48(a)所示。对于吸附 CTC，随着溶液 pH 的增加，复合材料对 CTC 的吸附量逐渐增加，当 pH = 4 时吸附容量达到最大值；当 4<pH<7 时，吸附量出现一平台，基本保持恒定；当 pH>7 时呈现明显的下降趋势。相比之下，不同 pH 值下，复合材料对 TC 的吸附也呈现相同的变化规律。当 pH<4 时，复合材料对 TC 的吸附容量逐渐增加；当 pH 位于 4~7 之间时基本保持不变，pH>8 时吸附量开始下降。这种变化主要由吸附质在不同 pH 下的存在形式、吸附剂的表面性质及二者之间的相互作用共同决定[210]。

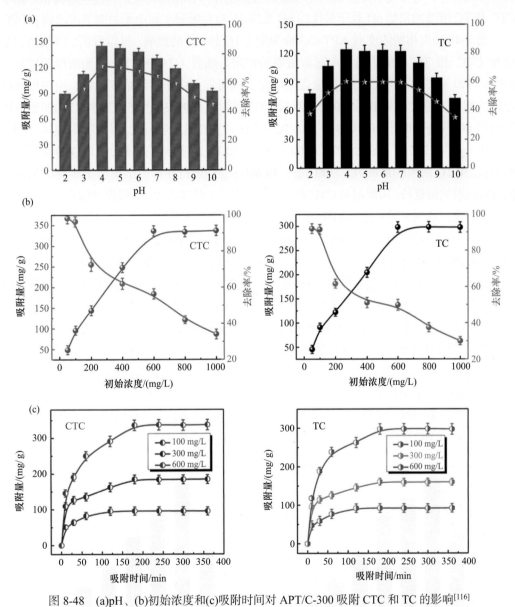

图 8-48 (a)pH、(b)初始浓度和(c)吸附时间对 APT/C-300 吸附 CTC 和 TC 的影响[116]

众所周知，TC 是两性分子，在不同的 pH 下存在形式不同。当 pH<3.3 时，以 TCH$_3^+$

形式存在；当 3.3＜pH＜7.7 时，TC 分子呈中性且以 TCH$_2^0$ 形式存在；当 7.7＜pH＜9.7 时，以阴离子 TCH$^-$存在，pH＞9.7 时表现为 TC^{2-}状态[211]。因此，当溶液 pH 值低于 TC 的 pK_{a_1}(3.3) 时，TCH$_3^+$与强酸性溶液中 H$^+$在吸附位点上的存在竞争作用，但在 pH = 3 时呈现的吸附量可能是由于 APT/C-300 通过静电作用或π-π作用与 TC 发生作用[212]。当溶液 pH 介于 4～7 时，TC 以 TCH$_2^0$形式存在，与 APT/C-300 之间较弱的排斥作用可忽略不计，故吸附量维持在一个相对稳定的状态。但当溶液 pH 大于 7.7 时，TC 主要以 TCH$^-$和 TC^{2-}形式存在，与带负电荷的 APT/C-300 间强烈的排斥作用使得吸附性能明显降低。由于 CTC 和 TC 溶液的初始 pH 处于最优的 pH 范围内，故在吸附实验中无需调节溶液的 pH 值。

图 8-48(b)为初始浓度对 APT/C-300 吸附 CTC 和 TC 的影响。可以看出，溶液初始浓度在 CTC 和 TC 的吸附过程中起着重要的作用。随着 CTC 和 TC 初始浓度的增加，APT/C-300 对 CTC 和 TC 的吸附量逐渐增加。这可能是由于溶液浓度越大，由浓度梯度形成的驱动力越大，APT/C-300 对 CTC 或 TC 吸附速率越快。当 CTC 和 TC 的初始浓度增加到 600 mg/L 时，APT/C-300 对 CTC 和 TC 的吸附达到平衡，最大吸附容量分别为 336.37 mg/g 和 297.91 mg/g。APT/C-300 对 CTC 和 TC 的吸附时间通过选取 3 种不同浓度的 CTC 和 TC 溶液(100 mg/L、300 mg/L 和 600 mg/L)进行评价，结果如图 8-48(c)所示。随着吸附时间的延长，吸附剂对 CTC 和 TC 的吸附量先快速增加，后缓慢增加直至达到吸附平衡。但是，达到吸附平衡所需的时间与溶液的初始浓度密切相关。对于低浓度(100 mg/L)的 CTC 和 TC 溶液，复合材料在 120 min 内可达到吸附平衡，对于中间浓度(300 mg/L)和高浓度(600 mg/L)的 CTC 和 TC 溶液，复合材料达到饱和吸附需要 180 min。

基于对吸附有 MV 废弃吸附材料的吸附-热解炭化循环再生利用技术研究，以吸附抗生素后的 APT/C-300 为例，首先考察不同再生热解炭化温度对再生效率的影响。如图 8-49(a)所示，再生温度与吸附剂的再生效率密切相关。较低的再生温度可使吸附的抗生素分解形成碳物质，同时部分分解为 CO$_2$逸出。相比之下，300℃下再生的复合材料对 CTC 和 TC 的吸附容量较优，分别可达 285.4 mg/g 和 248.9 mg/g。但是，较高的热解炭化温度会引起凹凸棒石部分孔道结构的深度破坏、碳物质和含氧官能团的热分解，从而导致复合材料中有效吸附位点数目减少，所以，最优的再生温度选择为 300℃，该热解炭化温度低于吸附 MV 的废弃 APT/C 复合材料的最佳热解炭化温度(500℃)，这主要与吸附质的结构差异有关。

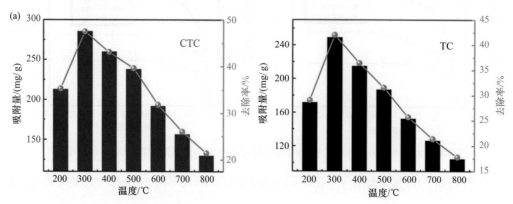

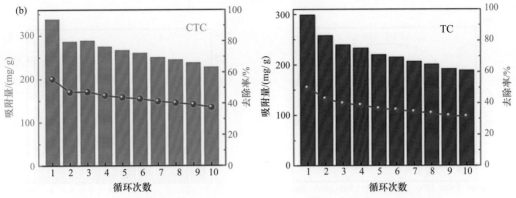

图 8-49　(a)不同再生热解炭化温度对复合材料吸附 CTC 和 TC 性能的影响；
(b)经吸附-热解炭化再生的 APT/C-300 吸附 CTC 和 TC 的重复使用性[116]

在此基础上，选取吸附抗生素后的 APT/C-300 为研究对象，在最优的再生温度 300℃下，通过 10 次吸附-热解炭化循环对吸附剂的重复使用性进行评价，结果如图 8-49(b)所示。经过 10 次连续的吸附-热解炭化循环之后，APT/C-300 对 CTC 和 TC 的去除率与初次吸附相比，仅分别降低了 18.2%和 18.5%。这表明该技术循环再生的 APT/C 复合材料具有良好的重复使用性能。

为了进一步研究吸附机理，以吸附 CTC 为例，分析 APT/C-300 吸附 CTC 前后的 FTIR 谱图。如图 8-50(a)所示，在 APT/C-300 的 FTIR 谱图中，在 3428 cm^{-1}(O—H 伸缩振动)、1730 cm^{-1}(C=O 的伸缩振动)、1628 cm^{-1}(芳环的伸缩振动和 O—H 的弯曲振动)、1463 cm^{-1}(C=C 的伸缩振动)和 467 cm^{-1}(C—C 的弯曲振动)处的吸收峰，表明 APT/C-300 表面存在丰富的含氧官能团。待吸附 CTC 后，位于 3428 cm^{-1} 处的吸收峰向低波数发生位移(3414 cm^{-1})，表明 O—H 参与了吸附过程。此外，APT/C-300 中 2926 cm^{-1}、2849 cm^{-1} 和 1628 cm^{-1} 处的吸收峰在吸附完成后分别位移至 2928 cm^{-1}、2852 cm^{-1} 和 1635 cm^{-1} 处，也说明 APT/C-300 与 CTC 之间存在相互作用。在 CTC 的 FTIR 谱图中，位于 1623 cm^{-1}(酰胺 I)、1582 cm^{-1}(酰胺 II)、1672 cm^{-1} (C=O 伸缩振动)、1361 cm^{-1}(苯环中 C—N 伸缩振动)、1316 cm^{-1}(酰胺 III)、1138 cm^{-1}(—N(CH_3)$_2$ 中 C—N 伸缩振动)和 848 cm^{-1}(—NH_2 中 N—H 弯曲振动)处的 CTC 分子的特征吸收峰，在被复合材料吸附后的红外谱中均发生了一定程度的位移。

上述红外吸收谱图的变化可以归因于以下几点：①由于存在丰富的含氧官能团，APT/C-300 表面带负电荷[图 8-50(b)]，所以复合材料通过静电作用和疏水作用吸附 CTC 分子；②由于酮羰基的强吸电子能力，CTC 分子上的共轭烯酮结构作为π电子受体，凹凸棒石表面碳物质作为π电子给体，二者之间通过形成π-π堆积作用，促使 CTC 吸附于复合材料表面[213]；③CTC 分子中的官能团如羧基和质子化氨基可与 APT/C-300 上的含氧官能团形成氢键；④CTC 中苯环上质子化氨基与 APT/C-300 中碳物质π电子之间的相互作用也可能是另一种吸附作用方式。因此，该吸附过程中的可能作用机理如图 8-50(c)所示。

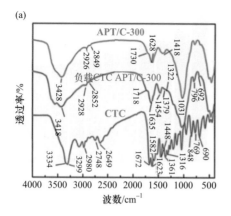
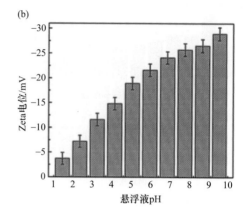

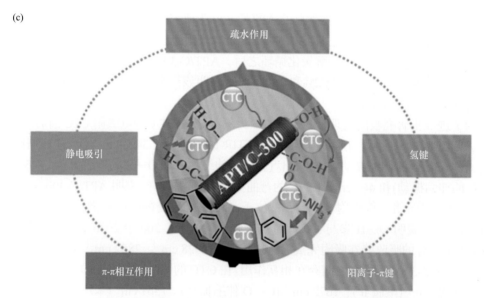

图 8-50　(a)APT/C-300 吸附 CTC 前后的 FTIR 谱图；
(b)APT/C-300 在不同 pH 下的 Zeta 电位；(c)APT/C-300 吸附 CTC 的机理示意图[116]

以废弃火锅油为碳源，对比研究不同热解温度制得复合材料对甲基紫(MV)、Pb^{2+}和四环素(TC)吸附性能的影响。随着热解温度的增加，复合材料对 MV、Pb^{2+}和 TC 的吸附量均先增大后减小，在 300℃时均达到最大吸附量。在吸附过程中，pH 不仅影响吸附剂表面电荷和官能团，同时还影响吸附质的赋存状态，是影响吸附材料吸附性能的关键因素之一。根据吸附质的理化性质，分别选择 pH 在 2～12、1～6 和 2～10 考察 APT/C-300对 MV、Pb^{2+}和 TC 的吸附性能，如图 8-51(a)～(c)所示。在 pH＝2～6 范围内，随着体系 pH 的升高，APT/C-300 对 MV 的吸附量明显增加；当 pH 高于 6 时，复合材料对 MV 吸附量缓慢增加至达到吸附平衡。对于 Pb^{2+}，复合材料的吸附量在 pH＝1～4 的范围内持续增加，然后在 pH 在 4～6 范围内逐渐趋于平衡。相比之下，在 pH＝1～4 范围内，APT/C-300 对 TC 的吸附容量逐渐增加，但当 pH 高于 7 时又呈下降趋势，这主要与吸附质分子在不同 pH 溶液中的赋存状态有关。在强酸性介质中，H^+ 对吸附材料吸附位点的竞争吸附会较低吸附质的吸附容量；在弱酸性环境中，吸附剂中的吸附位点都呈现离子状态，吸附位点较为充足，可以与吸附质间发生静电作用或配位作用，吸附容量明显增加。因此，在较低 pH 范围内，存在 H^+ 与污染物间的竞争吸附，且部分—COO^- 质子化转化为—COOH 形式，使得吸附剂和吸附质之间的作用力减弱，不利于吸附材料对污染物的吸附。当 pH 较高时，APT/C-300 中的—COOH 基团解离成—COO^- 形式，在吸附剂表面形成更多的带负电的吸附位点，有助于增强与阳离子污染物之间的静电作用。这也可以从不同 pH 介质中 APT/C-300 的 Zeta 电位变化得以证实[图 8-51(d)]。

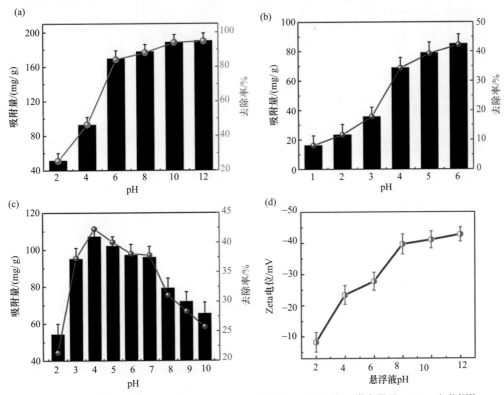

图 8-51　不同 pH 下 APT/C-300 对(a)MV、(b)Pb^{2+}、(c)TC 的吸附容量及(d)Zeta 电位[188]

在吸附位点充足时，较高的初始浓度可以增强吸附驱动力，从而克服吸附质到吸附剂表面的传质阻力，二者可以有效接触并发生相互作用[214]。如图 8-52(a)所示，随着 MV、Pb^{2+} 和 TC 初始浓度的增加，APT/C-300 复合材料对 MV、Pb^{2+} 和 TC 吸附容量逐渐增加。当 MV 和 Pb^{2+} 初始浓度为 400 mg/L，CTC 的初始浓度为 600 mg/L 时，复合材料的吸附容量没有明显变化，表明吸附材料表面的吸附位点已被完全占据并达到平衡。因此，APT/C-300 对 MV、Pb^{2+} 和 TC 的最大吸附量分别为 215.83 mg/g、188.08 mg/g 和 256.48 mg/g。

吸附速率快慢是反映吸附剂吸附性能的一个重要参数，决定吸附剂在吸附体系中达到平衡所需的时间。因此，分别选用两种不同浓度考察吸附时间对 MV、Pb^{2+} 和 TC 吸附量的影响[图 8-52(b)]。在初始阶段，APT/C-300 对 MV、Pb²⁺和 TC 的吸附速率较快，随着吸附时间的延长，吸附速率缓慢增加直至达到平衡。这表明在初始阶段，吸附剂表面存在大量的活性位点，由于分子内或分子间的氢键作用以及与污目标分子之间的静电作用，吸附质可以快速抵达活性吸附位点，从而污染物可以快速被 APT/C-300 吸附并达到吸附平衡。对于低浓度 MV 和 TC(200 mg/L)，APT/C-300 达到吸附平衡需要 120 min，但对于高浓度 MV 和 TC(600 mg/L)，在 180 min 内达到吸附平衡。当 Pb²⁺溶液的为 200 mg/L 和 600 mg/L，分别在 180 min 和 240 min 内可以达到吸附平衡。

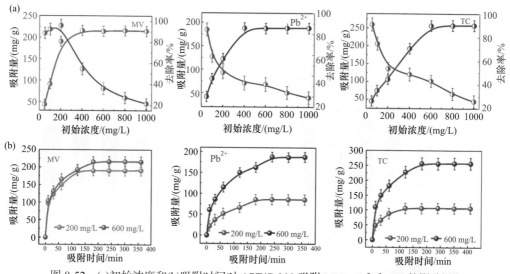

图 8-52　(a)初始浓度和(b)吸附时间对 APT/C-300 吸附 MV、Pb²⁺和 TC 的影响[188]

此外，在实际应用中，吸附剂应同时具有优良的吸附性能以及重复使用性，这可以有效降低使用成本且降低二次污染风险。在前面研究基础上，通过吸附-热解炭化法评价吸附有机污染物的废弃吸附剂的重复使用性。以吸附 MV 和 TC 后的 APT/C-300 为例，选取不同再生热解炭化温度对再生效率进行考察。如图 8-53(a)所示，分别在 500℃和 300℃下再生的吸附剂对 MV 和 TC 的吸附容量较优，这与上述吸附 MV 和 TC 的废弃吸附剂的热解炭化温度一致。因此，选取吸附 MV 和 TC 后的 APT/C-300 为研究对象，分别在最优再生温度 500℃和 300℃下，通过 10 次吸附-热解炭化循环对吸附剂的重复使用性进行评价。如图 8-53(b)所示，经 10 次连续的吸附-热解炭化循环之后，APT/C-300 对 MV 和 TC 的吸附量较之于初次吸附未发生较大幅度的降低，仍分别可达初始吸附量的 77.6%和 60.2%。

图 8-54(a)为 APT/C-300 吸附 MV 前后的 FTIR 谱图。复合材料吸附 MV 后，APT/C-300 中位于 3426 cm⁻¹处的 O—H 伸缩振动峰向低波数位移(3412 cm⁻¹)，说明 O—H 参与吸附过程。位于 1626 cm⁻¹处 C—H 和 O—H 的吸收峰吸附 MV 后移动至 1587 cm⁻¹，1722 cm⁻¹ 处 C═O 的吸收峰移至 1712 cm⁻¹。同时在 1100～1600 cm⁻¹区域 APT/C-300 出现 MV 的红外吸收峰，表明 MV 分子被成功吸附于 APT/C-300 表面。上述这些红外吸收峰的变化可以归结于以下几点：①MV 作为π电子受体，APT/C-300 的芳环结构可作为π电子给体，

二者之间π-π堆积作用，促使 MV 吸附于 APT/C-300 表面；②APT/C-300 中含氧官能团通过氢键与 MV 发生相互作用；③含氧官能团赋予吸附剂表面负电荷，不仅可以增加材料的疏水性，同时可以促使 MV 通过静电作用吸附在复合材料表面。

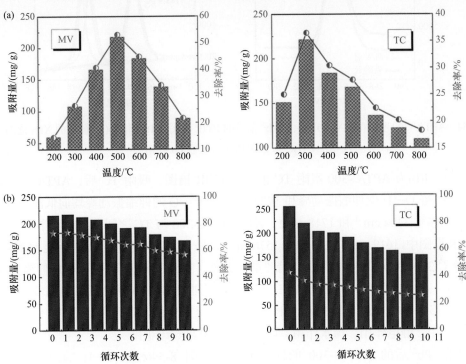

图 8-53 (a)再生温度对吸附 MV 和 TC 的影响；(b)APT/C-300 吸附 MV 和 TC 的重复使用性[188]

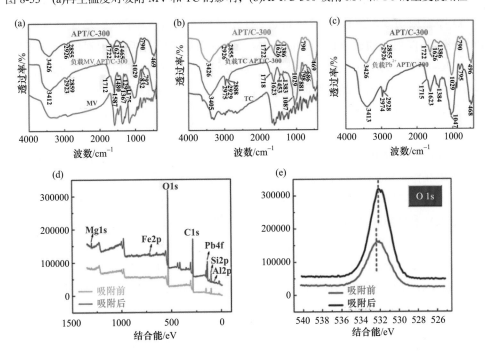

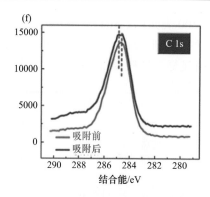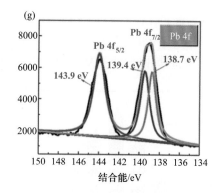

图 8-54 APT/C-300 吸附(a)MV、(b)TC、(c)Pb²⁺前后的 FTIR 谱图；(d)吸附 Pb(Ⅱ)前后的 XPS 谱图；(e)O 1s 谱图、(f)C 1s 谱图和(g)吸附后 Pb 4f 谱图[188]

图 8-54(b)为 APT/C-300 吸附 TC 前后的 FTIR 谱图。吸附 TC 后，APT/C-300 位于 3426 cm⁻¹ 处 O—H 的伸缩振动峰和 1722 cm⁻¹ 处 C═O 的伸缩振动峰均向低波数发生位移，分别移至 3404 cm⁻¹ 和 1718 cm⁻¹，说明 APT/C-300 与 TC 之间存在相互作用。在 TC 的 FTIR 谱图中，1619 cm⁻¹(酰胺Ⅰ)和 1576 cm⁻¹(酰胺Ⅱ)处的特征吸收峰位移至 1623 cm⁻¹，与 APT/C-300 中 O—H 的伸缩振动峰重叠。此外，1352 cm⁻¹(苯环中 C—N 伸缩振动)、1312 cm⁻¹(酰胺Ⅲ)和 848 cm⁻¹(—NH₂ 中 N—H 弯曲振动)处的吸收峰均向高波数发生位移，分别移至 1372 cm⁻¹、1329 cm⁻¹ 和 881 cm⁻¹。以上变化证实吸附过程中的作用机理源于氢键作用、静电作用、疏水作用、阳离子-π作用及π-π作用。

吸附 Pb²⁺后的 APT/C-300 的红外光谱表明[图 8-54(c)]，O—H 的伸缩振动峰从 3426 cm⁻¹ 移动到 3413 cm⁻¹，表明 O—H 与 Pb²⁺间通过氢键发生了相互作用。位于 1722 cm⁻¹ 处 C═O 伸缩振动峰也位移至 1715 cm⁻¹，且相对强度降低。为了进一步探究 APT/C-300 与 Pb²⁺的相互作用，通过 XPS 分析对该复合材料吸附 Pb²⁺前后的元素价态变化进行分析。APT/C-300 由 Al、Si、C、O 和 Fe 元素组成，除了 C 元素以外，其余元素都是凹凸棒石的基本元素组成。经过吸附过程后，XPS 谱图中约(139±0.5)eV 处出现 Pb 4f 的两个新的峰，表明 Pb²⁺被"固定"在了 APT/C-300 的表面[图 8-54(d)]，这与 FTIR 结果基本一致。

在复合材料吸附 Pb²⁺后，O 1s 发生 0.5 eV 的轻微移动，表明 O—H 或 C═O 和 Pb²⁺之间存在相互作用[图 8-54(e)]；同时 C 1s 的结合能值在吸附前后也发生变化，进一步证明 Pb²⁺与 APT/C-300 表面的含氧官能团之间存在相互作用[图 8-54(f)]。Pb 4f 谱图分别在 (138.8±0.2)eV 和(143.8±0.1)eV 处出现 Pb 4f₇/₂ 和 Pb 4f₅/₂ 的两个特征峰[图 8-54(g)]，其中位于 138.7 eV 处的 Pb 4f₇/₂ 特征峰表明吸附的 Pb²⁺以 PbO、Pb(OH)₂ 和 PbCO₃ 的形式存在[215]；139.3 eV 处的 Pb 4f₇/₂ 特征峰归因于 Pb²⁺与 APT/C-300 表面官能团反应形成 X-OPb⁺和(X-O)2Pb。因此，APT/C-300 对 Pb²⁺的整个吸附过程是多种吸附机理共同作用的结果。

8.7.2　重金属离子去除

由于多数重金属离子价态较多，且赋存形态会随着 pH 值等外界因素而改变，功能吸附材料的选择至关重要[216,217]。基于凹凸棒石基炭复合材料组分间协同效应，以废机油制得 APT/C 复合材料为吸附剂，考察了不同条件对 Pb^{2+}吸附性能影响及其吸附机理。热解温度直接决定 APT/C 复合材料的结构和性能，不同热解温度下制得复合材料对 Pb^{2+}吸附性能的影响如图 8-55(a)所示。随着热解温度的增加，制得复合材料对 Pb^{2+}的吸附容量先增加后减小；当热解温度为 300℃时，制得复合材料对 Pb^{2+}达到最大吸附量。吸附材料的吸附能力与表面所含官能团及孔结构参数如比表面积、孔径等相关。在较低的热解温度下，凹凸棒石的晶体结构保持完整，同时伴随所含沸石水和部分配位水的失去，释放了更多的微孔活性位点。此外，复合材料含有丰富的有机官能团，如—OH、—COOH 等，从而有利于提高 APT/C 复合材料对重金属离子的吸附性能。随着煅烧温度继续增加，吸附剂表面的大部分有机官能团消失，同时较高的热解温度(>450℃)会造成凹凸棒石的部分孔道结构破坏，从而导致复合材料吸附性能逐渐下降。

重金属离子溶液的 pH 值直接影响重金属离子的赋存状态和吸附效果。因此，pH 在重金属离子的吸附过程中显得尤为重要，主要是通过影响吸附剂和吸附质表面的官能团的存在形式影响吸附过程。APT/C-300 对 Pb^{2+}的吸附容量随溶液初始 pH 的变化如图 8-55(b)所示。当 pH 值小于 4.0 时，复合材料对 Pb^{2+}的吸附容量随着 pH 值的增加逐渐增加；当 pH 介于 4.0～6.0 时，复合材料对 Pb^{2+}的吸附容量呈缓慢增加趋势。在不同 pH 条件下，APT/C-300 复合材料表面电荷会受到不同程度的影响。在较低的 pH 范围内，大部分羧基以质子化形式存在，导致吸附剂和吸附质之间的作用力较弱，吸附剂对 Pb^{2+}的吸附量较低。当 pH 较高(pH = 4.0～6.0)时，APT/C-300 中的羧基全部解离成羧酸根形式，在吸附剂表面形成更多的带负电的吸附位点，增加了吸附剂与吸附质间的静电作用，使得吸附材料对 Pb^{2+}的吸附量较高。当 pH 值大于 6.0 时，Pb^{2+}在溶液中发生沉淀[218]。相比之下，APT/C-300 对 Pb^{2+}在较宽的 pH 范围内均有高的吸附量，当 pH = 6.0 时具有最高吸附容量。

一般来讲，重金属离子的吸附性能取决于重金属离子溶液的初始浓度。图 8-55(c)为溶液初始浓度对 Pb^{2+}吸附容量的影响。随着 Pb^{2+}溶液初始浓度的增加，APT/C-300 对 Pb^{2+}的吸附容量逐渐增大。当 Pb^{2+}溶液的初始浓度低于 400 mg/L 时，复合材料的吸附量随着初始浓度的增加急剧上升。这表明 Pb^{2+}溶液初始浓度越大，由浓度梯度差形成的吸附驱动力越大，APT/C-300 对 Pb^{2+}吸附越快[219]；同时在 Pb^{2+}溶液初始浓度较低时，吸附驱动力以离子交换和静电作用为主，Pb^{2+}趋向于在 APT/C-300 表面形成单分子覆盖层。随着 Pb^{2+}溶液初始浓度的增加，APT/C-300 中的羧基对 Pb^{2+}的螯合作用占主导地位，螯合物的形成进一步增加了吸附剂对 Pb^{2+}的吸附量[220]。随着 Pb^{2+}溶液的初始浓度的继续增加，复合材料对 Pb^{2+}的吸附容量趋于平缓并达到吸附饱和，最大吸附量可达 205.23 mg/g，优于文献报道的大多数凹凸棒石/炭复合材料(表 8-3)。

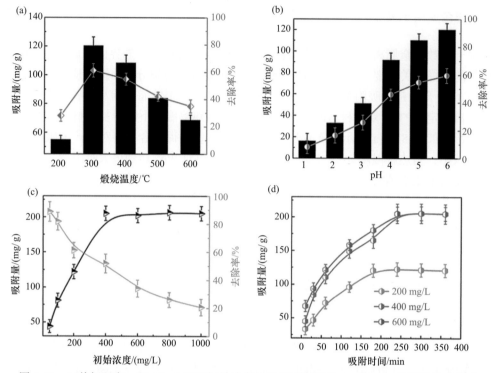

图 8-55　(a)热解温度、(b)pH、(c)Pb^{2+}初始浓度和(d)吸附时间对 APT/C-300 吸附性能的影响

表 8-3　凹凸棒石/炭复合材料对水中重金属离子吸附性的比较

原材料	制备方法	重金属离子	C_0/(mg/L)	Q_{max}/(mg/g)	参考文献
凹凸棒石、葡萄糖	水热炭化	Cr^{6+} Pb^{2+}	100.35 164.60	177.74 263.83	[22]
凹凸棒石、葡萄糖和乙二胺	水热炭化	Cu^{2+}	250	125.4	[34]
凹凸棒石脱色废土	热解法/300℃	Cu^{2+} Pb^{2+} Cd^{2+}	200	32.32 105.61 46.72	[123]
凹凸棒石脱色废土	水热炭化	Pb^{2+}	600	312.73	[129]
凹凸棒石脱色废土	水热炭化	Pb^{2+}	400	180.90	[160]
凹凸棒石脱色废土	热解法/400℃	Pb^{2+}	200	166.64	[150]
活性炭、凹凸棒石	物理共混	Cr^{6+}	250	96.28	[221]

APT/C-300 对 Pb^{2+}吸附容量随吸附时间的变化如图 8-55(d)所示。随着吸附时间的延长，吸附剂对 Pb^{2+}的吸附量先快速增加，后缓慢增加直至吸附平衡。事实上，复合材料达到吸附平衡所需的时间与溶液的初始浓度密切相关。对于低浓度(200 mg/L)的 Pb^{2+}溶液，复合材料在 180 min 内可达到吸附平衡；当 Pb^{2+}溶液初始浓度为 400～600 mg/L 时，吸附平衡时间需要 240 min。在 Pb^{2+}吸附的初始阶段，吸附材料表面存在大量的活性位点，可与重金属离子有效接触，使目标金属离子快速与吸附位点作用并被"捕获"。随着吸附

时间的延长，活性位点逐渐被占据，最终达到吸附平衡。

参 考 文 献

[1] Lan G J, Yang J, Ye R P, et al. Sustainable carbon materials toward emerging applications. Small Methods, 2021, 5 (5): 2001250.

[2] Dwivedi N, Dhand C, Carey J D, et al. The rise of carbon materials for field emission. J Mater Chem C, 2021, 9: 2620-2659.

[3] Wang G, Yu M H, Feng X L. Carbon materials for ion-intercalation involved rechargeable battery technologies. Chem Soc Rev, 2020, 50: 2388-2443.

[4] Anfar Z, Ahsaine H A, Zbair M. Recent trends on numerical investigations of response surface methodology for pollutants adsorption onto activated carbon materials: A review. Crit Rev Environ Sci Technol, 2020, 50 (10): 1043-1084.

[5] Schroth B K, Sposito G. Surface charge properties of kaolinite. Clays Clay Miner, 1997, 45: 85-91.

[6] Hillier S. Clay Mineralogy//Middleton G V, Church M J, Coniglio M, Hardie L A, Longstaffe F J, Eds. Encyclopaedia of Sediments and Sedimentary Rocks. Dordrecht: Springer, 2003, 139-142.

[7] Bergaya F, Lagaly G. Chapter 1-general introduction: Clays, clay minerals, and clay science. Developments in Clay Science, 2013, 5: 1-19.

[8] Barton C D, Karathanasis A D. Clay Minerals//Lal R, ed. Encyclopedia of Soil Science. 2nd Ed. New York: Marcel Dekker, 2002: 187-192.

[9] Wang Q, Zhu C, Yun J N, et al. Isomorphic substitutions in clay materials and adsorption of metal ions onto external surfaces: A DFT investigation. J Phys Chem C, 2017, 121 (48): 26722-26732.

[10] Sposito G, Skipper N T, Sutton R, et al. Surface geochemistry of the clay minerals. Proc Natl Acad Sci USA, 1999, 96: 3358-3364.

[11] Moraes J D D, Bertolino S R A, Cuffini S L, et al. Clay minerals: Properties and applications to dermocosmetic products and perspectives of natural raw materials for therapeutic purposes: A review. Int J Pharm, 2017, 534 (1-2): 213-219.

[12] Uddin M K. A review on the adsorption of heavy metals by clay minerals, with special focus on the past decade. Chem Eng J, 2017, 308: 438-462.

[13] Phuekphong A F, Imwiset K J, Ogawa M. Designing nanoarchitecture for environmental remediation based on the clay minerals as building block. J Hazard Mater, 2020, 399: 122888.

[14] Han H W, Rafiq M K, Zhou T Y, et al. A critical review of clay-based composites with enhanced adsorption performance for metal and organic pollutants. J Hazard Mater, 2019, 369: 780-796.

[15] Shetti N P, Nayak D S, Reddy K R, et al. Chapter 10. Graphene-clay-based hybrid nanostructures for electrochemical sensors and biosensors//Pandikumar A, Rameshkumar P, Ed. Graphene-Based Electrochemical Sensors for Biomolecules. Elsevier, 2019, 235-274.

[16] Wang Z, Meng X Y, Li J Z, et al. A simple method for preparing carbon nanotubes/clay hybrids in water. J Phys Chem C, 2009, 113: 8058-8064.

[17] Fernandes F M, Ruiz-Hitzky E. Assembling nanotubes and nanofibres: Cooperativeness in sepiolite-carbon nanotube materials. Carbon, 2014, 72: 296-303.

[18] Tsoufis T, Georgakilas V, Ke X X, et al. Incorporation of pure fullerene into organoclays: Towards C_{60}-pillared clay structures. Chem Eur J, 2013, 19: 7937-7943.

[19] Yadav V B, Gadi R, Kalra S. Synthesis and characterization of novel nanocomposite by using kaolinite and carbon nanotubes. Appl Clay Sci, 2018, 155: 30-36.

[20] Nie J Q, Zhang Q, Zhao M Q, et al. Synthesis of high quality single-walled carbon nanotubes on natural sepiolite and their use for phenol absorption. Carbon, 2011, 49: 1568-1580.

[21] Pastorkova K, Jesenak K, Kadlecikova M, et al. The growth of multi-walled carbon nanotubes on natural clay minerals (kaolinite, nontronite and sepiolite). Appl Surf Sci, 2012, 258: 2661-2666.

[22] Wu X P, Zhang Q X, Liu C, et al. Carbon-coated sepiolite clay fibers with acid pre-treatment as low-cost organic adsorbents. Carbon, 2017, 123: 259-272.

[23] Wang Y M, Liu Y L, Lin Q L, et al. Preparation and properties of montmorillonite/carbon foam nanocomposites. Appl Clay Sci, 2017, 140: 31-37.

[24] Gómez-Avilés A, Darder M, Aranda P, et al. Multifunctional materials based on graphene-like/sepiolite nanocomposites. Appl Clay Sci, 2010, 47: 203-211.

[25] 王爱勤, 王文波, 郑易安, 等. 凹凸棒石棒晶束解离及其纳米功能复合材料. 北京: 科学出版社, 2014.

[26] Mu B, Wang A Q. Adsorption of dyes onto palygorskite and its composites: A review. J Environ Chem Eng, 2016, 4: 1274-1294.

[27] 王文波, 牟斌, 张俊平, 等. 凹凸棒石: 从矿物材料到功能材料. 中国科学: 化学. 2018, 48 (12): 1432-1451.

[28] Loh S K, Cheong K Y, Salimon J. Surface-active physicochemical characteristics of spent bleaching earth on soil-plant interaction and water-nutrient uptake: A review. Appl Clay Sci, 2017, 140: 59-65.

[29] Tang J, Zong L, Mu B, et al. Attapulgite/carbon composites as a recyclable adsorbent for antibiotics removal. Korean J Chem Eng, 2018, 35: 1650-1661.

[30] Liu Y D, Li J S, Wu L R, et al. Magnetic spent bleaching earth carbon (Mag-SBE@C) for efficient adsorption of tetracycline hydrochloride: Response surface methodology for optimization and mechanism of action. Sci Total Environ, 2020, 722: 137817.

[31] Meng F Y, Song M, Chen Y Y, et al. Promoting adsorption of organic pollutants via tailoring surface physicochemical properties of biomass-derived carbon-attapulgite. Environ Sci Pollut Res, 2021, 28: 11106-11118.

[32] Kong Y, Yuan J, Wang Z L, et al. Application of expanded graphite/attapulgite composite materials as electrode for treatment of textile wastewater. Appl Clay Sci, 2009, 46 (4): 358-362.

[33] 陶玲, 张倩, 张雪彬, 等. 凹凸棒石-污泥共热解生物炭对玉米苗期生长特性和重金属富集效应的影响. 农业环境科学学报, 2020, 39 (7): 1512-1520.

[34] Yang G. Facile one-step synthetic route to mesoporous N-doped attapulgite (ATP)@carbon composite through hydrothermal carbonization and the application to adsorbing toxic metal ions. Chem Lett, 2015, 44 (3): 369-371.

[35] Chen K, Shi L R, Zhang Y F, et al. Scalable chemical-vapour-deposition growth of three-dimensional graphene materials towards energy-related applications. Chem Soc Rev, 2018, 47: 3018-3036.

[36] Gournis D, Karakassides M A, Bakas T, et al. Catalytic synthesis of carbon nanotubes on clay minerals. Carbon, 2002, 40: 2641-2646.

[37] Manikandan D, Mangalaraja R V, Siddheswaran R, et al. Fabrication of nanostructured clay-carbon nanotube hybrid nanofiller by chemical vapour deposition. Appl Surf Sci, 2012, 258: 4460-4466.

[38] 程继鹏, 张孝彬, 叶瑛. 天然矿物在 CVD 法合成碳纳米管中应用. 矿物岩石, 2006, 26 (1): 9-12.

[39] Cheng J P, Zhang X B, Liu F, et al. Synthesis of carbon nanotubes filled with Fe_3C nanowires by CVD with titanate modified palygorskite as catalyst. Carbon, 2003, 41 (10): 1965-1970.

[40] Mumme J, Eckervogt L, Pielert J, et al. Hydrothermal carbonization of anaerobically digested maize silage. Bioresour Technol, 2011, 102: 9255-9260.

[41] Fang J, Zhan L, Ok Y S, et al. Minireview of potential applications of hydrochar derived from hydrothermal carbonization of biomass. J Ind Eng Chem, 2018, 57: 15-21.

[42] 吴雪平, 盛丽华, 陈天虎, 等. 凹凸棒石/C 复合材料的制备及其对苯酚的吸附性能研究. 化工新材料, 2008, 36 (11): 87-90.

[43] 毛辉麾, 朱孔南, 张光程. 羧酸功能化纳米碳包覆凹凸棒石材料的制备及其吸附应用研究. 常州大学学报(自然科学版), 2016, 28 (4): 43-47.

[44] Chen L F, Liang H W, Lu Y, et al. Synthesis of an attapulgite nanocomposite adsorbent by a hydrothermal carbonization process and their application in the removal of toxic metal ions from water. Langmuir, 2011, 27 (14): 8998-9004.

[45] He Q, Yu Y X, Wang J, et al. Kinetic study of the hydrothermal carbonization reaction of glucose and its product structures. Ind Eng Chem Res, 2021, 60 (12): 4552-4561.

[46] 徐艳青, 吴雪平, 刘存, 等. 生物质碳源对凹凸棒石有机改性及其吸附性能的影响. 化学反应工程与工艺, 2013, 29 (2): 119-124, 133.

[47] Falco C, Baccile N, Titirici M M. Morphological and structural differences between glucose, cellulose and lignocellulosic biomass derived hydrothermal carbons. Green Chem, 2011, 13: 3273-3281.

[48] Ryu J, Suh Y W, Suh D J, et al. Hydrothermal preparation of carbon microspheres from mono-saccharides and phenolic compounds. Carbon, 2010, 48: 1990-1998.

[49] Jing Q, Lv X Y. Kinetics of non-catalyzed decomposition of D-xylose in high temperature liquid water. Chin J Chem Eng, 2007, 15 (5): 666-669.

[50] Irantzu S, Sérgio L, Anabela A V, et al. Catalytic dehydration of xylose to furfural: Vanadyl pyrophosphate as source of active soluble species. Carbohydr Res, 2011, 346: 2785-2791.

[51] Sharma A, Pareek V, Zhang D K. Biomass pyrolysis: A review of modelling, process parameters and catalytic studies. Renew Sust Energ Rev, 2015, 50: 1081-1096.

[52] Ma S J, Li X Z, Lu X W, et al. Carbon quantum dots/attapulgite nanocomposites with enhanced photocatalytic performance for desulfurization. J Mater Sci Mater Electron, 2018, 29: 2709-2715.

[53] Zhong L F, Tang A D, Wen X, et al. New finding on Sb (2~3 nm) nanoparticles and carbon simultaneous anchored on the porous palygorskite with enhanced catalytic activity. J Alloy Compd, 2018, 743: 394-402.

[54] Dong Y Q, Wang Q, Wu H S, et al. Graphitic carbon nitride materials: Sensing, imaging and therapy. Small, 2016, 12 (39): 5376-5393.

[55] Zhang, L H, Jin Z Y, Huang S L, et al. Bio-inspired carbon doped graphitic carbon nitride with booming photocatalytic hydrogen evolution. Appl Catal B: Environ, 2019, 246: 61-71.

[56] Chen L C, Song J B. Tailored graphitic carbon nitride nanostructures: Synthesis, modification, and sensing applications. Adv Funct Mater, 2017, 27 (39): 1702695.

[57] Xu Y S, Zhang L L, Yin M H, et al. Ultrathin g-C₃N₄ films supported on attapulgite nanofibers with enhanced photocatalytic performance. Appl Surf Sci, 2018, 440: 170-176.

[58] Zhang J, Gao N, Chen F L, et al. Improvement of Cr(VI) photoreduction under visible-light by g-C₃N₄ modified by nano-network structured palygorskite. Chem Eng J, 2019, 358: 398-407.

[59] Zhang J, Cai D Q, Zhang G L, et al. Adsorption of methylene blue from aqueous solution onto multiporous palygorskite modified by ion beam bombardment: Effect of contact time, temperature, pH and ionic strength. Appl Clay Sci, 2013, 83-84: 137-143.

[60] Mogoşanua G D, Grumezescu A M. Natural and synthetic polymers for wounds and burns dressing. Int J Pharm, 2014, 463: 127-136.

[61] Leite Á J, Mano J F. Biomedical applications of natural-based polymers combined with bioactive glass

nanoparticles. J Mater Chem B, 2017, 5: 4555-4568.

[62] Müllner M. Functional natural and synthetic polymers. Macromol Rapid Comm, 2019, 40 (10): 1970021.

[63] Kamoun E A, Kenawy E S, Chen X. A review on polymeric hydrogel membranes for wound dressing applications: PVA-based hydrogel dressings. J Adv Res, 2017, 8: 217-233.

[64] Yadav H, Karthikeyan C. Chapter 1. Natural polysaccharides: structural features and properties//Maiti S, Jana S, Eds. Polysaccharide Carriers for Drug Delivery. Woodhead Publishing, 2019: 1-17.

[65] Maniglia B C, Castanha N, Le-Bail P, et al. Starch modification through environmentally friendly alternatives: A review. Crit Rev Food Sci Nutr, 2020: 1-24.

[66] Fan Y F, Picchioni F. Modification of starch: A review on the application of "green" solvents and controlled functionalization. Carbohyd Polym, 2020, 241: 116350.

[67] Tian G Y, Wang W B, Zhu Y F, et al. Carbon/attapulgite composites as recycled palm oil-decoloring and dye adsorbents. Materials, 2018, 11 (1): 86.

[68] Deng Y H, Gao Z Q, Liu B Z, et al. Selective removal of lead from aqueous solutions by ethylenediamine-modified attapulgite. Chem Eng J, 2013, 223: 91-98.

[69] Yan W C, Liu D, Tan D Y, et al. FTIR spectroscopy study of the structure changes of palygorskite under heating. Spectrochim Acta Part A, 2012, 97: 1052-1057.

[70] Suárez M, García-Romero E. FTIR spectroscopic study of palygorskite: Influence of the composition of the octahedral sheet. Appl Clay Sci, 2006, 31: 154-163.

[71] Boudriche L, Calvet R, Hamdi B, et al. Surface properties evolution of attapulgite by IGC analysis as a function of thermal treatment. Colloid Surface A, 2012, 399: 1-10.

[72] Ali A, Ahmed S. A review on chitosan and its nanocomposites in drug delivery. Int J Biol Macromol, 2018, 109: 273-286.

[73] 王爱勤. 甲壳素化学. 北京: 科学出版社, 2008.

[74] Pal P, Pal A, Nakashima K, et al. Applications of chitosan in environmental remediation: A review. Chemosphere, 2021, 266: 128934.

[75] Negi H, Verma P, Singh R K. A comprehensive review on the applications of functionalized chitosan in petroleum industry. Carbohydr Polym, 2021, 266: 118125.

[76] Tian B, Hua S Y, Tian Y, et al. Chemical and physical chitosan hydrogels as prospective carriers for drug delivery: A review. J Mater Chem B, 2020, 8: 10050-10064.

[77] Zhang J P, Wang A Q. Adsorption of Pb(II) from aqueous solution by chitosan-g-poly(acrylic acid)/attapulgite/sodium humate composite hydrogels. J Chem Eng Data, 2010, 55: 2379-2384.

[78] Tian G Y, Wang W B, Mu B, et al. Facile fabrication of carbon/attapulgite composite for bleaching of palm oil. J Taiwan Inst Chem Eng, 2015, 50: 252-258.

[79] Yan P, Zhang S, Zhang C, et al. Palygorskite modified with N-doped carbon for sensitive determination of lead(II) by differential pulse anodic stripping voltammetry. Microchim Acta, 2019, 186: 706.

[80] Zhou Q, Gao Q, Luo W J, et al. One-step synthesis of amino-functionalized attapulgite claynanoparticles adsorbent by hydrothermal carbonization of chitosanfor removal of methylene blue from wastewater. Colloid Surface A, 2015, 470: 248-257.

[81] 王诗生, 刘齐齐, 王萍等. 凹凸棒石的表面修饰及对水中 Cr(Ⅵ)吸附动力学和热力学的研究. 环境科学学报, 2017, 37 (7): 2649-2657.

[82] Suhas, Gupta V K, Carrott P J M, et al. Cellulose: A review as natural, modified and activated carbon adsorbent. Bioresource Technol, 2016, 216: 1066-1076.

[83] Wang X D, Yao C H, Wang F, et al. Cellulose-based nanomaterials for energy applications. 2017, 13 (42): 1702240.

[84] Liu Y W, Ahmed S, Sameen D E, et al. A review of cellulose and its derivatives in biopolymer-based for food packaging application. Trends Food Sci Technol, 2021, 112: 532-546.

[85] Tavakolian M, Jafari S M, van de Ven T G M. A review on surface-functionalized cellulosic nanostructures as biocompatible antibacterial materials. Nano-Micro Lett, 2020, 12: 73.

[86] Dong Y D, Zhang H, Zhong G J, et al. Cellulose/carbon composites and their applications in water treatment: A review. Chem Eng J, 2021, 405: 126980.

[87] Wu X P, Gao P, Zhang X L, et al. Synthesis of clay/carbon adsorbent through hydrothermal carbonization of cellulose on palygorskite. Appl Clay Sci, 2014, 95: 60-66.

[88] Wu X P, Xu Y Q, Zhang X L, et al. Adsorption of low-concentration methylene blue onto a palygorskite/carbon composite. New Carbon Mater, 2015, 30 (1): 71-78. .

[89] Sevilla M, Fuertes A B. Graphitic carbon nanostructures from cellulose. Chem Phys Lett, 2010, 490: 63-68.

[90] Wang Q, Li H, Chen L Q, et al. Monodispersed hard carbon spherules with uniform nanopores. Carbon, 2001, 39: 2211-2214.

[91] Falco C, Caballero F P, Babonneau F, et al. Hydrothermal carbon from biomass: Structural difference between hydrothermal and pyrolyzed carbons via ^{13}C solid state NMR. Langmuir, 2012, 27: 14460-14471.

[92] Deguchi S, Tsujii K, Horikoshi K. Crystalline-to-amorphous transformation of cellulose in hot and compressed water and its implications for hydrothermal conversion. Green Chem, 2008, 10: 191-196.

[93] Paksung N, Pfersich J, Arauzo P J, et al. Structural effects of cellulose on hydrolysis and carbonization behavior during hydrothermal treatment. ACS Omega, 2020, 5 (21): 12210-12223.

[94] Englert C, Brendel J C, Majdanski T C, et al. Pharmapolymers in the 21st century: Synthetic polymers in drug delivery applications. Prog Polym Sci, 2018, 87: 107-164.

[95] Liu G Q, Pan R H, Wei Y, et al. The hantzsch reaction in polymer chemistry: From synthetic methods to applications. Macromol Rapid Comm, 2021, 42 (6): 2000459.

[96] 刘信东, 应宗荣, 卢建建, 等. 氮掺杂碳包覆凹凸棒石的制备及其电化学性能研究. 电子元件与材料, 2016, 35 (1): 68-72.

[97] Wang Q, Liu X D, Ju T, et al. Preparation and electrochemical properties of $NiCo_2O_4$ nanorods grown on nickel foam filled by carbon-coated attapulgite for supercapacitors. Mater Res Express, 2019, 6: 125524.

[98] 陈冬梅, 熊飞. 碳化改性凹凸棒石处理含铬(Cr^{6+})废水. 武汉理工大学学报, 2008, 30: 88-90.

[99] Tursi A. A review on biomass: Importance, chemistry, classification, and conversion. Biofuel Res J, 2019, 6 (2): 962-979.

[100] Lu H T, Gong Y, Areeprasert C, et al. Integration of biomass torrefaction and gasification based on biomass classification: A review. Energy Technol, 2021, 9 (5): 2001108.

[101] Usmani Z, Sharma M, Awasthi A K, et al. Bioprocessing of waste biomass for sustainable product development and minimizing environmental impact. Bioresource Technol, 2021, 322: 124548.

[102] Ethaib S, Omar R, Kamal S M M, et al. Microwave-assisted pyrolysis of biomass waste: A mini review. Processes, 2020, 8 (9): 1190.

[103] Gale M, Nguyen T, Moreno M, et al. Physiochemical properties of biochar and activated carbon from biomass residue: Influence of process conditions to adsorbent properties. ACS Omega, 2021, 6(15): 10224-10233.

[104] Manfrin J, Gonçalves Jr. A C, Schwantes D, et al. Development of biochar and activated carbon from cigarettes wastes and their applications in Pb^{2+} adsorption. J Environ Chem Eng, 2021, 9 (2): 104980.

[105] Mohan D, Sarswat A, Ok Y S, et al. Organic and inorganic contaminants removal from water with

biochar, a renewable, low cost and sustainable adsorbent: A critical review. Bioresource Technol, 2014, 160: 191-202.

[106] Vithanage M, Herath I, Joseph S, et al. Interaction of arsenic with biochar in soil and water: A critical review. Carbon, 2017, 113: 219-230.

[107] Liu W J, Jiang H, Yu H Q. Development of biochar-based functional materials: Toward a sustainable platform carbon material. Chem Rev, 2015, 115: 12251-12285.

[108] Li Y, Wang Z W, Xie X Y. Removal of norfloxacin from aqueous solution by clay-biochar composite prepared from potato stem and natural attapulgite. Colloid Surface A, 2017, 514: 126-136.

[109] Wang X H, Gu Y L, Tan X F, et al. Functionalized biochar/clay composites for reducing the bioavailable fraction of arsenic and cadmium in river sediment. Environ Toxicol Chem, 2019, 38: 2337-2347.

[110] Ye J, Joseph S D, Ji M, et al. Chemolithotrophic processes in the bacterial communities on the surface of mineral-enriched biochars. ISME J, 2017: 1-15.

[111] Rawal A, Joseph S D, Hook J M, et al. Mineral-biochar composites: Molecular structure and porosity. Environ Sci Technol, 2016, 50: 7706-7714.

[112] Rafiq M K, Joseph S D, Li F, et al. Pyrolysis of attapulgite clay blended with yak dung enhances pasture growth and soil health: Characterization and initial field trials. Sci Total Environ, 2017, 607-608: 184-194.

[113] Qhubu M C, Mgidlana L G, Madikizela L M, et al. Preparation, characterization and application of activated clay biochar composite for removal of Cr(VI) in water: Isotherms, kinetics and thermodynamics. Mater Chem Phys, 2021, 260: 124165.

[114] 刘玉兰. 油脂制取与加工工艺学. 北京: 科学出版社, 2003.

[115] 孔孝风, 章赐仁, 章梓庆, 等. 在豆粕中添加废白土. 中国油脂, 1999, 24: 65.

[116] Tang J, Mu B, Zong L, et al. Fabrication of attapulgite/carbon composites from the spent bleaching earth for the efficient adsorption of methylene blue. RSC Adv, 2015, 5: 38443-38451.

[117] Ghaedi M., Ghazanfarkhani M D, Khodadoust S, et al. Acceleration of methylene blue adsorption onto activated carbon prepared from dross licorice by ultrasonic: Equilibrium, kinetic and thermodynamic studies. J Ind Eng Chem, 2014, 20: 2548-2560.

[118] Anadao P, Pajolli I L R, Hildebrando E A, et al. Preparation and characterization of carbon/ montmorillonite composites and nanocomposites from waste bleaching sodium montmorillonite clay. Adv Powder Technol, 2014, 25: 926-932.

[119] Wang W B, Wang F F, Kang Y R, et al. Facile self-assembly of Au nanoparticles on a magnetic attapulgite/Fe$_3$O$_4$ composite for fast catalytic decoloration of dye. RSC Adv, 2013, 3: 11515-11520.

[120] Wang C H, Auad M L, Marcovich N E, et al. Synthesis and characterization of organically modified attapulgite/polyurethane nanocomposites. J Appl Polym Sci, 2008, 109: 2562-2570.

[121] Frost R L, Ding Z. Controlled rate thermal analysis and different scanning calorimetry of sepiolites and palygorskites. Thermochim Acta, 2003, 397: 119-128.

[122] Sing K S W, Everett D H, Haul R A W, et al. Physical and biophysical chemistry division commission on colloid and surface chemistry including catalysis. Pure Appl Chem, 1985, 57: 603-619.

[123] Tang J, Mu B, Zheng M S, et al. One-step calcination of the spent bleaching earth for the efficient removal of heavy metal ions. ACS Sustainable Chem Eng, 2015, 3 (6): 1125-1135.

[124] Eliche-Quesada D, Corpas-Iglesias F A. Utilisation of spent filtration earth or spent bleaching earth from the oil refinery industry in clay products. Ceram Interfaces, 2014, 40: 16677-16687.

[125] Mu B, Wang A Q. One-pot fabrication of multifunctional superparamagnetic attapulgite/Fe$_3$O$_4$/ polyaniline nanocomposites served as adsorbent and catalyst support. J Mater Chem A, 2015, 3 (1): 281-289.

[126] Mendelovici E, Portillo D C. Organic derivatives of attapulgite. I. Infrared spectroscopy and X-ray diffraction studies. Clays Clay Miner, 1976, 24: 177-182.

[127] Yin H B, Kong M. Simultaneous removal of ammonium and phosphate from eutrophic waters using natural calcium-rich attapulgite-based versatile adsorbent. Desalination, 2014, 351: 128-137.

[128] Chen L, Zhou C H, Fiore S, et al. Functional magnetic nanoparticle/clay mineral nanocomposites: Preparation, magnetism and versatile applications. Appl Clay Sci, 2016, 127-128: 143-163.

[129] Tang J, Mu B, Zong L, et al. Facile and green fabrication of magnetically recyclable carboxyl-functionalized attapulgite/carbon nanocomposites derived from spent bleaching earth for wastewater treatment. Chem Eng J, 2017, 322: 102-114.

[130] Ruan Z H, Wu J H, Huang J F, et al. Facile preparation of rosin-based biochar coated bentonite for supporting α-Fe$_2$O$_3$ nanoparticles and its application for Cr(Ⅵ) adsorption. J Mater Chem A, 2015, 3: 4595-4603.

[131] Demir-Cakan R, Baccile N, Antonietti M, et al. Carboxylate-rich carbonaceous materials via one-step hydrothermal carbonization of glucose in the presence of acrylic acid. Chem Mater, 2009, 21: 484-490.

[132] Chirita M, Leta A. FeCO$_3$ microparticle synthesis by Fe-EDTA hydrothermal decomposition. Cryst Growth Des, 2011, 12: 883-886.

[133] Nassar M Y, Ahmed I S, Mohamed T Y, et al. A controlled, template-free, and hydrothermal synthesis route to sphere-like α-Fe$_2$O$_3$ nanostructures for textile dye removal. RSC Adv, 2016, 6: 20001-20013.

[134] Wei Z H, Xing R, Zhang X, et al. Facile template-free fabrication of hollow nestlike α-Fe$_2$O$_3$ nanostructures for water treatment. ACS Appl Mater Interfaces, 2012, 5: 598-604.

[135] Lu Z Y, Zhao X X, Zhu Z, et al. A novel hollow capsule-like recyclable functional ZnO/C/Fe$_3$O$_4$ endowed with three-dimensional oriented recognition ability for selectively photodegrading danofloxacin mesylate. Catal Sci Technol, 2016, 6: 6513-6524.

[136] Zhong Y R, Su L W, Yang M, et al. Rambutan-like FeCO$_3$ hollow microspheres: Facile preparation and superior lithium storage performances. ACS Appl Mater Interfaces, 2013, 5: 11212-11217.

[137] Wan H, Que Y G, Chen C, et al. Preparation of metal-organic framework/attapulgite hybrid material for CO$_2$ capture. Mater Lett, 2017, 194: 107-109.

[138] Wang W B, Zhang Z F, Tian G Y, et al. From nanorods of palygorskite to nanosheets of smectite via one-step hydrothermal process. RSC Adv, 2015, 5: 58107-58115.

[139] Kooh M R R, Lim L B L, Dahri M K, et al. Azolla pinnata: An efficient low cost material for removal of methyl violet 2B by using adsorption method. Waste Biomass Valori, 2015, 6: 547-559.

[140] Zhou J B, Zhang Z, Cheng B, et al. Glycine-assisted hydrothermal synthesis and adsorption properties of crosslinked porous α-Fe$_2$O$_3$ nanomaterials for p-nitrophenol. Chem Eng J, 2012, 211: 153-160.

[141] Foo K Y, Hameed B H. Preparation of activated carbon from date stones by microwave induced chemical activation: Application for methylene blue adsorption. Chem Eng J, 2011, 170: 338-341.

[142] Yang Z Q, Qian H J, Chen H Y, et al. One-pot hydrothermal synthesis of silver nanowires via citrate reduction. J Colloid Interface Sci, 2010, 352: 285-291.

[143] Pradhan G K, Parida K M. Fabrication, growth mechanism, and characterization of α-Fe$_2$O$_3$ nanorods. ACS Appl Mater Interfaces, 2011, 3: 317-323.

[144] Deng H, Lu J J, Li G X, et al. Adsorption of methylene blue on adsorbent materials produced from cotton stalk. Chem Eng J, 2011, 172: 326-334.

[145] Liang S H, Teng F, Bulgan G, et al. Effect of phase structure of MnO$_2$ nanorod catalyst on the activity for CO oxidation. J Phys Chem C, 2008, 112: 5307-5315.

[146] Chen R, Yu J, Xiao W. Hierarchically porous MnO$_2$ microspheres with enhanced adsorption

performance. J Mater Chem A, 2013, 1: 11682-11690.

[147] Dang T D, Banerjee A N, Cheney M A, et al. Bio-silica coated with amorphous manganese oxide as an efficient catalyst for rapid degradation of organic pollutant. Colloid Surf B, 2013, 106: 151-157.

[148] Sari F N I, So P R, Ting J M. MnO₂ with controlled phase for use in supercapacitors. J Am Ceram Soc, 2017, 100 (4): 1642-1652.

[149] Zhou L, He J H, Zhang J. Facile *in-situ* synthesis of manganese dioxide nanosheets on cellulose fibers and their application in oxidative decomposition of formaldehyde. J Phys Chem C, 2011, 115: 16873-16878.

[150] Tang J, Mu B, Wang W B, et al. Fabrication of manganese dioxide/carbon/attapulgite composites derived from spent bleaching earth for adsorption of Pb(Ⅱ) and brilliant green. RSC Adv, 2016, 6(43): 36534-36543.

[151] Madejová J. FTIR techniques in clay mineral studies. Vib Spectrosc, 2003, 31: 1-10.

[152] Hong J M, Lin B, Jiang J S, et al. Synthesis of pore-expanded mesoporous materials using waste quartz sand and the adsorption effects of methylene blue. J Ind Eng Chem, 2014, 20: 3667-3671.

[153] Vassileva P, Apostolova M, Detcheva A, et al. Bulgarian natural diatomites: modification and characterization. Chem Pap, 2013, 67: 342-349.

[154] Becerril H A, Mao J, Liu Z F, et al. Evaluation of solution-processed reduced graphene oxide films as transparent conductors. ACS Nano, 2008, 2: 463-470.

[155] Liu L H, Feng Q, Yanagisawa K. Characterization of birnessite-type sodium manganese oxides prepared by hydrothermal reaction process. J Mater Sci Lett, 2000, 19: 2047-2050.

[156] Paredes J I, Villar-Rodil S, Martinez-Alonso A, et al. Graphene oxide dispersions in organic solvents. Langmuir, 2008, 24: 10560-10564.

[157] Zhang J P, Wang Q, Chen H, et al. XRF and nitrogen adsorption studies of acid-activated palygorskite. Clay Miner, 2010, 45: 145-156.

[158] Zhang T, Yue X J, Gao L L, et al. Hierarchically porous bismuth oxide/layered double hydroxide composites: Preparation, characterization and iodine adsorption. J Clean Prod, 2017, 144: 220-227.

[159] Yang Z Z, Wang F H, Zhang C, et al. Utilization of LDH-based materials as potential adsorbents and photocatalysts for the decontamination of dyes wastewater: A review. RSC Adv, 2016, 6: 79415-79436.

[160] Tang J, Mu B, Zong L, et al. One-step synthesis of magnetic attapulgite/carbon supported NiFe-LDHs by hydrothermal process of spent bleaching earth for pollutants removal. J Clean Prod, 2018, 172: 673-685.

[161] Li S S, Jiang M, Jiang T J, et al. Competitive adsorption behavior toward metal ions on nano-Fe/Mg/Ni ternary layered double hydroxide proved by XPS: Evidence of selective and sensitive detection of Pb(Ⅱ). J Hazard Mater, 2017, 338: 1-10.

[162] Parid K M, Mohapatra L. Carbonate intercalated Zn/Fe layered double hydroxide: A novel photocatalyst for the enhanced photo degradation of azo dyes. Chem Eng J, 2012, 179: 131-139.

[163] Saiah F B D, Su B L, Bettahar N. Nickel-iron layered double hydroxide (LDH): Textural properties upon hydrothermal treatments and application on dye sorption. J Hazard Mater, 2009, 165: 206-217.

[164] Nayak S, Mohapatra L, Parida K. Visible light-driven novel g-C₃N₄/NiFe-LDH composite photocatalyst with enhanced photocatalytic activity towards water oxidation and reduction reaction. J Mater Chem A, 2015, 3: 18622-18635.

[165] Zhang Y, Wang W B, Zhang J P, et al. A comparative study about adsorption of natural palygorskite for methylene blue. Chem Eng J, 2015, 262: 390-398.

[166] Lu Y, Jiang B, Fang L, et al. High performance NiFe layered double hydroxide for methyl orange dye and Cr(Ⅵ) adsorption. Chemosphere, 2016, 152: 415-422.

[167] Chen H Y, Zhang F Z, Chen T, et al. Comparison of the evolution and growth processes of films of M/Al-layered double hydroxides with M= Ni or Zn. Chem Eng Sci, 2009, 64: 2617-2622.

[168] Zhang H, Zhang G Y, Bi X, et al. Facile assembly of a hierarchical core@shell Fe₃O₄@CuMgAl-LDH (layered double hydroxide) magnetic nanocatalyst for the hydroxylation of phenol. J Mater Chem A, 2013, 1: 5934-5942.

[169] Kovanda F, Koloušek D, Cílová Z, et al. Crystallization of synthetic hydrotalcite under hydrothermal conditions. Appl Clay Sci, 2005, 28: 101-109.

[170] Chen H, Hu L F, Chen M, et al. Nickel-cobalt layered double hydroxide nanosheets for high-performance supercapacitor electrode materials. Adv Funct Mater, 2014, 24: 934-942.

[171] Wu X, Du Y L, An X, et al. Fabrication of NiFe layered double hydroxides using urea hydrolysis-control of interlayer anion and investigation on their catalytic performance. Catal Commun, 2014, 50: 44-48.

[172] Bestani B, Benderdouche N, Benstaali B, et al. Methylene blue and iodine adsorption onto an activated desert plant. Bioresource Technol, 2008, 99: 8441-8444.

[173] Sing K S W, Williams R T. Physisorption hysteresis loops and the characterization of nanoporous materials. Adsorpt Sci Technol, 2004, 22: 773-782.

[174] Storck S, Bretinger H, Maier W F. Characterization of micro- and mesoporous solids by physisorption methods and pore-size analysis. Appl Catal A: Gen, 1998, 174: 137-146.

[175] Bakandritsos A, Steriotis T, Petridis D. High surface area montmorillonite-carbon composites and derived carbons. Chem Mater, 2004, 16: 1551-1559.

[176] Abellán G, Coronado E, Martí-Gastaldo C, et al. Interplay between chemical composition and cation ordering in the magnetism of Ni/Fe layered double hydroxides. Inorg Chem, 2013, 52: 10147-10157.

[177] Mu B, Liu P, Du P C, et al. Magnetic-targeted pH-responsive drug delivery system via layer-by-layer self-assembly of polyelectrolytes onto drug-containing emulsion droplets and its controlled release. J Polym Sci Polym Chem, 2011, 49 (9): 1969-1976.

[178] Tang J, Zong L, Mu B, et al. Preparation and cyclic utilization assessment of palygorskite/carbon composites for sustainable efficient removal of methyl violet. Appl Clay Sci, 2018, 161, 317-325.

[179] Xavier K C M, Santos M S F, Osajima J A, et al. Thermally activated palygorskites as agents to clarify soybean oil. Appl Clay Sci, 2016, 119: 338-347.

[180] Suganuma S, Nakajima K, Kitano M, et al. Hydrolysis of cellulose by amorphous carbon bearing SO₃H, COOH, and OH groups. J Am Chem Soc, 2008, 130: 12787-12793.

[181] Zbair M, Anfar Z, Ahsaine H A, et al. Acridine orange adsorption by zinc oxide/almond shell activated carbon composite: Operational factors, mechanism and performance optimization using central composite design and surface modeling. J Environ Manag, 2018, 206: 383-397.

[182] Chen L, Chen X L, Zhou C H, et al. Environmental-friendly montmorillonite-biochar composites: Facile production and tunable adsorption-release of ammonium and phosphate. J Clean Prod, 2017, 156: 648-659.

[183] Liang S, Liu Z, Xu M, et al. Waste oil derived biofuels in China bring brightness for global GHG mitigation. Bioresource Technol, 2013, 131: 139-145.

[184] Kulkarni M G, Dalai A K. Waste cooking oils an economical source for biodiesel: A review. Ind Eng Chem Res, 2006, 45: 2901-2913.

[185] Cvengroš J, Cvengrošová Z. Used frying oils and fats and their utilization in the production of methyl esters of higher fatty acids. Biomass Bioenerg, 2004, 27: 173-181.

[186] Ramzy A. China Cracks Down on "Gutter Oil", a Substance Even Worse Than its Name. 2011, TIME, Hong Kong, China.

[187] Arif M, Liu G J, Yousaf B, et al. Synthesis, characteristics and mechanistic insight into the clays and clay minerals-biochar surface interactions for contaminants removal: A review. J Clean Prod, 2021, 127548.

[188] Tang J, Mu B, Zong L, et al. From waste hot-pot oil as carbon precursor to development of recyclable attapulgite/carbon composites for wastewater treatment. J Environ Sci, 2019, 75, 346-358.

[189] Lua A C, Yang T. Effect of activation temperature on the textural and chemical properties of potassium hydroxide activated carbon prepared from pistachio-nut shell. J Colloid Interface Sci, 2004, 274: 594-601.

[190] Tsai W T, Chen H P, Hsieh M F, et al. Regeneration of spent bleaching earth by pyrolysis in a rotary furnace. J Anal Appl Pyrol, 2002, 63: 157-170.

[191] Mana M, Ouali M S, De Menorval L C, et al. Regeneration of spent bleaching earth by treatment with cethyltrimethylammonium bromide for application in elimination of acid dye. Cheml Eng J, 2011, 296: 275-280.

[192] Xiao B Y, Dai Q, Yu X, et al. Effects of sludge thermal-alkaline pretreatment on cationic red X-GRL adsorption onto pyrolysis biochar of sewage sludge. J Hazard Mater, 2018, 343: 347-355.

[193] 马云飞, 刘大学, 许玮珑, 等. 交通运输业废机油再生现状与关键技术研究. 中国资源综合利用, 2010, 28 (11): 25-29.

[194] 裴文军. 润滑油基础油生产工艺的选择. 炼油技术与工程, 2012, 42: 25-29.

[195] 刘音, 曹祖宾, 石薇薇, 等. 废机油再生加工工艺研究. 辽宁石油化工大学学报, 2013, 33: 21-25.

[196] Li X X, Zhang X, Wang X L, et al. Phytoremediation of multi-metal contaminated mine tailings with *Solanum nigrum* L. and biochar/attapulgite amendments. Ecotox Environ Safe, 2019, 180: 517-525.

[197] Wang R F, Jia J C, Li H, et al. Nitrogen-doped carbon coated palygorskite as an efficient electrocatalyst support for oxygen reduction reaction. Electrochim Acta, 2011, 56: 4526-4531.

[198] Zhang W B, Mu B, Wang A Q, et al. Attapulgite oriented carbon/polyaniline hybrid nanocomposites for electrochemical energy storage. Synthetic Met, 2014, 192: 87-92.

[199] Wen Y, Chang J, Xu L, et al. Simultaneous analysis of uric acid, xanthine and hypoxanthine using voltammetric sensor based on nanocomposite of palygorskite and nitrogen doped graphene. J Electroanal Chem, 2017, 805: 159-170.

[200] Wang S, Ren H D, Lian W, et al. Dispersed spherical shell-shaped palygorskite/carbon/polyaniline composites with advanced microwave absorption performances. Powder Technol, 2021, 387: 277-286.

[201] Vörösmarty C J, McIntyre P B, Gessner M O, et al. Global threats to human water security and river biodiversity. Nature, 2010, 467: 555-561.

[202] Ghaedi A M, Vafaei A.Applications of artificial neural networks for adsorption removal of dyes from aqueous solution: A review. Adv Colloid Interface Sci, 2017, 245: 20-39.

[203] Kim S, Park C M, Jang M, et al. Aqueous removal of inorganic and organic contaminants by graphene-based nanoadsorbents: A review. Chemosphere, 2018, 212: 1104-1124.

[204] Awad A M, Shaikh S M R, Jalab R, et al. Adsorption of organic pollutants by natural and modified clays: A comprehensive review. Sep Purif Technol, 2019, 228: 115719.

[205] Kausar A, Iqbal M, Javed A, et al. Dyes adsorption using clay and modified clay: A review. J Mol Liq, 2018, 256: 395-407.

[206] Shah I K, Pre P, Alappat B J. Effect of thermal regeneration of spent activated carbon on volatile organic compound adsorption performances. J Taiwan Inst Chem E, 2014, 45: 1733-1738.

[207] Dos Santos R M M, Gonçalves R G L, Constantino V R L, et al. Adsorption of acid Yellow 42 dye on calcined layered double hydroxide: Effect of time, concentration, pH and temperature. Appl Clay Sci, 2017, 140: 132-139.

[208] Su Y, Zhitomirsky I. Electrophoretic deposition of graphene, carbon nanotubes and composite films using methyl violet dye as a dispersing agent. Colloid Surface A, 2013, 436: 97-103.

[209] Inyang M. Gao B. Zimmerman A, et al. Synthesis, characterization, and dye sorption ability of carbon nanotube-biochar nanocomposites. Chem Eng J, 2014, 236: 39-46.

[210] Zhang D Y, Yin J, Zhao J Q, et al. Adsorption and removal of tetracycline from water by petroleum coke-derived highly porous activated carbon. J Environ Chem Eng, 2015, 3: 1504-1512.

[211] Huang B Y, Liu Y G, Li B, et al. Effect of Cu(Ⅱ) ions on the enhancement of tetracycline adsorption by Fe_3O_4@SiO_2-chitosan/graphene oxide nanocomposite. Carbohydr Polym, 2017, 157: 576-585.

[212] Lin Y X, Xu S, Li J. Fast and highly efficient tetracyclines removal from environmental waters by graphene oxide functionalized magnetic particles. Chem Eng J, 2013, 225: 679-685.

[213] Li Z Q, Qi M Y, Tu C Y, et al. Highly efficient removal of chlorotetracycline from aqueous solution using graphene oxide/TiO_2 composite: Properties and mechanism. Appl Surf Sci, 2017, 425: 765-775.

[214] Jung K W, Choi B H, Hwang M J, et al. Adsorptive removal of anionic azo dye from aqueous solution using activated carbon derived from extracted coffee residues. J Clean Prod, 2017, 166: 360-368.

[215] Zhou Y, Zhang Z Q, Zhang J, et al. New insight into adsorption characteristics and mechanisms of the biosorbent from waste activated sludge for heavy metals. J Environ Sci, 2016, 45: 248-256.

[216] Ge Y Y, Li Z L. Application of lignin and its derivatives in adsorption of heavy metal ions in water: A review. ACS Sustainable Chem Eng, 2018, 6 (5): 7181-7192.

[217] Sherlala A I A, Raman A A A, Bello M M, et al. A review of the applications of organo-functionalized magnetic graphene oxide nanocomposites for heavy metal adsorption. Chemosphere, 2018, 193: 1004-1017.

[218] Wang X S, Miao H H, He W, et al. Competitive adsorption of Pb(Ⅱ), Cu(Ⅱ), and Cd(Ⅱ) ions on wheat-residue derived black carbon. J Chem Eng Data, 2011, 56: 444-449.

[219] Qu B C, Zhou J T, Xiang X M, et al. Adsorption behavior of azo dye C. I. acid red 14 in aqueous solution on surface soils. J Environ Sci, 2008, 20: 704-709.

[220] Auta M, Hameed B H. Coalesced chitosan activated carbon composite for batch and fixed-bed adsorption of cationic and anionicdyes. Colloid Surface B, 2013, 105: 199-206.

[221] Hlungwane L, Viljoen E L, Pakade V E. Macadamia nutshells-derived activated carbon and attapulgite clay combination for synergistic removal of Cr(Ⅵ) and Cr(Ⅲ). Adsorpt Sci Technol, 2018, 36: 713-731.

第9章 凹凸棒石基其他新型复合材料

9.1 引 言

近年来，随着凹凸棒石棒晶束解离技术的突破和一维棒晶纳米属性的深入挖掘，凹凸棒石在各个领域的应用不断扩展，基于凹凸棒石的各种新型功能材料不断出现。除作者拓展性地开展杂化颜料、超疏水涂层、霉菌毒素吸附剂和新型抗菌促生长材料之外，国内外围绕凹凸棒石功能应用研究也取得了长足进展，具有代表性的研究涉及导电材料、储热材料、储能材料、液晶材料、缓释材料、组织工程材料和催化材料等。本章比较系统地梳理了凹凸棒石在这些方面取得的研究进展。

9.2 导 电 材 料

导电材料是指专门用于输送和传导电流的材料，根据载流子不同可以分为电子导体和离子导体。常见电子导体有炭材料(碳纳米管、石墨烯、炭黑等)、导电聚合物(聚苯胺、聚吡咯、聚噻吩等)和金属导体，而离子导体主要是指聚合物电解质(如壳聚糖、聚乙烯醇等)。其中电子导体已广泛用于电致变色器件、电池、超级电容器、传感器和导电涂料等众多领域，尤其是炭材料和导电聚合物[1]。但是，纳米结构炭材料制备过程相对复杂，导电率较低；导电聚合物分子链刚性较大、溶解度低和力学稳定性差，且二者均易团聚，从而限制该类材料的加工和实际应用。研究表明，通过引入无机纳米材料构筑导电复合材料，可以有效解决上述缺陷[2,3]。凹凸棒石由于具有规整纳米孔道、大比表面积、优异的热力学稳定性、高离子电导率和亲水性等优点，应用于制备各种导电复合材料的优势日益凸显[4,5]。一般来讲，根据引入电子导体的类型，凹凸棒石导电复合材料主要包括凹凸棒石/炭导电复合材料和凹凸棒石/聚合物导电复合材料。

9.2.1 凹凸棒石/炭导电复合材料

众所周知，石墨烯具有优良的导电性，但由于范德瓦耳斯力、π-π堆积等作用力容易发生褶皱和团聚现象，从而降低石墨烯在涂层体系中的导电性。为此，Wang 等通过在凹凸棒石表面包覆锑掺杂氧化锡涂层，赋予凹凸棒石良好的导电性能，然后与石墨烯混合并采用 N-(β-氨乙基)-γ-氨丙基三甲氧基硅烷同步改性，实现了凹凸棒石在石墨烯纳米片上均匀分布，同时基于二者非共价键合作用组装形成三维网络结构[6]。改性后的凹凸棒石/石墨烯复合材料在聚氨酯水性涂料中具有良好的分散性、附着力、柔韧性、抗冲击性和防腐性能，在添加量相同时改性复合材料的表面电阻优于未改性复合材料，表面电阻

最低可达 1.0×10^4 Ω/sq。

9.2.2　凹凸棒石/聚合物导电复合材料

导电聚合物(或本征导电聚合物)是指本身具有导电功能或掺杂其他材料后也具有导电功能的一类聚合物。目前聚吡咯、聚苯胺、聚噻吩以及聚(3,4-乙烯二氧噻吩)等不同导电聚合物已应用于超级电容器、发光二极管、太阳能电池、场效应晶体管和生物传感器等各种领域[7-9]。其中，聚苯胺由于原料易得、环境稳定性高、独特的氧化还原化学和掺杂/脱掺杂性能，近年来相关应用研究取得了长足进展[10-12]，也是最早被用于制备凹凸棒石/导电复合材料的导电聚合物[13,14]。

Shao 等采用 γ-氨基丙基三乙氧基硅烷对凹凸棒石表面进行修饰，然后通过苯胺原位化学氧化聚合在凹凸棒石表面包覆聚苯胺制备了具有核壳结构凹凸棒石/聚苯胺导电复合材料[15]。研究结果显示，随着凹凸棒石添加量增加，复合材料的电导率呈现先增加后降低的趋势。当凹凸棒石添加量为 18.7%(质量分数)时，复合材料的电导率最大为 (2.21 ± 0.17) S/cm，高于相同条件下制得的纯聚苯胺电导率[(0.47 ± 0.02)S/cm]。Feng 等以 1-甲基-3-烷基羧酸咪唑氯盐离子液体(CMMImCl)为溶剂和掺杂剂，采用原位化学氧化聚合法制备了 CMMIm 掺杂的凹凸棒石/聚苯胺复合材料[16]。基于质子化苯胺单体与凹凸棒石间的氢键和静电作用，生成的聚苯胺原位包覆在棒状凹凸棒石表面。采用四探针电导率仪测得复合材料的电导率为 10 S/cm，明显高于 CMMIm 掺杂的纯聚苯胺(1.8 S/cm)，表明引入凹凸棒石可大幅提升聚苯胺的电导率。

与聚苯胺相比，聚吡咯具有共轭链氧化对应阴离子掺杂结构和质子酸掺杂结构，电导率可达 $10^2 \sim 10^3$ S/cm，拉伸强度可达 $50 \sim 100$ MPa，同时拥有很好的电化学氧化还原可逆性[17]。但吡咯单体价格较高。因此，Yang 等以 γ-氨基丙基三乙氧基硅烷改性凹凸棒石为基体，采用对甲苯磺酸为掺杂剂，通过原位化学氧化聚合制备了凹凸棒石/聚吡咯复合材料[18]。由于改性凹凸棒石表面的碱性氨基(n 给体)与酸性 N—H 键(σ*受体)和/或带正电荷的聚吡咯主链(n 受体)之间路易斯酸碱相互作用，诱导吡咯单体在凹凸棒石表面聚合沉积，制得的复合材料具有明显的玉米芯结构(图 9-1)。该复合材料具有较高的抗氧化性能，电导率可达 50 S/cm，表现出较弱的温度电导率依赖性和良好的热稳定性。此外，Feng 等以氨基磺酸和盐酸为双重掺杂剂，采用二次掺杂法通过原位氧化聚合制备了凹凸棒石/聚吡咯导电复合材料[19]，复合材料电导率最高可达 87.59 S/cm。

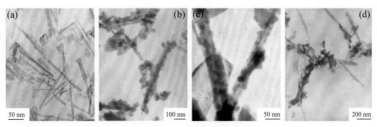

图 9-1　(a)改性凹凸棒石、[(b)、(c)]改性凹凸棒石/聚吡咯和(d)原凹凸棒石/聚吡咯的 TEM 照片[18]

9.3　储热材料

　　热能是应用最为普遍的一种能量形式，热能存储主要包括显热存储和潜热存储(又称相变储热)。其中，相变储热是利用相变材料(phase change material，PCM)发生相变时吸收或释放热量，在相同储热体积下，PCM 储热量较显热储热材料高 4～5 倍[20]，同时具有能量密度高、相变温度稳定和过程易控等优势，已被认为是现阶段最有前景的能量存储技术之一[21]。

　　依据相态变化，相变材料分为固-固、固-液、固-气和液-气四类相变材料。其中固-液相变具有较高的潜热值且体积和压力变化较小，被认为是较为理想的储热材料[22]。根据化学成分的不同，固-液相变材料又可分为无机相变材料和有机相变材料。无机相变材料在储热密度、经济性、导热方面优势明显，但存在相分离及过冷现象；有机相变材料物化性质稳定，但导热系数低[23]。因此，针对固-液相变材料相变泄漏腐蚀和热传导效率低等缺陷，采用多孔支撑基体装载相变功能体制备定形相变材料(shape-stabilized phase change materials，ss-PCMs)被认为是强化传热和克服相变易泄漏等问题最具潜力的方法之一(图 9-2)[24,25]。硅酸盐矿物具有丰富的多孔结构，且大部分硅酸盐矿物的导热系数在 1.0 W/(m·K)左右，是一类理想的多孔支撑基体材料[26]。有机相变材料与凹凸棒石表面和大孔隙之间的毛细力和表面张力可以防止相变材料在相变过程中的泄漏。因此，凹凸

图 9-2　常见装载相变功能体的多孔支撑基体[25]

棒石被广泛应用于制备相变储热材料[27-29]。

9.3.1　凹凸棒石基体

　　基于凹凸棒石良好的吸附性能和独特的孔道结构，石蜡相变功能体可以被吸附到凹凸棒石孔道结构中，从而避免石蜡在液相下的流动和渗漏问题，制得凹凸棒石/石蜡复合相变材料，该复合材料用于集热墙具有更明显的节能优势[30]。Li 等分别以癸酸与软脂酸低共熔物和凹凸棒石为相变功能体和多孔基体，采用真空法制备定形复合相变材料，制得复合相变材料的熔融温度和熔融焓分别为 21.71℃和 48.2 J/g[31]。为了进一步提高凹凸棒石孔结构参数，Song 等通过 400℃焙烧热活化去除凹凸棒石表面吸附水、孔道沸石水和配位水，以硬脂酸-癸酸二元酸为相变功能体，采用真空熔融吸附法制备凹凸棒石定形相变材料，热活化处理的凹凸棒石对二元酸功能体的装载量达到 50%，所得复合相变材料的熔融温度和相变潜热分别为 21.8℃和 72.6 J/g，同时历经 1000 次融化/冷冻循环后仍然保持良好的热稳定性和化学稳定性[32]。

除热活化外，酸活化和酸-热联用活化也是凹凸棒石改性处理的常用技术[33,34]，通过酸活化可以有效去除凹凸棒石伴生的碳酸盐等杂质矿物，联用热活化处理可以明显提升凹凸棒石的孔结构参数，从而有助于提升对相变功能体的装载量。Yang 等分别以未处理、酸浸处理和酸-热联用处理凹凸棒石为支撑基体，以石蜡为相变功能体，对比研究不同处理方式制得复合相变材料的储热特征差异[35]。结果显示，经酸处理和酸-热联用处理后，凹凸棒石比表面积和孔体积分别从未处理的 130.52 m^2/g 和 0.631 cm^3/g 分别增加至 259.81 m^2/g 和 1.004 cm^3/g、260.8 m^2/g 和 1.126 cm^3/g。未处理、酸浸处理和酸-热联用处理凹凸棒石对石蜡的装载率分别为 81%、100.7% 和 143%。其中，采用酸-热联用处理凹凸棒石制得相变复合材料潜热值高达 126.08 J/g。为进一步改善凹凸棒石基体复合相变材料的渗漏缺陷，提高潜热储存量，Shi 等发现以 N-(2-胺乙基)-3-胺丙基三甲氧基硅烷改性凹凸棒石制得的定形复合相变材料储热能力和热稳定性明显提高[36]。以石蜡或聚乙二醇为相变功能体时，表面改性改善了复合相变材料的结晶度和潜热性能。当相变功能体装载量为 40%(质量分数)时，表面胺基改性使石蜡和聚乙二醇复合相变材料的潜热值分别提高了 31.5% 和 27.8%。经过 800 次冷却和加热循环后，复合相变材料仍然具有稳定的储热性能。

9.3.2　凹凸棒石复合材料基体

三维网络结构多孔材料具有丰富多级孔结构，可以作为相变功能体的优良支撑材料。Liang 等分别以肉豆蔻酸、棕榈酸和硬脂酸为相变功能体，以海绵状三维网络结构的凹凸棒石/聚丙烯酰胺复合材料作为多孔支撑基体制备了系列定形复合相变材料[37]。采用 SEM 研究凹凸棒石、海绵状凹凸棒石复合材料和定形复合相变材料的微观结构发现[图 9-3(a)～(e)]，海绵状凹凸棒石复合材料具有相互连通的多孔三维网络结构，孔径尺寸小于 2 mm，且孔壁由凹凸棒石纳米棒状晶体自组装排列组成。基于海绵状凹凸棒石复合材料的毛细孔效应和表面吸附，孔道很容易被肉豆蔻酸、棕榈酸和硬脂酸等相变

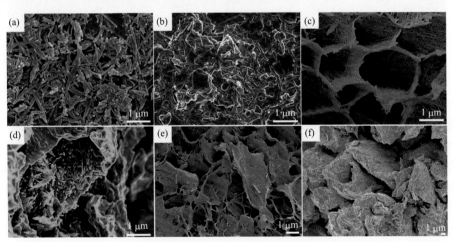

图 9-3　(a)凹凸棒石、(b)凹凸棒石/硬脂酸、[(c)、(e)]海绵状凹凸棒石复合材料、[(d)、(f)]海绵状凹凸棒石/硬脂酸定形复合相变材料的 SEM 照片[37]

功能体浸渍、填充，从而形成稳定的复合相变材料[图 9-3(d)和(f)]。由于海绵状凹凸棒石复合材料对相变功能体的良好亲和力，使相变功能体在结晶过程中运动受阻，没有观察到相变功能体的泄漏现象。当相变功能体装载率为 36.60%～37.71%时，复合相变材料的潜热值为 72.57～82.36 J/g。引入海绵状凹凸棒石复合材料，可明显提高相变储热材料的热导率、稳定性和热耐久性。

为了解决相变材料的泄漏、储热能力差和热响应性能慢等问题，Zhang 等采用水热法制备了硬脂酸/氧化石墨烯-凹凸棒石气凝胶定形复合相变材料[38]。由图 9-4 可见，在水热处理前，单个凹凸棒石纳米棒晶紧密附着在氧化石墨烯表面，协同稳定水包硬脂酸 Pickering 乳液。经水热反应后，凹凸棒石纳米棒通过接枝改性嵌入到氧化石墨烯片层之间，形成三维网络桥接的多孔海绵体，所得复合相变材料具有均匀的层状团簇结构。由于凹凸棒石棒晶的刚性约束，随着凹凸棒石含量的增加，层状团簇变得更为致密，从而可以明显提升复合材料的形状稳定性和硬脂酸负载空间。根据 DSC 结果显示，所得复合材料的储热性能与凹凸棒石的含量呈正相关。由于负载间隙的增大和体积收缩率的有效抑制，复合气凝胶表现出良好的蓄热能力(190.9 J/g)和超高的硬脂酸装载率(98%，质量分数)。

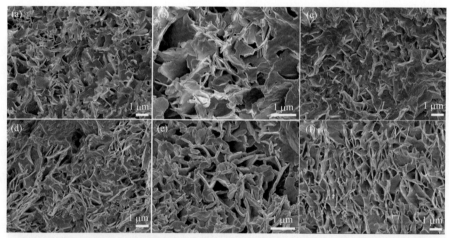

图 9-4　不同凹凸棒石添加量(质量分数)制得硬脂酸/氧化石墨烯-凹凸棒石气凝胶定形复合相变材料的
SEM 照片[38]

(a)、(b)0；(c)17%；(d)、(e)33%；(f)50%

此外，Wang 等以异氰酸基功能化的凹凸棒石和不同链长的二胺或三胺为原料，制备了系列基于凹凸棒石的三维网络复合材料，通过引入不同相变功能体构筑了系列定形相变复合材料[39]。引入凹凸棒石三维网络复合材料显著提高了复合材料的热物理性能，由于三维网络提供的互联导热路径，不同链长二胺和三胺制得三维网络复合相变材料的导热系数比纯硬脂酸分别提高了 37.19%、33.19%、36.91%、25.27%和 32.51%，最大导热系数为 0.4215 W/(m·K)。该复合相变材料具有良好的蓄热/回收性能、化学稳定性和热可靠性，可长期重复使用。该研究为设计基于黏土矿物三维网络载体及其衍生的复合相变材料提供了有益参考。

9.4　电化学储能材料

目前，研究最多的电化学储能器件是超级电容器和锂基电池，二者主要由工作电极、电解液、隔膜和集流器等部分组成，所以在材料、化学等领域的研究焦点集中于高性能电极材料、隔膜和电解液的研究[40-43]。超级电容器是一类性能介于物理电容器和二次电池之间的新型储能器件，兼有物理电容器高比功率和电池高比能量的特点。由于具有功率密度高、循环寿命长、瞬间大电流快速充放电、使用温度范围宽和绿色环保等优异特性，已成为世界各国新能源领域的研究热点之一[44-46]。但能量密度低和价格高仍然是目前制约超级电容器快速发展的主要问题，其中电极材料的性能及成本是决定电容器电极材料能量密度和性价比的关键因素。因此，寻求合适的技术路线设计研发具有高比电容、高比能量和循环稳定性良好的新型电极材料有重要的理论和现实意义。凹凸棒石在电化学储能方面的研究也主要集中在超级电容器电极材料、电池隔膜和固态电解质方面。

9.4.1　超级电容器电极材料

近年来，电极纳米化和杂化思路被广泛应用于高性能电化学储能器件的设计。作者以凹凸棒石为基材，通过两步法制备得到了炭/聚苯胺包覆凹凸棒石三元杂化材料(APT@C/PAn)，不同体积苯胺(0.10 mL、0.15 mL、0.20 mL)制得三元杂化材料分别标记为APT@C/PAn1、APT@C/PAn2 和 APT@C/PAn3[47]。图 9-5 为凹凸棒石、APT@C、APT@C/PAn1、APT@C/PAn2、APT@C/PAn3 样品以及 APT@C/PAn3 部分放大的 TEM 照片。由图 9-5(a)可见，凹凸棒石分散性较好，直径大约 20~40 nm，长度大约 200~1000 nm。通过水热炭化和高温活化后，在凹凸棒石的棒晶表面成功包覆了炭层[图 9-5(b)]。引入聚苯胺后，凹凸棒石棒晶表面壳层的厚度明显大于 APT@C 复合材料，同时随着苯胺加入量的增加，聚苯胺壳层的厚度有所增加且包覆更加均匀[图 9-5(c)]。但当苯胺加入量过多时，在复合材料中发现了游离聚苯胺的团聚体[图 9-5(e)]。此外，从图 9-5(f)可以清晰观察到凹凸棒石棒晶表面包覆的炭和聚苯胺壳层呈现多层结构。

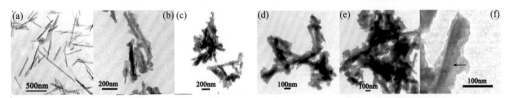

图 9-5　(a)凹凸棒石、(b)APT@C、(c)APT@C/PAn1、(d)APT@C/PAn2、[(e)、(f)]APT@C/PAn3 的 TEM
照片[47]

图 9-6 为凹凸棒石、APT@C、纯炭材料(AC)、纯聚苯胺(PAn)和 APT@C/PAn 杂化材料的热重曲线。由于经过高温处理，APT@C 复合材料和 AC 样品在 400℃以下几乎没有发生质量损失。从热失重曲线可以发现，AC 样品开始分解的温度为 462℃，但对于 APT@C

复合材料, 开始分解温度为 505℃, 表明 APT@C 复合材料的热稳定性优于 AC 样品。由于在高温氧气氛中热分解, APT@C 复合材料在 440~535℃之间的含碳物质质量损失约为 49.8%。聚苯胺开始分解温度约为 365℃, 与文献报道结果一致[48], 但 APT@C/PAn1、APT@C/PAn2 和 APT@C/PAn3 复合材料开始分解温度分别为 502℃、493℃和 514℃, 均高于 AC 和 PAn 样品的分解温度, 表明制得复合纳米材料具有优异的热稳定性能, 这是凹凸棒石基材作用以及复合材料各组分间协同效应共同作用的结果。在 385~530℃之间, 样品 APT@C/PAn1、APT@C/PAn2 和 APT@C/PAn3 的热失重分别为 56.6%、57.2%和 60.5%, 这部分质量损失主要归因于高温下凹凸棒石表面包覆炭和聚苯胺的热分解。同时, 随着苯胺加入量的逐渐增加, APT@C/PAn 复合材料的质量损失逐渐增加, 表明复合材料中聚苯胺的含量随着苯胺加入量的增加而逐渐增加。

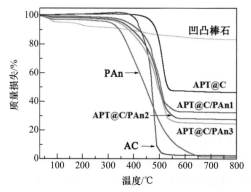

图 9-6　凹凸棒石、APT@C、AC、PAn 和 APT@C/PAn 杂化材料的热重曲线[47]

图 9-7(a)为 APT@C、PAn 和 APT@C/PAn 杂化电极材料在扫速为 10 mV/s 下的循环伏安曲线。APT@C 电极材料的循环伏安曲线接近于矩形, 说明具有典型的双电层电容器特征; 所有 APT@C/PAn 杂化电极材料的循环伏安图均有一对氧化还原峰[49,50], 表明聚苯胺的储能机理为法拉第准电容器。研究表明, APT@C/PAn 电极材料的比电容大于 APT@C 复合材料和纯苯胺电极的比电容。同时, APT@C/PAn 电极材料的循环伏安曲线的面积随着苯胺添加量的增加先增大后减小, 表明复合材料的比电容也呈现先增大后减

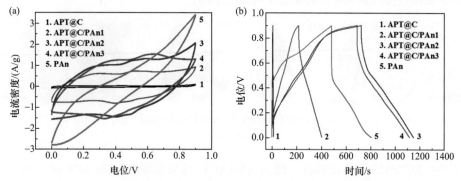

图 9-7　(a)APT@C、PAn 和 APT@C/PAn 杂化电极材料在扫速 10 mV/s 下的循环伏安曲线和(b)在电流密度为 2.5 mA/cm² 时的恒流充放电曲线[47]

小的趋势。相比之下，APT@C/PAn2 具有最大比电容(167 F/g)。这种现象与聚苯胺在 APT@C 表面的包覆情况以及游离聚苯胺团聚体形成有关。随着苯胺加入量增加，过量的聚苯胺造成 APT@C/PAn 复合材料的比表面积和孔体积降低，这不利于电解液离子的扩散和传输，从而造成复合材料比电容下降。

图 9-7(b)为 APT@C、PAn 和 APT@C/PAn 杂化材料在电流密度为 2.5 mA/cm² 下的恒流充放电曲线。随着聚苯胺组分的引入，制得的 APT@C/PAn 杂化电极材料具有较长的放电时间，但随着聚苯胺含量的持续增加，APT@C/PAn3 杂化电极材料的放电时间开始缩短，这种现象主要与聚苯胺在 APT@C 复合材料表面的聚集状态有关。相比之下，APT@C/PAn2 具有最高比电容(325 F/g)，这是由该材料具有独特的多层壳层结构、各组分间的协同效应和较大比表面积共同作用的结果。此外，循环伏安曲线和恒电流充电曲线计算结果的差异，主要与不同的测试方法及其循环伏安曲线中曲线偏离理想矩形有关，但二者的趋势保持一致。

由图 9-8(a)所示，随着扫速从 5 mV/s 增加至 80 mV/s，APT@C/PAn2 杂化材料的循环伏安曲线，形状基本上没有变化，说明该电极材料具有较为理想的电化学行为。随着扫速增加，可以明显看出氧化峰向正相移动，还原峰向负向移动。在扫速为 5 mV/s、10 mV/s、20 mV/s、40 mV/s 和 80 mV/s 时，APT@C/PAn2 复合材料的比电容分别为 256 F/g、167 F/g、89 F/g、56 F/g 和 37 F/g。此外，从图 9-8(b)可以计算得知，APT@C/PAn2 电极中电活性物质炭和聚苯胺在电流密度 2.5 A/cm²、5 A/cm²、10 A/cm² 和 20 A/cm² 下的比电容分别为 325 F/g、289 F/g、228 F/g 和 174 F/g，比电容值随着电流密度的增加逐渐降低，表明该杂化电极材料具有较好的倍率性能。

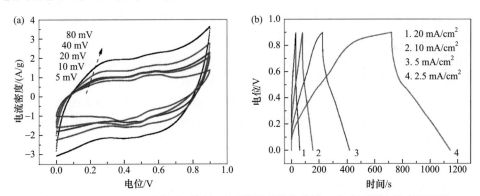

图 9-8　APT@C/PAn2 电极在不同扫速下的循环伏安曲线(a)和在不同电流密度下的恒流充放电曲线(b)[47]

为了进一步考察制备复合材料的电化学性能，对其进行了交流阻抗测试，结果如图 9-9 所示。等效电路包括本体溶液的内阻 R_s、电荷传递电阻 R_{ct} 以及界面双电层电阻和法拉第准电容器电阻。在高频区，横坐标的截距代表有效内阻 R_s 的数值，具体包括电活性物质和集流器之间的内阻、电活性物质的内阻以及电解液的内阻。APT@C、PAn、APT@C/PAn1、APT@C/PAn2 和 APT@C/PAn3 的有效内阻 R_s 分别为 0.66 Ω、0.69 Ω、0.55 Ω、0.52 Ω和 0.66 Ω，APT@C/PAn2 电极材料具有较低的内阻，说明该电极材料具有较好的离子响应性能。从高频区到中频区，电极材料在包覆聚苯胺后，EIS 曲线均出现一条半弧，半弧圈的直径代表电极材料的内阻 R_{ct}，APT@C 和 PAn 内阻 R_{ct} 分别为 0.34 Ω和 289.1 Ω。同时，在制备的复合材料中，APT@C/PAn2 电极材料具有最小的半弧圈，电极内阻 R_{ct} 为 64.9 Ω，这说明内阻 R_{ct} 数值与聚苯胺的含量呈正相关。

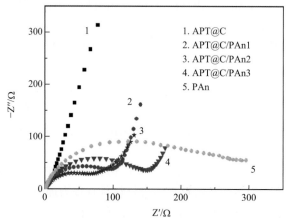

图 9-9　APT@C、PAn 和 APT@C/PAn 电极材料的交流阻抗图[47]

在低频区，APT@C 电极材料的直线部分接近于虚轴，表明具有理想的电容行为。但是引入聚苯胺后制得的电极材料的直线部分具有 45°的倾斜，这是由电解液中离子传输过程中产生的瓦尔堡阻抗引起的。相比之下，APT@C/PAn 杂化材料具有较小的瓦尔堡阻抗，即该电极材料具有较低的电子传输阻力和较弱的离子扩散阻力[51]。

与众多导电聚合物或炭材料相比，二氧化锰已被证明是一种高性能赝电容活性材料，具有较低成本、低毒性以及高安全等特性。但迄今报道的比电容远不及理论预测值(约 1370 F/g)，这主要归因于二氧化锰电导率差、纳米结构易团聚、低孔隙率等缺陷，严重限制了其商业利用的有效性[52]。目前，提高二氧化锰的电化学性能的方法通常有两种：一种是基于二氧化锰构筑杂化电活性材料，通过提高导电性能来改善材料的电化学性能[53]；另一种是通过制备中空或者多孔结构得到高比表面积的电极材料[54]。相比之下，基于 MnO_2 构筑多元杂化电活性材料的策略被广泛研究。为此，基于凹凸棒石纳米棒晶，通过两步法制备了炭/二氧化锰包覆凹凸棒石三元杂化材料(APT@C/MnO_2)。

图 9-10 为凹凸棒石、APT@C 复合材料、纳米炭球、APT@C/$MnO_2$1、APT@C/$MnO_2$4 和 C/MnO_2 的 TEM 照片。如图 9-10(a)所示，凹凸棒石表面光滑，分散性较好，棒晶直径和长度分别约为 20～40 nm 和 200～1000 nm。经过水热炭化及高温活化后，可以看到炭层包覆在凹凸棒石棒晶表面[图 9-10(b)]。在不添加凹凸棒石时，水热炭化葡萄糖产物为直径约 40 nm～90 nm 纳米炭球[图 9-10(c)]，这表明引入凹凸棒石可以诱导葡萄糖水热炭化产物在凹凸棒石表面沉积。对比图 9-10(d)和(e)，APT@C/$MnO_2$1 的直径约为 80～160 nm，二氧化锰纳米片形貌不规整；APT@C/$MnO_2$4 的直径约为 100～260 nm，二氧化锰纳米片均匀包覆在 APT@C 的表面，二氧化锰纳米片的厚度约为 20 nm，同时从图中箭头处可以明显观察到多层同轴棒状结构。随着高锰酸钾加入量的增大，APT@C 复合材料的表面被完

全包覆，二氧化锰壳层厚度逐渐增加，形成了较为完整的二氧化锰纳米片。这是由于 APT@C 复合材料在高温活化后，表面具有大量孔隙，MnO_4^- 被吸附在孔隙及表面上，在酸性加热条件下与炭材料发生氧化还原生成二氧化锰所致[55]。此外，从图 9-10(f)可以发现，在不添加凹凸棒石时，在纳米炭球表面生成大量二氧化锰纳米片，但团聚较为严重，说明引入凹凸棒石可以诱导二氧化锰纳米片在炭层表面的均匀生长，有效阻止了二氧化锰纳米片的二次团聚。

图 9-10　(a)凹凸棒石、(b)APT@C、(c)纳米炭球、(d)APT@C/MnO₂1、(e)APT@C/MnO₂4 和(f)C/MnO₂ 的 TEM 照片

图 9-11(a)为 APT@C/MnO₂ 和 C/MnO₂ 电极材料在扫速 20 mV/s 下的循环伏安曲线。在相同的扫速下，APT@C/MnO₂ 电极材料比 C/MnO₂ 具有更大的循环伏安圈。这可能是凹凸棒石的引入阻止了纳米炭球的均相成球以及后续二氧化锰纳米片的团聚问题，形成的多层同轴棒状结构有利于电解液离子的扩散。同时，随着二氧化锰含量的增加，APT@C/MnO₂ 电极材料循环伏安圈的积分面积逐渐增大，APT@C/MnO₂4 电极材料具有

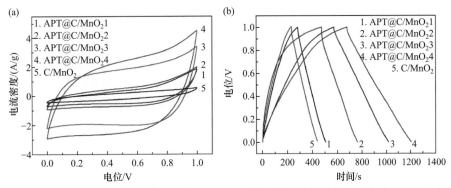

图 9-11　APT@C/MnO₂ 和 C/MnO₂ 电极在扫速 20 mV/s 下的循环伏安曲线(a)和在电流密度 2.5 mA/cm² 下的恒流充放电曲线(b)

最大的积分圈，说明该电极材料比电容最大。这可能是 APT@C/$MnO_2$4 中较高含量的活性二氧化锰纳米片形成较大的赝电容和炭层较好导电性共同作用的结果。图 9-11(b)为 APT@C/MnO_2 和 C/MnO_2 电极材料在电流密度 2.5 mA/cm^2 下的恒流充放电曲线。在相同的电流密度下，APT@C/MnO_2 电极材料比 C/MnO_2 相具有更长的放电时间，同时随着二氧化锰含量的增加，APT@C/MnO_2 电极材料的放电时间逐渐增加。APT@C/$MnO_2$1、APT@C/$MnO_2$2、APT@C/$MnO_2$3 和 APT@C/$MnO_2$4 的比电容分别为 108 F/g、129 F/g、193 F/g 和 216 F/g，高于 C/MnO_2 比电容(92 F/g)。因此，引入凹凸棒石可以诱导葡萄糖水热炭均匀包覆在棒晶表面，从而有效防止二氧化锰纳米片的团聚并诱导在表面原位生长，这种形貌和结构有利于电解液离子的扩散和传输，使得电极材料的电化学性能得到明显提升。

为了进一步评价制得的 APT@C/MnO_2 作为超级电容器电极材料的性能，在 1 mol/L 硫酸钠电解液中进行了不同扫速下的循环伏安测试和不同电流密度下的恒电流充放电测试。图 9-12(a)为 APT@C/$MnO_2$4 电极在不同扫速下的循环伏安曲线。由图可以发现，该电极材料在 5 mV/s 低扫速下循环伏安图接近于矩形，说明具有理想电容器行为；随着扫速的增加，电极材料的电流密度不断增加，循环伏安图也明显偏离理想的矩形形状，尤其是在高扫速条件下这种现象更为明显。图 9-12(b)为 APT@C/$MnO_2$4 电极在不同电流密度下的恒流充放电曲线，APT@C/$MnO_2$4 电极材料的恒流充放电曲线几乎呈对称等腰分布，说明有较好的电化学可逆性。同时放电时间随着电流密度的降低而增加，这是由充放电过程中钠离子不同的扩散效率造成的。在电流密度为 20 mA/cm^2、10 mA/cm^2、5 mA/cm^2、2.5 mA/cm^2 和 1.25 mA/cm^2 时，APT@C/$MnO_2$4 电极材料的比电容分别为 153 F/g、183 F/g、202 F/g、216 F/g 和 220 F/g。对比发现在较大电流密度下(20 mA/cm^2)，杂化材料的比电容仍然能够保持 70%，所以该电极材料具有较好的倍率性能。

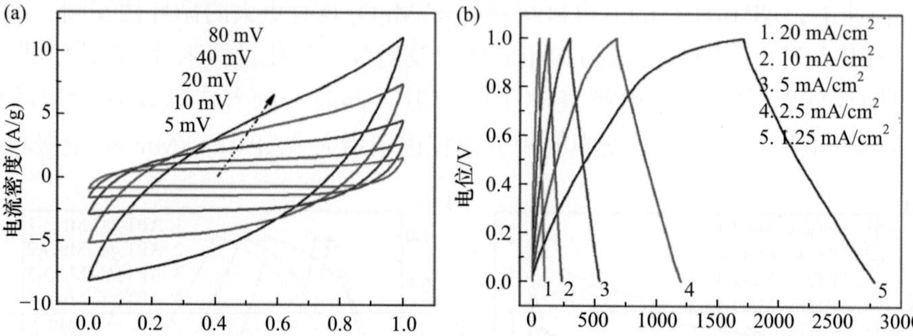

图 9-12　APT@C/$MnO_2$4 电极材料在不同扫速下的循环伏安曲线(a)和在不同电流密度下的恒流充放电曲线(b)

9.4.2　锂基电池材料

9.4.2.1　电极材料

锂硫电池由于理论能量密度高、硫含量丰富、环境友好等特性被认为是下一代高能量密度电池的发展方向[56,57]。但锂硫电池自身的一些固有缺点导致其实际能量密度远低于理论值，主要包括硫及其放电产物的绝缘性、硫还原为 Li$_2$S 后的大体积膨胀效应、可溶性多硫化锂的"穿梭效应"以及锂负极上的锂枝晶。Xie 等通过熔融扩散法将硫封装在凹凸棒石介孔中制备了凹凸棒石@石墨烯/硫复合材料[58]。与单质硫相比，由于凹凸棒石和部分还原石墨烯纳米片对硫/锂多硫化物(Li$_2$S$_n$)较强的吸附能力和限域效应，载硫凹凸棒石和凹凸棒石@石墨烯/硫复合材料均具有良好的电化学性能。凹凸棒石@石墨烯/硫复合材料的初始放电容量为 1143.9 mAh/g，在 0.1C 下循环 100 次后的可逆容量为 512.0 mAh/g，每个循环容量衰减率低至 0.5%。凹凸棒石对多硫化物溶解的约束有效提高了电池的比容量和循环稳定性，所以该研究为 Li-S 电池阴极内引入凹凸棒石基复合物作为有效的 Li$_2$S$_n$ 储存层提供新思路。

Lan 等制备了不同聚丙烯腈含量的凹凸棒石基锂电池阳极材料，在相同电流密度下，含 20%聚丙烯腈复合材料的比容量最大可达 446.5 mAh/g[59]。在此基础上对比研究炭化温度对含 20%聚丙烯腈/凹凸棒石复合材料阳极电化学性能的影响。结果表明，800℃炭化的阳极材料在第 50 次循环时，当电流密度为 0.1 A/g 时，放电比容量达到最大值(446.5 mAh/g)；在第 300 次循环，当电流密度为 0.5 A/g 时，复合材料的库仑效率仍为 99.8%。联用溶液混合、冷冻干燥和热解制备凹凸棒石/多壁碳纳米管复合气凝胶锂电池阳极材料[60]，研究发现导电多壁碳纳米管与多孔纳米凹凸棒石相互均匀缠绕交织在一起，从而有效促进了锂离子和电子的有效传输。经 50 次循环后，在电流密度为 0.1 A/g 时可逆比容量为 303.6 mAh/g；在电流密度为 2.0 A/g 时可逆容量为 117.3 mAh/g，制得凹凸棒石/多壁碳纳米管复合负极材料具有良好的循环稳定性和倍率性能。

硅基材料是锂电池中理论比容量最高的负极材料之一，由于低嵌锂电位、低原子量、高能量密度，被认为是碳负极材料的理想候补材料[61]。但由于硅负极在嵌脱锂循环过程中具有严重的体积膨胀和收缩现象，容易造成材料结构的破坏和机械粉碎，从而导致电极表现出较差的循环性能。研究表明，多孔硅材料可以有效缓减这种体积波动效应[62,63]。Gao 等以天然凹凸棒石为硅源，采用低温铝热还原处理得到多孔晶体硅，然后与石墨复合负载炭材料制备了硅基锂离子电池负极材料，所得复合电极材料具有优异的电化学性能，经 100 次循环后的可逆放电比容量为 799 mAh/g[64]。Chen 等选用天然埃洛石、蒙脱石和凹凸棒石为黏土矿物硅源，采用镁热还原和熔融盐法分别制得了多孔硅材料并用于锂电池正极材料[65]。研究表明，所得多孔硅材料的形貌和微观结构与黏土矿物的结构特征息息相关，采用一维管状埃洛石、二维片状蒙脱石和一维棒状凹凸棒石为硅源分别制得了三维、二维和一维的多孔硅材料，其具有较大的比表面积和多级孔隙结构(图 9-13)。

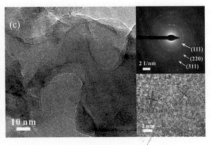

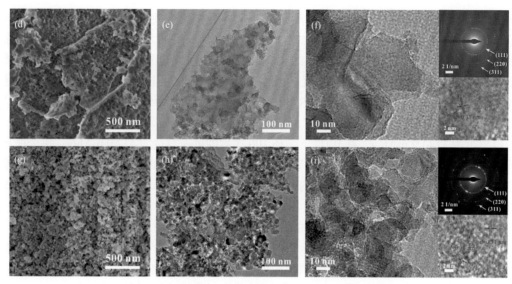

图 9-13　不同黏土矿物制得纳米硅微观形貌特征[65]

(a)~(c)埃洛石来源 Si；(d)~(f)蒙脱石来源 Si；(g)~(i)凹凸棒石来源 Si

与一维埃洛石和凹凸棒石的多孔硅材料相比，由于二维纳米结构的有限可变固态电解质相界面区域和更高效的输运特性，二维蒙脱石制得二维多孔硅材料作为锂电池正极材料具有最佳的电化学性能，在电流密度为 1.0 A/g 时放电比容量为 1369 mAh/g，并且经 200 次循环后容量保持率为 78%。

9.4.2.2　隔膜材料

隔膜是液态锂电池的重要组成部分，在电池中起着隔离正负极并使电池内的电子不能自由穿过，而让电解液中的离子在正负极间自由通过的作用。隔膜锂离子传导能力直接决定了锂离子电池的整体性能，如何抑制锂多硫化物的溶解及其穿梭效应是实现锂硫电池实际应用的有效途径。Sun 等通过刮涂法用凹凸棒石对聚丙烯隔膜进行表面修饰，将凹凸棒石纳米棒晶作为多功能离子筛中间层抑制穿梭效应[66]，结果表明凹凸棒石具有更多的极性位点用来固定锂多硫化物。同时经线性扫描伏安法和电化学阻抗谱进一步证实，凹凸棒石的催化性质(铁离子)有利于锂多硫化物的转化反应。在 0.5C 下经第 1 次循环和第 200 次循环的放电比容量分别为 1059.4 mAh/g 和 792.5 mAh/g，表现出良好的循环稳定性和倍率性能。

Yang 等通过将含有天然凹凸棒石和聚乙烯醇的均相悬浮液沉积和原位交联到 Celgard@2400 隔膜基体的内外表面制备了一种优良的水性隔膜(APT-PVA/Celgard)(图 9-14)[67]。与传统接枝或涂覆功能隔膜不同，制得的 APT-PVA/Celgard 隔膜具有独特的夹层/注入结构。同时该隔膜具有超亲水性(液体电解质接触角为 0)、高 Li+电导率(0.782 mS/cm)、优良的机械性能和高热稳定性。与使用商用陶瓷隔膜电池相比，使用该隔膜的 4.9 V Li/LiNi$_{0.5}$Mn$_{1.5}$O$_4$ 电池具有更高的循环稳定性(经 100 次循环后容量保持率达到 94.7%)、更好的倍率性能和更低的电阻。此外，该隔膜还可以提高 Li/LiFePO$_4$ 电池的性能，在 160℃时保持开路电压稳定。因此，该研究为基于黏土矿物绿色设计高压锂离子电池的高性能隔膜提供了一条可行途径。

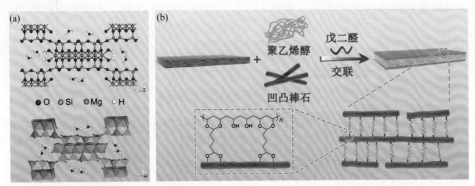

图 9-14　(a)凹凸棒石的单晶结构和(b)APT-PVA/Celgard 隔膜的制备示意图[67]

9.4.2.3　固态电解质

与传统锂电池相比，全固态锂电池因安全性好、能量密度高的特点备受关注。但是电极与固态电解质之间的固-固接触造成较大的界面阻抗，界面问题已经成为制约全固态锂电池发展的关键因素之一。研究表明，有机/无机复合固态电解质兼顾无机固态电解质和有机固态电解质的优势，具有较高离子电导率和一定的力学强度，有望满足全固态锂电池的应用需求，所以聚合物基有机/无机复合固态电解质研究备受关注。黏土矿物作为一种非电活性的惰性无机填料被应用于设计高性能聚合物基有机/无机复合固态电解质[68]。Yao 等采用聚偏氟乙烯(PVDF)为聚合物基体、LiClO4 为锂盐、凹凸棒石为无机填料制备了高性能聚合物基有机/无机复合固态电解质[69]。该研究首次以 N,N-二甲基甲酰胺为有机增塑剂制得了 PVDF 基聚合物电解质，在室温下离子电导率高达 $1.2×10^4$ S/cm。该聚合物电解质膜非常柔软，当加入 5% 凹凸棒石后，有机/无机复合固态电解质膜的刚性和韧性均得到显著提高，弹性模量从 9.0 MPa 提高到 96.0 MPa，屈服应力从 1.5 MPa 提高到 4.7 MPa(图 9-15)。通过数值模拟结果显示，制得复合固态电解质膜性能的提升主要归因于一维凹凸棒石纳米棒与聚合物纳米线相互作用形成的强交联网络结构。加入 5% 凹凸棒石后，锂离子转移数也由 0.21 提高到 0.54，这主要与凹凸棒石和 ClO_4^- 之间的路易

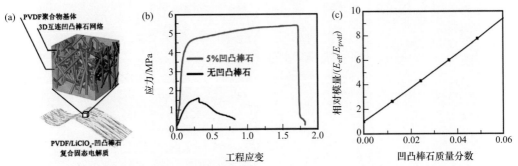

图 9-15　(a)PVDF/凹凸棒石复合聚合物电解质原理图；(b)不同 PVDF 基膜的应力-应变曲线；(c)相对模量与凹凸棒石质量分数的函数[68]

斯酸碱相互作用有关。在此基础上，组装 Li(Ni$_{1/3}$Mn$_{1/3}$Co$_{1/3}$)O$_2$ 负极、PVDF/凹凸棒石复合固态电解质和锂正极的全电池，在 0.3 C 下可循环 200 次以上，比容量保持率为 97%。因此，PVDF/凹凸棒石复合固态电解质是一种很有前途的固态电池电解质。

9.5　液晶材料

液晶即液态晶体，是一种介于液相和晶相之间的物质，不仅具有各向同性液体的流动性和连续性，还具有像晶体一样的光学各向异性。同时液晶分子排列的结构不像晶体结构那样三维有序，当受到电、磁、光、温度和应力等外场作用时，会有不同的响应效果而变为取向有序而位置无序的流体，被称为物质的"第四态"。正是这种特殊的性质，使得液晶材料在化工、医学、环境保护领域得到了应用[70,71]。近年来，由于人类对绿色化学的重视，也促使研究人员将研究兴趣转向自然资源类无机液晶材料。其中黏土矿物由于来源丰富、成本较低、绿色和相对稳定等特征被认为是有前景的无机液晶材料[72-74]。

黏土矿物是由一个或两个硅氧四面体片层围绕铝(镁)氧八面体片层构成[75]，这种天然结构单元的各向异性赋予黏土矿物的液晶特性。黏土矿物纳米颗粒分散体系可在恒温静置和一定浓度范围内易发生各相同性/向列相(I/N)的相变，可自组装成不同的溶致液晶(LC)相，且在偏振光下呈现折射现象[76-83]。与片层状黏土矿物液晶材料相比，棒状凹凸棒石液晶材料研究处于起步阶段。

9.5.1　凹凸棒石水相液晶相行为

金慧然等[83]针对凹凸棒石易团聚且棒晶均一性差的问题，通过水相凹凸棒石的解离及均一化筛分工艺，探讨了凹凸棒石液晶相形成的可行性。在六偏磷酸钠的协同作用下，通过高速打浆分散-低速离心分离，制备得到了体系晶束直径平均为 80 nm 和平均长度 0.9 μm 高长径比，且高度分散的凹凸棒石水相悬浮液。利用正交偏振器及偏光显微镜跟踪凹凸棒石在水相中的宏观[图 9-16(a)~(d)]及微观[图 9-16(e)~(h)]液晶相行为。

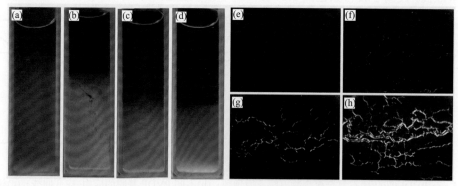

图 9-16　0.7%分散体系[(a)1 d、(b)30 d、(c)60 d、(d)90 d]宏观相分离过程和[(e)1 d、(f)30 d、(g)60 d、(h)90 d]微观相分离过程[83]

研究发现，制备的凹凸棒石分散体系为均匀溶胶，视野黑暗，有序度低，处于各向同性状态[图 9-16(a)]。随着静置时间延长到 30 d，出现较少且微弱的丝状条纹[图 9-16(f)]，表明各向异性微畴的形成，开始出现向列相。但静置时间延长到 60 d 时，微畴逐渐长大且相互连接[图 9-16(g)]，最终在 90 d 时形成丝状织构，体系达到平衡[图 9-16(d)]。微观分为清晰三相[图 9-16(h)]：上层各向同性相，中层为双折射相，下层为向列相，两相边界明显。上述相变过程证实凹凸棒石水相分散体系可以自发形成液晶典型的向列相结构，形成过程是按照成核生长机理进行。此外，在 0.3%～0.85%质量分数范围内，凹凸棒石水相分散体系都经历类似的相分离过程，但当质量分数高于 1%时则形成高强度的凝胶结构，难以发生相分离。该研究也证实偏磷酸钠可赋予纳米凹凸棒石更佳的静电斥力，从而促使凹凸棒石发生从各向异性到向列相液晶转变的自发相变行为。

Zhang 等[84]采用长径比为 30 的凹凸棒石通过机械搅拌制备了凹凸棒石基纳米复合离子液体凝胶电解质材料。用偏振光显微镜(POM)对样品进行观察，发现在含 4%(质量分数，下同)凹凸棒石复合材料分散体系中，无双折射现象发生，弥散具有各向同性[图 9-17(a)]。当凹凸棒石浓度达到 5%时，开始形成胆甾相织构的液晶域；当凹凸棒石浓度从 8%增加到 20%，具有平面纹理的双折射越来越强，弥散规律性增加，从而提高了离子的电导率。采用小角度 X 射线衍射测试纳米复合材料的液晶微观结构[图 9-17(f)]。当凹凸棒石浓度为 4%时，分散性无峰，说明样品结构无序；当凹凸棒石浓度超过 4%时，所有样品都出现了宽峰，形成了有序的微观结构，但取向较低。基于分散体微观结构变化，对复合材

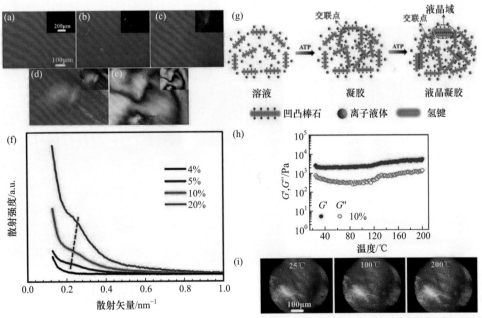

图 9-17　凹凸棒石含量为(a)4%、(b)5%、(c)8%、(d)10%和(e)20%时纳米复合离子凝胶电解质 POM 图像(插图为无感光板条件下测试的样品 POM 图像)；(f)凹凸棒石含量为 4%～20%的纳米复合电解质的小角度 X 射线散衍谱图；(g)凹凸棒石基离子液体纳米复合离子凝胶形成示意图；(h)含有 10%凹凸棒石的纳米复合离子凝胶 G' 和 G'' 随温度升高的变化和(i)加热过程中的 POM 图像[84]

料离子液凝胶的形成机制进行了探讨[图 9-17(g)]。当凹凸棒石浓度较低时，纳米棒晶具有良好的分散性，在离子液体中呈随机分布。随凹凸棒石浓度进一步增加，相邻各向异性粒子间的吸引作用形成了凝胶网络结构，并出现有序排列(液晶凝胶)。因此，这些液晶纳米复合离子凝胶表现出凝胶化和凝胶重组两步机理。此外，温度是影响物理凝胶和溶致液晶稳定性的重要因素。对含有 10%凹凸棒石纳米复合离子凝胶的动态温度扫描测量证实，所获得的离子凝胶具有良好的稳定性，即使温度达到 200℃，凝胶网络结构也不会被破坏。上述结果表明，所制备的纳米复合离子凝胶电解质具有优异的高温稳定性，不仅可作为高性能电解质的耐高温超级电容器和锂电池材料，还可作为新型高温液晶材料。

Fu 等[85]采用共沉淀法在凹凸棒石表面担载 Fe_3O_4 纳米粒子，制备了均匀分散的棒状超顺磁 APT@Fe_3O_4 纳米复合材料，在外部磁场作用下组装成具有黄色布拉格反射的磁响应液晶，其光学性质受固含量、磁场大小、磁场强度和方向等因素控制。在偏光显微镜下凹凸棒石分散液(10 mg/mL)出现了椭圆形和纺锤形的双折射齿状体[图 9-18(a_1)]，表明凹凸棒石呈向列排列；在一定浓度范围内将 APT@Fe_3O_4 复合材料分散在盐酸溶液中，纳米复合材料自发形成溶胶，胶体稳定性半年以上[86]。图 9-18(a)中 2～8 为不同固含量 APT@Fe_3O_4 悬浮液在偏光显微镜下的照片，在磁场照射不到 1 s，纳米复合材料沿磁场方向排列，产生形成液晶所需的取向顺序。当浓度从 0.0625 mg/mL 增加到 1 mg/mL 时，随着透射光强度的增加，纳米复合材料从各向同性相向均相双折射相转变。改变钕铁硼磁铁与样品间的距离(1～15 cm)，发现液晶透光率对磁场强度有依赖性[图 9-18(b)]。随着磁场

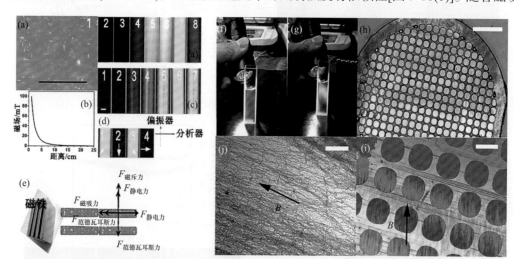

图 9-18   (a)凹凸棒石悬浮液及 APT@Fe_3O_4 悬浮液的 POM 图像[a_1 10 mg/mL 凹凸棒石悬浮液，a_2~a_8 0.0625 mg/mL、0.125 mg/mL、0.25 mg/mL、0.5 mg/mL、1 mg/mL、2 mg/mL 和 10 mg/mL APT@Fe_3O_4 悬浮液]；(b)磁场强度的空间分布；(c)通过 NdFeB 磁铁靠近与远离改变磁场强度时 APT@Fe_3O_4 悬浮液 (c_1~c_7 分别对应磁铁距悬浮液距离为 15 cm、11 cm、7 cm、5 cm、3 cm、2 cm、1 cm)的 POM 图像；(d)APT@Fe_3O_4 悬浮液在不同方向磁场作用下的 POM 图像；(e)链内和不同链间作用力示意图；APT@Fe_3O_4 悬浮液在(f)存在和(g)不存在外界磁场下的实像；(h)APT@Fe_3O_4 膜在铜网上的 POM 图；(j)ATP@Fe_3O_4 膜的透射电镜图(黑色箭头表示磁场的方向，比例尺：2 μm)，(i)为(h)的局部放大图[85]

强度的增大，液晶的透光率先增大后减小。当磁场方向平行或垂直于偏振器时，可以观察到暗光学视图[图 9-18(d$_2$)和(d$_4$)]。当磁场方向与偏振片夹角为 45°时，可观察到最强的透射光[图 9-18(d$_1$)和(d$_4$)]。由此可见，调整磁场方向即可实现磁控液晶透光率的控制。图 9-18(e)显示了单个磁棒状纳米复合材料在链内和不同链之间所受的力。链间的磁斥力和静电力使链之间保持距离，在范德瓦耳斯力作用下保持稳定。因此，磁场对形成 APT@Fe$_3$O$_4$ 悬浮液定向有序结构和向列相具有关键作用。研究发现，当磁场作用于 APT@Fe$_3$O$_4$ 悬浮液时，出现了亮黄色的布拉格反射[图 9-18(e)和(f)]。在浓度为 0.0125 mg/mL 时，可在固体基上观察到彩虹效应[图 9-18(g)和(h)]。从图 9-18(i)可以看出，APT@Fe$_3$O$_4$ 的头尾相连形成长纤维，证实了统一的取向行为。该研究在磁场作用下对 APT@Fe$_3$O$_4$ 可实现瞬间、可逆控制，从而为各向异性材料制备可控液晶提供了可行路径。

9.5.2　凹凸棒石油相液晶相行为

黏土矿物液晶具有出色的性能，但在水中以非常低的浓度分散会形成凝胶[[87-89]]，研究发现若通过表面活性剂吸附处理颗粒，则它们可以均匀地分散在有机溶剂中，且还可以有效提高各向同性向列相变的分散浓度[90]。Jin 等[91]通过将 Fe(OH)$_3$ 胶体添加到十六烷基三甲基溴化铵改性凹凸棒石中制备了高度稳定的油相凹凸棒石分散体。通过探讨油相凹凸棒石分散体的液晶相行为，发现 3%(质量分数)有机改性凹凸棒石分散体，在静置 30 min 后，无论是宏观还是微观极化均未观察到明显双折射现象[图 9-19(a)和(c)]，表明制备的分散体具有各向同性相；但在静置 15 d 后会自发形成典型的液晶向列相结构[图 9-19(b)和(e)]，这也可以从 SEM 照片中弥散体系无序性进一步得到证实[图 9-19(d)和(f)]。对比观察 30 d 后不同有机化改性凹凸棒石体积分数(1%～15%)制得的分散体，发现 15%(质量分数)有机-凹凸棒石非水分散体处于凝胶状态[图 9-19(g)～(i)]，但当在体系中加入 Fe(OH)$_3$ 胶体粒子之后，相同浓度的 Fe(OH)$_3$-有机-凹凸棒石分散体在各向同性和向列相之间表现出明显的相分离现象[图 9-19(j)～(l)]。这可能是带电的 Fe(OH)$_3$ 胶体颗粒的吸附减弱了纳米凹凸棒石之间的相互作用，导致凹凸棒石粒子之间的距离较远，同时在

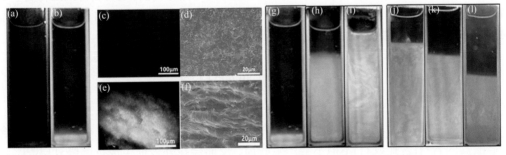

图 9-19　3%有机-凹凸棒石分散体静置(a)30 min 和(b)15 d 的 I/N 相转变过程，静置(c)30 min 和(e)15 d 后悬浮液的微观相转变及其 SEM 照片(d)30 min 和(f)15 d；凹凸棒石体积分数为(g)1%、(h)10%、(i)15% 的 Fe(OH)$_3$-有机-凹凸棒石非水分散体静置 30 d 后的 I/N 相转变过程；黏土矿物体积分数 15%的 Fe(OH)$_3$-有机-凹凸棒石非水分散体静置(j)5 d、(k)15 d 和(l)30 d 后的相行为[91]

相同浓度下，Fe(OH)₃-有机-凹凸棒石油相分散体的黏度低于有机-凹凸棒石油相分散体的黏度。因此，在一定浓度下，Fe(OH)₃胶体的加入加速了分散体系的相分离。

众所周知，研究磁场作用下液晶相行为的结构变化对黏土矿物液晶器件的研制具有重要意义[92-94]。如图9-20所示，在施加磁场感应后，Fe(OH)₃-有机-凹凸棒石分散体呈现出各向同性相和向列相的相分离。对比观察1%有机-凹凸棒石和Fe(OH)₃-有机-凹凸棒石的分散体的响应行为，发现在磁场的作用下，有机-凹凸棒石的分散性明显弱于Fe(OH)₃-有机-凹凸棒石分散体。因此，将带电荷的胶体粒子引入分散体中，使粒子在磁场感应下更易排列取向，分散体系中的粒子对磁场感应更为灵敏。通过对凹凸棒石进行有机化改性并引入Fe(OH)₃胶体粒子，可以增加凹凸棒石粒子的表面电荷，提高凹凸棒石在油性体系的分散性，显著影响液晶在磁场中的取向。因此，这种材料可以作为线性磁传感器得到广泛的应用。

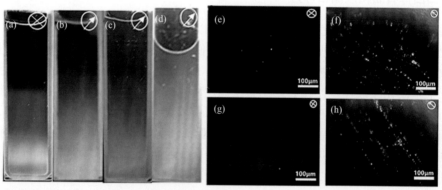

图9-20　1% Fe(OH)₃-有机凹凸棒石非水悬浮液在磁场作用下(a)0 h、(b)0.5 h、(c)12 h和(d)24 h的宏观相变；有机化凹凸棒石(e)未施加磁场和(f)施加磁场24 h以及1% Fe(OH)₃-有机凹凸棒石非水分散体(g)未施加磁场和(h)施加磁场24 h的微观相变[91]

综上所述，凹凸棒石液晶材料在水相和油相体系中存在丰富的液晶相，且在光、电、温度和应力等外场作用诱导下呈现优异的各向异性。目前研究者成功制得凹凸棒石、有机-凹凸棒石复合液晶材料和无机-凹凸棒石复合液晶材料，这些发现证明凹凸棒石液晶材料可在线性磁传感器、新型高温液晶以及显示技术产业上得到应用。

9.6　润滑油/脂材料

20世纪70年代，苏联地质勘探人员在深井钻探过程中意外发现，合金钻头钻探含镁硅酸盐的岩石(含蛇纹石)不但不会产生磨损，反而会在外表面生成抗磨修复层[95]。随后俄罗斯、美国、英国、德国等国家系统研究了黏土矿物微粒对摩擦表面作用，并在军工领域进行应用，取得了很好的效果[96]。黏土矿物绿色环保，且在摩擦过程中不会产生有毒有害物质，具有极强的适应性，几乎可以对所有金属摩擦副产生作用[97]。同时，黏土矿物还具有动态自修复功能[98-101]，显著增强润滑介质的减摩抗磨能力，另外还可在摩擦副表面生成一层自修复保护膜。目前，黏土矿物已经成为摩擦学领域的主要研究对象之一[102,103]，其研究工作涉及摩擦学、机械工程、摩擦化学、矿物学、材料科学等诸多学科。

9.6.1 天然凹凸棒石润滑油/脂添加剂

从摩擦学的角度考虑，黏土矿物微粒应选用具有层状结构、易于沿层面滑动的硅酸盐矿物是最基本原则。对比多种黏土矿物，发现棒状凹凸棒石具有较佳的减摩性能。王利民等[104-107]采用江苏盱眙凹凸棒石粉体为润滑油添加剂，对摩擦学性能及自修复机理进行了探讨。研究发现，在三种润滑油中加入凹凸棒石均有效降低了试件的摩擦系数和磨损率，表现出优良的减摩抗磨性能。在 150SN 和 CD15W-40 润滑油中最佳添加量均为 0.4%(质量分数)，PAO40 中最佳添加量为 0.6%(质量分数)。最佳添加量的不同与基础油的黏度有直接关系。通过对磨损表面形貌元素分布和物相组成分析可知，凹凸棒石的加入可在试件磨损表面形成以金属氧化物和凹凸棒石为主的自修复膜。自修复膜形成机理归因于凹凸棒石特殊的晶体结构中纳米颗粒状态及摩擦过程中剪切力、压力、闪温等因素之间复杂的理化作用。此外，凹凸棒石在不同摩擦环境因素(载荷、频率和试验温度)下均表现出优良的减摩抗磨性能，磨损表面均发现了自修复膜的存在。

张博等通过环块实验评价了凹凸棒石的摩擦学性能。研究发现无论向基础油中加入凹凸棒石[108, 109]，还是凹凸棒石与润滑脂混合[110]，经球盘式摩擦副摩擦试验后，凹凸棒石均能够改善摩擦副的摩擦磨损性能，且摩擦副表面生成了一层由铝硅酸盐和晶态/非晶态 SiO_2 组成的光滑摩擦层。同时研究者认为，摩擦过程中凹凸棒石脱失晶体结构中的—OH，结构发生部分分解，凹凸棒石中的 Al、Si、O 与摩擦副的 Fe 元素发生物理和化学交换，进而形成了摩擦改性层。凹凸棒石粉体减摩自修复机理可归纳为沉积膜作用机理(粒子直接吸附、沉积在磨损表面上填补表面凹坑，形成补偿修复层)和嵌入渗透层/摩擦化学反应膜机理(O 和 C 等活性元素与基体金属发生摩擦化学反应，生成摩擦化学反应膜)协同作用形成自修复层[111,112]。

黄海鹏等[113]研究了微米级凹凸棒石加入基础油中对钢/钢摩擦副的摩擦学性能。研究发现，凹凸棒石的加入可明显提高摩擦副的减摩抗磨性能，摩擦副表面更为平整，表层氧化层厚度减少，增加了试样表层碳元素的富集。试验过程中矿物粒子有破碎和解束现象，起到了隔离摩擦副的作用，对改善摩擦副的摩擦学性能发挥了有利作用。

南峰等[114,115]研究了凹凸棒石作为基础油添加剂对钢/钢摩擦副抗磨减磨性能的影响，通过摩擦副磨损后表面微观元素组成及质量分数和磨痕宽度与体积等参数分析，得出当浓度为 1%时减摩抗磨效果最好。同时阐明了凹凸棒石作为润滑油添加剂时减摩抗磨机理，他们认为：在摩擦热压作用下，凹凸棒石结构失稳、羟基随之脱除，层间发生解离、部分化学键断裂，释放出吸附水、二次粒子和氧等活性物质，在摩擦表面发生局部微冶金反应，产物熔合重组并焊接在表面，随后生成光滑平整的保护膜层，可以起到减摩抗磨的作用[114,116,117]。

9.6.2　改性凹凸棒石润滑油/脂添加剂

从国内外关于硅酸盐矿物润滑油添加剂的研究来看，主要是针对天然未经过深加工的矿物粉体，而天然矿物往往存在较多的杂质，在摩擦过程中会产生磨粒磨损，严重影响润滑油应用性能。此外，天然黏土矿物表面亲水性强，因此在润滑油等非极性体系中的分散性和稳定性较差。以上两方面因素影响试验数据可靠性和抗磨减摩作用机理的解释。

鞠颖等[118]以甘肃临泽红色和黄色两种凹凸棒石为润滑油添加剂，分别进行提纯、活化和改性后制备了富锂、富钠、富镧和富镍的改性凹凸棒石，利用四球摩擦磨损试验机对凹凸棒石及其改性凹凸棒石的摩擦性能进行了评价，发现所有添加凹凸棒石油样的油温和摩擦系数均低于基础油(图 9-21)。结果表明红色凹凸棒石(提纯和未提纯)以及钠化凹凸棒石加入体系后，摩擦系数降低了 45%～68%，且相比较红色未提纯样品效果最佳。同时在添加红色提纯凹凸棒石、富锂和富镍化粉体后，基础油的摩擦副表面温度降低10%～23%。此外，还发现红色凹凸棒石(提纯和未提纯)的添加使齿轮机功耗降低约 9%，而富钠和富镧化凹凸棒石和红色凹凸棒石原矿使齿轮机噪声降低约 8.3%，表明这些添加剂具备优良减噪性能。从凹凸棒石摩擦形成的磨斑实验发现，钠化凹凸棒石添加剂产生的磨斑最小、较浅且稀疏，磨斑直径也比基础油降低 58.79%。相比之下，添加酸化处理和红色提纯凹凸棒石油样分别使磨斑直径降低 36.29%和 34.03%。

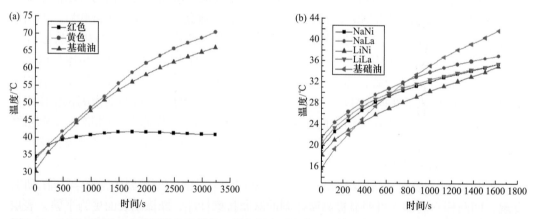

图 9-21　(a)添加提纯凹凸棒石黏土油样和(b)添加阳离子交换凹凸棒石油样与基础油对摩擦副表面温度影响随时间变化曲线[118]

此外，研究者对甘肃凹凸棒石黏土润滑油添加剂的润滑机理进行了探讨。认为改性凹凸棒石具有高的活性，表面存在大量活性基团(不饱和键)使其更易被吸附在金属摩擦副表面。随着表面温度的升高，羟基既可与基础油发生聚合反应形成连续的聚酯膜等有机矿物衍生物，覆盖在摩擦副表面，降低摩擦系数和摩擦副的表面磨损；又可引起金属构件中的 Fe 氧化为 Fe^{2+} 或 Fe^{3+} 并形成稳定的铁氧化物或氢氧化物，再与金属离子发生置换，转变为更稳定的硅酸盐，从而形成新的复相耐磨减摩修复层。富锂、富钠、富镧和富镍的凹凸棒石具有良好的摩擦性能[119]。Li^+、Ni^{2+}、La^{3+}可部分进入凹凸棒石层间，并在摩擦过程中提高混合液悬浮稳定性和产生催化效应,增强凹凸棒石的减摩效果。最后研究者认为在摩擦副之间具有层链状结构凹凸棒石受到剪切力作用时,将产生层间滑动,从而降低摩擦阻力;同时,剪切力也不断使凹凸棒粉体细化,甚至纳米化、细化的微颗粒在摩擦副之间提供了良好的载荷支撑,有效降低了摩擦副界面的接触面积,从而发挥降低摩擦阻力的显著作用[120]。该研究为甘肃临泽凹凸棒石黏土作为润滑油添加剂提供了实验与理论依据,但临泽凹凸棒石黏土伴生有其他黏土矿物,其协同作用有待进一步揭示。

杨绿等[121]将天然凹凸棒石经机械破碎、提纯、球磨和表面改性后作为润滑油添加剂,考察了对铸铁 HT200 摩擦学性能的影响,发现其磨损量明显减小,失重量下降约 25.2%,平均摩擦系数下降约 32.3%,对摩试样表面生成了自修复膜层。杨玲玲等的研究结论与之接近[122],认为在摩擦过程中凹凸棒石粉体会不断细化、沉积并且与摩擦表面发生摩擦化学反应,生成摩擦反应膜,进而起到减小磨损的作用;同时在摩擦副之间的凹凸棒石微粒可以起到类似于微轴承的作用,将滑动摩擦转变成滚动摩擦,减小摩擦系数。张保森等[123]采用经机械处理的凹凸棒石对碳钢摩擦副的摩擦性能进行了研究。摩擦试验结果表明,在合适的载荷和转速条件下,纳米凹凸棒石表现出了良好的减摩抗磨性能。磨损后的表面较为光滑平整,具有较高的纳米力学性能,凹凸棒石参与复杂的摩擦物理化学反应过程,在磨损表面形成较为均匀连续且与基体结合紧密的“多孔”状厚约 1.52 pm 的修复层。

凹凸棒石在高温煅烧会发生脱吸附水,脱结构水和结构的“坍塌”等一系列变化。因此,凹凸棒石晶型对摩擦学性能具有重要的影响。王利民[107]发现适当温度条件下热处理凹凸棒石,会改变其晶体结构,使其摩擦学性能发生变化。经 300℃热处理后,凹凸棒石先后脱去表面吸附水和孔道沸石水,而结晶水和结构水得以保留,此时具有最好的减摩抗磨性能。另外,随着酸处理浓度的提高,凹凸棒石棒晶长度减小,孔道中的杂质被溶解,提升了其吸附性和纳米材料特性,从而使减摩抗磨性能得到更好的彰显。线接触模式下凹凸棒石的加入也表现出较好的减摩抗磨性能,磨损表面形成的自修复膜更加明显,通过截面形貌观察发现自修复膜厚度最大可达 3 μm 以上,大部分呈非连续状态并与基体结合较好。通过高分辨透射电镜观察发现,自修复膜中主要以纳米晶和非晶为主。

黄海鹏[97]对凹凸棒石经过一定温度(300～1000℃)煅烧后用于润滑油添加剂进行了系统研究。研究发现,经煅烧处理后凹凸棒石微粉晶型由晶体向非晶体转变(750～900℃),采用四球试验机评价凹凸棒石矿物晶型对润滑油摩擦学性能的影响发现,凹凸棒石在 850℃和 900℃煅烧后比其他煅烧温度后样品加入液体石蜡中具有较优异的摩擦学性能。研究还发现,不同浓度凹凸棒石对石蜡基础油的减摩抗磨性能有一定的影响(图 9-22),适当浓度的黏土矿物微粒表现出更好的摩擦学性能,且发现凹凸棒石以不同质量分数浓度加入石蜡基础油中并未出现因为摩擦系数过大而停机的现象,表现出较好的潜在应用前景。

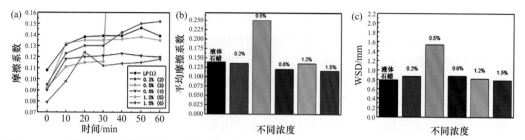

图 9-22　(a)添加不同含量凹凸棒石的润滑油四球长磨摩擦系数曲线(LP 代表液体石蜡)；(b)添加不同含量凹凸棒石的润滑油四球长磨平均摩擦系数柱状图；(c)不同矿物加入浓度的润滑油四球长磨平均磨斑直径(WSD)柱状图[97]

　　研究者还探讨了凹凸棒石作为润滑油添加剂的减摩抗磨机理。发现凹凸棒石对基础油的减摩抗磨性能有显著影响，凹凸棒石加入使碳元素的富集物具有更好的力学性能，起到一定的减摩抗磨作用。凹凸棒石作为润滑油抗磨添加剂，经历了矿物在摩擦力作用下发生破碎解束，并搭织成矿物纤维网，对摩擦副起到了一定的隔离作用，而氧化保护层的形成又进一步提高了抗磨效果。矿物微粒的介入使润滑体系中的摩擦化学反应更为复杂，发挥主要减摩抗磨作用的是摩擦化学反应构建的坚韧的氧化物保护层。该研究也证实凹凸棒石的粒度和粒度分布等因素均对抗磨减摩和自修复性能具有重要影响(图 9-23)。

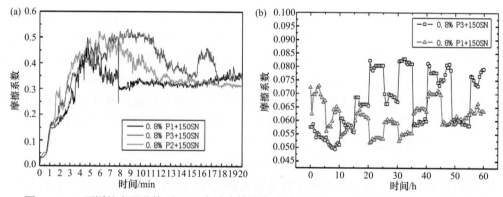

图 9-23　(a)不同粒度凹凸棒石 SRV 实验摩擦系数曲线和(b)不同粒度凹凸棒石 60 h 销盘实验摩擦系数曲线[97]

　　岳文[124]研究了天然凹凸棒石晶型对基础油摩擦学性能的影响。他也认为，为了保持矿物微粒在润滑油使用过程中的稳定性，必须对其进行煅烧处理获得合适的晶体结构。通过对不同煅烧温度矿物微粒的摩擦学性能结果分析，在 850℃煅烧凹凸棒石，矿物微粒表现出更好的摩擦学性能。硅酸盐矿物微粒的抗磨性能主要由于矿物微粒在润滑油膜中的支撑作用决定，矿物的晶型变化对抗磨性能影响不大。这主要有两方面原因：一方面当矿物微粒产生剥离或解理时，会产生细化矿物微粒颗粒度的作用，使得更多的小尺寸的矿物微粒进入润滑油膜，达到抗磨的作用；另一方面，高温煅烧后的矿物结构中析出硬质的 SiO_2 相充当磨料，会带来磨损。综合两方面的因素，矿物结构具有不完全的层片状结构使其减摩抗磨性能与原始矿物微粒相差不多。

南峰等[116]考察了凹凸棒石热活化产物作为润滑油添加剂的摩擦学性能,研究了热活化温度对凹凸棒石减摩抗磨性的影响。热活化后,凹凸棒石发生晶体结构中水的脱失,形貌和物相没有发生变化。在基础油中添加质量分数为 0.5%凹凸棒石后,基础油的减摩抗磨性得到明显改善,热活化后的凹凸棒石具有更优越的摩擦学性能,热活化的最佳温度为 500℃,通过摩擦化学反应,凹凸棒石在磨损表面与金属作用生成一层具有良好减摩润滑作用的复合陶瓷修复层,修复层的成分为 $FeO_x(FeO$、Fe_2O_3 和 $FeOOH)$和 SiO_x,经过500℃热活化后,结晶水的脱除导致孔道塌陷更有利于活性氧的释放,可以促进修复层的生成,有利于凹凸棒石减摩抗磨性的提升。

黏土矿物微粒作为润滑油添加剂已经得到了广泛研究,如果要加入基础油中用作润滑油添加剂,就必须对其进行改性,使表面由亲水性变为亲油性。目前解决微纳米材料的分散稳定性多采用有机表而修饰剂[125],它可以降低纳米材料的表面能,减少吸附团聚的倾向,但也可能会限制自修复功能的发挥。因此,在提高微纳米材料的分散稳定性与发挥自修复功能方面需要综合研判。

9.6.3　凹凸棒石基复合材料润滑油/脂添加剂

近年来,研究发现,无机化合物、炭材料、稀土配合物、有机化合物和离子液体等可以作为添加剂改善润滑油/脂的摩擦磨损性能[126-128]。有机钼在滑动表面上可生成钝化氧化膜,但在有机溶剂中分散性欠佳。王雪[129]将贵州大方纳米坡缕石(凹凸棒石)和钼化物复合材料添加到润滑油中,探讨了凹凸棒石/钼化物复合纳米粒子的减摩抗磨性能,发现有机钼比钼酸铵更适合用作润滑添加剂。当复合添加剂粒子中凹凸棒石与有机钼质量比值为 2:1 时,减摩抗磨性能最好;当复合添加剂在润滑油中含量为 3%时,纳米凹凸棒石和有机钼的协同减摩抗磨性能最好。复合纳米润滑油添加剂减摩抗磨机理是纳米凹凸棒石粒子能在钢球表面形成自修复膜;同时,凹凸棒石和有机钼的协同减摩抗磨效应,使其在摩擦过程中彼此提高了活性,加速了钢球表面沉积膜的形成,因而提高了复合添加剂润滑油的摩擦性能。王利民[107]将有机钼与凹凸棒石复合加入润滑油中,摩擦学试验表明,在不同摩擦副接触方式、不同载荷和频率条件下,有机钼与凹凸棒石间均体现出协同作用,减摩抗磨性能明显优于单独添加的性能。

Wang 等[130]采用水相混溶有机溶剂处理方法制备了钼量子点凹凸棒石纳米片,显著提高了凹凸棒石在油基润滑剂体系中的分散效果。研究表明,与基础油润滑相比,复合添加剂分别使摩擦系数和磨损疤痕直径减小了 16%和 63%。其中,0.5%(质量分数)钼量子点凹凸棒石$(PMo_{30}S)$润滑添加剂形成了较好的摩擦保护膜(图 9-24),表现出优异的摩擦学性能。其主要机理是摩擦化学反应过程中产生的 MoS_2 吸附在接触面上,有效防止了滑动固体表面微凸体之间的直接碰撞。对于普通凹凸棒石,由于尺寸较大,更容易被推开,造成在高负荷下磨损严重。因此,钼量子点凹凸棒石纳米片作为油基润滑剂添加剂具有很大应用潜力,该研究丰富了凹凸棒石在工业上的现有应用。

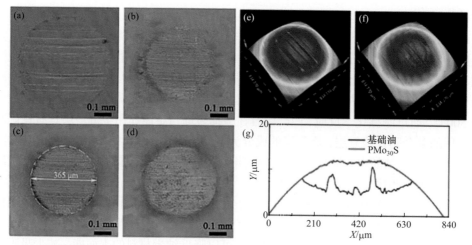

图 9-24　(a)基础油样品、(b)PMo₂₀S 球、(c)PMo₃₀S 球和(d)PMo₅₀S 球的磨损疤痕测试光学图像；(e)基础油和(f)PMo₃₀S 球的表面磨损疤痕三维形貌图以及(g)磨损疤痕的线性扫描[130]

纳米金属粉体颗粒多为球形，在润滑表面可以起到一种类似"轴承"的作用，变滑动摩擦为滚动摩擦，从而有效改善润滑油的摩擦学性能。然而，纳米金属粉体颗粒容易团聚和氧化，限制了金属纳米颗粒应用于润滑油中。王利民[107]制备了纳米铜/凹凸棒石复合物，在润滑油中摩擦学试验表明，在不同摩擦副、不同载荷和频率条件下，纳米铜与凹凸棒石间均体现出协同作用，表现出较优的减摩抗磨性能。Nan 等[131]研究了纳米铜颗粒对凹凸棒石基润滑脂摩擦学性能的影响。研究发现，纳米铜颗粒的加入可以提高基脂的减摩擦性能和抗磨性能。在含铜纳米颗粒润滑脂的润滑下，摩擦表面可形成更光滑、更致密的摩擦膜。摩擦膜主要由 Cu、FeO、Fe₂O₃、FeOOH、CuO 和 SiO 组成。纳米铜的引入也增加了摩擦膜中氧化铁和硅酸盐的含量。此外，不同研究者还研究了凹凸棒石复合金属单质纳米润滑剂的摩擦学行为，均发现摩擦副的摩擦系数显著下降，抗磨性能得到明显提升，且在摩擦副表面发现自修复层[132-134]。

何林等[135]研究了纳米凹凸棒石及其复合颗粒在铁基摩擦副中的摩擦学性能。结果表明，4%纳米凹凸棒石作为基础油添加剂时，对铸铁 HT200 和调质 45 钢摩擦副有明显改善其摩擦学性能的功效。凹凸棒石和铜复合纳米材料的修复抗磨性尤其突出，当凹凸棒石和铜的质量比例约为 1∶1 时，HT200 摩擦副出现负磨损，且磨损率小于添加单一坡缕石纳米颗粒的润滑剂。

Nan 等[136]研究了悬浮在矿物润滑油中的凹凸棒石、镍及其复合纳米颗粒的摩擦磨损性能。结果表明，复合纳米颗粒具有比单一添加剂更好的减阻抗磨性能[图 9-25(a)]。含 0.5%凹凸棒石和 0.1%镍复合粉末添加量(质量分数)时具有最好的减摩抗磨性能。在含油复合纳米粒子的润滑作用下，摩擦表面形成了以铁氧化物、镍氧化物和硅氧化物为主的光滑致密摩擦膜[图 9-25(b)]。该结果可能与凹凸棒石和纳米镍粒子之间的竞争有关[图 9-25(c)]。凹凸棒石具有较高的吸附能力和活性，优先吸附到摩擦区域产生摩擦膜。25 min 后摩擦表面形成了由铁氧化物和硅氧化物组成的光滑致密的摩擦膜。此后，大量的纳米镍粒子开始沉积在摩擦表面，形成更光滑、更紧凑的摩擦膜。此外，陶瓷摩擦膜的高表面张力可以为镍纳米粒子沉积和扩散到摩擦区域提供驱动力。

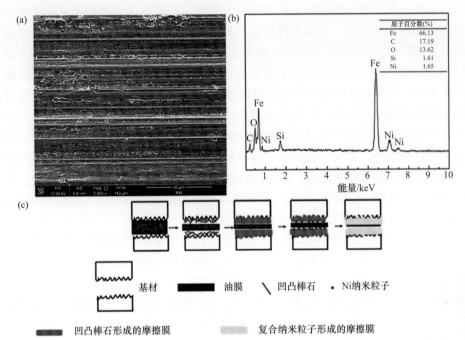

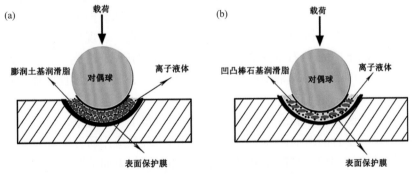

图 9-25 用 L3(150SN + 0.5%凹凸棒石 + 0.1%Ni)润滑 25 min 后的圆盘摩擦表面的(a)SEM 形貌和(b)EDS 分析；(c)含纳米复合粒子润滑油的摩擦膜形成机理示意图[136]

Wang 等[137]将三种离子液体添加到凹凸棒石基润滑脂和膨润土基润滑脂中，在室温和 150℃下对摩擦学行为进行了比较研究。研究发现，含离子液体凹凸棒石基润滑脂比含离子液体膨润土基润滑脂具有更好的耐磨性，在 150℃下表现出优良的减摩耐磨性能。同时，从润滑脂增稠剂的结构角度探讨了凹凸棒石基润滑脂的摩擦学机理。润滑脂的摩擦学性能与结构的厚度密切相关。离子液体在棒状形貌的凹凸棒石基润滑脂增稠剂比层状结构膨润土润滑脂中不易受限制，更容易与金属表面发生反应(图 9-26)。因此，离子液体可以大大降低凹凸棒石基润滑脂在高温下的磨损。

图 9-26 润滑剂吸附在钢基板表面的示意图[137]

(a)含离子液体的膨润土润滑脂和(b)含离子液体的凹凸棒石润滑脂

　　稀土氧化物具有吸附性能和催化活性等特殊性能[138]，因而可根据黏土矿物的表面特性制备纳米稀土氧化物负载的黏土矿物基复合材料，既可解决纳米稀土氧化物在润滑油中的分散性和稳定性问题，又可发挥复合材料中两种纳米材料在减摩、抗磨和磨损自修复方面的协同作用。金玥[139]以柠檬酸–硝酸盐自蔓延燃烧法制备了凹凸棒石/CeO_2复合粉体，然后采用非离子表面活性剂 Span 60 对凹凸棒石粉体以及复合粉体表面进行修饰和改性。研究表明，两种粉体的摩擦系数较基础油分别减小了 37%和 24.6%，油液温度、功耗和噪声均明显低于基础油。摩擦机理分析认为，复合粉体优异的摩擦性能是凹凸棒石与稀土化合物协同作用的结果。凹凸棒石/CeO_2复合改性粉体不仅发挥了凹凸棒石莫氏硬度较小、剪切强度低，在受到载荷时，易在摩擦副表面形成转移膜，而且在层间易发生滑动，起到降低摩擦系数的作用。此外，CeO_2具有良好的抛光作用和催化作用，在摩擦副表面可形成富碳层(类金刚石碳膜)，从而提高了摩擦副表面的硬度、耐磨性和疲劳强度等性能。另外，CeO_2对铁基体的渗碳具有催渗作用。

　　Nan 等[140]研究了凹凸棒石/La_2O_3纳米复合材料的制备及其摩擦学行为。结果表明，在凹凸棒石/La_2O_3纳米复合材料的作用下，油的减阻和抗磨性能得到了明显改善。在摩擦过程中，凹凸棒石粉体与金属基体发生了摩擦化学反应，La_2O_3可以作为催化剂加速摩擦化学反应。最后在摩擦表面形成了以 Fe、Fe_3C、FeO、Fe_2O_3、FeOOH、SiO、SiO_2 和有机化合物为主的摩擦膜(图 9-27)。多相摩擦膜具有良好的自润滑性能、抗磨性能和机械性能，能够减少摩擦磨损。

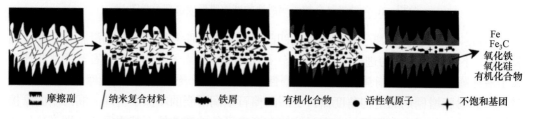

图 9-27　凹凸棒石/La_2O_3纳米复合材料摩擦膜的形成机理[140]

　　膨润土为层状结构，凹凸棒石为棒状结构，二者均有不同降低磨损系数的方法。将膨润土和凹凸棒石混合在润滑脂中可形成稳定的胶体[141]。研究表明，当摩擦对进行相对运动时，两种黏土矿物可以产生协同效应，降低磨损系数和磨损量。在摩擦过程中，少量膨润土和凹凸棒石在摩擦副之间形成了易剪切的摩擦膜，表现出良好的耐磨性能。这种以表面改性膨润土/凹凸棒石基润滑脂为基础，合成的新型润滑脂具有高的滴点。在中等载荷下，膨润土/凹凸棒石基润滑脂质量比为 25/75 时，其摩擦学性能优于膨润土基润滑脂。

　　综上所述，凹凸棒石在润滑油添加剂研究方面取得了一定成果，但目前国内外对凹凸棒石及凹凸棒石复合润滑油添加剂的性能、润滑机理及应用研究仍处于初级阶段。对凹凸棒石不同结构和形貌以及棒晶束解离纳米粉体对磨损方面的研究还较少。近年来，黏土矿物润滑油添加剂在铁路内燃机车、轴承、汽车发动机和变速箱等机械设备中进行了试验并在试用中取得明显效果[142-144]，应用也逐渐扩大到装甲装备和船舶等各工业制造业层面，相信随着润滑添加剂的不断创新发展，凹凸棒石在摩擦领域应用将有更广阔的前景。

9.7　组织工程材料

黏土矿物的黏结作用和独特结构特点，为其在生物材料设计和再生医学领域的应用提供了可能。黏土矿物可与生物分子、聚合物和细胞相互作用，在组织工程、药物传递和替代支架设计方面有潜在的应用前景[145]。近年来，黏土矿物构建的新型医用材料是拓展黏土矿物高端、高值应用的途径之一，也是黏土矿物应用基础研究的热点方向。本节主要介绍了凹凸棒石复合支架材料、复合水凝胶、复合纤维和创面敷料等方面的应用进展，以期为开发新型凹凸棒石组织工程材料提供借鉴思路。

9.7.1　凹凸棒石骨修复支架材料

黏土矿物在 3D 打印过程中孔隙和力学性能调节是制备可用于骨组织修复支架材料的关键。黏土矿物大多具有纳米尺寸，将不同尺寸和不同结构形貌的黏土矿物用于制备具有纳米和微米连通孔结构的三维网络支架材料，通过不同配比调控可实现对复合支架材料孔隙和力学性能的调节[146,147]。凹凸棒石直接用于支架材料的制备时，因其微观孔隙结构相对致密，不利于细胞和活性因子的黏附。支架材料作为组织工程学研究中的关键要素，不仅为特定的细胞提供合适的环境，还为细胞的迁移、黏附、生长和分化提供生长因子和营养因子。

王九娜等[148]将不同比例凹凸棒石与胶原蛋白混合，采用真空冷冻方法构建了新型组织工程支架材料。研究表明，在胶原蛋白中加入一定比例的凹凸棒石，可以更好地黏附细胞和其他生长因子，有助于促进损伤修复和功能重建。在组织工程修复中，材料的降解速率过快或过慢都会影响组织修复，所以控制支架的降解时间很重要。在动物体内降解实验中，将经过 1%京尼平交联的不同比例复合材料植入大鼠体内 30 d 后发现，不同比例的混合材料的降解速率不同，加入凹凸棒石可以降低材料的降解速率。不同比例的材料植入动物体内可被大鼠完全吸收，且无炎症反应，表明材料具有良好的组织相容性。

张晓敏等[149,150]采用溶液浇铸–粒子滤沥方法制备了Ⅰ型胶原/聚己内酯/凹凸棒石复合支架材料，将制备的支架材料植入兔体内修复桡骨缺损后，手术区域均未感染，切口愈合良好，表明支架材料不会引起细胞坏死等不良反应。扫描电镜观察表明，材料表面与孔隙中被大量组织覆盖，进一步表明支架材料生物相容性较好(图 9-28)。组织学观察表明，12 周时Ⅰ型胶原/聚己内酯/凹凸棒石支架材料降解区域内出现新生骨组织，表明凹凸棒石具有骨诱导能力。同时，Ⅰ型胶原/聚己内酯材料基本降解，但Ⅰ型胶原/聚己内酯/凹凸棒石支架材料降解速度较慢，可在缺损修复过程中较长时间内为新骨长入提供支撑作用。Micro-CT 结果表明，Ⅰ型胶原/聚己内酯/凹凸棒石支架材料缺损部位的矿化区域、新生骨体积及新生骨量均显著高于其他两组，缺损修复效果最好。

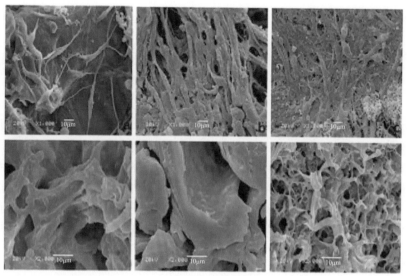

图 9-28　Ⅰ型胶原/聚己内酯/凹凸棒石支架材料表面 D1 细胞的黏附及支架材料在
D/F12 浸泡后 SEM 照片[149]

在生物学评价的基础上，结合动物实验结果和凹凸棒石的理化性能，进一步提出Ⅰ型胶原/聚己内酯/凹凸棒石支架材料修复骨缺损的可能机制，主要包括：①Ⅰ型胶原可促进成骨细胞增殖，诱导矿物沉积；②凹凸棒石富含矿物质，在诱导新骨形成过程中起着重要作用；③凹凸棒石具有纳米材料属性，比表面积较大，利于更多成骨细胞黏附生长及组织形成；④凹凸棒石含有钠、钙、铁等阳离子，大部分阳离子、水分子和一定大小的有机分子均可直接被吸附进孔道中，这些离子与分子可能作为信号分子刺激并打开与骨形成有关的信号通路；⑤凹凸棒石具有层链状结构，存在的孔道也可能对新骨形成具有一定作用。

任亚辉等[151]采用冷冻干燥法制备了体系中凹凸棒石含量 0～70%的 8 个比例凹凸棒石/Ⅰ型胶原/聚乙烯醇复合支架材料。对比研究了不同比例凹凸棒石复合支架材料的理化特征及其体外成骨诱导性能，并筛选出了复合材料中最佳凹凸棒石含量。利用 CCK-8 法检测细胞在支架材料中的增殖，运用 Real-time PCR 检测间充质干细胞与支架材料复合培养 7 d、14 d 和 21 d 时，研究了凹凸棒石含量与成骨细胞分化相关基因表达的影响。在 CCK-8 检测结果中，当凹凸棒石含量在 30%和 40%时，支架材料上增殖率显著高于其他 6 组材料。Real-time PCR 检测结果显示，30%和 40%凹凸棒石含量与其他组相比，OPN、OC 表达量明显升高，10%～50%凹凸棒石支架材料 Runx-2、ALP、Osterix 随时间延长和凹凸棒石含量增加而上调，60%和 70%凹凸棒石含量的支架材料基因含量缓慢增长。其中，30%和 40%的凹凸棒石支架材料具有合适的孔隙率、良好的吸水膨胀性能和弹性模量，细胞在支架材料上增殖率最佳，且成骨诱导性能良好。

宁钰等[152]在凹凸棒石复合支架材料中引入能够促进 BMSCs 成骨分化、提高 DNA 形成和骨组织蛋白质合成作用的淫羊藿苷作为"活性生长因子"，以提升凹凸棒石复合支架材料的成骨性能，探索凹凸棒石在骨缺损修复中的成骨效应和潜在应用价值，评价其修复兔胫骨缺损的效果。研究结果表明，载淫羊藿苷/凹凸棒石/Ⅰ型胶原/聚己内酯支架具有良好的孔隙率和生物相容性，并具有促成骨作用，可达到良好骨再生和修复效果。扫描电镜结果表明，载淫羊藿苷/凹凸棒石/Ⅰ型胶原/聚己内酯支架为多孔结构，交联前结构疏松，交联后结构致密，且药物体外缓释效果显示药物能微量长效释放。动物体内植入实验结果表明，载淫羊藿苷/凹凸棒石/Ⅰ型胶原/聚己内酯支架周围可以看见大量新生骨组织，且大部分支架降解。

黄俊波等[153]利用 W/O/W 方法制备了载柚皮苷缓释微球，以凹凸棒石和Ⅰ型胶原蛋白为基材，通过"3 层夹心法"分别构建载柚皮苷、无载柚皮苷和载柚皮苷-β1 复合支架，将支架材料植入兔体内验证了兔骨软骨缺损修复的效果。研究结果表明，载柚皮苷微球具有良好的缓释效果，构建的骨软骨复合支架有较好的孔隙，载柚皮苷软骨层支架细胞的增殖率与无载柚皮苷支架比较明显增加，差异有统计学意义($P<0.05$)；兔体内植入实验观察显示，缺损处被新生软骨所覆盖，新生软骨与周围正常软骨整合良好，术后 6 个月新生骨软骨组织与正常骨软骨类似，缺损处以大量纤维组织为主；组织学染色显示，缺损处被少量纤维组织填充，可见少量软骨生成。载柚皮苷复合支架具有良好的组织相容性，并对兔关节骨软骨缺损有较好的修复效果。

李振珺[154]采用化学沉淀辅以微波辐射法制备了不同 Ca/P 比的羟基磷灰石，利用溶液灌注-溶剂挥发法、离子滤沥法等制备了凹凸棒石/羟基磷灰石/胶原/聚己内酯新型复合支架材料，系统评价了支架材料的骨修复效果。研究结果表明，与仅含凹凸棒石的复合支架材料相比，凹凸棒石/羟基磷灰石/胶原/聚己内酯复合支架材料的力学性能、透气性、亲水性明显增强($P<0.05$)、孔隙率、吸水膨胀率明显降低($P<0.05$)。动物实验表明，新型凹凸棒石/羟基磷灰石/胶原/聚己内酯复合支架材料与宿主无排异反应，无免疫炎性反应，具有良好的组织相容性，复合支架材料均可以促进骨缺损修复。羟基磷灰石的加入极大地改善了凹凸棒石的性能，凹凸棒石/羟基磷灰石/胶原/聚己内酯新型复合支架材料的物理特性既具有凹凸棒石的柔性韧性和生物相容性，又有羟基磷灰石力学强度和生物活性，还能发挥聚己内酯和胶原的优越性，既能发挥各自性能的优势，又能弥补一些各自的缺点[155]。

支架材料的孔径和孔隙率的设计和调控是黏土矿物基支架材料制备的难点之一，支架材料的孔尺寸、高的孔隙率和相连的孔形态，对于大量细胞的种植、细胞和组织的生长、细胞外基质的形成、氧气和营养的传输、代谢物的排泄以及血管和神经的内生长起着至关重要的作用。3D 生物打印技术是当前组织工程学及工程学研究的热点之一。为此，Wang 等[156]利用凹凸棒石纳米棒晶结合聚乙烯醇制备了一种新型多孔纳米凹凸棒石支架，其内径为 500 μm，壁厚为 330 μm，3D 打印支架的孔隙率为 75%～82%，纵向抗压强度为 (4.32±0.52)MPa(图 9-29)。实验结果表明，聚乙烯醇辅助的纳米凹凸棒石粉末能够满足 3D 打印支架材料的要求，支架材料可以调节相关成骨基因 bmp2 和 runx2 的表达以及钙沉积。Micro-CT 和组织学分析表明，在大鼠颅骨缺损模型中，多孔支架缺损边缘可见大量新骨的形成。

图 9-29　3D 打印机和凹凸棒石/聚乙烯醇支架材料数码照片及 SEM 照片[156]

纳米棒状凹凸棒石具有良好的流变性能和生物活性,可作为无机黏结剂应用于 3D 打印,制备具有抗菌功能的黏土矿物基组织工程支架。Wang 等[157]利用挤压 3D 打印成功构建了用于骨组织工程的含银硅酸锌沸石支架,支架制备过程如图 9-30 所示。在 3D 打印过程中,凹凸棒石作为一种无机黏结剂,使得含银硅酸锌沸石支架的抗压强度和杨氏模量分别提高到 8.38 MPa 和 111 MPa,与人体松质骨的力学性能接近。含银硅酸锌沸石支架对金黄色葡萄球菌和大肠杆菌的增殖有显著的抑制作用,同时也具有优良的抗菌活性和生物活性,表明含银硅酸锌沸石支架可以作为一种抗菌功能的骨植入替代材料。

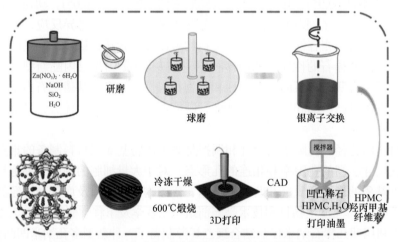

图 9-30　3D 打印含银硅酸锌沸石支架制备过程示意图[157]

静电纺丝是一种广泛应用的制备高孔隙率和比表面积的骨再生支架的技术。静电纺丝纳米纤维具有尺寸可控、比表面积大、孔隙率高和独特的三维网状结构等特点,可以很好地模拟天然细胞外基质,通过设计新型载药核壳支架促进骨缺损的修复,所以在组织工程支架和药物载体领域具有广泛的应用前景[158,159]。王哲[160]通过静电纺丝技术成功制备出凹凸棒石/聚乳酸-羟基乙酸复合纳米纤维。研究结果表明,凹凸棒石被成功掺入聚乳酸-羟基乙酸纳米纤维中,凹凸棒石的掺入降低了聚乳酸-羟基乙酸纳米纤维的直径和纤维的孔隙率，提高了纳米纤维的机械性能和表面亲和性。MTT 比色法及细胞微形貌观察表明，凹凸棒石/聚乳酸-羟基乙酸复合纳米纤维具有良好的细胞相容性。溶血和抗凝血试验表明，凹凸棒石/聚乳酸-羟基乙酸复合纳米纤维具有良好的血液相容性。通过测定在生长或诱导培养基中 hMSC 分泌的 ALP、骨钙素和钙离子含量以及利用von-Kossa 染色法综合评估了 hMSC 在不同情况下成骨分化程度。结果表明，在诱导培养基中，hMSC 可以明显地分化为成骨细胞，在凹凸棒石/聚乳酸-羟基乙酸复合纳米纤维和聚乳酸-羟基乙酸纳米纤维表面的分化程度高于 TCP。在生长培养基中，聚乳酸-羟基乙酸纳米纤中掺入 3%凹凸棒石，hMSC 的成骨分化程度与 TCP 和聚乳酸-羟基乙酸纳米纤维存在显著性差异，说明聚乳酸-羟基乙酸中掺入少量凹凸棒石可以诱导hMSC 的成骨分化[161]。

目前，凹凸棒石生物支架材料的研发处于基础探索阶段，已经积累了大量的实验数据，但凹凸棒石作为一种主成分的支架材料相关理论研究并不完善，在临床中还没有实际应用的案例，凹凸棒石生物支架材料评价体系及系统的动物实验数据还需要进一步的深入和验证。将凹凸棒石进行修饰改性后作为一种功能助剂，同其他生物材料如羟基磷灰石或磷酸三钙进行材料结构设计有望制备性能优越的骨缺损修复支架材料。

9.7.2　凹凸棒石其他组织工程材料

仿生矿化则是受生物矿化机制的启发，通过人工方法在体外合成具有类似生理结构层次及相应功能的复合材料，以期为硬组织缺损修复提供可解决的途径。黏土矿物功能仿生材料具有高比表面积、多孔微观结构、高化学稳定性、良好的生物相容性和功能化等特点，在组织工程和再生医学应用中展现出巨大潜力，特别是近些年探索在口腔组织再生领域方面具有重要的应用前景。

凹凸棒石良好的吸附性能和载体功能，使凹凸棒石在水凝胶抗菌敷料的设计和制备中具有重要的应用，利用凹凸棒石纳米棒在提升水凝胶力学性能的同时，通过担载抗菌因子和构建缓释体系，进一步结合抗炎活性组分，可以实现创面伤口的有效愈合，这也是包括凹凸棒石在内的天然硅酸盐黏土矿物在生物高分子中应用的优点之一，不仅仅局限于单一性能的提升，而是对生物高分子基材整体性能的提升，同时结合活性组分实现功能化调控[162]。凹凸棒石具有独特的应用性能，但在新型组织工程材料方面的研究还较少。随着凹凸棒石性能的进一步挖掘和从事组织工程材料研究队伍的交叉合作，有望在新型水凝胶伤口敷料乃至人工血管等方面得到应用。

9.8　膜分离材料

凹凸棒石作为典型的天然一维纳米材料，具有较大长径比、较高机械强度、大量纳米级通道和丰富表面官能团[163]，可制备具有特定功能的膜分离材料。膜分离技术有诸多优点：①制膜材料无害且相对简单，对环境友好；②在常温下即可进行简便且节能的分离，而不会发生相转移；③可进行连续分离，维护成本低，易于操作；④膜分离技术不需要复杂的再生过程[164]。但在膜材料中存在强度、分离效率和污染等不足，本节重点介绍了凹凸棒石在无机和有机膜中的作用。

9.8.1 凹凸棒石基无机复合膜

典型的无机陶瓷膜由金属氧化物(氧化铝、二氧化硅和氧化锆)、铝硅酸盐沸石以及金属有机骨架材料制成[165]。通常具有多孔支撑层、过渡层及分离层三层结构，其中选择分离层往往是由纳米纤维构成的独特网状结构。纳米纤维能够将分离层中的大空隙分成较小的相互连接的孔，而不会形成死角孔。通常，纳米纤维分离层的孔隙率可以超过70%，几乎是传统陶瓷膜孔隙率的两倍，并且形成的网状结构可使膜在过滤过程中获得高通量和选择性[165-167]。凹凸棒石独特的一维纳米棒晶形貌、优异的热稳定性和机械强度使其成为制备陶瓷膜原料的良好选择。

Zhou 等[166]采用浸涂法将凹凸棒石纳米纤维装载在α-氧化铝管支架的内表面制备了一种新型陶瓷微滤膜。即先将凹凸棒石纳米纤维分散在水中形成悬浮液，然后通过浸涂法在α-氧化铝管状载体的内表面上浸涂凹凸棒石悬浮液 60 s，之后干燥煅烧制备凹凸棒石纳米纤维膜。凹凸棒石纳米纤维分离层与α-氧化铝基底具有良好黏附性，且没有明显的缺陷。纳米纤维膜的平均孔径为 0.25 μm，厚度约为 6.7 μm，纯水通量为 1540 L/($m^2 \cdot h \cdot bar$)。该膜能够排除悬浮液中的所有碳酸钙颗粒，并显示稳定的渗透通量。同一膜也可用于澄清或分离纤维素酶发酵液，且膜表面上的污染物可以通过水冲洗和化学清洁轻松去除[168]。

深度利用凹凸棒石的一维形态，将其作为主体研究对象可以成功制造相对独立的纳米纤维膜。Li 等[169]尝试通过将凹凸棒石(26.61%，质量分数)与有机聚合物复配形成稳定的流延溶液后挤出成型，并干燥煅烧后制备了具有网状结构层的无机多孔中空纤维膜。由于凹凸棒石纳米纤维的无序堆积，在膜的内表面和外表面上形成了网状结构，并且没有检测到大的缺陷或孔。同时，凹凸棒石纳米纤维在 750℃烧结后仍保持原始棒状形态，厚度约为 0.05~0.15 μm，长度为 0.5~5 μm。这些特性不仅保证了凹凸棒石中空纤维膜的高孔隙率(72.62%)，而且有利于将其用作液体微滤膜。

Zhu 等[170]的研究工作表明，适当的烧结工艺可以改善凹凸棒石复合膜的机械性能和分离性能的稳定性。例如凹凸棒石/聚乙烯醇(APT/PVA)纤维膜仅能适用于 0.2 MPa 以下的操作压力，较高的操作压力易造成膜体结构的破裂，继而使其失去分离能力。同时，由于膜内部结构中存在 PVA，PVA 遇水溶胀特点导致复合膜的渗透能力持续下降[171]。但烧结的凹凸棒石基纳米纤维膜中陶瓷颗粒熔合形成了较大的晶粒，导致烧结后具有较高的抗弯强度，且随着 PVA 炭化消除了溶胀缺陷[170]。事实上不同的烧结温度(240℃、400℃、600℃)对凹凸棒石基纳米纤维膜的微观形貌、晶体结构、孔结构、机械强度、耐水能力等性能也有诸多的影响[172]。这主要与凹凸棒石纳米纤维的脱水过程和聚合物 PVA 的热解过程有关。当烧结温度为 240℃时，凹凸棒石纳米纤维脱除了表面吸附水和沸石水，PVA 分解还未开始，膜的持续性溶胀行为仍然不可避免；当烧结温度为 400℃时，凹凸棒石纳米纤维的表面吸附水、沸石水、结晶水相继脱除，纳米纤维膜的孔隙结构变得相对蓬松；当烧结温度超过为 600℃时，凹凸棒石纳米纤维的配位结晶水和结构羟基水被脱除，晶体结构发生折叠，开始出现纤维束堆积、黏结的现象，材料比表面积显著下降

(图 9-31)。综合考虑，确定 400℃的烧结温度为凹凸棒石基纳米纤维膜热处理的最佳选择温度，制得复合膜体内部的纤维形态始终保持，晶体结构未遭破坏，介孔结构基本维持，抗弯强度大、吸水溶胀行为明显减弱。此外，随着原始流延溶液中 PVA 含量的增加，烧结凹凸棒石基纳米纤维膜的微观堆积形态呈现出从无序到有序的转变，而抗弯强度则表现出逐渐变小的趋势[170]。但是，PVA 含量(5%、7%、9%，质量分数)的增加并不会显著影响烧结凹凸棒石基纳米纤维膜的孔结构、润湿能力以及化学稳定性。不同 PVA 含量下的烧结凹凸棒石基纳米纤维膜均具有两种不同尺寸的介孔结构(分别约为 3.8 nm 和 24 nm)，表现出良好的亲水性能(接触角值为 22°)以及良好的化学稳定性(适用 pH 范围为 1～10)。

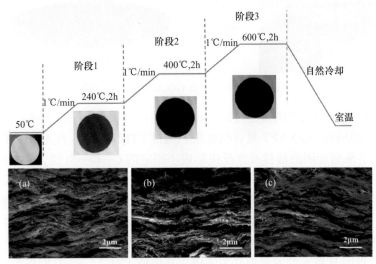

图 9-31　凹凸棒石基纳米纤维膜的烧结示意图及其在(a)240℃、(b)400℃和(c)600℃烧结温度下的断面 SEM 照片[170]

碳纳米管(CNTs)、石墨烯(GO)及其衍生物的出现为膜科学和技术的发展提供了一种新途径[165]。具有插层结构的 GO 纳米片被证明具有更大的层间距离，可以通过加宽膜的通道宽度来调节水的运输途径。高表面积、亲水性表面和高强度的凹凸棒石纳米棒则被视为用于装饰层状 GO 并提高其分离性能的一种理想纳米复合材料[173]。Zhao 等[174]借助真空辅助过滤自组装工艺，将凹凸棒石纳米棒插入相邻的 GO 纳米片中，而 GO 纳米片通过π-π堆叠和阳离子交联组装成层压结构，制备了 GO/APT 纳米复合自立式膜并用于油水分离(图 9-32)。高度亲水性的凹凸棒石纳米棒插入相邻的 GO 纳米片中具有三重作用：扩大传质通道、提高水合作用能力和赋予膜表面的分层纳米结构。所有这些属性赋予 GO/APT 复合膜最佳的通道结构和防污性能。GO/APT 复合膜的渗透通量从 GO 膜的 267 L/(m² · h)急剧增加到 GO/APT 复合膜的 1867 L/(m² · h)。通过将高水化能力与分层纳米结构的膜表面相结合，GO/APT 复合膜获得了水下超疏油性和低油黏性的水/膜界面。GO/APT 复合膜在不同的浓度、pH 或油种类时的水包油乳液分离过程中均表现出优异的分离效率和通用防污性能，在各种 pH 下，乳液的排斥率均大于 99.9%，复合膜可以承受高达 0.15 MPa 的跨膜压力。但随着凹凸棒石与 GO 质量比增加，由于凹凸棒石纳米棒的团聚，GO/APT

复合膜的通量在传质通道中遭受损失。

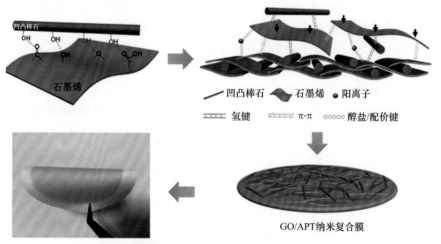

图 9-32 通过真空辅助过滤自组装制备 GO/APT 纳米复合膜的制备示意图[174]

Wang 等[175]也采用简单的真空过滤法将凹凸棒石纳米棒受控组装插入 GO 纳米片的中间层创建分层结构的 GO/APT 复合纳滤膜。通过 FTIR 和 XPS 技术证明了凹凸棒石纳米棒与 GO 的含氧官能团的接枝改性反应形成了稳定的 C—O—Si 键，并成功插入 GO 纳米片中组装成 3D 网络层压结构。相比于原始 GO 膜，计算得出 GO/APT 膜的层间距从 0.90 nm 逐渐增加到 1.07 nm，但随着凹凸棒石与 GO 质量比的增加，水接触角从 71.0°下降至 43.3°。因此，基于 GO/APT 复合膜的粗糙分级微观结构、高表面亲水性和大层间距协同改善了水的渗透性，有助于显著提高复合膜的分离性能。GO/APT 复合膜在最优条件下对罗丹明 B 废水的通量提高了 4 倍，并保持了对 7.5 mg/L 罗丹明 B 近 100%的截留率。

尽管基于 GO 的复合膜具有足够的水过滤能力，但膜稳定性是另一个限制其进入商业纳米过滤市场的因素。为了解决该问题，引入稳定的化学键限制 GO 层压板在水中的溶胀缺陷被认为是可行路径。Liu 等[176]使用 Al$_2$O$_3$ 陶瓷作为支撑衬底开发了具有良好稳定性、高通量和足够排斥率的 GO/APT 复合膜。结果表明，Al$_2$O$_3$ 是优良的基材载体，可提高复合膜的稳定性，这种结合了凹凸棒石纳米棒和陶瓷支撑的协同作用使复合膜的使用时间延长至 3500 min，同时保持对 Cu^{2+}离子 99%的截留效率，而且清洗后的复合膜仍能保持较高的分离能力，其通量可恢复到 85%。

9.8.2 凹凸棒石基有机复合膜

聚合物分离膜已用于微滤、超滤和反渗透膜的制造中[177]。但聚合物膜通常受到许多限制，包括寿命有限、较差的润湿性、化学和热稳定性较低等[178,179]。此外，聚合物膜一般要考虑平衡其渗透率和选择性，且在膜过滤过程中，污垢可能堵塞孔并在膜表面形成沉积层，从而导致水通量小和选择性低[180,181]。大量的研究表明将无机填料引入到聚合物膜基体中，通过化学或物理改性来改变其表面性能是克服这些限制的有效手段[177,180,182]。

　　将高长径比的刚性一维棒状凹凸棒石掺混在聚合物中可有效改善聚合物的机械性能，同时凹凸棒石拥有无数规整的平行孔道，可以为水分子的快速渗透提供额外的纳米通道。此外，凹凸棒石表面大量亲水基团不仅有助于提高膜的渗透性，还有助于防止污染物的吸附[163,181,183]。Ji 等[184]将未经改性的凹凸棒石纳米棒直接用作聚偏二氟乙烯(PVDF)超滤膜的补强填料，并通过沉浸沉淀法和热诱导相分离法制得了 PVDF/凹凸棒石(PVDF/APT)复合超滤膜。在相转化过程中，PVDF 聚合物溶液中凹凸棒石纳米棒具有成核剂的作用。随着凹凸棒石纳米棒掺量的增加，观察到由更多尺寸较小 PVDF 微晶组成的膜结构。因此，PVDF/APT 复合膜具有更高的结晶度和更薄的总膜厚度。性能评价结果显示，引入凹凸棒石纳米棒可以改善膜的抗张强度、杨氏模量和对 SiC 颗粒的耐磨性，同时增加膜的渗透性没有牺牲其选择性。引入 10% 凹凸棒石制得复合膜的渗透通量从 106.1 L/(m² · h)增加到 282.5 L/(m² · h)，且右旋糖酐截留分子质量(MWCO)保持在 150～200 kDa，同时其磨损率降低到 PVDF 膜的 1/170，这可能归因于磨损从韧性方式转变为脆性方式。因此，制得复合膜的耐磨强度显著提高，有望延长其使用寿命，并大大降低水处理厂的维护成本。

　　进一步研究发现，凹凸棒石颗粒尺寸(长径比)对膜结构和性能也有重要影响[185]。以长度为 302 nm 短棒晶凹凸棒石(APT-S)制得的 PVDF/APT-S 复合膜具有较高的孔隙率、较低的总膜厚度和表皮层厚度。与 450 nm 长棒晶凹凸棒石(APT-L)制得的 PVDF/APT-L 复合膜相比，PVDF/APT-S 复合膜的纯水通量、牛血清白蛋白通量、牛血清白蛋白截留率以及通量恢复率更好，但 PVDF/APT-L 复合膜的表面粗糙度和热稳定性相对较高。因此，凹凸棒石物理结构是决定 PVDF/APT 复合膜分离性能的主要因素，通过控制凹凸棒石棒晶长度可以调节 PVDF/APT 复合超滤膜的综合性能。

　　使用硅烷偶联剂 3-氨基丙基三乙氧基硅烷(APTES)将—NH₂ 接枝到凹凸棒石上可以改善其在 PVDF 基体中的分散性能[186]。相比于未改性的凹凸棒石，分别添加硅烷偶联剂 ATPES 和聚甲基丙烯酸甲酯(PMMA)表面改性的凹凸棒石(APT/APTES 和 APT/PMMA)还可以促进 PVDF 膜结晶[187]。一方面，APT/APTES 和 APT/PMMA 的极性官能团(如氨基、酯基和羟基)可以增加 PVDF 分子链和凹凸棒石表面之间的相互作用；另一方面，氨基和羟基与 PVDF 上的氟原子可以形成氢键，有助于增强凹凸棒石和 PVDF 之间的相互作用。同时，氢键可以引起聚合物分子链中氟原子排列在同一侧，并诱导聚合物分子形成交替排列的有序结构，从而促进了 PVDF 的β晶相的形成。β晶相的形成可以提高复合膜表面润湿性，并赋予复合膜一些特定的性能(如极性和更高的机械强度)，从而改善膜表面孔结构、纯水通量、亲水性和机械强度。

　　以聚合物为主的超滤膜对有机物具有较强的亲和力，很容易被结垢堵塞和降解，并且不能承受高温、高压或腐蚀性液体等苛刻条件[188,189]，迫切需要一种简便、环保的方法来制造功能化超滤膜，保证在苛刻条件下仍然发挥其相关功能。Li 等[190]采用凹凸棒石构筑多级粗糙表面和低表面能物质修饰制备具有特殊润湿性的膜材料。通过使用真空泵将凹凸棒石悬浮液浸入 PDVF 膜上构筑具有水下超疏油性能的 PDVF/APT 复合膜[图 9-33(a)]。由于氢键和范德瓦耳斯力作用，凹凸棒石棒晶聚集呈现不规则晶束并完全覆盖在 PVDF 上形成粗糙表面，凹凸棒石涂覆后膜的平均孔径小于 100 nm[图 9-33(b)

和(c)]。由于凹凸棒石涂层具有出色的吸水和保水能力，凹凸棒石涂层 PVDF 膜对空气中的水和油表现出超双亲性。将水滴放在空气中的复合膜表面上时，水滴会迅速扩散并获得接近 0°的接触角，而复合膜对油(灯油)的接触角为 154°，表现出水下超疏油性。这归因于渗透的水完全覆盖了复合膜的表面，并形成了油的排斥性液体界面避免了二者直接接触，所以复合膜具有一定的防污性能。将所制备的具有合适的孔径和特殊的润湿性复合膜用于分离各种水包油型乳液，分离效率大于 99.3%，同时在强酸、强碱和浓盐苛刻环境中仍然保留优异的分离能力和化学稳定性。Yang 等[191]在聚乙烯醇膜上涂覆凹凸棒石制得的复合膜具有优异的力学性能，复合膜的拉伸强度为 1.23 MPa，弯曲 300 次后仍然没有裂纹，经过 100 次砂纸磨耗刮擦循环后复合膜的水下煤油接触角仍然大于 150°。将复合膜用于水煤油乳液分离，重复使用 10 次后分离效率仍然高于 99.5%，表明制得复合膜具有出色的重复使用性能。

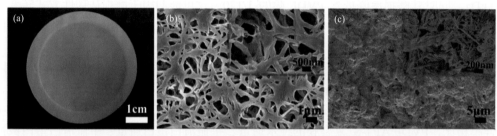

图 9-33　(a)凹凸棒石涂层膜的照片；(b)PVDF 膜的 SEM 照片(插图是高放大倍率的视图)；(c)包含粗糙表面结构的凹凸棒石涂层膜的 SEM 图像(插图显示小孔结构)[190]

　　生物污染也是开发高性能分离膜面临的主要挑战之一，生物污损会降低膜的渗透性，增加运行成本，并缩短使用寿命。为了解决上述问题，一般在制备有机无机复合膜的过程中添加具有抗菌能力的纳米颗粒增强复合膜的抗菌能力。凹凸棒石是担载纳米颗粒的有效载体，可以均匀负载纳米颗粒使其均匀分散在膜材料的表面，避免团聚[192]。Wang 等[193]基于多巴胺黏附和还原性能，采用聚多巴胺涂覆策略成功合成了凹凸棒石/银(APT/Ag)纳米复合材料，然后通过界面聚合将 APT/Ag 纳米复合材料嵌入聚酰胺层中获得一种新型的反渗透膜。APT/Ag 纳米复合材料使聚酰胺层平均厚度减小，改善了膜的表面粗糙度和亲水性，从而增加了复合膜与水分子的接触面积，促进了水分子在聚酰胺层中的渗透性。分别以牛血清白蛋白和腐殖酸作为蛋白质结垢剂和天然有机结垢剂，通过结垢清洁循环试验评估膜的抗结垢性，发现复合膜材料有更好的防污能力。利用平板计数法测量复合膜对大肠杆菌的抑制效果显示，亲水性的提高导致细菌与膜表面之间的吸引力减弱，复合膜对大肠杆菌的抗菌率高达 98.0%。进一步利用抗菌能力测试表面复合膜在水溶液中的 Ag+的释放速率在 30 d 内保持相对稳定。从理论上讲，Ag+的缓慢可控释放可以赋予复合膜长期的抗菌能力。同理，将具有优异光催化杀菌和有机污染物分解活性的锐钛矿相 TiO2 纳米颗粒负载于凹凸棒石表面并引入聚酰胺选择性层中，也可以增强复合膜的渗透性并保留选择性，同时提升防污能力以及在紫外光下的抗菌能力[194]。

　　凹凸棒石还可担载其他功能材料并嵌入聚合物膜中制备多功能的复合膜材料，如通过接枝聚合将酸性离子液体(1-丁磺酸盐-3-乙烯基咪唑硫酸氢盐，PILs)催化剂锚定在凹凸棒石上制备了新型非均相聚离子液体催化剂(APT-PILs)[195]，然后将聚乙烯醇与APT-PILs共混制备水选择性渗透蒸发催化膜，并用于酯化反应产物的分离[196]。由于PILs链中的活性基团与聚合物基体之间的强相互作用，PILs的柔性聚合物链可以在凹凸棒石和聚乙烯醇链之间架桥，改善复合膜机械性能。此外，暴露的纳米棒状凹凸棒石可以增强复合催化膜表面亲水性。在70℃时，制得的复合催化膜对于80%(质量分数)的乙醇水溶液，最高分离系数约为111，总通量为397 g/(m^2·h)。在温和的反应条件下，复合化膜对油酸与甲醇的酯化反应具有明显的催化作用。当在错流催化膜反应器中运行时，产率约8.7%。此外，通过增加复合膜的堆积密度可以提高酯化产物产量。这些结果为错流催化膜反应器中凹凸棒石基催化膜的应用研究奠定了基础。

9.8.3　凹凸棒石复合膜的应用

近年来，原油和石化产品的意外泄漏时有发生，相关事件引起了严重的环境损害和经济损失。因此，经济有效地分离油水混合物可以缓解对水、能源和环境安全的迫切需求。传统用于分离油水的过滤膜主要受到压力驱动的"筛分"效应，其中某些尺寸的油滴不允许通过该膜的"孔道"。随着对表面化学的深入了解，具有特殊润湿性的过滤膜的功能化不仅可以赋予其优异的防污性能，而且还可以产生有益的协同作用，从而提高实际应用中的选择性和分离效率[197]。

Yang等[198]将环氧树脂和凹凸棒石的悬浮液喷涂在不锈钢网上，成功制备了用于油/水分离的耐用超疏水/超亲油涂层。在没有凹凸棒石的情况下喷涂环氧树脂后，由于环氧树脂具有良好的成膜能力，网孔表面比未涂覆的网孔更光滑。当在环氧树脂中引入凹凸棒石后，涂层网孔变得粗糙，聚集形成微米/纳米级粗糙结构，呈现明显皱纹微观形貌(图9-34)。当凹凸棒石含量为44.4%(质量分数)，制得的涂覆筛网具有超疏水性，水接触角为160°±1°，滚动角为2°±1°。同时，环氧树脂/凹凸棒石复合涂层具有超亲油性，油接

图9-34　(a)原始网格、(b)涂覆环氧树脂网格、涂覆含有(c)16.7%、(d)28.6%、(e)44.4%(质量分数)凹凸棒石复合涂层网格以及(f)凹凸棒石的SEM照片[198]

触角为0°。因此，水可以流过筛网，而油在重力的驱动下迅速通过筛网，显示出高效的油水分离效果效率。制得环氧树脂/凹凸棒石复合涂层还可以经受各种苛刻条件的考验，例如机械磨损、高温、高湿以及酸性或碱性溶液，同时对十六烷/水混合物、润滑油/水混合物和液体石油膏/水混合物均可以通过简单过滤实现油水分离，分离效率超过98%。此外，采用水性聚氨酯为黏结剂，将十八烷基三氯硅烷改性的疏水凹凸棒石喷涂到不锈钢网上，也可以制备具有优异超疏水和超亲油性能的凹凸棒石涂层网膜[199]，可用于分离一系列油/水混合物，例如煤油、氯仿和石油醚，其中煤油/水混合物的分离效率高达97%。经过40次分离循环后凹凸棒石涂层网格的表面形态几乎保持不变，同时分离效率仍然保持94%以上。

选择高表面能的亲水性物质刷涂在筛网上也可以构建超亲水/水下超疏油涂层。Li等[200]将凹凸棒石和水性聚氨酯混合物喷涂在铜网上首次制得了水下超疏油凹凸棒石涂层的筛网。其中，添加水性聚氨酯是为了增加凹凸棒石与铜网之间的结合力，凹凸棒石纳米棒晶以晶体束和聚集体的形式聚集形成微/纳米多级粗糙表面，高亲水的凹凸棒石涂层在浸没的网孔周围形成一层结合水，从而阻止油相的附着(图9-35)。这种水下超疏油凹凸棒石涂层筛网具有抗腐蚀和环境稳定的特点，可用于分离腐蚀性酸碱油/水混合物。对于煤油与水的混合物，经涂覆的筛网的分离效率可高达99.6%，且经过50次油水分离循环使用后，分离效率仍然可达到99.0%；对于其他油，如甲苯、石油醚、己烷和菜籽油，油水分离效率可以达到96.0%以上。但经胶带刮擦40次后，凹凸棒石涂层筛网失去其水下的超疏油性能，无法实现油/水混合物分离，需要重新喷涂凹凸棒石和聚氨酯混合物。

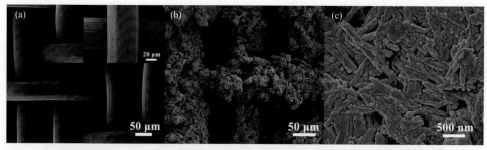

图9-35　(a)原始铜网和[(b)、(c)]凹凸棒石涂层的网孔表面SEM照片[200]

引入凹凸棒石构筑的复合膜可在油/水分离过程中同步去除水溶性染料或重离子，从而实现水体净化[191,201]。Zhan等[202]通过在支撑膜上简单地真空辅助过滤纤维素纳米晶和凹凸棒石的悬浮液制备了水下超疏油的纤维素/凹凸棒石复合膜并应用于废水处理。如图9-36(a)所示，可以通过不同的颜色轻松区分层状油/水混合物，其中上层是由苏丹Ⅲ染色的异辛烷(红色)，下层是含水的亚甲基蓝(蓝色)。经纤维素/凹凸棒石复合膜过滤后，滤液无色，红色层无法穿透膜[图9-36(b)]，表明在油/水分离过程中，亚甲基蓝被复合膜有效吸附，油相被复合膜有效排斥。但是，在油/水混合物的分离过程中，支撑膜(纤维素酯)几乎不能去除亚甲基蓝，这表明纤维素/凹凸棒石复合膜可以从水中去除亚甲基蓝。此外，除亚甲基蓝外，在油水分离过程中，纤维素/凹凸棒石复合膜还可以去除一些有毒的重金属离子[图 9-36(c)]。在油水分离过程中，复合膜对亚甲基蓝、Cr^{3+}、Mn^{2+}、Fe^{3+}、Ni^{2+} 和 Cu^{2+} 的去除率分别为 97.63%±0.03%、55.91%±0.34%、62.13%±0.84%、77.00%±0.44%、 61.39%±0.38%和 88.72%±0.28%。

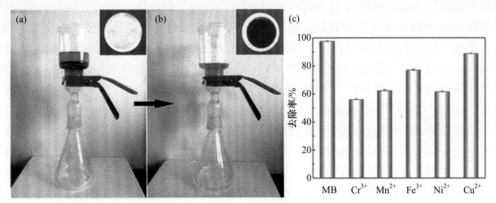

图 9-36　油/水混合物分离前(a)和后(b)的过滤装置及过滤膜数码照片(其中，油相异辛烷和水分别用苏丹 Ⅲ 和亚甲基蓝染色)；(c)在油/水分离过程中复合膜对亚甲基蓝和重金属离子的去除率[202]

高分子电解质膜燃料电池(PEFC)具有功率密度高、启动时间短、工作温度低和结构 紧凑的特点，有望应用于移动设备、车辆和微型发电机[203]。根据燃料电池中的膜材料， PEFC 可以进一步分为质子交换膜燃料电池(PEMFC)和碱性阴离子交换膜燃料电池 (AAEMFC)。质子交换膜是 PEMFC 的核心组件，它可以分离电极之间的燃料以避免短路， 并在电极之间转移离子以维持电流回路[204]。最著名的质子交换膜当属杜邦公司生产的全 氟化磺酸膜(Nafion)，它具有高质子传导性、高机械性能和良好的化学稳定性，因此可以 确保 PEMFC 的高功率性能和耐久性[205]。Nafion 在中等温度(<373 K)和较高的相对湿度 下显示出优越的性能，但在较高的温度和/或较低的相对湿度下则不能发挥全部性能，故 质子传导性取决于作为质子电荷载体的水合质子(H_3O^+)的水含量[206]。因此，基于 Nafion 的具有亲水性添加剂的复合膜已受到广泛关注。Xu 等[207]将具有独特纳米通道的亲水性 凹凸棒石与 Nafion 进行复合，其中凹凸棒石的纳米棒状形貌可以提升膜机械性能，低于 473 K 损失的沸石水可以增加复合膜的保水率并保持其高质子传导性。通过热机械分析进 行表征，与原始的 Nafion 膜相比，其机械性能提高了 25%。在温度分别为 313 K、333 K、 353 K 和 373 K 时，复合膜的吸水速率比 Nafion 和 Nafion 212 膜提升了 2%、6%、7%和 10%。这表明凹凸棒石在提高吸水率方面起着决定性的作用。此外，还发现在相对湿度 为 0 时，Nafion 基质中的凹凸棒石使复合膜的质子电导率比原始 Nafion 膜提高了 75%， 这可能是由于复合膜中的凹凸棒石吸收一定量的水促进了质子传输，从而提高了复合膜 的质子传导性。

近年来，碱性阴离子交换膜燃料电池(AAEMFC)受到了广泛关注。作为 AAEMFC 的 核心成分的阴离子交换膜仍然存在电导率低、机械性能差和化学稳定性差的问题。因此， 构建有效的离子通道以促进氢氧根离子跨膜的运输并提高氢氧根离子的迁移率是提高离 子电导率的有效手段[208]。研究表明，将亲水性无机填料引入疏水性聚合物膜中构建离子交换膜亲水-疏水微相分离结构，可以有效优化其离子传输性能。Luo 等[209]将凹凸棒石引入季铵化的聚(2,6-二甲基-1,4-苯撑氧)中，制备出一系列具有良好机械、化学和热稳定性的复合阴离子交换膜，但在 80℃和 100%相对湿度下，掺入凹凸棒石后的阴离子交换膜的氢氧根离子电导率仅为 21.5 mS/cm。Li 等[210]改进了聚合物的类型和侧链，通过氯甲基化和 Menshutkin 反应将季铵盐官能团接枝到聚砜的侧链上，然后将亲水凹凸棒石和季铵官能化聚砜(QPSf)混合并自组装形成亲水-疏水微相分离结构制备具有优异电化学性能的阴离子交换复合膜(QPSf/APT)(图 9-37)。与原来的季铵化聚砜膜相比，QPSf/APT-0.5膜的氢氧化物电导率在 80℃下达到 93.0 mS/cm，增加了 48%。这种性能的提升主要归因于两个方面：①凹凸棒石表面具有大量的羟基，可以与聚砜主链中的季铵基发生相互作用并形成氢键网络结构，从而形成亲水性离子传输通道；②在大部分阴离子交换膜中，氢氧根离子主要通过格罗特斯机制传播，这意味着氢氧根离子通过氢键的形成和裂解沿着水分子的链移动。随着凹凸棒石含量的增加，复合膜吸收了更多的水，从而有利于复合膜中氢键的形成和断裂，并最终提高了阴离子电导率。同时，甲醇渗透率保持在 4.2×10^{-7} cm²/s 和 5.8×10^{-7} cm²/s 之间，即引入纳米凹凸棒石形成的连续亲水性区域既可以用作离子传输的高效通道，也可以充当甲醇的传输途径。此外，制备的复合膜具有优异的机械性能，所有复合膜的拉伸强度介于 24.2~44.8 MPa 之间，在 60℃的 1 mol/L NaOH溶液中浸泡 168 h 后，复合膜的化学结构没有发生明显变化，氢氧化物电导率仍然保留原始电导率的 52.6%。因此，制得的复合膜具有良好的热稳定性，可以满足燃料电池应用的要求。

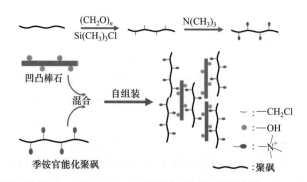

图 9-37　亲水性纳米凹凸棒石掺入季铵官能化聚砜中制备高性能阴离子交换膜的示意图[210]

商业 Pebax(聚醚-酰胺嵌段共聚物)被认为是从烟气和天然气中膜分离 CO_2 的理想材料[211]。在 Pebax 聚合物中，聚环氧乙烷链段与极性 CO_2 分子具有高亲和力，聚酰胺嵌段为聚合物膜提供了较高的机械强度。此外，作为具有高链迁移率的聚合物材料，Pebax可以与填料进行良好的相互作用,从而显著改善原始Pebax膜的气体渗透性和选择性[212]。具有规整纳米孔道的凹凸棒石有望依据动力学分离原理，实现 CO_2(3.30 Å)与 N_2(3.64 Å)分离。Xiang 等[213]采用混合浇铸法成功制备了凹凸棒石/Pebax(APT/Pebax)复合膜。在308 K 和 1 bar 下,凹凸棒石对 CO_2 吸附量为 1.1 mmol/g，而对 N_2 吸附量仅为 0.08 mmol/g，对 CO_2/N_2 的吸附选择性为 13.7，具有优先吸附 CO_2 的潜在应用。由于 Pebax 的醚氧键与凹凸棒石填料表面的羟基可以形成氢键，添加 1.7%(质量分数)凹凸棒石制得的复合膜可将 CO_2 的渗透率从 56 GPU 提高到 77 GPU，可以将 CO_2/N_2 的选择性从 40 提高至 52。当凹凸棒石负载量超过 3.5%(质量分数)时，聚合物链逐渐刚性化，导致气体扩散率明显降低，复合膜对 CO_2 渗透率和 CO_2/N_2 选择性降低。

事实上，厚度较大的大体积独立式 APT/Pebax 复合膜仅表现出非常低的 CO_2 透过率(2～3 GPU)，这与大规模膜应用的要求相差甚远。将 APT/Pebax 沉积在低成本多孔聚丙烯腈载体上设计选择层复合薄膜(约 700 nm)可以进一步提高 CO_2 的透过率(图 9-38)[214]。聚丙烯腈上具有疏水的聚 1-(三甲基甲硅烷基)-1-丙炔(PTMSP)沟槽，亲水性 APT-Pebax 溶液可以通过离心力轻松地散布在 PTMSP 沟槽层上，从而形成厚度较薄的选择性涂层。与 2%(质量分数)的 APT-Pebax 独立膜相比，载体支撑复合膜的 CO_2 渗透率从 2.6 GPU 显著增加到 108 GPU，对 CO_2/N_2 和 CO_2/CH_4 的理想选择性也分别提高了 35%和 16%。因此，APT-Pebax 复合膜的优异分离性能在天然气脱硫或沼气净化等领域具有良好的应用前景。

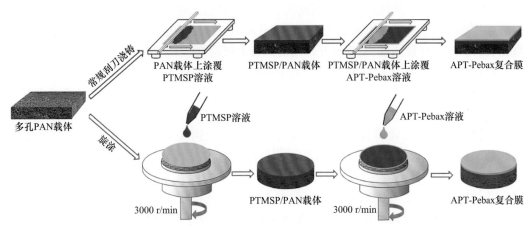

图 9-38　通过旋涂或常规刮刀浇铸技术制备 APT/Pebax 复合膜的示意图[214]

综上所述，基于凹凸棒石构筑孔径可控和具有特殊浸润性的复合分离膜，凹凸棒石纳米规整孔道可以充当传质通道，一维纳米棒晶可以提升膜材料的物理化学性能，甚至可以赋予其新的功能属性，如改善分离膜的渗透性、选择性、抗污性、机械强度、化学稳定性和使用寿命。尽管引入凹凸棒石制备复合分离膜的开发已取得了长足进展，但大多数研究中仅仅是整合利用凹凸棒石的固有特性，对于影响凹凸棒石物理化学特性的相关因素对复合膜性能的影响规律和机制还有待深入研究，如比表面积、表面官能团类型、棒晶解离程度、伴生矿物等。

9.9　其他新型功能材料

9.9.1　储氢材料

氢被认为是可以替代化石燃料的清洁能源。相比于化石燃料燃烧释放大量的亟需环保处理的氮氧化物(NO_x)、硫氧化物(SO_x)、温室气体(CO_2)以及细小的粉尘颗粒等，氢燃烧只产生副产物水，对环境友好并且具有可持续性。与此同时，氢具有多种优势。氢是地球上最简单，也是最丰富的元素[215]。氢还是能量密度最高的燃料之一，其重量能量密度极高(20 kJ/g)，几乎是汽油能量密度的 3 倍，是其他化石燃料能量密度的 7 倍[216]。氢可以通过太阳能光伏、风能和地热能等可再生资源电解水制得，同时还可以用于存储太阳能和风能产生的多余能量[217]。因此，氢作为一种高效清洁的可再生能源备受关注，有着广阔的应用前景。

氢能的开发利用主要包括氢的生产、储存、运输及应用四个方面[218]。目前相对成熟的规模化生产技术(化石原料制氢、工业副产氢)以及长期使用可再生能源电解水制氢可以满足氢的生产需求[219]。下游应用领域，也分布着化工、石油炼制、冶金、燃料电池、新能源汽车等诸多行业。然而，氢气的大规模安全储运是现阶段氢能商业化应用亟待突破的瓶颈，主要原因在于氢通常以气态形式存在，密度低、体积大，且易燃、易爆、易扩散，使其储存和运输很不方便[219,220]。吸附储氢，借助高比表面积的多孔吸附在常压下实现氢的保留和释放。其优点是储氢密度大、安全性高且运输方便，吸放氢速度适宜[220]，但储存效率严格取决于吸附剂的比表面积和孔隙特性(尺寸和形状)，因而，需要开发具有高比表面积的具有最佳氢-表面相互作用的低成本吸附剂[221]。

目前，对吸附储氢材料开发主要集中在纳米材料的设计上，如高度多孔的炭纳米材料[221]、金属有机骨架材料[222]、共价有机骨架材料[223]、沸石[224]和多孔聚合物[225]等已成为广泛研究的热点材料。但是，这些材料一般具有复杂的精细结构，生产流程长且工艺复杂，在大规模合成、应用过程中通常会受到成本限制。近年来，与沸石硅铝酸盐结构相近，自然界储量丰富的天然硅酸盐矿物如埃洛石[226-228]、蒙脱石[229,230]和硅藻土[231]等在储氢方面的应用逐渐受到关注，其对 H_2 的物理吸附具有动力学快速、可逆和长期循环稳定等优点。但大多数黏土矿物的孔径较大，与 H_2 的结合能较低。相比之下，凹凸棒石孔道尺寸为 3.7 Å×6.4 Å，与 H_2 分子动力学直径(2.89 Å)相当，且孔道边缘的金属原子能够与 H_2 相互作用生成不同的极性物质，所以凹凸棒石是理想的储氢基体材料。

Mu 等[232]率先研究了凹凸棒石的储氢性能。将样品在真空条件下 537 K 加热 2 h，然后冷却至室温测定氢的吸附量。相比于沸石 KA 和结晶石墨，凹凸棒石及其同族海泡石在同等条件下对氢气具有更高的吸收量，吸收量(质量分数)分别为 1.2%和 1.8%。同时凹凸棒石和海泡石对 H_2 的吸收可分为两个阶段(图 9-39)：第一阶段，H_2 吸附在材料的外表面直至饱和；第二阶段，由于极性固体表面上的不饱和原子和氢分子之间的强烈相互作用，H_2 可能进入孔道并达到饱和。但是，沸石 KA 和结晶石墨没有第二个吸收阶段，说明可能在室温下没有 H_2 进入沸石通道和结晶石墨层间，导致二者对 H_2 的吸收量较低。与凹凸棒石(298 m^2/g)相比，海泡石具有更高的比表面积(420 m^2/g)和更大的孔道直径(3.7 Å×10.6 Å)，故对 H_2 表现出更高的吸收性能。

Ramos-Castillo 等基于密度泛函理论的计算深刻阐释了 H_2 与凹凸棒石的相互作用机理[233]。研究表明，如果以受控的方式降低金属离子配位水含量，同时保留凹凸棒石孔道结构的稳定性，暴露出未配位的 Mg^{2+} 和 Al^{3+} 可以增强与 H_2 的氢键作用，从而增加对 H_2

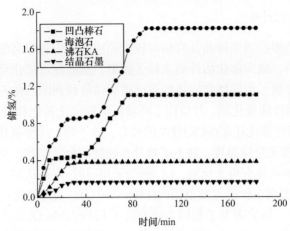

图 9-39　不同样品对 H$_2$ 的吸附量与吸附时间的关系[22]

的物理吸附量。在这种情况下，Mg^{2+} 作为弱路易斯酸通过轻微的电荷转移与 H$_2$ 发生作用，主要涉及 Mg^{2+} 的 3s 和 3p 轨道与 H$_2$ 分子的 σ 轨道之间的轨道之间的相互作用。计算结果表明，每个暴露的 Mg^{2+} 最多可以吸附 4 个 H$_2$，平均结合能为 16 kJ/mol(对第一分子而言是 24 kJ/mol)，保持在有效存储的目标范围内，所以凹凸棒石显现出对 H$_2$ 较高的亲和性。但与 Mg^{2+} 不同，Al^{3+} 不会引起 H$_2$ 的电荷转移，其结合机理仅受金属离子与氢分子中诱导偶极之间的色散力和静电相互作用支配。因此，H$_2$ 和脱水的 Al^{3+} 之间的相互作用的结合能较低(对第一分子而言只有 15 kJ/mol)。因此，富镁凹凸棒石中配位水的受控脱水是增强 H$_2$ 吸附作用的潜在途径。

目前，尽管凹凸棒石对 H$_2$ 吸附量仍远低于美国能源部(DOE)6%(质量分数)的目标要求，但考虑到现有相关材料合成路线复杂、价格昂贵以及在适度的温度和压力下表现出相近甚至更低的 H$_2$ 吸附量[234-236]，凹凸棒石还是极具竞争力的储氢材料。此外，酸活化、碱活化、热处理、适度研磨等多种改性方式都被证明能够增大凹凸棒石的比表面积、孔隙率，并改善离子活性[237]。近年来，关于凹凸棒石结构演化的研究也逐渐成熟，如利用凹凸棒石制备一维纳米多孔二氧化硅[238,239]；利用凹凸棒石中丰富的硅、铝等元素合成沸石和多孔硅酸盐等[240,241]；以凹凸棒石作为载体可以负载多种类型的化合物(如金属氢化物、金属氨基化合物等)，利用物理吸附和化学反应实现同步储氢[242]。如果将这些技术进一步应用于储氢凹凸棒石材料的开发，有望进一步提升凹凸棒石的储氢能力。相信随着相关研究的深入，通过逐步开辟新的技术路径，凹凸棒石一定能够实现在储氢等能源材料中的功能利用。

9.9.2　催化材料

凹凸棒石层链状结构中的羟基可形成 B 酸位点，暴露的 Al^{3+} 离子可形成 L 酸位点。因此，基于凹凸棒石固有酸性位点和棒晶载体功能，凹凸棒石既是许多化学反应的潜在催化剂[243]，也是多种催化剂的优良载体[244,245]，被广泛用于催化氧化还原、光催化降解有机污染物以及有机合成等方面。

9.9.2.1　环境催化材料

高度分散的凹凸棒石纳米棒晶具有相对较大的比表面积和较高的表面活性，可以高效负载各种活性材料，减少催化活性纳米粒子团聚，从而促进催化反应的高效运行。目前，贵金属、过渡金属、半导体和固体酸等已被成功负载到凹凸棒石纳米棒晶，得到了各种功能和用途的高性能催化剂，并应用于环境污染的催化转化和催化降解[246,247]。众所周知，催化剂是选择性催化还原(SCR)技术的核心，分子筛、活性氧化铝和二氧化钛等载体有利于降低 SCR 催化反应温度。黏土矿物具有独特的分子筛状层结构或特殊的层链结构，用于 SCR 催化剂载体有极大优势。Li 等[248]采用溶胶-凝胶法制备了系列凹凸棒石负载型 SCR 催化剂，发现在较低温度范围内(150～250℃)，通过催化反应可以还原 90%以上的 NO 分子。此外，研究者基于相同方法制备了 $LaFe_{1-x}Mn_xO_3$/凹凸棒石纳米复合催化剂[249]。结果表明，当 x 小于 0.4 时，$LaFe_{1-x}Mn_xO_3$ 以钙钛矿固溶体的形式均匀地负载于凹凸棒石表面；当 x 大于 0.4 时，$LaMnO_3$ 与钙钛矿 $LaFe_{0.6}Mn_{0.4}O_3$ 共同存在，在凹凸棒石表面形成 $LaMnO_3$/$LaFe_{0.6}Mn_{0.4}O_3$ 异质结；当 $x = 0.6$ 时，复合材料的光催化脱硝活性最高，即使在室温下 NO 转化率也高达 85%。

通过光辅助选择性催化还原策略是低温下去除有害 NO 的有效途径，但如何充分利用太阳能并达到较高 SO_2/H_2O 耐受性仍然具有挑战性。Li 等[250]通过原位溶胶-凝胶法合成了 $Pr_{1-x}Ce_xFeO_3$/凹凸棒石纳米复合材料。结果表明，当 x 小于 0.05 时，生成的 $Pr_{1-x}Ce_xFeO_3$ 钙钛矿固溶体均匀地固定在凹凸棒石表面上；当 x 大于 0.05 时，CeO_2 与 $Pr_{1-x}Ce_xFeO_3$ 共沉淀，二者形成 Z 型异质结结构。研究 Ce 掺杂量对催化活性影响发现，当 $x = 0.3$ 时，制得 $Pr_{0.7}Ce_{0.3}FeO_3$/凹凸棒石复合材料具有最高的 NO 转化率。同时研究者以具有更多表面活性位点的磷酸改性凹凸棒石为基体，通过微波水热法制备了树突状 $CeVO_4$/凹凸棒石复合光催化剂，其中活性组分 $CeVO_4$ 可将近红外光转换为可见光和 UV 光。因此，该技术不仅拓宽了催化剂太阳光的吸收范围，而且还通过改性凹凸棒石建立 Z 型异质结构结，增强了电荷载流子的氧化还原电势，使复合光催化剂在全光谱太阳辐射下对 NO 的转化率提高到 92%[251]。此外，他们还研究了凹凸棒石-CeO_2/MoS_2[252]和 CeO_2/凹凸棒石/g-C_3N_4[253]三元复合材料对燃料油中硫化合物的催化吸附脱除。在模拟油中，制得复合材料在 3 h 内对二苯并噻吩可见光催化脱硫率大于 95%。

通过离子掺杂可以改善凹凸棒石负载铁基钙钛矿催化剂的低温催化活性，Zhou 等用 V_2O_5 修饰锰-铁凹凸棒石催化剂，制得的新型催化剂表面化学吸附氧和酸性位点数量明显增加，从而促进 NH_3 的吸附和 SCR 的反应速率[254]。Chen 等[255]通过湿法浸渍法，在凹凸棒石表面负载铜纳米粒子，并在 150～500℃条件下考察制得复合催化剂对 NH_3 氧化和 NO_x 还原性能。研究发现凹凸棒石负载 1%(质量分数)铜纳米粒子的复合催化剂在 350℃下具有良好的 NH_3-SCO 和 NH_3-SCR 催化性能。

挥发性有机化合物(VOC)的排放对人体健康和环境有害，催化氧化是消除此类有机污染物的有效方法之一。凹凸棒石负载的铜和锰氧化物已被证明是甲醛氧化的一种高效且可重复使用的催化剂[256]。除此之外，凹凸棒石基催化剂还广泛用于催化还原或降解水体中的污染物[257]。Wang 等[258]制备了壳聚糖包覆磁性 Fe_3O_4/凹凸棒石负载金纳米颗粒复合材料，其对刚果红具有良好的催化还原脱色性能，反复使用 10 次后催化还原性能没有显著降低。相对于贵金属基催化材料，Dong 等通过液相还原法制备的热改性凹凸棒石负载纳米零价铁并用于去除或转化模拟地下水中的硝酸盐氮(NO$_3$-N)[259]。当初始 pH 为 7.0 时，制得复合材料对 NO$_3$-N 去除率达到 83.8%，同时在水柱试验中 72.1%的 NO$_3$-N 在 6 h 内转化为氨态氮(NH$_4$-N)，这表明纳米零价铁/凹凸棒石复合材料具有直接修复 NO$_3$-N 污染地下水的潜力。此外，纳米零价铁/凹凸棒石复合材料可以活化过氧单硫酸盐生成反应性自由基，对喹氯拉克具有较好的催化去除能力[260]。结果显示，制得纳米零价铁均匀地分散在凹凸棒石表面，使用 0.5 μg/L 纳米零价铁/凹凸棒石复合材料和 10 μmol/L 过氧单硫酸盐组成为催化体系，在 1 h 内对喹氯拉克的去除率为 97.36%。

使用凹凸棒石制备光催化剂并用于水体有机污染物催化降解已成为该领域的研究热点，尤其是凹凸棒石/TiO$_2$ 复合光催化剂已得到广泛研究[261, 262]。通过引入 CdS[263]、Ag-AgCl[264]、SnO$_2$[265]、BiOBr[266]、ZnO[267]和 Ag$_3$PO$_4$[268]等活性成分可进一步提高 TiO$_2$ 基催化剂的光催化活性。此外，Yang 等采用水热技术制备了三维介孔 Bi$_2$WO$_6$/凹凸棒石复合催化剂并应用于罗丹明 B 和四环素的可见光光催化降解[269]。由于凹凸棒石较强吸附能力(促进污染物与光催化剂的接触)和 Bi$_2$WO$_6$ 的可见光光催化活性的协同作用，合成的 Bi$_2$WO$_6$/凹凸棒石复合材料比纯 Bi$_2$WO$_6$ 具有更好的吸附和光催化活性。同时，复合材料对有机污染物光催化降解率没有明显降低，具有优异的重复使用稳定性。Shi 等通过水热法制备的钒酸铋/凹凸棒石光催化剂的降解速率常数约为纯 BiVO$_4$ 的 2.1 倍，而光降解率则比纯 BiVO$_4$ 高 1.4 倍[270]。相比之下，凹凸棒石负载型 Fenton 催化剂也被用于染料和抗生素等污染物的催化降解。Ouyang 等[271]制备了 Fe$_2$O$_3$@CeO$_2$-ZrO$_2$/凹凸棒石非均相 Fenton 催化剂并用于刚果红催化降解。其中氧化铁(Fe$_2$O$_3$)作为羟基自由基(·OH)的引发剂，CeO$_2$-ZrO$_2$ 作为 Fe$_2$O$_3$ 的有效基质可以增强其氧化性能，凹凸棒石具有基体和吸附双重功能，通过 CeO$_2$-ZrO$_2$ 和 Fe$_2$O$_3$ 纳米粒子的协同催化剂作用，Fe$_2$O$_3$@CeO$_2$-ZrO$_2$/凹凸棒石对刚果红的去除率高达 95%。

9.9.2.2　凹凸棒石有机合成催化材料

黏土矿物和改性黏土矿物通常用于催化各种类型的有机反应，例如迈克尔加成、烯丙基化、烷基化、酯化、酰化和重排/异构化等[272]。凹凸棒石基催化剂也常用于催化各种化学物质的有机合成、石油化工反应或者生物质的催化转化反应。Liu 等[273]将羧基功能化的凹凸棒石引入 MOFs 材料 HKUST-1 中，得到了新型 MOFs 材料，其具有增强的水热稳定性和催化性能，应用于环氧苯乙烷的开环反应 20 min 内转化率达到 98.9%，显著高于未改性的 HKUST-1(80.97%)(图 9-40)。此外，研究者还开发了一种新的串联脱金属-脱硅策略，通过在 HCl 水溶液处理后加入 NH$_4$F 提高凹凸棒石的孔隙率，从而提升了复合材料的催化活性[274]。经处理后凹凸棒石比表面积从 128 m^2/g 增加到 232 m^2/g，所得催化剂对苄基溴的转化率提高 3.3 倍。

凹凸棒石负载过氧磷钨酸盐可以催化大豆油的无溶剂选择性环氧化，环氧化物的转化率、产率和反应选择性分别可达到 90.69%、79.34%和 87.48%[275]。凹凸棒石负载的 NiCoB 合金催化剂可以通过选择性加氢反应催化糠醛向糠醇的转化，转化率为 91.3%，糠

图 9-40　(a)HKUST-1 和(b)HKUST-1/凹凸棒石杂化材料的制备过程和产物的 SEM 形貌[273]

醇选择性为 82.0%[276]。凹凸棒石基复合催化剂在促进酯化反应方面也表现出优异的性能。使用凹凸棒石负载 $Cu_{0.5}Ni_1Co_1B$ 催化剂进行加氢反应，将乙酰丙酸丁酯转化为 γ-戊内酯，最高转化率为 74.6%[277]。

在催化转化方面，凹凸棒石/$KCaF_3$ 复合物作为通过酯交换反应生产生物柴油的催化剂，实现了 97.9%的高生物柴油产率，在重复使用 10 个循环后，生物柴油的产量仅下降约 7%[278]。同时凹凸棒石还可以增加酶和微生物的活性，进而提高对有机物如粪便的厌氧消化效率[279]。研究表明添加凹凸棒石可使甲烷产率提高 8.9%～37.3%，凹凸棒石增加了 β-葡萄糖苷酶、蛋白酶、脱氢酶和辅酶 F420 和产乙酸细菌的活性，从而加速了水解、产乙酸和产甲烷的速度。

此外，凹凸棒石也是设计催化制氢催化剂的优良载体。采用三种过渡金属(Fe、Co 和 Ni)改性凹凸棒石催化剂微波催化玉米芯的热解，考察了不同过渡金属改性凹凸棒石对催化制氢活性的影响规律[280]。结果显示，当 Ni 负载量占凹凸棒石质量的 10%时，Ni 改性的凹凸棒石催化剂对产氢表现出最有效的催化作用，氢体积浓度可以达到 43%，每千克干基生物质的产氢率达到 36.3 g/kg，且氢气产量随着 Ni 改性的凹凸棒石催化剂用量的增加而增加。Wang 等比较研究用于甘油蒸汽重整制氢的双金属 Ni-M/凹凸棒石催化剂，其中 Ni-Cu/APT 在 700℃时具有最高的 H_2 收率(每摩尔甘油产氢 4.10 mol)，Ni-Zn/APT 由于出色的抗烧结和碳沉积作用，在 30 h 甘油蒸汽重整制氢反应过程中具有最优异的稳定性[281]。Charisiou 等[282]比较研究了镍/凹凸棒石催化剂(Ni/APT)和标准 Ni/Al_2O_3 样品对甘油蒸汽重整制氢反应的催化性能，结果发现凹凸棒石载体增加了催化活性组分的分散性，促使 NiO 还原更容易发生。因此，采用 Ni/APT 催化剂催化反应时，甘油向气态产物的转化率更高，有利于转化为 H_2 和 CO_2，不利于转化为 CO 和 CH_4。此外，凹凸棒石基催化剂也可以用于乙醇重整制氢，Wang 等[283]以具有不同 Ni 含量(表示为 xNi/APT，x = 5%～40%，质量分数)的凹凸棒石为载镍催化剂，通过重整衍生自生物质的乙醇制氢。研究表明 Ni-O-Si/Al 物种在 20Ni/APT 催化剂中的优异平衡使其具有最高的还原度和金属-载体相互作用。因此，在蒸汽重整制氢反应过程中，20Ni/APT 表现出最高的产氢量和乙醇转化率，并且催化稳定性最高。

凹凸棒石负载型催化剂对气相催化反应和催化转化反应也具有非常好的催化效果。已有研究证明，凹凸棒石负载 CuFeCo 催化剂可以有效催化合成气合成混合醇的反应，在高效催化的作用下，CO 的转化率、选择性和总醇收率都有明显的提高[284,285]。除了凹凸棒石本身可以用作催化剂载体以外，凹凸棒石还可以作为硅源和铝源合成分子筛并用作催化剂的载体。Tian 等[286]以凹凸棒石为原料制备了 SAPO-34 分子筛，再将 SAPO-34 分子筛与 CuO-ZnO-Al$_2$O$_3$ 机械混合制备了 CuO-ZnO-Al$_2$O$_3$/SAPO-34 复合催化剂，并将其用于 CO$_2$ 加氢直接合成轻质烯烃。结果表明，在最佳反应条件下 CO$_2$ 的转化率达到 53.5%，轻质烯烃选择性和产率分别达到 62.1%和 33.2%。

凹凸棒石基催化剂在氮转化为氨方面也有广阔应用前景。He 等[287]通过微波水热法成功制备了由凹凸棒石负载增敏剂 Yb^{3+} 和活化剂 Tm^{3+} 共掺杂 LaF$_3$(LaF3：Yb^{3+},Tm^{3+}/凹凸棒石)纳米复合材料。使用该复合材料作为光催化剂进行光催化固氮。研究发现改性的天然凹凸棒石纳米棒晶具有较大的比表面积，有助于固定稀土氟化物纳米颗粒。在太阳光照射下，氨的总量最高可达到 43.2 mg/L，即使在近红外光照射下也可达到 5.7 mg/L。此外，凹凸棒石也可以与其他物质先复合形成复合载体，然后再负载活性催化组分制备多元复合催化剂。Liu 等[288]以葡萄糖为碳源，通过原位自组装方法制备了水热炭改性的 Bi$_2$MoO$_6$@凹凸棒石(Bi$_2$MoO$_6$@C@APT)三元复合材料，考察了 Bi$_2$MoO$_6$@C@APT 复合材料在固氮反应中的光催化活性。结果表明三元复合材料具有更优异的光捕获性能、更大的表面积和有效的载体分离能力，与 Bi$_2$MoO$_6$ 和 Bi$_2$MoO$_6$@APT 相比，Bi$_2$MoO$_6$@C@APT 复合材料在水热炭掺杂后表现出更高的催化性能，N$_2$ 的固着率可以达到 83.09 μmol/(L·h)，比 Bi$_2$MoO$_6$ 光催化剂[31.11 μmol/(L·h)]提高了 2.67 倍。

9.9.3 药物缓释材料

随着全社会物质水平的极大提高，人类越来越重视自身的健康。药物的缓释系统可以有效地将药物输送到目标位点，最大程度地提高药物的疗效，减少副作用，减少给药频率，因此，药物的靶向输送和释放在医学和医疗保健领域扮演者不可替代的作用。天然以及合成的聚合物以其优异的生物可降解性、生物相容性以及药物的长期安全性等已经被广泛地应用在药物释放系统[289]。但是，单一的聚合物在作为药物的载体时，自身的水溶性和可降解性会造成药物的不稳定[290]。凹凸棒石独特的理化性质包括独特的微观形貌、高比表面积、强大的吸附能力、优异的流变性能、低毒性和丰富的表面硅羟基等，不仅能用于延迟、靶向给药，而且能在一定程度上降低药物的溶解性提高药物的稳定性，同时在智能感应外界刺激如 pH、温度、电流和压力等方面具有较好的敏感性[291]。例如，Damasceno 等以凹凸棒石为纳米载体通过表面的硅羟基键合担载异烟肼和利福平，即可实现它们的 pH 响应释放，提高了药物的使用效率[292]。

事实上，单纯用凹凸棒石负载药物时，在介质环境中的突释效应比较明显[293]，但与天然基合成聚合物复合可以明显改善药物突释效应[294]。凹凸棒石与壳聚糖衍生物复合并用于结肠特异性药物 5-氨基水杨酸的释放[295]。在此过程中，壳聚糖在特定的结肠酶存在下可生物降解，凹凸棒石能从 5-氨基水杨酸和壳聚糖之间的相互作用开始控制这种降解性，从而实现负载药物的可控释放。此外，在一定条件下将凸棒石进行酸或者酸热处理，可以使凹凸棒石对双氯芬酸钠的吸附率显著提高[296]。

Ha 等将天然凹凸棒石引入环糊精准聚轮烷体系中，利用凹凸棒石刚性、棒状形貌和孔道结构结构，形成增强的双氯芬酸钠缓释的超分子水凝胶[297]。结果显示，聚乙二醇修饰后凹凸棒石依然保持棒状相貌[图 9-41(a)]；当α-CD 浓度小于 50 mg/mL 时，该体系无法形成超分子水凝胶，其形貌是乙二醇修饰后凹凸棒石和α-CD 形成的片状复合结构[图 9-41(b)]。随着α-CD 浓度逐渐增大，超分子水凝胶开始形成，其内部形貌呈现出典型的疏松多孔的超分子水凝胶结构，并且随着α-CD 浓度增大，其内部呈现规整的 3D 多孔

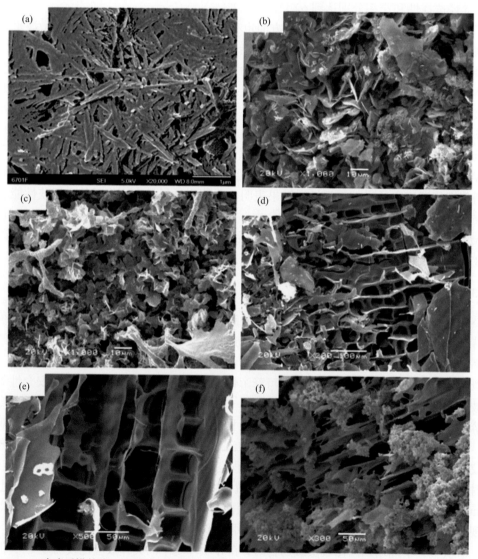

图 9-41　(a)冷冻干燥的聚乙二醇-凹凸棒石复合材料；(b)30 mg/mL α-CD 与聚乙二醇-凹凸棒石制得溶胶；(c)50 mg/mL α-CD 与聚乙二醇-凹凸棒石制得的不稳定水凝胶；(d)～(f)α-CD 与聚乙二醇-凹凸棒石形成的超分子凝胶的 SEM 照片[297]

结构[图 9-41(c)～(f)]。这可能是结合了凹凸棒石较强刚性和环糊精准聚轮烷聚集的诱导作用，促使环糊精准聚轮烷修饰凹凸棒石并在自组装过程中定向排列，从而形成内部结构规整的 3D 超分子水凝胶。

刺激响应性微凝胶已经被广泛研究并应用于诸多领域，由于这些材料的理化性质与活体组织相似，如高含水量、低界面张力等，因此它们具有良好的生物相容性。刺激响应性微凝胶由于可以通过 pH 温度、离子强度、电场等环境刺激诱导凝胶的体积相变来调节药物的释放，在药物递送系统中得到了相当大的关注[298]。与纯生物高分子[299]相比，纳米水凝胶复合材料表现出良好的抗疲劳性能和更好的脉动释放性能，还可消除药物的爆发式释放效应[300]。Yang 等[301,302]选用凹凸棒石与壳聚糖及其衍生物、海藻酸、欧车前胶和瓜尔胶系列天然高分子，采用离子凝胶法制备了一系列具有良好 pH 敏感性的海藻酸钠-g-聚丙烯酸/凹凸棒石(NaAlg-g-PAA/APT)复合水凝胶、欧车前胶-g-聚丙烯酸/凹凸棒石/海藻酸钠(PSY-g-PAA/APT/SA)复合凝胶小球以及瓜尔胶-g-聚丙烯酸/凹凸棒石/海藻酸钠(GG-g-PAA/APT/SA)复合水凝胶珠。并在结构表征和性能研究的基础上，考察了所制备的复合凝胶小球的 pH 敏感性、载药率和药物释放行为。实验证实凹凸棒石的掺入消除了双氯芬酸钠药物的突发性释放作用，控制着药物的释放速率。随着凹凸棒石含量的增加，双氯芬酸钠累积释放量明显降低。凝胶网络中引入凹凸棒黏土改变了复合凝胶溶胀率和药物释放机理，由不规则转运转变为溶胀控释。此外，引入凹凸棒石不仅保持了其生物相容性和无毒性，而且能改善聚合物的网络结构、凝胶强度和热稳定性等。

Wang 等[294,303]通过离子凝胶法和喷雾干燥法制备了一系列 pH 敏感型聚合物/凹凸棒石凝胶小球，并以双氯芬酸钠为模型药物，系统地评价了凝胶球对药物的包封效率和控释行为。此凝胶小球可在模拟肠液中获得缓释，可作为肠道药物载体应用于给药系统。载药凝胶小球中药物的释放速率与凝胶小球的溶胀率有关：溶胀率高，药物释放快；溶胀率低，药物释放慢。同时随着凹凸棒石含量的增加，制得的凝胶小球的溶胀性能逐渐降低。在 pH = 6.8 的介质中，随凹凸棒石含量增加，凝胶小球中双氯芬酸钠的释放机理从无规则扩散转为溶胀控释。在羧甲基纤维素接枝聚丙烯酸/凹凸棒石/海藻酸钠凝胶小球中，加入凹凸棒石可提高羧甲基纤维素基凝胶小球的溶胀率、载药量和累积释放量。

为了实现对药物分子的温度刺激响应控制释放，Li 等合成了凹凸棒石/N-异丙基丙烯酰胺复合水凝胶用于乳酸环丙沙星温度响应释放[304]，结果显示，将复合水凝胶置于 37.0℃的缓冲溶液(pH = 7.38)中时，随着凹凸棒石含量的增加，乳酸环丙沙星的释放速率逐渐增加。在此基础上，通过乳液聚合法将磁性 Fe_3O_4 引入到凹凸棒土石-聚(N-异丙基丙烯酰胺-丙烯酰胺)复合微凝胶中[305]，明显提升了盐酸阿霉素的载药量和累积释放量，同时还赋予微凝胶靶向给药及温度响应控制释放性能。此外，Kong 等[306]以凹凸棒石为改性剂、阿司匹林为药物源，通过原位电化学法制备了一种含阿司匹林的凹凸棒石改性聚吡咯的有机/无机复合材料。结合聚吡咯和凹凸棒石组分协同效应，一方面通过调节不同的电位，聚吡咯可以有效地调控药物的释放，另一方面凹凸棒石可以增加该缓释系统的药物负载能力，从而提高药物的释放效率。该复合材料可以用于植入型药物控制释放系统，并可根据患者的需求量调控药物的释放[306]。

9.9.4　农药缓释材料

农药是现代农业生产不可缺少的，能有效地减少植物病虫害，提高作物产量[307]。但是，传统的农药制剂存在有机溶剂含量高、分散性差、施用量大、有效期限短、残留量高等缺陷，通过喷洒方式与农作物接触后，会通过挥发、雨水冲洗等自然因素排放到土壤、大气等环境中，不仅导致农药利用率低下，而且对生态系统以及人类的生命健康造成潜在的威胁[308]。因此，开发高利用率、低污染的农药施用技术具有重要的意义。近年来，构建环境刺激响应的控制释放农药体系引起了广大科研工作的关注。控制释放农药体系能够减少农药施用量和提升农药的利用率及长效性，同时对杀灭目标害虫、病害可以进行精确调控[309,310]。凹凸棒石具有丰富表面铝/硅羟基、规整的纳米孔道和表面永久负电荷，Sun 等采用高能电子束辐射以及水热过程处理凹凸棒石来提高其分散性并构筑三维纳米网络结构，通过将凹凸棒石三维网络引入农药中提高其对农药的吸附量以及在叶片上的附着力[311]。基于环境刺激响应需求，将凹凸棒石引入农药缓释材料中可以形成更稳定多孔网络结构，同时增加对农药的吸附量，降低合成成本。因此，凹凸棒石被广泛应用于构筑农药控制释放体系。

Wu 等在温度、近红外、pH 等环境因子刺激响应性除草剂的控制释放方面取得了长足的研究进展。首先，以凹凸棒石、NH_4HCO_3、氨基硅油、聚乙烯醇和草甘膦(Gly)为原料，通过造粒和层层包埋法制备了以凹凸棒石-NH_4HCO_3-Gly 混合物为核心、氨基硅油-聚乙烯醇为壳层的核壳温敏性可控释放除草剂颗粒[312]。其中凹凸棒石表面活性羟基和多孔微纳米结构有利于与草甘膦相互作用，增加对草甘膦的吸收量；NH_4HCO_3 作为发泡剂，可以产生 CO_2 和 NH_3 气泡，使氨基硅油-聚乙烯醇外壳产生大量的微/纳米孔道，从而有利于草甘膦的释放；同时疏水性氨基硅油赋予其在水溶液中良好的稳定性，聚乙烯醇壳层在高温下易溶于水溶液，从而易于控制草甘膦的释放。基于上述缓释体系设计，制得核壳温敏性可控释放除草剂颗粒在 25℃水溶液中草甘膦释放率仅为 12%，同时在 25℃、40℃和 50℃的水溶液中 72 h 后，草甘膦释放率分别为 12%、22%和 33%，表现了良好的温度相应行为。

近红外光响应系统可有效提高农药的生物利用率，对人体的毒性可忽略不计，但所用光热剂和热敏性聚合物的成本较高、制备过程复杂，亟需开发一种低成本和简单工艺的近红外光响应农药控释体系。生物炭具有成本低、表面微孔结构丰富、比表面积较大、吸附能力较强、化学稳定性和生物学高等优点，同时对重金属、无机物、有机污染物具有较高的亲和性，已被广泛应用于水净化重金属离子吸附和土壤改良。因此，Liu 等以凹凸棒石、NH_4HCO_3、草甘膦、乙基纤维素和硅油为原料，利用生物炭作为光热光谱分析通过包衣法构筑了近红外响应性控释除草剂颗粒剂(图 9-42)[313]。其中，凹凸棒石以纳米网络结构分布在生物炭孔道结构中并作为 NH_4HCO_3 和草甘膦吸附载体。在近红外光辐照下，由于生物炭的光热效应(光热转效率为 38%)，微胶囊化体系温度大幅升高，从而引发 NH_4HCO_3 分解为 CO_2 和 NH_3 并穿破乙基纤维素和硅油壳层，实现草甘膦的控制释放。在此基础上，Chen 等通过引入光引发剂偶氮苯制备了紫外-可见光(365 nm 和 435 nm)响应性控释除草剂颗粒剂[314]。

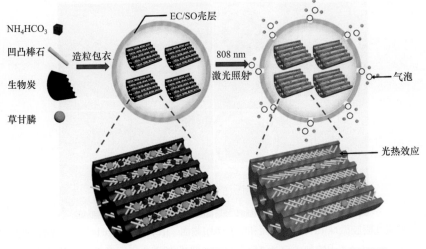

图 9-42　近红外响应性控释除草剂颗粒剂制备过程和机理示意图[313]

　　与温敏性刺激响应控释体系和近红外或紫外-可见光驱动控释体系相比，pH 刺激响应控释体系在农业应用中更为便捷和更易实现。因此，Xiang 等[314]利用由毒死蜱、聚多巴胺、凹凸棒石和海藻酸钠-钙交联米制备了一种 pH 响应性凝胶微球控释毒死蜱。其中，毒死蜱通过与聚多巴胺之间的氢键和静电作用吸附在聚多巴胺修饰凹凸棒石纳米网络结构中，然后与海藻酸钠通过钙离子交联反应形成多孔水凝胶球。基于钙交联海藻酸钠凝胶微球结构的 pH 刺激响应行为(图 9-43)，制得的凝胶微球对毒死蜱表现出良好的 pH 响应型控释性能，在 pH=5.5、7.0 和 8.5 时，毒死蜱的最大释放率分别为 42%、63% 和 100%。此外，该体系能有效保护毒死蜱分子在紫外光下不被降解，同时构建的控释体系对大肠杆菌和大米具有良好的生物相容性和安全性。此外，为了降低具有 pH 响应的缓释农药释放过程中酸碱对对农作物的损害，探究更加绿色的缓释途径，该团队通过简单的海藻酸与钙离子的交联反应结合载有草甘膦的凹凸棒石构筑多孔的水凝胶球，实现了草甘膦的电驱动可控释放[315]。

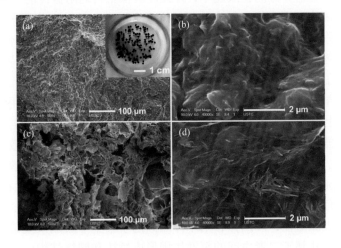

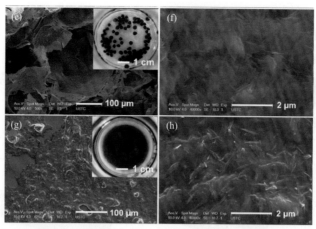

图 9-43　pH 响应性凝胶微球[(a)、(b)]表面和[(c)、(d)]截面、[(e)、(f)]在 pH=5.5 水溶液中释放 24 h 后的
截面、[(g)、(h)]在 pH=8.5 水溶液中释放 24 h 的 SEM 照片(插图为不同条件下凝胶微球的数码照片)[314]

9.9.5　肥料缓释材料

　　肥料作为一种重要的投入原料在作物可持续生产过程中发挥着极其重要的作用。一直以来，化肥作为最重要的农业投入品之一，为保障重要农产品稳定增产做出了不可替代的贡献。但是，长期过量使用化肥也会带来一系列严重的环境和生产问题。长期过量施用化肥容易造成土壤板结、土壤肥力下降，最终导致农作物产量和品质下降，农民收入降低，同时造成严重的环境污染，最终危害人体健康[316,317]。研究表明，缓/控释肥料可以减缓旱地作物因肥料施用过多导致土壤板结的问题，同时可以协调作物养分的供给，有效地减缓养分释放速度，从而减少肥料的施用次数[318]。但是，目前所用缓释材料存在生产成本较高、降解性差、耐盐性差等缺陷。

　　凹凸棒石是一种天然的含水富铝镁硅酸盐黏土矿物，作为基材引入到缓释肥料中可以明显降低生产成本，丰富的矿物元素和良好离子交换能力可为作物提供一定的养分，同时还有利于降低肥料养分的释放速率，并提高缓释肥料的耐盐性能[319-321]。Xie 等从废弃小麦秸秆的资源化利用出发，结合秸秆纤维素含量高，活性官能团丰富的特点以及凹凸棒石优异的吸附性能，构筑了系列具有核壳结构和缓释保水功能的环保型、低成本、可降解的氮肥、氮磷肥和氮硼肥料超强吸附剂，实现不同肥料的可控持续释放，降低了环境污染，提高了作物生长量和土壤肥力[322-324]。

　　尿素因含氮量高、成本低、在水中溶解性好，已成为一种广泛使用的氮肥。尿素可在 5～10 d 内被土壤脲酶水解为一种可被植物吸收的铵盐，但尿素本身及产生的 NH_4^+ 极易通过径流、淋滤、挥发等方式流失到环境中，从而导致了氮素利用效率低和环境污染严重[325,326]。因此，抑制水解、减少损失、增加氮的生物利用率已成为农业和环境领域的关注的焦点。Zhou 等制备了一种具有三维网络结构的腐殖酸钠-凹凸棒石-聚丙烯酰胺复合肥料增效剂，有效控制了氮肥水解和损失，提高了氮肥的利用率[327]。由于凹凸棒石纳米尺度效应和高表面活性，凹凸棒石纳米棒晶倾向于聚集形成晶束或柴垛状聚集体，通过引入聚丙烯酰胺并基于二者之间的氢键作用形成桥接和网络结构，从而有效提升了对腐殖酸钠的负载率(图 9-44)。研究表明,腐殖酸钠的引入对几种氮素吸收相关基因的表达、玉米根系离子通量、作物生长和土壤有机质均有显著的正效应,同时还可以改变土壤微生物群落,增加参与氮代谢、有机质降解、铁循环和光合作用的细菌数量。

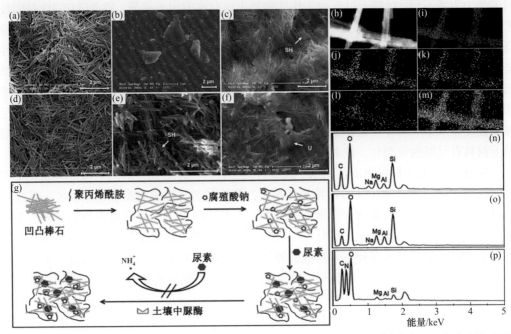

图 9-44　(a)凹凸棒石、(b)腐殖酸、(c)凹凸棒石-腐殖酸、(d)凹凸棒石-聚丙烯酰胺、(e)腐殖酸钠-凹凸棒石-聚丙烯酰胺复合肥料增效剂和(f)尿素含量为 16%的腐殖酸钠-凹凸棒石-聚丙烯酰胺复合肥料增效剂 SEM 照片;(g)复合肥料增效剂的制备示意图;(h)～(m)Si、Mg、Al、Na 元素分布图和[(n)～(p)]凹凸棒石-腐殖酸、复合肥料增效剂及其担载 16%尿素后的 EDS 谱图[327]

此外,Zhou 等通过在传统肥料中添加高能电子束分散凹凸棒石、聚丙烯酸钠、聚丙烯酰胺复合物,制备了一种高性能的水/养分流失控制的复合肥料[328]。凹凸棒石经高能电子束轰击改性后棒晶束更加分散,在水相中会自组装形成三维网络结构,协同聚丙烯酸钠和聚丙烯酰胺可将养分有效地结合并保留在复合材料中,从而有效减少了肥料养分的流失,有效提高了玉米茎秆养分含量,促进玉米生长。

9.9.6　3D 打印建筑材料

3D 打印技术又称为增材制造技术,是一种以数字模型文件为基础,通过自下而上、层层堆积的方式构造物体的技术[329]。3D 打印建筑工艺的理论发展和工程实践都为建筑行业带来巨大的突破。3D 打印技术能够实现空间自由设计、为制造复杂几何造型的建筑提供了可能[330]。同时,还具有减少建筑辅助材料、节省劳动力、加快建筑产品研发周期、丰富建筑工业化的技术途径等优势[329,331]。

目前,3D 打印建筑的材料仍然以混凝土为主要的基础材料。不同于传统混凝土建筑中使用模板辅助浇筑、硬化、成型,混凝土 3D 打印技术没有模板支撑混凝土层,仅通过从可移动喷嘴中挤出胶凝材料,逐层累积叠加来构建结构[330,332]。建筑模板的消除为结构的设计提供了很大的自由度,但同时模板存在时的工作技术要求都将由混凝土的配合料设计及其沉积方式来直接满足[332]。这种工艺差别,以及泵送、挤出、堆积成型过程中材料的受力方式不同,对每个过程的工作性能要求也存在着很大差异,使得适应 3D 打印技术的混凝土材料在性能上的要求更高。主要包括以下方面[333-335]:①可挤出性,即要求混凝土具有适宜的流动性,由于 3D 打印技术需要将材料泵送到喷嘴头进行挤出,故流变性能对打印材料来说尤为重要;②可堆积性,即要求混凝土具有一定的黏聚性,为了使挤出的混凝土不发生流动或坍塌并实现逐层打印的目的,要求混凝土浆体必须有一定的堆积性能;③触变性,即要求混凝土材料快速凝结,层层叠加的施工工艺需要底层获得足够的强度来承载来自下一层的载荷,因此材料的触变性很重要;④可建造性,即要求混凝土材料有足够的可塑性,使其在挤出沉积后保持原有形状,以承受后续层而不塌陷。

3D 打印混凝土材料组成包括水、胶凝材料、骨料、纤维和外加剂。与传统混凝土相比,胶凝材料、骨料和纤维的种类差异不大,但外加剂与传统混凝土相差较大。其胶凝材料通常使用水泥、粉煤灰、矿渣粉、硅灰、石灰石填料等;骨料通常为细骨料,不掺粗骨料;纤维包括玻璃纤维、碳纤维、玄武岩纤维和聚丙烯纤维等;为了满足可打印性的要求,需要同时掺入多种不同功能的外加剂对流变性和水化过程进行控制,主要的外加剂品种包括减水剂、黏度调节剂、触变剂、引气剂、速凝剂和缓凝剂等[332,336]。其中,黏土矿物通常被作为有效的流变改性剂[337]。黏土矿物本身由于其相反的表面电荷而表现出剪切变稀形为(即通过增加剪切速率来降低表观黏度),从而形成可以在静止状态下形成但在剪切作用下分解的卡房结构[338]。它们作为流变改性剂已被广泛地应用于油漆和钻井液等[339]。同时,黏土矿物是亲水性的,这有助于它们掺入混凝土混合物中,但由于其吸水性和絮凝结构也可以使混凝土增稠,并且黏土矿物的聚集行为及其流变性受水合过程中 pH 值的变化而变化[340]。大量研究表明,引入黏土矿物有助于调整混凝土混合物的流变性,以促进挤出、降低自密实混凝土的模板压力和滑模摊铺[341-343]。

在众多黏土矿物中,含水富镁铝黏土矿物凹凸棒石呈现一维纳米棒状晶体形态,并且表面具有丰富的硅醇基团,在水中分散良好。分散在水中纳米棒晶和晶束会自发形成交错相连的网络结构,束缚其中的液体,导致体系增稠。但额外施加剪切力时,网络结构将被破坏,使得液体束缚被解除,此时液体的流动性增加[344]。在实际应用中,添加少量的纳米凹凸棒石对增强混凝土浆液的触变性是十分有效的[345,346]。Kawashima 等[347]发现在剪切诱导破坏后,凹凸棒石改性浆表现出非常快的恢复速度,尤其是在早期。Quanji 等[348]研究表明,添加少量的纳米凹凸棒石(水泥质量的 0.5%~1.0%)显著促进了颗粒的絮凝或结构重建。此外,掺入纳米凹凸棒石能够在持续剪切的作用下减少流动性损失,有效提高混凝土材料的建造性[349],增加浆体的黏结力,显著降低侧向压力[348],有效提高混凝土早期结构构筑速率,加快竖向打印速率[350]。

凹凸棒石除了可以直接用于改变混凝土浆体流变性外,还可以用于改善混凝土材料的水化活性。直接将凹凸棒石掺入水泥砂浆或混凝土中通常活性较低,而煅烧改性后生成大量的活性 SiO_2 和活性 Al_2O_3,具有很高的火山灰性,常温加水后能与 $Ca(OH)_2$ 发生化学反应生成含硅或含铝的水硬性材料,有助于改善水泥砂浆的工作性能和工作强度[351-353]。结果显示，引入煅烧的凹凸棒石后，降低了砂浆分层度，明显改善了保水性能和工作性能[351]，提升了砂浆的抗压强度、黏结强度和抗渗性[352]，降低了水泥浆体孔溶液的 pH 值并减小了孔隙率等[353]。

目前，纳米凹凸棒石在混凝土材料中的应用取得了较好的效果，可以有效改善混凝土的水化活性，调节混凝土的触变性，助力于 3D 打印混凝土的智能制造。但相关研究仍是粗糙的"拿来主义"，缺少对凹凸棒石结构、物理化学特性的认知和利用，未能从材料学的相关视角对微观结构和构效关系进行深入研究。在后续的研究中可以尝试对凹凸棒石进行充分的改性，以提升其与混凝土材料的相容性，可以尝试引入不同长径比的凹凸棒石，探究其对混凝土的改性作用和改性机理等。最后，需要加强学科联动，推动凹凸棒石纳米材料在建筑工程领域的长足发展。

9.9.7　CO_2 捕捉材料

近年来，海洋酸化、海平面上升、冰川消融、高温热浪、极端强降水等气候变化导致极端气候事件频发，对生态环境系统影响日渐深重。据观测显示，我国升温幅度高于全球平均水平，由气候变化造成的直接经济损失是全球平均水平的 7 倍多。这些气候变化现象主要是人类燃烧以煤炭、石油为主的化石能源产生二氧化碳、甲烷等温室气体所致[354,355]。为此，第七十五届联合国大会一般性辩论上，我国提出："中国将提高国家自主贡献力度，采取更加有力的政策和措施，二氧化碳排放力争于 2030 年前达到峰值，努力争取 2060 年前实现碳中和。"因此，研发高性能 CO_2 捕捉材料成为材料、化学、环境等领域研究的热点[356,357]。

凹凸棒石具有纳米规整孔道结构，同时显弱碱性，具有吸附捕捉气相 CO_2 的潜质，但受地质成因和微观结构差异影响，天然凹凸棒石捕捉气相 CO_2 的能力较弱，物理化学技术改性必不可少。Chen 等采用凹凸棒石掺杂石灰石制备钙基吸附剂并用于捕捉气相 CO_2，考察了不同碳化温度、煅烧温度及其碳化和煅烧条件下 CO_2 分压对复合材料循环碳化行为的影响[358]。结果表明：通过掺入凹凸棒石，制得复合材料具有良好的微观结构和较高的 CO_2 捕获能力。在水化过程中，凹凸棒石与煅烧石灰石的最佳掺量为 15%(质量分数)；在相同条件下(在 100% CO_2 气氛下 950℃煅烧、15% CO_2/85% N_2 混合气氛下 700℃碳化)，经过 20 次循环后，该掺杂复合材料对气相 CO_2 的捕集性能比天然石灰石提高了 128%。Wan 等采用水热技术，利用凹凸棒石和 1,3,5-均苯三甲酸为原料制备了金属有机骨架化合物/凹凸棒石复合材料，该复合材料具有良好的热稳定性、晶体结构和八面体几何结构，其表面积可达 1158 m^2/g，对 CO_2 吸附量为 127.88 cm^3/g，比纯的金属有机骨架化合物高 11.27%[359]。

由于液态或固态的有机胺对 CO_2 具有高吸附容量和选择性，被认为应用于工业领域捕捉 CO_2 具有可行性。但在溶剂再生过程中，液态有机胺存在腐蚀设备、挥发性高、能耗大等缺点。为了避免这些缺点，在多孔材料基体上负载液态有机胺是一个可行技术策略[360,361]。Peng 等采用湿浸渍法将三聚氰胺负载到热/酸活化处理的凹凸棒石基体上制备了一种高稳定、可循环利用的 CO_2 捕捉材料[图 9-45(a)][362]。结果显示通过热处理和酸性处理，在保留凹凸棒石棒晶形貌的同时充分暴露活性吸附位点，三聚氰胺分子与暴露位点结合良好，增强了 CO_2 封存的稳定性和循环性。通过考察复合材料对 CO_2 吸附-解吸行为，发现三聚氰胺改性的复合材料在 30℃时的 CO_2 吸附量(4.91 cm^3/g)远远高于纯的三聚氰胺(1.30 cm^3/g)。经过 10 次吸附-解吸循环后，复合材料对 CO_2 吸附容量比第一次循环提高了 5.91%(30℃)和 5.77%(70℃)，这主要归因于三聚氰胺与凹凸棒石基体之间的强烈相互作用。通过密度泛函理论计算表明，三聚氰胺改性凹凸棒石中—H_2N 与 HO—Si 之间的距离预测为 1.67 Å，可以形成较强的相互作用，但—NH_2 和—O—Si 的相互作用较弱(二者之间的距离为 2.76 Å)，两种作用方式都有助于提升三聚氰胺改性凹凸棒石的稳定性。相比之下，脂肪族胺(四乙烯五胺)改性凹凸棒石—CH 与—OH 的距离预测为 2.61 Å，同时—H_2N 与 HO—Si 之间的距离更远 3.02 Å[图 9-45(b)]，脂肪族胺对凹凸棒石改性效果差，对提升凹凸棒石捕捉 CO_2 能力几乎没有贡献。

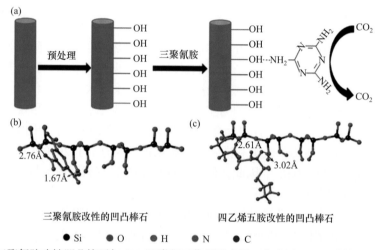

图 9-45　(a)三聚氰胺改性凹凸棒石与 CO_2 吸附相互作用示意图；密度泛函理论计算凹凸棒石基复合材料的空间构型：(b)三聚氰胺改性凹凸棒石和(c)四乙烯五胺改性凹凸棒石[362]

　　除了表面改性之外，结构改造也是提升凹凸棒石捕捉 CO_2 能力的有效手段。Li 等[363]通过浸渍法制备了单乙醇胺改性的凹凸棒石基无定形二氧化硅(α-SiO_2)吸附剂，通过模拟沼气考察该吸附剂对 CO_2 选择性吸附。研究结果表明，在α-SiO_2 的外表面负载单乙醇胺，可改善棒状形貌的分散性。在 60℃下制得的复合吸附剂对 CO_2 最高吸附容量为 2.14 mmol/g。此外，在模拟沼气中经过五次吸附-解吸循环后，在 30℃和 60℃下 CO_2 吸附量仅分别降低了 6.3%和 4.7%，表明该吸附剂具有良好的可再生性和热稳定性。此外，相对于吸附法捕捉 CO_2，以二氧化碳为碳源，将其转化为碳氢化合物替代化石燃料也是实现 CO_2 资源化利用的有效途径[364,365]。Zheng 等[366]通过高温煅烧法制备了纺锤状 CeO_2 修饰的凹凸棒石复合材料，该复合材料作为光催化剂对 CO_2 具有光催化还原效果。在相同条件下，该复合材料光催化还原 CO_2 时，CO 和 CH_4 的产率分别为 309.44 μmol/(g·h)和 184.33 μmol/(g·h)，是纯 CeO_2 的 3 倍左右。这主要归因于引入凹凸棒石可以促进 CeO_2 电子传递和电子空穴的分离效率，同时引入凹凸棒石有效抑制了 CeO_2 纳米粒子的团聚，增加了 CO_2 还原的活性位点。该研究为基于凹凸棒石制备其他高效的 CO_2 还原光催化剂提供了新的思路。但是，基于凹凸棒石等多孔基体材料构筑 CO_2 捕捉材料的研究还处于起步阶段，还需要相关领域科研工作者致力于新型高性能捕捉材料的设计构筑及其产业化关键技术和工艺研究，最终将其用于工业流程生产合成燃料和其他可再生产品，这将有望为实现期待的"净零排放"做出突出贡献。

参 考 文 献

[1] Mohammed M A, Basirun W J, AbdRahman N M M, et al. Chapter 13: Electrochemical applications of nanocellulose. //Thomas S, Pottathara Y B, Eds. Nanocellulose Based Composites for Electronics. Elsevier, 2021: 313-335.

[2] Gao F J, Mu J, Bi Z X, et al. Recent advances of polyaniline composites in anticorrosive coatings: A review. Prog Org Coat, 2021, 151: 106071.

[3] Alarifi I M. Investigation the conductivity of carbon fiber composites focusing on measurement techniques under dynamic and static loads. J Mater Res Technol, 2019, 8(5): 4863-4893.

[4] Kong Y, Yuan J, Wang Z L, et al. Application of expanded graphite/attapulgite composite materials as electrode for treatment of textile wastewater. Appl Clay Sci, 2009, 46(4): 358-362. .

[5] 冯辉霞, 罗梓轩, 鲁华涛, 等. 基于灰色理论盐酸掺杂聚苯胺/凹凸棒石材料导电性能的研究. 应用化工, 2014, 43(5): 805-807, 812.

[6] Wang L, Chen Q, Zuo S X, et al. Synthesis of attapulgite/graphene conductive composite and its application on waterborne coatings. SN Appl Sci, 2019, 1: 288.

[7] Tajik S, Beitollahi H, Nejad F G, et al. Recent developments in conducting polymers: Applications for electrochemistry. RSC Adv, 2020, 10: 37834-37856.

[8] Zuliani C, Curto V F, Matzeu G, et al. Properties and customization of sensor materials for biomedical applications. //Hashmi S, Batalha G F, Tyne C J V, Yilbas B, Eds. Comprehensive Materials Processing. Amsterdam: Elsevier, 2014, 13: 221-243.

[9] Ates M, Karazehira T, Sarac A S. Conducting polymers and their applications. Curr Phys Chem, 2012, 2(3): 224-240.

[10] Babel V, Hiran B L. A review on polyaniline composites: Synthesis, characterization, and applications. Polym Compos, 2021: 1-16.

[11] Baker C O, Huang X W, Nelsonc W, et al. Polyaniline nanofibers: Broadening applications for conducting polymers. Chem Soc Rev, 2017, 46: 1510-1525.

[12] Lin C W, Xue S M, Ji C H, et al. Conducting polyaniline for antifouling ultrafiltration membranes: Solutions and challenges. Nano Lett, 2021, 21(9): 3699-3707.

[13] Liu Y S, Liu P, Su Z X. Core-shell attapulgite@polyaniline composite particles via *in situ* oxidative polymerization. Synth Met, 2007, 157(13-15): 585-591.

[14] 曾永斌, 姚超, 丁永红, 等. 盐酸掺杂聚苯胺/凹凸棒土纳米导电复合材料的研究. 非金属矿, 2008, 31(4): 53-56.

[15] Shao L, Qiu J H, Liu M Z, et al. Preparation and characterization of attapulgite/polyaniline nanofibers via self-assembling and graft polymerization. Chem Eng J, 2010, 161(1-2): 301-307.

[16] Feng H X, Chen J, Tan L, et al. Polyaniline-attapulgite composites based on ionic liquid: Preparation and characterization. Adv Mater Res, 2013, 803: 153-156.

[17] Jain R, Jadon N, Pawaiya A. Polypyrrole based next generation electrochemical sensors and biosensors: A review. TrAC Trend Anal Chem, 2017, 97: 363-373.

[18] Yang C, Liu P. Core-shell attapulgite@polypyrrole composite with well-defined corn cob-like

morphology via self-assembling and *in situ* oxidative polymerization. Synth Met, 2009, 159: 2056-2062.

[19] Feng H X, Wang B, Wang N X, et al. Synthesis and characterization of secondary doped polypyrrole/organic modified attapulgite conductive composites. J Appl Polym Sci, 2015, 132(5): 41407.

[20] Abhat A. Low temperature latent heat thermal energy storage: Heat storage materials. Sol Energy, 1983, 30(4): 313-332.

[21] Tao Y B, He Y L. A review of phase change material and performance enhancement method for latent heat storage system. Renew Sust Energ Rev, 2018, 93: 245-259.

[22] Charalambos N E, Vassilis N S. A comprehensive review of recent advances in materials aspects of phase change materials in thermal energy storage. Energy Procedia, 2019, 161: 385-394.

[23] Qian T, Li J. Octadecane/C-decorated diatomite composite phase change material with enhanced thermal conductivity as aggregate for developing structural–functional integrated cement for thermal energy storage. Energy, 2018, 142: 234-249.

[24] Zhang S, Feng D L, Shi L, et al. A review of phase change heat transfer in shape-stabilized phase change materials (ss-PCMs) based on porous supports for thermal energy storage. Renew Sust Energ Rev, 2021, 135: 110127.

[25] Huang X B, Chen X, Li A. Shape-stabilized phase change materials based on porous supports for thermal energy storage applications. Chem Eng J, 2019, 356: 641-661.

[26] Voronin D V, Ivanov E, Gushchin P, et al. Clay composites for thermal energy storage: A review. Molecules, 2020, 25(7): 1504.

[27] 谢宝珊, 李传常, 张波, 等. 硅酸盐矿物储热特征及其复合相变材料. 硅酸盐学报, 2019, 47(1): 143-152.

[28] Lv P Z, Liu C Z, Rao Z H. Review on clay mineral-based form-stable phase change materials: Preparation, characterization and applications. Renew Sust Energ Rev, 2017, 68: 707-726.

[29] Shi J B, Li M. Synthesis and characterization of polyethylene glycol/modified attapulgite form-stable composite phase change material for thermal energy storage. Sol Energy, 2020, 205: 62-73.

[30] Shi T, Li S S, Zhang H, et al. Preparation of palygorskite-based phase change composites for thermal energy storage and their applications in trombe walls. J Wuhan Univ Technol, Mater Sci Ed, 2017, 32: 1306-1317.

[31] Li M, Wu Z S, Kao H T. Study on preparation, structure and thermal energy storage property of capric-palmitic acid/attapulgite composite phase change materials. Appl Energy, 2011, 88: 3125-3132.

[32] Song S K, Dong L J, Chen S, et al. Stearic-capric acid eutectic/activated-attapulgiate composite as form-stable phase change material for thermal energy storage. Energy Convers Manage, 2014, 81: 306-311.

[33] Zhang J P, Wang Q, Chen H, et al. XRF and nitrogen adsorption of acid activated palygorskite. Clay Miner, 2010, 45: 145-156.

[34] Rusmin R, Sarkar B, Biswas B, et al. Structural, electrokinetic and surface properties of activated palygorskite for environmental application. Appl Clay Sci, 2016, 134: 95-102.

[35] Yang D, Peng F, Zhang H, et al. Preparation of palygorskite paraffin nanocomposite suitable for thermal energy storage. Appl Clay Sci, 2016, 126: 190-196.

[36] Shi J B, Li M. Surface modification effects in phase change material-infiltrated attapulgite. Mater Chem Phys, 2020, 254: 123521.

[37] Liang W D, Chen P S, Sun H X, et al. Innovative spongy attapulgite loaded with *n*-carboxylic acids as composite phase change materials for thermal energy storage. RSC Adv, 2014. 4: 38535-38541.

[38] Zhang T, Zhang T D, Zhang J, et al. Design of stearic acid/graphene oxide-attapulgite aerogel

shape-stabilized phase change materials with excellent thermophysical properties. Renew Energy, 2021, 165: 504-513.

[39] Wang Y, Qin Z Y, Zhang T, et al. Preparation and thermophysical properties of three-dimensional attapulgite based composite phase change materials. J Energy Storage, 2020, 32: 101847.

[40] Wang B, Ruan T T, Chen Y, et al. Graphene-based composites for electrochemical energy storage. Energy Storage Mater, 2020, 24: 22-51.

[41] Zhou G M, Xu L, Hu G W, et al. Nanowires for electrochemical energy storage. Chem Rev, 2019, 119(20): 11042-11109.

[42] Cheng X L, Pan J, Zhao Y, et al. Gel polymer electrolytes for electrochemical energy storage. Adv Energy Mater, 2018, 8(7): 1702184.

[43] Acauan L H, Zhou Y, Kalfon-Cohen E, et al. Multifunctional nanocomposite structural separators for energy storage. Nanoscale, 2019, 11: 21964-21973.

[44] Conway B E. Electrochemical Supercapacitors: Scientific Fundamentals and Technological Applications. New York: Plenum Publishers, 1999.

[45] Poonam, Sharma K, Arora A, et al. Review of supercapacitors: Materials and devices. J Energy Storage, 2019, 21: 801-825.

[46] Lv H Z, Pan Q, Song Y, et al. A Review on nano/microstructured materials constructed by electrochemical technologies for supercapacitors. Nano-Micro Lett, 2020, 12: 118.

[47] Zhang W B, Mu B, Wang A Q, et al. Attapulgite oriented carbon/polyaniline hybrid nanocomposites for electrochemical energy storage. Synth Met, 2014, 192: 87-92.

[48] Feng X, Yan Z, Chen N, et al. Synthesis of a graphene/polyaniline/MCM-41 nanocomposite and its application as a supercapacitor. New J Chem, 2013, 37(7): 2203-2209.

[49] Wang Y G, Li H Q, Xia Y Y. Ordered whiskerlike polyaniline grown on the surface of mesoporous carbon and its electrochemical capacitance performance. Adv Mater, 2006, 18(19): 2619-2623.

[50] Zhang Q, Li Y, Feng Y, et al. Electropolymerization of graphene oxide/polyaniline composite for high-performance supercapacitor. Electrochim Acta, 2013, 90: 95-100.

[51] Si P, Ding S, Lou X W D, et al. An electrochemically formed three-dimensional structure of polypyrrole/graphene nanoplatelets for high-performance supercapacitors. RSC Adv, 2011, 1(7): 1271-1278.

[52] Majumdar D. Review on current progress of MnO_2-based ternary nanocomposites for supercapacitor applications. Chem Electro Chem, 2021, 8(2): 291-336.

[53] Chen S, Zhu J, Wu X, et al. Graphene oxide-MnO_2 nanocomposites for supercapacitors. ACS Nano, 2010, 4(5): 2822-2830.

[54] Yu P, Zhang X, Chen Y, et al. Self-template route to MnO_2 hollow structures for supercapacitors. Mater Lett, 2010, 64(13): 1480-1482.

[55] Chen Y, Zhang Y, Geng D, et al. One-pot synthesis of MnO_2/graphene/carbon nanotube hybrid by chemical method. Carbon, 2011, 49(13): 4434-4442.

[56] Bruce P G, Freunberger S A, Hardwick L J, et al. $Li-O_2$ and Li-S batteries with high energy storage. Nat Mater, 2012, 11, 19-29.

[57] Zhou L, Danilov D L, Eichel R A, et al. Host materials anchoring polysulfides in Li-S batteries reviewed. Adv Energy Mater, 2021, 11(15): 2001304.

[58] Xie Q X, Zheng A R, Xie C, et al. 2016. Graphene functionalized attapulgite/sulfur composite as cathode of lithium-sulfur batteries for energy storage. Micropor Mesopor Mater, 2016, 224: 239-244.

[59] Lan Y, Chen D J. The effects of carbonization conditions on electrochemical performance of

attapulgite-based anode material for lithium-ion batteries. J Mater Sci Mater Electron, 2019, 30(11): 10342-10351.

[60] Lan Y, Chen D J. Fabrication of attapulgite/multi-walled carbon nanotube aerogels as anode material for lithium ion batteries. J Electron Mater, 2020, 49(3): 2058-2065.

[61] Devic T, Lestriez B, Roué L. Silicon electrodes for Li-ion batteries. Addressing the challenges through coordination chemistry. ACS Energy Lett, 2019, 4(2): 550-557.

[62] Vrankovic D, Graczyk-Zajac M, Kalcher C, et al. Highly porous silicon embedded in a ceramic matrix: A stable high-capacity electrode for Li-Ion batteries. ACS Nano, 2017, 11(11): 11409-11416.

[63] Cook J B, Kim H S, Lin T C, et al. Tuning porosity and surface area in mesoporous silicon for application in Li-ion battery electrodes. ACS Appl Mater Interfaces, 2017, 9(22): 19063-19073.

[64] Gao S L, Yang D D, Pan Y Y, et al. From natural material to high-performance silicon based anode: Towards cost-efficient silicon based electrodes in high-performance Li-ion batteries. Electrochim Acta, 2019, 327: 135058.

[65] Chen Q Z, Liu S, Zhu R L, et al. Clay minerals derived nanostructured silicon with various morphology: Controlled synthesis, structural evolution, and enhanced lithium storage properties. J Power Sources, 2018, 405: 61-69.

[66] Sun W H, Sun X G, Akhtar N, et al. Attapulgite nanorods assisted surface engineering for separator to achieve high-performance lithium-sulfur batteries. J Energy Chem, 2020, 48: 364-374.

[67] Yang Y F, Wang W K, Zhang J P. A waterborne superLEphilic and thermostable separator based on natural clay nanorods for high-voltage lithium-ion batteries. Mater Today Energ, 2020, 16: 100420.

[68] Fan P, Liu H, Marosz V, et al. High performance composite polymer electrolytes for lithium-ion batteries. Adv Funct Mater, 2021: 2101380.

[69] Yao P C, Zhu B, Zhai H W, et al. PVDF/palygorskite nanowire composite electrolyte for 4 V rechargeable lithium batteries with high energy density. Nano Lett, 2018, 18(10): 6113-6120.

[70] Meuer S, Fischer K, Mey I, et al. Liquid crystals from polymer-functionalized TiO$_2$ nanorod mesogens. Macromlecules, 2008, 41(21): 7946.

[71] Mortimer R J, Dyer A L, Reynolds J R. Electrochromic organic and polymeric materials for display applications. Displays, 2006, 27(1): 2-18.

[72] Shikinaka K, Shigehara K. Ordered structurization of imogolite clay nanotubes by the spatiotemporal regulation of their assemblies. Colloid Surf A, 2015, 482: 87-91.

[73] Onsager L. The effects of shape on the interaction of colloidal particles. J Mol Interact, 1949, 51: 627-659.

[74] García N, Guzmán J, Benito E, et al. Surface modification of sepiolite in aqueous gels by using methoxysilanes and its impact on the nanofiber dispersion ability. Langmuir, 2011, 27: 3952-3959.

[75] Gale J D, Cheetham A K, Jackson R A, et al. Computing the structure of pillared clays. Adv Mater, 1990, 2(10): 487-490.

[76] Gabriel J C P, Davidson P. New trends in colloidal liquid crystals based on mineral moieties. Adv Mater, 2000, 12(1): 9-20.

[77] Hemmen H, Ringdal N I, Azevedo E N D, et al. The isotropic-nematic interface in suspensions of Na-fluorohectorite synthetic clay. Langmuir, 2009, 25(21): 12507.

[78] Kleshchanok D, Holmqvist P, Meijer J M, et al. Lyotropic smectic B phase formed in suspensions of charged colloidal platelets. J Am Chem Soc, 2012, 1344(13): 5985.

[79] Luo Z, Wang A, Wang C, et al. Liquid crystalline phase behavior and fiber spinning of cellulose/ionic liquid/halloysite nanotubes dispersions. J Mater Chem A, 2014, 2: 7327-7336.

[80] Lvov Y M, Panchal A, Fu Y, et al. Interfacial self-assembly in halloysite nanotube composites. Langmuir, 2019, 35(26): 8646-8657.

[81] Michot L J, Bihannic I, Maddi S, et al. Liquid-crystalline aqueous clay suspensions. Proc Natl Acad Sci, USA, 2006, 103(44): 16101-16104.

[82] Miyamoto N, Iijima H, Ohkubo H, et al. Liquid crystal phases in the aqueous colloids of size-controlled fluorinated layered clay mineral nanosheets. Chem Commun, 2010, 46(23): 4166-4168.

[83] 金慧然, 孙国瀚, 王志辉, 等. 凹凸棒石的均一化分级及液晶相行为. 非金属矿, 2016, 39(6): 1-3.

[84] Zhang J X, Liu J H, Wang Z H, et al. Liquid crystalline behavior, and ionic conductivity of nanocomposite ionogel electrolytes based on attapulgite nanorods. Langmuir, 2020, 36: 9818-9826.

[85] Fu M, Zhang Z. Highly tunable liquid crystalline assemblies of superparamagnetic rod-like attapulgite@Fe$_3$O$_4$ nanocomposite. Mater Lett, 2018, 226: 43-46.

[86] Chu G, Wang X, Chen T, et al. Optically tunable chiral plasmonic guest-host cellulose films weaved with long-range ordered silver nanowires. Appl Mater Inter, 2015, 7: 11863-11870.

[87] Zhang Z X, Duijneveldt J S V. Isotropic-nematic phase transition of nonaqueous suspensions of natural clay rods. J Chem Phys, 2006, 124: 154910.

[88] Paineau E, Dozov I, Philippe A M, et al. Davidson in-situ SAXS study of aqueous clay suspensions submitted to alternating current electric fields. J Phys Chem B, 2012, 116: 13516-13524.

[89] Paineau E, Antonova K, Baravian C, et al. Liquid-crystalline nematic phase in aqueous suspensions of a disk-shaped natural beidellite clay. J Phys Chem B, 2009, 113: 15858-15869.

[90] Wang K, Zhuang R. Ionic liquids of imidazolium salts comprising hexamolybdate cluster: Crystal structures and characterization. Inorg Chim Acta, 2017, 46: 1-7.

[91] Jin H R, Zhou X Y, Zhu Y, et al. Liquid-crystal behavior in Fe(OH)$_3$/palygorskite non-aqueous dispersion. Appl Clay Sci, 2019, 181: 105239.

[92] Shen T, Hong S, Guo J, et al. Deterioration and recovery of electro-optical performance of aqueous graphene-oxide liquid-crystal cells after prolonged storage. Carbon, 2016, 105: 8-13.

[93] Saha P, Majumder T P, Czerwiński M, et al. Optical behaviour of ZnO nanocapsules and their nanocomposites mixed with ferroelectric liquid crystal W-206E. Chin J Phys, 2017, 55: 1447-1452.

[94] Ricca C, Ringuedé A, Cassir M, et al. Mixed lithium-sodium (LiNaCO$_3$) and lithium-potassium (LiKCO$_3$) carbonates for low temperature electrochemical applications: structure, electronic properties and surface reconstruction from abinitio calculations. Surf Sci, 2016, 647: 66-77.

[95] Bai Z M, Yang N, Guo M, et al. Antigorite: Mineralogical characterization and friction performances. Tribol Int, 2016, 101: 115-121.

[96] 亚历山德罗夫·谢尔盖·尼古拉耶维奇, 布佐夫·弗拉基米尔·瓦连京诺维奇, 哈米德夫, 等. 轻武器耐磨枪管的处理方法: 中国专利 CN1288146A, 2001.

[97] 黄海鹏. 几种硅酸盐矿物微粉作为润滑添加剂的摩擦学性能. 北京: 中国地质大学, 2009.

[98] Yang Y, Gu J L, Kang F Y, et al. Surface restoration induced by lubricant additive of natural minerals. Appl Surf Sci, 2007, 253(18): 7549-7553.

[99] Mookherjee M, Stixrude L, Structure and elasticity of serpentine at high pressure. Earth Planet Sci Lett, 2009, 279: 11-19.

[100] Jin Y S, Li S H. Zhang Z Y, et al. In situ mechanochemical reconditioning of worn ferrous surfaces. Tribol Int, 2004, 37(7): 561-567.

[101] Barnesl, Lamarche V C, Himmelberg J G. Geochemical evidence of resent-day serpentinization. Science, 1967, 156: 830-832.

[102] Pogodaev L I, Buynaovskii I A, Kryukov E, et al. The mechanism of interaction between natural laminar

hydrosilicates and friction surfaces. J Mach Manuf Reliab, 2009, 38(5): 476-484.

[103] 余良. 海泡石微纳米粉体制备及其摩擦性能评价. 北京: 中国地质大学, 2019.

[104] 王利民, 许一, 高飞, 等. 凹凸棒石纳米纤维用作润滑油添加剂的摩擦学性能. 粉末冶金材料科学与工程, 2012, 15(5): 657-663.

[105] 王利民, 许一, 高飞, 等. 凹凸棒石黏土作为润滑油添加剂的摩擦学性能. 中国表面工程, 2012, 25(3): 92-97.

[106] 王利民, 徐滨士, 许一, 等. 凹凸棒石黏土润滑油添加剂对钢/钢摩擦副摩擦学性能的影响. 摩擦学学报, 2012, 32(5): 493-499.

[107] 王利民. 纳米凹凸棒石的摩擦学性能及自修复机理研究. 哈尔滨: 哈尔滨工程大学, 2015.

[108] Zhang B, Xu B S, Xu Y, et al. Research on tribological characteristics and worn surface self-repairing performance of nano attapulgite powders used in lubricant oil as addictive. Rare Metal Mat Eng, 2012, 41(S1): 336-340.

[109] 张博, 许一, 李晓英, 等. 纳米凹凸棒石对磨损表面的摩擦改性. 粉末冶金材料科学工程, 2012, 17(4): 514-521.

[110] 张博, 许一, 王建华. 凹凸棒石润滑脂添加剂对 45 号钢的微动磨损及自修复性能研究. 石油炼制与化工, 2014, 45(11): 89-94.

[111] 张博, 许一, 王建华, 等. 非皂基凹凸棒石润滑脂磨损修复机理研究. 摩擦学学报, 2014, 34(6): 697-704.

[112] 张博, 许一, 王建华, 等. 非皂基高温功能润滑脂摩擦学性能. 功能材料, 2014, 45(18): 18072-18077.

[113] 黄海鹏, 王成彪, 岳文, 等. 坡缕石微粉润滑油添加剂对钢/钢摩擦副摩擦学性能的影响及其机理探讨. 摩擦学学报, 2008, 28(6): 534-540.

[114] 南峰, 许一, 高飞, 等. 凹凸棒石粉体作为润滑油添加剂的摩擦学性能. 硅酸盐学报, 2013, 41(6): 836-841.

[115] Nan F, Xu Y, Xu B S, et al. Effect of natural attapulgite powders as lubrication additive on the friction and wear performance of a steel tribo-pair. Appl Surf Sci, 2014, 307: 86-91.

[116] 南峰, 许一, 高飞, 等. 热活化对凹凸棒石润滑材料减摩修复性能的影响. 功能材料, 2014, 45(11): 11018-11022.

[117] 南峰, 许一, 高飞, 等. 热处理对凹凸棒石摩擦学性能的影响. 材料热处理学报, 2014, 35(2): 1-5.

[118] 鞠颖. 甘肃凹凸棒石黏土物相组成与摩擦性能. 北京: 中国地质大学, 2009.

[119] 王李波, 冯大鹏, 刘维民. 几种纳米微粒作为锂基脂添加剂对钢-钢摩擦副摩擦磨损性能的影响研究. 摩擦学学报, 2005, 25(2): 107-110.

[120] 崔鑫鑫. 蒙脱石改性与摩擦性能研究. 北京: 中国地质大学, 2008.

[121] 杨绿, 周元康, 李屹, 等. 纳米坡缕石润滑油添加剂对灰铸铁 HT200 摩擦磨损性能的影响. 材料工程, 2010, (4): 94-98.

[122] 杨玲玲, 于鹤龙, 杨红军, 等. 摩擦试验条件对凹凸棒石黏土润滑油添加剂摩擦学性能的影响. 粉末冶金材料科学与工程, 2015, 20(2): 273-279.

[123] 张保森, 徐滨士, 张博, 等. 纳米凹土纤维对碳钢摩擦副的润滑及原位修复效应. 功能材料, 2014, 45(1): 01044-01048.

[124] 岳文. 硅酸盐矿物微粒润滑油添加剂的摩擦学性能与磨损自修复机理. 北京: 中国地质大学, 2009.

[125] 许一, 徐滨士, 史佩京, 等. 微纳米减摩自修复技术的研究进展及关键问题. 中国表面工程, 2009, 22(2): 7-14.

[126] Chen H Y, Wei H. X, Chen M H, et al. Enhancing the effectiveness of silicone thermal grease by the

addition of functionalized carbon nanotubes. Appl Surf Sci, 2013, 283: 525-531.

[127] Chen H, Jiang J H, Ren T H. Tribological behaviors of some novel dimercaptothiadiazole derivatives containing hydroxyl as multifunctional lubricant additives in biodegradable lithium grease. Ind Lubr Tribol, 2014, 66(1): 51-61.

[128] Jolanta D, Magdalena T. Improvement of the resistance to oxidation of the ecological greases by the additives. J Therm Anal Calorim, 2013, 113: 357-363.

[129] 王雪. 纳米坡缕石/含钼化合物复合润滑油添加剂摩擦学性能研究. 贵州: 贵州大学, 2016.

[130] Wang K P, Wu H C, Wang H D, et al. Tribological properties of novel palygorskite nanoplatelets used as oil-based lubricant additives. Friction, 2021, 9(2): 332-343.

[131] Nan F, Xu Y, Xu B S, et al. Effect of Cu nanoparticles on the tribological performance of attapulgite base grease. Tribol Trans, 2015, 58(6): 1031-1038.

[132] 陈建海, 丁旭, 吴雪梅, 等. 坡缕石载铜复合纳米润滑添加剂的制备及摩擦学性能研究. 润滑与密封, 2011, 36(7): 56-60.

[133] 聂丹, 杨绿, 孙丽华, 等. 载荷对坡缕石载银复合纳米润滑剂自修复性能的影响. 非金属矿, 2011, 34(4): 73-75.

[134] 杜菲, 何林, 管琪明. 偶联剂改性对脱水坡缕石摩擦材料摩擦磨损性能影响. 非金属矿, 2009, 32(5): 75-77.

[135] 何林, 刘勇, 汪羿, 等. 坡缕石摩擦材料摩擦磨损特性的基础研究. 非金属矿, 2007, 3: 61-62.

[136] Nan F, Xu Y, Xu B S, et al. Tribological performance of attapulgite nano-fiber/spherical nano-Ni as lubricant additive. Tribol Lett, 2014, 56(3): 531-541.

[137] Wang Z Y, Xia Y Q, Liu Z L. Comparative study of the tribological properties of ionic liquids as additives of the attapulgite and bentone greases. Lubr Sci, 2012, 24: 174-187.

[138] Uflyand I E, Zhinzhilo V A, Burlakova V E. Metal-containing nanomaterials as lubricant additives: State-of-the-art and future development. Friction, 2019, 7: 93-116.

[139] 金玥. 凹凸棒石/CeO$_2$减摩修复材料制备与摩擦性能研究. 北京: 中国地质大学, 2010.

[140] Nan F, Zhou K H, Liu S A, et al. Tribological properties of attapulgite/La$_2$O$_3$ nanocomposite as lubricant additive for a steel/steel contact. RSC Adv, 2018, 8: 16947-16956.

[141] Chen T D, Xia Y Q, Liu Z L, et al. Preparation and tribological properties of attapulgite-bentonite clay base grease. Ind LubrTribol, 2014, 66(4): 538-544.

[142] 周培钰. 金属磨损自修复材料在铁路内燃机车柴油机上的应用试验. 铁道机车车辆, 2003, 23(5): 13-15.

[143] 国家轴承质量监督检验中心. ART 金属磨损自修复轴承 6205-2RS1X1 寿命试验报告. 2000, 7.

[144] 姬永兴, 林庆善, 吴祖骅. 金属磨损自修复材料在轴承上的应用. 北京: 第十届全国耐磨材料会议论文集, 2003, 10.

[145] Dawson J I, Oreffo R O C. Clay: New opportunities for tissue regeneration and biomaterial design. Adv Mater, 2013, 25: 4069-4086.

[146] Alexa R L, Iovu H, Trica B, et al. Assessment of naturally sourced mineral clays for the 3D printing of biopolymer-based nanocomposite inks. Nanomaterials, 2021, 11(3): 703.

[147] Kundu K, Afshar A, Katti D R, et al. Composite nanoclay-hydroxyapatite-polymer fiber scaffolds for bone tissue engineering manufactured using pressurized gyration. Compos Sci Technol, 2021, 202: 108598.

[148] 王九娜, 赵兴绪, 唐俊杰, 等. 胶原蛋白与黏土混合材料的性能研究. 中国组织工程研究, 2014, 18(47): 7573-7578.

[149] 张晓敏, 王世勇, 李根, 等. Ⅰ型胶原/聚己内酯/凹凸棒石复合支架材料体外诱导成骨的研究. 中

国生物工程杂志, 2016, 36(5): 27-33.

[150] 张晓敏, 宋学文, 王维, 等. 凹凸棒石/Ⅰ型胶原/聚己内酯复合修复兔骨缺损的实验研究. 中国修复重建外科杂志, 2016, 30(5): 626-633.

[151] 任亚辉, 赵兴绪, 秦文, 等. 凹凸棒石/Ⅰ型胶原/聚乙烯醇复合支架材料制备与表征及体外成骨诱导性能研究. 材料导报, 2018, 32(S2): 199-203.

[152] 宁钰, 秦文, 任亚辉, 等. 载淫羊藿苷/凹凸棒石/Ⅰ型胶原/聚己内酯复合支架修复兔胫骨缺损的实验研究. 中国修复重建外科杂志, 2019, 9: 1181-1189.

[153] 黄俊波, 王世勇, 张晓敏, 等. 载柚皮苷复合支架对兔骨软骨缺损修复的实验研究. 中国修复重建外科杂志, 2017, 31(4): 489-496.

[154] 李振珺. 凹凸棒石/羟基磷灰石/胶原/聚己内酯复合支架材料的构建及其成骨性能评价. 兰州: 兰州大学, 2016.

[155] 李振珺, 齐社宁, 赵红斌, 等. 凹凸棒石/羟基磷灰石/聚己内酯/胶原构建的骨修复材料. 中国组织工程研究, 2017, 21(2): 202-208.

[156] Wang Z H, Hui A P, Zhao H B, et al. A novel 3D-bioprinted porous nano attapulgite scaffolds with good performance of bone regeneration. Int J Nanomed, 2020, 15: 6945-6960.

[157] Wang S, Li R Y, Qing Y A, et al. Antibacterial activity of Ag-incorporated zincosilicate zeolite scaffolds fabricated by additive manufacturing. Inorg Chem Comm, 2019, 105: 31-35.

[158] Zhao H B, Tang J J, Zhou D, et al. Electrospun icariin-loaded core-shell collagen, polycaprolactone, hydroxyapatite composite scaffolds for the repair of rabbit tibia bone defects. Int J Nanomed, 2020, 1: 3039-3056.

[159] Al-Saeedi Sameerah I, Al-Kadhi Nada S, Al-Senani Ghadah M, et al. Antibacterial potency, cell viability and morphological implications of copper oxide nanoparticles encapsulated into cellulose acetate nanofibrous scaffolds. Int J Biol Macromol, 2021, 182: 464-471.

[160] 王哲. 凹凸棒石/聚乳酸-羟基乙酸静电纺复合纳米纤维的制备及其生物医学应用研究. 上海: 东华大学, 2015.

[161] Wang Z, Zhao Y L, Luo Y, et al. Attapulgite-doped electrospun poly(lactic-co-glycolic acid) nanofibers enable enhanced osteogenic differentiation of human mesenchymal stem cells. RSC Adv, 2015, 5: 2383-2391.

[162] Du M Z, Li Q, Chen J D, et al. Sodium alginate-assisted route to antimicrobial biopolymer film combined with aminoclay for enhanced mechanical behaviors. Ind Crop Prod, 2019, 135: 271-282.

[163] Wang W B, Wang A Q. Recent progress in dispersion of palygorskite crystal bundles for nanocomposites. Appl Clay Sci, 2016, 119: 18-30.

[164] Yang Y, Ali N, Bilal M, et al. Robust membranes with tunable functionalities for sustainable oil/water separation. J Mol Liq, 2021, 321: 114701.

[165] Goh P S, Ismail A F. A review on inorganic membranes for desalination and wastewater treatment. Desalination, 2018, 434: 60-80.

[166] Zhou S Y, Xue A L, Zhang Y, et al. Preparation of a new ceramic microfiltration membrane with a separation layer of attapulgite nanofibers. Mater Lett, 2015, 143: 27-30.

[167] Ke X B, Zheng Z F, Liu H W, et al. High-flux ceramic membranes with a nanomesh of metal oxide nanofibers. J Phys Chem B, 2008, 112: 5000-5006.

[168] Yang X M, Zhou S Y, Li M S, et al. Purification of cellulase fermentation broth via low cost ceramic microfiltration membranes with nanofibers-like attapulgite separation layers. Sep Purif Technol, 2017, 175: 435-442.

[169] Li M S, Zhou S Y, Xue A L, et al. Fabrication of porous attapulgite hollow fiber membranes for liquid

filtration. Mater Lett, 2015, 161: 132-135.

[170] Zhu Y K, Chen D J. Novel clay-based nanofibrous membranes for effective oil/water emulsion separation. Ceram Int, 2017, 43: 9465-9471.

[171] Zhu Y K, Chen D J. Preparation and characterization of attapulgite-based nanofibrous membranes. Mater Design, 2017, 113: 60-67.

[172] Zhu Y K, Chen D J. Effect of sintering temperature on the structure and properties of attapulgite-based nanofibrous membranes. Mater Sci Forum, 2017, 898: 1929-1934.

[173] Luo Z Q, Fang Q, Xu X Y, et al. Attapulgite nanofibers and graphene oxide composite membrane for high-performance molecular separation. J Colloid Interface Sci, 2019, 545: 276-281.

[174] Zhao X T, Su Y L, Liu Y N, et al. Free-standing graphene oxide-palygorskite nanohybrid membrane for oil/water separation. ACS Appl Mater Inter, 2016, 8: 8247-8256.

[175] Wang C Y, Zeng W J, Jiang T T, et al. Incorporating attapulgite nanorods into graphene oxide nanofiltration membranes for efficient dyes wastewater treatment. Sep Purif Technol, 2019, 214: 21-30.

[176] Liu W, Wang D J, Soomro R A, et al. Ceramic supported attapulgite-graphene oxide composite membrane for efficient removal of heavy metal contamination. J Membr Sci, 2019, 591: 117323.

[177] Ulbricht M. Advanced functional polymer membranes. Polymer, 2006, 47: 2217-2262.

[178] Van der Bruggen B, Mänttäri M, Nyström M. Drawbacks of applying nanofiltration and how to avoid them: A review. Sep Purif Technol, 2008, 63: 251-263.

[179] Madaeni S S, Ghaemi N, Rajabi H. Chapter 1: Advances in polymeric membranes for water treatment. //Basile A, Cassano A, Rastogi N K, Eds. Advances in membrane technologies for water treatment. London: Oxford Woodhead Publishing, 2015, 3-41.

[180] Buruga K, Song H, Shang J, et al. A review on functional polymer-clay based nanocomposite membranes for treatment of water. J Hazard Mater, 2019, 379: 120584.

[181] Wu M Y, Ma T Y, Su Y L, et al. Fabrication of composite nanofiltration membrane by incorporating attapulgite nanorods during interfacial polymerization for high water flux and antifouling property. J Membr Sci, 2017, 544: 79-87.

[182] Wu H Q, Tang B B, Wu P Y. MWNTs/Polyester thin film nanocomposite membrane: An approach to overcome the trade-off effect between permeability and selectivity. J Phys Chem C, 2010, 114: 16395-16400.

[183] Xing R S, Pan F S, Zhao J, et al. Enhancing the permeation selectivity of sodium alginate membrane by incorporating attapulgite nanorods for ethanol dehydration. RSC Adv, 2016, 6: 14381-14392.

[184] Ji J, Zhou S Y, Lai C Y, et al. PVDF/palygorskite composite ultrafiltration membranes with enhanced abrasion resistance and flux. J Membr Sci, 2015, 495: 91-100.

[185] Wei D Y, Zhou S Y, Li M S, et al. PVDF/palygorskite composite ultrafiltration membranes: Effects of nano-clay particles on membrane structure and properties. Appl Clay Sci, 2019, 181: 105171.

[186] Zhang Y L, Zhao J, Chu H Q, et al. Effect of modified attapulgite addition on the performance of a PVDF ultrafiltration membrane. Desalination, 2014, 344: 71-78.

[187] Tian Y, Jin S H, Jin Y T, et al. Preparation of polyvinylidene fluoride/modified attapulgite composite ultrafiltration membrane. Polym Advan Technol, 2020, 31: 2051-2057.

[188] Zhang W B, Zhu Y Z, Liu X, et al. Salt-induced fabrication of superhydrophilic and underwater superoleophobic PAA-g-PVDF membranes for effective separation of oil-in-water emulsions. Angew Chem Int Ed, 2014, 53: 856-860.

[189] Zhang F, Zhang W B, Shi Z, et al. Nanowire-haired inorganic membranes with superhydrophilicity and underwater ultralow adhesive superoleophobicity for high-efficiency oil/water separation. Adv Mater,

2013, 25: 4192-4198.

[190] Li J, Zhao Z H, Shen Y Q, et al. Fabrication of attapulgite coated membranes for effective separation of oil-in-water emulsion in highly acidic, alkaline, and concentrated salty environments. Adv Mater Inter, 2017, 4: 1700364.

[191] Yang Y Y, Liang W D, Wang C J, et al. Fabrication of palygorskite coated membrane for multifunctional oil-in-water emulsions separation. Appl Clay Sci, 2019, 182: 105295.

[192] Zhu J Y, Zhou S Y, Li M S, et al. PVDF mixed matrix ultrafiltration membrane incorporated with deformed rebar-like Fe_3O_4-palygorskite nanocomposites to enhance strength and antifouling properties. J Membr Sci, 2020, 612: 118467.

[193] Wang W Y, Li Y M, Wang W B, et al. Palygorskite/silver nanoparticles incorporated polyamide thin film nanocomposite membranes with enhanced water permeating, antifouling and antimicrobial performance. Chemosphere, 2019, 236: 124396.

[194] Zhang T, Li Z Q, Wang W B, et al. Enhanced antifouling and antimicrobial thin film nanocomposite membranes with incorporation of palygorskite/titanium dioxide hybrid material. J Colloid Interface Sci, 2019, 537: 1-10.

[195] Zhang W, Li M S, Wang J, et al. Heterogeneous poly(ionic liquids) catalyst on nanofiber-like palygorskite supports for biodiesel production. Appl Clay Sci, 2017, 146: 167-175.

[196] Li M S, Zhang W, Zhou S Y, et al. Preparation of poly(vinyl alcohol)/palygorskite-poly(ionic liquids) hybrid catalytic membranes to facilitate esterification. Sep Purif Technol, 2020, 230: 115746.

[197] Wei Y B, Qi H, Gong X, et al. Specially wettable membranes for oil-water separation. Adv Mater Inter, 2018, 5: 1800576.

[198] Yang J, Tang Y C, Xu J Q, et al. Durable superhydrophobic/superoleophilic epoxy/attapulgite nanocomposite coatings for oil/water separation. Surf Coat Technol, 2015, 272: 285-290.

[199] Li J, Yan L, Li H Y, et al. A facile one-step spray-coating process for the fabrication of a superhydrophobic attapulgite coated mesh for use in oil/water separation. RSC Adv, 2015, 5: 53802-53808.

[200] Li J, Yan L, Li H, et al. Underwater superoleophobic palygorskite coated meshes for efficient oil/water separation. J Mater Chem A, 2015, 3: 14696-14702.

[201] Cui M, Mu P, Shen Y Q, et al. Three-dimensional attapulgite with sandwich-like architecture used for multifunctional water remediation. Sep Purif Technol, 2020, 235: 116210.

[202] Zhan H, Zuo T, Tao R J, et al. Robust tunicate cellulose nanocrystal/palygorskite nanorod membranes for multifunctional oil/water emulsion separation. ACS Sustain Chem Eng, 2018, 6: 10833-10840.

[203] Zhu M, Zhang X J, Wang Y G, et al. Novel anion exchange membranes based on quaternized diblock copolystyrene containing a fluorinated hydrophobic block. J Membr Sci, 2018, 554: 264-273.

[204] Cheng J, Yang G, Zhang K, et al. Guanidimidazole-quanternized and cross-linked alkaline polymer electrolyte membrane for fuel cell application. J Membr Sci, 2016, 501: 100-108.

[205] Han J J, Zhu L, Pan J, et al. Elastic long-chain multication cross-linked anion exchange membranes. Macromolecules, 2017, 50: 3323-3332.

[206] Motupally S, Becker A, Weidner J. Diffusion of water in nafion 115 membranes. J Electrochem Soc, 2000, 147.

[207] Xu F, Mu S C, Pan M. Mineral nanofibre reinforced composite polymer electrolyte membranes with enhanced water retention capability in PEM fuel cells. J Membr Sci, 2011, 377: 134-140.

[208] Pan J, Chen C, Li Y, et al. Constructing ionic highway in alkaline polymer electrolytes. Energ Environ Sci, 2014, 7: 354-360.

[209] Luo J J, Liu C J, Song Y H, et al. QPPO/Palygorskite nanocomposite as an anion exchange membrane for alkaline fuel cell. Int J Polym Mater Polym Biomater, 2015, 64: 831-837.

[210] Li Y Y, Li M S, Zhou S Y, et al. Enhancement of hydroxide conductivity by incorporating nanofiber-like palygorskite into quaternized polysulfone as anion exchange membranes. Appl Clay Sci, 2020, 195: 105702.

[211] Bondar V I, Freeman B D, Pinnau I. Gas transport properties of poly(ether-b-amide) segmented block copolymers. J Polym Sci Pol Phys, 2000, 38: 2051-2062.

[212] Wu H, Li X Q, Li Y F, et al. Facilitated transport mixed matrix membranes incorporated with amine functionalized MCM-41 for enhanced gas separation properties. J Membr Sci, 2014, 465: 78-90.

[213] Xiang L, Pan Y C, Zeng G F, et al. Preparation of poly(ether-block-amide)/attapulgite mixed matrix membranes for CO_2/N_2 separation. J Membr Sci, 2016, 500: 66-75.

[214] Xiang L, Pan Y C, Jiang J L, et al. Thin poly(ether-block-amide)/attapulgite composite membranes with improved CO_2 permeance and selectivity for CO_2/N_2 and CO_2/CH_4. Chem Eng Sci, 2017, 160: 236-244.

[215] Zhang F, Zhao P, Niu M, et al. The survey of key technologies in hydrogen energy storage. Int J Hydrogen Energ, 2016, 41: 14535-14552.

[216] Yang J, Sudik A, Wolverton C, et al. High capacity hydrogen storage materials: Attributes for automotive applications and techniques for materials discovery. Chem Soc Rev, 2010, 39: 656-675.

[217] Olabi A G, bahri A S, Abdelghafar A A, et al. Large-vscale hydrogen production and storage technologies: Current status and future directions. Int J Hydrogen Energ, 2020, In press.

[218] 陈思安, 彭恩高, 范晶. 固体储氢材料的研究进展. 船电技术, 2019, 39: 31-35+39.

[219] 张景新, 孟嘉乐, 吕坤键, 等. 我国氢应用发展现状及趋势展望. 新材料产业, 2021: 36-39.

[220] 杨静怡. 储氢材料的研究及其进展. 现代化工, 2019, 39: 51-55.

[221] Yang S J, Jung H, Kim T, et al. Recent advances in hydrogen storage technologies based on nanoporous carbon materials. Prog Nat Sci-Mater, 2012, 22: 631-638.

[222] Langmi H W, Ren J, North B, et al. Hydrogen storage in metal-organic frameworks: A Review. Electrochim Acta, 2014, 128: 368-392.

[223] Tylianakis E, Klontzas E, Froudakis G E. Multi-scale theoretical investigation of hydrogen storage in covalent organic frameworks. Nanoscale, 2011, 3: 856-869.

[224] Wang L, Yang R T. Hydrogen storage properties of low-silica type X zeolites. Ind Eng Chem Res, 2010, 49: 3634-3641.

[225] Germain J, Fréchet J M J, Svec F. Nanoporous polymers for hydrogen storage. Small, 2009, 5: 1098-1111.

[226] Jin J, Zhang Y, Ouyang J, et al. Halloysite nanotubes as hydrogen storage materials. Phys Chem Miner, 2014, 41: 323-331.

[227] Jin J, Fu L, Yang H, et al. Carbon hybridized halloysite nanotubes for high-performance hydrogen storage capacities. Sci Rep, 2015, 5: 12429.

[228] Jin J, Ouyang J, Yang H. Pd Nanoparticles and MOFs synergistically hybridized halloysite nanotubes for hydrogen storage. Nanoscale Res Lett, 2017, 12: 240.

[229] Mondelli C, Bardelli F, Vitillo J G, et al. Hydrogen adsorption and diffusion in synthetic Na-montmorillonites at high pressures and temperature. Int J Hydrogen Energ, 2015, 40: 2698-2709.

[230] Gil A, Trujillano R, Vicente M A, et al. Hydrogen adsorption by microporous materials based on alumina-pillared clays. Int J Hydrogen Energ, 2009, 34: 8611-8615.

[231] Jin J, Zheng C, Yang H. Natural diatomite modified as novel hydrogen storage material. Funct Mater Lett, 2014, 7: 1450027.

[232] Mu S C, Pan M, Yuan R Z. A new concept: Hydrogen storage in minerals. Mater Sci Forum, Trans Tech Publ, 2005, 2441-2444.

[233] Ramos-Castillo C M, Sánchez-Ochoa F, González-Sánchez J, et al. Hydrogen physisorption on palygorskite dehydrated channels: A van der Waals density functional study. Int J Hydrogen Energ, 2019, 44: 21936-21947.

[234] Kapelewski M T, Runčevski T, Tarver J D, et al. Record high hydrogen storage capacity in the metal-organic framework Ni₂(*m*-dobdc) at near-ambient temperatures. Chem Mater, 2018, 30: 8179-8189.

[235] Rostami S, Nakhaei Pour A, Salimi A, et al. Hydrogen adsorption in metal-organic frameworks (MOFs): Effects of adsorbent architecture. Int J Hydrogen Energ, 2018, 43: 7072-7080.

[236] Saha D, Deng S. Enhanced hydrogen adsorption in ordered mesoporous carbon through clathrate formation. Int J Hydrog Energy, 2009, 34: 8583-8588.

[237] Wang W B, Wang. Chapter 2: Palygorskite nanomaterials: Structure, properties, and functional applications. //Wang A Q, Wang W B, Eds. Nanomaterials from Clay Minerals. Amsterdam: Elsevier, 2019, 21-133.

[238] Wang W, Dong W, Tian G, et al. Highly efficient self-template synthesis of porous silica nanorods from natural palygorskite. Powder Technol, 2019, 354: 1-10.

[239] Chen Q, Zhu R, Deng L, et al. One-pot synthesis of novel hierarchically porous and hydrophobic Si/SiO$_x$ composite from natural palygorskite for benzene adsorption. Chem Eng J, 2019, 378: 122131.

[240] Tian G, Wang W, Zong L, et al. A functionalized hybrid silicate adsorbent derived from naturally abundant low-grade palygorskite clay for highly efficient removal of hazardous antibiotics. Chem Eng J, 2016, 293: 376-385.

[241] Jiang J, Wu M, Yang Y, et al. Synthesis and catalytic performance of ZSM-5/MCM-41 composite molecular sieve from palygorskite. Russ J Physi Chem A, 2017, 91: 1883-1889.

[242] 杜卫刚, 周素芹, 陈静, 等. 凹凸棒石黏土在储氢材料中应用探索. 应用化工, 2016, 2: 324-327.

[243] Pushpaletha P, Lalithambika M. Modified attapulgite: An efficient solid acid catalyst for acetylation of alcohols using acetic acid. Appl Clay Sci, 2011, 51(4): 424-430.

[244] Xie A J, Tao Y Y, Jin X, et al. A γ-Fe₂O₃-modified nanoflower-MnO₂/attapulgite catalyst for low temperature SCR of NO$_x$ with NH₃. New J Chem, 2019, 43: 2490-2500.

[245] Yang Q, Wu H, Zhan H, et al. Attapulgite-anchored Pd complex catalyst: A highly active and reusable catalyst for C-C coupling reactions. Reac Kinet Mech Cat, 2020, 129: 283-295.

[246] Zhang T, Dong L Y, Du J H, et al. CuO and CeO₂ assisted Fe₂O₃/attapulgite catalyst for heterogeneous Fenton-like oxidation of methylene blue. RSC Adv, 2020, 10: 23431-23439.

[247] Mu B, Wang A Q. One-pot fabrication of multifunctional superparamagnetic attapulgite/Fe₃O₄/polyaniline nanocomposites served as adsorbent and catalyst support. J Mater Chem A, 2015, 3: 281-289.

[248] Li X Z, Shi H Y, Zhu W, et al. Nanocomposite LaFe₁₋$_x$Ni$_x$O₃/palygorskite catalyst for photo-assisted reduction of NO$_x$: Effect of Ni doping. Appl Catal B-Environ, 2016, 231: 92-100.

[249] Li X Z, Yan X Y, Zuo S X, et al. Construction of LaFe₁₋$_x$Mn$_x$O₃/attapulgite nanocomposite for photo-SCR of NO$_x$ at low temperature. Chem Eng J, 2017, 320: 211-221.

[250] Li X, Shi H, Yan X, et al. Rational construction of direct Z-scheme doped perovskite/palygorskite nanocatalyst for photo-SCR removal of NO: Insight into the effect of Ce incorporation. J Catal, 2019, 369: 190-200.

[251] Li X, Wang Z, Shi H, et al. Full spectrum driven SCR removal of NO over hierarchical CeVO₄/

attapulgite nanocomposite with high resistance to SO₂ and H₂O. J Hazard Mater, 2020, 386: 121977.

[252] Li X Z, Zhang Z S, Yao C, et al. Attapulgite-CeO₂/MoS₂ ternary nanocomposite for photocatalytic oxidative desulfurization. Appl Surf Sci, 2016, 364: 589-596.

[253] Li X Z, Zhu W, Lu X W, et al. Integrated nanostructures of CeO₂/attapulgite/g-C₃N₄ as efficient catalyst for photocatalytic desulfurization: Mechanism, kinetics and influencing factors. Chem Eng J, 2017, 326: 87-98.

[254] Zhou X M, Huang X Y, Xie A J, et al. V₂O₅-decorated Mn-Fe/attapulgite catalyst with high SO₂ tolerance for SCR of NO$_x$ with NH₃ at low temperature. Chem Eng J, 2017, 326: 1074-1085.

[255] Chen C, Cao Y, Liu S, et al. The catalytic properties of Cu modified attapulgite in NH₃-SCO and NH₃-SCR reactions. Appl Surf Sci, 2019, 480: 537-547.

[256] Liu P, Wei G L, He H P, et al. The catalytic oxidation of formaldehyde over palygorskite-supported copper and manganese oxides: Catalytic deactivation and regeneration. Appl Surf Sci, 2019, 464: 287-293.

[257] Li X Z, Ni C Y, Yao C, et al. Development of attapulgite/Ce$_{1-x}$Zr$_x$O₂ nanocomposite as catalyst for the degradation of methylene blue. Appl Catal B: Environ, 2012, 117: 118-124.

[258] Wang W B, Wang F F, Kang Y R, et al. Facile self-assembly of Au nanoparticles on a magnetic attapulgite/Fe₃O₄ composite for fast catalytic decoloration of dye. RSC Adv, 2013, 3(29): 11515-11520.

[259] Dong L, Lin L, Li Q, et al. Enhanced nitrate-nitrogen removal by modified attapulgite-supported nanoscale zero-valent iron treating simulated groundwater. J Environ Manage, 2018, 213: 151-158.

[260] Ding C, Xiao S, Lin Y, et al. Attapulgite-supported nano-Fe₀/peroxymonsulfate for quinclorac removal: Performance, mechanism and degradation pathway. Chem Eng J, 2019, 360: 104-114.

[261] He X, Tang A D, Yang H M, et al. Synthesis and catalytic activity of doped TiO₂-palygorskite composites. Appl Clay Sci, 2011, 53(1): 80-84.

[262] Papoulis D, Komarneni S, Nikolopoulou A, et al. Palygorskite-and halloysite-TiO₂ nanocomposites: Synthesis and photocatalytic activity. App Clay Sci, 2010, 50(1): 118-124.

[263] Chen D M, Du Y, Zhu H L, et al. Synthesis and characterization of a microfibrous TiO₂-CdS/palygorskite nanostructured material with enhanced visible-light photocatalytic activity. Appl Clay Sci, 2014, 87: 285-291.

[264] Yang Y Q, Liu R X, Zhang G K, et al. Preparation and photocatalytic properties of visible light driven Ag-AgCl-TiO₂/palygorskite composite. J Alloys Compd, 2016, 657: 801-808.

[265] Zhang L L, Lv F J, Zhang W G, et al. Photo degradation of methyl orange by attapulgite-SnO₂-TiO₂ nanocomposites. J Hazard Mater, 2009, 171(1-3): 294-300.

[266] Zhang J H, Zhang L L, Zhou S Y, et al. Exceptional visible-light-induced photocatalytic activity of attapulgite-BiOBr-TiO₂ nanocomposites. Appl Clay Sci, 2014, 90: 135-140.

[267] Hadjltaief H B, Zina M B, Galvez M E, et al. Photocatalytic degradation of methyl green dye in aqueous solution over natural clay-supported ZnO-TiO₂ catalysts. J Photoch Photobio A, 2016, 315: 25-33.

[268] He H C, Jiang Z L, He Z L, et al. Photocatalytic activity of attapulgite-TiO₂-Ag₃PO₄ ternary nanocomposite for degradation of Rhodamine B under simulated solar irradiation. Nanoscale Res Lett, 2018, 13(1): 28.

[269] Yang Y Q, Cui J M, Jin H F, et al. A three-dimensional (3D) structured Bi₂WO₆-palygorskite composite and their enhanced visible light photocatalytic property. Sep Purif Technol, 2018, 205: 130-139.

[270] Shi Y Y, Hu Y D, Zhang L, et al. Palygorskite supported BiVO₄ photocatalyst for tetracycline hydrochloride removal. Appl Clay Sci, 2017, 137: 249-258.

[271] Ouyang J, Zhao Z, Suib S L, et al. Degradation of Congo Red dye by a Fe₂O₃@CeO₂-ZrO₂/Palygorskite

composite catalyst: Synergetic effects of Fe₂O₃. J Colloid Interf Sci, 2019, 539: 135-145.

[272] Wang C, Liu H B, Chen T H, et al. Synthesis of palygorskite-supported $Mn_{1-x}Ce_xO_2$ clusters and their performance in catalytic oxidation of formaldehyde. Appl Clay Sci, 2018, 159: 50-59.

[273] Yuan B, Yin X Q, Liu X Q, et al. Enhanced hydrothermal stability and catalytic performance of HKUST-1 by incorporating carboxyl-functionalized attapulgite. ACS Appl Mater Interfaces, 2016: 8(25): 16457-16464.

[274] Li X Y, Zhang D Y, Liu X Q, et al. A tandem demetalization-desilication strategy to enhance the porosity of attapulgite for adsorption and catalysis. Chem Eng Sci, 2016, 141: 184-194.

[275] Zhang H R, Yang H J, Guo H J, et al. Solvent-free selective epoxidation of soybean oil catalyzed by peroxophosphotungstate supported on palygorskite. Appl Clay Sci, 2014, 90: 175-180.

[276] Guo H J, Zhang H R, Zhang L Q, et al. Selective hydrogenation of furfural to furfuryl alcohol over acid-activated attapulgite-supported NiCoB amorphous alloy catalyst. Ind Eng Chem Res, 2018, 57(2): 498-511.

[277] Guo H J, Zhang H R, Chen X F, et al. Catalytic upgrading of biopolyols derived from liquefaction of wheat straw over a high-performance and stable supported amorphous alloy catalyst. Energ Convers Manage, 2018, 156: 130-139.

[278] Li Y, Jiang Y. Preparation of a palygorskite supported KF/CaO catalyst and its application for biodiesel production via transesterification. RSC Adv, 2018, 8(29): 16013-16018.

[279] Liang Y G, Xu L, Bao J, et al. Attapulgite enhances methane production from anaerobic digestion of pig slurry by changing enzyme activities and microbial community. Renew Energ, 2020, 145: 222-232.

[280] Wang X Y, Qin G X, Li C, et al. Hydrogen production from catalytic microwave-assisted pyrolysis of corncob over transition metal (Fe, Co and Ni) modified palygorskite. J Biobased Mater Bio, 2020, 14(1): 126-132.

[281] Wang Y S, Chen M Q, Yang Z L, et al. Bimetallic Ni-M (M= Co, Cu and Zn) supported on attapulgite as catalysts for hydrogen production from glycerol steam reforming. Appl Catal A: Gen, 2018, 550: 214-227.

[282] Charisiou N D, Sebastian V, Hinder S J, et al. Ni catalysts based on attapulgite for hydrogen production through the glycerol steam reforming reaction. Catalysts, 2019, 9(8): 650.

[283] Wang Y S, Wang C S, Chen M Q, et al. Hydrogen production from steam reforming ethanol over Ni/attapulgite catalysts—Part I: Effect of nickel content. Fuel Process Technol, 2019, 192: 227-238.

[284] Guo H J, Zhang H R, Peng F, et al. Effects of Cu/Fe ratio on structure and performance of attapulgite supported CuFeCo-based catalyst for mixed alcohols synthesis from syngas. Appl Catal A: Gen, 2015, 503: 51-61.

[285] Guo H J, Zhang H R, Peng F, et al. Mixed alcohols synthesis from syngas over activated palygorskite supported Cu-Fe-Co based catalysts. Appl Clay Sci, 2015, 111: 83-89.

[286] Tian H F, Yao J H, Zha F, et al. Catalytic activity of SAPO-34 molecular sieves prepared by using palygorskite in the synthesis of light olefins via CO₂ hydrogenation. Appl Clay Sci, 2020, 184: 105392.

[287] He C L, Li X Z, Chen X F, et al. Palygorskite supported rare earth fluoride for photocatalytic nitrogen fixation under full spectrum. Appl Clay Sci, 2020, 184: 105398.

[288] Liu W J, Yin K C, Yuan K, et al. In situ synthesis of Bi₂MoO₆@C@attapulgite photocatalyst for enhanced photocatalytic nitrogen fixation ability under simulated solar irradiation. Colloid Surface A, 2020, 591: 124488.

[289] Amass W, Amass A, Tighe B. A review of biodegradable polymers: Uses, current developments in the synthesis and characterization of biodegradable polyesters, blends of biodegradable polymers and recent

advances in biodegradation studies. Polym Int, 1998, 47: 89-144.

[290] Soppimath K S, Aminabhavi T M, Kulkarni A R, et al. Biodegradable polymeric nanoparticles as drug delivery devices. J Control Release, 2001, 70: 1-20.

[291] Aguzzi C, Cerezo P, Viseras C, et al. Use of clays as drug delivery systems: Possibilities and limitations. Appl Clay Sci, 2007, 36: 22-36.

[292] Damasceno E, de Almeida J M F, Silva I D, et al. pH-Responsive release system of isoniazid using palygorskite as a nanocarrier. J Drug Deliv Sci Tech, 2020, 55: 101399.

[293] 李平, 魏琴, 王爱勤. 凹凸棒石对双氯芬酸钠的吸附作用与应用研究. 中国生化药物杂志, 2006, 27(2): 79-82.

[294] Wang Q, Zhang J P, Wang A Q. Preparation and characterization of a novel pH-sensitive chitosan-g-poly(acrylic acid)/attapulgite/sodium alginate composite hydrogel bead for controlled release of diclofenac sodium. Carbohyd Polym, 2009, 78(4): 731-737.

[295] Santana A C S G V, Sobrinho J L S, Filho E C S, et al. Obtaining the palygorskite: Chitosan composite for modified release of 5-aminosalicylic acid. Mater Sci Eng C, 2017, 73: 245-251.

[296] 汪琴, 王文已, 王爱勤. 酸热处理凹凸棒石黏土对双氯芬酸钠的吸附及体外释放性能研究. 中国矿业, 2008, 17(5): 82-85.

[297] Ha W, Wang Z H, Zhao X B, et al. Reinforced supramolecular hydrogels from attapulgite and cyclodextrin pseudopolyrotaxane for sustained intra-articular drug delivery. Macromol Biosci, 2021, 21: 2000299.

[298] Liu L, Sheardown H. Glucose permeable poly(dimethyl siloxane) poly(N-isopropyl acrylamide) interpenetrating networks as ophthalmic biomaterials. Biomaterials, 2005, 26(3): 233-244.

[299] Liu K H, Liu T Y, Chen S Y, et al. Drug release behavior of chitosan-montmorillonite nanocomposite hydrogels following electrostimulation. Acta Biomater, 2008, 4(4): 1038-1045.

[300] Wang Q, Xie X L, Zhang X W, et al. Preparation and swelling properties of pH sensitive composite hydrogel beads based on chitosan-g-poly(acrylic acid)/vermiculite and sodium alginate for diclofenac controlled release. Int J Bio Macromol, 2010, 46(3): 356-362.

[301] Yang H X, Wang W B, Zhang J P, et al. Preparation, characterization, and drug-release behaviors of a pH-sensitive composite hydrogel bead based on guar gum, attapulgite, and sodium alginate. Int J Polym Mater Polym Biomater, 2012, 62: 369-376.

[302] Yang H X, Wang W B, Wang A Q. A pH-sensitive biopolymer-based superabsorbent nanocomposite from sodium alginate and attapulgite: Synthesis, characterization, and swelling behaviors. J Disper Sci Technol, 2012, 33: 1154-1162.

[303] Wang Q, Wang W B, Wu J, et al. Effect of attapulgite contents on release behaviors of a pH sensitive carboxymethyl cellulose-g-poly(acrylic acid)/attapulgite/sodium alginate composite hydrogel bead containing diclofenac. J Appl Polym Sci, 2012, 124(6): 4424-4432.

[304] Li X M, Zhong H, Li X R, et al. Synthesis of attapulgite/N-isopropylacrylamide and its use in drug release. Mater Sci Eng C, 2014, 45: 170-175.

[305] Li T L, Zhong H, Li X R, et al. Preparation and in vitro experiment of attapulgite-based microgels with magnetic/temperature dual sensitivities. Chinese J Inorg Chem 2021, 37: 180-188.

[306] Kong Y, Ge H N, Xiong J X, et al. Palygorskite polypyrrole nanocomposite: A new platform for electrically tunable drug delivery. Appl Clay Sci, 2014, 99: 119-124.

[307] Duke S O, Powles S B. Mini-review glyphosate: A once-in-a-century herbicide. Pest Manag Sci, 2008, 64: 319-325.

[308] Como F, Carnesecchi E, Volani S, et al. Predicting acute contact toxicity of pesticides in honeybees (Apis

mellifera) through a k-nearest neighbor model. Chemosphere, 2017, 166: 438-444.

[309] 李文明, 秦兴民, 李青阳. 控制释放技术及其在农药中的应用. 农药, 2014, 53(6): 394-398.

[310] 杨晨曦, 李娟, 曹婷婷. 环境响应型控制释放农药技术研究进展. 现代化工, 2020, 40(9): 61-65.

[311] Sun X, Liu Z J, Zhang G L, et al. Reducing the pollution risk of pesticide using nano networks induced by irradiation and hydrothermal treatment. J Environ Sci Health Part B, 2015, 50: 901-907.

[312] Chi Y, Zhang G L, Xiang Y B, et al. Fabrication of a temperature-controlled-release herbicide using a nanocomposite. ACS Sustain Chem Eng, 2017, 5: 4969-4975.

[313] Liu B, Chen C W, Wang R, et al. Near-infrared light-responsively controlled-release herbicide using biochar as a photothermal agent. ACS Sustain Chem Eng, 2019, 7: 14924-14932.

[314] Chen C W, Zhang G L, Dai Z Y, et al. Fabrication of light-responsively controlled-release herbicide using a nanocomposite. Chem Eng J, 2018, 349: 101-110.

[315] Zhang L H, Chen C W, Zhang G L, et al. Electrical-driven release and migration of herbicide using a gel-based nanocomposite. J Agric Food Chem, 2020, 68: 1536-1545.

[316] Chen J, Fan X L, Zhang L D, et al. Research progress in lignin-based slow/controlled release fertilizer. ChemSusChem, 2020, 13(17): 4356-4366.

[317] 刘海林, 林钊沐, 罗微, 等. 控释肥料研究现状、存在问题及对策. 热带农业科学. 2014, 34(5): 33-38.

[318] Ni B L, Liu M Z, Lu S Y. Multifunctional slow-release urea fertilizer from ethylcellulose and superabsorbent coated formulations. Chem Eng J, 2009, 155: 892-898.

[319] Guan Y, Song C, Gan Y, et al. Increased maize yield using slow-release attapulgite-coated fertilizers. Agron Sustain Dev, 2014, 34: 657-665.

[320] Qi X H, Liu M Z, Zhang F, et al. Synthesis and properties of poly(sodium acrylateco-2-acryloylamino-2-methyl-1-propanesulfonic acid)/attapulgite as a salt-resistant superabsorbent composite. Polym Eng Sci, 2009, 49: 182-188.

[321] Techarang J, Cai D Q, Yu L D, et al. Application of advanced nanoclay material as a chemical fertiliser loss control agent for loss control fertiliser development in Thailand. Int J Nanotechnol, 2017, 14: 323-336.

[322] Xie L H, Lu S Y, Liu M Z, et al. Recovery of ammonium onto wheat straw to be reused as a slow-release fertilizer. J Agric Food Chem, 2013, 61: 3382-3388.

[323] Xie L H, Liu M Z, Ni B L, et al. Utilization of wheat straw for the preparation of coated controlled-release fertilizer with the function of water retention. J Agric Food Chem, 2012, 60: 6921-6928.

[324] Xie L H, Liu M Z, Ni B L, et al. Slow-release nitrogen and boron fertilizer from a functional superabsorbent formulation based on wheat straw and attapulgite. Chem Eng J, 2011, 167: 342-348.

[325] Zhang X. Davidson E A, Mauzerall D L, et al. Managing nitrogen for sustainable development. Nature, 2015, 528: 51-59.

[326] Reay D S, Davidson E A, Smith K A, et al. Global agriculture and nitrous oxide emissions. Nat Clim Change, 2012, 2: 410-416.

[327] Zhou L L, Zhao P, Chi Y, et al. Controlling the hydrolysis and loss of nitrogen fertilizer (urea) by using a nanocomposite favors plant growth. Chemsuschem, 2017, 10: 2068-2079.

[328] Zhou L L, Cai D Q, He L, et al. Fabrication of a high-performance fertilizer to control the loss of water and nutrient using micro/nano networks. ACS Sustainable Chem Eng, 2015, 3: 645-653.

[329] 冯鹏, 张汉青, 孟鑫森, 等. 3D 打印技术在工程建设中的应用及前景. 工业建筑, 2019, 49: 154-165+194.

[330] 刘俊力, 任杰, Tran J P. 3D 打印混凝土技术在澳大利亚的最近研究进展. 硅酸盐通报, 2021, 40(6): 1808-1813, 1888.

[331] 孙晓燕, 叶柏兴, 王海龙, 等. 3D 打印混凝土材料与结构增强技术研究进展. 硅酸盐学报, 2021, 49(5): 878-886.

[332] Marchon D, Kawashima S, Bessaies-Bey H, et al. Hydration and rheology control of concrete for digital fabrication: Potential admixtures and cement chemistry. Cement Concrete Res, 2018, 112: 96-110.

[333] 张洪萍. 3D 打印用水泥基活性粉末混凝土制备及性能研究. 太原: 中北大学, 2020.

[334] Malaeb Z, AlSakka F, Hamzeh F. Chapter 6: 3D Concrete Printing: Machine Design, Mix Proportioning, and Mix Comparison Between Different Machine Setups. //Sanjayan J G, Nazari A, Nematollahi B, Eds. 3D Concrete Printing Technology. London: Butterworth-Heinemann, 2019: 115-136.

[335] 常西栋, 李维红, 王乾. 3D 打印混凝土材料及性能测试研究进展. 硅酸盐通报, 2019, 38: 2435-2441.

[336] 刘致远. 3D 打印水泥基材料流变性能调控及力学性能表征. 北京: 中国建筑材料科学研究总院, 2019.

[337] Tregger N A, Pakula M E, Shah S P. Influence of clays on the rheology of cement pastes. Cement Concrete Res, 2010, 40: 384-391.

[338] van Olphen H, Hsu P H. An introduction to clay colloid chemistry. Soil Sci, 1978: 126.

[339] Murray H H. Traditional and new applications for kaolin, smectite, and palygorskite: A general overview. Appl Clay Sci, 2000, 17: 207-221.

[340] Plee D, Lebedenko F, Obrecht F, et al. Microstructure, permeability and rheology of bentonite — Cement slurries. Cement Concrete Res, 1990, 20: 45-61.

[341] Kim J H, Beacraft M, Shah S P. Effect of mineral admixtures on formwork pressure of self-consolidating concrete. Cement Concrete Comp, 2010, 32: 665-671.

[342] Voigt T, Mbele J J, Wang K, et al. Using fly ash, clay, and fibers for simultaneous improvement of concrete green strength and consolidatability for slip-form pavement. J Mater Civil Eng, 2010, 22: 196-206.

[343] Kuder K, Shah S. Rheology of extruded cement-based materials. Aci Mater J, 2007, 104(3): 283-290.

[344] 庄官政. 油基钻井液用有机黏土的制备、结构和性能研究. 北京: 中国地质大学, 2019.

[345] Conte T, Chaouche M. Rheological behavior of cement pastes under large amplitude oscillatory shear. Cement Concrete Res, 2016, 89: 332-344.

[346] Qian Y, Kawashima S. Use of creep recovery protocol to measure static yield stress and structural rebuilding of fresh cement pastes. Cement Concrete Res, 2016, 90: 73-79.

[347] Kawashima S, Chaouche M, Corr D J, et al. Rate of thixotropic rebuilding of cement pastes modified with highly purified attapulgite clays. Cement Concrete Res, 2013, 53: 112-118.

[348] Quanji Z, Lomboy G R, Wang K. Influence of nano-sized highly purified magnesium alumino silicate clay on thixotropic behavior of fresh cement pastes. Constr Build Mater, 2014, 69: 295-300.

[349] Soltan D G, Li V C. A self-reinforced cementitious composite for building-scale 3D printing. Cem Concr Compos, 2018, 90: 1-13.

[350] Reiter L, Wangler T, Roussel N, et al. The role of early age structural build-up in digital fabrication with concrete. Cement Concrete Res, 2018, 112: 86-95.

[351] 沈文忠, 张雄. 改性凹凸棒土砂浆外加剂研究. 新型建筑材料, 2005: 17-19.

[352] 潘钢华, 夏艺, 孙伟, 等. 煅烧凹凸棒石粘土对干拌砂浆性能影响机理的研究. 混凝土, 2006: 17-20, 23.

[353] 邵俊丰. 纳米凹凸棒石粘土对水泥基材料物理力学及耐久性影响研究. 大连: 大连海事大学,

2017.

[354] Li Y, Shang J H, Zhang C, et al. The role of freshwater eutrophication in greenhouse gas emissions: A review. Sci Total Environ, 2021, 768: 144582.

[355] Tian H Q, Lu C Q, Ciais P, et al. The terrestrial biosphere as a net source of greenhouse gases to the atmosphere. Nature, 2016, 531: 225-228.

[356] Kamran U, Park S J. Chemically modified carbonaceous adsorbents for enhanced CO_2 capture: A review. J Clean Prod, 2021, 290: 125776.

[357] Chen C, Zhang S Q, Row K H, et al. Amine-silica composites for CO_2 capture: A short review. J Energ Chem, 2017, 26(5): 868-880.

[358] Chen H C, Zhao C S, Yu W W. Calcium-based sorbent doped with attapulgite for CO_2 capture. Appl Energ, 2013, 112: 67-74.

[359] Wan H, Que Y G, Chen C, et al. Preparation of metal-organic framework/attapulgite hybrid material for CO_2 capture. Mater Lett, 2017, 194: 107-109.

[360] Yang G, Zhou L J. Montmorillonite-catalyzed conversions of carbon dioxide to formic acid: Active site, competitive mechanisms, influence factors and origin of high catalytic efficiency. J Colloid Interf Sci, 2020, 563: 8-16.

[361] Wang J, Wang F, Duan H, et al. Polyvinyl chloride-derived carbon spheres for CO_2 adsorption. ChemSusChem, 2020, 13: 6426-6432.

[362] Peng J T, Sun H W, Wang J, et al. Highly stable and recyclable sequestration of CO_2 using supported melamine on layered-chain clay mineral. ACS Appl Mater Interfaces, 2021, 13(9): 10933-10941.

[363] Li Q, Zhang H, Peng F, et al. Monoethanolamine modified attapulgite-based amorphous silica for the selective adsorption of CO_2 from simulated biogas. Energ Fuel, 2020, 34(2): 2097-2106.

[364] Hare B J, Maiti D, Ramani S, et al. Thermochemical conversion of carbon dioxide by reverse water-gas shift chemical looping using supported perovskite oxides. Catal Today, 2019, 323: 225-232.

[365] Rao K R, Pishgar S, Strain J, et al. Photoelectrochemical reduction of CO_2 to HCOOH on silicon photocathodes with reduced SnO_2 porous nanowire catalysts. J Mater Chem A, 2018, 6: 1736-1742.

[366] Zheng J, Zhu Z, Gao G, et al. Construction of spindle structured CeO_2 modified with rod-like attapulgite as a high-performance photocatalyst for CO_2 reduction. Catal Sci Technol, 2019, 14: 3788-3799.

第 10 章　混维凹凸棒石黏土构筑功能材料

10.1　引　　言

凹凸棒石是一种由 2∶1 型层链状硅酸盐结构单元(称为带)组成的天然一维纳米级含水富镁铝硅酸盐矿物，其中每个"带"由两个连续的四面体层和一个不连续八面体层组成，相邻"带"中的 SiO_4 四面体顶点呈周期性反向排列，并通过 Si—O—Si 键相互连接，形成沿 c 轴延伸的类似沸石的纳米通道(0.37 nm × 0.64 nm)[1-4]。在形成过程中由于类质同晶取代现象，凹凸棒石的八面体阳离子可被二价或三价阳离子部分取代，使其凹凸棒石具有永久性负电荷和可交换的阳离子[5]，从而表现出优异的吸附性能。凹凸棒石还具有独特的纳米棒晶形态、活性表面基团和纳米孔状结构。因此，不仅可以利用棒晶特性构筑纳米功能复合材料，还可以利用孔道和表面基团特性制备功能复合材料，在纳米复合材料[6-8]、光学材料[9]、隔热材料[10]、催化材料[11-13]、吸附材料[14,15]和油品脱色[16]等多个领域得到了广泛应用。

我国天然凹凸棒石黏土矿产资源储量极为丰富，主要分布在安徽明光、江苏盱眙、甘肃临泽和内蒙古杭锦旗等地区。其中，甘肃临泽地区凹凸棒石黏土矿物主要形成于第三纪的沉积型成矿层，是典型的海洋、环礁湖和湖泊沉积成因矿物，由于成矿过程中普遍存在同晶取代，其他金属离子如 Fe^{3+}、Al^{3+} 部分置换 Mg^{2+} 占据八面体位点[17,18]。Fe^{3+} 离子进入晶格骨架，使凹凸棒石黏土大多呈现砖红色[19-21]，同时湖相沉积凹凸棒石黏土矿物通常伴生有石英、绿泥石、伊利石、白云石和高岭石等[22,23]。伴生矿的存在不仅影响黏土沉积物中凹凸棒石的含量，而且会限制棒晶的发育，所以凹凸棒石棒晶相对较短，直径相对较大。鉴于黏土矿中一维凹凸棒石含量大多不超过 50%，同时伴生着不同含量的二维黏土矿物，我们将湖相沉积凹凸棒石矿统称为混维凹凸棒石黏土。

目前国内针对混维凹凸棒石黏土矿物的研究报道相对较少。一方面，混维凹凸棒石黏土大多呈现砖红色，规模化工业应用首先需要转白处理；另一方面，伴生矿物成分相对复杂，产业常规处理方法很难大幅度提升使用性能。所以，目前混维凹凸棒石黏土主要是利用矿物本身含有微量元素的特性，开发用于农业的土壤改良剂、生态固沙剂和肥料载体等产品。已有研究表明，在草莓品种京藏香栽培基质中，分别添加基质质量 20%、15%、10% 和 5% 的凹凸棒石黏土，发现基质铵态氮、硝态氮、有效磷、速效钾含量随凹凸棒石黏土添加显著高于对照。凹凸棒石黏土添加量为 20% 时，草莓中维生素 C(VC)含量和单果重显著高于对照处理，增产 11.97%[24]。陶玲等[25]研究了蓝藻结皮在不同比例凹凸棒石黏土基高分子固沙材料中的生长状态和生理特性，发现蓝藻结皮与经 4 mol/L 硫酸改性后的凹凸棒石黏土基高分子固沙材料以 1∶3 质量比配比生长情况最佳。此外，凹凸棒石黏土中药材种植中也得到了很好应用[26]。

混维凹凸棒石黏土矿物还常用作重金属、染料、磷酸根、氨氮和霉菌毒素等污染物的吸附去除[27]。任珺等[28]研究了不同温度和时间条件下，煅烧凹凸棒石黏土对土壤中 Cu 和 Zn 重金属的钝化效果，结果表明，当煅烧温度为 350℃和 400℃时，凹凸棒石黏土的钝化容量提高最显著。凹凸棒石黏土在 400℃下煅烧 1.0～1.5 h 时对土壤中 Cu 和 Zn 的钝化容量最大，能显著降低玉米植株中重金属 Cu 和 Zn 的富集量，与对照组相比分别减少了 34.76%和 57.56%。该课题组还以甘肃靖远、天水、临泽、西和和会宁 5 个地区的凹凸棒石黏土对 Cd 污染土壤进行钝化修复研究[29]，发现甘肃地区凹凸棒石黏土作钝化剂可改善 Cd 污染土壤的理化性质，增加污染土壤中 Cd 的残渣态含量，降低 Cd 的生物有效性。临泽和会宁凹凸棒石黏土作钝化剂，玉米地上和地下部分 Cd 最小富集量分别为 0.18 mg/kg 和 0.52 mg/kg。陈馨等[30]研究结果表明，混合施凹凸棒石黏土粉(3000 kg/hm^2) 和土壤修复调理剂 LC-L01(1500 kg/hm^2)，苦荞产量较不施添加剂提高 36.65%，苦荞籽粒中 Zn、Cd、Pb 的吸收量分别较不施添加剂降低 20.78%、57.89%、48.66%。陈振虎等[31]研究发现，施加凹凸棒石黏土粉 3000 kg/hm^2 复配纳米超微功能材料 3000 kg/hm^2 时，土壤中重金属的有效态降低幅度最大，对重金属的钝化效果明显，Pb 的降低率达到了 50.0%。

混维凹凸棒石黏土对染料分子也具有较强的吸附性能。张媛等[32]用不同质量分数的 HCl、H$_2$SO$_4$ 和 H$_3$PO$_4$ 酸活化处理甘肃会宁凹凸棒石黏土，发现酸活化后具有更高的亚甲基蓝吸附量，其中 15% HCl 酸活化处理凹凸棒石黏土的吸附量达到 89.48 mg/g。刘宇航等[33]采用酸、碱、高温等方法对甘肃临泽凹凸棒石黏土进行了活化处理。结果表明，用 15% HCl 水溶液、2 mol/L NaOH 溶液、350℃高温活化的甘肃临泽凹凸棒石黏土对亚甲基蓝的吸附率分别达到 89.62%、85.34%和 81.32%，而凹凸棒石黏土原矿的吸附率仅有 58.65%。Zhang 等[22]对比研究了甘肃混维凹凸棒石黏土、安徽明光凹凸棒石和江苏盱眙凹凸棒石对亚甲基蓝的吸附性能，发现它们对亚甲基蓝的吸附容量分别达到 98.34 mg/g、77.92 mg/g 和 158.03 mg/g。该研究结果说明，棒晶发育较好的安徽明光凹凸棒石吸附能力弱，但甘肃混维凹凸棒石黏土的吸附性能也无法与具有二八面体的江苏盱眙凹凸棒石相媲美。

王青宁等[34]采用甘肃临泽凹凸棒石黏土和硝酸铁活性剂为原料制备了汽油脱色剂并评价了对精制前 FCC 汽油的脱色性能。结果表明，焙烧温度 600℃、硫酸质量分数 6%、活性剂质量分数 4%条件下，凹凸棒石黏土脱色剂性能最好，能够使 FCC 汽油的一次脱色率达到 96.94%；当油/脱色剂质量比为 25 时，脱色率达到 80.06%。刘辉等[35]通过浸渍法制备改性凹凸棒石黏土汽油脱硫剂时，发现在硫酸浓度为 2 mol/L 和热改性温度为 90℃时得到酸化凹凸棒石黏土，在固液比为 0.1 g/mL 时可以将汽油中硫含量从 280 μg/g 降到 54.43 μg/g，脱硫率达到 80.56%。刘芳等[36]以凹凸棒石黏土和 Fe(NO$_3$)$_3$ 为原料制备了油品脱色剂，在最佳制备工艺条件下，对 0#柴油的脱色率为 98.6%。

以天然混维凹凸棒石黏土为载体制备用于催化转化的催化剂，也表现出非常优异的催化性能。李靖等[37]合成了 Au 负载 3Ni-Al 类水滑石(LDH)/酸化杭锦 2#土复合催化剂，当 Ni-Al LDH 复合量 15%和 Au 负载量 3%时，负载 Au 催化剂性能最佳。混维凹凸棒石黏土对霉菌毒素也有较好的吸附效果。张珊等[38]研究了凹凸棒石黏土对梨果汁中棒曲霉素的吸附作用，发现当凹凸棒石黏土添加量为 4.15 g/L、吸附温度为 40℃时，吸附 24 h 对棒曲霉素的吸附率为 70.57%。

近年来，针对混维凹凸棒石黏土研究取得了一定进展，但研究工作更多关注了凹凸棒石的传统应用，对制约产业发展的杂色混维凹凸棒石黏土矿物的去色转白和伴生矿物转化等关键共性技术研究相对较少。作者团队从 2000 年开始研究甘肃临泽和会宁等地区的凹凸棒石黏土，针对黏土矿物的结构、组成、理化性质及其作为无机组分制备复合材料方面开展了系统研究[39,40]，也开展了甘肃凹凸棒石黏土、安徽明光凹凸棒石和江苏盱眙凹凸棒石理化性能和微观结构的对比研究。在长期的研究过程中发现，人们过多关注了甘肃凹凸棒石黏土中凹凸棒石的含量多少，而忽视了二维伴生矿物的有效利用。事实上，甘肃混维凹凸棒石黏土兼具一维和二维纳米材料的优势和特性。为此，近年来，作者团队围绕混维凹凸棒石黏土的结构调控、转白和伴生矿转化开展了系统的研究工作，探索了混维凹凸棒石黏土在功能复合材料中应用的新途径。

10.2　混维凹凸棒石黏土转白

天然混维凹凸棒石黏土的矿物组成复杂，颜色多呈砖红色、灰绿色和土黄色等。研究结果表明，常规提纯和表面改性等方法虽然已经广泛用于高纯度凹凸棒石加工，但却无法满足混维凹凸棒石黏土高值利用的需求，制约了工业领域规模化应用。为了拓展混维凹凸棒石黏土在功能复合材料领域的应用，必须解决两个问题：一是将杂色混维凹凸棒石黏土中变价金属离子去除，实现黏土矿物色泽转变为白色；另一个是充分利用伴生矿物属性，挖掘混维黏土矿物的功能特点。酸活化处理可以除去混维凹凸棒石黏土中的碳酸盐和氧化物等，常用于改变凹凸棒石的表面性质，增强表面 Si—OH 基团的活性，进而提高其应用性能[41,42]。酸溶蚀处理是一种除去混维凹凸棒石黏土中伴生的铁氧化物和八面体层中致色金属离子的简单、有效方法[43]。经过酸溶蚀处理后，混维凹凸棒石黏土中伴生的赤铁矿等溶解，总铁含量显著降低，表观颜色可从砖红色转变为白色。然而，目前关于混维凹凸棒石黏土酸处理工艺存在的突出问题是：要高效溶出混维凹凸棒石黏土中的致色金属离子，需要用浓度较高的酸溶液进行溶蚀；但高浓度酸溶液进行溶蚀处理时，会导致凹凸棒石棒晶溶蚀严重，失去一维纳米材料的特性和优势。

随着高质量凹凸棒石矿产资源的不断减少，如何利用好自然界中储量更大的混维凹凸棒石黏土成为未来的必然趋势。近年来，随着凹凸棒石在功能材料中的应用越来越受到关注，酸活化黏土矿物在功能材料领域的应用展现出广阔前景[44]，这为拓展混维凹凸棒石黏土的应用提供了新途径。为此，作者团队围绕砖红色凹凸棒石黏土致色金属离子溶出及其颜色转白开展了研究，旨在不损伤凹凸棒石棒晶长径比和其他伴生矿物属性的前提下，实现砖红色凹凸棒石黏土转白。

10.2.1　水热过程转白

凹凸棒石的八面体位点可以被 Mg^{2+}、Al^{3+}、Fe^{3+} 或 Fe^{2+} 占据[18,45-47]。八面体的边缘位

置(M3 位置)通常被 Mg^{2+} 占据，中间位置(M2 位置)通常被 Al^{3+} 或 Fe^{3+}/Fe^{2+} 占据，内部(M1 位置)被 Mg^{2+} 占据或空置[48]。不同地区和矿点天然凹凸棒石的化学成分、结构和理化性质存在很大差异。化学成分分析表明，甘肃凹凸棒石黏土、安徽明光凹凸棒石和江苏盱眙凹凸棒石矿中都含有铁离子，以 Fe_2O_3 计含量没有本质差别，只是湖相沉积的甘肃混维凹凸棒石黏土八面体中更多以 Fe^{3+} 存在，矿物颜色多呈砖红色。

Fe^{3+} 存在于混维凹凸棒石黏土八面体结构中，很难通过常规处理方法去除或还原。作者首先探索了在水、尿素和硫脲溶液中水热过程对砖红色混维凹凸棒石结构的影响。结果发现，在纯净水和尿素溶液中进行水热处理后，砖红色混维凹凸棒石不变色，而在硫脲溶液中处理后变为灰白色[49]。图 10-1 是砖红色混维凹凸棒石(RAPT)、水溶液(WAPT)、尿素溶液(UAPT)和硫脲溶液(TUAPT)经水热处理后样品的 XRD 图谱。在 $2\theta = 8.47°[d = 1.0441\ nm$，(110)晶面]、$13.62°[d = 0.6496\ nm$，(200)晶面]、$2\theta = 19.80°[d = 0.4480\ nm$，(040)晶面]和 $2\theta = 35.01°[d = 0.2561\ nm$，(400)晶面][50]出现特征峰，表明在 RAPT 中存在凹凸棒石晶相。在 RAPT 中 $2\theta = 8.86°$ 和 $2\theta = 17.99°$ 处的衍射峰可归属于白云母(002)和(004)晶面的特征衍射(JCPDS No. 06-0263)[51, 52]；在 $2\theta = 6.22°$ 和 $2\theta = 12.4°$ 处的衍射峰可归属于绿泥石(JCPDS No. 83-1381)[53]；在 $2\theta = 27.96°$ 处的衍射峰可归属于长石(JCPDS No. 76-0803)[22]；在 $2\theta = 20.8°$、$26.6°$、$50.1°$ 和 $59.9°$ 处的强衍射峰归属于石英(JCPDS No. 5-490)。经 UAPT 和 TUAPT 溶液水热处理后，这些特征峰没有明显变化，这表明在该条件下对矿物成分没有本质影响。

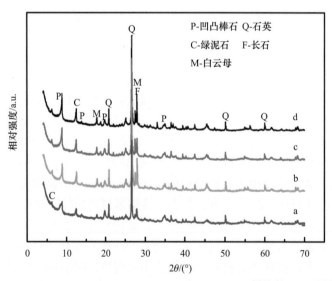

图 10-1 (a)RAPT、(b)WAPT、(c)UAPT 和(d)TUAPT 样品的 XRD 图谱[49]

图 10-2 是 RAPT、WAPT、UAPT 和 TUAPT 样品的 SEM 照片。在 RAPT 的 SEM 图中可以观察到长度不均匀的凹凸棒石纳米棒晶[图 10-2(a)]，与片状或颗粒状物质伴生在一起形成聚集体。其中片状物质主要是伴生的白云母和长石矿物[54]。颗粒状物质主要是石英和长石，这些矿物仍然出现在 WAPT、UAPT 和 TUAPT 的 SEM 图中，表明硫脲和尿素溶液水热处理后伴生的白云母、长石和石英等矿物没有发生变化。碱性条件下棒晶

存在溶蚀现象，所以经尿素溶液水热处理后凹凸棒石棒晶变短[图 10-2(c)]。经硫脲溶液水热处理后，样品中仍能观察到长度均匀且分散性较好的凹凸棒石棒晶。

图 10-2　(a)RAPT、(b)WAPT、(c)UAPT 和(d)TUAPT 样品的 SEM 图片[49]

由于在硫脲溶液中水热处理后变为灰白色，重点对比分析了 RAPT 和 TUAPT 样品的 ^{29}Si 和 ^{27}Al MAS NMR 谱图(图 10-3)。在 94.05 ppm(对于 RAPT)和 93.75 ppm(对于 TUAPT)的共振信号峰归属于层链结构单元边缘附近或边缘的 Si 原子[55]。在 107.67 ppm(对于 RAPT)和 107.77 ppm(对于 TUAPT)的尖锐伴随微小峰可归因于石英中 Q4 排列的非晶硅[56,57]。由此可见，TUAPT 中键合四配位硅 $Q_4(Si_4—Si)$ 的化学位移没有明显变化，说明水热处理没有影响 SiO_4 四面体的晶体结构。在 4.07 ppm 处相对较尖的峰对应于八面体 Al[58]，在 RAPT 的 NMR 谱图中观察到 59.84 ppm 和 70.49 ppm 处弱峰，对应于四面体协同 Al[48]。在硫脲溶液中进行水热处理后，在 RAPT 中 4.07 ppm 处的化学位移移至 3.58 ppm，这表明八面体 Al 的化学环境发生了轻微变化。TUAPT 在 59.84 ppm 处的化学位移变为 59.47 ppm，这意味着四面体 Al 的共振稍有变化。这些结果表明，经硫脲溶液水热过程后 Si—O 和 Al—O 基团略有变化，这与凹凸棒石中 Fe^{2+} 和 Fe^{3+} 的变化有关[56]。但即使如此，凹凸棒石整体晶体结构没有受各种配位 Al 微小变化的影响。

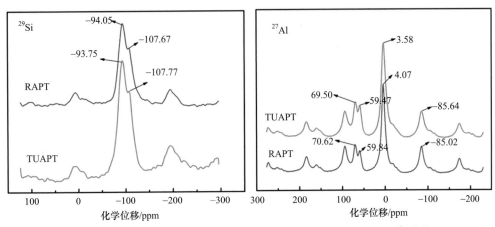

图 10-3　RAPT 和 TUAPT 的 ^{29}Si MAS NMR 和 ^{27}Al MAS NMR 谱图[49]

图 10-4 给出了在 77 K 以下温度下测定的 RAPT 和 TUAPT 的穆斯堡尔谱。从图 10-4(a)可以看出，RAPT 样品表现出具有四极分裂的顺磁双峰态(QS)穆斯堡尔谱的六重核磁光谱，归因于赤铁矿(α-Fe_2O_3)，IS = (0.47±0.01) mm/s，QS = (0.17±0.02) mm/s[59]。赤铁矿具有更强的磁场，值为(52.77±0.07) kOe。然而，超顺磁性赤铁矿(α-Fe_2O_3)在硫脲溶液进行水热处理后消失，同时砖红色的凹凸棒石变成灰白色。已有实验表明，在酸性条件下，

可以去除与凹凸棒石共存的赤铁矿(α-Fe$_2$O$_3$)，但几乎不影响凹凸棒石晶体结构中的 Fe^{3+}。因此，RAPT 的砖红色是由伴生的赤铁矿和凹凸棒石晶体结构中的 Fe^{3+}共同产生的。如图 10-4 所示，可以看出对称的双峰伴随异构体位移[IS = (0.33±0.01) mm/s 和(0.37±0.00) mm/s]和四极分裂[QS = (0.89±0.01) mm/s 和(0.62±0.01) mm/s]为八面体中的高自旋 Fe^{3+}，而 IS = (1.44±0.03) mm/s 和(1.20±0.01) mm/s，QS =(2.44±0.01) mm/s 和(2.83±0.01) mm/s 为 Fe^{2+}[59]，证实 RAPT 和 TUAPT 中存在 Fe^{2+}[60]。研究表明，Fe^{3+}和 Fe^{2+}的面积比对于 RAPT 分别为 43.5%和 20.3%，对于 TUAPT 分别为 72.1%和 27.9%。此外，化学位移和四极分裂不仅对氧化态和电子构型敏感，而且对配位数和位点畸变也敏感[61]。RAPT 的 Fe^{2+}[IS = (1.44±0.01) mm/s)和 TUAPT 的(1.20±0.01) mm/s]的不同异构体位移与原子核的 S 电子密度有关。异构体位移越高，原子核的 S 电子密度越低，这导致 Fe—O 键长越长[62]。与 RAPT 相比，TUAPT 的结构略有变形。根据异构体位移和四极分裂，Fe^{3+}或 Fe^{2+}被指定为具有六个配位的 Fe。

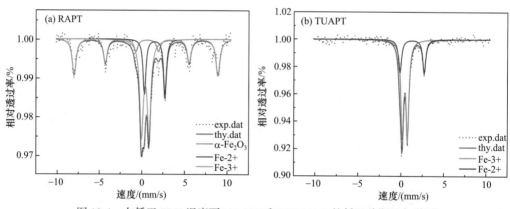

图 10-4　在低于 77 K 温度下(a)RAPT 和(b)TUAPT 的低温穆斯堡尔谱[49]

硫脲及其衍生物通常用作还原剂[63-67]。在硫脲溶液中进行水热处理后，RAPT 变为灰白色。尽管在硫脲溶液中水热处理后，RAPT 中的凹凸棒石及其主要伴生矿物的晶体结构没有明显变化，凹凸棒石棒状晶体形貌保持完好，但红外光谱分析结果表明，凹凸棒石在 3540 cm^{-1}处的吸收峰[(Mg/Al/Fe)O—H 伸缩振动]消失，而在 1404 cm^{-1}处出现了新吸收峰(C═S 硫脲的伸缩振动)[68-70]，证明硫脲和凹凸棒石之间发生了相互作用。在 RAPT 和 TUAPT 反应液的紫外-可见光谱有明显差别，由此说明 RAPT 颜色从砖红色变为灰白色，与 Fe^{2+}、Fe^{3+}和 O→Fe^{3+}电荷转移跃迁的间隔内和间隔电子转移跃迁的变化有关[71-73]。颜色转白主要是因为在还原黏土八面体层中的 Fe^{2+}和 Fe^{3+}之间的电荷转移跃迁，该跃迁出现在约 700～750 nm 的紫外-可见光谱中[74-76]。因此，在 RAPT 八面体层中，Fe^{3+}可以通过间隔电子电荷转移跃迁还原为 Fe^{2+}。

由图 10-4 可见，水热处理后 Fe^{3+}和 Fe^{2+}种类的峰强度减弱，表明 Fe^{3+}和 Fe^{2+}种类的含量降低，这与总铁含量变化趋势一致。RAPT 中 Fe$_2$O$_3$含量(Fe 含量的等效形式，不是 Fe$_2$O$_3$化合物)为 7.42%。其中 2.69%源于α-Fe$_2$O$_3$，3.22%源于 Fe^{3+}，1.51%源于 Fe^{2+}，但在硫脲溶液中水热处理后降低至 3.18%。其中 2.29%归属为 Fe^{3+}，0.89%归属为 Fe^{2+}。水

热处理后，Fe^{3+}/Fe^{2+}比(RAPT 为 2.14，TUAPT 为 2.58)增加。Fe^{3+}含量从 3.22%降低到 2.29%，Fe^{2+}含量从 1.51%降低到 0.89%，且 Fe^{3+} 和 Fe^{2+} 的降低率分别为 28%和 41%，表明 Fe^{2+}比 Fe^{3+}更容易从 RAPT 中溶出[77]。在 TUAPT 穆斯堡尔谱中未发现赤铁矿信号，证实水热处理后 RAPT 中的α-Fe_2O_3 被完全去除。因此，总铁含量的降低主要是源于 α-Fe_2O_3 和部分 Fe^{3+}。

水热反应后溶液的 pH 值由弱碱性变为酸性，这有利于 Fe^{3+} 或 Fe^{2+} 离子溶出。如图 10-5 所示，在硫脲溶液中进行水热处理后，Fe/Si 的摩尔比大大降低，表明 Fe^{3+} 或 Fe^{2+}从混维凹凸棒石黏土中浸出。将 Fe^{3+}部分还原为 Fe^{2+}后，Fe^{2+}可以促进赤铁矿的溶解，更容易从 RAPT 中溶出[77]。经水热处理后，Zeta 负电势从-29.7 mV(对于 RAPT)增加到了-48.6 mV(对于 TUAPT)，进一步证实在凹凸棒石表面形成了更多的 Si—O⁻基团。

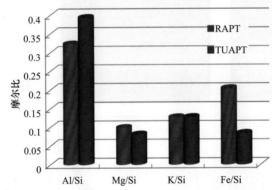

图 10-5　RAPT 和 TUAPT 中 Al/Si、Mg/Si、K/Si 和 Fe/Si 摩尔比[49]

常温下无机酸处理凹凸棒石并不能使砖红色凹凸棒石颜色发生转变。因此，探索研究了水热条件下无机酸处理 RAPT 对其结构和理化性质的影响[78]。将盐酸处理后的产物编号为 HAPT-x(x 代表酸溶液的浓度)。从图 10-6(a)中可以看出，经过 2 mol/L 盐酸溶蚀处理后，RAPT 的颜色转变为灰白色，其白色值(L^*)从 65.61 增加到 82.89，红值(a^*)从 15.18 降低到 0.41。

经 2 mol/L 盐酸水溶液处理后，凹凸棒石棒晶的形态保持良好并且棒晶的分散性改善[图 10-6(b)和(c)]。经过 1 mol/L 盐酸水溶液处理后，凹凸棒石八面体层中部分金属离子(如 Fe^{3+}、Al^{3+}、Mg^{2+})溶出，Si—O—M 键转变为 Si—O⁻基团，使 Zeta 电位从-22.8 mV 变为-33.2 mV [图 10-6(d)]。然而，经 4 mol/L 盐酸水溶液处理后，由金属离子溶出而形成的—Si—O⁻基团转变为 Si—OH 基团，样品的 Zeta 电位变为-24.4 mV。由图 10-6(e)可以看出，经较低浓度($\leqslant$2 mol/L)盐酸水溶液处理后，凹凸棒石在 2θ= 8.47°[d = 1.0441 nm，(110)晶面]、13.62°[d = 0.6496 nm，(200)晶面]、19.80°[d = 0.4480 nm，(040)晶面]和 35.01°[d = 0.2561 nm，(400)晶面]处的衍射峰没有发生明显变化，凹凸棒石的晶体结构保持相对完好。当经过相对较高浓度(4 mol/L)盐酸溶液处理后，凹凸棒石的特征衍射峰减弱，棒晶结构发生变化。酸处理后白云石伴生矿的特征衍射峰(2θ= 27.96°)消失。

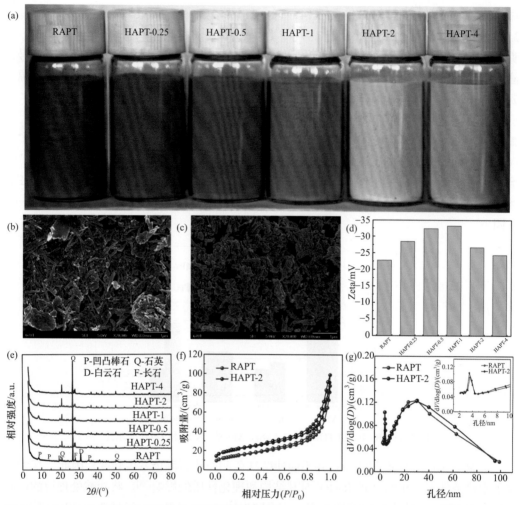

图 10-6 (a)RAPT 和不同盐酸浓度处理样品的数码照片、(b)RAPT 和(c)HAPT-2 的 SEM 图；不同盐酸
浓度处理样品的(d)Zeta 电位、(e)XRD 图谱、(f)N₂ 吸附-解吸等温线和(g)孔径分布曲线[78]

图 10-6(f)是 RAPT 和 HAPT-2 样品的 N₂ 吸附-解吸等温线。根据 IUPAC 分类，酸处理后样品的 N₂ 吸附-解吸曲线可归类为ⅡB 型等温线。在 $P/P_0 \leqslant 0.4$ 范围内，HAPT-2 样品的 N₂ 吸附量高于 RAPT；随着相对压力增加($P/P_0 > 0.4$)，N₂ 的吸附量急剧增加，N₂ 吸附-解吸曲线上出现了 H3 型滞后环，证实样品中主要存在介孔或大孔。经 2 mol/L 盐酸水溶液处理后，样品的比表面积从 RAPT 的 53.93 m²/g 增加到 77.05 m²/g，孔体积从 0.1002 cm³/g 增加到 0.1158 cm³/g。图 10-6(g)是 RAPT 和 HAPT-2 样品的孔径分布曲线。由图可见 29.71 nm 和 3.48 nm 处的两个峰，证实样品中存在介孔。以上信息表明，RAPT 经盐酸水溶液水热处理后，因溶出凹凸棒石八面体中的 Fe³⁺，色泽转白同时理化性质发生相应变化。

10.2.2　溶剂热过程转白

上述工作证明水热过程是一种调控凹凸棒石结构以及转白的有效方法。在此基础上，作者开展了溶剂热 RAPT 转白相关研究工作，发现在水或传统有机溶剂中不能实现转白，但在二甲亚砜/水(DMSO/H₂O)混合溶剂体系中，RAPT 很容易转变成白色[79]。在实验过程中，首先将 RAPT 用 5%的盐酸水溶液在固液比 1/10 条件下处理 240 min 除去碳酸盐，然后过 200 目筛除去石英杂矿。然后将预处理的 RAPT 以固/液比 1/5 分别分散到 H_2O、DMSO、DMSO(40 mL)/H_2O(20 mL)中，在 180℃下反应 24 h，自然冷却至室温后离心、洗涤和干燥至恒重。以 H_2O、DMSO、DMSO/H_2O 为介质溶剂热处理 RAPT 分别标记为：WAPT、DAPT 和 DWAPT。在该处理条件下只有 DWAPT 转变为白色。

溶剂热处理前后样品的 XRD 图谱如图 10-7 所示。在 $2\theta = 8.47°$ ($d = 1.0441$ nm)、$13.62°$ ($d = 0.6496$ nm)、$2\theta = 19.80°$($d = 0.4480$ nm)和 $2\theta = 35.01°$($d = 0.2561$ nm)处的衍射峰分别为凹凸棒石(110)、(200)、(040)和(400)晶面的特征峰。在 $2\theta = 8.86°$($d = 0.9972$ nm)和 $2\theta = 17.99°$($d = 0.4931$ nm)处的衍射峰分别为白云母(002)和(004)晶面的特征衍射峰。在 $2\theta = 6.22°$ 和 $12.40°$ 处的衍射峰归属为斜绿泥石的晶体特征峰，在 $2\theta = 20.84°$、$26.63°$、$50.12°$ 和 $59.94°$ 处的衍射峰为石英的特征峰[80]，在 $2\theta = 27.96°$ 处的特征峰为长石的特征峰[81]，表明 RAPT 中存在多种伴生矿物。在水中进行水热应后，以上特征峰仍然存在，且长石的衍射峰强度有所增加，表明在水介质中黏土矿物晶体结构不仅没有明显变化，而且伴生矿结晶度还有提高的趋势。在 DMSO 中溶剂热反应后，高岭石和斜绿泥石晶相消失，同时没有新晶相生成，表明溶剂热过程能转化斜绿泥石伴生矿。在 DMSO/H_2O 中溶剂热反应后，白云母和长石的衍射峰略有增强，凹凸棒石的特征峰没有明显变化。以上信息表明，在转白的 DWAPT 产物中，存在凹凸棒石、白云母、长石和石英晶体相。通过对比 DAPT 和 DWAPT 的 XRD 图谱，发现尽管 DAPT 的颜色仍然是砖红色，DWAPT 的颜色是白色，但它们的相组成却非常相近，表明凹凸棒石颜色的变化不完全是由相组成变化引起的。

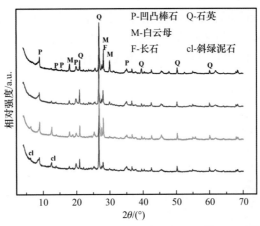

图 10-7　RAPT、WAPT、DAPT 和 DWAPT 的 XRD 图谱[79]

图 10-8 是不同溶剂中处理前后样品的 FESEM 和 TEM 图。从图 10-8(a)可见，RAPT 中可以观察到较多的棒状凹凸棒石，以棒晶束或聚集体形式存在[图 10-8(a)、(e)]，在棒晶周围可以观察到伴生矿物存在，这些矿物与凹凸棒石棒晶紧密堆积在一起。其中，片

状或块状伴生矿分别是高岭石和长石，粒状伴生矿是石英。分别在 H_2O[图 10-8(b)、(f)]
和 DMSO[图 10-8(c)、(g)]中处理后，可以观察到凹凸棒石棒晶，且棒晶的分散性有所提
高，一些块状或粒状物质依然存在，但在 DMSO 中处理后明显减少。在 $DMSO/H_2O$ 中
溶剂热反应后，凹凸棒石棒晶清晰可见，但棒晶相对变短[图 10-8(d)、(h)]，长石和石英
伴生矿也依然存在。将 H_2O 或 DMSO 溶剂热处理样品与 $DMSO/H_2O$ 中溶剂热处理样品
的 SEM 和 TEM 进行对比，可以发现凹凸棒石棒晶形貌整体差异不大，但颜色明显不同，
说明形貌变化也不是引起 RAPT 颜色转变的主要原因。

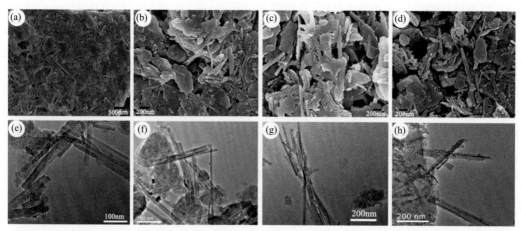

图 10-8　[(a)、(e)]RAPT 和不同溶剂处理[(b)、(f)]WAPT、[(c)、(g)]DAPT、[(d)、(h)]DWAPT 的
[(a)～(d)]SEM 图和[(e)～(h)]TEM 图 [79]

通过 ^{29}Si 和 ^{27}Al MAS NMR 分析了溶剂热反应前后 RAPT 中 Si 和 Al 原子的化学结
构变化(图 10-9)。在 RAPT、DAPT 和 DWAPT 的 ^{29}Si MAS NMR 中，分别在–94.05 ppm、
–91.28 ppm 和–92.41 ppm 位置处可以观察到三个共振信号，可归属于 $Q^3(0Al)$，位于结构
区边缘或边缘附近的 $Si^{[55]}$。与文献报道数据相比，核磁图谱向高磁场移动大约 1～2 ppm，
发生了平行拓宽效应。RAPT、DAPT 和 DWAPT 样品都在–107 ppm 处出现共振信号，

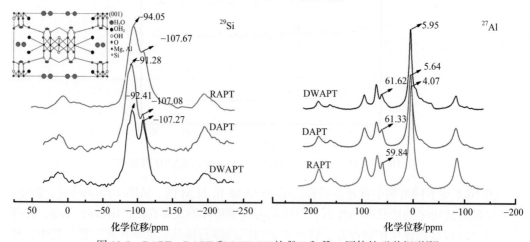

图 10-9　RAPT、DAPT 和 DWAPT 的 ^{29}Si 和 ^{27}Al 固体核磁共振谱[79]

表明有四配位的 $SiQ^4(Si_4—Si)$ 形成。在 DWAPT 中位于–107 ppm 处的共振信号强度明显增加，表明溶剂热过程中有 SiO_x 形成[82]，说明过程中发生了 Si—O—M(M 代表 Mg、Al 或 Fe)键的断裂和结晶重组。DWAPT 样品在–86.6 ppm 处出现新的共振信号，归属于 $Q^2(Si—OH)$ 的特征，但该峰没有出现在 RAPT 和 DAPT 样品的核磁共振谱中，说明过程中部分 Si—O—M 键断裂形成了更多的—Si—OH 基团。

在 RAPT ^{27}Al 固体核磁共振谱中，–4.07 ppm 处较强的信号峰以及–59.84 ppm 和–70.49 ppm 处相对较弱的信号峰分别为八面体和四面体 Al^{3+} 的特征信号[58]。经过溶剂热处理后，DAPT 在–4.07 ppm 处信号峰位移到–5.64 ppm，DWAPT 信号峰移到–5.95 ppm，表明八面体中铝的化学环境发生变化。DAPT 在–59.84 ppm 处信号峰移到–61.33 ppm，DWAPT 样品信号峰移到–61.62 ppm 处，表明四面体中铝的化学环境发生变化。该结果表明，溶剂热处理前后配位 Al 有微小变化但不会影响凹凸棒石的整体结构。

凹凸棒石结构和颜色的变化与化学组成密切相关。从表 10-1 所示的 XRF 化学组成结果可以看出，RAPT 主要化学组成为 MgO(4.02%)、Fe_2O_3(7.30%)、Al_2O_3(15.31%)和 SiO_2(53.63%)。MgO 含量较少表明 RAPT 中凹凸棒石棒晶发育不完全，与 SEM 和 TEM 结果一致。以水、DMSO 和 DMSO/H_2O 为介质，凹凸棒石中 Fe_2O_3 含量分别从 7.30%降到 7.16%、6.18%和 2.37%，进一步说明 RAPT 的颜色与 Fe_2O_3 含量密切相关。随着 Fe 元素从晶体骨架中不断溶出，部分 Mg 元素也被溶出，SiO_2 和 Al_2O_3 含量增加，说明 Al 和 Si 在晶体中具有更好的稳定性，在溶剂热过程中没有被溶解出来。

表 10-1　RAPT 与溶剂热改性产物的化学组成(%)

样品	Al_2O_3	Na_2O	MgO	CaO	SiO_2	K_2O	Fe_2O_3
RAPT	15.31	0.71	4.02	0.67	53.63	3.84	7.30
WAPT	15.82	0.90	3.80	0.68	54.13	3.91	7.16
DAPT	17.00	1.17	3.65	0.62	55.88	3.96	6.18
DWAPT	21.31	0.73	1.76	0.54	67.96	4.10	2.37

凹凸棒石孔道中存在 4 种类型的水分子[83]。图 10-10 给出了 RAPT 溶剂热处理前后的热重分析曲线。由图可见，RAPT、WAPT、DAPT 和 DWAPT 在 89℃、90℃、89℃和 96℃处的质量损失可归属为表面吸附水，DWAPT 样品质量损失相对较高。在 100~300℃温度范围内的质量损失为沸石水和部分结构水，在溶剂热处理前后没有发生明显变化。但在 300~500℃温度范围内的热重行为发生明显变化。对于 RAPT 样品，最大失重温度为 480℃；对于 WAPT 样品，最大失重温度为 510℃；对于 DAPT 样品，最大失重温度为 470℃，这可能是凹凸棒石结构中存在 DMSO 所致；而 DWAPT 样品最大失重温度为 545℃和 658℃。由此可见，溶剂热处理后结构水的失去有明显差异。这些变化说明 DWAPT 在溶剂热过程中，DMSO 与水可能发生歧化反应后的有机小分子进入到凹凸棒石孔道中，在温度较高时与结构水同时释放。

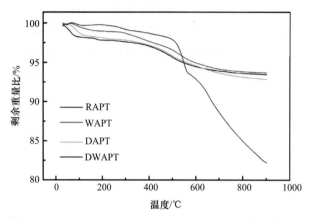

图 10-10　RAPT、WAPT、DAPT 和 DWAPT 的热重曲线[79]

　　图 10-11 是 RAPT、WAPT、DAPT 和 DWAPT 样品的孔径分布曲线。各样品中都出现了两个主要的孔径分布峰。RAPT、WAPT、DAPT 和 DWAPT 样品第一个峰分别位于 3.59 nm、3.33 nm、3.49 nm 和 3.45 nm 处，第二个峰位于 45.4 nm、29.5 nm、28 nm 和 52.5 nm 处。在 DMSO 或 H_2O 介质中溶剂热后孔径变窄，但在 DMSO/H_2O 介质中溶剂热后，孔径分布变宽。如表 10-2 所示，RAPT 的比表面积是 68.49 m^2/g，而 WAPT、DAPT 和 DWAPT 样品分别降到 47.66 m^2/g、57.82 m^2/g 和 63.78 m^2/g。虽然 RAPT 比表面积最大，但主要源于外比表面积(S_{ext} = 67.82 m^2/g)的贡献，表明 RAPT 中微孔较少。相比之下，WAPT 样品的微孔比表面积相对较大为 10.30 m^2/g。RAPT、WAPT 和 DWAPT 样品孔径分别从 8.01 nm 增加到 8.34 nm 和 8.79 nm，但对于 DAPT 样品却降低到 6.78 nm。以上信息表明，水介质更有利于微孔形成，DMSO 分子可存在于孔中，不利于孔径的增加[84]。

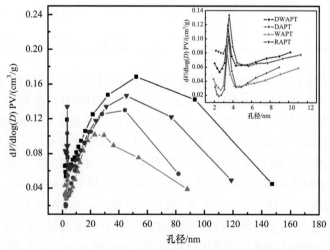

图 10-11　RAPT、WAPT、DAPT 和 DWAPT 的孔径分布曲线[79]

表 10-2　RAPT、WAPT、DAPT 和 DWAPT 样品的孔结构参数[79]

样品	$S_{BET}/(m^2/g)$	$S_{micro}/(m^2/g)$	$S_{ext}/(m^2/g)$	$V_{total}/(cm^3/g)$	$V_{micro}/(cm^3/g)$	PZ/nm
RAPT	68.49	0.67	67.82	0.1371	0.0006	8.01
WAPT	47.66	10.30	37.36	0.0851	0.0043	8.34
DAPT	57.82	5.06	52.76	0.0980	0.0015	6.78
DWAPT	63.78	4.01	59.77	0.1402	0.0043	8.79

图 10-12 显示了溶剂热过程后离心反应产物(带有固体的上层悬浮液)的数码照片。可以看出,反应时间小于 8 h 时溶液均一,固体产物的颜色也没有明显变化。当反应时间延长到 12 h 时,砖红色混维凹凸棒石黏土转变成白色。伴随着颜色的变化,上层溶液分成黄色相和无色相。反应时间越长,上层黄色物质越多,颜色越深。采用氘代氯仿(CCl₃D)为溶剂,测试了上层液的 ^1H 核磁谱图。与标准核磁谱图对比,在 2.8 ppm 处的化学位移归属于二甲砜($C_2H_6SO_2$)中的 H,在 2.0 ppm 处的化学位移归属为二甲基硫醚的 H,在 1.5 ppm 处的化学位移归属为水(H_2O)的 H。在反应产物 ^{13}C NMR 谱中,混合物 C 的分子量大约为 77.32,表明这些化合物含有六个 C,进一步证明混合物中含二甲砜($C_2H_6SO_2$)、二甲硫醚(C_2H_6S)和二甲亚砜(C_2H_6SO)。DMSO 是一种弱还原剂,沸点为 189℃,在高温下可发生歧化反应生成二甲砜和具有强还原性的二甲硫醚。因此,DMSO 与水在 180℃可发生歧化反应,生成具有强还原性的二甲硫醚。分析表明,RAPT 中的部分 Fe^{3+} 被溶解出来,而剩余部分可能被生成的二甲硫醚还原成 Fe^{2+},其结果是砖红色转变为白色。综上所述,RAPT 颜色转变是晶体骨架中 Fe^{3+} 含量、存在状态以及在骨架中分布等多因素共同作用的结果。

图 10-12　DMSO/H₂O 混合溶剂体系溶剂热反应后固体产物和上清液的数码照片

10.2.3　盐酸羟胺溶液转白

溶剂热研究表明,还原性物质可以促使 RAPT 转白。为此,采用具有强还原性的盐酸羟胺(HAC)开展了相关研究[85]。将盐酸预处理的凹凸棒石编号为 RAPT,在 80℃下 HAC 反应不同时间得到的产物编号为 HAC-APT-x,x 代表反应时间。图 10-13 给出了 RAPT 和 HAC 溶液处理不同时间得到样品的数码照片和 SEM 图片。从图 10-13(a)中可以看到,在 HAC 溶液中反应少于 12 h 时,RAPT 颜色变浅。当反应时间到 24 h 时,RAPT 转变成白色,白度达到了 70.01。由图 10-13(b)~(g)可见,RAPT 中凹凸棒石棒晶与很多片状和粒状伴生矿共存。在 HAC 溶液中反应后,随着时间的延长棒晶长度变短,但棒晶变得更均一,片状物质相对减少。

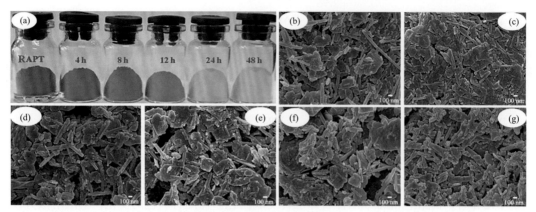

图 10-13　(a)在 HAC 溶液中反应不同时间照片和反应(b)2 h、(c)4 h、(d)8 h、(e)12 h、
(f)24 h、(g)48 h 的 SEM 图[85]

图 10-14 给出了 RAPT 和经 HAC 溶液处理不同时间 APT 样品的 XRD 图。可以看出，在 $2\theta = 8.47°[d = 1.0441$ nm，(110)晶面]、$2\theta = 13.62°[d = 0.6496$ nm，(200)晶面]、$2\theta = 19.80°[d = 0.4480$ nm，(040)晶面]和 $2\theta = 35.01°[d = 0.2561$ nm，(400)晶面]处出现了凹凸棒石的特征峰[50]。对比矿物标准图谱，RAPT 中含有斜绿泥石($2\theta = 6.22°$ 和 12.40°)、高岭石($2\theta = 12.40°$)、云母($2\theta = 8.33°$ 和 17.80°)、石英($2\theta = 20.84°$、26.63°、50.12° 和 59.94°)以及长石($2\theta = 27.96°$)[80,81,86]。HAC 溶液处理不同时间后，凹凸棒石的特征峰没有明显变化，而随着反应时间的不同，伴生矿发生了变化。在反应时间<12 h 时，斜绿泥石、长石和云母的特征峰没有明显变化，但高岭石的特征峰明显降低。当反应时间增加到 24 h 及其以上时，在 $2\theta = 6.22°$(斜绿泥石)和 12.40°(高岭石)处的衍射峰都明显降低，长石的衍射峰稍微增强，这说明斜绿泥石和高岭石在反应过程中被相对溶蚀，该结果与 SEM 分析结果相一致。

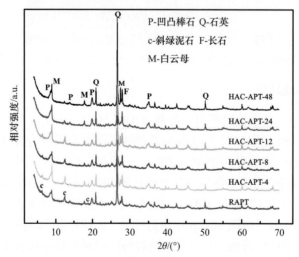

图 10-14　RAPT 和 HAC 反应不同时间后样品的 XRD 图谱[85]

图 10-15 给出了 RAPT 和 HAC-APT-24 样品 ^{29}Si 和 ^{27}Al 的 MAS NMR 谱图。从

图 10-15(a)可以看出，RAPT 在–94.05 ppm 处的信号峰对应于四面体中的 $Q^4(OAl)SiO_4$、$Q^4(1Al)[(SiO_3)Si(OAl)]$或$(SiO)_3Si(OMg)$。在 HAC 溶液中反应 24 h 后，^{29}Si MAS NMR 谱移到–91.48 ppm[59,87]。^{29}Si MAS NMR 谱中在–91～–98 ppm 处的信号峰可归属于 Q^4，表明配位硅的稍微扭曲没有影响凹凸棒石的结构。RAPT 和 HAC-APT-24 样品在约–107 ppm 处的信号峰对应于四配位硅的形成(SiO_2)，其中 HAC-APT-24 样品的峰更尖锐，表明在 HAC 溶液作用下，凹凸棒石骨架中的部分 Si—O—M 被打断，形成了更多的 SiO_4。一般而言，在 3～4 ppm 处的信号峰对应于凹凸棒石中八面体配位的 Al^{3+}。在–52 ppm 处较尖锐峰可归属于四面体配位的 Al^{3+}。由图 10-15(b)可见，该信号峰出现在–59.84 ppm 处。经 HAC 溶液处理后，HAC-APT-24 样品八面体和四面体 Al^{3+}信号向高磁场方向移动，分别从–4 ppm 移到–6 ppm 和–59.84 ppm 移到–61.94ppm，表明晶体结构中 Si—O 和 Mg(Al, Fe)—O 的变化。

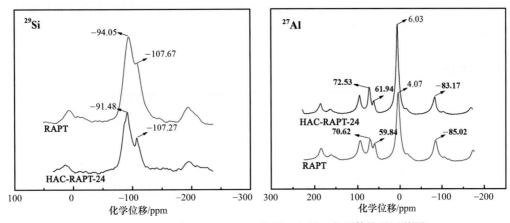

图 10-15　RAPT 和 HAC-APT-24 的 ^{29}Si 和 ^{27}Al 的固体核磁图谱[85]

图 10-16 给出了 RAPT 和 HAC-APT-24 样品的室温穆斯堡尔谱图。在 RAPT 谱图中可见带有四极矩分裂(QS)的超顺磁六线谱，归属于赤铁矿$(\alpha\text{-}Fe_2O_3)$特征谱，其 IS = (0.38±0.1) mm/s，QS = (0.20 ± 0.2) mm/s。Fe^{3+}通常占据凹凸棒石八面体中空的 M1 或 M2 位置。

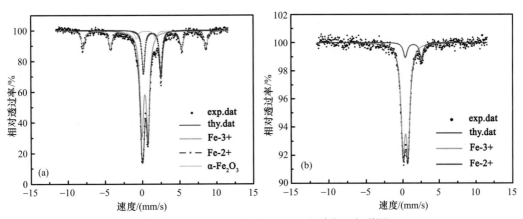

图 10-16　RAPT 和 HAC-APT-24 的穆斯堡尔谱[85]

同质异能位移[IS = (0.30±0.01) mm/s 和(0.32±0) mm/s]和四极矩分裂[QS = (0.82±0.02) mm/s 和(0.68±0.01) mm/s]处出现的对称双峰可归属于八面体中高自旋的 Fe^{3+}，而 IS = (1.31±0.03) mm/s 和(1.41±0.04) mm/s 以及 QS= (2.37±0.06) mm/s 和(2.20±0.09) mm/s 可归属于 Fe^{2+}[59,60]。经 HAC 反应后赤铁矿特征谱线消失，表明 RAPT 中伴生的赤铁矿被去除。通常凹凸棒石八面体中 M1/M2 的比例大约为 1/3，Fe^{3+}和 Fe^{2+}主要分别占据八面体的 M1 和 M2 位置，经 HAC 反应后 Fe^{3+}与 Fe^{2+}的比例大约为 6/1，表明 Fe^{3+}向 Fe^{2+}转变有助于 RAPT 转白。

　　图 10-17 给出了 RAPT 和 HAC-APT 样品的孔径分布曲线。在各样品的孔径分布曲线中都可以观察到两组不同位置和强度的孔径分布峰。RAPT、HAC-APT-4、HAC-APT-8、HAC-APT-12 和 HAC-APT-24 样品第一组峰分别位于 45.4 nm、40.16 nm、30.84 nm、30.35 nm 和 30.36 nm 处，另一组峰位于 3.58 nm、3.50 nm、3.56 nm、3.50 nm、3.48 nm 和 3.50 nm(HAC-APT-48)处。随着反应时间的延长，孔径分布变窄，同时比表面积增加。HAC-APT-48 样品具有最大的比表面积，达到 115.22 m^2/g，远高于 RAPT 的比表面积(68.49 m^2/g)。该结果表明，经 HAC 反应后 RAPT 不仅色泽发生变化，其孔结构也发生显著变化，这种变化有利于构筑功能材料。

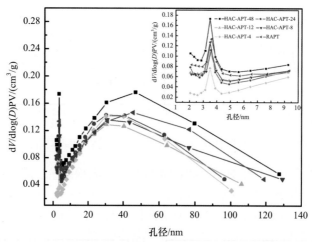

图 10-17　RAPT 和 HAC-APT 样品的孔径分布图[85]

　　RAPT 的主要化学组成为 Al_2O_3(15.31%)、MgO(4.02%)、SiO_2(53.63%)、K_2O(3.84%)、CaO(0.67%)、Na_2O(0.71%)和 Fe_2O_3(7.30%)。在 HAC 溶液中反应不同时间后，Al_2O_3、Na_2O、CaO 和 K_2O 的含量没有发生明显变化，但 MgO、SiO_2 和 Fe_2O_3 的含量发生较大变化。反应时间从 4 h 增加到 48 h，MgO 的含量从 4.02%降到 2.07%，Fe_2O_3 的含量从 7.30%降低到 2.84%，SiO_2 含量从 53.63%增加到 65.21%。这表明 Mg^{2+}和 Fe^{3+}或 Fe^{2+}在 HAC 作用下从 RAPT 八面体中溶蚀出来，而 Si^{4+}仍然保留在晶体骨架中。

　　研究表明，随反应时间延长 HAC-APT 样品的 Zeta 电位呈现先降低后升高的变化趋势。在反应时间为 12 h 时，Zeta 电位降到 47.8 mV，其后 Zeta 电位又升高，在 48 h 时增加到 40.8 mV。RAPT 的 Zeta 电位为 27.8 mV，经 HAC 溶液反应后 Zeta 电位更负。在反应时间为 12 h 时，RAPT 还没有转变成白色，但 Fe_2O_3 含量已从 7.30%降低到 5.95%，

说明此时溶出的 Fe^{3+} 不足以使 RAPT 转白,但 Si—O—Fe(或 Mg)键可能断裂,形成更多的—Si—O 键,从而使 Zeta 电位更负。随着反应时间进一步延长,RAPT 八面体中 Mg^{2+} 和 Fe^{3+} 更多被溶蚀出来,其结构电荷发生变化。

10.2.4　有机酸液相转白

上述研究表明,RAPT 中 Fe^{3+} 主要存在于凹凸棒石的晶体骨架中。随无机酸蚀反应时间延长,Fe_2O_3 含量降低,颜色由砖红色转变成白色。但凹凸棒石八面体金属离子的溶出会引起四面体和八面体结构的变化,导致微观结构和化学组成发生变化[88]。Corma 等[89] 研究结果表明,八面体金属离子溶出高达 60%时不会引起凹凸棒石结构的变化或非晶化,当八面体层几乎完全溶解时,凹凸棒石孔隙结构坍塌并消失,比表面积减小。Barrios 等[90] 研究结果也表明,较高浓度的无机酸溶蚀处理后,凹凸棒石棒晶变短。因此,无机酸溶蚀处理会损伤凹凸棒石固有长径比。

有机酸除了具有酸性外,通常还具有能够和金属离子络合的功能基团,在溶蚀黏土矿物过程中可以降低 Si—O—M 键的活化能,促进金属离子的溶出[91]。有机酸的酸性弱于无机酸,在溶蚀过程中对黏土矿物晶体结构损伤较小。

10.2.4.1　有机酸酸蚀凹凸棒石结构演化

鉴于有机酸酸蚀凹凸棒石的研究工作较少,为了深刻认识有机酸蚀凹凸棒石结构演化规律,作者选用安徽明光具有三八面体的凹凸棒石开展了有机酸溶蚀对其结构和理化性质的影响研究[92]。在有机酸浓度为 1 mol/L 和反应时间为 72 h 的条件下,采用不同有机酸包括甲酸(FA)、乙酸(AA)、酒石酸(TA)、草酸(OA)和柠檬酸(CA)对凹凸棒石进行处理。所选用有机酸在 25℃下水中的解离常数(pK_1)大小顺序为 OA(1.27)＞TA(3.03)＞CA(3.13)＞FA(3.75)＞AA(4.75)[93]。如表 10-3 所示,经不同有机酸溶蚀处理后,对凹凸棒石的酸蚀能力与有机酸解离常数相一致。有机酸解离常数越小,产物中 SiO_2 的含量越高,Mg^{2+}、Al^{3+}、Fe^{3+} 和 Ca^{2+} 溶出越多,这说明有机酸产生 H^+ 离子的能力越强,对凹凸棒石八面体离子的溶出能力越强[94]。相比之下,OA 对各种金属离子的溶出效果最佳,但由于溶出的同时生成草酸钙,样品中 CaO 含量也相对较高。

表 10-3　有机酸溶蚀凹凸棒石 72 h 后产物的化学组成(%)

样品	SiO_2	MgO	Al_2O_3	Fe_2O_3	CaO
凹凸棒石	65.91	10.39	9.61	7.53	3.64
APT-1.00MAA72h	66.83	9.58	10.18	9.46	0.64
APT-1.00MFA72h	69.82	8.61	9.76	8.64	—
APT-1.00MCA72h	76.55	6.52	8.58	5.51	—
APT-1.00MTA72h	82.27	4.25	7.04	3.80	0.21
APT-1.00MOA72h	85.54	1.83	4.25	2.05	4.19

在以上研究工作基础上,选择 OA 开展了不同浓度和反应时间下对凹凸棒石中离子

溶出效果的研究。将不同浓度 OA 溶蚀样品编号为 APT-xMOA4h(x 代表 OA 浓度)；将 1 mol/L OA 溶液溶蚀不同时间样品编号为 APT-1.00MOAxh(x 代表反应时间)。图 10-18(A) 是不同浓度 OA 溶液溶蚀 4 h 样品的红外光谱图。经 OA 溶蚀处理后，凹凸棒石在 1655 cm^{-1} 处的 H—O—H 弯曲振动峰移至 1628 cm^{-1}，证明 OA 与凹凸棒石孔道中沸石水分子之间存在氢键相互作用[95]。位于 1440 cm^{-1} 处的碳酸盐杂质的吸收峰消失，同时在 1318 cm^{-1} 处出现了 C—H 弯曲振动峰，说明有草酸盐附着在凹凸棒石上[96]。随着 OA 溶液浓度的增加，凹凸棒石在 1200~900 cm^{-1} 范围内的吸收峰强度降低，表明金属离子溶出后，硅骨架的结构也发生了相应变化。

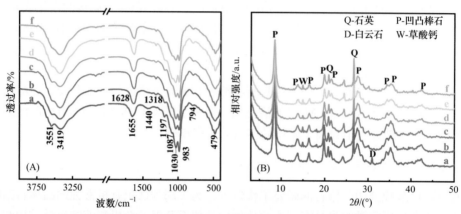

图 10-18　不同浓度 OA 溶液溶蚀 4 h 产物的(A)红外光谱和(B)XRD 图谱[95]
a. 凹凸棒石、b. APT-0.05MOA 4h、c. APT-0.10MOA 4h、d. APT-0.50MOA 4h、e. APT-1.00MOA 4h、f. APT-1.50MOA 4h

图 10-18(B)是不同浓度 OA 溶液溶蚀 4 h 样品的 XRD 图谱。在 $2\theta=8.39°$[(110)晶面]、13.79°[(200)晶面]、16.39°[(130)晶面]、19.82°[(040)晶面]、21.47°[(310)晶面]、24.27°[(240)晶面]、27.52°[(231)晶面]、34.46°[(440)晶面]和 35.32°[(161)晶面]处出现了凹凸棒石的特征衍射峰[83]；在 $2\theta=20.82°$、26.60°和 50.10°和 $2\theta=30.90°$处分别出现了石英(JCPDS No. 78-1253)和白云石(JCPDS No. 83-1766)的衍射峰。经过 OA 溶蚀处理后，白云石的特征衍射峰消失，在 $2\theta=14.92°$(100)、24.39°(040)处出现了水合草酸钙[CaC$_2$O$_4$(H$_2$O)](JCPDS No. 75-1313)的衍射峰[97]，说明溶蚀过程中 OA 与白云石反应形成了草酸钙盐。随着 OA 浓度的增加，Mg^{2+}、Al^{3+}和 Fe^{3+}离子溶出量增加，凹凸棒石特征衍射峰的强度降低，SiO$_2$ 晶相衍射峰的强度逐渐增加。由表 10-4 可见，对于凹凸棒石中所含的不同金属离子，Mg^{2+}比 Al^{3+}和 Fe^{3+}更容易被 OA 溶蚀。当 OA 溶液的浓度从 1.00 mol/L 增加到 1.50 mol/L 时，八面体金属离子溶出含量没有明显变化，说明溶出达到平衡。由于 OA 溶蚀过程中白云石与 OA 反应形成了不溶性草酸钙，所以 OA 溶蚀前后 Ca 含量的变化不明显。

表 10-4　不同浓度 OA 处理 4 h 产物的化学组成(%)

样品	SiO$_2$	MgO	Al$_2$O$_3$	Fe$_2$O$_3$	CaO
凹凸棒石	65.91	10.39	9.61	7.53	3.64
APT-0.05MOA 4h	67.06	8.95	9.45	7.68	3.95
APT-0.10MOA 4h	68.86	8.10	9.18	6.84	4.09

续表

样品	SiO$_2$	MgO	Al$_2$O$_3$	Fe$_2$O$_3$	CaO
APT-0.50MOA 4h	72.03	7.27	8.44	5.71	3.83
APT-1.00MOA 4h	75.85	5.69	7.43	4.72	3.75
APT-1.50MOA 4h	75.10	6.42	7.94	5.01	3.07

在 OA 浓度为 1 mol/L 条件下，研究了溶蚀时间对凹凸棒石结构和性质的影响。图 10-19(A)是溶蚀处理不同时间产物的红外光谱图。可以看出，在 1200～900 cm^{-1} 范围内 Si—O 键的吸收峰位置和强度变化很大[98]。在 1197 cm^{-1} 处 Si—O—Si 键(连接两个反转排列的 SiO$_4$ 四面体)的吸收峰减弱，但在 OA 处理 8 h 后仍然能看到肩峰，表明产物中还存在层链状结构[99]。在 1030 cm^{-1} 处连接单个辉石链上的两个 SiO$_4$ 四面体的 Si—O—Si 键的吸收峰逐渐变宽，并且该峰在溶蚀处理 24 h 或更长时间后移至 1087 cm^{-1}，说明凹凸棒石的 SiO$_4$ 四面体层发生变形[100]。位于凹凸棒石纳米通道边缘并与八面体边缘 Mg^{2+} 离子配位的结晶水在 3551 cm^{-1} 处的吸收带消失[5]，说明在边缘上 Mg^{2+} 优先被溶出，然后八面体层内部 Mg^{2+} 逐步溶出。由于通道边缘 MgO$_6$ 八面体在 OA 溶蚀后被破坏，所以位于 1628 cm^{-1} 处的 H—O—H 弯曲振动峰强度逐渐减小，配位羟基也被破坏[42]。当溶蚀反应时间延长至 120 h 时，仅可观察到 Si—O 键相关的吸收峰，说明八面体金属离子已经完全溶出。

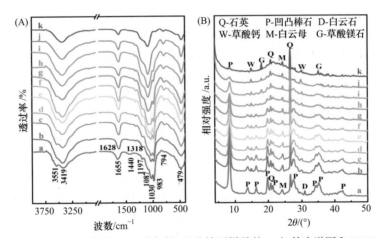

图 10-19　经 1 mol/L OA 溶液处理不同时间凹凸棒石样品的(A)红外光谱图和(B)XRD 图谱[92]
a. 凹凸棒石、b. APT-1.00MOA 1h、c. APT-1.00MOA 2h、d. APT-1.00MOA 4h、e. APT-1.00MOA 8h、f. APT-1.00MOA 12h、g. APT-1.00MOA 24h、h. APT-1.00MOA 48h、i. APT-1.00MOA 72h、j. APT-1.00MOA 96h、k. APT-1.00MOA 120h

图 10-19(B)是用 1 mol/L OA 溶液溶蚀不同时间后产物的 XRD 图谱。随着反应时间的延长，凹凸棒石的特征衍射峰逐渐减弱。OA 溶蚀 72 h 后，凹凸棒石(110)晶面的衍射峰仍然存在，但强度明显减弱。在 2θ = 18.12°和 35.15°处出现了草酸镁晶相(MgC$_2$O$_4$·2H$_2$O)(JCPDS No. 70-1869)衍射峰[101]。继续延长反应时间，凹凸棒石的特征衍射峰完全消失，表明凹凸棒石经过 OA 溶蚀后得到的主要产物是无定形的 SiO$_2$[102]。随着溶蚀时间的延长，MgO、Al$_2$O$_3$ 和 Fe$_2$O$_3$ 含量降低，SiO$_2$ 含量增加(表 10-5)，在反应时间为 48 h 时含量变化

最明显。主要原因是八面体层边缘金属离子大多已溶出，八面体层内部的金属离子逐渐开始溶出[89]。溶蚀反应 72 h 后，OA 与溶出的 Mg^{2+} 反应形成了不溶性的草酸镁，同时也生成草酸钙沉积在凹凸棒石表面，阻碍八面体离子的进一步溶出[97]。溶蚀反应 120 h 后，产物中 SiO_2 的含量大于 90%，MgO 和 Fe_2O_3 的百分含量降低至 0.5%左右，但产物中 Al_2O_3 的含量为 1.89%。

表 10-5　经 1 mol/L OA 溶液处理不同时间产物的化学组成(%)

样品	SiO_2	MgO	Al_2O_3	Fe_2O_3	CaO
凹凸棒石	65.91	10.39	9.61	7.53	3.64
APT-OA1M1h	69.65	7.88	9.25	6.72	3.64
APT-OA1M2h	72.39	6.82	8.42	5.85	3.71
APT-OA1M4h	75.85	5.69	7.43	4.72	3.75
APT-OA1M8h	76.17	5.73	7.64	4.43	3.60
APT-OA1M12h	79.28	4.54	6.64	3.85	3.47
APT-OA1M24h	81.24	3.56	5.93	3.39	3.70
APT-OA1M48h	86.56	1.88	4.09	1.97	3.69
APT-OA1M72h	85.54	1.83	4.25	2.05	4.19
APT-OA1M96h	89.61	0.89	2.85	0.75	4.17
APT-OA1M120h	91.68	0.53	1.89	0.33	4.09

在无机酸溶蚀过程中，H^+ 对凹凸棒石八面体金属离子的溶出起主要作用[103]，但在有机酸溶蚀过程中，H^+ 和有机酸阴离子的络合作用对八面体离子溶出都有贡献。表 10-4 和表 10-5 所列研究结果表明，在相同反应条件下，Mg^{2+} 相对而言易于溶出，而 Al^{3+} 最难溶出[90]。因此，OA 溶蚀过程中八面体金属离子溶出顺序为 $Mg^{2+}>Fe^{3+}>Al^{3+}$。有机酸对黏土矿物的溶蚀效率与能够形成金属-配体络合物的稳定性有关[104]，OA 离子的络合有助于浸出八面体层中的金属离子[105]。OA 与金属离子络合能力的顺序为 $Fe^{3+}>Al^{3+}>Mg^{2+}$[93]，这与溶出顺序 $Mg^{2+}>Fe^{3+}>Al^{3+}$ 的变化趋势不同。这表明除了 H^+ 溶蚀和有机酸阴离子的络合作用外，八面体层中金属离子的占位也是影响八面体金属离子溶出效率的重要因素[94,106]。在凹凸棒石的八面体层中，Mg^{2+} 占据边缘位置，部分 Fe^{3+} 和所有 Al^{3+} 主要占据中心位置[5]。因此，八面体层中的 Mg^{2+} 更易于与 H^+ 反应并优先被溶出，Al^{3+} 与酸接触概率小，所以难以直接溶出。由于类质同晶取代也可能发生在四面体层，Al^{3+} 可能占据四面体中 Si^{4+} 的位置，使得一部分 Al^{3+} 更难以溶出。本研究所用凹凸棒石化学式为 $(Si_{7.77}Al_{0.23})(Mg_{1.84}Al_{1.33}Fe_{0.67})(Ca_{0.46}K_{0.21}Ti_{0.12})O_{20}(OH)_2(H_2O)_4(H_2O)$，可以算出 SiO_4 四面体中 Al^{3+} 总量约占总 Al 含量的 14.74%。基于凹凸棒石中 Al_2O_3 的含量(通过 XRF 分析测定为 9.61%)，可以估算出酸溶蚀前凹凸棒石 SiO_4 四面体中的 Al 含量约为 1.41%。酸溶蚀后凹凸棒石中含约 1.89%的 Al_2O_3。因此，OA 溶蚀处理得到的最终产物为含有少量 Si—O—Al 的无定形 SiO_2。

图 10-20 和图 10-21 分别为 OA 溶蚀处理前后凹凸棒石的 SEM 和 TEM 图片。经过 OA 溶蚀处理后，凹凸棒石棒晶束分散性明显提高。在溶蚀时间为 120 h 时，虽然凹凸

棒石八面体层金属离子几乎全部溶出，但凹凸棒石棒晶形貌保持完好，棒晶长度没有明显变化[图 10-20(k)和图 10-21(h)]。随着酸溶蚀反应的进行，凹凸棒石棒晶的表面变得粗糙[图 10-21(g)、(h)]。OA 溶蚀处理后棒晶形貌和长度保持相对完好，说明通过 OA 溶蚀处理可以制备出具有较高长径比的二氧化硅纳米棒。

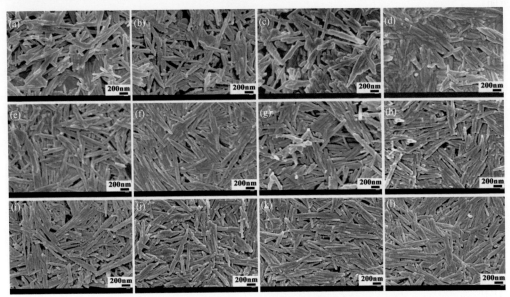

图 10-20　1 mol/L OA 溶液处理不同时间产物的 SEM 图[92]

(a)APT、(b)APT-1.00MOA1h、(c)APT-1.00MOA2h、(d)APT-1.00MOA4h、(e)APT-1.00MOA8h、(f)APT-1.00MOA12h、(g)APT-1.00MOA24h、(h)APT-1.00MOA48h、(i)APT-1.00MOA72h、(j)APT-1.00MOA96h、(k)和(l)APT-1.00MOA120h

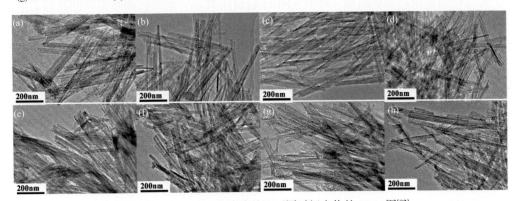

图 10-21　1 mol/L OA 溶液处理不同时间产物的 TEM 图[92]

(a)APT、(b)APT-1.00MOA1h、(c)APT-1.00MOA8h、(d)APT-1.00MOA24h、(e)APT-1.00MOA48h、(f)APT-1.00MOA72h、(g)APT-1.00MOA96h、(h)APT-1.00MOA120h

　　OA 溶蚀处理也显著改变了凹凸棒石的孔结构和表面性质。所有样品 N_2 吸附-解吸等温曲线均为具有 H_3 回线的 Ⅱ 型等温线。在相对压力(P/P_0)小于 0.40 的范围内，除 APT-OA1M120h 样品外，其他样品的吸附曲线和解吸曲线重合。随着相对压力增加，N_2 吸附量急剧增加，出现了毛细管凝结现象，样品中存在狭缝型或片状颗粒聚集形成的中孔或大孔。在凹凸棒石和酸溶蚀凹凸棒石孔径分布曲线中，可观察到位于 3.50 nm 和 30～

34 nm 的两个峰(图 10-22)。由于 N_2 分子的动力学直径(0.39 nm)大于凹凸棒石孔道直径 (0.37 nm × 0.64 nm)，因而 N_2 吸附法测试的数据仅包含了固有孔和堆积孔数据[107]，通过 BET 方法测试的大部分孔体积源于凹凸棒石聚集颗粒中非结构孔。随着 OA 溶蚀处理时间的增加，凹凸棒石棒晶束解聚，对应于中孔的两个峰逐渐增加，孔体积和比表面积也增加。

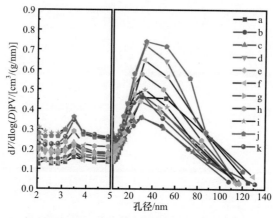

图 10-22　经 1 mol/L OA 溶液处理不同时间产物的孔径分布曲线[92]

a. APT、b. APT-1.00MOA1h、c. APT-1.00MOA2h、d. APT-1.00MOA4h、e. APT-1.00MOA8h、f. APT-1.00MOA12h、
g. APT-1.00MOA24h、h. APT-1.00MOA48h、i. APT-1.00MOA72h、j. APT-1.00MOA96h、k. APT-1.00MOA120h

表 10-6 列出了 OA 溶蚀处理前后凹凸棒石比表面积和孔结构参数的变化情况。随着酸溶蚀时间延长，凹凸棒石的比表面积呈现先降低后增加再降低的变化趋势，尤其是微孔比表面积的变化趋势更明显。对于 APT-OA1M1h 样品，溶蚀初期吸附在凹凸棒石上的草酸根离子会阻塞一些微孔，导致 S_{micro} 降低和 S_{BET} 减小。随着更多金属离子的溶出，中孔所占的比例增加。对于 OA 溶蚀 72 h 以后得到的凹凸棒石，溶蚀过程中形成的草酸钙附着在凹凸棒石表面上，使得一些微孔再次被阻塞，导致 S_{micro} 减小[108]。凹凸棒石八面体完全溶蚀后，样品的 S_{micro} 进一步减小，外比表面积(S_{ext})也呈现下降趋势。

表 10-6　经 1 mol/L OA 溶液处理不同时间产物的比表面积和孔结构参数

样品	S_{BET}/(m²/g)	S_{ext}/(m²/g)	S_{micro}/(m²/g)	V_{tot}/(cm³/g)	D_{pore}/nm
凹凸棒石	239	143	96	0.36	5.96
APT-OA1M1h	177	155	22	0.30	6.80
APT-OA1M2h	274	202	71	0.37	5.41
APT-OA1M4h	309	209	100	0.47	6.13
APT-OA1M8h	300	206	94	0.40	5.34
APT-OA1M12h	307	181	126	0.44	5.77
APT-OA1M24h	320	205	115	0.42	5.26
APT-OA1M48h	372	257	114	0.50	5.38
APT-OA1M72h	382	288	93	0.50	5.22
APT-OA1M96h	348	287	62	0.61	6.95
APT-OA1M120h	324	254	70	0.46	5.71

有机酸酸蚀黏土矿物的机理可以用表面反应模型来解释，其中溶解速率与固相表面质子化、去质子化和有机络合物的浓度正相关[109]。低分子量有机酸对钙长石和高岭石溶解影响研究表明，有机络合离子的活化位点主要集中在 Al[110]。OA 溶液溶蚀凹凸棒石的过程也符合表面反应模型。OA 与凹凸棒石的反应主要集中在八面体，OA 溶蚀后棒晶表面可释放出更多纳米孔，但棒晶的长度没有明显变化。通过计算 $I_{(040)}/I_{(200)}$ 的相对值可以揭示晶面的相对损伤程度。如果该值下降，意味着(040)晶面严重受损，说明 OA 沿 b 轴溶蚀棒晶。从表 10-7 列出的 $I_{(040)}/I_{(200)}$ 分析结果可以看出，酸溶蚀反应后，凹凸棒石(200)和(040)晶面衍射峰强度都相应降低，$I_{(040)}/I_{(200)}$ 比值呈下降趋势，酸溶蚀反应主要沿 b 轴进行，酸溶出反应的活性中心位于八面体。OA 还具有一定的 Si 络合能力[111]，由于端面面积小，而且活性部位不足，因此反应不能在端面上有效进行，酸溶蚀主要发生在八面体上，使凹凸棒石棒晶在整个反应过程中都能够保持原有形态和长度，最终得到表面多孔的一维非晶态 SiO_2 纳米棒。

表 10-7　经 1 mol/L OA 溶液处理不同时间产物的(200)和(040)晶面衍射峰强度和 $I_{(040)}/I_{(200)}$ 比值[92]

样品	$I_{(200)}$	$I_{(040)}$	$I_{(040)}/I_{(200)}$
凹凸棒石	298	480	1.61
APT-OA1M1h	262	457	1.74
APT-OA1M2h	252	411	1.63
APT-OA1M4h	227	357	1.57
APT-OA1M8h	222	346	1.56
APT-OA1M12h	218	334	1.53
APT-OA1M24h	212	331	1.56
APT-OA1M48h	197	304	1.55
APT-OA1M72h	193	279	1.45
APT-OA1M96h	199	294	1.48
APT-OA1M120h	197	290	1.47

10.2.4.2　有机酸酸蚀转白

在认知高纯凹凸棒石随 OA 溶液溶蚀结构演化的基础上，作者对甘肃临泽砖红色混维凹凸棒石黏土地脉通矿(MDP)进行了梯度溶蚀研究。将 1 mol/L OA 溶液溶蚀不同时间样品编号为 OMDP-xh(x 代表反应时间)。由图 10-23 OA 溶液溶蚀不同时间数码照片可见，当溶蚀 1 h 后，MDP 矿样颜色变为微红色；当溶蚀 2 h 后，MDP 矿样颜色即转变为白色；溶蚀时间越长，矿样色泽越白。

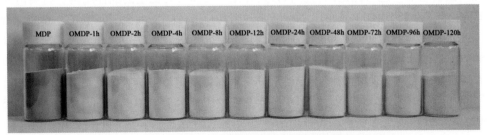

图 10-23　MDP 和 OA 溶液溶蚀不同时间样品的数码照片[111]

图 10-24 是不同溶蚀时间后样品的红外光谱图。可以看出，MDP 样品在 3429 cm^{-1} 和 1631 cm^{-1} 处的特征吸收峰为表面吸附水和沸石水的伸缩振动和反对称伸缩振动吸收峰，经 OA 溶液溶蚀后上述特征吸收峰出现了偏移，表明 MDP 表面水的类型发生了变化；MDP 在 1430 cm^{-1} 处的吸收峰为碳酸钙，经 OA 溶液溶蚀后该吸收峰消失，说明矿物伴生的碳酸钙已去除；同时，在 1319 cm^{-1} 波数处出现了新吸收峰，这可能归因于草酸钙石的形成；1032 cm^{-1} 处的吸收峰为 Si—O—Si 基团的反对称伸缩振动峰，随着 OA 溶液溶蚀时间的延长而偏移至 1089 cm^{-1} 处(120 h)，说明 Si—O 键的键长和键角均发生变化，SiO$_4$ 四面体层出现形变。

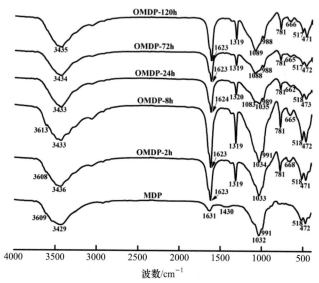

图 10-24　MDP、OMDP-2h、OMDP-8h、OMDP-24h、OMDP-72h 和 OMDP-120h 样品的红外光谱[111]

图 10-25 分别为 MDP 和 OA 溶液溶蚀处理不同时间后样品的 XRD 衍射谱图。在 MDP 中凹凸棒石的特征衍射峰出现在 $2\theta = 8.495°$[(110)晶面]、$2\theta = 13.913°$[(200)晶面]、$2\theta = 19.891°$[(040)晶面]、$2\theta = 27.593°$[(231)晶面]和 $2\theta = 35.093°$[($\bar{1}$61)晶面]。随着 OA 溶蚀时间延长，凹凸棒石在(110)晶面衍射峰强度逐渐降低，但与安徽明光凹凸棒石相比[图 10-19(b)]，MDP 矿样衍射峰强度变化相对较小，这说明凹凸棒石棒晶发育越好，OA 溶液溶蚀处理对棒晶损伤越严重。MDP 矿样中在 $2\theta = 8.836°$[(002)晶面]、$2\theta = 17.761°$[(004)晶面]、$2\theta = 61.587°$[($\bar{3}$31)晶面]出现伊利石的特征衍射峰[112]，且在 OA 溶液溶蚀后强度增加，这可能是因为伊利石具有比凹凸棒石更稳定的晶体结构。石英衍射峰出现在 $2\theta = 20.859°$[(100)晶面]、$2\theta = 26.639°$[(101)晶面]、$2\theta = 39.464°$[(102)晶面]、$2\theta = 50.138°$[(112)晶面]、$2\theta = 54.873°$[(202)晶面]、$2\theta = 59.958°$[(211)晶面]和 $2\theta = 68.142°$[(203)晶面]处，衍射峰强度随 OA 溶蚀时间的延长而增强。此外，在 MDP 矿样中有石膏和白云石伴生矿物，在 OA 溶蚀 1 h 后完全消失，同时出现草酸钙的特征衍射峰，该现象与安徽明光凹凸棒石溶蚀现象相同。MDP 矿样中在 $2\theta = 24.138°$[(012)晶面]和 $2\theta = 33.152°$[(102)晶面]处出现了赤铁矿的特征衍射峰[113]，经 OA 溶蚀后赤铁矿的特征峰消失，同时

MDP 由砖红色转为白色，可以推测矿物的砖红色主要是由赤铁矿存在引起的。

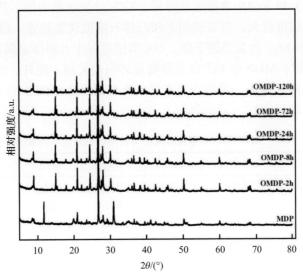

图 10-25　MDP、OMDP-2h、OMDP-8h、OMDP-24h、OMDP-72h 和 OMDP-120h 样品的 XRD 谱图[111]

图 10-26 分别为 MDP 和 OA 溶液溶蚀处理不同时间后样品的扫描电镜照片。由图 10-26(a)可以看出，MDP 由棒状结构矿物和层状结构矿物共同组成，结合 FTIR(图 10-24)和 XRD(图 10-25)谱图分析可知，棒状形貌为凹凸棒石，层状形貌多为伊利石。凹凸棒石和伊利石均由硅氧四面体和金属氧八面体组成，随着 OA 溶液溶蚀不同时间后，凹凸棒石棒晶不断减少，层状伊利石逐渐增多。该结果说明，通过 OA 溶蚀处理不仅除去赤铁矿转变原矿色泽，而且可以保留主要矿物，这为伴生矿的协同利用奠定了基础。

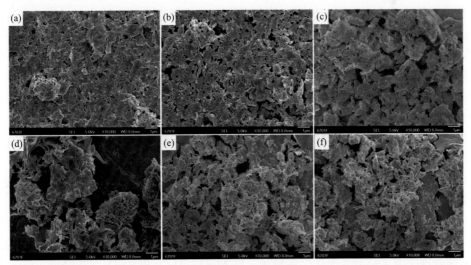

图 10-26　(a)MDP、(b)OMDP-2h、(c)OMDP-8h、(d)OMDP-24h、(e)OMDP-72h 和(f)OMDP-120h
样品的 SEM 图[111]

表 10-8 为 MDP 和 OA 溶液溶蚀处理不同时间后样品的化学组成。MDP 矿物中除

含有凹凸棒石外，还含有伊利石和白云石等矿物，随着 OA 溶蚀时间的延长，MgO、
Al_2O_3、K_2O、Na_2O 和 Fe_2O_3 含量逐渐降低，SiO_2 含量逐渐增加。其中，MgO、Al_2O_3
和 Fe_2O_3 含量降低幅度较大，与安徽明光凹凸棒石溶蚀现象趋势一致(表 10-5)。OA 溶
蚀仅 1 h 后，Fe^{3+} 和 Mg^{2+} 含量急剧下降，OA 溶蚀过程中八面体金属离子整体溶出顺序
为 $Fe^{3+}>Mg^{2+}>Al^{3+}$，MDP 中 Fe^{3+} 含量降低是转白的关键。此外，溶蚀过程中 K_2O 含
量也有所降低，但降幅较小，说明伴生矿伊利石相对稳定。CaO 含量始终较高是由于
溶蚀过程中形成了草酸钙。

表 10-8　MDP 和 OA 溶液溶蚀不同时间样品的化学组成(%)[111]

样品	SiO_2	Fe_2O_3	MgO	CaO	Al_2O_3	K_2O	Na_2O
MDP	54.01	5.20	5.76	9.29	15.21	2.99	1.27
OMDP-1h	67.77	2.62	1.65	9.83	12.72	3.34	1.25
OMDP-2h	68.54	1.88	1.66	10.08	12.70	3.18	1.19
OMDP-4h	66.84	2.05	1.93	10.96	13.24	3.22	0.97
OMDP-8h	65.97	1.89	2.06	12.61	12.76	3.05	0.83
OMDP-12h	69.62	1.50	1.75	10.15	12.20	3.03	0.99
OMDP-24h	68.08	1.25	1.82	13.26	11.14	2.85	0.79
OMDP-48h	70.20	1.03	1.72	12.73	10.07	2.72	0.73
OMDP-72h	71.97	0.84	1.62	12.03	9.35	2.65	0.77
OMDP-96h	72.90	0.80	1.45	11.91	8.89	2.57	0.75
OMDP-120h	67.39	0.57	1.14	10.39	7.23	2.01	0.72

10.2.5　草酸固相转白

作者团队先后探索使用水热[49]、溶剂热[79]和常压回流[85]等方法，通过将 Fe^{3+} 还原为
Fe^{2+} 或溶出 Fe^{3+} 以及伴生的赤铁矿，可以将砖红色凹凸棒石转变为白色。但水溶液溶蚀反
应后，会产生大量的废液，后处理困难。为此，作者发展了一种简单、高效和经济的固
相反应有机酸溶蚀新方法[114]。将混维凹凸棒石黏土编号为 RAPT，转白后凹凸棒石黏土
分别编号为 WAPT-x(x 代表有机酸比例)、WAPT-y(y 代表反应温度)和 WAPT-z(z 代表反应
时间)。

图 10-27 是 RAPT 和不同反应条件 OA 溶蚀样品的数码照片。经 RAPT 相对质量分
数 40% OA 和 120℃处理 1 h 后，RAPT 样品就转变为白色。在 OA 剂量相同情况下，提
高反应温度和延长反应时间都可以提升 OA 对八面体金属离子的溶出效率。然而，在 OA
剂量达到 80%后，继续增加 OA 用量不能进一步提高白度。

OA 不仅可以提供能够溶出 RAPT 八面体金属离子的 H^+ 离子，而且还可以通过所具
有的还原和络合作用加速金属离子溶出。固相 OA 溶蚀 RAPT 的化学组成如表 10-9 所示，
OA 溶蚀处理去除了部分八面体金属离子，使 MgO、Al_2O_3 和 Fe_2O_3 含量降低，Si 元素相
对含量增加。对于 WAPT-20%样品，MgO、Al_2O_3 和 Fe_2O_3 的含量分别占 RAPT 的 47.74%、
101.02%和 73.47%，这表明八面体层中的 Mg^{2+} 最容易溶出，其次是 Fe^{3+}，而 Al^{3+} 溶出最
困难。K_2O 含量变化不大，说明这些元素存在于较稳定的伊利石等矿物中[93]。然而，当

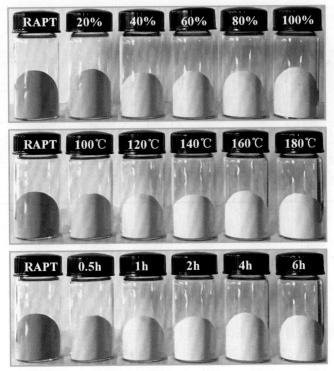

图 10-27　RAPT 和不同条件下样品的数码照片(从上排到下排分别为 OA 与 RAPT 不同质量比、
不同反应温度和不同反应时间)[114]

OA 用量和反应时间到达某一平衡点时，金属离子如 Fe^{3+} 和 Al^{3+} 不再溶出。随着 OA 用量增加，CaO 含量呈现先降低后升高的趋势，说明 OA 用量较低时 OA 中解离的 H^+ 离子溶解碳酸钙伴生矿物；当 OA 用量较高时形成草酸钙，由于溶解度较低，即使多次洗涤仍保留在反应产物中[100]。

表 10-9　RAPT 和固相反应 OA 溶蚀 RAPT 产物的化学组成(%，质量分数)

样品	SiO_2	MgO	Al_2O_3	Fe_2O_3	CaO	K_2O	Na_2O
RAPT	51.88	5.31	11.83	4.28	7.78	2.52	1.08
WAPT-20%OA	61.89	2.67	13.15	3.23	5.25	2.67	0.46
WAPT-40%OA	62.98	2.06	10.25	1.76	9.37	2.32	0.46
WAPT-60%OA	64.19	1.80	9.19	1.33	10.12	2.16	0.44
WAPT-80%OA	63.78	1.90	8.96	1.27	10.71	2.13	0.44
WAPT-100%OA	64.04	1.90	8.87	1.23	10.60	2.14	0.42

　　图 10-28(A)是 RAPT 和 OA 溶蚀处理后产物的 XRD 图谱。可以看出，RAPT 中除含有凹凸棒石外(特征衍射峰出现在 2θ = 8.51°、13.89°、19.89°、34.96°和 35.92°处)[22,86]，还含有伊利石[$KAl_2(Si_3Al)O_{10}(OH)_2$]、钙长石[$(Ca,Na) \cdot (Si,Al)_4O_8$]、方解石($CaCO_3$)($2\theta$ = 29.40°，JCPDS No. 86-0174)和白云石[$MgCa(CO_3)_2$](2θ = 30.93°，JCPDS No. 36-0426)等多种矿物。用 RAPT 质量分数为 20%的 OA 溶蚀处理后，凹凸棒石特征峰强度略有下降；

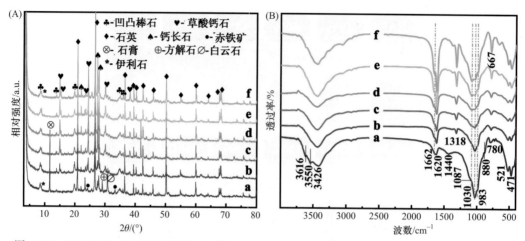

图 10-28　(a)RAPT、(b)WAPT-20%OA、(c)WAPT-40%OA、(d)WAPT-60%OA、(e)WAPT-80%OA 和
(f)WAPT-100%OA 的(A)XRD 图谱和(B)红外光谱图[114]

石膏、方解石和白云石的衍射峰消失，出现了草酸钙一水合物($CaC_2O_4 \cdot H_2O$)的衍射峰($2\theta=$
$14.93°$、$15.30°$、$23.56°$、$24.40°$、$30.11°$和$38.18°$，JCPDS No. 75-1313)[107]。这表明 OA 对
RAPT 的溶蚀主要涉及骨架中金属离子的浸出以及含钙矿物的酸溶反应。在所有 WAPT 样
品中，凹凸棒石特征峰强度没有显著差异，说明固相法 OA 溶蚀反应不会对凹凸棒石的晶
体结构造成严重破坏，最终 WAPT 中共存有凹凸棒石、伊利石、石英、草酸钙和钙长石。

　　图 10-28(B)是 RAPT 和 OA 溶蚀处理后产物的红外光谱图。在 RAPT 红外光谱图中
除出现凹凸棒石特征峰外，也观察到了相关石英特征吸收峰($780\ cm^{-1}$ 处的肩峰)和碳酸盐吸
收峰($1440\ cm^{-1}$ 的肩峰)[115]。OA 溶蚀处理后 SiO_4 四面体的吸收带得到增强。在 $1660\ cm^{-1}$
和 $1620\ cm^{-1}$ 处出现了草酸钙羧基不对称伸缩振动峰，在 $1318\ cm^{-1}$ 处的吸收峰是羧基的
对称伸缩振动峰[116,117]，进一步说明酸蚀过程中形成了草酸钙。图 10-29 是 RAPT 和 OA

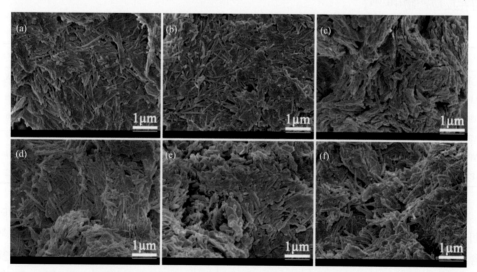

图 10-29　(a)RAPT、(b)WAPT-20% OA、(c)WAPT-40% OA、(d)WAPT-60% OA、(e)WAPT-80% OA 和
(f)WAPT-100% OA 的 SEM 图[114]

溶蚀处理后产物的 SEM 图片。经 20% OA 溶蚀处理后，可溶杂质被去除，棒晶的分散性改善，部分棒晶束分解成单个棒晶。然而，经 40%或更多的 OA 溶蚀处理后，产物中草酸钙量逐渐增加，棒晶重新粘连在一起形成聚集体。所以，在固相酸蚀过程中 OA 的用量越小其矿物属性越好。

RAPT 和 WAPT-60% OA 样品的穆斯堡尔谱如图 10-30 所示。RAPT 中赤铁矿四极分裂磁六重体光谱的顺磁性双峰[IS = (0.47±0.01) mm/s 和 QS = (−0.17±0.02) mm/s]，具有强磁场[(52.77±0.07) kOe][118]。高自旋 Fe^{3+}[IS = (0.33±0.005) mm/s 和 QS = (−0.89±0.01) mm/s] 和 Fe^{2+}[IS = (1.44±0.007) mm/s 和 QS = (2.44±0.01) mm/s]的对称双峰，证实 RAPT 中同时存在 Fe^{3+} 和 Fe^{2+}[60]。用 60% OA 溶蚀处理后，赤铁矿的穆斯堡尔谱峰消失，表明赤铁矿杂质已去除。与 Fe^{3+} 相比，Fe^{2+} 更易于溶解，因而在 OA 浸出样品的穆斯堡尔谱中仅观察到具有精细相关参数的 Fe^{3+} 对称双峰[58]。因此，赤铁矿溶解是颜色转化的主要原因，而 Fe^{3+} 的部分溶出有助于进一步提高白度。

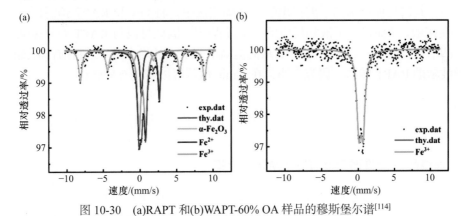

图 10-30　(a)RAPT 和(b)WAPT-60% OA 样品的穆斯堡尔谱[114]

OA 固相溶蚀 RAPT 后将影响样品的表面性能[116]。WAPT 的比表面积(S_{BET})[图 10-31(a)]随 OA 用量的增加先增加然后减少，但它们都大于原始 RAPT 的表面积(40.27 m²/g)。八

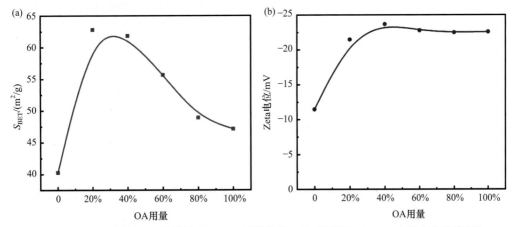

图 10-31　用不同量 OA 溶蚀处理 RAPT 后样品的(a)比表面积和(b)Zeta 电位变化曲线[114]

面体阳离子的溶出会疏通内部孔[106,119,120]。但 RAPT 中只有部分八面体金属离子被溶出,这对疏通内部孔的影响有限。因此,比表面积的增加归因于伴生矿物的溶解和转化。WAPT-20%处理样品有最大比表面积,达到 62.79 m²/g。此时伴生的石膏、方解石和白云石等溶解,溶解后的钙因 OA 量不足仅形成少量草酸钙,从而改善了棒晶分散性并增加了比表面积。

图 10-31(b)是 RAPT 和 OA 溶蚀处理后产物的 Zeta 电位变化曲线。结果表明,溶蚀处理增加了 RAPT 表面负电荷,WAPT 样品的 Zeta 电位更负。当 OA 用量大于 40%后,WAPT 样品的 Zeta 电位几乎趋于不变。黏土表面的负电荷主要是由于晶体结构中的非等价同构性、边缘和外表面的断裂键以及羟基的解离引起的[121]。该结果说明采用 RAPT 质量分数 40%的 OA 溶蚀是最佳条件。

采用 OA 酸蚀 RAPT 无论是液相法还是固相法,八面体金属阳离子变化具有相似的规律。OA 水溶液中凹凸棒石酸浸反应过程符合表面反应模型,其中 OA 首先附着在凹凸棒石表面,其次是促进阳离子的浸出[92]。在固相法中,将 OA 和 RAPT 预混以使 OA 与 APT 直接接触,从而消除了液相反应的传质过程[122]。因此可以与 RAPT 充分接触并有助于破坏凹凸棒石的 Si—O—M 键[123],从而提高了 RAPT 的增白效率。目前作者团队又发展了微波辅助 RAPT 转白。研究表明,在 2 min 内就可以实现有效转白。

10.3　转白混维凹凸棒石黏土构筑功能复合材料

10.3.1　海藻酸钠/混维凹凸棒石黏土纳米复合膜

为了评价转白混维凹凸棒石黏土的应用性能,采用 RAPT 和酸溶蚀混维凹凸棒石黏土作为填料,制备了系列海藻酸钠/混维凹凸棒石黏土(SA/HAPT)纳米复合膜[78],研究了含量对机械性能、吸湿性和透光性的影响,通过对比研究评估了去除金属离子对抗老化性能的影响。

图 10-32(a)和(b)显示了 RAPT 和 HAPT-2 含量对 SA/RAPT 和 SA/HAPT-2 纳米复合膜机械性能的影响。可以看出,纯 SA 膜的拉伸强度(TS)和断裂伸长率(EB)分别为 9.52 MPa和 28.23%。随着 RAPT 或 HAPT-2 含量的增加,纳米复合膜拉伸强度和断裂伸长率先增加后减小。在含量为 4%时,SA/RAPT 膜的最大 TS 为 11.05 MPa,SA/HAPT-2 膜的最大TS 为 14.66 MPa;在含量为 6%时,SA/RAPT 复合膜的最大 EB 为 32.35%,SA/HAPT-2复合膜的最大 EB 为 41.77%。这是因为当添加量(质量分数)为 4%时,凹凸棒石在SA/HAPT-2 膜中分散较好,当膜经受拉伸时凹凸棒石纳米棒可以转移应力,有利于改善膜的机械性能[124];当添加量达到 10%时,在膜中观察到了凹凸棒石的聚集体[图 10-32(d)]。凹凸棒石聚集体在纳米复合膜中形成缺陷点,在受力时对应力转移不利,从而机械性能下降。与 RAPT 纳米复合膜相比,在相同添加量下,加入 HAPT-2 较加入RAPT 能够更有效改善复合膜的机械性能。这一方面与凹凸棒石棒晶分散有关,另一方面,还可能与混维凹凸棒石黏土中伴生的片状伊利石等矿物有关。

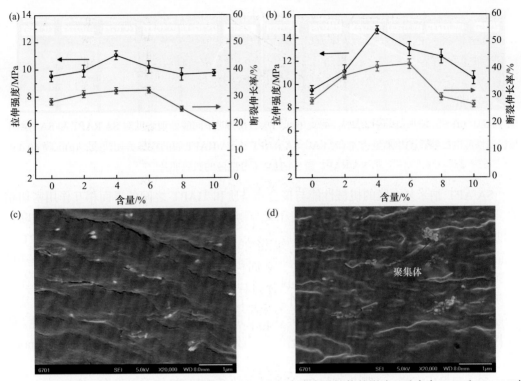

图 10-32 不同添加量对(a)SA/RAPT 和(b)SA/HAPT-2 复合膜力学性能的影响以及含有(c)4%和(d)10%时 SA/HAPT-2 膜的拉伸截面的 SEM 图[78]

在添加量(质量分数)分别为 2%、4%、6%、8%和 10%条件下，研究了酸浓度对 SA/ RAPT 和 SA/HAPT 纳米复合膜力学性能的影响[图 10-33(a)~(e)]。可以看出，引入酸处理的 HAPT 膜的 TS 和 EB 都显著高于 RAPT 膜的 TS 和 EB。与 HAPT-2 结合的纳米复合膜显示出最高的 TS 和 EB。然而，随着酸浓度增加到 4 mol/L，SA/HAPT 膜的机械性能下降，因为用高浓度 HCl 水溶液处理后 HAPT 棒晶变短，制约了对高分子膜的增强效果。

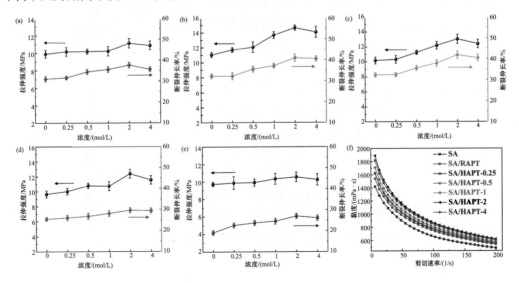

图 10-33　(a)～(e)添加量分别为 2%、4%、6%、8%、10%时不同酸处理浓度对 SA/RAPT 和 SA/HAPT 膜机械性能的影响；(f)添加量为 4%时 SA、SA/RAPT 和 SA/HAPT 膜的稳态剪切曲线；(g)沉降 60 d 前后 SA/RAPT 和 SA/HAPT 分散液的数码照片[78]

　　SA/APT 纳米复合膜的机械性能与聚合物基质和 HAPT 之间的界面相互作用密切相关。黏土矿物在基质中的均匀分散及其和聚合物链之间的相互作用可以产生物理交联，有助于在膜拉伸时转移应力，从而提高膜的机械性能。与 RAPT 相比，酸处理 HAPT 中棒晶表面含有大量的表面活性位点和表面硅烷醇基团，可以与 SA 链上的羧基和羟基形成氢键，从而在聚合物链和纳米填料之间产生强烈的相互作用，并使聚合物分子链在受到应力的情况下有效转移应力[125]。此外，RAPT 酸处理极大改善了黏土矿物在 SA 基质中的分散及它们之间的相互作用。图 10-33(g)显示了前驱体溶液的沉降性能和稳定性。从图中可以看出，制备 SA/HAPT 用的混合溶液，当处理 HAPT 所用酸溶液浓度高于 2 mol/L 时，SA/HAPT 溶液在室温下静置 60 d 后变化不大，悬浮稳定性良好；但 SA/RAPT 溶液静置 60 d 后发生沉降，说明 SA/HAPT 溶液体系比 SA/RAPT 体系更稳定，这与 HAPT 的 Zeta 电位更负有关。

　　为了研究 HAPT 和 SA 之间的相互作用，测定了添加量为 4%时所制备前驱体混合溶液的流变曲线。如图 10-33(f)所示，前驱体分散液表现出典型的剪切变稀行为，证明混合体系中存在氢键网络。用不同浓度 HCl 水溶液处理得到的 SA/HAPT 悬浮液的黏度遵循以下顺序：SA/HAPT-2＞SA/HAPT-4＞SA/HAPT-1＞SA/HAPT-0.5＞SA/HAPT-0.25＞SA/RAPT＞SA，与机械性能的变化趋势一致，表明机械性能的改善源于 SA 和 HAPT 之间的相互作用。酸处理后 HAPT 表面的 Si—OH 基团数量和表面积有所增加，这有助于增加与聚合物基体的接触面积，并与 SA 链上的羧基或羟基形成强氢键相互作用，从而使 SA/HAPT 复合材料界面处的结合力更好。

　　SA 是一种天然聚合物，具有很高的亲水性。纯 SA 膜的接触角为 59.2°。图 10-34(a)显示了酸浓度对 SA 纳米复合材料膜接触角(CA)的影响。在相同含量下，SA/HAPT 复合膜的 CA 高于 SA/RAPT 复合膜，随着酸浓度增加 CA 增大，当酸浓度为 2 mol/L 时 CA 增加到 71.9°。由此可见，在 SA 纳米复合膜中引入 HAPT 可改善耐水性。图 10-34(b)显示了复合薄膜的吸湿性。SA 膜的吸湿性为 43.77%，引入 HAPT 降低了复合膜的吸湿性。不同浓度 HAPT 对复合膜耐水性的影响呈现出与其机械性能相似的变化趋势。在添加量为 4%时，吸水性能显著改善。在添加量相同情况下，随着处理酸溶液浓度的增加，复合膜耐水性越好。该结果说明除去杂质和活化凹凸棒石及其伴生矿，可以显著提升复合材料的相关性能。

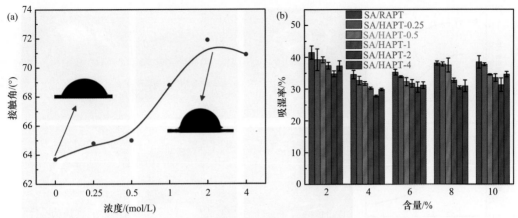

图 10-34　(a)酸浓度对含有 4% HAPT 复合膜 CA 的影响；(b)不同添加量 SA/RAPT
和 SA/HAPT 复合膜的吸水性[78]

　　含不同量 RAPT 和 HAPT 纳米复合膜在 200～800 nm 波长范围内的透光率如图 10-35
所示。当 RAPT 和 HAPT 在 SA 基质中含量(质量分数)增加到 4%时，纳米复合薄膜的透
光率减少。在 600～800 nm 波长范围内，透过率值超过 80%。用砖红色 RAPT 制备的膜，
在 200～600 nm 的波长范围内透光率较低，表明 RAPT 的红色影响 SA/APT 复合膜的透
光率。从添加量分别在 4%和 10%时 SA/RAPT 和 SA/HAPT 膜的数码照片可见，随着 RAPT
含量的增加，SA/RAPT 膜呈微红色。对于 SA/HAPT 膜，肉眼可清晰看到膜下方的标记。

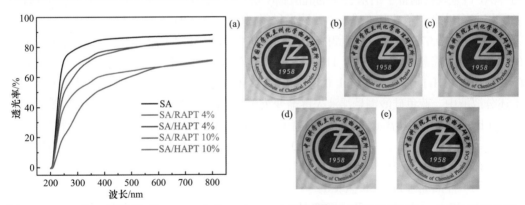

图 10-35　SA 膜、不同添加量 SA/RAPT 和 SA/HAPT-2 复合膜的透光率(左)和(a)SA、(b)SA/RAPT 4%、
(c)SA/HAPT-2 4%、(d)SA/RAPT 10%、(e)SA/HAPT-2 10%复合膜的数码照片[78]

　　通过在紫外光下暴露不同时间评价了膜耐老化性能。RAPT 中存在价态可变的金属
离子。UV 光照射 72 h 后，用 RAPT 制备纳米复合膜 TS 从 11.05 MPa 降至 6.71 MPa，
EB 由 32.22%降至 19.11%。转白后的 HAPT 在 UV 暴露 72 h 后，TS 从 14.66 MPa 降低
到 12.09 MPa，EB 从 40.86%降低到 32.61%。由此可见，转白后 HAPT 制备复合膜耐老
化性能更好[图 10-36(a)、(b)]。在图 10-36(c)中，在 UV 暴露 96 h 后，观察到复合膜在折
叠后变化不大，但由 RAPT 制备的复合膜明显出现裂缝，这些结果表明 RAPT 中 Fe^{3+} 的
存在能加速膜的老化。

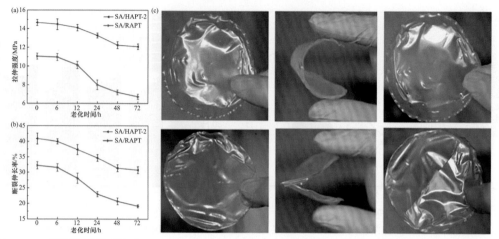

图 10-36　紫外线辐照时间对(a)SA/RAPT 和(b)SA/HAPT-2 复合膜力学性能的影响以及(c)紫外线辐照后
SA/HAPT-2 膜(上)和 SA/RAPT 膜(下)的数码照片[78]

10.3.2　铜/二氧化硅纳米复合材料

RAPT 经过酸溶蚀处理后，可以得到纯度较高的二氧化硅。除可以用作聚合物材料补强填料外，得到的二氧化硅由于反应活性较高，而且具有特殊的形貌，所以可以作为原材料制备各种不同形貌的纳米材料。作者利用 RAPT 酸溶蚀处理得到的二氧化硅(编号为 AAPT)为原料制备了纳米管状的硅酸铜($CuSiO_3$)纳米材料，进而通过原位还原处理制备了担载铜纳米粒子花状 Cu^0@SiO_2 纳米材料,拓展了 RAPT 在抗菌材料方面的应用[126]。

将 1.05 g(0.075 mol)硅酸铜固体粉末均匀分散到 60 mL 去离子水中，然后用 0.1 mol/L 的 NaOH 溶液将悬浮液 pH 调至 11；将分散液转入 70℃油浴锅中搅拌并加热。称取 0.567 g (0.15 mol)$NaBH_4$ 固体，用 30 mL 0.1 mol/L 的 NaOH 溶液分散均匀，随后将其快速加入到上述分散液中，蓝色硅酸铜悬浮液先逐渐变为墨绿色(氧化亚铜)，最后为紫红色(单质铜)。反应 1 h 后将固体产物离心分离，用去离子水充分洗涤至上清液呈中性。固体产物经干燥、研磨后，过 200 目筛，样品编号为 L-SiO_2@Cu。将一定量的硅酸铜粉末在管式电阻炉中加热，并在氢气氛围下进行热还原反应，温度为 450℃，时间为 3 h。待反应结束后，将产物装袋备用。样品编号为 V-SiO_2@Cu。

图 10-37 显示了 RAPT 和 AAPT 的数码照片和 SEM 图。从二者的数码照片上可明显看出，经过酸溶蚀处理后，RAPT 转变为白色。与此同时，从图 10-37(c)所示的 SEM 图中可观察到，凹凸棒石纳米棒晶与片状伴生矿共存。经过酸溶蚀后，棒晶形貌仍然保持完好，片状的伴生矿几乎完全消失。从 BET 孔结构参数结果(表 10-10)可以看出，经过酸溶蚀处理后，凹凸棒石孔结构明显改善，S_{BET}、S_{ext}、V_{tot} 和 D_{pore} 值均明显增加，这有助于形成活性二氧化硅，从而有利于制备功能复合材料。RAPT 和二氧化硅纳米棒的 XRD 分析结果表明，经过酸溶蚀处理后，除(110)和(400)晶面的衍射峰外，所有其他凹凸棒石的特征衍射峰均消失，表明凹凸棒石的八面体层被破坏[127]。然而，在 $2\theta = 25.4°$处出现了一个新衍射峰，归属为硫酸钙的特征衍射峰(JCPDS No. 37-1496)。其他衍射峰则属于石英的特征衍射峰(JCPDS No. 46-1045)。

图 10-37　RAPT 和 AAPT 的数码照片和 SEM 图[126]

表 10-10　RAPT 和制备纳米材料的 BET 孔结构参数

样品	S_{BET}/(m²/g)	S_{ext}/(m²/g)	V_{tot}/(cm³/g)	D_{pore}/nm
RAPT	35.91	49.34	0.11	11.82
AAPT	85.57	87.00	0.28	13.07
CuSiO₃	214.55	322.36	0.45	8.32
L-SiO₂@Cu	195.23	297.44	0.34	6.88
V-SiO₂@Cu	165.69	201.15	0.27	6.42

　　图 10-38(a)显示了 CuSiO₃、L-SiO₂@Cu 和 V-SiO₂@Cu 的 XRD 图谱。与二氧化硅纳米棒相比，水热处理后得到的 CuSiO₃ 在 $2\theta = 26.65°$ 处的石英衍射峰明显加强，在 $2\theta = 25.33°$ 处的硫酸钙特征峰变得更加微弱，在 $2\theta = 3.56°$ 和 $5.37°$ 处出现两个新峰，分别归属为钙铝硅酸盐矿(JCPDS No. 42-1452 和 JCPDS No. 46-1405)的特征衍射峰。水合硅酸铜的特征衍射峰出现在 $2\theta = 22.06°$、$23.56°$、$24.01°$、$27.08°$、$30.58°$ 和 $39.44°$(JCPDS No. 33-0487)处，证明铜离子和二氧化硅反应形成了硅酸铜。在 L-SiO₂@Cu 和 V-SiO₂@Cu 复合材料

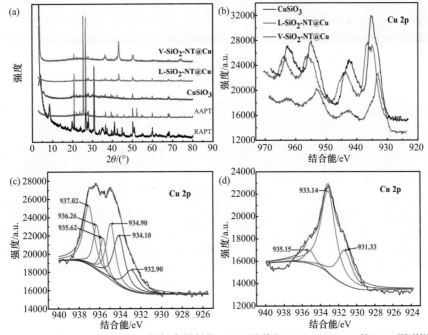

图 10-38　(a)RAPT、AAPT、铜复合材料的 XRD 图谱和[(b)～(d)]Cu 2p 的 XPS 图谱[126]

的 XRD 图谱中出现了 Cu^0 在 43.31°[(111)晶面]、50.52°[(200)晶面]和 74.05°[(220)晶面]处的特征衍射峰[128]。与 L-SiO$_2$@Cu 相比，V-SiO$_2$@Cu 的 Cu^0 衍射峰强度更高，表明气相还原法合成产物的结晶度更好。值得注意的是，在 L-SiO$_2$@Cu 和 V-SiO$_2$@Cu 中没有观察到 Cu$_2$O 和 CuO 的特征衍射峰[129]，说明该方法制备的 Cu^0 纯度较高、稳定性较好。

图 10-38[(b)～(d)]给出了 CuSiO$_3$、L-SiO$_2$@Cu 和 V-SiO$_2$@Cu 的 Cu 2p XPS 全谱和精细谱。对比研究发现，CuSiO$_3$ 经过还原形成 SiO$_2$@Cu 复合材料后，Cu 2p 峰发生了明显变化。在 L-SiO$_2$@Cu 和 V-SiO$_2$@Cu 的精细 XPS 谱中出现了 BE = 933 eV 新峰，证明 Cu^{2+}被还原为 Cu^0。此外，与 V-SiO$_2$@Cu 相比，L-SiO$_2$@Cu 拟合结果更加复杂，推断是由于复杂的液相环境使得还原反应过程更不易控制。

RAPT 和所制备的铜复合材料的 SEM 以及 TEM 图示于图 10-39 和图 10-40。从图中可以看出，在结构导向剂 P123 的辅助作用下，成功合成了具有类珊瑚状形貌的 CuSiO$_3$ 纳米管。与硼氢化钠还原过程相比，通过氢气还原制备得到的产物仍呈现出更规整的类珊瑚状形貌以及更均一的 Cu^0 分散，铜纳米颗粒的尺寸在 10～30 nm 左右。

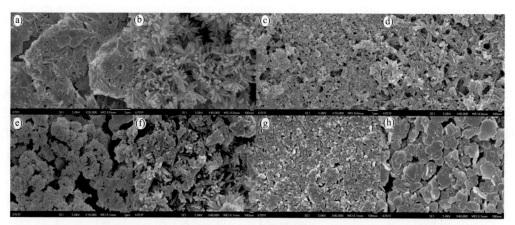

图 10-39　(a)RAPT、(b)CuSiO$_3$、[(c)、(d)]L-SiO$_2$@Cu、[(e)、(f)]V-SiO$_2$@Cu、
(g) C-LDH、(h)H-LDH 的 SEM 图[126]

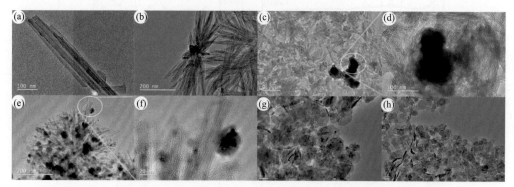

图 10-40　(a)RAPT、(b)CuSiO$_3$、[(c)、(d)]L-SiO$_2$@Cu、[(e)、(f)]V-SiO$_2$@Cu、
(g)C-LDH 和(h)H-LDH 的 TEM 图[126]

CuSiO$_3$、L-SiO$_2$@Cu 和 V-SiO$_2$@Cu 的元素分布图结果证实了 Cu、Si 和 O 元素均匀

地分布在所制备样品的表面，表明经过还原反应后，类珊瑚状形貌得以保持，而且在纳米管表面原位形成了铜纳米粒子。EDS 成分分析(图 10-41)可以看出，对于 CuSiO$_3$、L-SiO$_2$@Cu 和 V-SiO$_2$@Cu 复合物，铜在其表面的负载量分别为 62.49%、50.71%和 40.08%，这表明铜纳米颗粒成功地负载在二氧化硅表面。相比之下，V-SiO$_2$@Cu 中铜的负载量最低，这可能是由于铜纳米粒子的良好分散性[130]。此外，从 L-SiO$_2$@Cu 和 V- SiO$_2$@Cu 的数码照片可以看出，L-SiO$_2$@Cu 样品的外观为紫色，而 V-SiO$_2$@Cu 的外观为煤黑色，这证实 V-SiO$_2$@Cu 上铜颗粒属于纳米尺寸级别，而 L-SiO$_2$@Cu 上则接近宏观尺寸[131]。

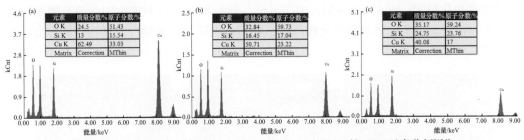

图 10-41　(a)CuSiO$_3$、(b)L-SiO$_2$@Cu 和(c)V-SiO$_2$@Cu 的 EDS 元素分析[126]

　　图 10-42 是 RAPT、CuSiO$_3$、L-SiO$_2$@Cu 和 V-SiO$_2$@Cu 对金黄色葡萄球菌(*S. aureus*)和大肠杆菌(*E. coli*)抗菌性能的测试结果。RAPT 无论是对 *S.aureus* 还是对 *E. coli*，均不能有效控制细菌增殖，因此不具有抗菌活性。然而，所制备的铜复合材料均表现出了一定的抗菌效果，尤其是 V-SiO$_2$@Cu 比 CuSiO$_3$ 和 L-SiO$_2$@Cu 的抗菌性能更加优异，其对金黄色葡萄球菌(*S. aureus*)和大肠杆菌(*E. coli*)的最小抑菌浓度 MIC 值分别为 0.6 mg/mL 和 2.0 mg/mL。

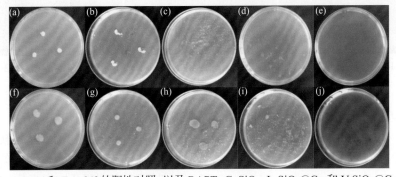

图 10-42　*S. aureus*(a)和 *E. coli*(f)的阳性对照，以及 RAPT、CuSiO$_3$、L-SiO$_2$@Cu 和 V-SiO$_2$@Cu 对 *S. aureus* 和 *E. coli* 抑菌效果数码照片

(b)RAPT 对 *S. aureus*(2.0 mg/mL)；(g)RAPT 对 *E. coli* (2.0 mg/mL)；(c)CuSiO$_3$ 对 *S. aureus*(2.0 mg/mL)；(h)CuSiO$_3$ 对 *E. coli* (2.0 mg/mL)；(d)L-SiO$_2$-NT@Cu 对 *S. aureus*(1.0 mg/mL)；(i)L-SiO$_2$-NT@Cu(i)对 *E. coli*(2.0 mg/mL)；(e)V-SiO$_2$-NT@Cu 对 *S. aureus*(0.60 mg/mL)；(j)V-SiO$_2$-NT@Cu 对 *E. coli*(2.0 mg/mL)[126]

10.4　混维凹凸棒石黏土直接构筑功能复合材料

10.4.1　混维凹凸棒石黏土构筑多孔硅酸盐吸附剂

　　近年来，人们对纳米/微米结构杂化材料[132,133]和性能优异的介孔材料[134-136]给予了极

大的关注。已经证明，水热处理凹凸棒石可调节微观结构并提高其吸附性能[137,138]。在水热条件下，作者以 RAPT 为原料通过调节 Si/Mg 进料摩尔比制备了介孔硅酸盐微球[139]，分别将样品编号为 SiMg-xy-z(xy 为 Si/Mg 摩尔比，z 为反应时间)。由图 10-43 所示，在 Si/Mg 摩尔为 2∶1、不同反应时间时制备杂化硅酸盐吸附剂的形貌不断发生变化。反应 2 h 后 RAPT 中凹凸棒石棒晶数量逐渐减少，长度变短，伴生矿物的聚集体转变为许多分散良好的小颗粒[图 10-43(b)]。反应 4 h 后观察到分散良好的球形颗粒[图 10-43(c)]。进一步将反应时间延长至 12 h 和 24 h，均匀分散的球体堆叠在一起，从而在球体之间形成许多缝隙和孔隙[图 10-43(e)、(f)]。由图可见，球形颗粒一旦形成后凹凸棒石棒晶以及伴生矿物消失，证实球形颗粒是由凹凸棒石及其伴生矿物在水热反应过程中的转变衍生而来的。

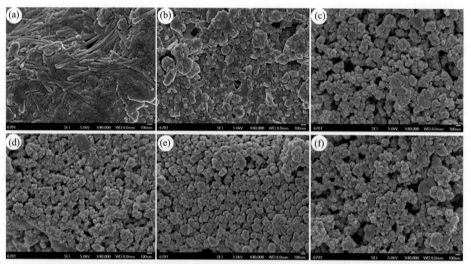

图 10-43   (a)RAPT 和(b)SiMg-21-2、(c)SiMg-21-4、(d)SiMg-21-8、(e)SiMg-21-12 和 (f)SiMg-21-24 的 SEM 图片[139]

在反应时间为 12 h，不同 Si/Mg 比制备吸附剂的 SEM 如图 10-44 所示。在 Si/Mg 为 3∶1 时未观察到明显的凹凸棒石纳米棒，凹凸棒石和伴生矿物聚集体被转化为分散性良好的小颗粒。在 Si/Mg 比为 2∶1 时，凹凸棒石纳米棒消失，产物为均匀球形形态[图 10-44(c)]。在 Si/Mg 比为 1∶1、1∶2 和 1∶3 时可观察到凹凸棒石棒晶，且 Mg^{2+} 离子过量越多，棒晶越明显。研究表明，在 Si/Mg 比为 3∶1 和 2∶1 时，反应介质 pH 值分别为 12.6 和 11.9。在 pH 值为 11.9 时，凹凸棒石和伴生矿物质溶解同时发生，同时形成了硅酸镁，有利于形成球形颗粒[140,141]。水热反应后在 Si/Mg 比为 2∶1 的介质 pH 值为 11.8，表明恒定的碱性条件对于球形颗粒的形成很重要。

如图 10-45(a)所示，在 Si/Mg 比为 2∶1 时，不同反应时间后凹凸棒石的特征衍射峰不断减小，在 12 h 凹凸棒石和伴生矿物的 XRD 衍射峰消失，未观察到 $Mg_3Si_2O_5(OH)_4$(JCPDS No. 52-1562)的衍射峰，表明杂化硅酸镁吸附剂具有无定形和中孔特征。水热反应后，石英 ($2\theta = 26.87°$)、方解石($2\theta = 29.59°$)和白云石($2\theta = 31.16°$)的特征衍射峰消失，没有观察到新的结晶相衍射峰，证实凹凸棒石晶体和相关矿物(即石英、方解石和白云石)都转变为新的

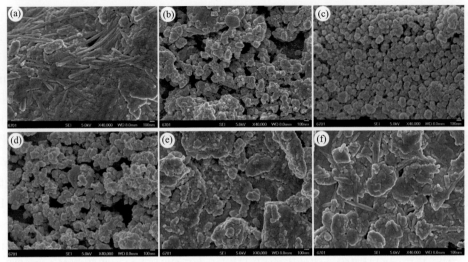

图 10-44　(a)RAPT、(b)SiMg-31-12、(c)SiMg-21-12、(d)SiMg-11-12、(e)SiMg-12-12、(f)SiMg-13-12 样品的 SEM 图[139]

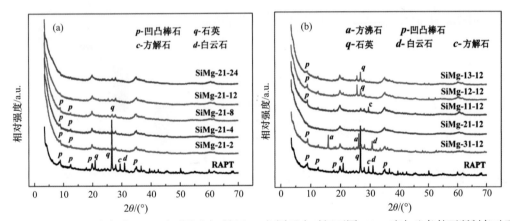

图 10-45　(a)Si/Mg 摩尔为 2∶1 时不同反应时间和(b)相同反应时间不同 Si/Mg 摩尔比条件下所制备硅酸盐的 XRD 图谱[139]

硅酸盐。如图 10-45(b)所示，当降低 Si/Mg 比小于 1 时，产物中仍存在凹凸棒石和伴生矿物(石英和白云石)的结晶相。这意味着反应系统中过量的 Mg^{2+} 离子可能会抑制凹凸棒石和伴生矿物的转化。

　　RAPT 和硅酸盐吸附剂在 77 K 下的 N_2 吸附-解吸等温线研究表明，各样品吸附 N_2 量随着相对压力(P/P_0)的增加而逐渐增加，在 $P/P_0 \leqslant 0.40$ 的范围内，N_2 的吸附和解吸曲线重叠，证实 N_2 的单层吸附和微孔特征[142]。$P/P_0 = 0.40$ 时，吸附 N_2 量为 20.05 cm^3/g(RAPT)、157.44 cm^3/g(SiMg-21-2)、162.01 cm^3/g(SiMg-21-4)、162.44 cm^3/g(SiMg-21-8)、169.16 cm^3/g(SiMg-21-12)和 172.38 cm^3/g(SiMg-21-24)。当 $P/P_0 > 0.4$ 时，吸附 N_2 量急剧增加，并观察到典型的 H3 型滞后。该结果证实吸附剂中存在中孔(和/或大孔)[143]。用 BJH(Barret-Joyner-Halenda)方法计算孔径分布，在 RAPT 孔径分布曲线中观察到位于 40.27 nm 处和 220.19 nm 处二个峰。SiMg-21-12 吸附剂的孔径分布出现在 37.74 nm(介孔)，比表面积达

到 481.76 m²/g(RAPT 仅为 54.67 m²/g)。此外，RAPT 和硅酸盐吸附剂中存在少量的微孔 (<2 nm)。用 Micro(%) = (S_{micro}/S_{total})×100%公式计算得出，RAPT 和 SiMg-21-12 吸附剂的 微孔率分别为 12.8%和 3.3%。

　　图 10-46 给出了吸附剂量为 0.6 g/L 和 1 g/L 条件下，染料溶液初始浓度为 200 mg/L 时不同条件下制备的硅酸盐吸附剂对亚甲基蓝(MB)和结晶紫(CV)的吸附效果。由图可见，吸附剂对溶液中染料的去除率随着 Mg/Si 摩尔比的增加而增加，在 Si/Mg 比为 2 : 1 时达到最大值。随着反应时间延长，去除率逐渐增加，在 12 h 时达到最佳，然后逐渐趋于平衡。使用 1 g/L 的吸附剂，即可从 200 mg/L 的染料溶液中除去 99.4%的 MB 和 99.6%的 CV；在相同条件下，RAPT 对 MB 和 CV 的去除效率分别为 44.1%和 64.3%。不同 Si/Mg 比吸附剂去除率顺序为：SiMg-21-12 > SiMg-11-12 > SiMg-31-12 > SiMg-12-12 > SiMg-13-12 > RAPT。吸附量测试结果表明，吸附剂 SiMg-21-12 对 MB 和 CV 的最大吸附容量分别为 324.59 mg/g 和 319.35 mg/g，明显高于RAPT 的吸附能力 97.63 mg/g(对于 MB)和 113.52 mg/g (对于 CV)。反应时间对吸附性能的影响相对较小。在反应时间 2 h，吸附剂对 MB 的吸附量增加到 283.47 mg/g，对 CV 的吸附量增加到 292.72 mg/g。

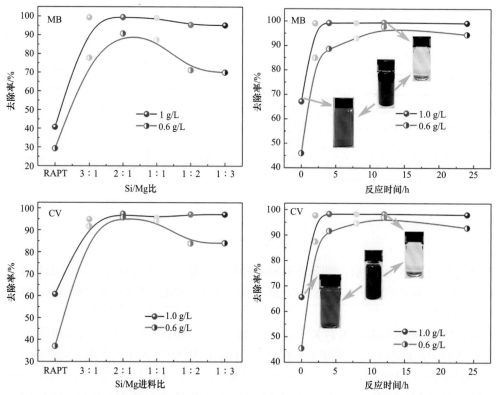

图 10-46　不同 Si/Mg 进料比和不同反应时间(Si/Mg 比固定为 2 : 1)条件下制备硅酸盐吸附剂对 MB 和 CV 染料的去除效率[139]

10.4.2　氯乙酸存在下混维凹凸棒石黏土构筑多孔硅酸盐吸附剂

　　在 Si/Mg 为 2 : 1 时构筑的多孔硅酸盐吸附剂有较佳的吸附性能，为了进一步提升吸附性能，通过引入一氯乙酸增加羧基功能基团的含量，以增强其络合能力[144]。在水热条件下当仅用硅酸钠和硫酸镁改性会宁凹凸棒石黏土(HNAPT)时，样品标记为 CHA-0。当用硅酸钠、硫酸镁和一氯乙酸同时对 HNAPT 改性时，样品标记为 CHA-x，x 为氯乙酸浓度。在 CHA-x 样品的红外光谱图中观察到了位于 1402 cm^{-1} 处的 C—H 弯曲振动峰，说明在吸附剂中引入了有机基团，其强度随一氯乙酸量的增加而增强；此外，归属于沸石水和表面吸附水的弯曲振动峰强度增强，并从 1641 cm^{-1} 偏移到 1662 cm^{-1}，说明加入一氯乙酸后样品的孔隙率增大。通过元素分析测定了样品中 C、H 元素的含量。结果表明，CHA-0.1 中 C 和 H 元素的含量分别为 1.68%和 2.30%，可以计算出—CH$_2$—COOH 的量为 4.20%。

由图 10-47 所示的 XRD 分析结果可以看出，所用 HNAPT 中伴生了云母、斜绿泥石、石英、白云石、长石和方解石等矿物[22]。经硅酸钠和硫酸镁改性后，凹凸棒石(110)晶面的特征衍射峰消失，石英等伴生矿物的特征衍射峰明显变弱甚至消失。所制备的硅酸盐吸附剂为无定形状态，在 XRD 图谱中没有观察到镁硅酸盐的特征衍射峰。引入氯乙酸后，样品的 XRD 谱图信息几乎与 CHA-0 一致，说明引入一氯乙酸对产物的晶体结构没有影响，但硅酸盐材料拥有较大的比表面积(表 10-11)。

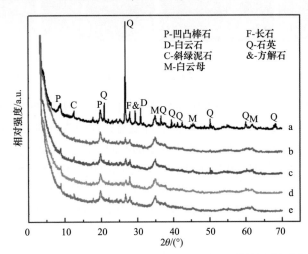

图 10-47　(a)HNAPT、(b)CHA-0、(c)CHA-0.05、(d)CHA-0.1 和(e)CHA-0.2 的 XRD 谱图[144]

表 10-11　HNAPT 及硅酸盐吸附剂比表面积和孔结构参数[144]

样品	S_{BET}/(m^2/g)	S_{micro}/(m^2/g)	$S_{ext.}$/(m^2/g)	V_{micro}/(cm^3/g)	V_{total}/(cm^3/g)	PZ/nm
HNAPT	52.87	5.86	47.02	0.0022	0.0900	6.81
CHA-0	346.68	122.42	224.26	0.0540	0.1986	2.29
CHA-0.05	351.20	117.67	233.53	0.0520	0.2051	2.34
CHA-0.1	410.61	19.67	390.94	0.0030	0.3083	3.00
CHA-0.2	388.23	51.44	336.79	0.0190	0.2664	2.74
CHA-0.1+OTC	104.81	14.56	90.25	0.0054	0.1143	4.36

由图 10-48(a)可见，在 HNAPT 中凹凸棒石棒晶与片状和粒状矿物伴生在一起形成聚集体。经硅酸钠和硫酸镁改性后，凹凸棒石棒晶和片状伴生矿物明显减少甚至消失，凹凸棒石和伴生矿物转变为硅酸盐吸附材料。研究表明，引入一氯乙酸可以提高 HNAPT 中凹凸棒石和伴生矿物的转化效率，样品中棒状物和片状物明显减少，并转化为纳米粒子聚集而成的微球材料。微球的均一度随一氯乙酸量的增加而增强。但当一氯乙酸质量分数大于 10%时，又趋于形成块状物质，这些聚集物的形成会造成比表面积的降低 (表 10-11)，进而影响硅酸盐吸附性能的发挥。

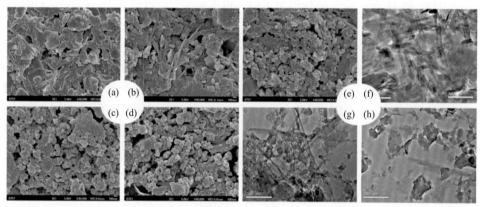

图 10-48　(a)HNAPT、(b)CHA-0、(c)CHA-0.05、(d)CHA-0.1、(e)CHA-0.2 样品 FESEM 图片和(f)HNAPT、(g)CHA-0、(h)CHA-0.1 样品 TEM 图[144]

用硅酸钠和硫酸镁处理后，CHA-0 对 N_2 的吸附-脱附等温线与 HNAPT 对 N_2 的吸附-脱附等温线不同，主要是 $P/P_0 > 0.40$ 时滞后环变宽；而引入一氯乙酸后滞后环又变窄。滞后环的不同说明样品中孔径分布或孔道类型的不同。根据 N_2 的吸附量，所制备材料的比表面积符合以下顺序：CHA-0.1＞CHA-0.2＞CHA-0.05＞CHA-0＞HNAPT(表 10-11)。HNAPT 孔径分布主要为位于 3～5 nm 和 15～30 nm 的两段介孔。经硅酸钠和硫酸镁改性或复合较少量氯乙酸后，15～30 nm 范围的孔径消失，这主要是由凹凸棒石棒晶消失造成的。随着氯乙酸量增加，该孔又重新出现但孔径分布更宽，变为 15～120 nm，主要由微粒聚集形成。

在初始浓度为 200 mg/L 条件下，HNAPT 对抗生素盐酸金霉素(CTC)和氧四环素(OTC)的吸附量较低；经硅酸钠和硫酸镁改性后，对 CTC 吸附量从 99.88 mg/g 提高到 174.60 mg/g(图 10-49)；对 OTC 吸附量从 69.00 mg/g 提高到 150.01 mg/g。引入一氯乙酸后，所制备样品的吸附量符合以下顺序：CHA-0.1＞CHA-0.05＞CHA-0＞CHA-0.2＞HNAPT，即当氯乙酸质量分数为 10%时，吸附性能最好，CHA-0.1 对 CTC 和 OTC 吸附量分别为 206.58 mg/g 和 160.47 mg/g。吸附剂吸附量表现出强的一氯乙酸依赖性，不仅因为引入了羧基基团，还因为凹凸棒石及其伴生矿物转化后形成介孔材料。由此可见，引入有机酸性小分子可进一步提高复合吸附剂的吸附性能。

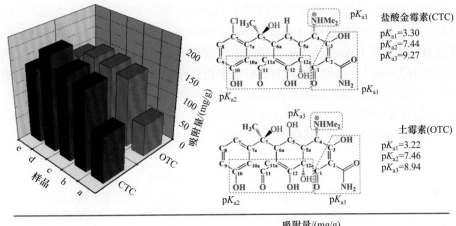

样品	吸附量/(mg/g)	
	CTC	OTC
APT	99.88	69.01
CHA-0	174.60	150.00
CHA-0.05	184.16	155.88
CHA-0.1	206.58	160.47
CHA-0.2	161.63	146.53

图 10-49　氯乙酸用量对复合吸附剂吸附性能的影响[144]

10.4.3　混维凹凸棒石黏土同步转化构筑硅酸盐/碳吸附材料

凹凸棒石独特的纳米孔道结构使其可以通过氢键和络合作用将有机分子固定在孔道中，从而形成稳定的类玛雅蓝结构，因此凹凸棒石对染料(如亚甲基蓝[145]、结晶紫[146]和甲基橙[147])具有很强的亲和力。正因为如此，吸附到凹凸棒石上的染料即使在酸、碱溶液或有机溶剂的作用下也难以解吸[148]，所以用于染料吸附的凹凸棒石很难通过脱附再生利用，变成一种载有染料的固体废物。针对这一问题，作者秉承"从废物到材料"的思路，将载有染料的废弃凹凸棒石吸附剂转化为新型介孔硅酸盐/碳复合吸附剂[149]。本部分将载有 MB 染料的废弃凹凸棒编号为 WAPT，将水热直接处理的废弃凹凸棒石编号为 HWAPT，将无机改性废弃凹凸棒石编号为 HWAPTSiMgxy(xy 表示改性用 Si 与 Mg 的摩尔比)。

图 10-50 是 WAPT、HWAPT 和介孔硅酸盐/碳复合吸附剂的红外光谱。如图 10-50(a)所示，WAPT 在 2924 cm^{-1} 和 2846 cm^{-1} 处的吸收峰分别为 C—H 基团的反对称伸缩和对称伸缩振动峰。在 1604 cm^{-1}、1490 cm^{-1}、1336 cm^{-1} 和 1395 cm^{-1} 处的吸收峰分别为芳族 C—C 伸缩振动、芳族 NC—N 伸缩振动以及 MB 中 CH$_3$ 的反对称和对称伸缩振动峰[150]。对 WAPT 进行水热处理后，MB 在 1604 cm^{-1}、1490 cm^{-1}、1336 cm^{-1} 和 1395 cm^{-1} 处的吸收峰消失，但 CH$_3$ 或—CH$_2$ 基团的 C—H 伸缩振动峰仍然存在，此时 MB 染料已经转化为碳[图 10-50(b)和(d)]。根据 TGA 结果可以计算出，HWAPTSiMg21 吸附剂中碳的含量

为 3.38%(质量分数)。MB 的特征拉曼峰位于 1625 cm^{-1}(C—C 伸缩)、1442 cm^{-1}(C—N 不对称伸缩)、1396 cm^{-1}[α(C—H)]、500 cm^{-1}[δ(C—N—C)]和 445 cm^{-1}(CNC 的骨架弯曲)[151]，这些峰在 HWAPT 和 HWAPTSiMg21 样品中急剧减弱并消失。在 HWAPT 拉曼光谱中仍出现了位于 1625 cm^{-1} 的谱带，表明 HWAPT 中仍然存在痕量被固定在凹凸棒石通道中的 MB 分子，原因是染料与凹凸棒石间形成了类玛雅蓝结构，因而具有优异的稳定性。在 HWAPTSiMg21 的光谱中，在 1387 cm^{-1} 处出现了非常弱的 D 带(无 G 带)吸收峰，表明 MB 分子在 HWAPTSiMg21 中转化为无定形碳[152]。

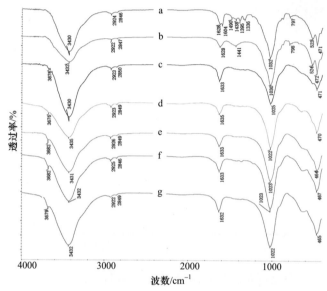

图 10-50　(a)WAPT、(b)HWAPT、(c)HWAPTSiMg31、(d)HWAPTSiMg21、(e)HWAPTSiMg11、
(f)HWAPTSiMg12 和(g)HWAPTSiMg13 的红外光谱[149]

在 HWAPT 的红外光谱中观察到碳酸盐(在 1438 cm^{-1} 处)和石英(在 797 cm^{-1} 处)特征吸收带，但在硅酸盐/碳复合吸附剂的红外光谱中没有观察到这些峰，表明引入 Mg^{2+} 和 SiO$_3^{2-}$ 会促进白云石和石英的分解。WAPT 在 1628 cm^{-1} 处的吸收带在形成 HWAPTSiMg31、HWAPTSiMg21、HWAPTSiMg11、HWAPTSiMg12 和 HWAPTSiMg13 后[153]，分别移至 1633 cm^{-1}、1635 cm^{-1}、1633 cm^{-1}、1633 cm^{-1} 和 1632 cm^{-1} 位置处。这种现象的可能原因是 H—O—H 弯曲振动与 MB 染料碳化形成—COO 伸缩振动带的位置重叠。水热反应形成复合吸附剂后，797 cm^{-1} 处的石英吸收带消失；位于 1032 cm^{-1} 处的 Si—O—Si 伸缩振动带在形成 HWAPTSiMg31、HWAPTSiMg21、HWAPTSiMg11、HWAPTSiMg12 和 HWAPTSiMg13 后分别移至 1025 cm^{-1}、1022 cm^{-1}、1023 cm^{-1}、1023 cm^{-1} 和 1022 cm^{-1} 处，这表明形成了新的硅酸盐。在 HWAPTSiMg31、HWAPTSiMg21、HWAPTSiMg11、HWAPTSiMg12 和 HWAPTSiMg13 的红外光谱中分别出现了 3676 cm^{-1}、3682 cm^{-1} 和 3679 cm^{-1} 的新吸收带，可归属为硅酸镁中 Mg$_3$OH 的特征吸收带[154]。

WAPT、HWAPT 和介孔硅酸盐/碳复合吸附剂的 XRD 图谱如图 10-51 所示。凹凸棒石(2θ = 8.49°、19.85°和 35.06°)、绿泥石(2θ= 6.35°和 12.58°)、白云母(2θ = 8.90°和

17.81°)(JCPDS No. 06-0263)、石英($2\theta = 20.86°$、26.61°和50.1°)和白云石($2\theta = 30.99°$)的特征峰出现在WAPT的XRD图谱中，证明WAPT中凹凸棒石和伴生矿物共存。在HWAPT的XRD图谱中仍然可以观察到这些衍射峰，峰强度和位置没有明显变化，说明对WAPT直接进行水热处理不会引起凹凸棒石及其伴生矿物结构的变化。在不同剂量SiO_3^{2-}和Mg^{2+}离子存在条件下进行水热反应后，凹凸棒石及其伴生矿物的特征衍射峰发生了显著变化。在Si/Mg为3∶1情况下，凹凸棒石、绿泥石、高岭石、白云石和石英的衍射峰几乎消失，在$2\theta = 15.94°$和26.19°处出现了方沸石的衍射峰，表明在强碱性环境(pH约为12.3)下进行水热反应，形成了方沸石晶相。当Si/Mg比率下降到2∶1时，没有产生其他结晶物质，说明形成了低结晶度的硅酸盐。

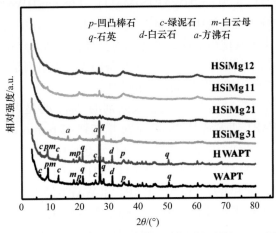

图 10-51　WAPT、HWAPT和硅酸盐/碳复合材料的XRD图谱[149]

　　如图10-52所示，在WAPT和HWAPT的SEM图中观察到了凹凸棒石棒晶及其伴生矿聚集体[图10-52(a)和(b)]。该结果印证了XRD分析的结果，即在180℃直接进行水热处理时，凹凸棒石及其伴生矿物的晶体结构不会改变。在HWAPTSiMg31、HWAPTSiMg21

图 10-52　(a)WAPT、(b)HWAPT、(c)HWAPTSiMg31、(d)HWAPTSiMg21、(e)HWAPTSiMg11、(f)HWAPTSiMg12样品的SEM图和(g)HWAPTSiMg21、(h)HWAPTSiMg11样品的TEM图[149]

和 HWAPTSiMg11 样品的 SEM 图中几乎看不到凹凸棒石棒晶[图 10-52(c)～(e)]，说明凹凸棒石晶体已转化为具有均匀表面形态的硅酸盐。对 HWAPTSiMg21 和 HWAPTSiMg11 样品进行了元素分布分析。结果表明，复合物中存在碳并均匀分布在样品表面，说明 WAPT 中 MB 被碳化。当 Si/Mg 比为 1:2 时，形貌更多呈现无定形聚集体[图 10-52(f)]。图 10-52(g)和(h)是 HWAPTSiMg21 和 HWAPTSiMg11 样品的 TEM 图，没有观察到凹凸棒石棒晶、块状板或颗粒，清楚观察到了均匀的多孔结构。

　　RAPT 表现出 H4 型滞后曲线的 II B 型吸附-解吸等温线，介孔硅酸盐/碳复合吸附剂表现出 IV 型等温线和 H3 型滞后现象。RAPT 的孔径分布曲线中位于 3.7 nm 和 40.5 nm 处有两个主峰，但在复合吸附剂孔径分布曲线中只有分别位于 3.51 nm(HWAPTSiMg31)、3.48 nm(HWAPTSiMg21)、3.29 nm(HWAPTSiMg11)、3.08 nm(HWAPTSiMg12)和 3.06 nm(HWAPTSiMg13)处的峰出现，说明复合硅酸盐吸附剂的孔径在中孔范围内。但在复合吸附剂的 SAXRD 图谱中未发现衍射峰，可能因为复合吸附剂的介孔结构缺乏长程有序，或者有序结构仅在很小的范围内[155]。所以，所制备的复合吸附剂是一种无定形介孔材料，其介孔是由于颗粒的堆积和相互连接而产生的[156]。

　　由表 10-12 数据可见，硅酸盐/碳复合吸附剂的 S_{BET} 明显大于 RAPT、WAPT 和 HWAPT。水热处理 WAPT 使 S_{BET} 从 28.49 m^2/g 增加到 45.6 m^2/g，孔体积从 0.073 cm^3/g 增加到 0.094 cm^3/g。在 SiO_3^{2-} 和 Mg^{2+} 存在下进行水热反应，可将 WAPT 转化为硅酸盐/碳复合吸附剂，HWAPTSiMg21、HWAPTSiMg11 和 HWAPTSiMg12 样品的比表面积分别为 427.9 m^2/g、523.6 m^2/g 和 497.0 m^2/g。RAPT 和 WAPT 的平均孔径分别为 6.98 nm 和 11.29 nm，形成 HWAPT 后平均孔径变为 9.33 nm，但在转化为硅酸盐/碳复合吸附剂后都减小到了 2.30～2.47 nm 范围内。BET 比表面积的显著增加表明介孔材料是在水热反应过程中形成的。

表 10-12　RAPT、WAPT、HWAPT 和复合硅酸盐/碳复合吸附剂的孔结构参数[149]

样品	$S_{BET}/(m^2/g)$	$S_{micro}/(m^2/g)$	$S_{ext.}/(m^2/g)$	$V_{micro}/(cm^3/g)$	$V_{total}/(cm^3/g)$	PD/nm
RAPT	63.04	7.30	55.74	0.0028	0.1099	6.98
WAPT	28.49	—	28.49	—	0.0729	11.29
HWAPT	45.64	—	45.64	—	0.0944	9.33
HWAPTSiMg31	349.87	122.13	227.74	0.0539	0.2071	2.37
HWAPTSiMg21	427.88	123.64	304.24	0.0532	0.2559	2.39
HWAPTSiMg11	523.56	73.86	449.70	0.0279	0.3237	2.47
HWAPTSiMg12	497.04	59.33	437.71	0.0213	0.2924	2.35
HWAPTSiMg13	495.07	69.79	425.27	0.0264	0.2841	2.30

　　在初始浓度 200 mg/L、吸附温度 30℃、pH 6.8(对于 MB 和 CV)和 pH 3.8(对于 TC)条件下，RAPT、WAPT、HWAPT 和硅酸盐/碳复合吸附剂吸附容量如图 10-53 所示。MB 和 CV 在 RAPT、WAPT 和 HWAPT 上吸附量顺序如下：RAPT (MB 73.0 mg/g；CV 65.6 mg/g)＞HWAPT(MB 63.1 mg/g；CV 45.4 mg/g)＞WAPT(MB 7.1 mg/g；CV 27.3 mg/g)。TC 吸附能

力顺序为：WAPT(107.2 mg/g)＞RAPT(81.7 mg/g)＞HWAPT(41.3 mg/g)。对于硅酸盐/碳复合吸附剂，随着 Mg/Si 摩尔比增加，吸附容量先增加然后降低。在 Si/Mg 比为 2∶1 时，吸附剂对 MB、CV 和 TC 的最大吸附容量分别为 226.3 mg/g、199.0 mg/g 和 246.7 mg/g。由于 MB、CV 和 TC 带正电，因此它们与带负电的吸附剂具有很强的亲和力，从而表现出较好的吸附能力。在吸附性能最佳的 HWAPTSiMg21 复合吸附剂中，碳含量为 3.38%，Mg/Si 摩尔比为 0.283，Zeta 电位为−40.6 mV。

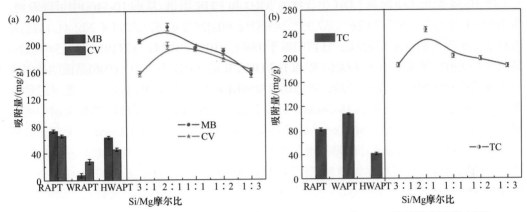

图 10-53　不同 Si/Mg 比介孔硅酸盐/碳吸附剂对(a)MB、CV 和(b)TC 的吸附容量影响[149]

选择 HWAPTSiMg21 通过比较吸附性能，进一步研究了碳对 MB、TC 和 CV 的吸附作用。在 HWAPT 吸附剂中碳对吸附能力的影响并不明显。但是碳对 HWAPTSiMg21 吸附剂的吸附能力有一定影响。为了说明该现象，使用与合成 HWAPTSiMg21 相同的方法，用 RAPT 代替 WAPT 制备了 CSiMg21 吸附剂。发现 CSiMg21 对 MB、CV 和 TC 的吸附容量分别为 217.1 mg/g、192.5 mg/g 和 241.2 mg/g，略低于 HWAPTSiMg21 的吸附容量，可能是由于在水热反应过程中碳物质表面产生了—COO—基团，促进了吸附的改善[157]。

10.5　转白洗溶出金属离子再利用合成 LDH 材料

10.5.1　共沉淀-水热法制备 LDH 化合物

类水滑石(LDH)化合物是一种具有层状结构的二维纳米材料。在形成过程中，三价金属离子可替代八面体中心的二价金属离子，从而使得主体层板带有正电荷，位于 LDH 层间的阴离子和水分子通过氢键和静电引力使每一层相互连接，进而使 LDH 的整体结构呈现电中性。由于氢键和静电引力的作用力较弱，因此 LDH 材料展现了优异的阴离子交换性能，可用于废水处理的吸附剂[158]。

用一定浓度的酸溶液处理混维凹凸棒石黏土矿物，可将八面体层中的大部分致色离子溶出，使红色凹凸棒石转为白色。同时，酸处理过程还可以溶解伴生矿物(如方解石和白云石)，因而酸蚀液中有大量 Mg^{2+}、Al^{3+}、Fe^{3+} 和 Ca^{2+} 等金属离子，这些金属离子可作为制备 LDH 材料的原料[159]。用电感耦合等离子体发射光谱仪测得浸出液中的金属离子的浓度分别为 Mg^{2+} 1141.04 mg/L、Al^{3+} 1743.77 mg/L 和 Fe^{3+} 1788.51 mg/L。量取 80 mL 酸性浸出液，在室温搅拌下，加入一定质量的 $Mg(OH)_2$，采用 NaOH 和 Na_2CO_3 混合液调节 pH 在 10 左右，然后转入水热反应釜内，于 150℃ 下反应 12 h。在 $M^{3+}/(M^{2+}+M^{3+})$ 值为 0.2 条件下制备样品的编号为 C-LDH，$M^{3+}/(M^{2+}+M^{3+})$ 值为 0.3 条件下制备的样品编号为 H-LDH。将制备的样品用于刚果红(CR)染料的吸附[160]。

　　图 10-54 给出了所制备 LDH 化合物的 XRD 和 FTIR 图谱。从图 10-54(a)中可以看到，在 $2\theta = 11.27°$、$22.70°$、$34.36°$、$37.93°$、$48.87°$、$60.02°$ 和 $61.52°$(JCPDF No. 41-1428)处出现了类水滑石的特征衍射峰，分别归属于(006)、(018)、(024)、(2110)、(3015)和(226)晶面[161]。吸附 CR 后，在 C-LDH-CR 和 H-LDH-CR 的 XRD 图谱中，(006)晶面的衍射峰位置没有位移，也没有观察到新的吸收峰，证明 CR 没有与 LDH 插层，主要通过静电作用被吸附到 LDH 上。从图 10-54(b)中可以看出，在所制备的产物的 FTIR 光谱中观察到了 LDH 的特征吸收峰。869 cm^{-1} 处的特征吸收峰归属于 Al—OH—M 和无定形碳酸盐的弯曲振动，1366 cm^{-1} 处的特征吸收峰归属为 CO_3^{2-} 基团的特征峰，3000 cm^{-1} 处的肩吸收带归属为与碳酸根存在氢键相互作用的 O—H 伸缩振动，这也证实了 LDH 化合物的形成[162]。

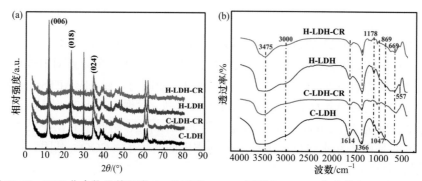

图 10-54　LDH 化合物及其吸附 CR 前后的(a)XRD 图谱和(b)LDH 化合物的 FTIR 图谱[160]

　　此外，图 10-54(a)中，在 $2\theta = 29.41°$、$35.97°$、$9.40°$ 和 $43.15°$(JCPDS No. 47-1743)处的碳酸钙的特征衍射峰也出现在所制备的 LDH 化合物的 XRD 图谱中，它主要来源于酸蚀液中残留的少量钙离子与碳酸钠反应形成的碳酸钙沉淀。值得一提的是，由于水热过程的矿物结晶效应，H-LDH 的特征峰比 C-LDH 更加尖锐，说明 H-LDH 的结晶度更高。这一点从它们的 SEM[图 10-55(a)和(b)]和 TEM[图 10-55(c)和(d)]图像中也得到证实。通过

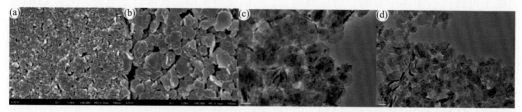

图 10-55　(a)C-LDH 和(b)H-LDH 的 SEM 图以及(c)C-LDH 和(d)H-LDH 的 TEM 图[160]

水热过程制备的 LDH 材料明显地表现出了更规整的片层形貌和均一的尺寸，H-LDH 的直径在 20～50 nm，厚度小于 15 nm。相比而言，共沉淀法制备产物 C-LDH 的直径是 50～200 nm，厚度小于 15 nm。

图 10-56(a)是 CR 溶液初始浓度对 LDH 材料吸附性能的影响。可以看出，随着 CR 溶液初始浓度的增加，所有吸附剂均表现出了相同的变化趋势，吸附量逐渐增加。这是因为随着溶液中 CR 分子的数量增加，CR 向吸附剂表面扩散的驱动力也随之增加，从而使吸附剂上的吸附位点充分发挥了吸附作用[163]，因此吸附量随着初始浓度的增加而增加。在 CR 初始浓度为 400 mg/L 时，H-LDH 对 CR 的吸附量较高，达到了(254.14 ± 7.72) mg/g。

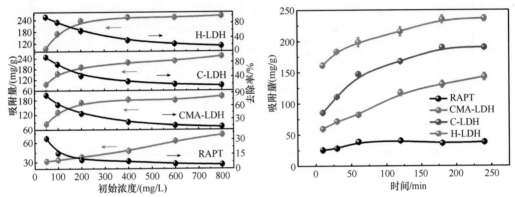

图 10-56　CR 溶液初始浓度和接触时间对 RAPT 和 LDH 材料吸附 CR 性能的影响[160]

从图 10-56(b)中可以看出，所制备的 LDH 化合物对 CR 的吸附在 180 min 时达到了吸附平衡，这表明所制备的吸附剂材料通过孔吸附作用展现了一个相对快速的吸附过程。吸附 CR 后 C-LDH 和 H-LDH 的 Zeta 电位从正值(7.65 eV 和 10.60 eV)变为负值(-15.10 eV 和 -20.10 eV)，说明静电引力在吸附过程中起到了重要作用。

10.5.2　混合金属氧化物/碳复合材料

在上述 LDH 材料制备方法中，通过 $Mg(OH)_2$ 加入量调节 M^{2+}/M^{3+} 的摩尔比为 2、4 和 6，获得 LDHs 材料分别标记为 LDH2、LDH4 和 LDH6。将 LDHs 粉末以 1∶500 的质量比置于 2000 mg/L 刚果红溶液中，磁力搅拌 12 h，并重复 3 次，至刚果红的浓度不再变化，得到饱和吸附刚果红的 LDHs 粉末(LDH-CRs)。将烘干后的粉末放入管式炉中，在氮气流保护下以 10℃/min 的升温速率升温至 600℃并保持 2 h，即制得混合金属氧化物/碳复合材料(MMO/Cs：MMO/C2、MMO/C4 和 MMO/C6，对应 M^{2+}/M^{3+} 摩尔比为 2、4 和 6)。作为对比，按照相同的方法直接煅烧没有吸附刚果红的纯 LDH 粉末得到混合金属氧化物(MMOs：MMO2、MMO4 和 MMO6，对应 M^{2+}/M^{3+} 摩尔比为 2、4 和 6)。

图 10-57(a)为 LDHs 和 MMO/Cs 的 XRD 图谱。LDHs 样品在 2θ 为 10.0°、17.9°、34.4° 和 60.3°附近均出现类水滑石材料典型的(003)、(006)、(009)和(110)晶面衍射峰[164]，且随着更多 Mg^{2+} 的引入，在 LDH4 和 LDH6 的 XRD 图谱中，18.6°、32.8°、38.0°、50.8°、58.6°、62.1°、68.3°和 72.0°处检测到尖锐而强烈的衍射峰，分别对应于水镁石[$Mg(OH)_2$，PDF

#07-0239)的(001)、(100)、(101)、(102)、(110)、(111)、(103)和(201)晶面。这意味着当反应体系中引入过量的 Mg^{2+} 时，并未进入水滑石的金属层板中，而是生成 $Mg(OH)_2$ 副产物。吸附 CR 并煅烧后，类水滑石材料的衍射峰消失，转变为以 MgO 为主的结晶相，且随着 Mg^{2+} 含量的增多，衍射峰强度增加，说明生成了更多的 MgO。与 Al 和 Fe 有关的金属氧化物特征衍射峰未出现在 XRD 图谱中，这可能与煅烧过程中 Al 和 Fe 向 MgO 晶格转变有关[165]。

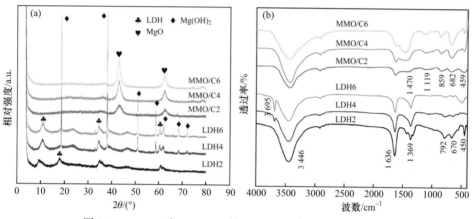

图 10-57　　LDHs 和 MMO/Cs 的(a)XRD 图谱和(b)红外光谱[166]

图 10-57(b)是 LDHs 和 MMO/Cs 的 FTIR 图谱。在 3446 cm^{-1} 和 1636 cm^{-1} 处出现的吸收峰是由 LDHs 层间水分子和表面吸附水的羟基伸缩振动引起的。1369 cm^{-1} 处的吸收峰对应于插层的 CO_3^{2-}，400～900 cm^{-1} 范围内出现的吸收峰归结于层板金属-氧的振动[167]。与 XRD 图谱中展示的结果一样，在 LDH4 和 LDH6 样品中也在 3698 cm^{-1} 处检测到了类似于 $Mg(OH)_2$ 的羟基吸收峰。吸附 CR 并煅烧后在 1470 cm^{-1} 处出现 C—H 弯曲振动峰，在 1119 cm^{-1} 处出现 C—O 伸缩振动峰，在 400～900 cm^{-1} 范围内出现金属氧化物的特征振动峰[168,169]。这预示着成功制备了混合金属氧化物/碳复合材料。

由图 10-58 可见，MMO/C2 的主要形态是为卷曲的尺寸较小的薄片，说明由于结构羟基的脱除以及层间阴离子的分解，致使 LDH2 的层状结构坍塌并转变为混合金属氧化物。而 MMO/C4 和 MMO/C6 的 SEM 图呈现出较大纳米片层的紧密堆积，并且随着 Mg^{2+} 含量的增多，显示出类似于纯的 MgO 的六边形的取向结构[170]，表明 MMO/C4 和 MMO/C6 混合金属氧化物中存在较多的 MgO，这也预示着 MMO/C4 和 MMO/C6 具有更强的碱性。进一步使用 EDS 分析 MMO/Cs 表面的元素组成，MMO/Cs 表面的主要元素是 Mg、Al、Fe、O 和 C。所有样品的 C 元素含量都大于 30%，说明 CR 分子主要吸附在 LDHs 的表面，并在煅烧过程中有效地转化为碳材料，这也直接证明了 MMO/Cs 复合材料的成功制备。LDHs 前体对 CR 吸附量分别为 839 mg/g(LDH2)、637 mg/g(LDH4)和 588 mg/g(LDH 6)，吸附量的差异导致了 MMO/Cs 中碳元素的含量逐渐降低。原因在于纯度较高的类水滑石材料 LDH2 对刚果红的吸附量更高，而 LDH4 和 LDH6 中 $Mg(OH)_2$ 的出现和增多则不利于刚果红的吸附。

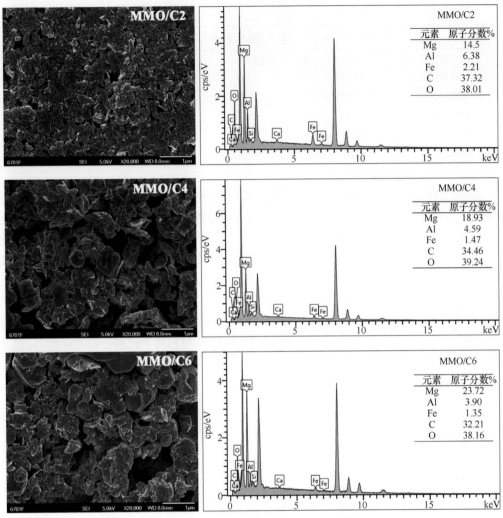

图 10-58　MMO/Cs 的 SEM 图和 EDS 谱图[166]

　　LDHs、MMOs 和 MMO/Cs 的比表面积测试结果如表 10-13 所示。由表可见，随 Mg(OH)$_2$ 用量逐渐增加，LDHs 比表面积逐渐减小。煅烧过程可造成 LDHs 层间羟基以及插层阴离子脱除，层状结构被破坏，得到的 MMOs 比表面积减小，孔体积明显增加，孔径明显增大。但 LDHs 吸附 CR 并原位碳化转化为碳材料后，比表面积明显增大，孔体积和孔径相对减小，但微孔表面积明显增大。该分析结果表明，LDHs 吸附 CR 经煅烧形成 MMO/Cs 复合材料后，进一步结合了 MMO 和碳材料的优点，因而有利于吸附过程。

表 10-13　LDHs、MMOs 和 MMO/Cs 的比表面积分析[166]

样品	比表面积 S_{BET}/(m²/g)	微孔表面积 S_{mic}/(m²/g)	微孔体积 V_{tot}/(cm³/g)	平均孔径 D_{pore}/nm
LDH2	111.21	1.86	0.40	14.35
LDH4	71.37	1.65	0.30	16.66
LDH6	60.21	—	0.21	13.85

样品	比表面积 S_{BET}/(m²/g)	微孔表面积 S_{mic}/(m²/g)	微孔体积 V_{tot}/(cm³/g)	平均孔径 D_{pore}/nm
MMO2	92.02	9.24	0.47	20.68
MMO4	91.44	6.87	0.42	18.63
MMO6	77.12	—	0.28	14.47
MMO/C2	131.32	9.16	0.38	11.68
MMO/C4	103.07	13.91	0.27	10.66
MMO/C6	81.64	10.15	0.21	10.22

如图 10-59 所示，MMO/Cs 去除 Pb²⁺ 的能力远超过 LDHs，且优于直接煅烧得到的 MMOs。吸附剂对 Pb²⁺ 的吸附能力与 Zeta 电位值总体呈负相关。如 MMO2 具有较高的 Zeta 电位，但对 Pb²⁺ 的吸附能力相对较弱。主要原因在于电正性的金属氧化物与同样电正性的 Pb²⁺ 之间存在静电斥力，阻碍了 Pb²⁺ 的接触。CR 吸附煅烧转化为碳材料后，附着在金属氧化物上屏蔽了部分的正电荷，并提供了与 Pb²⁺ 之间的静电相互作用[170]。同时，碳材料的引入使得 MMO/Cs 复合材料的比表面积更大，孔隙结构更丰富，有助于提升 MMO/Cs 与 Pb²⁺ 离子的吸附能力。因而，MMO/Cs 对 Pb²⁺ 的吸附能力得以提升。该结果表明有机污染物吸附煅烧转化为碳材料可以提升 LDH 材料对 Pb²⁺ 离子的去除能力，这为 MMO/Cs 应用于重金属污染土壤的修复提供了应用基础。

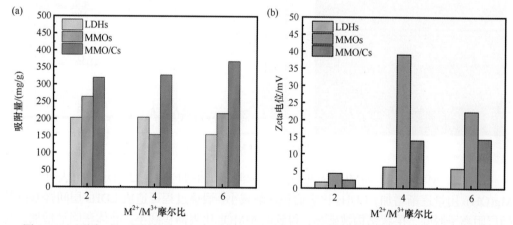

图 10-59　不同 M²⁺/M³⁺摩尔比 LDHs、MMOs 和 MMO/Cs 对 Pb²⁺吸附性能以及 Zeta 电位值[166]

使用 XRD、FTIR 和 XPS 进一步分析了 MMO/Cs 对 Pb²⁺ 的吸附机制。如图 10-60(a) 所示，在吸附后样品的 XRD 图谱中，在 2θ=19.8°、20.8°、24.6°、27.0°、34.1°、40.3°、42.6°、43.0°、49.0°和 54.0°处出现了一系列明显的衍射峰，很好地对应了 Pb₃(CO₃)₂(OH)₂ 的衍射图谱(PDF#13-0131)。随着体系中 Mg²⁺ 含量增加，Pb₃(CO₃)₂(OH)₂ 的衍射峰强度逐渐增强，表明更多的 Pb²⁺ 离子被捕获。由图 10-60(b)可见，Pb₃(CO₃)₂(OH)₂ 的特征吸收峰也出现在吸附后样品的 FTIR 图谱中，如 1736 cm⁻¹(CO₃²⁻)、1385 cm⁻¹(CO₃²⁻)、1044 cm⁻¹(OH⁻)、847 cm⁻¹(CO₃²⁻)和 683 cm⁻¹(CO₃²⁻)[171]。另外，还观察到羟基的位移(从 3446 cm⁻¹ 移至 3422 cm⁻¹，从 1636 cm⁻¹ 移至 1624 cm⁻¹)，表明羟基可能通过表面络合反

应参与到 Pb^{2+} 的吸附过程中[172]。在吸附过程中，碱性混合金属氧化物在水溶液中可使 pH 值升高，在其表面可能形成 $Pb(OH)_2$ 沉淀。更进一步的，它可以与水溶液中溶解的 CO_3^{2-} 离子结合形成更稳定的 $Pb_3(CO_3)_2(OH)_2$[173]。

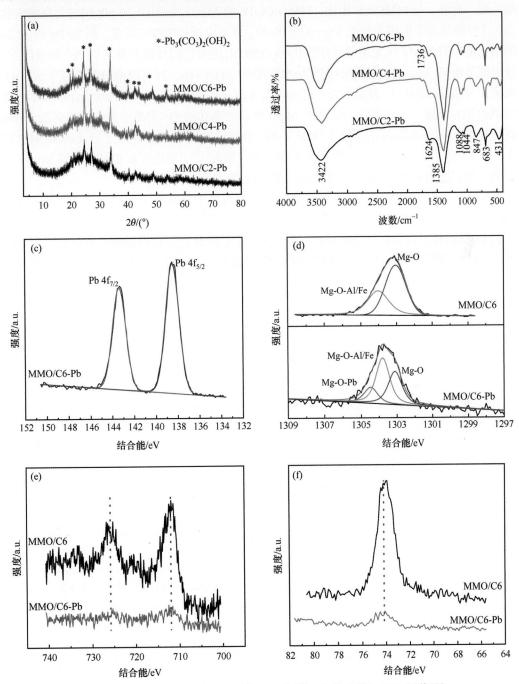

图 10-60　MMO/Cs 吸附 Pb^{2+} 后的 XRD 图谱、红外光谱和 XPS 图谱[166]

(a)MMO/C6 吸附 Pb^{2+} 后的 XRD 谱图；(b)MMO/C6 吸附 Pb^{2+} 后的 FTIR 谱图；(c)MMO/C6 吸附 Pb^{2+} 后的 Pb 4f 谱图；(d)MMO/C6 吸附 Pb^{2+} 前后的 Mg 1s 谱图；(e)MMO/C6 吸附 Pb^{2+} 前后的 Fe 2p 谱图；(f)MMO/C6 吸附 Pb^{2+} 前后的 Al 2p 谱图

由图 10-60(c)可见，MMO/C6-Pb 的 XPS 光谱显示出很强的 Pd 4f 信号，进一步证实了 Pb^{2+} 被吸附在 MMO/C6 的表面上。Pb 4f 的高分辨率光谱显示两个以 138.40 eV 和 143.26 eV 为中心的峰，分别对应于 $Pb_3(CO_3)_2(OH)_2$ 的 Pb $4f_{7/2}$ 和 Pb $4f_{5/2}$[174]，这与 XRD 得到结果一致。此外，与 MMO/C6 相比，MMO/C6-Pb 的 Mg 1s 光谱[图 10-60(d)]向更高能级移动，这可能是由于形成了新的 Mg—O—Pb 峰，导致电子云密度的降低。但 Fe 2p 和 Al 2p 的结合能没有像 Mg 1s 发生移动[图 10-60(e)和(f)]，说明它们并没有参与到 Pb^{2+} 的吸附中。这可能是由于 Mg^{2+} 在水溶液中更容易水解形成 $Mg(OH)_2$，其可以部分解离以生成 OH^- 离子，分布在 MMO/C 表面附近，进而可与水溶液中的重金属离子 Pb^{2+} 结合形成不溶性的 $Pb(OH)_2$ 沉淀。另一方面，暴露在 MgO 外部的孤立的 O^{2-} 阴离子是一个很强的 Lewis 碱性位点，而类水滑石化合物中 Mg^{2+}—O^{2-} 中的氧被认为是中等强度的 Lewis 碱性位点[164]。因此，更多的 MgO 产生有助于诱导 Pb^{2+} 沉淀[175]。这也可以很好地理解 MMO/Cs 对 Pb^{2+} 吸附能力随 Mg^{2+} 含量的增加而增加的现象。

以有机酸浸出混维凹凸棒石黏土矿物中的金属离子为原料合成 LDH 材料，通过吸附 CR 后煅烧碳化制备混合金属氧化物/碳复合材料，用于除去水体中的重金属 Pb^{2+}。相比于 LDH 材料和混合金属氧化物材料，混合金属氧化物/碳复合材料能够更有效地吸附 Pb^{2+} 离子，且吸附容量随着体系中 Mg^{2+} 含量的增加而增加，最高达 368 mg/g。进一步分析表明，混合金属氧化物/碳复合材料对 Pb^{2+} 的去除机制主要是表面诱导生成 $Pb_3(CO_3)_2(OH)_2$ 沉淀。本研究为吸附有机污染物废弃吸附剂有效转化利用提供了新途径，为混合金属氧化物/碳复合材料修复含铅污染土壤奠定了实验基础。

参 考 文 献

[1] Chisholm J E. An X-ray diffraction study of palygorskite. Can Mineral, 1990, 28: 329-339.

[2] Bradley W F. The structure scheme of attapulgite. Am Mineral,1940, 25: 405-410.

[3] Galán E. Properties and applications of palygorskite-sepiolite. Clay Clay Miner, 1996, 31: 443-454.

[4] García-Romero E, Suárez M. Sepiolite-palygorskite: Textural study and genetic considerations. Appl Clay Sci, 2013, 86: 129-144.

[5] Guggenheim S, Krekeler M P. The structures and microtextures of the palygorskite-sepiolite group minerals//Edss Galán E, Singer A. Developments in Palygorskite–Sepiolite Research, A New Outlook on These Nanomaterials, vol. 3. Amsterdam: Elsevier, 2011, Ch. 1: 3-32.

[6] Wang W B, Wang A Q. Recent progress in dispersion of palygorskite crystal bundles for nanocomposites. Appl Clay Sci, 2016, 119: 18-30.

[7] Zang L M, Qiu J H, Yang C, et al. Preparation and application of conducting polymer/Ag/clay composite nanoparticles formed by in situ UV-induced dispersion polymerization. Sci Rep, 2016, 6: 20470.

[8] Ruiz-Hitzky E, Darder M, Fernandes F M, et al. Fibrous clays based bionanocomposites. Prog Polym Sci, 2013, 38(10): 1392-1414.

[9] Xu J, Zhang Y, Chen H, et al. Efficient visible and near-infrared photoluminescent attapulgite-based lanthanide one-dimensional nanomaterials assembled by ion-pairing interactions. Dalton Trans, 2014, 43: 7903-7910.

[10] Liu Y, Wang X Z, Wang Y M, et al. Ultra-low thermal conductivities of hot-pressed attapulgite and its potential as thermal insulation material. Appl Phys Lett, 2016, 108(10): 101906.

[11] Papoulis D, Komarneni S, Nikolopoulou A, et al. Palygorskite-and halloysite-TiO₂ nanocomposites: Synthesis and photocatalytic activity. Appl Clay Sci, 2010, 50: 118-124.

[12] Chen L F, Liang H W, Lu Y, et al. Synthesis of an attapulgite clay@carbon nanocomposite adsorbent by a hydrothermal carbonization process and their application in the removal of toxic metal ions from water. Langmuir, 2011, 27(14): 8998-9004.

[13] Huo C L, Yang H M. Preparation and enhanced photocatalytic activity of Pd-CuO/palygorskite nanocomposites. Appl Clay Sci, 2013, 74: 87-94.

[14] Eloussaief M, Benzina M. Efficiency of natural and acid-activated clays in the removal of Pb(Ⅱ) from aqueous solutions. J Hazard Mater, 2010, 178(1): 753-757.

[15] Guo N, Wang J S, Li J, et al. Dynamic adsorption of Cd²⁺ onto acid-modified attapulgite from aqueous solution. Clay Clay Miner, 2014, 62(5): 415-424.

[16] Tian G Y, Wang W B, Mu B, et al. Facile fabrication of carbon/attapulgite composite for bleaching of palm oil. J Taiwan Inst Chem E, 2015, 50: 252-258.

[17] Newman A, Brown G.The Chemical Constitution of Clay. London: Mineralogical Society, 1987.

[18] Galán E, Carretero M I. A new approach to compositional limits for sepiolite and palygorskite. Clay Clay Miner, 1999, 47: 399-409.

[19] Akbulut A, Kadir S. The geology and origin of sepiolite, palygorskite and saponite in Neogene lacustrine sediments of the Serinhisar-Acipayam Basin, Denizli, SW Turkey. Clay Clay Miner, 2003, 51: 279-292.

[20] Chandrasekhar S, Ramaswamy S. Investigation on a gray kaolin from south east India. Appl Clay Sci, 2007, 37: 32-46.

[21] Zhou C Y, Liang Y J, Gong Y S, et al. Modes of occurrence of Fe in kaolin from Yunnan China. Ceram Int, 2014, 40: 14579-14587.

[22] Zhang Y, Wang W, Zhang J, et al. A comparative study about adsorption of natural palygorskite for methylene blue. Chem Eng J, 2015, 262: 390-398.

[23] Xie Q Q, Chen T H, Chen J, et al. Distribution and paleoclimatic interpretation of palygorskite in lingtai profile of Chinese loess plateau. Acta Geologica Sinica, 2008, 82: 967-974.

[24] 柴宗越, 陈馨, 强浩然, 等. 凹凸棒石添加量对草莓栽培基质及果实品质产量的影响. 甘肃农业科技, 2020, (4): 47-52.

[25] 陶玲, 曹田, 吕莹, 等. 生物型凹凸棒基高分子固沙材料的复配效果. 中国沙漠, 2017, 37(2): 276-280.

[26] 雒军, 王引权, 郭兰萍, 等. 凹凸棒石的土壤生态效应及其在中药材生态种植中的应用前景. 中国中药杂志, 2020, 45(9): 2031-2035.

[27] 何静, 张栋, 吴磊, 等. 凹凸棒吸附材料研究进展. 当代化工研究, 2019, (2): 175-176.

[28] 任珺, 张文杰, 赵乾程, 等. 凹凸棒基土壤重金属钝化材料的热改性制备方法及功能研究. 硅酸盐通报, 2018, 37(3): 781-785.

[29] 任珺, 张凌云, 刘瑞珍, 等. 甘肃凹凸棒石对土壤 Cd 污染的钝化修复研究. 非金属矿, 2021, 44(1): 5-8.

[30] 陈馨, 蔺海明, 刘恬, 等. 凹凸棒复合土壤调理剂对苦荞产量及重金属吸收量的影响. 甘肃农业科技, 2020, (7): 28-31.

[31] 陈振虎, 刘恬, 陈馨, 等. 凹凸棒石复配纳米超微功能材料对土壤重金属的钝化效果. 甘肃农业科技, 2020, (7): 32-37.

[32] 张媛, 尹建军, 王文波, 等. 酸活化对甘肃会宁凹凸棒石微观结构及亚甲基蓝吸附性能的影响. 非金属矿, 2014, 37(2): 58-62.

[33] 刘宇航, 孙仕勇, 冉胤鸿, 等. 甘肃临泽高铁凹凸棒土的活化及吸附特性研究. 非金属矿, 2019,

42(6): 15-18.

[34] 王青宁, 宗绪伟, 姜瑞雨, 等. 凹凸棒黏土脱色剂对 FCC 汽油的脱色. 石油学报(石油加工), 2010, 26(5): 819-824.

[35] 刘辉, 任珺, 陶玲, 等. 酸热改性凹凸棒石粘土对低硫汽油的脱硫效果研究. 中国非金属矿工业导刊, 2013, (6): 25-26, 39.

[36] 刘芳, 郑艳萍, 朱彦荣, 等. 改性凹凸棒对柴油的脱色研究. 化工技术与开发, 2015, 44(5): 22-24, 15.

[37] 李靖, 王奖, 贾美林. Ni-Al 复合氧化物/介孔杭锦 2#土负载 Au 催化剂制备及其 CO 氧化催化性能. 分子催化, 2018, 32(6): 530-539.

[38] 张珊, 张蕊, 薛华丽, 等. 凹凸棒土对梨果汁中棒曲霉素的吸附作用. 食品科学, 2019, 40(15): 57-63.

[39] 郑茂松, 王爱勤, 詹庚申. 凹凸棒石黏土应用研究. 北京: 化学工业出版社, 2007.

[40] 王爱勤, 张俊平. 有机-无机复合高吸水性树脂. 北京: 科学出版社, 2006.

[41] Frini-Srasra N, Srasra E. Acid treatment of south Tunisian palygorskite: Removal of Cd(Ⅱ) from aqueous and phosphoric acid solutions. Desalination, 2010, 250: 26-34.

[42] Zhu J X, Zhang P, Wang Y B, et al. Effect of acid activation of palygorskite on their toluene adsorption behaviors. Appl Clay Sci, 2018, 159: 60-67.

[43] Lai S, Yue L, Zhao X, et al. Preparation of silica powder with high whiteness from palygorskite. Appl Clay Sci, 2010, 50(3): 432-437.

[44] Komadel P. Acid activated clays: Materials in continuous demand. Appl Clay Sci, 2016, 131: 84-99.

[45] Drits V A, Sokolova G V. Structure of palygorskite. Sov Phys Crystallogr, 1971, 16: 183-185.

[46] Paquet H, Duplay J, Valleron-blanc MM, et al. Octahedral composition of individual particles in smectite-palygorskite and smectite-sepiolite assemblages. Proceedings of the International Clay Conference Denver, 1985: 73-77.

[47] Suárez M, García-Romero E, del Río, M S, et al. The effect of octahedral cations on the dimensions of the palygorskite cell. Clay Miner, 2007, 42: 287-297.

[48] Suárez M, García-Romero E. FTIR spectroscopic study of palygorskite: Influence of the composition of the octahedral sheet. Appl Clay Sci, 2006, 31: 154-163.

[49] Zhang Z F, Wang W B, Mu B, et al. Thiourea-induced change of structure and color of brick-red palygorskite. Clay Clay Miner, 2018, 66(5): 403-414.

[50] Galán E, Mesa J, Sánchez C. Properties and applications of palygorskite clays from Ciudad Real, Central Spain. Appl Clay Sci, 1994, 9(4): 293-302.

[51] Song G B, Peng T J, Liu F, et al. Mineralogical characteristics of mine muscovites in China. Acta Mineralogica Sinica, 2005, 2: 123-130.

[52] Yu X, Zhao L, Gao X, et al. The intercalation of cetyltrimethylammonium cations into muscovite by a two-step process: Ⅱ. The intercalation of cetyltrimethylammonium cations into Li-muscovite. J Solid State Chem, 2006, 179(5): 1525-1535.

[53] Carroll D. Clay minerals: A guide to their X-ray identification. Geological Society of America, 1970, 126.

[54] Yavuz Ö, Saka C. Surface modification with cold plasma application on kaolin and its effects on the adsorption of methylene blue. Appl Clay Sci, 2013, 85: 96-102.

[55] Weir R M, Kuang W, Facey G A, et al. Solid-state nuclear magnetic resonance study of sepiolite and partially dehydrated sepiolite. Clay Clay Miner, 2002, 50: 240-247.

[56] Thompson J G. ^{29}Si and ^{27}Al nuclear magnetic resonance spectroscopy of 2∶1 clay minerals. Clay Miner, 1984, 19: 229-236.

[57] Eisazadeh A, Kassim K A, Nur H. Solid-state NMR and FTIR studies of lime stabilized montmorillonitic

and lateritic clays. Appl Clay Sci, 2012, 67-68: 5-10.

[58] Okada K, Arimitsu N, Kameshima Y, et al. Solid acidity of 2 : 1 type clay minerals activated by selective leaching. Appl Clay Sci, 2006, 31: 185-193.

[59] Goodman B A. Mossbauer Spectroscopy//Fripiat J J. Advanced Techniques for Clay Mineral Analysis. New York: Elsevier, 1982: 113-137.

[60] Serna C, VanScoyoc G E, Ahlrichs J L. Hydroxyl groups and water in palygorskite. Am Miner, 1977, 62(7-8): 784-792.

[61] Bancroft G M, Maddock A G, Burns R G. Applications of the Mössbauer effect to silicate mineralogy—I. Iron silicates of known crystal structure. Geochim Cosmochim Ac, 1967, 31: 2219-2246.

[62] Li Z, De Grave E. The relationship between isomer shift and bond length and strength of Fe^{2+} of island and double island silicate. Chinese Sci Bull, 1994, 39: 1696-1699.

[63] Danilova D A, Tkacheva L P, Lapin V V, et al. Bleaching of kaolin: USSR Patent, 937410, 1982.

[64] Cegarra J, Gacèn J, Caro M, et al. Wool bleaching with thiourea dioxide. Color Technol, 1988, 104: 273-279.

[65] Zhu T. The redox reaction between thiourea and ferric iron catalysis of sulphide ores. Hydrometallurgy, 1992, 28: 381-397.

[66] Veglio F. Factorial experiments in the development of a kaolin bleaching process using thiourea in sulphuric acid solutions. Hydrometallurgy, 1997, 45: 181-197.

[67] Cao W, Xia G H, Lu M, et al. Iron removal from kaolin using binuclear rare earth complex activated thiourea dioxide. Appl Clay Sci, 2016, 126: 63-67.

[68] Yamaguchi A, Penland R B, Mizushima S, et al. Infrared absorption spectra of inorganic coordination complexes. XIV. Infrared studies of some metal thiourea complexes. J Am Chem Soc, 1958, 80: 527-529.

[69] Swaminathan K, Irving H M N H. Infrared absorption spectra of complexes of thiourea. J Inorg Nuc Chem, 1964, 26: 1291-1294.

[70] Bott R C, Bowmaker G A, Davis C A, et al. Crystal structure of $[Cu_4(tu)_7](SO_4)_2 \cdot H_2O$ and vibrational spectroscopic studies of some copper(I) thiourea complexes. Inorg Chem, 1998, 37: 651-657.

[71] Banin A, Lahav N. Particle size and optical properties of montmorillonite in suspension. Israel J Chem, 1968, 6: 235-250.

[72] Lahav N, Banin A. Effect of various treatments on particle size and optical properties of montmorillonite suspensions. Israel J Chem, 1968, 6: 285-294.

[73] Sherman D M, Vergo N. Optical (diffuse reflectance) and Mössbauer spectroscopic study of nontronite and related Fe-bearing smectites. Am Miner, 1988, 73: 1346-1354.

[74] Lear P R, Stucki J W. Intervalence electron transfer and magnetic exchange in reduced nontronite. Clay Clay Miner, 1987, 35: 373-378.

[75] Kostka J E, Wu J, Nealson K H, et al. The impact of structural Fe(III) reduction by bacteria on the surface chemistry of smectite clay minerals. Geochim Cosmochim Ac, 1999, 63: 3705-3713.

[76] Stucki J W. A review of the effects of iron redox cycles on smectite properties. CR Geosci, 2011, 338: 468-475.

[77] Ambikadevi V R, Lalithambika M. Effect of organic acids on ferric iron removal from iron-stained kaolinite. Appl Clay Sci, 2000, 16: 133-145.

[78] Ding J J, Huang D J, Wang W B, et al. Effect of removing coloring metal ions from the natural brick-red palygorskite on properties of alginate/palygorskite nanocomposite film. Int J Biol Macromol, 2019, 122: 684-694.

[79] Zhang Z F, Wang W B, Tian G Y, et al. Solvothermal evolution of red palygorskite in dimethyl

sulfoxide/water. Appl Clay Sci, 2018, 159: 16-24.

[80] Zhou H M, Qiao X C, Yu J G. Influences of quartz and muscovite on the formation of mullite from kaolinite. Appl Clay Sci, 2013, 80: 176-181.

[81] Su S Q, Ma H W, Chuan X Y. Hydrothermal synthesis of zeolite A from K-feldspar and its crystallization mechanism. Adv Powder Technol, 2016, 27: 139-144.

[82] Temuujin J, Okada K, MacKenzie K J, et al. Characterization of porous silica prepared from mechanically amorphized kaolinite by selective leaching. Powder Technol, 2001, 121(2): 259-262.

[83] Liu H, Chen T H, Chang D Y, et al. The difference of thermal stability between Fe-substituted palygorskite and Al-rich palygorskite. J Therm Anal Calorim, 2013, 111(1): 409-415.

[84] Xu J X, Wang W B, Wang A Q. Effects of solvent treatment and high-pressure homogenization process on dispersion properties of palygorskite. Powder Technol, 2013, 235: 652-660.

[85] Zhang Z F, Wang W B, Kang Y R, et al. Structure evolution of brick-red palygorskite induced by hydroxylammonium chloride. Powder Technol, 2018, 327: 246-254.

[86] Boudriche L, Calvet R, Hamdi B, et al. Effect of acid treatment on surface properties evolution of attapulgite clay: An application of inverse gas chromatography. Colloid Surf A, 2011, 392(1): 45-54.

[87] Lippmaa E, Mägi M, Samoson A, et al. Structural studies of silicates by solid-state high-resolution ^{29}Si NMR. J Am Chem Soc, 1980, 102: 4889-4893.

[88] Corma A, Mifsud A, Sanz E. Influence of the chemical composition and textural characteristics of palygorskite on the acid leaching of octahedral cations. Clay Miner, 1987, 22: 225-232.

[89] Corma A. Kinetics of the acid leaching of palygorskite: Influence of the octahedral sheet composition. Clay Miner, 1990, 25: 197-205.

[90] Barrios M S, González L V F, Rodriguez M A V, et al. Acid activation of a palygorskite with HCl: Development of physico-chemical, textural and surface properties. Appl Clay Sci, 1995, 10(3): 247-258.

[91] Rozalen M, Huertas F J. Comparative effect of chrysotile leaching in nitric, sulfuric and oxalic acids at room temperature. Chem Geol, 2013, 352: 134-142.

[92] Lu Y S, Wang W B, Wang Q, et al. Effect of oxalic acid-leaching levels on structure, color and physico-chemical features of palygorskite. Appl Clay Sci, 2019, 183: 105301.

[93] Dean J A. Lange's Handbook of Chemistry. 15 ed. New York: McGraw-Hill Professional Publishing, 1998.

[94] Barman A K, Varadachari C, Ghosh K. Weathering of silicate minerals by organic acids. I. Nature of cation solubilisation. Geoderma, 1992, 53: 45-63.

[95] Zhang Z F, Wang W B, Kang Y R, et al. Tailoring the properties of palygorskite by various organic acids via a one-pot hydrothermal process: A comparative study for removal of toxic dyes. Appl Clay Sci, 2016, 120: 28-39.

[96] Xu J X, Wang W B, Wang A Q. Effect of solvents treatment on microstructure and dispersion properties of palygorskite. J Dispers Sci Technol, 2013, 34: 334-341.

[97] Kong M M, Huang L, Li L F, et al. Effects of oxalic and citric acids on three clay minerals after incubation. Appl Clay Sci, 2014, 99: 207-214.

[98] Rhouta B, Zatile E, Bouna L, et al. Comprehensive physicochemical study of dioctahedral palygorskite-rich clay from Marrakech high atlas (Morocco). Phys Chem Miner, 2013, 40: 411-424.

[99] Yan W, Liu D, Tan D, et al. FTIR Spectroscopy study of the structure changes of palygorskite under heating. Spectrochim A, 2012, 97: 1052-1057.

[100] Chen T H, Wang J, Qing C S, et al. Effect of heat treatment on structure, morphology and surface properties of palygorskite. J Chin Ceram Soc, 2006, 34: 1406-1410.

[101] Valouma A, Verganelaki A, Maravelaki-Kalaitzaki P, et al. Chrysotile asbestos detoxification with a combined treatment of oxalic acid and silicates producing amorphous silica and biomaterial. J Hazard Mater, 2016, 305: 164-170.

[102] Chen T H, Feng Y L, Shi X L. Study on products and structural changes of reaction of palygorskite with acid. J Chin Ceram Soc, 2003, 31: 959-964.

[103] Wang W B, Dong W K, Tian G Y, et al. Highly efficient self-template synthesis of porous silica nanorods from natural palygorskite. Powder Technol, 2019, 354: 1-10 .

[104] Goyne K W, Brantley S L, Chorover J. Rare earth element release from phosphate minerals in the presence of organic acids. Chem Geol, 2010, 278: 1-14.

[105] Lazo D, Dyer L, Alorro R. Silicate, phosphate and carbonate mineral dissolution behaviour in the presence of organic acids: A review. Miner Eng, 2017, 100: 115-123.

[106] Gonzalez F, Pesquera C, Benito I, et al. Mechanism of acid activation of magnesic palygorskite. Clay Clay Miner, 1989, 37: 258-262.

[107] Cases J, Grillet Y, François M, et al. Evolution of the porous structure and surface area of palygorskite under vacuum thermal treatment. Clay Clay Miner,1991, 39: 191-201.

[108] He H P, Zhou Q, Martens W N, et al. Microstructure of HDTMA$^+$-modified montmorillonite and its influence on sorption characteristics. Clay Clay Miner, 2006, 54: 689-696.

[109] Drever J, Stillings L.The role of organic acids in mineral weathering. Colloid Surf A, 1997, 120: 167-181.

[110] Ward D B, Brady P V. Effect of Al and organic acids on the surface chemistry of kaolinite. Clay Clay Miner, 1998, 46: 453-465.

[111] Zhang H, Wang W, Wang X, et al. Potential of oxalic acid leached natural palygorskite-rich clay as multidimensional nanofiller to improve polypropylene. Powder Technol, 2022, 396: 456-466.

[112] Fernandez R, Martirena F, Scrivener K L. The origin of the pozzolanic activity of calcined clay minerals: A comparison between kaolinite, illite and montmorillonite. Cem Concr Res, 2011, 41(1): 113-122.

[113] Li M Y, Xiang Y H, Chen T J, et al. Separation of ultra-fine hematite and quartz particles using asynchronous flocculation flotation. Miner Eng, 2021, 164: 106817.

[114] Lu Y S, Wang W B, Xu J, et al. Solid-phase oxalic acid leaching of natural red palygorskite-rich clay: A solvent-free way to change color and properties. Appl Clay Sci, 2020, 198: 105848.

[115] Tian G, Wang W, Wang D, et al. Novel environment friendly inorganic red pigments based on attapulgite. Powder Technol, 2017, 315: 60-67.

[116] Tan Y H, Ouyang J M, Jie M A, et al. The application of infrared spectrophotometry on the study of calcium oxalate calculi. Spectrosc Spect Anal, 2003, 23: 700-704.

[117] Wang P, Shen Y H, Xie A J, et al. Inhibitory effect of extract from Fuctus Mume on calcium oxalate crystal growth. Chin J Inorg Chem, 2008, 24: 1604-1609.

[118] Goodman B A, Lewis D G. Mössbauer spectra of aluminous goethites (α-FeOOH). J Soil Sci, 1989, 32: 351-363.

[119] Jozefaciuk G, Bowanko G. Effect of acid and alkali treatments on surface areas and adsorption energies of selected minerals. Clay Clay Miner, 2002, 50: 771-783.

[120] Myriam M, Suárez M, Martín-Pozas J M. Structural and textural modifications of palygorskite and sepiolite under acid treatment. Clay Clay Miner, 1998, 46: 225-231.

[121] Xu J X, Wang W B, Mu B, et al. Effects of inorganic sulfates on the microstructure and properties of ion-exchange treated palygorskite clay. Colloid Surf A, 2012, 405: 59-64.

[122] Fernandez-Bertran J, Reguera E. Proton transfer in the solid state: Mechanochemical reactions of

fluorides with acidic substances. Solid State Ionics, 1998, 112: 351-354.

[123] Yu B T, Qiu W H, Li F S, et al. Kinetic study on solid state reaction for synthesis of LiBOB. J Power Sources, 2007, 174: 1012-1014.

[124] Alboofetileh M, Rezaei M, Hosseini H, et al. Effect of nanoclay and cross-linking degree on the properties of alginate-based nanocomposite film. J Food Process Pres, 2014, 38: 1622-1631.

[125] Huang D J, Wang W B, Xu J X, et al. Mechanical and water resistance properties of chitosan/poly(vinyl alcohol) films reinforced with attapulgite dispersed by high-pressure homogenization. Chem Eng J, 2012, 210: 166-172.

[126] Dong W, Lu Y, Wang W, et al. A sustainable approach to fabricate new 1D and 2D nanomaterials from natural abundant palygorskite clay for antibacterial and adsorption. Chem Eng J, 2020, 382: 122984.

[127] Chen H, Zhao T G, Wang A Q. Removal of Cu(Ⅱ) from aqueous solution by adsorption onto acid-activated palygorskite. J Hazard Mater, 2007, 149(2): 346-354.

[128] Rezaie A B, Montazer M. Amidohydroxylated polyester with biophotoactivity along with retarding alkali hydrolysis through *in situ* synthesis of Cu/Cu_2O nanoparticles using diethanolamine. J Appl Polym Sci, 2017, 134(21): 44856.

[129] Zhang N C, Gao Y H, Zhang H, et al. Preparation and characterization of core-shell structure of SiO_2@Cu antibacterial agent. Colloid Surf B, 2010, 81(2): 537-543.

[130] Drelich J, Li B, Bowen P, et al. Vermiculite decorated with copper nanoparticles: Novel antibacterial hybrid material. Appl Surf Sci, 2011, 257(22): 9435-9443.

[131] Marques-Hueso J, Morton A S, Wang X F, et al. Photolithographic nanoseeding method for selective synthesis of metal-catalysed nanostructures. Nanotechnology, 2019, 30(1): 015302.

[132] Ruiz-Hitzky E, Aranda P, Darder M, et al. Hybrid and biohybrid silicate based materials: Molecular *vs.* block-assembling bottom-up processes. Chem Soc Rev, 2011, 40: 801-828.

[133] Wang X J, Feng J, Bai Y C, et al. Synthesis, properties, and applications of hollow micro-/nanostructures. Chem Rev, 2016, 116(18): 10983-11060.

[134] Wu K C W, Yamauchi Y. Controlling physical features of mesoporous silica nanoparticles (MSNs) for emerging applications. J Mater Chem, 2012, 22(4): 1251-1256.

[135] Malgras V, Ataee-Esfahani H, Wang H J, et al. Nanoarchitectures for mesoporous metals. Adv Mater, 2016, 28(6): 993-1010.

[136] Wu K C W, Jiang X, Yamauchi Y. New trend on mesoporous films: Precise controls of one-dimensional (1D) mesochannels toward innovative applications. J Mater Chem, 2011, 21(25): 8934-8939.

[137] Wang W B, Zhang Z F, Tian G Y, et al. From nanorods of palygorskite to nanosheets of smectite via one-step hydrothermal process. RSC Adv, 2015, 5: 58107-58115.

[138] Tian G Y, Wang W B, Kang Y R, et al. Palygorskite in sodium sulphide solution via hydrothermal process for enhanced methylene blue adsorption. J Taiwan Inst Chem E, 2016, 58: 417-423.

[139] Wang W B, Tian G Y, Wang D D, et al. All-into-one strategy to synthesize mesoporous hybrid silicate microspheres from naturally rich red palygorskite clay as high-efficient adsorbents. Sci Rep, 2016, 6: 39599.

[140] Gui C X, Wang Q Q, Hao S M, et al. Sandwichlike magnesium silicate/reduced graphene oxide nanocomposite for enhanced Pb^{2+} and methylene blue adsorption. ACS Appl Mater Inter, 2014, 6(16): 14653-14659.

[141] Zhang M, Wang B Y, Zhang Y W, et al. Facile synthesis of magnetic hierarchical copper silicate hollow nanotubes for efficient adsorption and removal of hemoglobin. Dalton Trans, 2016, 45(3): 922-927.

[142] Storck S, Bretinger H, Maier W F. Characterization of micro- and mesoporous solids by physisorption

methods and pore-size analysis. Appl Catal A: Gen, 1998, 174: 137-146.

[143] Bakandritsos A, Steriotis T, Petridis D. High surface area montmorillonite-carbon composites and derived carbons. Chem Mater, 2004, 16: 1551-1559.

[144] Tian G Y, Wang W B, Zong L, et al. A functionalized hybrid silicate adsorbent derived from naturally abundant low-grade palygorskite clay for highly efficient removal of hazardous antibiotics. Chem Eng J, 2016, 293: 376-385.

[145] Al-Futaisi A, Jamrah A, Al-Hanai R. Aspects of cationic dye molecule adsorption to palygorskite. Desalination, 2007, 214 (1-3): 327-342.

[146] Tian G Y, Wang W B, Kang Y R, et al. Ammonium sulfide-assisted hydrothermal activation of palygorskite for enhanced adsorption of methyl violet. J Environ Sci, 2016, 41: 33-43.

[147] Lin Y, Xu S, Li J. Fast and highly efficient tetracyclines removal from environmental waters by graphene oxide.Functionalized magnetic particles. Chem Eng J, 2013, 225: 679-685.

[148] Wang W B, Wang F F, Kang Y R, et al. Enhanced adsorptive removal of methylene blue from aqueous solution by alkali-activated palygorskite. Water Air Soil Poll, 2015, 226(3): 83.

[149] Wang, W B, Lu, TT, Chen, Y L et al. Mesoporous silicate/carbon composites derived from　dye-loaded palygorskite clay waste for efficient removal of organic contaminants. Sci Total Environ, 2019, 171: 133955.

[150] Li Z H, Chang P H, Jiang W T, et al. Mechanism of methylene blue removal from water by swelling clays. Chem Eng J, 2011, 168: 1193-1200.

[151] Xiao G N, Man S Q. Surface-enhanced Raman scattering of methylene blue adsorbed on cap-shaped silver nanoparticles.Chem Phys Lett, 2007, 447: 305-309.

[152] Zhou X, Wang P L, Zhang Y G, et al. Biomass based nitrogen-doped structure-tunable versatile porous carbon materials. J Mater Chem A, 2017, 5: 12958-12968.

[153] Yan W, Yuan P, Chen M, et al. Infrared spectroscopic evidence of a direct addition reaction between palygorskite and pyromellitic dianhydride.Appl Surf Sci, 2013, 265: 585-590.

[154] Liu H B, Chen T H, Chang D Y, et al. Characterization and catalytic performance of Fe_3Ni_8/palygorskite for catalytic cracking of benzene. Appl Clay Sci, 2013, 74: 135-140.

[155] Srivastava D N, Chappel S, Palchik O, et al. Sonochemical synthesis of mesoporous tin oxide. Langmuir, 2002, 18(10): 4160-4164.

[156] Yu B Y, Kwak S Y. Assembly of magnetite nanocrystals into spherical mesoporous aggregates with a 3-D wormhole-like pore structure. J Mater Chem, 2010, 20: 8320-8328.

[157] Sun Z W, Duan X H, Srinivasakannan C, et al. Preparation of magnesium silicate/carbon composite for adsorption of rhodamine B. RSC Adv, 2018, 8: 7873-7882.

[158] Everaert M, Dox K, Steele J A, et al. Solid-state speciation of interlayer anions in layered double hydroxides. J Colloid Interface Sci, 2019, 537: 151-162.

[159] Stawińska W, Węgrzynb A, Mordarski G, et al. Sustainable adsorbents formed from by-product of acid activation of vermiculite and leached-vermiculite-LDH hybrids for removal of industrial dyes and metal cations. Appl Clay Sci, 2018, 161: 6-14.

[160] Dong W K, Ding J J, Wang W B, et al. Magnetic nano-hybrids adsorbents formulated from acidic leachates of clay minerals. J Clean Prod, 2020, 256: 120383.

[161] Yang Y Q, Gao N Y, Chu W H, et al. Adsorption of perchlorate from aqueous solution by the calcination product of Mg/(Al-Fe) hydrotalcite-like compounds. J Hazard Mater, 2012, 209: 318-325.

[162] Xu Z P, Lu G Q. Hydrothermal synthesis of layered double hydroxides (LDHs) from mixed MgO and Al_2O_3: LDH Formation mechanism. Chem Mater, 2005, 17(5): 1055-1062.

[163] Auta M, Hameed B H. Coalesced chitosan activated carbon composite for batch and fixed-bed adsorption of cationic and anionic dyes. Colloid Surface B, 2013, 105: 199-206.

[164] Kuljiraseth J, Wangriya A, Malones J M C, et al. Synthesis and characterization of AMO LDH-derived mixed oxides with various Mg/Al ratios as acid-basic catalysts for esterification of benzoic acid with 2-ethylhexanol. Appl Catal B: Environ, 2019, 243: 415-427.

[165] Yao W, Yu S J, Wang J, et al. Enhanced removal of methyl orange on calcined glycerol-modified nanocrystallined Mg/Al layered double hydroxides. Chem Eng J, 2017, 307: 476-486.

[166] 卢予沈, 宗莉, 于惠, 等. 混合金属氧化物/碳复合材料的制备及其对 Pb(Ⅱ)的吸附性能. 环境科学, 2021, 42(11): 5450-5459.

[167] Li B, Zhang Y X, Zhou X B, et al. Different dye removal mechanisms between monodispersed and uniform hexagonal thin plate-like MgAl-CO_3^{2-}-LDH and its calcined product in efficient removal of Congo red from water. J Alloy Compd, 2016, 673: 265-271.

[168] Narayanan P, Swami K R, Prathibha T, et al. FTIR Spectroscopic investigations on the aggregation behaviour of N, N, N', N'-tetraoctyldiglycolamide and N, N-dioctylhydroxyacetamide in n-dodecane during the extraction of Nd(Ⅲ) from nitric acid medium. J Mol Liq, 2020, 314: 113685.

[169] Phillipson K, Hay J N, Jenkins M J. Thermal analysis FTIR spectroscopy of poly(ε-caprolactone). Thermochim Acta, 2014, 595: 74-82.

[170] Ponnuvelu D V, Selvaraj A, Suriyaraj S P, et al. Ultrathin hexagonal MgO nanoflakes coated medical textiles and their enhanced antibacterial activity. Mater Res Express, 2016, 3(10): 105005.

[171] Hou T L, Yan L G, Li J, et al. Adsorption performance and mechanistic study of heavy metals by facile synthesized magnetic layered double oxide/carbon composite from spent adsorbent. Chem Eng J, 2020, 384: 123331.

[172] Belokoneva E L, Al'-Ama A G, Dimitrova O V, et al. Synthesis and crystal structure of new carbonate NaPb₂(CO₃)₂(OH). Crystallography Rep, 2002, 47(2): 217-222.

[173] Kuang M J, Shang Y S, Yang G L, et al. Facile synthesis of hollow mesoporous MgO spheres via spray-drying with improved adsorption capacity for Pb(Ⅱ) and Cd(Ⅱ). Environ Sci Pollut Res, 2019, 26(18): 18825-18833.

[174] Xiong C M, Wang W, Tan F T, et al. Investigation on the efficiency and mechanism of Cd(Ⅱ) and Pb(Ⅱ) removal from aqueous solutions using MgO nanoparticles. J Hazard Mater, 2015, 299: 664-674.

[175] Li R H, Liang W, Wang J J, et al. Facilitative capture of As(V), Pb(Ⅱ) and methylene blue from aqueous solutions with MgO hybrid sponge-like carbonaceous composite derived from sugarcane leafy trash. J Environ Manag, 2018, 212: 77-87.